ATLAS
DE LA
BIOLOGIE

Dans Le Livre de Poche :

Atlas de l'écologie

Atlas de la philosophie

Atlas de l'astronomie *(à paraître)*

ENCYCLOPÉDIES D'AUJOURD'HUI

Gunther Vogel *et* Hartmut Angermann

ATLAS
DE LA
BIOLOGIE

Conception graphique de Inge et István Szász

La Pochothèque
LE LIVRE DE POCHE

La version française de cet ouvrage a été dirigée par M. Matthieu Ricard, du Service génétique cellulaire à l'institut Pasteur, assisté de M. Michel Stephan, professeur de biologie et de géologie, Mme Elisabeth Loubet, MM. Jean-Pierre Bobillot, Dominique Marie, Alain Saint-Dizier, ingénieurs agronomes. La traduction est de Mme Anne Sebisch, MM. Michel Brottier et Claude Sebisch, pour l'édition de 1970.

La présente édition, revue et augmentée, a été dirigée par M. Georges Carric, agrégé de Biologie, professeur en classe préparatoire de Biologie Mathématiques Spéciales au Lycée Chateaubriand, à Rennes.

Titre original : dtv-Atlas zur Biologie.

Sommaire

Avant-propos

La biologie ou « science du vivant » connaît un essor qui a remis en question les conceptions traditionnelles.

Cet *Atlas de la biologie* a pour ambition d'offrir à tout lecteur – spécialiste ou non – un panorama précis des différents domaines pris en compte par cette science. En procédant du plus simple au plus complexe, il brosse un tableau évolutif complet du monde vivant depuis les Procaryotes (sans oublier les virus) jusqu'aux végétaux, aux animaux et à l'Homme. En partant des ultrastructures et des biomembranes, il aboutit aux tissus, aux organes et aux plans généraux d'organisation. Il décrit le métabolisme cellulaire autotrophe et hétérotrophe et celui de l'individu considéré comme un tout fonctionnel, hiérarchisé et régulé. Il fait une part importante à la reproduction (asexuée et sexuée) et à l'embryologie animale. L'écologie, sous toutes ses formes, et les interactions entre les êtres vivants y ont une place de choix. La physiologie nerveuse approfondie permet d'aborder ensuite l'étude des comportements innés ou acquis (éthologie). Les chapitres sur l'hérédité envisagée aussi au niveau moléculaire étudient également les mutations, le concept de gène et le génie génétique. L'analyse de l'évolution, depuis la « soupe primitive » jusqu'aux Hominidés, couronne et complète ce panorama. L'ouvrage s'achève par la systématique végétale et animale, tableau ordonné des grandes divisions du monde vivant.

L'*Atlas de la biologie* est donc plus qu'une simple introduction à cette science, à ses méthodes, à ses acquis. Par ses index détaillés, par les nombreux renvois aux illustrations, c'est avant tout un outil de travail. L'association du texte et de l'image, qui est un principe pédagogique constant de cette collection, donne au lecteur la possibilité de mieux comprendre des exposés d'une certaine complexité.

L'*Atlas de la biologie* est donc autant un manuel de référence à l'usage des étudiants des différentes disciplines scientifiques qu'un guide clair pour tout lecteur curieux des progrès les plus récents de la biologie.

Georges Carric.

X Abréviations et symboles

Å	angström
aa	aminoacyl
aa – ARN t	aminoacyl ARN t complexe
A	adénine
AbA	acide abscissique
ACTH	cortico stimuline
ADN	acide désoxyribonucléique
ADN m	ADN mitochondrial
ADN p	ADN plastidial
ADN ase	désoxyribonucléase
ADP	adénosine diphosphate
Aff	afférent
AG	alternance de générations
A.G.	appareil de Golgi
AIA	acide ß indolacétique
Al	aluminium
Ala	alanine
AM	« ancien membre »
AMP	adénosine monophosphate
AMP_C	AMP cyclique
anat.	anatomique
anim.	animal
APG	acide phosphoglycérique
ap. J.-C.	après Jésus-Christ
Arg	arginine
ARN	acide ribonucléique
ARN_{hn}	ARN nucléaire hétérogène
ARN_m	ARN messager
ARN_r	ARN ribosomal
ARN t	ARN de transfert
asex.	asexué
Asn.	asparagine
Asp.	acide aspartique
asym.	asymétrique
atm.	atmosphère
atom.	atomique
ATP	adénosine triphosphate
ATPase	adénosine triphosphatase
augm.	augmenter
B	bore
bar	100 000 Pa (Pascal = unité de pression)
$BaSo_4$	sulfate de baryum
bact.	bactérie, bactérien
bas.	basique
Bio^+	allèle sauvage produisant de la biotine
Bio^-	allèle muté auxotrophe pour la biotine
bioch.	biochimique
biol.	biologique
BP	before present
C	carbone
C	carrier
C_1. C_2 ...	éléments du complément
C_3	plantes en C_3
C_4	plantes en C_4 (Co_2 fixé dans des composés à 4 atomes de C)
C°	degré Celsius
Ca	calcium
Ca^{++}	ion calcium
Cal	calorie (1 cal = 4,185 J)
Ca Co_3	carbonate de calcium
Ca (No_3) 2	nitrate de calcium
C. A. M	crassulacées à métabolisme basé sur acides organiques
Ca_3 $(PO4)^2$	phosphate tricalcique
Ca So_4	sulfate de calcium
Cel.	cellule
cell.	cellulaire
cg.	centigramme
cgr.	centigrade
CH_4	méthane
chim.	chimique
Chl, Chl^+	chlorophylle
$C_6H_{12}O_6$	hexose (type glucose)
chromos.	chromosome
Citr.	citrulline
cl	centilitre
Cl^-	ion chlore
cm	centimètre
cm^2	centimètre carré
cm^3	centimètre cube
Co	cobalt
CO	monoxyde de carbone
COA	coenzyme A
CO_2	dioxyde de carbone
Co $(NO_3)_2$	nitrate de cobalt
CO M	coenzyme M
const.	constance
constit.	constitution
contract.	contractile
corresp.	correspondant
C.S.	centres supérieurs
Cu	cuivre
$CuSo_4$	sulfate de cuivre
Cs cl	chlorure de césium
Cy	cystine
cyt.	cytosine
Cyt.	cytoplasme
cytopl.	cytoplasmique
Δ =	variation, différence
Δp	modification de la fréquence allélique p
déf.	définition
dépol.	dépolarisation
ø, diam.	diamètre
diff.	différent
différ.	différencié
disting.	distinguer
div.	divers
divis.	division

ds	dans
dvt	développement
e^-	électron
E	enzyme
écol.	écologique
EEG	électro-encéphalogramme
EF	facteur d'élongation
effect.	effecteur
électr.	électrique
élém.	élément
embranch.	embranchement
enderg.	endergonique
énerg.	énergétique
env.	environ
enzym.	enzymatique
[ES]	complexe enzyme-substrat
EP	complexe enzyme-produit
esp.	espace
essent.	essentiellement
éq.	équilibre
exerg.	exergonique
exp.	expérience
expérim.	expérimental
ext.	extérieure
f Met	formylméthionine
f Met-$ARN_t^{f\ Met}$	complexe formylméthionine-ARN-t
F	facteur sexuel chez les Bactéries
F^-	bactérie sans facteur sexuel
F1	génération fille d'ordre 1
F2	génération fille d'ordre 2
fac.	faculté
FAD^+	flavine adénosine dénucléotide (forme oxydée)
$FADH+H^+$	forme réduite
Fe	fer
Fe^{++}	ion ferreux
Fe^{+++}	ion ferrique
fig.	figure
FMN	flavine mononucléotide
fonct.	fonction, fonctionnel
fondam.	fondamental
Fr	formation réticulée
FSH	Folliculo Stimulin Hormon
γ	gamma (10^{-3} mg)
g	gramme
g	conductance aux ions
G	guanine
$\Delta G'_o$	variation d'enthalpie libre standard
gangl.	ganglionnaire
GDP	guanosine diphosphate
gén.	général, généralement
généal.	généalogique
génét.	génétique
géogr.	géographique

géol.	géologique
géom.	géométrique
Glu.	acide glutamique
gly.	glycocolle
GMP	guanosine monophosphate
GMP_c	GMP cyclique
GTP	guanosine triphosphate
h	heure
H2	histone 2
H^+	ions hydrogène
H^3	tritium
HCN	acide cyanhydrique
HCO_3	hydrogénocarbonate
H_2CO_3	acide carbonique
H_2O	eau
H^3O^+	hydronium
H_2O_2	eau oxygénée
HPO_4^{--}	hydrogénophosphate
$H_2PO_4^-$	dihydrogénophosphate
H_2S	acide sulfhydrique
H_2SO_3	acide sulfureux
Hb	hémoglobine
Hb-S	hémoglobine S (anémie falciforme)
He	hélium
hν	photon lumineux
H fr.	bactéries à haute fréquence de recombinaison
Hg	mercure
His.	histidine
hist.	historique
histolog.	histologiquement
horiz.	horizontal
hydrat.	hydratation
hyp.	hypothèse
Hz	hertz
i^-	ion iode
id.	identique
i. e.	id est (c'est-à-dire)
I F	facteur d'initiation
Ile.	isoleucine
imp.	important
indiv.	individualisé
inf.	inférieur
int.	intérieur, interne
intercell.	intercellulaire
introd.	introduction
irrég.	irrégulier
j.	jour
J	joule
K^+	ion potassium
Kcal	kilocalorie (1Kcal = 4,185 KJ)
Kcl	chlorure de potassium
Kg	kilogramme
kJ	kilojoule
Km	constante de Michaelis

Lac.	lactose
Leu	leucine
Leu^+	allèle sauvage prototrophe pour la leucine
Leu^-	mutant auxotrophe à la leucine
LH	hormone lutéinique
LHA	lobe hypophysaire antérieur
LHP	lobe hypophysaire postérieur
Li	lithium
Lx	lux (unité d'éclairement)
Lys.	lysine
µ	10^{-6}m
m	mètre
M.A.	million d'années
Ma	macromère
macromol.	macromolécules
max.	maximal
MDA	mécanisme de déclenchement acquis
MDCE	mécanisme de déclenchement confirmé par l'expérience.
Me	mésomère
M.E.	moelle épinière
membr.	membrane
métaphys.	métaphysique
méthod.	méthodique
Met.	méthionine
Mg^{++}	ion magnésium
mg	milligramme
Mi	micromère
microsc.	microscope ou microscopique
Mill.	million
min	minute
min.	minimal
M.I.D.	mécanisme inné de déclenchement
M.I.T.	Massachusetts Institute of Technology
mitoch.	mitochondrie
ml	millilitre ($1cm^3$)
mm	millimètre
Mn	manganèse
MO	molybdène
molec.	molécule
moll.	moléculaire
morph.	morphologiquement
mot	moteur
mouv.	mouvement
Mrd	milliard
ms	milliseconde
muscul.	musculaire
MV	millivolt
N	nombre d'individus
N	newton (unité de puissance)
N, N_2	azote
N^{15}	azote lourd, radioactif

n	nombre haploïde de chromosomes
2n	nombre diploïde de chromosomes
Na^+	ion sodium
Na cl	chlorure de sodium
NAD^+	nicotinamide adénosine dinucléotide (forme oxydée)
NAD $H+H^+$}	nicotinamide adénosine dinucléotide (forme réduite)
$NADP^+$	
$NADPH+H^+$}	nicotinamide adénosine dinucléotide phosphate (formes oxydée et réduite)
Na HCo_3	hydrogénocarbonate de sodium
nég.	négatif
nerv.	nerveux
-NH2	radical amine
NH_3	ammoniac
NH_4^+	ion ammonium
Ni	nickel
nm	nanomètre
NO_2^-	ion nitrite
NO_3	ion nitrate
nombr.	nombreux
norm.	normal
nutrit.	nutritif
O,O_2	oxygène
O=N $(CH_3)_3$	oxyde de triméthylamine
OH^-	ion hydroxyle
obj.	objectif
opt.	optique
organ.	organique
orig.	origine, originel
Ornit.	ornithine
Osmot.	osmotique
p.	page
p.	fréquence de l'allèle dominant
Π	pression osmotique
P	phosphore
P_1, P_2	génération parentale
P_{730}	phytochrome 730
PA	potentiel d'action
parall.	parallèle
part.	particulier
PAS	potentiel d'action spécifique
PC	phospho-créatine
PEP	phosphoénol pyruvate
p. ex.	par exemple
périph.	périphérique
pH	logarithme de l'inverse de la concentration en H^+
phe.	phenylalanine
phénom.	phénomène
phys.	physique
physiol.	physiologique

pm poids moléculaire d'un élément en gramme
PNH protéines non histones
PO_4^{3-} ion phosphate
pol. polarisation
pos. positif
pot. potentiel
PP potentiel de plaque
PPN production primaire nette
PPS potentiel post-synaptique
PPSE potentiel post-synaptique excitateur
PPSI potentiel post-synaptique inhibiteur
ppm partie pour million
prim. primaire
primit. primitif
princip. principalement
pro. proline
prolac. prolactine
promitoch. promitochondrie
prot. protéine
protosyn. biosynthèse des protéines
PS_I photosystème I
PS_{II} photosystème II
q fréquence de l'allèle récessif
qual. qualitatif
quant. quantitatif
RE réticulum endoplasmique lisse
REG réticulum endoplasmique granulaire
réduc. réduction
relat. relatif
R. E. M. Rapid-Eye-Movement
reprod. reproduction
Rudp ribulose diphosphate
S soufre
S constante de sédimentation en unités Svedberg.
S substrat
s. sec. seconde
s coefficient de sélection
S^r résistant à la Streptomycine
S^s sensible à la Streptomycine
second. secondaire
sens. sensoriel
ser. sérine
sex. sexué, sexuel
SI substance interstitielle
Si. silicium
SiO_2 dioxyde de silicium
SN système nerveux
SNC système nerveux central
$Sn\ Cl_2$ chlorure d'étain
SO_2 dioxyde de soufre
SO_4^{--} ion sulfate
som. somatique
spécif. spécifique
sphér. sphérique
sq. et suivante
sqq. et suivantes
SR substance réticulée
s.s. sensu stricto
svt souvent
stim. stimulation
struc. structural
struct. structure
subst. substance
suiv. suivant
sup. supérieur
suppl. supplémentaire
sym. symétrique
syn. synaptique
syst. système
systém. systématique
T thymine
t^e température
tech. technique
therm. thermique
thermodyn. thermodynamique
Thr thréonine
TL allèle sauvage du Pois
tl^{pet} allèle muté type petiolute
tl^w allèle muté type acacia
T.O.R. loi du tout ou rien
TP triose phosphate
transf. transformation
transp. transporteur
transv. transversal
trp. tryptophane
typ. typique
tyr. tyrosine
U uracile
UTP uridine triphosphate
UV ultra-violet
V volt
V vitesse de réaction
V_{max} vitesse maximale de réaction
val valine
var. variation
vég. végétatif
végét. végétal
vésic. vésicule
VMT virus de la mosaïque du Tabac
Vol. volume
volont. volontaire
X chromosome sexuel
Y chromosome sexuel
Zn zinc
ZIAH zone intermédiaire entre l'animal et l'homme
Zool. zoologique
ψ potentiel hydrique

⌀	diamètre
♂	mâle
♀	femelle
⚥	hermaphrodite
F!	fécondation
R!	réduction
⬟	sens du déplacement
←	direction du mouvement
←	« devient », « agit sur »
⇌	« en équilibre chimique avec » ou « échange entre »
Ⓟ	radical phosphate
>	plus grand que
<	plus petit que
⩽	plus petit ou égal à
*	espèce indigène, genre, etc.
═	séparé
◌	lié
~	approximativement
↤□	agrandissement
⊣	inhibition
‖⊣	forte inhibition
←	activation
⇠⇠	forte activation
+ ou ⊕	charge positive
– ou ⊖	charge négative

Les symboles ci-dessous figurent dans la systématique (pages 546 à 585)

■	Phyllum
□	Sous-phyllum
◪	Embranchement
⊠	Sous-embranchement
●	Classe
○	Sous-classe
▲	Ordre
△	Sous-ordre
✦✦	Super-famille
✦	Famille
✧	Sous-famille

« Notre étonnement reste le même, seul grandit en nous le courage de comprendre l'étonnant. »
NIELS BOHR.

Pour diverses raisons d'ordre historique et psychologique, les enseignements de la biologie risquent de prêter à de graves malentendus. Si l'on fait abstraction de la difficulté de la matière elle-même et de la complexité de la langue technique, on s'aperçoit que ces malentendus reposent fréquemment sur une définition inexacte du **domaine propre aux sciences expérimentales.** Pour comprendre et apprécier les résultats de la recherche biologique, il faut connaître l'objet, la méthode et la portée de cette science expérimentale qu'est la biologie.

Objet des sciences expérimentales

Les sciences expérimentales étudient le **monde réel**, c'est-à-dire une réalité objective dont l'existence est admise et n'a pas à être démontrée. Le monde réel ne pouvant pas être appréhendé dans sa totalité, il est divisé en plusieurs systèmes que l'esprit peut embrasser et dont on peut analyser les éléments et la structure. Les syst. du monde réel sont dits, les uns « vivants », les autres « inertes » et relèvent de ce fait du **domaine de la biologie** d'une part, de la **physique** d'autre part.

Toutefois cette distinction ne repose pas sur une différence de nature, elle est d'ordre pratique ; en effet, ces deux espèces de systèmes ne diffèrent que par leur degré de complexité : les systèmes biologiques sont composés d'éléments fort nombreux entre lesquels existent de multiples corrélations ; de ce fait, les théories atomiques ou moléculaires ne suffisent pas à expliquer les faits, même en supposant que les atomes et les molécules d'un système vivant soient entièrement connus. De plus, il est très difficile de vouloir bâtir une explication des systèmes vivants fondée exclusivement sur une théorie atomique physicochimique. Certes il n'est pas interdit de penser que les lois de la physique peuvent être valables en biologie (p. 7). La complexité des syst. biol. suppose des méthodes part. appropriées. Les tech. d'investigation, qui consistent à porter directement les recherches à un niv. de complexité sup. à celui de la phys. et de la chimie, p. ex. et à énoncer des concepts d'aucune utilité ds les sciences de base, sont plus avantageuses.

Soit l'énoncé biologique : « Le cheval trotte » : on peut à la rigueur faire appel à la chimie et définir ce phénomène comme mettant en jeu des molécules qui réagissent de façon coordonnée dans le temps et dans l'espace ; cette explication est déjà fort compliquée, mais une description exhaustive qui s'appuierait uniquement sur des notions de physique serait d'une confusion totale.

Ainsi la biologie se distingue-t-elle des autres sciences, elle possède une originalité propre. Il n'empêche qu'à l'heure actuelle, on tend de plus en plus à remplacer, au moins ds certains secteurs de la recherche, des notions purement biologiques par des notions empruntées à la physique et à la chimie, ce qui contribue à améliorer l'élaboration des lois dans ces domaines. Ceci vaut surtout là où la biologie touche le domaine d'organisation moll. des êtres viv. et suit les lois établies de la science.

La méthode qui conduit à l'énoncé scientifique

Pour établir des lois qui rendent compte avec exactitude des systèmes réels, on procède selon une méthode qui vaut pour toutes les sciences expérimentales :

Des données objectives constituent par principe le seul point de départ. « Objectif » ne signifie pas que la perception des faits donne une connaissance directe de la réalité, mais que ces faits ne sont pas influencés par le sujet connaissant et qu'ils sont toujours reproductibles, même s'il existe entre eux des rapports complexes.

L'hypothèse résulte d'une démarche constructive : l'induction. Les données initiales sont l'objet d'observations et d'expériences qui apportent au sujet des éléments nouveaux : l'hypothèse réalise la synthèse.

La loi doit rendre compte avec exactitude de certaines propriétés systématiques des parties du monde réel : quand l'hypothèse a été améliorée par d'autres données objectives, quand les conclusions auxquelles elle aboutit ont été vérifiées et confirmées par l'expérience, il est possible d'élaborer la loi.

L'énoncé consiste en une suite de propositions, c.-à-d. un enchaînement logique de notions définies avec précision ; il n'est adéquat que si son exactitude interne est vérifiée par des données objectives.

Nature des énoncés scientifiques

Les sciences découvrent sans cesse des faits nouveaux qui imposent des conclusions nouvelles, aussi les lois scientifiques sont-elles susceptibles d'être constamment révisées et améliorées. Il faut avoir conscience de ce **dynamisme des connaissances** et renoncer à toute espèce de dogmatisme scientifique, à toute prétention à une « vérité absolue », et à une « exactitude définitive » des énoncés scientifiques. De plus, chaque discipline scientifique se limite au domaine qui est de sa compétence et dans lequel elle seule peut découvrir des données objectives. Une science expérimentale ne se soucie donc pas de savoir si ses énoncés sont « vrais » au sens métaphysique du terme, mais uniquement s'ils ne sont pas en contradiction avec les données objectives et s'ils ont la rigueur logique nécessaire.

En ce sens, les lois « exactes » permettent de **prédire les faits** : une loi qui rend compte d'un système peut prédire le comportement de ce système dans certaines conditions.

Cette fraction de l'univers est ainsi accessible à l'activité programmée et orientée de l'Homme, qui devrait associer ce pouvoir de manipulation au sentiment de responsabilité.

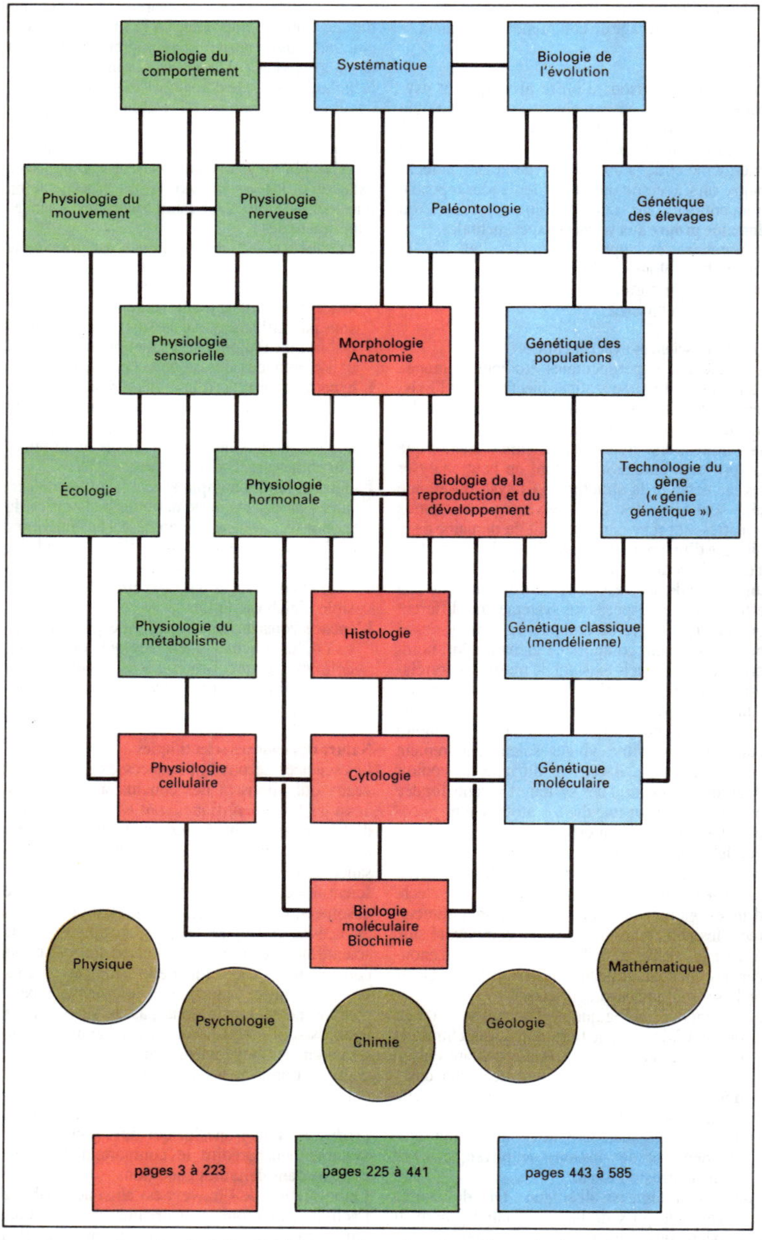

Les interconnexions des disciplines biologiques, leurs domaines d'investigation et les sciences d'appui

La biologie
est l'ensemble des sciences de la vie. Elle regroupe les sciences qui traitent des êtres unicell. (protistes), des végétaux (botanique), des animaux (zoologie), de l'Homme (anthropologie). D'abord étudiée par Goethe, Cuvier et Lamarck, elle n'a été élevée au rang de discipline fondam. que vers 1800, lorsque la **théorie cellulaire** de SCHLEIDENS et SCHWANN et **l'étude de l'origine des espèces** de DARWIN fournirent les preuves de l'unité et des relations de parenté de tous les êtres vivants.

La biologie étudie les propriétés des êtres vivants, telles que leur morphologie et leur struct., le cycle reproductif, et l'évolution des espèces vivantes, les manifestations de la vie et la façon dont elles sont liées à l'échelle de l'indiv. ou du milieu ainsi que l'effet régulateur qu'elles exercent les unes sur les autres. La biologie comprend diff. disciplines artificiellement cloisonnées :

L'anatomie étudie la constitution int. des êtres vivants afin de mettre en évidence les struct. et les fonctions d'un organisme ou de ses parties, et de montrer qu'elles caract. tous les êtres d'un même groupe.

La physiologie du mouvement est l'étude des mécanismes qui permettent à une partie ou à l'ensemble d'un organisme de se déplacer, et des processus d'ordre molec. qui sont à l'origine de ces mouvements.

La biochimie (biologie moléculaire) étudie la composition et le rôle des subst. chim. qui entrent dans la constitution des organismes et qui sont impliquées dans le métabolisme. Elle observe les phénomènes de la vie à l'échelle moléculaire.

La biologie du développement suit chez l'individu les étapes de la morphogenèse et de l'organogenèse lors de la différenciation progressive à partir de la cel-œuf et en déduit les lois causales de l'ontogenèse.

La biologie de l'évolution déchiffre les étapes hist. et la causalité du dévelop. des organismes au cours de l'histoire de la Terre (Evolution) depuis les formes abiotiques jusqu'à l'Homme actuel.

La biologie de la reproduction recense les mécanismes et les stratégies pour la production et la sauvegarde de la descendance.

Le génie génétique transforme l'inform. génét. d'une cel. ou d'un organisme par des manipulations phys. et chim. ou par le transfert et l'implantation de matériel génét. étranger ou artificiel.

L'histologie analyse la composition et le rôle spécifique (spécialisation) des tissus ainsi que les regroupements de cel. identiques.

L'endocrinologie est la science des hormones, subst. élaborées par l'organisme, qui ont un rôle de coordinateurs et de régulateurs chim.

La génétique moléculaire étudie l'influence génét. de la struct. spécif. des acides nucléiques et de leurs var. struct. en tant que molec. porteuses des gènes.

La morphologie a pour objet l'étude et la comparaison de la struct. et de la forme des êtres vivants (étude de formes) et de leurs organes et s'efforce d'en ramener la multiplicité à quelques types fondamentaux (plans d'organisation).

La neurophysiologie traite des propriétés et des fonctions du système nerveux.

L'écologie est l'étude des rapports qui existent entre les êtres vivants et le milieu environnant ; on distingue *l'autoécologie* qui concerne l'individu, la *démécologie* qui s'intéresse à la population (démographie) et la *synécologie* qui étudie l'influence qu'exerce sur les espèces leur vie communautaire avec d'autres organismes (biocénoses) ; son objet est le recensement des struct. et des fonct. des diff. écosystèmes.

La paléontologie étudie la constitution et la position systém. des formes disparues, recherche le moment de leur apparition sur la Terre ; elle est très utilisée par les théories de l'évolution (preuves paléontologiques) et par la géologie (fossiles).

la génétique des populations étudie le mécanisme des variations génét. et analyse statistiquement et expérimentalement les effets qu'elles peuvent avoir sur le patrimoine génique et les modif. qu'elles peuvent entraîner chez les indiv. qui se reproduisent entre eux (population).

La physiologie des sens est l'étude des fonctions sensorielles ; si les expériences sur le comportement animal étaient jadis fondées avant tout sur l'observation des phénom. à l'œil nu, la préférence est aujourd'hui donnée aux méthodes biophysiques et biochimiques (ex. électrophysiologie).

La physiologie du métabolisme analyse les phénom. qui consistent pour l'organisme à prélever dans le milieu ext. les subst. nutrit. (nutrition, digestion, absorption), à les intégrer à leur propre matière vivante (assimilation), à les dégrader (désassimilation) et à les éliminer (excrétion) ; elle étudie également la régulation de ses phénomènes.

La systématique procède à l'étude comparative des diff. organismes et s'efforce ainsi de découvrir des groupes naturels où puissent être répartis les êtres vivants qui ont des caract. communs ; en outre, la systémat. tente de faire la description de ces groupes et de les ranger dans une classific. naturelle ; elle doit refléter l'histoire évolutive des espèces.

La génétique (science de l'hérédité) discerne des caract. diff. chez cert. indiv. et leurs frères et sœurs, leurs ascendants et leurs descendants, elle recherche les causes de ces différences, étudie la transmission de ces caract. héréditaires et les particules qui assurent cette transmission (gènes).

L'éthologie (étude du comportement) analyse les formes et les lois du comportement animal, fréquemment dans l'optique de la phylogenèse.

La cytologie (étude de la cel.) utilise le microsc. optique et le microsc. électr. pour étudier les structures de la cellule et tenter d'en élucider la composition chimique.

La cytophysiologie (biologie cell.) étudie le fonctionnement de la cel. vivante et en explique les mécanismes moléculaires.

La génétique de culture utilise les méthodes du génie génétique, de la génét. classique et de la génét. des populations pour obtenir de nouvelles plantes et de nouvelles races anim. recherchées.

500 av. J.-C.	ALKMAION	**DESCRIPTION** (fondée sur la dissection) de l'œil et de l'oreille; leur liaison avec le cerveau et le rôle de celui-ci
350 av. J.-C.	ARISTOTE	**DESCRIPTION COMPARATIVE** de plumes d'oiseau et d'écailles de poisson, d'os et d'arêtes
300 av. J.-C.	HIPPOCRATE	**OBSERVATION DU DÉVELOPPEMENT** du poussin dans l'œuf comme preuve du développement embryonnaire
150 ap. J.-C.	GALIEN	**EXPÉRIENCE QUALITATIVE** : ligature et incision de l'uretère pour en déterminer la fonction
vers 1700	HALES	**EXPÉRIENCES QUANTITATIVES** sur le métabolisme, en particulier sur les échanges d'eau chez les plantes, mettant en œuvre volontairement des méthodes propres à la physique pour des problèmes de biologie
1892	BÜTSCHLI	**ÉLABORATION DE MODÈLES** comme méthode indirecte adoptée volontairement en raison de difficultés objectives à procéder à certaines expériences biologiques et particulièrement physiologiques

Historique de l'évolution des méthodes biologiques

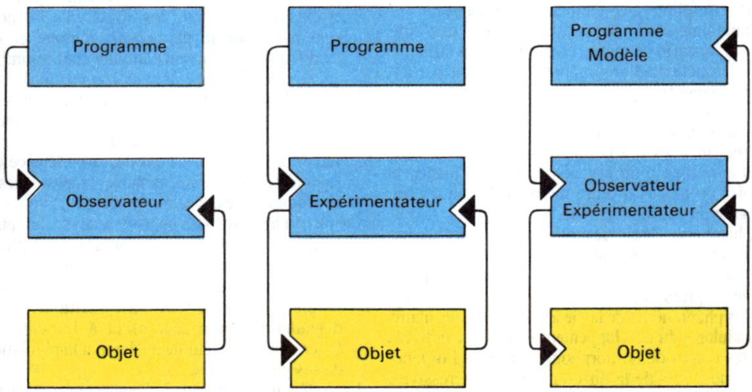

L'OBSERVATION correspond au principe cybernétique de la commande : pas de réaction de l'observateur sur l'objet observé

L'EXPÉRIMENTATION correspond à la boucle de régulation : interactions entre l'expérimentateur et l'objet jusqu'à conformité de la solution au programme.

L'ÉLABORATION DE MODÈLES peut être représentée par les structures de la mémorisation et de l'imagination. Rétroaction de la solution sur le programme

Méthodes de travail de la biologie

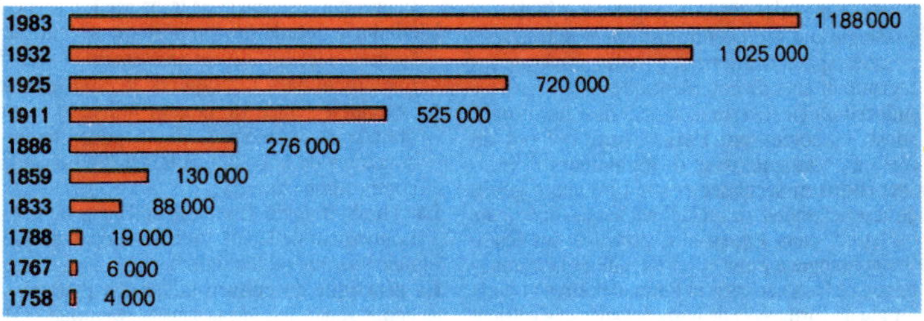

Augmentation du nombre des espèces animales connues

Les **méthodes de raisonnement** de la biologie sont, comme pour les autres sciences, la déduction et l'induction. Selon POPPER la recherche de la solution d'un problème, même dans une biologie empirique, passe par une suite d'interrogations, d'observations et d'exp. à partir de concepts théoriques et de fils directeurs hypothétiques ("Méthode hypothético-déductive").

La **méthode expérimentale** en biologie se présente sous 3 formes diff. : observation et description, expérimentation, établissement de modèles. Ces 3 méthodes sont étroitement combinées, parce que la plus développée, la plus récente (A), implique la plus ancienne comme l'une de ses étapes. Leur complexité apparaît quand les 3 méthodes sont représentées (B) sous forme de modèles cybernétiques (p. 7).

1. Observation et description : cette méthode constitue à la fois historiquement et de par sa nature même la forme élémentaire de la recherche biologique ; elle peut être :

- Observation et description pures et simples des phénomènes biologiques,
- Observation comparative,
- Observation de phénomènes évolutifs.

L'**efficacité** de cette méthode est égale à celle des autres quand, entre le syst. étudié et les syst. voisins, les corrélations essentielles sont peu nombr. C'est le cas le plus fréquent, p. ex. en cytologie, en histologie, en anatomie, en morphologie, en embryologie, en écologie : dans ces disciplines, l'observation peut avoir un rôle très important. Elle peut encore aujourd'hui servir de méthode de classement, car elle permet non seul. d'augmenter les connaissances, mais aussi de découvrir des rapports naturels et des influences réciproques existant entre les êtres. Les grandes théories du XIXe s., comme la théorie cell. (p. 9) et la théorie de l'évolution (p. 490 sqq) ont eu recours à elle.

En **reprochant** à cette méthode d'être passive, stérile et aléatoire on n'a pas vu sa véritable nature, sa véritable efficacité, qui est de poser convenablement les problèmes, de choisir une façon d'arriver à la solution parmi toutes les voies possibles, de déterminer le moment le plus favorable à l'observation, de choisir ses moyens d'investigation et de prendre les mesures nécessaires pour maintenir identique l'objet observé.

2. L'expérimentation peut revêtir 2 formes : L'expérimentation qualitative constitue un point de départ aussi bien histor. que méthodologique (dans le cours de l'expérience) ; elle requiert peu de moyens techniques. Elle réclame seulement des réponses du type : oui-non.

L'expérimentation quantitative, en raison des moyens techniques qu'elle nécessite, est d'apparition plus tardive. Elle permet une analyse numérique des variables de l'hypothèse choisie et des valeurs fournies par l'expérience.

Ainsi l'expérimentation se distingue de l'observation, car elle est une intervention raisonnée dans un secteur de la nature. Elle procure une connaissance plus approfondie, même quand il s'agit de syst. complexes, car en modifiant ou en éliminant cert. facteurs, elle permet de découvrir la signification des données partic. dans l'ensemble du syst. L'observation et la description font d'ailleurs partie de l'expérimentation, car elles servent à préparer l'expérience et à enregistrer ses résultats. En raison des moyens techniques qu'elle suppose, et du fait qu'elle peut choisir la direction et la portée de ses recherches, l'efficacité de l'expérimentation dépend du niveau technique, scientifique et philos. atteint par la biologie. En outre, l'expérience présente l'avantage d'être reproductible, même si les mécanismes de l'évolution ontogénique ou phylogénét. peuvent engendrer des perturbations.

La **valeur** qu'on accorde à l'expérimentation varie avec les positions philosophiques : la théorie idéaliste de la connaissance ne voit dans l'expérimentation qu'une confirmation des principes : « L'expérimentation est une production de phénomènes » (SCHELLING). Pour la théorie réaliste de la connaissance, l'expérimentation modifie les phénomènes, elle ne les produit pas, elle ne fait que les orienter dans cert. directions.

3. L'établissement de modèles. Les 2 méthodes précédentes travaillent directement sur l'objet de la recherche biologique ; au contraire, les modèles sont établis d'après des unités artificielles isolées. Chaque modèle est un **analogue** d'un syst. naturel. Il se disting. de l'original par le substrat, qui peut être verbal. graphique et math, par sa dimension et son abstraction. En plus des modèles analogiques qui en clarifiant l'état des choses ne sont construits qu'à des fins didactiques, on distingue des :

- Modèles qui rendent compte du mécanisme de cert. fonctions biologiques, p. ex. le modèle du vol de l'oiseau.
- Modèles qui représentent la physiologie de cert. fonctions, p. ex. les modèles de l'excitation nerveuse.

La biologie recourt aux modèles quand la complexité et la fragilité des organismes interdisent l'emploi d'autres méthodes. En général, les modèles permettent d'obtenir des résultats plus explicites, plus concrets, des mesures plus exactes ; ils montrent souv. comment les phénomènes partic. relèvent de syst. déjà connus ou concordent avec eux, et ils incitent à de nouvelles hypothèses. Cette méthode est féconde et permet de découvrir des analogies entre les phénomènes à condition qu'on pose correctement les problèmes, qu'on découvre les facteurs importants et les limites de la méthode. La complexité des syst. biologiques résulte des corrélations qui existent entre leurs éléments : comme le modèle ne tient compte que de quelques-unes de ces corrélations, ce sont les rapports entre les parties et le tout qui fixent les limites de la méthode des modèles. Elle ne reste jamais qu'une méthode auxiliaire de la véritable recherche biologique. Selon la théorie idéaliste de la connaissance, un modèle ne peut jamais donner une représentation exacte de la réalité.

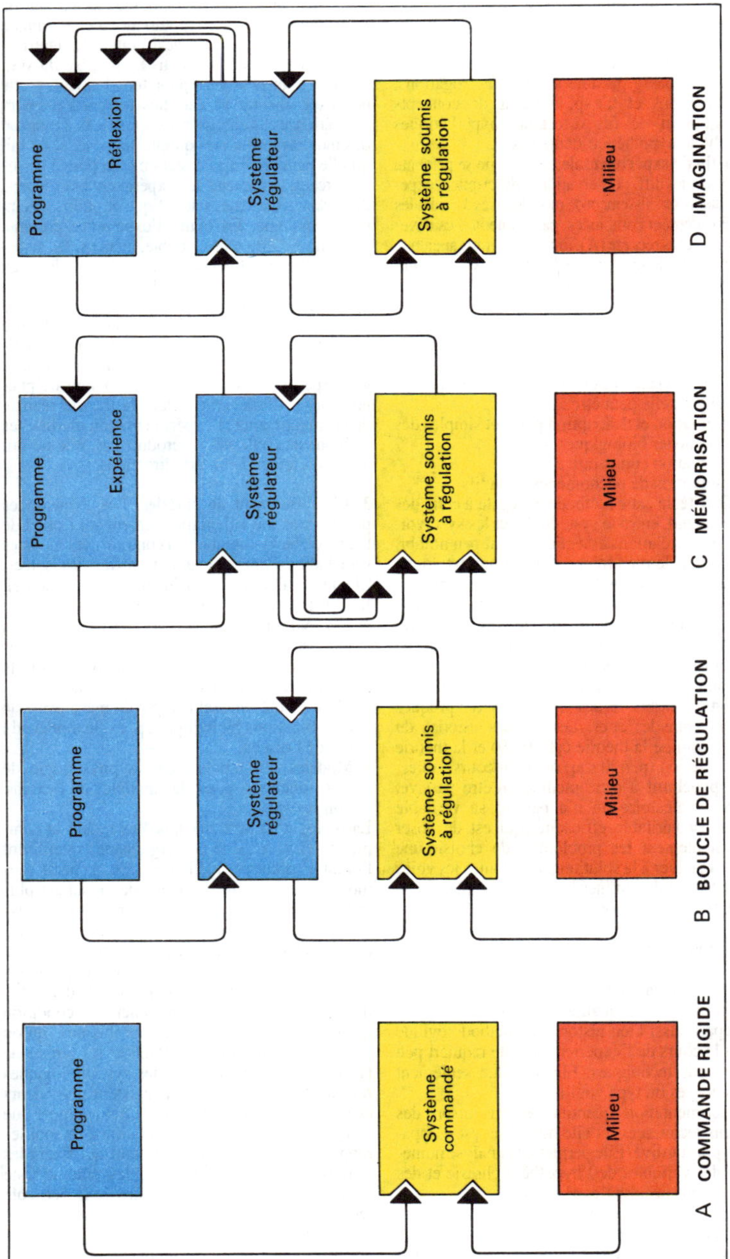

Modèles cybernétiques : complexité variable en fonction de l'accroissement des connexions

L'explication déterministe

La biologie doit adapter ses méthodes au syst. d'explication cohérent qui est propre aux sciences expérimentales : le déterminisme. D'après cette conception les phénomènes de l'univers tout entier obéissent à une série de lois naturelles qui s'impliquent mutuellement. Toute loi spécifique n'est intelligible que dans la struct. complexe qu'elle régit, et elle ne peut être découverte que dans cette struct. et à partir des lois naturelles plus générales des sciences fondam. Ce n'est donc qu'en partant des principes que l'on peut espérer obtenir un point de vue valable sur la nature des choses. L'enchaînement des phénomènes obéit donc au **principe de causalité** (question « pourquoi ? »), au rapport nécessaire, vérifiable et mesurable des causes et des effets. Mais les êtres vivants sont des syst. fort complexes chez qui l'enchaînement ininterrompu des causes et des effets est difficilement observable ; la biologie cherche donc à établir des modèles qui éclairent le déroulement du phénomène dans le domaine auquel elle peut s'appliquer. Elle recourt donc parfois à une méthode d'explication apparemment opposée au principe de causalité, l'**explication finaliste (téléolog.** ; question : « pour quel but ? »), qui, prenant plus de recul par rapport aux phénomènes, voit dans le but, la finalité, la véritable cause de leur apparition, ce qui permet une meilleure approche des relations : struct. fonct. On explique donc les faits d'après le principe que toute structure est déterminée par une finalité qui n'est que l'expression du modèle retenu (principe heuristique). Cette méthode conduit génér. à simplifier les faits, car le modèle cherche à imiter l'organisme pour mettre en lumière les interactions qui s'y exercent. Mais même ainsi il n'y a jamais concordance parfaite entre les modèles et la réalité objective.

Modèles cybernétiques

La cybernétique est applicable à des domaines scientifiques très divers. A l'origine, c'est dans le domaine de la technique qu'ont été élaborées les lois de la cybernétique concernant les communications et les informations qui relient les diff. éléments d'un syst. ; depuis lors, ces lois ont permis de comprendre et d'expliquer toutes sortes de phénomènes. Ainsi par ex. on a découvert que dans le domaine de la biologie ou de la sociologie, comme dans le domaine technique, les struct. des communications sont de même nature et que seule leur complexité diffère. Cette complexité ne varie pas en fonction du nombre d'éléments que comportent ces syst. mais du nombre plus ou moins grand des rapports qui les relient.

La commande rigide (A). On peut la définir comme un courant d'énergie et d'information qui se propage « à sens unique ». Le syst. obéit à un programme fixe et fonctionne quelles que soient les conséq. de l'action ; il est simple et n'est sujet, par lui-même, à aucune instabilité, mais il est sensible aux perturbations extér. (distributeur automatique de cigarettes, tour entraîné par des cartes perforées, réflexes (p. 394), saisir sans voir, réalisation de plans simples, gestion de l'administration centrale).

La boucle de régulation (B) désigne un processus cyclique dans lequel les conséq. d'une action agissent sur l'action suivante (rétroaction, p. 54 sq). L'adaptation du syst. programmé aux variations du milieu est uniquement quantitative, elle est soit rapide et imparfaite, soit lente, complète et susceptible de rendre le syst. instable (thermostat, préhension sous contrôle de la vue, équilibre biologique [p. 259], nerveux, hormonal, équilibre de la physiologie du métabolisme, [p. 300 sqq], cycles de la conjoncture économ.).

La mémorisation (C) rend compte des syst. programmés qui, après plus. essais, adoptent la solution qui s'est révélée la meilleure après expérience. Au début, des échecs, même des catastrophes, sont possibles (automates et êtres vivants qui apprennent, orthosélection, (p. 526) économie précapitaliste).

L'imagination (D) comprend des syst. qui, d'après un modèle du monde extér. (simulateur), évaluent les conséq. d'une action projetée, et qui peut réviser le modèle ou le programme (comportement intelligent et symbolique, orthogenèse, (p. 526) « guerre froide », marketing).

Pour la cybernétique, seule compte l'efficacité de ses modèles ; elle peut rendre à la biologie de grands services auxiliaires théoriques, mathématiques ou techniques, si on peut en déduire des rapports fonctionnels réels avec la biologie.

Le principe de l'explication la plus simple est éprouvé et fréquemment utilisé ; il s'agit, parmi toutes les causes qui peuvent produire un phénomène, de découvrir la plus simple. Comme critère de simplicité on ne choisit pas le nombre des éléments d'un syst. mais celui des connexions qui les relient. Il est vrai qu'il faut connaître ces éléments. Le syst. défini comme étant le plus simple n'est pas nécessairement celui qui correspond à la réalité, mais, après une série d'expériences et de vérifications, l'explication qui s'impose est toujours celle qui peut expliquer les résultats d'ensemble le plus simplement possible.

Le principe de la déduction nécessaire, exige une plus grande rigueur de méthode et cherche à « découvrir non pas toutes les causes qui peuvent produire le phénomène étudié, mais justement celles qui existent réellement dans l'être étudié » (MITTELSTAEDT). Quand toutes les causes possibles sont connues, l'une d'elles doit représenter la solution exacte. On essaie alors de procéder à des expériences pour éliminer toutes les solutions possibles sauf une, la bonne. Toutefois, on n'est pas certain de pouvoir étudier tous les éléments d'un syst. biologique quelconque, car on ne dispose pas, en se limitant à ce point de vue, d'une théorie génér. qui rende compte de toutes les causes.

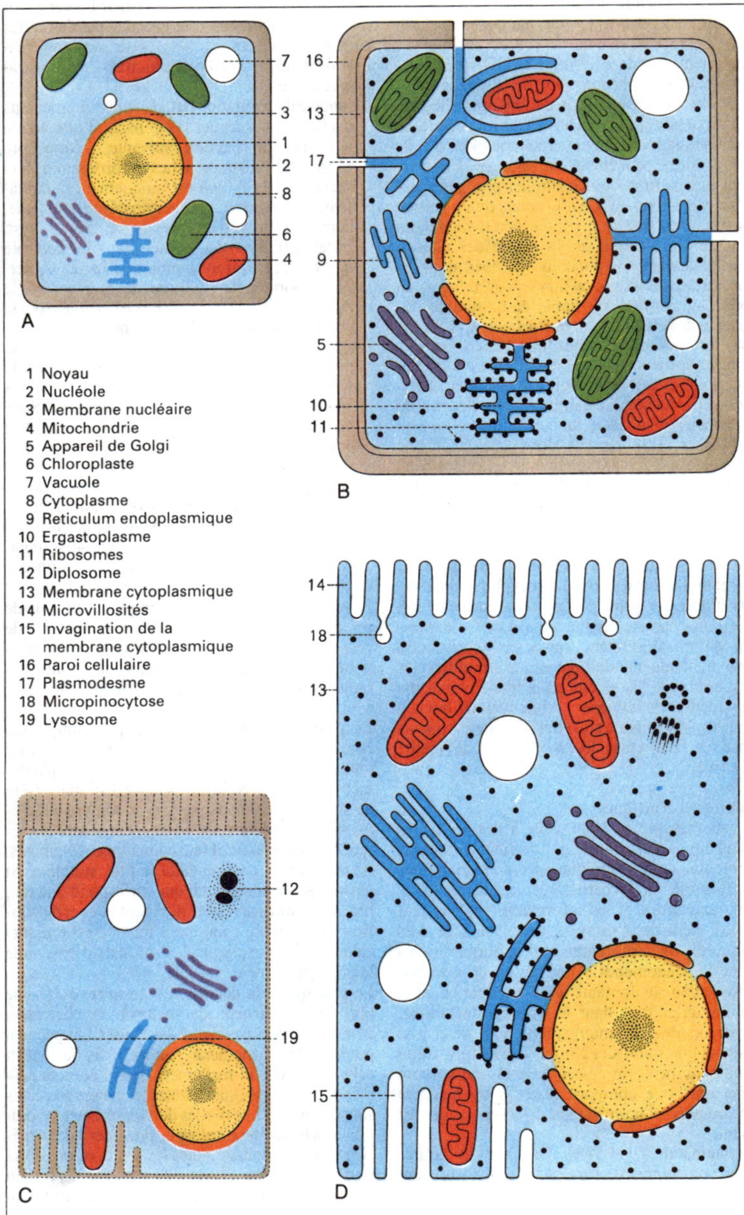

Cellules végétale (A, B) et animale (C, D) : observées au microscope optique (A, C) et au microscope électronique (B, D)

La théorie cell. de SCHLEIDEN et de SCHWANN (1838) définit la cell. comme l'unité d'organisation struct. des syst. viv. S'il est vrai que certains éléments structuraux isolés de l'organisme peuvent, le cas échéant, avoir une activité biochimique, « la vie » implique une régulation et une coordination de ces activités, et normal. cela n'est possible que grâce à la forme cell.

Elle présente **deux niveaux d'organisation** : la **Protocellule** (p. 58 sqq) des *Procaryotes (Bactéries, Algues bleues)* toujours unicell., qui est fondam. plus petite et plus simple en organisation et la **cell. vraie** des *Eucaryotes (Flagellés, plantes, animaux)* qui possède des **traits fondamentaux** communs bien définis.

Forme : très variable ; cela tient à la diversité des fonct. (Types de cel. p. 78-81) ; arrondies (cel. sanguines) en milieu liqu. par suite de la tension superficielle, et de forme polyédrique quand elles sont groupées et s'écrasent mutuellement (d'où leur apparence hexagonale sur une coupe microsc.) ;

Taille : de 0,01 mm chez les Erythrocytes à 500 mm pour les cel. fibreuses, en moyenne 0,01-0,2 mm. Chez l'organisme pluricel. adulte, la taille de la cell. est indépendante de la taille du corps (*les Amphibiens*, p. ex. ont des cel. d'une taille surprenante) mais dans l'organe isolé elle est liée à la différenciation et à l'activité de la cell. en question.

Quantité : mis à part les Unicellulaires et les formes qui ont un nombre de cel. constant et spécif. (ex. le *Rotifère Epiphanes senta* 959 noyaux cel.), le nombre des cel. est fonct. de la taille du corps (*Homme* 10^{13}-10^{14} sans compter les cel. sanguines).

Plan d'organisation : Dans la limite du pouvoir séparateur du microscope opt. (détails discernables jusqu'à 10^{-4} mm), on distingue dans chaque cell. une subst. fondam. ou Cyt., un caryoplasme ou noyau avec leurs struct. spécif. (A,C) ; on trouve en plus chez *les plantes* une paroi. D'où cette **définition de la cell.** : la cell. (ou le protoplaste) est un vol. de Cyt. entouré par une membr. cytopl. doublée elle-même chez *les plantes* d'une paroi ; elle renferme un noyau et diff. struct. et se présente isolée ou associée à d'autres cel. (exception faite des Protocaryotes, p. 58 sqq, et de la struc. cœnocytique p. 72 sq).

Cytoplasme

Les organites cel. se présentent dans toutes les cel. comme des inclusions relativement stables et autonomes ayant une struct. et une fonct. particulière. On distingue les microsphères, l'appareil de Golgi, les lysosomes (p. 23), les mitoch. (p. 27) et chez *les plantes*, les Plastes (p. 29).

Le Métaplasme se forme progressivement, et d'une façon irréversible en tant que struct. fondamentales spécif., dans une cell. différenciée. Il s'agit surtout de prot. fibreuses, ex. les myofibrilles dans les cel. muscul., les tonofibrilles dans les cel. épithéliales de la peau, les neurofibrilles dans les cel. nerveuses.

On nomme **Euplasme** des struct. filamenteuses temporaires constituées de faisceaux prot. parall., ex. les microtubules (p. 16 sq). On nomme **Paraplasme** des inclusions inertes réversibles, élaborées par la cel. (sécrétions glandulaires) ou simplement stockées (lipides, glycogène, amidon, pigments). Chez *les plantes* on trouve des éléments paraplasmiques au contenu liqu. ou solide (p. 76) : les vacuoles.

Le Cyt. proprement dit entoure le noyau, les organites, les inclusions paraplasmiques et les différenciations métaplasmiques et euplasmisques ; il forme une masse transparente, visqueuse ou très fluide ; il ne perd sa transparence opt. qu'au microscope électr. (p. 11).

Caryoplasme

Le noyau est normal. arrondi, elliptique dans les cel. très prismatiques, et toujours déformable. Sa situation au centre de la cell. persiste gén. après l'état embryonnaire à moins que des inclusions paraplasmiques ne le repoussent à la périphérie. Le noyau de la cell. vraie se présente sous deux formes variables selon l'état cell., et qui passent de l'une à l'autre au début et à la fin de la division nucléaire, respectivement :

1. La forme du noyau en activité avec un métabolisme imp. et une struct. interne filamenteuse, peu visible au microscope opt.

2. La forme du noyau en division dans lequel des corpuscules colorables caract. sont apparus : les chromos. (p. 34 sq) ; ceux-ci contiennent les facteurs héréditaires (les gènes). Seule la div. d'un noyau peut engendrer d'autres noyaux.

La struct. microsc. du noyau actif apparaît part. bien quand il est fixé et coloré. Une membr. nucléaire délimite le noyau dans le corps de la cell. ; elle disparaît provisoirement pendant la mitose (p. 38 sq). A l'intérieur du suc nucléaire se trouve la chromatine qui possède une affinité pour les colorants bas. et dont les fins filaments (p. 34 sqq « chromonema ») se présentent dans le noyau actif soit déspiralisés sous forme d'**Euchromatine** ou au contraire très denses dans l'**Hétérochromatine**. Elle augmente fort. de vol. lors de l'entrée en mitose et se condense pour former les chromos. On trouve dans le noyau un ou plusieurs corpuscules (Nucléole, p. 35) : struct. non permanentes qui disparaissent au cours de la mitose.

Le rapport nucléo-plasmique est valable pour toute cellule.

Les grandes cel. (ex : les ovules) ont un grand noyau. On constate en même temps, en liaison avec sa fonct., une augmentation du vol. du noyau dans les tumeurs qui prolifèrent rapidement, dans les cel. embryonnaires, et un gonflement provisoire de ce même noyau dans les secteurs d'organes dont le métabolisme est part. sollicité. Dans un même organisme, il peut y avoir des noyaux de tailles diff. : les vol. des noyaux de ces div. catégories cel. forment alors une progression géométrique : 1 (petits lymphocytes), 2 (Spermatides), 4, 8, 16 (Foie), 32, 64, 128 (cel. des ganglions spinaux) ; ex. pris chez l'*Homme*.

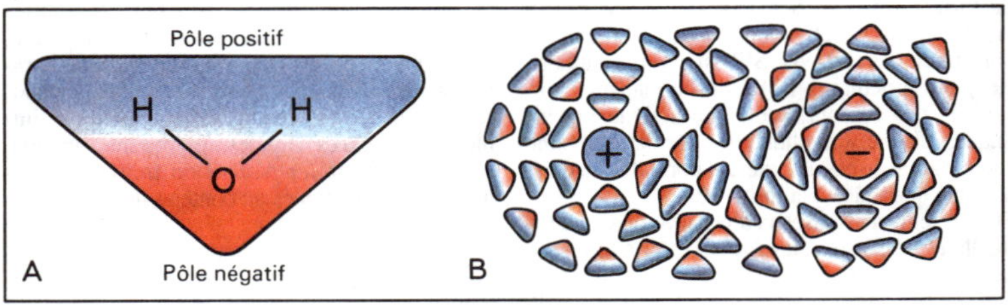

Hydratation des cations et anions (B) par les molécules dipolaires de l'eau (A)

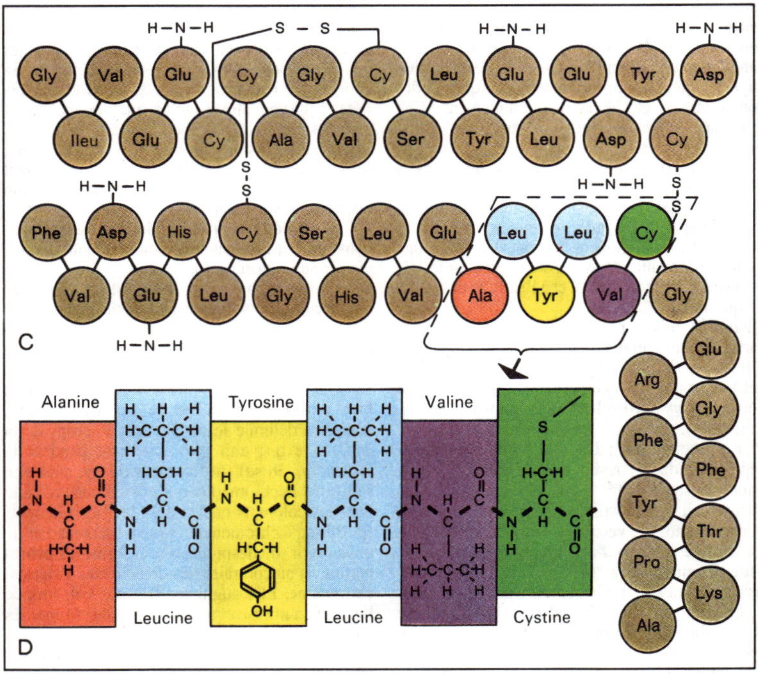

Molécule protéique:
séquence des acides aminés de l'insuline du mouton (C) et détail de sa structure (D)

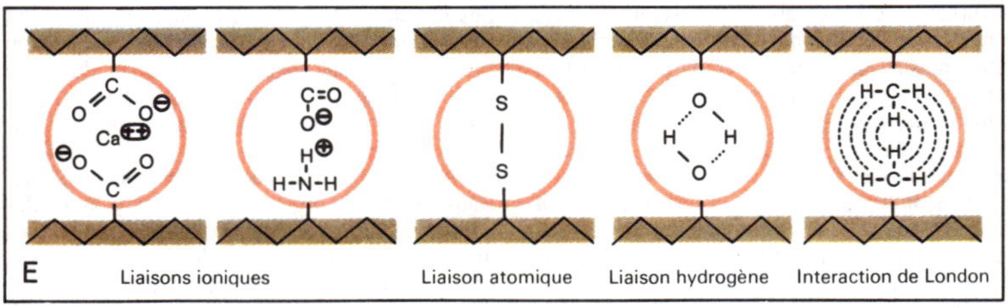

Modes de liaisons entre chaînes protéiques

Le Cytoplasme est un mélange organisé de nombr. subst. minér. et organ., les unes dissoutes, les autres à l'état de solution colloïdale.

L'eau est le constituant fondam. de tous les êtres viv., p. ex., les *Méduses* et de nombr. variétés d'*algues* en contiennent 98 %, un *Homme* adulte 60 %, son sang 80 %, le cartilage, le cerveau, les muscles, le foie de 70 à 75 %, les os 20 %.

La struct. angulaire et l'inégale répartition des charges électr. font de la molec. H_2O un **dipole** (A) d'où découlent des propriétés phys. et chim. qui permettent à l'eau d'assumer de multiples fonct. biol. :

– Le taux élevé de l'eau empêche par sa grande « capacité therm. » un notable **accroissement de la température** cel. en dépit des réactions exotherm.

– Sa grande chaleur de vaporisation entraîne une **chute therm.** par évaporation en surface (1 g élimine plus de 500 Cal. ou encore 2 KJ).

– Sa grande tension superficielle est d'une importance capitale dans l'agencement des couches lipidiques et protéiques **des membr.** cel. (p. 18 sq).

– Des particules qui portent elles-mêmes des charges électr. (ions) ou des charges partielles, attirent les molec. d'eau et s'entourent d'une enveloppe hydratée (B). L'eau est pour cette raison **un solvant** pour de nombreux composés.

– Les prot. hydratées forment une solution colloïdale dans laquelle les particules sont libres mais ne peuvent traverser les ultra-filtres. Lorsqu'elles perdent de l'eau cette solution **ou Sol** se transforme en **Gel**, d'aspect gélatineux, où les particules sont alors immobilisées.

– L'eau et les nombr. subst. qu'elle contient en solution constituent le **suc vacuolaire**, qui joue un rôle imp. dans la turgescence et la pression osmot.

– Elle sert aussi à transporter les subst. nutrit. et les résidus du métabolisme.

– Les molec. d'eau peuvent sans entrer elles-mêmes en action, liées à l'hydrogène par des ponts sous la configuration H_3O^+, échanger rapidement des **ions H^+**.

– Enfin elle intervient d'une façon active dans de nombr. réactions du métabolisme ; la photosynthèse dépend de la décomposition de l'eau (voir photolyse de l'eau, p. 275), et dans la chaîne respiratoire on retrouve l'eau comme produit final des oxydations biol. (p. 305).

Les subst. minér. contenues dans le Cyt. sont ionisées, la proportion des cations, surtout K^+, Na^+, Ca^{++}, Mg^{++}, est dosée avec précision, car ils déterminent le vol. du Cyt., en agissant sur l'hydrat. Dans les organismes végét. **l'antagonisme des ions** K^+ et Ca^{2+} a une grande importance, car K^+ augmente la turgescence, alors que Ca^{++}, dont la charge est double, neutralise plus fortement les prot. du Cyt. et diminue ainsi leur hydrat.

Les subst. organ. du Cyt. se rangent parmi les quatre plus imp. catégories de matériaux biochimiques.

1. Glucides ; ce sont ici, en majorité, des sucres simples (Monosaccharides) qui servent essentiellement à la fourniture d'énergie lors de leur dégradation (glycolyse p. 302 sq) et aussi de substrat pour la synthèse des réserves et des matériaux de const.

2. Lipides soit simples (matières grasses, cires) soit complexes (p. ex. phosphatides, glycolipides) ; les premiers constituant des réserves à long terme, les seconds intervenant avant tout dans la const. des membr. (p. 19).

3. Acides nucléiques, représentés dans le Cyt. par leurs éléments de const. (nucléotides, p. 33) et les A.R.N. de transfert solubles (p. 33) interviennent dans la synthèse protéique (p. 42 sqq).

4. Protéines : elles représentent la substance fondamentale du Cyt. et ont une spécificité d'action caract. de l'espèce, de l'organe, de la cellule, qui dépend de leur struct. primaire et de leur architecture spatiale. Ce qui nécessite un examen attentif pour la compréhension des rapports « struct.-fonct. » (p. 12 sq). Les prot. possèdent des propriétés catalytiques (Enzyme p. 15) et contractiles (Actomyosine). Elles sont responsables de la pression osmot. des colloïdes cytopl., assurent des fonct. de transport (Hémoglobine) et constituent la substance chimique des anticorps et de nombr. hormones (C).

De nombreux composés chim. se présentent dans la cellule sous forme de **Macromolécules**, c'est-à-dire sous forme d'un assemblage de nombreux éléments simples (monomères). Cette organisation leur confère de nouvelles propriétés phys. et chim. L'étirement en longueur et l'existence de liaisons à l'int. et entre les chaînes permettent une grande **stabilité** : condition « sine qua non » pour un déroulement en continu et répétitif des réactions. Ils favorisent aussi **l'élasticité** grâce à des changements de conformation sans modifications à l'int. des chaînes et permettent, par suite d'un groupement en parall., les **glissements**.

– Les réactions le long d'une chaîne se déroulent librement par diminution d'« entropie », p. ex : lors de la biosynthèse des prot. et le long de la chaîne des transporteurs d'électrons dans les Mitoch.

– La suppression de la diffusion rend les réactions plus rapides et plus ciblées.

– La séquence des monomères peut stocker et transporter l'information.

Struct. submicroscopique du Cyt.

Dans le Cyt. à côté des ribosomes et du réticulum endoplasmique (p. 20 sq) apparaît la **matrice** également vide au microscope électr. Les prot. y forment, d'après la théorie des zones d'adhérence, par l'intermédiaire de liaisons labiles (E) un réseau spatial dynamique qui confère au Cyt. les propriétés d'élasticité, de compressibilité et d'immiscibilité dans l'eau. Les « microfilaments » cytopl. qui se composent en partie de microfibrilles d'actine (p. 17) permettent un courant cytoplasmique, les mouvements amiboïdes et de la mitose.

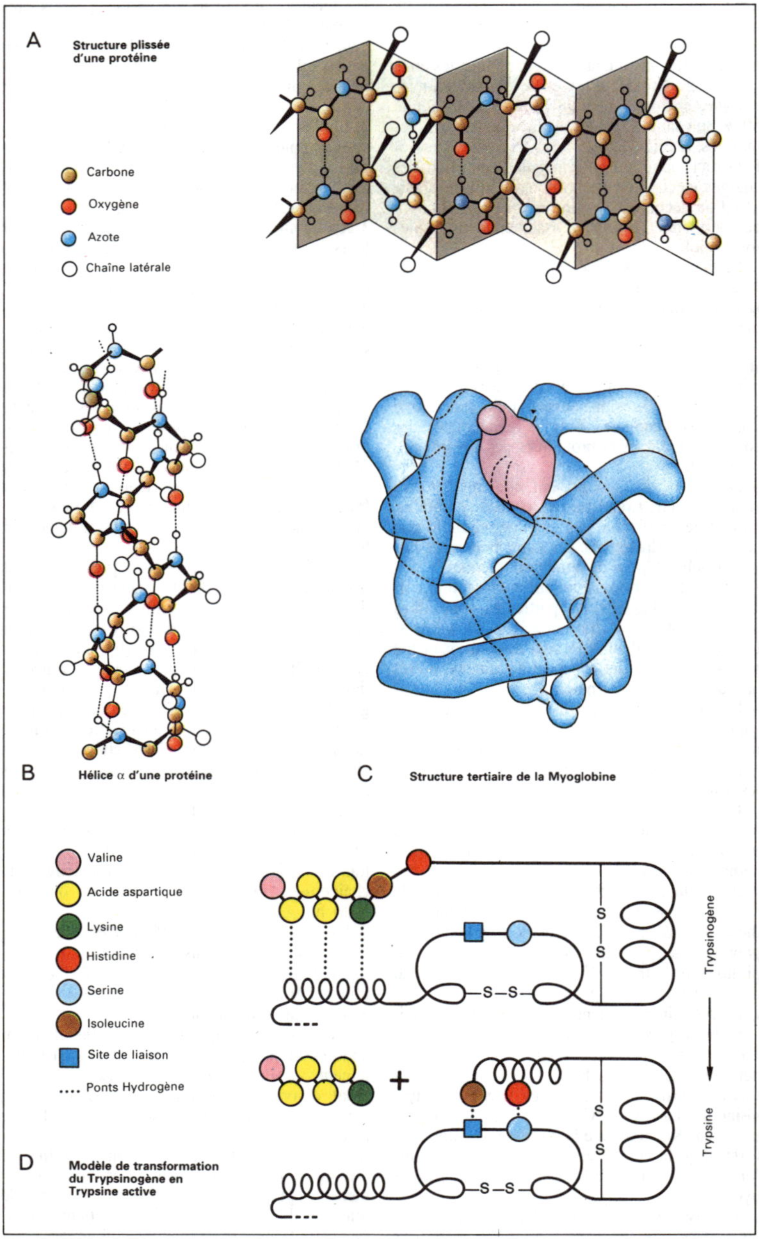

Structure spatiale des protéines

Les élém. constitutifs des prot. sont des associations organochim. que l'on caractérise comme des **acides aminés** en raison du groupement final carboxyle (-COOH), du groupement amine ($-NH_2$) situé devant un atome de C. et d'un (-R) résidu de chaîne latérale variable et spécif. : $R-HC-NH_2-COOH$. Dans les prot. naturelles on trouve environ 22 acides aminés diff., c'est-à-dire à radical R variable, mais on en trouve plus sous forme d'élém. matériels libres.

La struct. prim. des Prot. résulte de l'existence de « liaisons peptidiques » dans lesquelles le groupe acide d'un acide aminé s'unit respectivement au groupe aminé d'un autre acide aminé avec élimination d'eau. La chaîne peptidique peut d'après le nombre de monomères (Ocytocine = 8, Insuline (p. 10) = 51, pepsine = 338) et **leur séquence** varier presque à l'infini ; il en résulte un nombre inimaginable de prot. possibles, en principe.

– Le nombre de prot. possibles est plus élevé que la quantité estimée des atomes dans tout le cosmos.

– A lui seul le corps humain est constitué d'environ 100.000 prot. diff.

Les séquences des acides aminés qui sont génétiquement déterminées par des séquences d'acides nucléïques bien définies (p. 45) ont en dehors des zones spécif. de l'espèce (p. 511), dans la région du « centre actif », des parties de séquences responsables de leur spécificité d'action.

– L'activité biol. de l'adrenalino-cortico-trophic hormon. (ACTH, p. 329, 335) repose sur la séquence de l'ensemble des premiers acides aminés 24 à 39.

– Étant donné que dans l'ACTH le secteur séquentiel 6 à 10 est id. à une partie de la struct. prim. de la mélanotropine (p. 329), on explique ainsi l'effet additionnel de l'ACTH dans la stimulation des mélanocytes. A l'aide de diff. groupes réactionnels qui établissent entre eux des liaisons chim. (p. 10 E) les prot. s'ordonnent selon des struct. spatiales stables dont le comportement diff. en solution est facilement reconnaissable et fournit une **base de classification** encore utilisée (classification et fonct. : p. 14 D)

– **Les prot. fibrillaires** étirées linéairement sont insolubles dans l'eau, p. ex. le collagène du tissu conjonctif, la kératine des productions cornées épidermiques.

– **Les prot. globulaires** serrées les unes contre les autres, arrondies, très hétérogènes, sont solubles dans l'eau (Albumine) ou les solutions salines (Globuline).

– Le Fibrinogène (p. 319 sq) et la Myosine (p. 17), fibrillaires et solubles, occupent une position intermédiaire.

L'ordonnancement spatial des chaînes protéiques, la « **formation des chaînes** », dont il est fait mention est partiellement expliqué par des méthodes phys. et physico-chim. On distingue de façon abstraite sans pouvoir toujours, bien sûr, établir des limites tranchées, trois niveaux de complexité des struct. spatiales.

La struct. secondaire des prot., c'est-à-dire l'arrangement spatial des chaînes polyp. permet d'en distinguer 2 types.

La struct. en feuillet plissé (A) est celle de la plupart des prot. fibrillaires, p. ex. la fibroïne de la soie, la β Kératine des cheveux. Les Chaînes peptidiques sont coudées à chaque fois au niveau de l'atome de C qui porte les chaînes latérales et s'assemblent en « feuillets de prot. » par l'intermédiaire de ponts H situés dans des plans.

La struct. en hélice α (B) des prot. globulaires et de quelques prot. fibrillaires résulte de l'existence de ponts H à l'int. d'une seule chaîne peptidique enroulée en spirale (de 3 à 7 acides aminés par tour de spire).

La struct. tertiaire des prot. : c'est-à-dire l'organisation spatiale tridimensionnelle des chaînes peptidiques étirées ou spiralées. Elle résulte avant tout du fait qu'en milieu aqueux les groupes hydrophiles sont dirigés vers l'ext., alors que les groupes hydrophobes se trouvent majoritairement à l'int. de la molec. protéique.

Jusqu'à présent seules quelques prot. globulaires ont été analysées.

– La **Myoglobine** (Kendrew) p. ex., est composée à 70 % de struct. en hélice, notamment dans les portions étirées, et aux angles et dans les boucles de secteurs non spiralisés (C).

– Les quatre chaînes peptidiques de l'**Hémoglobine**, qui possèdent chacune huit secteurs en hélice se présentent de la même façon.

La struct. quaternaire des prot. concerne la mise en commun de plusieurs chaînes peptidiques ordonnées dans l'espace pour en faire une entité biologiquement active.

– Dans l'insuline (p. 10 C) on trouve deux chaînes réunies au niveau de résidus Cystéine par des ponts disulfure.

– Les quatre chaînes de l'**hémoglobine** forment des paires complémentaires dans leur struct., assemblées en un corpuscule de 6,4 x 5,5 x 5,0 nm de dimensions, de telle façon que les quatre groupes hème s'étalent à la surface du corps protéique.

– On trouve dans les prot. fibrillaires en hélice plusieurs chaînes peptidiques tordues ensemble (α kératine : 7 chaînes, collagène : 3).

Les Rapports struct.-fonct. nécessitent de bien identifier les struct. tertiaires car les acides aminés, répartis sur des fragments de chaîne diff. se trouvent fréquemment rapprochés dans l'espace lors du reploiement tridimensionnel des chaînes peptidiques pour former un centre actif.

– Dans l'enzyme ribonucléase pancréatique (du *bœuf*) les acides aminés occupant les positions 12, 41 et 119 construisent le centre actif par leur rapprochement spatial.

– A partir du précurseur Trypsinogène l'enzyme active trypsine (p. 284 sq) se forme par suppression d'un peptide constitué de 6 acides aminés, ce qui permet de rapprocher les deux acides aminés Sérine et Histidine, qui forment le centre actif, par une transconformation en hélice (D).

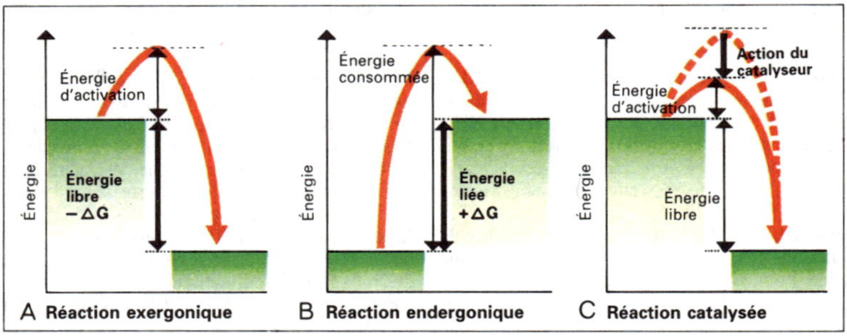

Aspects énergétiques des réactions chimiques

Type de protéine	Fonctions, occurrence et exemples
Protéine de structure	Glycoprotéines du plasmalemme (p. 19) de l'Eucyte, de la Cyanophycine (p. 63) ; Kératine des poils de mammifères (p. 12 sq) ; Collagène du tissu conjonctif (p. 13).
Protéine contractile	Actine et Myosine de l'Eucyte (p. 16 sq), particulièrement de la cellule musculaire ; Dynéine des cils et flagelles (p. 16 sq).
Protéine de stockage	Phytoferritine à base de fer dans les Proplastes (p. 47) ; Ovalbumine du blanc d'œuf d'oiseau (p. 215).
Protéine de transport	Sérumalbumine du sang (p. 287) transportant les acides gras ; Hémoglobine du sang (p. 315) vecteur d'oxygène. Myoglobine du muscle (p. 12 sq) également.
Protéine de défense	Anticorps qui se fixent aux substances étrangères (p. 63.323). Fibrinogène comme étape dans la coagulation (p. 13.319).
Hormones protéiques	Insuline qui régule le métabolisme du glucose (p. 10 sq, 335) ; ACTH qui règle le fonctionnement du cortex surrénal (p. 13.329, 335).
Toxine	Ectotoxines sous forme de sécrétions bactériennes : agents de la Diphtérie et du Tétanos (p. 63)
Enzymes	Biocatalyseurs qui activent les réactions : Oxydoréductases qui transfèrent H^+ et e^- (p. 23.273) dans les oxydoréductions Transférases qui transfèrent des groupes moléculaires : p. ex. Peptidyltransférase (p. 45) Hydrolases qui catalysent les dissociations : p. ex. Glucose – 6 – Phosphatase (p. 23), Nucléases (p. 37) Lyases qui enlèvent des groupes moléculaires (réactions de suppression) : p. ex. décarboxylase (p. 14). Isomérases qui permettent des transformations intramoléculaires : p. ex. Triose – phosphate – isomérase au niveau du Phospho – 3 – glycéraldéhyde et de l'hydroxy – acétone – phosphate (p. 302). Ligases qui réalisent des liaisons nouvelles avec consommation conjointe d'ATP : p. ex. Aminoacyl – ARNt – synthétase (p. 45).

D

Répartition des protéines suivant leurs fonctions

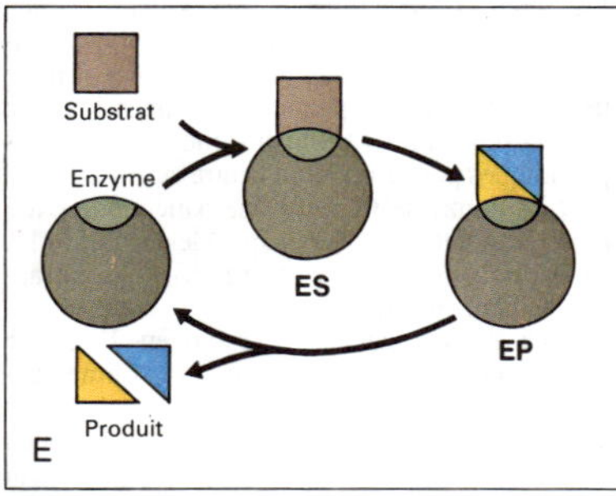

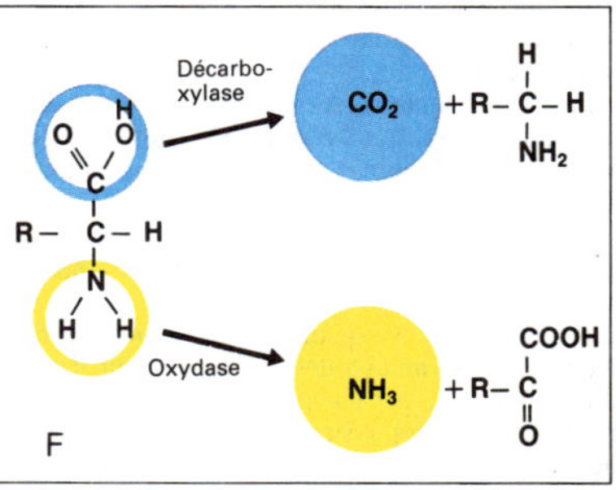

Principes de l'action enzymatique : formation du complexe Enzyme-Substrat ES et libération du produit (E) ; spécificité d'action (F)

Vues sous l'angle de la biologie, toutes les manifestations vitales reposent sur une suite compliquée de processus chim. et phys. qui prennent place dans le métabolisme. Ces transferts de matière sont, comme chaque réaction chim., non seulement réversibles mais encore liés à des changements de niveaux d'énergie.

– **Lors des réactions exergoniques** (A), les composés à haut pot. énerg. descendent à un niveau pauvre en énergie et libèrent de cette façon de l'« énergie libre » utilisable sous une autre forme (- ΔG^o, exprimée en KCal/Mol ou en KJ/Mol).

– **Dans les réactions endergoniques** (B) le processus se déroule en sens inverse. Un composé à haut pot. se forme moyennant la consommation d'une énergie appropriée (+ ΔG^o)

Biocatalyse

Les processus exerg. se déroulent spontanément selon les lois de la thermodyn., puisqu'ils conduisent à des états pauvres en énergie. Par conséquent les composés organ. les plus riches en énergie pourront être spontanément et rapidement oxydés en présence d'O^2 pour donner les corps les plus pauvres en énergie CO^2 et H_2O. Ce qui signifie que dans les conditions de l'atmosphère terrestre la vie serait impossible. Cette labilité thermodyn. établie est en fait, pour de nombreux composés carbonés un état **métastable** en raison d'une certaine inertie de la réaction ; ce n'est qu'après fourniture d'une **énergie d'action** appropriée que ces composés retrouvent leur capacité de réaction ; le processus une fois déclenché se déroule ensuite spontanément et d'une façon exerg. Là où l'activation par chauffage (p. ex. l'allumage d'un carburant) est impossible, et où, comme dans les cel. viv., où règnent des conditions normales de t^e., pression et concentration, la réaction se déclenche pourtant rapidement et d'une façon contrôlée, c'est que le niveau d'énergie d'activation dans ces systèmes technologiques comme biol. se trouve abaissé par des *catalyseurs* (C), ainsi définis :

Ils rendent une réaction thermodyn. possible, sans en changer l'équilibre.

– Ils ne se retrouvent pas dans le produit final, pas plus qu'ils ne subissent de changement de struct. durable.

Ils réalisent d'énormes transf. chim. à faible concentration (1 molec. de catalase dissocie en une seconde jusqu'à un million de molec. d'H_2O_2, ce qui nécessiterait près de quatre mois sans catalyseur).

Les catalyseurs de la cel., nommés aussi biocatalyseurs, sont les enzymes.

Les Enzymes (D)

Ce sont des prot. pures ou bien elles comprennent à côté d'un composant non protéique (le cofacteur : un métal ou encore « Co-enz. » p. 316 sq) une prot. spécif. (= Apo-enzyme). Les enz. se différencient d'après la nature de la liaison chim. que respectivement elles rompent ou favorisent. D'après la nomenclature leur nom se termine en « ase » exception faite de noms usuels comme, par exemple, la trypsine (p. 12 D). Leur activité dépend à la fois de la séquence de leurs acides aminés et de leurs struct. spatiales qui sont déterminées en tant qu'information génétique par les acides nucléiques.

Mécanismes d'action des enzymes

L'abaissement du niveau d'énergie d'activation, et l'augmentation concomitante de la V, reposent sur un **processus cyclique de l'activité enzymatique (E).** L'enzyme forme avec le produit initial, le substrat S, un complexe enzyme-substrat, ES, qui donne au cours de la réaction proprement dite un complexe EP qui se dissocie par la suite en Enzyme et Produit. L'enz. se retrouve du même coup disponible pour une nouvelle réaction.

Si l'on en juge du point de vue énerg., l'énergie d'activation représentant la somme de toutes ces étapes élémentaires, est de très loin < à celle requise pour la transf. non catalytique de S en P.

La spécificité d'action d'une enz. a pour conséquence que, seule une réaction déterminée du substrat, parmi les nombreuses chim. et thermodyn. possibles, est catalysée ; une autre enz. avec une autre spécificité d'action déclenche sur le même substrat une réaction diff. :

La décarboxylase enlève le CO_2 d'un acide aminé, pendant que l'oxydase, par désamination oxydative, donne un acide cétonique (F).

Ce n'est qu'exceptionnellement qu'une enz. peut catalyser deux réactions diff., p. ex. : nombre de protéases sont également capables d'hydrolyser des esters carboxyliques.

La spécificité de substrat

conditionne la transf. par une enz. d'un seul, voire de quelques substrats chimiquement semblables :

– L'uréase présente une spécificité absolue et transforme l'urée en CO_2 et NH_3, à l'exclusion de toute autre subst. ;

– Les aminodécarboxylases présentent une spécificité relative, c'est-à-dire que le même type d'enz. peut enlever le CO_2 d'acides aminés différents, avec toutefois une vitesse variable. La spécificité tient en premier lieu à l'existence dans le « centre actif » (p. 12 D) d'un motif bien particulier avec des charges ou des groupes réactionnels, qui ne se lie qu'à des struct. bien définies et différencie de la sorte les molec. appropriées. Ce motif ne se présente pas, ainsi qu'on l'admettait précédemment selon la théorie « clef-serrure » (E. FISCHER 1894), comme une matrice figée. Il passe au contraire sous l'influence du substrat d'une struct. spatiale labile à un état conformationnel adapté (Théorie de l'adaptation ou de « l'induction active » KOSHLAND 1958). Les groupes catalytiques et spécif. du centre actif déterminent si la molec. liée est un substrat approprié et catalysent alors sa transf. ; sinon elle se comporte comme un inhibiteur (p. 273 : inhibition compétitive).

Les théories de l'activité enzym. explicitent cette transf. catalytique par des mécanismes de réorientation ou de rapprochement entre les molec. de substrat, qui tiennent compte des reploiements et des charges électr. de ce même substrat au sein du complexe enzym.

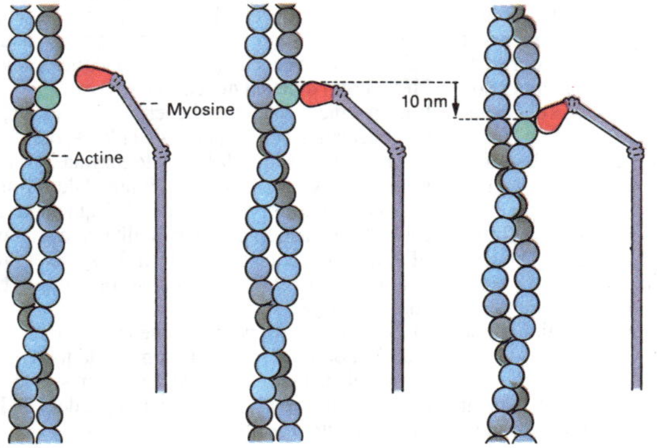

A **Théorie du glissement filamentaire**

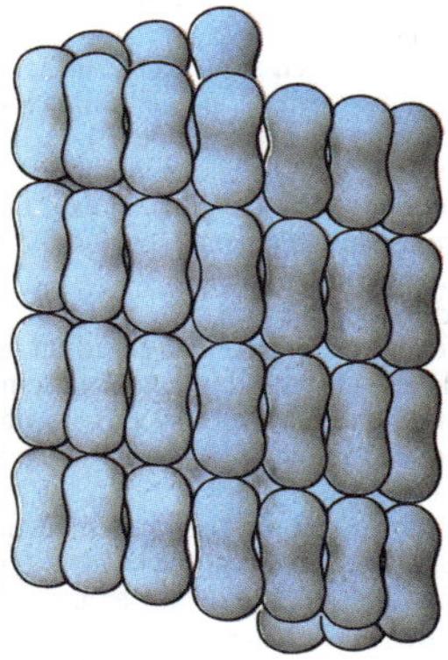

B **Microtubules**

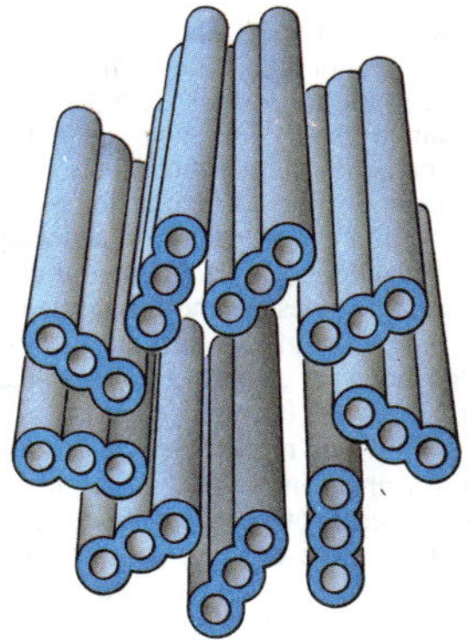

C **Centriole** (simplifié)

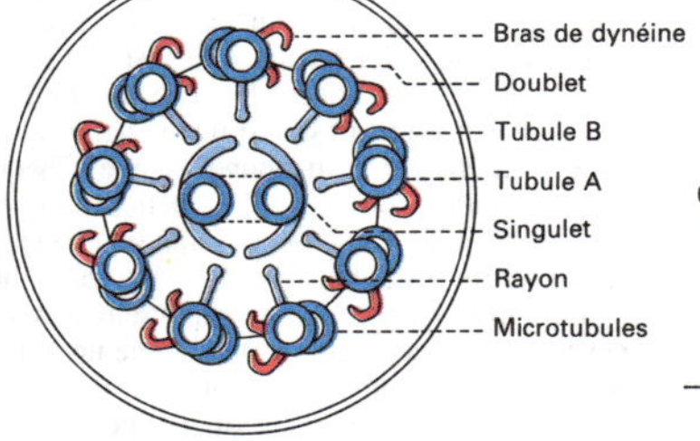

D **Coupe transversale schématique à travers un cil ou un flagelle**

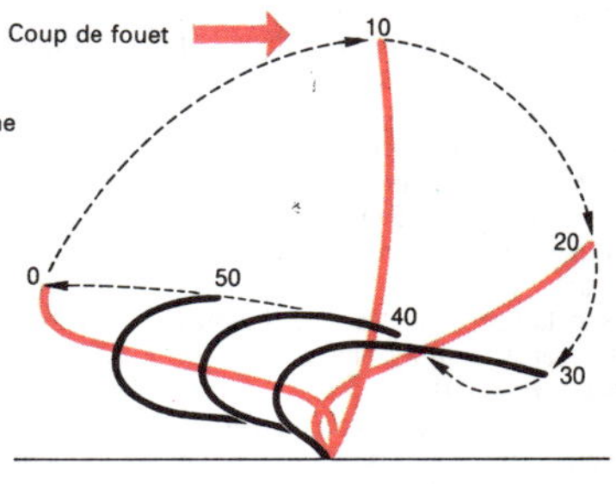

E **Coup de fouet d'un cil** (en millisecondes à partir du démarrage)

Structures cytoplasmiques (B, C, D) et les principes de leur mobilité (A, E)

Les microfilaments

Les cel. les plus variées possèdent un réseau de struct. nématoïdes, les filaments, qui selon le type ou l'état d'activité de la cel. prennent des formes variables et très vite interchangeables.

– Dans les cel. au repos des entrelacs de **faisceaux de filaments** s'organisent, le plus souvent disposés parallèlement selon le grand axe de la cel. ou la traversant de part en part.

– Dans les cel. en mouvement ou en divis. ces prot. forment généralement un **réseau de filaments** à mailles fines.

Les filaments d'actine et de myosine sont les éléments structuraux de ce réseau :

– près de 150 à 200 molec. **d'actine** globulaire reliées comme des perles à l'actine fibrillaire (Actine F) forment un filament d'actine constitué de 2 chaînes tordues entre elles.

– La molec. de myosine de 0,00 015 mm de long possède une double tête reliée d'une façon souple à une collerette articulée pour sa part avec une longue queue. Lors de la constit. d'un filament de myosine la tête et la collerette coudée font saillie en dehors de la struct. filamenteuse.

Entre ces deux composants filamentaires on peut avoir des déplacements moll. conduisant à des mouv. d'ensemble (p. 51) selon la théorie du **glissement filamentaire** (A). La tête de myosine activée par l'ATP, adénosine triphosphate fournisseur d'énergie disponible pour le travail cell. (p. 49), a une grande affinité pour l'actine et se fixe à la portion de molec. la plus proche en se déformant au niveau de l'articulation collerette-queue. Ceci entraîne avec une décomposition d'ATP une torsion de près de 45 ° de la tête de myosine au niveau de la collerette, sans que la liaison avec l'actine ne soit rompue. C'est de cette façon que le filament d'actine se déplace.

Les microtubules

Ils se présentent dans chaque cel. d'Eucaryote comme de très minces tuyaux de 0,00 002 mm de Ø et d'une longueur qui peut provisoirement atteindre 1 000 fois cette valeur.

Abstraction faite de leur utilisation comme élém. constitutif de la plupart des organites creux (cf. centriole, flagelle, cil), ils apparaissent comme des struct. isolées irrég. ou ordonnées. Ils se composent de **tubuline,** une prot. globulaire semblable à l'actine dont l'alignement donne automatiquement de longs protofilaments dont 13 associés en une hélice serrée forment la paroi d'un microtubule (B). Cette construction qui résulte de l'auto-assemblage de sous-unités id. permet à la cel., selon ses besoins, de rapidement faire ou défaire ses microtubules. Comme le froid et le poison végét. la colchicine, bloquent l'adhérence des molec. de tubuline on peut aussi par ces moyens arrêter la polym. (perturbation de la mitose p. 39, 77, action du froid p. 219).

La fonction princ. des microtubules est l'augm. de viscosité du Cyt., donc une fonction **cytosquelettique** qui peut toujours être subodorée lorsque des cel. sans parois échappent à la forme circulaire favorisée par la tension superficielle.

– De nombreux **Protozoaires** et des cel. embryonnaires doivent leur forme à un syst. périph. de microbules agencés parall. à la membr. cell.

– Les plaquettes sanguines (Thrombocytes, p. 80) doivent leur aspect à une disposition circulaire des microtubules ; les longues fibres nerveuses sont parcourues par des neurofibrilles (p. 94).

– Les axopodes des *Héliozoaires* (p. 69) se raccourcissent à l'aide d'un filament axial constitué de microtubules épais et régulièrement ordonnés. Le froid ou la colchicine les détruisent. Leurs fonct. de transport ou de mouv. à l'int. de la cel. sont l'objet de discussions ; les microtubules eux-mêmes ne seraient pas contractiles mais serviraient de butée ou de rail de glissement aux syst. contractiles.

– Lors de la mitose ils forment le fuseau de div. (p. 38 sq).

– Dans les cel. végét. en croissance ils servent au transport des vésicules de Golgi vers la membr. cell. (p. 22 sqq), de même que de rails pour les corps pigmentaires des chromatophores quand la peau change de couleur.

Les Centrioles (corpuscules centraux)

sont des cylindres creux de 0,000 15 mm de Ø et d'une longueur env. triple, dont la paroi est constituée de 9, 18 ou plus généralement 27 microtubules étirés en longueur (C).

Un centriole est entouré par un Cyt. opt. vide et se transforme en diplosome quand il est poussé à la fabrication d'un centriole fils perpendiculaire.

Chez tous les *Métazoaires* les centrioles sont impliqués dans la polarité cell. pendant la mitose en relation avec le fuseau de div. (p. 38 sq). Chez les *Plantes* on ne les rencontre que pendant la différenciation des gamètes mâles mobiles (chez les *Mousses*, les *Fougères*, les *Cycadales* et le *Ginkgo*), exception faite de leur présence régulière chez les *Algues* et les *Champignons*. Lorsque les centrioles normaux se multiplient et se logent sous la membr. cell. ils peuvent se transformer en corpuscules basaux.

Les **Cils et Flagelles**

sont des organites fibrillaires impliqués dans les mouv. (p. 50 sq) qui implantés sur des corpuscules basaux sortent à l'ext. Ils présentent chez tous les *Eucaryotes* la même struct. interne (D). Une paire centrale de microtubules (les singulets) est liée par des rayons à un anneau périph. de neuf tubules doubles (les doublets) qui portent sur toute leur longueur à des intervalles de 0,000 017 mm de longs appendices pairs de Dynéine en forme de bras d'env. 0,000 015 mm. Cette enz. peut à l'instar de la myosine décomposer l'ATP, ce qui libère l'énergie indispensable pour le mouv. flagellaire. En commençant par la base, les doublets glissent avec leurs bras de Dynéine le long des doublets voisins ce qui occasionne la courbure des flagelles disposés verticalement à la surface des singulets. Il en résulte des battements ciliaires selon le principe du coup de fouet et du coup de rame (E).

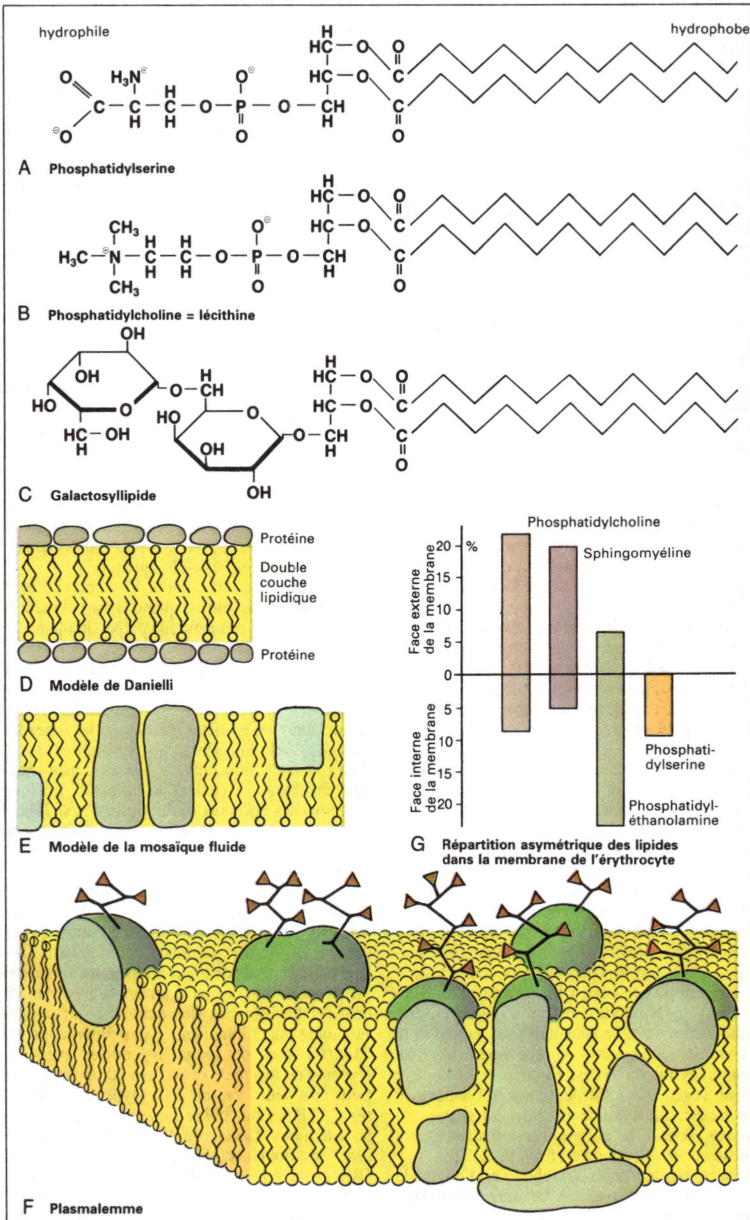

Constituants chimiques et modèles structuraux de la Biomembrane

Les Biomembranes
sont les composants fondam. de chaque cel. : elles entourent toutes les cel. en tant que membr. limitante (Plasmalemme) ; elles forment dans le reste de la cel. des syst. membranaires très étendus (reticulum endoplasmique, p. 21) et les limitantes des diff. organites comme l'A.G, les lysosomes, les vacuoles (p. 23) les Mitoch. (p. 27) les Plastes (p. 29) le noyau cell. (p. 35).
Elles ont une **double fonction** :
– ce sont des barrières perméables pour de nombr. subst. dissoutes. Ce qui fait de tous les territoires délimités par ces membr. des espaces réactionnels clos, **des compartiments** dans lesquels peuvent exister des subst. et des réactions bioch. diff.
– ce sont des transporteurs bioch., qui fonctionnent en tant que pompes laissant passer spécifiquement dans un sens des subst. bien définies.
Comme ces biomembr. sont en même temps des barrières et des pompes et qu'elles contrôlent souvent d'une façon active l'entrée et la sortie de matière contre un gradient de concentration, on parle de **perméabilité sélective**. Ce qui conduit à l'extrême, pour les cel. viv., à une semi perméabilité, où la membr. très perméable à l'eau devient imperméable aux solutés.
Les Structures moléculaires
sont en moyenne, à parts égales :
– **des Protéines** 30 à 40 % sous forme de molec. périph. solubles réparties en surface, 60 à 70 % sous forme de prot. « intégrées » situées profondément ou qui traversent la membr., associées à des lipides. Les prot. membranaires remplissent les div. fonct. d'une membr. ; alors que la membr. interne mitochondriale comprend plusieurs enz. diff., on n'en compte qu'une seule dans celle des bâtonnets rétiniens (Rhodopsine, p. 356 sq).
– **des Lipides** qui sont, abstraction faite des stérols (près d'1/3 sous forme de cholestérine, p. 286 C, dans les membr. anim.), des molec. amphipolaires constituées d'un pôle « hydrophile » et d'un pôle « hydrophobe ». Les chaînes hydrophobes sont généralement des acides gras de 14 à 24 atomes de C.
Le pôle hydrophile est constitué dans les **phospholipides** (A,B) par un ester d'acide phosphorique et dans les **glycolipides** (C) par un sucre lié au squelette du glycérol. Dans l'eau (moléc. dipole p. 10 sq) ces moléc. lipidiques amphipolaires s'orientent avec la tête enfoncée dans le manteau aqueux, et les queues hydrophobes disposées parall. et les unes sur les autres. Cette *double couche lipidique* qui se trouve sous un état fluide dont la consistance avoisine celle de l'huile d'olive présente ainsi un état plus cristallin (la phase smectique) dans lequel les molec. isolées ne peuvent bouger qu'à l'intér. de la couche et s'orienter autour de leur axe propre. Les résidus d'acides gras insaturés abaissent le niveau d'organisation.
La Structure des biomembranes
est considérée d'après le modèle classique de Danielli (1930 env.) (D) comme une bicouche lipidique interne doublée de chaque côté par une couche polyp. Un film lipidique avec des pores explique certes le phénom. passif de perméabilité non spécifique (Théorie du filtre lipidique) mais pas les fonct. de transport et d'activité enzym. des Membr. Celles-ci ne peuvent se réaliser que grâce à un fonctionnement actif et spécif. des prot.
Le modèle de la mosaïque fluide (Singer et Nicolson 1972) conçoit les Membr. comme des configurations dynamiques. (E)
– Les prot. périph. flottent sur la couche lipidique fluide pendant que les prot. intégrées y pénètrent profondément grâce à leurs résidus ext. hydrophobes. Des liaisons ioniques dans les territoires hydrophiles et des forces de London dans l'int. hydrophobe assurent la liaison des deux types de composants membranaires.
– Les moléc. membranaires ne sont pas réparties d'une façon statique, mais associées d'une façon spécifique pour former des complexes supramoléc. (à struct. de surface en mosaïque), qui ne peuvent exercer une fonct. déterminée que sous cette forme (p. ex. pores ou récepteurs de signaux).
La membrane cellulaire des Eucaryotes (F)
Le plasmalemme de 7 à 9 nm d'épaisseur correspond dans sa composition et sa struct. au modèle idéal de biomembrane.
Cependant comme elle sépare deux compartiments entièrement diff. elle présente aussi des disparités de struct. A côté de la polarité de la surface cell. observable chez de nombr. cel. et qui s'exprime par une struct. en mosaïque, c'est la distribution asymétrique des constituants, des deux côtés de la membr. qui caractérise **l'asymétrie membranaire**.
– Le cholestérol est plutôt réparti dans les couches externes et la phosphatidylsérine dans les internes (G).
– Il y a deux fois plus d'acides gras insaturés dans les lipides de la couche interne (cel. du foie). Dans les prot. intégrées la fraction polypep. qui présente le C terminal semble orientée vers le Cyt. et celle présentant l'N initial vers l'ext. de la cel. Ce segment moll. porte aussi une fraction glucidique qui représente env. 10 % de la masse membranaire (glycopro.) ; cette partie la plus superficielle de la membr. cell. peut être si étroitement liée avec une chaîne glucidique que l'on parle du manteau cell. (glycocalix).
Ce **glycocalix** représente par sa séquence et sa longueur (8-15 monosaccharides unités) par le mode de liaison et ses ramifications une énorme variabilité potentielle de la chaîne oligosaccharidique et est de ce fait, au moins partiellement, génétiquement impliqué dans l'activité des enz. associées. Les restes de sucre assurent diff. fonct., comme par exemple les possibilités de reconnaissance et d'adhésivité des cel., l'antigénicité des groupes sanguins, l'accrochage des hormones et des virus.
Membr. cell. des *Protocaryotes* voir p. 59 sq.

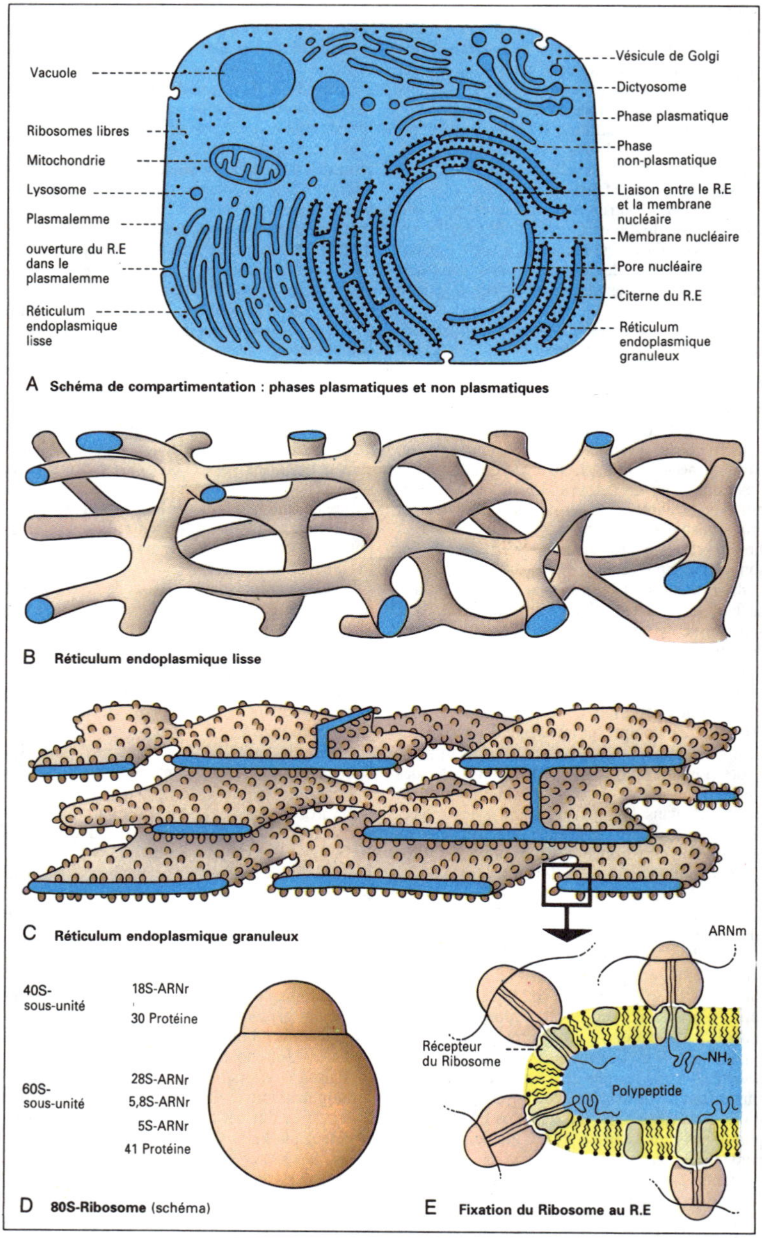

Réticulum endoplasmique et Ribosomes

Le Cyt. fondam. de toutes les cel., exception faite des érythrocytes et des thrombocytes est traversé par un *réticulum endoplasmique* (R.E.), syst. formé de biomembr. se terminant par des extrémités aveugles creuses (40 -70 nm de Ø), de saccules et de lamelles en relation avec le plasmalemme et la membr. nucléaire. Il délimite dans ses citernes une phase non plasmatique (« Plasma réticulaire » par rapport à la matrice cytopl. (A).

L'étendue et la forme des éléments du R.E. dépendent fortement de la fonct. de la cell. et de son état physiol. :

– Les cel. exocrines du pancréas sont à plus d'1/5 de leur volume remplies de R.E. La superficie totale de ce R.E. avec plus de 0,008 mm^2 représente dix fois celle du plasmalemme.

– Les cel. des branchies des *Poissons* développent dans leur Cyt. le multiple de leur surface membranaire.

– Dans les cel. hépatiques des *Mammifères* on ne trouve pratiquement pas de R.E. quelque temps avant la naissance. Il s'y développe alors très rapidement et représente dans les cel. du foie achevées une surface membranaire de 0,04 mm^2.

– En fournissant des barbituriques et de nombr. autres produits pharmaceutiques on pourrait doubler en 16 heures chez des *Rats* le R.E. des cel. hépatiques, qui dégradent enzymatiquement ces produits.

Les grandes **flexibilité et labilité** du R.E. qui s'expriment par l'individualisation et le transfert de canaux à travers le flux plasmatique, la maturation de vésicules avant tout à la périph. cell. et dans le R.E. de synthèse dans ses portions juxta-nucléaires, proviennent du caractère fluidal de la biomembr. selon le modèle de la mosaïque fluide (p. 19).

La **constitution chimique** des membr. réticulaires se caractérise chez les *Mammifères* par environ 70 % de prot. et 30 % de lipides très riches en lécithines et pauvres en cholestérol. Presque toutes les prot. sont intégrées et ont les fonct. enzym. spécif. du reticulum (Synthèse de phospholipides, graisses stéroïdes).

A l'exception de la membr. nucléaire (p. 35) qui dérive du R.E. et peut en être considérée comme une partie, le R.E. se présente sous 2 formes diff. en rapport avec des fonct. métaboliques précises.

Le R.E. lisse (agranulaire) (B)

sous la forme d'un syst. de tubules entrelacés se trouve souvent à la périph. du Cyt. Ses compartiments réalisent diff. fonct. Il sert principalement **au transport** intracell. mais également intercell. chez les *plantes* par les plasmodesmes (p. 31).

– A partir des élém. puisés dans la lumière intestinale comme l'eau et les ions, les moléc. solubles et les globules lipidiques sont transportés par le R.E. des cel. épithéliales de l'intestin grêle vers l'int.

– Dans les cel. à chlore qui règlent la pression osmot. par l'élimination de NaCl (Branchies des *Poissons* et des larves d'*Amphibiens* ; glandes à sel p. 298 sq), la synthèse du R.E. lisse est fonct. de la teneur en sel.

Plus part. dans les expansions sacculaires des citernes on peut avoir une **accumulation** temporaire : p. ex de lipides, prot. et glycogène.

– Les cel. des glandes sébacées qui fabriquent et stockent des lipides ont un R.E. lisse très imp.

– Dans les cel. muscul. les membr. du « reticulum sarcoplasmique » servent de pompes à Ca et les citernes de réservoirs à Ca, ce qui abaisse de 10 000 fois la concentration de Ca^{++} dans le sarcoplasme qui n'atteint pas alors (p. 93, 389) le seuil indispensable à la contraction des myofibrilles.

– Dans les cel. douées de mouv. amiboïdes (p. 51) les filaments contractiles (p. 17) sont accompagnés par un R.E. lisse, qui emmagasine ou libère le Ca. Dans les zones part. divisées et fortement agglomérées du R.E. lisse des tissus spécialisés a lieu la **synthèse des hormones stéroïdes**.

– Chez les *Vertébrés* à partir du cholestérol de la testostérone est fabriquée dans les cel. interstitielles du testicule et des œstrogènes dans les cel. folliculaires.

– Chez les *Arthropodes* l'élaboration finale de l'hormone de mue : ecdysone, s'effectue en partie dans le R.E. lisse (p. 337).

Le reticulum endoplasmique granuleux (C)

bien représenté au voisinage du noyau et dans les cel. à forte activité protosyn. (cel. des glandes salivaires et pancréatiques) sous forme d'**Ergastoplasme** disposé en épaisses couches lamellaires, porte sur la face cytopl. de ses membr. des millions de ribosomes siège de la synthèse protéique (p. 44 sq).

Les ribosomes de tous les organismes se composent de 2 sous-unités diff. réunies par un sillon et sont constituées d'acides ribonucléiques (ARNr p. 33) et de prot. Contrairement aux ribosomes 70S des *Protocaryotes* (p. 58 sq) des mitoch. (p. 27) et des plastes (p. 29) des Eucaryotes les **Ribosomes 80S** (S = constante de sédimentation en unités Svedberg) sont plus grands et plus complexes (D) :

La forme ronde de dimensions 30 x 25 x 23,5 nm, a un pm de 4,5 millions et se compose de 71 prot. et de 4 types d'ARNt. Les sous-unités sont fabriquées dans le nucléole leur assemblage revenant dans le Cyt. à l'ARNm (p. 44 sq).

Pendant que les ribosomes libres dans le Cyt. produisent les prot. qui couvrent les besoins propres de la cel., les ribosomes situés à l'ext. du R.E., liés à la membr., fabriquent des « prot. exportées », à travers la membr. dans des citernes. Elles sont en plus, par l'intermédiaire de chaînes polypep. qui s'y enfoncent et poursuivent leur croissance, accrochées au R.E.(E).

Les enz. reploient les polyp. en une struct. tertiaire. Le R.E. granuleux est de ce fait bien représenté dans des cel. qui se détachent, évacuant des enz. dans les canaux digestifs, des hormones peptidiques dans les espaces liquidiens de l'organisme, libérant des prot. de struct. (p. ex : collagène) pour la constitution du tissu conjonctif des espaces extra cell. ou fabriquant des immunoglobulines et autres sérum-protéines.

En dehors de ces prot. exportées le R.E. granuleux prend part à la fabrication des protéines du glycocalix (p. 19) et à la croissance de la membrane elle-même.

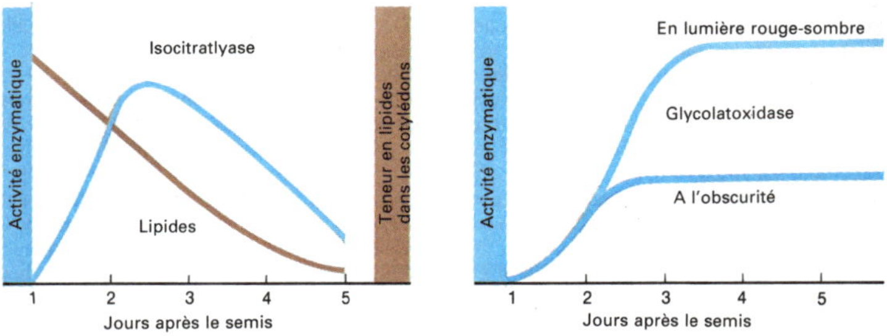

A **Utilisation des lipides et activité enzymatique des glyoxisomes, au cours du développement de l'embryon**

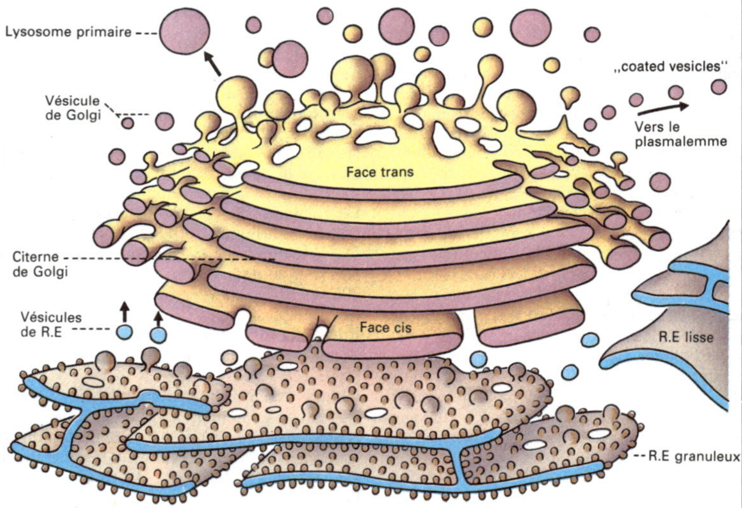

B **Dictyosome et système membranaire associé**

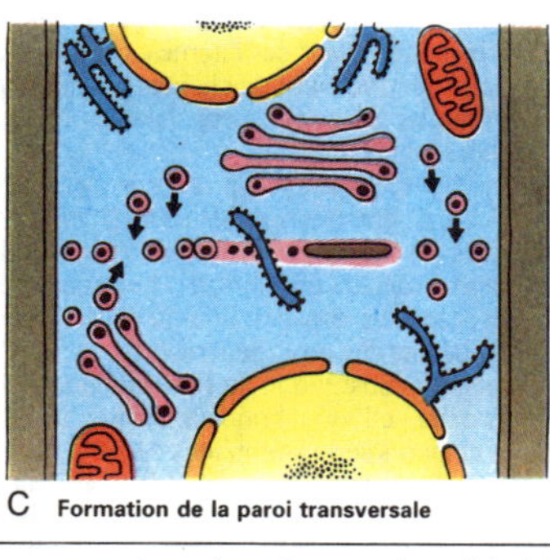

C **Formation de la paroi transversale**

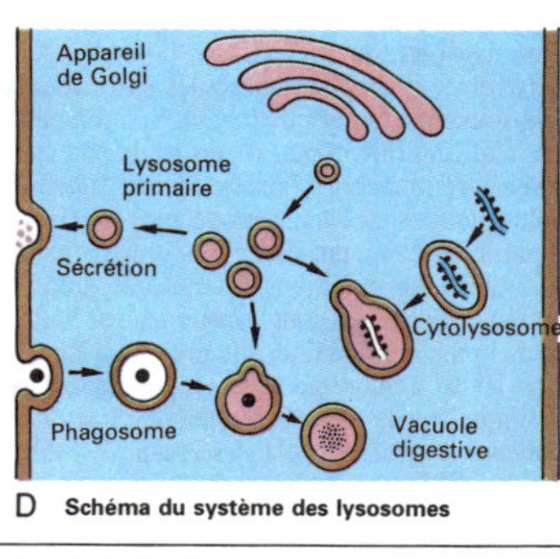

D **Schéma du système des lysosomes**

Structure et dynamique des organites vésiculaires de la cellule des Eucaryotes

Plusieurs organites vésiculaires de la cel. sont, tant leurs fonct. sont variées, en dernier ressort des productions du R.E., tant au niveau du contenu des citernes que des fragments membranaires. Il ne s'agit cependant pas lors de ce **flux membranaire** d'un simple transfert de matière, mais d'une reconstruction moll. par étape.

Les microsphères,
prennent naissance, sous la forme de gros compartiments sphériques de 200-1500 nm, au niveau du R.E. dont elles reçoivent membr. et matrice. Elles ont une vie courte (période de 10 à 36 heures) et caractérisent typiquement les phases du dévelop. cell. Elles possèdent des oxydases et la catalase qui est limitée à ces corpuscules ; leur fonct. commune est la dégradation oxydative des produits du métabolisme par la formation de peroxydes.

Les peroxysomes chez *les animaux supérieurs* servent à la synthèse des glucides à partir des acides aminés.

Les glyoxysomes interviennent au tout début du dévelop. des plantes à fleurs (p. ex. cotylédons de Sinapis, A) en transformant enzymat. les graisses en glucides.

Les *Peroxysomes des feuilles* vertes sont liés aux chloroplastes et contiennent les enz. d'une voie oxydative latérale de la photosynthèse (photorespiration, p. 277).

L'appareil de Golgi (AG),
qui a été considéré à l'origine comme un ensemble de substances chimiques réductrices, des cel. nerveuses, est aujourd'hui interprété comme « la glande cellulaire » de tout Eucyte. Il regroupe la totalité des dictyosomes (B). Ce sont des empilements de 3 à 12 saccules aplatis en forme d'écaille d'oignon, qui sur leur pourtour se ramifient en canaux qui par constriction se gonflent en petites poches qui se détachent (les vésicules de Golgi).

La partie externe courbe (face-cis ou de croissance) est généralement issue du noyau par le biais du R.E. granulaire et permet ici grâce à un courant de vésicules à partir de ce R.E.G. ou en liaison directe avec le R.E. lisse, qui de ce fait relie entre eux plusieurs dictyosomes, l'élaboration de la membr. et l'exportation des enz. Ce matériel intégré issu du R.E. se transforme en passant par les citernes de Golgi pour donner la face-trans. du dictyosome, la lécithine est dégradée, le %age de cholestérol augm. ainsi la membr. de l'A.G. acquiert la struct. du plasmalemme et tout l'ensemble du matériel interne de type protéique, la glucose -6-, phosphatase et les autres enz. de type R.E. des citernes en position-cis seront ensuite remplacés par ceux qui peuvent opérer la liaison avec les sucres donnant le glycocalix ; les citernes en position trans se chargent finalement en phosphatases acides issues du R.E. lisse. Cette tridivision idéalisée d'un dictyosome permet aussi d'expliquer les diff. **fonctions fondamentales.**

– Ds les cel. à caractère sécrétoire, **l'accumulation et l'évacuation des produits sécrétés** passent au premier plan, au détriment du reste.

– Ds les cel. à croissance rapide ou qui se déforment intensément **l'adjonction d'un glycocalix** est possible à partir des bords des citernes intermédiaires (*coatled vesicles*).

– Les cel. phagocytes (p. 25) utilisent les citernes en position-trans pour la **synthèse des lysosomes.**

Ainsi chez les plantes l'A.G. des cel. sécrétrices prend en charge la synthèse des polysaccharides acides et leur transport jusqu'à la membr. cell. Ds les cel. anim. il sert surtout à évacuer les sécrétions protéiques aux fonct. variées (glandes mammaires : prot. alimentaires, pancréas : Enz. ; glande thyroïde : hormones ; chondrocytes, glandes séricigènes : prot. du squelette).

Lors de la **formation d'une nouvelle membrane** (C) entre les noyaux des cel. filles issues d'une divis. cell. ou d'une segmentation, l'A.G. fournit le matériel. Au début de la télophase (p. 38) de nombr. vésic. s'assemblent entre les noyaux des cel. filles pour former un disque qui chez les végétaux sup. s'étend de façon centrifuge ; chez les végétaux inf. il se ferme par constriction pendant que les vésic. fusionnent et forment la membr. prim. avec leur contenu (Composés pectiques et Hemicelluloses).

Pendant la croissance de la paroi de la cellule végétale (p. 77) les citernes de l'A.G. isolent les constituants de la paroi du Cyt. et les transportent à l'ext. par les vésic., pour les déposer aux points de croissance, p. ex. l'extrémité d'un tube pollinique ou la zone de croissance située en dessous du point végétatif, contre la membr. cell.

Les lysosomes (D)
sont structurellement et fonct. liés à l'A.G. Les diff. formes apparaissent comme des organites cell. sphériques visibles au microsc. opt. que l'on peut reconnaître à leur haute teneur en hydrolases et au microsc. électr. par la membr. qui les entoure et protège ainsi le reste du Cyt. de la destruction. L'enz. princ. des lysosomes est la « phosphatase acide » qui libère l'acide phosphorique en milieu acide, on trouve aussi les enz. qui clivent l'ADN, l'ARN, les prot., les glucides et lipides spécifiques du type de lysosome ou du type de tissu auquel appartient la cel. Les « lysosomes primaires » sont directement issus de l'A.G., ils transportent les enz. de dégradation soit en dehors de la cel. (Prot. exportées : les sécrétions des leucocytes qui dissolvent la subst. interstitielle des cartilages ou des os ou qui reconstituent le tissu utérin en cas de non gestation) soit ds la cel. au lieu même de la dégradation. Ds ce cas les enz. ne peuvent agir, que s'ils sont déversés dans le Cyt. (Autolyse, vraisemblablement seulement après la mort) ou parviennent aux subst. hydrolysables ds les « lysomes secondaires ». Cette **digestion intracellulaire** est possible par la fusion des lysosomes prim. avec les « phagosomes » qui ou bien possèdent une structure acellulaire (« vacuoles digestives ». *Protozoaires*-Leucocytes) ou des struct. cell. (« cytolysosomes » : destruction de struct. cell. hautement différ. lors de la regénération tissulaire, la métamorphose, états de jeûne).

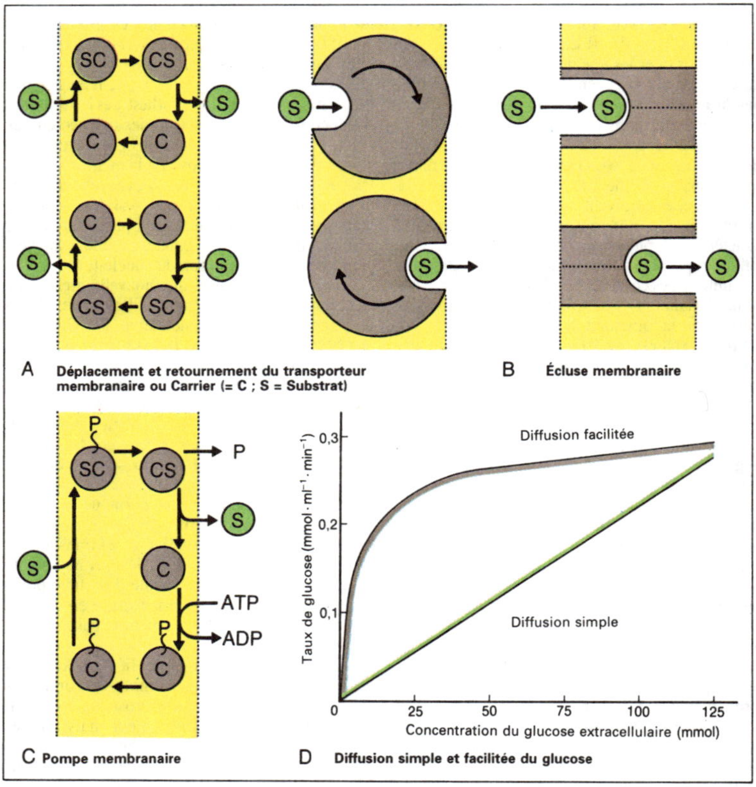

A Déplacement et retournement du transporteur membranaire ou Carrier (= C ; S = Substrat)

B Écluse membranaire

C Pompe membranaire

D Diffusion simple et facilitée du glucose

Modèles d'action des transporteurs membranaires

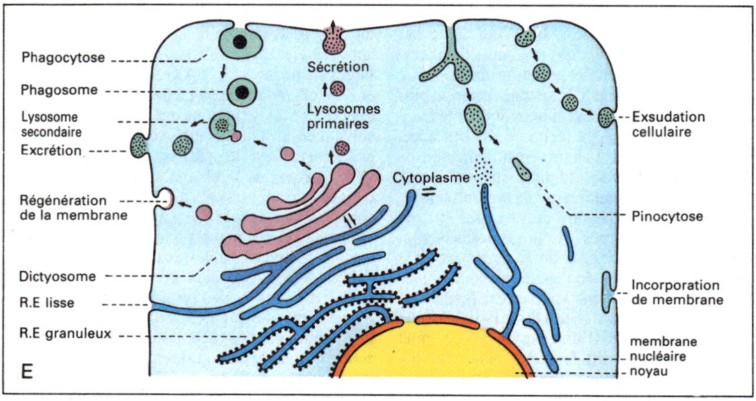

Schéma des transformations membranaires possibles " flux membranaire "

Les *mécanismes de transport membranaires* interviennent au niveau du plasmalemme et des compartiments internes de la cel., surfaces de contact qui doivent permettre un certain échange de matière. On en distingue deux formes d'après leur aspect microsc.

Transport trans-membranaire

Les particules traversent librement ou liées à un transporteur la bio-membrane, sans la modifier apparemment.

Le Transport libre

a lieu quand les particules traversent séparément la barrière membranaire. Le mécanisme de base est la **diffusion** ; les gaz et les solutés remplissent d'une façon homogène l'espace utile en raison de leur agitation thermique non dirigée. S'il existe un gradient de concentration il se trouve compensé par une diffusion désormais statistiquement dirigée. Ceci permet un transport de matière qui s'accomplit librement jusqu'à l'égalité des concentrations (i.e : sans consommation d'énergie). La distance parcourue par diffusion est proportionnelle à t^2.

C'est pourquoi un tel transport n'a de signification que dans les limites cell., il y est d'ailleurs rapide puisqu'une molec. de glucose peut traverser la cel. en 1 sec.

La **Perméation** c'est la traversée d'une subst., selon un gradient, à travers une membr. qui ralentit l'égalisation des concentrations (Diffusion entravée). La théorie du filtre lipidique (p. 19) tente d'expliquer la bonne perméation de l'eau, des petits ions et des molec. hydrophobes par l'existence de « pores » hydrophiles et hydrophobes de moins de 0,5 nm de Ø.

Le transport de type catalytique

prédomine au niveau des biomembranes.

L'hypothèse du transporteur – ou carrier – selon un modèle de mécanisme d'action analogue à l'activité enzym. (p. 15) explique, contrairement aux membr. artificielles les surprenantes :

– perméabilité vectorielle, i. e., dans une direction privilégiée ;
– haute sélectivité du substrat transporté, de même que la
– stéréospécificité, i. e., le choix d'un parmi plusieurs isomères.

Un « carrier ». C'est un élém. structurel de la biomembrane, qui forme avec la moléc. à transporter, le substrat S, un complexe Carrier-Substrat C.S. Celui-ci peut vaincre la barrière membranaire mais pas plus la quitter que le transporteur libre ; il se dissocie de l'autre côté de la membr. en libérant le substrat, qui passe dans la phase limitrophe.

On discute sur plusieurs modèles de fonctionnement :

Les **transporteurs mobiles** font diffuser le substrat., sous forme de complexe, à travers la membr. ou le transportent par rotation (A).

Les **transporteurs immobiles** fabriquent un système d'écluse : un tunnel est ouvert sur la face liée au substrat, se ferme au passage de celui-ci pour se rouvrir de l'autre côté de la membr. (B). On ne connaît pas encore de façon claire la nature chimique du Carrier ; ce sont en partie des peptides et des protéines (Protéine - « Transport »). Le transport catalysé a une capacité limitée à cause du nombre restreint de Carrier (Effet de saturation) ; c'est pourquoi des analogues chimiques du substrat peuvent entrer en « compétition » avec C : c'est le cas du glucose et du sorbose au niveau de la membr. du globule rouge. Lorsque le transport est couplé à une réaction exerg. (**Transport actif**, C), il peut se faire contre un gradient de concentration moyennant consommation d'énergie (pompes membranaires fonct.). Sans apport énerg. (**Transport passif**) il peut seulement accélérer l'égalisation des concentrations par une diffusion catalytique suivant le gradient (de l'ordre de 10 000 fois pour le glucose au niveau de la membr. de l'érythrocyte, D).

Transport par transfert membranaire (E)

En utilisant son réseau filamentaire (p. 17) une cel. nue peut absorber des éléments de son environnement par invagination de fragments de plasmalemme suivie de la formation de vésic. par constriction. Cette **endocytose** consomme certes, en tant que transport actif, de l'énergie pour son travail cell. mais présente des avantages :

– Une grande quantité de molec. et de liquide (« Pinocytose ») de même que de particules structurées (« phagocytose » avec des vésic. de plus de 1 000 nm de Ø) peuvent être absorbées.
– Le transfert membranaire est très rapide, p. ex. un macrophage (p. 81) de Souris absorbe en 1 minute 3 % de la surface cell. sous forme de 125 vésic. de pinocytose.
– Les récepteurs membranaires concentrent sélectivement les subst. à des endroits déterminés et bien délimités de la surface cell. ; p. ex. les Fibrocytes (p. 60) du plasma sanguin, rassemblent et endocytent les prot. transport du cholestérol.

Les subst. absorbées par les « phagosomes », les prot., acides nucléiques et autres macro moléc. peuvent ainsi traverser une cel. sans modifications et être transportées ds une cel. voisine. Cette **exsudation cellulaire** est très imp. au niveau des tissus qui délimitent des cavités liquidiennes. (Endothélium des vaisseaux, épithélium intestinal). Elles peuvent aussi être dégradées et résorbées à l'aide des lysosomes (p. 23). Cette endocytose est très répandue chez les *Zooflagellés* (p. 65), les *Protozoaires* (p. 69), les cel. intestinales des *animaux* pour la prise de nourriture, mais aussi ds les protoplastes des végét. et ds le domaine des synapses neuroniques. Les fractions membranaires des phagosomes sont dissociées, lorsque la totalité du contenu est absorbée.

L'**exocytose** est le mécanisme de transport inverse, les vésicules de Golgi remplies de sécrétions ou les phagosomes avec les résidus de la digestion migrent jusqu'au plasmalemme, s'y fondent et libèrent leur contenu à l'ext. C'est le cas de la sécrétion mérocrine (p. 89) ou des cellules phagocytaires humaines (p. 321), qui ne peuvent pas détruire complètement les bacilles tuberculeux et éliminent les fragments résiduels.

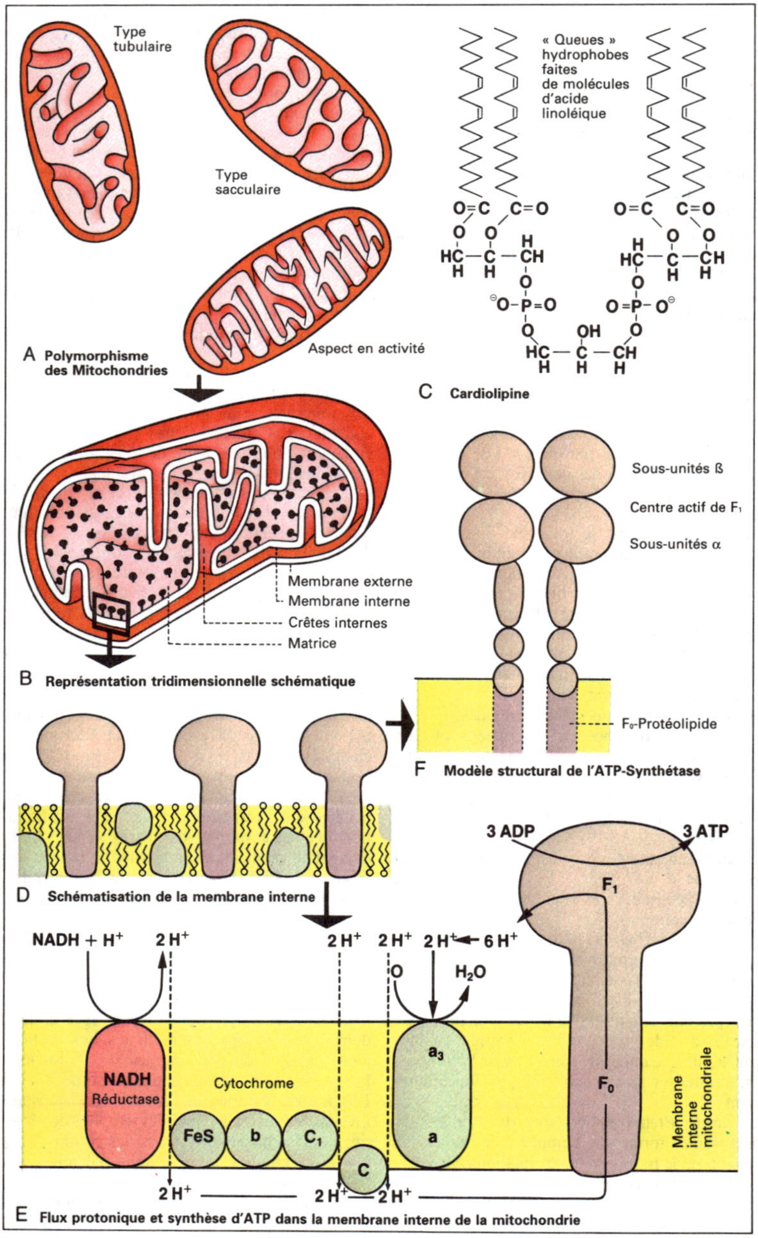

Structure et ultrastructure des Mitochondries

Les plastes (au sens large)
Ce sont les organites des cel. eucaryotes délimités par une **membrane double** comme les Mitochondries, les Plastes et le noyau cell. Entre les deux membr. on trouve une « phase non plasmatique » (p. 20 A). L'Eucyte est de ce fait mieux compartimentée que la Protocyte, qui accomplit les tâches de ces organites dans des « équivalents » non clos, ce qui lui permet de mieux délimiter les centres du catabolisme et de l'anabolisme comme p. ex. le stockage et le transfert de l'information génétique.

Les mitochondries
sont des organites très petits mais visibles au microsc. opt. qui ne peuvent provenir que d'élém. semblables (p. 47). Leur **fonction essentielle** est la phosphorylation oxydative : le gain d'énergie qui résulte de l'oxydation de métabolites très énergétiques (Lipides-Glucides) sert à la synthèse de l'adénosine triphosphate (ATP) utilisable dans tout travail cell. (p. 49). **Comme autres fonctions** on peut citer le stockage des Ca^{++} avec consommation d'énergie, la biosynthèse des acides gras, de l'urée, de l'acide glutamique et des hormones stéroïdes.
On signale **leur présence** ds toutes les cel. des Eucaryotes à l'exception des Erythrocytes mûrs de *Mammifères* et de quelques *Protozoaires* parasites qui couvrent leurs besoins énerg. par la fermentation. Les cel. grandes et à métabolisme intense comportent de nombr. mitoch. : 300 000 ds l'œuf d'*amphibien*, 2 000 ds les cel. du foie, 300 ds les tubules urinifères. On en trouve moins par contre dans les cel. cancéreuses (au métabolisme respiratoire anormal) et les cel. réduites (Spermatozoïdes des *Mammifères* : 4 p. ex.).
En général les mitoch. se présentent sous forme cylindrique, parfois circulaire, d'environ 500 nm de Ø, rarement filiformes ou ramifiées. **La forme** et **la taille** des organites isolés varient selon l'activité métabolique. Il en va de même pour la
Structure
La membrane externe est constamment doublée avec un faible intervalle par la membr. interne dont les nombr. replis internes augmentent fortement la surface totale. Ds les périodes d'inactivité (absence d'oxygène p. ex.) les mitoch. se présentent sous une forme « classique » avec des crêtes fines. Si l'activité augmente elles prennent un aspect « condensé » où en très peu de temps (10 à 90 sec) se forment des saccules ou des tubules qui attestent de l'intense production d'ATP.
L'existence de ces deux membr. détermine ainsi dans la mitoch.
4 compartiments métaboliques (B)
– La memb. externe est conçue selon le modèle moll. de la mosaïque fluide (p. 19) et se compose pour moitié de lipides essentiellement du cholestérol, et de prot., parmi lesquelles quelques enz. Les fonct. spécif. ne sont pas connues.
Elle est hyperperméable aux moléc. dont le p m ne dépasse pas 10 000, même aux prot. et disaccharides. Elle sépare le Cyt fondam. de la cel. d'un espace interne non plasmatique.
– L'espace intermembranaire avec des moléc. solubles osmotiquement et enzymatiquement actives. Un excédent de protons lui donne un PH acide.
– La membr. interne se distingue nettement des autres types par sa teneur en lipides de 20 % par rapport aux 80 % de protéines.
Le lipide caract. est la cardiolipine, qui en tant que polyglycérophosphate comporte une haute teneur en acides gras insaturés (acide linoléique) (C). Il y a env. une soixantaine de prot. aux fonct. diff. Quantitativement près de 40 % sont des enz. de la chaîne respiratoire. On trouve en outre des prot. qui servent à réguler le métabolisme ou le transport spécif. transmembranaire. Cette membr. interne est, tout compte fait, la membr. la plus complexe et sépare l'espace intermembranaire considéré comme compartiment propre du
– compartiment mitochondrial interne ou matrice. L'int. a la consistance d'un gel avec un territoire un peu moins visqueux, qui contient l'ADN Mitochondrial circulaire (p. 47).
Il laisse voir au microsc. électr. les Ribosomes et les granules qui accumulent les Ca^{2+} et régit les principales enz. du cycle de Krebs et de l'hélice de Lynen (oxydation des acides gras). La matrice a des réactions bas. à cause d'une accumulation d'ions OH^-, c'est-à-dire d'une pauvreté en ions H^+.

La structure moléculaire de la membrane interne (D) n'est qu'en partie seulement, éclaircie. Les enz. de la chaîne respiratoire (cytochrome b, c_1, c et a, a_3 plus NADH-réductase p. 304 sq) sont situés sur la face externe de la membr., la traversent en partie et forment une unité fonctionnelle (E) de struct. régulière aux élém. disposés en série. Le transport des e^- s'y établit par l'intermédiaire de prot. successives, non citées ici, et comportant en partie Fe-S ou Cu. Un flux protonique (H^+) sert de force motrice pour la synthèse d'ATP à partir de l'ADP qui se fixe à un reste de phosphate grâce à l'énergie de transfert de la chaîne respiratoire (phosphorylation oxydative p. 49, 304 sq).
Les « oxysomes », complexe enzym. fait de 10 sous-unités diff. et de 8,5 nm de Ø (F) qui plongent ds la matrice sous la forme de petits champignons issus de la membr. sont le lieu de cette synthèse.
La membr. interne est pratiquement imperméable aux principales subst., si l'on excepte les très petites (H^+, Na^+, K^+, CL, NADH+H^+, NAD^+, AMP). Il y a ainsi séparation des pools métaboliques entre la matrice mitochondriale et le Cyt.
Par contre quelques subst. peuvent très facilement traverser la membr., p. ex. ADP, ATP, Phosphate, Citrate. Dans ce cas, des transporteurs (p. 25) hyperspécif., liés à la membr. servent de vecteurs pour un transport consommateur d'énergie.

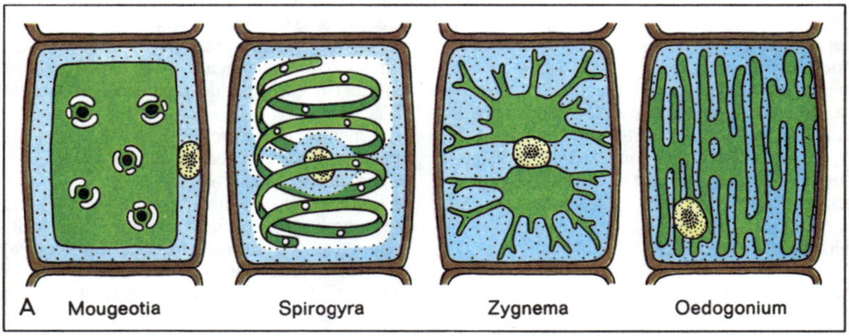

Polymorphisme des Chloroplastes chez les Algues (A)

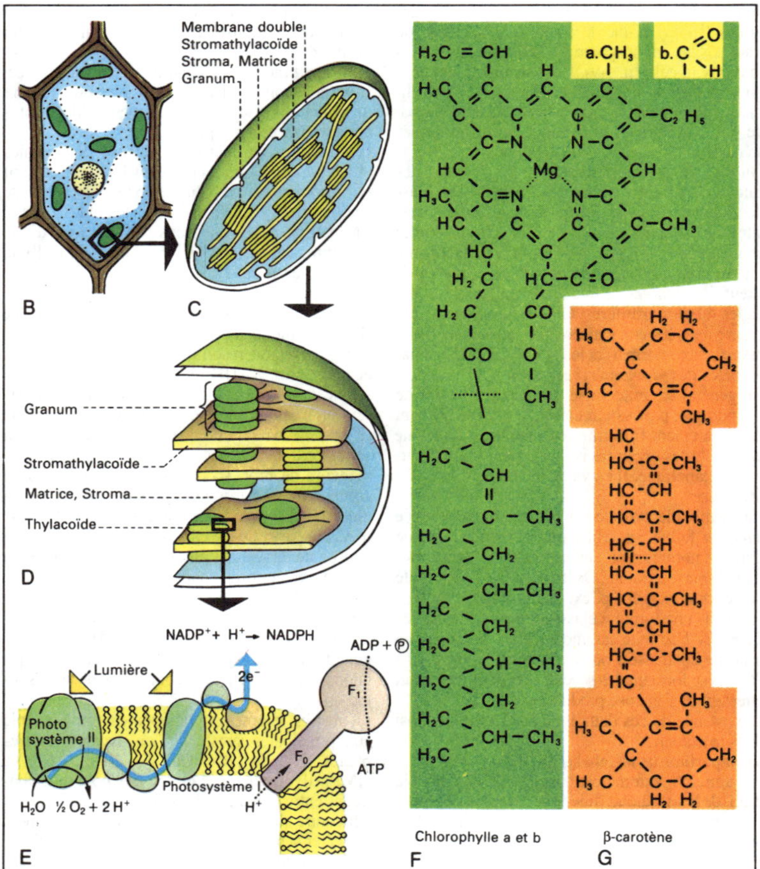

Cellule d'une plante supérieure (B) Chloroplaste (C, D) avec sa membrane (E) et les molécules de chlorophylle et de carotène (F, G).

Les plastes
en tant qu'organites à double membr. ne se rencontrent que chez les plantes. Ils dérivent de formes primordiales typiques (p. 46 sq) et ont probablement une origine commune (homologie). Il y a des passages d'un type à l'autre :
les leucoplastes des tubercules de *pommes de terre* en cours de croissance se transforment en chloroplastes à la lumière ; les chloroplastes du *citron* en cours de maturation se transforment en chromoplastes.

Les chloroplastes
sont les organites de la photosynthèse (p. 274 sqq), qui ont comme **fonct. principale** d'utiliser l'énergie lumineuse qu'ils absorbent (quanta) pour fabriquer des glucides (Glucose-Amidon) très énerg. à partir de corps pauvres en énergie (Eau-CO_2).
Cette énergie peut aussi ds. des **fonct. annexes** être utilisée pour la synthèse des acides aminés ou la réduction des nitrates. Leur **présence** est limitée aux cel. exposées à la lumière :
Chez les *plantes supérieures* ce sont les feuilles, les jeunes fruits et les parenchymes caulinaires externes : par ex. un *hêtre* de 115 ans possède ds. ses 200 000 feuilles près de 10^{14} chloroplastes.
La forme des chloroplastes est très div. chez les *algues* (A) : en forme de plaque (*Mougeotia*), de ruban spiralé (*Spirogyre*), ajouré (*Œdogonium*) ou en forme d'étoile (*Zygnema*) ; leur taille est en rapport avec leur nombre limité par cel. Par contre ceux des *plantes sup.*, comme de la plupart des *Fougères* ou des *Mousses*, sphériques ou lenticulaires sont plus petits (0,003-0,005 mm) et nombr. (B).
Leurs **pigments** photosynthétiquement actifs sont la chlorophylle et les caroténoïdes :
– La **chlorophylle** (a et b) (F) se compose d'un anneau porphyrine avec Mg lié au complexe et de diff. chaînes latérales dont l'une, un reste d'acide propionique est estérifiée avec un phytol, alcool à longue chaîne. Cette « queue » phytol est hydrophobe la « tête » porphyrine est hydrophile.
– le β *carotène* (G) de struct. symétrique avec 2 chaînes aromatiques en position terminale, est très hydrophobe comme tous les hydrocarbures. Les liaisons doubles alternées lui donnent une couleur jaune orangé.
– la *xanthophylle*, p. ex. ; la lutéine des feuilles, la Zéaxanthine ou pigment du maïs et la fucoxanthine brune des *algues brunes* et des *diatomées* sont des dérivés du carotène. La fucoxanthine cache la chlorophylle à tel point que les chloroplastes apparaissent bruns (Phaeoplastes).
La **struct. interne des chloroplastes** est caract. : c'est le **thylakoïde** double membr. pigmentée noyée ds. une **matrice** incolore.
Les grands chloroplastes **homogènes** sont traversés par des thylakoïdes séparés (*algues rouges*), des paires ou des triplets (*Cryptophytes* et aussi d'autres *algues*).
– on peut reconnaître au microsc. opt., ds. les petits chloroplastes *granuleux* (C) un motif vert foncé rond vu de dessus ; une particule de 300 à 500 nm (Granum) ds. un environnement clair (le stroma). L'analyse au microsc. électr. de la struct. fine des chloroplastes granuleux (D) présente les grana comme un empilement d'ampoules thylacoïdales disposées à plat, orientées perpendiculairement, à la grande surface de stromathylacoïdes isolés, vraisemblablement en forme de réseau ajouré reliant de nombr. grana. L'ensemble du syst. thylacoïdal est en relation et enferme entre les doubles membr. un espace int. commun également vide au microsc. électr. C'est un système hautement dynamique qui est constamment, et part. sous l'effet de la lumière, profondément remanié disposant toutes les surfaces thylacoïdales parall. au grand axe d'allongement du plaste. Il en résulte une **localisation fonctionnelle** des compartiments.
– Ds les thylacoïdes a lieu la **réaction lumineuse** (p. 274 sq) : c'est-à-dire l'absorption des quanta et la formation d'ATP très énergétique (p. 49) ainsi que du composé réduit $NADH+H^+$ (p. 272 sqq).
Ces composés sont utilisés ds. la matrice au cours de la **réaction sombre** pour synthétiser de la matière organ. à partir de CO_2 et H_2O. On y trouve essentiellement, à côté de l'ADN plastidial autonome, l'enz. qui fixe le CO_2 (Ribulose diphosphate-carboxylase, p. 47 ; Réaction sombre, p. 276 sq).

La struct. moléculaire de la membr. thylacoïdale (E)
correspond pour 50 % env. à des prot. (Enz. et complexe prot.-pigment dont la struct. protéique est discutée) et pour 50 % à des lipides, au nombre desquels le pigment photosynthétique, essentiellement d'ailleurs le galactolipide caract. des membr. plastidiales (p. 18). L'idée d'un agencement en couches lipidiques et protéiques nettement séparées est abandonnée pour le modèle de la mosaïque fluide (p. 19) avec des prot., ou plutôt le complexe prot.-pigment, mobiles ds. une phase lipidique, en partie au moins fluide. On en déduit le lien vraisemblable entre le déroulement ordonné des processus transformateurs d'énergie et la disposition des unités fonct.

Leucoplastes
Dépourvus de pigment on les rencontre souvent ds. des organes de réserve incolores (Tubercules, Rhizomes, Moelle). Sous forme d'amyloplastes ils participent à l'élaboration de l'amidon à partir du glucose. Leurs *centres plastidiaux* faits de vésic. et tubules non ordonnés sont caractéristiques.

Les chromoplastes
sont contenus ds. les pétales jaunes (*pensée, capucine*), ds. la pulpe des fruits jaune-rouge (*tomate*) et ds. les racines de *carottes*. Ils sont en gén. lenticulaires, sans thylacoïdes ou centres plastidiaux et n'accomplissent donc pas de fonct. métaboliques. Leur teneur en 50 caroténoïdes diff. attire souvent les insectes (ce qui contribue à la fécondation et la dissémination des graines).

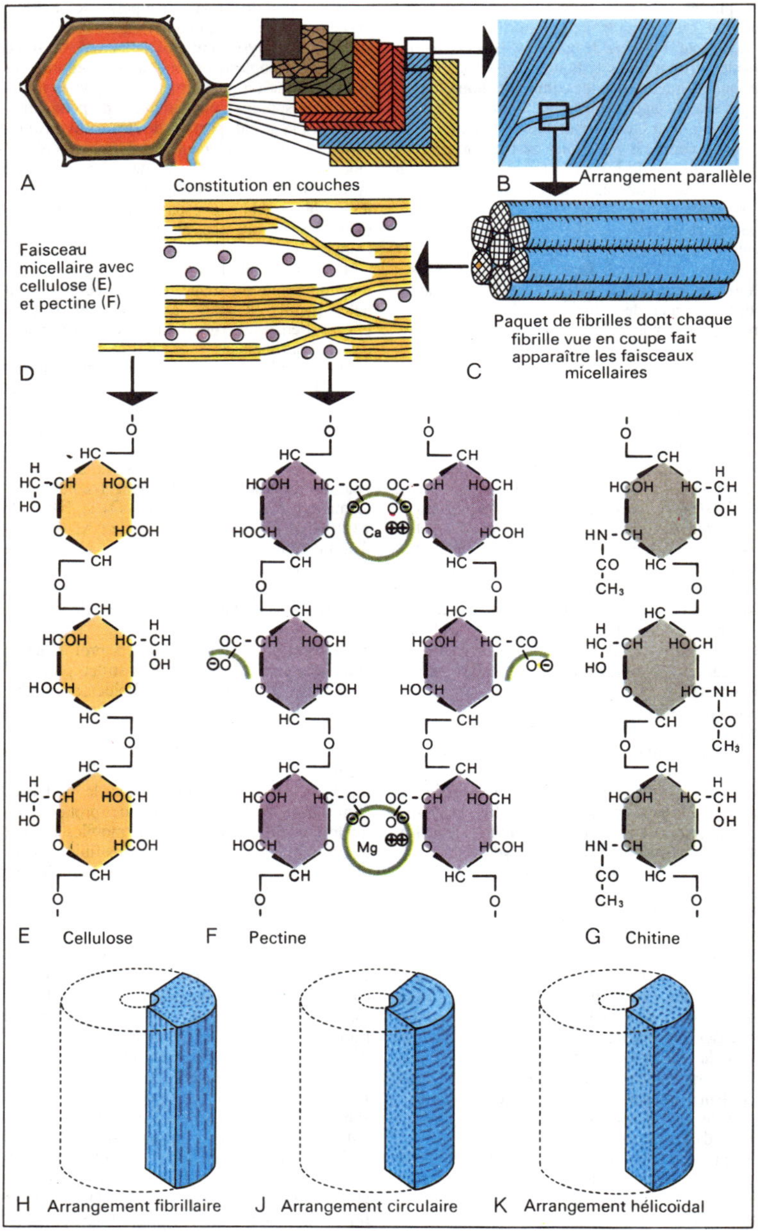

La paroi des cellules végétales

A la différence des cel. anim., toutes les cel. végét. sont entourées d'une paroi externe rigide et stable qui est édifiée par le Cyt. Cette paroi est nécessaire, parce que la cel. végét. adulte a des vacuoles remplies d'un suc à forte concentr. en sels et constitue un syst. osmotique qui absorberait de l'eau au point d'éclater, si les parois n'équilibraient pas la pression osmotique – *Procaryotes* – Paroi : p. 58 sqq.

Structure de la paroi. Elle se compose chez les *Plantes supérieures* qui ont été bien étudiées de 4 **couches** (A) qu'on discerne avec netteté : la lamelle moyenne, la membr. primaire, la membr. second. à plusieurs couches, et une membr. interne tertiaire (lamelle terminale).

1. **La lamelle moyenne** ou subst. intercell. est const. de pectines liées par Ca^{++} et Mg^{++} qui, lors de la div. cell., se déposent dans la plaque cell. encore fluide, entre les noyaux des cel. filles, dans la zone du phragmoplaste (p. 22). Elle a la constitution d'un gel, elle est peu développée et elle est faite d'un réseau de struct. filamenteuse qui n'est pas visible, même au microsc. élec. Là où le RE traverse la plaque cell., des espaces demeurent vides de dépôts et de pectines, ils se perpétueront sous forme de plasmodesmes.
2. **La membrane primaire** se forme, dans les cel. filles, de part et d'autre de la lamelle moyenne avant même que la plaque cell. ne soit complète et n'ait opéré la jonction avec les parois longit. Elle est surtout faite de pectine et d'hémicellulose, mais contient déjà de la cellulose : celle-ci se présente sous forme de microfibrilles dispersées (**texture dispersée**). La membr. prim. est très élastique et très extensible ; dans les poils du *Coton* p. ex., elle peut s'allonger jusqu'à mult. sa longueur par mille ; ainsi elle peut suivre facilement l'augment. de la taille d'une cel. en voie de croissance.
3. **La membrane secondaire** constitue l'armature porteuse de la cel. végétale. Elle s'édifie, quand la cel. a terminé sa croissance, par accumul. irréversible de plus. couches de cellulose. La prem. couche, dite **lamelle intermédiaire**, a encore une struct. dispersée, mais on observe déjà certaines ébauches de fibres. Puis viennent **les couches externe, centrale et interne**, faites de microfibrilles parallèles et reliées entre elles (**B, texture parallèle**). Lorsque la couche centrale, qui représente l'élément principal de la paroi, est constituée elle-même de plus. épaisseurs de fibrilles, la plupart du temps, celles-ci s'entrecroisent.
4. **La membrane tertiaire** recouvre la paroi sur sa face int. Elle a une surf. granuleuse riche en pectines et en hémicellulose.

Les microfibrilles, assemblées en faisceaux (C), ont un calibre de 250 Å, et sont constituées d'une vingtaine de **cordons micellaires** de 30 à 100 Å Ø (D). Quant à ceux-ci, ils réunissent chacun 50 à 100 **molécules de cellulose** (E), qui présentent un agencement de type cristallin, et forment les *micelles*.
De nombr. molec. traversent plus. micelles sans solution de continuité, de sorte que celles-ci sont reliées par des mol. qui n'ont pas elles-mêmes une disposition cristalline. A l'int. de ces struc. micellaires se trouve un syst. d'interstices, **les espaces intermicellaires**, qui contiennent et véhiculent de l'eau, des pectines susceptibles de gonfler (F), et beaucoup d'autres substances.

La composition chimique de la paroi est assez homogène, ses constit. étant tous des **polysaccharides** ; ce sont des macromol. en forme de chaînes, dont la structure est uniforme : elles comportent au maximum 8 000 maillons, qui sont des glucides simples.
La cellulose (E) résulte de la condensation de nombr. mol. d'un **monosaccharide** (le glucose), avec élimination d'eau et form. d'une liaison ß-glucosique (à l'inverse de l'amidon qui a la même composition mais dont les liaisons sont ∝ -glucosiques). Chez les *Champignons*, **la chitine** (G) s'ajoute à la cellulose ou la remplace : elle est constituée de mol. de glucosamine unies par des liaisons ß. Les subst. associées à la cellulose, les **pectines** (F) et les **hémicelluloses** sont d'origine diff. : les secondes peuvent être formées d'hexoses (6 atomes de C), ou de pentoses (5 atomes de C) ; d'une part elles servent de subst. de réserves, d'autre part elles entrent dans la compos. du mucilage des plantes ; les pectines, elles, sont const. de 20 à 100 mol. d'ac. galacturonique. Celles-ci présentent, non pas une chaîne latérale CH_2OH, mais un groupe carboxyle acide – COOH, qui, avec Mg^{++} ou Ca^{++}, constitue facilement des sels et sert à former les liaisons des macromol. Comme ces liaisons salines sont réversibles et interch. l'armature ainsi constituée est élastique et transformable. Leurs groupes fort. hydrophiles confèrent aux molec. de pectines la possibilité de s'hydrater considérablement (gelée des fruits).

La texture de la paroi confère aux cel. allongées des propriétés mécaniques caract. en fonct. de l'orientation des micelles :

Texture fibrillaire (H) : les fibrilles sont parallèles à l'axe longit. de la cel. : cette text. garantit une haute résistance aux forces de traction et une faible extensibilité (*Chanvre, Lin*) ;

Texture circulaire (J) : l'orient. tangentielle des fibrilles permet une grande extensibilité dans le sens de la long. ; c'est une text. peu répandue.

Texture hélicoïdale (K) : les fibrilles décrivent une hélice autour de l'axe longit. de la cel. : cette text. se rencontre fréqu. (trachéides, fibres du bois). Un enroulement lâche, comme ds un ressort hélicoïdal confère une grande élasticité (fibres de la noix de coco : 45 °), des pas de vis serrés par contre, comme ds un câble tressé, une grande résistance.

Les cellules animales, c'est là un caract. fondam., sont uniqu. délimitées par la membr. cytoplasmique. Dans les tissus de soutien des cartilages et des os (p. 91), la subst. intercell. extérieure à la membrane cytoplasmique évoque une paroi végét. ; mais cette subst., contrairement à ce qui se passe dans la cel. végétale, s'accumule à l'extérieur de la membrane cellulaire et elle constitue un ciment amorphe, ou parcouru de fibrilles, qui occupe les espaces intercellulaires.

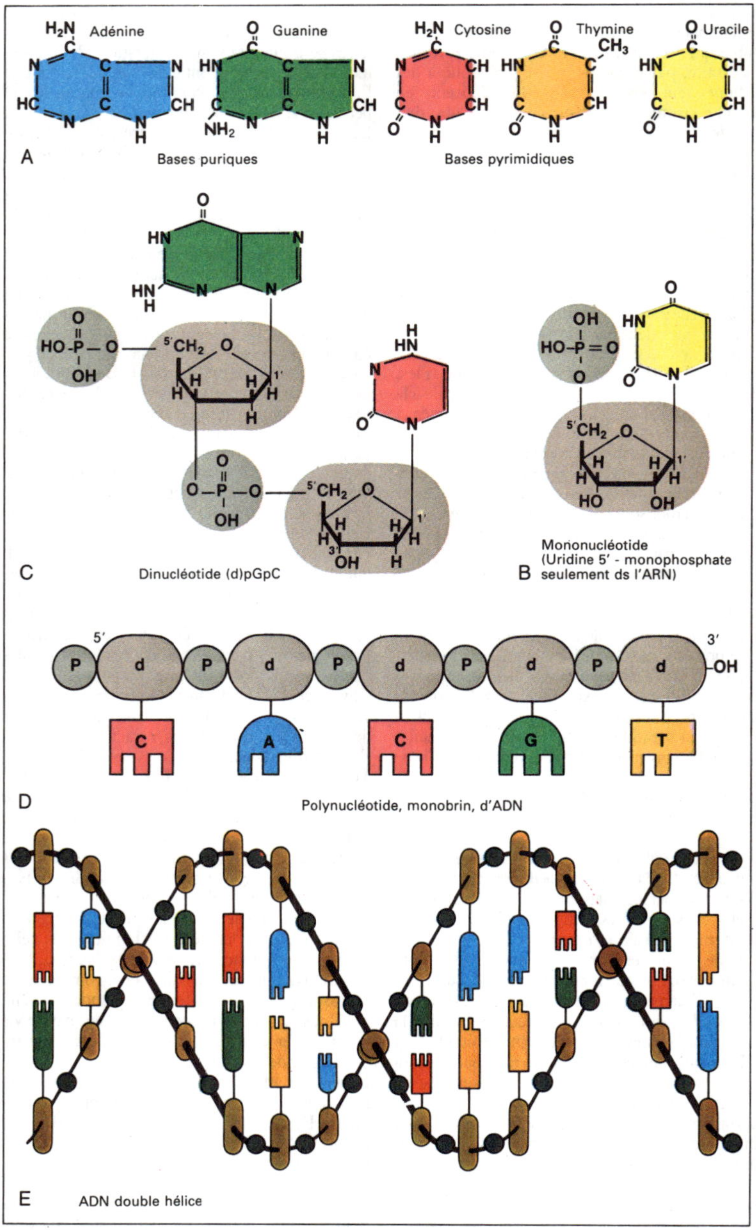

Structure moléculaire des acides nucléiques

Les acides nucléiques et leur rôle dans la cellule. On les trouve principalement dans le nucléoplasme, mais aussi dans le Cyt., et on distingue :

– **L'acide désoxyribonucléique (ADN)** des *Eucaryotes* emmagasine toujours l'information génétique sur des fragments déterminés (les gènes) et remplit une fonct. d'auto voire d'hétérocatalyse : il peut se dédoubler d'une façon conforme et transmet ainsi l'information génétique inchangée (**Réplication**, p. 37, 463). Il influence le métabolisme dont l'activité se réalise conformément au génome.

– **Les acides ribonucléiques (ARN)** sont des struct. auxiliaires dans la transmission, (Transcription, p. 43, 463) et l'expression de l'inform. qui est traduite sous forme de prot. (**Traduction**, p. 45, 465).

Les acides nucléiques sont des gros polymères de macromoléc. Les monomères ou **mononucléotides**, sont formés d'une base purique ou pyrimidique (A) d'un sucre en C_5 (Pentose : désoxyribose ou ribose) et d'un radical acide phosphorique. Chaque base liée à l'atome C 1' du sucre constitue un **nucléoside**, estérifié sur le sucre en C 5' par un acide phosphorique pour constituer un mononucléotide. Lorsque le groupe OH en C 3' du sucre s'estérifie avec le résidu d'acide phosphorique d'un autre nucléotide (B) et ceci de 30 à plus d'un milliard de fois il se forme **une chaîne de polynucléotides**. Elle est caractérisée en permanence par ses extrémités 5' phosphate et 3' Hydroxyle. Ds l'axe de la chaîne on trouve en alternance le sucre et les restes d'acides phosphoriques, alors que les bases sont rejetées sur les côtés. Par suite de l'angulation des valences de l'édifice pentose-phosphate et de la disposition des bases en couches parall. l'ensemble peut former dans l'espace, à la façon des prot. (p.12 B) une struct. en hélice.

Selon le type de bases, l'hydratation et l'ionisation du milieu, les plans des bases peuvent être perpendiculaires à l'axe d'enroulement (B-conformation) ou faire avec lui un angle de 70 ° (A-conformation).

L'acide désoxyribonucléique.

En plus du pentose et des quatre bases ce qui caractérise l'ADN est la réunion de 2 chaînes polynucléotidiques en une **double hélice** (Modèle de WATSON et CRICK, D)

– Les bases disposées sur les côtés de l'édifice formant la chaîne se font face 2 à 2 et sont reliées par des ponts hydrogène.

– L'appariement des bases se fait par complémentarité, par ex. Adenine et thymine (avec 2 liaisons H) et Cytosine et Guanine (avec 3 liaisons H)

– Les deux chaînes sont antiparall. : l'extrémité 5' de l'une étant appariée avec l'extrémité 3' de l'autre et elles tournent l'une autour de l'autre en une hélice droite (Struct. second. : Double hélice).

Du fait de l'appariement des bases la teneur en A et T et C et G est la même ds l'ADN. Par contre la teneur en paires G C varie chez les Mammifères entre 35 et 45 % et chez les Protocaryotes entre 22 et 75 %. Habituellement la double hélice se présente selon la B-conformation : un Ø de 2 nm et un tour de spire de 3,4 nm de pas contenant 10 paires de nucléotides. L'ADN du noyau (N. ADN) est toujours linéaire, le (M-ADN) ADN mitochondrial, le (P. ADN) ADN Plastidial (p. 47) de même que l'ADN qui résulte d'une amplification (p. 37) ou l'ADN extrachromosomique (Plasmide 2 000 nm de Ø) est circulaire.

Par opposition aux *Procaryotes*, les *Eucaryotes* possèdent dans chaque cel. un multiple de cet ADN, chez l'Homme, par ex. sur 23 chromosomes 2,9 x 10^{-12} g représentant une longueur totale de près d'1 mètre. Ce qui permet l'existence dans chaque cel. de plusieurs millions de gènes. Mais on ne compte qu'env. 50 000 gènes ce qui veut dire que la plus grosse partie de l'ADN des *Eucaryotes* ne porte aucune inform. génétique.

Les séquences nucléotidiques de l'ADN des *Eucaryotes* présentent les singularités suivantes :

Des séquences uniques déterminées ne se rencontrent qu'une seule fois à l'intérieur de l'ADN du noyau (76 % de l'ADN total chez la *souris*)

– Entre elles peuvent s'intercaler des **séquences moyennement répétitives** d'env. 300 paires de bases dans lesquelles les suites de nucléotides se répètent (environ 15 % chez la *souris*). On peut avoir des séquences semblables à différents endroits de l'ADN.

– **Des séquences hautement répétitives** à quelques endroits de l'ADN répètent les suites de bases des millions de fois.

Les acides ribonucléiques

L'ARN est pratiquement organisé comme l'ADN à ceci près :

– Le pentose est toujours un R-Ribose (on trouve parfois dans l'ARNr le dérivé méthyl-2'-Ribose).

– L'uracile remplace la thymine comme base pyrimidique.

– En plus la chaîne nucléotidique peut-être assez fréquemment modifiée par des « bases rares ».

– Le degré de polymérisation est moindre, mais dépasse néanmoins 30 000 monomères.

L'ARN est habituellement monocaténaire mais il peut, parfois sur de courtes distances, former par des séquences de bases complémentaires (A-U, G-C) des replis caractéristiques qui donnent l'impression d'une double hélice intramoll.

L'ARN se présente ds le Cyt. sous 3 formes struct. et fonct. bien différ.

– l' (ARNr) ARN ribosomal que l'on trouve dans le Cyt., les mitoch. et les plastes (p. 47) en représente 80 %.

– env. 1,5 % forme l'(ARNm) ARN messager qui véhicule l'inform. génétique de l'ADN aux lieux de lecture.

– l'ARN de transfert (ARNt) : 10 à 15 % transporte au niveau de l'ARNm, sur les ribosomes, les acides aminés spécif.

– C'est dans le noyau que l'on rencontre les moléc. précurseurs de l'ARN cytopl. sous forme de **pré-ARN** qui sera ensuite restructuré (« maturation », p. 43).

La teneur en ARN de la cel. dépasse de 2 à 6 fois celle de l'ADN mais contrairement à cette dernière elle dépend beaucoup du contexte et de l'activité physiologique.

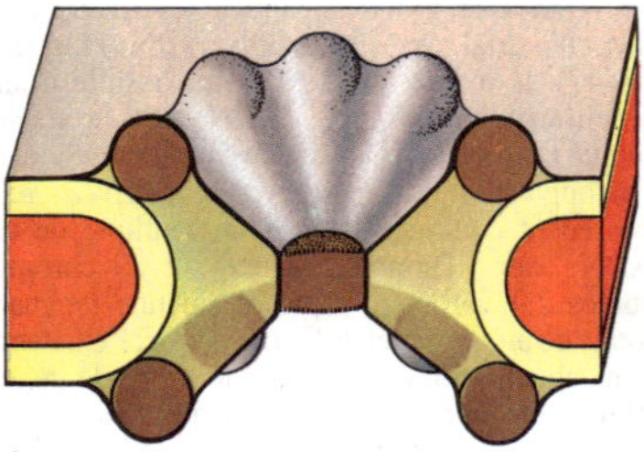

A **Pore nucléaire**

Histone	Nombre d'acides aminés	Pm	Caractéristique
H 1	~215	21500	Très riche en Lys
H 2a	129	14004	Riche en Lys
H 2b	125	13774	Riche en Lys
H 3	135	15324	Riche en Arg
H 4	102	11282	Riche en Arg

B **Propriétés des Histones**

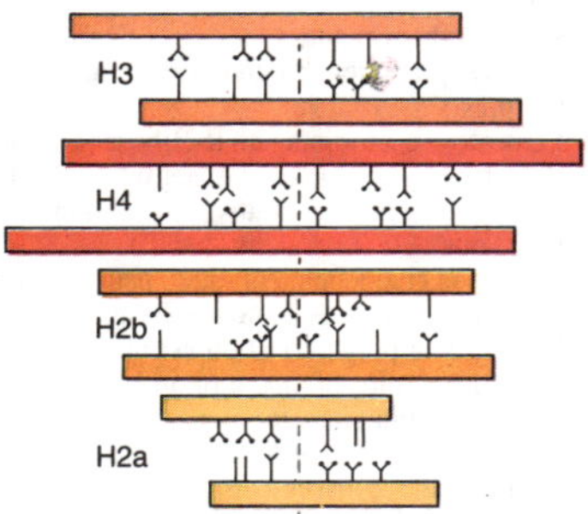

C **Organisation du " core " du nucléosome à partir des molécules d'histones**
Lys: | , Arg: Y , Glu: Y , Asp: Y

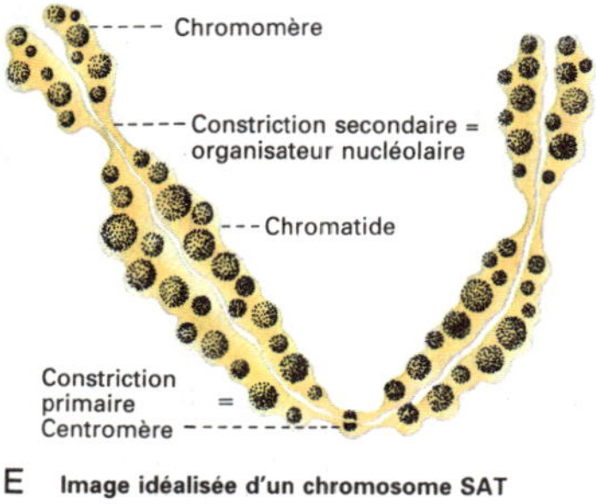

E **Image idéalisée d'un chromosome SAT**

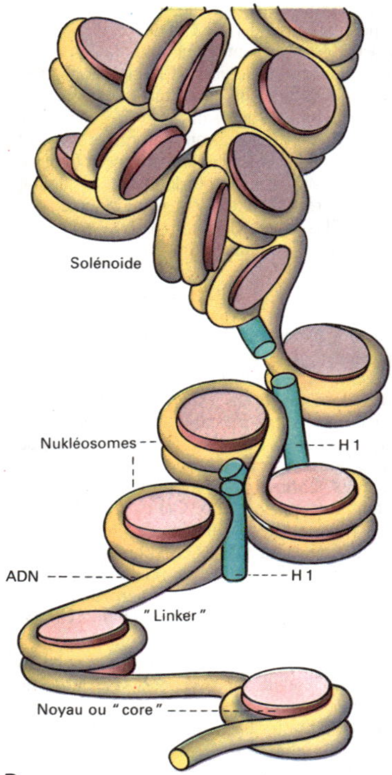

D **Modèle d'un ruban de chromatine**

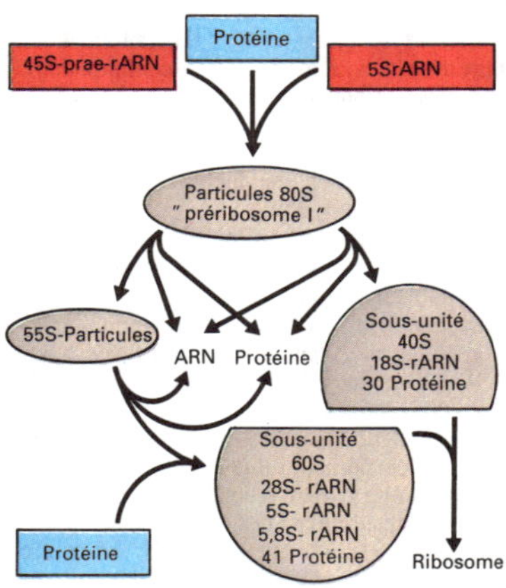

F **Élaboration des sous-unités de Ribosomes au niveau du nucléole**

Le caryoplasme (p. 9). Central informatique des *Eucaryotes* (*Procaryotes* : p. 58) est ds le noyau actif très compartimenté.

La membrane nucléaire, fragment du R.E. (p. 21) est composée de 2 biomembr. de chacune 6 à 8 nm d'épaisseur qui délimitent entre elles une phase non plasmatique ou espace périnucléaire de 10 à 40 nm d'épaisseur

La surface nucléaire totale est pour environ 5 % représentée par 100 à 10 000 pores (30-100 nm de Ø). Un pore I (A) est une enceinte de 8 sphères reliées par des fibrilles à un granule central fait de nucléo-prot. C'est par là que s'infiltrent les histones fabriquées ds le Cyt., les ADN et ARN polymérases et les prot. ribosomales, et que sortent l'ARNm complexé avec des prot. protectrices et les sous-unités ribosomiques.

Le « suc nucléaire »

égale en importance le Cyt. fondam. et comprend en plus des ribosomes de nombr. enz., des produits intermédiaires de la synthèse de l'ADN et de l'ARN et Na^+ et Cl^- en très grande quantité. Comme inclusions caract. on trouve la chromatine ds le noyau actif, et les chromosomes ds le noyau en divis., tous deux des associations d'ADN et de prot. caract.

– **Les Histones** (B) par leur teneur élevée en Arginine et Lysine à leur extrémité sont des prot. à caractère basique dont les quantités respectives, et relativement à l'ADN sont constantes.

L'histone H_1 varie proportionnellement beaucoup (les noyaux des diff. tissus du même type d'organisme possèdent diff. prot. H_1), alors que H_{2a}, H_{2b} sont très stables et H_3 et H_4 encore plus (Interchangeabilité selon la diversité d'origine des organismes, p. ex. *Plantes* et *Animaux*).

Les protéines non-Histones (PNH) sont très variées mais le plus souvent acides à cause des acides glutamique et aspartique. Ds le noyau on compte un très grand nombre de polypép. diff. mais les PNH (12 à 18 types) en constituent l'essentiel (dont l'actine).

L'Euchromatine et les cel. en activité de transcription sont riches en PNH.

La chromatine

ressemble par sa struct. de base à un chapelet de perles : le « noyau » (Core) et le segment de liaison (Linker) forment l'unité struc. indéfiniment répétée d'un **nucléosome** (C).

Le « noyau » est un disque de 11 x 11 x 5,7 nm fait de 8 prot. ($2H_{2a}$, $2H_{2b}$, $2H_4$, $2H_3$) autour duquel en 1,75 tour un ADN en double hélice avec 145 paires de bases (en conformation B) forme une super hélice. L'assemblage est spontané parce que les histones s'engrènent comme les pièces d'un puzzle demeuré invariant au cours de l'évolution et qu'à la surface de leurs molec. d'aspect géométrique les restes d'acides aminés bas. logés ds un « sillon » se fixent à l'ADN. Entre les « noyaux » la chaîne d'ADN, associée à une molécule H_1, forme le segment de liaison avec de 0 à 80 paires de bases aux alentours de 56 chez les *Mammifères*.

L'importance et la force de liaison ADN-Histones influencent la transcription ; elles peuvent être atténuées par des changements au niveau des histones (p. ex. dépôt de PNH acides, acétylation du domaine bas., phosphorylation des H_1).

Des molec. H_1 voisines peuvent interagir pour former des super struct. de chromatine (D, solénoïde) et créer au niveau des zones de condensation de l'hétérochromatine.

Les Chromosomes (E)

Logés ds les noyaux cell. représentent chez les *Eucaryotes* la forme de transport des filaments chromatiniens condensés à l'extrême. Au microsc. opt. ils se présentent sous l'aspect de bâtonnets trapus, souvent anguleux de 0,002-0,000 02 mm de longueur et de forme individuelle (Individualité chromosomique). Leur fissuration longit. en 2 chromatides identiques, avec correspondance des chromomères (les épaississements de l'ADN) prépare la mitose (p. 41). Chaque chromos. est divisé en branches par la constriction prim. du centromère. Parfois une constriction second. isole un satellite (chromosome-SAT).

Le *nombre* des chromos. ds une cel. est une **constante de l'espèce**. C'est pourquoi ds une cel. norm. du corps on en trouve toujours 2 qui se corresp. par la forme et la taille : Ce sont **les chromosomes homologues** avec des chromomères identiques et des informations génétiques comparables, l'un venant du père et l'autre de la mère. Les cel. du corps contiennent donc une garniture chromosomique **diploïde** (2n). Contrairement à cela les cel. sex. possèdent une garniture simple, elles sont **haploïdes** (n).

Les Nucléoles

Ce sont gén. 2 secteurs arrondis assez denses du noyau actif, dont la taille augmente avec l'intensification de la protosyn. cell. Ils contiennent en plus de leur 15 % d'ARN et 80 % de prot. une séquence d'ADN hautement répétitive (Organisateur nucléolaire) au niveau de la constriction second. d'un chromosome-satellite. Elle transcrit au cours de la phase préparatoire à la synthèse de l'ARNr les **45S pre ARNr**, qui sont ensuite à l'aide de nucléases lors de la maturation (p. 43) progressivement réduits en molec. d'ARNr 28S-5,8S et 18S.

Chez l'*Homme* et le *Chimpanzé* ces segments de gènes se trouvent sur cinq chromos. diff. (de fait sur 4 s'ils sont en position homologue) et présentent chacun env. 50 séquences répétitives. Mais la séquence d'ADN très stable qui code pour l'ARNr 5S se trouve en dehors de l'organisateur nucléolaire, vraisemblablement à l'extrémité du chromos. qui est en contact avec le pore nucléaire (Télomère). Tous les types de pre-ARNr se lient aux prot. élaborées ds le Cyt. pour donner des preribosomes qui suivent une **biogénèse ribosomiale** compliquée donnant les 2 sous-unités 40S ou 60S (F). La 40S sort immédiatement ds le noyau par les pores après la synthèse alors que la 60S séjourne un certain temps ds le nucléole.

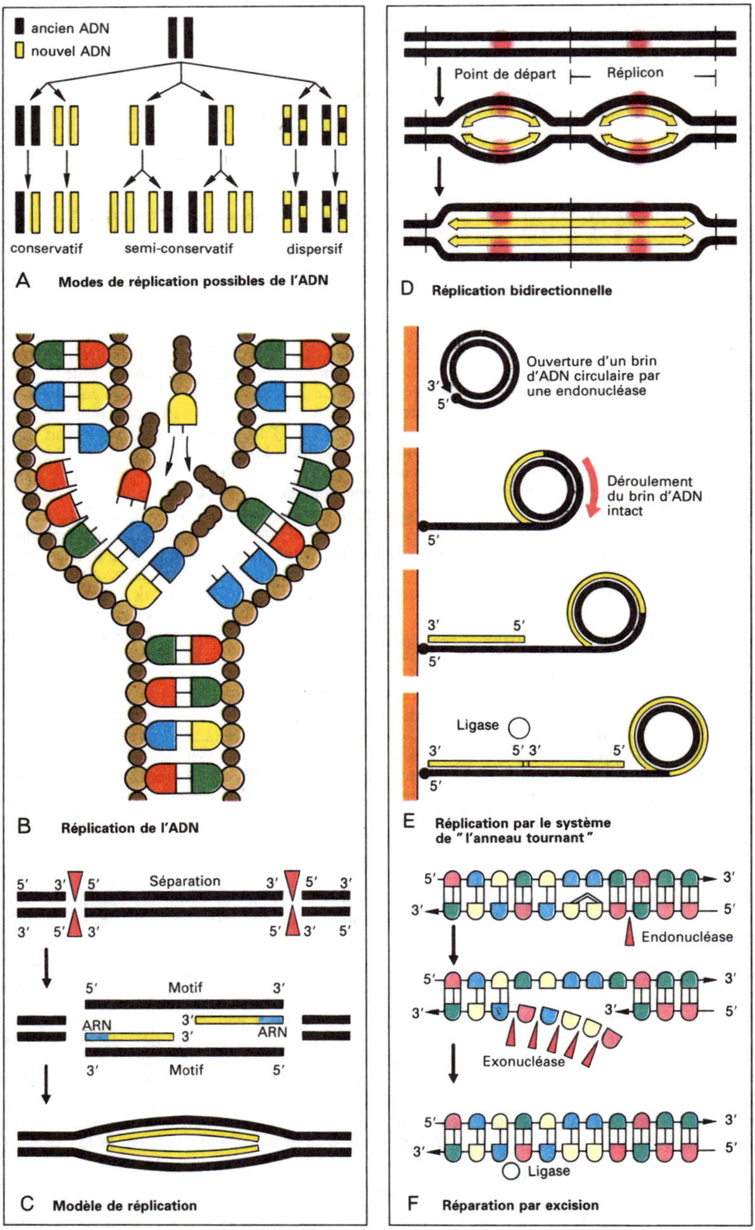

Modèles de réplication et de réparation de l'ADN

La Fonction autocatalytique de l'ADN
Le déroulement de la synthèse de l'ADN qui conduit à une multiplication conforme du matériel génétique et à la copie de l'inform. est nommé réplication chez les *Eucaryotes* ; elle est en corrélation avec :
– le doublement de l'ADN avant chaque divis. norm. ds tous les organites qui en contiennent (Noyau, Mitoch, plastes) ;
– la formation de copies suppl. d'un seul gène activé (amplification p. 213) ;
– un turn-over d'ADN, spécialement lors des processus de réparation.

Le mécanisme de la réplication de l'ADN peut théoriquement être envisagé selon 3 principes éventuels (A) :
1. **Le mode conservatif :** sans se déspiraliser la double hélice mère sert de matrice pour la synthèse de la double hélice fille qui se trouve donc entièrement formée par du matériel nouveau.
2. **Le mode dispersif :** La double hélice mère se rompt sur chaque moitié de spire. La néosynthèse a lieu au niveau des diff. morceaux qui peuvent ensuite se mélanger de façon croisée, de telle façon que chaque double-brin possède des segments d'ancien et de nouveau matériel.
3. **Le mode semi-conservatif :** après déspiralisation la double hélice mère fabrique un nouveau brin complémentaire de chaque chaîne polynucléotidique ainsi libérée ; les deux nouveaux double-brins hybridés sont formés d'une chaîne de matériel ancien et d'une autre faite de nouveaux polynucléotides.

Après avoir montré (WATSON, CRICK, 1953) que l'ADN était construit sur le mode de la complémentarité et que MESELSON et STAHL (1958) eurent expérimen. prouvé que le mode semi-conservatif s'appliquait aux *Procaryotes*, on réussit à montrer qu'il était aussi la règle chez les *Eucaryotes*.
Huit générations de cel. de *tabac* mises en culture ds un milieu où l'azote n'est fourni que sous la forme lourde N^{15} n'ont fabriqué que de l'ADN « lourd ». Remises ds un milieu à N norm. elles ont donné après une génération et une réplication complète uniquement de l'ADN mixte. A la génération suiv. on trouve moitié moitié d'ADN norm. et mixte.

La réplication semi-conservatrice de l'ADN (B) nécessite d'une part, comme éléments de base de la néosynthèse, les triphosphates (TP) des quatre désoxyribonucléosides, produits par le métabolisme cell. sous forme de composés très énerg. ATP, GTP, TTP, et CTP et dont la concentration augm. ds le Cyt. juste avant la phase-S (p. 39). Il faut, d'autre part, comme **motif** un ADN en double hélice préexistant qui au niveau de points d'initiation déterminés (les yeux de réplication) détruit ses liaisons H sur le mode d'une fermeture éclair, se déroule et finalement complète le nouveau brin en déposant les nucléosides-triphosphates complémentaires, selon le principe de la parité des bases avec dissociation du pyrophosphate (PP).

Le mécanisme moléculaire (C) qui est mieux connu chez les *Procaryotes* (p. 463) se déroule aussi, d'une façon complexe, chez les *Eucaryotes*. Les ARN polymérases reconnaissent le point d'initiation, ouvrent la double hélice et synthétisent au niveau du motif situé sur la chaîne d'ADN libre un ARN constitué d'à peu près 10 nucléotides : **l'amorce**. Les ADN polymérases-ADN-dépendantes ne peuvent assembler les désoxyribonucléotides qu'au moyen de cette amorce.
– L'ADN-polymérase α (pm 10.000) commence la synthèse d'ADN au niveau de l'amorce d'ARN, en fabriquant un court **fragment d'OKAZAKI** de 120 à 1 000 nucléotides.
– L'ADN-polymérase β (pm 50.000) continue la polymérisation à partir de ce segment d'ADN.
– L'ADN-polymérase γ (pm 100.000) fonctionne ds les cel. à croissance rapide (cel. embryonnaire) et semble fonctionner aussi ds cert. condit. particulières comme ADN-polymérase-ARN-dépendante (« Transcriptase reverse »).
L'amorce initiale d'ARN est excisée et les brins d'ADN sont reliés par des ligases. L'ensemble du mécanisme nécessite l'intervention d'un complexe multi-enzymatique.
Sur cette base chez les Eucaryotes des **types de réplication** diff. se réalisent.
L'ADN nucléaire linéaire est répliqué par fragments ds diff. segments, qui en tant qu'unités de réplication (Replicons de 0,015 à 0,12 mm) sont situés les uns derrière les autres, mais en même temps ds les 2 moitiés de la double chaîne. La réplication se fait ds les deux directions (birectionnelle, D) à partir des points d'initiation fonctionnant d'une manière asynchrone.
– **la réplication en boucle, D** de l'ADN mitochondrial circulaire commence par la néosynthèse d'un seul brin (unidirectionnelle chez la *Souris*), pendant que l'autre, repoussé, ne se répliquera que plus tard à partir d'un initiateur situé en face.
– par le système de l' **« anneau tournant »** (E) un filament d'ADN circulaire extrachromosique (*Xenope* : amplification du gène qui code pour 18S + 28S-ARNr) est fissuré, attaché et enroulé sur la membr. pendant que son extrémité libre suspendue à l'anneau intact de l'autre filament s'allonge continuellement pour compléter la double chaîne selon un « cercle tournant ».

La réparation de l'ADN endommagé
permet par diff. mécanismes de stabiliser l'inform. génétique. Par la **photoréactivation** sous faible lumière des enz. de réparation spécialisées peuvent supprimer des dommages limités. Par **excision-réparation** (F) une endonucléase sectionne le brin défectueux en libérant en avant de lui une extrémité 5'. Une exonucléase démonte l'unité endommagée ds le sens 3' pendant qu'une ADN-polymérase synthétise le nouveau brin complémentaire ds le sens 5'-3'. Une ADN-ligase réunit enfin les 2 extrémités libres.

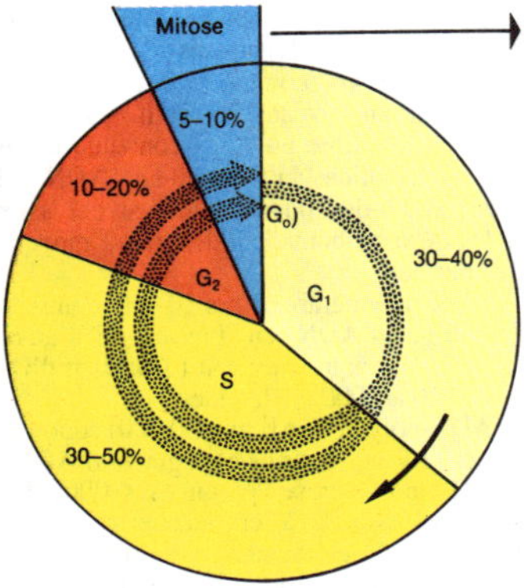

A **Durée de l'interphase au cours du cycle cellulaire**

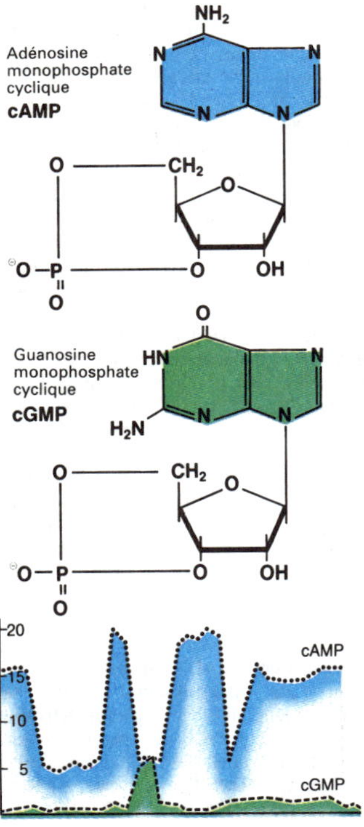

B **Variations de la concentration des nucléotides cycliques**

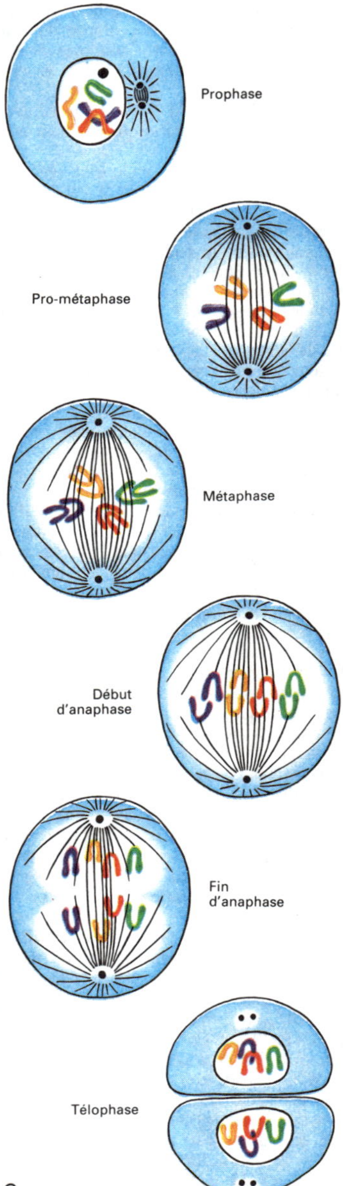

C

Cycle cellulaire

Division indirecte (Mitose)

Le cycle cellulaire chez les Eucaryotes sert à la duplication et à la transmission de l'information génét. entre les 2 noyaux fils. Il a une durée variable avec le type cell. et les conditions du milieu, 10 à 30 heures chez les organismes sup., et regroupe tous les phénom. qui se déroulent de la fin d'une divis. à l'achèvement de la suiv. (A). Le changement habituel de la forme du noyau (noyau actif → noyau de divis. p. 9) disting. la mitose, ou phase de divis., ss., avec ses caract. visibles au microsc., de l'interphase intercalée.

L'Interphase

Après une mitose la cell. peut :

– soit entrer ds une phase de croissance et de différ., sans initier de nouvelle divis. (phase G_0) où elle demeure irréversiblement ayant perdu ses capacités mitotiques (p. ex. cel. muscul., erythrocytes) ;

– soit entamer tout de suite après la mitose un nouveau cycle (p. ex. cel. embryonnaires) ou seulement après une longue phase distincte (G_0) (p. ex. hépatocytes, lymphocytes) entrer ds la phase G_1 qui débute le nouveau cycle (« G » = gap = lacune).

Le passage par G_1 est réglé, entre autres, par l'augment. de la concentration en AMPc (B) liée ds le même temps à la baisse du taux de GMPc.

La phase G_1 (présynthèse) commence avec la transcrip. en ARNm et sa réactivation pour la synthèse d'histones et de prot. chromos. acides. Ds le Cyt. s'accumulent désoxyribonucléosides-triphosphate, enzy. de réplication (ADN polymérases, ligases, tubuline). Les centrioles se dédoublent.

La phase S (synthèse) : doublement du taux d'ADN par réplication (p. 37) et production d'une grosse quant. d'histones. A la fin de cette phase la cel. est au sens strict., à 4n du fait de l'existence de chromatides filles. Ce qui n'a cependant aucune incidence ds ce court laps de temps, d'autant plus que la surproduction régulée est réduite aux gènes.

La phase G_2 (post synthèse) : refonte du R.E, chute du taux d'AMPc et augmentation de la concentration du GMPc. A la fin de cette phase les cel. perdent chez les anim. leurs liaisons intercell., s'arrondissent et augmentent fortement leur volume par une fluidité accrue.

Les différentes phases de la mitose (C)

La mitose ne se déroule pas toujours de la même manière, mais il est gén. possible de distinguer 4 phases étalées sur plusieurs heures, qui, comme le montrent les figures chromosomiques typiques séparent en fait un processus en lui-même continu.

La prophase reconnaissable par une condensation accrue de la chromatine. Chaque chromatide est déjà spiralisée individuellement. Membr. nucléaire et nucléoles commencent à s'estomper, les centrioles vont se placer aux 2 pôles de la cel. matérialisent les asters et entre eux le fuseau achromatique qui peut comporter des milliers de microtubules (p. 17).

La Métaphase voit s'achever la spiralisation des chromos. qui prennent leur forme de divis. Les chromatides filles sont réunies ds le chromo. par le centromère. Les « fibres chromosomiques » relient les centrioles aux centromères de chaque chromo., pendant que d'autres microtubules parcourent la cel. d'un centriole à l'autre formant un fuseau central interne ou un manteau de tubules périph. Les fibres du fuseau guident les chromo. à l'équateur pour former la plaque équatoriale.

L'Anaphase est relativement rapide ; les chromatides se séparent et s'élèvent, centromère en avant, vers les pôles car les fibres chromosomiques, ds un mouvement de glisse le long des microtubules continus, tirent les chromatides vers les pôles par dépolymérisation au niveau du centromère.

La télophase : les 2 groupes de chromos. repassent de la forme de divis. à la forme interphasique. La membr. nucléaire se reconstitue avec des éléments du R.E ; au niveau de l'équateur se forme la membr. de séparation par constriction cell. grâce à un anneau d'actine et de myosine.

Au total, la mitose comprend trois processus diff. mais coordonnés :

– **La duplication identique de l'ADN** ; les chromos. se clivent, puis se dédoublent.

– La répartition en deux lots ident. des demi-chromos. dans les 2 noyaux fils (caryocinèse).

– Le réagencement du cytoplasme autour de chaque noyau par division ou clivage (*cytocinèse*).

Des anomalies peuvent se produire à tous les stades de la mitose. Au cours de **l'endomitose** le dédoublement des chromos. n'est pas suivi de la dispar. de la membr. nucl. et de la form. du fuseau achromatique ; les chromos. fils demeurent dans le noyau initial qui possède alors 2 fois plus de chromos. Des cel. diploïdes norm. deviennent ainsi successiv. tétraploïdes (4n), octoploïdes (8n), ou polyploïdes (polyploïdie somatique). Expérimentalement on peut empêcher la formation du fuseau par la colchicine (p. 17-473). Le résultat est une cel. à deux noyaux. Chez certaines *Algues* et certains *Champignons* les « cel. » ont normalement de nombreux noyaux (**organisation cénocytique** p. 72). On a pu démontrer expériment., avec des œufs d'*Oursins*, qu'une cytocinèse peut avoir lieu sans la présence d'un noyau. Des parties du Cyt. pouvaient être amenées à se scinder et elles formaient un amas de plus. centaines de cellules.

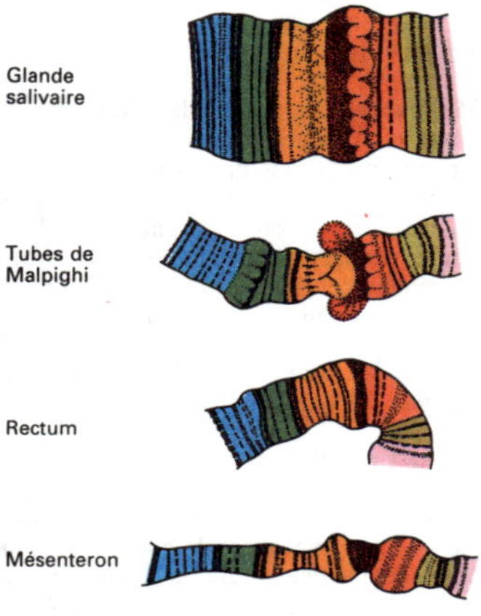

A **Portions de chromosomes géants dans différents organes du chironome**

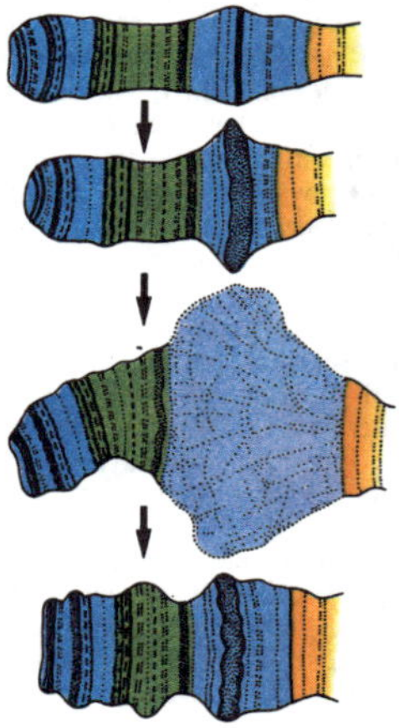

B **Formation et régression d'un Puff dans un chromosome géant**

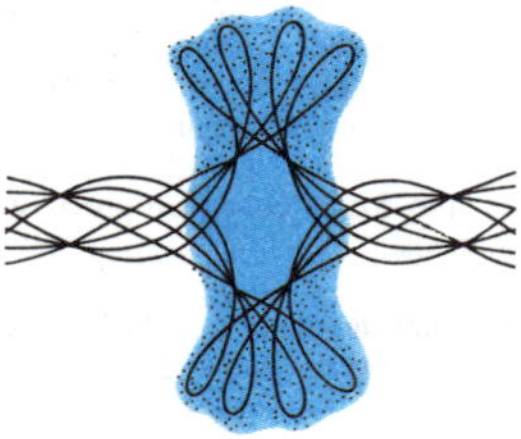

C **Anneau de Balbiani**

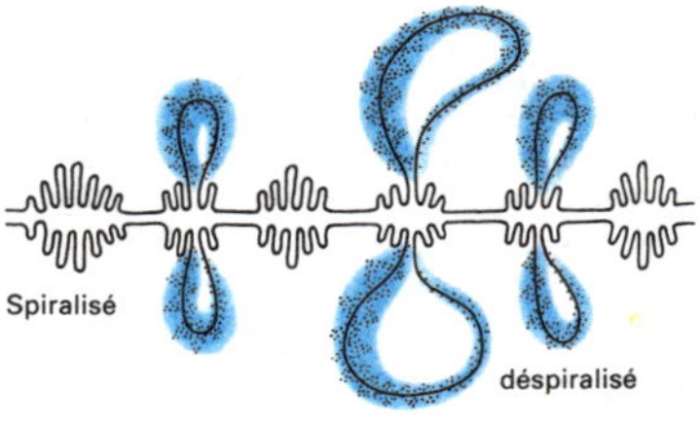

D **Chromosome en « écouvillon »**

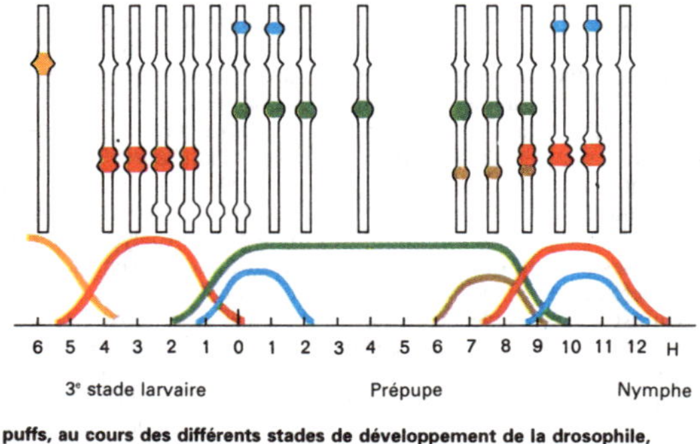

E **Spectre des puffs, au cours des différents stades de développement de la drosophile, sur le chromosome 1**

Chromosomes géants et « Lampbrush »

Chromosomes à formes particulières

L'activité physiol. des chromos., et par là même leur **Fonction ds le noyau actif**, est restée longtemps ds l'ombre du fait de la simplicité struct. de ces éléments. Ce n'est qu'à partir de la découverte de formes part., qui en dehors de leur struct. de transport laissent apparaître leur struct. fine, que l'on a eu la possibilité d'utiliser ces objets comme modèle gén. du fonct. des chromos. ds le noyau actif.

Les chromosomes géants

découverts par BALBIANI depuis 1881 ds les noyaux des cel. de *larves de diptères* et plus tard chez les *Plantes*, les *Aptérygotes*, les *Ciliés*, furent désignés 50 ans plus tard comme **Chromosomes polyténiques**. Leur struct. en forme de câble provient de la duplication par endomitoses successives de chromos. simples sans séparation mitotique des chromatides (polyténisation).

Ces éléments répétés 1 000 à 30 000 fois ds leur longueur, avec des chromatides exactement appariées, font ressortir sur des chromos. épaissis (0,025 mm) et étirés (0,5 mm) les chromomères conformes entre eux, comme des **« agrégats de chromomères »** nettement visibles. Le style de divis. est fonction de l'espèce et on observe ds des organes diff. les mêmes struct. stables. (A) Certains agrégats présentent un **changement de forme**, caract. par la var. du degré de condensation :

– **Les disques transversaux** représentent la compaction d'agrégats nettement délimités.

Les **Puffs** représentent un état décondensé avec des boursouflures au niveau des disques sans accroissement du taux d'ADN (B).

– **Un anneau de BALBIANI** se forme lorsque ds des cas exceptionnels les chromatides appariées se perdent en puffs qui sortent des chromos. sous forme de boucles récurrentes (C).

Les chromosomes en écouvillons (D)

Des *Tritons* et d'autres organismes se présentent, au stade diplotère (p. 149) sous forme de très longs chromos. (1 mm) d'où s'échappent latéralement au niveau des chromomères des **boucles** caract. par leur taille et leur position. La formation et la fermeture des boucles peuvent être interprétées comme pour les Puffs et les anneaux de Balbiani comme une déspiralisation (ou spiralisation) ici d'une unique double hélice d'ADN dont la visibilité au microsc. opt. dépend de la charge en ADN et en protéines.

La synthèse d'ARN au niveau des chromomères

La participation directe des chromos. à la synthèse d'ARN a été décelée pour la première fois au niveau des chromos. géants. Au niveau des Puffs et des anneaux de Balbiani se concentrent en plus de prot. non bas. une grande quantité d'ARN à grosses moléc., comme l'ont montré les recherches à l'aide d'ARN-précurseur radioactif. Quelques constatations prouvent en outre, que l'ARN des Puffs est au moins en partie de l'**ARN**$_m$ qui se charge de l'inform. de l'ADN chromosomique et la transp. sur les lieux de la synthèse prot. (détails p. 45) :

– L'assemblage des nucléotides de l'ARN de diff. anneaux de Balbiani des glandes salivaires de *Chironomus tentans* montre des diff. caract. et corresp. en complémentarité à l'assemblage de l'ADN de l'anneau en question : i.e., que l'assemblage nucléotidique de l'ARN des Puffs est « spécif. du génome ».

– La biosynthèse de la sécrétion d'Hydroxyproline ds des secteurs définis des glandes salivaires d'une variété de *Chironome Acricotopus lucidus* n'a plus lieu ds ce tissu par suite d'une inhibition chim. d'un certain anneau de Balbiani, i.e. : ces anneaux contrôlent la réalisation de synthèses précises ds la cel.

Alors que, de toute évidence, l'organisation des disques transversaux ds les chromos. géants réfléchit en même temps l'organisation ds les réplicons isolés (des chromomères isolés passent occasionnellement par des cycles de réplication supplémentaires), la **teneur en gènes** d'un seul chromomère (ou des interchromomères) ne pouvait jusqu'ici être clairement spécifiée. Comme déjà les chromomères les plus ténus : p. ex. la *drosophile* contiennent de 10 000 à 100 000 paires de nucléotides, on ne peut compte tenu du code génét. (p. 44) assimiler chromomère à gène. Vraisemblablement 5 % seulement de l'ADN des Eucaryotes codent pour la protosyn. On nomme **exons** ces fragments d'ADN. La partie non codante n'est pas transcrite ds les séquences hautement répétitives (p. 33). Dans d'autres régions elle sert à la synthèse de l'**ARN**$_t$ et des précurseurs de l'ARN$_r$ (p. 33 sqq), hormis les séquences intercalaires transcrites et non transcrites : « spacer » (p. 42 sq). En outre ils comportent aussi des séquences spéc. nombr. et assez longues codant pour les prot. (**Introns**), qui certes sont transcrites en même temps mais qui sont ensuite excisées de l'**ARN**$_{hn}$ (p. 42 F).

Changement d'aspect des chromosomes

Sur la centaine de disques transversaux d'un chromos. géant une petite partie seulement (10 à 20 %) se trouve sous un état déspiralisé actif qui donne ds les div. cel. d'un même individu un **spectre de Puffs** variable ds le temps et l'esp. (E).

– Des chromos. homologues situés ds des organes différents et ds un même organe ds des cel. aux fonct. variées montrent simultanément un modèle diff. de Puffs et de disques.

– On trouve aussi lors de l'ontogenèse des parall. spectaculaires entre l'aspect des Puffs et les étapes successives du dévelop. Une hypo. de travail féconde considère les diff. aspects des Puffs comme une « activation différentielle des gènes », i.e. : comme l'expression de la participation du génome à la differ. cell. (p. 215).

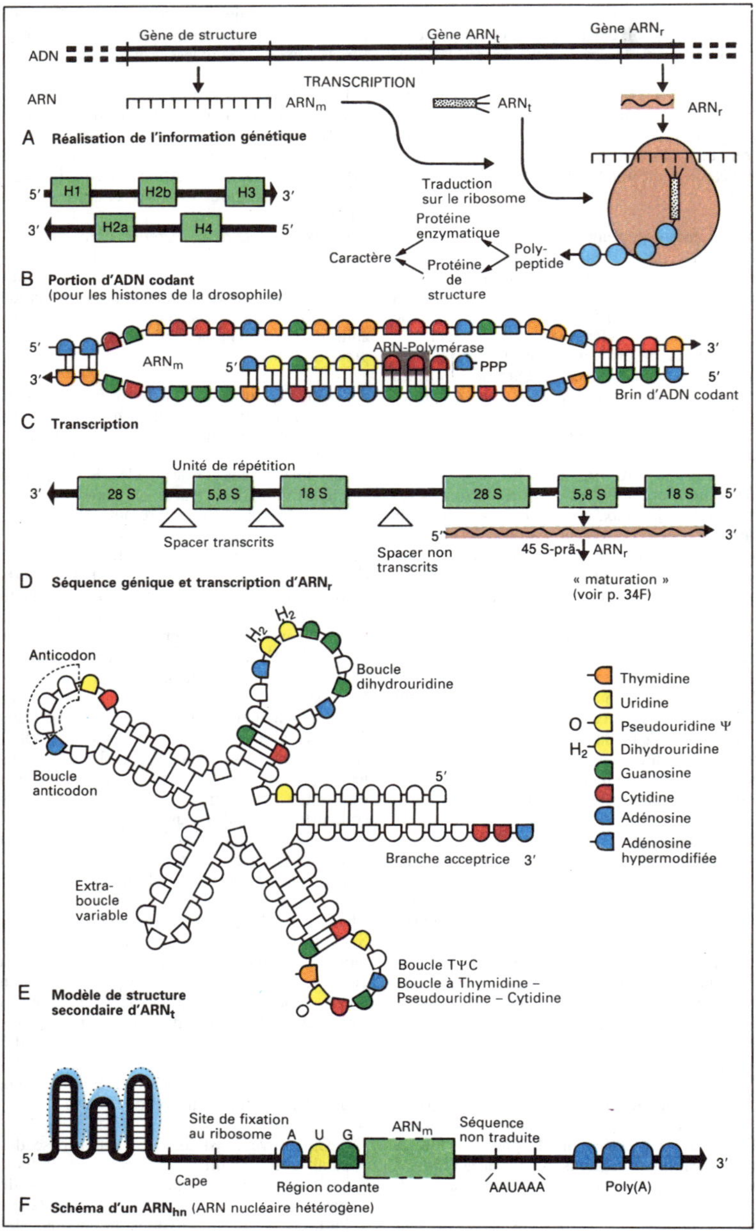

Modèles structure-fonction des acides nucléiques

La fonction hétérocatalytique de l'ADN :
C'est l'influence de l'inform. génét. qu'il stocke sur la mise en place au cours du dévelop. des signes distinctifs de la cel. et de l'individu. Ceci repose en définitive sur la transf. de la séquence nucléot. de l'ADN (gène) en séquences d'A.A lors de la protosyn. Ceci se fait en 2 étapes (A) :
– Tout d'abord l'inform. contenue dans des segments d'ADN se retrouve sous forme d'ARN (« transcrit » génét. prim.) :

C'est la transcription
– Ensuite, lors de la **Traduction** l'ARN messager (ARNm) grâce à l'ARNt et aux ribosomes riches en ARNr est traduit dans le cytoplasme en séquences d'A.A sous formes de polyp. (« transcrit » second. p. 45).

La transcription
utilise comme matrice les fragments d'ADN de gènes activés au niveau desquels les triphosphoribonucléosides (GTP, ATP, UTP, CTP) se déposent d'une façon complémentaire antiparall. et s'y polym. avec décomposition du pyrophosphate (C).
Le procédé est conforme à la réplication de l'ADN (p. 37) et est expérim. prouvé par :
– La liaison des bases de l'ARN : C-U-A-G en corresp. avec celles de la matrice d'ADN : G-A-T-C (p. ex. les anneaux de Balbiani des chromos. du *Chironome* p. 41).
Les exp. d'hybrid. d'ADN/ARN :
Des modèles d'ADN monocaténaire s'apparient avec des chaînes d'ARN monocaténaire sous forme d'une hélice ADN/ARN hybride d'autant plus stable et résistant d'autant mieux à la dégradation enzym. que la conformité est plus étroite.
Cette hélice hybride-matrice d'ADN et son transcrit d'ARN se révèle expérim. stable vis-à-vis de l'hydrolyse par la ARNase. Alors qu' *(in vitro)* les 2 chaînes polynucléot. d'ADN sont transcrites, *in vivo* seule la séquence nucléot. de la **chaîne porteuse des gènes codants** est transcrite.
Les 2 chaînes d'ADN peuvent comporter de telles parties codantes qui d'ailleurs ne se chevauchent pas (B). Elles sont transcrites dans le sens 3'→ 5' par des *ARN-polymérases-ADN dépendantes*, de telle façon que l'ARN est fabriqué dans le sens antiparall. 5'→ 3'.
Ces ARN polymérases sont de très grosses moléc. complexes (env. 400 000 de pm) qui reconnaissent le brin codant et le début de la séquence, ouvrent les ponts H de la double chaîne d'ADN et relient entre eux les nucléot. Chez les Eucaryotes on en distingue 3.
– **ARN polymérase I** transcrit au niveau de l'organisateur nucléolaire les 45 S pré ARN ;
– **ARN-polymérase II** synthétise l'ARNm et ses précurseurs d'ARNhn (ARN hétérogène) ;
– **ARN-polymérase III** active au niveau des gènes du 55 ARNr et de l'ARNt.
Le pré-ARN fabriqué dans le noyau est protégé en partie de l'action enzym. de la ribonucléase. Il devient fonct. après le « processus de la maturation ».

L'ARN ribosomal (ARNr)
fragment des ribosomes (p. 34 sq.) se forme lors de **la maturation** (D) à partir des 5S et 45S pré ARN ; les gènes unitaires codant pour les 18S, 5,8S et 28S pré ARN sont transcrits en même temps de même que les courts fragments intercal. répétitifs (« spacer » transcrits) alors que les zones plus longues situées entre les unités transcript. répétitives ne le sont pas (« Spacer » non transcrits). Les spacers qui ne sont pas protégés par la méthylation sont fragmentés et détruits par les ribonucléases. Le 5S ARNr comporte 2 séquences GAAC antiparall. ; et complém. de la boucle T ψ C de l'ARNt, ce qui permet l'arrimage de l'ARNt aux ribosomes.

L'ARN de transfert (ARNt)
Moléc. adaptée au transport spécif. des A.A sur leurs ribosomes respectifs pour la protosyn. Il est composé de petites chaînes allongées ne comportant au départ que les bases standard des pré ARNt, et qui résultent de la scission d'env. 30 nucléot., dont env. 15 sont modifiés (par méthylation ou hydrat.).
Tous les types d'ARNt possèdent des secteurs avec des séquences presque semblables et complém. antiparall. qui forment des hélices. Il en résulte comme. struct. second. **une forme en trèfle** (E) en L conformation spat. valable pour tous les ARNt.
– **la branche acceptrice** se compose de 7 paires de nucléot. avec à l'extrémité 3' une séquence libre A-C-C, capable de se lier à un A.A. Ds son axe on trouve :
– **la boucle anticodon** dont 3 nucléot. anticodon corresp. au codon de l'ARNm spécif. d'un A.A. (p. 44, code génétique).
– **la boucle T ψ C** qui servirait à la fixation sur les ribosomes comprend 10 paires de nucléot. appariés et 7 libres.
– **la boucle dihydrouridine** de composition variable, comme **l'extra boucle** occasionnellement présente.
L'ARN messager (ARNm) transmet avec sa suite de codons, composés seulement de bases standard, l'inform. génét. du brin d'ADN porteur du code.
Son précurseur, **l'ARNhn** des Eucaryotes (F) est protégé de l'attaque enzym. d'une part. par une chaîne poly A à l'extrémité 3', d'autre part par l'ajout d'une prot. à la struct. second. en boucle (« Informosomes » avec ARNm de longue durée). Entre la queue poly A et la région réellement informative de l'ARNm on trouve p. ex. pour les globulines une séquence non transcriptible avec AAUAAA (répété). A l'extrémité 5' succèdent souvent à la séquence type répétitive une **cape** de méthylguanine, 2 nucléot. méthylés et ensuite jusqu'au codon initiateur AUG, 10 nucléot. au plus qui peuvent fixer l'ARNm aux ribosomes.

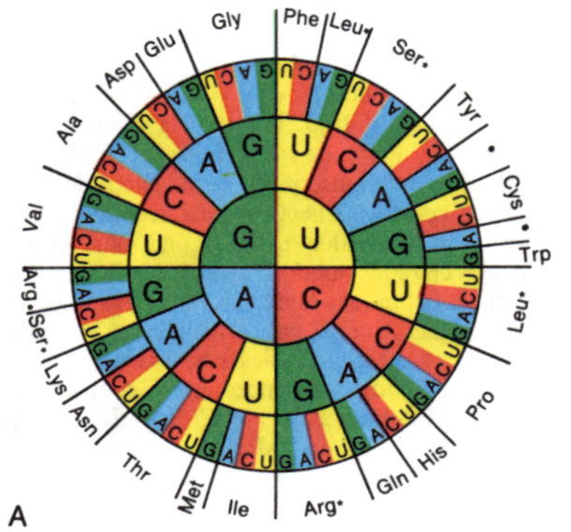

Nombre de triplets différents

1	2	3	4	5	6
Met	Asn	Ile	Ala		Arg
Trp	Asp		Gly		Leu
	Cys		Pro		Ser
	Glu		Thr		
	Gln		Val		
	His				
	Lys				
	Phe				
	Tyr				

▲ Codon initiateur AUG (→ Met)
● Codons stop UAA, UAG, UGA (ocre, ambre, opale)
• AA représentés plusieurs fois

Nomenclature des bases déterminant le code

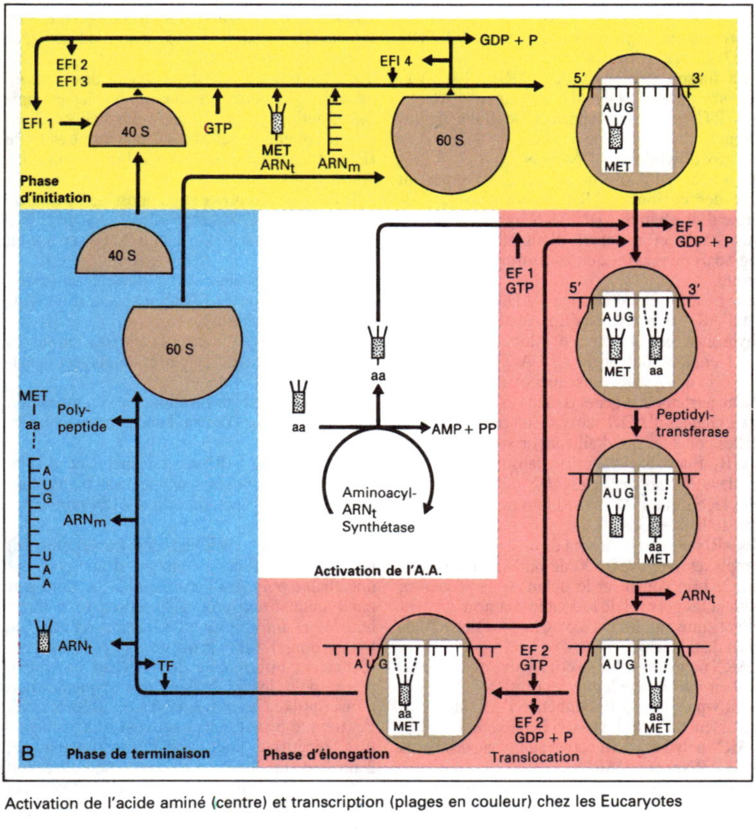

Activation de l'acide aminé (centre) et transcription (plages en couleur) chez les Eucaryotes

S'il est vrai que l'inform. génét. portée par le brin d'ADN codant se retrouve concrètement par l'intermédiaire de l'ARNm, ds la synthèse d'un polyp., le problème de la transformation d'une séquence d'acides nucléiques en séquence d'A.A. de prot. se pose de savoir :

– Selon quelle clé ou **code** l'inform. est traduite et
– Comment se déroule précisément **la traduction.**

Le code génétique (A)
L'inform. d'un syst. à 4 déterminants (les 4 nucléot. des acides nucléiques) doit lors de la protosyn. génétiquement conforme être transformée en un système à 20 composantes (les 20 A.A. bioformateurs de prot.). 4 nucléot. seuls peuvent seulement déterminer 4 A.A, des « langages » de 2 nucléot. à chaque fois un max. de $4^2 = 16$. Seules des unités informat. de 3 nucléot. **les triplets** peuvent donner $4^3 = 64$ combinaisons diff., ce qui suffit pour déterminer sans équivoque 20 A.A. Cette déduction formelle de la nécessité d'un code triplet est tout à fait confirmée par l'exp. : le prélude fut la découverte de la synthèse de polyphénylalanine (NIRENBERG-MATTHAEI 1961) *in vitro* en utilisant le poly-U comme ARNm. L'étape décisive du **déchiffrage du code génét.** revint à NIRENBERG et LE DER (1964) avec l'utilisation de trinucléot. définis pour l'assemblage d'A.A. spécif. et à KHORANA (1965/66) avec la synthèse artificielle d'un ADN particulier, sa transcrip. et sa traduction *in vitro*. Le code génét. semble ressortir aux **lois fondam.** suiv. :

– Chaque A.A. d'une prot. est spécif. déterminé par 3 nucléot. situés les uns à la suite des autres sur un seul et même brin d'acide nucléique, **le triplet.**
– Le triplet sur l'ARNm est défini comme Codon, i. e. : le codon de lecture est basé sur l'ARNm. Selon les règles de la parité des bases il peut être relié à une séquence d'ADN du brin codant et à **l'anticodon** zone de reconnaissance matricielle de l'ARNt,
– Les codons qui se succèdent ne sont pas séparés les uns des autres par un espace (« sans intervalles ») et n'utilisent jamais les mêmes nucléot. (« sans recouvrement »).
– L'ARNm est toujours lu ds le sens 5'→ 3'. La séquence nucléot. des exons (sens 3'→ 5') est **colinéaire** avec la séquence des A.A. des prot. (H_2N..... COOH).
– La plupart des A.A sont codés par de nombreux triplets diff. (codons synonymes). Cette **dégénérescence du code** concerne souvent le troisième nucléot. ; l'**hyp. de Wobble** suppose, conform. à cela, que l'ARNt d'un A.A reconnaît plusieurs codons.
– Le code génét. est **universel**, i.e. : il est le même chez tous les êtres vivants : l'ADN du *virus de la vaccine*, qui normal. infeste les cel. des *animaux supérieurs* stimule aussi le *Bacillus subtilis* pour la synt. de son ADN viral.

Les mécanismes fondamentaux de la traduction.
Lors de la traduction les A.A activés sont assemblés en chaînes polyp. au niveau des ribosomes conform. au code génét. **L'activation des A.A (B)** et leur liaison provisoire à la molécule adaptatrice l'ARNt spécifique de l'A.A est catalysée et contrôlée par les grosses moléc. enzym. (pm 100-240) d'**Aminoacyl-ARNt synthétases**. Elles reconnaissent un A.A donné et son ARNt spécif. et les associent en un complexe en présence d'ATP-Mg^{2+} : p. ex. l'ARNt-alanyl-synthétase lie l'alanine à son ARNt (= ARNt ^{Ala}). Au cours d'un processus complexe l'ATP se scinde en AMP et Mg-pyrophosphate, l'extrémité acide de l'A.A activé s'estérifie avec le groupement OH^- d'un ribose de l'adénosine au niveau du triplet terminal-CCA de la branche acceptrice de l'ARNt, et la formation du complexe *Aminoacyl-ARNt* (p. ex. Alanyl-ARNt ^{Ala}) libère l'enzyme.

La traduction au niveau des ribosomes commence avec la maturation des ribosomes de la **phase d'initiation** à partir des sous-unités ribosomiques, de l'ARNm de la Methionyl-ARNt Met1 indispensable pour l'amorçage, et à l'aide de GTP comme source d'énergie et chez les Eucaryotes de 4 facteurs d'initiation (EFI). Le ribosome a 2 points d'attache pour chaque complexe : A.A.-ARNt. C'est d'abord la position P (car c'est là que se formera le Peptide) qui est occupée avec Met-ARNt ^{Met1} (le codon de départ étant toujours AUG) pendant qu'au cours de la **phase d'élongation** le codon suivant de l'ARNm établit et assure, à l'aide du GTP et du facteur d'élongation (EF_1) la liaison du complexe suivant AA-ARNt en position A (car *Accepteur* de l'AA-ARNt) une enz. ribosomiale, la peptidyl-transferase, détache l'A.A en position P de son ARNt et l'associe par une liaison peptidique à l'A.A en position A. L'ARNt en P est libéré, le ribosome avance sur l'ARNm d'un triplet (c'est la translocation qui nécessite GTP et EF_2) de façon telle que l'AA-ARNt arrive à la position P et que l'élongation puisse recommencer sous la même forme. Par l'accrochage en continu du polyp. en croissance au nouvel AA-ARNt positionné, la séquence des codons de l'ARNm est parcourue. Lorsque l'ARNm est entièrement lu, au cours de la **phase terminale** les sous-unités ribosomiales, l'ARNm, le dernier ARNt et le polyp. se séparent. Si un ARNm est traduit simultanément sur plusieurs ribosomes, il se forme un **polysome.**

Le « dogme central de la biologie moléculaire »
Le flux d'informations génét. va toujours des polynucléot. aux polyp. et jamais en sens inverse (CRICK 1958). Ceci empêche toute variation de la qualité de l'inform. génét. par des prot. ou d'autres moléc. Ce qui n'est pas en contradiction avec le fait que certaines enz. (« les transcriptases réverse ») fabriquent un ADN complémentaire du modèle ARN.

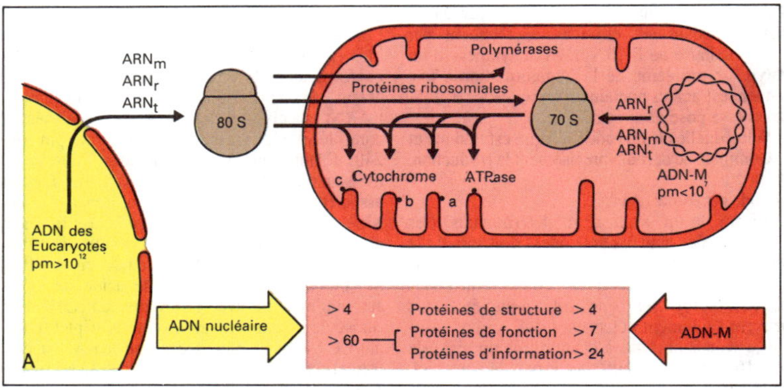

Synergie entre les ADN nucléaire et mitochondrial

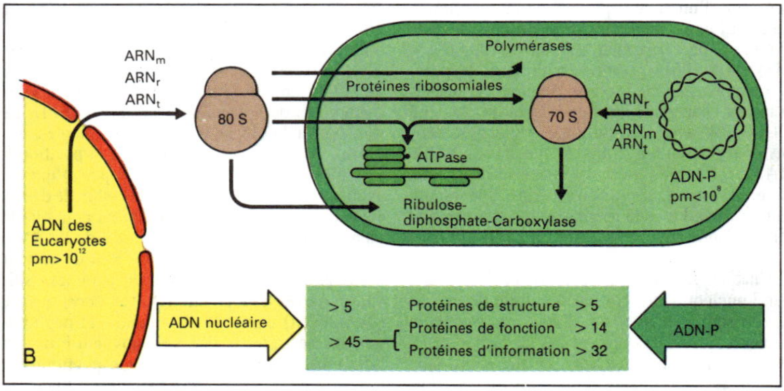

Synergie entre les ADN nucléaire et plastidial

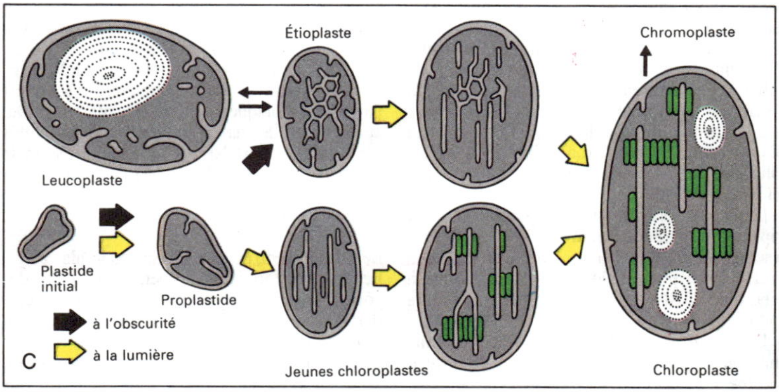

Morphogenèse des Plastes

Les mitochondries et les plastes ont plusieurs traits, morph. fonct. et vrais. évolutifs aussi, communs (p. 519). Il faut ajouter, qu'à l'instar de l'ADN du noyau à réplication sur le mode semi conservatif leur double chaîne d'ADN ne peut provenir que d'une semblable.

Les mitochondries
sont génét. semi autonomes car, avec leur propre syst. génét. largement indépendant du noyau, elles sont capables ds leur matrice de réaliser une protosyn. limitée.

L'ADN des Mitochondries (ADN-M) est circ. et existe ds une mitoch. en plusieurs copies id. La quantité totale d'ADN-M d'une cel. correspond à moins de 1 % du total de l'ADN cel. ; mais peut cependant atteindre 6 % ds les *levures*, plus de 20 % chez les *Trypanosomes* et jusqu'à 50 % ds plusieurs ovules. Avec 0,03 mm la longueur de l'ADN-M des *plantes* est environ 6 fois plus grande que celui des *animaux* et permet à la transcription de disposer d'un stock inform. d'environ 5 000 triplets.

Les ribosomes mitochondriaux sont chez les Eucaryotes plus petits que ceux du Cyt. ; ils appartiennent comme ceux des *Procaryotes* au type 70S (p. 58). Leur ARNr, un composant prot. et au moins une partie de l'ARNt sont codés par l'ADN-M.

Les protéines mitochondriales proviennent pour la plupart de la synthèse cytopl. et sont codées par le noyau. En plus des prot. des ribosomes mitoch., on trouve essentiellement les enz. du cycle de Krebs (p. 27, 303) une part imp. des cytochromoxydases, les polymérases ARN-M. Seuls quelques polyp. sont codés et synthétisés ds l'organite lui-même (A).
Les Mitoch. ne vivent que quelques jours ; elles se reproduisent d'ailleurs constamment par
– **duplication** d'une mitoch. mûre par constriction transversale.
– **bourgeonnement** (i.e. : étranglement de formes primordiales ou Promitoch.) de très petites vésic. à double membr. et matrice épaisse contenant l'ADN-M.
Au cours de leur croissance l'ADN-M est répliqué, les prot. synth. et la surface membr. amplifiée par la mise en place d'unités intercalées. Par invagination de la membr. interne se forment les crêtes dont le dévelop. est en rapport avec l'activité métabol. de la cel. La **morphogénèse** des mitoch. crée donc des formes variées (polymorphisme, p. 26 A). Des **facteurs externes** orientent cette morphogénèse.
– Chez la *levure*, en culture anaérobie, la mitoch. non fonct. revient en quelques heures au stade de promitoch. alors que le processus inverse s'engage aussi vite, en présence d'O_2.
– Chez les embryons de *moutarde* la lumière dirige la morphogénèse du chondriome et la synthèse des enz. respiratoires par la production de phytochrome (p. 220 sq).

Les Plastes
possèdent également un syst. génét. semi-autonome tel que pour les groupes *végétaux*, qui au cours de l'évolution ont perdu leurs plastes, cette disparition est définitive (p. ex. champignons).
L'**ADN plastidial** (ADN-P) se rencontre ds tous les types de plastes mais se différ. par sa struct. et son assemblage de l'ADN nucléaire et de l'ADN-M : chez les *plantes supérieures* par ex. la teneur en Guanosine/cytosine est plus forte. Un chloroplaste en possède 20 à 60 copies id., un chromoplaste de fleur de *Narcisse* 8. La teneur en ADN est sensiblement plus forte que ds les mitoch. l'ADN-P circ. fait environ 0,04 à 0,3 mm de long.

Les ribosomes plastidiaux appartiennent au type 70S. L'ARNr-P est codé ds l'organite mais quelques prot. ribosomiales sont néanmoins assemblées ds le Cyt.

Les prot. plastidiales sont en partie codées par le noyau (polymérases, prot. membranaires en partie synthétisées par une action conjointe des 2 systèmes génét. (ATPase et Rubisco quant. prédominante, B).

La multiplication des plastes précédée de la réplication id. de l'ADN-P se fait par :

– **Bipartition** de chloroplastes mûrs notamment chez les *Plantes inf.*, elle est la règle chez les *Algues*, fréquente chez les *Mousses*, mais se rencontre rarement chez les *Phanérogames*.

– **Bourgeonnement** à partir de chloroplastes mûrs de petits préplastes qui donneront de nouveaux proplastes.

– **Division de proplastes**, le plus souvent bipartite.
La **morphogénèse** (C) conduit de préplastes presque sans struct. internes à des proplastes de forme irrégulière, incolores et à mouv. amiboïdes. Ceux-ci atteignent 0,001 mm, forment des replis creux de leur membr. interne (Tubules), des grains d'amidon et des cristaux de phytoferritine à base de fer. Ds les cell. racinaires et épidermiques les proplastes se transforment en **Leucoplastes**, ds les pousses et les feuilles en **Chloroplastes**. Ce dernier processus réclame de la lumière chez les *Angiospermes* :
Les tubules des proplastes se dissocient en vésic. qui augm. avec la protosyn. permanente et se fondent en thylacoïdes. La généralisation des invaginations-croissance et stratifications membranaires donne une structure lamellaire complexe, qui par opposition aux crêtes mitochondriales, n'est pas en relation avec la membr. interne. En même temps apparaît la chlorophylle. A l'obscurité la synthèse de la chlorophylle en reste au stade de protochlorophylle incolore et les vésic. ne se réunissent pas mais au contraire forment un centre plastidial : c'est ainsi que se crée un **étioplaste**. Un éclairement ultérieur le transforme en chloroplaste.

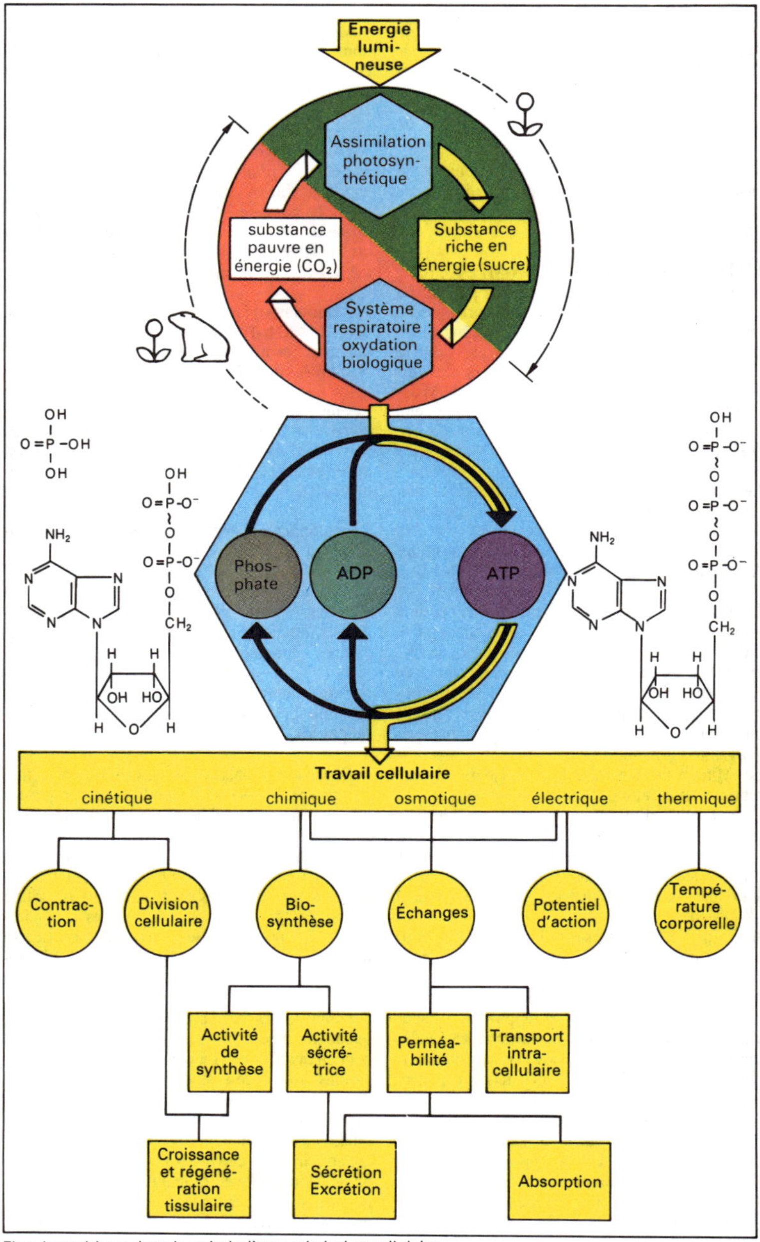

Flux énergétique dans le métabolisme général et cellulaire

Toutes les cel. viv. (p. 53) sont soumises au renouvellement qui consiste, au cours du **métabolisme**, à absorber, transformer et rejeter des subst.

Le métabolisme de synthèse (anabolisme)

Une grande partie des subst. absorbées par la cel. sert à synthétiser des subst. nouvelles. Des matériaux relativ. simples servent à l'édification de la matière vivante hautement organisée. La moitié, voire les 2/3 des protéines édifiées par la cel. sont des *protéines enzymatiques*, qui déclenchent et dirigent toute l'activité vitale. Mais les *protéines* de *structure* elles aussi sont l'objet de phénomènes incessants de synthèse, de transformation, de dégradation. Ces transformations métaboliques sont des processus d'*anabolisme* qui servent au corps à édifier ses propres subst. ; ils consomment de l'énergie : ce sont des processus endoénergétiques.

Le métabolisme énergétique (ou de fonctionnement)

Cert. réactions produisent l'énergie qui permet de satisfaire les besoins énergétiques de l'organisme vivant (réactions exoénergétiques). Le plus important de ces processus **cataboliques** est la respiration cell. (oxydation biologique) : les subst. riches en énergie absorbées par la cel. sont alors décomposées dans les mitochondries en subst. pauvres en énergie. Si cette combustion s'effectue à la faveur d'oxygène à l'état molécul. O_2, on la nomme respiration *aérobie* ; en absence d'O_2, elle est dite anaérobie (fermentation).

Les organismes qui puisent l'énergie dont ils ont besoin exclusivement dans des subst. organiques existant déjà, sont appelés hétérotrophes. Ceux qui sont capables d'utiliser direct. d'autres formes d'énergie (p. ex. l'énergie lumineuse) sont *autotrophes*. L'*hétérotrophie* est le fait de l'*Homme*, des *Animaux*, des *Champignons* et de nombr. *Bactéries*, qui se nourrissent des constituants organiques provenant d'autres êtres vivants. L'autotrophie est réservée au règne végétal, elle est la condition préalable du métab. animal. Ainsi, en fin de compte, toute l'énergie qui alimente les organismes est fournie par la lumière du soleil qui est transférée, sous forme d'énergie chim., dans les glucides que les autotrophes édifient au cours de la photosynthèse. En réalisant la photosynthèse, les plantes absorbent le CO_2 de l'atmosphère et rejettent de l'oxygène. Les animaux utilisent cet oxygène pour l'oxyd. des subst. organiques et ils rejettent le CO_2 qui sera utilisé par les plantes. Le métabol. végétal et le métabol. animal sont donc liés par un cycle global.

Les réactions endergoniques

Des réactions consommatrices d'énergie peuvent se dérouler,

– si ce sont des étapes d'une **chaîne métabolique** de plusieurs réactions élémentaires interdépendantes, qui fonctionne dans sa globalité sur un mode exerg.

– si elles sont rendues possibles en tant qu'étapes d'une chaîne globalement enderg., par un **apport d'énergie** sous forme d'un transporteur comme l'ATP.

L'Adénosine-triphosphate : ATP

C'est un nucléotide composé d'adénosine et de 3 P (voir illust.). La liaison de 2 P riches en énergie fait de ce composé une **substance énergétique**. Ainsi nomme-t-on des molec. dont la dissociation au niveau de la liaison riche en énergie, désignée par le symbole « @» libère plus de 6 Kcal/Mole soit env. 25 KJ/Mole. On ne doit pas par cette symbolisation considérer que l'énergie utilisable est contenue ds la liaison elle-même.

Au nombre de telles substances on compte tous les anhydrides d'acide. C'est-à-dire des radicaux acides liés entre eux, p. ex : les A.A. activés (Aminoacyl-AMP, p. 44 sq) avec le groupe-COO @ P (P pour résidu phosphate), ; spécialement l'ATP = AMP @ P @ P, dont la libération d'un seul P libère environ 32 KJ/Mole ds les condit. standard. L'ATP est le moyen gén. utilisé par les cel. pour favoriser des processus enderg.; c'est la « monnaie énergétique» fournie au cours des réactions enderg., libérée au cours des exerg. La Synthèse d'ATP à partir d'ADP et de P, i e : l'accrochage d'un P à l'ADP (phosphorylation) nécessite de l'énergie, qui est, soit fournie par la chaîne respiratoire au cours du catabolisme oxydatif (p. 305) soit chez les cel. autotrophes au C par la photosynthèse (photophosphorylation, p. 275).

$$\text{ADP} + \text{P} + \text{Énergie} \rightarrow \text{ATP}$$

Par l'inversion de cette réaction l'énergie nécessaire à la réalisation d'une processus enderg. est de nouveau libérée

$$\text{ATP} \rightarrow \text{ADP} + \text{P} + \text{Énergie}$$

Les processus ainsi permis peuvent être très variés (voir illust.).

– Mouv. à l'aide d'éléments contractiles

(Actine/Myosine, p. 16 sq, 388 sq.) ;

– Transport actif d'ions et de molec. à travers les membr. (p. 25) ;

– Activation de nombreux composés organ. (activation du Substrat) dans les étapes préparatoires aux biosynthèses : p. ex. protosyn. La décomposition du P se fait avec le concours de l'eau ou Hydrolyse catalysée enzymatiquement par des ATP-ases :

$$\text{ATP}^{4-} + \text{HOH} \rightarrow \text{ADP}^{3-} + \text{H}^{+} + \text{Énergie}$$

Comme dans un milieu neutre (pH = 7) les 4 groupes acides des P de l'ATP sont dissociés, il s'établit des tensions moll. internes du fait de l'existence d'une **force de répulsion** entre les groupes chargés nég. Comme cependant la moléc. est stable, son hydrolyse libère une grande quantité d'énergie utilisable, ce qui caractérise l'ATP comme moléc. énerg. ; ce système ATP intervient ds le métabolisme pour coupler les réactions exerg. et enderg. (Principe du composé intermédiaire commun).

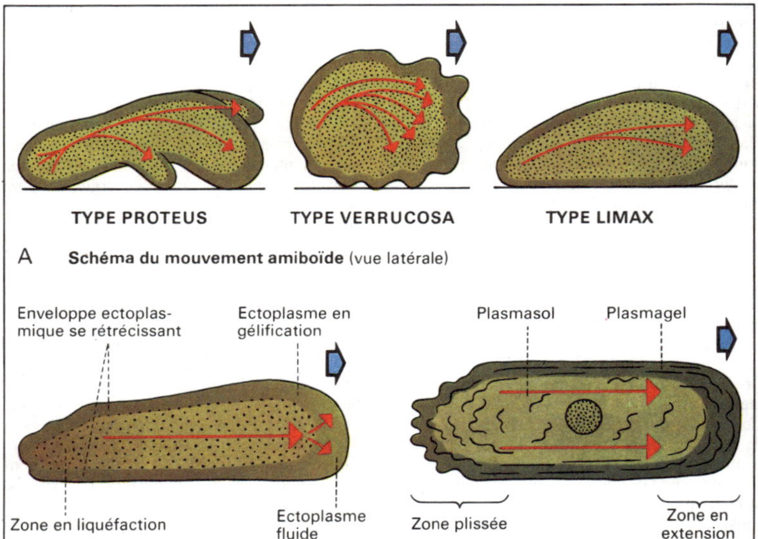

A **Schéma du mouvement amiboïde** (vue latérale)

B **Courants cytoplasmiques et plissement protéique chez l'Amibe Limax** (vue latérale, vue par-dessus)

Mouvements amiboïdes (A, B)

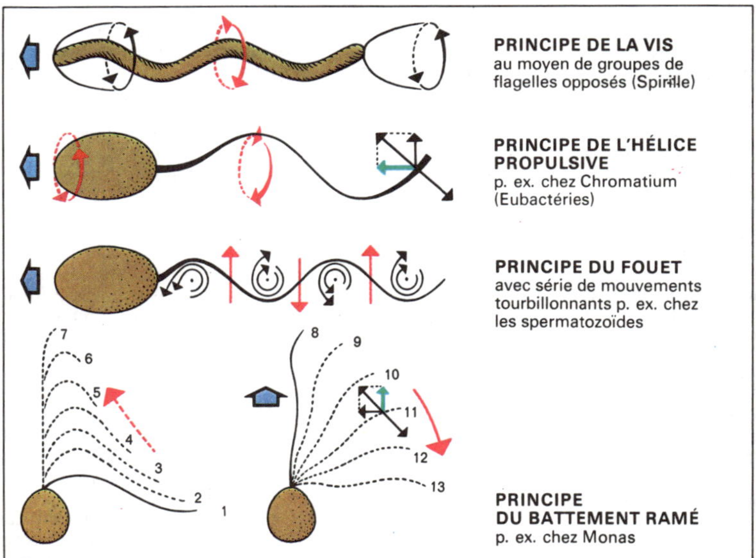

C **Mécanisme de la locomotion par battement du flagelle**

Déplacement au moyen d'un flagelle (C)

Le mouvement est une caract. cell. Il a lieu gén. lors des processus métaboliques part. par la transf. de l'énergie chim. en énergie mécanique, ou encore travail (contraction). Les cel. muscul. sont spécialisées (p. 92 sq, 388 sqq) et pourtant leur système contractile revêt des **caract. gén.**

– La contraction, conformément à la théorie du glissement filamentaire (p. 16 sq) est le résultat de la traction de filaments d'actine les uns contre les autres par des prot. de type myosine. On peut montrer expérim. que la myosine des muscles de *Mammifères* réagit d'une façon normale avec les filaments d'actine d'*amibes* ou de *Myxomycètes*.

– D'une façon uniforme c'est l'ATP qui fournit l'énergie nécessaire au changement d'état lors de la contraction. On réussit avec l'ATP à mettre en mouvement aussi bien des myofibrilles que des filaments d'actine d'organismes très primit. L'ATP pourrait avoir un effet inverse qui consisterait à annuler par un apport d'énergie la contraction des prot. déclenchée par le Ca^{2+} ; notons que cet effet n'a été ni conservé ni développé, si ce n'est chez certains *Protozoaires* tels que la *Vorticelle*.

– La myosine et la dynéine (complexe tubuline-dynéine des flagelles ; p. 16 sq) possèdent une activité enzym. ATPasique et libèrent ainsi de l'énergie.

Les courants cytoplasmiques intracellulaires sont relativement peu importants ds les cel. anim. mais ont souvent une énorme force chez les **Plantes** (jusqu'à 360 fois la force gravitaire ds les cel. de la feuille d'*Elodée*) où ils se manifestent avant tout par un déplacement des plastes et du noyau. Ces mouv. peuvent s'effectuer par le changement incessant des liaisons interprot. et la contraction des filaments d'actine, ce qui s'objective précisément ds les cel. à forte cyclose (Articles des internœuds des *Characées*, tubes polliniques et cel. de l'endosperme de l'*Haemanthus*).

Les mouvements amiboïdes (A) ont leur origine ds une modification de la viscosité du Cyt. et la contraction des cytofilaments : chez les *Amibes* l'int. du Cyt. (endoplasme) est fluide, la périph. (ectoplasme) est plus ferme, gélifiée. Ds l'ectoplasme et à la limite de l'endoplasme on trouve un réseau filamentaire d'actine et myosine. Des faisceaux de filaments isolés traversent aussi l'endoplasme. Les filaments d'actine sont ancrés ds le plasmalemme. A proximité de l'extrémité postérieure d'une cel. en reptation ce réseau est contracté en un large anneau, pendant qu'à l'avant il reste lâche, ce qui interdit à l'arrière toute échappatoire à cause d'un solide maintien des filaments. Une surpression est créée ds l'endoplasme par cette zone contractile, qui permet au plasmasol de s'écouler vers l'avant provoquant ainsi l'émission de pseudopodes (Modèle pression-dépression). La zone contractile et l'arrière se fondent peu à peu (B).

Toutes les cel. nues, dépourvues de paroi, peuvent se mouvoir ainsi. Ce mode de locomotion caractérise surtout les **Myxomycètes et les Amibes**, la plupart des cel. animal, embryonnaires, et les cel. migratrices des organismes adultes (p. 81). Au cours de l'ontogenèse, l'état physico-chimique des cel. évolue régulièrement vers l'état de gel, de sorte que, à partir d'une certaine limite, l'émission de pseudopodes est entravée.

Les mouvements flagellaires (C) sont dus à des organites locomoteurs, les flagelles. Une cel. flagellée peut posséder un ou plus. flagelles. Ce sont des expansions cytoplasm. filiformes mobiles, dont la longueur dépasse celle du corps cell.

Ce sont les organites locomoteurs caract. des *Flagellés*, de nombr. *Bactéries*, des spermatozoïdes. On les trouve encore dans les corbeilles vibratiles des *Éponges* et dans beaucoup d'organes excréteurs, p. ex. dans les solénocytes. Il y a 2 types de mouv. flagellaires : la rotation hélicoïdale, et le battement ramé latéral. C'est chez les *Spirilles* que le mécanisme est le plus simple : le corps rigide, de forme hélicoïdale, comporte des flagelles à ses deux extrémités ; lorsqu'ils commencent à tourner (environ 40 rotations par s), le corps se met à tourner en sens inverse à raison de 13 rotations par s environ, ce qui le fait avancer dans l'eau (**déplacement en vis**). Cette propulsion donne au plan de rotation des flagelles la forme d'une cloche. Lorsque le corps est de forme différente, le déplacement s'effectue grâce à un mouvement hélicoïdal du flagelle (**principe de l'hélice**) : le flagelle tourne rapidement sur lui-même et chacun de ses points développe une force qui est fonction de l'angle d'incidence, et dont la résultante longit. fait avancer le corps, tandis que la résult. transv. le fait tourner autour de son axe longit. – Plus rare est le mode de locomotion causé par les **fouettements du flagelle** ; le long des tourbillons de l'eau, le flagelle avance comme s'il glissait sur un chemin à rouleaux. – Beaucoup de *Flagellés* utilisent aussi le principe du **battement ramé** : le flagelle, dont le mouv. s'inscrit dans un plan, se rabat en arrière en restant rigide, puis revient à sa position de départ en opérant une flexion qui se propage de la base à l'extrémité du flagelle.

Les mouvements ciliaires (p. 71) sont engendrés par des cils vibratiles courts et fins, très nombreux. C'est par des mouv. ciliaires que se déplacent les *Paramécies*, les larves des *Coelentérés*, des *Vers*, des *Mollusques* et des *Echinodermes*, ainsi que les *Cténaires*, les *Turbellariés* et les *Rotifères* adultes. Chez beaucoup d'animaux pluricell., des cils provoquent des courants à la surf. des organes (ex. chez les *Coraux*, les *Bryozoaires*) ou à l'int. de ceux-ci (intestins, oviductes, trachées).

Le battement ciliaire est un battement ramé : le cil se déplace rapidement vers l'arrière, et revient lentement à sa position de départ. Les cils qui garnissent une surface battent dans la même direction et d'une façon coordonnée l'un à la suite de l'autre (métachronisme) de sorte que le mouv. ciliaire semble se propager à la façon d'une vague. Le rythme des battements est de 15 à 25 par s.

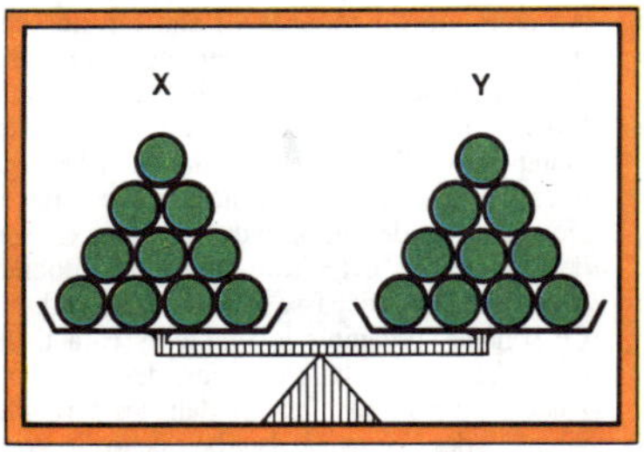

A

X = Y = CONSTANTE

L'équilibre statique en système clos est par exemple celui d'une balance, dont les plateaux portant une charge égale se sont stabilisés et sont isolés des influences extérieures.

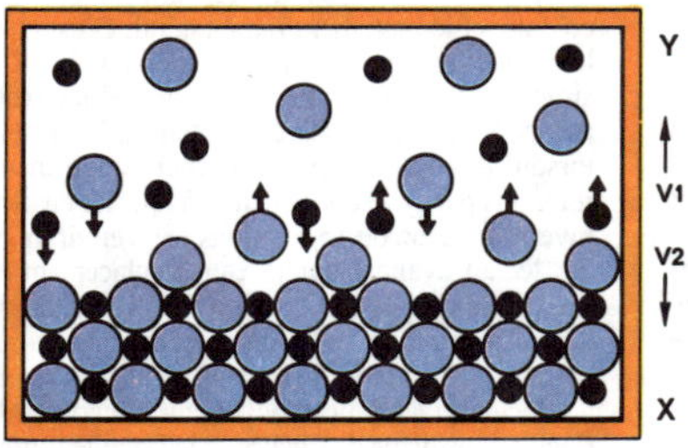

B

$$X \underset{V_2}{\overset{V_1}{\rightleftharpoons}} Y$$

L'équilibre dynamique en système clos existe par exemple dans un récipient clos entre un liquide et sa vapeur saturante : la phase gazeuse (Y) et la phase liquide (X) échangent constamment un nombre égal de molécules. Les vitesses d'échange V_1 et V_2 sont égales.

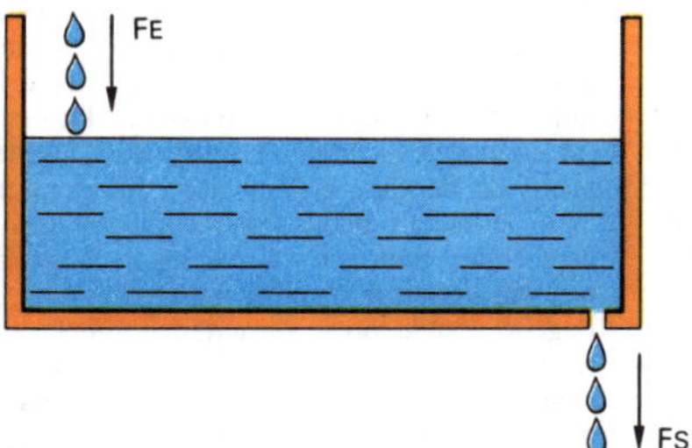

C

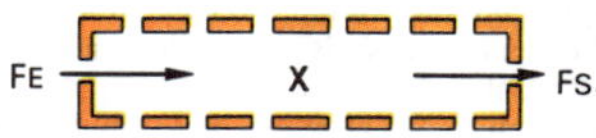

Équilibre stationnaire en système ouvert – L'équilibre des flux est atteint quand, par exemple, dans un récipient ouvert, le flux d'entrée FE correspond au flux de sortie FS (on ne tient pas compte de modifications pouvant affecter le système pour des raisons de simplifications).

Demi-durée de vie	Homme	Rat
Ensemble des protéines	80 jours	17 jours
Protéines du plasma	10 jours	6 jours
Protéines musculaires	158 jours	21 jours
Glycogène		1 jour
Sucre sanguin		0,8 heure

D

Vitesse du flux (vitesse de renouvellement) à l'intérieur d'un équilibre des flux.

Systèmes en équilibre

« Les formes vivantes n'existent pas, elles se fabriquent » (BERTALLANFY) ; elles sont les manifestations d'un flux permanent de matière, d'énergie et d'information.
Nous sommes habitués à l'opposition entre struct. et fonct., entre morphologie et physiologie. Mais ce que l'on décrit comme étant une *forme* vivante est en réalité un ensemble de phénomènes dont le déroulement est lent et prolongé ; ce que l'on définit comme une **fonction** est une suite de phénomènes rapides et brefs. Tout organisme vivant est une formation qui se perpétue dans le flux ordonné des phénomènes.
La description de la vie permet d'observer à tous les niveaux des syst. qui globalement semblent rester stables, alors que leurs élém. changent constam. Ainsi en est-il des organites cell. qui conservent le même état alors que leurs **macromolécules** sont l'objet d'incessantes modifications ; l'organite peut se modifier à son tour, tandis que la **cel.**, prise globalement reste stable. Dans l'**organisme** pluricell., il y a sans cesse des cel. qui meurent et qui sont remplacées, alors que l'ensemble subsiste. Dans une **population**, au sein d'une esp. des indiv. meurent, d'autres naissent. C'est pourquoi si l'on considère chaque struct. organ., sous l'angle du modèle type, elle apparaît stable, stationnaire : les échanges perpétuels tendent ou conduisent à un *équilibre* qui maintient un cert. rapport entre le flux d'entrée et le flux de sortie. Mais ce syst., où s'établit un équilibre, n'est pas clos, isolé de l'extér. Bien au contraire, un organisme est un **syst. ouvert** qui échange continuellement de la matière, de l'énergie ou de l'information avec son environnement. Cet équilibre dynamique en syst. ouvert est appelé **« équilibre des flux »** (d'après BERTALLANFY). Cette notion s'applique non seul. aux phénomènes biol. mais aussi aux phénomènes phys. (cours d'eau), chimiques (flamme), écologiques (communauté biotique), politiques (État) ou économiques (marché).
L'équilibre dynamique en syst. clos et l'**équilibre des flux** en syst. ouvert ont ceci de commun que le syst. global reste apparemment stable, tout comme ses élém. Par ailleurs ils sont fondam. diff. :

1. L'équilibre dynamique en syst. clos est par nature réversible, car les processus opposés – construction et dégradation – se déroulent simultanément. Entre ces processus contraires l'équilibre est atteint quand la vitesse des réactions dans un sens est égale à la vitesse des réactions inverses (ces vitesses sont fonction de la tempér. et de la concentration). Au contraire, l'équilibre des flux en syst. ouvert **n'est pas réversible**, car les subst. produites à la faveur de ces réactions sortent du syst.
2. L'équilibre dynamique est une conséq. du 2e principe de la thermodynamique et il est déterminé par le **minimum d'énergie libre**. Dans les syst. clos un équilibre indépendant du temps *doit* obligatoirement s'établir ; dans les syst. ouverts un état d'équilibre (indépendant du temps) *peut* finalement s'établir entre les flux, dans cert. conditions. Le 2e principe de la thermodynamique, sous sa forme usuelle, n'est pas applicable aux syst. ouverts.
3. Un syst. clos n'a pas besoin d'un apport de matière ou d'énergie pour maintenir un état d'équilibre stable. En revanche, un syst. ouvert ne peut rester stationnaire que si les vitesses des transformations qui s'y opèrent sont exactement synchronisées. De plus, il est capital, pour la vie des organismes, que cet équilibre entre les flux **ne devienne pas un équilibre complet**. Pour entretenir un cert. écart il faut que de l'énergie soit puisée dans le milieu extér. et que les réactions se fassent avec une cert. **lenteur** : celle-ci est assurée par le mécanisme des réactions biochimiques (ex : oxydation biologique p. 301, « Respiration cell. » p. 304 sqq).
4. Un système clos en équilibre dynamique ne peut fournir aucun travail. Seul un syst. ouvert peut **fournir du travail en permanence**. L'organisme est un syst. stationnaire où les flux s'équilibrent et où s'opèrent de façon continue les réactions qui tendent à l'équilibre complet : comme tel il possède cette aptitude constante à fournir du travail, qui lui est nécessaire pour accomplir des tâches sans interruption.

Si l'on considère l'organisme comme un syst. ouvert où s'établit un équilibre des flux, cert. corollaires se dégagent, qui sont les **critères de la vie**, à savoir : échanges de matière et d'énergie, changement de forme, réactions aux stimuli, autonomie apparente.
Lors des **échanges de matière et d'énergie**, l'équilibre des flux est lié au passage à travers des membranes. Or, quand le volume d'un corps augmente, il augmente au cube alors que la surf. correspond. n'augmente qu'au carré ; donc un organisme qui grandit par simple augmentation de volume ne peut pas dépasser de beaucoup la taille d'une cel., sinon ses besoins en oxygène et en subst. nutrit. ne seraient pas satisfaits. il faut donc qu'il y ait une adaptation des struct. et des fonctions permettant un nouveau mode de croissance de l'organisme : cette adaptation est réalisée par l'extension des surf. internes, les milieux transporteurs et le circuit de subst., c'est-à-dire au total par une organisation supér. Ainsi l'équilibre des flux et sa conservation par les échanges de matière et d'énergie impliquent la différenciation des formes et réciproquement. En prenant pour base d'explication l'équilibre des flux, on peut comprendre ce qu'est **le changement de forme** et en partie, la croissance ontogénique et phylogénique si on les considère comme résultant de l'action opposée des processus de synthèse et de dégradation.
Les réactions aux stimuli et l'activité autonome apparaissent comme des processus qui viennent se superposer à l'équilibre des flux. D'une part, les modif. de l'environn., les stimuli entraînent chez l'organisme des variations passagères dans son état stationnaire. D'autre part, il y a dans l'organisme des mécanismes qui fonctionnent spontanément sans aucun stimulus extér. : ce sont des processus de « charge » qui alternent automatiquement avec des phénomènes de « décharge ». L'activité automatique et rythmique des organismes trouve ici son origine.

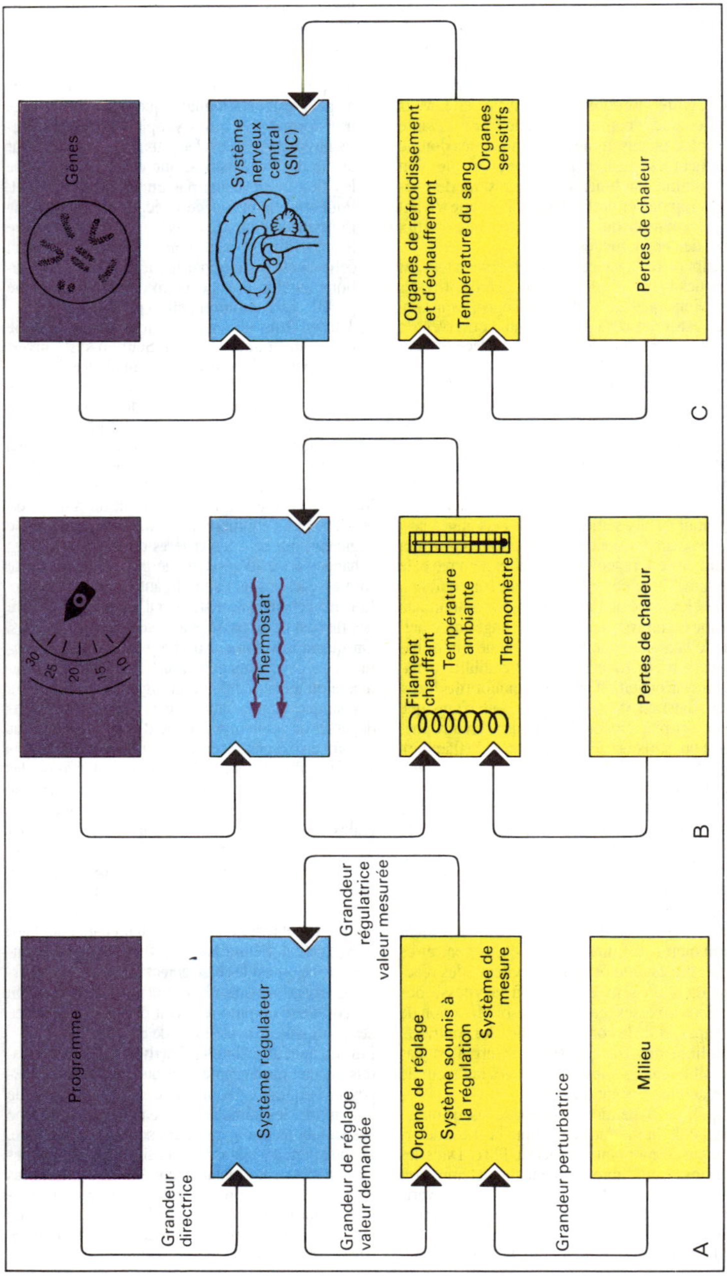

Boucle de régulation : Représentation théorique (A) et réalisation technique (B) et biologique (C) de la régulation de la température

Pour un être vivant le problème fondam. est de maintenir l'équilibre des flux en dépit des perturbations incessantes dont il est l'objet. Cela ne saurait se faire mécaniquement, au prix d'une fidélité inconditionnelle à un programme préalablement établi. La conservation et le dévelop. des struct. vivantes sont avant tout assurés par leurs facultés d'adaptation et de régulation. Cette loi est valable pour tous les organismes, les indiv. comme les collectivités, les unicell. comme les pluricell. L'homme lui-même est concerné, même si parfois, à cause de ses aptitudes intellectuelles, il en dégage sa propre responsabilité.

Il est rare que les êtres vivants, pour maintenir leur équilibre, se conforment au principe de la **commande rigide** (p. 7), selon lequel la valeur soumise aux perturbations est établie pour ainsi dire *a priori* et impérativement. La plupart du temps, pour qu'une valeur reste constante, il faut un contrôle et des corrections permanents. Dans un syst. qui obéit au principe de l'**autorégulation** (p. 7) les élém. du syst. réagissent automatiquement sur eux-mêmes. Ce sont les effets rétroactifs et l'expérience qui régissent le fonctionnement du syst. ; c'est régi en quelque sorte démocratiquement et *a posteriori*. Un syst. de ce type consomme de l'énergie ; pour que cette action rétroactive soit possible, il faut que le flux énergétique soit dirigé par une partie de l'énergie et par une information. La transmission de l'information nécessite en elle-même très peu d'énergie. En outre, dans un système de ce genre, le courant d'information agit dans une seule direction.

Cette autorégulation par rétroaction (ou *feed-back*), réafférence p. 358 sq) est un **principe fondamental chez les êtres vivants.**

Rétroaction négative (contre-réaction)

Les syst. cybernétiques (p. 7) qui fonctionnent selon le principe de la boucle de régul. (A), travaillent de manière à exercer une action antagoniste aux perturbations qu'ils enregistrent (rétroaction négative, contre-réaction, *feed-back* négatif).

Voici comment se déroule le processus dans le cas d'un syst. autorégulateur tel que le thermostat (B) : dans un local (**syst. soumis à régulation**), la tempér. (**grandeur régulée**) doit être maintenue à une cert. valeur (**valeur demandée**). Un **programme** indique cette valeur au thermostat (**organe régulateur**) en lui transmettant une **grandeur directrice**. Puis, un thermomètre (**syst. de mesure**) mesure la tempér. effective (**valeur mesurée**) et transmet cette information au régulateur. Si la valeur réelle est inf. à la valeur demandée, le régulateur transmet une **grandeur de réglage** (en l'occurrence en établissant le contact dans un interrupteur électrique) à l'appareil de chauffage (**syst. de réglage**). Celui-ci fournit de la chaleur au syst. soumis à régulation jusqu'à ce que la valeur demandée soit atteinte, ou dépassée (ce dépassement du but est normal, il est dû à l'inertie). Ainsi la tempér. oscille indéfiniment autour d'une position d'équilibre, les écarts du moment agissant négativement sur le sens des phénomènes futurs.

La régulation technique et la régulation biologique de la tempér. dans le corps humain (C) (en schématisant le processus) ont un fonctionnement similaire : les points de froid de la peau mesurent la tempér. extér. ; si elle est trop basse, l'information est transmise par des nerfs au centre du froid situé dans le cerveau interméd. ; celui-ci déclenche diff. syst. de réglage et augmente la prod. de chaleur int.

Suivant le mode de travail et le rendement des syst. régulateurs, la cybernétique distingue plus. **types de régulateurs** : les régul. P à effet proportionnel, les régul. I à effet intégral et les régul. à sensibilité dérivée (influence D).

Les régulateurs P sont les plus répandus dans les syst. biologiques. La position du syst. de marche est déterminée par la grandeur mesurée par le syst. de mesure. Dès que des perturbations commencent à agir, le syst. de régulation effectue aussitôt la correction maximale, mais, pour des raisons qui se comprennent en termes mathématiques, il y a tj. des perturbations résiduelles. Cependant, cette régulation incomplète n'est pas un défaut : l'existence de ce résidu est la condition indispensable pour que soit entretenu l'équilibre des flux qui vient d'être ainsi réajusté.

Les régulateurs I n'ont besoin d'aucune perturbation résiduelle pour conserver l'équilibre rétabli, ils opèrent une régulation complète, mais pour cela il leur faut un cert. temps. Dans ce cas, la position de l'organe de réglage est fonction de l'intégrale du temps de la valeur réelle. La vitesse de la régulation diminue à mesure qu'on approche de la valeur demandée.

Les régulateurs à influence D tiennent compte non seul. de la valeur absolue de la grandeur régulatrice, mais aussi de la vitesse à laquelle elle se modifie. Les régulateurs PD ou ID agissent comme des régulateurs **détecteurs**, ils ne travaillent pas seul. en fonction de la valeur réelle actuelle, mais déjà en prévision de ce qu'elle sera, si elle continue à se modifier comme elle l'a fait jusqu'alors. Il semble que les régulateurs qui extrapolent ainsi dans le futur soient très répandus.

« Les syst. vivants sont donc capables de veiller dans le présent à assurer la conservation de la vie dans le futur, et cette aptitude s'explique par les phénomènes physiques qui se déroulent en eux : c'est là un fait qui dépasse le domaine de la biologie et relève des problèmes de la philosophie. » (Wagner, 1961).

Rétroaction positive

Ce type de rétroaction qui a un effet catalytique constitue également un principe fondam. chez les êtres vivants. Les processus autocatalytiques qui ressemblent à des réactions en chaîne sont une condition nécess. au maintien et au développement des phénomènes vitaux. Ils agissent aussi bien ds la synthèse d'ADN et l'ensemble des processus cycliques du métabolisme que ds la régulation de la mode par imitation sociale.

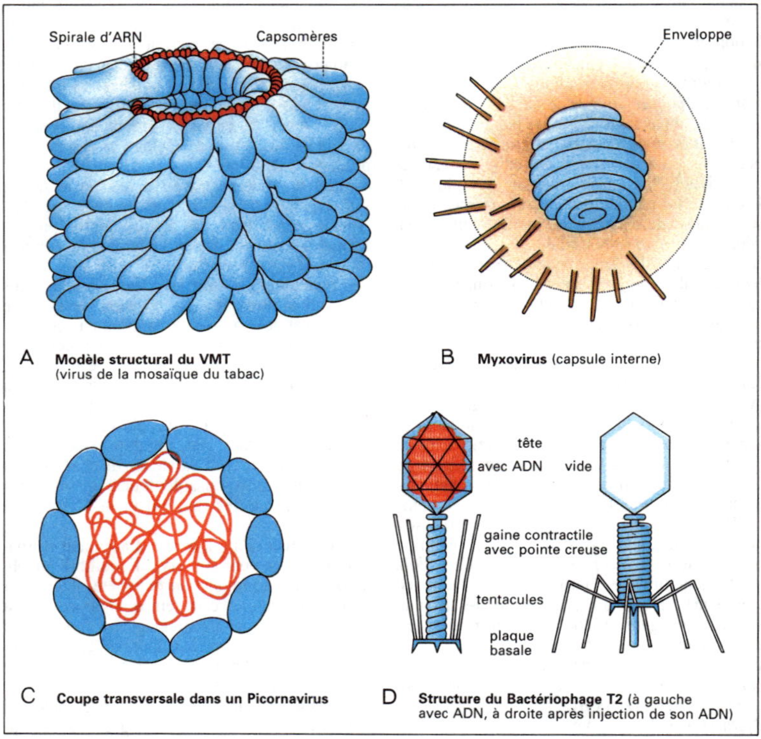

A **Modèle structural du VMT** (virus de la mosaïque du tabac)

B **Myxovirus** (capsule interne)

C **Coupe transversale dans un Picornavirus**

D **Structure du Bactériophage T2** (à gauche avec ADN, à droite après injection de son ADN)

Différentes formes de virus

Virus à ARN		
Groupe	Taille nm	Symptôme ou virus
Virus végétaux	130x25 300x18 730x15 1250x10 2000x10	Virus de la mosaïque striée de l'orge Virus de la mosaïque du tabac Virus de la mosaïque Y de la p.-de-terre Virus du jaunissement de la bettterave Virus Tristeza du citronnier
Virus de la rage	300x80	Rage
Myxo-virus	150-220 80-120	Oreillons, rougeole, rubéole Grippe (types A, B, C)
Réo-virus	60-70	Infections bénignes avec rhume, vomissements, diarrhée
Arbo-virus	20-50 20-30 20-25	Groupe A: Encéphalomyélite Groupe B: Fièvre jaune Fièvre de Pappataci
Papillo-virus	20-35	Rhinovirus : rhume Virus de l'encéphalomyocardite Virus MKS (fièvre aphteuse) Enterovirus : Poliomyélite, ECHO

Virus à ADN		
Groupe	Taille nm	Symptôme ou virus
Virus type variole	240-380 x 170-270	Variole vraie Pseudovariole, cow-pox, vaccine, myxomatose du lapin, tumeur YABA des singes
Herpéto-virus	100-150	Herpès, varicelle
Adéno-virus	70-85	Catarrhe nasale, pharyngée, bronchique, inflammation de la conjonctive
Papillo-virus	40-55	Papillomes (verrues) Tumeurs prolifératives
Bactério-phages	20-30 750x5 200x70	Phages circulaires φ X 174 Phages T en bâtonnets (coliphages)

Aperçu sur les groupes de virus les plus importants

On nomme **Virus et viroïdes** des systèmes situés à la frontière du monde viv., qui n'ont ni la forme d'organisation d'un Protocyte ou même d'un Eucyte, ni un métabolisme propre mais possèdent par contre la possibilité de se répliquer id. à eux-mêmes.
Est-ce que ce sont des « syst. subbiologiques » ou des « organismes vivants », tout dépend des déf. que l'on donne.
Si l'on entend par organisme :
– une « unité indépendante faite de struct. intégrées et interdépendantes » (LWOFF, 1957), ceci peut s'appliquer aux *Virus et viroïdes* comme au génome, aux organites cell. et aux cel. isolées d'un *pluricellulaire* ;
– "un élément isolé d'une série évolutive continue avec phylogénie individuelle" (LURIA, 1957), les *Virus* et les *viroïdes* pourraient alors être considérés comme des organismes également viv., car leur matériel conserve après isolement une configuration spécif. qui peut être réintégrée ds le cycle génét.
Cette dernière proposition a de plus en plus de faveur car les *Virus* et *viroïdes* dérivent très vraisemblablement de syst. viv. hautement différ. et on ne peut ignorer qu'à peine aucun autre syst. viv. n'a contribué, comme les virus à asseoir les connaissances fondam. sur la biologie moll. des processus vitaux.

Les Virus

Quelques propriétés distinguent nettement les *Virus* des organismes cell.
1) Les *Virus* sont des struct. bioch. constitués de prot. et d'un seul type d'acide nucléique : ARN ou ADN qui est seul indispensable à la reprod.
2) Ce sont des parasites intracell. sans métabolisme propre qui se multiplient et se propagent ds leurs cel.-hôtes (p. 458 sq).
Les *Virus* sont souvent connus par les dommages qu'ils occasionnent, p. ex : les virus végét. pathogènes comme la mosaïque du Tabac, le jaunissement de la *Betterave* ou les taches d'infection de nombr. feuilles.

La morphologie des Virus

s'applique en général à la fraction virale inactive extracell. Un tel **virion** possède une forme et une struct. spécif. Classiquement l'acide nucléique situé ds l'axe est entouré par un manchon prot. (la capside), fait de sous-unités (les capsomères), p. ex. : le virus de la *mosaïque du Tabac* possède de 2 100 à 2 700 capsomères id. disposés en hélice.

La classification des Virus

n'en est encore qu'à ses débuts. Les subdivisions tiennent compte du type d'acide nucléique, de la taille, de la forme, de la spécificité parasitaire et des symptômes.
Les Virus végétaux comportent seulement de l'ARN. Ce sont des virus allongés à struct. hélicoïdale en forme de bâtonnets ou de filaments de 130 nm (*Virus de la mosaïque striée de l'orge*, 25 nm de Ø) à 2 000 nm (*Virus Tristeza du Citronnier* 10 nm de Ø).
Les Virus sphériques sont isodiamétriques, délimités par 20 triangles équilatéraux, de 60 à 110 nm de Ø *(Virus des tumeurs)*.
Les Virus végétaux ne pénètrent ds l'intérieur des cel. que par les blessures, beaucoup par des piqûres d'insectes.
Le Virus de la rage provoque chez l'*Homme* après morsure et un long temps d'incubation inhabituel (6 semaines), une maladie mortelle au large spectre d'infection.
Les myxovirus (B) sont des virus arrondis avec une double hélice d'ADN en spire très serrée et une enveloppe faite de lipides, glucides et de 2 prot., dont l'une s'agglutine facilement aux Erythrocytes. Les *Virus de la grippe* se différencient fort. entre eux par leur antigénicité, alors que ceux, analogues aux myxovirus, de la *rougeole*, de la *morve* et de la *peste bovine* sont très apparentés (réactions immunitaires croisées).
Les Arbovirus sont véhiculés par des *Arthropodes* hematophages et peuvent provoquer encéphalites ou encéphalomyélites.
Les Reovirus sont également arrondis et se rencontrent ds les voies respiratoires et digestives. Leur relation avec des infections bénignes (Rhume, diarrhée) est incertaine.
Les Picornavirus (C) sont des petites struct. à 20 faces avec une double hélice d'ARN. Le groupe des *Enterovirus* se loge avant tout ds la muqueuse intestinale. L'infection se propage par la bouche ce qui diminue l'immunité relat. à un type donné (p. ex. les Poliotypes 1-3), forme des amas en été et se manifeste par des maladies du SNC (poliomyélite, méningite).
Les *Rhinovirus* provoquent des rhinites et pharyngites (« Rhumes »), les virus de la *fièvre aphteuse* ont une grande importance en médecine vétérinaire.
Les virus de type variole ont un spectre d'infection très large et comptent parmi les plus gros virus. La transmission se fait par de fines gouttelettes ou même par la poussière. Taux de mortalité 20 %.
Les Herpétovirus struct. à 20 facettes contenant de l'ADN provoquent des maladies ds les tissus d'origine ectodermique.
Les Adenovirus dodécaèdres avec « récepteurs » responsables des inflammations des voies respiratoires sup., notamment à la fin de l'hiver.
Les papillovirus provoquent des verrues et des tumeurs, d'une façon peut-être analogue à l'infection des *Bactéries* par des phages tempérés.
Les Bactériophages sont des virus spéc. des bact. qui ne se multiplient que ds les cel. en croissance et dont la synthèse est pour une part bien connue, p. ex. : les phages-T (D) Propriétés p. 458 sq.

Les viroïdes (DIENER 1971)

Ce sont les plus petits éléments pathogènes connus que l'on rencontre ds les noyaux des plantes sup. p. ex. : *Potato spindle tuber viroïd* (PSTV) ; maladie des tubercules en fuseau de la *p. d. t.* et qui interviennent sans doute ds le contrôle de l'expression génique de la plante hôte. Un viroïde est une chaîne circulaire d'ARN (359 nucléot. chez PSTV) avec des courtes régions à 2 brins complém. qui alternent avec des segments à 1 seul brin (non appariés).

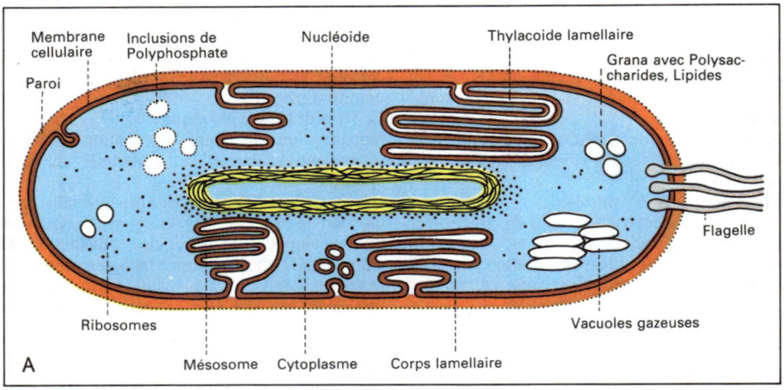

Schéma idéalisé d'une protocyte

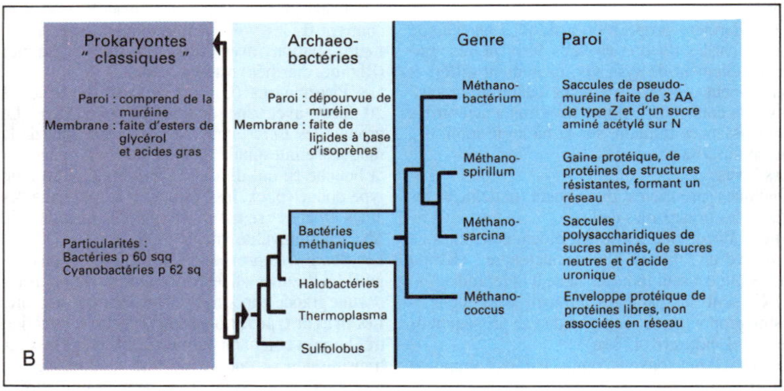

Rapports de parenté entre les Procaryotes

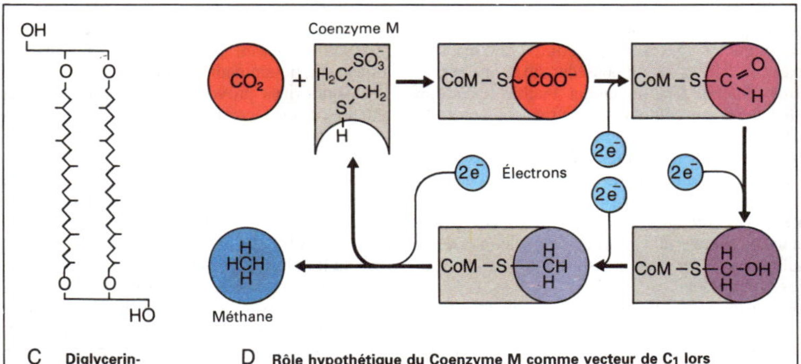

C **Diglycerin-tétraether**

D **Rôle hypothétique du Coenzyme M comme vecteur de C_1 lors de la réduction du CO_2 en CH_4 au cours d'étapes intermédiaires.**

Particularités biochimiques des bactéries méthaniques

Procaryotes

Parmi les cel. isolées qu'on peut assimiler à des organismes complets et autonomes celles qui présentent le degré d'organisation le plus simple constituent la catégorie des **Procaryotes**. Ici on n'atteint pas l'ampleur des variations morphologiques des **Eucaryotes** (Eucyte p. 8 sqq). La protocyte type est plus simple mais organisée d'une façon fondam. diff. qui frappe par sa faible compartimentation interne (A).

Par opposition à l'Eucyte la *protocyte montre les caract. suiv.* :

– Très faibles dimensions d'environ 0,002 mm long et 0,0004-0,001 mm de Ø ; les *Mycoplasmes* sont les plus petites cel. 0,0001 mm.

– le millième du poids d'une cel. anim. (env. 10^{-12}g).

– un nucléoïde à ADN sans membr. limitante remplace le noyau.

– Le taux d'ADN cell. représente moins du millième (pm 10^{8-10})

– Il n'y a que quelques séquences répétitives sur l'ADN.

– Pas de vrais chromos., absence d'histones, l'inform. est stockée ds de « l'ADN nu ».

– Ni mitose ni struct. mitotiques.

– La recombinaison des gènes se fait sur le mode de la parasexualité ; formation d'un mérozoïte partiellement à 2n, qui redevient à n. par élimination des gènes surnuméraires.

– La durée de vie d'une génération est beaucoup plus courte que pour l'eucyte, environ 20 mn ds le meilleur des cas.

– Absence de plastes et de mitoch., en tant qu'organites autonomes. Les enz. sont localisés sur la membr. cell. et ses invaginations.

– Pas de compartimentation cytopl. à la façon d'un R.E d'un AG. ou de lysosomes.

– Absence de granules basaux, centrioles et microtubules.

– Cils beaucoup plus minces (10-20 nm de Ø) sans struct. ennéanème (9 + 2) constitués d'une prot. : la flagelline.

– Les ribosomes du type 70S, comme ceux des Mitoch. et des plastes sont plus petits : 15 nm de Ø.

– Il y a 3 types de ribosomes diff. par le nombre de nucléotides 3200-1600-120 (au lieu de 4000-2000-120 / cas des Eucaryotes)

– Des différences ds la transcription et la traduction, avec un syst. de contrôle plus simple de la régulation de l'activité génique. L'élément commun aux Procaryotes étudiés jusqu'ici, les *bactéries* et les *cyanobactéries*, est une glycoprot. : la *muréine*, qui const. la trame de la paroi cell. Ce réseau de macromoléc. est certes variable, mais présente une telle unité structurelle de base qu'on le considère comme typique des *Procaryotes* et comme le seul squelette inventé au cours de l'évolution pour la protection mécanique de la protocyte. Avec les résultats de recherches faites sur les *Archéobactéries*, cette conception nécessite d'être revue.

Archéobactéries

On peut opposer aux *Procaryotes* classiques une systém. qui englobe aussi les hôtes de milieux de vie très défavorables :

– Les *Halobactéries* ou **Halophiles** ds des eaux hypersalées,

– Les thermoacidophiles comme *Sulfolobus* et *Thermoplasma* ds les sources acides chaudes :

– **Les Méthanogènes** comme les *bact. méthaniques* qui réduisent le CO_2 en CH_4 (feux follets). Elles sont liées à un milieu contenant NH_4, H_2S, dépourvu de tout O_2 mais riche en CO_2 et H_2 : On les rencontre aujourd'hui ds le fond de la mer, les sapropèles et la région *gastro intestinale* de certains anim.

Ces formes se contentent d'un milieu analogue à celui que l'on imagine pour les tout débuts de l'histoire de la Terre, il y a env. 4 milliards d'années (p. 516). Leur position systém. de **modèles précurseurs** des Procaryotes habituels est avant tout basée sur la constatation que :

– leur paroi ne contient pas de muréine, mais d'autres matériaux peptidiques.

– Le plasmalemme est constitué en majorité de lipides riches en isoprène au lieu d'esters de glycérol et d'acides gras.

– Leur séquence nucléotidique de 16S ARNr stable au cours de l'évolution et id. chez toutes les *Archéobactéries*, est par contre aussi diff. de celle des *Procaryotes* que celle-ci peut l'être de celle des *Eucaryotes*.

Les Bactéries méthaniques

Ce sont jusqu'ici les mieux connues ; classées d'après leurs diff. morph. (B) elles présentent des composants spécif. ds leur paroi. Comme la muréine fait généralement défaut, des inhibiteurs comme la Pénicilline n'ont aucune influence sur sa synthèse. Leur membr. se compose essentiellement d'un tétraéther thermostable (C). Tout laisse à penser que chez les *bact. méthaniques* l'initiation de la traduction est diff. Des séquences part. qui chez tous les autres êtres viv. sont situées sur le bras n° 3 de la moléc. en trèfle de l'ARNt diffèrent par des modifications inconnues de cytosine et guanine et sont utilisées d'une autre façon. C'est pourquoi des antibiotiques comme la Streptomycine qui bloquent la protosyn. chez les *Procaryotes*, sont ici sans effet.

– On constate également de nombreuses particularités ds le métabolisme : les cytochromes, quinone et ferrédoxine semblent manquer, mais ces bact. utilisent des cofacteurs, inconnus ailleurs p. ex. : le coenzyme M (D) qui intervient ds la synthèse du méthane.

L'oxydation de H_2 sous la forme $4\ H_2 + CO_2 \rightarrow CH_4 + 2H_2O$ se fait naturellement avec une faible pression d'H_2 et ne dégage au plus qu'1 mole d'ATP pour 1 mole de CO_2. La plupart des bact. méthaniques sont autotrophes au C. Quelques-unes sont acétate-dépendantes ; elles ne semblent toutefois pas disposer d'un mécanisme cyclique de fixation autotrophe du CO_2 (p. ex. : le cycle de CALVIN).

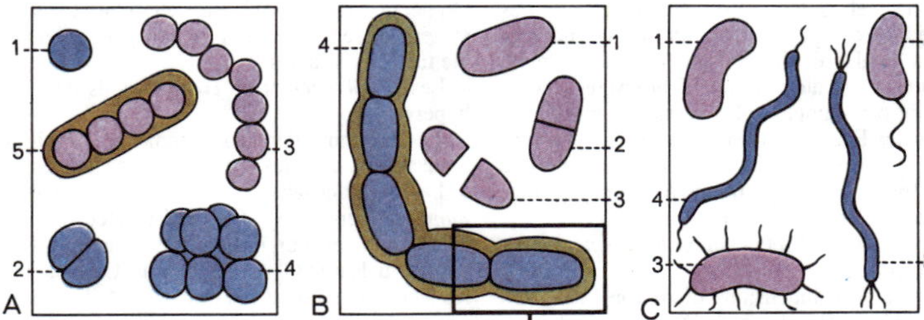

Bactéries sphériques : microcoque (1) ; en division, diplocoques (2) ; en colonie lâche, streptocoques (3), staphylocoques (4) ; enveloppées par un mucilage (5)

Bacilles en division (1-3), enveloppés par un mucilage (4)

Vibrions (1-3) et **Spirilles** (4, 5) avec différents types de flagelles

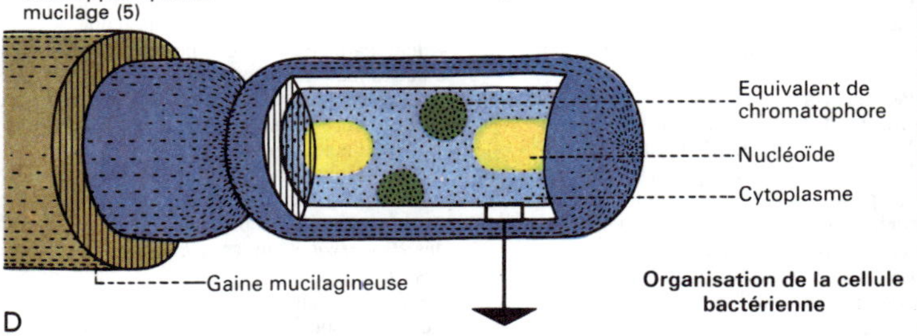

Organisation de la cellule bactérienne

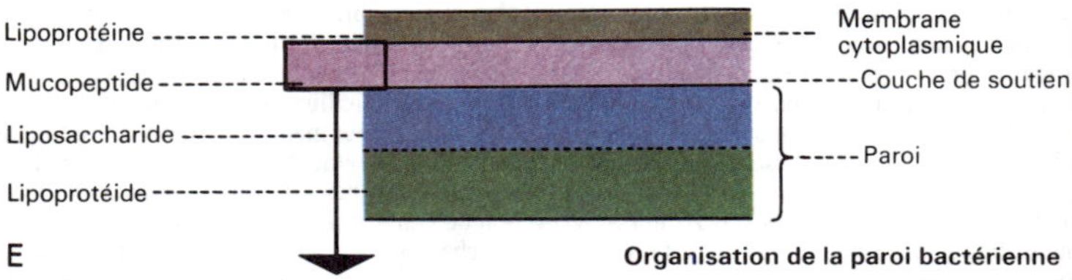

Organisation de la paroi bactérienne

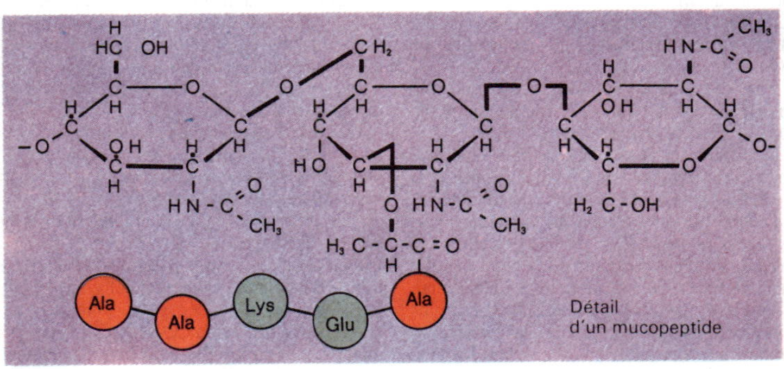

Détail d'un mucopeptide

F

Bactéries : divers types (A-C) et structure cellulaire (D-F)

Bactéries

La taille de la cel. bactér. varie de 0,0001 à 0,02 mm. La val. la plus fréquente : 0,001 mm. Les *Bact.* sont donc les plus petits organismes qu'on puisse voir au micros. opt. **La forme** des *Bact.* permet de les classer, mais ne prouve pas qu'elles soient apparentées.

1. **Les Eubact.** sont des *Bact.* unicell. non ramifiées ; ce sont les plus répandues, elles se subdivisent en :

a. **Coques**, de forme sphérique (A) : *Streptocoque, Sarcina.*

b. **Bact. et Bacilles** en forme de bâtonnets (B) : *Nitrobact.*, *Bacille de la peste* ;
A ce groupe appartient également *Escherichia coli*, qui forme une grande partie de la flore intestinale de l'Homme et des animaux. A l'état naturel on la trouve là où les excréments sont dégradés. Au laboratoire on la cultive facilement ds des solutions de glucose et lactose ; elle est de ce fait un matériel de choix pour la recherche en biologie moll.

c. **Vibrions**, bâtonnets incurvés en virgules (C) : *Vibrion cholérique.*

d. **Spirilles**, bâtonnets en forme de tire-bouchon (C).

2. **Les Bact. filamenteuses** sont des chapelets de cel. en forme de filament ; les *Bact.* sont maintenues par une gaine (A, B) : *Bact. ferriques.*

3. **Les Actinomycètes** sont constitués en règle générale par des cel. immobiles en forme de bâtonnets, qui forment des ramifications dont les filaments sont longs et très fins.

Aux différents stades de leur développ., de nombreuses *Bact.* possèdent des **flagelles** extrêmement fins, qui permettent à la cel. de se déplacer sans cesse. Ces flagelles peuvent être uniques (*Bact.* monotriche), ou former une queue terminale (lophotriche), ou encore garnir tout le corps (péritriche).

Les cel. bactér. possèdent un **appareil nucléaire**, c.-à-d. une struct. que sa fonction de centre génétique rend comparable au noyau d'une cel. normale, c'est **le nucléoïde** (D) qui est une masse d'ADN. Les exp. génét. ont montré (p. 460 sqq) qu'ici aussi les gènes ont une disposition linéaire et obéissent aux lois génétiques. Les gènes d'un nucléoïde sont groupés sur un chromosome unique dont la struct. circulaire est visible par autoradiographie après marquage à la Thymidine tritiée. On peut trouver en plus des **Plasmides** circulaires. Comme certaines *Bact.*, p. ex. les *Bact. pourpres*, réalisent la photosynthèse, on a cherché chez elles des *équivalents aux Chromatophores*. Ils existent sous forme de lamelles de lipoprotéines qui sont assemblées en paquets ou en globules dépourvus de membrane ext. ; ces lamelles ont une couche monomoléc. de chlorophylle et d'érythrine bactér. ainsi que des caroténoïdes. Les *Bact.* sont dépourvues de mitochondries individualisées, ainsi que d'appareil de Golgi et de RE.

Une membrane cytoplasmique (E) délimite le Cyt., elle est constituée de lipoprotéines. Elle sert de barrière physiol. dans les échanges sélectifs avec le milieu et contient beaucoup d'enzymes, par ex. ceux qui activent les acides aminés et ceux qui servent à l'oxydation (fonction mitochondrienne) ; en outre elle semble être le lieu où s'édifient les chromatophores.

La couche de soutien peut être plus ou moins écartée et donne leur forme à toutes les *Bact.* Elle est en contact direct avec la membrane cytopl. et constituée principalement des mucopeptides, qui sont des polymères composés de sucres aminés (glucosamine, galactosamine) et de peptides, qui sont liés par de l'acide muramique (F).

La paroi cellulaire, rigide, a une épais. de 100 à 400 Å ; elle se distingue nettement des parois cellulosiques de la cel. végétale, non seulement par sa constitution chim. mais aussi par son ultrastructure. Elle comporte toujours plusieurs couches, ne présente pas de struct. fibrillaires et ne contient pas de cellulose. (Exception : *Acetobacter xylinum* et autres *Bact.* apparentées).

La technique de GRAM consiste à colorer les *Bact.* en leur faisant absorber un colorant anilique, p. ex. du cristal violet ; dans certaines *Bact.* celui-ci est fixé par le muco-complexe de la couche externe de la paroi. Ces *Bact.* sont dites **gram. positives** et elles révèlent une constitution membranaire plus simple que les *Bact.* dites **gram-négatives** : dans la paroi de ces dernières la couche de soutien est entourée d'une couche moyenne de liposaccharides, elle-même enveloppée d'une couche externe de lipoprotéines (E). La paroi cell. abrite les divers antigènes (p. 81) spécif. du groupe ou du type bactér. Certaines *Bact.*, telles que les *Pneumocoques*, les *Streptocoques* et les *Bacilles*, ont le pouvoir de former des capsules aux contours nets, d'autres, comme la *Bact. du vinaigre* forment des enveloppes gélatineuses et mucilagineuses constituées de polysaccharides et de polypeptides.

La pénicilline bloque l'édification de la paroi. On obtient de cette façon chez quelques *Eubactéries* des formes dites L (*Escherichia*, *Proteus*, *Streptobacillus*). Par contre les *Mycoplasmes* n'ont jamais de paroi et donc pas de forme précise. Comme en plus ils sont très petits ils peuvent traverser les filtres membranaires.

Quand les conditions de vie sont défavorables, beaucoup de *Bacilles* édifient des **spores de résistance** (kystes) à l'intérieur de la cellule : le cytoplasme s'amasse autour des nucléoïdes, il accumule des substances de réserve et s'entoure d'une enveloppe résistante ; beaucoup de *Bacilles* se transmettent dans cet état de vie au ralenti. Le mode de reproduction le plus fréquent est la **reproduction asexuée** : la cellule se divise transversalement, perpendiculairement à l'axe longitudinal, lorsque le nucléoïde a lui-même été scindé et qu'un septum intercellulaire a été constitué. Les cellules filles nées de cette division peuvent rester assemblées provisoirement en colonies caractéristiques (cénocytes).

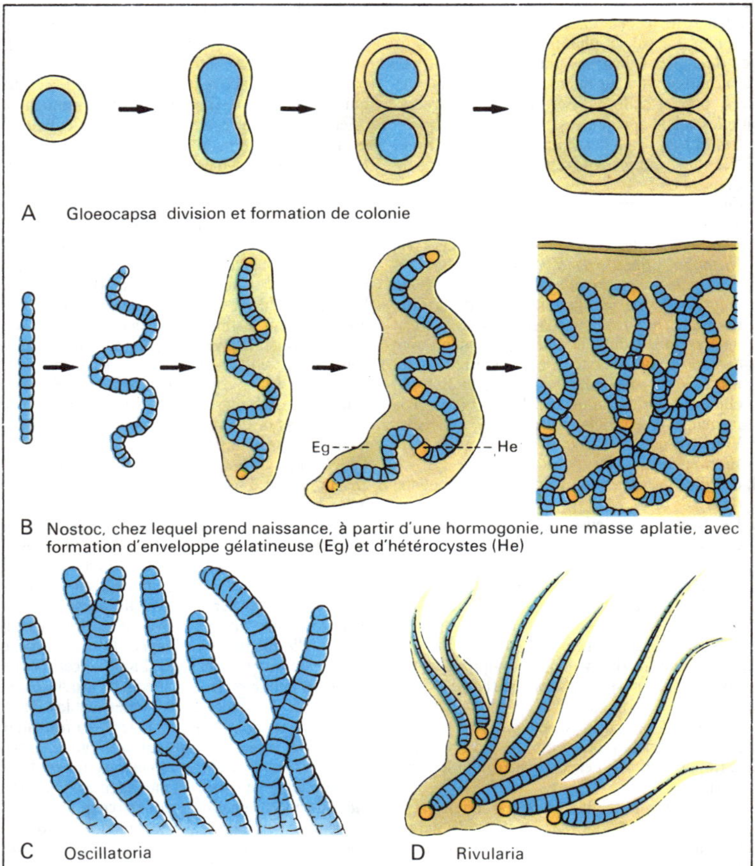

A Gloeocapsa division et formation de colonie

B Nostoc, chez lequel prend naissance, à partir d'une hormogonie, une masse aplatie, avec formation d'enveloppe gélatineuse (Eg) et d'hétérocystes (He)

C Oscillatoria

D Rivularia

Colonies d'Algues bleues

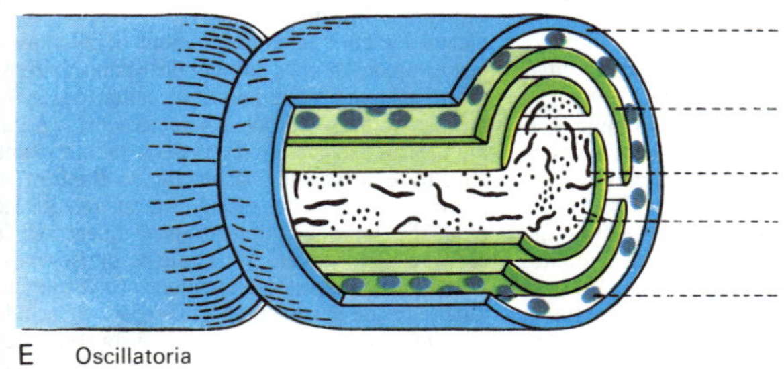

E Oscillatoria

Organisation cellulaire des Algues bleues

L'absence d'un véritable acte sex. n'exclut pas par la recombinaison (p. 460 sq) la présence de processus parasexuels. Le **nombre** des *Bact.* qui pullulent dans tous les milieux est extraord. élevé (1 g de terre arable en contient jusqu'à 25 milliards, 1 cm^3 de lait environ 25 millions) : leur présence est due à quatre facteurs :

1. Leur **taux de prolifération** est très élevé : le temps de génération est de 20 à 40 minutes. Donc, en 24 heures, une *Bact.* pourrait donner 250 000 milliards de descendants (2^{48}).
2. Leur **taille infime** leur permet de se répandre partout dans l'air ou dans l'eau.
3. Leur **résistance**, en particulier celle des spores, leur permet de survivre à une sécheresse prolongée, à 30 h d'ébullition, à une temp. très basse (– 253 °C), et aussi à la toxicité des désinfectants.
4. Elles utilisent toutes les variétés de **métabolismes** : certaines ont une vie aérobie, d'autres anaérobie, les *Bactéries fixatrices d'azote* fixent l'azote de l'atmosphère (chimiosynthèse bactérienne, p. 279).

Les variétés autotrophes, peu nombr., assimilent le carbone soit comme les autres êtres autotr. par la **photosynthèse**, soit par oxydation de subst. minérales (**chimiosynthèse**) . Parmi celles qui assimilent ainsi, les *Bact. sulfureuses* réalisent une épuration biol. en dégradant l'acide sulfhydrique toxique des eaux usées putrides. La majorité des *Bact.* **hétérotrophes** ont un mode de nutrition saprophyte, elles se nourrissent de matière organ. inerte. Ces êtres **saprophytes** (1) sont le plus souvent très spécialisés : ils décomposent toutes les subst. organ. et les transforment en mol. plus simples, qui peuvent être assimilées par les plantes. Ainsi les *Bact.* créent les conditions requises pour le cycle du carbone et le cycle de l'azote. D'autres *Bact.* prospèrent dans des organismes vivants sans faire de tort à leurs hôtes, ce sont les **commensales** (2). D'autres ont même une action très bénéfique : ce sont **les symbiotes** (3) : on les trouve aussi bien parmi les *Bact.* fixatrices d'azote (*Bact. des nodosités* sur les *Légumineuses* et les *Aulnes* que dans la flore bactér. abondante des intestins. Les *Bact.* qui vivent dans l'estomac des *bovins* où elles décomposent leur nourrit. végétale assument presque à elles seules les fonctions nutrit. de leurs hôtes.

Les Parasites (4) se nourrissent de subst. viv. Elles s'attaquent à d'autres êtres viv. et vivent à leurs dépens en y puisant des prot. et en y rejetant des toxines. Ces variétés de **Bact.** pathogènes sont dans une large mesure adaptées aux prot. spécif. de leur hôte, de sorte qu'elles ne sont dangereuses que pour lui. Beaucoup d'*Eubact.* sont les germes de maladies infectieuses de l'Homme. Les *Streptocoques* provoquent des inflammations, *Bact. dysenteriae* la dysenterie, *B. typhi* le typhus, *B. pestis* la peste. La *Bact. du charbon* est la première *Bact.* dont on ait démontré le rôle pathogène (ROBERT KOCH, 1876).

Algues bleues (Cyanophycées ou Cyanobactéries)

Les Algues bleues constituent le second groupe des *Procaryotes*. Ce sont des unicell. très petits, souvent bleu-vert, autotrophes et d'une organis. relativ. simple (E).

L'équivalent du noyau est représenté par des zones incolores du plasma central, qui contiennent des élém. d'ADN en forme de filaments ou de bâtonnets. Le mécanisme de la réplication et de la duplication de l'ADN existe mais est mal connu car des divis. de type mitose n'ont jusqu'à présent pas été observées.

L'appareil photosynthétique diffère des plastes des végétaux par un point très important : les pigments mis en œuvre dans la photosynthèse, la chlorophylle a, les caroténoïdes, et les chromoprotéines solubles dans l'eau, à savoir la phycocyanine (bleue) et la phycoérythrine (rouge), sont situés sur des lamelles de lipoprot. continues ; mais celles-ci ne forment pas des éléments aussi compacts que les plastes, elles ne sont pas isolées du Cyt. par une membrane. Le chromatoplasme coloré entoure plutôt sous forme d'une couche ext. le Cyt. central. Les concentr. relatives des pigments sont variables, de sorte que les *Cyanophycées* ont une teinte où dominent tantôt le rouge, tantôt le bleu. Contrairement à ce qui est courant chez les végétaux, le **Cyt.** a la constitution d'un gel, dépourvu de vacuoles et de courants cytopl. Certaines zones qui ont une activité enzym. particulière sont les **équivalents des mitochondries**. Dans le plasma ext. aux pigments se trouvent des inclusions granuleuses, les **« grains de phycocyanine »** qui comportent une variété d'amidon assez semblable au glycogène ; les « grains de volutine » du plasma central sont constitués de polyphosphates aux fonctions encore inconnues.

La constitution de la **paroi cell.** présente à peu près les mêmes caractér. que celle des *Bact.* . A la périphérie il peut y avoir une gaine mucilagineuse.

La division cell. commence chez les *Algues bleues* par la formation d'une paroi transv. et s'effectue très lentement, de sorte que, parmi toutes les cel. qu'on est en train d'observer, les 3/4 peuvent être en cours de division. La gaine mucilagineuse de la cel. mère enveloppe souvent les deux cel. filles, si bien que des **colonies de cel.** se constituent : à côté des blocs gélatineux réunissant plusieurs cel. sphér. comme chez *Gloeocapsa* (A), on trouve des *Algues bleues* assemblées de façon ordonnée. Chez *Nostoc* (B) les cel. sont alignées comme les perles d'un collier et l'ensemble constitue un filament sinueux enrobé dans une épaisse masse gélatineuse. A intervalles réguliers ces fil. sont segmentés par des **cel. intermédiaires** (hétérocystes) pauvres en pigments ; celles-ci donnent rarement naissance à de nouveaux filaments, elles se dégradent génér. et libèrent ainsi les segments qu'elles délimitaient dans les filaments. Ces **hormonogies** contenant peu de cel. peuvent se déplacer, former un mucilage et donner lieu à de nouvelles colonies. *Oscillatoria* et *Rivularia* ont aussi une organis. filamenteuse ; *Oscillatoria* (C) est faite de cel. discoïdes analogues empilées, chez *Rivularia* (D) on voit les filam. qui partent d'une

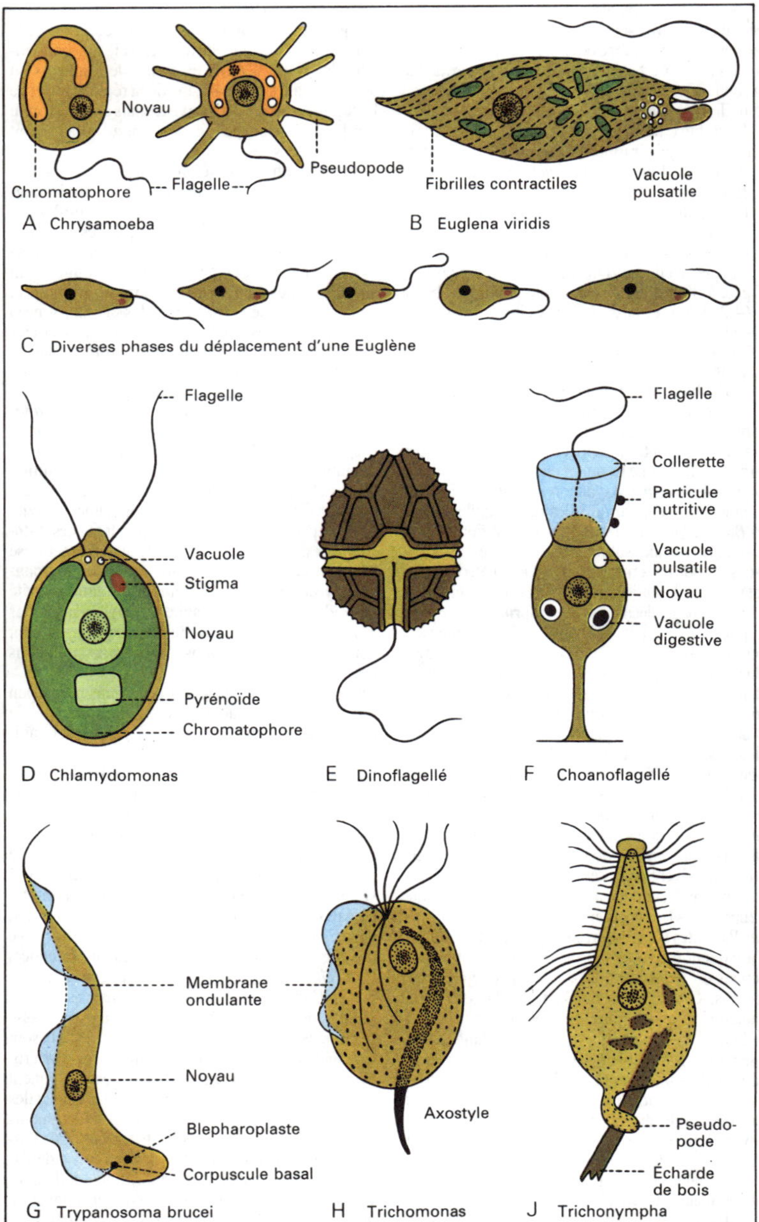
Noyau
Chromatophore
Flagelle
Pseudopode
A Chrysamoeba
Fibrilles contractiles
Vacuole pulsatile
B Euglena viridis
C Diverses phases du déplacement d'une Euglène
Flagelle
Vacuole
Stigma
Noyau
Pyrénoïde
Chromatophore
D Chlamydomonas
E Dinoflagellé
Flagelle
Collerette
Particule nutritive
Vacuole pulsatile
Noyau
Vacuole digestive
F Choanoflagellé
Membrane ondulante
Noyau
Blepharoplaste
Corpuscule basal
G Trypanosoma brucei
Axostyle
H Trichomonas
Pseudo-pode
Écharde de bois
J Trichonympha

Flagellés

Les *Flagellés* sont des **organismes unicell.** minuscules qui possèdent un véritable **noyau**, ainsi qu'un ou plusieurs **flagelles** qui leur permettent de se déplacer (p. 50 sq) et qui prennent naissance à **l'extrémité antérieure** du corps cell. Celui-ci contient des **vacuoles contractiles**, petits globules qui se gonflent rythmiqu. en absorbant le liquide du Cyt. et le rejettent. La reprod., asexuée, s'effectue par division longit. (p. 142).

Les *Flagellés* peuvent être rattachés aussi bien au règne animal *(Zooflagellés)* qu'au règne végétal *(Phytoflagellés)*.

Les Phytoflagellés

Ils assimilent au moyen de chromatophores jaunes, bruns ou verts, et renf. de la cellulose, le constituant caract. de la paroi de la cel. végét., ainsi qu'une subst. de réserve : l'amidon. C'est des *phytoflagellés* que dérivent les *Algues*.

Chrysamoeba (A) est l'un des *Flagellés* végét. les plus simples. Elle contient des chromatophores jaunes. Par moments elle perd provisoir. son flagelle et se meut grâce à des pseudopodes qu'elle utilise aussi pour absorber de la nourrit. solide par phagocytose, à la manière de l'*Amibe*.

L'Euglène *(Euglena viridis)* (B) se rencontre fréqu. en eau douce. Elle est enveloppée d'une pellicule très élast. et possède des fibrilles qui, en se contractant, provoquent un « mouvement euglénoïde » caract. (C). Le flagelle s'insère dans une dépression de l'ectoplasme, une espèce de goulot, qui a perdu la fonction de bouche cell. qu'elle a habituell. chez les variétés hérérotr. apparentées. Sur le côté de cette dépression est située une tache rouge (le stigma), qui a été élaborée à partir des chromatophores et qui permet des réactions orientées aux stimulations lumineuses (phototactisme) : quand des rayons lumin. éclairent latéral. une *Euglène* qui se déplace en tournant sur elle-même, la tache pigmentée s'interpose selon un certain rythme entre les rayons et la base du flagelle. Chaque fois que cet obscurcissement altern. se produit, un changement dans les battements du flagelle amène l'axe longit. de la cel. à se tourner vers la direction d'incidence de la lumière.

Quand on leur supprime la possibilité de l'autotrophie en les élevant à l'obscurité, les *Euglènes* perdent leurs chromatophores et se nourrissent, selon le mode hétérotr., de *Bact.* et de subst. dissoutes.

Les Volvocales sont des *Flagellés* verts, pourvus de 2 à 8 flag. de même longueur et d'un chloroplaste qui a habituell. la forme d'une coupe. Les variétés *Chlamydomonas* (D) sont intéress. pour leurs divers modes de reprod. sexuée (p. 148 A-D) ; les variétés *« Volvox »* peuvent former des colonies de cel. où s'instaure une division du travail (p. 72).

Les Dinoflagellés (E) portent une carapace de cellulose faite de plaques et munie de longs appendices mobiles ; ils contiennent de l'huile comme produit d'assimil., ainsi ils peuvent vivre dans le plancton. *Noctiluca miliaris* et cert. *Ceratium* provoquent des phosphorescences dans la mer.

Les *Phyrrophycées* forment des symbioses avec les zooxanthelles (p. 255).

Les Zooflagellés

Ils sont hétérotr. et se nourrissent soit par phagocytose soit, chez les formes parasites, par osmose ou par échanges à travers leur membrane.

Les Flagellés à collerette (*Choanoflagellés*, F) vivent fixés (sessiles) et isolés ou, quand les cel. ne se détachent pas complét. l'une de l'autre après la div. cell., en colonies, comme c'est le cas pour *Protospongia*. Ces cel. présentent une struct. que l'on n'observe par ailleurs que chez les *Spongiaires* : elles ont une fine collerette plasmique d'où sort le flag. (choanocytes, p. 74). Les particules nutrit. sont brassées et amenées à la surf. de la col., puis sont phagocytées à la base de la collerette.

Les Trypanosomes (G) sont des parasites qui vivent dans le sang des *Vertébrés*.

Ils passent par plusieurs stades : à l'intérieur d'une cel., ils n'ont pas de flag. (forme *Leishmania*) ; dans l'intestin des *Invertébrés* ils ont un flag. (forme *Leptomonas*) ; dans le sang des *Vertébrés* le flag. est relié au corps par un repli du plasma (membrane ondulante) (forme *Trypanosoma*). *Leishmania tropica* provoque le bouton d'Orient, *Leishmania donovani* provoque la dangereuse « maladie noire », appelée aussi kala-azar. *Trypanosoma gambiense* provoque la maladie du sommeil en Afrique tropicale, il est transmis par la *Mouche tsé-tsé (Glossina palpalis)* : on pense qu'il est un mutant de *Trypanosoma brucei*, qui provoque les épidémies de nagana chez les anim. domest. et est transmis par la *Glossina morsitans*. Voici les étapes de la maladie chez l'Homme : formation d'un furoncle peu après la piqûre, au bout d'une dizaine de jours le trypanosome pénètre dans le sang et provoque la fièvre ; il passe dans le syst. nerv. au bout de deux ou trois mois, et à ce moment les médicaments n'ont plus d'effet. Enfin surviennent les troubles psychiques, la léthargie, l'épuisement et la mort.

La **Mastigamibe** est une forme interméd. entre les *Flagellés* et les *Rhizopodes* (p. 68 A). Elle se déplace par mouvements amiboïdes à l'aide de pseudopodes. Son flagelle lui sert alors d'organe tactile dirigé vers l'avant. Elle se nourrit par phagocytose.

Les **Trichomonas** (H) séjournent habituell. dans l'intestin des *Vertébrés*. Leur corps en forme de poire est génér. pourvu de quatre flag. et d'une membrane ondulante ; il est maintenu par un axostyle interne qui émerge de la partie post. et s'implante dans l'animal qui l'héberge.

Les *Flagellés* comprennent aussi des variétés très évoluées : **Trichonympha** (J) compte parmi les protistes où la spécialisation est la plus poussée. Sa partie ant. a une struct. complexe et jusqu'à la partie centrale elle est garnie de nombr. flag. Grâce aux propriétés amiboïdes de sa partie post. elle phagocyte, dans l'intestin des *Termites* où elle vit en symbiose, de petits éclats de bois ; puis elle les transf. seule ou à l'aide des bact. qu'elle héberge, en glucides solubles dont elle fait bénéficier partiellement ses hôtes.

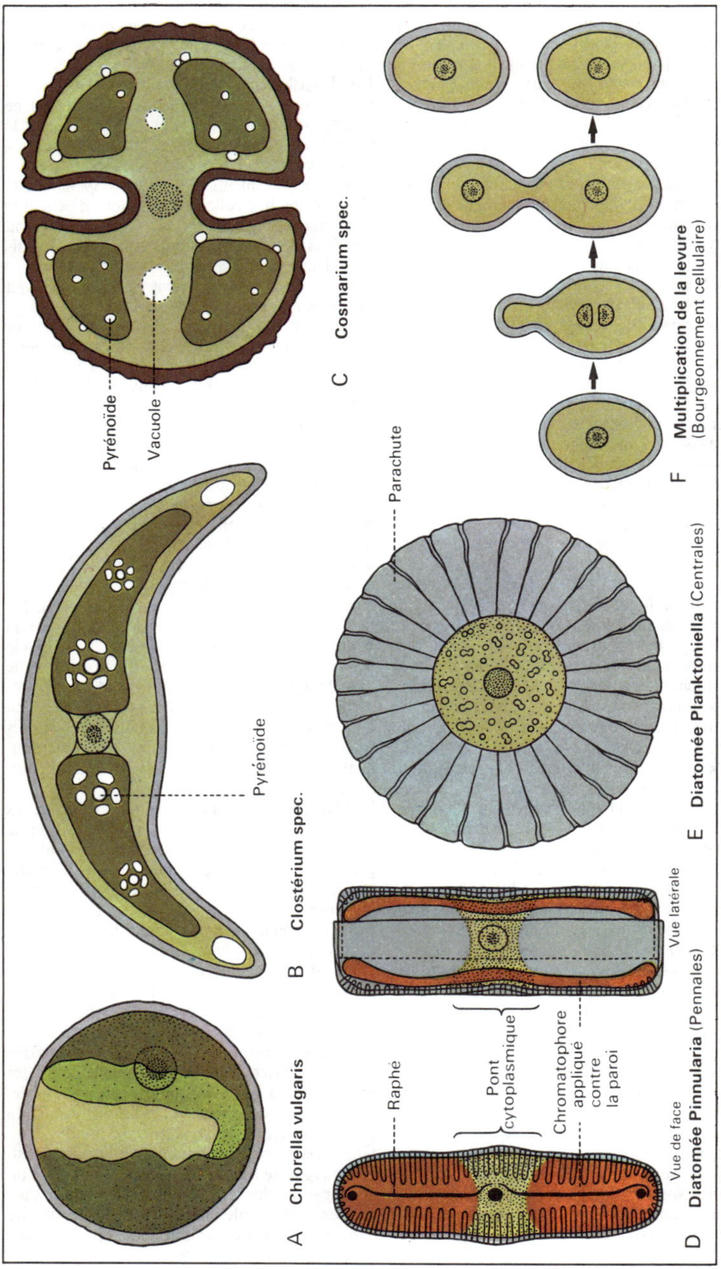

Protistes végétaux

Les formes végétales qui, par leur degré d'organisation, représentent le stade immédiatement supérieur aux *Phytoflagellés,* sont les *Algues* et les *Champignons* unicellulaires de **type sphérique**. Alors que les *Phytoflagellés* sont pourvus de flag. et toujours mobiles, ces formes sont immobiles et n'ont ni flagelle, si stigma, ni vacuole pulsatile. Pourtant elles sont apparentées aux divers groupes de *Flagellés* ; elles ont en effet avec eux certains points communs : leurs pigments et leurs subst. de réserve, ainsi que leurs cel. reprod. asexuées (zoospores) qui rappellent les *Flagellés* par leur forme, leurs flag. et leur mobilité.

Les Algues vertes *(Chlorophycées)* dérivent probablement des *Volvocales* : elles ont en commun leurs pigments, chlorophylle a et b et caroténoïdes, leur unique chloroplaste souvent en forme de coupe, et un même produit d'assimilation : l'amidon.

Les Algues Chlorella et Chlorococcum (A) appartiennent à l'ordre des *Chlorococcales,* qui ne comprend que des unicell. ; elles sont sphér. et dépourvues de flag. dans leur état végétatif. Elles ont une reprod. asexuée ; huit endospores sont élaborées à l'intérieur de la cel. mère dont la membrane se dilate, puis se déchire et les libère. Chez la plupart des variétés, ces zoospores biflagellées sont nues, piriformes, elles comportent à leur partie post. un stigma rouge ainsi qu'un chloroplaste en forme de coupe et une vacuole contractile. Ces cel. reproduct. mobiles, qui ressemblent aux *Flagellés,* deviennent ensuite immobiles et acquièrent l'organisation caract. des *Chlorococcales.* Quelques variétés, telle *Chlorella vulgaris*, qui vit en symbiose chez des *Protistes animaux* ou des *Hydres,* élaborent non des zoospores mais des cel. reproduct. immobiles sans flag. (aplanospores).

La plupart des *Algues vertes* unicell. constituent un plancton dans les eaux douces. Quelques-unes voilent de vert l'écorce des arbres et les murs. Chez *Hydrodictyon utriculatum* les spores, groupées dans la cel. mère, forment un réseau cellulaire caract. Les **Desmidiacées** sont les variétés unicell. des *Conjuguées,* qui dérivent probablement des *Algues vertes.* Elles peuplent surtout les eaux acides des tourbières. Elles ont des formes élégantes et très variées : les unes ressemblent à un croissant (*Clostérium, B*), d'autres sont divisées en leur partie centrale par un étranglement (*Cosmarium C*), d'autres enfin ont une forme étoilée (*Micrasterias*). La cel. est divisée en deux parties parfaitement symétriques : chacune contient un grand chloroplaste de struct. complexe. La reprod. est asexuée : la cel. se scinde en son milieu et chaque moitié reconstitue la partie manquante. Elles ont aussi un mode de reprod. sexuée particulier aux Végétaux, la conjugaison, p. 152 sq.

Parmi les Rhodophycées (*Algues rouges*), les seules variétés unicell. sont les *Protofloridées.* Leurs chromatophores ne sont jamais en forme de coupe et ne contiennent que de la chlorophylle α recouverte par de la phycoérythrine rouge et de la phycocyanine bleue (rapport avec les *Cyanophycées* ?).

Les Diatomées sont de petites algues brunes unicell. proches des *Flagellés* de forme sphérique. Leur morphologie se ramène tj. à 2 plans d'organ. fondam., l'un à symétrie bilatérale, l'autre à symétrie rayonnée, et l'on a 2 types fondam. : les Diatomées pennées et les Diatomées centriques (D, E).

La paroi cell. est caract., elle est faite d'une assise pectinique recouverte extér. par une coque siliceuse (frustule) ; celle-ci se compose de 2 valves emboîtées. La reprod. est asexuée : le Cyt. se dilate et écarte les 2 valves, le contenu cell. se répartit en 2 moitiés et les 2 valves se séparent. Les 2 cel. filles ainsi formées emportent l'une des valves et régénèrent l'autre, la valve régénérée étant tj. celle qui s'emboîte à l'intérieur de l'autre, donc la plus petite (hypovalve). Au cours des divisions successives, la taille des indiv. qui gardent la grande valve reste constante, celle des indiv. qui emportent l'hypovalve diminue graduellement. Lorsque la taille minima est atteinte, la cel. se débarrasse de son frustule, devient une « spore de croissance » nue (auxospore) qui multiplie son vol. et sécrète un nouveau frustule.

Les Diatomées renferment un seul noyau et des chromatophores brun clair contenant de la chlorophylle-A recouverte de xanthophylle brun foncé.

Les Diatomées centriques (*Centrales*) sont souvent munies d'épines ou de membranes en forme d'ailes qui servent de flotteurs aux variétés planctoniques.

Les Diatomées pennées en forme de fuseau (*Pennales*) séjournent le plus sv. au fond des eaux. Bp. ont une fente longit. de forme particulière qui parcourt le milieu de leur coque (raphé) ; le Cyt. affluant à travers cette fente permet à ces *Algues* de se déplacer.

Les Phycomycètes sont d'authentiques champignons qui n'ont pas de chromatophores et qui sont saprophytes ou parasites. Seules les espèces les plus rudimentaires sont des unicell. à un seul noyau. Leurs zoospores ressemblent aux *Flagellés,* elles pénètrent dans les cel. des plantes aquatiques, y vivent en amibes nues parasites et s'entourent finalement d'une enveloppe chitineuse.

Les Levures (*Saccharomyces*) sont les représentants inf. du groupe des *Ascomycètes.* Ces unicell. ont une forme globuleuse ovale ou cyclind. ; ils engendrent des cel. nouv. par bourgeonnement : on voit en un point de la paroi grandir une proéminence puis le noyau se divise : ainsi naît une cel. mère pour former une famille (F). Les *Levures* sont l'objet d'importantes cultures (levure de bière) et les variétés naturelles sont très répandues sur les fruits. Dans une solution de glucose, la levure se multiplie activement si on lui fournit beaucoup d'oxygène (vie aérobie), si on la prive d'air elle adopte le mode de vie anaérobie : sans qu'il y ait oxydation, elle produit de l'éthanol et du CO_2 par fermentation alcoolique.

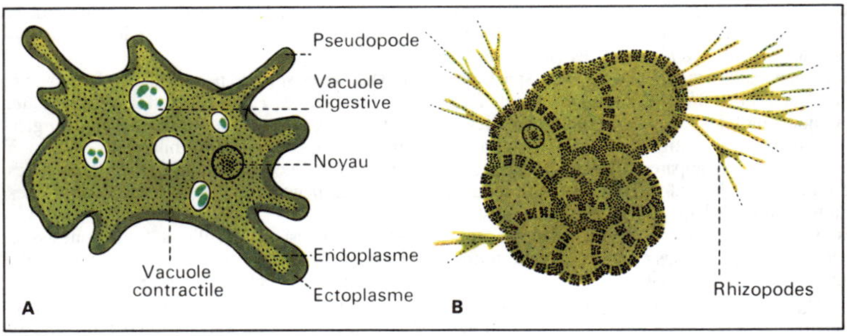

Amibe (A), Foraminifère (B)

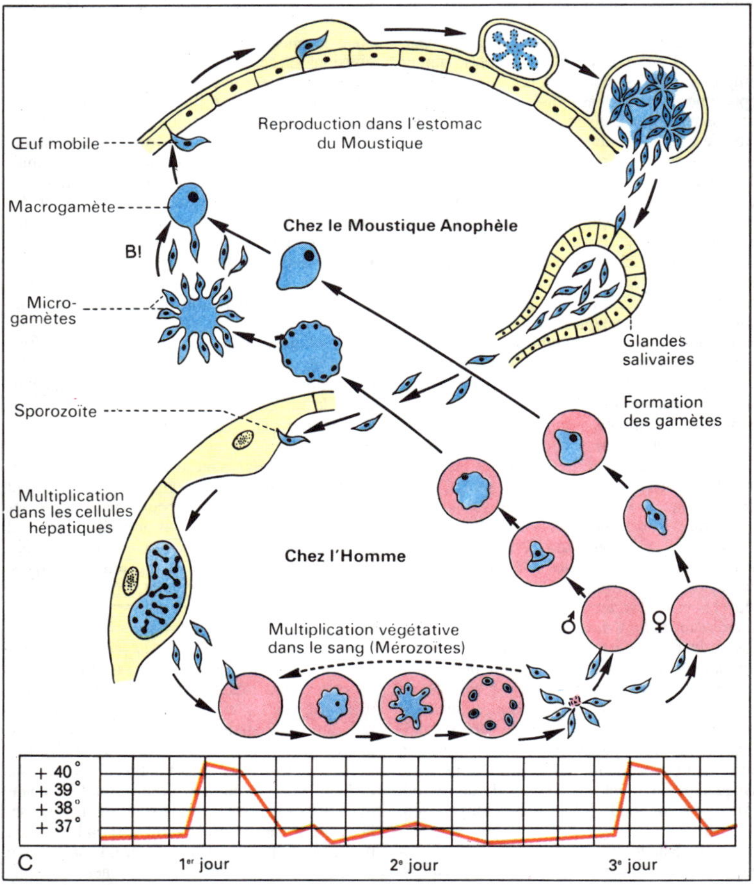

Cycle de développement de l'agent de la malaria (sporozoaires) et courbe de température

Contrairement à l'embranchement des végét. unicell. (les Protophytes), celui des Protozoaires semble constituer une unité de classification naturelle. La cel. des Protozoaires est un organisme autonome, qui est le siège de toutes les manifestations fondam. de la vie : métabolisme, croissance, reprod., excitabilité, mouvement. Pourtant, entre les animaux unicell. et les pluricell. (Métazoaires) la démarcation n'est qu'apparente. Les Protozoaires comprennent outre les *Zooflagellés* (p. 65) les *Rhizopodes,* les *Sporozoaires* et les *Infusoires (Ciliés,* p. 71).

Les Rhizopodes

Les Rhizopodes émettent des prolongements cytoplasmiques temporaires, les pseudopodes, qui leur permettent de se déplacer et de capturer les proies dont elles se nourrissent (phagocytose, pinocytose, p. 25).

Les Amibes (A) révèlent l'organisation la plus simple. Elles se déforment continuell. pour ramper sur le substratum. La plupart des variétés vivent en eau douce, certaines vivent dans d'autres organismes. L'amibe buccale, *Entamoeba gingivalis,* forme dans la bouche de l'Homme le tartre dentaire et s'y nourrit de *Bact.* et de cel. détachées. *Entamoeba coli* vit dans le gros intestin de l'Homme, elle est inoffensive et se nourrit de *Bact.* (commensale). *Entamoeba histolytica,* en revanche, provoque la dysenterie amibienne des pays tropicaux ; elle pénètre dans l'intestin où elle vit en parasite, y provoque des ulcères au moyen d'enzymes qui détruisent les tissus.

Les Héliozoaires (p. 156 A) flottent dans l'eau ou se fixent au moyen d'un pédicule. Ces cel., sphér., émettent des pseudopodes longs et ténus non ramif., renforcés par un filament axial. Ces axopodes servent à capturer de petits êtres vivants qui sont agglutinés, puis ingérés, et entraînés dans le corps cell. par le courant cytoplasmique. L'ectoplasme constitue une couche protectrice granuleuse pourvue d'une vacuole contractile, l'endoplasme forme une masse interne fine entourant le noyau.

Les Radiolaires possèdent un squelette caract. à base de silice ou de sulfate de strontium. Leurs pseudopodes sont filamenteux et ramifiés (filopodes). Comme d'autres protozoaires marins, les *Radiolaires* sont dépourvus de vacuoles contractiles. Souvent le squelette constitue des réseaux très serrés ; au centre se trouve le noyau ; à l'ext., le Cyt. forme des alvéoles où s'élaborent les éléments du squelette et les filopodes. Les *Radiolaires* morts forment dans le Pacifique d'épaisses couches de sédiments. Les *Radiolaires* ont souv. un noyau polyploïde dont le mode de div. est complexe.

Les Foraminifères (B) sont des Protozoaires marins pourvus d'une coquille calcaire à une ou plusieurs loges. Elle est percée d'un orifice principal et de pores par lesquels sortent de nombreux pseudopodes réticulés, les rhizopodes. Le *Foraminifère* jeune ressemble tout d'abord à une *Amibe*. Puis il s'entoure d'une première loge ; le Cyt. grandit, et sort de cette loge pour élaborer une seconde loge ; ce processus se renouvelle sans cesse, si bien que, pour finir, l'animal peut occuper plus de cent loges. Des coquilles de Foraminifères se sont déposées au tertiaire et forment d'épaisses couches de sédiments, ainsi p. ex. les *Nummulites* du Bassin parisien qui mesuraient de 5 à 6 centimètres. De nombreuses variétés fossiles des mers peu profondes donnent, lorsqu'on effectue des forages des indications sur la présence de pétrole.

Les Sporozoaires

Parasites unicell. internes très divers qui ont une caract. commune qui est apparue manifestement dans plusieurs catégories du règne animal, à savoir la prod. de spores par div. multiple. Au cours d'un cycle de dévelop. souvent compliqué (p. 158 B), le noyau de la cel. se divise et donne de nombreux noyaux fils ; entourés de Cyt., ceux-ci se séparent et engendrent autant de cel. filles, les spores. Ces germes infectieux, entourés souvent d'une capsule chitineuse, sont transmis à un nouvel hôte.

Les Sporozoaires sont à l'origine d'épidémies chez les animaux (ex. la coccidiose des Lapins) ; le *Plasmodium* provoque la malaria (fièvres intermittentes), la maladie infectieuse la plus fréquente de l'Homme. *P. falciparum*, agent de la fièvre des tropiques ; *P. vivax*, agent de la fièvre tierce.

Le cycle de développement du microbe de la malaria (C) commence lorsqu'un moustique, l'*Anophèle,* inocule à l'*Homme* des germes infectieux. Ces germes, les sporozoïtes, sont en forme de croissants ; mêlés à la salive du moustique, ils pénètrent dans le sang.

1. **Phase endohistiocytaire** (asexuée) : les sporozoïtes pénètrent dans les cel. des vaisseaux sanguins et du foie où ils grossissent, leur noyau se multiplie, puis ils se divisent et engendrent de nombr. cel. filles uninucléées, (les médicaments agissent peu sur la période d'incubation) qui à leur tour infectent une nouvelle cel. Puis, durant la
2. **Phase endoérythrocytaire** (asexuée), ces cel. pénètrent dans les globules rouges du sang où elles se multiplient de nouveau par schizogonie et engendrent chacune de 8 à 20 mérozoïtes. Ceux-ci envahissent et détruisent à leur tour d'autres glob. rouges ; à cette destruction des glob. correspondent les accès de fièvre.
3. D'autre part les cel. infect. se transforment en cel. ♂ ou ♀ . En piquant un homme paludéen, l'Anophèle avale avec son sang ces cel. ♂ ou ♀ : alors commence, dans l'intestin du Moustique, la **phase sexuée** : il y a fécondation, l'œuf (*copula*) pénètre dans la paroi stomacale.
4. Là, il se multiplie, cette sporogonie engendre d'innombrables sporozoïtes qui émigrent dans les glandes salivaires de l'*Anophèle* et ils seront de nouveau inoculés à l'*Homme.*

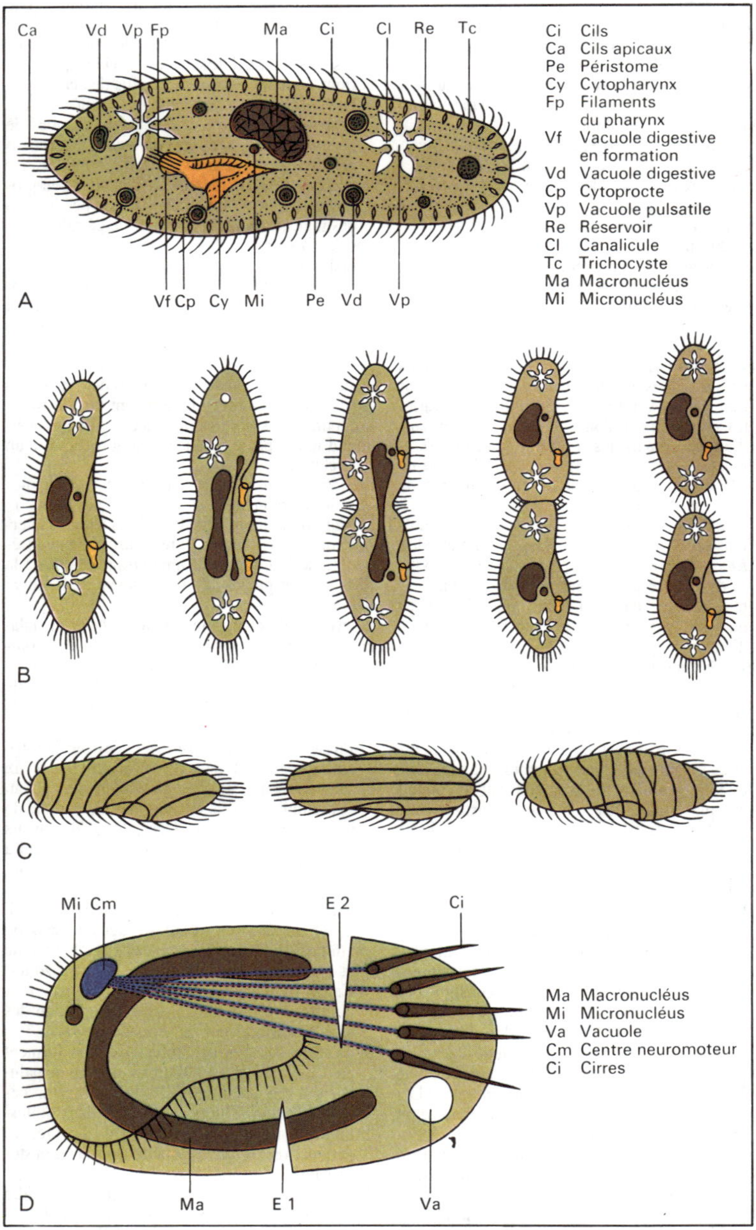

Paramécie (A) ; Division asexuée (B) ; Exemples d'ondes produites par des battements ciliaires coordonnés (C) ; Euplotes patella (D) ; E 1 entaille sans effet, E 2 suppression de la coordination motrice

Infusoires (Ciliés)

Les Ciliés sont les *Protozoaires* chez qui la **différenciation cytoplasmique** est la plus poussée. Leur singularité est encore accentuée par le fait qu'ils possèdent **deux noyaux** (micronucleus et macronucleus) assurant des fonctions distinctes, et par leur mode particulier de reproduction sexuée, la **conjugaison** (p. 152 C). Les *Ciliés* dérivent vrais. par évolution des *Flagellés* ; la présence de 2 noyaux chez quelques *Foraminifères* est un phénom. de convergence. Nous prendrons l'exemple du plus connu d'entre eux :

La Paramécie (A)

Elle peuple les eaux douces et pullule dans les infusions de foin. Sa taille atteint 0,3 mm. Une membrane élast., **la pellicule**, formée par durcissement de la couche superficielle de l'ectoplasme, enveloppe le corps de la *Paramécie* et lui donne une **forme fixe** caractéristique. Cette forme hydrodynamique et les quelque 2 500 cils dont elle est pourvue assurent à la *Paramécie* une grande mobilité. Elle peut d'ailleurs contrôler la vit. de ses mouv., tourner dans n'importe quelle direction et même, lorsqu'elle rencontre un danger, opérer une brusque marche arrière en faisant vibrer ses cils en sens inverse. Le mouv. que décrit la *Paramécie* est hélicoïdal : la rotation permanente autour de son axe longit. fait que tout écart dans la progression n'engendre pas un mouv. circul. mais un mouv. en vrille.

Nutrition et excrétion s'effectuent en certains endroits de la pellicule, par certains orifices. Une dépression tapissée de cils nomb., le péristome, aboutit vers l'arrière à un orifice, la **bouche** ; de là part un canal, le cytopharynx, qui conduit dans le Cyt. Les cils du péristome entraînent les petites particules nutrit., p. ex. des *Bact.,* dans le cytopharynx, où elles forment une boulette autour de laquelle se constitue une vacuole digestive qui traverse l'ectoplasme. Plusieurs de ces **vacuoles digestives** parcourent dans l'endoplasme un certain trajet, pendant ce temps leur contenu est digéré. Ce qui ne peut être digéré est excrété par le **cytoprocte**.

Deux **vacuoles pulsatiles** occupent une place fixe. Beaucoup plus complexes que celles des autres *Protistes*, elles sont constit. de struct. permanentes : un réseau serré de tubules néphridiens microscop. débouchent dans les canaux néphridiens radiaires qui mènent à des réservoirs ; ceux-ci sont reliés par des canalicules à la vacuole contractile qui se remplit et se vide par le canal excréteur selon un certain rythme. Des subst. inorganiques peuvent également être évacuées par *les trichocystes* ; ce sont des bâtonnets fixés dans l'ectoplasme qui « explosent » sous l'effet de certaines excitations. Ils servent donc d'organites protect. contre les assaillants. L'ennemi des *Paramécies*, un autre *Cilié*, le *Didinium*, arrive à percer cette ceinture protectrice au moyen de ses trichites : ce sont des filaments creux, remplis de venin, que l'animal lance sur sa proie.

La *Paramécie* qui nage (C), « mange » et se défend, se montre capable d'activités hautement coordonnées, qui permettent de penser qu'elle possède un **système coordinateur** ayant une analogie fonctionnelle avec le système nerveux des *Animaux supérieurs*. Dans l'ectoplasme, un système de lignes colorables à l'argent (réceptivité spécifique des nerfs aux colorants) relie les corpuscules basaux des cils, les trichocystes et d'autres organites. Si on le coupe, on interrompt le battement coord. des cils. Chez le *Cilié Euplotes* (D), on a pu déceler dans l'endoplasme la présence d'un organite cell. supérieur, faisant office de centre neuromoteur.

Le comportement de la *Paramécie* est lui aussi déterminé par des stimul. extér. et des impulsions spécifiques :

Les réactions d'évitement (phobiques) : ce sont celles qui orientent **indirectement** un être vivant vers des conditions de vie favorables : il recule devant certains stimuli répulsifs dont il a une connaiss. innée, jusqu'à ce que ses réactions soient couronnées de succès (méthode des essais et des erreurs corrigées). Des obstacles mécan., une temp. trop haute ou trop basse, un milieu concentré en O_2, en CO_2 ou en acide, déclenchent chez la *Paramécie* ces réact. d'évitement : elle stoppe devant l'obstacle, recule un peu, s'arrête et amorce un chang. de direction. Puis elle se heurte de nouveau au facteur défav. ou bien elle se trouve dans un milieu fav. où elle reste (piège physiol.).

Les réactions de locomotion orientée (topiques) sont celles qui orientent *directement* l'être vivant vers un but : une relation *directe* s'établit entre la source de l'excit. et la direction du mouvement.

Ces réactions sont encore rares chez la *Paramécie*. Elles se produisent dans une situation artif. telle qu'un champ électr., mais aussi dans le champ de la pesanteur : dans ce cas, des struct. cristallines enregistrent l'influence de la pesant. et amènent, dans des conditions données, l'animal à nager vers le haut.

Le mode de réaction des *Paramécies* n'est pas uniquement déterminé par les stimul. extér. et leur intensité. Des **états physiol. internes**, des impulsions, comme la « faim » ou les répercussions de stimul. et de réactions antérieures peuvent aussi jouer un rôle.

L'endoplasme de tous les *Infusoires ciliés* renferme au moins 2 noyaux : le **macronucleus**, polyploïde, dirige le métab. et la reprod. sexuée (p. 153, 156 sq) ; le **micronucleus** (au moins un), diploïde, devient haploïde peu de temps avant l'acte sexuel : il est alors analogue au noyau des cel. reprod. d'un organisme sup. Les 2 fonctions du noyau normal, la régulation du métab. et la duplication, sont donc réparties sur 2 noyaux diff.

La Paramécie a aussi un *mode de reprod. asexuée* (B): ses 2 noyaux se dédoublent, puis le corps se divise transv. : lorsqu'elle trouve une nourriture suffisante, il y a 2 ou 3 div. par jour.

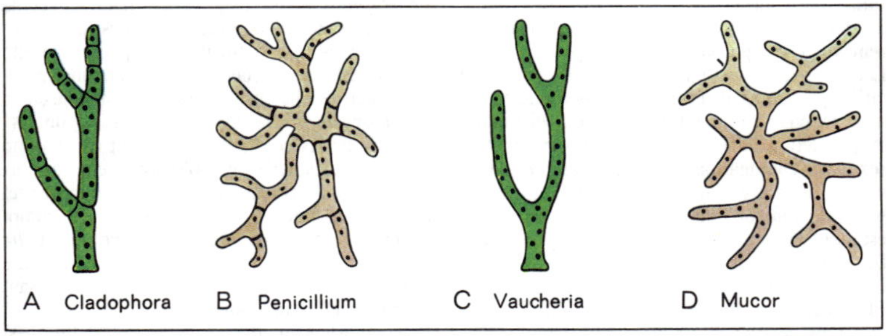

Polyénergides (A, B) et structure cénocytique (C, D) chez les Algues et les Champignons

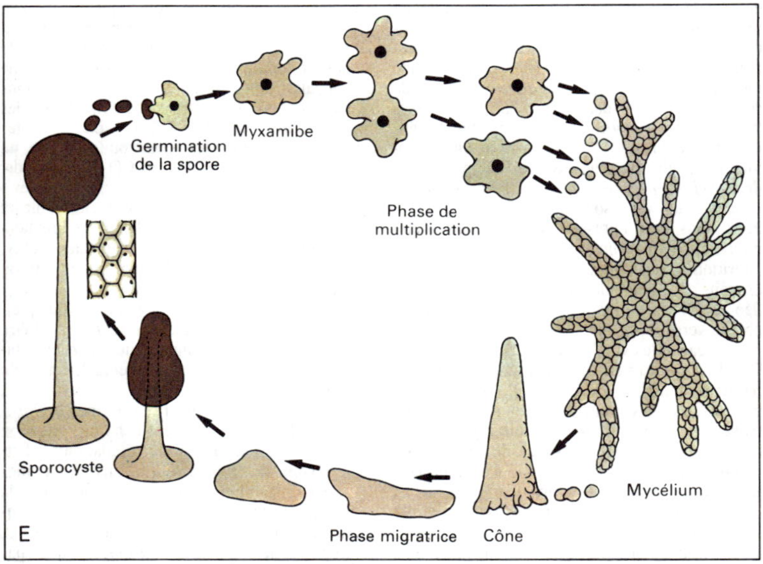

Cycle de développement du Myxomycète Dictyostelium

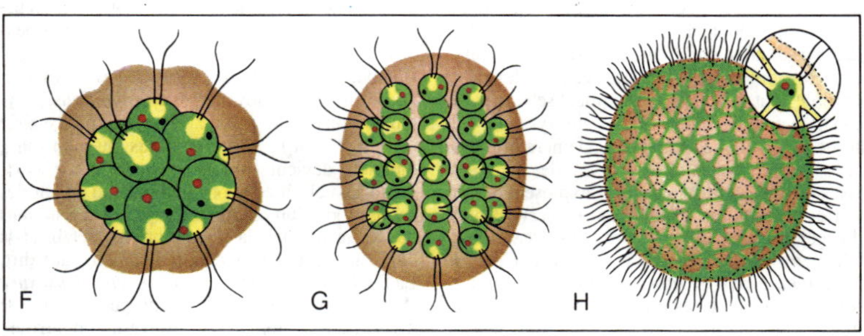

Formation de colonies: Pandorina (F), Eudorina (G), Volvox (H)

L'état unicell. se caractérise par la présence, dans la cel., d'un noyau unique dont le Cyt. est la sphère d'influence. Cette unité noyau-cytoplasme est qualifiée par SACHS de **monoénergide**.
Pour dépasser cet état unicell., les *Protoz.* et les *Protophytes* ont suivi des voies diff. La 1re de ces voies aboutit à la structure cénocytique : le noyau s'est multiplié sans que le Cyt. soit partagé (**organ. polyénergide**). L'autre évolution voit les cel. se diviser, se segmenter ou s'associer pour former des colonies de cellules et aboutit final. au véritable état pluricellulaire des organismes constitués de tissus.

La structure cénocytique
C'est surtout chez les *Algues* et les *Champignons* qu'on la rencontre : *Cladophora* (A) est une *Algue verte* pluricell. ramifiée en filaments : ses cel. sont polyénergides, c.-à-d. qu'elles renf. chacune plus. noyaux. La *Siphonale Vaucheria* (C), qui lui est apparentée, n'est pas composée de cel. La paroi entoure une masse cytopl. homogène contenant plus. noyaux et de petits chloroplastes. Seuls les organes reproducteurs sont isolés par des parois transv. On trouve une organis. analogue chez cert. *Champignons.* Les siphons du *Penicillium* ont plus. noyaux et sont divisés en plus. cel. (B), chez le *Mucor* (D), ils ne sont pas cloisonnés. Comparée à ces cénoblastes filamenteux, la *Siphonale* méditerranéenne *Caulerpa* a une forme (thalle) perfectionnée : l'axe princ. incolore rampe sur les fonds et s'y implante par des rhizoïdes sembl. à des racines : de cet axe partent des rameaux foliacés assimilateurs. Avec elle, la struct. cénocytique atteint dans l'élaboration des formes un niveau compar. à celui des *plantes à tissus.*
Quelques *Protozoaires* présentent aussi une organisation polyénergide. Ils ont plus. noyaux inclus dans un Cyt. homogène et on peut les diviser expérim. en autant d'unités viables qu'ils possèdent d'énergides. Mais il n'y a pas de différenciation des énergides.
Tout le groupe des *Ciliés,* et *quelques Foraminifères,* qui possèdent 2 noyaux (p. 71), a dépassé ce stade. Dans une même cel. les 2 fonct. vitales essentielles, métab. et reproduction, sont réparties entre 2 noyaux diff. qui représentent 2 énergides ; cette répart. évoque celle qui est réalisée entre les diff. cel. des *Métazoaires.* L'évolution qui mène ainsi d'un seul à plus. noyaux différenciés représente une solution très originale parmi les séries évolutives.

Les Plasmodes
On les classe aussi bien avec les polyénergides qu'avec les colonies de cel. et ils représentent peut-être une solution interm. entre ces deux tentatives visant à dépasser l'état unicell. des monoénergides.
Les Plasmodes de fusionnement, constitués de nombr. myxamibes sans paroi, se rencontrent chez les *Myxomycètes* (mieux : Amibes collectives) : leur Cyt. est une masse déformable qui rampe sur le sol. La partie ant. est faite de Cyt. épaissi, la partie post. fait penser à un réseau de mailles. – Certaines zones bien définies réalisent diff. fonct. : digestion, édification de subst. de réserve, excrétion, excitabilité, mouvement. Le cycle de développ. du *Dictyostelium* (E) commence par la germination des spores qui engendrent des myxamibes à un seul noyau ; celles-ci se multiplient par div. directe aussi longtemps qu'elles trouvent des bact. à phagocyter. Puis elles s'associent pour former un agrégat pluricell. (d'environ 100 000 amibes) qui devient un cône polarisé ; celui-ci se déplace par phototactisme positif et se transforme en sporangiophore ; les cel. de son extrémité se différencient pour former les cel. à vacuoles du pédoncule, les autres pour former des spores (p. 184 sq).

Colonies de cellules
Les *Algues bleues* réalisent les colonies de cel. les plus simples (p. 62 sq) Leurs cel. restent unies après div. parce qu'elles sont maintenues par la membr. de la cel. mère qui a gonflé et formé une enveloppe gélatineuse (Cénobes). – Chez les *Algues vertes* et les *Flagellés* la form. de colonies se déroule d'étonnante façon : chez le *Hydrodictyon utriculatum,* une cel. élabore de multiples zoospores mobiles ; celles-ci perdent leurs flagelles, puis s'assemblent et forment une colonie qui a l'aspect d'un filet. L'identité de toutes les cel. apparaît plus tard quand chacune engendre à son tour des colonies.
Les col. de cel. qui présentent une différenciation polarisée ont une struct. plus complexe. *Pandorina morum* (F) se compose de 16 cel. qui ressemblent au *Flagellé Chlamydomonas* ; elle se déplace toujours dans le sens de son axe longit. et les stigmas sont plus grands dans la région antér. *Eudorina elegans* (G) est une boule gélatineuse creuse constituée de 32 cel., *Eudorina Illinoisensis* a la même struct. mais les cel. ant. sont plus petites que les autres. Chez ces colonies, toutes les cel. sont aptes à se multiplier ; en revanche, sur les 128 cel. de *Pleodorina,* seules le peuvent les cel. de la moitié post. qui est reproductrice. Enfin c'est *Volvox* (H) qui est l'exemplaire le plus perfectionné de la série. C'est une boule gélatineuse constituée sur son pourtour de cel. dont le nombre atteint 20 000. Chaque cel. possède encore 2 flagelles, 1 stigma rouge, 2 vacuoles pulsatiles et 1 chloroplaste en forme de coupe. Le battement de tous les flagelles est synchronisé, grâce à des liaisons cytopl. qui subsistent entre les cel. après div. La reprod. est asexuée : dans la partie post. de la colonie chaque cel. engendre des boules qui échouent à l'int. de la boule mère et ne sont libérées que lorsque celle-ci dégénère. Ces liaisons cytoplasmiques, cette polarité et cette division du travail permettent de considérer *Volvox* non plus seulement comme une colonie de cellules mais comme un être pluricellulaire.

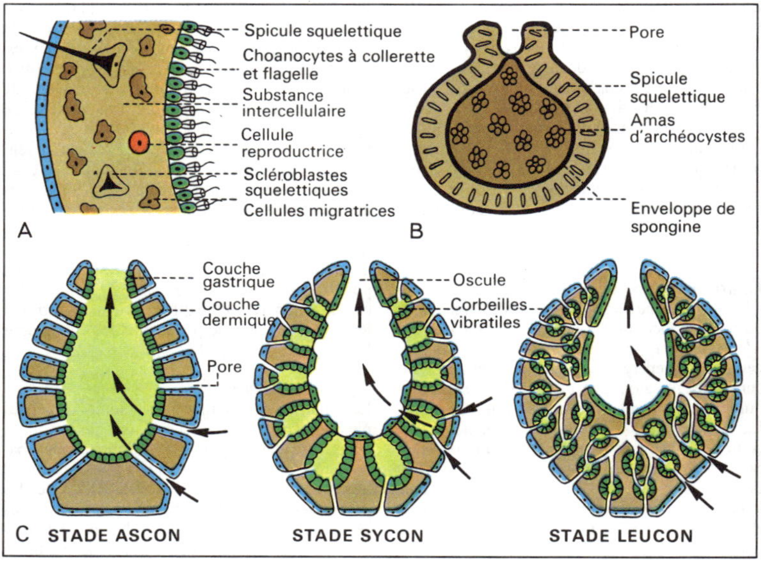

Spongiaires: Coupe dans la paroi (A), Bourgeon végétatif (B) et différents types de structures (C)

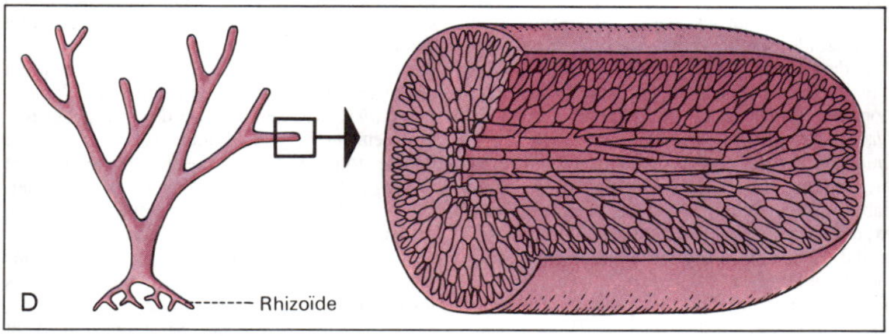

Algue rouge: Rhodophycée Furcellaria fastigiata

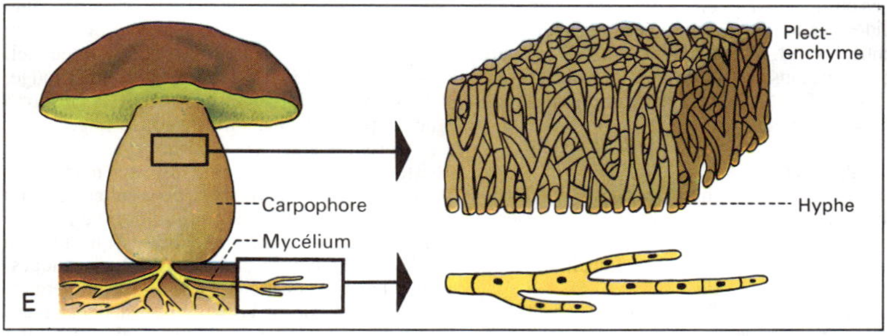

Champignon à chapeau: coupes schématiques dans le Plectenchyme et le Mycélium

Parmi les organismes pluricell. il en est qui présentent un début de différenciation cell., mais n'ont pas encore une véritable struct. histologique : on les trouve dans l'embranchement des *Spongiaires* qui appartiennent au règne animal et chez les *Thallophytes* qui appartiennent au règne végétal.

Spongiaires

Cet embranchement du règne animal comprend environ 5 000 espèces. Les *Spongiaires* ne possèdent que 2 types fondamentaux de cel. : **les cellules à collerette** (**choanocytes**) et **les cellules amiboïdes** ; mais elles ne constituent pas de vérit. tissus. Au contraire, les cel. sont associées de façon très lâche, elles peuvent se détacher facilement de l'ensemble où elles sont groupées, et constituent un tissu de type mésenchymateux, c.-à-d. une agglomération de cel. indépend. qui ne se touchent la plupart du temps que par des prolongements cell. ou même sont séparées par une subst. intercell. (A). Cette subst. plus ou moins abondante, peut être liquide, gélatineuse, ou solide, amorphe ou fibrillaire, elle est probabl. sécrétée par des cel. amiboïdes.

Les div. **types de cellules** des *Spongiaires* se différencient tous à partir de cel. amiboïdes primit. (archéocytes) que l'on trouve dans les bourgeons végétatifs (Gemmules, B) mais aussi dans les *Eponges* arrivées à maturité ; dans ce 2e cas, elles ont perdu en partie leur totipotence, c.-à-d. l'aptitude à engendrer tous les types de cel., donc un animal tout entier. Parmi les autres cel., les amibocytes effectuent la phagocytose et la digestion, les scléroblastes produisent le squelette de l'éponge et renf. des spicules calcaires, siliceux ou cornés (spongine). On trouve aussi des cel. reproductrices et d'autres cel. amiboïdes. Toutes ces cel. constituent une couche ext. très développée, **la couche dermique** ; à l'int. se trouve **la couche gastrique** qui est composée de choanocytes dont le rôle consiste à capturer et à absorber la nourriture.

En raison de l'indép. de leurs cel., les *Spongiaires* ont une individualité peu marquée :

- Leurs formes et leur taille sont variables.
- Si on les broie, elles peuvent se régénérer et plusieurs types de cel. se différencient à nouveau.
- Chaque cel. est excitable, mais il n'y a pas coordination des tâches entre les cel. Le plan d'organis. des *Spongiaires* fait apparaître leur struct. caract. ; il s'agit simplement d'un syst. de tubes adapté à la taille de l'animal ; il sert à attirer et à filtrer les minuscules particules nutrit. et assure les échanges gazeux. On peut distinguer trois **types d'organisation** (C) de complexité fonctionnelle croissante : le stade *Ascon* est constitué d'un sac percé de pores, dont la cavité int. communique avec l'ext. par un orifice d'évacuation, l'oscule : l'eau est expulsée par cet orifice grâce à l'action des cel. à collerette. Le stade *Sycon* a une paroi int. plissée, le stade *Leucon* a des parois pourvues de corbeilles vibratiles ; dans les deux derniers types, le nombre des choanocytes est plus élevé.

Thallophytes

Le thalle a une struct. qui diffère de celle des *Protophytes,* c'est en effet un appareil pluricell., qui est aussi parfois polyénergide. Il est composé de cel. différenciées et spécialisées dans certaines tâches, chez ceux des *Thallophytes* qui réalisent **les stades élémentaires de la véritable struct. histologique**. Par ailleurs, même lorsque les *Thallophytes* ont atteint le stade le plus perfectionné de la struct. histol., le thalle se distingue encore du cormus des *Végétaux supérieurs,* car il lui manque l'organisation en racines, tiges et feuilles qui caract. les *Cormophytes* (p. 113).

Le thalle filamenteux se forme à partir d'unicell. à la suite de nombreuses divisions transv., c'est l'appareil caract. des *Algues* et des *Champignons.* A côté de **filaments de cellules** simples ou ramifiés, on trouve beaucoup de variétés où ces filaments sont assemblés en grand nombre, de sorte qu'ils ont l'aspect ext. de tissu. Les filaments sont agglutinés par une gelée produite par un gonflement de la subst. membranaire. C'est surtout chez les *Algues rouges* qu'on rencontre **ce pseudo-tissu constitué de filaments parallèles**. *Furcellaria fastigiata* (D) a un thalle rond de 10 cm de long environ, la partie centr. est constituée de filaments parall. qui se ramifient en gerbe et se réunissent à la périph. pour former une écorce dure. Il y a des *Siphonales* évoluées qui ont une constit. analogue, mais la struct. cénocytique y remplace la struct. cell. (p. 73). **Le thalle plectenchymateux** dérive du thalle filamenteux simple ou ramifié. Ici les filaments de cel. ont la cohésion et la fermeté d'un tissu : en effet ils sont étroit. entrelacés et forment un réseau serré qui a une consist. feutrée, le **plectenchyme**.

On rencontre cette texture dans quelques *Siphonales* et surtout dans l'organe reprod. des *Champignons supérieurs* (E), le carpophore, qui est fixé à un appareil filament. souterrain, le mycélium : le plectenchyme est alors constitué d'hyphes enchevêtrés. Parfois les filam. du mycélium ont eux aussi la structure d'un plectenchyme et forment alors comme chez *Hallimasch,* des « rhizomorphes » qui ressemblent à des racines.

Le thalle massif, qui est celui de nombr. *Algues brunes,* présente déjà une authentique struct. histol., comme chez le *Fucus* et chez les esp. de *Laminaria* de la mer du Nord qui atteignent 5 m – formes haut. organisées. Habituellement dans les thalles filament. on ne peut faire la distinction qu'entre deux sortes de cel. ; d'une part les cel. embryonnaires qui peuvent se div. et généralement former un point végétatif, et, d'autre part, dans les autres parties du corps, les cel. adultes qui sont de type parenchymateux ; en revanche, les cel. des thalles massifs se distinguent déjà par un début de différenciation.

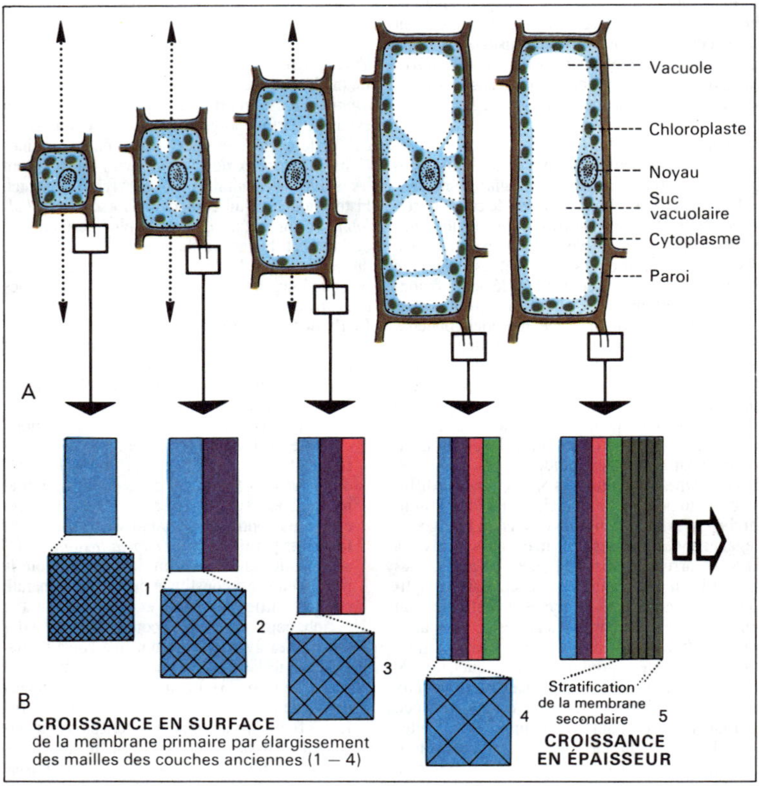

Croissance en longueur, formation des vacuoles (A); croissance en épaisseur (B) d'une cellule végétale

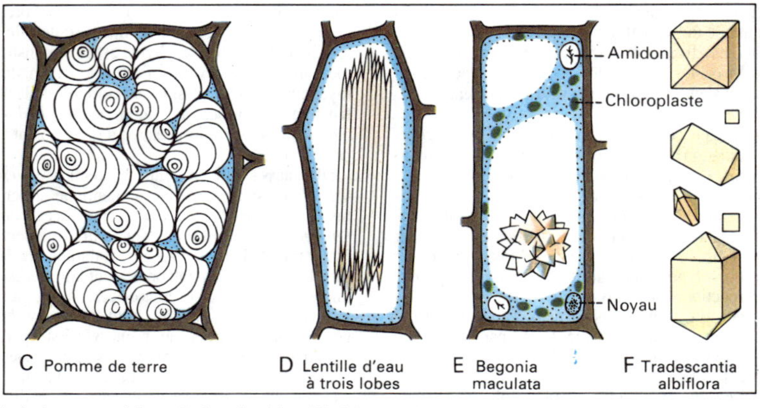

Inclusions vacuolaires: Grains d'amidon (C), Cristaux d'oxalate de calcium en forme de raphide (D), Druse (E) et Cristaux isolés (F)

L'état pluricell. que les êtres vivants ont atteint en suivant des voies diff. (pp. 73, 75) leur permet de modifier, selon un principe généralisé, la constit. de leurs cel. de manière que cette **différenciation** les conduise à une **spécialisation** fonctionnelle.

Dans un premier temps, une cel. initiale engendre de mult. cel. nouv., qui ne présentent pas entre elles de différences essent. Ces **cellules embryonnaires** ont encore beaucoup d'analogies chez les *Animaux* et les *Végétaux* (si on fait abstraction des plastes et de la membr. primaire propres aux cel. végétales). Plus tard, elles se différencient ; les cel. embryonnaires, à l'origine totipotentes, dev. des **cellules adultes** remplissant des tâches définies dans l'ensemble de l'organisme qui est un syst. régi par la loi de la div. du travail. Elles subordonnent alors leurs besoins et leurs activités vitales à la fonct. qu'elles ont à remplir, elles renoncent ainsi à l'autonomie des Protistes, mais peuvent compter sur l'aide complément. d'autres « spécialistes ». Certains types de cel. animales en différenciation ne peuvent plus former (si même elles le peuvent) que des cel. ident. à elles-mêmes (p. 87) ; quant aux cel. végétales, elles ont, en général, perdu l'aptitude à se div. Cela est dû à des phénom. qui se retrouvent dans leurs grandes lignes chez tous les *Végétaux* et qui se manifestent chaque fois que les cel. arrivent à l'état adulte, caract. par la formation de vacuoles et les modifications de la paroi cell.

La formation de la vacuole (A)

C'est le prem. symptôme annonçant la fin de la phase embryonnaire et le début du processus de différenciation. Le suc vacuolaire se rassemble d'abord en gouttelettes, puis celles-ci augmentent de vol. et produisent une vacuole. C'est le R.E. qui donne la membrane limitante ou *tonoplaste*, de la grosse vacuole centrale, repoussant le cytoplasme en une mince bordure périphérique. Les vacuoles ne peuvent pas expulser leur contenu à l'ext., comme les vacuoles pulsatiles ou les vacuoles nutrit. bien qu'elles aient aussi pour fonction d'accueillir les produits du métabol. La concentr. des subst. accumulées dans la vacuole peut créer la pression osmotique nécessaire (p. 11). Par ailleurs les déchets solubles peuvent prendre des formes telles qu'ils n'ont pas de pouvoir osmot., p. ex. en précipitant ou en formant des macromolécules.

Les constituants du suc vacuolaire sont souvent des glucides, des graisses, et des prot. qui sont stockés et constituent des subst. de réserve remplissant parfois toute la cel. Les sucres solubles contenus p. ex. dans les *Betteraves à sucre* et la *Canne à sucre* ne peuvent dépasser une certaine concentr., en raison des phénom. d'osmose ; en revanche **l'amidon**, qui est un glucide de réserve insol. caract. des Végétaux, peut constituer jusqu'à 70 % du poids du végétal frais (C). **Les vacuoles protéiniques** se solidifient en perdant de l'eau et forment des grains d'aleurone dans la couche de gluten des graines de céréales (p. 83). Le suc vacuol. renferme aussi des sels peu solubles qui forment des cristaux se présentant sous diff. aspects, ex. : aiguilles d'oxalate de Ca (D, protection contre les herbivores) ; il renferme aussi des **alcaloïdes spécif.** tels que : atropine (*Belladone*), morphine et codéine (*Pavot*), strychnine (*Noix vomique*), nicotine (*Tabac*), caféine (*Café, Thé*), colchicine (*Colchique d'automne*) ; il contient encore des composés de glucose, des **glucosides**, tels que la digitaline (*Digitale*) et la saponine (*Saponaire*). Enfin il y a dans le suc vacuol. des **tannins** et des **pigments** (la flavone jaune, l'anthocyane bleue ou rouge).

Les modifications de la paroi (B)

Le volume de la vacuole et la concentration du suc vacuolaire augmentant (p. 31), il faut que la paroi augmente en surface et en épaisseur (extension et renforcement).

La croissance en surface est peu import. dans la cel. embryonnaire, car le dévelop. du Cyt. est assez lent. La vacuole, en se développant, provoque une extension de la membr. prim. : celle-ci forme un réseau de fibrilles dont les mailles s'élargissent de plus en plus, ce qui entraînerait une dimin. de l'épais. de la paroi, si de nouv. couches de fibrilles ne se formaient pas const. Lorsque la paroi a terminé sa croiss. en surf., elle a conservé son épaisseur initiale : elle est faite de nombr. réseaux dont les mailles sont plus larges à l'ext. qu'à l'int. Cette croiss. par apposition s'accompagne peut-être d'une incorpor. de cellulose (intussusception).

La croissance en épaisseur, qui commence ensuite, est due à l'édification de la membr. second. (p. 31). Même quand l'épaississ. est régulier, des espaces vides subsistent et forment des ponctuations, ou des canalicules quand les parois sont épaisses (p. 78 A).

La membr. cellulosique s'imprègne d'autres subst. qui lui confèrent des propriétés nouvelles.

La lignification, limitée aux *Cormophytes*, est une imprégnation des espaces intercell. par la lignine. Les cel. gagnent alors en dureté ce qu'elles perdent en élasticité. Les cel. lignifiées meurent et perdent leur turgescence, elles ont alors un rôle de soutien.

La subérisation est une accumul. de couches de liège (subérine, haut polymère d'esters d'acides gras) alternant avec des couches de cire, elle rend les cel. mortes des *Spermaphytes* imperméables.

La minéralisation est une imprégnation par des subst. minérales comme la silice ou le calcaire, des espaces intermicellaires, ce qui durcit la paroi cell. C'est une caract. des *Diatomées* (p. 67), mais aussi des *Prêles* et des feuilles, souvent tranchantes comme des couteaux, des *Graminées*.

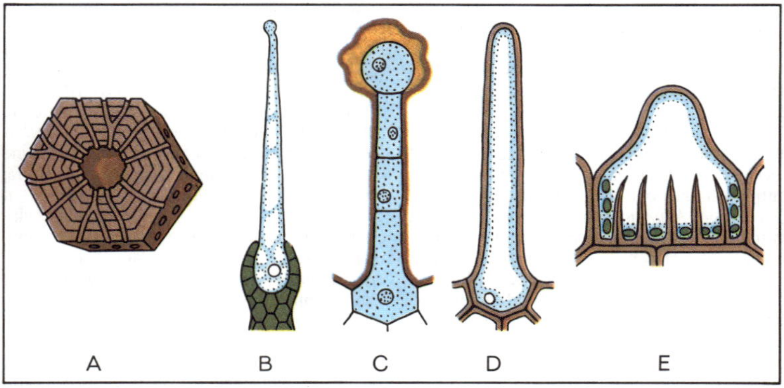

Types de cellules végétales

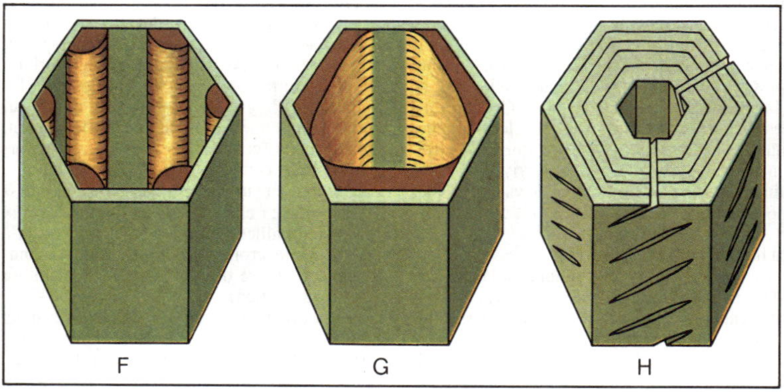

Éléments de soutien chez les végétaux

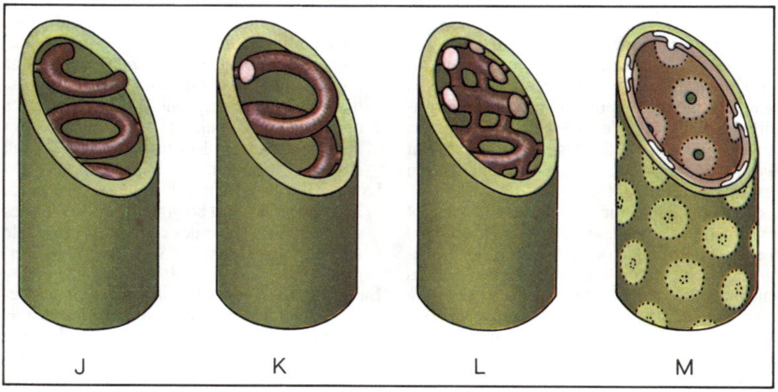

Types de vaisseaux

La différenciation des cel. se manifeste par l'agrand. des surf. et l'épaiss. des parois ; elle engendre final. une grande variété de types de cell. On peut en distinguer 70 environ.

Cellules isodiamétriques

Les surf. des cel. embryonnaires se dévelop. dans toutes les direct. : initialement cubiques, elles deviennent donc, conform. au principe de la surf. minimum, des cel. isodiamétriques, c.-à-d. des polyèdres sphér. qui se présentent en coupe transversale sous une forme hexagonale.

Cellules parenchymateuses (p. 83) : c'est le type fondamental des cel. adultes ; peu différenciées, ce sont celles qui se rapprochent le plus de l'isodiamétrie parfaite, bien que quelques variétés soient allongées (p. ex. les cel. palissadiques des feuilles). Elles ont des angles arrondis (espaces intercell., p. 83) ; une forte turgescence donne de la rigidité à la cel. Les parois sont peu épaisses. et rarem. lignifiées.

Cellules épidermiques (p. 85). L'épiderme est constitué d'une couche unique de cel. qui recouvre les organes aériens des végét. ; ces cel. sont dévelop. en surf., leur paroi ext. est épaissie ou minéralisée ; elles sont étroit. ajustées aux cel. voisines par des crans qui s'emboîtent et ne laissent pas d'esp. intercell. Cela leur confère une grande rigidité. Elles sécrètent une cuticule proche de la subérine, qui les rend imperm. à l'eau. Les feuilles rouges doivent leur coul. à l'anthocyane que contient la vacuole centr. Les cell. épidermiques sont dépourvues de chloroplastes, sauf chez quelques plantes qui vivent sous l'eau, ou à l'ombre.

Cellules scléreuses (scléréides). Elles donnent leur dureté aux coques et aux noyaux des fruits (A). Ce sont des cel. dont les membr. second. s'épaississent toutes symétr., ne laissant pour espaces vides que des canalicules. Lorsque la paroi est constituée, la cel. meurt. Ce sont des élém. de soutien très solides, général. très lignifiés (lumière étroite).

Cellules sécrétrices. Ce sont des cel. parenchymateuses viv. dont le suc cell. est abondant et le noyau volum. Elles sécrètent des subst. (mucilage, huiles, résine, enzymes digestifs, sel, sucre, eau) élaborées par le Cyt., qui traversent les parois pour couler à l'ext. ou dans les espaces intercell. Les sécrétions élaborées par l'A.G. s'accumulent dans les cellules terminales des poils sécréteurs entre la paroi et la cuticule (C).

Cellules prosenchymateuses

Quand les cel. se dévelop. en long. ou à leurs extrém. elle s'allongent dans une seule direct. et deviennent des cel. fibroïdes qui ont avant tout une fonct. de soutien ou un rôle conducteur. Les cel. peuvent se développer uniqu. à leur extrém. ; dans les poils, les hyphes des Champignons, et les tubes polliniques, une seule extrém. grandit, mais dans les cel. du bois la croiss. affecte les 2 extrém.

Les laticifères vrais : ce sont des canaux formés par des cel. cénocytiques engendrées par une seule cel. embryonn. dont les extrém. croissent intensément. On les trouve dans l'*Euphorbe,* les variétés de *Ficus (Ficus elastica, Figuier)* le *Laurier-rose*. La cel. initiale suit le dévelop. de l'embryon et peut atteindre une long. de plus. mètres. La cel. adulte forme un tube à l'int. duquel se trouve une longue vacuole remplie d'un suc laiteux sous pression, le latex.

Les *poils* se forment à partir de cel. épidermiques et ont des formes très variées : papilles coniques (E), longs poils tubuleux (D), poils piquants et minéralisés (*Bourrache*), poils urticants (B) term. par une pointe dure et silicifiée et dont la base forme une poche remplie d'un suc riche en histamine, en acétylcholine et en formiate de sodium.

Les cellules de collenchyme. Leurs parois sont renforcées aux angles (F), ou sur toutes les faces (G) par des couches alternées de cellulose et de pectine. Elles forment des tissus de soutien vivants aptes à la croissance, caractéristiques des *plantes* herbacées jeunes et adultes.

Les fibres du sclérenchyme sont de longues cel. mortes, fusiformes, à lumière étroite ; les couches régul. de cellulose, qui garnissent leurs parois, présentent un arrangement hélicoïdal (H) ; cela donne une grande solidité et une grande souplesse aux organes végétaux adultes. Les fibres non lignifiées sont très élast. (*Lin*), celles qui sont lignifiées sont rigides (*Chanvre*).

Les trachéides sont des cel. conductrices en forme de tubes, souvent à la lumière étroite : pour que la circul. se fasse bien les parois transv. sont obliques et percées de nombr. orifices. Ces cel. meurent, et perdent leur turgescence, mais restent rigides grâce à un épaiss. de leurs parois qui leur confère un rôle de soutien.

Les cellules réunies en vaisseaux, cert. cel. tubuleuses, placées bout à bout, perdent leur paroi transv., et s'élargissent ; elles forment alors des syst. conducteurs très efficaces.

Les laticifères articulés constituent un réseau de cel. soudées (ex. *Papaver somniferum, Caoutchouc, Pissenlit*), qui par leur fonct. et leur contenu sont analogues aux laticifères vrais.

Les vaisseaux (trachées) sont des trachéides dont la différence s'est poursuivie ; les parois transv. ont complèt. disparu ou bien sont réduites à des rebords circul. Les tubes ainsi formés, à lumière large, peuvent atteindre plus. mètres de long, leurs cel. meurent. Des épaiss. ligneux de formes div. (J-M) consolident ces vaisseaux qui servent à véhiculer l'eau et les sels nutritifs.

Les tubes criblés sont composés de cel. conductrices viv. servant à transp. les subst. organiques qui emplissent leurs vacuoles ; les parois transv. et longit. sont perforées d'orifices groupés en cribles. Ces communic. directes entre cel. voisines facilitent le passage des subst. organiques. Général. ces tubes criblés ne remplissent leur fonct. qu'une année, leurs cribles sont ensuite obturés par un dépôt de callose (polysaccharide).

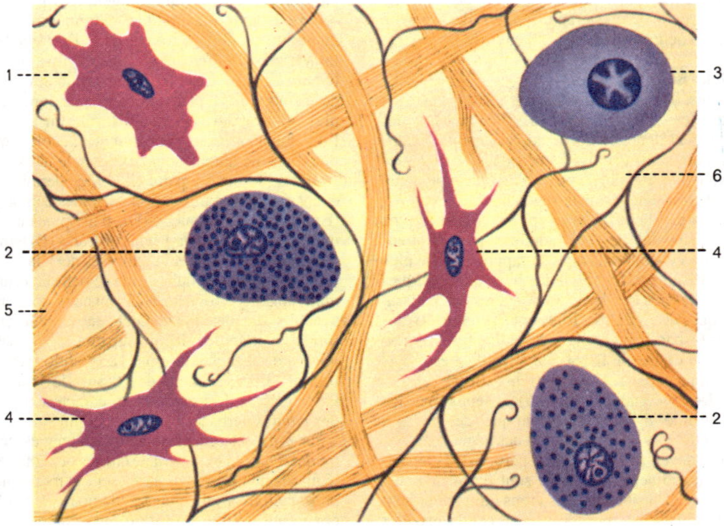

A

1 Histiocyte
2 Labrocytes
3 Plasmocyte
4 Fibroblaste
5 Fibres collagènes
6 Fibres élastiques

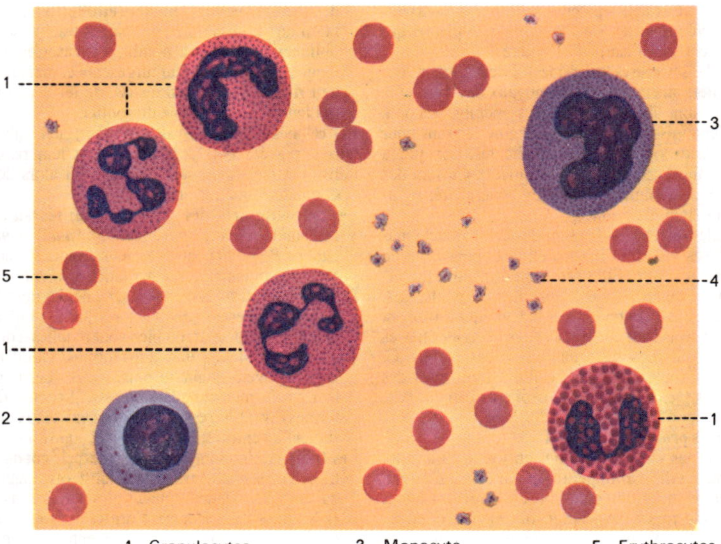

B

1 Granulocytes
2 Lymphocyte
3 Monocyte
4 Thrombocytes
5 Erythrocytes

Tissu conjonctif lâche (A) et cellules sanguines (B) chez l'Homme

Les types de cel. des *Métazoaires véritables (Eumétazoaires)* sont beaucoup plus nomb. que ceux des *Végétaux*. L'importance de la différenciation augmente dans les embranchements successifs du règne animal, ce qui ne saurait nous étonner, puisque, en fait, le seul critère objectif du niveau d'organis. d'un *animal* est le degré de différenc. qu'atteignent ses cel. On distingue les **cellules germinales** toujours différenciées selon le sexe, qui garantissent la pérennité des générations, et les **cellules du corps** (cel. somatiques), qui sont spécialisées. Cette spécial. permet une activité plus intensive et plus rationnelle, mais elle met en danger l'individu tout entier dès qu'une blessure ou une maladie détruisent des struct. spécialisées import., en partic., des cel. adultes qui ne peuvent plus se diviser.

Les cel. somatiques acquièrent leur struct. partic. au cours du dévelop. embryonnaire et de la jeunesse de l'org., non seul. en se différenciant d'elles-mêmes, mais aussi sous l'action chim. ou mécan. des cel. voisines. C'est pourquoi les cel. isolées, qui se développent dans un milieu de culture, présentent des formes différentes.

Cellules libres

Il existe des cel. animales qui semblent d'autant moins différenciées qu'elles présentent les caract. suivantes : elles ne sont pas assemblées en un tissu et se distinguent souvent par leur aptitude à la migration active et à la phagocytose. Ces cel. libres se rencontrent princip. dans le tissu conjonctif et dans le sang.

Les histiocytes (A 1) ont un corps cellul. ramassé avec de courts prolongements. Ils se présentent comme des **« cel. migratrices au repos »** occupant la subst. intercellul. du tissu conjonctif ou comme des **phagocytes** (macrophages), qui attirés par une inflammation, se déplacent jusqu'au tissu détruit, où ils procèdent à un travail de nettoiement. En plus du stockage et de la phagocytose ils se signalent par les phénom. de pinocytose à l'aide d'une « membrane ondulante » ou mouvements ondulants de leur surface.

Les labrocytes (A 2) sont des cel. arrondies, riches en mitochondries et en granules ; elles n'accumulent pas de subst. nutritives comme on le pensait, mais de l'histamine, de la sérotonine, et surtout de **l'héparine**. Ce mucopolysaccharide, élaboré par le foie, empêche la coagulation du sang (antithrombine) mais il participe aussi au métab. du tissu conjonctif.

Les plasmocytes (A 3) sont volumineux. Le noyau a une position excentrique et la répartition de la chromatine fait penser aux rayons d'une roue. Ils ne contiennent pas de granules, mais l'abond. de l'ergastoplasme et des mitochondries est frappante. Lorsque des subst. protéiniques étrangères (antigènes, toxines) pénètrent dans le corps, celui-ci réagit et se défend grâce aux plasmocytes qui élaborent des **anticorps** spécif., des « antitoxines » qui détruisent les toxines, des « agglutinines » qui agglutinent p. ex. des *Bact.* ou des *Virus*, des « précipitines » qui coagulent des particules protéiques et les précipitent. Quand la prod. des anticorps a dépassé les besoins immédiats, ils peuvent redevenir actifs plus tard et confèrent à l'organisme une « immunité acquise ».

Les leucocytes sont des **globules sanguins** capables de quitter les vaisseaux pour pénétrer dans le tissu conjonctif, dont ils sont d'ailleurs issus pour une partie d'entre eux. Ils ne vivent que quelques jours. La fonction commune à tous les leucocytes est de défendre l'organisme contre les agents pathogènes, par ailleurs les diverses variétés de leucocytes remplissent des tâches particulières :

Les **granulocytes** (B 1), qui se forment dans la moelle osseuse, se déplacent par mouv. amiboïdes et phagocytent les *Bact.* (formation de pus), participent au transport des graisses et à la coagulation du sang. – Les **lymphocytes** (B 2) se forment à partir des cel. réticulaires des organes lymphatiques ; leur Cyt. est réduit et leur aptitude aux mouv. amiboïdes s'en trouve limitée. Leur fonction est liée à leur lieu de différenciation : Thymus ou Bourse de Fabricius selon les lymphocytes T ou B. C'est un élém. du syst. immunitaire (p. 352 sqq). Enfin les **monocytes** (B 3) sont des phagocytes macrophages, au Cyt. abondant, très mobiles et très actifs, qui semblent se transformer en histiocytes dans les zones des tissus où il y a inflammation.

Les plaquettes sanguines (thrombocytes) sont des corpuscules sanguins anucléés aux formes irrégul. (B 4). Leur zone périph. (hyalomère) peut se dilater, leur zone centrale est riche en granules (granulomère). Ces deux parties du Cyt. jouent des rôles diff. lors de la coagulation du sang : (p. 318 sq) le hyalomère émet des pseudopodes, et permet aux plaquettes sanguines de s'agglutiner entre elles et d'obturer de petites lésions dans les parois des vaisseaux ; le granulomère déclenche le processus de la coagul. en libérant de la thrombokinase. Ils forment le noyau de coagul. dans le réseau de fibrine.

Les globules rouges (érythrocytes) (B 5) sont, dans le sang des *Vertébrés*, les cel. les plus nomb. Chez les *Mammifères*, ils ont la forme de petits disques biconcaves et, à l'état adulte, ils sont anucléés. Ils sont régénérés par des érythroblastes nucléés, dans la moelle rouge des os. Dépourvus d'ergastoplasme, de mitochondries et d'AG, ils montrent, même au microsc. électr., une image amorphe. Chez l'*Homme*, ils contiennent un pigment rouge qui occupe 34 % du volume de la cel., l'**hémoglobine,** qui est de nature protéique, contient du fer, et peut fixer l'oxygène de façon réversible. Les globules rouges jouent un rôle important dans la respiration et contiennent les subst. qui déterminent les groupes sanguins : antigènes (p. 325).

Cellules fixes

Mises à part les cel. reproductrices (p. 151-154 sq), susceptibles d'être évacuées, et les cel. libres migratrices ou flottant dans un liquide du corps, les cel. immobiles et fixes constituent la catég. la plus importante dans ces sociétés de cel. que sont les *Eumétazoaires*. Les nombr. cel. différ. et spécialisées sont regroupées, d'après leur struct., leur fonct. et leur orig., en quelques types. Elles seront présentées ds leurs tissus respectifs (p. 86-95).

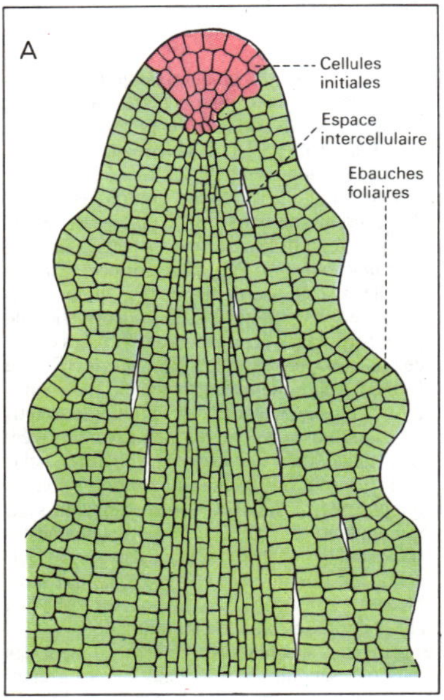

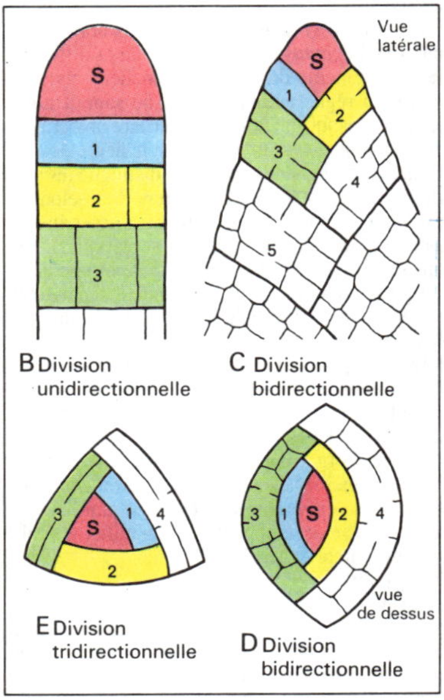

Cône végétatif de l'apex du Sapin

Cellules apicales

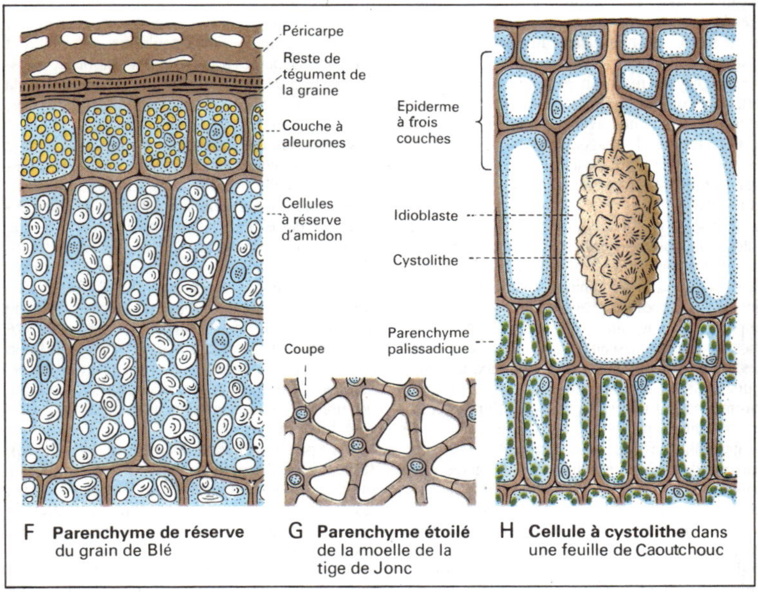

Principaux types de tissus

Les tissus vrais, par opposition aux prétissus (p. 74 sq) sont des ensembles de cel. id. qui, dès le moment de leur formation, ont entre elles des rapports étroits. Elles peuvent à l'état isolé présenter des struct. et fonct. inhabituelles (idioblastes (H) ou/et constituer des **syst. tissulaires** à partir de plusieurs types de cell. diff. (p. ex. tissus conducteurs de sèves : p. 96 sq). On distingue 2 catégories tissulaires fondam.

- **Tissus de croissance ou Méristèmes** faits de cel. embryonnaires capables de se diviser.
- **Tissus définitifs** faits de cell. différ. (p. 76 sq) que l'on peut classer suivant leur fonct. (parenchyme, p. 82 sq ; tissus de revêtement, p. 84 sq ; tissu de soutien, p. 78 sq, 96 sq ; tissu de conduction, p. 78 sq, 96 sq ; tissu sécréteur, absorbant).

Tissus de croissance (Méristèmes)

Chez de nombr. *Thallophytes* (p. 75), mais aussi chez les plantes sup., la formation des tissus est souvent assurée par une seule cel. initiale, la **cel. apicale**. La cel. de l'*Algue filamenteuse Cladophora* qui se trouve au sommet se divise sans cesse en formant des parois transv. (B). Les cel. filles issues de cette division s'alignent donc dans une seule direction. On parle alors de cel. apicale à **division unidirectionnelle.** Dans d'autres algues le processus est le même, mais dans les cel. filles plus anciennes peuvent se former également des parois longit. Les cel. apicales à division unidirect. donnent des tissus filamenteux, les cel. **à division bidirect.** engendrent des tissus aplatis (ex. feuilles des *Mousses*), car elles engendrent des cel. filles dans 2 directions (C, D). Les cel. apicales **à division tridirect.** sont tétraédriques, elles engendrent des cel. sur 3 côtés et donnent naissance à des tissus épais : (E, tiges des *Bryophytes* et des *Fougères*). Les cel. apicales **à division quadridirect.** sont également tétraédriques, les 4 faces donnent des cel. filles. Elles donnent naissance, dans les racines des *Fougères* p. ex., non seul. au corps mais aussi à la coiffe de la racine (p. 101).

Chez les *spermaphytes* les tissus de grande importance sont produits par des groupes de cell. initiales (**Méristème apical** ou **points vég.**). Elles se trouvent à l'extrémité souvent conique de la tige en surface (A), à l'extrémité de la racine mais à l'int. car elles forment en direction de la pointe les cel. de la coiffe (comparables aux cel. apicales à division quadridirecte). Un cône végétatif typique est fait de cel. id., dont les parois gén. orthogonales forment des plans perpendiculaires ou parall. à la surface (anticlines et périclines). Ce cône garde un vol. const. car pendant que les cel. se divisent, ce tissu passe en permanence à la zone où se différ. de nombr. types de cell. par l'intermédiaire d'une zone de détermination, reconnaissable à ses esp. intercell. (A).

D'après l'orig. ou encore l'extension des méristèmes, on distingue :

- **Méristèmes prim.** qui continuent à se diviser depuis le stade embryonnaire (p. ex. : méristèmes apicaux).
- **Méristèmes résiduels** qui persistent ds les zones de différ. sous forme de cordons cell. à capacité mitotique (p. ex. : Cambium fasciculaire : p. 96 sq ; zones méristématiques des plantes herbacées qui permettent la croissance intercalaire).
- **Méristèmes second.** qui dérivent de tissus différ. après une période de repos (p. ex. : Cambium interfasciculaire : p. 99).
- **Méristémoïdes** : de très petits groupes de cel. ou des cel. isolées entièrement impliquées ds la différ. (p. ex. : stomates, poils) ; à cause de l'environnement qui les limite ils ordonnent de telles différ. selon des motifs réguliers.

Parenchyme (tissu fondamental)

Le parenchyme comprend, comme presque tous les tissus adultes, un réseau d'esp. intercell. formé en partie par la dissolution des lamelles moyennes. Le parenchyme (p. 79) est fait de cel. qui, peu différenciées, accomplissent encore des fonctions variées. Le parenchyme existe dans la plupart des organes végétaux : il est donc le siège des processus vitaux les plus importants. Selon la fonction prédominante, on distingue :

Le parenchyme chlorophyllien, (p. 101) contenu dans les feuilles et réparti également à la périphérie des tiges, est très riche en chloroplastes, il est donc partic. apte à la photosynthèse (p. 274 sq) ;

Le parenchyme de réserve accumule surtout des subst. organiques (sucre, amidon, protéines, graisses). L'intérieur des graines de céréales (F) est rempli de parenchyme dont les cel., très grandes, renferment de nomb. leucoplastes (p. 29) qui forment de gros grains d'amidon. Entre le tissu riche en amidon et le tégument de la graine s'intercale **la couche de gluten (couche à aleurone)** dont les cel. renferment de multiples grains d'aleurone (ce sont des vacuoles protéiniques qui se sont solidifiées en perdant de l'eau, v. p. 77).
– Alors que les graisses sont en général conservées sous forme d'inclusions cytopl. (p. ex. dans les graines), le sucre est dissous dans le suc vacuolaire *(Canne à sucre, Betterave à sucre)*. – Dans les végétaux adaptés à la sécheresse, les réserves d'eau sont souvent contenues dans des tissus très développés, les **parenchymes aquifères**, comme chez les formes succulentes (p. 119).
– Les cel. du parenchyme peuvent encore emmagasiner les résidus du métabolisme (**déchets**) qui restent à l'int. de la plante (celle-ci n'a pas comme les animaux d'app. excréteur) : ce sont des huiles essentielles, des résines, des latex (ex. le caoutchouc) ou des cristaux. Ces cel. sécrétrices sont souvent des idioblastes, c.-à-d. des cel. incluses parmi les autres cel. du parenchyme, dont elles se distinguent par leur taille, leur forme et leur aspect (H), et elles sont souvent enveloppées d'une lamelle de subérine imperméable. Une autre forme partic. de parenchyme est représentée **par le tissu aérifère (aérenchyme)**, dont les cel. laissent subsister de grands espaces intercell. (parenchyme étoilé des plantes paludéennes et aquatiques, G ; parenchyme lacuneux des feuilles, (p. 101).

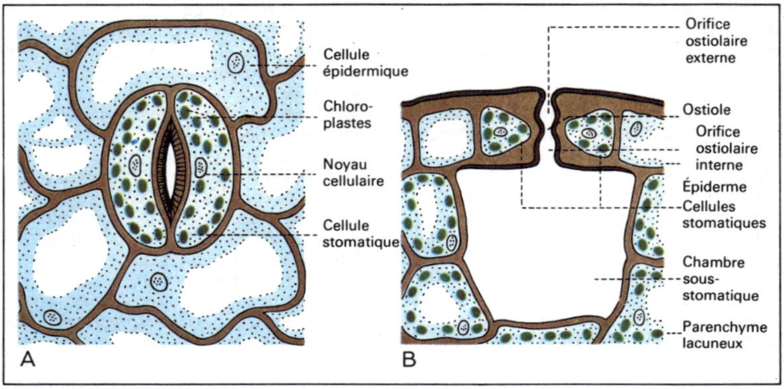

Appareil stomatique : (A) vue de dessus ; (B) vue en coupe

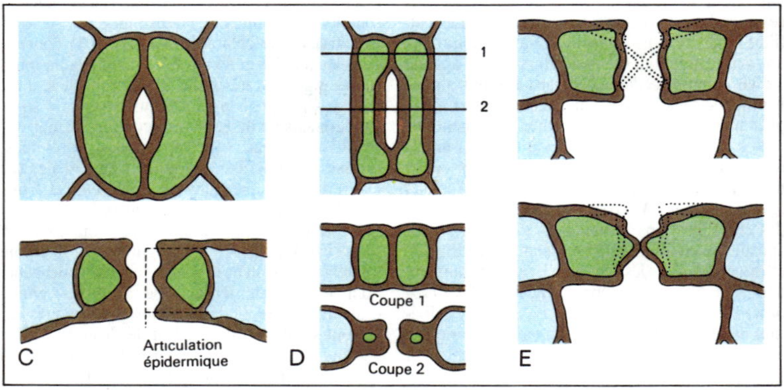

Types d'appareils stomatiques : (C) type Hellébore ; (D) type des Graminées ; (E) type Mnium

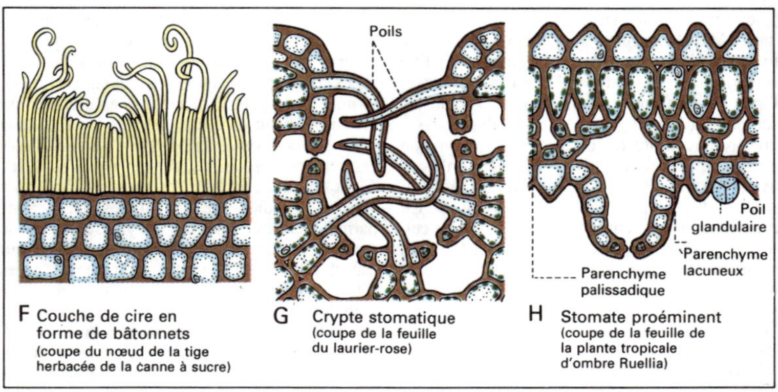

Formations particulières de l'épiderme

Tissu de revêtement primaire

Contrairement aux tissus parenchymateux décrits précédemment, les autres tissus adultes ont des cel. qui sont totalement adaptées à des fonctions particul. **L'épiderme** est le tissu de revêtement primaire ; lorsqu'il est bien caractérisé, il est constitué d'une seule assise de cel., issues du **dermatogène**, qui est la couche méristématique ext. du cône végétatif. La première fonction de ce tissu est de protéger la plante et de limiter les pertes d'eau par évaporation. Outre les moyens de protection déjà mentionnés (p. 79), les cel. sont parfois munies d'un revêtement de cire (ex. *Prunes*, grains de *Raisin* qui diminue encore la transpir. Les feuilles de certaines variétés de *Palmiers* élaborent, souvent en quantité importante, de la cire (F) que l'on utilise pour fabriquer des bougies **(cire de Karnauba)**. De plus, certaines formes d'épidermes assurent la régulation des échanges avec le milieu ext., qui sont essentiels pour la vie de la plante.

Les poils absorbants émanent de certaines cel. épidermiques de la racine qui s'allongent vers l'extér. et forment un tube atteignant 8 mm (p. 100 B). Mais à l'inverse d'autres poils unicell. analogues (p. 79), ils ont des parois très minces dépourvues de cutine. Leur pouvoir absorbant est donc très grand. Comme ils sont très déformables, ils épousent la forme des particules de terre, ce qui augmente considérablement la surface absorbante de la racine.

Les stomates assurent les échanges gazeux et règlent la transpiration dans les organes aériens des végétaux. Ils se trouvent surtout sur la face infér. des feuilles et sont régulièrement répartis dans l'épiderme (jusqu'à 700/cm^2 ; environ 13 millions sur la feuille de *Tournesol*).

Type des Helléborées (C) ; en général l'appareil stomatique (A, B) présente la struct. suivante : deux cel. stomatiques réniformes juxtaposées aux deux bouts, la face concave à l'int., laissent entre elles un orifice, l'ostiole. Les parois convexes des cel. stomatiques sont restées minces, les parois concaves présentent deux épaississ. proéminents qui délimitent au-dessus et au-dessous de l'orifice ostiolaire une cavité ostiolaire ext. et une cavité ostiolaire int. L'ostiole débouche sur un grand espace intercell., la chambre sous-stomatique, et communique ainsi avec le syst. intercell. de la plante. Souvent les cel. stomatiques sont encadrées par des cel. épiderm. aux parois peu épaisses ; les parois contiguës, très minces, font charnière. Alors que les cel. épidermiques normales en sont presque toujours dépourvues, les cel. stomat. renferment des chloroplastes qui élaborent du sucre et de l'amidon. La cause directe de l'ouverture (ou fermeture) est l'augm. (ou diminution) de turgescence ds les cel. stomatiques qui de par l'épaisseur et la struct. (dévelop. de fibres) de leur paroi augm. (ou diminuent) leur courbure : ce qui ouvre (ou ferme) l'ostiole (Nasties : p. 344 sq).

- Les var. journalières du diam. de l'ostiole se ramènent à l'effet osmot. dû aux transf. glucose-amidon observées ds ces cel.
- Des processus exerg. (Phosphorylation oxydative, photophosphorylation) interviennent vrais. par contre ds les var. à court terme. Ils permettent un transport ionique ou une absorption d'eau active par les cel. stomatiques.

Les stomates présentent de l'**hydronastie** (fermeture en cas de déficit hydrique), de la **photonastie** (ouverture en cas d'éclairement ; augm. de l'absorption de CO_2) et aussi de la **thermonastie** (ouverture en cas de réchauffement ; refroidissement par transpiration). C'est suivant le même principe que fonctionnent deux autres types de stomates morpholog. très différents :

Le type des Graminées (D) : les cel. stomat. sont ici en forme d'haltères et leurs parois ne sont épaissies que dans la partie médiane. Lorsque la turgescence augmente, les extrémités s'agrandissent et écartent les parties médianes rigides.

Le type Mnium (E ; se rencontre chez les *Fougères* et les *Bryophytes*). Ici, les parois internes des cel. stomat., celles qui délimitent l'ostiole, sont minces et convexes, les autres sont épaisses. Quand la turgescence augmente, les cel. deviennent plus hautes, la convexité des parois int. diminue, l'ostiole s'ouvre.

Chez les plantes des régions arides **(Xérophytes)** les stomates sont souvent enfoncés à l'int. de l'épiderme, ce qui diminue la transpir. (crypte stomat., G). Chez les plantes des régions humides **(Hygrophytes)** ils peuvent être proéminents et former une cheminée (H ; augmentation de la transpiration). Dans certains cas exceptionnels, l'épiderme peut remplir la fonction d'un tissu de réserve : il comporte alors souvent plusieurs couches de cel. (**Tissu aquifère épidermique**, ex. : dans les feuilles succulentes de *Bégonia* et *Peperomia*).

Tissus de revêtement secondaires et tertiaires

Lorsque l'épiderme d'une tige a craqué sous l'effet de la croissance en épaisseur, il est remplacé par des tissus de revêtement secondaires et tertiaires.

Suber ou liège : dans les couches de cel. situées sous l'épiderme se forme un méristème second. **(assise génératrice subéro-phellodermique)** qui donne naissance, sur sa face externe, à un tissu stratifié, dont les cel. juxtaposées sans espaces intercell. se subérifient (p. 77). Des lamelles de liège, même minces, offrent une protection plus efficace que l'épiderme. Les couches de liège, reconnaissables à leur teinte brune ou grise, peuvent atteindre une épaisseur de plus de 10 cm *(Chêne-liège)*.

Le liège comporte des pores qui correspondent aux stomates de l'épiderme, les **lenticelles**, aux nomb. méats, qui communiquent avec le syst. d'espaces intercell. du tissu vivant (ex. dans le *Sureau*).

L'écorce apparaît sur les troncs et les racines des plantes ligneuses âgées et constitue un tissu de revêtement encore plus efficace que le liège ; elle forme des couches de liège tj. renouvelées qui sont séparées par des couches de cel. libériennes (p. 98 D). Il en résulte une struct. stratifiée qui est visible à l'œil nu dans l'écorce qui se détache du tronc.

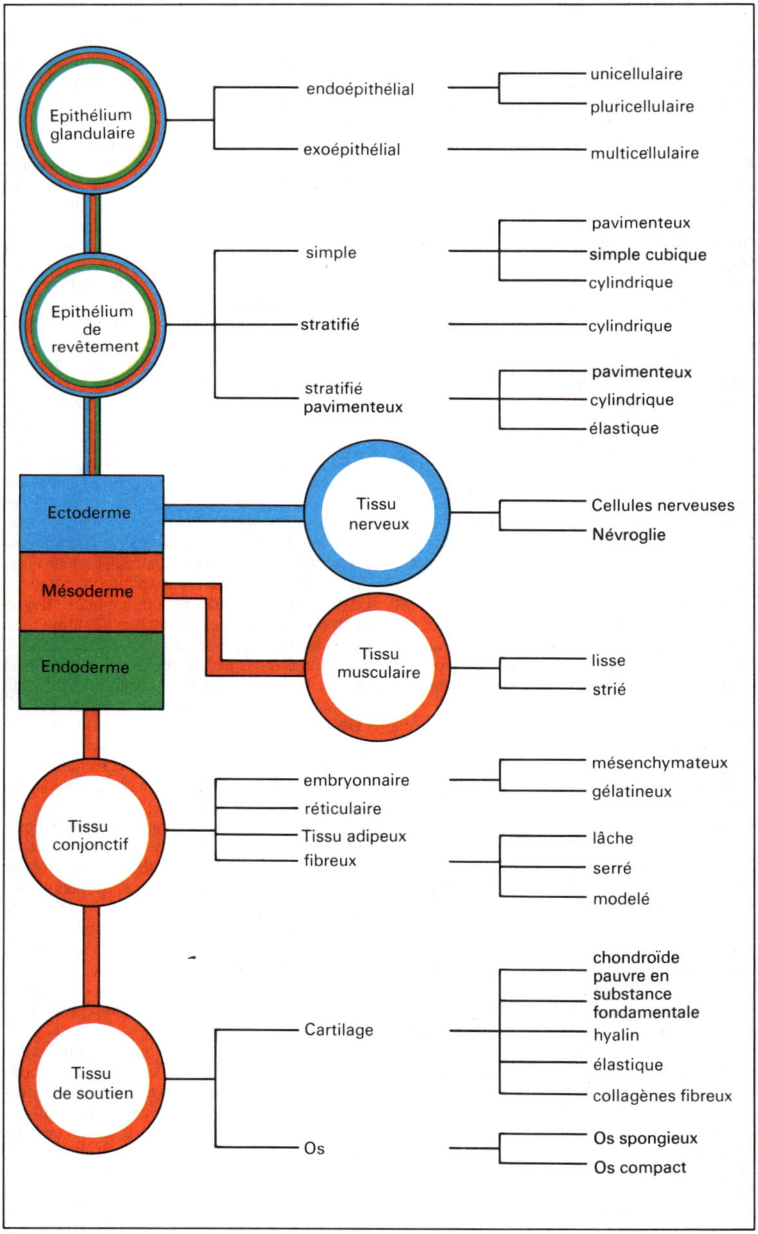

Classification et origine des tissus animaux

En règle générale, chez les *Animaux à tissus (Eumétazoaires)*, un tissu est constitué de nomb. cel. qui ont une même fonction mais qui ne forment pas nécessairement une unité fonction. indiv. comme peut-être des cel. ou des organes (p. 103) mais seulement le matériau de constitution de l'organisme.
Les tissus se forment à partir des 3 assises de cel. primitives, homologues dans l'embryon de tous les *Eumétazoaires*, qu'on appelle feuillets embryonnaires : le feuillet externe appelé **ectoderme**, et le feuillet int., **l'endoderme**, sont séparés par une couche interm. : celle-ci peut être un troisième feuillet de struct. tissulaire, le **mésoderme**, ou bien un **mésenchyme** composé de cel. et de subst. intercell. (SI). Les espaces situés entre l'ectoderme et l'endoderme sont appelés **cavité primaire** ; la cavité second., le **coelome**, est uniquement entourée par le mésoderme. En se fondant sur leurs propriétés physiol. et morphol. on distingue **4 types de tissus**, dont on ne donnera ici qu'une vue d'ensemble.

Tissus de revêtement ou tissus épithéliaux (p. 89)

Ce sont des tissus dont les cel. sont étroitement juxtaposées, et forment une trame continue : la SI qui les sépare est très mince. Mais comme ces tissus n'ont pas une origine unique (ils dérivent de l'un ou de l'autre des 3 feuillets embryonnaires), ni une fonction unique (rôle protecteur, surfaces d'échanges, perception des excitations), on ne peut donner de la notion d'épithélium ni une définition d'ordre embryol. ni une définition d'ordre fonctionnel.
Les épithéliums de surface : ou bien ils recouvrent la surface ext. du corps dont ils forment l'enveloppe, ou bien ils tapissent les cavités int. (cavité primaire et coelome) et les organes creux (voies respiratoires, urinaires, génitales, intestin, vaisseaux sanguins).
Les tissus glandulaires sont des tissus épithéliaux qui ont continué à se différencier.
La durée de vie des cel. épithéliales est brève. Leur **régénération physiologique complète** s'effectue en règle générale loin des zones exposées à l'usure, soit dans la couche profonde (dans le cas de l'épithélium stratifié) ou dans une zone protégée (dans les cryptes intestinales et stomacales). En revanche, les épithéliums glandulaires, plus hautement différenciés, se régénèrent moins bien. Chez l'*Homme*, il arrive fréquemment qu'un tissu renouvelé ne puisse plus remplir sa fonction.

Tissus conjonctifs et tissus de soutien (p. 91)

Ils comprennent l'ensemble des tissus à texture lâche qui se trouvent à l'int. du corps et sont revêtus en surface d'un épithélium. Ces tissus résultent d'une évolution du mésenchyme et, comme ce dernier, ils se composent de cel. et de SI. On classe ces tissus d'après l'importance relative de leurs constituants, les propriétés chim. et mécan. (dureté, élasticité) et les fonctions qui en résultent : **le tissu conjonctif** comprend – avec les cel. **libres** et celles qui flottent dans la SI liquide (p. 81) – d'autres éléments cell. : les **cellules conjonctives (fibrocytes)**, pluripotentes, aux ramifications prolongées, douées d'un grand pouvoir de régénération ; les **cellules pigmentaires,** également ramifiées, des *Invertébrés* et des *Vertébrés inférieurs*, enfin les **cellules réticulaires** anastomosées en réseau. La SI contient :

1. **La substance fondamentale**, qui est une trame extensible transparente au microsc. opt., composée de protéines et de mucopolysaccharides. Par rétention d'eau elle en régule la teneur et elle joue un rôle dans les échanges sélectifs entre cel. voisines.
2. **Les fibres** supportent les charges mécaniques. **Les fibres de réticuline** ont un Ø de 0,001 mm et forment des réseaux aux fines ramifications. **Les fibres collagènes** sont douées d'une grande résistance à la rupture (600 kg/cm^2), peu extensibles (4 %) et, au repos, elles ont un aspect onduleux. Le micr. opt. montre qu'elles sont striées, ce qui suppose une texture moléc. ordonnée. Le squelette protéique donne par ébullition des prot. hydrosolubles (Gélatine, colle). **Les fibres élastiques** peuvent doubler leur longueur en s'allongeant, et constituent des réseaux très étendus.

Les tissus de soutien des *Vertébrés* se composent de cel. cartilagineuses (chondrocytes) et de cel. osseuses (ostéocytes) enrobées dans une SI qu'elles sécrètent et qui, dans ces tissus, forme une charpente particulièrement résistante et dense.
Le cartilage ne renferme que des fibres et des cel. cartilagineuses noyées dans une subst. fond. riche en eau et donc raffermie par turgescence. Il est élast., souple, et se développe par juxtaposition des cel. qui se divisent et, dans les premiers stades du développement, par intussusception.
Les sels calcaires qui imprègnent leur subst. fond. font que les *os*, très durs, ne peuvent ni se nourrir par diffusion, ni se tondre ou se couper. La SI osseuse est donc parcourue, non seulement de fibres nerveuses mais aussi de vaisseaux sanguins.

Tissu musculaire (p. 93).

Il se caractérise par des propriétés partic. d'ordre fonctionnel, chim., et morphol. : il est contractile, il contient de l'actine et de la myosine (p. 16 sq) et ses cel. sont composées de myofibrilles enrobées de sarcoplasme. Les cel. myoépithéliales de certains *Métazoaires inférieurs* sont d'origine ectodermique, les muscles des *Animaux supérieurs*, à quelques exceptions près, sont d'origine mésodermique. Suivant la struct. des myofibrilles et du tissu muscul., on distingue des muscles lisses et des muscles striés.

Tissu nerveux (p. 95)

Il dérive de l'ectoderme et a pour fonction spécialisée de percevoir les excitations ; de produire, transmettre et intégrer les stimuli, et de déclencher une réaction. Ses constituants sont les cel. nerveuses et la névroglie. Celle-ci ne se rencontre que dans le tissu nerv. où elle remplace le tissu conjonctif ; elle constitue une gaine qui peut se régénérer pendant toute la vie, isole la subst. nerv. très excitable, et participe au métabol. de celle-ci. La cel. nerv. comporte, inclus dans le corps cell., un noyau assez gros et un ergastoplasme très marqué qui rappelle de façon frappante les dessins d'une peau de tigre (corps de NISSL) et un réseau de neurofibrilles, qui se continuent dans les prolongements sv. très longs du neurone.

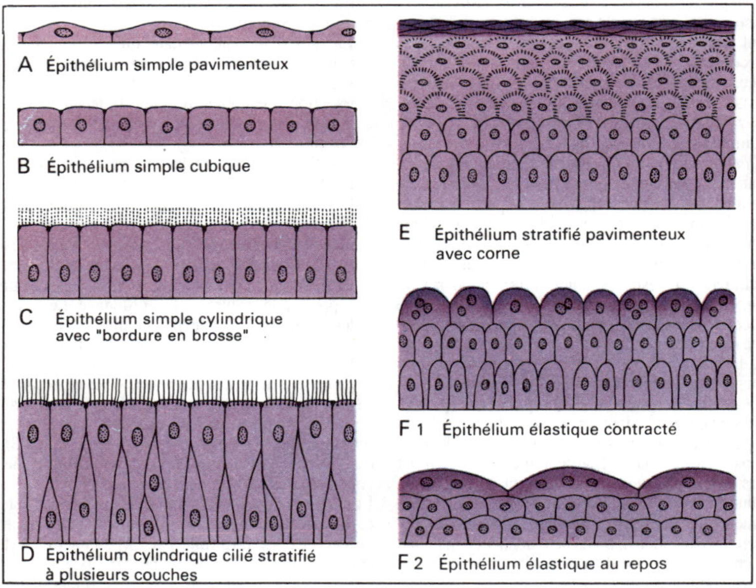

Tissus épithéliaux de protection

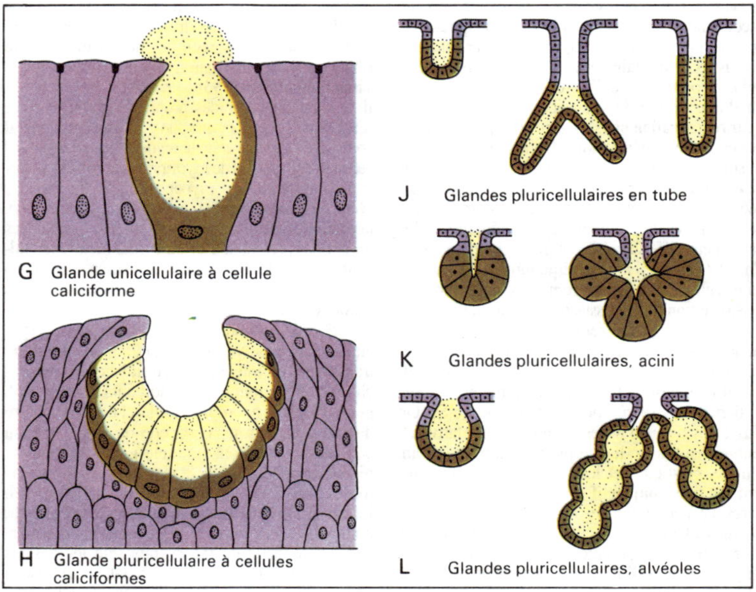

Tissus glandulaires

Épithéliums de surface

Ils forment une lame continue, même lorsqu'ils sont cultivés hors de l'organisme. Cette cohésion des tissus épithél. est due à des forces molec. qui unissent leurs cel. et à la disposition de celles-ci : étroitement juxtaposées, les cel. épithél. peuvent aussi avoir des contours festonnés ou présenter des différenciations qui les assemblent encore plus solidement :

En surf. les arêtes de la face ext. des cel. superficielles s'emboîtent les unes dans les autres grâce à des épaississements symétriques de la membrane. Latéralement les cel. voisines sont unies par des excroissances qui forment des ponts intercell. (desmosomes) ; ceux-ci traversent les espaces intercell. qui existent même dans les épithéliums. La solidité de ces ponts intercell. est renforcée par des tonofibrilles dont les protofibrilles sont ancrées d'un côté ds l'int. de la cell., de l'autre ds les desmosomes. On distingue :

L'épithélium simple pavimenteux (A) qui est formé d'une seule assise de cel. très aplaties ; ce tissu tapisse les vaisseaux sanguins et lymphatiques (endothélium), la cavité thoracique et la cavité abdominale (mésothélium), les alvéoles pulmonaires, c.-à-d. des surfaces où les échanges gazeux et liquides sont intenses.

L'épithélium simple cubique (B) qui est fait de cel. à peu près aussi hautes que larges. Ce tissu constitue l'enveloppe du corps des *Vertébrés*, revêt de nomb. conduits glandulaires et forme, chez l'*Homme* p. ex., l'épithélium pigmenté de la rétine.

L'épithélium simple cylindrique (C) qui est constitué de cel. plus hautes que larges, cylindriques ou prismatiques : il revêt l'intestin de la plupart des *Animaux*, ainsi que la matrice (utérus) des *Mammifères*. Il assure une protection contre les agents chimiques et mécaniques mais constitue avant tout une surface d'échanges.

L'épithélium stratifié cylindrique (D). C'est un tissu dont les cel. ont une vie brève et sont éliminées après leur mort : la muqueuse pituitaire en est un exemple. Ce tissu est composé de cel. cylindriques qui ont une base commune mais n'atteignent pas toutes la surf. ext. Elles ont des diamètres différents, et leurs noyaux sont alignés à des hauteurs différentes.

L'épithélium stratifié pavimenteux (E). On ne le rencontre que chez les *Vertébrés* ; il assure une protection efficace contre les agents mécan. ou chim. et contre l'évaporation. L'usure des cel. superf. est compensée par la prolifération des cel. basales. **La peau** et sa couche cornée (épiderme) constituent l'enveloppe du corps, les **muqueuses** non cornées, humidifiées par des sécrétions glandulaires, tapissent la cavité buccale, l'œsophage, le vagin.

L'épithélium élastique (F1) : c'est un épithélium stratifié qui recouvre les organes sujets à d'importants changements de volume (bassinet des reins, uretère, vessie). Les cel. superf. sont polyploïdes, certaines comportent 2 noyaux ; elles se déforment lorsque le tissu s'étend, alors que les cel. de la couche basale prennent une disposition différente (F2).

La surface des cel. épithéliales présente fréquemment des différenciations partic. Certaines sont recouvertes d'une **crusta** riche en mucopolysaccharides : entre cette couche protectrice et le Cyt. il n'y a pas de limite nette. En revanche, d'autres cel. épithéliales sécrètent une **cuticule** qui forme une couche nettement délimitée. Elle peut constituer un squelette ext. (*Arthropodes*, p. 130 sqq) ou, après s'être minéralisée, constituer des coquilles ou l'émail des dents. Dans tous les embranchements animaux, sauf chez les *Arthropodes*, on trouve des **épithéliums ciliés**, garnis de flagelles ou de cils vibratiles, qui ont pour fonction, dans les cavités qui en sont tapissées, de faire progresser les subst. **Les bordures en brosse** (reins) et les **plateaux striés** (intestin grêle), visibles au microsc. électr., sont des prolongem. cytopl. (microvillosités) qui doublent la surf. des cel. absorbantes (p. 8 D). Contrairement aux vaisseaux sanguins et lymphatiques, les fibres nerveuses amyéliniques pénètrent dans le tissu épithélial où elles suivent les espaces intercell.

Tissu glandulaire

Sa fonction principale consiste à élaborer et à excréter certaines subst. Alors que l'excrétion signifie seulement l'élimination de subst. inutiles et même toxiques à forte dose pour la cel. (CO_2, urée), la sécrétion ds l'organisme de produits concentrés ds l'A.G. exerce une fonct. continue (p. 22 sqq, 329). On appelle glandes **endocrines** (p. 377 sqq), les glandes qui déversent leurs produits (hormones) dans l'appareil circulatoire ; les glandes **exocrines** sont celles qui déversent leurs produits au-dehors, à la surf. du corps ou dans les cavités int., directement ou par l'interméd. d'un canal excréteur. On distingue trois **types de sécrétions** visibles au micr. opt. :

1. Les cel. à sécrétion **mérocrine** sécrètent de façon continue : la sécrétion y est élaborée à partir de subst. qui sont renouvelées en permanence sans qu'il y ait dégénérescence du Cyt. ou de la membr. et qui sont éliminées par exocytose (p. 25) (toutes les glandes endocrines, les glandes salivaires, celles du tractus génital).
2. Dans le cas de la **sécrétion holocrine**, la cel. chargée des produits élaborés est expulsée tout entière hors de l'épithélium et dégénère (glandes sébacées). Elle est remplacée par de nouvelles cel.
3. Lors de la **sécrétion apocrine**, la région apicale ext. de la cel. glandulaire, chargée du produit sécrété, se détache par constriction. Elle est aussitôt régénérée par le reste de la cel. (glandes sudoripares).

Les glandes unicellulaires (G) sont p. ex. les cel. caliciformes à mucus situées dans la peau des *Gastéropodes*, des *Poissons*, des *Amphibiens*, ou dans le gros intestin de l'*Homme*. **Les glandes pluricellulaires** (H) se rencontrent p. ex. dans l'épithélium stratifié de la muqueuse pituitaire. **Les glandes multicellulaires** sont constituées par un épithélium à cel. glandulaires qui s'invagine dans le tissu conjonctif sous-jacent ; ces glandes débouchent toujours dans un canal excréteur : du point de vue morphol. on distingue des glandes tubuleuses (J), acineuses (H) et alvéolaires (L) ; elles peuvent être simples ou composées.

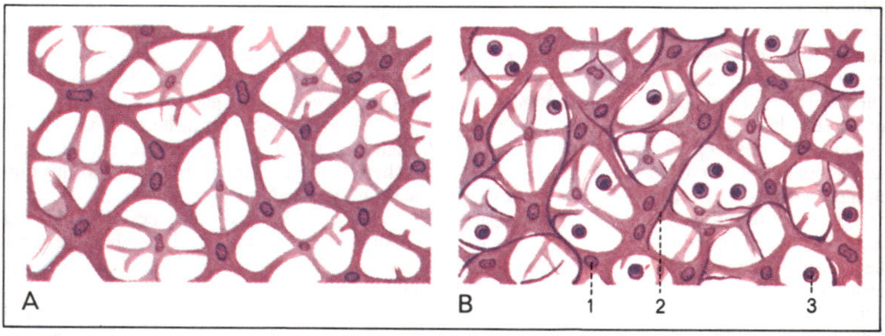

Tissu conjonctif embryonnaire (A) et réticulé (B) avec cellules réticulées (1), fibres réticulées (2) et lymphocytes (3)

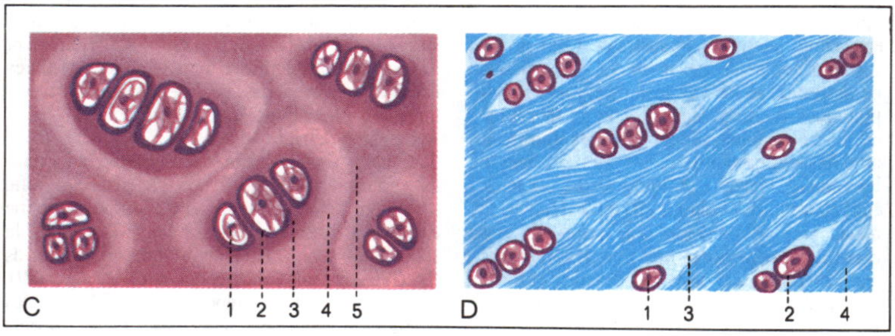

Tissu cartilagineux hyalin (C) : Chondroblaste ou cellule cartilagineuse (1) ; Capsule (2) ; Logette ou chondroplaste (3) ; Loge (4) ; Substance fondamentale (5) ; Tissu cartilagineux fibreux (D) : (1), (2), (3) comme pour C, fibres collagènes (4)

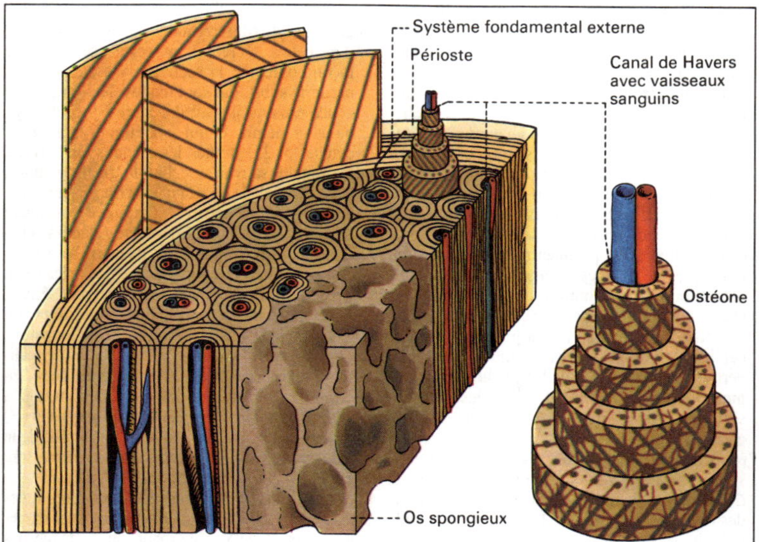

Coupe d'un os long

Ces tissus diffèrent par la nature de la subst. fond. et leurs fibres ; on peut les classer ainsi :

Tissu conjonctif embryonnaire (A) : siège des échanges entre organes en formation et vaisseaux. Les fibres collagènes se multiplient, les cellules se raréfient : le tissu est devenu adulte. Le plus important est le mésenchyme, aux cel. étoilées à longs prolong. minces formant un tissu lacuneux riche en SI. Le *tissu conjonctif gélatineux* est analogue mais incapable de se différencier en formes plus évoluées (*Méduses*, bord de la queue des larves d'*Amphibiens*, cordon ombilical des *Mammifères*).

Tissu conjonctif réticulé (B) : il ressemble, même en pleine activité métabol., au tissu embryonnaire, à ceci près que la subst. fond. contient en plus des cel. réticulaires fixes anastomosées en réseaux, des cel. libres.

Tissu adipeux : c'est un tissu de réserve ; mais il peut assurer d'autres fonctions : fonction mécanique, quand il forme des coussinets élastiques situés p. ex. au talon ou à la plante des pieds (en partic. chez l'*Éléphant*), dans les articulations et les régions fessières ; rôle morphogène (tampons des joues), rôle de support (glande mammaire). Il dérive du tissu conjonctif réticulé : de petites vacuoles adipeuses intracell. fusionnent pour former une grosse goutte qui refoule le Cyt. à la périphérie de la cel. La couche adipeuse à rôle mécanique très imp. chez les *Rongeurs* et les *Oiseaux* (graisse brune) est formée par contre de cel. adipeuses plurivacuolaires.

Tissu conjonctif fibreux. Les fibres sont l'élément prépond. de sa texture. Le **tissu conjonctif lâche** ressemble au tissu réticulé. Il est rare chez les *Invertébrés*. Chez les *Vertébrés* il forme non seulement un tissu de soutien, d'enveloppement ou de remplissage mais s'insinue aussi sous la peau, entre la muqueuse et la couche muscul. de la tunique intestinale, ou entre les faisceaux de muscles, et permet le glissement. De plus, il possède un grand pouvoir de régénération.

Le tissu conjonctif dense comporte des fibres groupées en faisceaux entrelacés (capsules d'organes), ou parallèles (tendons, ligaments élastiques). Chez les *Vertébrés inférieurs* le pourcentage de fibres élastiques est plus faible.

Tissu chondroïde. On le trouve p. ex. dans la radula des *Gastéropodes* : ses cel. en forme de petites bulles, contiennent de grandes vacuoles turgescentes. La subst. fond. est très ferme.

Le cartilage pauvre en substance fondamentale est lui aussi raffermi par la turgescence des cel. ; mais la subst. fond. est dure (cartilage de la tête et des yeux des *Céphalopodes*, squelette cartilagineux des *Lamproies*, – cartilage de soutien des branchies des *Poissons osseux*. Le **tissu de soutien chordoïde**, (p. ex. corde dorsale des *Cordés inf.*) est analogue. Il est constitué de cel. bulliformes très denses à membr. épaisse.

Cartilage hyalin (C). C'est le tissu cartilagineux primitif. C'est chez les *Ostéichthyens* (durant toute leur vie) et les *Vertébrés supérieurs* (durant leur vie embryonnaire) qu'il est le plus répandu (il se perpétue dans le nez, le larynx, les côtes, les articulations). La membrane cartilagineuse superficielle (périchondre) est riche en fibres élastiques ; le cartilage, par contre, ne contient que des fibres collagènes, ce qui lui donne une bonne résistance à la compression mais non à la traction. Chaque cel. cartilagineuse est logée dans une cavité (chondroplaste) entourée d'une paroi épaisse, la capsule : plusieurs cel. peuvent être groupées au sein de la subst. fond.

Cartilage élastique. Il a une struct. analogue, mais renferme des fibres élastiques qui donnent une grande souplesse (pavillon de l'oreille). Ses cel. ne sont pas groupées.

Cartilage fibreux (D) : non élast. mais doué d'une grande résistance à la compression, à la traction et à la rupture (disques intervertébraux). Des entrelacs grossiers de fibres collagènes remplacent subst. fondam., cel. et fibres élastiques.

Le tissu osseux n'existe que chez les *Vertébrés* ; il se distingue par sa dureté et sa struct. fine qui confèrent aux os une grande résistance à la compression, à la traction et à la torsion. Il provient du dépôt ds la SI organ. de subst. minér. : avant tout Ca^{2+} et Phosphate ($Ca_{10} (Po_4)_6 (OH)_2$ = hydroxyapatite). – Les **os de membrane** sont rares : ils forment p. ex. les os de la voûte crânienne et du visage. Situés sous la peau, on les nomme aussi os de recouvrement ou os dermiques. Ces os se forment directement à partir du tissu conj. embryonnaire. Les cel. initiales sont des cel. mésenchymateuses, appelées **ostéoblastes** ; elles élaborent des fibres collagènes et la subst. fond. osseuse (osséine) édifiant ainsi des travées osseuses non encore minéralisées. Les ostéoblastes prolifèrent activem., les travées osseuses s'épaississent ; les ostéoblastes se trouvent emmurés dans la subst. osseuse, qui commence à s'incruster de sels minéraux, et se transforment en ostéocytes. La formation des **os de substitution** repose sur la destruction progressive du cartilage hyalin qui est remplacé par des travées osseuses ; elle s'effectue soit à partir du périoste (ossification périostique), soit de l'int. grâce à des ostéoblastes qui s'y sont infiltrés (ossification enchondrale). Dans les os des *Vertébrés supérieurs*, en partic. dans les os longs (E), les travées osseuses se transforment rapidement en os à lamelles : des cel. amiboïdes, plurinucléées, les **ostéoclastes**, rongent la subst. osseuse primaire, pendant que des ostéoblastes édifient à partir du canal médullaire et du périoste une nouvelle subst. osseuse disposée en lamelles concentriques autour des canaux (canaux de Havers, parcourus de vaisseaux et de nerfs). Dans ces **systèmes de Havers (ostéones)** les fibres ont une disposition hélicoïdale, mais d'une lamelle à l'autre leur orientation est différente.

Les syst. lamellaires isolés sont soudés par des élém. sans fibres.

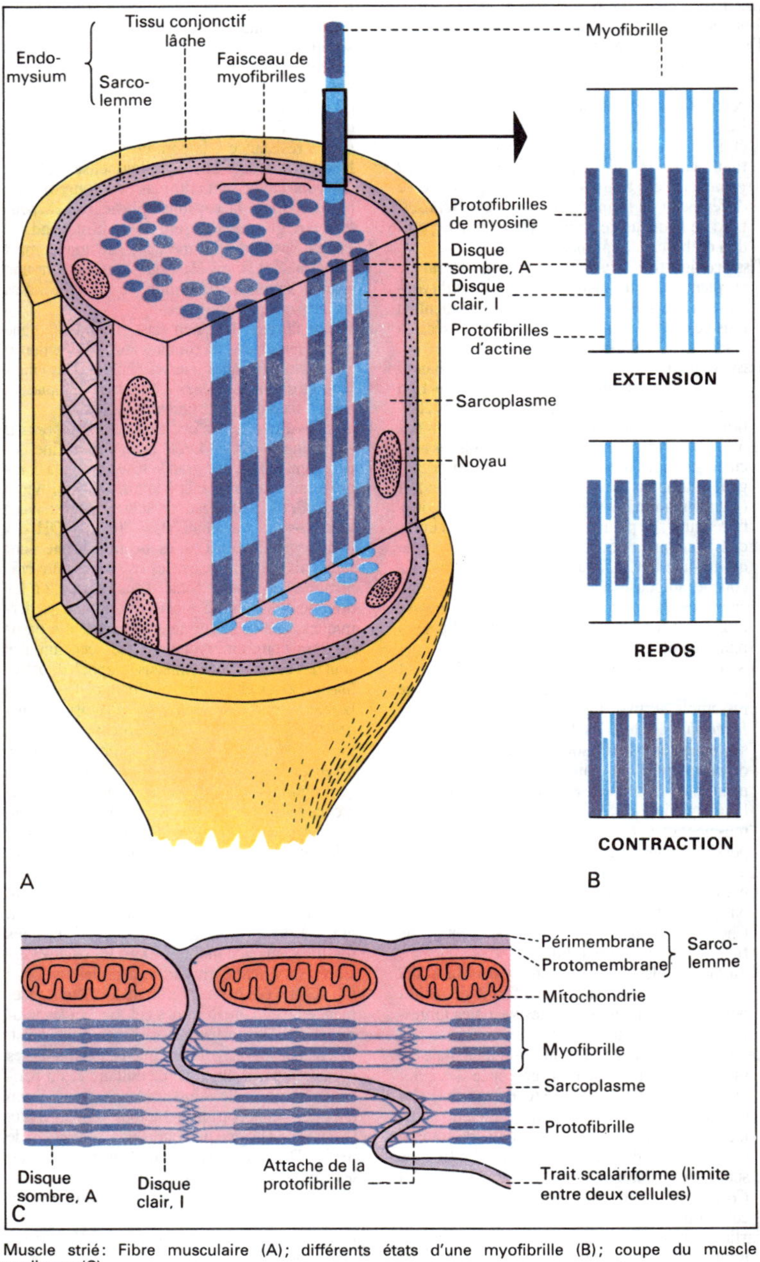

Muscle strié: Fibre musculaire (A); différents états d'une myofibrille (B); coupe du muscle cardiaque (C)

Si l'on excepte le cas des *Protistes* (p. 51) et des *Cœlentérés* (cellules myoépithéliales, (p. 125) les éléments générateurs du mouv. sont des cel. ou des fibres muscul. contractiles hautement différenciées, qui fonct. ds chaque type de cel. selon le même principe (théorie du glissement filamentaire, p. 17).

Les fibres musculaires lisses sont des cel. allongées et fusiformes, dont la longueur varie de 0,02 mm (vaisseaux sanguins) à 0,8 mm au max. (utérus pendant la grossesse), la longueur moy. étant de 0,05 à 0,2 mm. Quelquefois ces cel. sont ramifiées (endocarde, aorte) : cette forme rappelle encore l'origine des fibres muscul., qui dérivent toutes du mésenchyme. Elles renferment la plupart du temps un noyau axial allongé en bâtonnet.

Au microsc. opt., on remarque dans le Cyt. non différencié, le **sarcoplasme**, un grand nombre de filaments parall., les **myofibrilles**. En lumière polarisée elles sont biréfringentes (anisotropes). Il existe 2 types de myofibrilles qui se distinguent par leur morphol. et par leur fonction. : ce sont les fibrilles à contraction active et les fibrilles à contraction tonique. Ces dernières assurent le tonus muscul. (p. 390 sq). Le tonus musculaire est indispensable pour éviter l'atonie des vaisseaux. C'est pourquoi les muscles lisses se rencontrent surtout dans les parois des viscères et des vaisseaux des *Vertébrés*. Les muscles squelettiques volont. par contre sont striés ; chez les *Invertébrés* la distinction ne s'opère selon aucun plan précis. Les fibres muscul. lisses se caractérisent par une **contraction lente** et permanente, qui consomme très peu d'énergie (Muscle adducteur des *Lamellibranches*).

Fibres musculaires striées (A) : leur longueur peut atteindre plus. cm, leur Ø varie de 0,01 à 0,1 mm ; elles sont rarement ramifiées (langue de l'*Homme*). Les fibres striées proviennent de plus. cel. qui ont fusionné pour former un **syncytium** ou bien de cel. dont le noyau s'est multiplié sans qu'il y ait eu division cell. (**plasmode**) : les fibres renferment en effet plus. centaines de noyaux, la plupart du temps situés à la périphérie, rarement au centre (embryon, muscles blancs des *Oiseaux*). Le sarcoplasme renferme surtout des myofibrilles ainsi que des mitochondries (sarcosomes). Les myofibrilles sont groupées en faisceaux, ce qui donne à la fibre sa striation longit. ; la **striation transversale**, caract., est due à la succession régulière, dans les fibrilles, de bandes alternativement sombres (disques A, anisotropes) et claires (disques I, isotropes) ; les disques des diff. fibrilles sont situés à des niveaux correspondants dans une même fibre. La proportion du sarcoplasme et des myofibrilles est variable : les fibres « ternes » sont riches en sarcoplasme et en mitochondries, les fibres « brillantes » en myofibrilles. Chez beaucoup d'animaux *(Poule, Lapin)* des muscles entiers sont constitués d'une seule sorte de fibres. Le muscle strié « rouge » (pauvre en fibres) doit sa couleur à la myoglobine, pigment fixateur d'O_2 : sa contraction est lente et soutenue (contraction tonique). Le muscle strié « blanc » (riche en fibrilles) se contracte et se relâche rapidement. Chaque fibre est entourée par une membrane, le **sarcolemme**, qui se compose de la membr. cytopl., d'un réseau de fibres et de la membr. basale riche en glycoprotéides. **Le sarcolemme** est doublé d'une gaine de tissu conj. lâche, l'ensemble constitue l'endomysium. Les fibres sont réunies en faisceaux, chacun d'eux est entouré par une enveloppe solide, le périmysium. Un muscle est composé de plus. groupes de faisceaux. La solide enveloppe conjonctive (aponévrose) qui les entoure ne participe pas aux mouv. muscul. : elle glisse en effet sur le périmysium grâce à une couche intercalaire de tissu conj. lâche. Les nerfs et les vaisseaux cheminent à travers toutes ces cloisons et se ramifient à l'int. du muscle. Les muscles striés ont une **contraction rapide**, ce qui les rend aptes aux mouv. On les trouve dans les muscles squelettiques et le muscle cardiaque des *Vertébrés*, mais aussi dans le bord de l'ombrelle des *Méduses* et dans le pharynx des *Annélides*, qui ne possèdent que des muscles lisses.

Le muscle cardiaque (C) présente quelques particularités : les cel. muscul. sont ramifiées et anastomosées en réseau ; des « traits scalariformes » coupent transv. les travées du réseau et déterminent des segments longs de 0,05 à 0,12 mm, qui renferment chacun un noyau ; la proportion du sarcoplasme, dans ce muscle qui travaille en permanence, est élevée. La musculature cardiaque est striée mais dépend du syst. nerv. vég.

Ultrastructure et constitution chimique des fibres musculaires

Dans le Cyt. muscul., le microsc. électr. permet de découvrir un réticulum sarcoplasmique. Cette forme partic. de R.E. constitue un réseau de canalicules aux mailles serrées, qui relie le sarcolemme et les myofibrilles et favorise la rapidité des échanges et la propagation de l'excitation à l'int. de la fibre. Les myofibrilles sont constituées de protofibrilles ou **myofilaments** qui sont de 2 sortes (B) :

1. **Les filaments de myosine** (fibrilles A) ont une épaisseur de 110 Å et renferment de 150 à 400 molec. d'une prot. fibrillaire, la myosine, qui peut changer sa conformation spatiale par consommation d'ATP (p. 16 A).
2. **Les filaments d'actine** (fibrilles I) ont un calibre de 40 Å seulement, ils sont composés d'environ 600 molec. d'actine. Elles coulissent grâce aux molec. recourbées de myosine. Tropomyosine et troponine régulent ce glissement ds la fibre (p. 388 sq). Dans les fibrilles muscul. les disques A sont faits de myosine, les disques I d'actine ; les filaments d'actine pénètrent dans les espaces situés entre les filaments de myosine des disques A. Les filaments de myosine et les filaments d'actine peuvent glisser parallèlement les uns sur les autres : ainsi s'explique le mécanisme de la contraction musculaire.

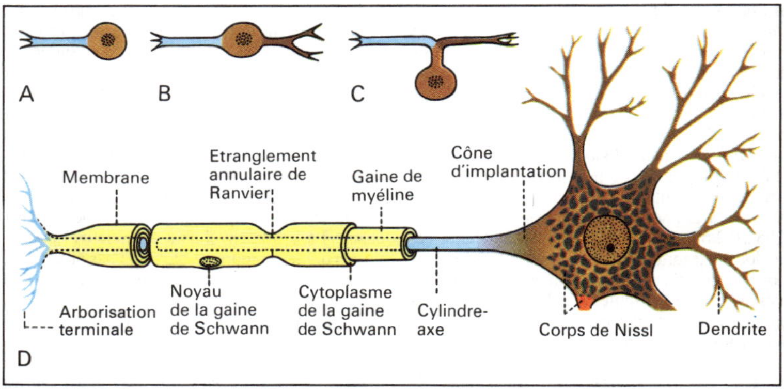

Types de neurones : unipolaire (A), bipolaire (B), pseudo-unipolaire (C), multipolaire (D)

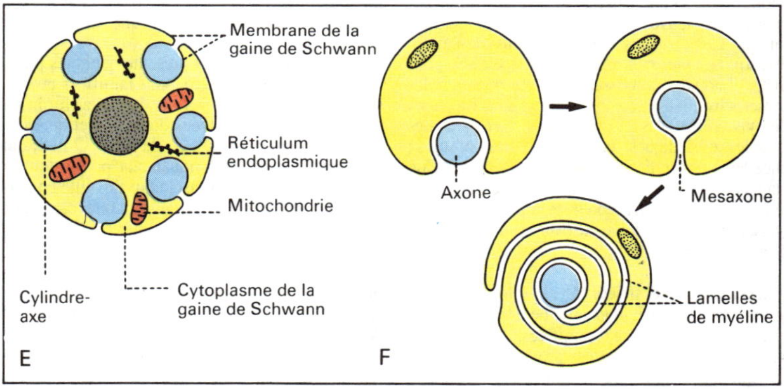

Coupe transversale dans une fibre nerveuse grise (E) et dans une fibre nerveuse blanche en développement (F)

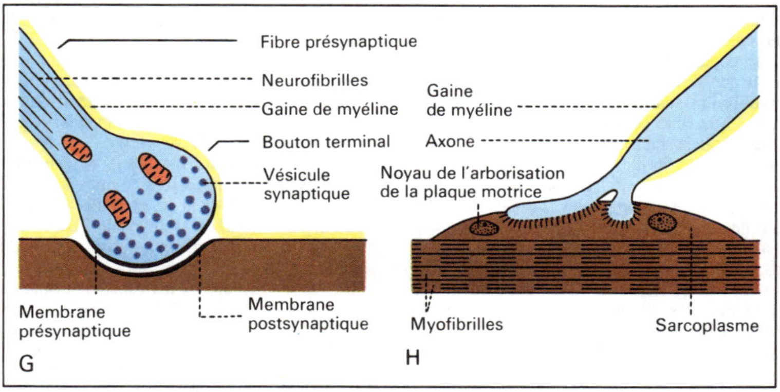

Synapse (G) et plaque motrice (H) d'une cellule nerveuse

Formation et structure de la cellule nerveuse
Seule l'activité conjuguée de ses div. parties permet de comprendre le fonct. du SN. Et pourtant le tissu nerv. se caract. par l'individualité permanente de ses cel., qu'elles soient dispersées ou très concentrées (Réseau nerv. SNC)
L'unité struct. et fonct. du tissu nerveux est la **cellule nerveuse** (neurocyte, cel. ganglionnaire, neurone). Tous les *Eumétazoaires* possèdent des cel. nerv. : celles-ci présentent tj. la même struct., bien qu'il en existe des types diff. Leur origine embryologique remonte à des cel. ectodermiques situées dans la paroi épithéliale, ou (chez les *Cordés*, p. 138, 197) dans le tube neural, les neuroblastes : cert. de ces cel. élaborent des neurofibrilles, elles forment un cône qui émet un prolongement cell. Suivant le nombre de leurs prolong. les cel. nerv. sont dites :

1. **unipolaires** (A) : un seul prolong. (muqueuse olfactive et rétine des *Vertébrés*, système sympathique des *Amphibiens*) ;
2. **bipolaires** (B) : deux prolong. d'implantation opposée (cel. à bâtonnets et cel. à cônes de l'œil des *Vertébrés*, ganglions des *Poissons*, ganglions du nerf acoustique des *Vertébrés supérieurs*) ;
3. **pseudo-unipolaires** (C) : ce sont à l'origine des éléments bipolaires, dont le corps cell. s'est écarté latéralement de ses deux prolong., puis rétréci (ganglions spinaux des *Vertébrés supérieurs*) ;
4. **multipolaires** (D) : c'est le type le plus hautement évolué, il est pourvu de plus. prolong. (presque tous les embranchements du règne animal, en partic. les *Vertébrés supérieurs*).

Ces prolong. ne sont pas tous les mêmes. Toute cel. nerveuse dont la formation est achevée émet un premier prolongement, le **neurite** (les cel. pseudo-unipolaires, p. ex. celles des ganglions cérébro-spinaux de l'*Homme*, en ont deux). Il prend naissance direct. dans le Cyt., qui en cet endroit (cône d'implantation) est toujours dépourvu de corps de Nissl ; il peut être très long (1 m dans le nerf sciatique de l'*Homme*), mais il garde toujours le même calibre, car il ne se ramifie pas, ou du moins rarement. Plus tard apparaissent une ou plus. **dendrites** : ce sont des prolongements cytopl. renfermant des neurofibrilles, des mitochondries et des corps de Nissl. Elles sont larges en leur point d'insertion sur la cel., mais leur calibre diminue bientôt, car elles se ramifient très près de la cel. en branches de plus en plus fines.
Les fibres nerveuses sont faites d'un cylindraxe enveloppé de sa gaine. **Le cylindraxe (ou axone)** est le neurite de la cel. nerv. Il est constitué d'un axoplasme, limité sur son pourtour par l'axolemme qui continue la membrane cell. L'axoplasme renferme des paquets de neurofibrilles, des mitochondries et le R.E. Alors que dans le cerveau et dans la moelle épinière le neurite est enrobé de névroglie, les prolongements périph. sont isolés du tissu conj. vascularisé qui les entoure par une **gaine** de nature névroglique : celle-ci comprend une membrane basale, des cel. de Schwann et de la myéline. Selon qu'elles ont une gaine de myéline ou non, on distingue 2 catégories de fibres nerveuses :

1. **Fibres grises amyéliniques** (E) : elles sont polyaxones, c.-à-d. qu'elles ont plus. cylindraxes (6 à 12). Ceux-ci se sont enfoncés dans le Cyt. de la cel. de Schwann mais ils restent isolés du Cyt. par la membrane cellulaire.
2. **Fibres blanches myéliniques** (D) : elles sont monaxones ; c.-à-d. qu'elles ont un seul cylindraxe, mais celui-ci est enveloppé par une gaine de myéline ; celle-ci est interrompue par les **étranglements annulaires de Ranvier**, qui délimitent les cel. de Schwann, qui s'étant formées les unes à côtés des autres autour de l'axone ont repoussé le noyau ds la lamelle ext. Comme une même cel. est enroulée sur plus. épaisseurs, il y a toujours une superposition de 2 membranes cell. : on les désigne conjointement du nom de mésaxone : avec le Cyt. de la cel. de Schwann, elles élaborent la myéline (F).

La gaine de myéline joue un rôle d'isolant chim. et électr. ; elle est général. abondante dans les fibres nerv. des *Vertébrés*, mince chez les *Vers* et les *Arthropodes*. Chez d'autres *Invertébrés*, beaucoup de cel. nerveuses sont amyéliniques, de même que les fibres du syst. nerveux sympathique des *Vertébrés* ; l'arborisation terminale que comporte toute fibre nerv. n'a jamais de gaine myélinique.
Les nerfs sont des faisceaux qui regroupent diverses catégories de fibres nerv. ; celles-ci sont enveloppées, avec l'endonèvre qui les entoure, par une gaine de tissu conj., le périnèvre. Les nerfs sont souvent emballés dans un manchon de tissu conj. lâche, adipeux, l'épinèvre.

Connexions entre les différentes cellules nerveuses
La transmission d'une excitation d'une cel. nerv. à une autre s'effectue au niveau des **synapses**. Les synapses sont situées à l'extrémité des fibres nerv. qui se renflent et forment de petits corpuscules en forme de massues. Ces **boutons terminaux**, dépourvus de myéline, s'adaptent sur une zone aplatie ou déprimée du corps cell., ou sur le dendrite, ou le neurite d'une autre cel. La zone présynaptique de la fibr. est dépourvue de neurofibrilles, mais renferme des mitochondries, et des « vésicules synaptiques » – (Transmetteur, p. 370). Le nombre des synapses dans une cel. nerv. peut atteindre plus. centaines (cel. motrices des cornes antér. de la moelle épinière).

Liaison avec l'organe effecteur
Le neurite peut être relié à des fibres muscul. lisses, des fibres muscul. striées ou des cel. glandulaires par l'intermédiaire de struct. spécif., dont la caract. est de comporter des membranes conductrices de l'excitation. L'innervation des fibres muscul. squelettiques p. ex. s'effectue au niveau des **plaques motrices** : les ramific. de l'axone serpentent dans des dépressions en gouttière du sarcolemme ; au point de contact l'axolemme s'applique direct. sur le sarcolemme, qui forme de nomb. replis désignés du nom d'**appareil sous-neural** ; dans les replis du sarcolemme est contenu une enzyme, l'acétylcholinestérase, qui inactive la subst. conductrice. – Au niveau de la plaque motrice l'endonèvre se prolonge ds l'endomysium.

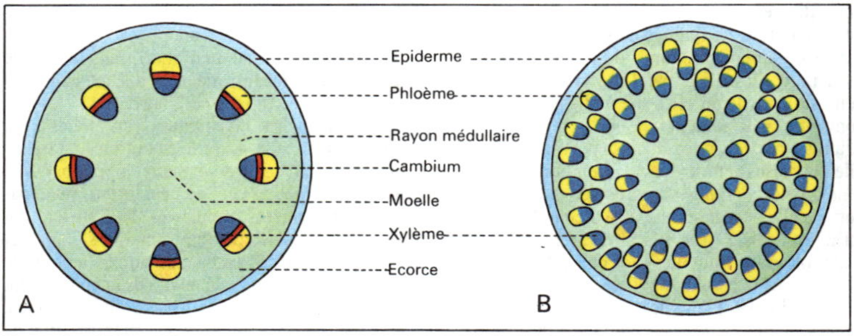

Tige de Dicotylédone (A) et de Monocotylédone (B) en coupe transversale

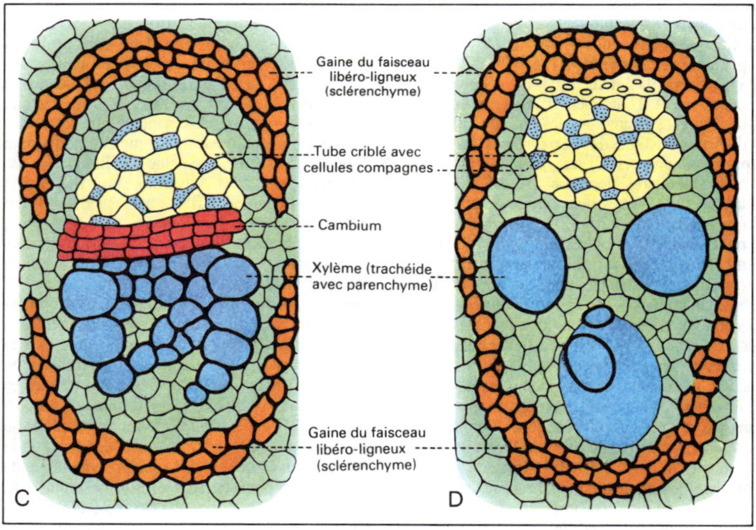

Faisceau libéro-ligneux en coupe : faisceau collatéral ouvert de la Renoncule (C), faisceau collatéral fermé du Maïs (D)

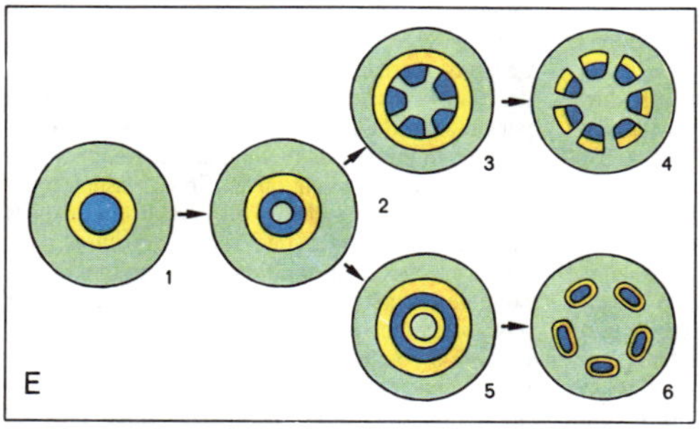

Types de faisceaux libéro-ligneux

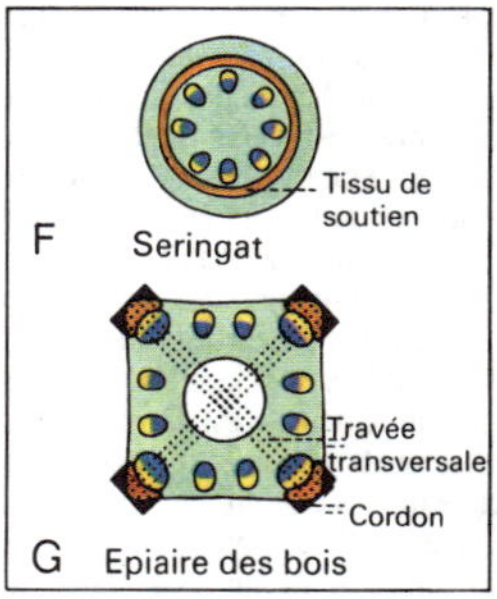

Répartition du tissu de soutien de la tige

Les **organes** sont des syst. bien définis où les diff. tissus assument des fonct. distinctes. On disting. chez les plantes sup. 3 organes fondam. (Axe caulinaire, Feuille, Racine : p. 113).

Organisation primaire de la tige feuillée. La struct. longit. de la tige se met en place ds des zones qui se succèdent sans transition :

– **zone embryonnaire :** pointe du cône vég. (p. 82 A).

– **zone de détermination :** l'organogenèse foliaire prépare la succession des nœuds et entre-nœuds.

– **zone de différenciation** : l'histogenèse donne la struct. int. de la tige feuillée. Une coupe transv. dans la tige d'une Dicotylédone, en un point où les tissus sont différenciés, permet de distinguer (A) deux zones concentr. séparées par les faisceaux conducteurs disposés en cercle ; ces deux zones sont :

1. **l'écorce**, limitée extér. par l'épiderme et constituée de parenchyme.
2. **la moelle**, située au centre, constituée elle aussi de parenchyme.

Entre les faisceaux conducteurs, les travées de parenchyme qui relient la moelle et l'écorce sont appelées rayons médullaires. Cette organis. peut être modifiée lorsque le tissu médullaire se déchire et qu'apparaît ainsi une cavité dans la moelle (tige de nombr. plantes, ex. *Pissenlit*) ou lorsque la tige est renforcée par un tissu de soutien : celui-ci est alors localisé dans la zone corticale, cette répartition à la périphérie permet à la tige de rester flexible, elle correspond aux applications techniques des lois de la statique (principe du cylindre creux, principe des éléments porteurs en double T ; F, G). La tige des **Monocotylédones** présente une organisation tout à fait diff. (B.). Une coupe transv. montre que les faisceaux conduct. sont répartis dans toute l'épaisseur de la tige, ceux de la périph. étant plus serrés.

Les faisceaux conducteurs (faisceaux libéro-ligneux)

Ils ont un rôle conducteur et un rôle de soutien. Leur struct. est très complexe (C). Ils sont entourés presque complètem. par une gaine composée de cel. scléreuses (p. 79) (tissu de soutien). Chaque faisceau est divisé en deux par une assise méristématique **(cambium fasciculaire)** . Ce tissu dérive du méristème primaire du cône végétatif, (p. 83) ; il reste un certain temps inactif, mais peut fonctionner de nouveau ultérieur. (croissance second. en épaisseur, p. 99). Ds les 2 parties du faisceau, et en rapport avec leur fonct., on trouve soit des cel. très riches en cellulose, soit des tubes formés par plusieurs cel. (p. 79). La partie du faisceau ligneux située à l'int. est appelée faisceau ligneux, ou **xylème** : il doit son nom au fait que les cel. conductrices qu'il renferme sont lignifiées ; le xylème conduit l'eau et les sels nutritifs des racines vers les feuilles. Ce tissu est fait de trachées et de trachéides qui sont des cel. mortes dont le pouvoir conducteur est très efficace (dans un *Bouleau* moyen, environ 200 l d'eau par jour). De plus le xylème comporte du parenchyme ligneux vivant.

La partie du faisceau située à l'ext., du côté de l'écorce, est appelée faisc. criblé ou **phloème**, car ses éléments conduct. sont des tubes criblés. Les tubes criblés se composent de cel. vivantes (p. 79), **flanquées** de cel. « compagnes » ; elles acheminent – beaucoup plus lentement que le bois – les subst. organiques nutr. (produits de l'assimil.) des feuilles vers les racines. Le phloème comporte aussi des cel. parenchymateuses (parenchyme libérien), mais pas d'éléments lignifiés comme le xylème. Il faut enfin noter un point que la coupe transv. (A) ne permet pas d'observer : les diff. faisc. libéro-ligneux, dont la dispos. est liée à l'emplacement des feuilles (p. 113), sont souvent reliés par des communicat. obliques, et forment alors un réseau de tubes. Les lacunes du réseau sont alors occupées par les rayons médullaires.

Faisceaux conducteurs collatéraux. Le type de faisc. décrit précéd., courant chez les *Dicotylédones*, est appelé **faisc. collatéral ouvert** : on le dit ouvert parce que le cambium peut cesser de fonctionner, puis redevenir actif.

Les faisc. conduct. des *Monocotylédones* sont dépourvus de cambium (ce qui leur interdit la croissance diamétrale secondaire). Contrairem. à celle des *Dicotylédones*, la gaine sclérenchymateuse qui les enveloppe est entièrem. close : c'est pourquoi on les dénomme **faisc. collatéraux fermés** (D). Le troisième type de faisc. conduct. est le **faisc. bicollatéral** où le phloème est situé de part et d'autre du xylème, vers l'écorce et vers la moelle (ex. *Cucurbitacées*).

Faisceaux conducteurs concentriques. Le xylème est ici une colonne centrale entourée d'un manchon de phloème (concentrique avec xylème int. : E) ou inversement (concentr. avec xylème ext.). – Ce type de faisc. est courant chez les *Fougères*, mais il présente des variantes. Ainsi la colonne de xylème central peut donner lieu, s'il y a formation de moelle, à un cylindre creux entourant la moelle mais entouré lui-même de phloème (*Gleicheniacées* ; E 2). *Marsilea* (E 5) a un deuxième anneau int. de phloème, de sorte que le tube de xylème est entouré de phloème intérieur et extér. Ce triple tube peut être percé de brèches rhombiques, il a alors la forme d'un cylindre grillagé, dont les brèches constituent les mailles, et en coupe transv. on observe plus. faisc. concentr. disposés en anneau (E 6) : c'est la forme que l'on observe dans la *Fougère mâle (Dryopteris filix-mas)*. Mais de la forme E 2 dérive une deuxième série. Chez *Osmunda* p. ex. (E 3), l'anneau de phloème est encore fermé ; mais le cylindre de xylème est fragmenté, il y a plus. cordons de xylème distincts. Si les rayons médullaires ainsi ébauchés interrompent aussi l'anneau de phloème (E 4), le faisc., à l'origine concentr., est divisé en plus. faisc. collatéraux *(Mono- et Dicotylédones)*. Cela prouve que les diff. faisc. que l'on observe en E 4 et E 6 corresp. à un unique faisc. concentr. primitif.

Faisceaux conducteurs alternes (rayonnés) : ils se rencontrent rarem. dans les tiges (ex. nombr. *Lycopodinées*), mais on les trouve normalem. dans les racines (p. 101).

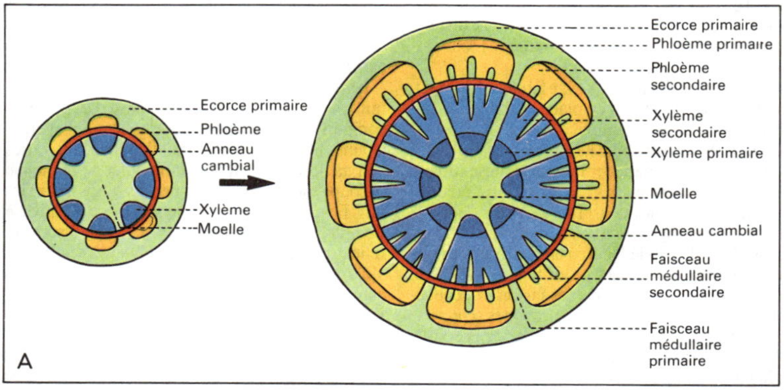

Formations secondaires d'une tige de Dicotylédone

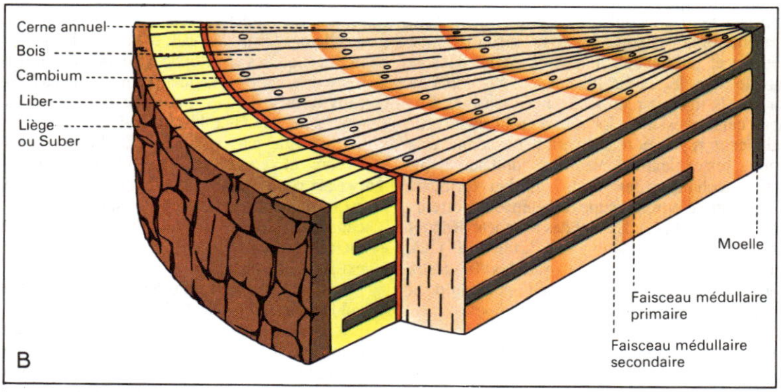

Échancrure dans un tronc de Pin âgé de cinq ans

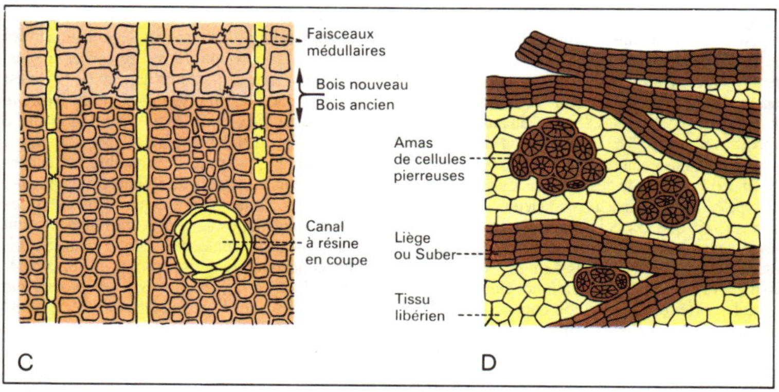

Limite du cerne annuel du Pin (C) et écorce de Chêne (D) en coupe transversale

L'épaississement de la tige peut s'effectuer de diff. façons :

- **croissance primaire en épaisseur**, au niveau du point vég. mais limitée dans le temps. C'est la seule chez les *Monocotylédones* qui présentent un manchon méristématique (le sommet de la tige chez les Palmiers p. ex., dépasse 30 cm de Ø ; c'est aussi le cas des *Cactées,* chez les *Dicotylédones* par des div. irrég. du parenchyme cortical ou médullaire.
- **croissance secondaire en épaisseur** qui dure longtemps et peut donner des troncs de Ø. sup. à 12 m (*Sequoïa*) ; elle est typique chez les *Dicotylédones* et les *Gymnospermes,* bien marquée chez les plantes ligneuses, elle s'observe aussi chez de nombreuses Herbacées.

Fonctionnement du cambium

La croissance second. en épaisseur commence quand le cambium des faisc. collat. ouverts (p. 97) recommence à fonctionner. Tout d'abord le tissu adulte des rayons médull., situé entre les assises de cambium fasciculaire, se met à fonctionner comme un méristème (**cambium interfasciculaire**), le cambium forme alors un anneau fermé (A). Les cel. cambiales subissant des div. périclines, le cambium engendre de nouveaux tissus sur sa face int. et sur sa face ext. (cambium dipleurique) : dans le faisc. libéro-ligneux l'assise cambiale produit du xylème et du phloème second., dans les rayons médul., en revanche, elle produit du parenchyme int. et ext., de sorte que ces rayons médul. prim. continuent à raccorder la moelle à l'écorce.

La croiss. en épais. augmente considér. les dimensions de l'anneau cambial (A), qui s'élargit grâce aux div. anticlines de ses cel. (dilatation). Les rayons médul. restent minces, le tissu conduct. occupe une place toujours plus grande. A intervalles réguliers apparaissent dans le tissu conduct. des rayons médul. second., dont les cel., produites par le cambium, restent parenchymat. mais ces rayons médul. second. restent noyés dans le tissu conduct. (A, B). Leur longueur est liée à leur âge.

Le bois

Comme le cambium produit plus de tissu à l'int. qu'à l'ext., le xylème second. forme d'épaisses couches continues traversées par les minces rayons médul. Ces formations second. sur la face int. du cambium, y compris les rayons médul., forment **le bois**. Les faisc. de xylème prim. n'occupent plus qu'une place très réduite : ils font saillie dans la moelle selon une disposition étoilée (couronne médul.).

Comme le xylème prim. (p. 97), le bois est fait de trachéides et de trachées, qui sont des cel. mortes et lignifiées ayant un rôle conduct. et un rôle de soutien. Par ailleurs le bois renferme du parenchyme ligneux : c'est un tissu vivant qui accumule des subst. organiques (glucides, graisses, protéines) et les achemine dans le sens radial, les élém. conducteurs assurant le transport longit.

Dans les zones de climat tempéré le fonctionnement du cambium n'est pas continu comme dans les pays tropicaux : des périodes d'activité alternent avec des périodes de repos. Cette altern. saison. est marquée dans la struct. du bois par un syst. de couches concentr. Ces **cernes annuels** (B) représentent le bois de printemps et le bois d'automne : au printemps le cambium édifie des vaisseaux larges (besoins en eau élevés : bois de printemps ; C) ; en été le cambium édifie au contraire des vaisseaux étroits et des tissus de soutien (bois d'automne). Génér. le bois de print. et le bois d'aut. ne tranchent pas nettement ; en revanche les cernes annuels sont bien distincts.

Lorsqu'on veut utiliser une variété de bois comme matériau il faut tenir compte de deux facteurs :

- la répartition des vaisseaux (bois à pores en anneau : *Frêne, Orme, Chêne, Conifères ;* bois à pores dispersés : *Erable, Bouleau, Hêtre, Peuplier, Platane, Saule*).
- le poids spécifique (et la dureté). Il varie de 0,3 à 0,95 pour les bois de nos pays, et de 0,2 (Balsa) à 1,39 (Bois de fer) pour les bois tropic.

Dans beaucoup de variétés de bois les couches prof. durcissent, on observe dans le corps du bois une zone centr. sombre, le **cœur**, et une zone périph. claire, **l'aubier**. Le cœur est imprégné de tannins (**Phlo-baphène**), subst. antiputrides, génér. brunes (autres teintes dans les bois tropic. colorés, ex. *Ebène*). Les arbres dont le cœur n'est pas durci (ex. *Saule, Tilleul*) pourrissent en leur centre et deviennent creux. La conduct. de la sève, qui ne s'effectue que dans l'aubier ou même souvent dans le cerne annuel le plus récent, n'en est pas affectée. Dans le bois âgé les vaisseaux sont obturés par des thylles.

Le liber secondaire (écorce secondaire)

C'est la formation second. située à l'ext. de l'anneau cambial. Avec les travées parenchymat. des rayons médul., on trouve dans sa struct., comme dans le phloème prim., des tubes criblés flanqués de cel. compagnes ; il renferme aussi un parenchyme libérien, et, formant un tissu de soutien, des fibres libériennes (analogues par leur forme aux fibres ligneuses, mais non lignifiées). **Le liber tendre** aux fonct. de stockage et de conduction alterne avec le **liber dur** (fibres). Plusieurs couches alternent au cours d'une période de végétation sans correspondre, comme dans le bois à des cernes annuels. L'écorce prim. et second. est soumise par la croissance en épaisseur à des forces de traction et d'écrasement. L'écorce prim. peut au début se distendre en conséquence, grâce aux divis. anticlines de ses cel., mais, par la suite, les tissus éclatent et sont écrasés, de sorte que l'écorce prim. et les couches libériennes second. dégénèrent et s'exfolient. Seules les couches libériennes int. restent intactes.

Le tissu de revêtement prim. doit donc être remplacé (p. 85). L'assise subéro-phellodermique qui se constitue sous l'épiderme peut s'adapter à la dilatation, du fait que ses cel. se div. Mais les couches subéreuses mortes disparaissent au fur et à mesure qu'elles se constituent (couche de liège mince), ou subsistent sous la forme d'un revêtement épais, crevassé dans le sens longit.

La formation de cette « écorce » est caractérisée par les nouvelles couches de liège qui s'enfoncent de plus en plus dans le liber (D). Le liber vivant se réduit à une couche int. de quelques mm d'épaisseur.

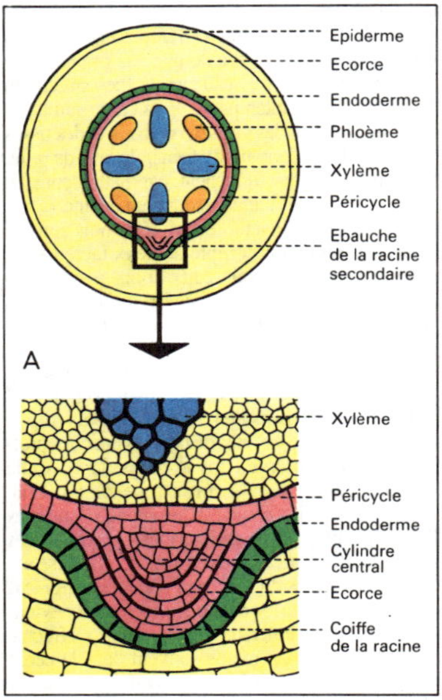

Racine de Fève avec 4 faisceaux libéro-ligneux et ébauche de racine secondaire

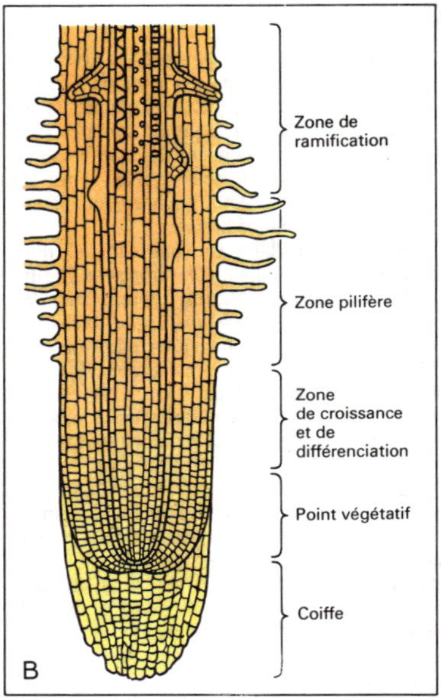

Coupe longitudinale dans la racine de l'Orge

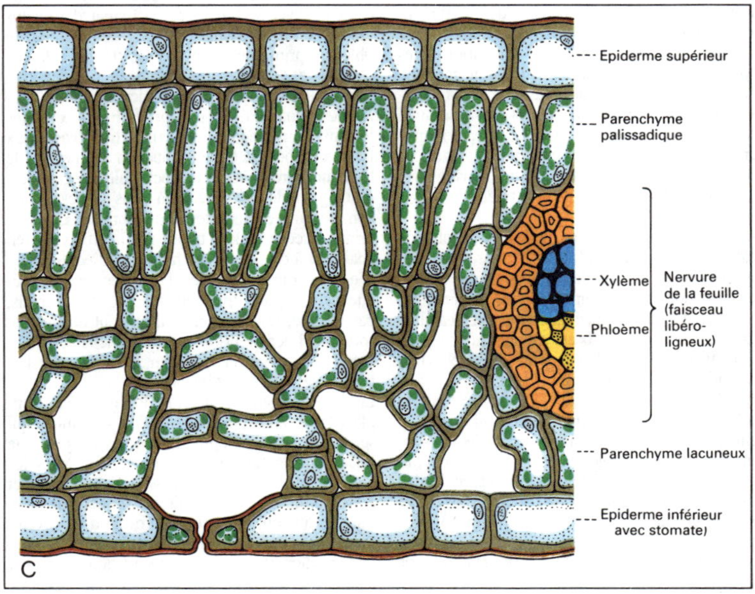

Structure interne de la feuille de Hêtre

La racine

Comme la tige elle présente une symétrie axiale (A). Mais les faisc. conduct. y sont groupés d'une manière totalement diff., ils sont inclus dans une colonne centrale ; la racine est donc divisée en deux zones : le cylindre central et l'écorce.

L'écorce de la racine : le tissu de revêtement prim. est un épiderme dépourvu de stomates, dont les cel. émettent des **poils absorbants**. Cette assise pilifère ne tarde pas à dégénérer (B). Elle est remplacée par une **assise subéreuse** qui résulte de la subérisation d'une ou plus. couches de cel. sous-épidermiques. Elle renferme d'autres cel. plus petites qui ne se subérifient pas, restent donc perméables et absorbent l'eau. En dessous est situé le parenchyme cortical, incolore (seules les racines aériennes contiennent de la chlorophylle) ; il est partic. développé dans les racines tubérisées (p. 117) (parenchyme de réserve). L'assise corticale la plus profonde, l'**endoderme**, aux cel. plus petites, constitue une limite nette avec le cylindre central. Il peut être lignifié ou subérifié, avec des cellules de passage. Après nécrose de l'écorce, il devient un tissu d'abscission (nombreuses *Monocotylédones*).

Le cylindre central : il comprend un parenchyme fondam. dont l'assise ext., génér. constituée d'une unique couche de cel. est appelée **péricycle** (A). Il peut fonctionner comme méristème second. et former du liège, et des racines ou des tiges latérales.

Les tissus conduct. sont des colonnes séparées de xylème et phloème en alternance (A). Elles sont considérées comme un seul faisc. conduc. dont les colonnes, vues en coupe, sont disposées en étoile (faisc. alternes p. 97). D'après le nombre des rayons formés par le xylème, on appelle ce faisc. conduct. di, tri, tétrarche ou polyarche.

Les groupes de vaisseaux peuvent être disposés autour du parenchyme central (moelle), mais les rayons formés par les vaisseaux du xylème peuvent aussi se rejoindre au centre.

Comme leur rôle conduct. se double d'une fonction de soutien et que par ailleurs le tissu de soutien est concentré dans le cylindre central, on dit que la racine a une struct. fasciculée, qui donne de la résistance à l'organe.

Zones de la racine. Les racines s'allongent par croissance apicale grâce à des groupes d'initiales ou à des cel. apicales (p. 83). Le cône végét. de la racine qui s'enfonce dans le sol est protégé par une **coiffe (calyptre)** ; celle-ci se renouvelle constamment par sa face int., alors que les cel. plus âgées (ext.) tombent parce que leurs parois se gélifient (B).

A l'arrière du cône végét. se trouve la zone de croissance et différenciation, i.e. : l'allongement de la racine. Ensuite vient la zone pilifère puis la zone de ramif. Toutes ces zones reculent à mesure que la racine s'allonge.

Structure secondaire de la racine. Le fonctionnement est le même que dans la tige. Entre les cordons de xylème et de phloème se forme un méristème second. (cambium), qui, vu en coupe, a d'abord une forme étoilée, puis devient circul. du fait que la production de tissu est plus intense dans les angles de l'étoile.

La feuille

Les feuilles sont des expansions latérales de la tige (jamais des racines). Elles se développent à partir des ébauches foliaires encore indifférenciées, visibles sur le cône végét. (p. 82 A). Les plus typiques comprennent :

1. La gaine. Fixée sur la tige, elle est parfois à peine visible, peut aller en s'effilant et se prolonger par le pétiole. Souvent elle comporte de petites expansions foliaires (stipules), ou forme comme un étui qui enveloppe la tige.

2. Le pétiole, qui porte :

3. Le limbe, simple ou composé (penné, palmé, p. 121). La feuille est parcourue par des faisc. conduct., qui, dans le limbe, forment les nervures ; la disposition des nervures est variable (nervation pennée ou réticulée des feuilles des *Dicotylédones*, nervation parallèle des *Monocotylédones*). Le limbe a une struct. caract. adaptée à la fonction de la feuille (C). L'épiderme sup. forme une lame continue qui recouvre la feuille, alors que l'épiderme inf. est percé de stomates (p. 85). Le tissu médian (**mésophylle**) comprend deux couches :

Le parenchyme palissadique, vers la face sup., est formé d'une ou plus. assises de cel. cylindriques, séparées par d'étroits méats. Les cel. palissadiques renferment de nomb. chloroplastes (jusqu'à 80 % de la chlorophylle contenue dans la feuille) : ce tissu est donc un parenchyme assimilateur caractérisé.

Le parenchyme lacuneux, vers la face inf. du limbe, est constitué de cel. aux formes irrégul., séparées par de vastes lacunes. Elles contiennent peu de chlorophylle : ce tissu est donc un aérenchyme typique, dont les espaces intercell. communiquent avec l'air ext. par l'interméd. des stomates.

La struct. fond. du limbe, que nous venons de décrire, peut présenter de nomb. variantes. Dans les plantes aquatiques et dans les feuilles des plantes d'ombre (ex. le *Hêtre*) le mésophylle est souvent très réduit. Les plantes xérophytes possèdent des tissus aquifères (p. 121), en outre le limbe s'enroule fréquem. de façon telle que les stomates sont protégés du vent, ce qui diminue la transpiration (ex. *Empetrum nigrum, Loiseleuria*, p. 228 B). Dans beaucoup de feuilles, le parenchyme palissadique est réparti aussi bien vers la face sup. que vers la face inf., le parenchyme lacuneux étant situé au milieu (struct. symétrique).

(Transformation des feuilles en **organes reproducteurs**, voir p. 122 sq.)

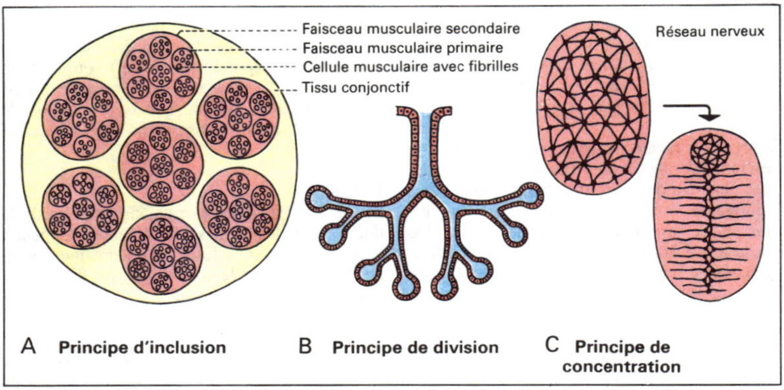

Principes de constitution d'un organe

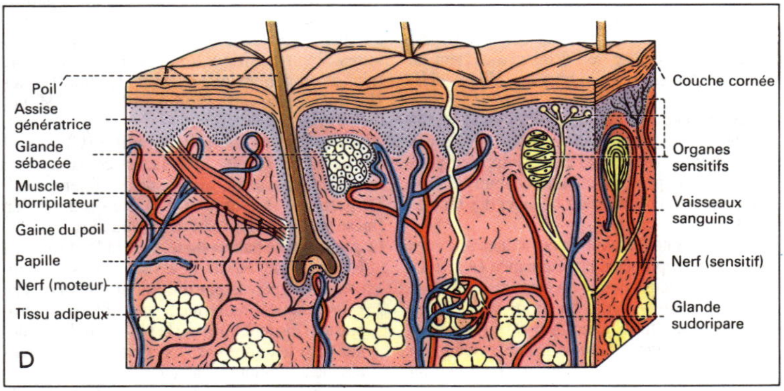

Constitution de la peau humaine

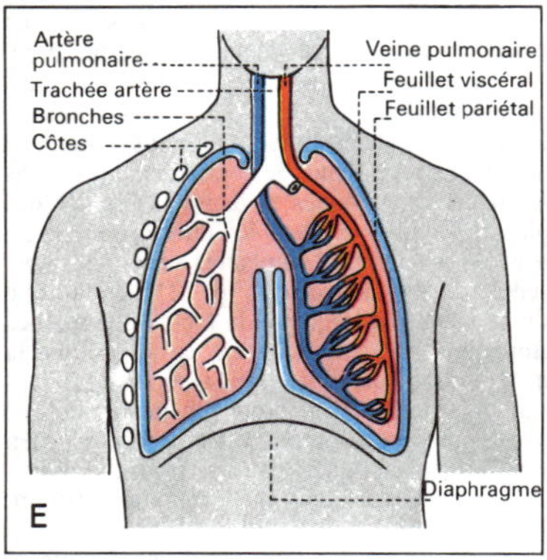

Poumon : division des bronches et irrigation par les vaisseaux sanguins

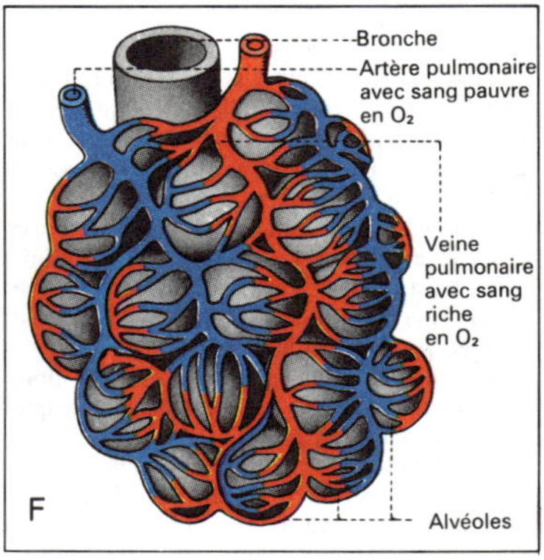

Sacs alvéolaires avec capillaires sanguins

Les **organes** anim. sont formés d'unités fonct. ordonnées, spécif., séparées par du tissu conjonctif. Ils sont constitués de plus. tissus, mais habituellement l'un de ces tissus accomplit la fonct. de l'organe, dont il est l'élément caract. On nomme ce tissu spécialisé parenchyme (p. ex. parenchyme hépatique). On peut rencontrer aussi des syst. fonct. dans d'autres organes sans que ce soit des unités morphologiques (p. ex : les îlots de Langerhans du Pancréas).

Structure des organes

Principe d'inclusion. Prenons l'ex. du muscle (A). Il est constitué de plus. faisc. secondaires qui comprennent eux-mêmes plus. faisc. primaires. Ceux-ci se composent de fibres muscul. qui renferment des fibrilles contractiles. Enfin ces diff. éléments sont réunis par un tissu conj. qui est lui-même parcouru de vaisseaux sanguins et de nerfs. Le nerf offre un autre ex. : il est composé de faisc. où sont groupées des fibres nerv. ou des neurites, elles-mêmes constituées de neurofibrilles (p. 95), ces élém. constituant une unité cimentée par du tissu conj. (struct. fasciculée).

Principe de division. Ex. : le tissu glandulaire. Lorsque des cel. épithéliales s'invaginent dans le tissu conj. sous-jacent, il se forme une vésicule glandulaire (adénomère) ; dans le cas le plus simple, celle-ci se ramifie dichotomiquement et finit par former des canaux glandulaires terminés par un acinus (B). Si le canal excréteur disparaît, on a une glande à sécrétion interne.
Le principe de division vaut aussi pour la formation des membres des *Vertébrés,* de leurs poumons, des bourgeons gustatifs, des canalicules rénaux et des villosités placentaires.

Principe de concentration. Des cel. disséminées dans le corps se groupent pour former un ensemble : l'évolution du réseau nerveux (p. 125) au SNC (p. 111) (C).

Les **complexes organiques** regroupent des organes aux fonct. orientées et complém. Les ex. suiv. pris chez les *Vertébrés* (p. 139, 141) concernent surtout l'Homme.

La peau (tégument)

L'épiderme est d'origine ectodermique et se compose de plus. assises de cel. (épaisseur moyenne 0,1 mm). La couche la plus profonde est faite de cel. qui se divisent activement (assise germinative) et renouvelle en permanence les cel. superficielles aplaties, cornées et desquamantes ; cette couche basale est plus ou moins pigmentée, en fonction de l'exposition à la lumière. L'épiderme n'est pas irrigué par des vaisseaux sanguins, c'est la lymphe qui lui fournit les subst. nutrit. (D).

Le derme est d'origine mésodermique. Entre l'épiderme et le derme la séparation est nette et forme une ligne sinueuse due aux papilles dermiques qui font saillie dans l'épiderme. La zone ext. est constituée d'un tissu conj. fibreux et dense qui lui confère élasticité et résistance mécanique. **Les glandes** sont des formations d'origine épidermique enfoncées dans le derme : glandes sudoripares (longs tubes pelotonnés), sébacées (acineuses composées, débouchant dans le follicule pileux), muqueuses (chez les *Amphibiens* et, chez les *Mammifères,* à proximité des narines), mammaires (chez les *Mammifères* seulement).

Les récepteurs cutanés sont situés pour la plupart dans le derme (corpuscules tactiles, « points » de chaud, de froid, de douleur). De nombr. muscles jouent des rôles divers (ex. rétrécissement des canaux excréteurs, redressement du poil). Le **tissu sous-cutané,** ensemble d'espaces conjonctifs avec des cel. adipeuses, relie par un coussinet élastique les parties profondes et les couches cutanées souples sous-jacentes.

Phanères (formations épidermiques) : poils (D), plumes, écailles cornées des *Reptiles* (p. 512 sq). (organes homologues) ; ongles, griffes, sabots.
Tous les organes de la peau sont abond. pourvus de vaisseaux sanguins et de nerfs (longueur : 1 à 4 m par cm^2 de peau).

L'appareil respiratoire

Il existe 3 types d'organes respiratoires, mais on ne parlera ici que des poumons (**trachées** p. 133, **branchies** p. 139). Les deux poumons (E) sont de forme conique et se divisent en lobes (3 pour le poumon droit, 2 pour le poumon gauche) qui, lors de la respiration, peuvent glisser l'un contre l'autre. La plèvre comprend 2 feuillets : le feuillet pariétal revêt la surface du poumon, le feuillet viscéral tapisse la cavité thoracique ; ils sont séparés par une pellicule de liquide pleural non expansible qui permet à ces feuillets de glisser l'un sur l'autre, mais surtout oblige les poumons, qui sont élastiques, à suivre passivement les mouvements respiratoires de la cage thoracique (absence de muscles striés).

Les voies respiratoires sup. sont :
- Les fosses nasales qui conduisent par les narines internes au
- Pharynx (carrefour des voies respiratoires et digestives).

Les voies respiratoires inf. sont :
- La Trachée, renforcée par des pièces cartilagineuses en forme de U, à simple paroi postérieure membraneuse ;
- Les 2 bronches souches ;
- L'arbre bronchique sans cesse ramifié.

D'abord les bronches lobaires (2 à gauche, 3 à droite) puis les segmentaires, plusieurs fois divis., enfin les bronchioles (sans cartilage, à abondante musculature lisse).

Le Larynx entre les voies sup. et inf. peut obturer la trachée, c'est l'organe vocal dans lequel les cordes comprimées au passage de l'air donnent les vibrations.
- Les alvéoles : épaisseur de la paroi : 0,001 mm, Ø : 0,25 mm, surface totale : 100-250 m^2 reliées aux bronchioles par les canaux alvéolaires.

Les échanges gazeux (p. 312 sq) s'effectuent au travers de la paroi alvéolaire à épithélium unistratifié, dépourvu de glandes et cils, qui est pourvue d'un réseau serré de capillaires (F : surface totale env. : 300 m^2).

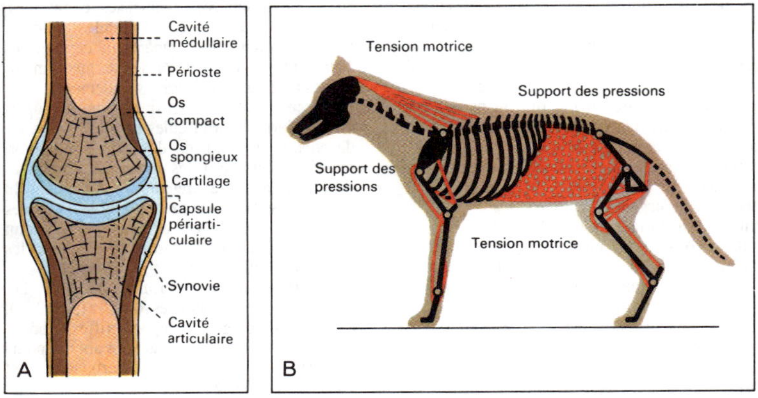

Os long et articulation en coupe (A). Coopération entre squelette et musculature chez les Mammifères (B)

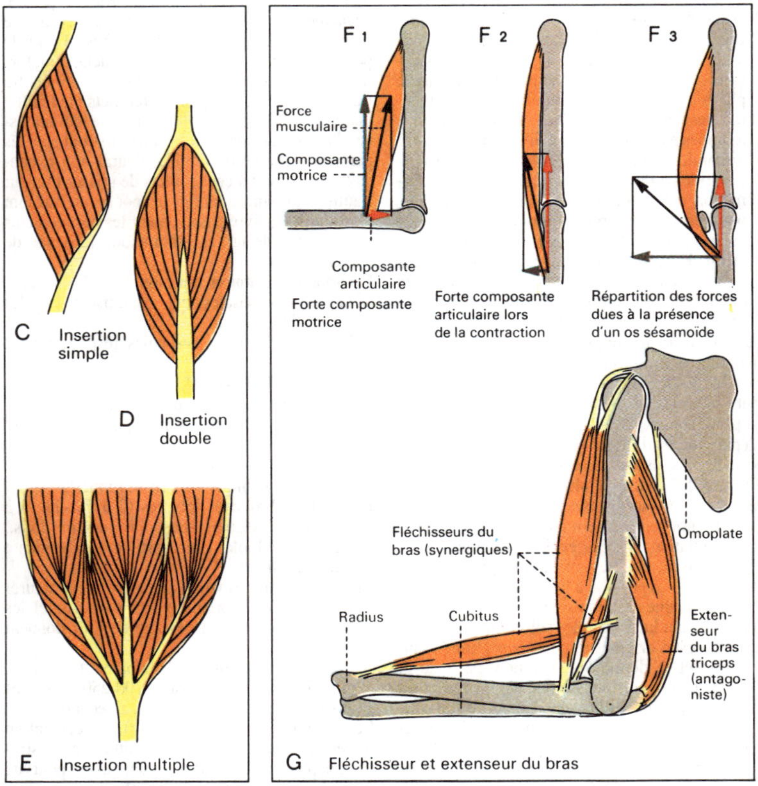

Relation entre fibres musculaires et tendons (C-E). Muscle et articulation (F, G)

Structure de l'os

L'os compact est constitué de lamelles concentriques, intermédiaires et périphériques (p. 91). Très développé dans la diaphyse, il s'amincit aux épiphyses. L'int. de l'os est occupé par un réseau de travées osseuses (**os spongieux**), dont les cavités sont remplies de moelle osseuse rouge (A). Dans les os longs, l'os spongieux ne subsiste que dans les épiphyses, dans la diaphyse s'étend la cavité médullaire. La moelle osseuse produit d'abord de la subst. osseuse et des cel. sanguines (**moelle rouge**). Elle continue à remplir cette fonction dans les os courts et les os plats (ex. : les côtes) ; dans le canal médullaire des os longs, elle se transforme en moelle adipeuse (**moelle jaune**).

Le périoste est une membrane qui recouvre l'os complèt. sauf au niveau des épiphyses qui sont revêtues de cartilage hyalin (p. 91). Le périoste adhère à l'os par l'intermédiaire des fibres de Sharpey et joue un rôle import. dans la formation de l'os compact et la vascularisation de l'os.

Articulations

Dans les **articulations fixes** ou semi-mobiles, les os sont unis par des éléments de nature :

1. **ligamenteuse** (os réunis par des ligaments constitués de fibres collagènes), ex. sutures en formation entre les os de la voûte crânienne, disques intervertébraux.
2. **cartilagineuse,** ex. symphyse pubienne unissant les os du bassin, cartilages costaux unissant les côtes au sternum.
3. **osseuse,** ossification des ligaments (p. ex. sacrum, os du bassin) : articul. très solides.

Dans les **articulations mobiles,** les extrémités des os sont recouvertes de cartilage articulaire et séparées par une cavité articul. qui contient une pellicule liquide (synovie) favorisant le glissement. Une articul. mobile peut comporter une double cavité articul. : entre les surfaces articul. se trouve une lame fibro-cartilagineuse qui sépare les os complèt. (**disque,** ex. : articul. de la mâchoire) ou partiel. (**ménisque,** ex. : articul. du genou).

La **capsule articulaire** prolonge le périoste et forme un manchon qui enveloppe l'articul. Elle comprend une couche ext., faite de fibres collagènes et renforcée par des ligaments, qui entoure la cavité articul. et maintient les os en place lors des mouvements. La couche int., plus souple, contient vaisseaux sanguins et lymphatiques, nerfs ; elle sécrète la synovie dont elle règle quantité et composition par absorption. Les os sont maintenus en présence par les ligaments de la capsule et les muscles périarticul., mais aussi par la pression atmosph., car il n'y a pas d'air dans la cavité articulaire.

Suivant la forme des surf. articul. et les mouvements qu'elles permettent, on distingue plusieurs types d'articul. mobiles :

1. **Le tenon** : uniaxial (entre première et deuxième vertèbres cervicales).
2. **L'articulation plane** : uniaxiale (entre les vertèbres cervicales).
3. **La charnière.** Elle permet seulement une rotation autour d'un axe (axe de la charnière). Des arêtes et des gorges s'opposent aux écarts latér. le long de l'axe (ex. : articul. du coude).
4. **Le cylindre** permet le déplacement le long de l'axe de rotation (cartilages articulés du larynx), mouv. latéraux néanmoins possibles.
5. **La selle** a 2 axes de rotation (ex. : vertèbres du cou des oiseaux).
6. **L'articulation ovoïde** (apophyse adaptée à sa cavité). Elle permet des flexions dans 2 directions, mais pas de rotation (ex. : articul. atlas-occipital, articul. du carpe).
7. **L'articul. sphérique** : (apophyse sphérique adaptée à sa cavité). Elle permet des mouvements dans tous les sens (ex. : articul. de l'épaule, de la hanche, de la phalange).

Système musculaire

Les pièces squelettiques forment avec les muscles et les tendons un syst. ordonné conform. aux lois de la statique. (B) Les articul. sont les éléments passifs, les éléments actifs étant les **muscles squelettiques striés** (au total 639 ; les muscles du tronc gén. bidimensionnels, ceux des membres fusiformes). Le syst. osseux et le syst. muscul. à action solidaire, forment l'appareil locomoteur qui fonct. sous l'influence du SN (p. 111). Les muscles sont attachés aux os par les **tendons :** ligaments formés de fibres conj. parall. inextensibles.

En certains points d'insertion, ils sont solid. ancrés dans la subst. osseuse.

Ils se prolongent ds le muscle sous la forme d'enveloppes conj. entourant les faisc. de fibres musculaires.

Les fibres muscul. elles-mêmes sont reliées au tissu conj. par les fibres du sarcolemme (fibres du reticulum, p. 93). L'activité des muscles peut être indépendante des os, p. ex. : sphincters ou dilatateurs.

Les fibres muscul. sont fixées au tendon selon un certain angle (angle d'insertion). Il y a des muscles à insertion simple, double et multiple (C, D, E). Lorsque le muscle se contracte, la fibre s'épaissit et l'angle d'insertion augmente, par conséquent aussi la hauteur de course, cela évite une trop forte augmentation de la pression dans le muscle, qui serait néfaste aux nerfs et aux vaisseaux.

La force développée par le muscle est élevée (8 à 10 kg/cm^2, biceps du bras : 45 à 120 kg), parce que le muscle est souvent inséré près de l'articul. sur le bras de levier (G) : lorsque le muscle développe une force, il faut distinguer une composante articul. (pression ou traction exercée sur l'articul.) et une composante motrice (mouvement de l'os) (F). Cette dernière est élevée quand l'os à fléchir et le muscle fléchisseur sont perpendic. l'un à l'autre, faible quand les os forment un angle plat et que le muscle est appliqué contre eux. Elle peut être augmentée par un **os sésamoïde** incorporé au tendon (ex. : rotule). Les muscles sont actifs quand ils se contractent, passifs quand ils s'allongent, donc pour produire un mouvement donné et le mouvement contraire, il faut 2 muscles (**antagonistes**) (G). Des muscles qui agissent dans le même sens sont dits **synergiques** (ou agonistes).

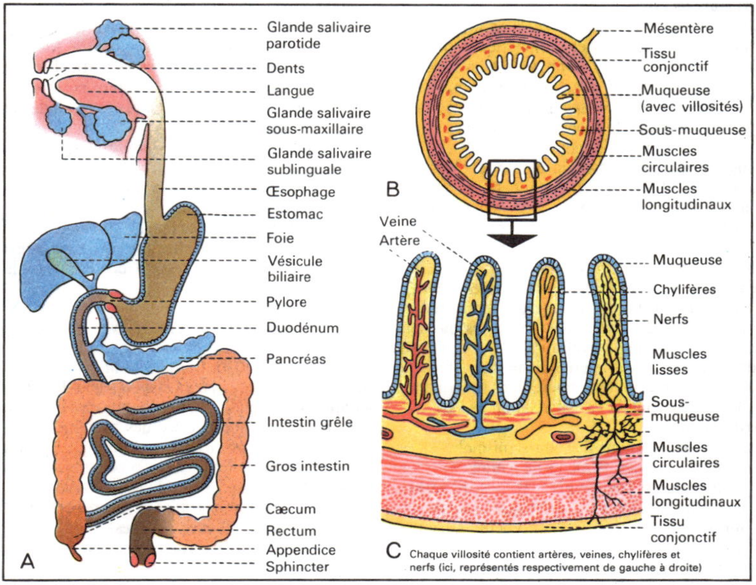

Chaque villosité contient artères, veines, chylifères et nerfs (ici, représentés respectivement de gauche à droite)

Appareil digestif chez l'Homme (A) ; Constitution de la paroi de l'intestin (B) ; Paroi de l'intestin grêle (C, coupe)

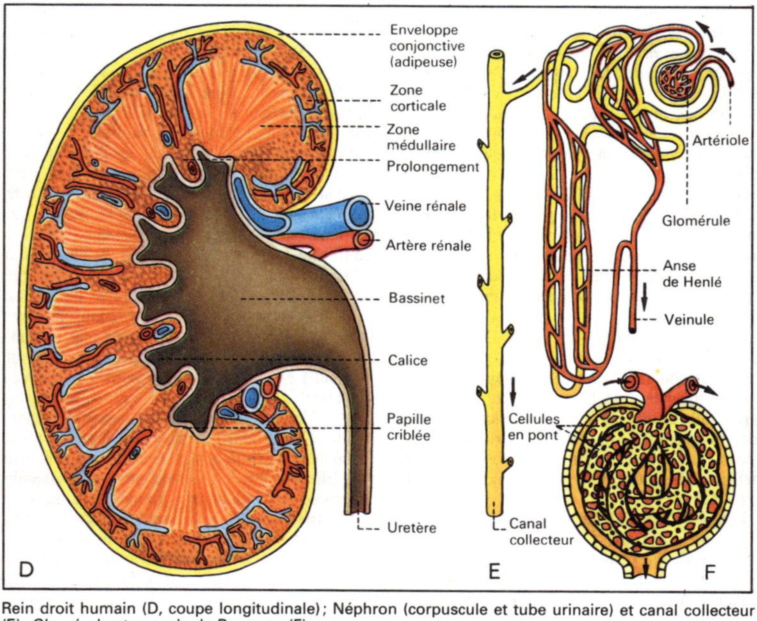

Rein droit humain (D, coupe longitudinale) ; Néphron (corpuscule et tube urinaire) et canal collecteur (E) ; Glomérule et capsule de Bowman (F)

L'appareil digestif

Sa fonction consiste à décomposer les subst. nutrit. étrangères au corps et à les transformer en élém. simples capables d'être absorbés sous forme soluble.

Le **tube digestif** (A) a une longueur variable, selon que l'animal a une nutrition carnée ou végétale (*Chat* : 5 fois la longueur du corps, *Mouton* : 25 fois). Il comprend plusieurs parties :

La cavité buccale est, chez les *Mammifères,* grâce aux joues charnues, un lieu de digestion. L'appareil masticateur en fragmentant la nourriture accomplit une digestion mécanique. La langue malaxe et ramollit. Trois paires de glandes salivaires volumin. (parotides, sous-maxillaires, sublinguales) et de nombr. glandules plus petites sécrètent deux sortes de salives : une salive de déglutition, riche en mucine (type muqueux), et une salive enzym. (type séreux) (début de la digestion chim.).

L'œsophage est un tube de déglutition vertical, dans lequel les alim. sont propulsés par des contract. péristaltiques. La paroi de l'œsophage et toutes les autres parties du tube digestif ont la même struct. (B, C) :

1. Tunique muqueuse à trois couches ; assise épithél., conjonctif de la muqueuse, muscles lisses.
2. Tunique submuqueuse (conjonctive, parcourue de vaisseaux sanguins et lymphatiques et de réseaux de nerfs).
3. Tunique musculaire (muscles lisses) : fibres profondes (circul.) et superf. (longitud.).
4. Tunique externe de tissu conjonctif (séreuse) : tissu conjonctif et mésothélium : favorise par ses sécrétions le mouv. des anses intestinales.

L'estomac. C'est une poche à un (*Homme*) ou plus. (*Ruminants*) compartiments. Sa contenance est d'environ 1,5 l chez l'*Homme ;* il possède env. 4 millions de glandes qui sécrètent journ. deux l de suc gastrique. Des mouv. péristalt. poussent les aliments en bouillie (chyme) le long de ses parois vers la sortie de l'estomac, où un sphincter, le pylore, s'ouvre pour les expulser par jets intermit. dans :

L'intestin grêle (long. 1,5 m env. ; Ø : 2 à 3 cm) occupe la cavité abdomin. et forme plus. anses qui sont fixées à la paroi postér. de l'abdomen par une lame péritonéale, le mésentère. Il comprend une 1re partie, le duodénum, où débouchent les canaux excrét. du foie et du pancréas.

1. Le foie (la plus grosse glande du corps, chez l'*Homme* il pèse 1 500 g) sécrète la bile (0,5 l par jour) qui peut s'accumuler dans la vés. bil.
2. Le pancréas sécrète par jour 0,7 à 0,8 l de suc pancréatique.

La muqueuse de l'intestin grêle forme des replis annelés assez hauts, et elle est hérissée de petites villosités très serrées (4 millions). Elle renferme de nombr. glandes séreuses qui produisent 3 l de suc intestinal par jour. L'extension de la surf. de la muqueuse est consid. et favorise l'absorption des subst. nutr. (p. 286 sq). L'absorption est également favorisée par les cel. épithél. de la muqueuse qui ont un plateau strié (p. 89) percé d'orifices.

Le gros intestin (long. 1 m, Ø : 5 à 8 cm) comprend 3 segments : le colon ascendant, le colon transverse et le colon descendant dont la partie terminale, le rectum, s'ouvre par un orifice entouré d'un sphincter, l'anus. Le cæcum et l'appendice ont un rôle négligeable dans la digestion, ils défendent l'organisme contre les infections. La muqueuse, plissée, est dépourvue de villosités. Elle a peu de glandes, mais une grande capacité d'absorption (5 à 6 l d'eau par jour).

L'appareil excréteur

Les reins : recouverts par un repli du péritoine, ils sont situés contre la paroi post. de la cavité abdom. de part et d'autre de la colonne vert. ; ils éliminent la plus grande partie des déchets du métab. En revanche, les capsules surrénales qui coiffent les reins sont uniqu. des glandes horm. (p. 322 sqq). Le rein comprend une zone corticale granuleuse et une zone médullaire aux stries radiées (D). Des prolongem. de l'écorce s'insinuent dans la zone médullaire et la divisent en 7 à 20 pyramides rénales, dont les sommets (papilles criblées) sont coiffés par l'extrémité caliciforme (calices) de canaux qui sont des ramif. du bassinet. A l'entrée du rein (hile) le bassinet se prolonge par l'uretère. Par le hile pénètrent aussi l'artère et la veine rénales, qui assurent une irrig. intense du rein (1 500 l de sang par jour). Dans la zone corticale de chaque rein se trouvent environ 1 million de corpuscules de Malpighi (E, F), constitués d'un peloton de capillaires (glomérules) entourés d'une capsule épithél. à double paroi (capsule de Bowmann) : la paroi int. forme un réseau qui enserre les capil. (podocytes). L'urine primaire traverse la membr. des capil., pénètre dans la capsule de Bowmann (en tout 170 l par jour) et s'écoule par le tube urinifère. Le segment initial et le segm. term. de ce dernier sont situés à proximité du glomérule, le segm. médian forme une anse en épingle à cheveu qui s'enfonce dans la zone médul. (anse de Henlé). Le réseau des capil. qui enlacent le tube urinifère permet une absorption intense (surtout de l'eau ; quant. journal. d'urine 1 à 2 l). Les tubes urinifères débouchent dans des tubes collecteurs qui traversent paral. la zone médull. puis se réunissent pour former un des quelque 20 canaux qui percent chaque papille criblée.

Les uretères sont des conduits à peine aussi gros qu'un crayon qui descendent le long de la paroi postér. de la cavité abdom. Ils pénètrent dans la vessie au bas de sa face postér. et traversent sa paroi oblique : ainsi, quand la vessie est très pleine, l'urine ferme les orifices (effet de valve).

La vessie est située contre la paroi antér. de l'abdomen. Elle est protégée des effets toxiques de l'urine par une tunique int. qui est un épithélium élastique (p. 89) muni d'une couche protect. (crusta). Elle communique avec l'urètre par un orifice que peut fermer un double sphincter fait de muscles lisses et striés.

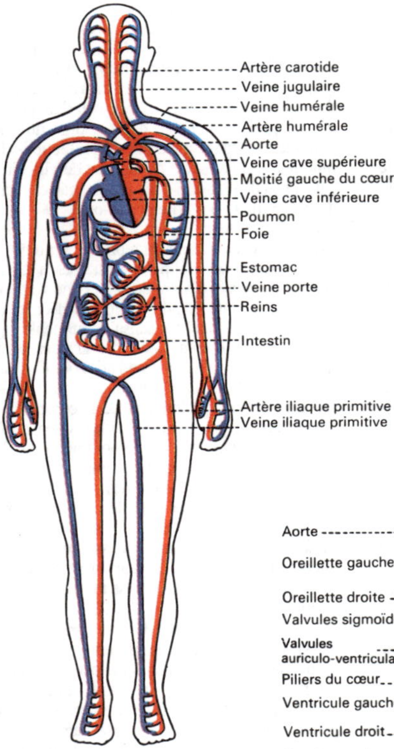

A **Circulation sanguine**
Sang riche en O_2 (rouge)
Sang pauvre en O_2 (bleu)

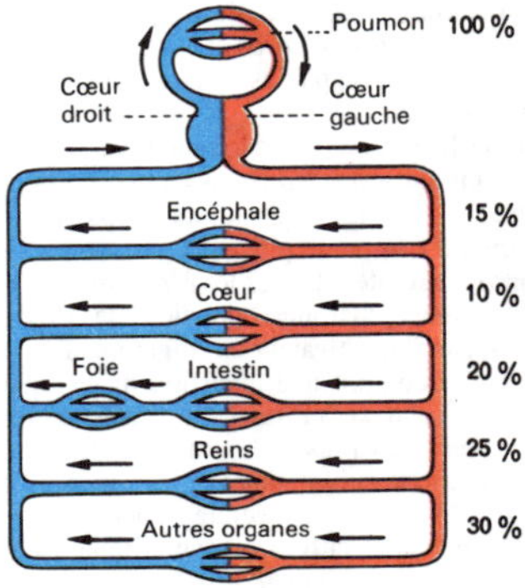

B **Circulations parallèles**
(répartitions en % du flot sanguin venant du cœur)

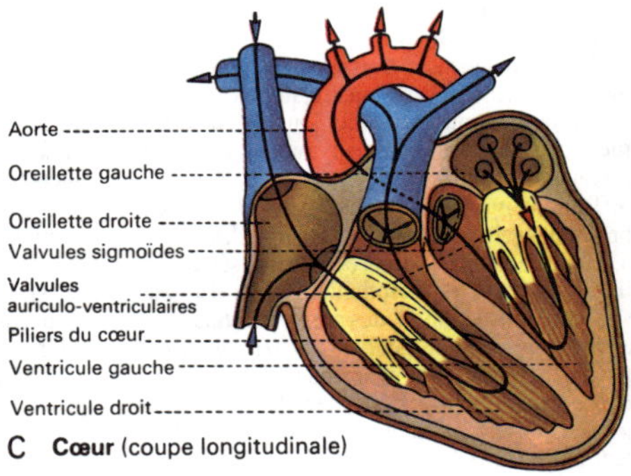

C **Cœur** (coupe longitudinale)

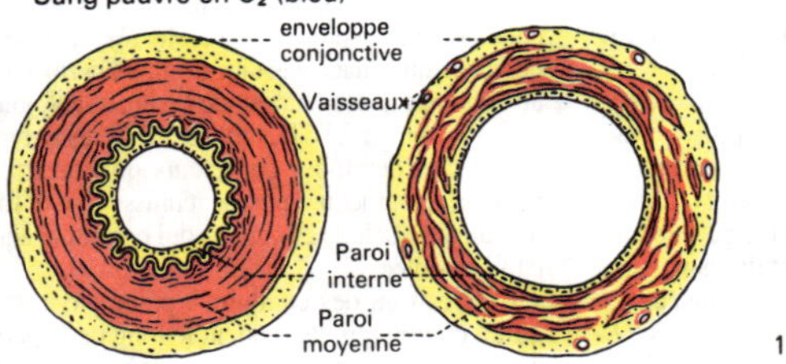

D **Artère** (coupe transversale) E **Veine** (coupe transversale)

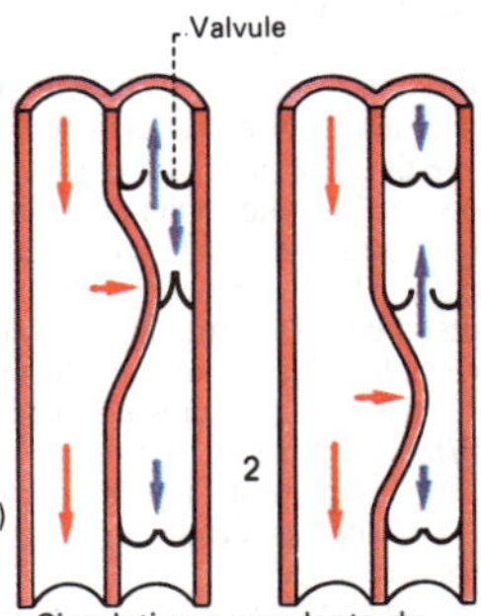

G Circulation ascendante du **sang dans une veine** (flèches bleues) sous l'effet des pulsations de la circulation descendante dans une artère voisine

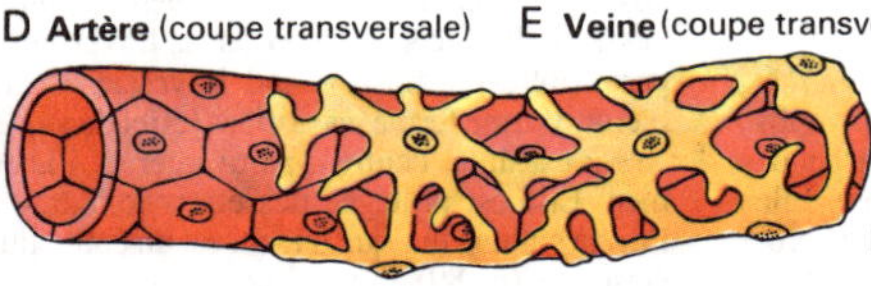

F Segment de capillaire avec, à droite, des cellules périthéliales

L'appareil circulatoire qui dessert tous les organes du corps (p. 310 sqq) est un syst. de vaisseaux parfait. clos, où circule le sang (p. 81) qui est le liquide transporteur (en revanche l'appareil circul. des *Insectes,* p. ex., est ouvert, p. 133). Chez les *Vertébrés* terrestres, le sang parcourt 2 circuits diff. en raison de leur respir. pulmonaire, et on distingue (A) la **circul. générale** (grande circul.) et la **circul. pulmonaire** (petite circul.). Le sang est propulsé dans chacun de ces 2 circuits par une des 2 moitiés du cœur ; toutef. les 2 moitiés du cœur ne sont complètem. indépend. que chez les *Oiseaux* et les *Mammifères* (C ; p. 141).

Du cœur partent les artères : d'abord larges, elles se ramifient sans cesse (artérioles) jusqu'à former, dans les zones qu'elles irriguent, des réseaux de capillaires très denses (long. totale dans les muscles de l'*Homme :* env. 100 000 km). Les capil. se réunissent de nouveau en vaisseaux de plus en plus gros, qui retournent au cœur (veines). Les artérioles, par leur contractilité, agissent sur la pression sang. Les capil. peuvent être évités grâce à des dérivations (anastomoses) reliant les art. et les veines. Les diff. zones de ramif. entre les art. et les veines sont des circuits parallèles (B), qui ne sont traversés que par une partie du flot sanguin. Seule la circul. pulm., qui relie les 2 moitiés du cœur, est parcourue en permanence par la totalité du sang.

Le cœur

Cet organe muscul. creux, gros comme le poing, divisé en 2 par une cloison longit. propulse le sang dans les vaisseaux par des contractions rythmiques (C). Il se compose de deux pompes juxtaposées, aspirante et foulante. Le cœur droit propulse le sang qui vient du corps dans la circul. pulm., le cœur gauche relance le sang issu des poumons dans la circul. générale. Chaque moitié du cœur est divisée en 2 cavités, l'oreillette et le ventricule, par une valve **auriculo-ventriculaire** (le cœur droit par la valve tricuspide à 3 lames, le cœur gauche par la valve mitrale ou bicuspide). Chaque valve est accrochée à la charpente conj. du cœur. Des valvules sigmoïdes disposées par 3 bordent l'embouchure des art. qui partent des ventr. (à droite l'art. pulm., à gauche l'aorte). Lorsque les ventr. se contractent (systole) les valves auriculo-ventriculaires se ferment et les valv. sigmoïdes s'ouvrent, le sang est propulsé dans les art. Lorsque les ventr. se relâchent (diastole), le processus est inversé, le sang contenu dans les oreillettes et les veines est alors aspiré. Ceci est favorisé par des mouv. propres et compliqués des oreillettes.

La tunique musculaire du cœur (le myocarde), constituée de tissu cardiaque spécif. (p. 93) est mince au niveau des oreillettes, mais au niveau du ventr. gauche elle atteint une épais. de 1 cm. Les fibres des couches ext. de la paroi cardiaque descendent en hélice vers la pointe du cœur, celles des couches centrales sont circul., dans les couches int. elles montent en hélice vers la partie supér. du cœur. Elles commencent et se terminent à la charpente du cœur et forment un syst. contractile continu.

Le cœur renferme un **syst. spécif. conducteur de l'excitation** qui provoque ses contractions automatiques. Ce tissu conduct. (tissu nodal) est fait de fibres muscul. riches en sarcoplasme et pauvres en fibrilles. Le cœur comporte deux noyaux de tissu nodal :

– le nœud sinusal près de la paroi de la veine cave supér. (Ø 2 mm), qui contient aussi des nerfs, produit ses propres dépolarisations (pace-maker du cœur) qui entraînent la contraction des oreillettes, et
– le nœud atrio-ventriculaire, situé à la base de l'oreillette droite, excité avec retard, renvoie les influx dans toute la musculature ventriculaire (p. 392 sq).

Près des vaisseaux sup. du cœur, le sympathique et le parasympathique (p. 110 sq) forment un plexus nerv., qui excite le nœud sinusal. Le cœur est irrigué par un circuit sanguin autonome où circule 10 % du sang total.

Les artères

La struct. de leur paroi (D) leur permet de supporter les ondes de pression produites par le sang qui sort du cœur (pouls). A la membr. int. du cœur (endocarde) correspond la tunique int. des art. (intima), qui est un tissu conj. lisse ; la tunique moyenne (tunica media) est épaisse et contient de nombr. membr. élast. séparées par des fibres muscul. lisses. La tunique ext. est une gaine conj. (externa). La media s'appauvrit en fibres élast., à mesure que l'on s'éloigne du cœur, et elle ne comporte pratiquem. plus que des fibres muscul. Les art. contiennent du sang riche en O_2, à la seule exception de l'art. pulmonaire (A).

Les capillaires

Leur diam. est inf. à 10^{-2} mm ; leur paroi est réduite à un endothélium mince, à une seule assise de cel. ; celles-ci sont séparées par des lacunes (échanges de subst.). Des cel. conj. ramifiées, les **cel. périthéliales** (F) sont plaquées à la surf. des capil., elles jouent peut-être un rôle dans leur contraction. De ceux-ci transsude en permanence un liquide qui passe dans les tissus environnants (liquide lacunaire). Il est ensuite drainé par les vaisseaux de l'appareil lymphatique, où il constitue la lymphe qui retourne à la circulation sanguine. Les capil. ne se rencontrent pas seulem. entre les art. et les veines, mais peuvent aussi provenir d'une capillarisation dans un secteur artériel ou veineux de la circul. (**Réseau porte artériel,** p. ex. dans le rein, **réseau porte veineux,** p. ex. entre la veine porte et la veine sushépatique dans le foie : A).

Les veines

Leur paroi est beaucoup plus mince que celle des art., leur media est très riche en tissu conj. (E) ; leur externa est abondamment vascularisée. La progression du sang dans les veines (pression sang. faible) est favorisée par la contraction des muscles squel. et la pulsation des art. voisines (G) ; de plus, des **valvules veineuses** disposées par deux à courts intervalles, empêchent le sang de redescendre. Dans la cavité thoracique la dépression et le travail de pompe aspirante du cœur agissent aussi en provoquant un appel de sang.

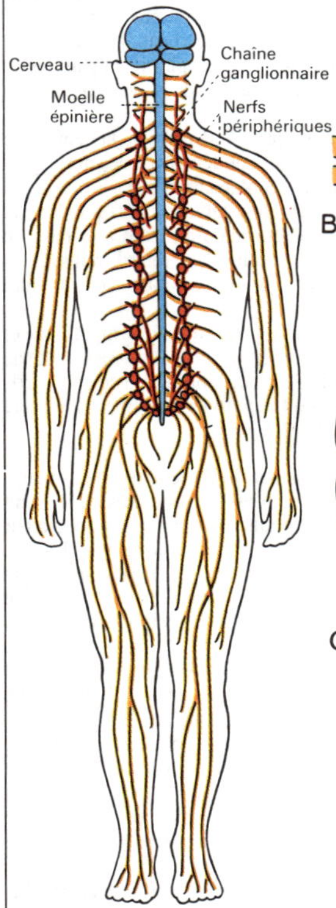

A **Système nerveux**
(systèmes cérébro-spinal et neuro-végétatif)

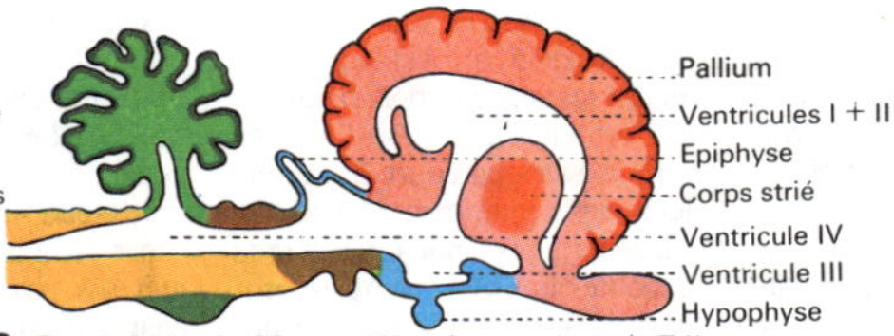

B **Encéphale de Mammifère** (coupe long.), Télencéphale (rouge), Diencéphale (bleu), Mésencéphale (brun), Métencéphale (vert), Myélencéphale (jaune)

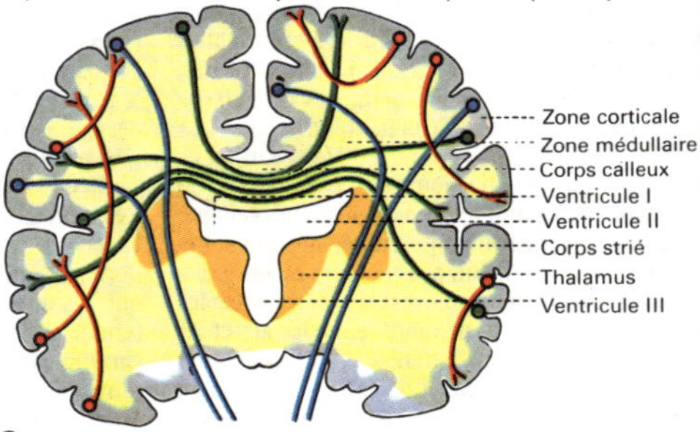

C **Encéphale humain** (coupe frontale), Fibres associatives (rouge), Fibres commissurales (vert), Fibres projectives (bleu)

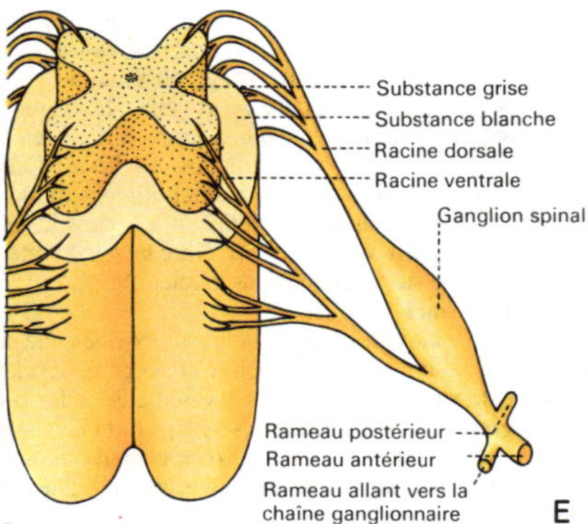

D **Moelle épinière**
et nerfs rachidiens

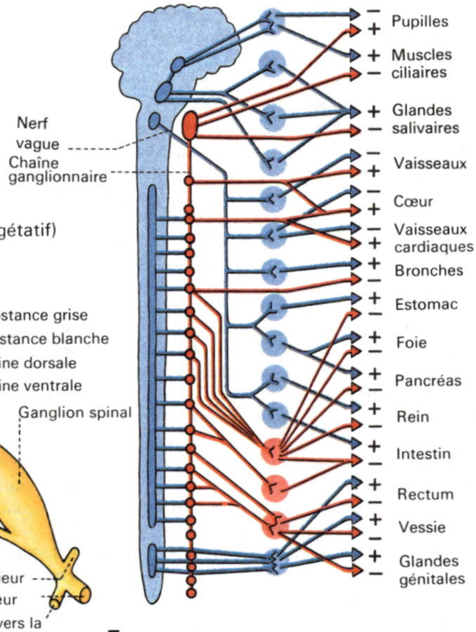

E **Double innervation** des organes par les systèmes sympathique (rouge) et parasympathique (bleu)

Le système nerveux (SN) est constitué de tissu nerv. (p. 95), en étroite relation avec le tissu glial (fonct. de protection, de nutrition et d'isolation). Le cerveau et la moelle épinière (ME), sont protégés des pressions par les **méninges :**

1. La pie-mère, membr. conj. int. vascularisée.
2. L'arachnoïde, membr. qui forme un réseau de filaments reliés à la pie-mère. Ces deux méninges « molles » limitent entre elles l'espace sous-arachnoïdien, occupé par le liquide céphalo-rachidien qui assure au cerv. et à la ME une véritable suspension hydraulique.
3. La dure-mère, membr. ext. résistante.

Du point de vue morphol., le SN comprend (A) : le syst. cérébro-spinal, le syst. neuro-végétatif, auquel se rattachent les ganglions intramuraux. Du point de vue physiol., on distingue les voies conductrices et les centres qui intègrent l'excitation (dans le SNC).

Le système nerveux cérébro-spinal

Il comprend le SNC (composé de l'encéphale et de la ME) et les nerfs périphériques.

L'encéphale se subdivise en 5 parties :

1. Cerveau antérieur (télencéphale)

Il comprend les ganglions basaux et la partie dorsale (Pallium ou Cortex : B) qui se subdivise en :

- Paleopallium et Archipallium (svt réduits, reçoivent les nerfs olfactifs) ;
- Neopallium qui se divise en 2 hémisphères (écorce cérébrale des *Mammifères ;* surface chez l'*Homme* env. 2 200 cm^2). Un canal traverse le cerveau antér. et les autres parties de l'encéphale, il s'élargit pour former des cavités, les ventricules encéphaliques.

L'écorce cérébrale ou cortex (subst. grise) est constituée de cel. nerv. (env. 15 milliards chez l'*Homme*) reliées par des synapses. Du point de vue physiol., elle renferme des centres sensitifs (qui se subd. en zones de perception et zones gnosiques) et des centres moteurs. (p. 382 sqq). La subst. blanche est surtout constituée de fibres nerv. (longueur totale chez l'*Homme* env. 500 000 km). On distingue 3 groupes princip. de voies nerv. (C) :

- des voies d'association qui relient les zones corticales entre elles ; – des voies commissurales, qui relient transv. les 2 hémisph. (la plus import. : le corps calleux) ; – des voies de projection (liaisons avec les autres parties du cerveau et la ME : fibres sensitives et motrices).

2. Cerveau intermédiaire (diencéphale). Ses élém. les plus import. sont le thalamus (centre de relais placé sur les voies sensitives afférentes au cortex, chez les *Mammifères*) et l'hypothalamus (centre métabol. et centre de contrôle du SN végétatif). A la face inf. du diencéphale se trouve **l'hypophyse** (p. 328 sq), à la face sup. **l'épiphyse** (svt interprétée comme un œil médian réduit : p. ex. : l'œil pinéal de certains *Reptiles*).

3. Cerveau moyen (mésencéphale). Il comprend le Tectum, le Tegmentum et la Crura. Relié à plus. autres parties du cerveau par des voies multiples, il est un centre de connexion entre les organes des sens et les muscles (chez les *Mammifères,* le cerveau interm. remplit cette fonction).

4. Le cerveau postérieur (métencéphale) (cervelet). Il est le centre de l'équilibration du corps et de la coordin. des mouvements (très développé chez les anim. qui volent, nagent ou à station debout). Chez les *Mammifères,* il comporte des hémisph. latér. plissés (néocervelet).

5. Arrière-cerveau ou bulbe rachidien (myélencéphale). C'est le lieu de transit et le relais de toutes les voies qui relient l'encéphale et la ME, dont plus. se croisent en cet endroit. Il contient des centres réflexes et des centres automat. importants (p. 380 sqq). Les parties primitives du cerveau (arrière-cerveau, cerveau postér., moyen, interm., et base du cerveau antér.) constituent le tronc cérébral. De celui-ci partent 12 paires de nerfs crâniens, qui pour la plupart innervent les organes des sens et les muscles de la tête. La 10e paire (nerf vague ou pneumogastrique) est antagoniste du sympathique (E).

La moelle épinière

Une coupe transv. permet de voir que la subst. grise n'y est pas ext. comme dans le cerveau, mais constitue un axe int. en forme de H. Les cel. des cornes postér. s'articulent avec les racines dorsales des nerfs rachidiens, les cel. des cornes antér. avec les racines ventrales (D). La subst. blanche est parcourue par de nombr. fibres montantes (réceptrices) et descend. (effectrices : ex. : voies pyramidales). La ME émet 31 paires de nerfs rachidiens, chaque nerf ayant 2 racines, l'une dorsale (sensit.), l'autre ventr. (motrice). Les 2 racines s'unissent pour former un nerf mixte qui se ramifie de nouveau en 2 branches (antér. et postér.) ; puis il continue à se diviser pour atteindre les territoires à innerver ; il s'articule aussi avec le SN végétatif. Les corps cell. des fibres motrices sont dans la subst. grise de la ME, ceux des fibres sensit. dans le ganglion spinal de la racine dorsale. Entre ces diff. cel. existent des connexions qui se situent dans la subst. grise (p. 376 A, B).

Le système nerveux végétatif

Il comprend 2 syst. partiels et antagonistes qui innervent tous 2 les mêmes organes (E) :

1. **Le système sympathique** a son origine dans la subst. grise de la ME, qui émet des fibres reliées à la chaîne ganglionnaire (2 chaînes de ganglions gros comme des grains de blé, de part et d'autre de la colonne vertébrale). De là les nerfs symp. gagnent les territoires à innerver par un réseau de ganglions interconnectés (plexus solaire).
2. **Le système parasympathique** comprend tous les nerfs antag. de ceux du symp. Ils ont leur origine dans le mésencéphale, le bulbe (spécialement le vague) et dans la région pelvienne de la ME (moelle sacrée). Eux aussi passent par des relais ganglionnaires (E).

Les ganglions intramuraux

Ils forment des réseaux de nerfs périph. indép. du SNC, commandés par le SN végétatif (p. ex. dans l'intestin, la vessie et le cœur ; p. 106 C).

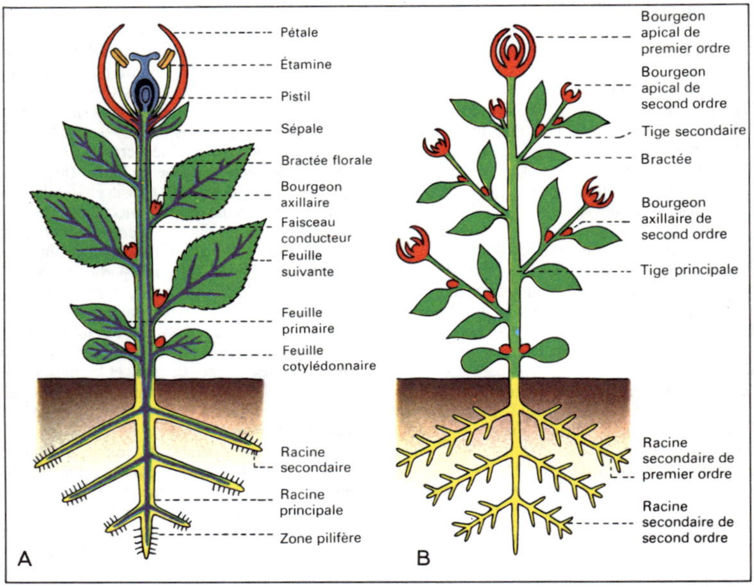

Plan d'organisation des Cormophytes : avec fleur (A), avec tige ramifiée et système racinaire (B)

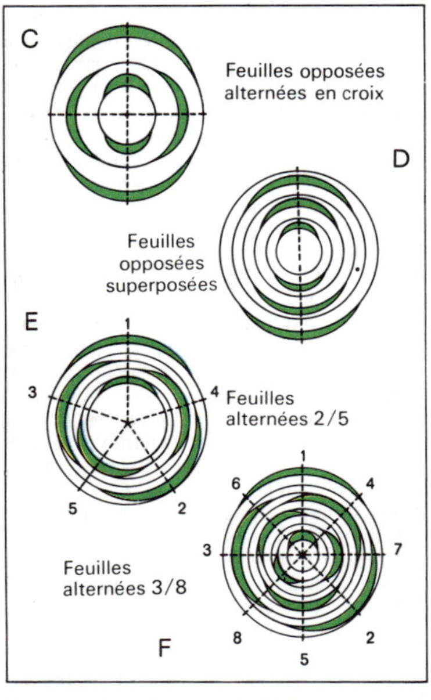

Types de disposition des feuilles

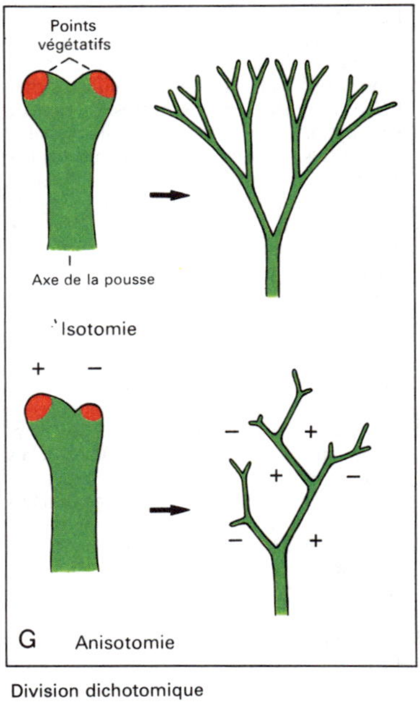

Division dichotomique

Contrairement aux *Thallophytes* (p. 75), les *Cormophytes* possèdent les **trois organes fondamentaux** : tige, feuilles et racines (cormus). Le point végétatif apical (bourgeon terminal), peut donner une fleur (A). Souvent les points végétatifs princip. et second. (bourgeons axillaires, yeux) continuent leur croissance, et donnent naissance à un système de tiges ramifiées, qui, avec les feuilles, constitue le syst. caulinaire (B). De la même façon la racine se ramifie et forme un syst. racinaire, qui, comme le caulinaire, peut théoriquement avoir une croissance illimitée (forme ouverte).

Bien que tous les Cormophytes possèdent les mêmes organes fondamentaux, la formation du syst. caulinaire et du syst. racinaire obéit à toute une série de lois et il en résulte une grande variété de formes. L'exemple des plantes ligneuses démontre qu'à chaque période de végétation, ce sont les mêmes éléments qui sont formés, selon un principe général, en rapport avec le mode de nutrition autotrophe des Végétaux (p. 280 sqq) qui consiste à réaliser de vastes surf. ext. (à l'inverse des Animaux : p. 124 sqq).

Disposition des feuilles (Phyllotaxie)

Les feuilles s'insèrent sur la tige uniquement au niveau des nœuds (ébauches foliaires, p. 82 A).

1. **Feuilles verticillées.** Plus. feuilles s'insèrent sur la tige au niveau d'un même nœud (C). Le nombre de feuilles d'un verticille et l'angle qu'elles font entre elles (divergence) sont des constantes de l'espèce (règle de l'équidistance).

   D'autre part, suivant la règle de l'alternance, les feuilles d'un verticille se trouvent toujours en face de l'espace interfoliaire du verticille superposé. Sur un diagramme, les diff. nœuds sont figurés par des cercles concentr. : les feuilles portées sur chaque nœud sont représentées en coupe. Le centre commun représente la tige, les cercles ext. correspondent aux nœuds situés le plus bas. C'est le verticille à deux feuilles (feuilles opposées) qui réalise le plus nettement la règle de l'équidistance et celle de l'alternance (feuilles opposées en croix ou décussées, ex. celles du *Lamium*). La disposition verticillée se retrouve fréquemment dans les organes de la fleur qui sont des feuilles métamorphosées (p. 123).

2. **Feuilles isolées (alternes).** Sur chaque nœud s'insère une feuille unique (D, E, F). De plus, chaque feuille est décalée d'un certain angle par rapport à la feuille précéd. Les feuilles sont donc ordonnées suivant une hélice autour de la tige. Si le décalage entre deux feuilles successives forme un angle de 180°, la feuille n° 2 est à l'opposé de la feuille n° 1, la feuille n° 3 est superposée à la feuille n° 1, etc. Les feuilles sont alors réparties sur la tige suivant deux lignes directrices opposées (feuilles distiques, disposition 1/2). Lorsque le décalage entre deux feuilles fait un angle de 120°, nous avons la disp. 1/3 (feuilles tristiques, trois directrices). On rencontre aussi fréquem. la disposition 2/5 ou la disp. 5/8. Un diagramme montre que les feuilles sont alors distribuées suivant 5 et 8 directrices (feuilles orthostiques). Le tronçon de spire qui va d'une feuille à celle qui est disposée à son aplomb s'appelle un cycle. Ds la fraction, le dénominateur, c'est le nombre de feuilles et le numérateur le nombre de tours sur la tige. Les cycles compliqués (p. ex. : 8/21 dans les pommes de *Pinus*, 34/89 dans les capitules des *Composées*) ne présentent à cause de décalages réguliers aucune ligne droite mais des lignes obliques (feuilles parastiques).

   Des changements dans le mode de disposition des feuilles même chez des plantes id. ne sont pas rares.

   Les lois de la Phyllotaxie se ramènent à :
   - la taille des insertions foliaires (on peut en trouver de nombr. petites au niveau d'un nœud : ce qui donne une disposition verticillée) ;
   - l'existence de zones d'inhibition autour des méristémoïdes isolés (p. 83) qui déterminent avec régularité le lieu d'implantation des nouvelles feuilles.

Ramification de la tige

1. **Ramification dichotome.** Importante chez les *Thallophytes,* mais chez les *Cormophytes* n'existe que chez les *Lycopodinées* (p. 552 sq) et quelques familles voisines. Elle résulte d'une division longit. de l'apex de la tige, qui donne naissance à deux cônes végétatifs. Lorsque ceux-ci sont identiques, la ramif. est régulière (isotomie, G) ; lorsqu'ils sont inégaux, l'une des deux branches de la fourche se développe plus que l'autre (anisotomie) et on peut croire qu'il s'agit d'une ramif. latérale, si les branches plus fortes poussent dans une direction sensiblement constante.

2. **Ramification latérale.** Déjà présente chez les *Thallophytes,* elle ne part pas, comme la ramif. dichotome, de l'apex, mais de bourgeons latéraux ou bourgeons axillaires (B). Elle est liée à la disposition des feuilles, car les bourgeons axillaires se forment à partir de cel. superficielles (origine exogène) à l'aisselle des feuilles, soit sur la tige, soit à la base de l'ébauche foliaire, d'où leur nom. Ces bourgeons donnent naissance à des rameaux. La feuille située à la base est appelée bractée.

   Chez les *Angiospermes,* presque toutes les feuilles comportent un bourgeon axillaire ; chez les *Gymnospermes,* les feuilles sont en forme d'aiguille, quelques-unes seulement ont un bourgeon (ex. *Epicea, If, Pin*). La plupart ne se développent pas (bourgeons dormants) ou bien ils ne donnent des rameaux que dans certaines conditions, p. ex. quand la tige principale avorte (le *Chêne* et le *Hêtre rouge* en donnent même au bout de cent ans). Parfois, après le premier bourgeon, naissent, à l'aisselle d'une même feuille, d'autres bourgeons, soit l'un au-dessus de l'autre (superposition, ex. la *Ronce*), soit l'un à côté de l'autre (disposition collatérale, ex. : bulbe d'*Ail*).

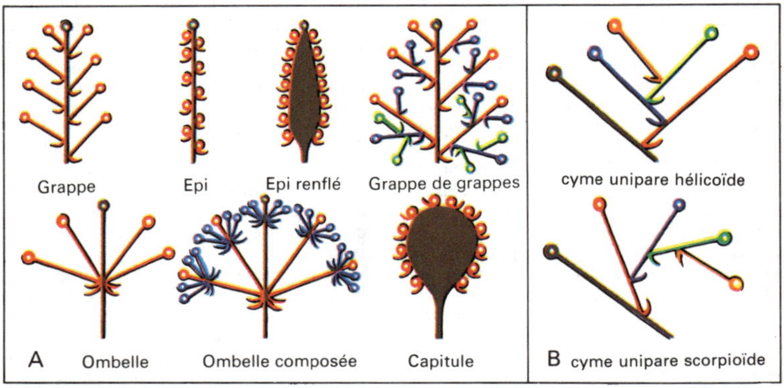

Inflorescences : Centripète (A) ; Centrifuge (B). Les pousses du même ordre ainsi que leur fleur et leur bractée sont chaque fois de la même couleur

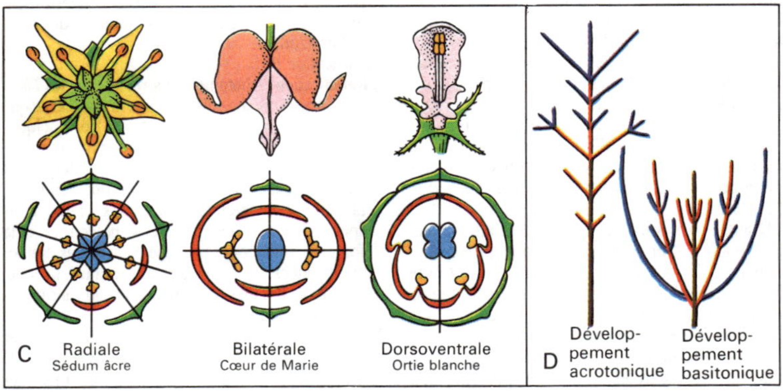

Symétrie latérale des fleurs (C). Symétrie longitudinale (D). La pousse (Dicentra) d'une année est représentée chaque fois dans une même couleur

Mode de ramification

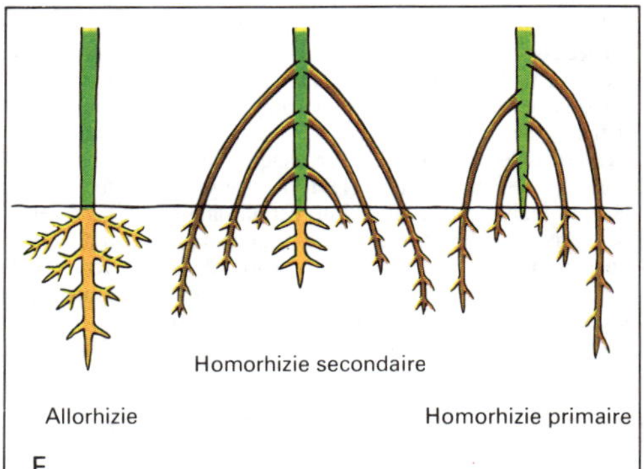

Système racinaire

Modes de ramification de la tige

Importance de la ramification. Elle est génér. réduite chez les plantes herbacées, et atteint son dévelop. max. chez les plantes ligneuses (arbres, arbustes). On distingue alors des axes secondaires (rameaux) de 1er ordre, de 2e ordre, etc., disposés selon un certain ordre sur l'axe principal.

Direction de la croissance. Lorsque l'axe princ. pousse vertic. (orthotrope), on parle de plante dressée. Génér. les axes secondaires se dévelop. dans toutes les direct., leur orientation est oblique ou horiz. (plagiotropes), exceptionnel. verticale (*Peuplier d'Italie*).

Lorsque l'axe princ. est plagiotrope, on parle de plantes rampantes. Les axes second. peuvent se ramif. dans le sens horiz. ou bien pousser verticalement.

Intensité du développement des axes secondaires

1. **Ramification en grappe.** Les axes second. se dévelop. souv. moins que la tige princ., de sorte que l'ensemble du syst. ramifié est traversé par un axe princ. unique. Ce mode de ramif. est très net chez les *Conifères :* ils lui doivent leur port pyramidal et la disposition étagée de leurs branches, qui permet d'identifier aisément les ramif. annuelles de la tige princ. (*Sapin, Epicéa*).
   Beaucoup d'inflorescences (A) constituent des ex. très nets de ramif. en grappe. La forme fond. est la grappe : l'extrémité de l'axe princ. porte une fleur ou s'atrophie, les axes second. sont des pédoncules portant une fleur. Il en est de même avec l'épi, mais les fleurs n'y ont pas de pédoncule (sessiles). Lorsque l'axe princ. se termine par un appendice renflé en forme de massue, on a un épi renflé. Dans le cas du panicule, les axes second. sont eux-mêmes ramifiés (grappe composée).
   On considère aussi comme des inflorescences en grappe celles dont les axes second. sont aussi développés que l'axe princ., ainsi l'ombelle (où chaque axe second. porte une fleur) et l'ombelle composée (à la place d'une fleur unique, une ombellule). Citons encore le capitule (axe princ. terminé par un renflement, souvent même par un plateau, où sont insérées les fleurs sans pédoncule).
2. **Ramification en cyme, ou sympodique.** C'est le mode de ramif. d'un axe princ. qui se développe moins que les axes second., ou dont la croissance s'arrête ; un ou plus. axes second. prolongent l'axe princ. Le système ramifié qui en résulte est appelé sympode. Lorsque plus de 2 axes latéraux de même ordre font suite à l'axe princ., on a une cyme multipare ; lorsqu'il y a seul. deux axes second., qui sont alors opposés, on a une cyme bipare (E). Ce mode de ramif. (ex. *Lilas, Gui*) donne lieu à un dévelop. tridimens., car les ramif. second. se dévelop. dans un plan perpendic. à celui de la précédente et ainsi de suite.
   Quand un seul axe latér. fait suite à l'axe princ., on a une cyme unipare (E). A chaque ramif. la tige fille pousse dans le prolongement de la tige mère qui se développe peu et se trouve refoulée de côté. L'ensemble simule un axe princ. avec ses axes latér. Mais ce qui prouve que ceux-ci sont de faux axes latéraux, c'est qu'ils ne naissent pas à l'aisselle d'une feuille : la bractée insérée à leur niveau leur est opposée et appartient en réalité à la tige fille développée.
   Là encore, ce sont les inflorescences qui mettent le mieux en lumière les lois de la cyme unipare (B). Les cymes unipares peuvent être scorpioïdes ou hélicoïdes, se ramifier dans un même plan (*Iris,* nombr. *Joncacées*) ou selon des plans perpendic. (*Consoude, Hémérocalle*).

Plans de symétrie

1. **Symétrie transversale.** Elle présente des formes diff. que les organes de la plante vus en coupe transv. et les fleurs permettent de reconnaître (C) :
   - Symétrie axiale (ou rayonnée). Une tige ronde a plus. plans de sym. Dans les tiges feuillées, leur nombre est limité par la quantité des feuilles orthostiques (p. 113), dans les fleurs, il est limité par la disposition des organes floraux.
   - Sym. bilatér. : existe dans les tiges aplaties (p. 119) et dans de nombr. fleurs (C). Il n'y a que deux plans de sym. perpendic.
   - Sym. dorsi-ventrale : un seul axe de sym. (C), parce que les deux côtés ne sont pas égalem. aplatis. Elle caractérise les tiges à orientation plagiotropique (rhizomes, p. 119, rameaux) et les feuilles. Ces dernières ont en génér. une sym. antéro-postérieure, mais peuvent n'avoir aucun plan de sym. (*Bégoniacées*).
2. **Symétrie longitudinale.** Dans le sens longit. la plante présente une dissym. marquée, exprimée par la polarité tige-racine. Même si des éléments identiques reviennent régulièr. (nœuds et entrenœuds) le long de la tige (métamérie, p. 129) chac. de ces segments est polarisé. Ceci se remarque, p. ex. avec les racines adventives qui naissent presque toujours à la base des tiges. C'est en raison de cette polarité que les arbres et les arbustes ont un mode de croissance diff. Dans le 1er cas, les bourgeons les plus actifs sont situés au sommet (dévelop. acrotonique), dans le 2e cas, ce sont les bourgeons situés à la base (dévelop. basitonique, F). Le processus se répète tous les ans sur les nouveaux segments de la tige (D).

Système racinaire

Il revêt des formes aussi variées que le syst. caulinaire. Dans le cas d'un syst. racin. indép., partant d'une racine princ., on parle d'allorhizie (*Dicotylédones,* F). Au contraire chez les *Ptéridophytes* il n'y a que des racines adventives (homorhizie). Il existe un type interm., c'est l'homorhizie second. des *Monocotylédones ;* la fonction du syst. racin., d'abord assurée par un syst. allorhize, est ensuite prise en charge par des racines adventives homorhizes.

Les ramifications courtes situées à l'extrémité du syst. racinaire collectent la majorité de l'eau et des subst. nutrit. (racines nourricières). Elles forment un réseau racinaire dense dans l'horizon correspondant du sol.

Adaptations de la racine

La notion de **métamorphose** désigne en zoologie le changement de forme d'un organisme au cours de son développement indiv. (p. 336 A) ; en botan., ce terme désigne une adaptation phylogénétique de la plante à cert. fonctions. Des métamorphoses peuvent affecter les 3 organes fondam. des *Végétaux :* tige, feuille, racine.

Un même organe fondam. peut avoir engendré des formes très diff. : on les qualifie d'**homologues** (tubercules, vrilles, épines de la tige, p. 119). D'autre part, des organes fondam. diff. peuvent engendrer des formes semblables, remplissant une fonction identique : elles sont dites **analogues** (racines, tiges, feuilles en vrille). Chez les *Végétaux,* un organe déjà différencié ne peut plus, comme chez les *Animaux,* subir de modification. En revanche, la plante ayant une croissance théoriquement illimitée (p. 113), elle peut posséder une série d'organes, qui n'en sont pas au même stade de leur transformation (p. 112 A).

Avec les **racines,** il est parfois difficile de savoir si on doit parler de métamorphose. En effet, s'il est vrai qu'elles peuvent assumer des fonctions nouvelles, elles continuent génér. à remplir leur fonction primitive (accrochage dans le sol, absorption de l'eau et des subst. nutritives). La perte de leur fonct. primit. et les changements imp. morph. n'empêchent pas de reconnaître le caractère racinaire (manchon de poils, absence de feuilles, struct. int.).

Racines tubérisées : en comparant la *Carotte sauvage* et la *Carotte potagère* (A, B) on remarque que la fonction de réserve commune à toutes les racines devient dominante par épaississement notamment du parenchyme cortical. Mais l'extrémité de la racine et les racines latér. témoignent encore de la forme et de la fonction primitives. Les racines tubérisées résultent souvent d'un épaississement de la racine principale et sont alors appelées **raves** (*Carotte, Betterave fourragère, Betterave à sucre*). Avec la racine, la partie inf. de la tige (hypocotyle) a une part plus ou moins grande dans la formation des raves. Souvent les racines adventives se transforment en organes de réserve : elles perdent leur forme de racines et se transforment en **tubercules** (C). Lorsque ces tubercules se forment à partir de racines ramifiées, ils sont eux-mêmes ramifiés, ainsi les tubercules digitiformes des *Orchidées* de nos régions (*Orchis maculata*). Comme ces organes, en raison de leur hypertrophie, ne peuvent plus remplir leur fonction primitive, la plante développe d'autres racines nutritives ramifiées, de morphol. normale. Cert. espèces accumulent seulement de l'eau (**succulence des racines**).

Racines respiratoires : elles se rencontrent chez les plantes de la mangrove, sur les côtes tropic. dans les zones recouvertes par les marées. Le sol est limoneux, très pauvre en O_2, et ces arbres y développent un syst. racinaire qui s'enfonce peu profondém. (D). Les racines horizontales émettent de nombr. racines second. fortement lignifiées, qui peuvent avoir 1,50 m de long et qui, à l'inverse des autres racines, poussent à la verticale (géotropisme négatif, p. 342 sq) jusqu'à la surf. de l'eau. Des pores leur permettent d'absorber l'O_2 qui est transmis, par l'interm. d'un tissu aérifère (aérenchyme, p. 83), aux zones les plus prof. du syst. racinaire. Les racines respir. remplissent une 2e fonction : elles portent la plus grande partie des fines racines absorbantes. Celles-ci s'étalent juste sous la surf. du sol, alors que les parties anciennes du syst. racinaire, recouvertes par les sédiments, s'enfoncent de plus en plus et rencontrent des conditions de vie défavorables.

Racines aériennes : elles existent surtout chez les plantes grimpantes et les épiphytes (ces dernières se fixent sur d'autres plantes, il en existe beaucoup de variétés tropic., ex. *Tillandsia spec.,* qui se fixent même sur les fils télégraphiques). *Monstera,* la plante d'appartement bien connue (*Philodendron,* E), émet une ou plus. racines aériennes, qui partent de chaque nœud, à l'opposé de la feuille. Elles ne naissent pas à l'aisselle d'une feuille, n'ont pas d'organes caulinaires et comportent une coiffe : ce sont donc bien des racines. Elles se ramifient rarement dans l'air, mais lorsqu'elles pénètrent dans le sol, elles développent tout un syst. racin. Les racines aériennes du *Ficus bengalensis* (*Banian,* un figuier des Tropiques), après avoir atteint le sol, deviennent aussi grosses que des troncs, et soutiennent les branches dont elles sont issues, de sorte que celles-ci peuvent continuer leur croissance. Un seul de ces arbres, lorsqu'il est âgé, constitue une véritable forêt dont les centaines de troncs sont en réalité des racines (dimensions d'un spécimen : 530 m de circonférence pour 26 m de haut). *Taeniophyllum glandulosum* est une épiphyte dont les racines aériennes aplaties pendent dans le vide comme des rubans et contiennent de la chlorophylle. Elles assument la fonction assimilatrice chez cette plante dépourvue de feuilles (organes analogues).

Racines étais : elles peuvent être classées au nombre des racines aériennes et se rencontrent surtout chez les plantes de la mangrove, en partic., les variétés arborescentes, qui, poussant dans un sol mou, ont besoin d'un soutien efficace ; ainsi les arbres du genre *Rhizophora* (*Myrtales*) ont des racines aériennes qui leur tiennent lieu d'arcs-boutants. (F)

Racines en vrille : elles naissent sur la tige des plantes grimpantes. *Vanilla planifolia* (*Orchidée* des Tropiques) dont les capsules fournissent la vanille, émet des vrilles, génér. une seule par nœud (G). Celles-ci réagissent à un contact en s'enroulant sur elles-mêmes, enlacent le 1er support venu et permettent à cette plante de se fixer. De même, le *Lierre* de nos régions émet des racines adventives munies de poils (racines crampons) qui lui permettent de s'accrocher.

Racines épines : on les trouve chez cert. *Palmiers* et chez les épiphytes. Là encore il s'agit de racines adventives.

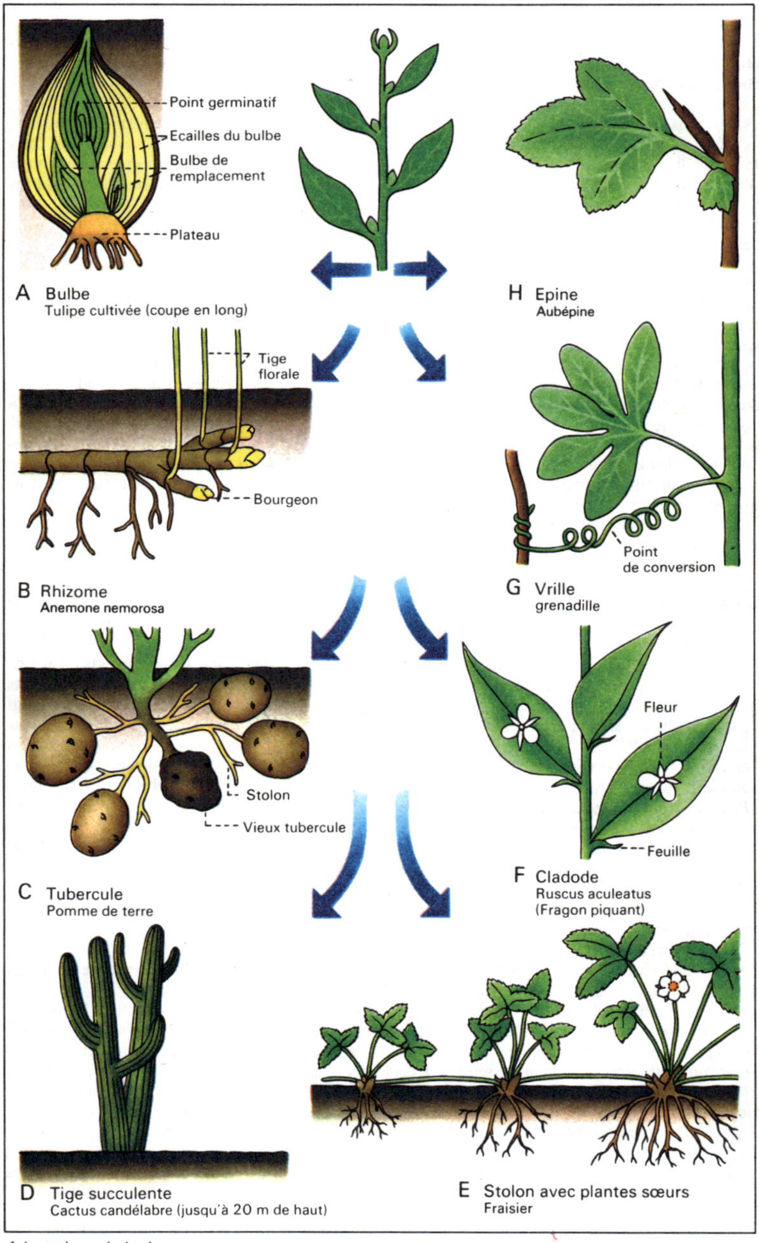

Adaptations de la tige

Les adaptations de la tige intéressent soit uniquement la tige, soit la tige et les feuilles, c'est-à-dire l'ensemble de la tige feuillée.

Bulbes. Ce sont des tiges souterraines courtes et renflées (A). Le bulbe forme un plateau qui porte des feuilles charnues. On distingue des bulbes « écailleux » (feuilles rudim. en forme d'écailles : *Tulipe, Fritillaire, Lis*) et des bulbes « tuniqués » (feuilles emboîtées enfermant la tige : *Oignon*). Sur le plateau est situé un point végétatif, qui est l'ébauche de la future pousse aérienne.

A l'aisselle d'une feuille du bulbe, peut se former un **bulbe de remplacement ;** il se développe à la période de végét. tandis que l'ancien bulbe, qui cède ses subst. nutrit., se dessèche. Dans le bulbe peuvent aussi se former des **bulbes de propagation** (caïeux) axillaires (reprod. asexuée, p. 144 sq). Le bulbe est protégé par plus. enveloppes ext. (écailles desséchées).

Rhizomes (B). Ce sont des tiges souter. renflées, dont les entre-nœuds sont courts, et qui, génér., poussent horizont. ou obliquement par la contraction de racines tractrices qui les maintiennent à la même profondeur. Ils peuvent être ramifiés, leur croissance est illimitée. Pourtant ils gardent toujours la même longueur, car ils dégénèrent à mesure que le point végétatif donne de nouveaux articles. Ils portent des feuilles rudim. réduites à des écailles, dont la vie est brève ; de l'aisselle de ces feuilles naissent, surtout à la face sup. du rhizome, des tiges verticales ; la face inf. émet des racines adventives (struct. dorsoventrale). Les tiges, produites par le prolongement annuel du rhizome sortent du sol tous les ans à un endroit diff. Les rhizomes sont des organes de réserve, mais souvent ils servent également à la multiplication végétative, chaque ramif. pouvant donner naissance à une nouvelle unité.

Tubercules. Ils peuvent se former à la suite d'un renflement local soit de la tige princ. (*Cyclamen, Radis, Chou-Rave*) soit, plus fréquemment, d'une tige souter. second. analogue à un stolon (*Pomme de terre,* C). Ils ne durent souvent que d'une période vég. à une autre et sont remplacés de diff. façons. Suivant la direction dans laquelle ils poussent, on distingue des tubercules orthotropes (*Crocus, Ranunculus bulbosus, Colchique d'automne*) et des tubercules plagiotropes (*Pomme de terre, Arum maculatum*). Les tubercules souter. de la *Pomme de terre* comportent des feuilles rudim. en forme d'écailles qui ne vivent pas longtemps, alors que d'autres plantes ont des tubercules aériens qui portent souvent des feuilles. Le nombre des écailles de la *P. de terre* prouve que plus. entre-nœuds sont renflés ; à leur aisselle sont placés des bourgeons, des « yeux », qui, à la période de végét. suivante peuvent donner naissance à des pousses. Comme pour la *Pomme de terre,* c'est à partir des subst. nutrit. de réserve accumulées dans les tubercules que de nouv. plantes se développent (p. 145).

Tiges succulentes (D). On les rencontre surtout chez les plantes des régions tropic. et elles se sont développées de façon identique (convergence) dans plus. groupes (*Euphorbiacées, Asclépiadacées, Cactacées ;* p. 248 D). Leur tige, remplie de tissu aquifère, est épaisse et charnue. Elle se ramifie peu, ou pas du tout, elle est alors presque sphérique (nombr. *Cactacées*). Les feuilles sont réduites, ce qui abaisse la transpir. La surface d'un *Echinocactus* p. ex. est 300 fois inf. à celle d'un *Seringat* (plante grimpante) de même poids ; la constitution partic. de son épiderme réduit la transpir. dans le rapport 1/6 000. La quantité d'eau accumulée dans les *Cactacées* peut être consid. On connaît des *Echinocactus* de plus de 2 m de haut et d'un périmètre de 3 m env., qui pour un poids de 1 000 kg, contiennent env. 800 l d'eau. Au Mexique, on les utilise en période de sécheresse comme « réservoirs vivants ».

Stolons. Ils ont encore dans une large mesure les caractères d'une tige (E), mais ils poussent à l'horizontale, leurs entre-nœuds sont plus longs et plus fins que ceux de la tige princ. Les bourgeons latér. donnent naissance (ex. *Fraisier*) à des tiges verticales qui prennent racine et qui, ultér., lorsque le stolon dégénère, forment des plantes indép. (multiplic. végét.). Il existe aussi des stolons souter. (*Pomme de terre,* C).

Tiges aplaties (cladodes). Ce sont des tiges qui ont l'aspect de feuilles (F). Comme les feuilles, elles renferment de la chlorophylle, et ont une fonction assimilatrice. Lorsque ces tiges aplaties sont normalement développées (tiges allongées), on les appelle platycladodes ; quand il s'agit de tiges latérales de forme ramassée (tiges courtes), elles ressemblent encore davantage à des feuilles, et on les nomme phyllocladodes. La seule chose qui, souvent, permet de savoir que ce sont des tiges second. est leur position à l'aisselle d'authentiques bractées très réduites. A l'occasion ces phyllocladodes portent même des fleurs.

Tiges en vrilles. Elles permettent aux plantes grimpantes de s'accrocher à un support. Souvent les vrilles s'enroulent en spirale, ce qui attire la plante contre le support, et donne de l'élasticité à la fixation (ex. *Passiflora,* G).

La Vigne vierge (*Parthenocissus*) possède des vrilles d'un type diff. Elles sont ramifiées et se terminent par un renflement formant une pelote adhésive qui permet à la plante de se fixer aux murs p. ex.

Epines caulinaires. Ce sont, comme chez l'*Aubépine* (H) de nos régions, de courtes tiges axillaires ; leur point végét. a avorté en cours de croissance, et elles ont cessé de croître en épaisseur. Les feuilles et les bourgeons latéraux de cette tige sont extrém. réduits. Les plantes des régions arides comportent fréquemment des épines caulinaires qui les protègent des herbivores. Ces épines sont riches en tissus de soutien, souvent lignifiées, donc très dures.

Dards. Ils proviennent, contrairement aux épines, uniquement du parenchyme cortical (p. ex. : la *Rose*), on les brise svt facilement.

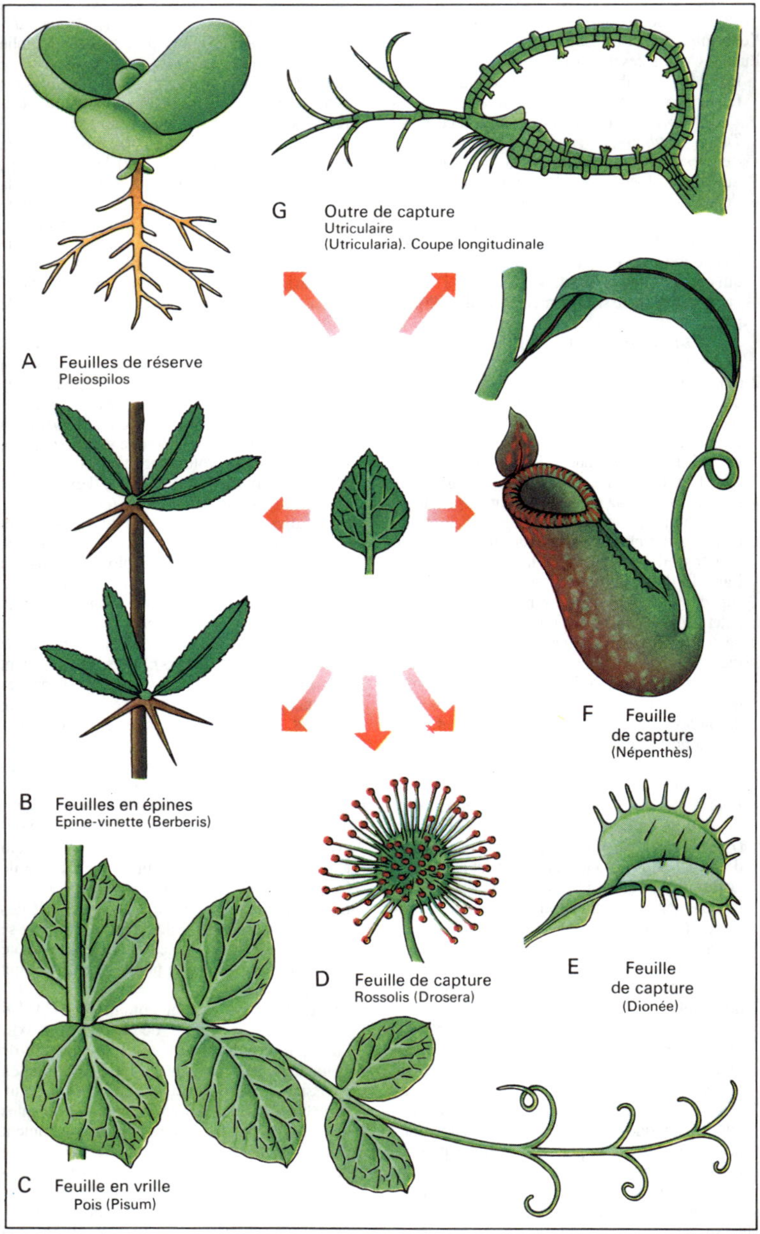

Adaptations de la feuille

Les adaptations de la feuille à diverses fonctions modifient non seul. leur morphol. mais aussi leur anatomie int. (p. 101). Au cours de leur croissance, les *Végétaux supérieurs* produisent des feuilles, qui, suivant leur ordre d'apparition, prennent un aspect diff. (succession des feuilles, p. 112 A).

Cotylédons. Ils sont déjà formés dans la graine et ils renferment des subst. nutrit., qui en font un aliment approprié pour l'Homme (Amidon : *Céréales, Légumes secs ;* graisses : *Colza, Noisette, Faîne ;* protéines : *Légumes secs*). Ils peuvent commencer à verdir, et assumer la fonction assimil. de la jeune plante, mais ils meurent bientôt et comparativ. aux feuilles qui se formeront plus tard, ils ont une forme élémentaire.

Feuilles rudimentaires. Ce sont des écailles protect. qui se trouvent souv. sur les parties souterraines des tiges (ex. sur les rhizomes).

Feuilles végétatives. Ce sont les feuilles norm., qui assimilent et durent longtemps. Dans les zones inf. de la plante, elles ont encore une forme simple (feuille primaire), plus tard elles prennent la forme caract. des feuilles second.

Bractées. Situées dans la zone florale, elles sont à nouveau réduites (p. 123).

Pièces florales. Il en existe plus. types (p. 123), ce sont des feuilles fortement modifiées en raison du rôle qu'elles jouent dans la reprod. Souv. elles se teintent de vert, ce qui rappelle leur origine foliaire.

Outre ces types de feuilles que l'on rencontre couram., il existe des adapt. particul. plus rares où le type fondam. foliaire est très modifié.

Feuilles charnues (succulentes) (A). Leur forme se rapproche encore souv. de la forme normale, mais elles sont constituées d'un tissu aquifère abondant fait de grandes cel. à paroi mince. Par ailleurs elles effectuent l'assimil. (ex. : *Tradescantia, Sedum*).

Feuilles en épines (B). Leur limbe est totalement résorbé ; elles renf. un tissu de soutien abondant (sclérenchyme), les cel. sont lignifiées. Elles ont un rôle protect. Parfois ce sont les stipules qui sont transf. en épines, et les feuilles vérit. subsistent (ex. les doubles épines du *Robinier,* qui sont des stipules transf.).

Feuilles en vrille (C). La planche montre une feuille pennée partiell. transformée en vrille, où l'assimil. est assurée avant tout par les stipules qui sont très dévelop. Mais des adaptations de ce genre se rencontrent aussi chez les feuilles simples (*Citrouille*). Les feuilles de la *Capucine* représentent un stade interm. : leur limbe est entièrement développé alors que le pétiole est vrillé.

Feuilles-réservoirs. On les trouve surt. chez les plantes dont les racines n'atteignent pas le sol (épiphytes). *Dischidia rafflesiana* a des feuilles en forme d'urne, qui recueillent l'eau de pluie : dans l'urne poussent des racines adventives qui absorbent l'eau. Il faut mentionner aussi le cas de nombr. *Broméliacées* dont les feuilles, munies d'écailles absorbantes (p. 228 C), forment ensemble des réservoirs.

Feuilles-pièges. Elles illustrent les adaptat. complexes de la feuille à des fonctions spéciales.

1. **Drosera** (principe du piège à glu, D). La surf. de la feuille est garnie de poils sécréteurs. Ceux-ci sécrètent un mucus visqueux qui attire les *Insectes* et les englue. La surf. de la feuille et les poils se replient (tropisme, p. 342 sq.) et la proie se trouve prise.
2. **Dionée** (principe du piège à mâchoires, E). Le limbe de la feuille, dont les bords sont garnis de dents, se compose de 2 battants réunis par une charnière qui fonctionne lorsque la turgescence cel. varie. Chaque battant est muni de 3 poils : si on touche un seul des 6, les 2 battants se ferment rapidem. Si aucune proie n'a été capturée, la feuille se rouvre lent. Ces mouv. peuvent se répéter plus. fois de suite.
3. **Népenthès** (principe de la chausse-trappe, F). La base de la feuille s'élargit en forme de limbe et assure l'assimilation. La feuille elle-même est transf. en une urne (ascidie) surmontée d'un couvercle incliné, et elle est à moitié remplie d'un liquide digestif. Les couleurs vives du couvercle et des bords de l'urne attirent les *Insectes,* qui glissent sur une zone très lisse et tombent au fond de l'urne.
4. **Utriculaire (G).** Ses feuilles, immergées, sont divisées en lames effilées, dont cert. sont transf. en outres fermées par un clapet mobile. Lorsqu'un petit animal vient à toucher les poils qui garnissent l'orifice, le clapet se rabat à l'intérieur, et les parois de l'outre, préalablement déprimées, se dilatent : l'eau pénètre dans l'outre, entraînant la proie à l'intérieur.

La digestion s'effectue à peu près de la même manière chez toutes les feuilles-pièges. La surf. de la feuille comporte des cel. glandulaires qui sécrètent des enzymes, ceux-ci dégradent les protéines et décomp. les parties digestibles de la proie. Les subst. nutrit. dissoutes sont absorbées par la surf. de la feuille (Plantes carnivores). On a montré que le mécanisme de capture réagit en présence de toute subst. protéique (ex. petits morceaux de viande ou de fromage). Les plantes carnivores poussent souv. sur des sols pauvres en subst. nutrit. Beaucoup p. ex. peuplent les tourbières et pâtissent d'une forte carence en mat. azotées. Elles y remédient en puisant l'azote qui leur est nécessaire dans les protéines d'origine animale : c'est un mode de nutrit. unique dans le règne végétal. Mais, en même temps, toutes les plantes décrites précéd. ont conservé le mode de nutrition autotrophe propre aux plantes vertes.

La bractée de l'Arum ne sert pas à la nutrit. Sa partie inf. enveloppe toute l'inflorescence ; les insectes qui y sont moment. emprisonnés, pollinisent ensuite d'autres inflor. d'*Arum* (pollinisation indirecte).

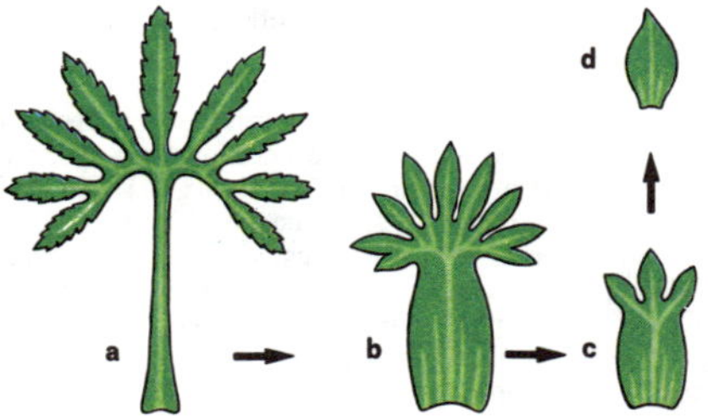

A **Formes de passage** (b, c) **de la feuille** (a) **à la bractée florale** (d) **Hellébore**

B **Bractée florale et position des fleurs**
Anthurium

C **Fleurs colorées par un suc**
Myosotis

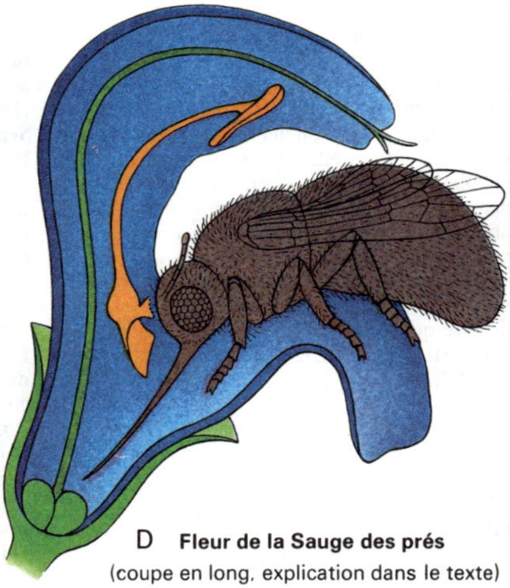

D **Fleur de la Sauge des prés**
(coupe en long, explication dans le texte)

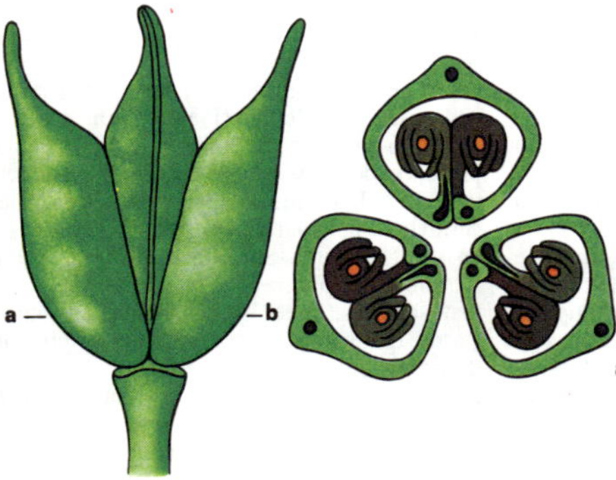

E **Feuille carpellaire enveloppante** du Pied d'alouette
A côté coupe a — b

F **Ovaire avec style et stigmate** du Lis blanc
A côté coupe a — b

Métamorphoses de la feuille en rapport avec la floraison

Nombr. sont les métamorphoses de la feuille qui résultent de son adaptation à la fonction de reprod. Lorsque les organes foliaires ainsi transf. sont disposés sur une tige dont la croissance est limitée, ils constituent une fleur (p. 112 A). Les *Ptéridophytes* (*Lycopodinées* et *Equisétinées*) possèdent déjà des fleurs rudimentaires (sporophylles). Celles de la *Prêle* (p. 552 G) sont constituées de plus. écailles peltées (sporophylles) portant de nombr. sporanges sur leur face inf. Parmi les *Spermatophytes,* les *Gymnospermes* (p. 554 sq) ont aussi des fleurs rudiment. peu apparentes, formées d'organes foliaires en forme d'écailles. Les *Angiospermes* (p. 554 sqq) ont des fleurs souv. éclatantes qui résultent de métamorph. Les diff. pièces florales ont le plus souv. une disposition verticillée, chez les variétés primit., elles ont aussi une disp. en hélice (p. 554 J). Le stade interm. entre les feuilles végétatives proprement dites et les organes foliaires de la fleur est représenté par les

Bractées. Leur taille et leur forme autorisent à les considérer comme des feuilles végétatives réduites. Les diverses feuilles d'une même plante donnent parfois une idée des étapes succ. de ce phénomène de réduction (A). Les bractées, dans la mesure où elles sont vertes, peuvent encore effectuer l'assimil. Mais chez elles c'est la fonction protect. qui devient prépond. Les bractées commencent par envelopper le bouton floral, mais elles peuvent s'écarter de la fleur épanouie lorsque la partie supérieure de la tige s'est allongée.

Parfois, aussi, les bractées servent à attirer les *Insectes,* mais en général c'est aux sépales et aux pétales que ce rôle est dévolu. En ce cas, les bractées sont pauvres en chlorophylle ou bien elles en sont total. dépourvues (perte de la fonction d'assimil.), elles sont alors blanches ou de couleur vive, et souv. très dévelop., comme p. ex. chez l'*Anthurium,* cette plante d'appart. bien connue, avec son inflor. renflée et sa bractée génér. d'un rouge éclatant (B). Sépales et pétales sont alors souv. total. réduits.

Le périanthe. Il peut être formé :
- de feuilles protectrices id. ou périgone (type homochlamydié, p. ex. : la *Tulipe*)
- de sépales et de pétales (type hétérochlamydié).

Les Sépales sont la plupart du temps peu apparents et ont un rôle protecteur ; ils sont st soudés en tube. Avec les sépales de nombr. espèces, on peut apporter la preuve que la disposition verticillée n'est st qu'apparente. Chez la *Rose* p. ex. on reconnaît dans les 5 sépales la struct. protectrice en toit du bourgeon (estivation) par la simplification des bords foliaires qui se recouvrent les uns les autres. Le calice représente un cycle de 2/5 (phyllotaxie : p. 113).

Pétales (corolle) : ce sont les pièces florales les plus attirantes des plantes entomophiles ; ceux des plantes anémophiles sont souv. très réduits. Par leur grande taille et leurs couleurs vives, les pétales attirent les *Insectes* de très loin. Certaines fleurs offrent aux *Insectes* qui s'approchent une aire où ils peuvent se poser (D), cela grâce à la forme de leurs pétales : c'est là une adaptation qui favorise la pollinisation, on la rencontre en partic. chez les fleurs qui ont une symétrie bilatérale. Pour orienter l'*Insecte* et lui faciliter l'accès au nectar, la fleur exhale des parfums ou comporte des motifs colorés (C). Beaucoup de fleurs doivent leur forme partic. au fait que les pétales sont soudés (corolle gamopétale). Il arrive souv. que les fleurs ne puissent être pollinisées que par certains *Insectes,* on parle alors de fleurs à Mouche, à Abeille, à Bourdon, à Papillon, à Sphinx. Les *Insectes* ne sont pas les seuls animaux pollinisateurs, il y a aussi – surtout dans les régions tropicales et subtropic. – les *Oiseaux,* les *Chauves-souris,* et même de petits *Marsupiaux* grimpeurs. Certaines *Orchidées* ont des pétales qui imitent les animaux pollinisateurs, pour mieux les attirer (ex. *Ophrys Bourdon, Ophrys Abeille*).

Androcée (ens. des étamines). Leur forme est très éloignée de celle de la feuille (p. 112 A) ; mais dans beaucoup de fleurs on trouve des formes interm. qui prouvent que les étamines sont homol. des feuilles (ex. *Nénuphar, Rose,* fleurs doubles). Les étamines ont elles aussi une forme spécialement adaptée aux *Insectes* pollinisateurs. La *Sauge des prés* (D) a 2 étamines ; chaque étamine porte 2 sacs polliniques à l'extrém. d'un long connectif ; à l'autre extrém. les 2 autres sacs polliniques sont avortés et les 2 connectifs se réunissent en une lame qui ferme l'accès au nectar situé au fond de la corolle. Chaque connectif forme un levier articulé sur le court filet de l'étamine. Quand un *Bourdon* entre dans la corolle, il appuie avec sa tête sur la lame, et fait basculer ce levier, de sorte que les sacs polliniques viennent toucher son dos. Lorsque, après, il se pose sur des fleurs plus âgées, leur stigmate qui descend plus bas touche son dos (pollin. indir.).

Gynécée (ens. des carpelles). Chez les *Gymnospermes* les ovules sont nus, portés à la surf. de la feuille carpellaire (p. 554 G). Chez les *Angiospermes* les carpelles ont une forme aplatie et renferment de la chlorophylle, ce qui prouve leur nature foliaire, mais ils se sont transf. en une loge qui abrite les ovules (ovaires). Chez le *Haricot* la fleur n'a qu'un carpelle, dont les bords repliés et soudés font face à la nervure médiane et portent les ovules. *Delphinium* (E) a 3 feuilles carpellaires analogues. Lorsque les carpelles sont soudés, on a un ovaire composé (F). – La partie supérieure du carpelle forme souv. un style allongé, terminé par le stigmate, qui est génér. visqueux (pour retenir le pollen). – Lors de la fructif. les carpelles présentent d'autres modif., qui représentent en génér. une adaptation à la dissémination de la graine. Ceux qui sont devenus charnus à force d'accumuler des subst. nutrit. attirent les animaux (*Tomate*) ; ceux qui sont munis de crochets et de piquants (*Bardane*) sont transp. par les animaux ; des mécanismes servent à projeter la graine (*Impatiens*).

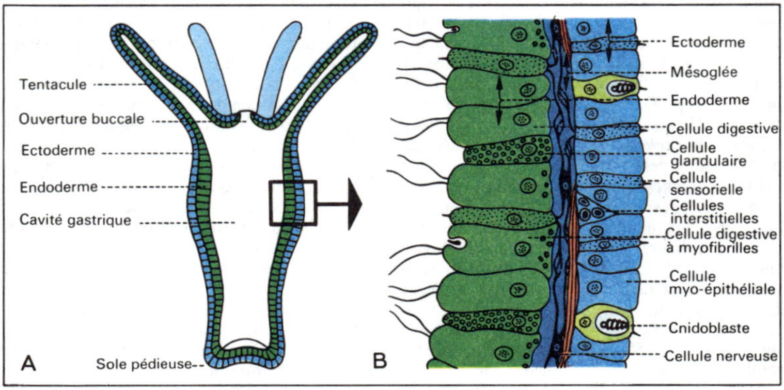

Polype : l'Hydre, coupe longitudinale (A) ; coupe longitudinale de la paroi (B)

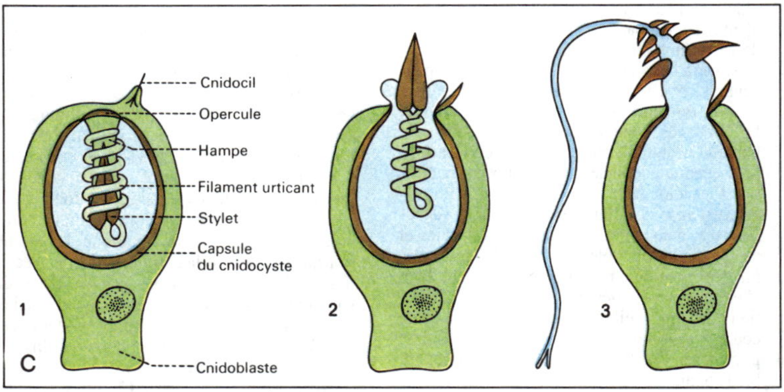

Fonctionnement d'un cnidoblaste : État de repos (1) ; Hampe et stylet en début d'expulsion (2) ; Filament évaginé (3)

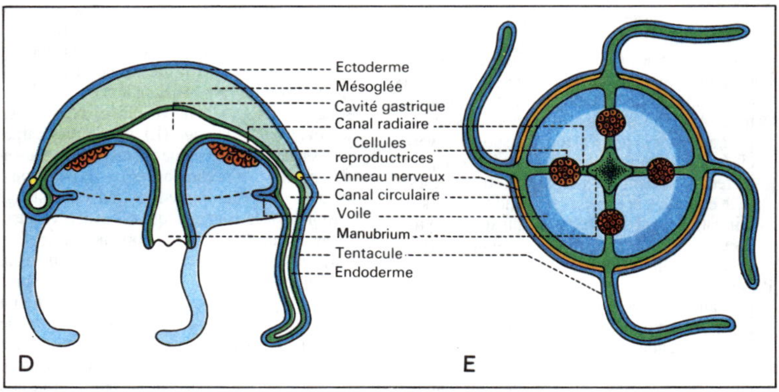

Méduse : Coupe longitudinale (D, à droite : radiale ; à gauche : interradiale) et vue de dessous (E)

Les plans d'organisation des *Végétaux* (p. 112-123) montrent dans leur diversité apparente des schémas de base fréquemment reproduits et peu d'élém. de constit., qui se répètent de nombr. fois (struct. ouverte ; p. 113).

Chez les *Animaux* la plus grande unité apparente révèle une plus forte différenciation tissulaire. La struct. des organes est déterminée très tôt lors du dévelop. embryonnaire (struct. fermée) :

- à l'int. d'un groupe anim. on a des organes de même orig. (Homologie) (Arguments pour la théorie de l'évolution : p. 513) ;
- entre diff. groupes on trouve des organes qui ont la même fonct. (Analogie) (p. ex. : les diff. types d'organes excréteurs).

Ce qui a été dit des *Protistes* et des colonies de cel. (p. 58-73) montre qu'il existe chez eux un certain plan d'organ. Cela est encore plus net chez les *Spongiaires* (p. 75). Comme beaucoup d'animaux qui vivent fixés, ils ont une symétrie radiaire : c'est également une caract. des *Cœlentérés.*

Plan d'organisation des Cœlentérés

A partir du polype des *Hydrozoaires* (p. 563 sq). Le corps a la forme d'un sac allongé, fixé à un substrat par une sole pédieuse. La cavité gastrique s'ouvre à la partie sup. par un orifice buccal, qui sert à absorber la nourriture et à excréter les résidus non digérés. La bouche est entourée par une couronne de tentacules : la cavité gastrique se prolonge à l'int. de ces tentacules. La paroi du corps est constituée de 2 assises de cel., l'ectoderme et l'endoderme. Entre ces 2 assises s'intercale une lame élastique, la mésoglée.

La différenciation des cellules est beaucoup plus poussée que chez les *Spongiaires* (B).

L'ectoderme renferme des cel. épithéliales non spécialisées, et d'autres types de cel. : sensorielles (p. 346 sq), myo-épithéliales (cel. épithéliales ordinaires, mais leur base, très développée, renferme des fibres muscul. contractiles), nerveuses (reliées entre elles et avec les autres cel. par leurs prolongements). Quant aux cnidoblastes, ils n'existent que chez les *Cœlentérés* et comptent parmi les cel. les plus hautement spécialisées qui soient.

Le cnidoblaste (C) renferme une capsule chitineuse, dans laquelle s'invagine (au pôle sup.) un tube creux composé d'une hampe renflée et d'un long filament. Sur sa face int. la hampe est munie de barbes et d'aiguillons qui, au repos, sont réunis en un stylet **(capsules à stylet).** La capsule et le tube sont remplis d'un liquide spécifique qu'ils sécrètent. Ce liquide est maintenu sous pression grâce à la paroi élastique de la capsule. La face ext. du cnidoblaste comporte un cil sensible (cnidocil), qui, au contact d'une proie, déclenche le mécanisme de la capsule. L'*opercule* de celle-ci s'ouvre alors brusquement, la pression int. dévagine tout d'abord la hampe du filament dont les dards s'enfoncent dans le corps de la proie puis s'écartent, immobilisant celle-ci à la manière d'un harpon. Le filament s'enfonce alors avec une grande force dans la blessure et la sécrétion qu'il contient sort par les pores de ses parois. Ce liquide est un venin qui peut dissoudre rapidement la carapace chitineuse des petites proies. Chez certains *Cœlentérés* l'effet du venin produit par la capsule des cnidoblastes est sensible même pour l'Homme (*Méduses*). Chez d'autres, le filament englue la proie **(capsule à glu)** ou bien il enlace les pattes ou les poils des petites proies **(capsules préhensiles).** De nouveaux cnidoblastes se forment à partir de cel. interstitielles qui apparaissent à un endroit quelconque, puis se déplacent sous l'épithélium vers les tentacules où elles se différencient.

L'endoderme renferme des cel. interstitielles qui remplacent des cel. dégénérées et des cel. digestives phagocytes flagellées ; certaines d'entre elles ont une base élargie renfermant des myofibrilles comparables aux cel. myo-épithéliales de l'ectoderme. L'endoderme renferme encore des cel. glandul. qui sécrètent dans la cavité gastrique des sucs digestifs. Ainsi l'ectoderme et l'endoderme renferment des cel. ayant des fonctions diff. : les cel. nerveuses constituent un **réseau nerveux** (p. 102 C) ; les myofibrilles de l'ectoderme sont orientées longit. ; celles de l'endoderme sont transv. : ces 2 types permettent des mouvements coordonnés.

Les cellules reproductrices se forment en des endroits indéterminés de l'ectoderme ou de l'endoderme ; l'animal n'a pas d'organes reprod. Parallèlement il existe une reprod. asexuée (p. 147). Les polypes naissent par bourgeonnement : ils se détachent de l'hydre mère, ou y restent fixés en colonies avec souv. une division du travail entre les diff. polypes (polymorphisme, p. 234 sq).

Les polypes des *Scyphozoaires* (p. 563) ont une cavité gastrale divisée par 4 septa ; ceux des *Anthozoaires* par 8 à plusieurs centaines. Ils ont aussi un squelette externe sécrété par des cel. glandulaires ectodermiques (Exosquelette : p. ex. chez les *Coraux*) et/ou par des cel. mésenchymateuses (Endosquelette).

Le plan d'organisation des Méduses correspond à celui d'une hydre dont l'ouverture buccale serait tournée vers le bas, mais la différenciation est ici plus poussée (D, E). La méduse a la forme d'une cloche, dont le corps s'appelle ombrelle et le battant manubrium : elle doit sa forme à une couche de soutien gélatineuse renfermant des cel. mésenchymateuses. Le bord de l'ombrelle porte des tentacules, un voile (velum) sur la face int., et renferme des org. sensoriels qui réagissent à la lumière et à la pesanteur. La cavité gastrique forme un syst. gastro-vasculaire tapissé par l'endoderme (canaux radiaires débouchant dans le canal circulaire, et séparés par une assise endodermique). Les cel. myo-épithéliales de l'ectoderme sont concentrées dans le voile, la face int. de l'ombrelle et le manubrium (muscles circulaires permettant de nager par réaction) de même que les cel. nerveuses (qui forment un anneau nerveux dans le bord de l'ombrelle). Les cel. reprod. sont rassemblées en certains points (ectoderme du manubrium ou de la face inf. de l'ombrelle, ou endoderme de la cavité gastrique).

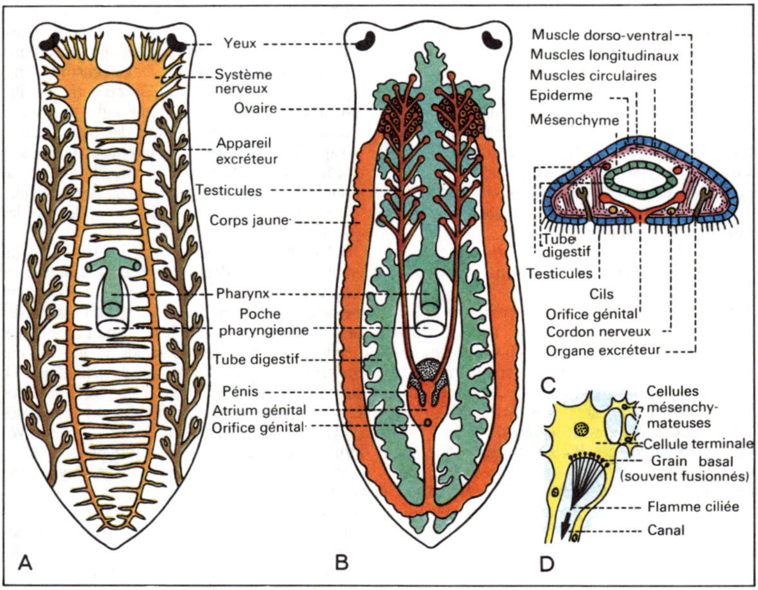

Planaire : Constitution (A, B) ; Coupe transversale (C) ; Terminaison d'une proto-néphridie (D)

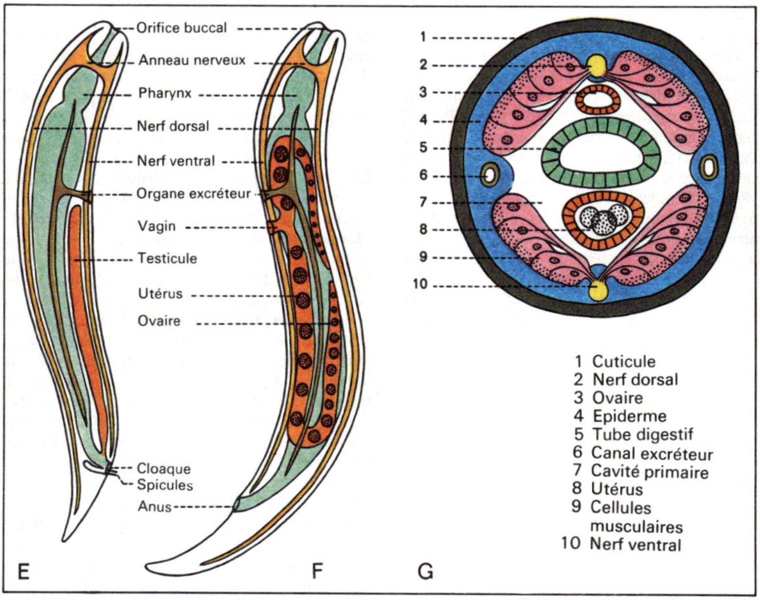

Nématode : Constitution du ♂ (E) ; Constitution de la ♀ (F) ; Coupe transversale de la ♀ (G)

Les *Métazoaires* étudiés précédemment présentent une symétrie radiaire ; les formes animales suiv. ont une **symétrie bilatérale.** On distingue chez elles une extrémité ant. (pôle moteur), où sont concentrés les organes sensoriels (pôle sensoriel) et où se situe en général l'ouvert. buccale (pôle de la nutrition). Ainsi se constitue une zone céphalique (céphalisation). Ce dévelop. détermine aussi la position et la struct. des organes internes (p. ex. élaboration de centres nerv. ; A, E, F). Toutes ces formes possèdent un 3e feuillet embryonnaire (**mésoderme,** p. 191), qui a une part très import. dans la formation des organes int.

Vers plats (Plathelminthes). Des différences importantes de plan d'organisation font qu'il est aléatoire de les réunir avec d'autres groupes (p. ex. : *Némathelminthes*) dans les « vers inf. » Exemple : les *Planaires* (*Turbellariés*). Ils présentent une organis. tout à fait élémentaire. Leur corps est aplati, la face ventrale est garnie de cils vibratiles. Entre l'ectoderme et l'endoderme s'intercale un tissu produit par le 3e feuillet embryonnaire, un **mésenchyme,** où sont logés les organes int. Il comprend des assises muscul. périphér. (muscles circul., longit., diagonaux ; également muscles dorso-ventraux) qui entourent un réseau serré de cel. conjonctives formant un tissu de soutien et de réserve (glycogène, graisses). Les lacunes du mésenchyme sont remplies d'un liquide qui a probabl. un rôle analogue à celui du sang et de la lymphe chez les *Vertébrés.* Il n'y a pas d'appareil circulatoire.

Le système nerveux comprend un plexus nerv. sous-épiderm. et un SNC ; localisé dans le mésenchyme, celui-ci est constitué de cel. ganglionnaires groupées en deux cordons médullaires reliés par des commissures circul. L'extrémité ant. du corps renferme 2 amas de ganglions qui équivalent au « cerveau ». Outre les cel. sensorielles primaires (p. 346) qui sont des organes tactiles, cert. zones de la peau sont chimiosensibles ; on trouve aussi de petites vésicules situées au-dessus du « cerveau », qui servent à l'équilibration (statocystes) et enfin des yeux (cel. visuelles – il peut y en avoir jusqu'à 1 000 — groupées dans une coupe pigmentaire).

L'intestin se termine en cul-de-sac (cf. cavité gastrique des *Cœlentérés,* p. 125), il fait suite à un pharynx qui souv. peut s'allonger comme une trompe ; l'ouverture buccale est génér. située sur la face ventr. L'intestin se ramifie souv. en 3 branches (*Triclades*) ou davantage (*Polyclades*), il parcourt le corps tout entier et assure ainsi une distrib. directe des subst. nutrit. (syst. gastrovasculaire) que l'absence de circul. sanguine rend nécessaire. Chez beaucoup de variétés parasites l'intestin est absent et la nourr. est absorbée par osmose, à travers le tégument.

Les organes excréteurs (proto-néphridies) se composent de 2 canaux longit. qui débouchent à l'ext. soit par un orifice commun, soit séparément. Ils reçoivent de multiples canalicules latér. qui se terminent tous par une cel. terminale (cellule-flamme, D) ; ces cel. puisent dans les lacunes du mésenchyme le liquide de déchet et l'expulsent dans le canalicule excréteur grâce aux mouvements d'un pinceau de cils (régulation osmotique ; vrais. aussi excrétion).

Les organes reproducteurs : les *Plathelminthes* sont hermaphrodites. Le type représenté sur le schéma B peut présenter de nombr. variantes. Les testicules peuvent être en nombre pair ou impair, ou encore former de mult. vésicules disséminées. Les organes sex. femelles sont tout aussi variables dans leur forme et la position des canaux évacuateurs, dont 2 sont génér. présents : le vagin et l'oviducte. Les ovaires peuvent se subdiv. en glandes ovariennes et glandes vitellogènes ; ces dernières n'élaborent que des cel. nourricières qui se groupent autour d'un ovule, l'ensemble étant entouré d'une enveloppe commune et formant un œuf ectolécithe.

Vers ronds (Némathelminthes). Ex. : *Oxyures* ou *Ascaris.*

Leur corps, cylindrique et filiforme, est revêtu d'une cuticule sécrétée par l'épiderme qui n'a pas une struct. cell. (syncytium, p. 73). Souvent il est simplement constitué d'énergides alignées sur 8 rangées longitudinales.

La tunique musculaire est faite d'une seule assise de muscles longit. Les cel. muscul. contiennent des fibrilles dans la zone qui borde l'épiderme, et émettent des prolong. cytopl. (dont la longueur peut atteindre 10 mm) reliés direct. aux nerfs longitud.

Le système nerveux est élémentaire, en partic. les fibres périph. sont fort peu nombr. du fait qu'entre les muscles et les nerfs la connexion est directe. Plus. ganglions reliés par des commissures forment autour du pharynx un anneau d'où partent 2 cordons nerveux, l'un dorsal, l'autre ventral, qui, logés dans un renflement longit. de l'épiderme, vont jusqu'à l'extrémité post. du corps. Ils se doublent de plus. paires de nerfs longit. reliés par des commissures semi-circul. non symétriques.

L'appareil excréteur est dépourvu, comme chez les *Plathelminthes,* de cel. à flamme vibratile. Il se réduit à 2 canaux longit. qui parcourent deux autres renflements, latér. ceux-là, de l'épiderme ; ces 2 canaux sont constit. par une unique cel. géante creuse, un tube en forme de H. Le noyau est situé dans le connectif cell., d'où part le canal excréteur qui débouche sur la face ventr. à la partie ant. du corps.

Les organes sexuels sont en forme de tubes et baignent dans la cavité prim. (p. 128 B) qui est remplie de liquide et entoure direct. l'intestin. Les sexes sont séparés. Le testicule, génér. impair, débouche avec l'intestin dans un cloaque ; celui-ci comporte une poche munie de 2 pointes cuticulaires érectiles (spicules), qui servent d'organes copulateurs. Les ovaires sont pairs et forment des tubes repliés placés l'un derrière l'autre dans l'axe longit. du corps, ils aboutissent à un vagin impair situé à peu près au milieu du corps.

L'intestin est un tube rectiligne qui traverse le corps ; contrair. à celui des *Plathelminthes* il y a un orifice ext. La partie ant. est le pharynx, richement pourvu de muscles et de glandes. Il communique souv. avec l'intestin moyen par une zone très musculeuse, pourvue d'un appareil constricteur à 3 lames : c'est un organe de succion (bulbe). Les *Némathelminthes* se caract. souvent par leur constante cell. : les indiv. d'une même espèce ont un même nombre de cel.

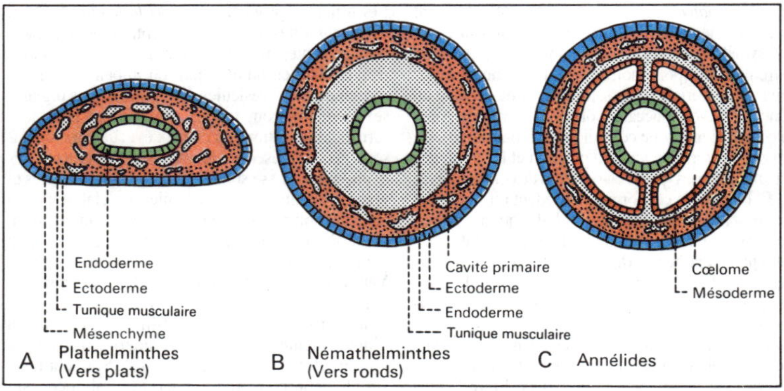

Cavités primaires et secondaires chez les Vers (coupe transversale)

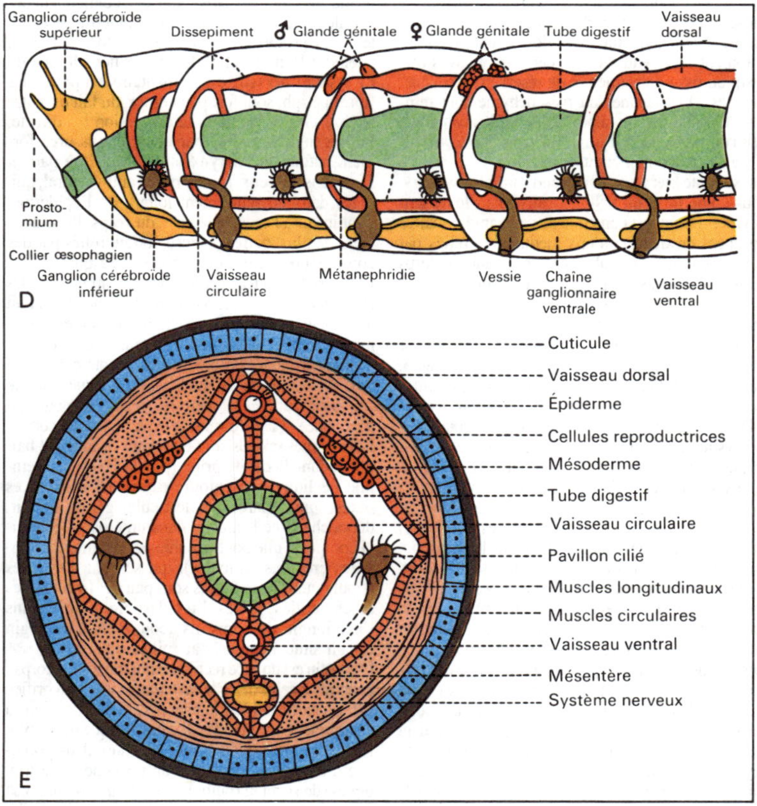

Annélide : Schéma d'organisation, sans l'enveloppe musculaire (D) ; coupe transversale (E)

Les Vers annelés (Annélides) forment un groupe qui présente une grande unité de struct. dont on fait dériver l'organisation de tous les *Arthropodes* (p. 130 sqq ; 572 sqq).
Ex. *Ver de terre* (ou *Lombric*).
Le corps, cylindr., est composé d'anneaux. A cette segmentation ext. correspond une segm. int. : à part le lobe céphalique (Prostomium) qui a une struct. partic., tous les segments (ou métamères) ont une constit. générale identique (segmentation homonome). Cette **métamérie** entraîne une succession régulière d'organes ext. et int. identiques (D). L'épiderme renferme de nombr. glandes à mucus, et comme chez les *Vers ronds,* il est recouvert d'une cuticule riche en protéines et en polysaccharides.
Des assises muscul. lisses (muscles circul., muscles longit. et diagonaux) constituent avec l'épiderme une **tunique musculaire** non segmentée. Elle a un rôle locomoteur, et, avec le liquide int. sur lequel elle exerce des pressions constantes, elle assure la stabilité du corps (squelette hydrostatique).
En règle générale, le corps est garni de soies chitineuses implantées dans l'ectoderme ; elles servent à la locomotion, tout comme les parapodes qui sont des appendices latér. du corps (en partic. chez les *Polychètes,* p. 130 C).
Le tube digestif, rectiligne, traverse tout le corps. L'ouverture buccale est située sur la face ventrale de la tête, l'anus est à l'extrémité du dernier anneau. L'espace compris entre la tunique muscul. et le tube digestif est occupé par une **cavité secondaire,** le **cœlome** (C). Contrairement à la cavité primaire des *Vers ronds* (B), qui résulte du fusionnement des lacunes qu'on observait dans le mésenchyme des *Vers plats* (A), le cœlome est limité par une paroi individualisée (feuillet embryonnaire intermédiaire, mésoderme, p. 191). Dans chaque anneau, la cavité second. est divisée en 2 sacs cœlomiques (D, E). Leurs parois ant. et post. contiguës constituent des cloisons musculeuses (dissépiments) qui séparent les diff. segments. De même, les parois longit. médianes des sacs cœlomiques s'accolent au-dessus et au-dessous du tube digestif, qui est soutenu par ce mésentère à double assise. La paroi du cœlome (cœlothélium) enveloppe également tous les organes qui traversent le cœlome. Les muscles de la tunique musculaire sont produits par la paroi cœlomique qui lui est contiguë (feuillet pariétal ou somatopleure), les muscles du tube digestif se forment à partir de la paroi cœlomique qui l'entoure (feuillet viscéral ou splanchnopleure).
Un app. circulat. apparaît pour la 1re fois. Il est entièr. clos et présente la struct. suiv. :
- Un vaisseau dorsal et un vaisseau ventral se forment à partir de cavités qui subsistent dans les mésentères.
- Ils sont reliés par des vaisseaux circul. qui proviennent de cavités formées dans les dissépiments. La paroi de tous ces vaisseaux princ. comprend le cœlothélium, qui peut se transformer en fibres muscul., à l'int. de celui-ci une membrane épaisse anhiste et, tout à fait au centre, un endothélium. Le vaisseau dorsal et les vaisseaux circul. comprennent des portions contractiles qui jouent le rôle d'un « cœur » qui dans le vaisseau dorsal ramène le sang vers la tête.
- Des lacunes situées entre la splanchnopleure viscérale et le tube digestif forment le sinus sanguin de l'intestin moyen.

Ces éléments centraux de l'appareil circul. peuvent se ramifier en capillaires là où 2 parois cœlomiques sont contiguës ou bien dans les zones de contact entre le cœlothélium et d'autres organes (ex. muscles), car dans ces zones subsistent des lacunes. Tous les vaisseaux sanguins sont des vestiges de la cavité primaire ; ils ne communiquent pas avec le cœlome. De même, le sang provient en partie du liquide que contenait la cavité primaire. Son sérum ou ses cel. contiennent des subst. respiratoires (chlorocruorine ou hémoglobine, p. 81).
Les organes excréteurs (métanéphridies) : chaque segment possède une paire de métanéphridies. Ces organes se forment entre les 2 assises cell. des dissépiments ; ils s'ouvrent dans le cœlome d'un premier segment par un pavillon cilié (néphrostome) auquel fait suite un canal sinueux qui se termine dans le segment suiv., où il débouche extér. par un pore latér. Les produits d'excrétion sont recueillis par le pavillon, ou traversent les parois du canal excréteur ; parvenus dans la lumière du canal, ils sont en partie transportés par des cel. migratrices (cel. chloragogènes). La partie sinueuse du canal, entourée de capillaires, absorbe les subst. utilisables (cf. Rein, p. 107). L'urine, avant d'être excrétée, s'accumule dans la partie terminale du canal, la vessie.
Le système nerveux a lui aussi une struct. segmentaire. Il comprend un ganglion cérébroïde sup. (cerveau) situé au-dessus de l'œsophage ; 2 connectifs formant un collier péri-œsophagien le relient au ganglion cérébroïde inf., qui est double et forme le premier élém. d'une chaîne de ganglions ventraux (une paire de ganglions par segment) reliés par des commissures transv. et des connectifs longit. (chaîne nerveuse ganglionnaire, chaîne nerveuse ventrale).
Les cel. nerveuses ne sont pas disséminées comme dans les cordons médullaires des *Vers plats* (p. 127), mais concentrées dans les ganglions, tandis que les commissures et les connectifs renferment les fibres. Chaque paire de ganglion innerve les organes du segment correspond. qui a donc une grande autonomie. De chaque ganglion naissent latéralement de nombr. nerfs dont l'un (le nerf parapodial) forme dans les parapodes chez les *Polychètes* son propre ganglion.
Les glandes génitales (gonades) sont réparties en quelques segments (l'animal est hermaphrodite, il a des testicules et des ovaires). Pour ces organes la segmentation est non pas homonome mais hétéronome. Les cel. reprod. sont produites par une prolifération du cœlothélium à la face post. des dissépiments, elles aboutissent dans le cœlome et sont évacuées par le pavillon cilié **(système urogénital).** Mais des canaux déférents indép. (gonoductes) existent aussi, souv. ils fusionnent secondairement avec la métanéphridie.

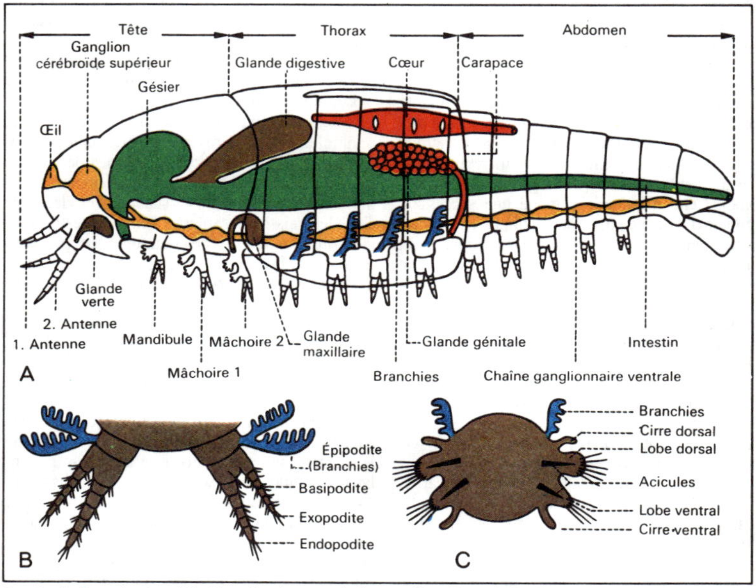

Crustacé : Constitution (A) ; Type fondamental d'appendice biramé (B) ; Parapodes d'un Ver annélide polychète (C)

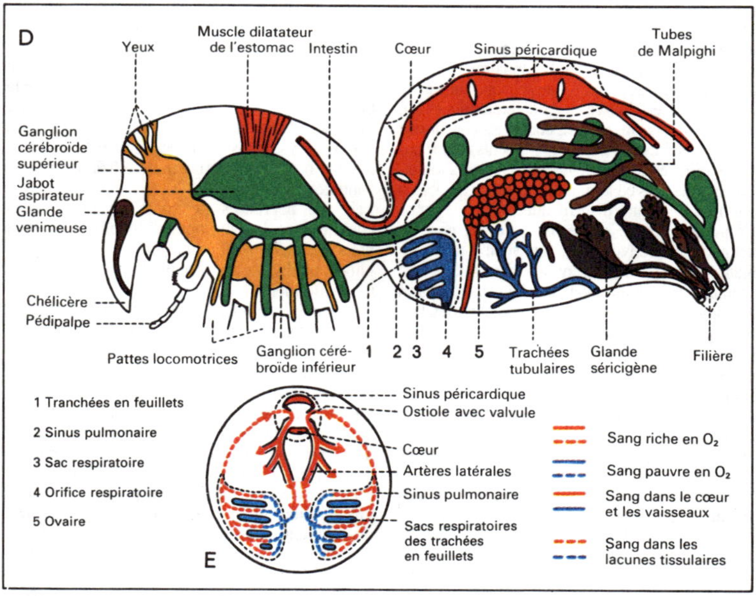

Araignée : Constitution (D) ; Schéma de la Circulation du sang (E)

Les *Crustacés,* les *Arachnides* et les *Insectes* (p. 133) présentent beaucoup d'analogies dans leur plan d'organisation, qui est très proche de celui des *Annélides* (p. 129).
Cela se traduit aussi dans la position systématique de ces groupes (p. 570-577).

Crustacés (Ex. : *Ecrevisse* [*Astacus*])
Le corps est segmenté, mais les segments sont dissemblables (métamérie hétéronome). Il se compose de 3 parties : la tête, le thorax, et l'abdomen. La tête n'est pas segmentée, souv. elle est soudée au thorax, l'ensemble constitue le céphalothorax. Du céphalothorax part 1 repli formant une carapace qui peut recouvrir tout le corps. La segmentation interne est estompée, quelques organes la montrent encore (cœur – SN). Une cavité unique (cavité prim. et second. réunies en un mixocœle) occupe tout le corps. Le **tégument** est une épaisse cuticule chitineuse, imprégnée de protéines et de sels calcaires qui la rendent très dure (squelette cuticulaire). Primitivement chaque segment est porteur d'une paire d'**appendices** articulés ; le céphalothorax lui-même en est pourvu, ce qui donne à penser qu'à l'origine il était lui-même segmenté. Le type fondamental de ces appendices, analogue aux parapodes des *Vers annelés* (C), est l'appendice biramé (B).
Cet appendice type est profondément modifié dans les diff. parties du corps. La tête comporte 2 paires d'antennes (organes sensoriels) et des pièces buccales (1 paire de mandibules, 2 paires de mâchoires) dont la base est munie intérieurement de lames masticatrices dentelées. Les appendices du thorax ont une branche int. qui sert à la marche ou à la nage, l'exopodite est réduit. Les segments de l'abdomen sont mobiles, leurs appendices sont réduits ou manquent. Ceux de l'avant-dernier segment forment avec le dernier segment (segment de l'anus) l'éventail caudal.
Le tube digestif se compose d'un intestin antér. ectodermique formant souv. un estomac masticateur pourvu d'arêtes et de dents chitineuses, d'un intestin moyen, endodermique (avec des appendices pairs et ramifiés : glande digestive ou foie) et de l'intestin post. ectodermique, chitineux et long.
Les organes excréteurs sont des glandes disposées par paires (canal sinueux, se terminant en cul-de-sac par une vessie ; ce sont probablement des néphridies modifiées). Elles débouchent à la base de la 2e antenne ou de la 2e mâchoire (glande verte ou bien glande maxillaire).
Les glandes génitales : dans les cas les plus simples, ce sont des tubes ou des sacs pairs (sexes séparés) qui débouchent sur la face ventrale à l'arrière du thorax ou à l'avant de l'abdomen.
Le cœur est un canal dorsal dont la segmentation est encore apparente. Il comporte des ouvertures latér. (ostioles) par lesquelles entre le sang contenu dans un sinus péricardique (D) ; lorsque le cœur se contracte le sang est propulsé vers l'avant ; des valvules ostiolaires l'empêchant de refluer. Il se déverse dans la cavité int., directement ou par l'intermédiaire de petits vaisseaux (circulation ouverte), puis il circule dans les lacunes interviscérales et dans les branchies, pour retourner finalement au sinus péricardique.
La chaîne nerveuse glanglionnaire ressemble à celle des *Annélides,* elle a une struct. segmentaire. Mais la différenciation du cerveau est plus poussée : il comprend le protocérébron (relié aux yeux), le deutocérébron et le tritocérébron (2 paires de ganglions initialement reliés aux membres et ramenés second. en avant de la bouche).

Arachnides (Ex. : *Epeire [Aranea]*)
Organisation du corps : la segmentation est encore beaucoup plus estompée que chez les *Crustacés :* la tête et le thorax sont fusionnés en un céphalothorax, l'abdomen forme souv. un sac non compartimenté. La segmentation est plus nette chez les formes primitives : on reconnaît 24 métamères chez les *Scorpions,* ou plutôt on en déduit leur existence de la disposition des pièces buccales et des appendices.
Tégument : squelette cuticulaire chitineux, mais pas d'imprégnation par le calcaire.
Appendices : l'abdomen porte les filières, organes pairs très transformés ; dans la plupart des groupes il ne porte rien. Le céphalothorax en porte toujours 6 paires, qui, à l'origine, se terminent par des pinces ou des griffes. Les *Araignées* ont des chélicères (1re paire) pourvus de crochets venimeux, des pédipalpes (2e paire) transformés en palpes tactiles. Les 4 autres paires d'appendices sont des pattes locomotrices.
Système nerveux. C'est une chaîne ganglionnaire profondém. modifiée. Dans les cas extrêmes, tous les ganglions, à part le ganglion cérébroïde sup., sont groupés et forment un ganglion cérébroïde inf. volumineux ressemblant à une étoile.
Organes excréteurs. Ce sont des glandes coxales (tubuleuses, elles débouchent à la base des appendices ; on distingue encore leur disposition segm., comme chez les *Crustacés*) ou des tubes de Malpighi qui débouchent à l'extrémité de l'intestin moyen.
Organes respiratoires. 2 types coexistent :

1. Phyllotrachées (poumons) : c'est le type primitif ; il comprend un orifice respiratoire (stigmate), un vestibule et des sacs respiratoires. Ceux-ci sont revêtus d'une mince membrane chitineuse (intima) et pénètrent dans un sinus qui conduit le sang riche en O_2 au cœur.
2. Trachées tubulaires ; ramifiées ou simples, elles partent du stigmate situé dans l'abdomen et se prolongent vers l'avant du corps (cf. *Insectes,* p. 132 C).

Cavité interne, tube digestif, appareil circulatoire et organes reproducteurs présentent une grande analogie avec ceux des *Crustacés.* Mais comme l'ouverture buccale est étroite et ne laisse passer que des aliments liquides, l'estomac fonctionne comme une pompe aspirante.
Organes spécifiques. Ce sont les glandes à venin et les volumineuses glandes séricigènes des *Araignées* qui tissent des toiles.

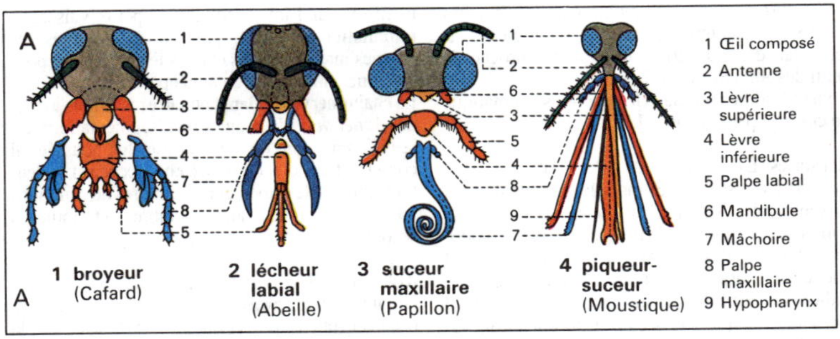

Types d'appareils buccaux chez les Insectes

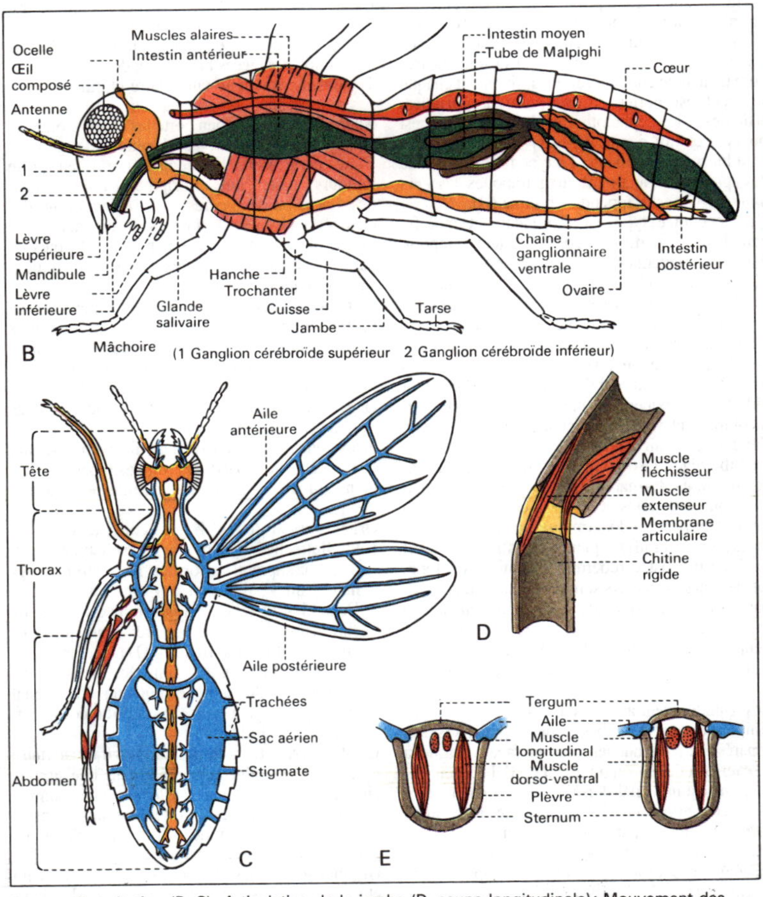

Insecte : Constitution (B, C) ; Articulation de la jambe (D, coupe longitudinale) ; Mouvement des ailes (E)

Le corps des **Insectes (Hexapodes)** présente, comme celui des *Crustacés* et des *Arachnides*, une segmentation hétéronome et se compose de 3 parties (B).

1. La tête. Elle est encapsulée ds une enveloppe chitineuse. Ses appendices sont des vestiges segmentaires. **Les antennes** correspondent aux a_1 des *Crustacés*. Les 3 paires suiv., les **pièces buccales**, sont abritées par la lèvre sup., un prolong. de la capsule « crânienne » (A 1).

Les mandibules sont 2 puissantes lames masticatrices fonctionnant comme une pince. Les maxilles (2 paires) se composent d'une base qui porte 3 branches ; la branche ext. est un palpe articulé, les 2 branches int. sont des lames. Les maxilles ant. (maxillules, mâchoire post.) ont chacune une lame masticatrice et une lame sensorielle. Les maxilles post., dont les bases sont soudées et forment la lèvre inf., ont une lame linguale (glossa) et une lame paralinguale (paraglossa). Ces pièces buccales fondam. sont celles d'un insecte broyeur. Elles peuvent subir diverses modifications, mais l'organisation fondam. reste la même.

2. Thorax. Il comprend 3 segments (pro, méso, métathorax) soudés, fixes, faits de 4 pièces solid. unies : une dorsale, le tergum, une ventrale, le sternum et deux latér., les plèvres. Chaque segment porte une paire de pattes à plus. articles : hanche (coxa), trochanter, cuisse (fémur), jambe (tibia), pied tarse de 1 à 5 articles, le dernier muni de 2 griffes, souv. aussi de ventouses.

Les 2e et 3e segments thoraciques portent chacun une paire d'ailes (sauf chez les *Aptérygotes*). Cert. Insectes ont perdu leurs ailes second. (*Poux*, *Puces* et autres parasites).

Les ailes sont des expansions du tégument et non des appendices (comme p. ex. les ailes des *Oiseaux*, p. 512). Elles sont insérées entre le tergum et la plèvre (E) et comprennent 2 membranes chitineuses. L'espace qui les sépare à l'origine a disparu et ne laisse subsister que les canaux (les nervures) parcourus de lacunes sanguines, de trachées et de nerfs.

3. Abdomen. Il comprend au maximum 11 segments et un telson. Des membranes souples relient d'une part le sternum et le tergum, d'autre part les segments entre eux, ainsi l'abdomen possède une grande mobilité. 2 paires d'appendices abdominaux sont transformés en gonopodes. Outre des stylets en forme de soies, ils forment :
– l'ovipositeur (♀) ;
– les paramères, entourant le pénis (♂).

Le dernier segment abdominal porte des cerques filiformes, parfois en forme de pinces (p. ex. *le perce-oreille*).

Le tégument chitineux n'est jamais imprégné de calcaire ; composé de plaques dures (de tubes dans les appendices) et de membranes articulaires souples, il a un rôle de soutien mécanique et il est le support des muscles (D). Comme chez les *Vertébrés* (p. 84 G), les mouv. de toutes les articulations sont opérés par des muscles antagonistes.

Les muscles alaires remplissent presque tout le thorax. Ils ne sont pas reliés aux ailes mais insérés sur les plaques dorsale et ventrale (E). Les muscles dorso-ventraux et les muscles longit. en se contractant altern., provoquent une déform. des lames chitineuses qui actionne les ailes (mouvements alaires indirects). Les Libellules ont des muscles alaires fixés à la base de l'aile, agissant de façon directe et sur un mode antagoniste.

Comme chez les *Crustacés* et les *Arachnides*, la segmentation interne est très estompée.

Le système nerveux corresp. à une chaîne nerv. ganglionnaire, mais plus. ganglions sont fusionnés. Le ganglion cérébroïde sup. résulte du fusionnement de 3 paires de ganglions et il a une struct. fine très complexe. Le ganglion cérébroïde inf. réunit 3 paires de ganglions qui primitiv. commandent les pièces buccales. Les ganglions qui leur font suite sont souv. fortement fusionnés eux aussi.

Les organes des sens : leur diversité correspond au fonctionnement perfectionné du SN (yeux à facettes, ocelles, organes du toucher, de l'odorat, du goût, de l'audition).

Le tube digestif : chez les espèces herbivores il est partic. long et décrit des anses dans l'abdomen. Dans la bouche aboutissent 1 ou 2 paires de glandes salivaires ; l'intestin ant., d'origine ectodermique, comporte divers organes spéciaux (jabot, diverticule, gésier). L'intestin moyen, endodermique, est court, il s'élargit souv. en forme de poche (estomac) et peut comporter des tubes terminés en cul-de-sac. La glande digestive est toujours absente. L'intestin post., d'origine ectodermique, reçoit, à sa partie initiale, des tubes fins et nombr. qui sont les organes excréteurs (tubes de Malpighi).

L'appareil respiratoire (syst. trachéen)

Les stigmates sont les orifices respir. ext. (à l'origine chaque segment en possède une paire) d'où partent les trachées. La trachée est une invagination de l'ectoderme revêtue int. d'une mince cuticule chitineuse qui présente des épaississements en hélice. Les bouquets de trachées s'anastomosent pour former des conduits longit., ce qui rend possible une dimin. du nombre des stigmates. Chez les espèces bien adaptées au vol, les trachées se dilatent et forment des sacs aériens. Les ultimes ramific. des trachées, non chitinisées (trachéoles) communiquent avec tous les organes et les approvisionnent en O_2.

L'appareil circulatoire est très réduit : cette réduction est liée à l'abondance des ramif. du syst. respiratoire (cf. *Arachnides*). Il comprend un cœur dorsal tubulaire, une aorte céphalique sans artères latérales.

Les organes génitaux (sexes séparés) comprennent une paire de testicules ou d'ovaires, des canaux déférents pairs et un conduit term. impair. De plus, il existe des glandes annexes et, fréquemment chez la ♀, un réceptacle séminal.

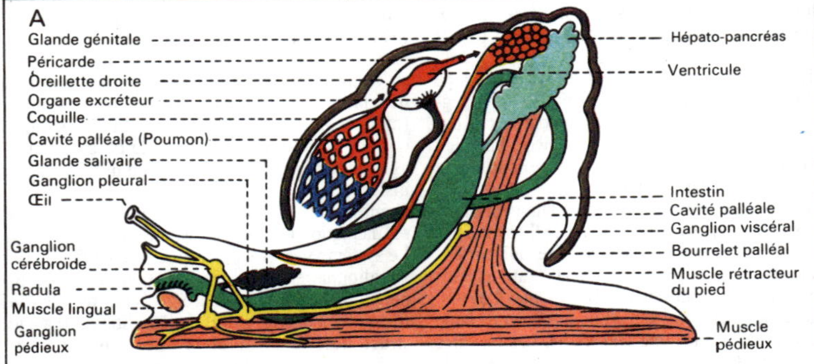

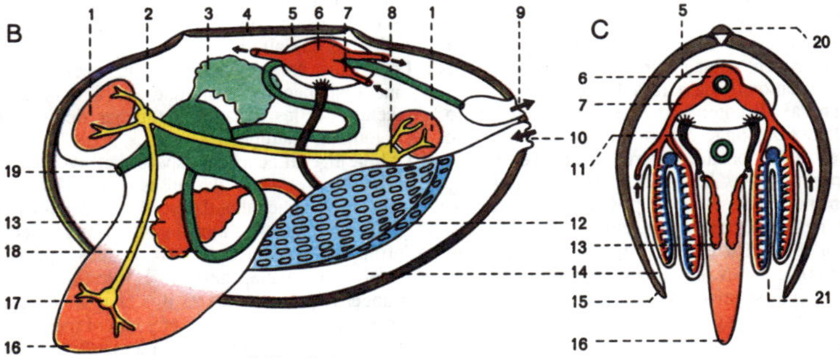

1 Muscle adducteur
2 Ganglion cérébroïde
3 Hépato-pancréas
4 Chanière
5 Péricarde
6 Ventricule
7 Oreillette
8 Ganglion viscéral
9 Siphon exhalant
10 Siphon inhalant
11 Organe excréteur
12 Branchies
13 Glande génitale
14 Manteau
15 Coquille
16 Pied
17 Ganglion pédieux
18 Intestin
19 Bouche
20 Ligament
21 Cavité palléale

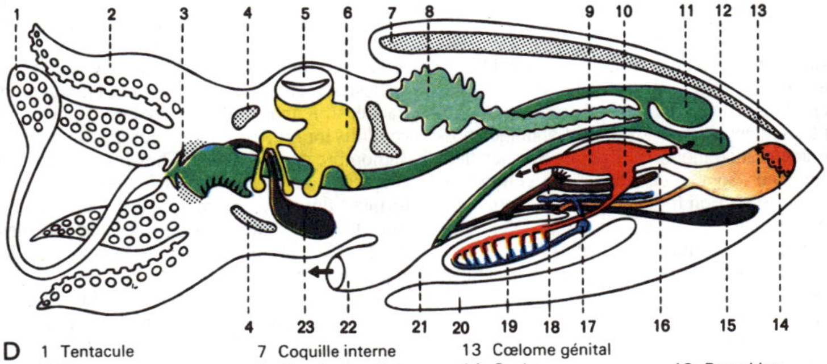

D
1 Tentacule
2 Bras
3 Bec corné
4 Cartilage crânien
5 Œil
6 Cerveau
7 Coquille interne
8 Glande digestive
9 Ventricule
10 Oreillette
11 Estomac
12 Caecum
13 Cœlome génital
14 Ovaire
15 Poche du noir
16 Péricarde
17 Cœur branchial
18 Organe excréteur
19 Branchies
20 Manteau
21 Cavité palléale
22 Entonnoir
23 Glande salivaire

Gastéropode pulmoné (A) ; Lamellibranche : plan d'organisation (B), coupe transversale (C) ; Céphalopode (D)

Les **Mollusques** comprennent 3 types morphol. caract. : les *Gastéropodes* (A), les *Lamellibranches* (ou *Bivalves* B, C), et les *Céphalopodes* (D). Leur corps, massif, n'est pas segmenté comme celui des *Annélides,* des *Crustacés,* des *Arachnides* et des *Insectes,* et il est toujours dépourvu d'appendices. Des formes primit. comme *Neopilina* ont une disposition métamérique de leurs organes (branchies, néphridies, commissures nerveuses, muscles dorso-ventraux). Le tégument est mou et renferme de nombr. glandes. Dans les cas typiques, le corps se divise en 4 régions :

1. La tête : elle comporte les principaux organes sensoriels ainsi que l'ouvert. buccale. Chez les *Lamellibranches* la tête est complètem. réduite, sans doute en raison de leur mode de vie sédentaire.

2. Le pied : c'est un organe impair, musculeux, qui revêt des formes très diverses et sert à la locomotion (reptation, nage, fouissage). Chez les *Céphalopodes,* le pied se subdivise en 2 parties : l'une, antér., entoure la tête (d'où leur nom) et se prolonge par un ensemble de bras munis de ventouses. L'autre, post., composée de 2 lobes accolés ou soudés en forme de tube, forme l'entonnoir. Celui-ci est orientable dans toutes les directions et sert à nager par réaction.

3. La masse viscérale : c'est la région dorsale du corps contenant les viscères, elle est renflée et enveloppée d'une tunique mince (manteau). Elle est souv. enroulée en hélice (*Gastéropodes*), d'où la disparition second. de la symétrie bilatér. primitive.

4. Bourrelet palléal : entre le pied et la masse viscérale, le manteau se replie pour former la cavité palléale (primit. dirigée vers l'arrière, mais second. souvent tordue vers l'avant ; p. ex. : *Gastéropodes*) ; au fond de celle-ci s'ouvrent l'anus, le pore excréteur et l'orifice génital.

La coquille est sécrétée à la surf. du manteau, elle s'agrandit par des sortes de « cernes annuels » qui se forment au bord du manteau (p. 568 C). En général la coquille comprend 2 couches calcaires : une couche ext. prismatique et une couche de nacre int. faite de feuilles minces qui se recouvrent comme des tuiles. Elle est recouverte par une mince membrane protéique qui part des bords du manteau (périostracum : protection contre l'acidité). Chez les *Lamellibranches* la coquille est double ; un ligament élastique (C) sert à écarter les 2 valves, des muscles adducteurs les maintiennent fermées. – Les *Céphalopodes* ont une coquille atrophiée située sous la peau (coquille int.), ou bien ils en sont total. dépourvus (de même que les *Gastéropodes nudibranches*). On ne distingue pas de segmentation int. La **cavité générale** est continue, elle n'est pas tapissée d'un mésoderme (cavité primaire) ; le cœlome (cavité second.) est réduit au péricarde (A, B, D), qui est une petite poche mésodermique entourant le cœur, et à la cavité génitale (D).

Les organes excréteurs : ils naissent dans le cœlome par un péricarde cilié. Ils sont pairs et appelés reins, mais ils correspondent aux métanéphridies des *Annélides* (p. 129).

Les organes génitaux (souv. hermaphrodites) : chez les *Céphalopodes* ils sont situés dans la paroi d'une cavité cœlomique impaire qui communique avec le péricarde. Chez les *Mollusques* très primitifs, les cel. reprod. aboutissent dans le péricarde, et sont évacuées par le pavillon cilié (cf. *Annélides*, p. 129). Dans d'autres groupes, une 2e paire de néphridies post., ou le conduit entre les 2 cavités cœlomiques, donne des canaux efférents pairs ou impairs.

Le cœur, réduit, est situé dorsalement et traverse le péricarde. Génér. il possède 2 oreillettes, qui reçoivent le sang provenant des branchies. Le sang est alors propulsé dans les artères, puis il circule dans les lacunes de la cavité générale **(circulation ouverte).** Seuls les *Céphalopodes* ont un appareil circul. en grande partie clos. Le sang contient une subst. qui joue un rôle respir., l'hémocyanine : incolore, elle devient bleue quand elle est oxydée.

Les organes respiratoires sont des branchies : ce sont des replis cutanés, abond. vascularisés, qui pendent dans la cavité palléale. Chez les *Lamellibranches* elles sont très grandes, découpées en lamelles et couvertes d'un épithélium cilié. Celui-ci crée un courant qui brasse l'eau d'avant en arrière dans la cavité palléale afin d'assurer l'approvis. en O_2 et la nutrition. Des êtres vivant du plancton sont filtrés et amenés à la bouche par un sillon cilié de l'appareil branchial. Chez les variétés de *Mollusques* qui ont une respir. aérienne (*Gastéropodes pulmonés,* A) les branchies sont réduites, c'est la paroi int. de la cavité palléale, abond. pourvue de capillaires, qui fait office d'organe respiratoire.

Le système nerveux comprend deux ganglions cérébroïdes d'où partent 4 cordons nerv. (qui sont rarement des cordons médullaires, les cel. étant génér. groupées en ganglions). Les 2 cordons médians mènent à une paire de ganglions pédieux qui innervent le pied, les 2 cordons latér. mènent aux 2 ganglions pleuraux qui innervent le bord du manteau et souv. aussi aux ganglions pariétaux et viscéraux qui innervent les parois du corps et la masse viscérale.

Le SN des *Céphalopodes* se distingue par sa forte centralis., qu'on ne retrouve à un même degré que chez les *Vertébrés.* Les ganglions cérébroïdes, pédieux, pleuraux et viscéraux sont fusionnés et forment, autour du pharynx, un cerveau volum., protégé par une pièce cartilagineuse qui fait office de crâne. Des ganglions buccaux innervent le pharynx, des ganglions étoilés innervent les muscles du manteau et des nerfs tentaculaires forment des cordons médullaires.

Les organes des sens sont innervés princip. par le ganglion cérébral. Ce sont les yeux des *Céphalopodes* (jusqu'à 40 cm de Ø) qui représentent l'organis. la plus perfectionnée : par leur constitution et leur fonctionnement ils sont comparables aux yeux des *Vertébrés,* mais leur dévelop. est différent.

Le tube digestif : chez les *Lamellibranches* il traverse le ventricule du cœur (!). L'intestin ant. comporte souv. une langue recouverte d'une surf. chitineuse râpeuse (radula), parfois aussi un bec corné chitineux (D). A l'intestin moyen est adjointe une grosse glande digestive (foie). La **poche du noir** est un organe particulier aux *Céphalopodes*.

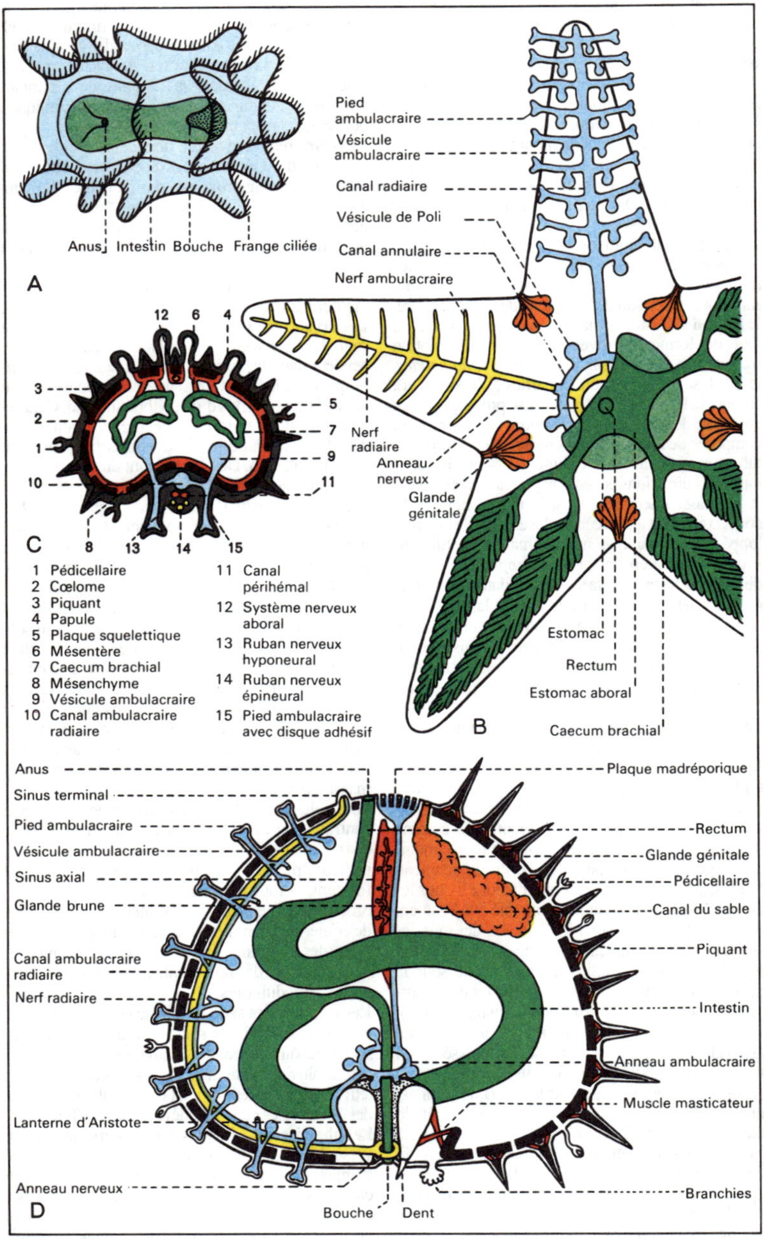

Étoile de mer : Larve (A) ; plan d'organisation (B, organes partiellement enlevés) ; Bras (C, coupe transversale) ; Oursin : coupe longitudinale (D)

Les Echinodermes sont très polymorphes mais présentent tous le même plan d'organisation, ils sont composés de **5 antimères disposés en étoile,** ils ont une **symétrie radiaire** pentamère (B). Leur corps présente un pôle buccal (pôle oral) génér. tourné vers le sol, et un pôle apical. Par ces deux pôles passe l'axe principal du corps, autour duquel rayonnent les cinq axes de sym. qui définissent la position des organes (position radiale ou interradiale).

La larve des *Echinodermes* (A) a une sym. bilatér., cela prouve que la sym. radiaire des adultes est un caract. second., contrairement à celle des *Cœlentérés* qui est un caract. primaire (p. 125). La larve est d'abord sphér. (p. 193) ; ensuite les cel. mésenchymateuses commencent à s'amasser de part et d'autre du tube digestif primitif, et vont constituer le squelette larvaire. La bilatéralité devient visible ext. pendant que, là où les spicules squelettiques atteignent la peau, les expansions tégumentaires sont dévaginées. La courbure de l'intestin vers la future région buccale souligne ce changement de symétrie, de même que l'étranglement pair des sacs cœlomiques. On trouve des formes sessiles chez les *Crinoïdes* (p. 578 C) originellement pourvus d'une tige (rencontrée à l'état rudimentaire chez quelques espèces lors de l'ontogenèse).

Chez plus. variétés d'Oursins adultes, la bouche et l'anus ne se trouvent plus dans l'axe principal du corps (*Oursins irréguliers*, p. 578 E). Il en est de même pour les *Holothuries* dont le corps repose sur le sol par l'une de ses faces (p. 578 D).

Un squelette calcaire d'origine mésenchymateuse est situé dans le tissu conj. sous l'ectoderme. Il peut être tout à fait rigide (p. ex. chez l'*Oursin*, D) ; il comprend alors 10 rangées doubles de plaques solidement réunies : 5 ambulacres (percés de trous pour le passage des pieds ambulacraires) et 5 interambulacres. Les plaques squelettiques portent souv. des piquants calcaires mobiles ou fixes et des petites pinces (pédicellaires) aux formes très diverses qui assurent différentes fonctions (défense, nettoyage).

Le squelette peut être partiell. réduit (face dorsale des *Etoiles de mer*) ou nul (*Holothuries* à tunique muscul. qui ne renferme que de petits grains calcaires).

Le système ambulacraire issu du cœlome, est unique dans le règne animal. Ext., il communique avec l'eau de mer par une plaque criblée de petits pores, la plaque madréporique, où aboutit le canal du sable (ou hydrophore). Ce canal traverse le sinus axial (évagination de la cavité génér.) qui renf. aussi la glande brune (ganglion lymphatique produisant des cel. migratrices). Le canal du sable conduit à l'anneau ambulacraire qui entoure l'œsophage. De cet anneau partent 5 canaux ambul. radiaires, et 5 vésicules de Poli interradiaires qui sont des vaisseaux régulateurs. Les canaux ambul. se prolongent, chez les *Etoiles de mer,* jusqu'à l'extrémité des branches, et chez les *Oursins* jusqu'au voisinage de l'anus (B, D). Ils aboutissent à des sinus terminaux (organes chimiosensibles). De part et d'autre des canaux ambul. bifurquent des ramif. disposées par paires (C) : elles aboutissent aux pieds ambulacraires et à leur vésicule compensatrice (Ampoule) qui se trouve à l'int. de la cavité générale. Les pieds ambul. peuvent s'allonger ou se rétracter sous l'effet des muscles de leur paroi et du liquide ambul., ce sont des organes locom. et probablement tactiles. Le liquide ambul. a à peu près la composition de l'eau de mer mais comporte aussi des prot. et des cel. mobiles (Amœbocytes).

Le système nerveux a lui aussi une disp. rayonnée et ne possède pas de centres nettement individualisés. Il comprend essentiellement un anneau nerv. qui entoure la bouche ; de cet anneau partent 5 nerfs radiaires juxtaposés aux canaux radiaires sur la face buccale (SN oral, épineural). Le SN hyponeural est situé un peu plus profondément dans le tissu. Le SN apical se trouve à la face apicale (C).

Les organes génitaux : les sexes sont génér. séparés ; les organes génitaux, de forme div., ont une position interradiale. Ils se forment à partir du cœlome et peuvent être, comme chez les *Oursins,* fixés à des mésentères.

Les organes digestifs des *Etoiles de mer* ont eux aussi une disposition rayonnée. A la bouche fait suite un court œsophage qui aboutit à l'estomac, qui est une poche dévaginable (digestion ext.). La partie sup., estom. aboral, se prolonge à l'int. de chaque branche par une double poche terminée en cul-de-sac (cæcum brachial à rôle digestif). Chez les *Oursins,* l'intestin est un tube qui décrit génér. une double hélice. La bouche est entourée de 5 dents mobiles qui sont actionnées par un syst. masticateur très complexe comprenant des pièces calcaires et des muscles (« lanterne d'Aristote »). L'anus peut être absent (*Ophiurides*).

Les Echinodermes sont dépourvus d'**appareil circulatoire** mais possèdent des expansions de la cavité générale (sinus axial, D ; canal périhémal, C) et un syst. lacunaire développé ds le tissu conjonctif. Le liquide qui remplit ces lacunes, de comp. analogue aux liquides ambul. et cœlomique, a une fonction sanguine. Riche en prot. il comporte jusqu'à 18 variétés de cel. libres (Amibocytes, cel. cœlomiques) qui phagocytent, fabriquent des pigments, des fibres et des produits cicatriciels, transp. aliments, déchets et O_2 (à l'aide de l'hémoglobine souvent chez les *Holothuries*).

Il faut considérer comme des **organes respiratoires** tous les appendices à membranes molles (pieds ambul., papules, C ; branchies, D). Les organes respirat. des *Holothuries* sont deux diverticules arborescents partant du rectum (arbres branchiaux, poumons aquifères) qui aspirent et rejettent l'eau rythmiquement.

Les organes des sens ne sont pas très perfectionnés eux non plus. Avec les pieds ambul. (toucher) et les sinus terminaux (chimiosensibilité), on trouve chez les *Etoiles de mer* des taches rouges sensibles à la lumière, situées à l'extrémité des bras (ocelles). Les *Holothuries* ont des tentacules buccaux qui sont des organes tactiles riches en cel. sensorielles, et souv. aussi des organes d'équilibration (statocystes).

On n'a pas mis en évidence d'**organes excréteurs.**

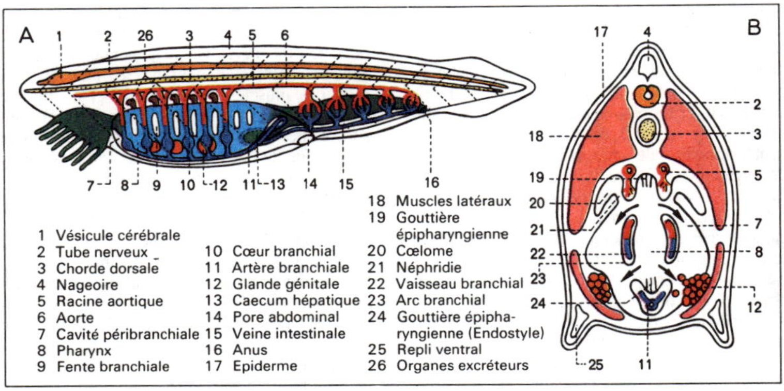

Amphioxus : Plan d'organisation (A) ; Coupe transversale (B)

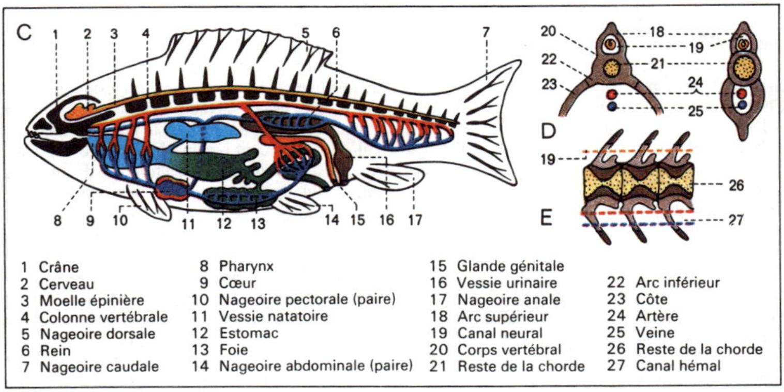

Poisson : Plan d'organisation (C) ; Vertèbres abdominale et caudale vues de face (D) ; Vertèbres caudales en coupe longitudinale (E)

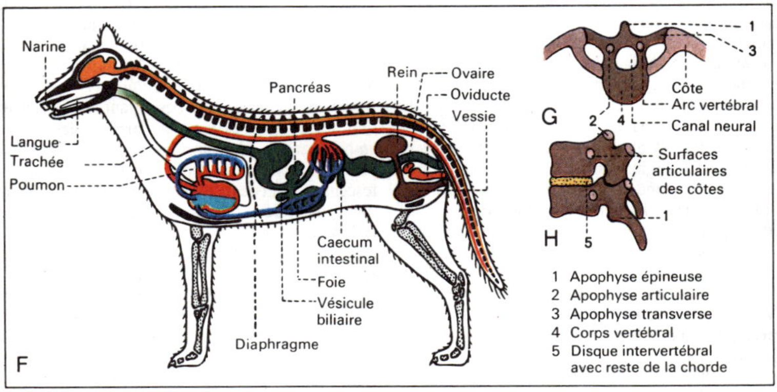

Mammifère : Plan d'organisation (F) ; Vertèbre dorsale humaine vue de dessus (G) et de profil (H)

Comme on a déjà traité quelques appareils chez **les Vertébrés** (p. 102-111) on s'attachera ici plus partic. à montrer la mise en place et les var. du plan d'organisation des **Cordés.**

L'Amphioxus (Branchiostoma)

C'est sans doute l'espèce qui incarne sous sa forme la plus pure le type fondam. d'organis. propre aux Cordés (A, B). Le corps, fusiforme, est muni d'une nageoire, et revêtu d'un épiderme à une seule assise de cel. ; il est segmenté (en partic. la musculature somatique, composée d'une soixantaine de segments ou myomères). La **corde dorsale,** en revanche, n'est pas métamérisée : c'est un organe de soutien qui apparaît pour la 1re fois, une sorte de tige élastique pourvue de muscles qui traverse le corps et qui est enveloppée d'une gaine conjonctive fibreuse anhiste (squelette axial).

Le SNC (tube nerveux), traversé par un canal central, est situé au-dessus de la corde. A la partie ant., le canal central s'élargit pour former une vésicule cérébrale ; elle comporte des nerfs et des cel. sens. et ventralement un organe infundibulaire à activité sécrétoire. Dans chaque segment, le tube neural émet une paire de nerfs dorsaux (surtout sensitifs) ; à la place des racines nerv. ventr. mot. les muscles émettent des prolongements jusqu'au SNC.

Le tube digestif s'ouvre par une large bouche entourée de tentacules (cirres buccaux) à laquelle fait suite le pharynx, qui forme une corbeille branchiale percée latéral. de fentes branchiales asymétriques (jusqu'à 180 de chaque côté) qui s'ouvrent dans une évagination ectodermique, la cavité péribranchiale communiquant avec l'ext. par le pore abdominal.

Le pharynx est un **organe respiratoire** qui sert aussi à filtrer la nourriture. Les particules aliment. sont puisées dans l'eau qui entre dans le pharynx et sert à la respir. ; agglutinées par des sécrétions muqueuses, elles sont acheminées vers l'intestin moyen par 2 gouttières ciliées qui parcourent le pharynx, l'une dorsale (gouttière épipharyngienne), l'autre ventrale (endostyle) (cf. *Mollusques,* p. 135). La portion de l'intestin où s'effectue la digestion est un tube rectiligne qui envoie vers l'avant une poche terminée en cul-de-sac, appelée cæcum hépatique.

L'appareil circulatoire est un syst. clos ; le sang est dépourvu de cel. sang., il est propulsé par des segments contractiles que comportent les vaisseaux ; il n'y a pas de cœur central. L'artère branchiale, de position ventrale, propulse le sang vers l'avant. Elle émet des vaisseaux branchiaux collatér. qui commencent par un renflement contractile (cœur branchial, bulbille), ils propulsent le sang dans les arcs branchiaux où il s'enrichit en O_2. Le sang parvient ensuite dans les racines aortiques dorsales qui se réunissent pour former l'aorte. Celle-ci se ramifie en vaisseaux qui irriguent les organes et convergent ensuite vers la veine intestinale, située à la face ventr., qui achemine le sang vers l'avant. Après avoir traversé un réseau de capillaires qui entoure le cæcum hépatique, le sang est collecté par la veine hépatique qui se termine par un large renflement (sinus veineux) d'où part l'artère branchiale. C'est là que, chez les *Poissons,* apparaît le **cœur** (p. 140 C 1).

La cavité générale est un cœlome tapissé d'un mésoderme ; mais elle est très réduite dans la région du pharynx, de par l'existence de la cavité péribranchiale.

Les organes excréteurs sont des néphridies métamériques, au nombre de 90 env. ; elles se forment par évagination du cœlome, puis s'en détachent par constriction et entrent en communication avec la cavité péribranchiale. On peut les comparer aux métanéphridies des *Annélides* (p. 129) ou à des protonéphridies (p. 126).

Les glandes génitales (sexes séparés) sont des sacs cœlomiques situés dans la paroi de la cavité péribranchiale. Les cel. reprod. sont libérées dans la cavité péribranchiale, par rupture de la paroi cœlomique, puis elles sont évacuées par le pore abdominal. Les larves libres nageuses sont asymétriques ; elles n'ont de fentes branchiales que sur le côté droit, la bouche larvaire homologue d'une fente branchiale est située à gauche.

Les Vertébrés

Outre les caract. généraux propres aux Cordés (squelette axial, tube nerveux, fentes branchiales des variétés aquatiques, appareil circul. clos, métamérie interne, cœlome), ils présentent des propriétés partic., notamment (C-H ; p. 141) :

Le squelette axial, contrairement à la corde, est segmenté (colonne vertébrale). Il se compose de vertèbres osseuses, qui se forment à partir du mésenchyme entourant la corde, puis qui enferment celle-ci comme des anneaux et la remplacent plus ou moins (E, H). Elles sont situées entre les segments musculaires. Le corps vertébral (D, G) porte un arc dorsal (arc neural) : ces arcs dorsaux composent ensemble le canal neural qui protège le tube neural. Les arcs ventraux (arcs hémaux) forment eux aussi dans la région caudale un canal (canal hémal) qui enferme les gros vaisseaux sanguins ; dans la région du tronc ils sont ouverts et portent souvent des côtes.

Le crâne fait partie du squelette axial, c'est une formation nouv. qui apparaît chez les *Vertébrés.* Le type fondam. est le crâne cartilagineux des *Requins* (crâne primordial), dont le squelette est entièrement cartil. Il se divise en 2 parties (p. 140 A) :

1. **Neurocrâne :** c'est une capsule contenant le cerveau et les organes des sens, reliée à la colonne vert. par la région occipitale.
2. **Splanchnocrâne :** c'est le lieu où s'effectue l'absorption de la nourriture et primitivement la respiration ; il est fait d'arcs squelettiques pairs qui entourent l'œsophage et soutiennent le bord de la bouche ainsi que les parois du pharynx situées entre les fentes branchiales.

Chez les *Vertébrés supérieurs* le crâne est ossifié ; cette ossification résulte de 2 phén. : d'une part le crâne primordial se transforme (os de substitution ou os enchondral), d'autre part, dans la couche conj. dermique se forment des os qui se déposent sur le squelette int. (os de revêtement ou os dermiques).

En général le neurocrâne et le splanchnocrâne sont unis de façon de plus en plus étroite ; d'autre part le squelette de la tête peut subir de nombr. modif. (p. 141).

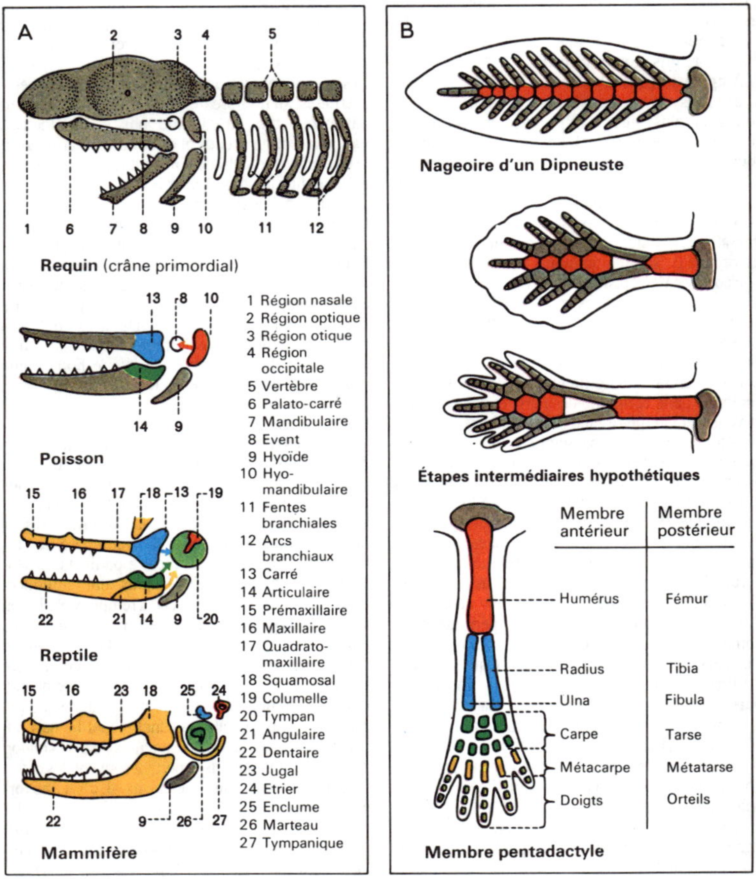

Évolution phylogénétique des osselets (A) et du squelette des membres (B)

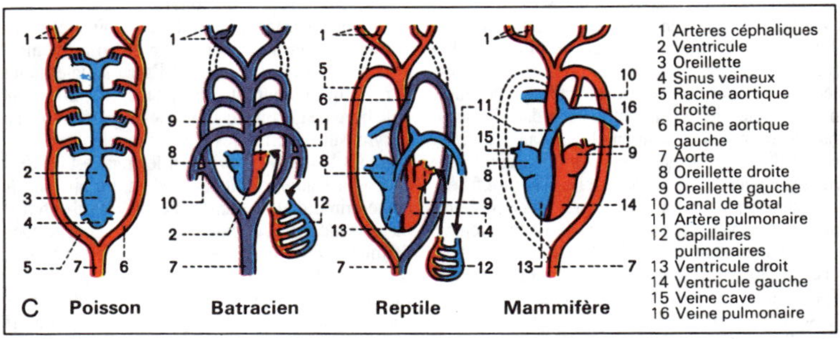

Cœur et arcs aortiques chez les Vertébrés

Articulation des mâchoires et chaîne des osselets
La transformation de l'articulat. des mâchoires (A) est un ex. des modif. complexes qu'a subies le squelette crânien des *Vertébrés*. **L'articulation primaire des mâchoires** unit, dans le crâne primordial des *Sélaciens* (A), le maxillaire sup. primaire (palato-carré) et le maxillaire inf. primaire (mandibulaire, cartilage de Meckel). La partie post. de ces mâchoires cartilagineuses subit une ossification enchondrale et forme l'os carré sup. et l'articulaire inf. qui constituent désormais l'articul. primaire des mâchoires (*Poissons, Amphibiens, Reptiles, Oiseaux*). Chez ces groupes, les mâchoires se transforment, leur struct. devient plus complexe, elles comprennent plusieurs os de membrane : le prémaxillaire et le maxillaire de la mâchoire sup., le dentaire de la mâchoire inférieure (tous ces os portent des dents).
L'articulation secondaire des mâchoires des *Mammifères :* les os enchondraux qui formaient l'articul. primaire sont séparés des mâchoires ; désormais les os de l'articul. sont des os de membrane, à savoir, à la mâchoire sup., le squamosal, relié au maxillaire et au prémaxillaire par le jugal, et le dentaire qui devient l'os unique de la mâchoire inférieure.
La formation des osselets de l'oreille est liée à cette transform. de l'articul. : ces osselets paraissent être une formation nouvelle, mais en fait ils résultent d'une transform. de cert. os enchondraux du squel. viscéral. Ainsi la partie sup. de l'hyomandibulaire se transf. en un os, la columelle, qui, dès les *Amphibiens,* fait partie de l'oreille moyenne ; chez les *Mammifères* cet os devient l'étrier (stapes), l'os carré est devenu l'enclume (incus), l'articulaire est devenu le marteau (malleus). L'oreille moy. est une dépression dorsale qui dérive de l'évent des *Sélaciens*. Son orif. ext. se ferme (c'est là que se forme le tympan ; la communication intérieure avec la cavité buccale subsiste (trompe d'Eustache).
Le squelette des membres
On peut penser que les membres pairs des *Vertébrés sup.* (*Tétrapodes*) dérivent des nageoires paires des *Poissons* (p. 138 C), et que l'origine de ces nageoires remonte aux replis ventraux (métapleures, p. 138 B) de l'*Amphioxus,* où se seraient développés, en cert. points, des éléments de soutien. Les nageoires impaires se seraient dévelop. par analogie à partir d'un repli latéral continu. Un même plan d'organisation pour les membres ant. et post. permet d'en faire remonter l'orig., par des étapes interméd. hypothétiques, au ptérygium. Une série évolutive possible partirait du *Dipneuste d'Australie (Neoceratodus)* (B), une autre des *Crossopterygiens* fossiles (*Eusthenopteron ;* p. 520 B ; 580 A). Le résultat de cette évol. est un membre à 5 doigts (pentadactyle) adapté au déplacement sur la terre ferme. On peut voir dans la struct. du carpe ou du tarse qui sont génér. composés de 9 os, la preuve d'une organis. primitive complexe. L'adapt. à des fonctions partic. peut avoir fortem. modifié cette organis. (p. 512 A). Chez les animaux terr. une liaison des membres avec le squel. axial devient nécess., en raison du travail plus intense qu'ils ont à fournir.
La ceinture scapulaire des *Poissons* est une pièce squelettique reliée au crâne, constituée d'os enchondral et renforcée par de l'os de membrane. La liaison avec le crâne disparaît avec la réduction de l'appareil branchial. Chez les *Tétrapodes* la ceinture scapulaire se compose de 3 os pairs : le thoracal (appelé clavicule chez les *Mammifères*), l'omoplate (scapula) et l'os coracoïde (qui ne subsiste chez les *Mammifères* que comme une apophyse de l'omoplate).
La ceinture pelvienne : chez les *Poissons,* c'est une simple bride osseuse, constituée uniqu. d'os enchondral, qui n'est pas reliée à la colonne vertébrale. Chez les *Vertébrés sup.,* le bassin est toujours composé de 3 éléments pairs (pubis, ischion, ilion) et l'ilion est solidement rattaché à la colonne vertébrale, dont les vertèbres, dans cette région (région sacrale) sont soudées et forment le sacrum (chez l'*Homme* : 5 vert. sacrées, chez les *Oiseaux* jusqu'à 23). La croissance ventrale des pubis donne un anneau osseux complet : la symphyse, chez la plupart des *Mammifères*.
L'appareil circulatoire illustre partic. bien l'évolution et les modif. subies par un type fondamental (C).
Chez les *Poissons*, le sang est propulsé par le cœur dans le tronc artériel ventral, de là dans les artères branchiales afférentes (4 ou 5 paires) qui traversent les arcs branchiaux. Le sang arrive ensuite dans les artères branchiales efférentes ou racines aortiques dorsales, qui convergent vers l'aorte descendante. Celle-ci conduit le sang aux organes, puis celui-ci retourne au cœur. Les artères branchiales ant. se divisent en carotides.
Chez la larve des *Amphibiens,* qui a une respir. branchiale, les 3 premiers arcs branchiaux conservent leur fonction, le 4e devient l'artère pulmonaire (celle-ci est encore reliée à la racine aortique par le canal de Botal, ce qui montre bien qu'elle est un ancien arc branchial). Lorsque la respir. devient pulmonaire, le sang évite les branchies grâce à des anastomoses (p. 109), la 1re paire d'arcs branchiaux (arcs des carotides) perd sa liaison avec les racines aortiques et n'irrigue plus que la tête, la 2e et la 3e paires forment les arcs aortiques.
Les *Reptiles* ont encore 2 racines aortiques séparées (correspondant au 2e arc branchial), alors que seule subsiste, chez les *Oiseaux,* la racine droite, et chez les *Mammifères,* la racine gauche.
Le cœur subit lui aussi une transf. liée à toutes ces modif. Le cœur des *Poissons* (1 oreillette, 1 ventricule) n'est traversé que par du sang veineux ; dans le cœur des *Amphibiens* (2 oreillettes, 1 ventric.) sang. artériel et sang vein. sont mélangés, bien qu'il y ait déjà une circul. pulmon. et une circul. générale. Chez les *Reptiles,* les 2 ventric. ne sont pas entièr. séparés, le sang art. et le sang vein. sont encore partiell. mélangés. La sépar. totale des 2 ventric., donc de la circul. pulmon. et de la circul. génér., n'apparaît qu'avec les *Mammifères* et les *Oiseaux*.

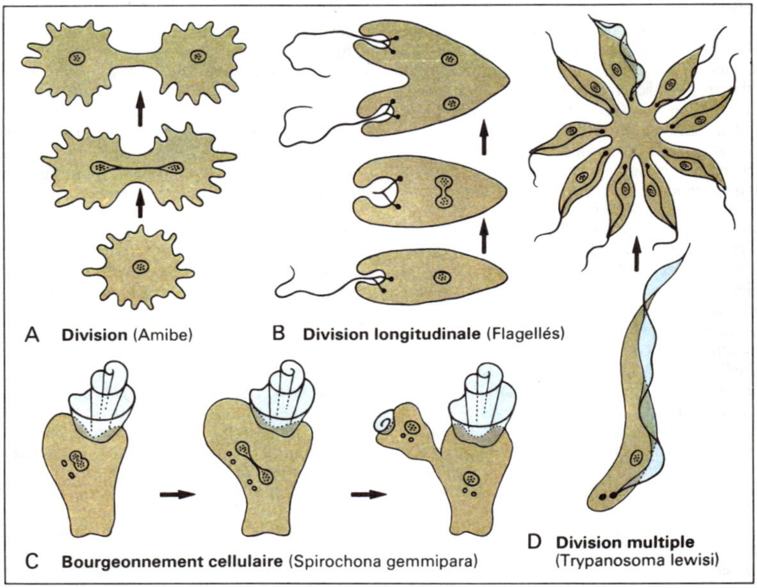

Reproduction asexuée à partir d'une seule cellule, chez les Protistes

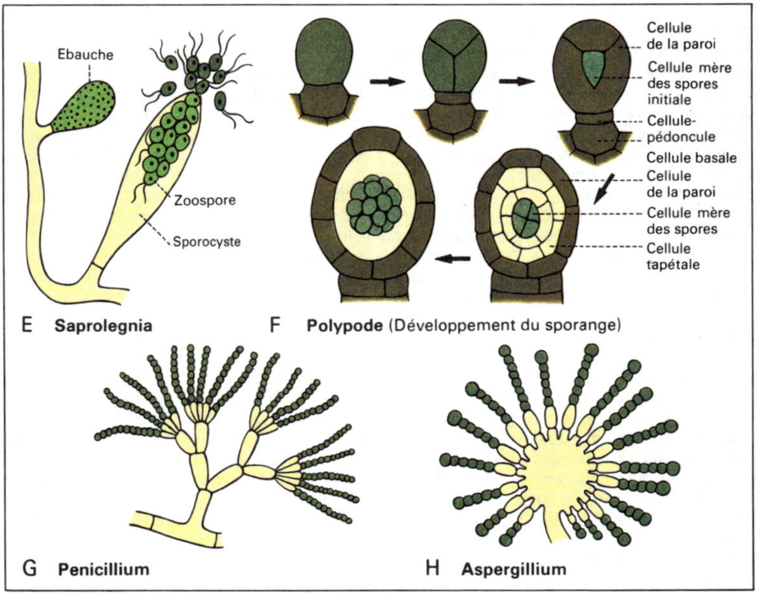

Reproduction asexuée à partir d'une seule cellule, chez les Végétaux

La pérennité des êtres vivants à travers les générations successives est assurée par 2 processus fondamentaux :
- **La division des cellules** qui permet leur accroissement numérique ;
- **L'union des cellules** qui est le résultat ou l'expression de la sexualité.

D'une façon générale, ces phénom. se rapportent à la **reproduction,** qui est le processus par lequel « les indiv. existants en engendrent de nouveaux » (HÄMMERLING) ; mais dans la nature, tous ces phénomènes sont liés de différentes façons :

1. Reproduction et multiplication. La reproduction modifie le nombre des indiv. de l'espèce. Il peut y avoir :

a) **Accroissement numérique :** c'est le résultat auquel aboutissent la bipartition cell. caract. des *Protistes,* ainsi que la prolifération des cel. reproductrices chez les êtres pluricell. (p. 151).
b) **Réduction numérique :** cela se produit lors de la reprod. sexuée de cert. *Protistes,* quand les 2 individus fusionnent intégralement (hologamie, chez *Amoeba diploidea*).
c) **Constance numérique :** c'est le cas pour certaines *Diatomées,* p. ex. quand 2 auxospores diploïdes sans valves (p. 67) fusionnent puis se divisent, engendrant 2 nouveaux individus.

2. Reproduction et sexualité sont 2 phénom. tout à fait différents. Par sexualité on entend une **polarité chimico-physiol.** qui provoque ou rend impossible, entre 2 individus de la même espèce, une modif. de l'information génét. Elle existe chez toutes les catégories d'organismes avec une intensité qui varie en fonction de facteurs génét. ou extér. comme une tendance à la complémentation (+ ou –), i.e. à la sexualité précisément, sans qu'elle soit pour autant accompagnée de l'expression d'un « sexe ». HARTMANN a proposé des **lois de la sexualité :**
- *Tout* être vivant a une polarité « sexuelle ».
- Un individu d'un sexe possède les caractéristiques de l'autre sexe à l'état *potentiel.*
- La sexualité peut varier en intensité, dans les limites de la norme de chaque espèce.

Sexualité et reprod. peuvent être liées de 2 façons bien que leurs relations soient mal définies.
- Reproduction accompagnée de sexualité, c'est-à-dire :
- **Reprod. sexuée :** l'être vivant se développe à partir d'une cel. reprod. ♀ (p. 150 sqq) ; la fécondation provoque génér. une nouvelle combinaison génétique (allélique).
- **Reprod. asexuée :** le nouvel être vivant se développe à partir d'un fragment de l'organisme parental resté totipotent (p. 81). Si le nouvel être vivant se développe à partir d'une seule cel. corporelle, on parle de dévelop. monocytogène, sinon le dévelop. est polycytogène (p. 145).

La parasexualité (p. 451) des *Virus, Procaryotes* (p. 458 sqq) et de quelques *Champignons* (p. 161) représente une particularité.

Reproduction asexuée monocytogène

1. Division binaire des Protistes : En même temps que le noyau se divise, la cel. commence à subir un étranglement médian. Le pont cytopl. s'étire de plus en plus et finit par se rompre. L'individu se divise donc en 2 cel. filles. Chez les *Amibes,* qui apparemment n'ont pas une organis. polarisée, il n'y a pas de plan de div. partic. (A) ; chez les *Flagellés* et les *Diatomées pennées,* la div. est longit. (B), chez les *Bactéries* polarisées (p. 60 B), les *Algues bleues* (p. 62 A) et les *Infusoires* (p. 70 B), la div. est transv. Quelques *Protistes* ont un mode de div. qui s'écarte du processus typique où l'on voit la div. du Cyt. succéder immédiat. à celle du noyau. Ainsi certains *Ciliés* parasites et certains *Acinétiens* se reprod. par **bourgeonnement (C) :** la cel. mère émet un ou plus. bourgeons qui se détachent par constriction et acquièrent, à la suite d'une évolution assez brève, la taille et l'aspect de la cel. mère. Beaucoup de *Flagellés,* de *Rhizopodes* et de *Sporozoaires* se reproduisent par **division multiple** (D) : la div. du noyau, plus rarement celle des autres organites cell., se répète plus. fois de suite, ensuite le corps cell. se fragmente d'un seul coup et donne d'innombr. cel. filles (jusqu'à 10 000 chez le *Plasmodium,* l'agent de la malaria dont le mode de reprod. est appelé schizogonie). Il y a alors dégénérescence d'un fragment cytopl. de la cel. mère qui subit ainsi une mort partielle.

2. Formation de cellules reprod. spécifiques : dans les organismes pluricell. la plupart des cel. concourent, en se divisant, au développement et à la conserv. de l'individu : ce sont les cel. somatiques. Mais chez certains *Végétaux* il existe aussi des cel. qui n'ont pas encore perdu leur totipotence (**spores**) et qui servent à la reprod. asexuée. On voit s'amorcer la différenciation de cellules reprod. spécialisées chez les *Phytoflagellés* qui forment des colonies : chez *Eudorina elegans* toutes les cel. servent encore à la reprod. asexuée ; en revanche, chez *Pleodorina* et *Volvox* les seules cel. reprod. sont celles de la moitié post. de la sphère coloniale (p. 73). Dans ce cas les spores se forment dans une région déterminée de l'individu mère, mais il n'existe pas encore d'organes partic. de la sporulation. D'une façon génér. on nomme sporanges les organes qui produisent des spores mais, dans certains cas partic., ils portent un nom spécial. Chez les *Thallophytes inf.,* ces organes sont des cel. qui ne se distinguent des cel. somatiques que par leur forme (E) ; chez les *Bryophytes,* les *Fougères* (p. 163), et les *Spermaphytes* (p. 165), en revanche, ce sont des éléments pluricell. de struct. complexe, où des cel. stériles forment une assise ext. qui enveloppe le tissu générateur de spores (F). Beaucoup de *Champignons* produisent des spores qui ne sont pas des **endospores** se formant à l'int. d'un sporange, ils bourgeonnent des **exospores** (conidies) qui se détachent du corps végét. (G, H). Les spores des *Algues* et des *Champignons* sont souvent adaptées à la dispersion dans l'eau ; des flagelles les rendent mobiles (zoospores). Les autres *Thallophytes,* les *Bryophytes* et les *Fougères,* produisent des aplanospores immobiles à paroi génér. solide, adaptées à la dispersion dans l'air.

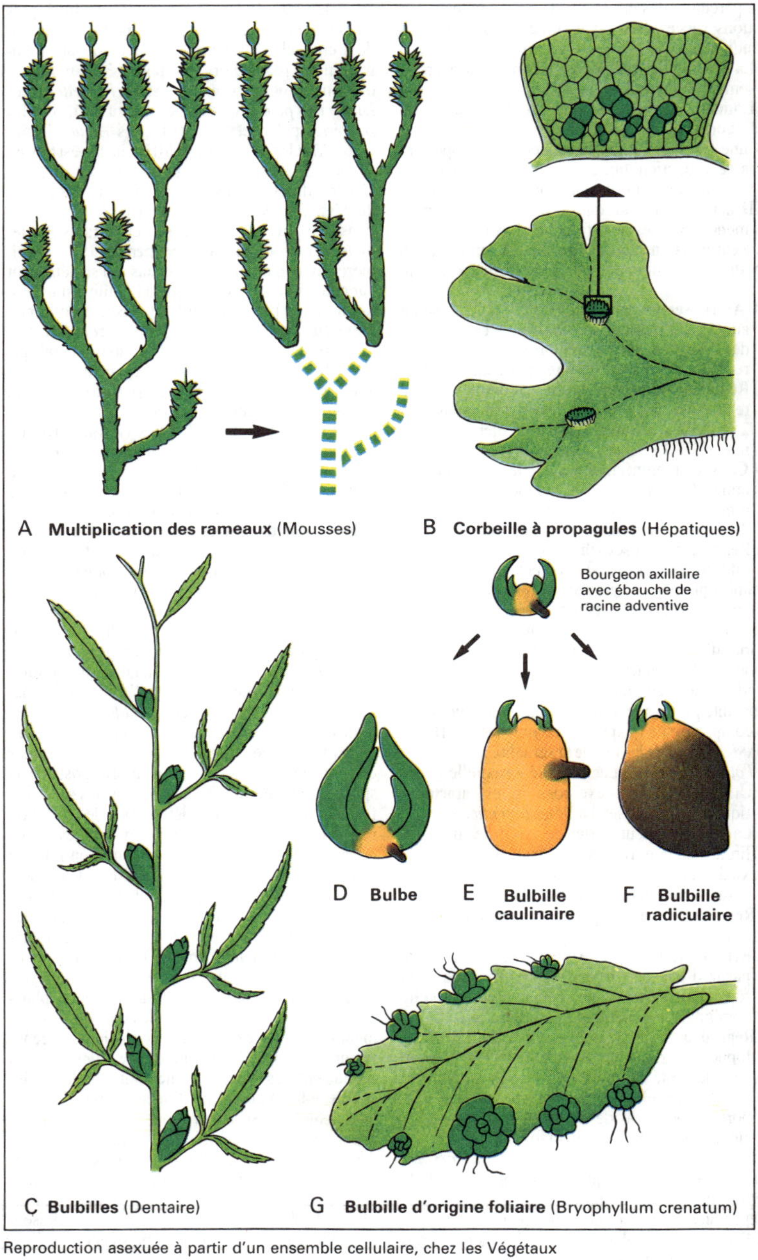

Reproduction asexuée à partir d'un ensemble cellulaire, chez les Végétaux

Dans la division binaire des Protistes et la formation des spores on voit se libérer une cel. unique qui donnera un nouvel individu ; la **reprod. polycytogène** est au contraire le processus par lequel se détache de l'indiv. mère pour devenir autonome tout un ensemble de cel. embryonnaires ou indiffér., à savoir, dans le cas des *Végétaux,* toute une partie de l'appareil végétatif renfermant des méristèmes prim. ou second. (p. 83) : elle révèle une autre différ., par rapport à la monocytogène : c'est un phénom. nouveau apparu en relat. avec la phylogénie et dont l'existence ne représente pas l'expression des relations int. entre les organismes concernés.

1. Absence d'organes reproducteurs particuliers : il existe un mode de reprod. très répandu chez les *Végétaux,* qui permet un accroiss. numér. des indiv. sans organe reprod. spécial : les nouv. indiv. se développent à partir d'organes qui se détachent soit spontanément, soit par l'action mécanique de facteurs extér. Il en résulte, pour un appareil végétatif en pleine croiss., une abolition de son individualité au profit de l'accroiss. numér. des nouv. indiv. qui n'est possible que parce que la plante est une forme ouverte ; c'est pourquoi on a désigné les organismes végét. sous le nom de « Dividuum » (A. BRAUN). Certaines *Algues bleues* filament., constituées de cel. alignées, se fragmentent en plus. segments qui ne comptent plus qu'un petit nombre de cel. mais qui se déplacent et forment une nouv. colonie. La scission s'effectue au niveau de cel. interméd. dégénérescentes (hétérocystes, p. 63). Certaines *Algues* et certains *Champignons* au thalle filamen. ou massif, voire des formes haut. organisées telles que la *Siphonale Caulerpa,* se multipl. par fragment. du thalle. On observe aussi un processus analogue chez les *Mousses* (A), et même chez les *Spermaphytes* herbacées : lorsqu'un pied se ramifie et que les parties âgées de la plante dégénèrent, plus. rameaux peuvent devenir autonomes ; ainsi l'*Elodée,* origin. d'Amérique, et introduite en Europe au siècle dernier, s'y est reproduite exclusivem. par multiplic. végétative. Il est possible de multiplier de la même façon des plantes ligneuses, comme le prouvent les applications horticoles telles que le bouturage ou l'enracinement des branches au contact du sol (marcotte de la *Ronce*) : sous l'écorce se trouvent des ébauches de racines, organes potentiels qui peuvent se développer dans cert. conditions (racines adventives, p. 115).

2. Présence d'organes reproducteurs : de nombr. *Végétaux* élaborent et utilisent des organes spécif. qui leur permettent de se reproduire « spontanément », sans l'intervention aléatoire de facteurs ext., selon un mode de reprod. asexuée polycytogène.

Parmi les *Thallophytes,* l'*Hépatique Marchantia polymorpha* est un ex. bien connu (B) : la face sup. du thalle porte, sur la nervure médiane, des excroiss. élégantes en forme de coupes, les **corbeilles**, où se forment des **propagules** microscop. pluricell. qui se détachent facilement des cel. du pédoncule. Elles renferment plus. assises de cel., et présentent 2 points végét. latér. et un certain nombre de cel. incolores qui sont les ébauches des futurs rhizoïdes.

Chez les *Cormophytes* les 3 organes fondamentaux peuvent, grâce à leurs méristèmes, assurer la multiplication végétative.

a) **La racine** ne peut assurer la propagation que lorsqu'elle possède des **bourgeons racinaires** qui, chez les *Spermaphytes,* se dévelop., comme les racines latér., à partir du péricycle (p. 101), percent le tissu adulte ext. et donnent naiss. à une pousse aérienne. A cause des nombr. tiges qui se développent à partir des racines, de nombr. variétés d'*Oseille,* ainsi que l'*Euphorbe,* se présentent en touffes serrées. Lorsque par surcroît les racines accumulent des subst. nutrit., des parties détachées du syst. racinaire peuvent engendrer de nouv. plantes (*Chardon, Liseron*).

b) **La tige** assure fréquemment la multiplic. végét. grâce à ses rameaux latér., qui forment alors des stolons aux longs entre-nœuds, ou bien des tiges courtes sembl. à des bourgeons. **Les stolons** du *Fraisier* et de *Ajuga reptans* se dévelop. à la surf. du sol, ceux du roseau *Phragmites communis* et de *Carex arenaria* sont souterrains ; tous ces stolons émettent à intervalles réguliers des bourgeons qui engendrent de nouv. indiv. à racines adventives. Fréquemment (ex. chez la *Pomme de terre*) les stolons produisent aussi des tubercules, qui sont des organes de réserve et d'hivernage assurant également la multiplic. On peut considérer comme des **tiges courtes** chargées d'assurer la multiplic. végét. les bulbilles qui naissent à l'aisselle des feuilles pour s'en détacher par la suite. Elles peuvent former des racines et se nourrir par hétérotropie comme l'embryon de la graine qui germe. Ces bulbilles se gorgent de réserve et grossissent. On distingue, d'après la zone où ces réserves s'accumulent : les **bulbes de propagation** (D) ; situés entre les écailles du bulbe chez l'*Oignon* et le *Perce-neige,* à l'aisselle des feuilles de la longue tige de la *Dentaire* [*Cardamine bulbifera*, C] ; on a des **bulbilles caulinaires** (E) et des **bulbilles radiculaires** (F) quand la fonction de réserve est assumée par la tige (*Polygonum*) ou par la 1re racine (*Ficaire*).

c) **La feuille.** Cert. *Fougères* (ex. *Asplenium bulbifera*) et cert. *Crassulacées* comportent, dans les échancrures de leurs feuilles pennées, des cel. méristématiques prim. capables d'engendrer des **bulbilles foliaires** qui donnent une petite plante soit avant (G) (*Bryophyllum crenatum*), soit après la chute de la feuille (*Br. calycinum*). Le résultat est identique chez le *Sedum stahlii* lorsque ses feuilles tombent d'elles-mêmes, ainsi que chez *Sedum weinbergii,* lorsque la chute des feuilles est provoquée artificiellement : il y a alors **régénération indirecte**, c'est-à-dire formation de bourgeons axillaires et de racines (boutures foliaires) à partir du tissu cicatriciel. Chez beaucoup d'*Herbacées* (ex. *Poa bulbosa var. vivipara*) dans des condit. extrêmes l'inflorescence se transf. en nombr. petites pousses (**pseudo viviparie**).

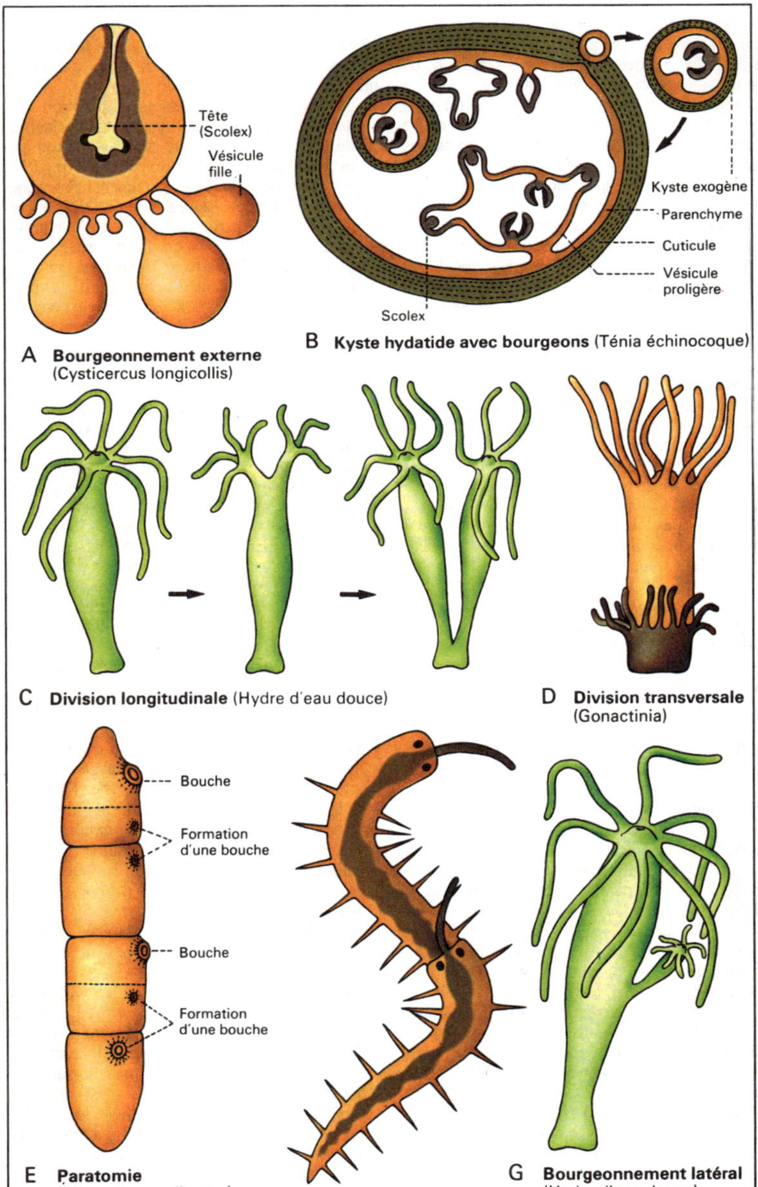

Reproduction asexuée à partir d'un ensemble cellulaire, chez les Animaux

Alors que la divis. des Protistes et la sporulation donnent seulement des cel. isolées, des ensembles cell. complets se forment au cours de la reprod. asexuée polycytogène des animaux.

1. Division des embryons. Le processus de reprod. asexuée qui s'effectue au stade de l'embryogenèse est appelé **polyembryonie** : dans bien des cas, le processus est monocytogène : l'œuf se divise complètem. lors de la première segment., résultat qu'on obtient artificiell. par la polyembryonie expérim. (p. 199). Ce phénomène peut être naturel, mais il est exceptionnel ; il aboutit, dans bp. d'esp. anim. et chez l'*Homme,* à la formation des **vrais jumeaux (univitellins).** Chez le *Ver de terre Lumbricus trapezoides* il se forme régulièrem. des jumeaux ; chez les *Tatous* d'Am. du Sud, l'embryon pluricell. peut se fragmenter et engendrer 4 ou 8 petits issus d'un même œuf. Chez *Encyrtus tuscicollis,* un *Hyménoptère* parasite, les 4 noyaux de l'œuf continuent à se div. et il se constitue des groupes de cel. qui finissent par fournir jusqu'à 100 individus.

2. Division et bourgeonnement de formes larvaires. On parle de « division » quand un indiv. se scinde en 2 parties approximat. égales ; en revanche lors du « bourgeonnement » on distingue un indiv. mère qui est conservé, et un indiv. fils qui est engendré à partir d'une zone précisém. délimitée. La distinction est parfois délicate.

De nombr. *Cœlentérés,* p. ex. *Craspedacusta,* peuvent se diviser dès le stade de la planula. Les larves des *Cestodes* peuvent aussi se reprod. par multiplic. asexuée : il faut mentionner ici les div. transv., p. ex. chez *Taenia crassiceps,* le bourgeonnement ext. du cysticerque de *Cysticercus longicollis* (A) et surtout les vésic. filles de l'hydatide du *Ténia échinocoque* (*Echinococcus granulosus*). Les larves de ce *Cestode,* qui vit dans l'intestin grêle des *Chats* et des *Chiens,* pénètrent dans l'hôte interméd. (*Bovins, Homme*) et engendrent dans leur foie, ou dans leur cerveau, un gros kyste hydatique. Celui-ci comprend une cuticule ext. striée, entourant une assise parenchymat. int., dans laquelle se forment finalement des bourgeons qui donnent un kyste exogène qui engendre non pas un scolex unique mais plus. têtes. De plus, des vésicules filles se détachent par constriction, les unes extérieur. et les autres intérieur. (ces dernières constituant une « poussière d'échinocoques ») : ces vésicules filles renferment jusqu'à 400 000 têtes au cm^3. De cette façon un seul peut se multipl. par plus. millions (B). Les *Ascidies* qui font partie des *Cordés* produisent des bourgeons selon des modal. extraord. diverses ; la larve de *Diplosoma,* émet un bourgeon dès sa naissance, ce qui donne un animal double ayant une queue commune.

3. Division et bourgeonnement chez les organismes adultes. L'existence de cel. peu différenciées ou d'un pouvoir de régénér. suffisant, sont alors les condit. préalables à la reprod. asexuée. Ces condit. existent surtout chez les *Cœlentérés* et les *Vers* mais aussi chez les *Cordés* peu évolués. Les **divisions longit. et transv.** peuvent consister en une simple scission du corps s'effectuant sans préparation (architomie), ou succéder à une régénér. de cert. organes (paratomie).

L'*Hydre d'eau douce* peut se diviser transv. : au milieu de son corps cylindr. se dessine un étranglement circul. qui se rétrécit de plus en plus et qui coupe l'organisme en 2 : le tronçon antér., qui comporte l'ouverture buccale et les tentacules, régénère la sole pédieuse, le tronçon post. régénère la zone orale et les tentacules. L'*Hydre* peut aussi se diviser longit. : la scission commence par la zone buccale et gagne peu à peu la sole pédieuse (C) : cette div. est suivie d'une régénér., il y a donc architomie. Parmi les *Vers,* certains *Plathelminthes,* et même cert. *Polychètes* (ex. *Ctenodrilus monostylos*) se divisent de façon anal.

Chez l'*Actinie Gonactinia prolifera* (D), chez beaucoup de *Plathelminthes* et de *Polychètes* (E, F), la div. est précédée d'une régénér. préalable (paratomie). De nombr. formes présentent non pas une mais plusieurs zones où le tissu indifférencié se transforme et édifie de nouveaux organes ; chez certains *Plathelminthes* (ex. *Microstomum*), les individus en puissance, déjà très développés peuvent s'aligner et rester unis avant de se dissocier, formant une chaîne qui peut compter 30 unités.

Le **bourgeonnement** des *Scyphozoaires* s'effectue selon des modalités analogues : la partie supér. du polype, qui porte les tentacules, se détache à la suite d'une constriction circul. (**strobilation**).

Le bourgeonnement latér. est fréquent chez les *Spongiaires,* les *Cœlentérés* (G), les *Bryozoaires* et les *Tuniciers* et peut donner lieu à la formation d'une colonie, lorsque les bourgeons restent unis à l'organisme maternel. Le nombre des individus de la colonie, la façon dont ils sont assemblés, leur degré de différenciation sont très variés et souv. caract. (*Siphonophores*). Des formes évoluées, telles que les *Bryozoaires* et les *Tuniciers,* ont une organisation compliquée qui rend les processus de bourgeonnement plus ou moins complexes. Les *Polypes,* les *Bryozoaires* ou les *Tuniciers* peuvent aussi ségréger de nouveaux individus qui naissent sur des prolongements appelés stolons selon un processus appelé **stolonisation.**

4. Elaboration de formes de résistance pluricell. Cert. esp. anim. édifient, par une sorte de bourgeonnement int., des bourgeons qui survivent à des conditions de milieu défavor. grâce à une enveloppe protectrice.

Les **gemmules** (p. 75) caractér. surtout les *Eponges d'eau douce.* A l'int. de la coque protectr., se trouve un amas cell. composé d'archéocytes pourv. de subst. de réserve ; au printemps il donne naissance à une *Eponge.*

De nombr. *Bryozoaires* d'eau douce possèdent des stolons où apparaissent des bourgeons entourés d'une coque chitineuse et calc. qui survivent à l'hiver (**hibernacules**). Les *Bryozoaires* peuvent aussi former des **statoblastes** qui ont une struct. analogue à celle des gemmules et une fonction ident. : ils renferment des cel. ecto-et mésodermiques et ont un flotteur circul. qui favorise la dispersion dans l'eau.

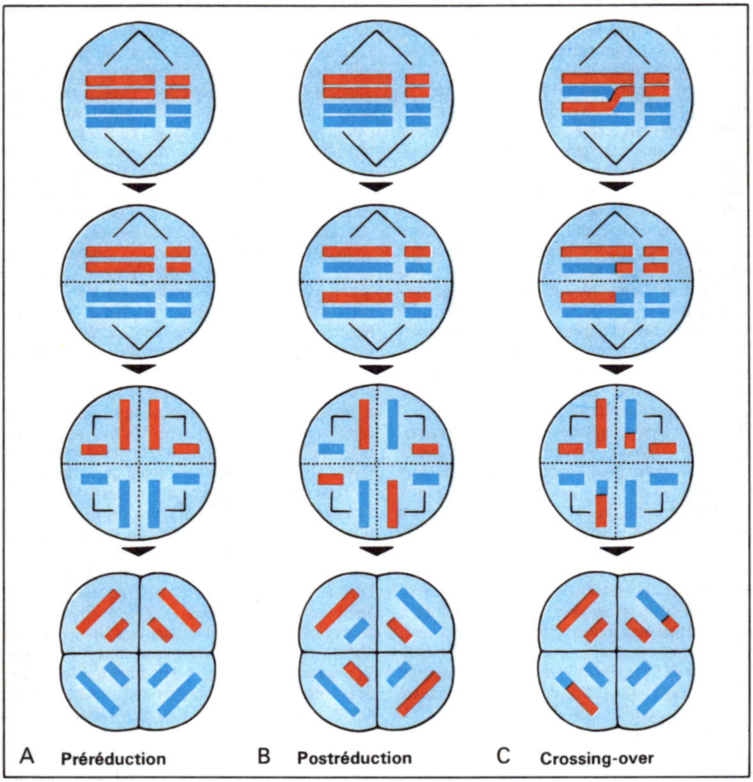

Séparation des chromosomes à la méiose

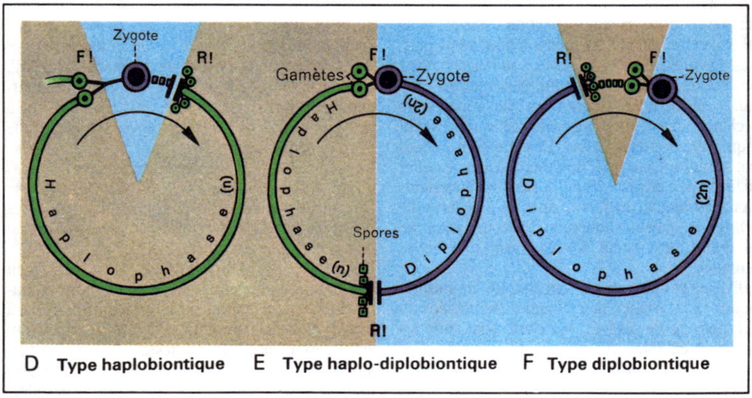

Alternance des phases du noyau

La signification de la Reproduction sexuée ne s'arrête pas à l'augm. du nombre des individus, elle réside davantage dans l'existence de recombinaisons permanentes du patrimoine génét. des parents aux descendants qui assurent la variabilité génét. d'une population. Elle représente, pour cela, une base fondam. de l'évolution (p. 484 sqq).

La reprod. sexuée comprend en général la produc. de cel. reprod. totipotentes (gamètes) possédant une garniture chromosomique simple ou haploïde (*n* chromosomes), et la fusion de 2 gamètes de sexe diff., fusion qui s'opère lors de la fécondation et engendre un œuf (zygote) diploïde c.-à-d. possédant un double jeu de chromosomes (2 *n*).

Rôle de la méiose (division de maturation)

Si la fécondation s'effectuait entre cel. diploïdes, le nombre de chromosomes du zygote doublerait à chaque génération ; il est donc nécessaire qu'une « réduction chromatique » intervienne avant la fécondation, au plus tard au moment de la formation des gamètes, de telle sorte que ceux-ci renferment un jeu chromosomique haploïde : cette réduct. se produit pendant la méiose grâce à 2 div. de maturation successives, au cours desquelles les chrom. homologues s'accolent puis se disjoignent pour se répartir au hasard, ce qui entraîne général. une nouvelle répartition des chrom. L'appariement des chromosomes avec *crossing-over* peut aboutir à un échange de gènes entre chrom. homologues. Cette recombinaison génét. s'effectue égalem. au cours de la prophase de la 1re division méiotique.

Déroulement de la méiose (A, B)

Avant que ne commence le processus de division, les noyaux sont caractérisés par leur grande taille et par la répartition lâche de la chromatine.

Prophase de la 1re division méiotique (division réductionnelle). Elle est marquée par l'appariement des chromosomes homologues et, contrairement à la prophase d'une mitose, elle peut s'étendre sur des semaines, voire des mois. Au stade **leptotène** apparaissent dans le noyau des amas de filaments simples, grêles et entremêlés, qui, au stade **zygotène,** se raccourcissent en se spiralisant. Au stade **pachytène** tous les chromosomes homologues se sont appariés de telle sorte que leurs segments correspondants sont exactement au même niveau. Dès ce moment chaque chromosome est fissuré longit., et chaque paire chromosomique forme une tétrade composée de 4 chromatides, 2 chromatides porteuses des caract. paternels, 2 autres porteuses des caract. maternels. Le nombre total des tétrades correspond au nombre chromosomique haploïde (*n*). Au stade **diplotène,** les chromosomes de chaque couple s'écartent, mais l'union est maintenue provis. en cert. points (*crossing-over*, C). Il peut y avoir rupture des chromatides à ces points de jonction (chiasmas) et échange de matériel chromosomique, donc de gènes, entre les chromosomes paternels et maternels homologues (p. 447, disjonction des caractères). Au dernier stade de la prophase, la **diacinèse,** les chromatides se ramassent fortement, leur taille atteint à peu près 1/10 de celle qu'elles ont à la prophase de la mitose et elles se répartissent le long de la membr. nucléaire.

La métaphase et l'anaphase de la 1re division de maturation ressemblent à celles de la mitose : à la métaphase, les tétrades se disposent en plaque équatoriale. La membrane nucléaire et les nucléoles disparaissent, le fuseau achromatique apparaît. A l'anaphase, s'effectue la disjonction des chromosomes amorcée au stade diplotène : les chromat. de chaque tétrade se séparent 2 à 2, et se dirigent vers les pôles opposés du fuseau.

Télophase, intercinèse et 2e division de maturation suivent bientôt. Comme les chromosomes, déjà clivés longit., sont parvenus aux pôles cell., ils ne reconstituent pas un noyau au repos ; après une brève intercinèse, ils se trouvent à l'état prophasique de la 2e division de maturation qui commence immédiatement : comme dans une mitose normale, les 2 chromatides, déjà disjointes, s'écartent ; et les 4 chromatides des tétrades du stade pachytène sont réparties en 4 gamètes méiotiques ou quatre stades correspondants (p. 151).

Préréduction et postréduction (A, B)

Quand les tétrades du stade pachytène se dissocient pour former 2 couples de chromatides, la répartition se fait partiellem. au hasard : ou bien les chromat. de chaque couple appartenaient origin. au même chrom. homologue, et elles proviennent d'une simple div. de celui-ci ; ou bien des couples de chromat. peuvent être formés de 2 chromat. provenant chacune des 2 chrom. homologues. Dans le 1er cas, il y a **préréduction,** la réduct. a lieu au cours de la 1re division de maturation ; dans le 2e cas il y a **postréduction,** la réduct. s'effectue au cours de la 2e div. Une postréd. de tous les chrom. est rare.

Moment et lieu de la méiose

Le cycle chromosomique comporte une alternance entre des phases haploïdes et diploïdes de durée variable selon les organismes : des cel. haploïdes (haplophase) deviennent diploïdes par suite de la fécondation et la réduction chromatique les ramène à l'état haploïde. Le passage d'une phase à l'autre peut se faire différemment.

1. **Le cycle chromosomique du type haplobiontique** (D), est le plus simple et se rencontre chez beaucoup de *Protistes* et d'*Algues* élément. La méiose se produit à la 1re division du zygote. A part le stade du zygote, tous les stades sont haploïdes (haplontes purs).
2. **Le cycle chromosomique du type diplobiontique** (F) : La méiose se produit au moment de la formation des gamètes ; à part ceux-ci, toutes les cel. sont diploïdes, ex. chez les *Diatomées,* les *Métazoaires.*
3. **Le cycle chromosomique du type haplodiplobiontique** (E) se rencontre chez les *Algues sup.,* les *Champignons,* les *Mousses,* les *Fougères* et les *Spermatophytes* : il commence avec une plante diploïde, le sporophyte, dont les nombr. cel. mères élaborent une multit. de spores qui donnent naissance au gamétophyte.

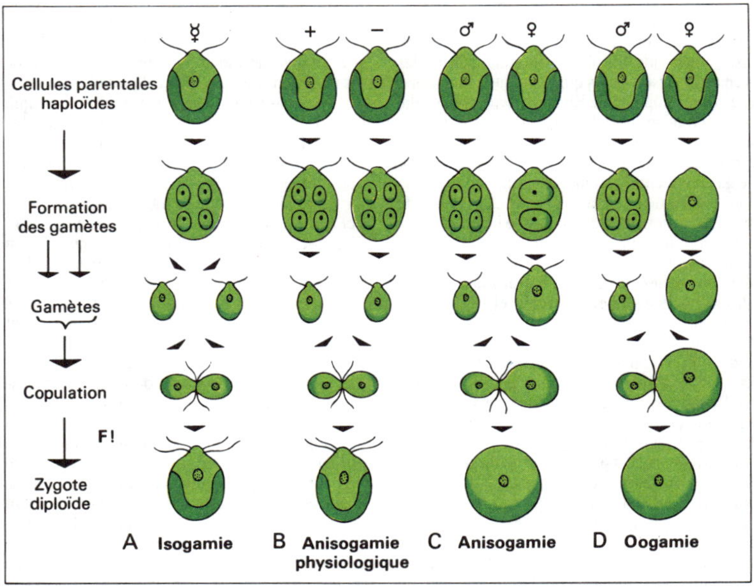

Divers types de gamètes et de reproduction sexuée (Chlamydomonas)

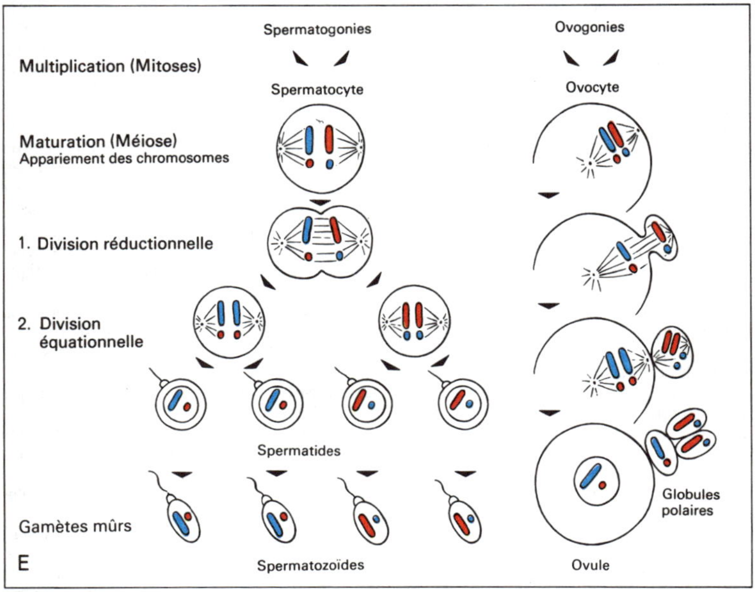

Spermatogenèse et ovogenèse chez les Métazoaires

Comparaison des gamètes et des spores

Lorsqu'on considère la différenciation des cel. reprod. chez toute une série d'organismes, des plus primitifs aux plus évolués, on remarque que la diff. entre les spores et les gamètes s'accuse de plus en plus. Dans les groupes où l'on rencontre les 2 modes de reprod. monocytogène, la formation et la struct. morphol. des spores et des gamètes présentent une similitude frappante : dans le cas le plus simple il n'y a aucune différence.

Chez les *Phytoflagellés Chlamydomonas eugametos* ou *Polytoma uvella,* les cel. reprod., morphol. identiques, peuvent fusionner ou continuer à se développer végétativement : cela dépend de l'intensité de la lumière, de la concentr. en sels nutrit. ou du pH (**détermination facultative**). Chez le *Flagellé Chlorogonium,* les gamètes sont légèrem. plus petits que les spores. Ds une cel. on a soit 8 spores, soit 16 gamètes. Chez l'*Algue verte Cladophora,* les diff. cel. reprod. sont élaborées de la même façon dans une cel. morphol. semblable (homologue), mais leur forme n'est plus identique. Même chez les organismes sup., on peut encore comparer les cel. reprod. sexuées et asexuées. Depuis les *Flagellés inf.* comme *Chlorogonium oogamum* jusqu'aux *Spermatophytes* évolués, on peut considérer l'oosphère comme une grande aplanospore immobile riche en réserves, et le spermatozoïde comme une zoospore flagellée mobile, au Cyt. peu abondant et les considérer comme homologues. Une cel. reprod. primordiale peut devenir une spore, une oosphère ou un spermatozoïde en fonction des condit. physiol.

Parmi les animaux pluricell. seuls les *Mésozoaires* présentent les 2 modes de reprod. monocytogène. Là encore on peut constater une homologie, alors que chez les *Eumétazoaires* l'homologie n'existe que pour la formation des cel. sexuelles, mais pas pour les organes reprod. eux-mêmes et leurs organes annexes.

La différenciation du sexe des gamètes permet également d'observer un développement croissant de la sexualité :

1. **Isogamie :** des gamètes ayant la même forme ext. peuvent, dans le cas d'organismes primitifs (ex. *Polytoma uvella*), copuler au hasard (A) ; mais les gamètes peuvent aussi présenter une « anisogamie physiol. » (B), c.-à-d. qu'on ne peut pas distinguer chez eux un sexe ♂ ou ♀, on leur attribue selon qu'ils sont capables ou non de copuler, le signe + ou –, (ex. *Chlamydomonas steinii*). Les gamètes de l'*Héliozoaire Actinophrys* sont identiques, mais les uns (« femelles ») restent constamment passifs, tandis que les autres (« mâles ») émettent des pseudopodes et provoquent la fusion.
2. **Anisogamie :** la copulation s'effectue entre microgamètes « mâles » et macrogamètes « femelles » qui diffèrent par leur taille, les seconds, riches en subst. de réserve, étant plus grands. Chez *Chlamydomonas braunii,* micro et macrogamètes ont un flagelle fonctionnel (C). Chez *Chlamydomonas suboogamum,* le flagelle du macrogamète est immobile.
3. **Oogamie :** dans ce cas, tandis que le macrogamète reste immobile, le spermatozoïde mobile, attiré par des subst. chimiques, se déplace vers l'ovule. Ce phénomène, caract. des *Métazoaires* et des *Végétaux sup.,* s'observe déjà chez *Chlamydomonas oogamum* (D). Chez les *Métazoaires* l'ovule se distingue par son Cyt. abondant, riche en subst. nutrit. pour la croissance du futur embryon, p. ex. : AA, prot, glycogène, lécithines, vitamines (vitellus). Le spermatozoïde est une cel. mobile haut. différenciée (p. 154 sq).

Formation des cellules reproductrices

Chez les *Végétaux* pluricell., elle est assurée génér. par 2 types d'organes reprod. diff. (gamétanges). Les organes ♂ , les **anthéridies,** sont, chez les *Thallophytes,* des cel. simples ou des ensembles de cel. sans enveloppe ; chez les *Bryophytes* et les *Ptéridophytes,* ce sont de petits corpuscules dont la paroi est stérile et le tissu int. spermatogène. Les gamétanges ♀ appelés **oogones** chez les *Végétaux inf.,* peuvent contenir une ou plus. oosphères ; en revanche, chez les *Mousses* et les *Fougères,* les gamétanges ♀, appelés **archégones,** sont en forme de bouteille, ils ont une struct. complexe et n'élaborent qu'une oosphère. Chez les formes primit., l'œuf est expulsé du gamétange ♀, alors qu'il y demeure chez les *plantes supérieures* (p. ex. : *Spermaphytes,* p. 165).

Les animaux pluricell. possèdent 2 types d'organes génitaux (**glandes génitales, gonades**), les uns, ♂ : les **testicules,** les autres, ♀ : les **ovaires.** Chez les *Spongiaires* et les *Cœlentérés* les cel. reprod. sont encore disséminées dans les tissus comme chez les végét. de type *Volvox.* La majorité des *Animaux sup.* possèdent des gonades bien localisées, en nombre pair, et disposées bilatér. ; chez les formes primitives comme cert. *Annélides,* les cel. reprod. arrivées à maturité échouent dans la cavité générale ; chez les organismes évolués en revanche, elles sont évacuées par des canaux déférents. Lorsqu'un seul et même indiv. possède des organes reprod. ♂ et ♀, on dit qu'il est hermaphrodite ; lorsque les organes ♂ et ♀ sont répartis entre des indiv. diff., ceux-ci sont unisexués (à sexes séparés) (gonochorisme) ; (voir p. 450 sqq pour la transmission de la sexualité et la déterm. du sexe).

Formation des gamètes chez les Métazoaires (E)

Les cel. qui sont à l'origine des gamètes sont les spermatogonies et les ovogonies diploïdes. Elles prolifèrent par suite de mitoses, puis en grossissant deviennent des spermatocytes et des ovocytes. Les spermatocytes entrent en méiose et donnent 4 spermatides de taille égale, qui toutes vont se différencier en spermatozoïdes mobiles ; les ovocytes, par contre, ne donnent finalement qu'un ovule et des globules polaires : en effet, à la première division de l'ovocyte, un des noyaux se loge dans un bourgeon qui se détache par constriction. A la 2e division, ce globule polaire se dédouble et l'ovule (ovotide), qui est alors haploïde, ségrège un autre globule polaire (ovule, spermatozoïde, voir p. 154 sq).

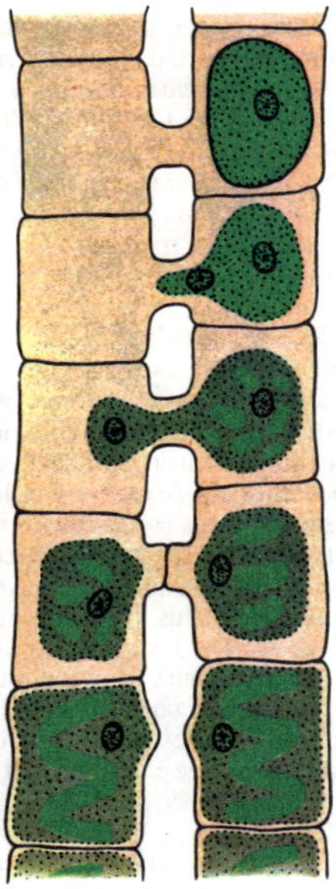

A **Conjugaison** (Spirogyra)

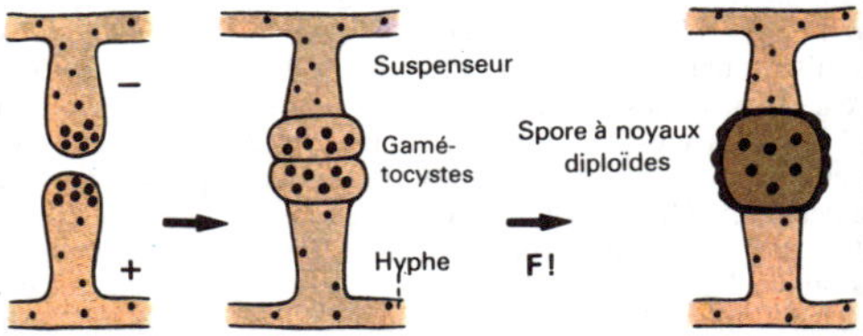

B **Cystogamie isogame** (Mucor)

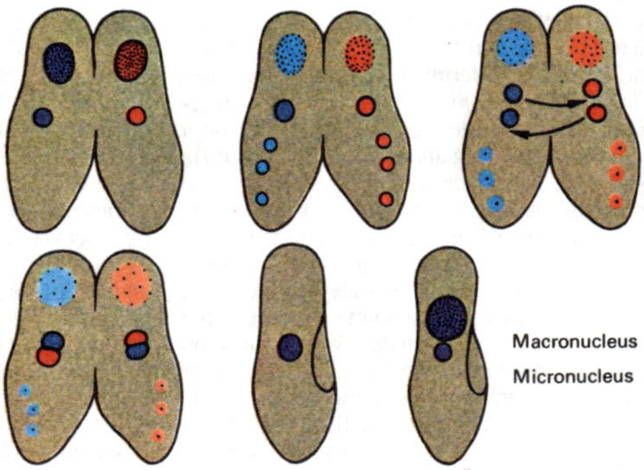

C **Conjugaison chez un Cilié**

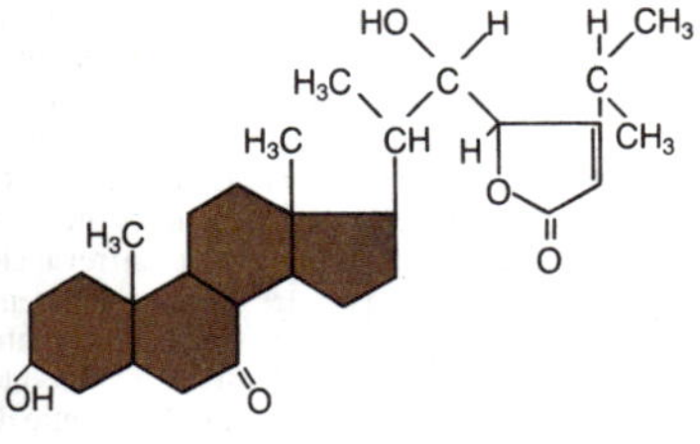

D Antheridiol

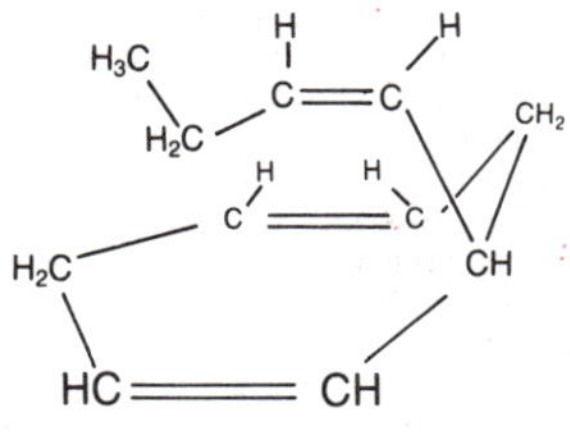

E Ectocarpène

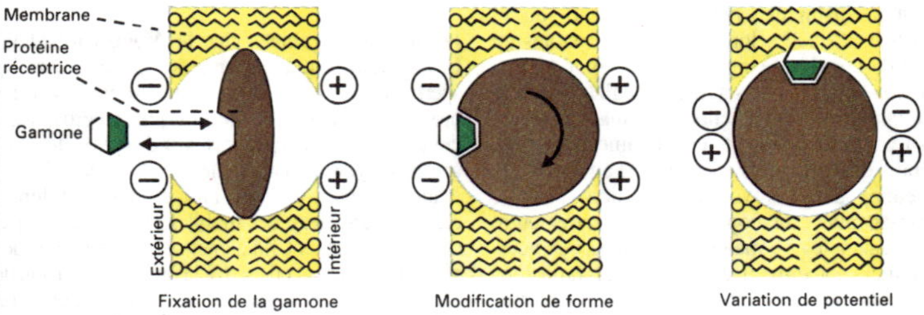

F **Schématisation du mode d'action d'une gamone**

Fécondation chez les Protistes et les Végétaux

La fécondation s'effectue entre cel. haploïdes et engendre une cel. diploïde. Fréquemment elle est aussi le point de départ du développement embryonnaire.

Fécondation chez Protistes et Végétaux

1. La gamétogamie, c'est la fusion de 2 gamètes uninucléés (fusion des cel. et des noyaux) ; elle se rencontre chez les formes inf., et caract. tous les *Végétaux sup.* :

a) Hologamie : c'est la fusion de 2 gamètes qui ne se distinguent pas des indiv. unicell. normaux. Chez *Chlamydomonas,* les 2 gamètes s'unissent (p. 150 A-D) et forment provisoirement un planozygote encore mobile, possédant 4 flagelles ; mais l'haplophase commence très vite. Le processus est analogue chez la *Conjuguée Spirogyra* (A) (Algue filamenteuse) : 2 filaments morphol. identiques, mais de sexe diff., se disposent côte à côte, un pont de conjugaison s'établit entre les cel., par lequel les protoplastes ♂ passent tout entiers dans les cel. ♀ et fusionnent avec elles.

b) Mérogamie : la copulation ne se fait pas entre indiv. unicell. entiers, mais entre les nombr. gamètes qu'ils produisent et qui, plus petits, sont génér. élaborés à l'int. d'un gamétange. On nomme gamontes les cel. génératrices des gamètes. Cert. *Protistes* se reproduisent par mérogamie, p. ex. les *Sporozoaires* (p. 69) et le *Phytoflagellé Chlorogonium ;* en outre, à l'exception de quelques *Champignons,* la plupart des *Végétaux* pluricell. qui ont développé des formes complexes chez les *Algues* (p. 160), les *Mousses* et les *Fougères* (p. 162) et surtout chez les *Spermatophytes* (p. 164) sont égal. mérogames.

2. La gamétangie est un cas partic. de reprod. sexuée ; on ne voit pas se différencier de gamètes, ce sont les gamétanges plurinucléés qui fusionnent. Cette fécondation multiple peut être une gamétangie isogame entre organes morphol. identiques (ex. : *Mucor,* B) ; chez les *Ascomycètes* (p. 161), la gamétangie est anisogame.

3. La somatogamie, caract. des *Basidiomycètes,* représente un cas extrême (p. 161), car il n'y a même pas formation de gamétanges, la copulation s'effectue entre cel. somatiques normales (plasmogamie). La fusion des noyaux (caryogamie) intervenant plus tard, juste avant la méiose, la plasmogamie et la caryogamie sont séparées par un stade à 2 noyaux (dicaryophase).

4. La conjugaison des Ciliés (C) est un processus très particulier. Les 2 partenaires s'accolent génér. par leur zone buccale, échangent un de leurs noyaux puis se séparent. Entre-temps, à l'int. des cel., les macronuclei dégénèrent et sont résorbés, alors que les micronuclei engendrent chacun, à la suite d'une méiose, 4 noyaux haploïdes, dont 3 dégénèrent. Seul subsiste dans chaque conjugant le noyau qui se trouve le plus près du pont de conjugaison : il se divise encore une fois et cette division donne un **noyau ♂ mobile** et un **noyau ♀ sédentaire.** Chaque noyau ♂ passe d'un conjugant dans l'autre par le pont de conjugaison et s'unit au noyau ♀. Le nouveau noyau qui en résulte est diploïde, il subit une mitose et reconstitue un macronucleus et un micronucleus.

Les Molécules attractives

Pour fabriquer un zygote les gamètes doivent se rencontrer. Le support matériel en est l'émission de **gamones** dans le milieu environnant, où elles attirent spécif. et chimiotactiquement le partenaire (p. 334). Les gamones qui servent ainsi d'interactions chim. entre les partenaires sex., et qu'on appelle aussi depuis peu Sirenine appartiennent aux Phéromones, i. e. des métabolites qui à l'instar des Hormones (p. 326 sqq.) agissent de façon spécif. mais ne sont pas émises par des glandes endocrines et qui favorisent « les rapports » entre différents individus d'une population à des concentrations déjà très faibles :

Le mycelium femelle du champignon aquatique *Achlya* (Saprolegniales, p. 180 sq.) produit l'hormone stéroïde **Antheridiol (D)** qui permet encore à la concentration de 10^{-10} mol/l la formation de l'hyphe anthéridiale.

Le Flagellé hologamétique *Chlamydomonas eugametos* fabrique des glycoprot. diff. ds les 2 sexes mais de struct. complémentaire. Les moléc. sont en partie libérées dans l'eau et en partie stockées à la surface sur les flagelles. Ces gamones rapprochent les gamètes de sexe opposé, les accolent et permettent ainsi la fécondation. On peut expérim. montrer la libération des gamones dans le milieu :

Si l'on met en contact des gamones d'un sexe avec un important amas de gamètes de l'autre sexe ils s'accolent alors, parce qu'ils établissent avec les gamones dissoutes des complexes communs. Les Gamétophytes de l'*algue brune Ectocarpus siliculosus* libèrent leurs gamètes dès le début de l'éclairement. La fécondation est encore renforcée par le fait que les pieds femelles et leurs gamètes (–) libèrent **l'Ectocarpène** à odeur de fruit qui attire les gamètes (+).

On propose pour expliquer le mécanisme d'action des gamones un **modèle hyp. (F).**

Quelques prot. à grande affinité pour la gamone sont localisées dans le plasmalemme des gamètes (+) et forment un pore qui interdit l'égalisation des pot. électrochim. entre l'ext. et l'int. En présence du complexe gamone-prot. la conformation spatiale de la prot. change et le pore devient perméable. La cel. enregistre l'équilibre ionique. Après destruction rapide de la gamone la situation de départ est rétablie, de telle façon que le gamète peut exactement mesurer la concentration de gamone présente à chaque fois.

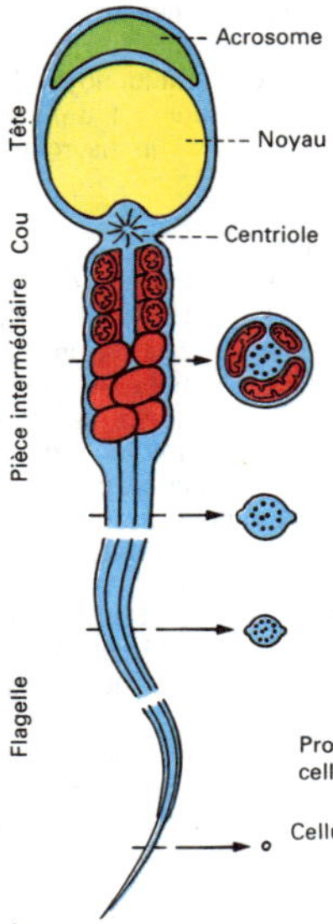

A **Structure fine d'un spermatozoïde**

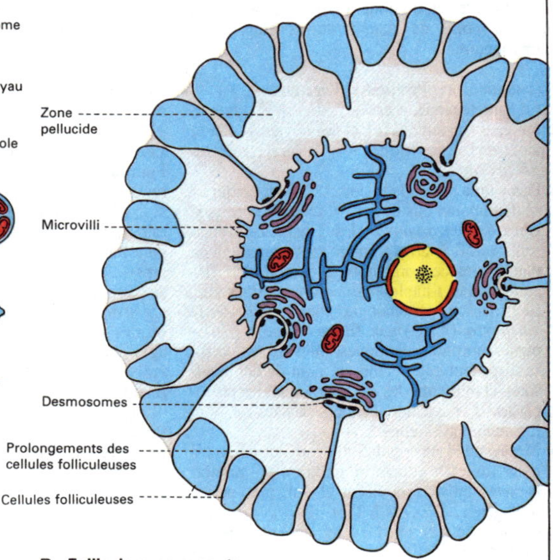

B **Follicule avec ovocyte**
(Schéma avec organites agrandis)

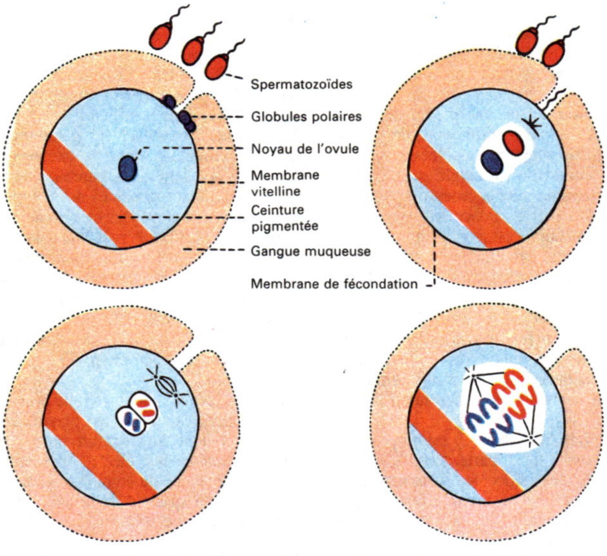

C **Fécondation et début de la division du noyau** (Oursin Paracentrotus)

Gamètes et fécondation chez les Métazoaires

A la variété des modalités de la fécondation chez les *Protistes* et les *Végétaux* s'oppose l'uniformité absolument systém. de ce phénom. chez les anim. pluricell. Il s'agit toujours d'une gamétogamie mérogame hautement évoluée, i. e. : **une oogamie.**

Le spermatozoïde des Métazoaires (A)
On reconnaît 4 parties nettement séparées dans une cel. fonct. à la morph. typique :

- **La tête** contient le noyau à n chromos. extrêmement condensé précédé de l'acrosome. Celui-ci provient de la fusion de l'A-G. et est une vésic. remplie d'enz. variées (Protéases, hyaluronidases). Le plasmalemme est avant tout muni de sites de fixation d'antigènes.
- **Le cou** contient 2 centrioles dont le plus antérieur organisera après la fécondation, le fuseau de la première divis., alors que le postérieur est entièrement remanié en corps basal du flagelle. A ce niveau commencent les microtubules du flagelle.
- **La pièce intermédiaire** est traversée par la struct. du flagelle qui est étroitement entourée par la spirale mitochondriale (« noyau accessoire »).
- **La queue** est un flagelle typique (p. 17) avec renforts suppl. La membr. cell. ne comprend ici aucun site de fixation antigénique.

L'oocyte a, comme un ovule au stade de croissance et de maturation, emmagasiné une quantité variable, selon sa propre espèce, de vitellus, Cyt. et ARN_r (p. 188). Il pourvoit rarement seul à cette croissance (« croissance ovulaire isolée »). La plupart du temps il est secondé par des cel. auxiliaires, qui sont directement consommées ou fabriquent un follicule (B « croissance ovulaire alimentée »). L'oocyte élabore une enveloppe qui en tant que membr. vitelline (zone pellucide) est étalée sur la membr. oocytaire et qui est caractérisée ext. par ses antigènes.
Les microvilli et la pinocytose permettent le transfert de subst. ds l'oocyte dans la zone située à la limite entre sa membr. et la membr. vitelline. A cela s'ajoute, que les cel. folliculeuses, avec leurs prolongements servant de liaisons, fabriquent et transportent des subst. à l'oocyte en croissance par l'intermédiaire de desmosomes comme points de contact. On trouve précisément auprès de ces points de contact un important A-G. Il fabrique des granules enclos dans une membr. qui sont stockés sous forme de granules corticaux dans la couche externe du Cyt. (« cortex »). Leur fonct. chez tous les *Métazoaires* est de permettre la pénétration du spermatozoïde. Chez les *Mammifères* le follicule élabore l'œstradiol. Après dissolution de sa paroi externe et libération de l'ovule mur dans le cœlome (ponte ovulaire) il se transforme en corps jaune (corpus luteum) et sécrète alors la progestérone (Hormones sexuelles femelles, p. 331).

Fécondation chez les Métazoaires (C)
Il s'agit toujours d'une gamétogamie mérogame haut. évoluée, une oogamie. On peut distinguer trois étapes :
1. La pénétration du spermatozoïde dans l'ovule s'effectue en général au hasard des rencontres entre cel. sexuelles. Des facteurs ext. déclenchent le mouvement des spermatozoïdes qui sont préservés d'une dépense prématurée d'énergie par des inhibiteurs (androgamone I). En même temps l'ovule émet une gynogamone I qui attire et active les spermatozoïdes. Au moment du contact, le spermatozoïde est fixé à la surf. de l'ovule par la gynogamone II agglutinogène, et il sécrète lui-même une androgamone II, qui dissout enzymatiquement la membrane ovulaire. Seuls les spermatozoïdes spécif. peuvent se fixer assez solidement sur l'ovule, la fécondation par des spermatozoïdes non spécifiques est donc, dès ce stade, impossible.
2. L'activation de l'ovule, après la fécondation, recouvre diff. processus : dans les ovules des *Animaux sup.* la division équationnelle de la méiose est déclenchée et activée, en règle génér., seul après la pénétration du spermatozoïde.
Exception faite de cas très rares (p. ex. *Oursin*) où lors de la pénétration du spermatozoïde il y a déjà un noyau à n chromos. qui a subi les deux divisions de maturation (pronucleus femelle) :

- Chez les *Mollusques* et l'*Ascaris,* les divis. de maturation n'ont pas encore commencé ds l'ovocyte.
- Chez les *Tuniciers* (*Ascidies*), le noyau de l'ovocyte fécondé en est au stade de Métaphase de 1re division.
- Chez les *Vertébrés,* il se trouve déjà au stade de Métaphase II.

En liaison avec la phagocytose du spermatozoïde, chez de nombreuses espèces, l'ovule émet un cône de captation (qui est le renflement de la membrane ovulaire faisant saillie dans la gangue muqueuse), l'enveloppe acquiert une consistance gélatineuse (membrane de fécondation), le Cyt. se contracte, son armature colloïdale se gélifie. De cette façon une fécondation multiple (polyspermie) devient impossible. Dans les ovules riches en vitellus (*Sélaciens, Oiseaux, Insectes*) il peut arriver normalement que plus. spermatozoïdes pénètrent dans l'ovule, mais ils ne prennent pas part au dévelop. embryonnaire.
3. La fusion des noyaux (caryogamie) est provoquée par un fort courant cytopl. La tête du spermatozoïde se gonfle et devient le pronucleus ♂. Le pronucleus ♂ et le pronucleus ♀ (noyau de l'ovule) se rapprochent et fusionnent. La pièce intermédiaire du spermatozoïde fournit les centrioles du fuseau achromatique de la 1re division, au centre duquel les chromosomes s'individualisent, les uns d'origine paternelle, les autres d'origine maternelle, et se disposent en une plaque équatoriale, rétablissant ainsi le nombre chromosomique diploïde. Les chromosomes se dédoublent et le zygote subit la 1re mitose de segmentation qui est le début du développement embryonnaire (p. 189).

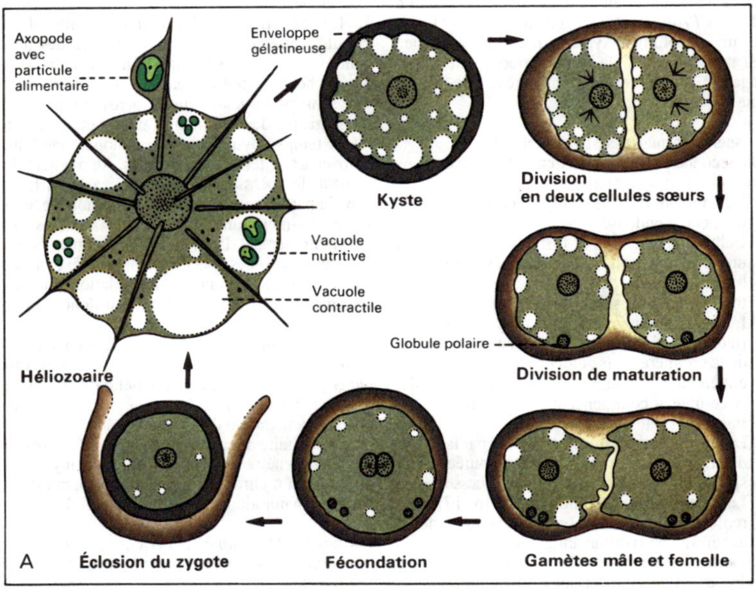

Pédogamie chez un Héliozoaire

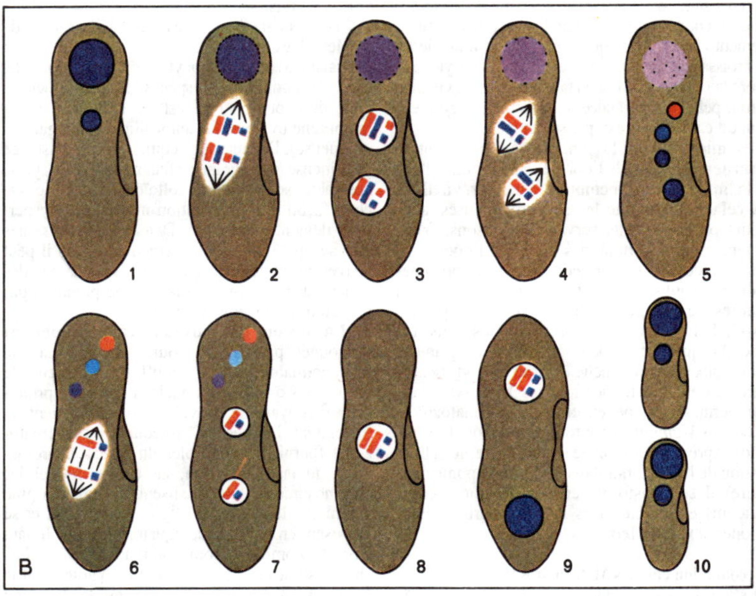

Autogamie chez la Paramécie

Le rôle biol. de la sexualité consiste à engendrer une multitude de génotypes diff. On conçoit l'importance capitale de la fécond. croisée qui donne naiss. à un zygote où se réalise une combinaison originale des patrimoines héréditaires issus de 2 individus différents.

1. Fécondation obligatoire entre cellules sœurs Elle entraîne une identité génétique absolue, de sorte que tous les avantages de la reprod. sexuée semblent être réduits à néant. On la rencontre chez des *Acariens* parasites (ex. *Pediculopsis*) et des *Hyménoptères* (ex. *Telenomus fariai*) ; le *Trématode Wedlia biparta* donne naiss. à un kyste renfermant 2 jumeaux de sexe diff. issus d'un même œuf : le plus petit développe les testicules, le plus gros les ovaires.

2. Pédogamie : c'est la copulation des gamètes produits par un seul et même individu. Il en existe diff. modalités, car les cel. reprod. qui copulent peuvent provenir d'une seul div. cell. ou de plusieurs mitoses. La première possibilité se réalise chez *Actinophrys* (A), un *Héliozoaire* : au début de la phase sex. ce Protiste s'enkyste et subit une mitose qui donne 2 cel. sœurs diploïdes qui se transforment chacune en un gamète et fusionnent par hologamie. – La 2e possibilité se présente fréquem. : le même indiv. acquiert des organes sexuels ♂ et ♀ dont les gamètes fusionnent. Il y a donc autofécond. chez ces indiv. hermaphrodites. L'autofécond. est pratiquée par de nombr. *Végétaux*, par les *Turbellariés*, les *Trématodes*, les *Cestodes*, les *Gastéropodes* et les *Poissons* ; elle sert avant tout à favoriser la reprod. chez les espèces qui vivent fixées ou en parasites, donc isolées, et qui peuvent rarem. s'accoupler. – L'autofécond. des indiv. hermaphr. est parfois obligatoire, comme p. ex. chez cert. espèces de *Violettes* qui en sont réduites à la pollinisation directe parce que leurs fleurs ne s'ouvrent pas (fl. cléistogames). Mais il existe souvent chez les *Animaux* et les *Végétaux* diff. dispositifs qui limitent ou empêchent l'autofécondation des hermaphrodites :

- Les gamètes ♂ et ♀ d'un même indiv. ne sont pas mûrs en même temps : il y a protandrie chez de nombreuses *Angiospermes* ou protogynie (cas du *Plantain*) selon que les gamètes ♂ et ♀ sont mûrs les premiers.
- Les organes reprod. sont séparés, p. ex. anthères et stigmates (herkogamie).
- Une autostérilité peut se manifester lors du rapprochement de gamètes génétiquement identiques, p. ex. inhibition du dévelop. du tube pollinique (Autofécondation rendue impossible par des allèles d'incompatibilité, p. 448 sq).

3. Autogamie : c'est le fusionnement de 2 noyaux à l'int. d'une cel. unique qui ne se divise pas. Chez une *Paramécie* qui ne s'accouple pas, les noyaux subissent les mêmes modif. que lors de la conjug. (p. 152 sq), mais alors les micronuclei mobile et sédentaire appartenant au même indiv. fusionnent pour former le noyau du zygote (B).

4. Parthénogenèse : au sens strict, c'est le dévelop. d'un « œuf » qui n'a pas été fécondé. Mais ce terme a pris un sens plus général. On a considéré comme un cas de parthénogenèse la reprod. du *Crustacé Triops cancriformis* ou du *Guppy (Lebistes reticulatus)* dont les ♀ sont maintenues isolées ; il s'agit de l'autofécond. d'indiv. hermaphrodites ayant un phénotype ♀.

a) Parthénogenèse zygophasique : c'est le cas où l'œuf qui se développe sans avoir été fécondé par un gamète ♂ possède une garniture chromosomique de zygote, donc. génér. diploïde. – La parthénogenèse cyclique, caract. des *Daphnies* et des *Pucerons* p. ex., allie les avantages de la reprod. sexuée à ceux de la reprod. asexuée, car il y a alors alternance entre les générations parthénogénétiques et les générations sexuées (hétérogonie, p. 167). En revanche, la **parthénogenèse obligatoire** représente un syst. génét. clos. Elle peut revêtir deux formes : **forme améiotique** : la méiose ne se déclenche pas, aucune recombinaison génétique n'est possible et tous les indiv. qui appartiennent au groupe ainsi formé constituent un clone (lignée au patrimoine héréditaire identique). Les œufs proviennent d'une mitose sans subir de réduction chromatique (cas du *Crustacé Isopode Trichoniscus elizabethae var. coelebs*) ; **forme méiotique** : la réduction chromat. a lieu, mais elle est aussitôt annulée, soit parce que le noyau haploïde de l'œuf fusionne avec le globule polaire (chez le *Crustacé euryhalin Artemia salina*), soit que les 4 noyaux de segmentation s'unissent 2 à 2 pour former 2 noyaux zygotiques (chez la *Mite Solenobia triquetrella*). Ces processus, au cours desquels des noyaux frères fusionnent, peuvent être considérés comme un cas extrême de pédogamie, une parthénogamie. Ils permettent encore une modif. limitée du patrimoine héréditaire et une variation évolutive.

b) Parthénogenèse gamophasique : elle constitue aussi bien une forme de reprod. qu'une modalité de la détermination du sexe : les œufs fécondés se développent pour donner des femelles diploïdes, les œufs non fécondés se développent parthénogénétiquement pour donner des mâles haploïdes. Alors que les œufs subissent des divisions de maturation normales, lors de la spermatogenèse, la division réductionnelle n'a pas lieu, un spermatocyte ne donne donc que 2 spermatozoïdes. Dans le règne animal, cette parthénogenèse haploïde est apparue séparément 6 ou 7 fois, chez les *Rotifères*, les *Acariens*, les *Homoptères*, les *Coléoptères*, les *Thysanoptères* et tous les *Hyménoptères* (*Guêpes, Fourmis, Abeilles*). Chez les Abeilles la reine n'est fécondée qu'une fois, lors du vol nuptial. Les œufs qui sont pondus dans un alvéole de reine ou d'ouvrière sont fécondés par les spermatozoïdes en réserve dans le réceptacle séminal de la reine ; les œufs pondus dans les alvéoles de faux bourdons ne sont jamais fécondés.

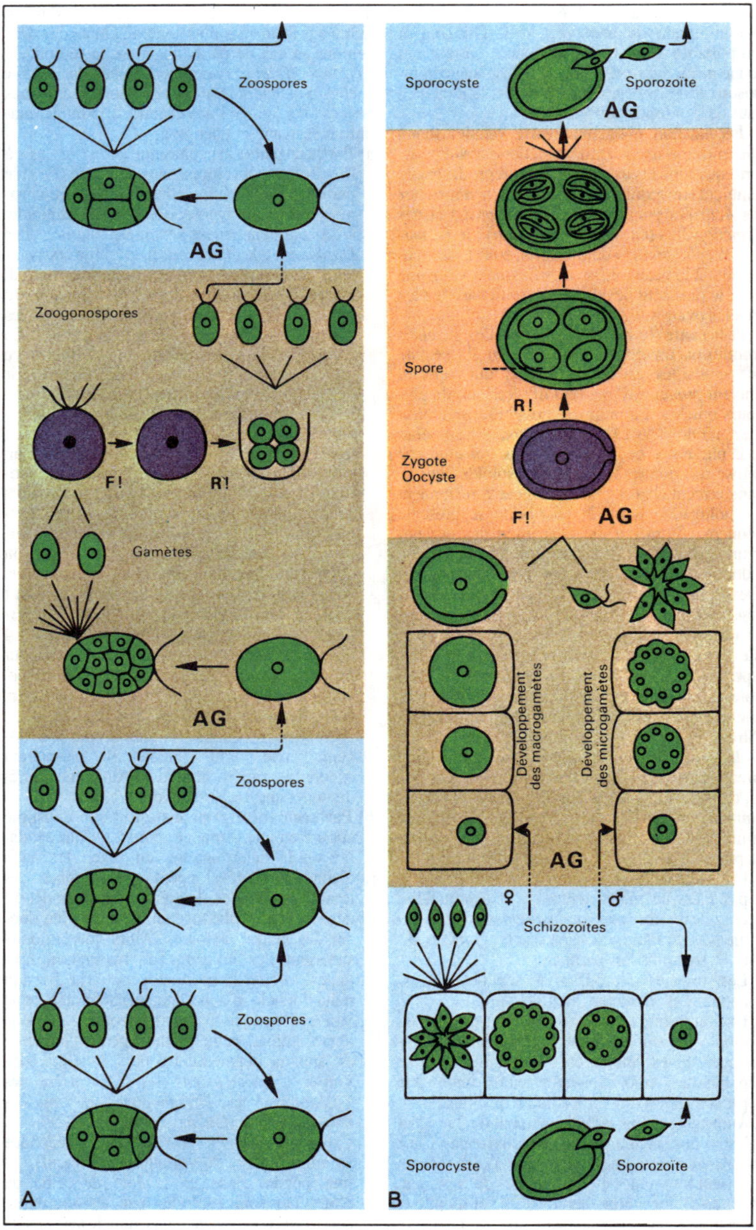

Alternance des générations facultative (Chlamydomonas, A) et obligatoire (Eimeria, B)

Alternance de phases et alternance de générations

L'alternance des phases du noyau est une conséquence nécessaire de la reprod. sexuée. Elle se situe à des endroits diff. du cycle de dévelop. des organismes (p. 149) mais se produit régulièrement. La fécondation détermine le passage de l'haplophase à la diplophase, la méiose, le passage de la diplophase à l'haplophase.

Dans les cycles de type haplobiontique (voir p. 148 D) et diplobiontique (voir p. 148 F), l'une des phases du noyau s'étend sur une période très brève du cycle de la génération, elle n'est donc pas réalisée dans un organisme capable de se reproduire qui a une existence indépendante assez longue. Le cycle ne comprend donc qu'une génération.

Alternance des générations (AG) : d'une façon très générale, elle consiste en une alternance irrégulière ou périodique de 2 générations ou plus, qui se reproduisent différemment, l'une d'elles se reproduisant toujours par la voie sexuée. Dans l'**AG primaire,** à une génération qui produit des gamètes destinés à copuler, succède une génération qui se reproduit par des spores (p. 143) ; en revanche, dans l'**AG secondaire** (p. 167), elle est suivie d'une génération qui se reproduit par des processus secondaires, régressifs, comme la parthénogenèse (p. 157) ou la multiplication polycytogène (p. 147). **L'alternance des générations** n'est pas forcément liée à une **alternance des formes.** Parfois les 2 générations sont morphol. identiques (AG isomorphe, p. ex. chez *Cladophora*) ; souv. elles sont diff. (AG hétéromorphe) ; à l'occasion elles diffèrent même au point que, parfois, l'on a cru que les 2 générations appartenaient à des espèces différentes.

Alternance de phase et AG sont très fréquemment liées, il s'agit alors d'une **AG hétérophasique** (p. 160-165) : dans ce cas, le zygote donne naiss. à un diplonte qui, après une méiose, produit des spores, lesquelles engendrent des haplontes producteurs de gamètes (Type haplo-diplobiontique, voir p. 148 E). Mais ce qui montre le plus clairement que l'AP et l'AG sont 2 phénom. fondam. indépendants, ce sont les cas d'**AG homophasique** où la valeur du noyau est identique dans toutes les générations.

Altern. des générations primaire homophasique

Presque tous les *Protistes* et les *Thallophytes* qui ont une reprod. sexuée possèdent une AG primaire ; car tous ces organismes ont en outre une reprod. asexuée. Dans ce cas, si l'alternance des générations s'effectue pendant la même phase du noyau, donc si le cycle des générations suit le type haplobiontique ou le type diplobiontique, il y a AG homophasique. Cela suppose évidemment qu'il existe réellement 2 générations diff., donc que la reprod. sex. et la reprod. asexuée ne soient pas le fait d'un seul et même individu.

a) Alternance des générations facultative

Chez beaucoup de *Protistes* et de *Thallophytes,* on voit apparaître après un nombre plus ou moins grand de générations qui suivent une reprod. asexuée des indiv. producteurs de gamètes. Après un nombre indéterminé de génér. asexuées, le mode de reprod. change, il y a donc AG facultative : c'est ce qui se produit avec de nombr. organismes élémentaires, aussi bien avec des haplontes purs comme p. ex. les *Flagellés Chlamydomonas* (A), qu'avec les diplontes purs, comme p. ex. l'*Héliozoaire Actinophrys sol.* On admet que tout organisme appartenant aux espèces en question a la faculté d'utiliser tous les modes de reprod. caract. de l'espèce. Ce sont les conditions ext. qui déterminent laquelle des possibilités sera mise en œuvre. En général, les organismes qui trouvent une nourriture suffisante ont recours à la multiplic. végét. ; lorsque les conditions deviennent défavorables, c'est la reprod. sexuée qui est de règle, ainsi les *Flagellés Volvox,* les *Algues* (*Vaucheria*), les *Champignons* (*Saprolegnia,* p. 181), les *Protozoaires* (*Actinophrys, Didinium, Paramécie*). Ces faits, démontrés expérimentalement, prouvent que les AG observées dans des conditions naturelles chez beaucoup de *Protistes* et de *Thallophytes* sont facultatives et que leur retour régulier est dû à des variations cycliques des caractéristiques du milieu extérieur.

b) Alternance des générations obligatoire

Chez les *Sporozoaires,* l'AG semble être, pour l'essentiel, un processus déterminé. On dit qu'ils ont une AG primaire homophasique obligatoire. Elle se déroule pendant la phase haploïde, les générations sont hétéromorphes. Le cycle de dévelop. des *Coccidies,* considéré comme homophasique, se déroule de façon analogue à celui du *Plasmodium,* l'agent de la malaria (p. 69), mais le cycle de ce dernier ressemble à une AG hétérophasique en raison de l'autonomie relative de la copula diploïde. Nous prendrons comme ex. le cycle de *Eimeria stiedae* (B), l'agent de la coccidiose des *Lapins.* Enfermés dans une capsule (sporocyte) les germes infectieux (sporozoïtes) sont ingérés par l'hôte avec le fourrage ; ils pénètrent dans les cel. épithéliales de l'intestin grêle et des canaux hépatiques, se multiplient végét. (schizogonie), engendrant des mérozoïtes qui s'attaquent à d'autres cel. épithéliales. Cette schizogonie se répète plus. fois de suite, ensuite apparaît la génération sexuée ; les microgamétocytes engendrent par mérogamie de nombr. microgamètes mobiles, les macrogamétocytes produisent par hologamie un seul macrogamète. Après la fécond., commence dans le zygote, à la suite des deux divisions de maturation, la deuxième phase de multiplication asexuée, la sporogonie. Chaque zygote contient alors 4 sporoblastes haploïdes qui se divisent pour donner chacun deux sporozoïtes, capables de provoquer une nouvelle infection.

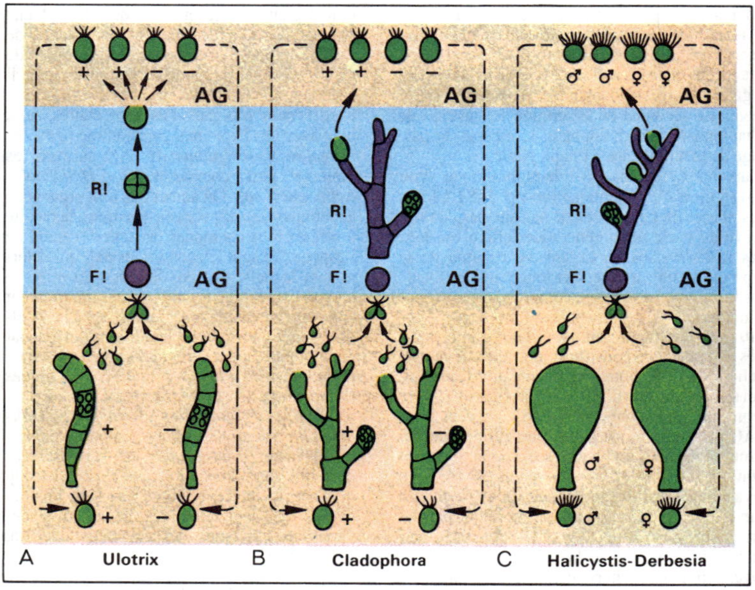

Alternance des générations chez les Algues

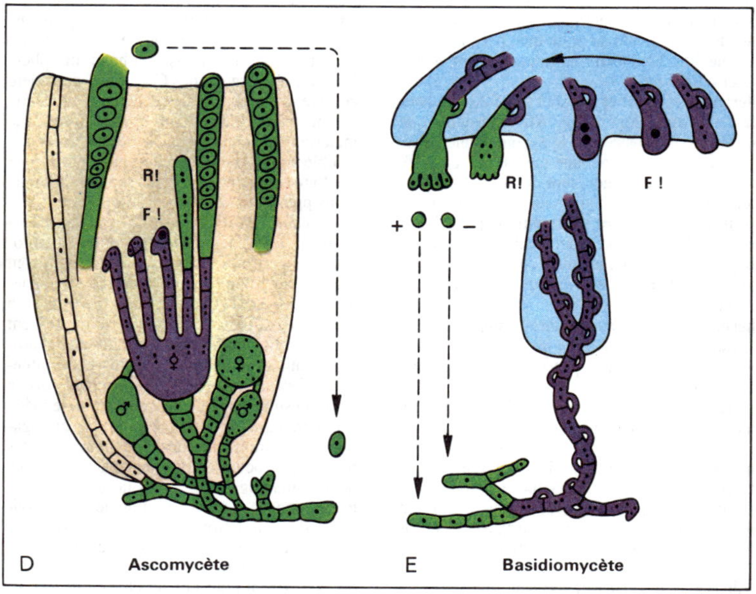

Alternance des générations chez les Champignons

Une alternance de générations hétérophasique est caract. par le fait que la réduction chromatique est liée à une reprod. asexuée qui se fait au moyen de spores (plus exactement de gonospores) et que par conséq. une génér. asexuée diploïde (**sporophyte**), alterne avec une génér. sexuée haploïde (**gamétophyte**). Par ailleurs ces 2 génér. peuvent éventuellement se reproduire sans qu'il y ait AG obligatoire, c.-à-d. par multiplic. végét. au moyen des conidies qui sont des cellules analogues à des spores.

Alternance de phases (AP) chez les Algues vertes

Chez beaucoup d'*Algues vertes,* l'AG se déroule selon des modalités qui s'écartent du processus normal et qui, ici comme chez les *Algues brunes,* pour ce qui est de la formation du sporophyte, peuvent se ramener à 3 types principaux d'AP.

1. Type Ulothrix (A). C'est le type le plus primit., car tout le dévelop. s'effectue à l'état haploïde. Seul le zygote est diploïde. Il n'y a donc pas d'AG.

Ulothrix zonata est une algue d'eau douce très répandue, dont le thalle, formé d'une file de cel., est le gamétophyte ; dans l'une quelconque de ces cel. (gamétocyste), il se forme de nombr. isogamètes biflagellés. Les gamètes issus de 2 filaments de type opposé (+/–) fusionnent 2 à 2. Le zygote diploïde à 4 flag. commence par nager, puis, perdant ses flag., il entre dans une période de repos, germe en subissant une méiose et donne 4 gonospores haploïdes dont 2 sont de signe + et 2 de signe –. Ces gonospores se libèrent de l'enveloppe zygotique, se fixent, et donnent un nouv. filament (gamétophyte). Une AG marquée s'observe chez l'*Algue verte Stigeoclonium subspinosum* qui suit le type Ulothrix, mais où s'ébauche la formation d'un sporophyte : le zygote dévelop. parfois un filament formé de quelques cellules où se forment des méïospores.

2. Type Cladophora (B) : il présente une AG où les 2 générations sont d'importance et de forme identiques (AG isomorphe).

Les gamétophytes, d'apparence ext. ident. mais de signe différent (+ et –), élaborent, à l'int. de cel. indifférenciées des gamètes qui, libérés, copulent. Le zygote donne naiss. à un sporophyte diploïde qui, extérieur., ne se distingue pas du gamétophyte. Il édifie non pas des gamétocystes, mais des sporocystes, où se forment des gonospores haploïdes à la suite d'une méiose.

3. Type Halicystis-Derbesia (C) : il s'agit d'une AG hétéromorphe ; le sporophyte se distingue par son organisation plus perfectionnée.

La *Siphonale Halicystis ovalis,* globuleuse, mesurant env. 1,5 cm, développe des gamétophytes de sexe diff. qui libèrent des gamètes anisogames.

Derbesia marina en est le sporophyte. Elle porte des sporocystes ovoïdes formant de courtes ramifications latér. isolées par une cloison, qui libèrent des gonospores munies d'une couronne de flagelles.

AP chez les Champignons

Les Champignons primitifs, les *Phycomycètes* (ex. *Blastocladiella*) présentent une AG régulière isomorphe qui rappelle celle des *Algues ;* en revanche chez les *Champignons supér.* (*Eumycètes*), les 2 générations sont morphol. diff. De plus, on n'a plus affaire ici à une mérogamie, mais à une gamétangie ou à une somatogamie, c'est-à-dire qu'entre l'union des cel. et la fusion des noyaux s'intercale une phase à 2 noyaux (dicaryon).

1. Ascomycètes (D). Chez les *Ascomycètes* unisexués le mycélium a valeur de gamétophyte : à l'extrémité de cert. hyphes du carpophore se constituent des gamétocystes plurinucléés ; les uns globuleux, appelés **ascogones,** sont ♀, les autres, en forme de massue, les **anthéridies,** sont ♂.

L'ascogone émet à son sommet un prolongement, le trichogyne, qui vient s'appliquer contre l'anthéridie. Trichogyne et anthéridie fusionnent (plasmogamie), les noyaux ♂ pénètrent dans l'ascogone, s'apparient aux noyaux ♀ mais ne fusionnent pas avec eux. Puis l'ascogone forme plus. filaments, les **hyphes ascogènes** dans lesquels migrent les noyaux appariés qui se divisent ensemble. Ainsi se forme un sporophyte à noyaux appariés. Le plectenchyme du carpophore est donc constitué d'un mycélium haploïde qui est le gamétophyte, traversé par des hyphes ascogènes qui sont des sporophytes à noyaux appariés.

Enfin les cel. terminales des sporophytes se transforment en **cel. en crochet,** où les 2 noyaux se divisent une nouvelle fois, ce qui donne 4 noyaux. Deux de ces noyaux, de sexe diff., restent à l'extrémité de la cel. en crochet, une cloison transversale apparaît qui les isole et ils fusionnent pour former le noyau d'un zygote diploïde (caryogamie). La cel. apicale du crochet devient un sporocyste, appelé **asque,** où 3 div. du noyau donnent 8 gonospores haploïdes (ascospores). Chez *Aspergillus nidulans* on peut considérer comme une parasexualité la fusion d'hyphes végét. haploïdes (Hétérocaryon) suivie régulièrement d'une haploïdisation.

2. Basidiomycètes (E). Leurs basidiospores, les unes de signe +, les autres de signe –, donnent naiss. à des mycéliums uninucléés de sexe diff., qui ont une croiss. illimitée. Lorsque leurs filam. viennent à se toucher, leurs cel. fusionnent (plasmogamie) pour former des sporophytes à 2 noyaux, sans que des gamétocystes se constituent (somatogamie). Par un processus analogue à la formation des cel. en crochet des *Ascomycètes,* ces cel. binucléées émettent des anses latér. qui forment des anastomoses (**anses d'anastomose ou boucles mycéliennes**). Ainsi se const. un mycélium à anses qui se développe pour former le carpophore, dont les hyphes sont enchevêtrés. Sur celui-ci, génér. à la face inf. du chapeau, apparaît un **hyménium** palissadique constitué d'hyphes porteurs de basides. Les cel. termin. de ces hyphes grossissent et forment des expans. renflées, les **basides,** à l'int. desquelles les noyaux fusionnent (caryogamie), puis subissent aussitôt 2 div. de maturation qui donnent 4 noyaux hapl. Les basides émettent chacune de petites excroiss. termin., les **stérigmates ;** l'extrém. de ceux-ci se dilate et reçoit un des 4 noyaux, formant ainsi une gonospore (**basidiospore**) qui se détache. Sur les 4 spores, 2 sont de signe +, 2 de signe –.

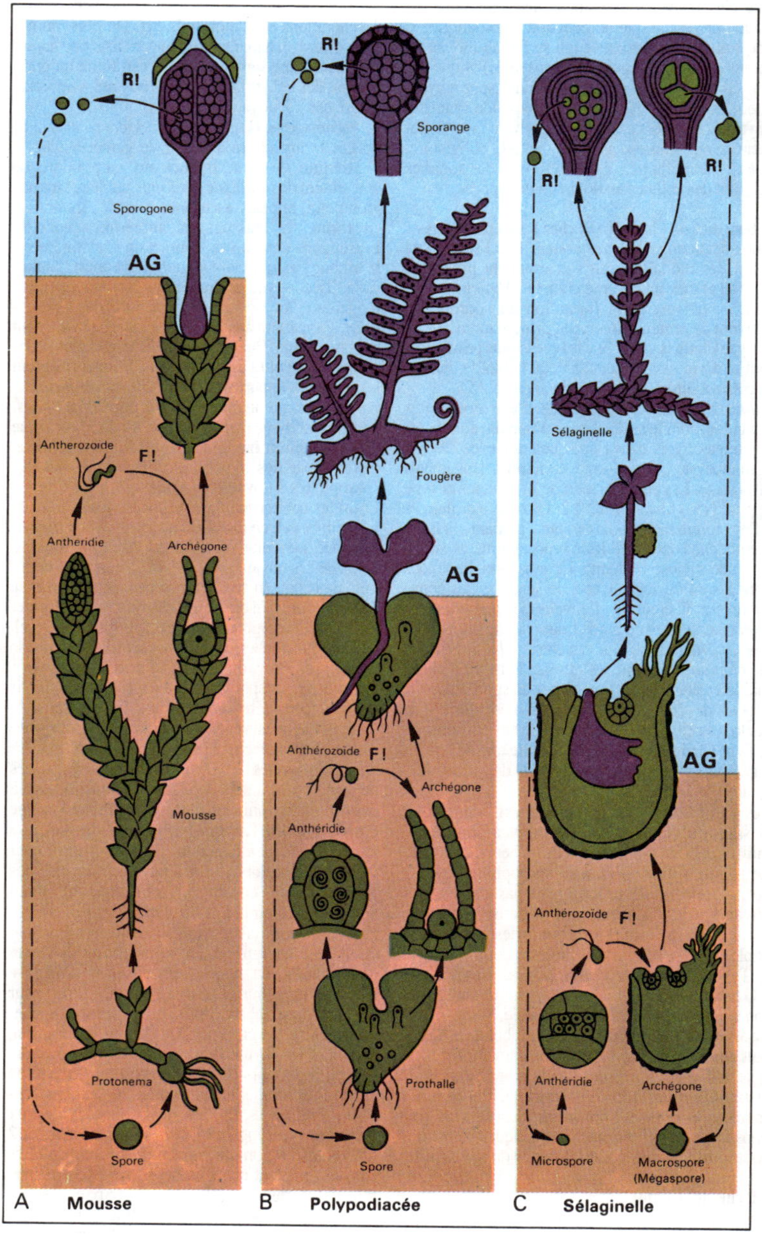

Alternance des générations chez une Mousse (A) et chez les Ptéridophytes (B, C)

On réunit sous le nom d'**Archégoniates** les *Bryophytes* et les *Ptéridophytes* qui ont un gamétange femelle (archégone) analogue. L'étude de l'AG chez ces Végétaux fait assister à une évolution qui des *Mousses* aux *Ptéridophytes* isosporées puis hérérosporées, manifeste une réduction progressive du gamétophyte au bénéfice du sporophyte. La diff. d'aspect des deux générations ne repose pas sur la diff. entre les phases nucléaires mais sur une activation différentielle des gènes (p. 215).

1. AG des Bryophytes (A). Une *Mousse* produit de petites gonospores unicell. haploïdes qui germent et engendrent un organe pluricell. filamenteux et ramifié, le protonema, dont les bourgeons latér. donnent la plante feuillée (changement de forme du gamétophyte haploïde) ; celle-ci est unisexuée ou bisexuée et porte les gamétanges à son extrémité.

L'archégone (♀) a la forme d'une bouteille dont le corps est prolongé par un long col ; sa paroi est faite d'une seule assise de cel. stériles et elle renferme, outre les cel. du canal du col une seule oosphère.

L'anthéridie ou microgamétange (♂), en forme de massue, renferme un tissu spermatogène qui produit des anthérozoïdes en forme de tire-bouchon, munis de 2 flagelles. La fécondation ne peut se faire qu'en présence d'eau (pluie, rosée) : l'extrémité du col de l'archégone s'ouvre, les cel. du canal se transforment en un mucilage et sécrètent une subst. (*Hépatiques :* protéines ; *Muscinées :* sucre brut) qui exerce sur les anthéridies une attraction chimiotactique. L'oosphère est fécondée dans l'archégone et l'œuf ainsi formé germe aussitôt, il engendre le sporophyte qui est un organe diploïde, appelé **sporogone ;** celui-ci reste attaché par sa base au pied ♀, et il ne devient pas un pied indépendant. Le sporogone comporte un pédicelle portant une capsule sporifère, dans laquelle l'archéspore produit, à la suite d'une méiose, les gonospores (p. 142 H), qui après la chute de l'opercule de la capsule seront disséminées.

2. AG des Ptéridophytes isosporées (B) : la plupart des *Ptéridophytes* produisent des spores identiques (isosporie) ; de ce fait la génération haploïde est génér. bisexuée. Les *Polypodiacées* de nos forêts, p. ex. *Dryopteris filix-mas,* produisent des spores dont la germination engendre une petite lame verte de quelques mm, en forme de cœur, fixée au sol, appelée **prothalle** : c'est le gamétophyte. Ce petit organisme fragile, qui rappelle une simple *Hépatique* à thalle, se nourrit par autotrophie, et sur la face opposée à la lumière apparaissent d'abord des anthéridies, puis des archégones. Le prothalle doit baigner dans l'eau pour que la fécondation puisse avoir lieu ; l'anthérozoïde, mû par de nombr. flagelles, vient féconder l'oosphère contenue dans un archégone ; le zygote qui en résulte est le point de départ du sporophyte diploïde, il devient un embryon qui commence par se nourrir aux dépens du gamétophyte. Puis le prothalle dégénère et l'embryon développe une fougère pluriannuelle possédant les 3 organes typiques des cormophytes, racines, tige et feuilles. Les feuillles (ou frondes), assimilatrices, portent à leur face inf. des **sores** : ce sont des amas de petits sporanges abrités par une enveloppe protectrice, **l'indusie.** Un sore groupe une centaine de sporanges qui habituel. élaborent chacun **48 gonospores** réniformes ; un mécanisme spécial ouvre la paroi du sporange et libère les gonospores qui seront disséminées par le vent.

Les *Prêles,* également isosporées, ont un gamétophyte vert autotrophe, celui des *Lycopodes,* incolore, est saprophyte, mais dans les 2 cas il est réduit dans la même proportion que celui des Fougères.

3. AG des Ptéridophytes hétérosporées (C). Chez les *Ptéridophytes* il n'est pas rare de rencontrer à la fois des gamétophytes de sexe différent et des spores de taille diff. Les *Sélaginelles,* qui appartiennent aux *Lycopodinées,* produisent 2 sortes de spores : des **microspores** qui donnent uniquement des prothalles mâles, et des **macrospores** plus grandes, riches en subst. de réserve, qui engendrent un prothalle femelle. Dans les 2 gamétophytes, la partie stérile du corps végétatif est considérablement réduite, de sorte que les prothalles se nourrissent de subst. de réserve, par hétérotrophie.

Le microprothalle (♂), qui demeure enfermé dans la microspore, comprend une seule cel. végétative et une anthéridie. Le **macroprothalle** (♀) n'est pas aussi réduit et il émerge un peu de la macrospore en faisant éclater sa paroi, il émet quelques rhizoïdes qui absorbent l'eau et élabore 3 archégones. La fécondation s'effectue sur le sol détrempé par l'eau de pluie. Toutefois chez beaucoup d'espèces, la macrospore reste fixée sur le sporophyte et c'est là qu'elle est fécondée. Le sporophyte a une tige rampante qui se ramifie dichotomiquement et porte des écailles ; elle se redresse au niveau des épis sporifères terminaux (**strobiles, « fleurs »).** Chaque feuille du strobile (sporophylle) porte à son aisselle un seul sporange : les **macrosporophylles** portent un macrosporange, les **microsporophylles** un microsporange. Dans les macrosporanges, toutes les cel. mères des spores dégénèrent sauf une, qui fournit les 4 macrospores haploïdes du sporange, alors que les microsporanges produisent de nombr. petites microspores.

D'autres *Ptéridophytes* présentent des caract. de Végétaux évolués encore plus marqués : chez les *Fougères aquatiques* (*Hydroptérides*) les macrosporanges ne forment qu'une macrospore fertile ; le dévelop. des prothalles s'effectue à l'int. des sporanges, qui sont eux-mêmes inclus dans une indusie close (*Salvinia natans*) ou abrités par une foliole repliée (*Marsilea quadrifolia*), ces formations closes sont appelées sporocarpes. Chez la *Lycopodiale* fossile *Lepidocarpon* on constate même la présence de graines : la macrosporophylle forme une enveloppe (tégument) autour du sporange, à l'int. duquel l'oosphère fécondée du prothalle donne naissance à l'embryon du nouveau sporophyte, alors que l'ensemble est encore fixé sur le sporophyte mère.

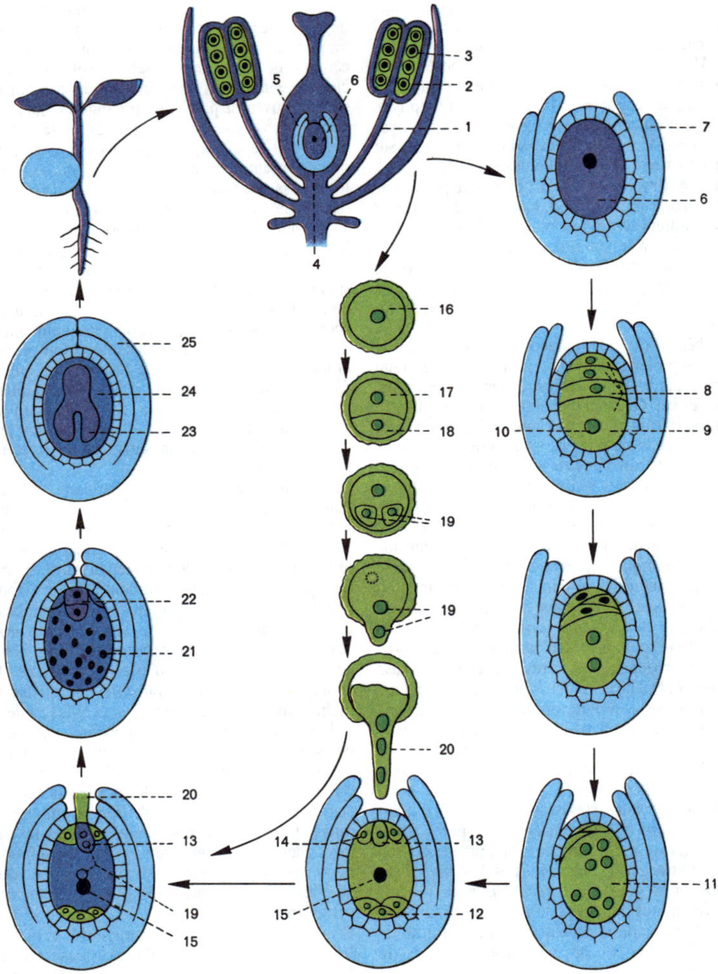

1 Etamine
2 Sac pollinique
3 Pollen
4 Carpelle
5 Ovule
6 Cellule-mère du sac embryonnaire
7 Tégument
8 Macrospores
9 Cellule du sac embryonnaire
10 Noyau primaire du sac embryonnaire (haploïde)
11 Sac embryonnaire
12 Antipodes
13 Oosphère
14 Synergides
15 Noyau secondaire du sac embryonnaire (diploïde)
16 Grain de pollen
17 Cellule végétative
18 Cellule spermatogène
19 Noyaux spermatiques
20 Tube pollinique
21 Noyau de l'albumen
22 Proembryon
23 Embryon
24 Albumen
25 Tégument de la graine

Alternance des générations chez les Angiospermes

L'évolution qui mène des *Fougères* aux *Spermatophytes* révèle un **perfectionnement croissant du cycle évolutif** qui se caractérise génér. par :

– La prépondérance progressive du sporophyte.
– La régression du gamétophyte.
– L'apparition de l'hétérosporie (spores de taille diff. : microspores et macrospores).
– La formation de fleurs, résultat de la concentration de feuilles spéciales (sporophylles) en épis (ou strobiles).
– La réduction numérique des macrospores.
– La fixation de la macrospore dans le sporange où a lieu la fécondation interne.
– Le gamétophyte ♀ reste organiquem. et physiolog. solidaire du sporophyte, et perd son autonomie.
– Formation de graines.
– L'eau n'est plus le milieu de transm. des microgamètes.
– La réduction des microgamètes.

Les caractères cités en dernier lieu sont tout à fait typiques des *Spermatophytes* les plus évolués, dont le gamétophyte haploïde, plus fragile, se trouve ainsi protégé des intempéries. Le sporophyte est la seule génération autonome et visible, l'A de G est invisible. Ce n'est qu'en 1851 que HOFMEISTER reconnut l'équivalence de ces struct. chez les Fougères et les Spermaphytes (homologie) ; ces 2 concepts sont utilisés depuis en parall.

1. AG des Angiospermes : le sporophyte des *Angiospermes,* qu'il s'agisse d'un arbre, d'un arbuste, d'une herbe, porte des fleurs. Les diff. **étamines** (microsporophylles), organes ♂ des fleurs, comportent un filet surmonté d'une anthère qui renferme 4 sacs polliniques (microsporanges). Ceux-ci renferment les cel. mères de microspores diploïdes, qui, après avoir subi une méiose, fournissent chacune 4 grains de pollen haploïdes (microprothalles). Le dévelop. du microprothalle commence par la div. du noyau de la microspore : cette div. donne un noyau végétatif, ou noyau du tube pollinique, et un noyau reprod., ou anthéridial, qui sont les seuls vestiges du microprothalle et de l'anthéridie. Enfin le noyau reprod. engendre **2 noyaux spermatiques** (microgamètes).

Les ovules (macrosporanges) des fleurs ♀ sont portés par des **carpelles** (macrosporophylles). Contrairement à ceux des *Gymnospermes,* les ovules sont ici recouverts de téguments, ils ne sont plus « nus », mais enfermés à l'int. d'un ovaire, qui est composé d'un ou plus. carpelles. Dans le tissu fondam. de l'ovule (le nucelle), qui représente le macrosporange proprement dit, se différencie une cel. plus grosse que les autres, c'est la cel. mère du sac embryonnaire (cel. mère des macrospores) ; elle subit une méiose et engendre 4 macrospores haploïdes, dont une seule subsiste, **la cel. du sac embryonnaire.** Celle-ci se développe et forme le macroprothalle ♀ ou **sac embryonnaire,** qui ne comprend que quelques cel. et n'élabore plus d'archégone : en effet, à l'int. de la cel. du sac, qui grossit fortement, le **noyau primaire du sac embryonnaire** se divise en 8 noyaux, dont 3 vont se placer au pôle supér. du sac et 3 au pôle inf., où ils s'entourent de Cyt. et d'une membrane. Les 3 cel. du pôle inf. sont appelées **antipodes,** elles ont un rôle nutrit., les 3 cel. du pôle sup. constituent l'appareil « oogonial » composé de l'**oosphère** flanquée de **2 synergides.** Quant aux deux noyaux restants, ils fusionnent au centre du sac et produisent le **noyau secondaire du sac,** qui est diploïde et ne s'entoure génér. pas d'une membrane cell. La pollinisation mène le grain de pollen sur le stigmate, le tube pollinique se développe, traverse le style et atteint l'appareil oogonial ; là, il s'ouvre sous l'effet de l'activité enzymatique des synergides (fécondation par le tube pollinique). Son noyau végétatif dégénère, les 2 noyaux spermatiques réalisent la double **fécondation** : l'un d'eux fusionne avec le noyau de l'oosphère pour constituer un zygote, l'autre féconde le noyau second. diploïde et donne naiss. au noyau triploïde de l'endosperme (fécondation végétative). Le zygote se développe en une file de cel., le proembryon, dont les cel. antér. deviendront l'embryon ; le noyau triploïde évolue en un albumen qui est le tissu nourricier de la graine. En même temps les téguments de l'ovule se transforment et deviennent les enveloppes de la graine. La **graine** se compose donc de 3 parties : l'embryon, le tissu nourricier et les téguments séminaux, qui les enveloppent : elle est le point de départ d'un jeune sporophyte autonome.

2. AG des Gymnospermes : les *Gymnospermes* moins évoluées que les *Angiospermes* et phylogénétiquement plus anciennes présentent dans leur AG des caract. qui se rapprochent de ceux des *Ptéridophytes* hétérosporées. Les formes les plus simples, les **Cycadales,** ont encore dans leur cycle évolutif des affinités très nettes avec les *Ptéridophytes :* leurs inflorescences ressemblent à celles des *Prêles :* comme chez les *Fougères,* leurs étamines portent de nombr. sacs polliniques en partie groupés, formant comme des sores ; leurs carpelles présentent des caract. interm. entre les sporophylles en forme de feuille et les sporophylles en écailles. Comme chez les *Angiospermes,* un tube pollinique apparaît ; mais il ne sert qu'à fixer le grain de pollen sur l'ovule, la fécondation est en effet réalisée par des anthérozoïdes munis de nombr. flagelles qui pénètrent dans l'archégone. Le tissu du macroprothalle assure la nutrition de l'embryon.

Les **Conifères** ont des « fleurs » simples, les cônes, dépourvues de périanthe. Les étamines des fleurs ♂ portent 2 sacs polliniques, les carpelles des fleurs ♀ portent 2 ovules ; comme chez toutes les *Gymnospermes,* ceux-ci sont enveloppés d'un seul tégument dont l'ouverture, le micropyle, donne libre accès à l'ovule. Ce dernier élabore un seul sac embryonnaire où s'organisent plus. archégones renfermant une oosphère, une cel. de canal du col et une cel. du ventre. Le microprothalle est constitué d'une cel. prothallienne, d'une cel. végét. et d'une cel. génératrice ; cette dernière se divise et donne la cel. du pied, vestige de l'anthéridie, et la cel. reproductrice qui donnera deux anthérozoïdes.

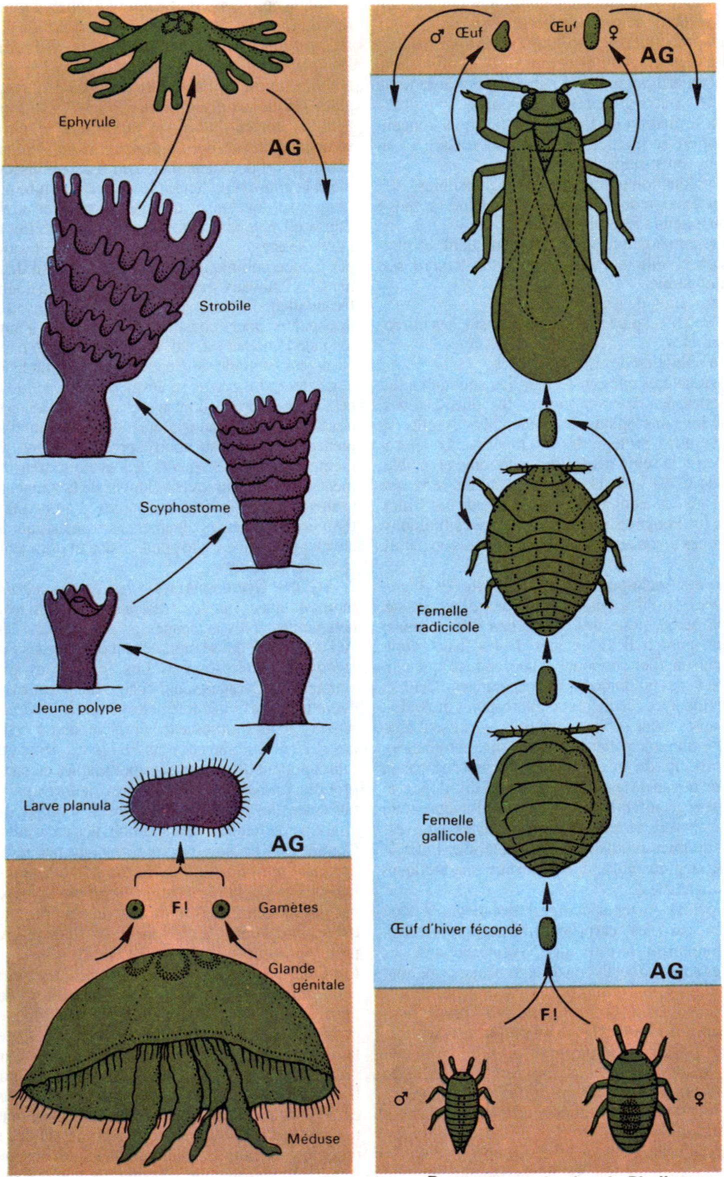

A **Métagenèse chez la méduse Aurelia aurita** B **Hétérogonie chez le Phylloxera**

Alternance des générations secondaire

Chez les animaux pluricell. *(Métazoaires)*, comme chez les *Protistes* et les *Végétaux*, un même individu ou une même espèce peuvent recourir à des formes de reproduction différentes.
Dans certains cas, les 2 modes de reprod. (reprod. asexuée polycytogène et reprod. sexuée) sont utilisés par le même organisme au même moment *(Hydrozoaires)* ou alternativement (ex. nombr. *Annélides*), mais il est fréquent de voir ces 2 modes de reprod. répartis sur des indiv. et des générations diff. : il y a alors alternance de générations. On appelle **métagenèse** un cycle de reprod. au cours duquel des générations sexuées alternent avec des générations asexuées polycytogènes. De la même façon une AG peut résulter de l'**hétérogonie** qui est l'alternance entre 2 modes de reproduction : une reproduction sexuée avec fécondation et une forme régressive, généralement la parthénogenèse.
Dans les 2 cas, on parle d'**alternance de générations secondaire** chez l'une des 2 générations, les modalités reprod. étant régressives secondaires et non pas primaires comme la formation des gamètes qui est monocytogène. Il n'existe pas de rapports int. avec l'AG primaire. L'AP n'a évidemment aucune importance, l'alternance des formes est plus ou moins accentuée.

1. Métagenèse. La métagenèse est possible chez tous les organismes pluricell. qui peuvent se reproduire par la voie asexuée polycytogène, i.e. par scissiparité ou gemmiparité (p. 147), donc surtout chez les *Tuniciers*, les *Bryozoaires*, les *Annélides* et les *Cœlentérés*. L'AG des *Cœlentérés* est remarquable en ceci que les 2 générations qui alternent se distinguent morphol., la forme fixée *(polype)* alternant avec la forme libre *(méduse)*.
La génération sexuée des **Scyphozoaires** p. ex. d'*Aurelia aurita* (A) produit des œufs et des spermatozoïdes. La fécondation donne une minuscule larve de type **planula** qui nage librement, puis qui se fixe sur le fond et se développe. Elle se transforme en une sorte de polype **(scyphostome)** qui représente la génération asexuée en forme de calice ; il présente rapid. un étranglement circulaire au niveau de la bouche, qui est le début du processus de strobilation (p. 147). Bientôt le polype présente toute une série d'étranglements circulaires, il forme le strobile. Les éléments supérieurs se détachent l'un à la suite de l'autre, et deviennent de jeunes **méduses** (éphyrules) qui nagent librement, se développent et acquièrent leur maturité sexuelle.
Chez les **Hydrozoaires** la génération sexuée des *Méduses* est souvent une forme abortive. Elle présente – indépendamment d'une AP – et en analogie avec ce qui se passe chez les *Végétaux sup.*, tous les stades possibles de la régression, depuis les *Méduses* parfaitement indépendantes (ex. *Obelia*), en passant par des formes libres, mais incapables d'absorber leur nourriture (ex. *Plumularia*). Les gonophores qui restent fixés au polype, aboutissent aux sporosacs dont les cel. reprod. sont situées entre l'ectoderme et l'endoderme.
Chez les *Thaliacés* (Tuniciers) au nombre desquels on compte les *Salpes* dont l'AG a été principal. mise en évidence par A. von CHAMISSO, la génération asexuée est représentée par des indiv. solitaires (oozoïdes) qui se reproduisent en ségrégeant à leur extrémité post. des indiv. sexués qui vivent groupés en une chaîne et engendrent des oozoïdes par voie sexuée. Les 2 générations qui se succèdent obligatoirement se distinguent par leur forme, leur taille et leur différenciation intérieure.

2. Hétérogonie. A part les cas où une génér. à sexes distincts alterne avec une génér. hermaphrodite (comme p. ex. chez le *Nématode Rhabdias bufonis*, dont la génér. unisexuée vit dans la terre et la génér. hermaphr. vit en parasite dans le poumon des *Ranidés*), l'hétérogonie consiste dans une alternance de génér. parthénog. et de génér. sexuée. Cette « parthénogenèse cyclique » allie la rapidité de dévelop. et la fécondité de la génér. parthénog. aux avantages de la recombinaison génét. que permet la reprod. sexuée.
Le cycle du *Phylloxera* (*Dactylosphaera vitifolii*, B) commence au printemps, quand, des œufs d'hiver fécondés sortent des indiv. aptères, uniquement ♀, les ♀ gallicoles (fondatrices). Celles-ci piquent les feuilles de vigne, provoquant la formation de galles, dans lesquelles elles pondent chacune jusqu'à 500 œufs. Ceux-ci donnent nais. à des indiv. parthénog., les uns sont de nouvelles gallicoles, les autres des radicicoles, qui se nourrissent sur les racines du pied de vigne. Ces derniers donnent aussi naissance à plusieurs autres génér. de radicicoles ; en automne, ils engendrent une 3e génér. parthénog., les ♀ ailées (sexupares) qui envahissent d'autres pieds de vigne et pondent sur la face inf. des feuilles des œufs de taille diff. Les gros œufs donnent les ♀, les petits les ♂ de la génération sexuée qui est aptère, très petite, et dépourvue de rostre ; ♂ et ♀ s'accouplent aussitôt. Enfin la ♀ pond un unique œuf d'hiver, et le cycle est terminé. Si chez les Rotifères par hétérogonie toutes les générations sont diploïdes, accidentellement des ♂ haploïdes peuvent naître des œufs non fécondés de certaines ♀.
Contrairement à ce que l'on a pu supposer, les **cycles hétérogoniques réguliers et saisonniers** ne sont pas toujours déterminés par un rythme int. héréditaire. Les *Puces d'eau (Cladocères)*, p. ex., ne donnent que des ♀ parthénog. quand les conditions ext. sont favorables et régulières, alors que les températures extrêmes, la faim et la pollution de l'eau par les excréta des animaux peuvent provoquer à tout moment l'apparition de la génération sexuée. Chez les *Cladocères*, les *Rotifères*, les *Pucerons*, les générations parthénogénét. naissent l'été quand les conditions sont favorables ; en automne, quand les conditions se dégradent naissent des individus des 2 sexes. Ainsi en hiver, des individus nouveaux possédant de nouvelles combinaisons génétiques résultant de la fécondation sont soumis à la sélection naturelle.

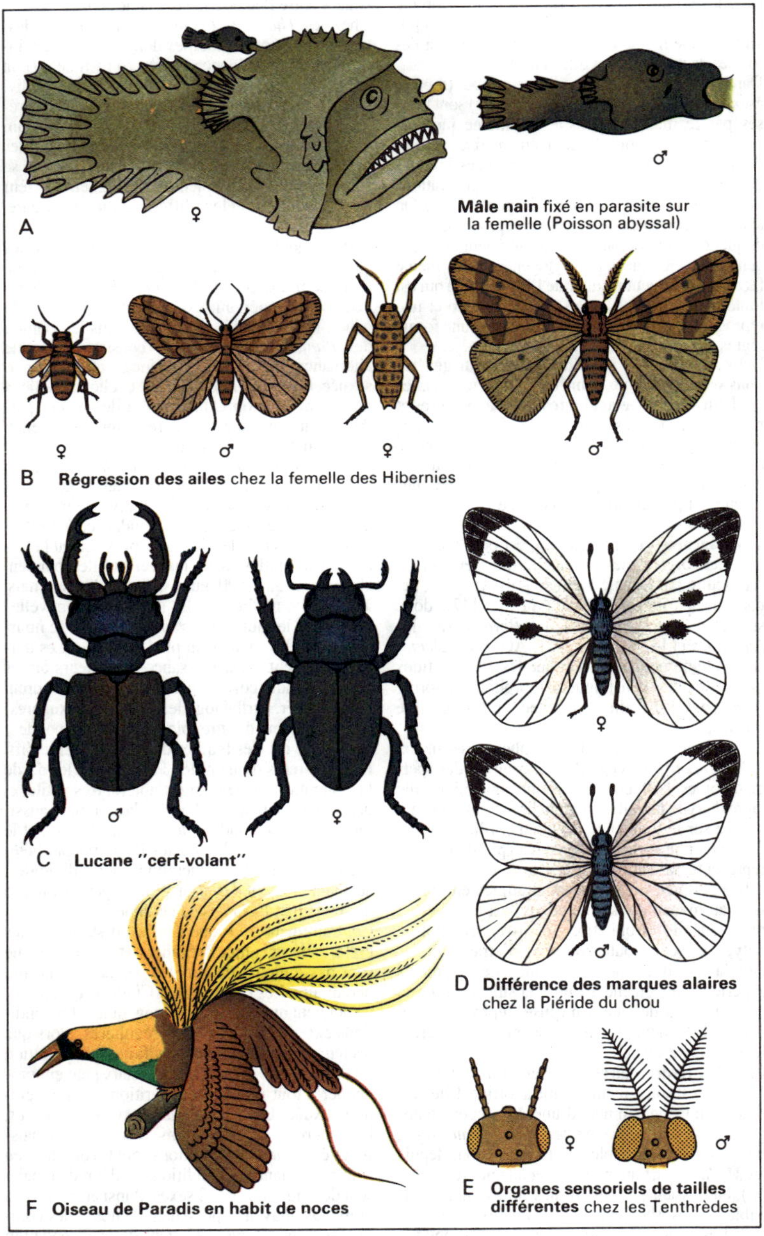

Différenciation morphologique des sexes

La sexualité (p. 143), les divisions de maturation (p. 149), la fécondation (p. 153 sqq.) et la détermination du sexe (p. 450 sqq.) obéissent à des lois universelles ; au contraire, les phénomènes spécifiques qui sont du ressort de la biologie de la reproduction, varient considér. d'un groupe d'organismes à l'autre. Comme l'évolution des espèces s'est déroulée de façon non orientée on pourrait trouver une foule p. ex. de types floraux (p. 123) d'AG (p. 158 sqq.) ou de diff. sex. ds l'organisation et le comportement des anim. si de cette façon seulement la survie de l'espèce était assurée. Les ex. qui vont suivre (pp. 168-179), empruntés au règne animal et qui ont trait au dimorphisme sexuel, aux comportements tels que la recherche du partenaire, les combats sexuels, l'accouplement, les soins à la progéniture montrent la variété des structures qui permettent la survie de l'espèce.

Dimorphisme sexuel chez les Animaux

Les animaux à sexes séparés présentent toujours un **dimorphisme sexuel primaire** : diff. dans la taille et la mobilité des cel. reprod., différenciation des gonades, des conduits sexuels, et des organes copulateurs (caract. sexuels primaires) ; ce dimorphisme sexuel est en rapport direct avec la fécondation et obéit au principe de la divis. du travail. Il existe chez les *Animaux sup.*, un **dimorphisme sexuel secondaire**. Il a trait à des organes qui n'ont pas de rapports anatomiques avec l'appareil génital (caract. sexuels second.) et, dans les diff. espèces, il intéresse toutes les parties du corps, voire la forme d'ensemble.

1. La taille du corps : en général les ♀ sont plus grandes que les ♂ chez les *Mollusques*, les *Arachnides*, les *Insectes*, les *Poissons*, les *Amphibiens* ; parmi les *Reptiles* chez les *Tortues* et les *Serpents* et parmi les *Oiseaux* chez les *Rapaces (Epervier, Faucon pèlerin)*. Mais chez les *Lézards*, les *Agames*, les *Iguanes* d'Europe méridionale, les *Gallinacés*, les *Autruches*, les ♂ sont plus grands. Il en est de même chez certains *Mammifères, (Carnivores, Ongulés, Singes)*.

Les mâles nains représentent un cas extrême : chez la *Bonellie (Bonellia viridis)*, les ♂, dont le tube digestif ne comporte ni bouche ni anus, mesurent 1 à 2 mm, ils vivent à plus. sur les ♀ qui sont constituées d'un gros renflement de plus. cm prolongé d'une longue trompe.

Les *Epicarides* sont des *Isopodes* marins qui parasitent des *Crustacés sup.* : leurs larves, non sexualisées, donnent naiss. à des ♂ minusc. qui ont l'aspect normal des *Isopodes*, et à de grosses ♀ qui, en perdant presque tous leurs appendices, subissent une transformation complète pour devenir un sac rempli d'œufs. Chez les Poissons pêcheurs abyssaux (A) comme *Edriolychnus*, le ♂ se fixe de bonne heure sur la ♀, la plupart de ses organes s'atrophient, sauf les testicules, et son système circulatoire est relié à celui de la ♀.

2. Une mobilité inégale oppose parfois les ♂ aux ♀. Celles-ci peuvent être alourdies par leurs œufs, comme p. ex. chez beaucoup de *Phalènes* et de *Bombycides*, ou limitées dans leurs mouvements par la réduction plus ou moins accentuée de leurs ailes (*Hibernies*, B). Chez les *Vers luisants (Lampyris)* et les *Mutilles (Mutilla)*, les ♂ sont ailés, les ♀ aptères ; la situation est inverse p. ex. chez *Blastophaga grossorum* et chez *Trips cerealium*.

3. Les organes copulateurs annexes permettent au ♂ de maintenir la ♀ lors de l'accouplement, les *Animaux inf.* en possèdent très fréquemment : beaucoup de *Copépodes* ont des antennules très dévelop. qui leur servent d'organes préhensiles (ex. *Cyclops*), d'autres utilisent leur antennule droite et leur 5e paire d'appendices *(Diaptomus)* ; les *Amphipodes* ♂ maintiennent la ♀ avec leur 2e appendice branchial et ce processus peut durer plus. jours, car la fécond. n'est possible qu'après la mue reprod. de la ♀. Beaucoup de *Dysticidés* ont des appendices ant. munis de ventouses ; souv., chez les *Libellules (Odonates)*, les *Diptères* (ex. *Moustiques* et la *Mouche scorpion (Panorpa)* les appendices anaux (les cerques), sont transformés en pinces. Les callosités du pouce des *grenouilles* et *crapauds* ♂ sont aussi des organes de préhension.

4. Les organes sensoriels sont partic. dévelop. chez les ♂ qui jouent le rôle actif dans la recherche du partenaire. Chez les *Annélides* (ex. *Autolytus*), chez beaucoup de *Crustacés* et d'*Insectes*, les ♂ ont des antennes plus longues et un plus grand nombre de cel. sensorielles. Les antennes du *Hanneton* ♂ renferment 50 000 cel. sensor., celles de la ♀ 8 000 seulement. L'acuité visuelle des *Insectes* est sup. chez les ♂. Les yeux des *Vers luisants* ♂, p. ex., comptent 2 500 facettes, ceux des ♀ 300. Les yeux composés des ♂ sont souv. dévelop. à tel point qu'ils se touchent au sommet de la tête, alors que ceux des ♀ sont largement espacés (E). L'*Annélide Polychète Nereis* offre un ex. remarquable de dimorphisme sexuel complexe : lorsqu'arrive le moment de la reprod., le ♂ se métamorphose, sa nage devient plus vigoureuse et les organes sensoriels de la tête (yeux, antennes, cirres) acquièrent une taille plus grande.

5. La compétition entre rivaux et les organes de séduction (C, F) s'observent chez les *Insectes* et les *Vertébrés*, parfois uniquement à l'époque de l'accouplement, et revêtent des formes variées. Dans les cas les plus simples, les animaux se servent alors d'organes spécialement destinés au combat contre leurs rivaux (bois et cornes des *Ruminants*). Mais souv. il leur suffit d'avertir ces derniers par des signaux instinctifs (stimulus déclencheur, p. 427), le fait de « montrer les dents » p. ex. La parure nuptiale de beaucoup de *Poissons* peut aussi bien servir à impressionner les rivaux qu'à séduire la ♀ au moment de la parade ; quant aux ♂ des *Oiseaux de Paradis*, des *Chevaliers-combattants*, des *Faisans casqués* et des *Canards mandarins*, plus leur plumage sera éclatant, plus ils auront de succès auprès des ♀ en quête d'un compagnon (Darwin : « Théorie de la sélection sexuelle », 1871 : une augmen. relativ. imp. de la descendance des ♂ préférés, au sein de l'espèce, permet l'évolution de caractères par ailleurs sans intérêt.

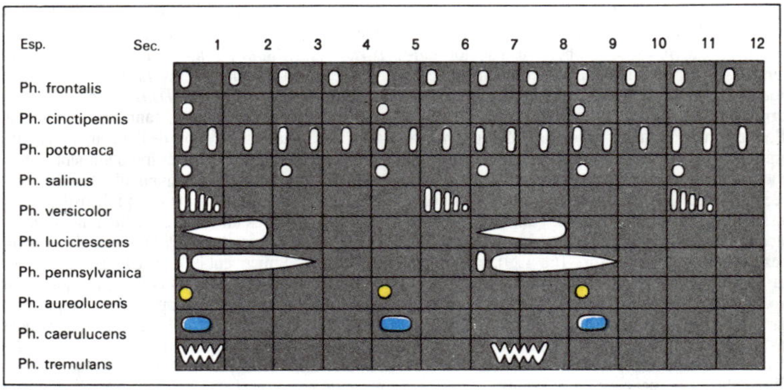

Signaux lumineux des Lucioles nord-américaines (Photuris)

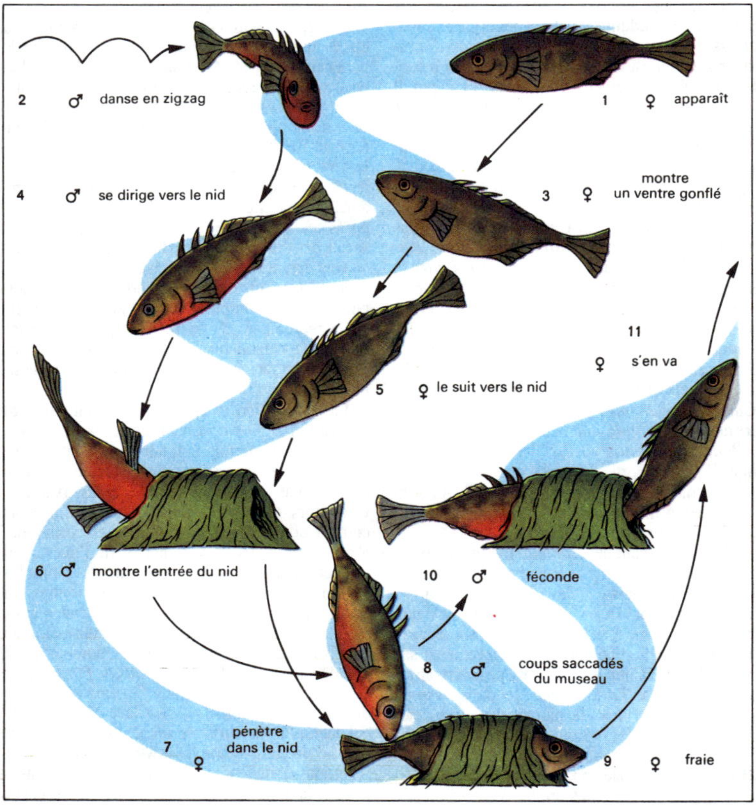

Pariade de l'Épinoche

1. Rôles du comportement d'accouplement : chez de nombreux *Métazoaires*, en particulier chez les *Articulés* et les *Vertébrés*, un comportement de pariade caractéristique doit satisfaire à certaines conditions afin d'assurer la reproduction :

- **Orientation des partenaires** l'un par rapport à l'autre au moyen de stimuli jouant le rôle de signaux à distance.
- **Synchronisation** de l'activité sexuelle des partenaires à la suite d'une pariade opiniâtre qui est le plus souvent le fait du mâle, la succession des événements étant déterminée avec précision par la chaîne des instincts.
- **Apaisement** du partenaire agressif ou prêt à prendre la fuite, et **détournement** du rival par un comport. d'humilité, d'appel, de combat, en partic. quand il n'y a pas de parure sexuelle bien nette.
- **Isolement des espèces**, car les patrimoines héréditaires parentaux qui fusionnent lors de l'accouplement d'animaux de même esp. sont compatibles et équilibrés.

2. Facteurs de déclenchement du comportement d'accouplement : l'effet provoqué par l'isolement des espèces conduit à un comportement de pariade propre à l'espèce, permettant à chaque animal de « reconnaître » facilement ses congénères. De tels déclencheurs (p. 427) ont un caractère symbolique rituel et ils contiennent une information dépourvue d'équivoque :

- Chez les *Oiseaux*, les **appels sonores** attirent la ♀ dans le territoire du ♂ : les *Tettigonidés* se reconnaissent grâce à un chant variable dont le rythme et la hauteur tonale sont caract. de l'espèce.
- **Les signaux olfactifs** chez les *Papillons* : les ♂ des *Psychides* p. ex. sont ainsi attirés vers les ♀ incapables de voler.
- *L'Araignée* mâle *Zygiella x-notata* imprime à son fil des **vibrations** de 10-14 Hz (proie : plus de 100 Hz) pour se faire connaître de la ♀.
- **Les structures visibles** jouent un rôle important, p. ex. le ventre rouge de l'*Epinoche*, la pigmentation des *Cichlidés* ou les **signaux optiques** dont la couleur, la durée et le rythme varient, et dont les espèces de *Lucioles* (*Photuris*) de l'Amérique du Nord se servent pour entrer en communication (A).
- **Les mouvements** ont une action autonome (*Alouettes, Pipits*), mais ils servent le plus souvent de support aux structures visibles (la roue du *Paon*). Selon LORENZ il est bp plus fréquent que des mouv. de déclenchement phylogénétiquement anciens soient accentués par des struct. nouvelles plutôt que l'inverse (accentuation des struct. de déclenchement par des « mouvements démonstratifs »).

Chez de très nombreuses espèces, ce qui provoque l'accouplement, c'est une série coordonnée de systèmes action-réaction qui s'engendrent les uns les autres.

3. La chaîne des instincts dans la pariade de l'*Epinoche à trois épines* (B) : la réaction d'un des *Poissons* à une combinaison particulière de stimulations clefs joue le rôle de déclencheur pour la réaction de l'autre, qui à son tour détermine le comportement ultérieur du premier animal. Cette chaîne d'instincts permet de reconnaître la grande efficacité de ce mécanisme d'isolement génétique et de sa synchronisation qui est très poussée : après avoir occupé le territoire et achevé l'édification du nid, le ♂ paré de couleurs éclatantes (dos clair, ventre rouge foncé, yeux bleu vif) réagit par une danse en zigzag devant un partenaire qui arbore les caractères de la ♀ mûre pour frayer (ventre gonflé, tête redressée, bas du corps jetant des reflets d'argent). S'il s'agit d'une ♀ consentante, elle présente son gros ventre au ♂ en redressant le corps vers le haut ; le ♂ fait alors immédiatement demi-tour et nage rapidement vers le nid, suivi de la ♀. Arrivé au nid, il introduit sa gueule dans l'ouverture et pivote autour de son axe longitudinal de telle manière qu'il tourne le dos à la ♀. Celle-ci se fraie un passage dans le nid grâce à de vigoureux coups de queue : la tête émerge alors à l'avant du nid, la queue dépassant à l'arrière. Après que le ♂ a donné de rapides coups de museau sur l'arrière-train de la ♀, celle-ci fraie à l'intérieur du nid, puis elle le quitte tranquillement tandis que le ♂ le traverse, féconde des œufs, chasse la ♀, apporte des améliorations au nid et met les œufs en ordre.

Des chaînes d'instincts de cet ordre ont été bien étudiées en prenant en compte les actions isolées et les aspects biologiques du comportement (p. 402 sq).

4. Les types de comportement d'accouplement : chez l'*Epinoche*, la partenaire « adéquate », c.-à-d. saine et arrivée à pleine maturité, n'est « reconnue » que dans le cadre de la chaîne des instincts, car des ♀ malades ou non encore mûres n'accomplissent que les premières actions de la chaîne instinctive. Par contre, les *Cichlidés* (*Hemichromis, Cichlosoma*) et les *Hérons* peuvent se décider dès le début de la pariade. – Dans quelques cas, les rôles sont inversés : chez les *Cailles combattantes*, seules les ♀ paradent alors que les ♂ couvent et prodiguent les soins à la progéniture. Il en va de même chez le *Phalarope à bec étroit* ; la ♀ a un plumage nuptial plus coloré que le ♂ et c'est elle qui défend le territoire et attire un partenaire.

LORENZ distingue 3 manières différentes de **former des couples** :

a) **Le type Lézard :** le ♂ parade et présente sa parure nuptiale à tous ses congénères ; puis les ♀ s'enfuient et sont poursuivies.

b) **Le type des Poissons labyrinthiformes :** ♂ et ♀ peuvent faire une démonstration imposante (hiérarchie), mais les ♀ n'exercent pas cette faculté et présentent des dispositions à l'accouplement devant des ♂ de rang supérieur.

c) **Le type Chromidés ou Cichlidés :** les 2 partenaires ne cessent de s'intimider, pour mettre en jeu des déclencheurs spécifiques.

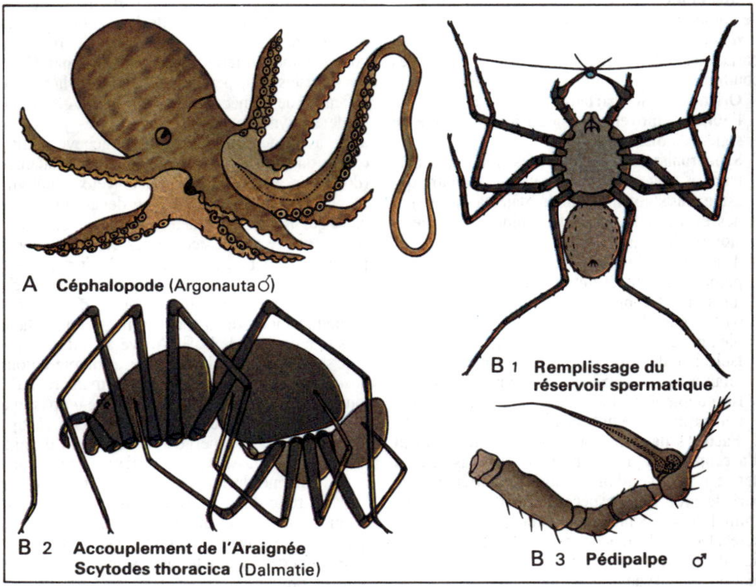

Organes d'accouplement secondaires

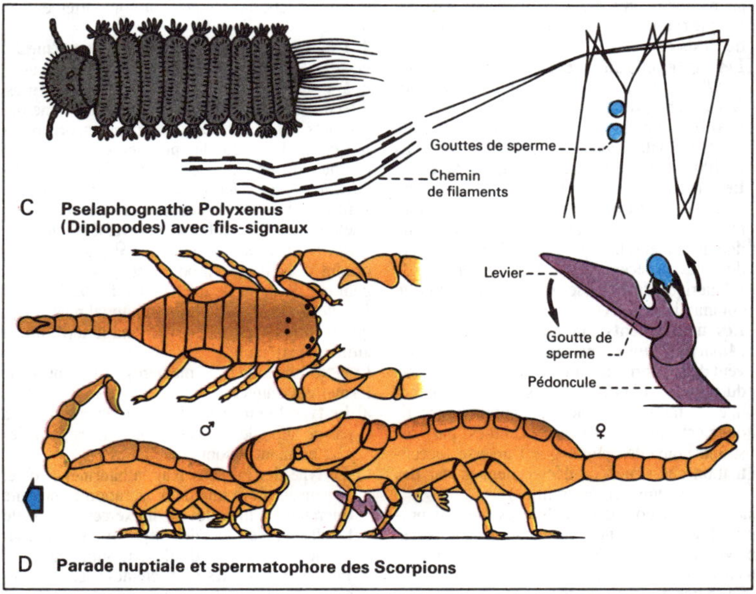

Transmission indirecte des spermatophores

Pour que les gamètes ♂ et ♀ aient plus de chances de se rencontrer, donc pour augmenter les probabilités de fécondation, la plupart des *Métazoaires* se livrent à des comportements qui ont pour effet de rapprocher les gamètes et de les soustraire aux atteintes du milieu extérieur.

Les gamètes peuvent se rejoindre dans le milieu extér. : cette **fécondation externe** n'est possible que dans l'eau ; mais ils peuvent aussi se rencontrer dans le corps de la ♀, c'est la **fécondation interne** ; les spermatozoïdes que le ♂ libère sous la forme de sperme ou de spermatophores (sortes de sacs contenant des spermatozoïdes) sont donc plus ou moins exposés aux conditions ext. Ces 2 modes d'insémination peuvent s'effectuer à la faveur de l'accouplement (copulation).

1. La fécondation externe sans accouplement est pratiquée par les *Cœlentérés*, les *Echinodermes*, les *Mollusques*, les *Annélides marins* et les *Poissons*. Le sperme et les œufs sont alors répandus dans l'eau, mais il existe cert. comportements instinctifs qui servent à signaler la présence des animaux de l'autre sexe, à modérer les réactions agressives ou à réfréner la tendance à la fuite, et à faire coïncider les appétits sexuels ; ce qui peut provoquer p. ex., à l'époque de l'accouplement, les grands rassemblements des *Ranidés* dans les mares, ou des *Moustiques* sur les arbres.

2. La fécondation externe avec accouplement est surtout connue chez les *Ranidés* (*Anoures*) ; le ♂ monte sur la ♀ et l'enlace souv. plus. jours durant, puis il déverse son sperme sur les œufs expulsés dans l'eau. Le *Crapaud* ♂ (*Bufo bufo*) forme avec ses pattes post. un réceptacle où les œufs sont fécondés ; les *Rainettes Phyllomedusa hypochondrialis* d'Amérique du Sud, qui s'accouplent sur la terre ferme, roulent une feuille et en font un sac, dans lequel elles déposent leurs œufs et leur sperme.

3. La fécondation interne directe est le cas le plus fréquent : les spermatozoïdes passent directement de l'orifice génital du ♂ dans celui de la ♀. Les 2 orifices sont simplement appliqués l'un contre l'autre (*Oiseaux*), ou bien le canal déférent du ♂ aboutit à un organe copulateur (pénis) qui est introduit dans l'orifice génital de la ♀. (*Plathelminthes, Sangsues, Gastéropodes, Insectes, Sélaciens, Mammifères*).

4. La fécondation interne indirecte n'est génér. possible qu'en milieu humide : les œufs sont fécondés dans le corps de la ♀, mais les spermatozoïdes restent quelque temps à l'ext. des organes génitaux.

On peut mentionner à ce propos le comportement de cert. *Invertébrés* qui enfoncent leur pénis (ex. *Turbellarié Thysanozoon*) ou implantent un spermatophore dans un endroit quelconque du corps de leur partenaire (ex. *Turbellarié Cryptocelis alba*). Le cas du *Polychète Megalops* est probablement unique : les ♂, dont les spermatozoïdes sont contenus dans les appendices post., viennent nager autour des ♀ qui leur arrachent ces appendices et les avalent ; les spermatozoïdes aboutissent dans le cœlome de la ♀ et y fécondent les œufs.

a) **Les organes d'accouplement secondaires** sont des organes qui, bien que n'étant pas solidaires du canal déférent, servent à la transmission de la semence. Beaucoup de **Céphalopodes** (*Octopus Eledone*) ♂ ont un bras copulateur creusé d'une gouttière, l'hectocotyle, qu'ils introduisent dans la cavité palléale de la ♀ ; des ondes de contraction acheminent ensuite un spermatophore le long de la gouttière jusqu'à l'orifice génit. de la ♀. Chez d'autres *Céphalopodes (Argonauta)* le bras copulateur s'autotomise avant ou pendant l'accouplement (A).

Lorsqu'ils ont atteint leur maturité sex., les ♂ des **Araignées** transforment le dernier article de leurs pédipalpes en un organe copul. ; avant l'accouplement ils le plongent dans une goutte de sperme pour le remplir ; puis ils l'introduisent dans l'orifice génit. ou le réceptacle séminal de la ♀ (B).

b) **La transmission indirecte des spermatophores** est pratiquée par les *Tritons* de nos pays : le ♂ incite la ♀ à le suivre par des mimiques, des contacts et des odeurs, puis il dépose un spermatophore en forme de cloche, que la ♀ vient saisir entre les lèvres de son cloaque.

On a observé récemment des comportements analogues chez des familles très archaïques d'*Arachnides* (*Scorpions, Uropyges, Amblypyges*), de *Myriapodes* (*Chilopodes, Psélaphognathes*) et d'*Aptérygotes* (*Collemboles, Diploures, Thysanoures*). Le rapprochement des partenaires est plus ou moins effectif :

- Seuls les petits animaux qui vivent dans le sol peuvent réaliser la fécondation avec des spermatophores non protégés, et sans aucun rapprochement.
- Les animaux plus grands, qui vivent à la surface du sol, émettent des signaux indiquant aux ♀ le moment et le lieu de la transm. des spermatophores ou forment des couples très liés. Les spermatophores sont protégés contre la dessication.
- Les espèces végétariennes à forte densité sont celles qui prod. les spermatophores les plus nombr. et les plus simples, tout en ayant les relations sex. les moins étroites.

Ainsi beaucoup de *Collemboles* et d'*Oribatides* ♂ déposent dans le sol de multiples gouttes de semence portées par un filament ; la ♀ les saisira au passage avec son orifice génital ; le *Sminthuride Dicyrtomina minuta* recherche activement la ♀, et lorsqu'il l'a trouvée, il l'entoure d'une barrière de spermatophores. Le *Psélaphognathe Polyxenus lagurus* (C) dispose des chemins de filaments qui guident la ♀ et l'amènent sur les gouttes de semence. Enfin les *Scorpions* (D) s'empoignent par les pinces puis se livrent à une longue parade nuptiale, le ♂ tirant la ♀ pour qu'elle passe sur les spermatophores de constitution complexe qu'il dépose au fur et à mesure.

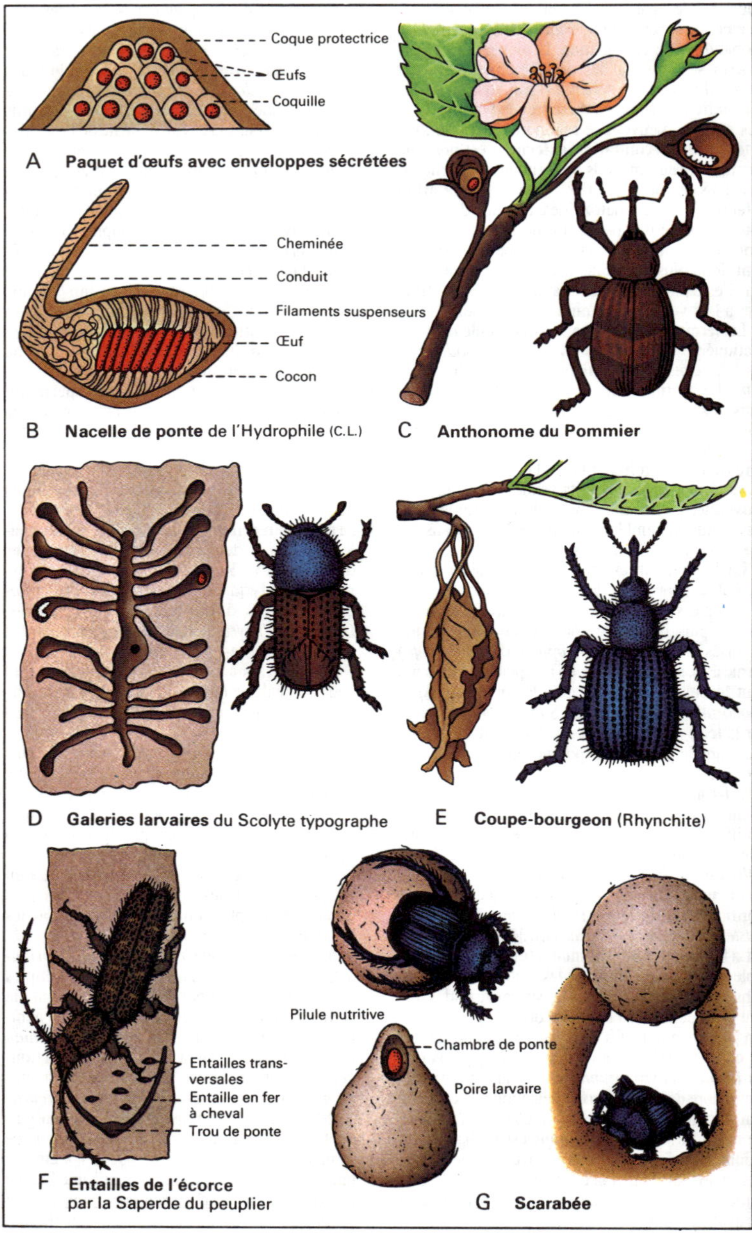

Soins portés à la ponte chez les Coléoptères

Les comportements des animaux, vis à vis de leur progéniture, donnent vraiment l'impression qu'ils veulent, d'une façon prévoyante, assurer le destin de leurs jeunes.
Hormis les nomb. *Invertébrés* dont la mort survient à plus ou moins brève échéance une fois qu'ils ont pondu leurs œufs, les Animaux ont pour les jeunes des soins qui ne sont pas des comportements appris mais des activités instinctives très puissantes. « Rationalité sans conscience du but recherché » qui se maintient phylogénétiquement et se propage sous la pression de sélection.
Ces activités, qui ont pour but la survie de la progéniture, peuvent être assumées par les deux parents, ou par l'un d'eux seulement, ou encore par un autre indiv. de l'espèce ; nous distinguerons, avec VON LENGERKEN, d'une part les **soins portés à la ponte**, et d'autre part la prise en charge directe et active des œufs ou des petits, que nous nommerons les **soins portés aux jeunes** (p. 176 sqq).
Les soins portés à la ponte consistent à :
- Exploiter, aménager, ou entretenir un endroit où les œufs seront protégés.
- Mettre les œufs à l'abri à proximité d'un endroit où les jeunes trouveront une nourriture appropriée.

Les soins portés aux jeunes consistent à :
- Pourvoir à leur nourriture une fois ou continuellement.
- Leur donner des soins corporels.
- Défendre la progéniture.
- Éduquer les jeunes.

Soins portés à la ponte
Ils se réduisent très fréquemment à une assistance élémentaire et ils sont faciles à observer quand les adultes et les jeunes ont un milieu et un mode de vie diff. Les *Ranidés* qui vivent sur la terre ferme fraient dans l'eau, ils veillent ainsi à ce que les larves se développent dans l'eau.
Parmi les multiples ex. que l'on pourrait mentionner, on se bornera à citer ici ceux qu'offrent les *Coléoptères*.
1. Protection des œufs. Les ♀ des *Coléoptères* protègent leurs œufs contre les dangers du milieu ext. en les déposant dans les crevasses de l'écorce des arbres (nombr. *Cérambycidés*) ou sous les pierres *(Chrysomélidés)*. Les *Carabidés* s'enterrent eux-mêmes pour pondre ou creusent une galerie dans le sol. Cert. *Cicindélidés* murent ensuite soigneusement leur galerie.
Cert. *Coléoptères* construisent des enveloppes protect. faites de sécrétions et d'excréments, qui permettent une excell. régulation de l'humidité à l'int. des œufs, les *Coléoptères* des pays tropicaux font preuve pour cela d'une grande ingéniosité (A). La ♀ de l'*Hydrophile (Hydrous spec.)* tisse une **nacelle de ponte** (B), c.-à-d. un cocon rempli d'une cinquantaine d'œufs et muni d'une cheminée verticale et poreuse qui sert à régler les échanges gazeux et l'humidité.
Le *Petit Hydrophile (Hydrophilus caraboides)* installe sa nacelle de ponte à l'intérieur d'une feuille qu'il a préalablement roulée.
2. De nombr. espèces (ex. *Doryphore*) prévoient l'**alimentation** de la future larve en pondant leurs œufs sur la plante dont elle se nourrira. *Melosoma aenea* pond sur des feuilles intactes, afin que les larves puissent se nourrir à satiété. Les femelles d'*Hylecœtus* déposent sur leurs œufs des spores de champignons que les jeunes larves emporteront et sèmeront sur les chemins forestiers ; plus tard elles pourront se repaître des champignons qui auront poussé.
3. Cert. *Coléoptères* ♀ s'occupent de la **protection et de l'alimentation** de leurs larves, pour cela elles creusent des abris dans le tissu de la plante nourricière et y installent leurs œufs. L'*Anthonome du pommier* (*Anthonomus pomorum*, C) creuse des galeries dans les boutons floraux des *Pommiers* ; *Rhynchites bacchus* en fait autant dans les pommes vertes. Le *Scolyte typographe (Ips typographus)* pond ses œufs dans l'écorce des *Epicéas* ; le ♂ creuse une galerie qu'il agrandit un peu plus loin en une chambre nuptiale, où il s'accouple avec quelques ♀ venues le rejoindre. Celles-ci rongent alors le liber du *Pin*, aménagent des galeries vertic. bordées de niches larvaires où elles pondent un œuf, pendant que le ♂ procède au déblaiement des débris de bois. Les larves à leur tour forent des galeries horizontales, parallèles, qui aboutissent à une chambre larvaire (D).
4. Les soins que les *Coléoptères* apportent à leur ponte atteignent leur plus grande perfection quand ils consistent non seul. à **aménager un abri**, mais aussi à **préparer des réserves alimentaires**. Les ♀ des *Charençons piqueurs* (ex. *Rhynchites*, E) et de ceux qui roulent les feuilles (ex. *Deporaus betulae*) peuvent, au cours d'actes instinctifs complexes, interrompre la montée de la sève dans les bourgeons, les rameaux, les fruits ou les feuilles où elles ont déposé leurs œufs. *Obera linearis* creuse une galerie circulaire qui fait mourir les rameaux au-delà de l'endroit où il a pondu ses œufs. La *Saperde du peuplier* (*Saperda populnea*, F) commence par creuser un trou de ponte dans l'écorce d'une branche de *Tremble*, puis elle y fait une entaille en fer à cheval et elle dépose un œuf sous l'écorce, dont le tissu int. dégénère sous l'action d'une sécrétion. Une callosité se forme, dont la larve se nourrit, l'écorce se soulève et lui offre un abri protégé. Parmi les *Lamellicornes* coprophages, les *Géotrupes stercoraires* construisent sous les excréments de *Cheval* des galeries princ. vertic. et des galeries second. horizontales, puis ils remplissent ces dernières de fumier et déposent un œuf au fond de la chambre larvaire. Les larves s'y développent en toute sécurité et elles se nourrissent d'excréments. Les ♀ du *Scarabée* (*Scarabeus*, G) que l'on rencontre surtout dans les pays méditerr., roulent des excréments en boule ; puis ils creusent par en dessous un trou dans lequel ils l'enterrent et ils la transforment en une **poire larvaire** où ils pondent un œuf. Les ♂ ne participent pas.

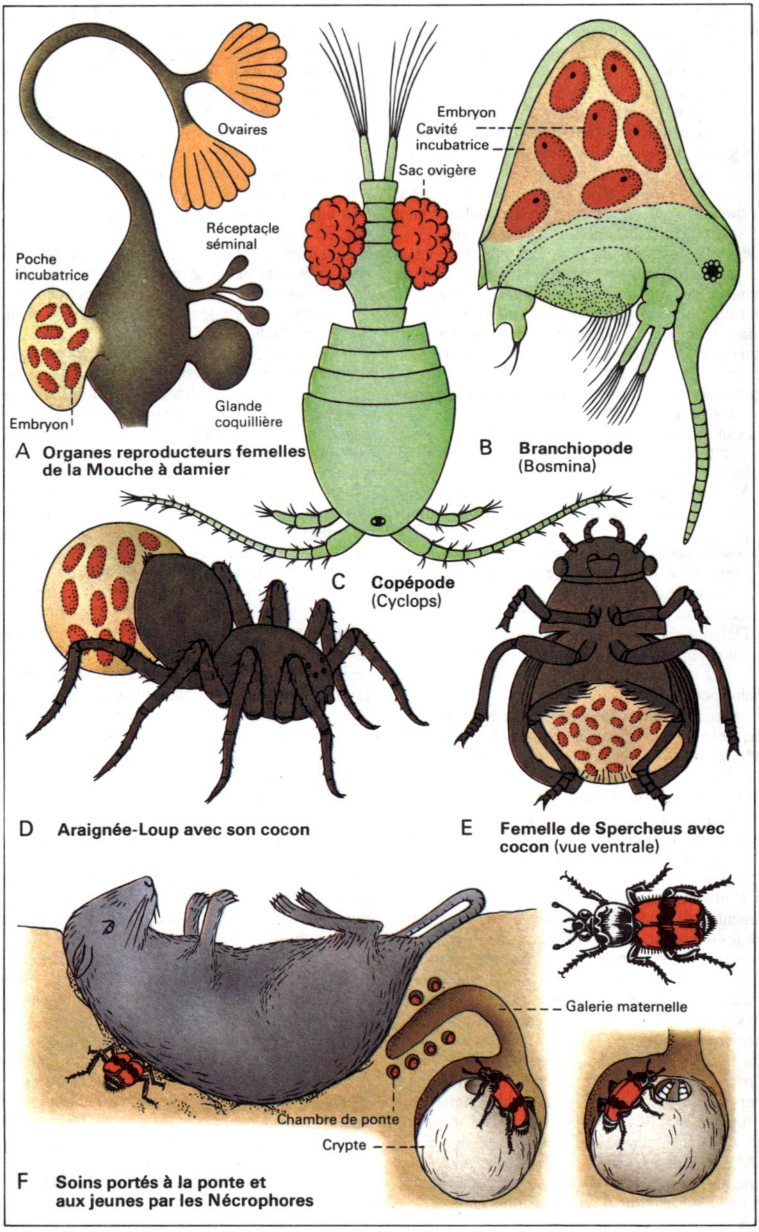

Soins portés aux larves et aux jeunes chez les Invertébrés

1. Les soins peuvent commencer **dans le corps maternel** : les cas de viviparité ou des phénomènes analogues s'observent même chez les *Invertébrés*. Beaucoup d'*Actinies* des mers polaires effectuent leur dévelop. postembryonn. dans des poches profondes ou dans la cavité gastr. de leur mère. Beaucoup de *Vers*, cert. *Ophiurides* et cert. *Holothurides* restent longtemps dans les organes génit. matern. et y trouvent un refuge. Chez la *Mouche à damier* (*Sarcophaga carnaria*, A) le vagin fusiforme reçoit 3 réceptacles séminaux et 2 glandes coquillières, et comporte une vaste poche incubatrice attenante, où les œufs poursuivent leur dévelop., de sorte que ce sont des larves écloses qui seront déposées sur la charogne. Toutes les *Mouches Pupipares* sont vivipares : chez l'une d'elles, *Melophagus ovinis*, les larves sont nourries dans la partie ant. du vagin par les sécrétions des volumineuses glandes annexes.
Tous les *Branchiopodes* ♀ (B) possèdent une poche incubatrice dorsale, partiel., ouverte, qui a pour fonction de protéger les œufs et les embryons. Les *crabes voleurs* possèdent, eux, une poche fermée, avec liquide nutrit., assurant protection et nutrition.
2. Les parents peuvent aussi garder leur progénit. **fixée à leur corps** ; c'est ce que font les anim. qui transportent leurs sacs ovigères (*Cyclops*, C), leurs cocons remplis d'œufs (*Araignées-Loup*, D), ou leurs larves *(Scorpions)*. La ♀ du *Coléoptère aquatique Spercheus emarginatus* (E) doit tisser une corbeille incubatrice entre son abdomen et ses cuisses des p_3 ; les *Cloportes* représentés dans nos pays par le genre *Porcellio* possèdent un « aquarium » d'incub. que forment ensemble de larges append. (Oostégites) fixés sur leurs protopodites : leurs larves s'y dévelop. indépendamment de l'humidité ambiante.
3. Cert. *Arthropodes* solit. protègent et nourrissent leurs petits et forment des familles matriarcales. Les jeunes *Scorpions* qui viennent de naître vivent quelque temps sur le dos de leur mère et, dans les prem. semaines, ils partagent ses repas *(Heterometrus)* . Les ♀ de la *Punaise Brachypelta aterrima* portent leurs larves qui font des efforts acharnés pour trouver une place sur le corps de leur mère, afin de s'inoculer à son anus des Bact. symbiotes qui sont nécess. à leur survie. Les *Ipidés* ♀ entourent leurs larves, dont l'incub. se fait dans le bois, d'une sollicit. matern. durable : elles aménag. tout le nid, elles y instal. des cultures de Champignons (« ambroisie ») qui constit. la seule nourrit. de la larve, elles éliminent les mauvais Champ., maintiennent une humidité constante.
4. Les soins apportés aux larves atteignent leur plus grande perfection quand ils consistent à **nourrir celles-ci directement**. Les *Nécrophores* (*Necrophorus*, F) ♂ et ♀ creusent le sol en dessous du cadavre d'un petit *Vertébré* ; et ils l'enfouissent dans une sorte de crypte, ils le roulent en boule. Puis la ♀ chasse le ♂ et creuse une galerie dont elle garnit les parois de ses œufs. Ensuite elle creuse un cratère dans la boule en décomposition et en prédigère le contenu. Les larves qui viennent d'éclore se rendent dans la crypte et réclament à manger à leur mère qui leur donne la becquée. Plus tard, elles deviennent capables de se repaître elles-mêmes de la charogne, mais après la mue, leur mère recommence à les nourrir. Chez *Necrophorus germanicus* et *Necrophorus vespilloides,* les ♂ participent aussi au nourrissage.
5. **La prise en charge des larves devient une activité sociale** dans les sociétés d'été que forment les *Guêpes* et les *Bourdons* et dans les sociétés permanentes que forment les *Termites*, les *Fourmis* et les *Abeilles*. Cette activ. correspond à la div. du travail dans ces sociétés. Elle est liée à l'existence de cert. castes qui n'ont plus de fonction reprod., l'appartenance à ces castes étant fonction de la nourriture qu'ont reçue les indiv. (ex. ouvrières chez les *Abeilles*, ouvriers et soldats chez les *Termites*). Des chaînes d'instinct d'une haute complexité permettent des activités d'une perfection étonnante : travaux de construction, orientation, information (« langage des *Abeilles* »), régulation de la température et du degré d'humidité, approvisionnement en nourriture (« pots de miel ») des Fourmis mexicaines *(Myrmecocystus)* , meules à Champignons des Fourmis coupeuses de feuilles *(Atta)*. Ces activités sont, au moins indirectement, en rapport avec les soins intensifs portés aux jeunes.
Si les *Termites* et les *Fourmis* ne présentent aucune forme de passage de l'individu isolé à l'état social, chez les *Apidés (Abeilles, Bourdons)* la prise en charge des larves présente toutes les marques d'une activ. sociale. Pour **Halictus quadricinctus** il s'agit encore d'une activ. solitaire ; ses larves se développent dans d'élégants alvéoles construits dans le sol ; puis elle les soigne et les nourrit seule. Chez **Halictus malachurus**, on observe les 1ers rudiments d'une activ. sociale, les indiv. travaillant les uns à côtés des autres. La génération de printemps construit le nid, c'est un travail solitaire ; les 2 générations suiv. poursuivent la construction, approvisionnent les cel. non operculées où l'Abeille fondatrice pond ses œufs. Les soins dont ceux-ci sont l'objet semblent consister simplement en un nettoyage. Les diverses espèces d'**Allodape** d'Afrique du Sud nourrissent les larves dans le nid de la communauté. Chez **Halictus marginatus** l'Abeille fondatrice vit 4 ou 5 ans comme chez l'*Abeille mellifique*, ses filles, stériles, restent dans la communauté et s'occupent des larves. Quand les ♂ naissent, ils s'accouplent avec les jeunes ♀ qui deviennent fondatrices. Les **Abeilles mellifiques** constituent une société comprenant la reine, qui est la seule ♀ fécondable, et 30 000 à 70 000 ouvrières stériles, auxquelles s'ajoutent au printemps quelques centaines de ♂, les faux bourdons. Les jeunes ouvrières nettoient les alvéoles, nourrissent les larves âgées de miel et de pollen, puis les larves jeunes, avec des sécrétions. Il faut aussi procéder à des travaux de construction, réceptionner la nourriture, monter la garde et récolter la miellée. Lorsque la reine fécondée est âgée, elle quitte la colonie avec une partie des ouvrières (essaim).

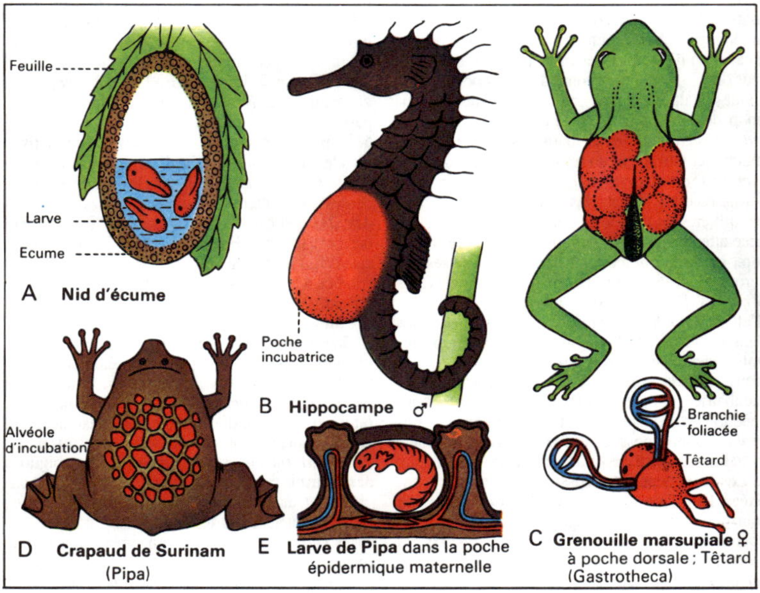

Soins portés aux larves et aux jeunes chez les Vertébrés

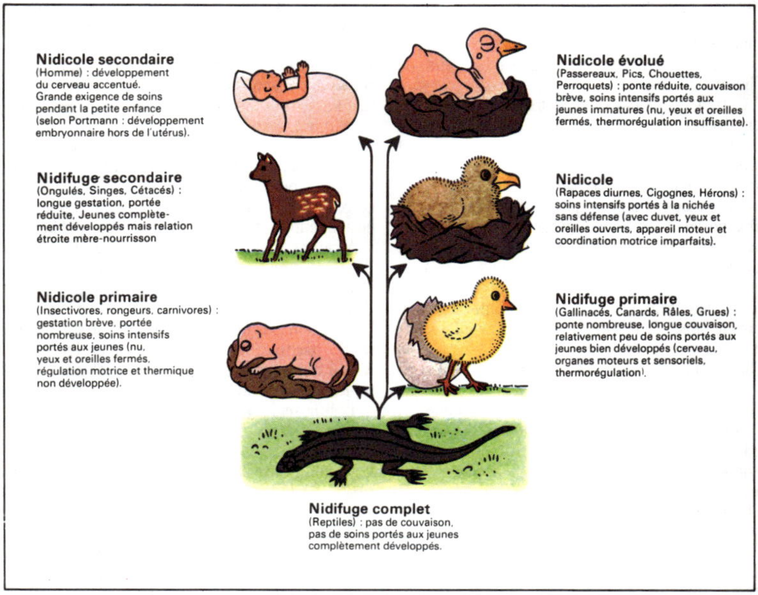

Nidifuges et nidicoles chez les Vertébrés supérieurs

1. Vertébrés dont le dévelop. commence dans l'eau

Pour les *Poissons* et les *Amphibiens*, l'eau est le milieu où commence le dévelop. : elle protège les œufs et les embryons des grands écarts de tempér. et de la déshydrat. ; ces anim. peuvent se passer d'organes embryonnaires annexes (*Anamniotes*, p. 207), et aussi de soins intensifs. Ils sont pourvus de réserves aliment. sous la forme de subst. vitelline (soins passifs). En revanche, les *Sélaciens*, les *Ostéichthyens* et les *Ranidés* ont des **soins actifs** (construction du nid ; implication des parents). Chez beaucoup de *Sélaciens*, de *Cyprinodontidés* et de *Salamandres*, les œufs restent dans l'oviducte qui fait ainsi fonction d'utérus et leur fournit H_2O et O_2, voire des subst. nutrit. ; dans le cas du requin *Mustelus laevis* chez qui se forme un placenta, et chez la *Salamandre noire*, l'embryon qui a été fécondé le premier se nourrit des autres œufs (adelphophagie).

Alors que beaucoup de *Poissons (Epinoche, Poisson combattant)* et de *Ranidés* tropic. construisent des nids compliqués (A), d'autres comme les *Cichlidés* incubent leurs œufs dans la bouche, les *Rhinodermes* ♂ les portent dans leurs sacs vocaux ; les œufs des *Hippocampes* (B) sont dans une poche incubatrice ventrale du ♂.

La femelle de *Nototrema* (C) possède une poche incubatrice dont les parois comportent des replis vascularisés : les Têtards placent leurs branchies foliacées contre ces replis. La ♀ du *Crapaud de Surinam* d'Amérique (*Pipa*, D, E) abrite une larve dans chacun des alvéoles incubateurs situés sur son dos, dans l'épiderme ; la queue de ces larves n'est encore qu'un appendice qui sert aux échanges entre la mère et la larve.

2. Vertébrés dont le dévelop. commence sur terre

Les *Sauropsidés (Reptiles, Oiseaux)* et les *Mammifères* ne pondent jamais leurs œufs dans l'eau, leur dévelop. embryonnaire devient complexe (*Amniotes*, p. 206 sq) et les parents doivent entourer les jeunes de soins actifs.

a) **Les Sauropsidés** pondent à terre des œufs très riches en vitellus, qui reçoivent dans l'oviducte des protéines en petite *(Lézards, Serpents)* ou en très grande quantité *(Tortues, Crocodiles, Oiseaux)*. La protect. des œufs est assurée par une coquille épaisse, molle ou dure. Si les œufs des *Oiseaux* sont pourvus de toutes les réserves d'eau nécess., ceux des *Reptiles* ont constamment besoin d'humidité. C'est pourquoi beaucoup de *Tortues* et de *Crocodiles* baignent leurs œufs dans les produits de leur vessie ou de leur cloaque ; cert. *Reptiles* sont vivipares (esp. des régions polaires, montagn., désert.), quelques-uns forment un placenta *(Seps, Egernia, Tiliqua)*.

La couvaison est pratiquée chez les *Reptiles* par le *Python*, en revanche cert. *Oiseaux*, comme les *Mégapodes* d'Australie, ne couvent pas leurs œufs, ils les abandonnent à la chaleur du sable ou de l'humus.

Chez les *Oiseaux* qui couvent, des plaques incubatrices qui favorisent l'incubation apparaissent sur la peau du ventre, où la circulation sang. est intense. Le *Manchot royal* et le *Manchot impérial* de l'Antarctique pondent un œuf unique qu'ils portent et réchauffent dans un repli de la peau de leur ventre : ils agiront de la même manière avec le jeune sorti de l'œuf. Mais la plupart des *Oiseaux* construisent un nid fait de matériaux variés : les *Salanganes (Callocalia)* uniquement avec leurs propres sécrétions. Les *Oiseaux* évolués mettent au monde des petits qui sont souv. incapables de quitter le nid (nidicoles) et restent liés à leurs parents par toute une chaîne compliquée d'instincts. En général les petits « nidifuges » sont encore soignés par les adultes.

b) **Les Mammifères** nourrissent les jeunes avec le lait produit par leurs glandes mammaires, d'autre part l'embryon est en étroite relation avec l'utérus grâce au placenta ; (p. 211) sauf chez les Mammifères primitifs à cloaque (Monotrèmes). Les jeunes des *Mammifères* les plus évolués sont des nidifuges second. (d'après PORTMANN), alors que les *Insectivores* et de nombreux *Rongeurs* sont nidicoles.

Chez les *Vertébrés*, les soins donnés aux jeunes peuvent conduire à la création de groupes familiaux de courte durée, à de petites communautés exclusives à territoire propre avec des liens personnalisés, chez les *Oiseaux* et les *Mammifères*. **D'après le rôle joué par les parents**, PETERS distingue plusieurs types de **familles animales** :

a) Famille où les parents se partagent les mêmes tâches. Entre le ♂ et la ♀ il peut s'établir des liens personnels qui durent parfois *(Oies cendrées, Cygnes)* toute la vie (monogamie).

b) Famille où le père et la mère se spécialisent dans cert. tâches. Elle ressemble à la précédente, mais avec division du travail. Chez les *Aigles*, les *Buses* et surtout les *Eperviers*, le ♂ garde le territoire du nid et assure le ravitaill., la ♀ s'occupe des jeunes. Les *Calaos* construisent leur nid dans un trou d'arbre, la ♀ y est emmurée : seule une petite ouverture est ménagée, par laquelle le ♂ passe la nourriture destinée à la ♀ et aux petits.

c) Famille où le mâle laisse les petits à la charge de la mère : celle-ci est seule à s'occuper des petits, mais le mâle ne quitte pas le territoire où elle couve et assure donc indirectement la protection du territoire. Toutefois, il est souv. chassé par la femelle *(Rongeurs, Carnivores)*.

d) Famille dirigée par la mère. Elle est typique p. ex. des *Chevaliers-combattants* et des *Colibris*. Le mâle est évincé. Ces animaux présentent génér. un net dimorphisme sexuel, ils sont souvent polygames ou totalement indépendants.

e) Famille dirigée par le père qui prend soin des jeunes. Les ♀ fréquentent plus. ♂ mais n'ont pas de relation avec les petits *(Mégapodes, Emeu, Epinoche)*.

Les **clans**, c.-à-d. les fam. formées par les parents et leurs descend. adultes, qui comptent de nombr. indiv. et restent unies, sont rares chez les *Vertébrés*, sauf peut-être chez les *Rongeurs (Surmulots)*.

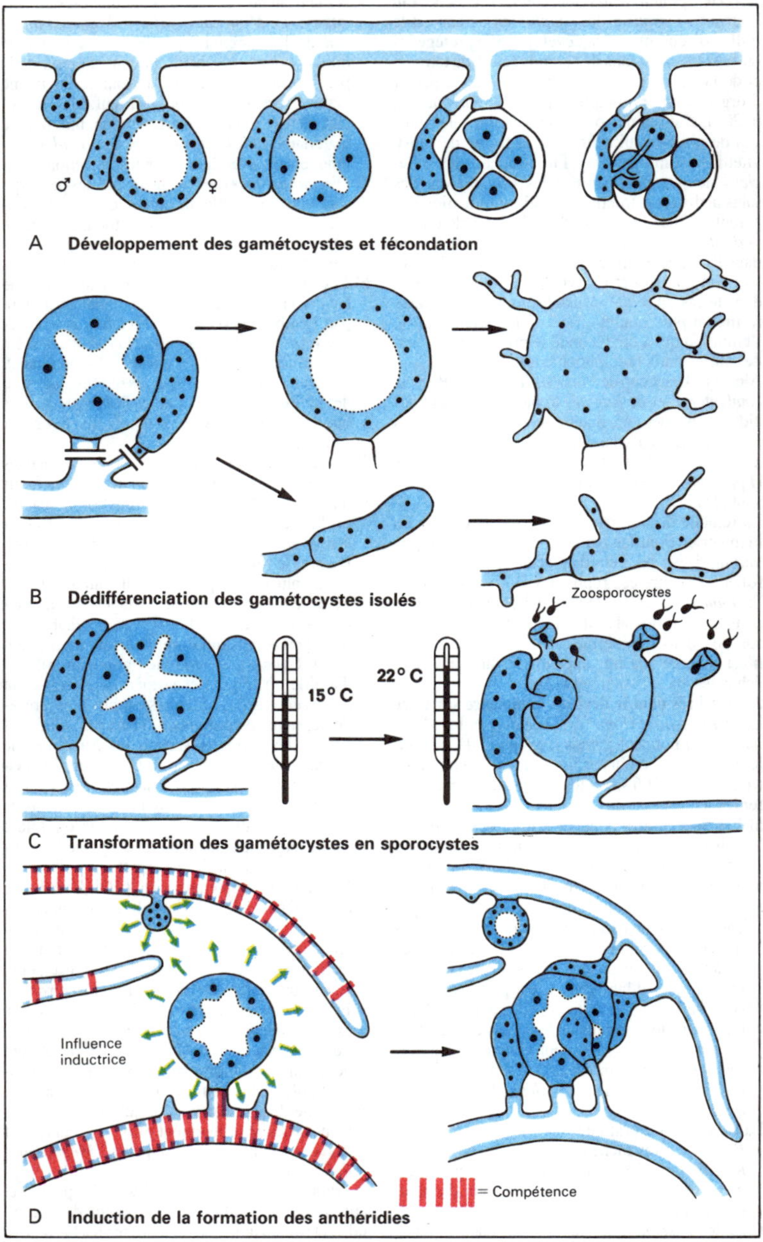

Facteurs influençant le développement du champignon Saprolegnia

Le développement, « la genèse d'une diversité perceptible » (Roux), provoque des changements de la forme de tout organisme au cours du déroulement unidirectionnel de sa vie. Chez les **Unicellulaires**, la diversité des formes se réalise à l'int. d'une seule cel. ; chez les pluricell., grâce à la multiplic. et à la différenciation cell., elle mène de la cel. embryonn. relativ. simple à des assemblages cell. compliqués. Ce qui caractérise les **Métazoaires** et leur « forme fermée », c'est qu'au cours du développ. l'œuf fécondé passe par une suite de processus rigoureusement déterminés et spécif. de l'espèce, avant de former tout d'abord un embryon, puis un jeune animal, pour atteindre finalement à la maturité d'un être adulte. Chaque stade corresp. à une organisation particul. L'ébauche des organes est déjà achevée au stade embryonn. ; la forme des organes est fortement déterminée par des facteurs internes et ne peut être modifiée par des facteurs exogènes que dans une faible mesure (p. 223).

Le développement des **Cormophytes** s'oppose à celui qui vient d'être décrit : chez eux, l'organisme adulte possède non seulement un nombre plus grand de pousses, de feuilles et de racines, mais également des organes floraux entièrement nouveaux. L'ébauche des organes n'est donc pas achevée dès le stade embryonnaire. Elle se poursuit bien au-delà de ce stade et ne cesse à proprement parler jamais. De plus, le monde extérieur peut la modifier dans une large mesure (p. 218 sq.). Leur grande plasticité lors du dévelop. rend les *Végétaux* moins aptes que les *Métazoaires* à l'expérimentation et aux problèmes que pose la biologie du dévelop. Mais des problèmes id. sont en principe universels. La recherche ds la biologie classique du dévelop. gén. menée au niveau cell. et des organismes débouche par la compréhension de l'activité génique différentielle (p. 212 sqq.) de plus en plus sur des analyses au niveau moll. (dévelop. conçu comme l'expression génique).

Problèmes et concepts fondamentaux

Alors que l'**embryologie descriptive** décrit et explique les débuts de l'évol. des organismes, l'**embryologie causale** recherche les causes qui expliquent comment les structures spécifiques de chaque cel. particulière et le patrimoine héréditaire provoquent une nouvelle diversité individuelle. Le patrimoine héréditaire ne détermine cependant pas automatiquement le déroulement du développement, mais il contient l'information qui correspond aux possibilités de développement, définissant ainsi une **norme de réaction**. **Les conditions internes** sont spécifiées par la formation de subst. ou de struct. intracell. qui créent un ordre plus ou moins durable. La création d'un tel état de fonctionnement qui tend vers un processus déterminé du développement, est appelée **détermination**. La répartition dans le temps et dans l'espace des parties d'un organe qui se développe, sa capacité de réaction (**potentialité**) à des stimulations informationnelles est très variable. Les *Champignons* montrent que cette détermination peut être stable ou instable, avec une marge de variation, ou bien qu'elle détermine d'une manière automatique le déroulement du développement.

Le *Phycomycète Saprolegnia*, haplonte monoïque à mycélium coenocytique, prolifère sur les corps des *Insectes* morts tombés à la surface de l'eau qu'il traverse de ses filaments. Il forme des hyphes qui rayonnent dans l'eau et dont les extrémités s'articulent en un sporocyste possédant de nombreuses zoospores (p. 142, G). Des oogones avec des œufs et des anthéridies apparaissent ultérieurement (A). Si l'on isole les gamétocystes des hyphes, une dédifférenciation se produit : les ébauches de gamètes se résorbent, les noyaux se multiplient et un bourgeonnement d'hyphes végétatifs se produit. Les mycéliums, issus d'oogones et d'anthéridies, forment chacun 2 sortes de gamétocystes. La différenciation sexuelle n'a donc été que provisoire et la détermination de l'organogenèse correspondante, extrêmement instable (B). La croissance, la formation des sporocystes et des gamétocystes dépend dans une large mesure des conditions extérieures.

- Transplanté sur gélose, le *Champignon* croît d'une façon exclusivement végétative et ne forme pas de spores.
- Si l'on plonge des hyphes dans de l'eau pure à 15 °C, il se forme immédiatement des sporocystes.
- Par contre, si on les cultive dans de l'eau à 3 °C, les sporocystes ne sont pas formés et le développement passe tout de suite à la formation des gamétocystes.
- Si l'on élève la température de 15 à 22 °C au cours du développ. normal au moment de la formation des gamétocystes, la différenciation des organes sexuels est arrêtée, et un bourgeonnement d'utricules portant les sporocystes se produit, même lorsque les ébauches des œufs sont déjà formées. Seuls les œufs déjà reliés à des anthéridies demeurent déterminés (C).

Les anthéridies n'apparaissent sur un mycélium que lorsque sont présents des oogones d'un âge déterminé : si l'on approche un oogone d'un hyphe encore stérile, des stimul. chim. provoquent l'apparition d'une anthéridie. Le lieu de formation et le cours du développ. des anthéridies sont déterminés par l'oogone. Ce déclenchement d'un processus de développ. par une autre partie du même organisme est appelé **induction**. Il en résulte tj une modification qui s'effectue dans les limites de la norme de réaction.

Pour qu'un hyphe réagisse à une influence inductrice, certaines cond. internes sont indisp. On ne peut pas, p. ex., provoquer la formation d'anthéridies chez un mycélium trop jeune (qui est en train d'ébaucher des oogones) en le mettant en contact avec des oogones étrangers (D). On appelle **compétence** l'état au cours duquel une réaction de développ. déterminée peut être induite. Dans le syst. plastique de *Saprolegnia*, on observe donc tout d'abord une compétence (inductibilité des anthéridies), puis un état qui mène à la formation d'oogones, lesquels induisent finalement les anthéridies.

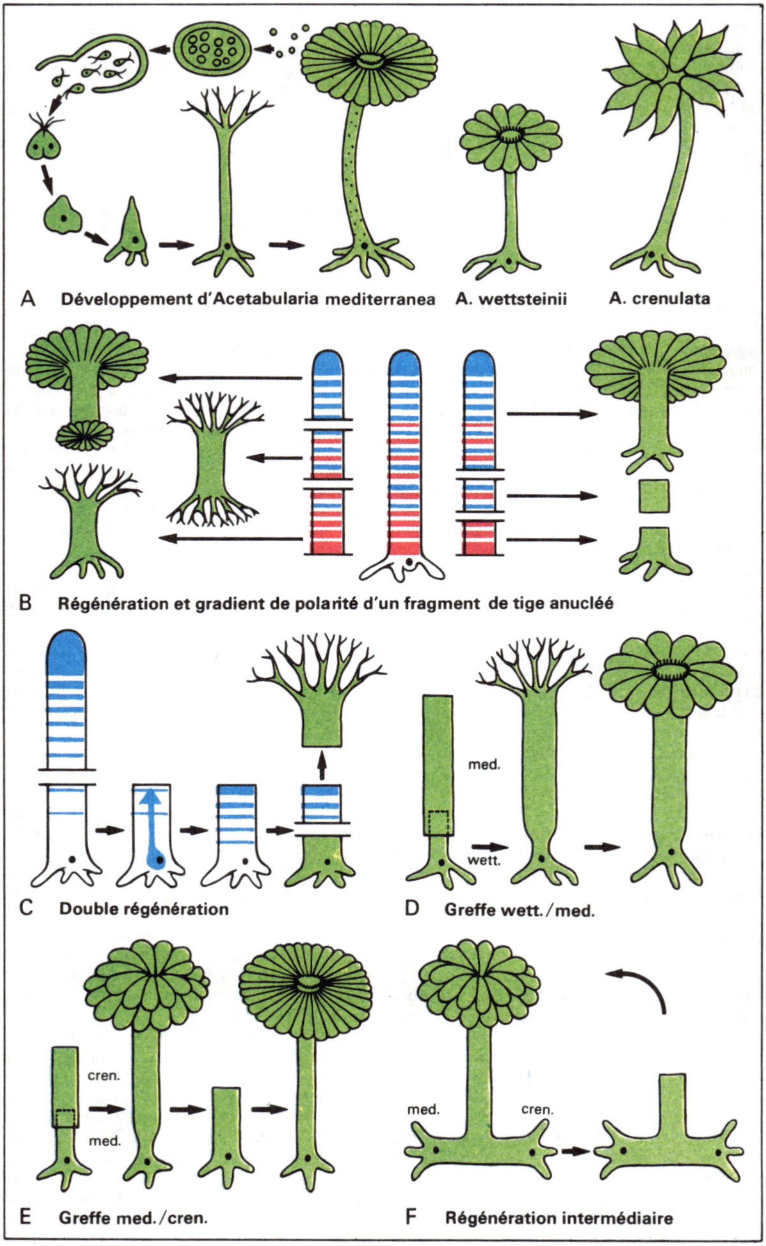

Développement normal et régénération chez Acetabularia (Siphonales)

1. L'évolution normale (A) de la *Siphonale Acetabularia*, Algue verte de 5 cm de haut, commence par la différenciation d'un rhizoïde basal et d'une tige montante. Cette **polarité**, c.-à-d. la formation de structures différentes aux extrémités d'un axe, est orientée (développement apical) : ce sont les verticilles stériles caducs (**verticilles à filaments**) qui se différencient, puis un verticille fertile formé de gamétocystes (**chapeau**) . Ce n'est que lorsque le chapeau a atteint sa plénitude (1 cm) que le noyau primaire diploïde unique, se divise dans le rhizoïde en un grand nombre de noyaux secondaires haploïdes qui vont se loger dans le chapeau et entrent avec le cytoplasme dans les **cystes** qui forment alors les gamètes. La formation de cystes, vue comme la divis. d'une seule cel. en plusieurs mais sans croissance, ressemble beaucoup aux premières étapes, notamment superficielles, de la segmentation des *Métazoaires* (p. 189). Après fécondation, le zygote forme une plante adulte en trois ans par une succession ordonnée de différenciations morphol.

2. La régénération des parties nucléées se produit, après l'interruption de la différenciation apicale, à partir de l'élément basal en suivant tous les stades du développement normal.

3. La régénération des fragments de tige anucléés n'est pas moins étonnante que le pouvoir qu'ont ces fragments de survivre de trois à sept mois sans noyau, tout en synthétisant des protéines, de la cellulose et en reprenant leur aspect. **La faculté d'engendrer de nouvelles formes** dépend de la région de la tige d'où provient le fragment et de sa longueur (B) : plus les fragments sont grands, meilleure est la régénération ; les fragments apicaux de la tige de 1,5 cm de long forment d'abord des verticilles à filaments puis le chapeau. On obtient plus souvent des verticilles, et de manière plus complète, lorsque le fragment régénérateur est issu de la région apicale. De même, la formation du rhizoïde est d'autant plus parfaite que l'origine du fragment utilisé est plus près de la base.

La morphogenèse polarisée de l'*Acetabularia* ne repose pas sur une seule polarité directionnelle. Des fragments apicaux de la tige de 1,5 cm de long présentent également sur leur section basale une formation de verticilles ou « rudiment de chapeau » qui remplacent le rhizoïde. Il existe en effet un **gradient de polarité** : les conditions endogènes de la différenciation apicale diminuent du sommet vers la base de la tige, tandis que celles de la différenciation du rhizoïde augmentent. L'importance de la longueur de la tige montre en outre que la morphogenèse dépend de la **quantité de facteurs morphogénétiques** qui sont des composés solubles puisqu'ils peuvent diffuser vers les endroits sectionnés.

Il existerait donc deux sortes de substances morphogénétiques : les premières agissent sur les formations apicales, les secondes sur les formations basales dont les concentrations le long de la tige forment des gradients de sens contraires. Pour que la régénération soit réussie, il faut que ces substances soient présentes en quantité suffisante. Dans les zones intermédiaires les différenciations se font alternativement ds l'une ou l'autre direction en fonct. de la subst. qui prédomine. Les fragments anucléés ne synthétisent pas de subst.

4. L'expérience montre que la synthèse des **substances morphogènes dépend du noyau**. Ceci est prouvé par des **expériences doubles de régénération** (C) : le segment inférieur ne forme jamais d'extrémité apicale, car il est séparé à la fois du noyau et des réserves de substances morphogénétiques apicales. Par contre, si l'on attend un peu avant de la séparer du rhizoïde après l'amputation de l'extrémité, la différenciation peut se faire, car les substances basales ont eu le temps de parvenir jusqu'à la section supérieure.

Les greffes d'éléments végétaux d'espèces différentes attestent la **spécificité** des substances élaborées par le noyau :

- Un rhizoïde nucléé d'*Acetabularia wettsteinii* greffé sur un fragment de tige d'*A. mediterranea* engendre tout d'abord des verticilles *med*, puis un chapeau *wett* (D).
- Un rhizoïde nucléé d'*A. mediterranea* greffé sur une tige anucléée d'*A. crenulata* engendre un chapeau de forme intermédiaire. Si l'on procède à l'ablation de cet élément régénéré, il se forme uniquement des chapeaux *med* (E). Si l'on inverse les greffes, on obtient les résultats inverses correspondants.
- Deux rhizoïdes nucléés d'espèces différentes sont greffés aux endroits sectionnés et engendrent un chapeau intermédiaire. Si l'on ampute ce chapeau, les éléments régénérés sont toujours intermédiaires (F).
- Deux rhizoïdes nucléés d'*A. crenulata* et d'*A. mediterranea* forment à l'emplacement de la greffe un chapeau qui est intermédiaire, mais qui ressemble plutôt à *A. crenulata*.

Les substances spécifiques de l'espèce diffusent donc à partir des noyaux au travers du cytoplasme étranger ; le degré d'imprégnation dépend du rapport des différentes substances morphogènes apicales mélangées. Concernant la nature biochim. de la subst. morphogène considérée comme « ARNm de longue durée », voir p. 215.

5. L'action cytoplasmatique sur le noyau peut être observée lorsque le chapeau achevé est amputé à l'instant précis du début de la division nucléaire primaire. Le processus de la division nucléaire est alors différé tant que le chapeau n'a pas été régénéré.

Dans les expériences de greffe entre deux plantes d'âges différents, la division primaire est également retardée lorsqu'un vieux rhizoïde est greffé sur une jeune tige. A l'inverse, la greffe de tiges âgées sur de jeunes rhizoïdes précipite le processus de division nucléaire. Après le début de la division nucléaire et de l'afflux de cytoplasme, ces processus sont interrompus par l'ablation du chapeau. Mais aucune régénération n'est alors possible, car les substances morphogènes apicales font défaut et elles ne sont plus synthétisées par les noyaux secondaires. Cependant un jeune chapeau greffé déclenche à nouveau la formation des cystes lorsqu'il est suffisamment ancien.

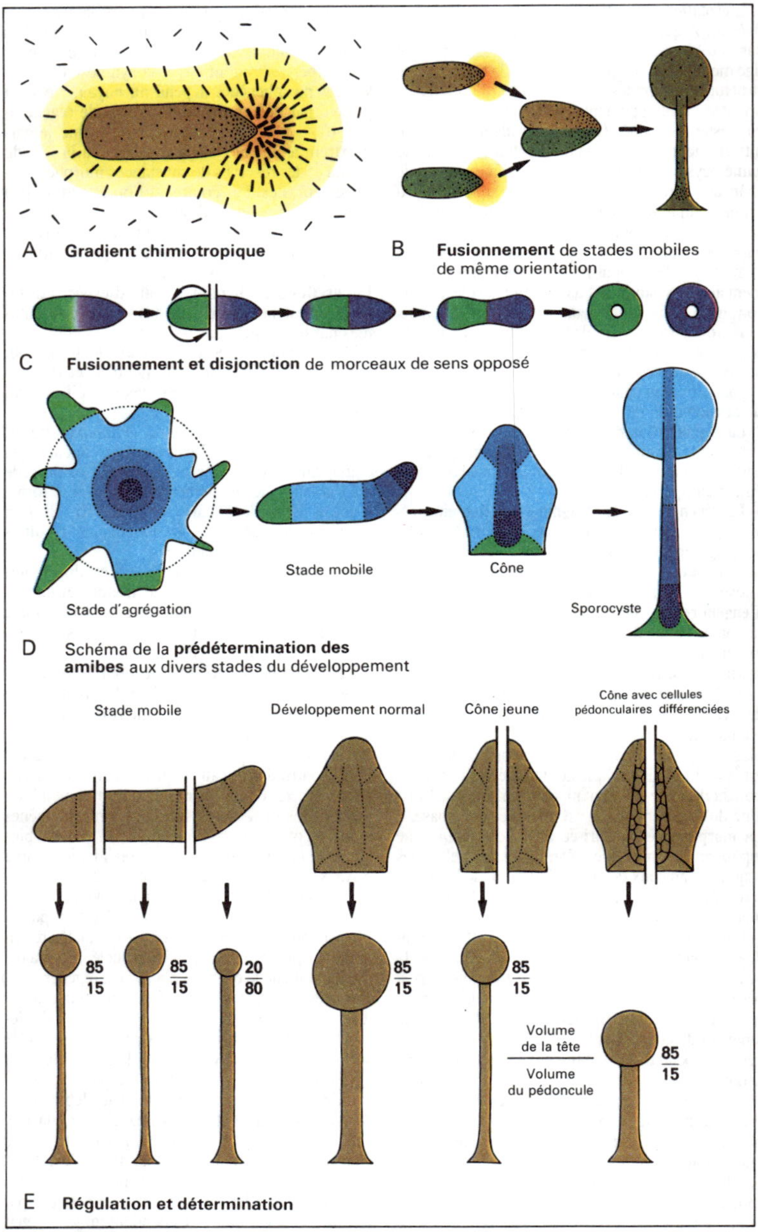

A **Gradient chimiotropique**

B **Fusionnement** de stades mobiles de même orientation

C **Fusionnement et disjonction** de morceaux de sens opposé

D Schéma de la **prédétermination des amibes** aux divers stades du développement

E **Régulation et détermination**

Expériences sur le développement du Myxomycète Dictyostelium

Au cours du développement de l'*Amibe Dictyostelium* qui forme des colonies de cellules (p. 73), on retrouve les mêmes principes que dans le système compliqué du développement d'un embryon ; mais chez un microorganisme, ils sont plus faciles à analyser expérimentalement, et on a pu mettre en évidence l'existence :

- d'une association cellulaire spécifique à l'espèce (des cellules isolées s'associent par contact),
- d'une forme harmonieuse due à des mouvements morphogénétiques et à la différenciation cellulaire,
- de la prédétermination des cellules isolées selon le degré de détermination,
- d'une interaction entre les cel. et la régulation physiol. du développement,
- de la genèse d'un modèle de détermination dans le champ d'autorégulation.

1. La formation de contacts cellulaires par agrégation : une première différenciation apparaît dans une population de *Myxamibes* à la fin de la phase de multiplication. Elle se manifeste par la formation d'un centre par de nombreuses cellules qui viennent se grouper autour d'une **cellule fondatrice** ; des amibes éloignées convergent vers ce centre, à l'arrière duquel elles s'agrippent. La cel. fondatrice donne le **signal d'agrégation** : sous l'effet d'émissions rythmiques d'« acresine », des amibes isolées, mais capables de s'agréger car possédant en surface des récepteurs à l'AMPc, sont chimiotactiquement attirées par cet **AMPc** (p. 38, B) ; (Chez *Polyspondyleum* on trouve à sa place un oligopeptide spécif.) et stimulées pour libérer elles-mêmes de l'AMPc, ce qui va ds le sens d'un renforcement du signal. Il faut également rapporter la capacité d'établir des *contacts cellulaires* à une transform. moll. de la surface cell. (Glycocalix, p. 19). Là où les cel. isolées peuvent s'agréger, on trouve sur la surface membr. des lectines spécif. : i.e., des glycoprot. avec des affinités part. pour des sucres, qui participent à l'adhésité inter-cellulaires.

2. Mouvement morphogénétique et différenciation : pendant la phase mobile, la masse amiboïde révèle une polarité de mouvement :

- l'attraction la plus puissante vient des cellules du front mobile (A) ;
- deux pseudoplasmodes qui se déplacent dans la même direction fusionnent aisément pour former un ensemble unique (B) ;
- si l'on divise un groupe d'*Amibes*, et que l'on fait pivoter une moitié de 180 °, les deux moitiés se déplacent en sens contraire (C).

Dans l'axe d'un dôme, les *Amibes* se différencient en cellules pédonculaires, se vacuolisent, constituent une masse polyédrique en s'aplatissant les unes contre les autres et s'isolent des autres masses par une cloison qui sert de pédoncule. La colonne de cellules pédonculaires progresse vers le haut grâce au déplacement d'autres cellules qui grimpent le long du dôme, fusionnent à son sommet et se transforment. Quelques *Amibes* aplaties forment une plaque basale et fixent la base du pédoncule. Les cellules restantes s'arrondissent en spores et enveloppent le sommet du pédoncule où elles forment une petite tête. Il se forme des carpophores dont la taille dépend du nombre global des *Amibes* : les volumes de la tête et du pédoncule sont toujours dans un rapport déterminé (p. ex. à 17 °C dans l'obscurité, environ de 15/85). Les conditions extérieures le modifient ; l'éclairement augmente et le réchauffement diminue le pourcentage des cellules pédonculaires.

3. Prédétermination : des expériences de coloration ont montré que chaque cellule conserve sa place dans la masse amiboïde bien que toutes les cellules du groupe soient perpétuellement en mouvement. En outre, ce procédé permet de constater vers quel endroit du carpophore les *Amibes* agrégées affluent précocement ou tardivement. Dès le début de la formation des centres, on peut observer la prédétermination des *Amibes*, c.-à-d. le devenir des diverses zones de la masse cell. (D) : les cell. pédonculaires, les spores et les cell. de la plaque basale se succèdent en cercles concentriques, de l'int. vers l'ext.

Comme le montrent les expériences d'isolement, à cette disposition en régions il ne correspond cependant pas de détermination : les masses cellulaires de chaque région développent des carpophores normalement proportionnés, quoique plus petits et qui contiennent tous les types de cellules. Seules les cellules qui ont édifié un centre dès l'origine, manifestent une tendance à se développer au sens d'une prédétermination, car elles engendrent un carpophore dans lequel le pourcentage des cellules pédonculaires est supérieur à 80 % (au lieu de 15 %).

4. Régulation : les cellules pourvues d'un centre fournissant également au cours de cette expérience de régulation des spores et des cellules de la plaque basale, une faculté de régulation se révèle, c.-à-d. la possibilité de s'écarter de certaines prédéterminations en vue de la formation normale de l'ensemble. Ceci est particulièrement évident lorsqu'une partie du champ d'agrégation manque (E). Si l'on prive une masse d'*Amibes* de ses cellules pédonculaires dès le début de la différenciation, il se forme un pédoncule moins important que celui qui correspond aux proportions de l'agrégat originel. Par contre, si la différenciation des cellules pédonculaires a déjà commencé, l'amputation du pédoncule correspond à la disposition de l'ébauche originelle ; toutefois, le sommet du cône est moins élevé, ce qui sauvegarde le rapport entre le pédoncule et la tête des spores.

Au stade d'agrégation, le centre, avec son champ d'insertion, constitue donc un système unique d'embryologie causale, ds lequel non seulement les influences émanant du centre, mais aussi les réactions de la masse amaebienne disponible influent sur la formation de ce centre.

5. Le champ d'autorégulation : la masse amiboïde du *Dictyostelium* est le reflet d'un processus de régulation biologique très répandu. Mais comme dans ce « champ morphogénétique » simple, les cellules du centre indifférenciées mais déterminées soumettent des éléments voisins indéterminés à un gradient de polarité et les déterminent graduellement, on l'appelle champ d'autorégulation.

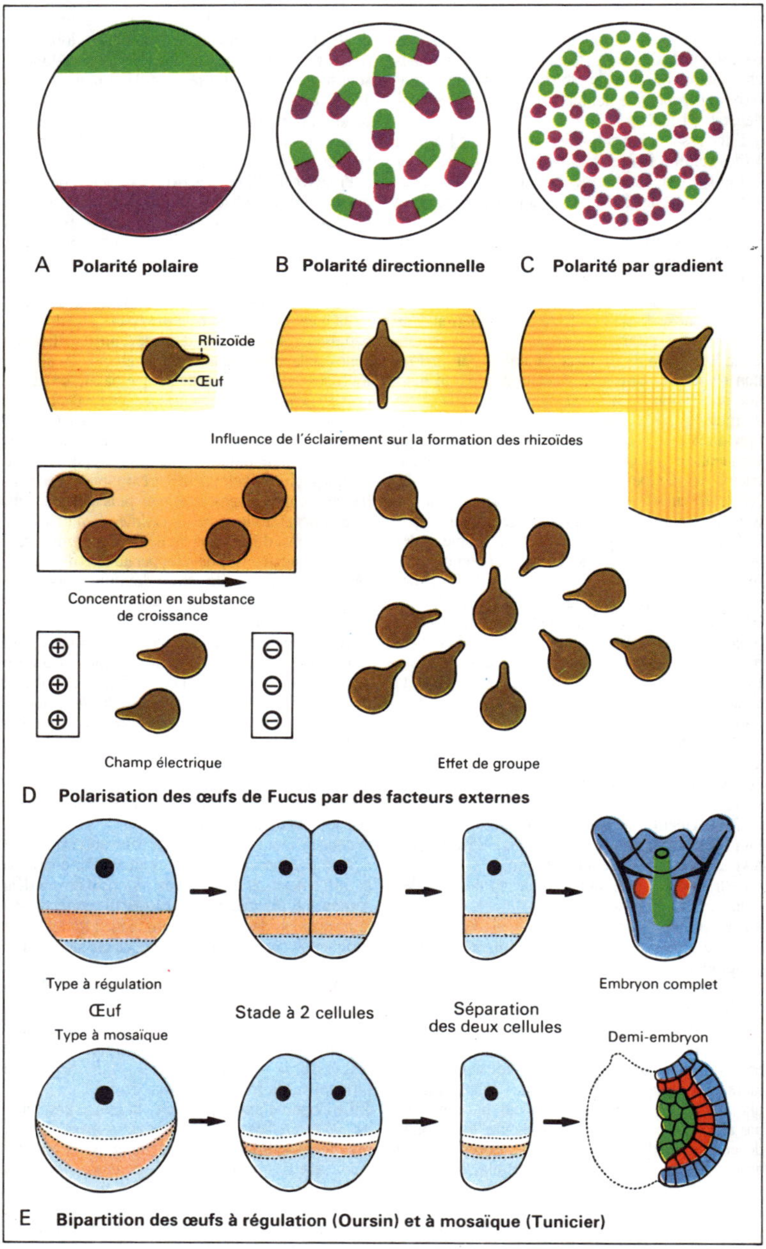

Polarisation et détermination des cellules embryonnaires

1. Polarité et axes corporels : la première détermination des cellules embryonnaires *végétales* et *animales* est en général l'apparition d'une **polarité** physiologique qui s'exprime souvent par une disparité structurale des deux pôles. On a imaginé plusieurs modèles pour expliquer l'asymétrie qui est sûrement de nature biochimique :

– **la polarité polaire :** les deux pôles axiaux sont caract. par des états différents (A) ;
– **la polarité structurale** qui remonte à une struct. moll., uniform. orientée, de l'enveloppe ou du contenu de l'œuf (B) ;
– **la polarité par gradient :** p. ex. concentration de substances le long de l'axe de la cellule embryonnaire ou même deux gradients opposés.

Chez les pluricellulaires, cette polarité de la cellule embryonnaire détermine les étapes suivantes et fixe les axes principaux des structures organisées : pôle apical et basal, thallique et rhizoïdien, pôle racinien et pôle des pousses, pôle animal et pôle végétatif, pôle somatique antérieur et postérieur. Mais il est encore difficile, ds le cadre de la biologie moll., de découvrir les gradients de substances ou les struct. cytopl. *responsables*.

2. La polarisation due à des facteurs externes : L'induction de la polarité par les facteurs externes est particulièrement nette chez les spores des Bryophytes, des *Fougères* qui se développent à l'extérieur des organismes, ainsi que chez les œufs des *Algues*. C'est ce que montrent les expériences faites sur des œufs de *Fucus* au cours desquelles un appendice du rhizoïde permet de reconnaître la direction de la polarité provenant de la première division nucléaire (D) : le rhizoïde se déforme du côté opposé à **la lumière** lorsque la cellule embryonnaire est éclairée au moins durant deux heures pendant **la phase sensible** (dans le cas de l'expérience D : entre la 10e et la 15e heure après la fécondation). En présence de deux sources lumineuses, l'axe de polarité est constitué par la résultante des vecteurs d'intensité lumineuse. En lumière polarisée bleue on a pu repérer, grâce à des molec. de photorécepteurs (Flavoprotéine, carotène) disposées près de la membr. cell., des signaux moll. dont les composants actifs semblent être l'auxine et des modif. du pot. membranaire synchrones de la création d'une polarité.

L'importance de **la répartition des substances**, en particulier de l'auxine, est attestée par l'absence de germination des spores dont la concentration générale est trop élevée et par l'activation de la répartition lorsque la concentration d'une substance de croissance est trop faible. Dans un champ électrique, le rhizoïde apparaît vers l'anode, ce qui est dû à une migration électrophorétique des substances de croissance : la pesanteur, les gradients de température, les variations du pH et les potentiels électriques qui exercent vraisemblablement leur action primaire sur l'auxine, ont un effet polarisant. De même, la pénétration du spermatozoïde a une action polarisante sur l'œuf des *Algues*.

3. La polarisation due à des facteurs internes : il existe une polarisation lorsqu'on a éliminé tous les facteurs inducteurs externes, ce qui montre qu'elle est aussi déterminée par des influences cellulaires. Les tissus déjà polarisés qui entourent la cellule embryonnaire jouent un rôle important chez les organismes supérieurs qui possèdent des tissus. Chez les *Spermatophytes* (p. 165), la situation de la cellule contenue dans le sac embryonnaire polarise cette cellule avant même que la fécondation ait eu lieu. Au cours de la méiose de la cellule mère du sac, un certain nombre d'espèces présentent des figures chromosomiques orientées en fonction des micropyles. – Ceci vaut également pour les œufs des *Métazoaires* dont la polarisation dépend de la situation des œufs dans les ovaires et des relations métaboliques unilatérales de la cellule embryonnaire avec le milieu ambiant (gradients de O_2, de substances nutritives). – La cellule des Unicellulaires présente également une structure cytoplasmatique polaire. Dans de nombreux cas (œufs de *Poissons* et d'*Amphibiens*), le Ø défini par le noyau et les centrioles centraux (p. 17) devient l'axe principal de l'œuf : les mitochondries se rassemblent autour du centriole et forment un « noyau de vitellus » qui constitue le pôle végétatif. Il existe en outre une **architecture cytoplasmatique** submicroscopique qui provoque une polarité stable dont l'ampleur varie selon les cellules embryonnaires, mais qui est caractéristique des différents groupes d'organismes :

L'œuf à mosaïque des *Polychètes*, des *Insectes*, des *Mollusques* et des *Tuniciers* révèle un prédéveloppement par la différenciation importante entre l'enveloppe et le cytoplasme de l'œuf : à côté d'une architecture cytoplasmatique très différenciée, il existe aussi une disposition des forces qui induisent graduellement les mouvements du cytoplasme et apportent aux cellules filles pendant la segmentation des matériaux déterminés. Ceci garantit une séparation rapide des parties de l'œuf dont les fonctions sont diversement sollicitées et une économie métabolique. De plus, il se produit une absence de plasticité relativement importante du développement : la limitation des potentialités des cellules aux stades ultérieurs de l'embryogenèse est préformée dans l'œuf.

L'œuf à régulation a une architecture cytoplasmatique peu différenciée, cependant on peut ici aussi délimiter le long d'un axe principal anim.-vég., au moins du point de vue de la physiol. du dévelop. et parfois aussi morph., différents « territoires plasmatiques ».

A l'opposé des œufs à mosaïque phylogénétiquement plus anciens, la détermination des œufs à régulation ne se réalise que graduellement après plusieurs segmentations ainsi que l'ont montré des expériences d'isolement effectuées avec des embryons d'*Oursins*. Des cellules isolées, séparées au cours des premiers stades embryonnaires, peuvent se développer en conservant leur polarité pour former des unités globales tout comme des fragments mobiles de plasmode (p. 185) chez l'*Amibe Dictyostelium* (E).

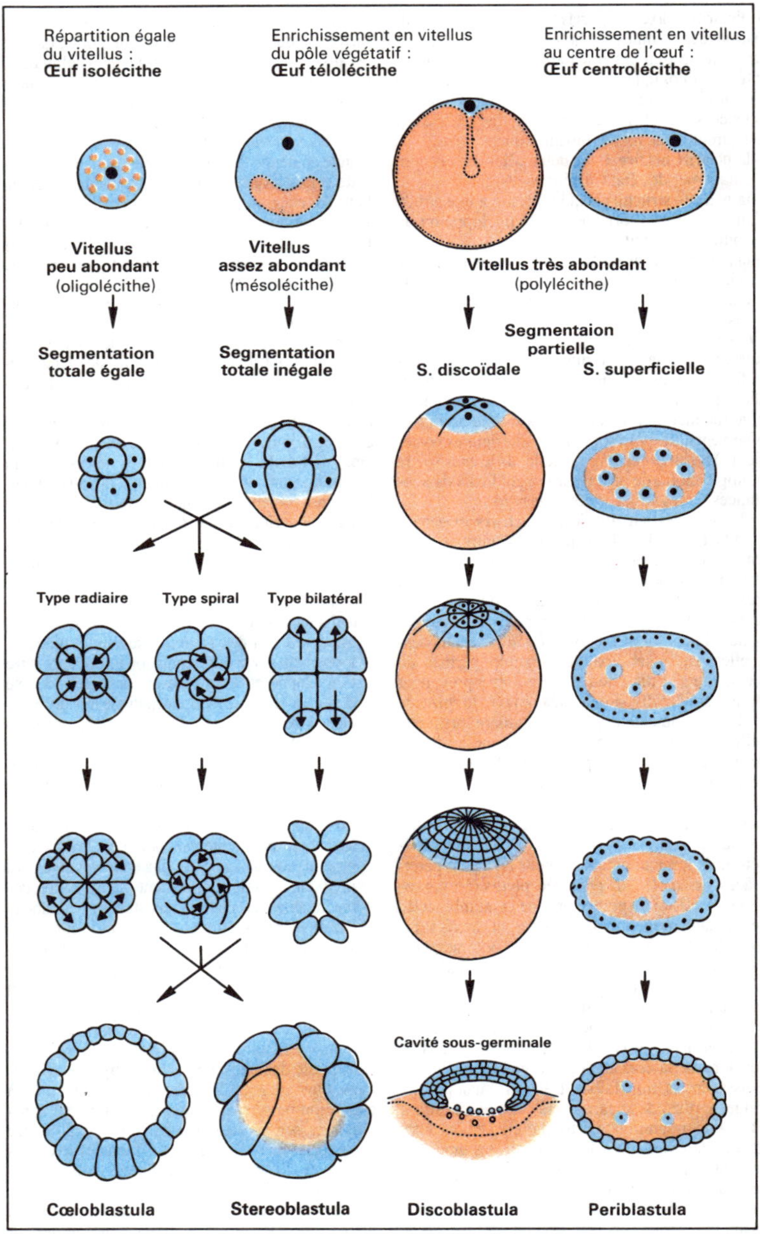

Types d'œufs et leur segmentation

Le développement de l'individu comprend plusieurs phases chez les *Métazoaires*.

- **Le développement embryonnaire** s'étend de la fécondation au début de la vie autonome (naissance ou sortie de l'œuf).
- **Le développement juvénile**, de la naissance à l'état adulte, peut être continu : les formes juvéniles sont sensiblement identiques aux formes adultes et les rejoignent par des modifications progressives, mais il peut y avoir également un développ. indirect au cours duquel les formes juvéniles (larves) subissent une modification morphogénétique (métamorphose) marquée par des modifications profondes (disparition, puis formation d'organes).
- **La phase adulte** est caractérisée par la maturité sexuelle.
- **Dans la phase sénile**, un grand nombre de fonctions sont diminuées et certaines structures abolies, ce qui conduit à l'état physiologique de vieillesse et à la mort.

Tous les *Métazoaires* parcourent donc un **cycle individuel**. Au cours de celui-ci, ds les phases de dévelop. post-embryonnaire, c'est soit la période larvaire (p. ex : *Ephémères, Cigales*), soit l'adulte *(Oiseaux, Mammifères)*, qui peut être la plus longue. Contrairement à l'*Homme* la phase sénile dégénérative est relat. courte chez les *Animaux*. Nous ne considérerons que le développement embryonnaire. Il se décompose en 4 phases : la segmentation, la gastrulation, la formation du mésoderme et l'organogenèse (p. 191).

1. Le début du développement embryonnaire : la segmentation

L'œuf est divisé en **blastomères** par une série de mitoses. Les blastomères sont séparés les uns des autres par des limites qui ressemblent extérieurement à des sillons de segmentation, c'est pourquoi l'on qualifie ce tout premier processus de développement de **segmentation**, et les blastomères de « cellules de segmentation ». Il dépend de l'architec. cytoplasmique qui détermine l'agencement des fuseaux mitotiques et de la teneur en vitellus de l'œuf. Si la quantité de vitellus est peu importante, on a une **segmentation totale** ; dans le cas contraire, la masse de vitellus n'est pas touchée par le processus mitotique qui reste partiel.

a) On observe une **segmentation totale** chez les œufs à vitellus peu abondant (oligolécithes) : les deux premières étapes de segmentation suivent les méridiens (le sillon passe par le pôle animal et le pôle végétatif), la troisième est perpendiculaire aux deux premières, et pour les œufs oligolécithes, elle est équatoriale (**segmentation égale**), dans les œufs richement pourvus en vitellus dans l'hémisphère végétatif (hétérolécithes), les sillons de segmentation sont plus proches du pôle animal (**segmentation inégale**) , ce qui crée 4 micromères animaux et 4 macromères végétatifs.

Les blastomères peuvent représenter les types de symétrie suivants :

- **Le type radiaire :** les blastomères sont disposés selon une symétrie radiaire autour de l'axe (*Eponges, Cœlentérés, Echinodermes*, p. 193).
- **Le type spiral :** les premiers blastomères subissent une rotation de 45 ° alternat. vers la droite et vers la gauche *(Turbellariés, Nemertiens, Polychètes, Mollusques)* .
- **Le type bilatéral :** les blastomères sont symétriques par rapport au plan médian de l'embryon (*Nématodes, Tuniciers* et *Vertébrés*, p. 196 sqq).

b) **La segmentation partielle :** dans le cas des œufs télolécithes, le cytoplasme forme un disque embryonnaire qui flotte sur le vitellus vers le pôle animal (chez de nombreux *Poissons* et tous les *Sauropsidés*). Une **segmentation discoïdale** limitée au disque embryonnaire forme une enveloppe blastodermique (p. 206 sqq) ou dans l'œuf centrolécithe des *Insectes*, le cytoplasme entoure la masse de vitellus pourvu d'une mince couche cellulaire (blastème du derme embryonnaire) et il est soumis à une **segmentation superficielle** : à l'intérieur du vitellus, les noyaux se divisent à nouveau. Chaque noyau s'entoure de cytoplasme, se déplace vers la surface et pénètre dans la couche de cytoplasme. Par la délimit. des territ. cytoplasmiques, il se forme une blastomère à une seule couche cellulaire.

Formation de la blastula : dans la plupart des cas, une boule creuse, la **blastula**, se forme à la fin de la segmentation. Elle est entourée par une mince couche de **blastomères** (blastoderme) et l'intérieur de cette blastula contient la cavité de segmentation primaire (**blastocœle**).

La forme de la blastula dépend de la teneur en vitellus de la cellule embryonnaire :

- **La cœloblastula** des œufs pauvres en vitellus des *Eponges*, des *Cœlentérés*, des *Echinodermes* (p. 193) et de l'*Amphioxus* (p. 197) possède une cavité plus ou moins large ou blastocèle.
- **La stéréoblastule** est caractéristique des œufs assez riche en vitellus. Elle ne présente pas de cavité (*Polychètes*, p. ex. *Nereis*).
- **La discoblastula** se forme au cours de la segmentation discoïdale, elle provient du décollement de l'enveloppe du blastoderme de la surface du vitellus. La cavité sous-germinale qui résulte de ce décollement, ne peut être assimilée au blastocèle, car elle est provoquée au début de l'incubation par la liquéfaction du vitellus sous le disque embryonnaire (tous les *Sauropsidés*, les *Squales*, les *Ostéichthyens*, les *Monotrèmes*).
- **La périblastula**, due à une segmentation superficielle, ne présente normalement pas de cavité de segmentation.

Le processus de segmentation ne s'achève pas quand un nombre déterminé de cellules est atteint, mais quand le rapport nucléoplasmatique (ADN / protéines) atteint une valeur qui évolue en faveur de l'ADN au fur et à mesure des mitoses. C'est pourquoi, lors de la parthénogenèse expérimentale de l'œuf de l'*Oursin*, les embryons haploïdes se divisent tantôt plus que les embryons diploïdes ou tétraploïdes, tantôt moins, et ce, jusqu'à la fin de la segmentation.

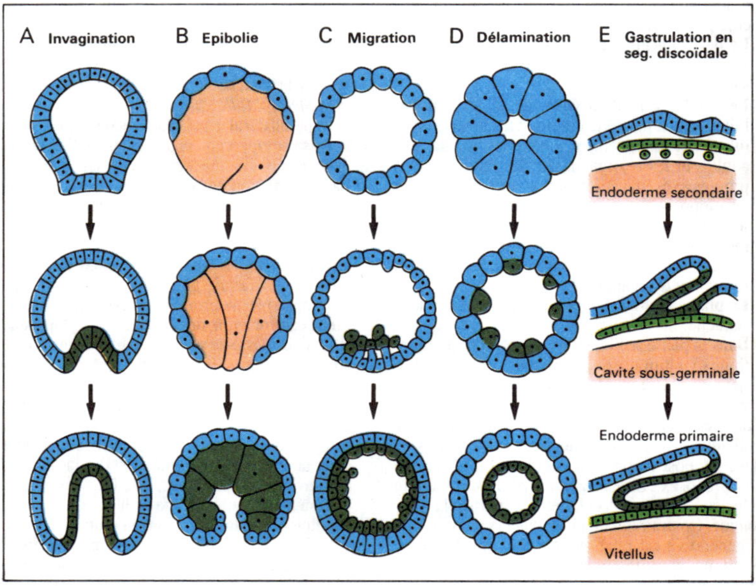

Formation des deux premiers feuillets embryonnaires (Gastrulation)

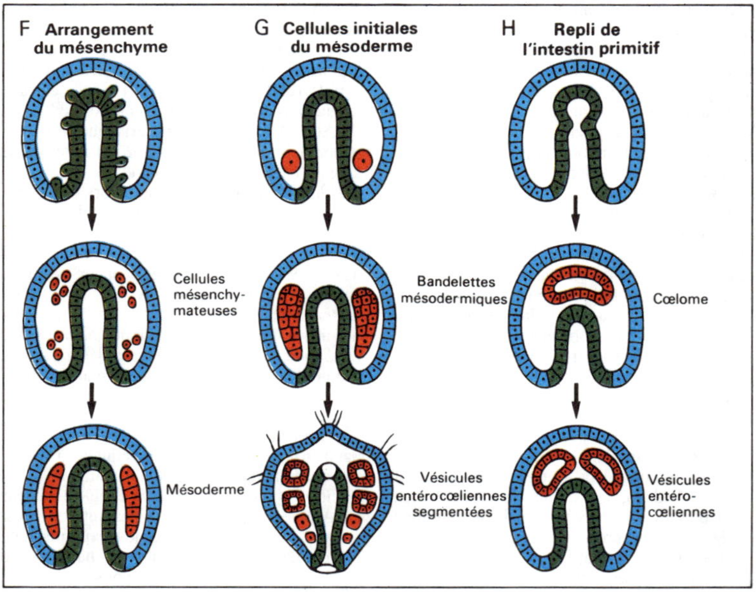

Formation du troisième feuillet embryonnaire (Mésoderme)

2. La formation de la gastrula (gastrulation). A partir de la blastula, il se forme chez tous les *Métazoaires* une gastrula composée de 2 feuillets embryonnaires : l'ectoderme, situé à l'ext., qui forme l'enveloppe somatique primaire, et l'endoderme, situé à l'int., qui forme l'intestin primitif. Le processus de la gastrulation varie selon l'espèce, l'abondance du vitellus et le type de blastula :

L'invagination (A) du pôle végétatif de la cœloblastula est le type de gastrulation le plus simple et le plus largement répandu : la partie invaginée du blastoderme forme l'endoderme, l'ouverture produite par l'invagination constitue le **blastopore** ou **bouche primitive**. Lors de l'invagination, les cel. gardent leurs relations struct. et fonct. C'est phylogénétiquement la forme la plus ancienne.

L'incurvation de la couche cell. végétative est déterminée par des divisions énergiques des cel. animales. Le blastopore, largement ouvert au début, se rétracte par la suite *(Vers de terre, Ascidies)*.

L'épibolie (B) des macromères se produit lorsque la teneur en vitellus est élevée et que le blastocèle manque. Le bord de la zone d'épibolie correspond au blastopore. L'intestin primitif est d'abord massif (chez la *Bonnelia*). Ce mouv. est couplé avec l'invagination chez les *Amphibiens*.

La migration de blastomères végétatifs isolés s'effectue dans la cavité somatique primaire qui est remplie irrégulièrement. L'endoderme ne s'organise que plus tard et un blastopore se forme (chez certains *Cœlentérés*).

La délamination (D) de la couche int. et de la couche ext. se produit lorsque les fuseaux mitotiques du blastoderme sont dirigés perpendicul. à la surface. On rencontre ce type de gastrulation lorsque la blastula est remplacée par un disque embryonnaire (E, *Oiseaux, Reptiles*, p. 207). Chez les *Mammifères supérieurs*, la blastula se sépare pour former **un bouton embryonnaire** à partir duquel se forment l'embryon et une enveloppe ext. qui sert à la nutrition de l'embryon, le **trophoblaste**. L'ectoderme et l'endoderme se séparent égalem. par délamination (p. 209). Chez les *Vertébrés* à segmentation discoïdale, seule une petite partie de l'intestin primitif provient de la gastrulation (**endoderme primaire**). C'est à l'**endoderme secondaire** constitué par les cel. vitellines qui tapissent le fond de la cavité sous-germinale, que revient le rôle essentiel.

La position du blastopore présente chez les *Métazoaires* des diff. frappantes si on le compare avec l'organisation somatique ult. Elle entraîne la distinction de 2 groupes: les **Protostomiens** conservent leur blastopore qui deviendra plus tard l'ouverture intestinale (p. ex. les *Annélides*); chez les *Deutérostomiens*, la bouche se forme différem., le blastopore situé dans la partie post. du corps constituant l'anus (*Echinodermes, Cordés)*.

3. La formation du mésenchyme et du mésoderme (F, G).

Seuls les *Cœlentérés inférieurs* ont un développement qui s'arrête au stade ectoderme-endoderme. Chez tous les autres *Métazoaires*, une couche cell. intermédiaire apparaît entre les 2 feuillets embryonnaires primitifs. Alors que **le mésenchyme** est dérivé des cel. qui ont émigré à partir du blastoderme ou d'un des feuillets embryon., **le mésoderme** provient d'une ébauche épithéliale par des mécanismes différ.

Les cellules mésenchymateuses s'organisent pour former un épithélium *(Phoronis)*.

Deux cellules initiales du mésoderme qui ont émigré très tôt vers le bord post. du blastopore, engendrent en se divisant très activement 2 bandelettes mésodermiques pleines au début, dans lesquelles apparaîtront plus tard les cavités cœlomiques (*Annélides* et *Mollusques*).

Chez les *Arthropodes*, **les bandelettes mésodermiques** sont dérivées d'une dépression ventrale en forme de gouttière et ne font pas retour au stade bicell.

Une paire de replis de la paroi de l'intestin primitif bourgeonnent pour former soit des vésicules mésodermiques qui sont ensuite séparées (*Echinodermes*, p. 193, *Amphioxus*, p. 197), soit 2 crêtes mésodermiques qui sont évidées par la suite (*Vertébrés*, p. 198 sqq). – Chez les *Cordés*, le mésoderme dorsal se segmente en vésicules paires alignées les unes derrière les autres et qui constituent des **segments primitifs** (myotomes, somites), tandis que les parties ventrales forment des feuillets splanchnotomes non segmentés.

4. L'organogenèse à partir des feuillets embryonnaires : les 3 feuillets embryonnaires constituent les matériaux sur lesquels pourra s'effectuer l'organogenèse.

La différenciation de l'ectoderme permettra de former : l'épiderme avec ses glandes et annexes (cuticule, chitine, écailles) ; les extrémités du tube digestif avec leurs glandes, et l'émail des dents ; les cel. sensorielles, le cristallin, les muscles de l'iris, le tissu nerveux, la médullo-surrénale.

La différenciation du mésoderme permettra de former : les muscles squelettiques, intestinaux, cardiaques ; les tissus conjonctifs et les tissus de soutien, la dentine ; la paroi du cœlome, l'épithélium abdominal et pectoral ; le syst. circulatoire, cel. sanguines et lymphatiques ; les néphridies, reins, spermiducte et oviducte, la corde.

La différenciation de l'endoderme permettra de former : épithélium et glandes de l'intestin, foie, pancréas, épithélium de la vessie ; la vessie natatoire, les poumons, les branchies ; la thyroïde, les corpuscules épithéliaux, le thymus.

5. Les organes et les enveloppes embryonnaires : dans diff. phylums d'*Animaux*, des structures sont ébauchées pendant la période embryonnaire pour alimenter ou pour protéger l'embryon, puis elles disparaissent au cours de la période postembryonn. Les cavités embryonnaires sont très répandues chez les *Insectes* mais surtout chez les *Vertébrés supérieurs (Amniotes)*, où la séreuse et l'amnios (p. 206 sqq.) représentent un imp. tissu extraembryonnaire qui protège parfaitement le germe. L'allantoïde qui chez les *Oiseaux* est un imp. organe respiratoire assurant les échanges métabol. fait, chez les *Mammifères*, office de vessie primitive.

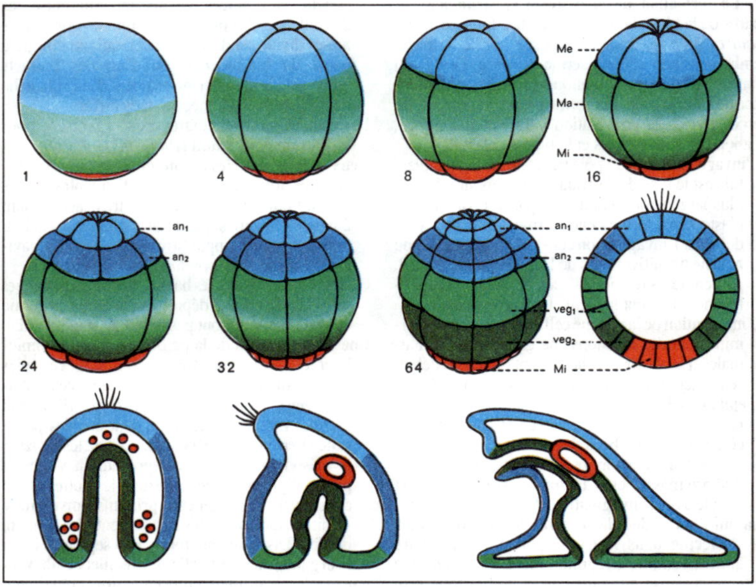

Segmentation et ébauche mésodermique chez l'embryon d'Oursin

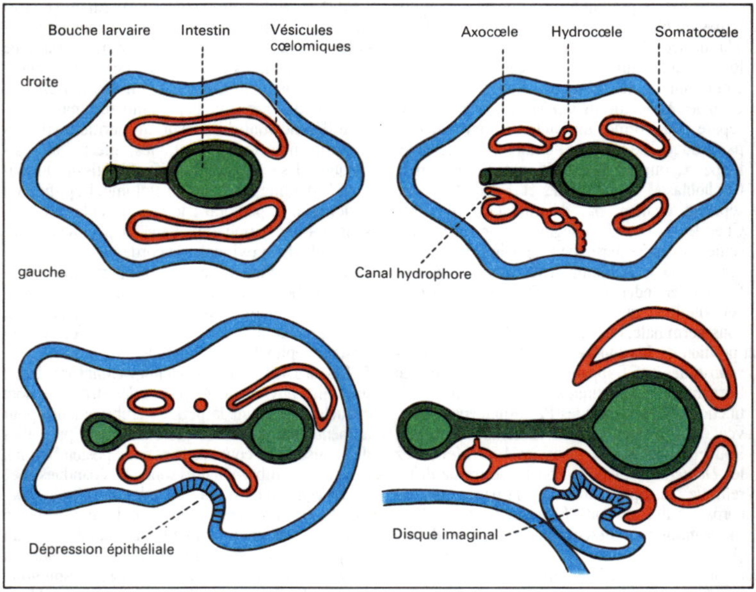

Développement du cœlome chez la larve d'Oursin

Le développement normal (normogenèse) des *Echinodermes* et, parmi eux, de l'*Oursin* qui est un sujet très utilisé en embryologie, est un développement indirect (A) : l'œuf engendre tout d'abord la larve de type « pluteus » dont provient, au cours d'une métamorphose complexe, la forme corporelle définitive (B).

L'œuf oligolécithe de l'*Oursin Paracentrotus* permet de distinguer une orientation polaire grâce à son anneau de couleur qui est visible avant la fécondation (p. 154, C) et à un canal qui traverse la gangue muqueuse de l'enveloppe de l'œuf et qui renferme les globules polaires. L'anneau de pigmentation et les colorations expérimentales mettent en évidence les participations respectives des couches cell. à l'édification de la larve de type pluteus.

Les 2 premières segmentations sont méridiennes, la 3e est équatoriale ; elles forment 4 blastomères animaux et 4 blastomères végétatifs. Les premiers sont décomposés par des sillons de segmentation méridiens en une couronne de 8 mésomères égaux (Me), les derniers sont décomposés par une division transversale en 4 grands macromères (Ma) orientés vers l'équateur, et en 4 petits micromères (Mi) situés au pôle végétatif. En passant du stade à 16 cellules au stade à 32 cellules, les mésomères forment par segmentation transversale 2 couronnes animales an_1 et an_2, tandis que les macromères sont morcelés par segmentation méridienne en une couronne de 8 cellules de grandeur égale et que les 4 micromères enserrent 4 micromères très petits du côté du pôle végétatif. Si l'on ne tient pas compte du retard de la division des macromères qui est dû à leur rapport nucléoplasmatique élevé (p. 189), le stade à 64 cellules est donc composé de 2 couronnes animales de 16 an_1 et 16 an_2, et de 2 couronnes végétatives de 8 cellules veg_1 et veg_2 ainsi que des 16 micromères. L'observation du développement ultérieur montre que nous sommes déjà en présence des types d'ébauches présomptives suiv. :

an_1= appendices oraux, ouverture buccale ;
an_2= ectoderme de la partie médiane du corps ;
veg_1= ectoderme de la face anale ;
veg_2= endoderme, mésoderme, mésenchyme secondaire ;
Mi= mésenchyme primaire.

A un **stade ultérieur de la blastula**, on assiste à la liquéfaction du colloïde du blastocœle qui apparaît dans les cavités situées entre les premiers blastomères et qui les maintient, semble-t-il, contre les surfaces de contact. Avant que l'embryon ne quitte l'enveloppe de l'œuf, il porte des cils rigides qui se développent au pôle animal. Après l'aplatissement du pôle végétatif, les dérivés des micromères émigrent dans la cavité de segmentation où ils forment le mésenchyme primaire qui se différencie par la suite en précurseur du test, en cel. migratrices et en cel. conjonctives.

L'intestin primitif se forme à partir du pôle végétatif par **invagination**, alors que le colloïde est partiellement dissous par des enzymes des cel. endoderm. A son sommet, l'intestin primitif se sépare des cel. mésenchymateuses second. et il s'incline vers la partie ventr. de l'ectoderme, car celle-ci grandit moins vite que la partie dorsale. Puis l'extrémité close de l'intestin primitif fusionne avec un repli de l'ectoderme (cavité buccale) en formant la bouche larvaire tandis que le blastopore devient l'anus de la larve. (Deutérostomie, p. 191).

Lors de la transformation de la gastrula en **larve pluteus**, la paroi dorsale continue à s'allonger et elle s'étire vers l'arrière comme un cornet tandis que l'épithélium s'aplatit. Un cordon de cils se développe sous la forme d'un trapèze entourant la région buccale. Aux extrémités de ce cordon, 4 bras s'ébauchent : avec la croissance des aiguilles squelettiques se produit le bourgeonnement des 2 appendices oraux dans la région de an_1 et des 2 bras anaux à la limite entre an_2 et veg_1. Ainsi est réalisé extérieurement la forme tétraédrique à symétrie bilatérale (p. 137). A l'int. de la larve, le conduit intestinal a été divisé par des étranglements qui délimitent l'œsophage, l'estomac et le rectum.

Pendant la gastrulation, la **formation du mésoderme** commence : l'intestin primitif s'élargit et forme une vésicule vasopéritonéale qui se divise ensuite en 2 vésicules cœlomiques situées des 2 côtés de l'intestin primitif. Ces 2 vésicules s'étirent longitudinalement et chacune d'elles se divise en 3 parties (trimétamérie) qui sont plus différenciées du côté gauche : l'**axocœle** avant gauche envoie un canal hydrophore en forme de tuyau vers la surface dorsale où l'hydropore permet la liaison avec le monde extérieur ; l'axocœle est relié également à l'**hydrocœle** médian. Mais la vésicule arrière gauche constitue le **somatocœle** qui est le véritable cœlome.

La métamorphose

Au cours d'un des processus les plus compliqués, qui sur le plan morph. a beaucoup intéressé les embryologistes, la larve pluteus à symétrie bilatérale se transforme en un *Echinoderme* adulte possédant une symétrie radiaire acquise secondairement. Si cette transf. se déroule d'une façon conforme elle est ici très profonde car des secteurs entiers de la larve ne se retrouvent pas ds le plan d'organisation de l'adulte. A partir du bras dorsal gauche de la larve, l'hydrocœle, qui est l'ébauche du système des vaisseaux ambulacraires (p. 137), induit une dépression de l'épithélium qui se referme ensuite pour former une vésicule. L'épithélium ainsi déprimé forme avec l'hydrocœle **le disque imaginal** auquel se rattachent les tentacules primaires, les piquants, les pieds ambulacraires, les ébauches de dents et le SN.

La transf. structurelle commence par le retournement du disque imaginal, le cœlome et l'intestin étant alors partiellement recouverts. Mais la larve a besoin de l'épithélium dorsal et latéral pour accomplir totalement sa métamorphose. L'hydrocœle est percé par un nouvel œsophage et il est transformé ainsi en un anneau sur les bords duquel apparaissent les canaux radiaires. Le jeune *Oursin* ainsi formé n'est donc tout d'abord qu'un appendice volumineux du pluteus.

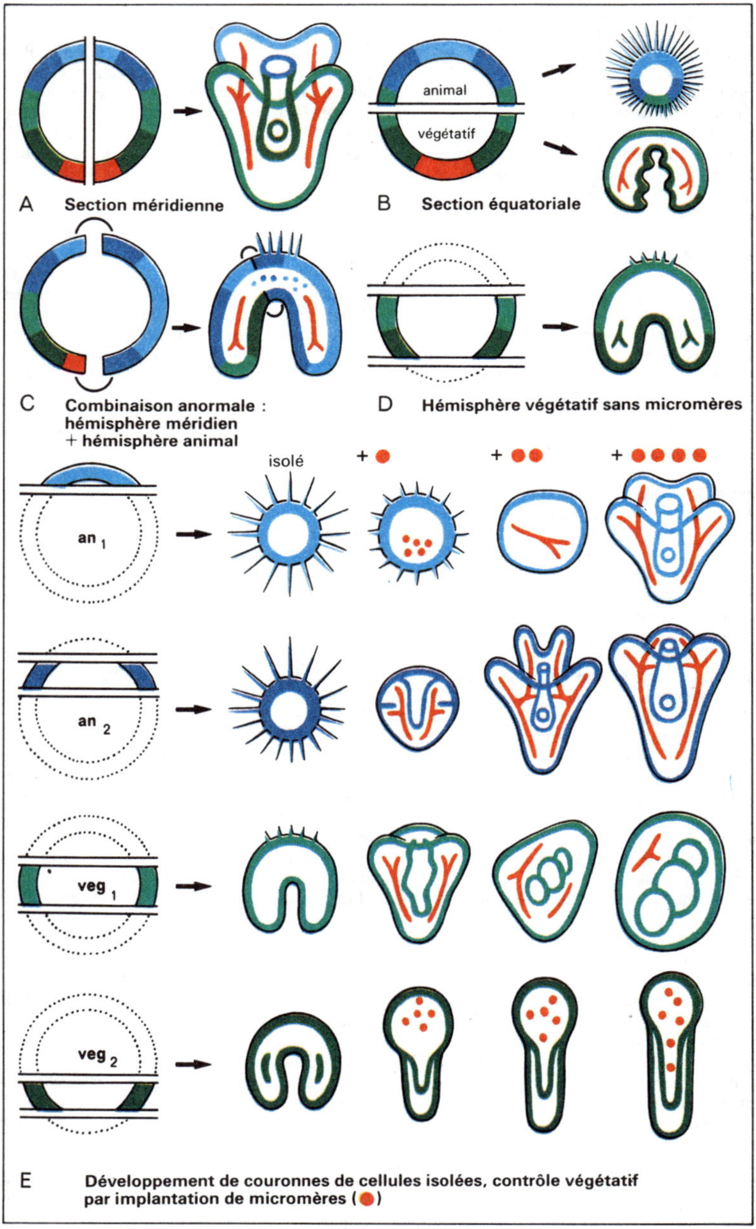

Expériences de régulation sur l'embryon d'Oursin (Stade à 32 cellules)

La prédétermination des diff. zones du cytoplasme de l'œuf dans le développement normal de l'*Oursin* a pu être suivie grâce à des colorations vitales (p. 192 A). On ne peut arriver à des résultats concernant le **pouvoir** de régénération et la **prédétermin.** latente qu'en isolant expériment. diverses parties de l'embryon à différents stades de la segmentation.

Si l'on sépare en 2 dans le sens du méridien un embryon d'*Oursin* au stade de 32 cel. (A), chaque **hémisphère de l'embryon** développe une petite larve complète et normale. Le dévelop. présente donc toutes les caractérist. d'une régulation normale (p. 187). Mais si l'on décompose un embryon du même âge en séparant l'hémisphère animal de l'hémisph. végétatif (B), le premier ne peut former comme lors d'un dévelop. en mosaïque que des organes animaux conformes à sa prédétermination (p. ex. zone buccale, touffe de cils) ; tandis que l'ensemble des cel. végétatives engendre la partie squelettique et la partie intestinale recouvertes par un peu d'ectoderme. De toute évidence s'exerce une polarité opposée entre les hémisph. anim. et vég., l'un assurant une activité précise et l'autre la fonct. antagoniste sans qu'existe un plan d'organisation structuré.

Les combinaisons anormales de parties embryonnaires (C) montrent également que les couronnes ou les groupes de cel. sont prédéterminés vers une différenciation qui ne tient pas compte des autres éléments de l'ensemble (autodifférenciation) :

Si l'on remplace la partie manquante d'un embryon hémisphérique méridien (au stade de 32 cel.) en n'utilisant que des cel. animales, celles-ci participent à l'édifice d'organes végétatifs et un embryon normal se forme. En présence de cel. végét., des cel. anim. peuvent donc être transformées en cel. végét. On dit qu'il y a induction. De même, les cel. végét. engendrent des organes animaux lorsqu'elles ne sont pas soumises à l'influence de micromères (D). Les macromères sont donc totipotents. Les combinaisons d'hémisph. embryonn. anim. et de micromères engendrent finalem. des larves d'aspect presque normal.

Ces expériences et des exp. d'isolement de couronnes de cel. mettent en évidence **une gradation des tendances végétatives et animales** le long de l'axe des pôles.

Les exp. suivantes permettent de comprendre l'action des micromères, p. ex. dans le sens du **contrôle végétatif**. Lors de ces exp., un nombre variable de micromères est ajouté à des couronnes de cel. provenant du stade à 32 cel. (E) :

an_1 avec 1 micromère résorbe la touffe de cils, mais n'opère jamais de gastrulation. 4 micromères l'aident à former une larve normale.

an_2 n'a besoin pour ce faire que de 2 micromères, avec 4 micromères l'induction végétative est trop forte et la zone buccale est supprimée.

veg_1 est en mesure de former, sans micromères, une petite larve pourvue d'une zone buccale et d'une petite invagination de l'intestin primitif. 1 micromère permet une légère amélioration, plusieurs micromères détériorent à nouveau le processus.

veg_2 est trop fortement déterminée végétativement par les micromères. Une partie trop importante de la blastula se différencie en endoderme, l'intestin primitif s'étire vers l'extérieur (extrogastrula).

Le développ. normal d'une larve d'*Oursin* n'est garanti que par un rapport déterminé entre les composantes anim. et végét. de l'embryon. **L'hypothèse d'un gradient** émise par VON RUNSTRÖM explique ce phénomène en supposant qu'il existe 2 gradients opposés entre le pôle anim. et le pôle végét. de l'œuf. Seul un équilibre de concentr. entre les élém. qui induisent un développ. anim. et ceux qui induisent un développ. végét. (équilibre corresp. approximativ. à celui de l'œuf entier), rend possible le développ. normal des diff. parties de l'embryon.

La réaction des hémisphères animaux à l'implantation de micromères permet de suivre la coopération des 2 gradients **dans le temps** pendant lequel les segments de l'ovule sont déterminés :

À l'implantation de 4 micromères de n'importe quel âge, des hémisph. âgés de 4 heures réagissent en formant des larves normales, des hémisph. âgés de 8 h forment l'ébauche du squelette, mais pas d'intestin primitif ; dans des hémisph. embryonn. de 14 h, les microm. n'exercent plus d'action sur l'ectoderme qui est déterminé et leur propre formation du squelette est bloquée. Lorsque les microm. sont au stade de la migration dans l'ensemble de l'embryon, le blastoderme animal ne réagit plus aux micromères.

Des effets chimiques extérieurs peuvent modifier quantitativement la polarité animal/végétatif. Pendant la période sensible, donc de 12 à 16 h après la fécondation, les ions lithium exercent une influence végétative sur l'ensemble de l'embryon ou sur ses parties. Par contre, l'action des ions sulfocyanure (SCN^-), et à un degré moindre celle des ions iodure, exercent une action animalisante sur l'œuf d'*Oursin* non fécondé : l'effet le plus léger est un grossiss. de la touffe de cils, ensuite toute différenciation végétative disparaît.

Les processus morphogénétiques du gradient végétatif et du gradient animal sont accompagnés de **processus métaboliques** variables comme l'ont montré les exp. effectuées à l'aide de colorants réducteurs. Il est possible que l'action de Li^+ repose en partie sur l'inhib. des oxydations, surtout des hydrates de carbone, alors que pour les élém. animalisants ils agiraient stéréospécifiquement sur la synthèse des protéines.

La bilatéralité et la dorsoventralité s'ajoutent à la polarité animal/végétatif. Des sections méridiennes prouvent la détermination de ces axes : la section droite/gauche engendre des larves complètes 10 à 12 h après la fécond. et des demi-larves passé ce délai. L'axe dorsoventral est déjà ébauché dans l'œuf non fécondé, mais il peut être modifié. La tendance ventrale commence à partir d'une zone corticale, mais sa réalisation dépend d'un cytoplasme spécifique.

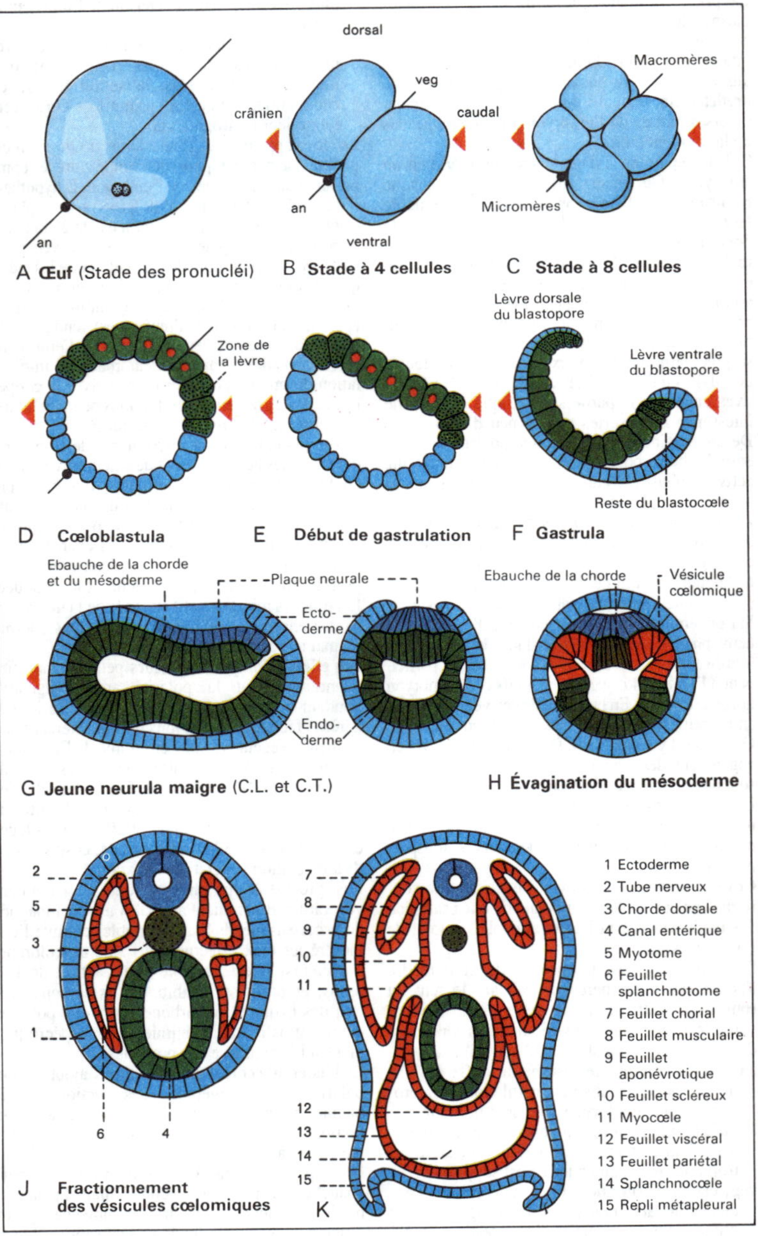

Développement de l'Amphioxus

L'œuf de l'Amphioxus
Cet œuf oligolécithe présente une différenciation polaire peu marquée : le pôle animal est déterminé par le globule polaire qui est déjà détaché dans l'ovaire. La fécondation se produit à proximité du pôle végétatif. Dès le stade des pronuclei (A), l'œuf présente une différenciation symétrique bilatérale, car, en plus du Cyt. riche en vitellus au pôle végét. et d'une calotte plasmatique centrale périnucléaire, on trouve une différenciation plasmatique asymétrique (zone marginale).

La segmentation
Conformément à la structure de l'œuf, la segmentation s'effectue également selon une symétrie bilatérale : le premier sillon de segmentation va du pôle animal au pôle végétatif et sépare 2 blastomères d'égale grandeur selon le futur plan de symétrie de la larve. Le 2e sillon sépare déjà 2 cellules crânio-dorsales (qui engendreront les parties dorsale et crânienne) et 2 cellules caudoventrales plus volumineuses (qui engendreront les parties caudale et ventrale) (B). La 3e segmentation est une division équatoriale déplacée vers le pôle animal qui engendre 4 micromères animaux et 4 macromères végétatifs de grandeur variable (C). Par la suite, la blastogenèse s'effectue irrégulièrement dans le temps et l'espace. **La cœloblastula** (D) pourvue d'un blastocœle volumineux présente au pôle animal un blastoderme mince et au pôle végétatif un blastoderme plus épais. Ce dernier est entouré par la **zone marginale** qui est très large dans la ligne crânio-dorsale, très étroite dans la ligne caudoventrale, et qui représente l'ébauche de la corde et du mésoderme.

La gastrulation
Elle commence dorsalement par une invagination dans la zone de la lèvre. La lèvre du blastopore forme une indentation plus importante (E). L'endoderme et l'ébauche du mésoderme et de la corde se rétractent vers l'intérieur et viennent s'accoler à l'ectoderme (F). Pendant que les bords du blastopore se rapprochent et que la gastrula s'étire, le blastopore se déplace vers le haut et l'arrière de la gastrula : l'axe longit. de l'embr. et du futur animal forme un angle de 30 ° avec l'axe principal animal/végétatif. Les phases tardives de la gastrulation coïncident avec la neurulation.

La neurulation
Stimulé par le contact avec l'ébauche de la corde et du mésoderme, l'ectoderme dorsal commence à se développer en hauteur. **La plaque neurale** qui se forme ainsi s'affaisse le long de la ligne médiane pour constituer une **gouttière neurale** qui se ferme en donnant un **tube nerveux**, tandis que l'ectoderme de la face dorsale recouvre, en se développant, cette ébauche de SN (G, H). A la partie antérieure de l'embryon, le tube nerveux reste encore relié longtemps au monde extérieur par le neurospore. L'ectoderme de la face ventrale recouvrant également le blastopore, le « canal neurentérique » réunit le canal entérique et le tube nerveux. L'anus apparaît ultérieurement par un processus secondaire, en perçant le sphincter.

La formation de la corde trouve son origine dans la partie médiane du revêtement de l'intestin primitif : de l'endoderme se détache un cordon solide, mais souple, dirigé vers le haut, qui constitue la corde dorsale (*chorda dorsalis*), de l'*Amphioxus*, seul organe de soutien axial qu'il possède. Elle traverse le corps de l'embryon depuis l'extrémité crânienne jusqu'à l'extrémité caudale et ne présente pas du tout de segments, contrairement aux autres organes. Elle comporte les élém. squelettiques mésodermiques (sclérotome) (p. 139).

Ébauches de différenciation du mésoderme
Elles sont visibles tout d'abord dans les 2 **replis du mésoderme** (diverticules de l'intestin primitif) qui s'évaginent des 2 côtés de l'ébauche de la corde. Ces replis se segmentent par des étranglements transversaux pour former tout d'abord **les vésicules cœlomiques**, qui se divisent ensuite en 8 ou 9 paires de vésicules plus petites (mésoderme axial) qui sont elles-mêmes complétées par la prolifération des cel. pour former enfin le mésoderme péristomal tout autour du blastopore. Puis chacun de ces **segments primitifs** se divise en un segment dorsal : le myotome, et en un segment ventral, le feuillet splanchnotome (J). Le myotome, qui fait partie du cœlome, englobe le myocœle, et grâce à un repli ventral qui se replie dorsalement vers l'intérieur, il engendre 4 feuillets (K) : les feuillets chorial, musculaire, aponévrotique et scléreux. Le feuillet **splanchnotome** forme avec le feuillet pariétal externe (somatopleure) et avec un feuillet viscéral accolé à l'intestin (splanchnopleure) l'enveloppe du cœlome unique, **le splanchnocœle**, qui provient de la fusion des vésicules cœlomiques. Contrairement à la segmentation de la musculature qui se voit encore chez l'animal dont le développement est achevé, la segmentation originelle a donc ici disparu. Les parties dorsales des feuillets viscéraux forment le mésentère qui relie l'intestin aux parties ventrales de la corde.

Développement larvaire et métamorphose
15 à 18 h après la fécondation (à une tempér. de 18 °C), la neurula éclot et nage en se propulsant par les battements des cils. **La bouche** s'ébauche sous la forme d'un épaississ. de l'ectoderme sur le côté gauche du 1er segment. Dans ce disque, il apparaît une fente sur les bords de laquelle l'ectoderme et l'endoderme du pharynx fusionnent et se développent. Après le déplacement du blastopore vers la face antéroventrale, cette aire se recourbe vers la dépression de la bouche. Par un processus analogue, **14 fentes branchiales primaires** se forment tout d'abord sur la face gauche à partir du 2e segment. Ces fentes branch. se déplacent à nouveau et provoquent l'apparition sur la face droite d'une série de **fentes branchiales secondaires**. Alors que dans la région antér., un certain nombre de fentes branch. sont refermées, les autres sont divisées en 2 par des **ébauches linguales**. Après la formation des replis métapleuraux et de l'espace péribranchial (p. 139), la larve prend de plus en plus la forme de l'animal achevé et se nourrit près du sol par des mouv. tourbillonnaires et filtration.

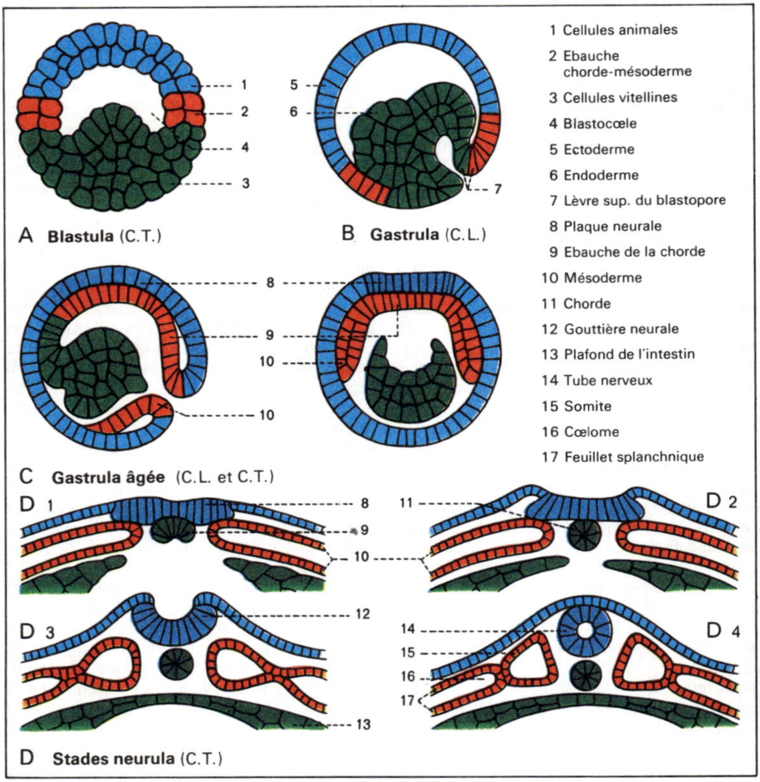

Embryogenèse normale chez les Amphibiens

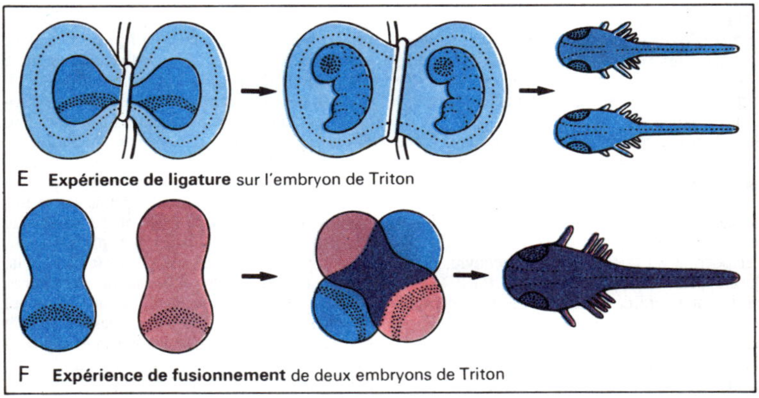

Expériences d'embryologie causale sur les blastomères

Les premiers stades du développement des Amphibiens

Les œufs des *Amphibiens* sont mésolécithes. Le gradient vitellin de l'axe animal/végétatif cède la place dès le stade de l'oocyte à des div. à symétrie bilatérale qui engendrent le « croissant gris » *(Grenouille)* et dont l'orientation dépend de la pesanteur et du lieu de pénétrat. des spermatozoïdes dans l'œuf. La cause de ce mouv. circulaire ds l'œuf pourrait être une électrophorèse, une active contraction du plasma limitrophe ou une agrégation contrôlée par des récepteurs membr.

Les 2 premières **segmentations** méridiennes ne coïncident pas avec cette symétrie bilatérale et la 3e est une segmentation équatoriale et inégale. Par suite de la consommation d'énergie et de matériel, il se forme déjà un blastocœle dans la jeune **blastula** (A). Ce blastocœle est entouré par un blastoderme qui est composé de plus. couches de petites cel. animales et de grandes cel. vitellines.

A cause du vitellus, la **gastrulation** des *Amphibiens* est plus compliquée que celle de l'*Oursin* ou de l'*Amphioxus*. Elle débute par une épibolie (B) : les petites cel. anim. passent par-dessus les cel. vitellines et repoussent le bouchon vitellin à l'int. de la cavité de segmentation. Simultaném., on assiste à la formation d'un sillon dorsal circulaire, la lèvre sup. du blastopore qui s'enroule en s'invaginant et attire le croissant gris vers l'int. (ébauche cordemésoderme). Pendant la suite de la gastrulation (C), à l'int. de l'embryon, les matériaux qui forment les lèvres sup. et latérales du blastopore, constituent le plafond de l'intestin primitif et se séparent du vitellus qui pénètre alors par la lèvre inf. du blastopore. Le plafond de l'intestin primitif s'accole directement à l'ectoderme dorsal, et, en s'étendant latéralement, s'insinue entre l'ectoderme et l'endoderme pour envelopper finalement le plancher de l'intestin primitif. Celui-ci, c.-à-d. la masse inerte de vitellus de la lèvre inf. du blastopore, pénètre enfin entièrem. à l'int. de l'embryon et, en se confondant avec les 2 faces libres de l'endoderme, elle s'enroule également vers le haut pour former le tube intestinal fermé.

Pendant la **neurulation** (D), les bourrelets neuraux apparaissent à l'extérieur des 2 côtés de l'axe médian. Ces bourrelets se rapprochent de la gouttière neurale et se réunissent en se développ. pour constituer le tube nerveux. Par un processus concomitant, la couche cell. unique du toit de l'intestin primitif se segmente en un cordon médian destiné à former la corde et, à droite et à gauche, en une série de myotomes et de feuillets splanchniques. Ces derniers constitueront les paires d'ébauches de la cavité corporelle secondaire (cœlome). Ainsi est presque totalem. différenciée **la forme corporelle fondamentale** caractérist. d'un embryon de *Vertébré* (représentée également par l'*Amphioxus*, p. 196 sq.).

La corde et le tube nerveux s'étirent sur la face dorsale de l'intestin ; sur leurs faces latér. se trouvent les somites et les feuillets splanchniques. L'affrontement ventral de ceux-ci donnera le cœur. Sur la partie crânienne, on assiste à la différenciation du cerveau, ainsi qu'à celle des branchies et de la bouche à partir de l'intestin.

L'embryologie causale de l'embryon d'Amphibien

Si les recherches d'embryol. causale ont été poussées si loin sur l'*Amphibien*, c'est surtout parce que cette forme animale permettait de mettre en évidence les lois fondamentales du développ. sans que des adaptations second. viennent compliquer la situation. Les principes qui président à leur développ. sont généralem. valables pour tous les *Vertébrés* bien que leurs ontogenèses ne soient pas directem. comparables. Les recherches effectuées sur les embryons de *Poissons*, de *Reptiles*, d'*Oiseaux* et de *Mammifères*, présentent de grandes difficultés techn., mais prouvent que les lois fondamentales du développement sont conformes au modèle *Amphibien*.

I. La potentialité des blastomères

Vers la fin du XIXe siècle, l'embryologie causale a considéré les performances des premiers blastomères dans le cadre de 2 hypothèses ontogénétiques : le développement consiste-t-il dans la manifestation, le déploiement d'éléments préformés dans l'œuf **(préformation)** ou le zygote est-il indifférencié, le devenir de certaines aires de l'œuf dépendant alors de son histoire ultérieure **(épigenèse)** ? (Le comportement de jeunes blastomères choisis ds diff. groupes permet de distinguer entre œuf-mosaïque et œuf à régulation, p. 187).

1. Expériences de ligature (SPEMANN, 1901/03 ; E) des embryons de *Tritons* au stade de 2 cel. le long du sillon de segmentation à l'aide d'un cheveu. Lorsque la ligature était effectuée approximativem. dans le plan médian et qu'elle séparait en 2 la future lèvre sup. du blastopore, elle engendrait 2 embryons complets dont la taille était la moitié de celle de l'embryon originel (jumeaux univitellins) ou un embryon normal de taille réduite (1/2), plus une partie ventrale piriforme composée uniquem. d'une vessie avec des cel. sanguines et endodermiques. Dans ce cas, le plan de ligature séparait la face ventrale et la face dorsale de l'embryon différencié par la symétrie bilatérale. Les hémisph. latéraux et dorsaux de l'embryon d'*Amphibien* présentent donc un pouvoir de régulation.

2. Les expériences de piqûre : ROUX (1888) a détruit un des blastomères à l'aide d'une aiguille chauffée. Ces exp. ne donnèrent que des moitiés d'embryon. ROUX les interpréta comme une manifest. de la préformation. La contradiction apparente avec les exp. de ligature a reçu une explic. : les moitiés d'embryon ne se forment chez les *Amphibiens* que lorsque des restes du blastomère détruit empêchent la transformation de la struct. int. de la cel. indemne.

3. Les expériences de fusionnement (MANGOLD, 1920 F.) 2 blastomères au stade de 2 cel. sans enveloppe et ayant donc la forme d'haltères sont superposés et fusionnent pour former un seul œuf. En formant des embryons 2 fois plus grands, ces blastomères démontrent également l'étendue de leur pouvoir de régulation.

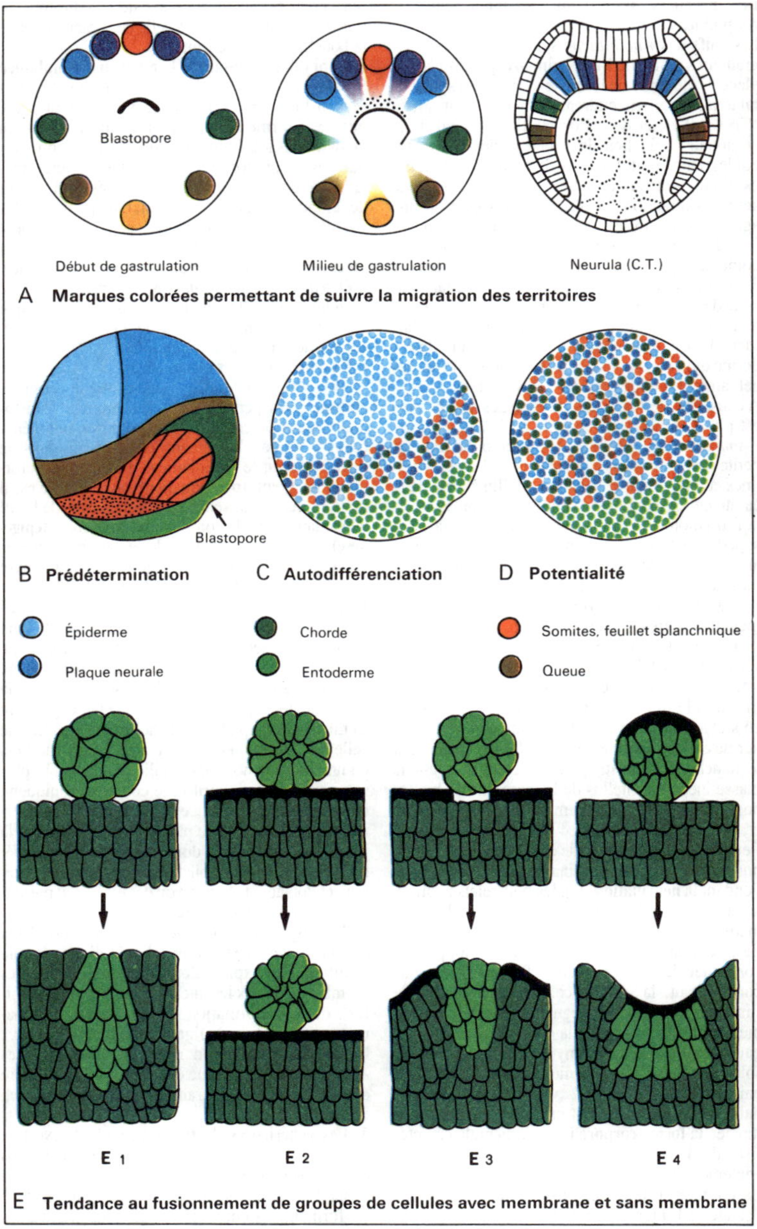

Expérience de physiologie embryologique portant sur la gastrulation

II. Analyse de la gastrulation

Les exp. de colorations locales de parties d'embryons à l'aide de **colorants vitaux** permettent de suivre le développ. ultér. des diff. territoires de la blastula (lignées cell., A) : des marques de couleur apposées sur l'équateur d'une jeune blastula migrent p. ex. vers le blastopore, mais c'est sur le sillon dorsal médian qu'elles progressent le plus vite : en franchissant la lèvre sup. du blastopore, elles pénètrent à l'int. de l'embryon et se rassemblent dans le plafond de l'intestin primitif. Un grand nombre d'exp. similaires prouve que ce ne sont pas des phénom. de croissance qui caractérisent la gastrulation, mais des **mouvements morphogènes**. En rattachant rétrospectivement ce déplacement de matériel non aux organes mais à l'embryon peu différencié, on obtient une **carte des ébauches** (B) qui indique le plan de la détermination de certaines parties de l'embryon.

1. La faculté d'opérer des mouvements morphogènes dans les diff. territoires de l'embryon est étudiée en **séparant les blastomères** : tous les blastomères isolés peuvent au moins amorcer la gastrulation ; elle est limitée dans les fragments ventraux et animaux et c'est dans le territoire de la lèvre sup. du blastopore qu'elle s'effectue le mieux. La faculté que possèdent les blastomères de former un embryon complet (p. 199) dépend donc de leur potentialité de gastrulation, c.-à-d. de procéder à des mouvements morphogénét. d'ensemble. Ceux-ci sont, en plus de la capacité des cel. à se déformer et à établir des contacts étroits, essentiell. garantis par la forte tendance au mouvement du matériel de la lèvre, précurseur du blastopore. Ce qui résulte d'un accroissement des charges nég. en surface, dû semble-t-il à la synthèse de protéines riches en S.

2. Le mécanisme de la gastrulation a pu être ramené à ses fondements physiques et chimiques par la méthode de culture d'élém. embryonn. en milieu liquide (Holtfreter). Entre des cel. isolées, il existe des interactions spécif. **(affinités)**. Ces réactions s'expriment par des mouvements de répulsion ou d'attraction, d'auto-isolement ou de fusion ainsi que par des mouvements d'ensemble :

- Au début du stade de la gastrul., les cel. endodermiques fusionnent en une seule boule fermée, et au moment où dans la neurula complète elles devraient former le plafond plat de l'intestin, elles se transforment en une plaque épithéliale qui se différencie au bout de 20 jours en un épithélium intestinal sécréteur.
- Des cel. ectoderm. et endoderm. prélevées précocement commencent également par s'agglomérer, mais pendant et après l'invagination, leur affinité devient négative, ce qui correspond à la tendance à la répulsion des 2 feuillets embryonn.
- L'affinité négative qui existe entre les cel. ectoderm. et mésoderm. isolées, se transforme en affinité positive lorsque l'ectoderme est accolé dans l'embryon au plafond de l'intestin sous-jacent.

Les exp. d'explantation de ce genre montrent que la potentialité de contact et de mouvements morphogènes, conséquence de l'état des cel. et de sa modification, est inhérente aux cel. de la blastula et s'exprime par une autodifférenciation.

3. L'analyse des états cellulaires révèle, depuis Holtfreter (1944), l'importance extraord. que revêt chez les *Amphibiens* une fine couche superficielle gélifiée constituée de mucopolysaccharides très hétérogènes et de glycoprot. Cette couche ext. de l'enveloppe ovulaire formée dans l'oviducte, recouvre tout d'abord uniformément la surface de l'œuf, puis les cel. de la blastula, d'une membrane élastique et tendue. Cette couche superf., non seulement règle l'osmose cell., permettant ainsi aux embryons d'*Amphibiens* de vivre dans l'eau, mais elle confère aussi aux cel. auxquelles elle est accolée, une polarité externe/interne et elle leur permet de coordonner les mouvem. de masse des cel. au début du développ. Au cours de ce 1er stade du développ., le matériel formé par la couche superf. n'est pas uniformém. réparti. Ce matériel s'accumule surtout dans le territoire de la future lèvre dorsale du blastopore qui est donc aussi caractérisé par cette accumulation sur le plan phys. et chim. : les mouvem. cell. peuvent être englobés dans des mouvem. collectifs et étendus à de plus grandes surf. grâce à l'élasticité de la couche superf. qui les relie. Celle-ci empêche en outre une adhérence des cel. voisines dont les parties basales et nues collent immédiatement les unes aux autres. Elle joue donc un rôle essentiel dans la formation des organes embryonn. creux (intestin primitif, tube nerveux, blastocœle).

Les exp. suiv. (de E 1 à E 4) ont démontré que la gastrulation pouvait s'expliquer par des particularités de la couche superficielle :

- Si l'on procède chez une gastrula âgée à l'ablation du plafond dorsal de l'intestin primitif avec l'ectoderme, et sur la face ventrale à l'ablation de l'endoderme de l'épiderme, de telle sorte qu'il ne subsiste qu'un anneau équatorial de cel. avec membrane, les cel. avec membrane recouvrent celles qui n'en ont pas jusqu'à ce que les territoires cellulaires se rejoignent.
- Si l'on pose sur un tissu endodermique un groupe de cel. également sans membrane, ce groupe est intégré aux cel. de base (E1). Ce phénomène rappelle le comportement du *Dictyostelium* (p. 185).
- Un épiderme à couche superf. empêche l'intégration du groupe de cel. (E2) ; mais si la couche superf. est percée d'un trou, les cel. s'insinuent à l'intérieur par ce trou (E3).
- Lorsque le groupe de cel. est partiellement recouvert d'une membrane et lorsqu'il provient du territoire qui entoure la lèvre du blastopore, il est également intégré par l'épiderme sans membrane, mais la couche superficielle forme une indentation à laquelle s'unissent les cel. voisines (E4).

La **tendance à la dispersion** de certains territoires cell. repose sur l'existence de cette couche externe hyaline. Les cel. de l'int. de la blastula ou de la gastrula qui en sont dépourvues présentent au contraire gén. une **tendance à l'agrégation** (contacts cell. dus au glycocalix, p. 19), qui n'est limitée que par la reprise d'une activité génique différentielle spécif.

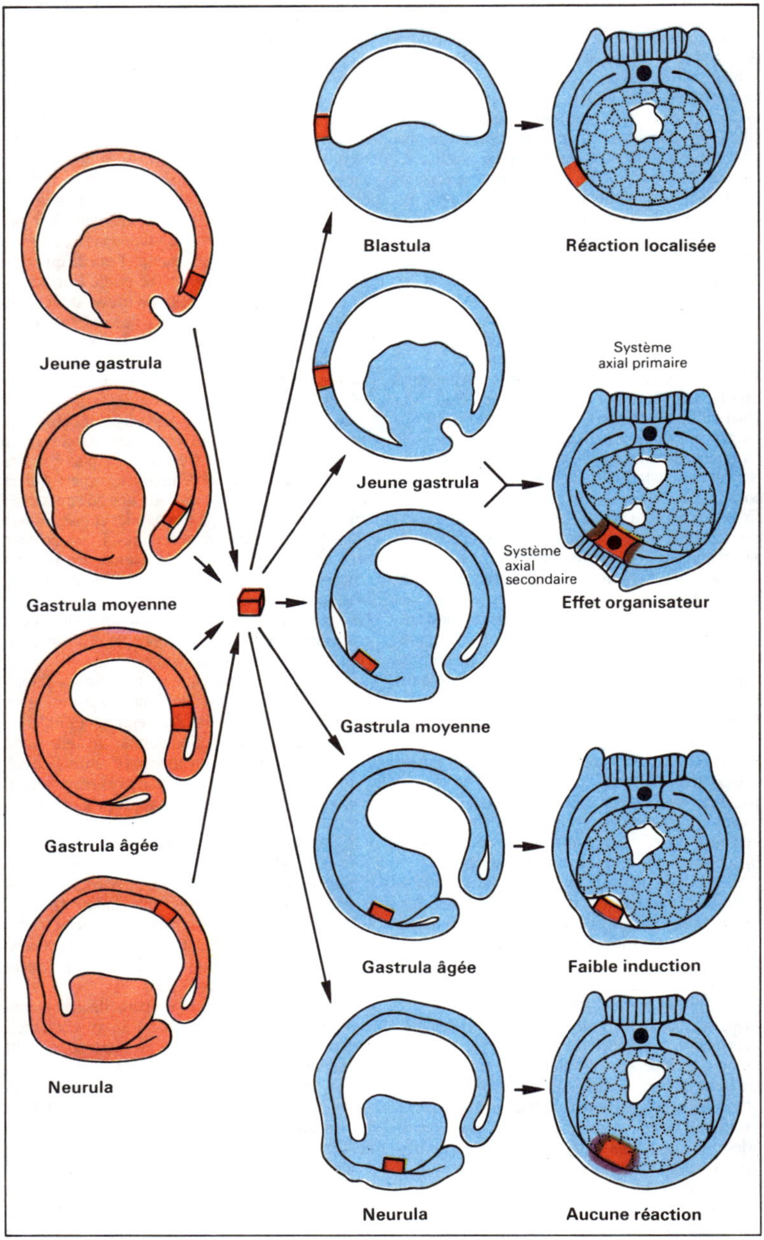

Induction et compétence

III. Analyse des premières tendances à la différenciation

Les territoires de l'embryon d'*Amphibien* sont pourvus de facultés déterminées de mouvements, et aussi de cert. **tendances à la différenciation**, voire de déterminations absolues. Les exp. de transplantation et d'isolement précisent ces tendances.

1. Les expériences de transplantation au cours desquelles on remplace p. ex. un fragment de même dimension qui doit devenir du tissu nerveux, montrent, après cicatrisation des transplants, que :

– L'implantation de tissu de **la bastula** sur **la gastrula primitive** provoque une **différenciation locale** : l'épiderme présomptif devient par l'effet de cette détermination du SN, mais le tissu nerveux présomptif se transforme en épiderme à l'intérieur même de l'épiderme. Le développement dépend donc de l'action du milieu.
– Une implantation au stade de **la gastrula âgée** provoque en revanche un dévelop. **conforme à la nature du tissu d'origine** comme pour un œuf à mosaïque, le matériel étant déterminé spécifiquement.

La potentialité virtuelle de la gastrula primitive est donc plus importante que la prédétermination des territoires de l'embryon. La schématisation des résultats expériment. permet de dresser une **carte des potentialités virtuelles** (p. 200, D).

2. Les expériences d'isolement consistent à cultiver des fragments d'embryons dans une solution où ils se développent indépendamment de l'action des cel. voisines ; elles nous renseignent sur **la capacité d'autodifférenciation** des territoires de l'embryon (p. 200, C). Alors que les fragments isolés du futur endoderme opèrent une différenciation endodermale, le futur mésoderme peut développer presque tous les organes et les tissus de l'organisme achevé. Les explants de l'épiderme présomptif et ceux de la plaque neurale ne peuvent se différencier qu'en un épiderme atypique et non viable. Des influences part. doivent dès lors, au cours du dévelop. norm. transférer ces territoires aux endroits qui, d'après la signification prospective, engendrent les organes dont ils font partie.

3. Les problèmes de l'induction se sont posés en 1918 à SPEMANN lors d'exp. de transplantation, (voir planche) : si on procède au stade d'une jeune gastrula au prélèvement d'un transplant pris juste au-dessus de la lèvre sup. du blastopore, et si on l'implante dans la face ventrale d'un embryon de même âge, il ne s'intègre pas à son nouveau milieu, mais il poursuit son développ. d'origine et de plus il induit un nouveau développ. des régions qui l'entourent : une plaque neurale second. se forme dans l'ectoderme ventral qui recouvre le transplant. SPEMANN a donné le nom d'**organisateur** à ce transplant, de **centre d'organisation** à la région d'où il provient et d'**induction** au phénom. lui-même. Le syst. axial second. exerce également une action inductrice sur l'endoderme voisin du porte-greffe, ce qui engendre une cavité intestinale second. Cette influence, qui transmet des informations morphogènes à un tissu étranger, sans qu'un inducteur participe avec du matériel de formation à l'édification de la forme induite, est appelée **induction constitutive**. Après l'implantation de la moitié des lèvres supérieures du blastopore, une **induction assimilatrice** s'effectue (c.-à-d. une induction qui assimile dans un rayon déterminé le matériel non encore déterminé du porte-greffe à l'état de différenciation de l'inducteur). Cette induction assimil. forme par régulation un ensemble symétrique qui complète le complexe organique en déclenchant au sein du matériel du porte-greffe des formations complémentaires (**induction complémentaire**).

4. L'analyse chimique des facteurs d'induction a révélé l'activité de nombr. subst. Le foie, les muscles, le cœur, le cerveau de divers *Animaux* vivants ou morts, un grand nombre d'acides gras, d'acides nucléiques, d'hydrocarbures ainsi que la silice ont un effet inducteur. Ces recherches ont donc abouti à des conclusions négatives : les médiateurs de l'induction peuvent être :

– des composés non biologiques,
– non spécif. des espèces et des organes,
– non limités à un stade du développement.

Une partie de cette action non spécif. repose vraisemblablement sur le comportement de la membrane cell. (p. 201) par rapport aux inducteurs. HOLTFRETER suppose que toutes les interventions qui provoquent une lésion réversible des cel. (cytolyse), déclenchent une induction nerveuse et que l'épiderme se forme lorsque des subst. inhibitrices de la cytolyse entrent en action.

On a réussi ds les stades jeunes à isoler 2 protéines inductrices naturelles dont la coordination seule permet la formation d'embryons complets :

– **Le facteur nerveux** déclenche la form. du SNC à partir de l'épiderme présomptif du tronc de la jeune gastrula.
– **Le facteur mésodermique** déclenche la formation des tissus muscul., de la corde et du syst. rénal. Il est inhibé par le facteur nerveux.

La biologie moll. permettra de plus en plus de comprendre l'induction comme une réaction enzym. en chaîne avec activation et répression des gènes, si le concept de l'activité génique différentielle (p. 213 sqq., 471) continue à se révéler fiable. L'accent semble bien se déplacer de l'inducteur vers le système réactionnel.

5. Le système d'induction. L'induction de la plaque neurale montre que le plafond de l'intestin primitif joue un rôle en tant que **syst. d'action**, les régions animales réagissant à ses stimulations constituant **le syst. de réaction**. La compétence (p. 181) d'une région de l'embryon (c.-à-d. la possibilité qu'il a de réagir) est déterminée par :

– **Les étapes préalables de la détermination ;**
– **L'âge :** une plaque neurale présomptive que l'on continue de cultiver dans une solution nutritive, ne forme pas de plaque neurale sous l'effet d'un organisateur lorsqu'on la réimplante dans l'embryon ;
– **Le patrimoine génétique :** à la suite d'une induction, un transplant ne peut développer que les possibilités inscrites dans le génome.

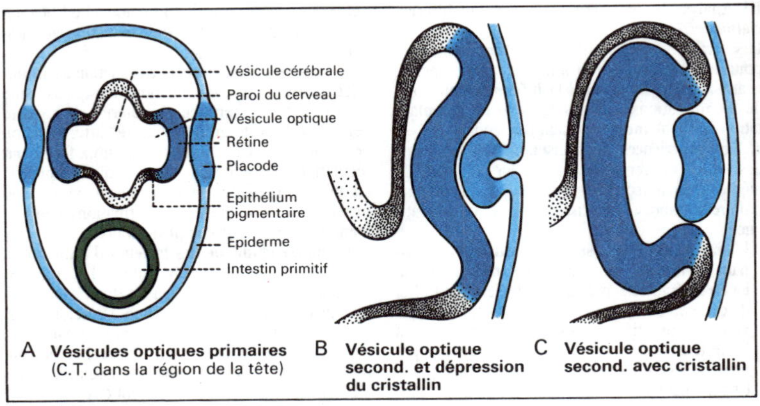

Développement normal de l'œil des Amphibiens

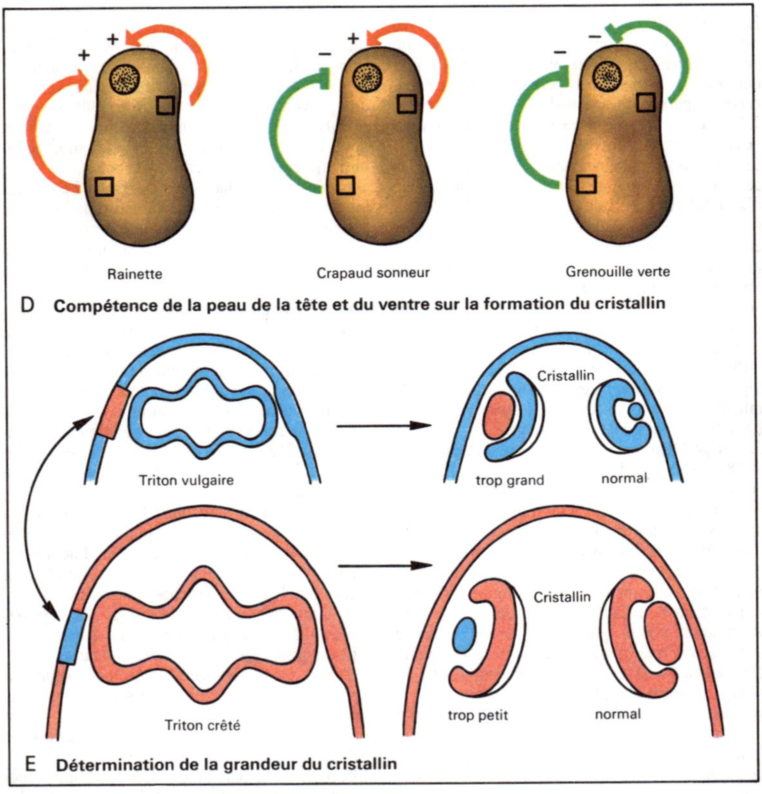

Transplantation de l'épiderme initiateur du cristallin

IV. Le développement de l'œil

L'œil des *Amphibiens* constitue un objet de choix pour les rech. d'embryologie causale portant sur l'organogenèse. En outre, le dévelop. de l'œil montre avec une évidence particulière la coopération de la segmentation des champs, de la détermination des tendances locales, de l'induction et de la compétence (p. 181) dans la morphogenèse d'un organe et comment à partir d'un fragment d'organe déjà segmenté un nouveau champ autosegmentable (p. 185) peut se former.

1. L'organogenèse normale de l'œil commence à être visible dès le 1er stade de la neurula : sur le bourrelet neural transversal antérieur, on observe la présence de 2 petites plaques optiques pigmentées qui se transforment en vésicules optiques primaires (A) et qui s'invaginent pour constituer la vésicule opt. second. en forme de cuillère (B). L'ectoderme de cette vésicule devient l'épithélium pigmentaire formé d'une seule couche de cel., son endoderme est composé d'un grand nombre de couches cell. (la rétine, en avant l'iris, le procès ciliaire). – Au contact de la vésic. opt. avec l'épiderme de la paroi latérale de la tête, celle-ci forme dans sa couche profonde le cristallin qui commence alors à s'enfoncer ds la vésic. opt. second. (C). – Sur la vésic. opt. second. vient se placer la choroïde mésodermique avec ses nombr. capillaires et l'épaisse enveloppe de tissu conjonctif, la sclérotique avec la cornée transparente.

2. Les exp. de transplantations qui prouvent que, au stade de la neurula primitive, les élém. essentiels de l'œil, malgré certaines tendances à la différenciation, ont une détermination instable, incitent l'embryologiste à considérer l'**ébauche de l'œil comme un champ morphogénétique** et non comme une mosaïque :

- Si une 2e ébauche de l'œil est implantée au stade de la neurula ouverte immédiatement après la 1re ébauche, les 2 ébauches fusionnent.
- Cette exp. effectuée avec des vésicules optiques prim. peut encore réussir lorsque l'orientation des 2 vésicules est ident. (*Dictyostelium*, p. 185).

3. On peut déceler longtemps (jusqu'au stade du bourgeon caudal) **l'action déterminatrice du milieu** et ce malgré la potentialité d'autodifférenciation que révèle la vésic. opt. primaire lorsqu'on la transplante ou qu'on la cultive isolément : si l'on fait pivoter la vésicule opt. prim. de manière à orienter la rétine présompt. vers l'int. et l'épithélium pigment. présomptif vers l'ext., ces 2 feuillets opt. se différencient en fonction de leur nouv. position d'une manière opposée à leur prédétermination.

4. L'induction du cristallin s'effectue dans la plupart des cas *(Triton, Crapaud)* à partir de la vésic. opt. second. L'absence de vésic. opt. second. n'empêche pas la formation de cristallins complets chez la *Grenouille verte* ou l'épaississement de l'ectoderme à l'endroit du cristallin chez la *Grenouille rousse*. On ne sait pas s'il s'agit là d'une autodifférenciation s'exerçant dans l'aire cristallinienne présomptive ou d'une induction provenant des autres organes de la tête. La vésic. opt. de la *Grenouille verte* possède aussi un pouvoir inducteur :

Si l'on implante au-dessus d'une vésic. opt. primaire, après ablation de l'ectoderme du cristallin, un fragment de peau du tronc d'un *Amphibien (Triton, Crapaud)* qui a besoin d'une induction, le cristallin est alors formé par un effet hétéro-inducteur.

5. La compétence pour la formation du cristallin (D) s'étend chez quelques esp. *(Rainette, Salamandre terrestre)* sur toute la surf. de l'épiderme, tandis que chez cert. *Crapauds sonneurs,* elle est limitée à l'épiderme présomptif de la tête, voire à l'emplacement de la future ébauche du cristallin. Mais même dans le 1er cas, cette disposition se restreint au cours du développ. à l'aire cristallinienne présomptive de l'épiderme. Cette perte de compétence dans l'ectoderme est un processus autonome déterminé dans le temps. Ceci a été prouvé par des exp. de transplant. effectuées avec des fragments d'ectoderme cultivés après avoir été au préalable isolés.

6. La grandeur du cristallin est contrôlée par la vésic. opt., mais ne peut être correctement réglée lorsqu'une perturbation intervient :

- Le cristallin se développe également lorsque la vésic. optique secondaire augmente de volume en fusionnant avec une 2e ébauche de l'œil.
- Lorsqu'on réduit le volume de la vésic. opt. second. en procédant à l'ablation d'un fragment de l'ébauche de l'œil, le développement du cristallin est retardé, mais la corrélation reste insuffisante. Le syst. de réaction a une cert. autonomie.

7. Le rapport entre l'action et la réaction dans le syst. d'induction apparaît également lorsqu'il est possible d'effectuer des transplantations entre des espèces de taille variable (E) :

- Sous l'influence de la vésic. opt. second. du petit *Triton vulgaire*, l'épiderme du grand *Triton crêté* forme un cristallin qui est, dès le début de la greffe, plus grand que celui de l'œil porte-greffe. Au cours de la croiss. ultér., il est le plus souvent inhibé et présente un développement retardé par rapport à l'organe originel.
- D'autre part, un implant de *Triton vulgaire* forme un cristallin trop petit pour l'organisme porte-greffe malgré l'induction opérée par la vésic. second. du *Triton crêté*.

Chaque syst. de réaction réagit donc à la stimul. d'un syst. d'action d'une manière spécifique.

Ces transplant. hétéroplast. c.-à-d. entre des espèces ou des genres diff., sont réglées par un mécanisme de rétroaction : un cristallin trop grand induit une croiss. plus forte de la vésic. opt. second., un cristallin trop petit une croiss. moins importante.

Dans le développ. normal et dans le développ. expériment., les effets du syst. d'induction sont réglés les uns par rapport aux autres. La conduite unitaire d'activités complém. n'est cependant pas le travail d'élém. isolés d'une façon rigide. Ds le comportement des parties qui composent le syst., il subsiste toujours un champ d'action, plus ou moins limité, pour une adaptation réciproque.

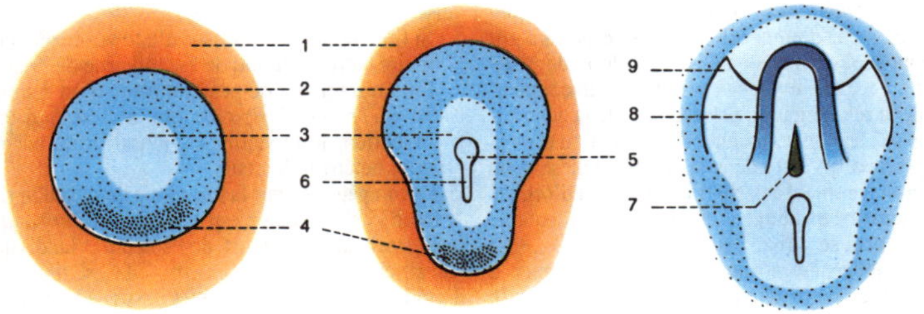

A **Disque embryonnaire**

B **Ligne primitive**

C **Distinction des organes**

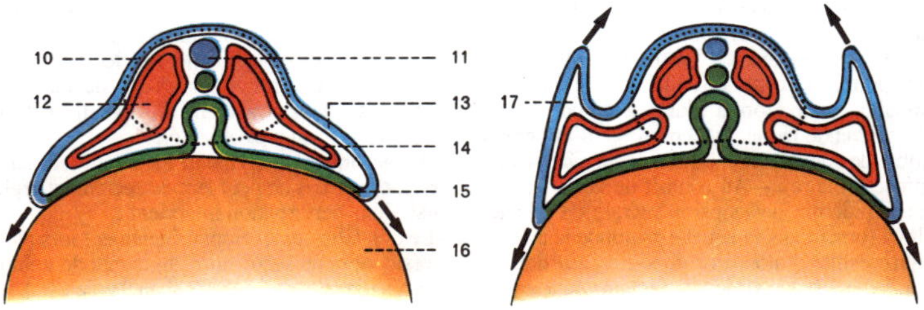

D **Surélévation de l'embryon** (C.T.)

E **Début de formation des replis amniotiques**

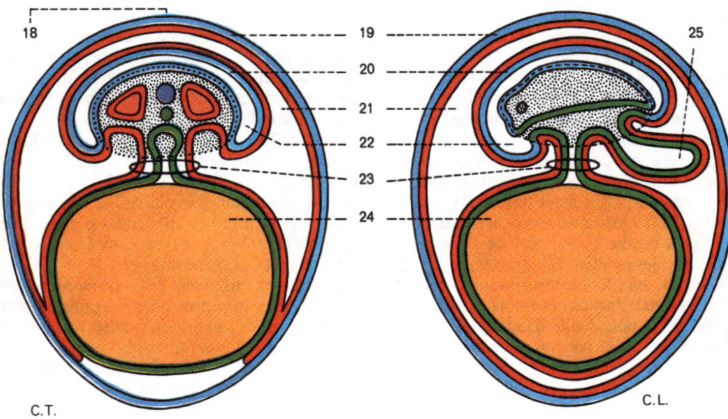

F **Embryon dans ses enveloppes**

1 Champ vitellin
2 Aire opaque
3 Aire pellucide
4 Bourrelet
5 Nœud de Hensen
6 Gouttière primitive
7 Amorce de la chorde
8 Bourrelet médullaire

9 Ailes mésodermiques
10 Ectoderme
11 Tube neural
12 Somite
13 Ectoderme extraembryon.
14 Mésoderme extraembryon.
15 Endoderme extraembryon.
16 Vitellus

17 Repli amniotique
18 Suture dorsale
19 Séreuse de von Baër
20 Amnios
21 Cœlome extraembryonnaire
22 Cavité amniotique
23 Cordon ombilical
24 Sac vitellin
25 Allantoïde

Développement des Oiseaux

Le développement des *Sauropsidés* sera décrit à partir de l'ex. des *Oiseaux*. On montrera comment il en diffère chez les *Reptiles*. **La segmentation discoïdale** de l'œuf télolécithe (p. 187) commence dès sa séparation de l'ovaire et aboutit à un disque embryonnaire blanc de 4 mm de ø (« germe de l'œuf » du poulet) qui est composé de plusieurs couches de blastomères de tailles différentes et qui flotte sur la sphère vitelline jaune (A). Sous la zone centrale transparente du disque embryonnaire (l'aire pellucide), la dissolution du vitellus a formé la cavité sous-germinale (p. 189) qui est contiguë à la périphérie du disque embryonnaire (aire opaque). Vu de l'ext., le champ vitellin se liquéfie (aire vitelline) tandis que le disque embryonnaire se développe. Dans l'œuf frais pondu l'embryon comprend environ 50 000 cellules.

La formation de l'endoderme secondaire

se produit lorsque l'incubation commence après une courte pause dans le dévelop. : dans la zone de l'aire pellucide et, aussi dans l'épaississement du bord postérieur du disque embryonnaire, des cel. se séparent et forment, sous l'ectoderme, nommé également épiblastème, un deuxième feuillet, l'hypoblastème, qui se trouve sous le germe et qui, contrairement à ce qui se passe chez les *Reptiles*, s'opère par délamination et non par invagination, d'où son nom d'endoderme secondaire (= deutérendoderme) au lieu d'endoderme primaire (= protendoderme). On conçoit ce procédé de formation de l'endoderme comme une formation secondaire nouvelle qui permet une assimilation précoce du vitellus. Chez les *Oiseaux*, il est douteux qu'un processus comparable à la gastrulation se produise conjointement.

La ligne primitive

qui représente un épaississement médian de l'ectoderme s'est développée après 8 h d'incubation jusqu'au milieu du disque embryon. à partir du bourrelet en contact avec l'endoderme. Sur sa partie dorsale commence à se creuser **une gouttière primitive** qui se développe latéralem. et aux extrémités antérieures de laquelle se forme un épaississ. : **le nœud de Hansen** (B). A partir de ce moment, « l'appendice cordal » provoque, sous l'ectoderme, une poussée vers l'avant. La plaque neurale résulte alors d'un épaississement de l'ectoderme qui se développe vers l'avant et s'incurve pour former une gouttière neurale (C).

La ligne primitive doit correspondre à la région du blastopore de la gastrulation des *Amphibiens* et, chez les *Oiseaux*, à une survivance de celui-ci : le nœud de Hansen serait la lèvre dorsale du blastopore, la gouttière primitive un énorme blastopore allongé, la ligne primitive elle-même pouvant être comparée aux lèvres latérales du blastopore.

La formation du mésoderme

suscite encore des controverses, car il est difficile de percevoir et d'expliquer un devenir dynamique. Dans la région de la ligne primitive, le mésoderme s'ébauche entre l'ectoderme et l'endoderme et se développe dans des directions latérales et postérieures, et finalement antérieures, pour former 2 pointes en forme d'ailerons. Dans la région du mésoderme intra et extraembryonnaire, les lames somatopleure et splanchnopleure sont séparées par une fente qui s'élargit pour donner le cœlome. La région du myotome massif (contiguë au nœud de Hansen et voisine de l'axe médian) est au contraire décomposée en segments primitifs (somites) : cf. *Amphioxus*, p. 197. Le néphrotome situé entre la paroi du cœlome et les somites est l'ébauche des organes urinaires. Presque conjointement avec la segmentation, l'ébauche du cœur se développe des 2 côtés de l'ébauche cérébrale postérieure.

Le repli de l'embryon (D)

commence à être visible lorsque la gouttière terminale sépare nettement la zone de l'ébauche embryonnaire de la région extraembryonnaire. Latéralement, à côté de l'embryon, **les replis amniotiques** se soulèvent devant la tête et derrière la queue pour former une enveloppe embryonnaire, ce qui distingue les *Sauropsidés* et les *Mammifères* qui sont des *Amniotes*, des *Anamniotes* (*Poissons* et *Amphibiens*) qui n'ont pas de membrane. Lorsque la lame extraembryonnaire commence à former les replis du proamnios, le mésoderme extraembryonnaire (E) est également touché par ce mouvement, si bien qu'après l'accolement avec la suture dorsale, il apparaît 2 enveloppes qui proviennent de l'ectoderme et de la somatopleure (F) : la **séreuse de von Baër** à l'ext., et à l'int. l'**amnios**. Toutes 2 sont séparées par un cœlome extraembryon : l'exocœle. En dedans de l'amnios, un réseau muscul. brasse le liquide amniotique de **la cavité amniotique** par un mouv. rythmique constant. Ce balancement de l'amnios accélère le métabolisme. D'une façon générale l'embryon est isolé du monde ext. par des membranes qui le placent dans un coussin d'eau, ce qui permet aux *Sauropsidés* de vivre sur terre.

Le sac vitellin

qui provient de la croissance de l'ébauche embryonnaire autour du vitellus, est constitué par la paroi de l'endoderme et de la splanchnopleure. Le réseau capillaire qui est rapidement formé, est relié à l'embryon, lui permettant ainsi d'utiliser le vitellus nourricier. La liaison sac vitellin-intestin (passage vitellin) par le cordon ombilical est inutilisable. A maturité, le sac vitellin est déjà très rétréci.

L'allantoïde

est une évagination de l'intestin postérieur qui naît dans l'exocœle. Le feuillet de la splanchnopleure contiguë à l'endoderme développe un important réseau capillaire. L'allantoïde qui sert initialement de cavité urinaire embryonnaire, devient un organe de résorption et de respiration important. Il remplit bientôt l'exocœle, puis vient au voisinage immédiat de la chambre à air et de la coquille de l'œuf, devenant ainsi un organe respiratoire ; d'autre part, il est relié à la séreuse de von Baër à qui il amène des capillaires, pour former ainsi l'allanto-chorion. Celui-ci dissout l'albumine et la transporte dans le cordon ombilical par la tige de l'allantoïde vers l'embryon qui se développe.

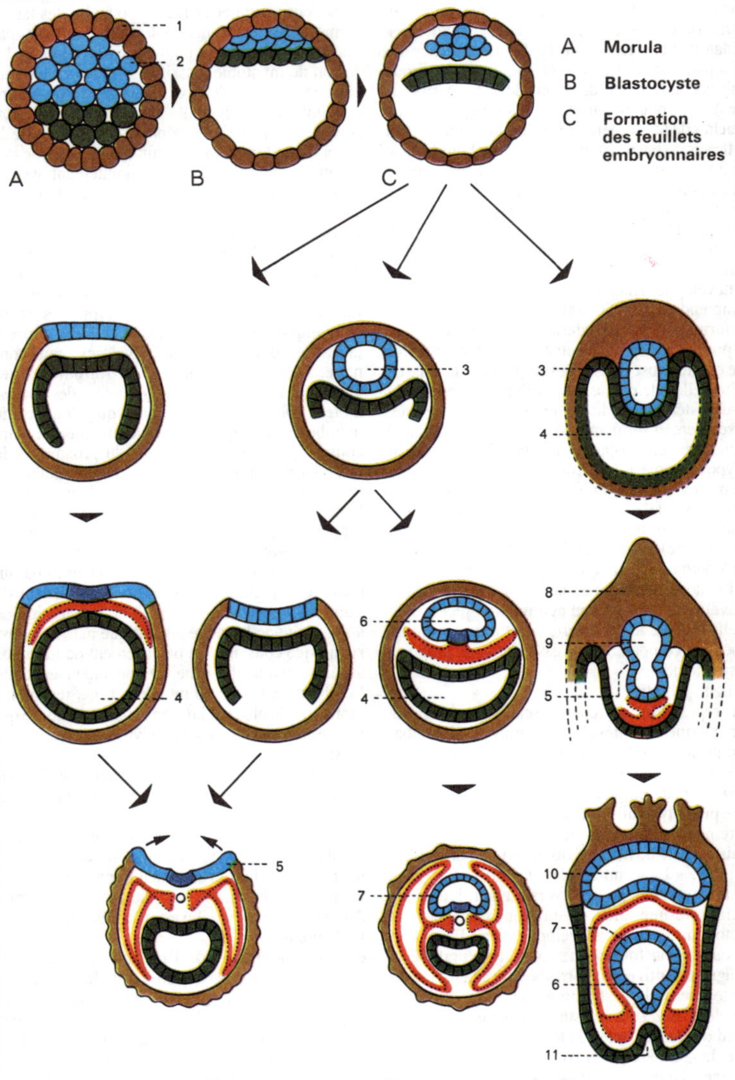

D **Type Carnivores** E **Type Ongulés** F **Type Hérisson** G **Type Rongeurs**

1 Trophoblaste
2 Bouton embryonnaire
3 Cavité amniotique primaire
4 Sac vitellin
5 Repli amniotique
6 Cavité amniotique
7 Amnios
8 Pédicule de fixation
9 Cavité ectodermique
10 Cavité ectochoriale
11 Gouttière intestinale

Premiers stades du développement des Mammifères : divers types

Le développement embryonnaire des *Mammifères* est caractérisé par le fait que :

- d'une part, des différenciations de type sauropsidien (sac vitellin, disque embryonnaire) sont visibles malgré la pauvreté en vitellus de leurs œufs,
- d'autre part, on peut observer des innovations résultant de cette pauvreté second. en vitellus : il s'établit une alimentation précoce par l'interméd. de la paroi de l'utérus (placenta, p. 211).

Blastogenèse et formation des feuillets

L'œuf fécondé, qui est très petit parce que presque total. dépourvu de vitellus (0,07-0,2 mm ø), parvient, grâce aux contractions de l'oviducte, jusque dans la cavité utérine où il se fixe. – Pendant le déplacement de l'œuf commencent des segmentations qui sont totales et égales, mais asynchrones ; elles entraînent bientôt la formation d'un amas cell., la morula (A), qui ressemble à une mûre : un épithélium ext., extraembryonn., le trophoblaste, qui sert à nourrir l'œuf, entoure un groupe de cel. centrales, le bouton embryonn. d'où sort le corps embryonn., et souvent également un sac vitellin. Le bouton embryonn. corresp. donc au disque embryonn. et le trophoblaste à l'aire extraembryonn. des *Sauropsidés*. – Une fente sépare presque entièrement le bouton embryonn. du trophoblaste, ce qui provoque la formation d'un blastocyste pourvu d'une cavité. Cette cavité ne correspond pas à un blastocœle, car elle est située à l'ext. de l'ébauche embryonn. (B). La paroi relativ. grande du blastocyste (trophoblaste) facilite l'absorption des sécrétions nutritives de l'utérus. A partir du bourgeon embryonn., les cel. basales se différencient par délamination pour former l'endoderme et se répartissent sur toute la face int. du trophoblaste (C).

Les étapes suiv. du dévelop. se déroulent de façon assez diff. ds les diff. groupes de *Mammifères* placentaires. Ceci vaut aussi pour la synthèse de l'amnios qui se forme soit par plissement comme chez les *Sauropsidés*, soit en partie par cavitation de la zone embryonnaire.

1. **Les Carnivores** (D) : le bourgeon embryonn. s'aplatit pour former un disque embryonn. dont la masse cell. solide est intégrée au trophoblaste. Le mésoderme, a une croiss. extraembryonn. jusqu'au pôle opposé ; il sépare donc entièrement le sac vitellin de l'ectoderme cordal. Il existe une amniogenèse par plissement.
2. **Les Ongulés, les Prosimiens** (E) : une cavité amniotique primaire se forme dans le bouton embryonn. Cette cavité s'ouvre en surface, puis la partie basale du bouton embryonn. s'intègre sous la forme d'un disque embryonn. au trophoblaste. Le développement se poursuit comme chez les *Carnivores*.
3. **Le Hérisson, les Singes, l'Homme** (F) : l'embryocyste est conservé, sa cavité s'élargit en une cavité amniotique (fente amniotique), sa partie basale se transforme en disque embryonn., alors que le segment sup. forme l'amnios avec la coopération du mésoderme. Chez le *Hérisson*, le sac vitellin semble être également engendré par la form. d'une fente et non par la transform. d'un élément de l'embryon. Chez ces formes, le trophoblaste s'épaissit sur toute sa surf., mais surtout au pôle embryonn. où il forme une couche épaisse.
4. **Les Rongeurs** (G) : l'embryocyste des *Rongeurs* est englobé directement ds la cavité amniotique. La partie du trophoblaste qui, en se développ., forme le placenta, devient un volumineux **pédicule de fixation**. Elle se voûte sous la poussée de la cavité ectoderm. et s'enfonce profond. dans le sac vitellin. Le pédicule se recouvrant en même temps d'endoderme, et le reste de la paroi se dissolvant, il se forme un embryon allongé extérieurem. recouvert d'endoderme **(inversion du feuillet embryonnaire)** . La cavité ectodermique est décomposée par des replis amniotiques, en une cavité ectochoriale voisine du pédicule de fixation et en une cavité amniotique. L'embryon se forme à la limite qui sépare le plancher amniotique et l'endoderme.

Différenciation dans le territoire du disque embryonnaire

La formation du corps embryonn. des *Mammifères* est analogue à celle des *Oiseaux*. Au bourgeon embryonn. succède l'ébauche du bouclier embryonn. situé entre le plafond du sac vitellin et le plancher de la cavité amniotique. Là aussi se forment un ruban primitif, un nœud de Hansen, la corde et la plaque neurale. Le développ. du mésoderme se fait, tout comme chez les *Oiseaux*, à partir de la face latérale du ruban primitif, en arrière, entre l'ectoderme et l'endoderme. La fente cœlomique peut déjà apparaître très tôt. Une partie de l'archentéron s'évagine en formant un allantoïde et sert à la placentation.

Séparation de l'ébauche de l'embryon du sac vittelin

Lorsque l'ébauche de l'embryon se sépare par étranglement du sac vitellin, comme chez l'embryon d'*Oiseau*, la forme du corps devient cylindrique. En même temps, les parties endoderm. situées au-dessous des organes axiaux de l'embryon constituent une gouttière, plus tard un tube, reliée à l'intestin. Le sac vitellin n'apparaît plus que comme un appendice. L'amnios, qui a entre-temps entouré l'embryon, comprime la liaison entre l'intestin et le sac vitellin (conduit vitellin) et entoure également le pédoncule de l'allantoïde. Tous deux sont englobés, avec 2 artères et une veine, par un tissu conjonctif gélatineux (p. 91), et sont entourés par le disque amniotique (cordon ombilical).

	Temps de gestation (en jours)	Nombre de petits à chaque portée
Hamster doré	16	1 à 12
Lapin	28-30	3-10
Grand Kangourou	38	1
Chien	59-65	1 à 6
Chat	63	4
Chimpanzé	253	1
Homme	274	1
Orang-outan	275	1
Bœuf	280	1
Cheval	330	1
Éléphant	623	1

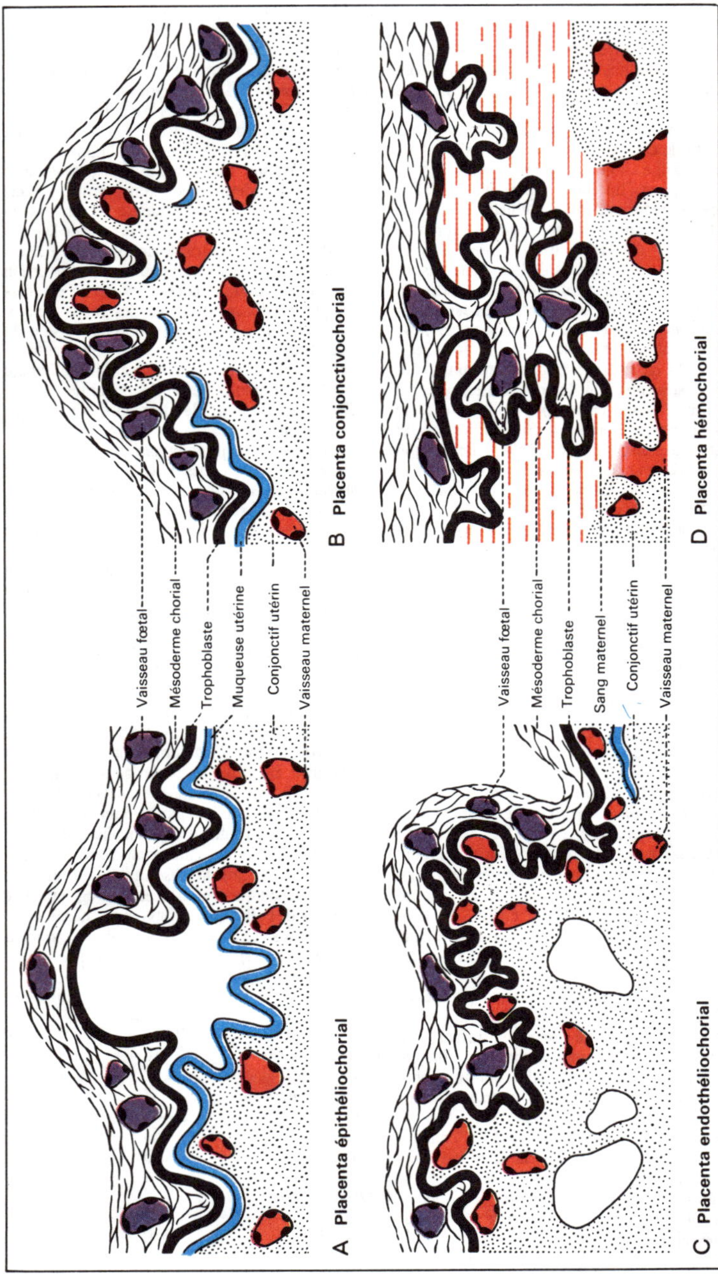

Types de placenta

Lorsque le germe parvient dans l'utérus, des relations étroites s'instaurent entre les tissus de l'embryon et ceux de l'organisme maternel. Celui-ci passe par divers stades qui diffèrent notablement selon les espèces, mais qui commencent toujours par l'implantation (nidation) de l'embryon ds l'utérus et s'achèvent par la formation d'un placenta (placentation).

La nidation

peut se produire de manière variable. Dans le cas le plus simple, celui de la **nidation centrale** du *Lapin*, p. ex., l'embryon séjourne dans la cavité de l'utérus et n'est relié que très librement à l'épithélium utérin. Dans la **nidation excentrique** d'un grand nombre de petits *Mammifères (Souris, Rat)*, l'embryon se niche ds la poche utérine latérale, tandis que dans la **nidation intradéciduale** *(Hérisson, Anthropomorphes, Homme)* par contre, l'embryon pénètre à l'int. de la muqueuse utérine (décidua) que les hormones ont préparée pour la nidation (gonflement, relâchement du conjonctif utérin, importante pression capillaire, mise en réserve de glycogène) et dans laquelle par réaction à l'absence d'embryon libre, des poches épithéliales se forment. Sous l'influence utérine, le blastocyste dissout l'enveloppe de l'œuf (aire pellucide, p. 154, B) fixe l'embryon et le nourrit.

Le placenta

résulte du fait que le chorion de la paroi utérine qui est irrigué par des vaisseaux venant de l'allantoïde, est en contact plus ou moins étroit avec cette paroi ou bien ne forme qu'une seule membrane avec elle. Bien que les circuits sanguins des 2 individus ne soient jamais direct. réunis, l'absorption de la nourrit., l'excr. des déchets du métabol. embryonn. et les échanges gazeux s'effectuent au travers de la surf. placentaire. Le passage depuis le sang maternel jusque dans le sang embryonn. suppose que les couches suivantes ont été franchies :

- la paroi des vaisseaux maternels,
- le conjonctif maternel,
- l'épithélium utérin maternel,
- l'épithélium chorial,
- le conjonctif chorial,
- la paroi des vaisseaux embryonnaires.

Ces couches limitantes sont alors détruites successivem. au sein du tissu maternel, à des intervalles variables selon les familles de *Mammifères*. GROSSER distingue les types de placenta suivants :

- **Le placenta épithéliochorial** (A) se forme au moment même où l'embryon et son chorion se fixent à l'épithélium de l'utérus. Sous l'effet de l'hormone du corps jaune (progestérone, p. 331), le blastocyste s'étend sur la surf. de la muqueuse et son trophoblaste s'épaissit au point de contact. Un grand nombre d'*Ongulés*, les *Cétacés* et les *Prosimiens* ont conservé ce placenta primaire. La naissance est simple.
- Chez les autres types de placenta, le trophoblaste, après sa fixation, se différencie en 2 struct. : un syncytium amiboïde se forme en direction du tissu maternel (syncytium à nombreux noyaux, comparable au plasmode, p. 73), et vers l'int., le cytotrophoblaste qui est incapable de se développer. Pendant que ce dernier digère le tissu maternel, le syncytium détruit par phagocytose les résidus des tissus et pénètre dans l'utérus. L'épithélium de la muqueuse utérine est résorbé. Dans ce **placenta syndesmochorial** définitif chez les *Ruminants* (B), le chorion est situé ds le conjonctif maternel.
- Si le trophoblaste, en pénétrant plus avant, atteint les vaisseaux maternels et les entoure, 2 des couches originelles ont déjà disparu dans **le placenta endothéliochorial** (C). Les *Carnivores*, la *Musaraigne* et le *Tupaia* en sont restés à ce stade de développement.
- Dans **le placenta hémochorial** (D) enfin, le tissu maternel parcouru par les vaisseaux est lui aussi supprimé : chez de nombreux *Insectivores*, les *Anthropomorphes*, et chez l'*Homme* le trophoblaste plonge directement dans le sang maternel. A la naissance, des lacunes sanguines maternelles s'ouvrent dans ce « placenta complet ».

Cette série ontogénique dérive sûrement d'une phylogénie commune.

On ne peut cependant pas dire que les familles de *Mammifères* vivants pourvus d'un placenta épithéliochorial sont des formes primitives : elles sont extrêmement spécialisées comme le révèlent leur structure physiol. et leurs fonctions. Les grands *Ongulés* à placenta épithéliochorial ont une gestation qui dure autant que celle de l'*Homme* et ils mettent bas des petits déjà très développés.

Le placenta occupe une surface très variable sur le chorion : **le placenta massif** (le plus souvent endothéliochorial et hémochorial, est limité à une aire étroite (svt. en forme de disque) de l'ensemble du blastocyste. La nutrition et l'implantation sont assurées par des villosités int. L'allantoïde est parfois absent et n'a aucune importance fonct., car l'excrétion embryonn. s'effectue par l'intermédiaire du placenta *(Insectivores, Rongeurs, Primates)*.– Ds le cas du **placenta allongé**, l'ensemble de la surface du chorion est active. Elle est comprimée par la vessie de l'allantoïde contre les tissus épithéliaux et conjonctifs de l'utérus qui sécrètent le lait utérin. C'est ici que s'effectue la véritable excrétion, le taux d'urée du liquide de l'allantoïde étant très bas (*Cétacés, Prosimiens*, un grand nombre d'*Ongulés*).

La fonction du placenta est très diversifiée. **Les échanges gazeux**, dus à un gradient de pression, comportent l'absorption de O_2 et l'élimination de CO_2 par l'embryon. Alors que **les hydrates de carbone** passent sans encombre, le placenta opère un tri parmi **les protéines** : les acides aminés franchissent la barrière placentaire, par contre les protéines de PM élevé ne la franchissent pas (à l'exception de quelques anticorps et des *Virus*). Les **lipides** sont préalablement décomposés. **Les déchets du métabolisme** sont transportés hors de l'embryon et du placenta. De plus, le placenta synthétise plusieurs hormones (œstrogènes et Progestérone, p. 331 ; et chez l'*Homme*, deux autres hormones protéiques agissant comme LTH ou plutôt LH/FSH, p. 329).

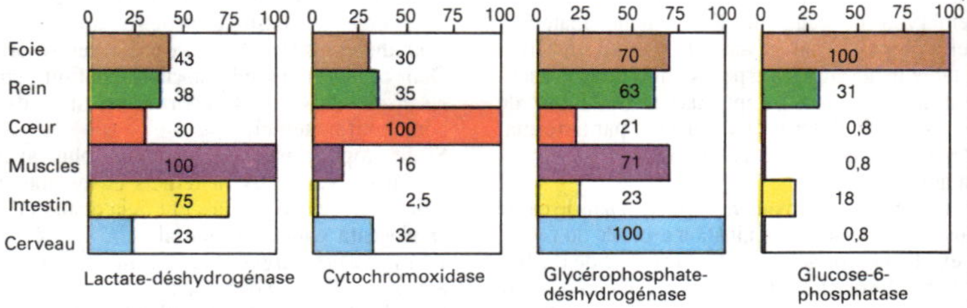

A **Teneur relative en enzymes de différents tissus (teneur maximale = 100)**

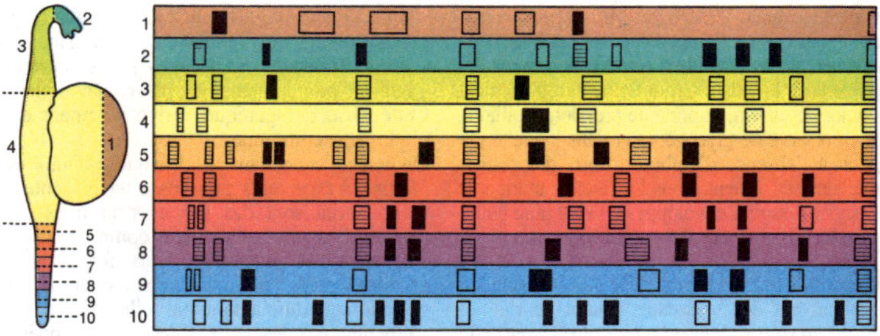

B **Diagramme protéinique spécifique des tissus d'un embryon de Pois**

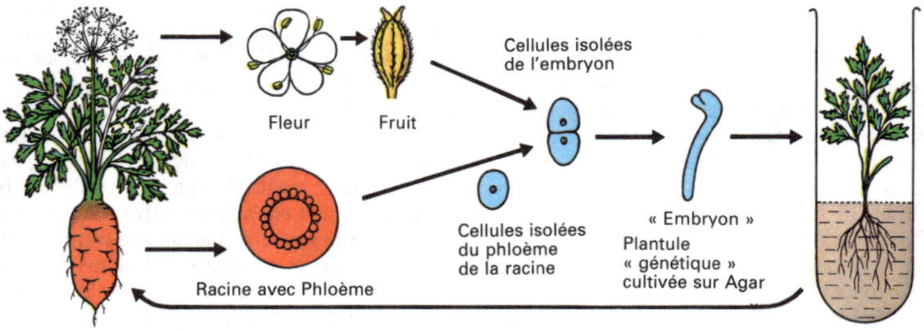

C **Preuves de la totipotence de cellules mures isolées (cas de la Carotte)**

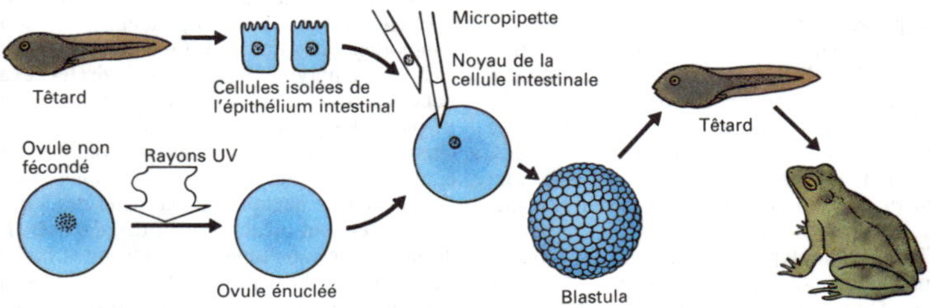

D **Transplantation du noyau d'une cellule différenciée dans un ovule énucléé**

Totipotence du noyau cellulaire et son importance dans l'ontogenèse

Le problème de l'action différentielle du génome

Les différenciations cell. qui accompagnent le dévelop. d'un organisme ne concernent pas seulement les modifications de forme et de fonct. (p. 72-81, 180-211), elles correspondent aussi à la **struc. moll.** des cel. à leurs diff. stades de développement.

- Chez un *Mammifère* adulte (p. ex. la *Souris*) les cel. prises ds des organes diff. montrent une teneur précise en prot. enzym. (A).
- Un embryon de *Pois* montre une teneur en prot. analysables et séparables par électrophorèse, (p. 511) caractéristique des diff. tissus (B).

D'une part, la génét. prouve que toutes les cel. d'un même organisme sont séparées par le biais de la mitose en chromos. généralement id. (p. 39) qui vraisemblablement contiennent des informations génétiques identiques.

D'autre part, vu sous l'angle de la biologie moll. les enz. comme les autres prot. sont produites par les gènes (p. 43). D'où le problème : comment des cel. aux génomes id. peuvent-elles donner génétiquement des produits diff. ? Ainsi présenté, la différenciation ne peut être que la suite d'une action différentielle du génome, c'est-à-dire l'activation d'une série de gènes avec l'inactivation concomitante d'une autre. Comme la biosynthèse d'une prot. est conduite à partir de l'ADN du gène par l'ARNm, l'évolution différentielle peut être en principe conditionnée par les mécanismes suiv. :

- Modifications de l'inform. génét. de l'ADN au cours de l'ontogenèse.
- Production différentielle d'ARN (transcription différentielle, p. 215).
- Biosynthèse prot. (traduction différentielle, p. 215).

Modifications de l'ADN pendant l'ontogenèse

L'hyp., historiquement d'abord envisagée et devenue ensuite évidente, qu'un changement de l'information génétique au cours du dévelop. individuel est à la base de chaque différenciation, a dû être abandonnée sous la pression de nombr. résultats expérimentaux.

- Des cel. diff. de *plantes inf.* montrent lorsqu'on les isole une **dédifférenciation** (*Saprolegnia, Sphaigne*, p. 181, 217)
- Des cel. mûres très différ. du parenchyme médullaire du *Tabac* ou du phloème de la *Carotte* (C) reprennent un caractère méristématique, ds des condit. favorables, et fabriquent comme les cel. de l'embryon de la graine de nouvelles plantes capables de fleurir.
- Chez le *Xénope*, la **transplantation des noyaux** de cel. diff. d'éphitélium larvaire intestinal ds des œufs énucléés du même organisme donne, après un dévelop. classique, des adultes normaux (D).

Les noyaux ont ainsi démontré leur **totipotence** avec la possibilité d'un nouveau contrôle effectif de tous les processus de différenciation.

Pour ce qui est de la différenciation, les modifications de l'ADN au cours de l'ontogenèse sont des phénomènes marginaux : ils peuvent exister ds certains cas et influencer les processus.

Les mutations somatiques

ou transf. de l'ADN ds les cel. somatiques se produisent comme des phénom. accidentels. Elles peuvent toucher aussi bien des gènes isolés, des chromos. que toute la garniture chromosomique (p. 473). Quand l'endopolyploïdie est la règle, i.e. : la formation d'un tissu polyploïde ds un organisme déjà à 2n, on doit la considérer comme la conséquence d'une différenciation, et non comme la cause.

Des cel. diff. actives, p. ex., les cel. glandulaires d'une *plante* ne sont que peu ou pas contrariées ds l'exercice de leur fonct. spécialisée, si, les mitoses ne se font qu'à moitié (Endomitoses, p. 39 sqq.).

La multiplication partielle de l'ADN

avec comme conséquence que certains gènes ne sont pas seulement en un seul exemplaire ds les cel. à n et en double dans celles à 2n, semble fréquente, car chez tous les organismes examinés jusqu'ici, on a trouvé que de nombr. gènes, au moins à certains moments se trouvent copiés à plusieurs exemplaires ds une cellule.

- Chez la *souris*, la fréquence des gènes normaux n'est que de 60 % alors que 40 % sont reproduits plusieurs fois. 10 % de l'ADN est constitué de séquences qui comportent environ 1 million de copies.

Manifestement chez les organismes sup., la synthèse du matériel génét. ds des cel. très actives est amplifiée par l'accroissement du nombre des gènes nécessaires : c'est **l'amplification génique sélective**.

- Ds les oocytes en croissance de diff. organismes, p. ex. le *Xénope,* le nombre de nucléoles s'accroît par milliers. Chaque noyau a ds son ADN des centaines de gènes codant pour l'ARNr. Finalement des millions de ribosomes sont mis à la disposition de cette énorme protosyn. ds les premières phases de dévelop. embryonnaire (les besoins sont couverts jusqu'au stade de 30 000 cel.). Les copies supplémentaires, détachées des chromos. sous forme d'anneaux d'ADN, disparaissent au cours du développement embryonnaire.
- Dans les cel. du foie des *Mammifères,* les chromos. polyténiques stimulés par l'hormone thyroïdienne (thyroxine) forment des puffs (p. 41) sur lesquels on ne trouve pas directement l'ARN, mais de multiples copies d'ADN (puff d'ADN).

Cette amplification des gènes de l'ARNt va de pair avec l'augmentation des ribosomes, constatée dans les cellules de foie stimulées.

Cette forme d'activité génét. différentielle est jusqu'à présent surtout connue pour les gènes à ARNr et représente donc un cas particulier du problème de la différenciation. Bien sûr, il n'existe parfois sur les chromos. polytènes que des parties de génome et ds les cas extrêmes que quelques gênes codant pour les prot., qui soient multipliés (Embryon de *Phaseolus coccineus*).

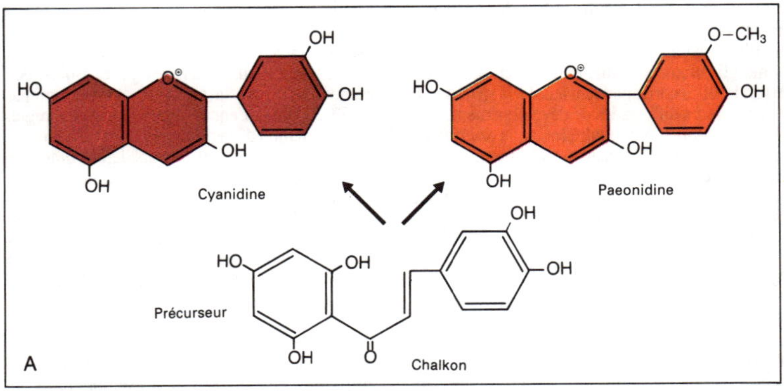

Anthocyanidine et ses précurseurs

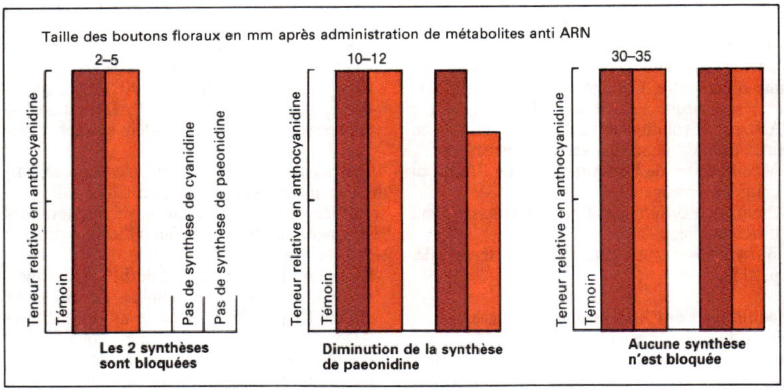

Transcription différentielle lors de la synthèse des anthocyanidines

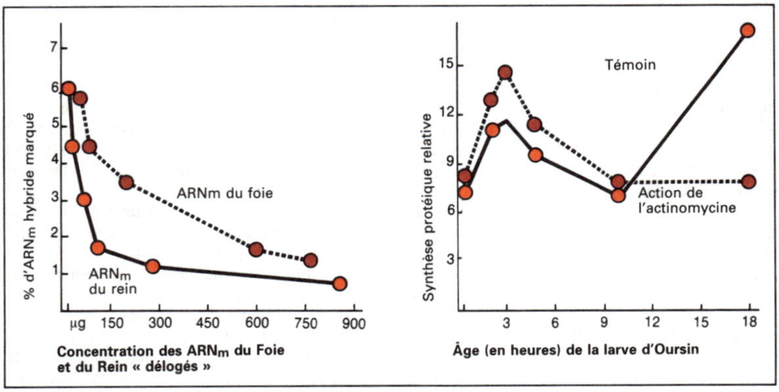

Expériences portant sur la compétition (C) et la synthèse protéique dans les stades précoces du développement (D)

Transcription différentielle

La synthèse de l'ARNm est le mécanisme essentiel de ce processus. Comme seulement quelques gènes d'une cel. sont actifs en même temps, on pourrait déjà montrer à l'aide des **chromosomes géants** des *Diptères*, (p. 29) que :

- Chaque type de cel. a son « modèle de puff » spécif., et du tissu et du stade de dévelop., et produit l'ARNm corresp. à des endroits définis.
- Chaque différenciation cell. est liée à l'activation de groupes de gènes caract. Cette constatation vaut pour tous les *Eucaryotes*, même s'il n'est pas facile d'apporter la preuve directe qu'à des stades déterminés de la différ., diff. types d'ARNm soient synth. selon un code spécifique.

Une race de *Petunia hybrida* fabrique dans ses boutons deux pigments anthocyaniques, la **Cyanidine** et la **Paeonidine** (A) dont la synthèse est gouvernée par 2 groupes de gènes diff. En perturbant cette synthèse par des métabolites anti-ARN à diff. stades du dévelop., on peut montrer que l'ARNm spécif. de la Cyanidine est synth. en premier. Ds un stade intermédiaire le blocage affecte ensuite l'ARNm spécif. de la Paeonidine alors que la synthèse de la Cyanidine se poursuit inchangée (B).

Alors qu'on ne peut ici, conclure, qu'indirectement par leurs effets, sur l'existence d'ARNm diff., on a la preuve directe de la transcription différentielle chez de nombreux embryons végét., sans que l'on puisse d'ailleurs ordonner correctement les diff. processus physiologiques.

La techn. du double marquage avec des précurseurs radioactifs de l'ARN a prouvé chez des embryons de *cotonnier* âgés de 14 jours, que l'ARN était de 2 types.

L'hybridation de l'ARN de tissus diff. avec l'ADN ds les **exp. de compétition** (C) montre que la transcription est spécifique d'un tissu donné.

Des ARNm marqués radioactifs, provenant de tissus diff., se déposent sur les séquences complémentaires de brins isolés d'ADN chez la *Souris* (hybridation ADN-ARN). Un pourcentage déterminé d'ARN se trouve ainsi lié à une quantité définie d'ADN. En même temps, en plus de cet ARN radioactif, un autre non radioactif est utilisé qui déloge le premier, dépendant de la concentration, de sa liaison avec l'ADN, si les 2 séquences d'ARN sont identiques (compétition).

L'ARNm du rein non marqué déloge plus facilement l'ARNm du rein marqué que celui de l'ARNm du foie, i.e. : les ARNm du foie et du rein ont chez la *Souris* des séquences nucléotidiques diff. Les gènes se trouvent donc transcrits différemment ds les diff. tissus pendant le temps de marquage.

Le mécanisme de la transcription différentielle est encore largement inconnu. Ce sont vraisemblablement les prot. non histones des chromos. (p. 35) qui sont impliquées dans cette régulation (p. 471).

Traduction différentielle

La transposition de l'information génét. en prot. ne peut pas suivre immédiatement la synthèse d'ARNm. Il faut ici spécialement déterminer où, ds le cadre de l'ontogenèse, se passent les diff. phases de la protosyn. avec une absence possible de transcription. Ds le cadre d'une traduction différentielle, intervient ici **« l'ARNm-longue durée »** :

- Étant donné que des fragments anucléés de l'*Algue verte* unicell., *Acetabularia,* réalisent la croissance du stipe et la formation du chapeau c'est que de toute évidence les ARNm disposés dans le Cyt. les uns à côté des autres sont activés au fur et à mesure, i.e. : l'ARN informatif nécessaire à la formation du chapeau demeure d'abord dans le Cyt. sous une forme inactive (Informosomes cytopl.).
- Alors que la protosynt. est arrêtée ds l'ovule d'oursin, elle reprend fortement après la fécondation. Ceci s'observe également après énucléation de l'œuf ou blocage expérim. de la transcription par un antibiotique : **l'actinomycine D**. On en déduit que les ovules vierges possèdent certes l'ARN informatif pour la protosynt. mais ne l'utilisent pas avant la fécondation. Une nouvelle synthèse d'ARNm ne reprend que dans les stades tardifs de la blastula (D).
- Les érythrocytes de *Mammifères* proviennent d'érythroblastes nucléés, à partir de réticulocytes anucléés (p. 81). La synthèse intensive d'Hémoglobine ds les réticulocytes repose sur le stock d'ARNm spécif. accumulé 2 jours auparavant par les érythroblastes encore capables de transcription. Chez tous les *Eucaryotes* l'ARNm se présente sous la forme d'un **complexe ribonucléoprotéique** (RNP). Ces « informosomes » ont une durée de vie longue, s'ils sont protégés d'une rapide destruction enzym. (ARN ases). On ne sait si cela dépend de leur struct. second. ou tertiaire ou du complexe prot., pas plus que l'on ne connaît les mécanismes ultérieurs de la traduction différentielle. Il y a manifestement un contrôle post-transcriptionnel effectif de l'ARNm, car p. ex., dans la gastrula de *l'Oursin,* 30 % de l'ADN est transcrit dans le noyau sous forme d'ARNm dont 2,7 % seulement atteindront le Cyt.

On peut prouver le rôle des hormones ds quelques cas d'espèces : les hormones œstrogènes ne déclenchent pas seulement la synthèse de l'ARNm spécif. de l'ovalbumine dans les cel. de l'oviducte de la *Poule*, elles stabilisent aussi le produit de transcription induit par eux en inhibant la catalyse enzym. Le stockage d'« ARNm à longue durée » et son activation au cours d'une traduction différentielle semble, si l'on excepte les cel. différ. très spécialisées, offrir aux ovules et aux premiers stades de développement l'avantage d'une réactivité plus rapide du syst. de synthèse.

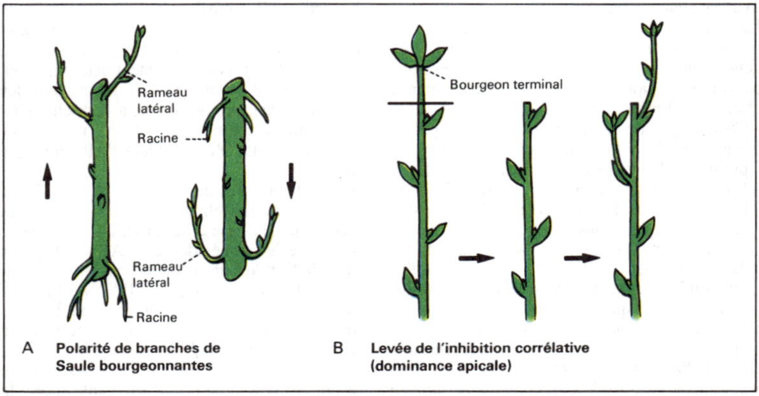

Polarité et corrélation

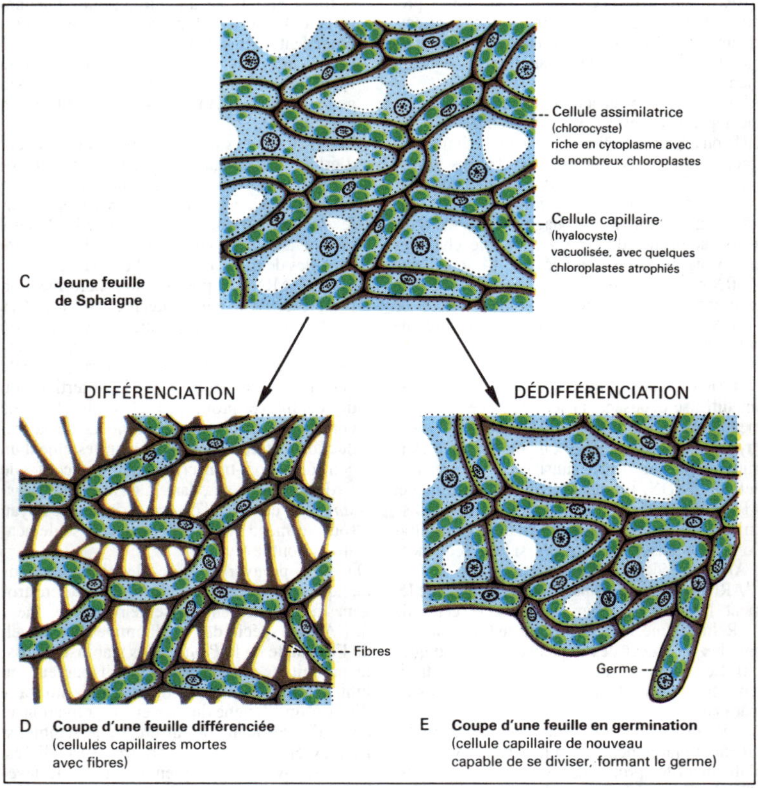

Dédifférenciation de cellules adultes végétales

Chez les *Végétaux*, apparaissent quelques principes morphogénétiques liés à la présence de parois cellulosiques qui entravent les mouvements morphogénétiques. La formation type s'effectue grâce à une suite régulière de différenciations, de divisions et de croissances cell. dans des ensembles de cel. Les *Végétaux* ont une croissance lente, mais localisée, qui s'accompagne d'une segmentation externe progressive jusqu'à l'achèvement du dévelop. (« forme ouverte », p. 113). Les phénomènes fondamentaux qui régissent le dévelop. des organes végétaux sont la polarité, la détermination et la corrélation.

La polarité
des *Végétaux inférieurs (Acetabularia*, p. 183, *Saprolegnia*, p. 181) et des cel.-œufs (p. 185) est provoquée par des facteurs exogènes et endogènes. Déterminée, elle affecte aussi bien les cellules que les organes complets : dans un sol humide, des fragments de branche de *Saule* s'enracinent toujours à leur extrémité basale originelle (A). De même, on ne peut effectuer des greffes sur des plantes ligneuses que si le pôle basal du greffon est relié au pôle apical de la plante greffée. Ce phénomène s'explique par le fait que le transport des phytohormones n'est possible qu'en direction de l'extrémité basale, et il est conditionné par les struct. moll. des protoplastes périphériques.

Le type d'appareil stomatique des feuilles de *Spermatophytes* présente une **différenciation et une détermination** en même temps qu'une polarisation : Les cel. mères des cel. stomatiques qui sont ébauchées lors de la différenciation de l'épiderme forment un **champ d'inhibition** à action localisée ; les cel. du méristème voisin sont dédifférenciées, puis déterminées pour devenir des cel. épidermiques. Cette **inhibition** du processus de différenciation (résultant de l'action de cel. déjà différenciées sous une forme analogue) dure aussi longtemps que les appareils stomatiques ne s'écartent pas sous l'effet de la croissance en surface de la feuille. Après cela, de nouv. ébauches sont différenciées dans les espaces qui séparent les zones d'inhibition.

Les cel. végét. qui ont déjà connu une différenciation très poussée, présentent cette **détermination instable avec des possibilités de dédifférenciation** (voir aussi p. 212, sq.) :

Les feuilles de *Sphaigne* sont formées d'un réseau d'une seule couche de cel. assimilatrices allongées contenant de nombreux chloroplastes. Dans les mailles de ce filet, on note la présence de cel. capillaires plus grandes qui meurent par la suite et qui possèdent des fibres très particulières et des chloroplastes atrophiés (D). Si on procède à l'ablation de feuilles différenciées (C) et qu'on les plonge dans une solution nourricière, ces 2 sortes de cel. permanentes se dédifférencient, se divisent, et forment un germe (E).

Les corrélations entre des cel. ou des organes, voisins ou éloignés, interviennent. Parmi les nombreuses potentialités de la plante, seules se développent celles qui sont prévues par la structure de la plante. Si cette **inhibition corrélative** est supprimée par la séparation des parties qui la déterminent, les potentialités qui étaient jusqu'alors inhibées sont à nouveau exprimées comme dans l'état embryonnaire (totipotence). Si l'on coupe le bourgeon terminal, l'inhibition des bourgeons latéraux (la dominance apicale, B) disparaît et le bourgeon inférieur le plus proche se développe. On observe un processus analogue dans la **régénération** par un tissu cicatriciel (p. 145) ou par de simples processus de développement (boutures). D'autre part, la possibilité de régénération est st. limitée. **Les éléments qui constituent les fondements de la corrélation** doivent être recherchés dans les éléments nutritifs (approvisionnement en eau, sels minér., et assimilats) des territoires cell. concernés (**corrélation nutritive**), et surtout dans cert. subst. d'action (**corrélation hormonale**) :

1. Les phytohormones (p. 337) exercent une action corrélative en inhibant ou en activant l'expression de processus de développement génétiquement déterminés :

- **L'auxine**, formée dans l'extrémité apicale de la *Plante*, provoque l'allongement des cel. à orientation basale, l'enracinement, et la dominance apicale (importance de l'auxine dans les tropismes, p. 342, sq.).
- **Les gibbérellines** agissent sur l'allongement des cel., la division cell. et la formation des fleurs.
- **Les kinines** influencent la division cell. et l'activité des graines et des bourgeons (voir détails aussi p. 337).

2. Les substances organogènes et morphogénétiques
On appelle ainsi des éléments qui exercent une influence organogène spécif. sur un mode diff. de celui des phytohormones. On n'a certes pas isolé de composés de ce type, mais on considère plausible leur existence en raison des exp. suivantes :

- Les exp. de greffe effectuées avec l'*Acetabularia* tendent à mettre en évidence l'action d'une subst. « formatrice du chapeau » et dont l'action spécif., caractérist. de l'espèce, est déterminée génétiqu.
- La formation de galle déclenchée par des *Champignons* parasites, p. ex. les *Urédinales* (Balais de sorcière des *Sapins argentés* ou celle due aux ravages causés par les *Insectes* et les *Acariens* (piqûres, parasitisme, ponte des œufs) est attribuée à des subst. morphogénétiques, les diff. espèces animales engendrant des formes diff. de galles, il ne peut donc y avoir de stimulation non spécifique.

Il ne faut pas considérer le problème du déclenchement des galles végétales uniquement dans le cadre des corrélations. Ce problème constitue également un exemple de l'action de facteurs exogènes sur la forme des *Végétaux* (« morphose », p. 219). Des parallèles peuvent exister avec le cancer des *Plantes* : dans le cas des galles du collet ou *crown-gall*, blessé et infecté par la *Bactérie Agrobacterium tumefaciens*, dont l'ADN-Plasmide est transféré ds le génome de l'*Eucaryote* (Transformation, p. 461), ce qui forme un tissu dédifférencié et dépolarisé à croissance anarchique auxotrophe à l'auxine et à la cytokinine. L'autonomie hormonale n'est qu'un aspect d'une activation génique en continu, avec une forte augment. de la synthèse d'acides nucléiques et de protéines.

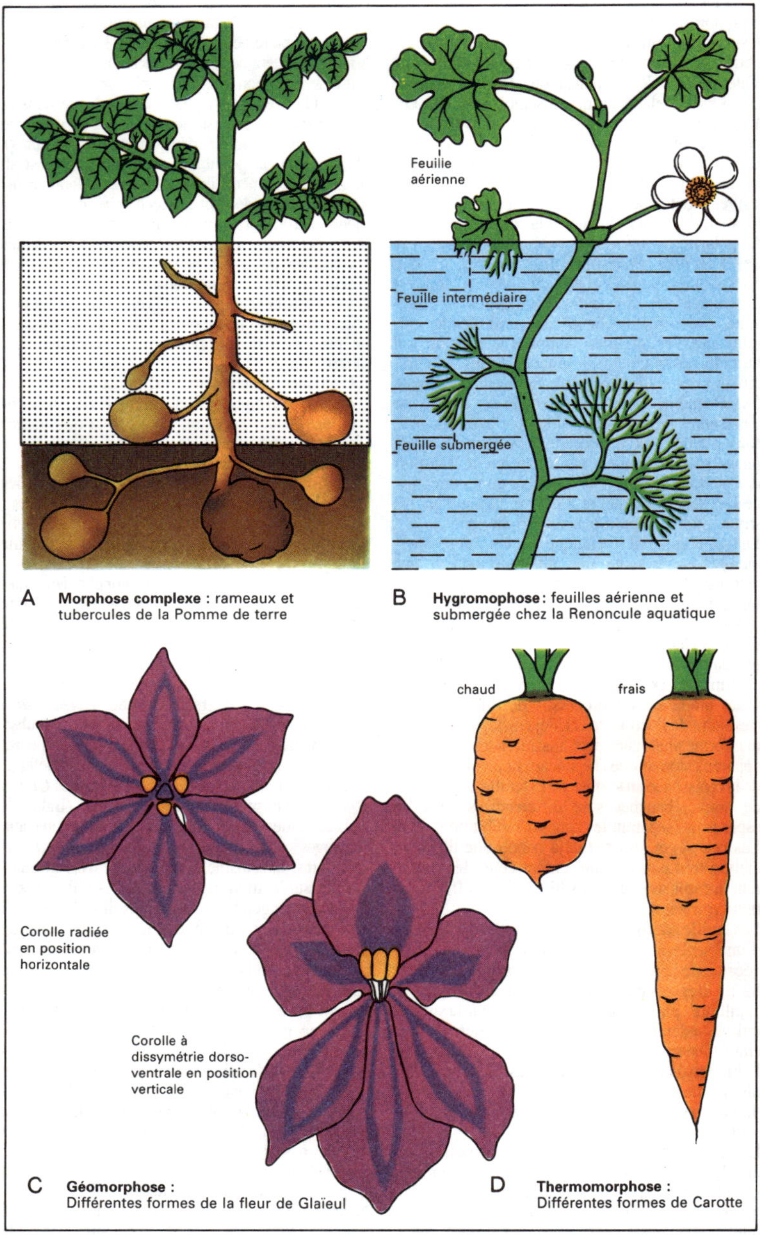

A **Morphose complexe** : rameaux et tubercules de la Pomme de terre

B **Hygromophose** : feuilles aérienne et submergée chez la Renoncule aquatique

C **Géomorphose** : Différentes formes de la fleur de Glaïeul

D **Thermomorphose** : Différentes formes de Carotte

Morphoses chez les Végétaux

Une caract. essentielle de la *Plante*, considérée comme une forme ouverte, est son étroite dépendance par rapport au milieu. Elle est d'abord soumise à des **influences non spécifiques** (p. 224 sqq.) en rapport avec ses propres besoins en eau, sels nutrit., CO_2, O_2, lumière, chaleur. D'autre part, la Plante peut être soumise à des **actions (facteurs) morphogénétiques** qui peuvent modeler sa forme et conditionner son dévelop. d'une manière si spécif. que cert. *Végétaux*, au patrimoine hérédit. identique, peuvent, s'ils sont placés dans des conditions de milieu diff., acquérir un aspect ext. (phénotype, p. 443) très variable, tout en conservant la même organisation fondam. Ces modif. morphologiques sont des **morphoses**.

1. Morphoses complexes (A) : plus. facteurs ext. entrent en jeu de façon équivalente.

- La *Pomme de terre* ne développe des **stolons et des tubercules** (p. 118 C, p. 143) qu'à l'abri de la lumière et en milieu assez humide. Si ces cond., qu'elle trouve dans le sol, sont recréées en surf., ses bourgeons axillaires donnent des stolons et des tubercules aériens.
- **Les racines crampons** du *Lierre* (p. 117) apparaissent dès qu'il y a un peu de lumière et que le degré d'humidité est élevé. Dans une obscur. totale, plus rien ne s'oppose à la ramification et à la crois. en long. et en épaiss., et des racines souterraines normales se développent.

2. Hygromorphoses (B) : les plantes des régions arides (xérophytes) trouvent diffic. l'eau dont elles ont besoin : cette carence modifie la forme de la plante, car la turgescence diminue et la crois. en longueur est inhibée (p. 77). Ainsi rencontre-t-on sur les sols secs des **formes rabougries** caract. ; en revanche, lorsque l'humid. de l'air est élevée les entre-nœuds et les pétioles sont allongés. Le degré d'humid. peut aussi modifier la forme d'un organe.

- La *Renoncule aquatique* a des feuilles submergées dont le limbe est finement lacinié, alors que le limbe des feuilles aériennes forme une lame étalée.

3. Chimiomorphoses : outre leur rôle nutrit. les fact. chimiques peuvent également exercer une influence morphogénétique.

- Privé de sels nutrit., le *Champignon Saprolegnia* interrompt sa croiss. végétative et produit des sporanges. Si on lui fournit cert. ac. aminés (ex. leucine), il élabore des organes reprod. sexués (p. 181)
- La germination des grains de pollen des *Nymphéacées* nécessite de l'acide borique.

Après leur fécondation, les œufs du *Fucus vesiculosus* émettent leur rhizoïde là où, à l'exclusion d'autres facteurs polarisants (p. 186) ils rencontrent la plus forte concentration d'une *substance-signal* par une *barrière de diffusion*. Ces molécules-signal sont isolées du zygote de toutes parts dans l'eau de mer mais diluées au minimum ds les calmes du courant ou sur le fond.

4. Géomorphoses (C) : on ne peut mettre en évidence les effets de la pesanteur sur une plante que lorsqu'on a soustrait celle-ci à son influence : pour cela il faut faire tourner l'organisme autour d'un axe horiz. et il est souv. nécess. de le mettre également à l'abri de la lumière, qui influe sur la direction de la croissance. L'action morphogène de la pesant. se manifeste surt. par la dorsiventralité.

- Chez l'*Iris*, l'influence de la pesanteur se manifeste non seulement par la forme aplatie du **rhizome**, mais aussi par le fait que les **racines** se développent à la face inf. Les rhizomes verticaux développent des racines dans toutes les directions.
- Les branches latér. du *Sapin* poussent et se ramifient à l'horizontale, sous l'influence de la cime principale ; la disposition des aiguilles, qui sont toutes alignées, est due à l'effet de la pesanteur.

Le même phénom. intervient dans la dorsoventralité de nombreuses fleurs.

- Si on supprime l'effet de la pesant., les *Glaïeuls* et les *Épilobes* ont des fleurs à symétrie axiale.

Dans les cas précéd., l'**effet primaire** de la pesant. est dû sans doute à une répart. inégale de la matière dans les cellules soumises à la pesanteur.

5. Thermomorphoses (D) : la température a surtout une influence non spécifique sur la Plante, mais elle peut aussi exercer des actions morphogénétiques :

- Les basses températures inhibent la croissance en longueur des entre-nœuds.
- Les *Pommes de terre* ne forment pas de tubercules, quand la température nocturne s'élève, et les *Tomates* ne fructifient pas. (« Modification en sens inverse »).
- Les *Carottes* ont une forme courte et ramassée quand la température s'élève, et une forme allongée quand la température est basse.
- La *Primevère de Chine* a des fleurs rouges quand on la cultive à une temp. inf. à 30 °C ; quand la temp. dépasse 30 °C, les fleurs sont blanches.

Lorsque **cert. plantes ont été soumises, même temporairement, à des temp. extrêmes, les répercussions** se font sentir ultérieurement sur leur dévelop.

- **L'échauffement momentané de la graine** du *Cotonnier*, du *Millet* ou du *Soja* accélère la floraison et la fructification.
- De nombr. plantes bisannuelles (ex. *Raves, Chou, Ombellifères*) ne fleurissent que si le point végétatif a subi des basses températures (vernalisation). Aussi dans les régions tropicales n'ont-elles qu'une croissance végétative.
- Les *Orchidées* tropic. réagissent de façon analogue : elles produisent de très nombr. fleurs lorsqu'elles ont été **rafraîchies par de violentes pluies d'orage**.
- La croiss. de nos céréales d'hiver est avancée de 2 à 3 semaines lorsqu'elles sont soumises, **au début de leur dévelop., à l'action du froid** (« Besoin de vernalisation relatif »). Des graines qu'on a humectées et gardées pendant 10 jours à une temp. de + 2 °C mûrissent aussi rapidement que les céréales d'été, même si on les met en terre seul. au printemps. (*Vernalisation* ou Jarowisation artificielle).

Chez de nbx. *Végétaux*, les thermomorphoses sont en rapport avec la photopériodicité (p. 225). Parfois l'effet du froid peut être remplacé par des gibbérellines.

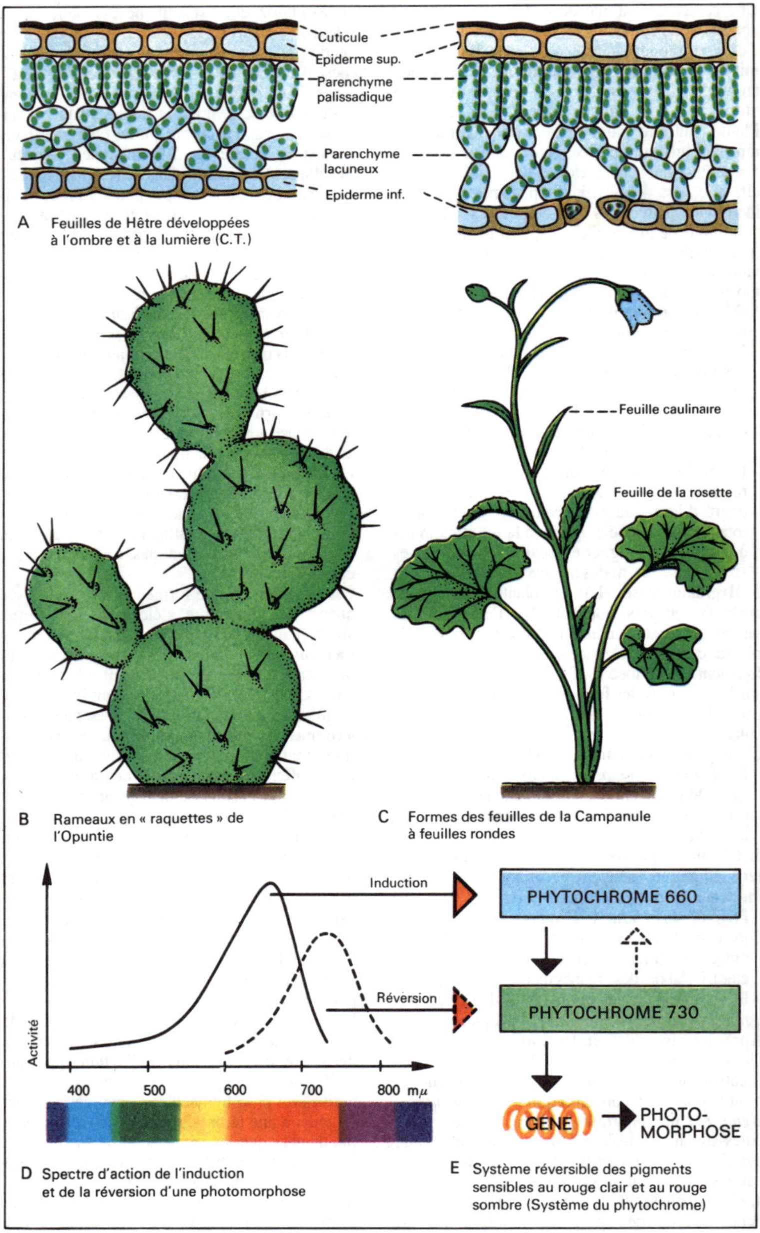

Photomorphose chez les Végétaux

Parmi tous les facteurs exogènes qui peuvent agir directement ou indirectement sur la croissance, le développement et la forme des *Végétaux*, c'est **la lumière** qui joue le rôle le plus important. Son action peut se manifester de 3 manières :

- La transformation de l'énergie lumineuse en énergie chim. par la **photosynthèse** des organismes autotrophes (p. 49, 274 sqq.). La forme n'étant ici qu'indirectement influencée.
- **Les réactions aux stimulations** (Tropismes, Nasties, p. 344) modifient directement le phénotype végétal par des mouvements des parties isolées de la plante ; ces réactions servent souvent à la nutrition et à la reproduction.
- **La photomorphogenèse**, c.-à-d. le contrôle du développement végétal et de la différenciation par la lumière. C'est d'elle seule que nous nous occuperons dans la suite de notre exposé.

Les photomorphoses

Les rayons lumineux agissent de diff. façons :

La polarité et la dorsiventralité des *Végétaux* ou de certaines de leurs parties sont souvent déterminées par des ondes lumineuses courtes :

- Les œufs de *Fucus* forment la cellule du rhizoïde sur la face à l'ombre (p. 187).
- Les *Hépatiques* ébauchent les corbeilles à propagules sur la face exposée au soleil, les prothalles de *Fougères* produisent les organes sexuels et les rhizoïdes sur la face opposée.
- La dorsiventralité des branches collatérales de cert. *Conifères*, p. ex. du *Thuya*, est déclenchée par l'incidence de la lumière sur un seul côté de la branche.

La morphogenèse des organes aériens dépend de la lumière même en ce qui concerne la différenciation des tissus :

- Chez les feuillus, les feuilles qui sont exposées à la lumière ont un tissu palissadique plus large que les autres, parfois même disposé sur plusieurs couches (A).
- Les bourgeons éclairés poussent préférentiellement et influencent ainsi la ramification des arbres.
- La formation des raquettes du *Figuier de Barbarie (Opuntia)* dépend d'un éclairement intense (B).
- Les feuilles rondes de la *Campanule Campanula rotundifolia* qui sont réduites normalem., à la couronne de feuilles des formes juvéniles, remplacent les feuilles étroites à petit pédoncule lorsque l'éclairement diminue (C).

La faculté de germination des graines peut être modifiée par l'action de la lumière souvent en fonction de la longueur d'onde :

- Les graines des **Plantes qui germent à la lumière** p. ex. du *Tabac* et des *Salades*, ne germent qu'après avoir été exposées à la lumière dans un état turgescent.
- **Les graines qui germent dans l'obscurité**, p. ex. l'*Amarante*, la *Courge*, ont leur germination inhibée par la lumière blanche.

L'étiolement, c.-à-d. les dégénérescences présentées par un embryon qui se développe dans l'obscurité, a été bien observé sur le tubercule de la *Pomme de terre* : entrenœuds allongés, feuilles en forme d'écailles sans chlorophylle. Le rôle de la lumière est donc d'activer le développement du limbe, des plast., de la chlorophylle et d'inhiber la croissance en longueur.

L'absorption des rayons : pour exercer ainsi un rôle de déclencheur morphogénétique, la lumière doit être absorbée par la cel. On a mis en évidence plusieurs syst. de pigmentation qui jouent un rôle dans diff. morphogenèses. Celui qui intervient est en rapport avec l'état physiol. des *Plantes*, et la durée, l'intensité et le lieu de l'éclairement.

Le système du phytochrome (D, E) est fondé sur une transition réversible du pigment rouge clair au rouge sombre. Il permet l'absorption des rayons efficaces dans un grand nombre de processus morphogénétiques.

Un éclairement de courte durée **(réaction de faible énergie)** par de la lumière rouge clair (max. 660 nm) déclenche selon MOHR les photomorphoses suivantes chez la *Moutarde blanche (Sinapis alba)* :

- l'inhibition de la croissance de l'hypocotyle,
- la croissance de la surface des cotylédons,
- l'ébauche des feuilles primordiales,
- la différenciation des stomates et du xylème,
- l'accroissement de la respiration cell., de la synthèse des protéines et de l'ARN.

Un bref éclairement de lumière rouge sombre (max. 730 nm) efface l'effet de la lumière rouge clair. Il s'agit donc d'un processus réversible.

Cette réaction rouge clair/rouge sombre universellement répandue chez les *Plantes vertes* s'explique par :

La théorie de l'action du phytochrome : le syst. est composé de 2 chromoprotéines : le phytochrome 660 (max. d'absorption dans la zone rouge clair) est transformé par des rayons rouge clair en phytochrome 730 (pic d'absorption dans la zone rouge sombre) provoque la transition P 730 → P 660. Le phytochrome 730 est la forme physiol. active. Il supprime probablement un blocage physiolog. qui inhibe un processus déterminé du développ. ; il ne fonctionne donc que comme un déclencheur. Les caractérist. des photomorphoses étant déterminées génétiquement au niveau des embryons, les cel. épidermiques des cotylédons p. ex. réagissent par une croissance renforcée et celles de l'hypocotyle par une croissance diminuée.

Dans des conditions naturelles d'éclairement, la lumière blanche active préférentiellement la formation du P 730 bien qu'elle contienne à peu près autant de rouge clair que de rouge sombre, ceci parce que les quanta les plus énergétiques sont les quanta rouge clair qui entraînent la formation du pigment P 730.

A côté de la photoréaction, surtout lorsque les rayons lumineux exercent une action prolongée **(réaction de grande énergie)**, il faut tenir compte de la synthèse « de novo » de P 660 et de la dégradation de P 730 actif, soit par transformation en P 660 dans les embryons qui se développent à la lumière, soit par sa disparition dans les embryons qui se développent à l'obscurité.

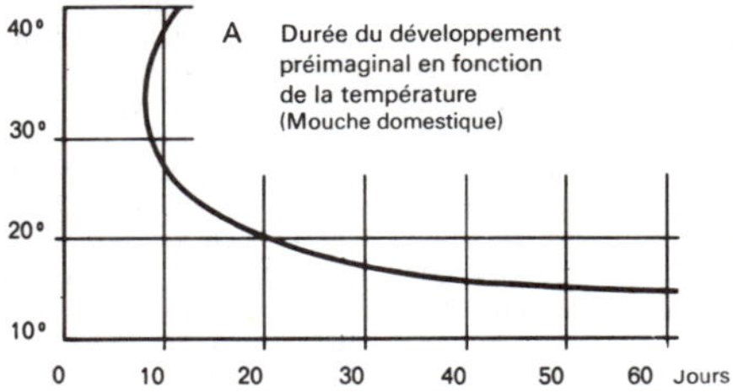

A Durée du développement préimaginal en fonction de la température (Mouche domestique)

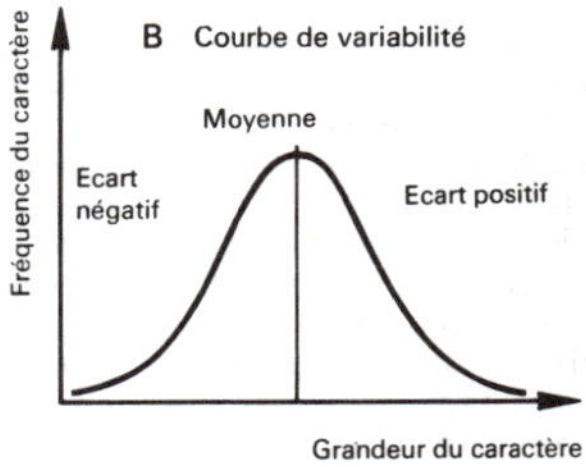

B Courbe de variabilité

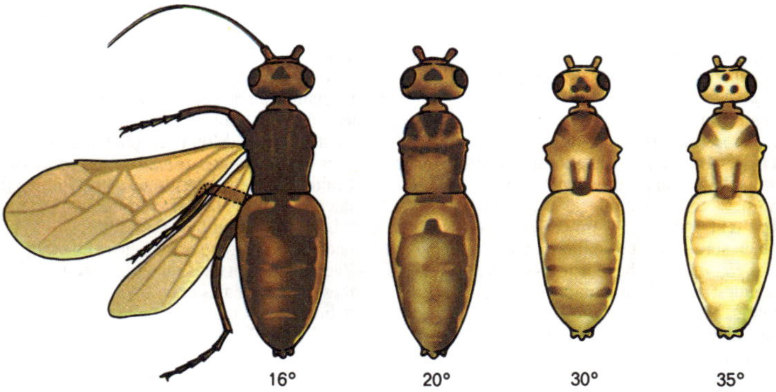

C Couleur et grandeur corporelle de l'Ichneumon Habrobracon selon la température

D Dimorphisme saisonnier chez la Carte géographique

E Dimorphisme saisonnier chez un Papillon sud-africain

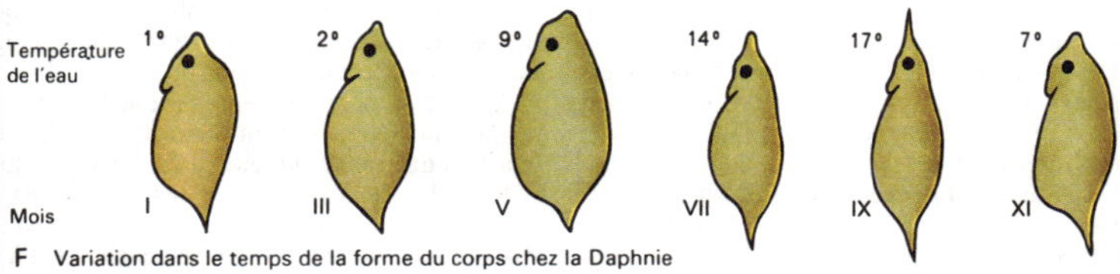

F Variation dans le temps de la forme du corps chez la Daphnie

Variations chez les Animaux

Le développement et la morphogenèse des *Animaux* subissent beaucoup moins l'influence des conditions ext. que les *Végétaux*. Mais toutes les particularités anatomiques et fonctionnelles peuvent se modifier dans le cadre d'une norme génétiquement déterminée. Les facteurs influents peuvent être la nutrition, la t[e], l'humidité, la lumière et l'activité fonct. Il reste les var. de l'environnement ds le cadre des comportements naturels, ainsi les modif. qui interviennent se font plus quant. La plupart du temps les transitions sont très fluctuantes, compte tenu des modif. incessantes de facteurs ext. variables.

Les modifications dynamiques :

- La durée du développement pré-imaginal, c.-à-d. l'intervalle de temps compris entre la ponte et la sortie de l'*Insecte* achevé, dépend de la température chez la *Mouche domestique* comme chez tous les autres *Animaux* à température variable (A).
- La taille du corps des *Insectes* adultes dépend de l'alimentation des larves. La structure des organes composés peut aussi être variable : les yeux des petites *Mouches domestiques* ont moins de facettes, mais celles-ci sont relativ. plus grandes que celles des *Mouches* de grande taille.
- La pigmentation de l'*Ichneumon Habrobracon juglandis* et d'un grand nombre d'autres *Insectes* varie avec la température. Aux basses températures, ils deviennent presque noirs (C).
- L'utilisation ou la non-utilisation des organes exerce une action individuelle et temporaire sur leur développement (Musculature, callosités).

Cette stabilité relative à l'égard des modifications peu importantes du monde ext. est fondée sur la faculté de régulation de l'organisme animal qui compense les fluctuations des conditions ext. et maintient son « milieu intérieur » relativ. constant. Lorsqu'un cert. nombre d'individus héréditairem. égaux vivent dans le même espace vital (p. ex. des *Paramécies* engendrées dans une culture à partir d'un seul indiv.), cert. caractères déterminés (p. ex. la longueur du corps) des indiv. varient autour d'une valeur moyenne. La fréquence des indiv. dont les caractérist. s'écartent de la moyenne est d'autant plus faible que cet écart est grand. Le tracé régulier caractérist. de **la courbe de variations** (courbe de Gauss, B) résulte de l'addition d'un très grand nombre de facteurs « aléatoires », qui tantôt activent et tantôt inhibent les organismes individuels en agissant toujours indépend. les uns des autres. Chez les indiv. présentant un écart négatif extrême, c'est l'influence des facteurs inhibiteurs qui a prédominé ; chez les indiv. présentant un écart positif extrême, ce sont les facteurs activ. qui ont prédominé et, dans la classe des indiv. moyens, qui sont les plus fréquents, les facteurs inhib. et activ. se sont équilibrés quantitativement. Des conditions ext. non naturelles, des formes déficientes (mutants déficients, p. 473 sqq.) dont les processus fonctionnels normaux sont perturbés, ou des *Animaux* dotés d'une potentialité alternative de réaction déterminée génétiquement peuvent engendrer des variations qualitatives considérables. Dans ce dernier cas, des changements brusques de cert. caractères se manifestent même lorsque la transform. des facteurs modificateurs se fait d'une manière continue : **De petites variations peuvent provoquer un changement total :**

- *L'Axolotl* mexicain atteint habituellement sa maturité sexuelle à l'état de larve pourvue de branchies, mais si l'on contraint ce *Triton* à gagner la terre ferme à l'état larvaire, on peut déclencher chez lui la métamorphose accompagnée de la réduction des branchies.
- *« Les Lapins russes »*, (mutation c^n) ont une fourrure blanche avec des extrémités du corps noires (oreilles, nez, pattes, queue), dans lesquelles la température du corps est naturellement plus basse : la pigmentation qui dépend d'un enzyme ne se produit qu'à une t[e] inf. à 34 °C. Si l'on coupe des poils d'une quelconque partie du corps, ce sont des poils noirs qui repoussent si on abaisse la température, sinon ce sont des poils blancs.
- La formation des castes des *Hyménoptères* sociaux (p. 177), s'explique par les variations quantitatives de l'alimentation (en fonction de la quantité d'acide pantothénique et de bioptérine).

Si l'on passe en revue les diff. phénomènes de variations, on trouve des modifications phénotypiques dues à des :

- **blessures** (p. ex. parasitisme),
- **facteurs écologiques** (p. ex. différences d'espace vital, dépendance envers l'hôte parasité),
- **contacts entre les congénères** (p. ex. formes solitaires et sociales de *Criquets migrateurs*).

Les variations indiv. et passagères sont très frappantes (**variations temporaires**) :

Variations annuelles

Chez la *Belette*, le *Renard polaire* et le *Bison* p. ex., la fourrure de chaque individu change en hiver et en été. Mais cette variation de forme peut également s'étendre à 2 ou à plusieurs générations :

- Les *« Cartes géographiques » (Arachnia levana)* de la génération de printemps dont les larves ont hiberné, ont des coloris jaune rouge, alors que les descendants de la génération d'été sont plus sombres (D). La 1re génération se développe, alors que les chenilles sont élevées pendant des journées courtes, la 2e lorsque les jours sont longs et que la lumière exerce une action directe qui n'est pas filtrée par des plantes fourragères. Un grand nombre de *Papillons diurnes (Vanesse du chardon, Amiral)* présentent régulièrement un **dimorphisme saisonnier** analogue qui, dans des conditions expériment. de température et d'éclairement variables, peut engendrer également des formes intermédiaires inconnues à l'état naturel.
- Parmi les *Papillons tropicaux*, on distingue très nettement les formes de saison sèche et les formes de saison humide (E).
- Chez les *Daphnies*, à une hétérogamie provoquée également par des facteurs exogènes (p. 167) s'ajoute une variation notable (longueur du corps, hauteur du casque, aiguillon caudal) des générations qui se succèdent par parthénogenèse. Cette **cyclomorphose** (F) qui repose sur un agrandiss. cell., suit l'évolution de la température de l'eau.

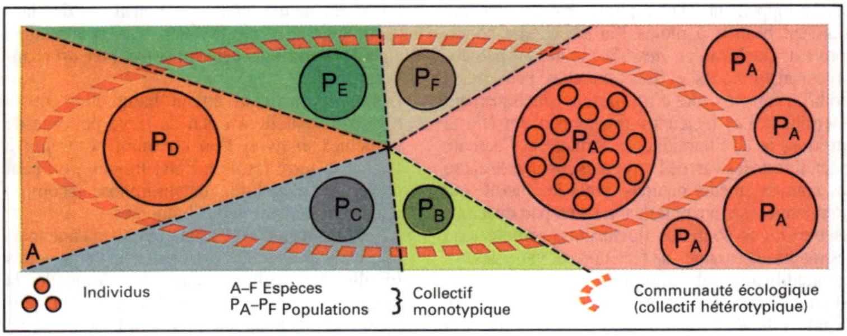

A Ecologie : système hiérarchisé, intégrateur d'unités.

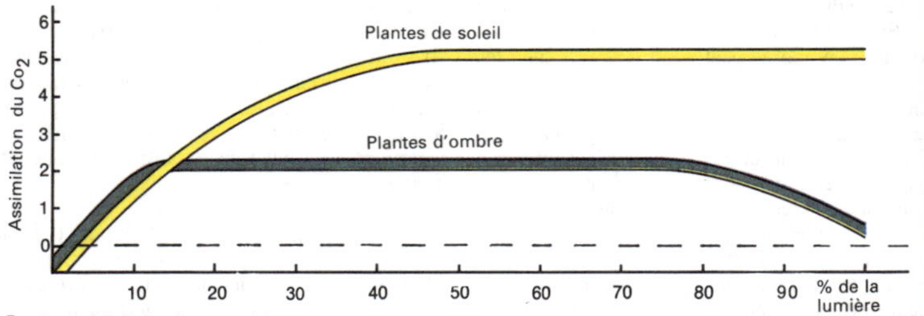

B **Intensité de la photosynthèse**

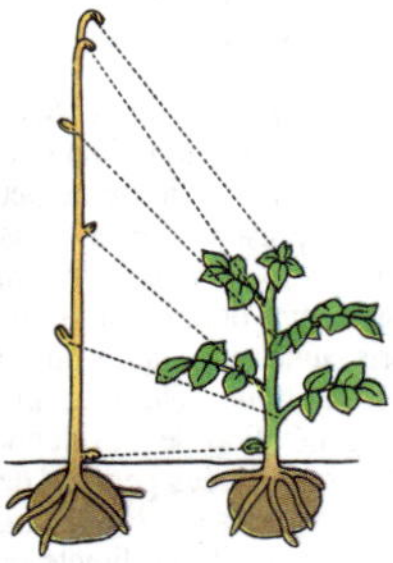

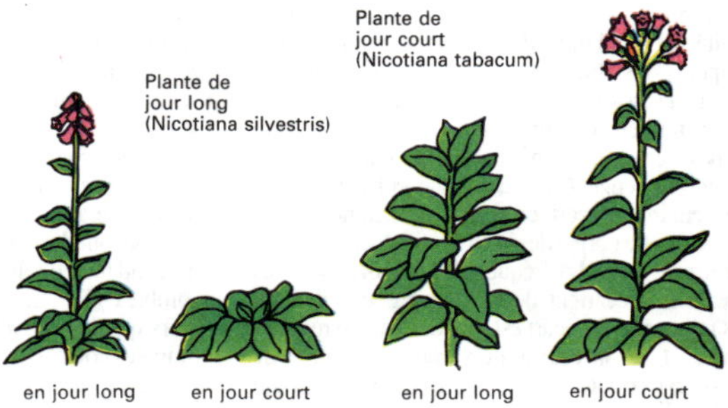

C **Étiolement** chez la Pomme de terre

D **Mise à fleur** chez 2 espèces de Tabac en fonction de la longueur du jour

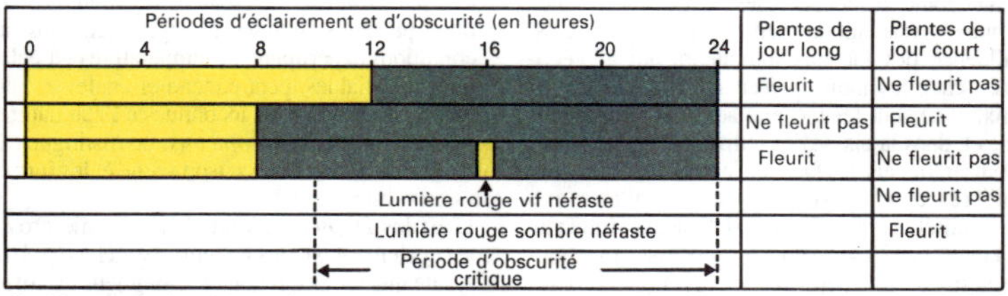

E **Alternances des périodes d'éclairement et d'obscurité** et leur effet sur les plantes de jour court et de jour long

La lumière en tant que facteur écologique

L'écologie (Haeckel, 1866) est l'étude des interactions qui s'exercent entre les **êtres vivants** et le **milieu** où ils vivent. Elle concerne toujours des systèmes supra-individuels. On peut l'appréhender à 3 niveaux :

1) **Autoécologie** : son objet est l'étude des relations entre l'individu et son environnement ; ses méthodes sont des investigations en plein air et au laboratoire ; elle est en relation, spécialement avec la physiologie, mais aussi avec d'autres disciplines (Ecophysiologie, Ecoéthologie).

2) **Démécologie** : son objet est l'étude des relations entre l'environnement et les stuctures internes de la population ; ses méthodes sont les investigations en plein air, la statistique, les modèles mathématiques ; elle est en relation avec la génétique des populations avec laquelle elle forme la biologie des populations ; elle a des liens étroits avec les sciences appliquées (dégâts dus aux parasites, p. 243).

3) **Synécologie** : son objet est l'écosystème (p. 259) ; en passant du qualitatif au quantitatif, grâce à l'analyse systématique moderne, c'est la transition vers une **écologie nouvelle** (ODUM 1971). Une seconde partie (Ecologie végétale, animale et humaine) est examinée par la suite dans la mesure où elle présente un intérêt.

L'action des facteurs abiotiques (lumière, température, eau, sol) sera étudiée à propos des *Végétaux* puisque, du fait de leur nutrition autotrophe, les subst. minérales leur sont nécessaires.

De plus, les *Végétaux* étant fixés, ils s'adaptent aux conditions du milieu.

(Voir autoécologie animale, p. 231 sqq.).

Lumière et photosynthèse

Lorsque les autres conditions sont optimales (présence de CO_2, d'eau, température, ouverture des stomates), l'intensité de la photosynthèse est proportionnelle à l'intensité lumineuse. Lorsque l'intensité lumineuse augmente d'une certaine valeur, la photosynthèse croît d'autant plus que la lumière est proche du minimum (loi de relativité pour l'assimilation du CO_2). Pour de fortes valeurs on atteint un optimum à courbe constante (saturation en lumière) qui décroît de nouveau (détérioration de l'appareil photosynthétique). Si l'on compare les optima de diff. espèces végétales, leur adaptation au milieu où elles vivent devient manifeste (B). Une faible intensité lumineuse permet aux plantes herbacées des sous-bois d'atteindre leur activité photosynth. maximale. Elles atteignent plus vite que les plantes de lumière le point où l'absorption de CO_2 (par photosynth.) et le rejet de CO_2 (respiration) s'équilibrent, point de compensation sur le graphique : (point d'intersection des courbes d'intensité photosynth. avec la ligne O). Ainsi pour que le *Pin*, le *Bouleau*, le *Mélèze* continuent à pousser, il leur faut un éclairement qui équivaut à 1/9 de la pleine lumière diurne, alors que 1/2 000 suffit pour les *Mousses*. La **nature de la lumière** (longueur d'onde) est également un facteur écologique important, p. ex. pour les plantes aquatiques. Les pigments des *Algues vertes* (couches superficielles de l'eau) absorbent surtout, comme des plantes terrestres, les radiations lumineuses de la zone rouge du spectre (660-680 nm). Les *Algues rouges* (p. 551) qui poussent au fond de l'eau reçoivent princip., en raison de l'absorption de la lumière par l'eau, des radiations vertes et bleues qu'elles absorbent grâce au pigment rouge qui recouvre la chlorophylle, la phycoérythrine. Les *Algues brunes* p. 551, (pigment : fucoxanthine) absorbent les radiations de la zone moyenne du spectre, par conséquent elles se trouvent dans les couches moyennes de l'eau, entre les algues rouges et les algues vertes.

Lumière et croissance

La lumière peut avoir une influence directe sur la croissance et la formation des organes (C, voir aussi p. 221).

Les plantes des montagnes reçoivent beaucoup de lumière, mais les rayons ultraviolets sont si intenses qu'ils détruisent la photohormone nécessaire à leur croissance en longueur (p. 337 sqq.). Ces plantes sont basses et forment des tapis végétaux. Si on les transplante en plaine, elles se mettent à pousser en hauteur. Les radiations ultraviolettes ont également un pouvoir **bactéricide** (Etablissements de cure en montagne pour les maladies pulmonaires). **Lumière et embryon** : p. 221, **Lumière et mouvement** : p. 338 sqq.

Photopériodisme

La durée respective du jour et de la nuit peut aussi avoir une influence écologique sans que la quantité de lumière ne soit déterminante.

On peut distinguer :

Les plantes de jours longs qui ne fleurissent que lorsque la lumière du jour dure plus de 12 h (*Céréales, Betterave à sucre, Epinard, Salade, Pois*).

Les plantes de jours courts qui ne fleurissent que lorsque la lumière du jour dure moins de 12 h (*Maïs, Millet, Cotonnier, Chanvre, Chrysanthème, Dahlia, D*).

Les plantes neutres dont la floraison n'est pas affectée par la durée relative de la lumière et de l'obscurité (*Tournesol, Bourse-à-Pasteur, Mouron des oiseaux*).

Si on greffe une plante de jour court cultivée dans les conditions de jours courts, donc prête à fleurir, sur un individu de la même esp. qu'on a maintenu dans les conditions de jours longs, ce dernier forme des fleurs. L'initiation du changement repose sur l'action des gènes (p. 468 sq.), l'impulsion étant transmise par une hormone de floraison (vraisemblablement : un composé stéroïde). Le rôle décisif dans le photopériodisme n'est pas dû à la durée du jour, mais à la durée de l'obscurité ininterrompue (E). Un éclairement même extrêmement bref (< 1 sec.) pendant la période obscure suffit à modifier le processus de la floraison. Des expériences faites à la lumière monochromat. (rouge clair de 660 nm et rouge sombre de 730 nm) prouvent que les phénom. photopériod. sont déterminés par le **système du phytochrome** (p. 221, « horloge interne »).

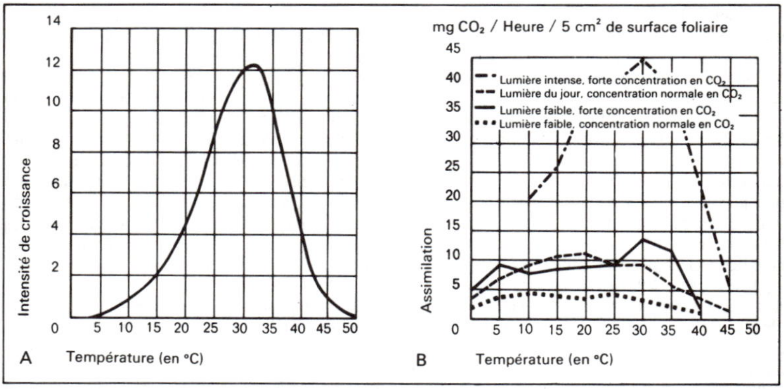

Croissance de plantules de Maïs (A) et assimilation des feuilles de Betterave (B) en fonction de la température.

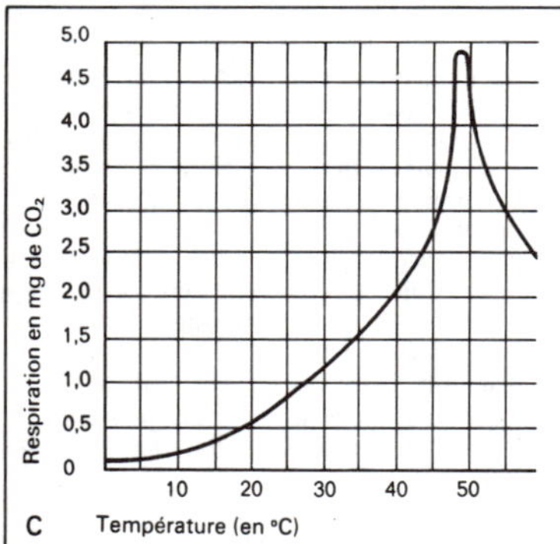

	Minimum	Optimum	Maximum
Chanvre	1	35	45
Seigle	1—2	25	30
Blé	4	25	30
Maïs	8	34	44
Haricot	8	34	44
Courge	12	34	44
Tabac	13	28	35
Bacille de la tuberculose	30	37	—
Bacille du foin	—	—	120
Algues bleues de sources chaudes	—	—	80
Bactériospores	-200	—	—

D

Respiration des feuilles de Pomme de terre en fonction de la température (C) ; Caractéristiques de température en °C (D).

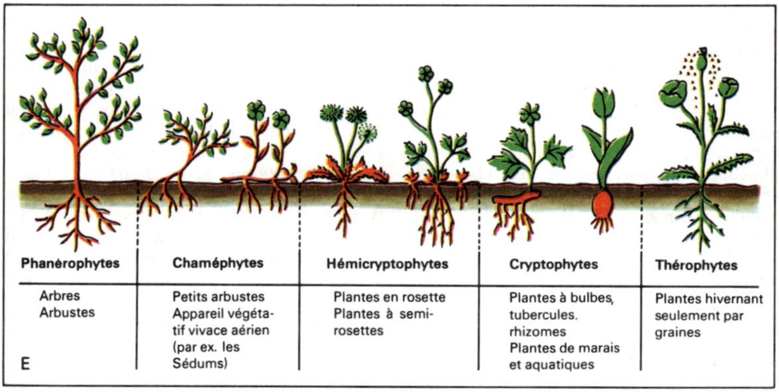

Hivernage par organes de résistance (partie hivernante en rouge)

La température. Son influence est étroitement associée à celle de la lumière et à celle de l'eau. Lorsqu'on maintient expérimentalement les autres facteurs constants, il apparaît que des phénomènes tels que la **croissance** (A), la **photosynthèse** (B), et la **respiration** (C) sont influencés par la température. On peut déterminer une température :

– **minimale** : au-dessous de laquelle la plante ne peut pas pousser ; **optimale** : qui permet une croissance maximale ; **maximale** : qui interrompt la croissance.

Ces valeurs sont caract. pour chaque espèce (D) et jouent un rôle essentiel dans la distribution des *Végétaux* dans les diff. zones climatiques. Les optima les plus bas pour la photosyntèse sont de l'ordre de 0° (*Algues Delesseria*), les plus élevés d'env. 40-45° (plante désertique d'Australie *Atriplex vesicarium*). Ce problème, dont la connaissance a une très grande importance pour l'écologie appliquée (culture des plantes utiles) se complique du fait que la valeur optimale peut être modifiée par d'autres facteurs écologiques (intensité lumineuse ou concentration en CO_2), et qu'elle peut varier d'environ 20° (B). De ce fait, la valeur optimale est toujours fonction des conditions naturelles réelles.

– L'optimum en lumière faible est de l'ordre de 10°.
– L'optimum en pleine lumière est d'env. 15-20°.
– Les optima qui avoisinent 30° ne sont sans doute pas possibles dans la nature, car la concentration en CO_2 qui serait nécess. n'est pas réalisée. Mais on peut atteindre cet optimum très élevé en appliquant des méthodes de culture appropriées.

La courbe de la respiration (C) montre que l'utilisation pendant la nuit des produits d'assimilation synthétisés pendant la journée diminue avec la température. Ainsi pour le *Chanvre* p. ex., les pertes de subst. entraînées par la respiration sont 25 % plus faibles à 10° qu'à 20°.

Pendant le développement d'une plante l'optimum peut varier ; d'autre part, les températures de l'air et du sol peuvent agir différemment. Ainsi le dévelop. des tubercules de la *Pomme de terre* ne peut se faire qu'à la température du sol (optimum 13-26°), alors que la croissance des organes aériens n'est possible qu'à la temp. de l'air. En fonction des variations de la temp., au cours de la journée ou de l'année, la plante peut passer d'une **période de végétation** à une période d'arrêt de croissance.

La plante ne meurt de chaleur ou de froid que lorsque la température atteint des limites extrêmes. Ce sont les graines sèches qui possèdent la plus grande résistance aux températures basses (–258°) (**résistance au froid**). Les plantes de l'Arctique peuvent supporter des températures de –60° et des gelées et des dégels répétés. Par contre, la température la plus basse que puisse supporter une plante tropicale est légèrement supérieure à 0°, de l'ordre de 1,4° à 3,7°. Ce sont encore les formes de durée qui possèdent la plus grande **résistance à la chaleur** (elles résistent à 80°, température du sol dans les déserts tropicaux), mais il existe aussi des formes actives pour qui la limite maxima est encore de 80° (*Algues bleues* des sources chaudes). Même en Europe centrale (massif gréseux de l'Elbe), on a mesuré des températures du sol atteignant 75° et des températures de la plante elle-même de 60° qui étaient endurées sans dommage.

L'adaptation des *Végétaux* aux températures extrêmes est réalisée de 2 façons :

1. Le dévelop. est synchronisé avec l'évolution de la température, de sorte que la plante survit aux époques où le froid ou la chaleur sont extrêmes grâce à des stades latents de dévelop. auxquels leur situation (dans le sol, sous la neige, E), leur forme (faible surf. relative) ou des dispositifs protecteurs de nature physico-chim. confèrent une haute résistance.
2. **La plante possède des dispositifs protecteurs directs, morphol. ou physiol**. Citons, comme dispositifs morphol. d'adaptation aux fortes chaleurs, ceux qui augmentent la transpiration (p. 84, H), la position oblique des feuilles, les poils qui réfléchissent la chaleur, la couleur claire (due à une faible quantité de chlorophylle, ou à la disposition parallèle des chloroplastes). Les dispositifs physiol. qui représentent des adaptations au froid sont par ex. cert. transformations intra-cellulaires : perte d'eau du Cyt., protection particulière des cytomembranes par des acides aminés spécifiques, des glucides et leurs dérivés.

La température peut également influencer le dévelop. des plantes (p. 218 sqq.) et bien d'autres phénomènes (absorption, transport de subst., transpiration (p. 272 sqq.). Mais la lumière n'a pas été faite sur tous les processus physiol. impliqués dans ces phénomènes, à part la relation qui lie vitesse et température de réaction.

Le facteur CO_2

Il agit avant tout sur l'intensité de l'assimil. (B). Pour la photosynthèse, les plantes terrestres utilisent essentiellement le CO_2 de l'atmosphère, dont la concentration dans les couches basses de l'atmosphère est en moyenne de 0,03 %. On passe directement ds le sol à des valeurs plus élevées, par diffusion, car les concentrations peuvent atteindre 1,5 % du fait de la respiration (racines des végétaux et organismes du sol).

Les plantes aquatiques n'utilisent en règle génér. que le CO_2 contenu en solution dans l'eau, c'est à peine si elles utilisent le CO_2 fixé sous forme de carbonate ou de bicarbonate. Pourtant la teneur de l'eau en CO_2 actif est supérieure à celle de l'air (dans les lacs d'eau douce d'env. 40 %).

La teneur normale de l'air en CO_2 est toujours très infér. à l'optimum photosynth. ; pour obtenir un meilleur rendement photosynthétique, il faut augmenter la concentration en CO_2. Dans la nature ceci est réalisable si l'on intensifie la respiration du sol (amendement combiné par des engrais chimiques et organiques) ; cela est également possible dans les serres, il faut alors alimenter directement les plantes en CO_2. Mais une concentration supérieure à 0,1 % peut avoir un effet toxique).

Le mode de fixation du CO_2 est écologiquement important : *ds de nombreuses familles (p. ex :* Cactées, Crassulacées, Broméliacées*) les plantes C.A.M.* (p. 277) *et en C_4 occupent des stations extrêmes.*

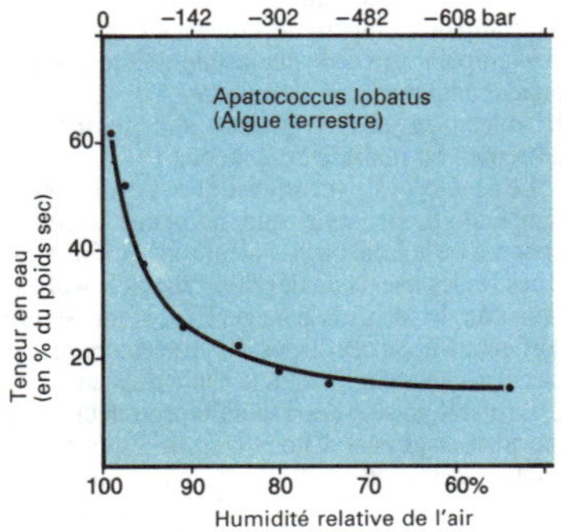

A **Teneur en eau d'une plante poikilohydre dans un air à humidité variable**

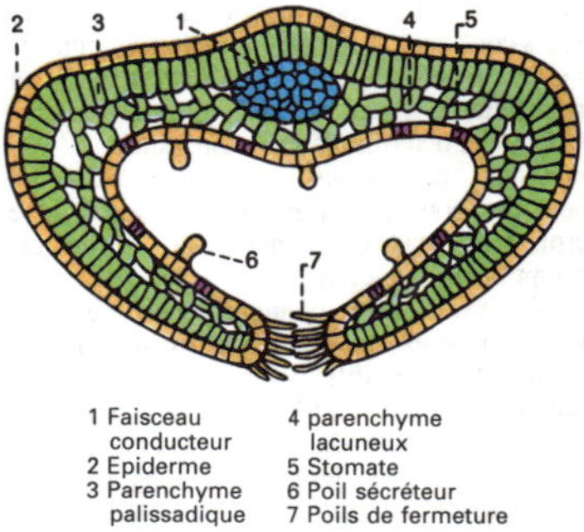

B **Feuille enroulée** d'Empetrum nigrum (C.T.)

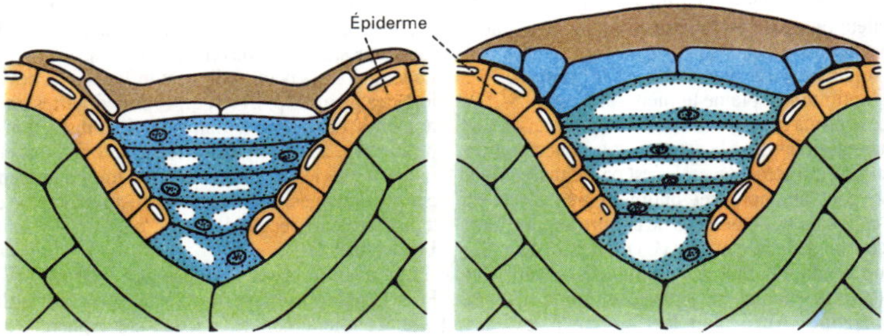

C **Ecaille absorbante d'une Broméliacée** avant et après absorption d'eau (C.L.)

L'eau en tant que facteur écologique

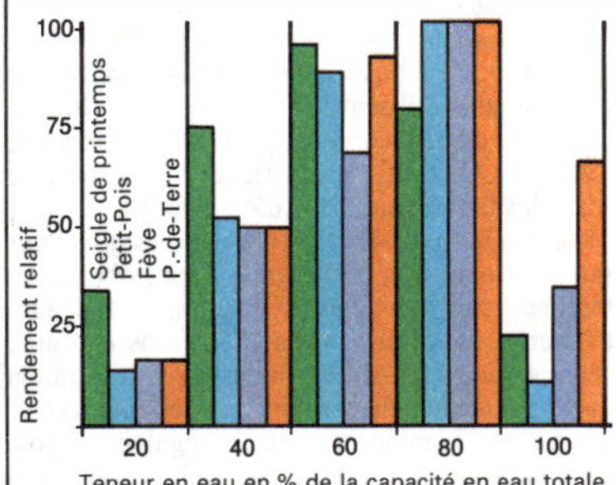

D **Teneur en eau du sol en tant que facteur de croissance (la baisse de rendement dans la zone maximale dépend de l'aération insuffisante du sol)**

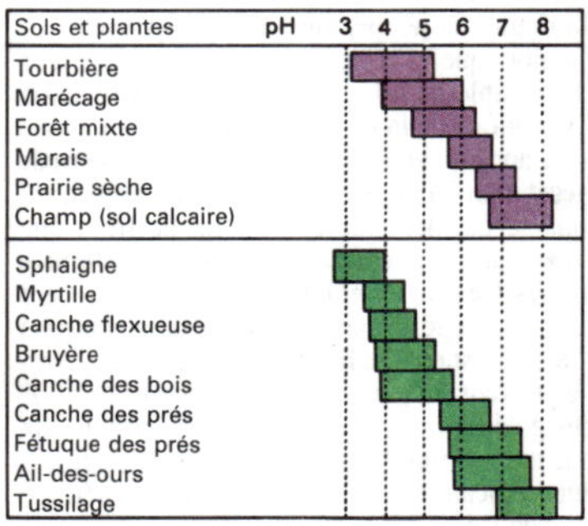

E **Domaine de pH** de divers sols et **plantes indicatrices**

Le sol en tant que facteur écologique

Le facteur eau

Comme il est très souv. limitant (p. 232 A) il est considéré comme le facteur écologique le plus important.

Les plantes poïkilohydres (à humidité variable) ont une teneur en eau qui est largement tributaire de l'humidité de leur environnement (A) : les *bactéries*, les *cyanobactéries*, originellement les *Algues vertes*, les *champignons*, *les lichens* ; quelques rares *Angiospermes*, plus rarement des *Fougères*. Leurs petites cellules sans vacuole centrale peuvent se rétrécir de façon régulière par perte d'eau sans dommage durable pour leurs structures fines.

Les **plantes homohydres** (à humidité propre) forment la plus grande partie de la végétation terrestre.

Elles sont reconnaissables :

- à leurs cellules avec une grosse vacuole centrale,
- à la grande capacité de leur système racinaire,
- à leur cuticule qui évite la transpiration,
- à leur appareil stomatique régulateur.

Le bilan hydrique de la plante (rapport de la quantité d'eau absorbée et de la quantité d'eau perdue par évaporation). Ce bilan doit être équilibré sur des périodes assez longues, car il peut devenir provisoirement négatif (fanaison de la plante). On peut indépendamment du type climatique et de la station distinguer 2 types fondamentaux :

- Le type hydrostable (isohydrique) maintient son bilan à peu près équilibré tout au long de la journée (système racinaire ramifié à grande capacité d'absorption ; régulation de la transpiration stomatique ; p. 85).
- Le type hydrolabile (anisohydrique) supporte temporairement de grandes pertes d'eau (p. ex. les plantes herbacées des stations ensoleillées).

1) **L'organe qui assure l'absorption de l'eau** est le système racinaire à grande surface absorbante (longueur totale ≃ 1 km, *Céréales*).

Sa forme est caract. de l'espèce et dépend du port de la plante, et des conditions locales.

L'absorption d'eau n'est possible que s'il existe un gradient de pression d'absorption entre le sol et la plante. Ce qui est déterminant c'est la pression osmotique potentielle des cellules qui peut énormément varier avec les forces osmotiques et capillaires qui retiennent l'eau dans le sol :

- elle peut être basse (quelques bars) chez les hygrophytes mais aussi chez les Succulentes ;
- elle peut être très élevée (supérieure à 200 bars) chez les plantes ligneuses, les xérophytes et spécialement chez les Halophytes (Mangrove, sols salés, déserts salés).

Les organes aériens de la plante peuvent absorber l'eau de la rosée, ou l'eau de pluie, p. ex. les épiphytes qui ne s'enracinent pas dans le sol, ou n'ont même pas de racines. Les *Broméliacées* épiphytes ont des feuilles munies de multiples écailles absorbantes : ce sont des poils enfoncés recouverts de cel. mortes qui par leur absence de cuticule, l'épaisseur de leurs membranes riches en pectine sont particulièrement absorbants (C). Les feuilles en rosettes de nombr. *Broméliacées* forment des réservoirs où s'accumule l'eau de pluie qui est ensuite absorbée par de nombreux poils absorbants.

Même la vapeur d'eau contenue dans l'air peut être absorbée par cert. plantes (*Mousses, Algues*) ; l'*Algue Pleurococcus vulgaris* se divise encore lorsque l'humidité relative de l'air n'est que de 62 %.

2) **Il existe de nombreux dispositifs d'adaptation destinés à réduire la transpiration.**

La plante est alors revêtue d'un épiderme coriace, de poils, d'une couche de cire (p. 84 F) ; les stomates sont enfoncés dans des cryptes (p. 84 G), ou s'ouvrent à l'int. des feuilles enroulées (B) ; la surf. relative de la feuille est réduite (cette réduction pouvant être totale, comme chez les *Succulentes*, p. 119).

La transpiration passive peut être suppléée, surtout chez les plantes hygrophiles ou aquatiques par une exsudation active (**guttation**) des stomates aquifères (hydatodes) situés au bord de la feuille, assurant même lorsque l'air extér. est saturé de vapeur d'eau, le transport des subst. à l'int. de la plante (nutrit. minérale, p. 280 sq).

Le sol (facteurs édaphiques)

se forme par altération de la croûte terrestre (lithosphère) et l'intervention des organismes, d'où de nombreux types de sols (voir aussi p. 280 sq) dont la **pédologie** traite de la formation, de la structure et de la systématique. Le sol en tant que complexe physico-chimique, effectue spécialement avec les **végétaux** des échanges intensifs (D) : fournit l'eau et les sels nutritifs. La plante agit sur le sol en fournissant des subst. nutrit. (sécrétions acides des racines) et en formant des acides humides.

Seules quelques plantes peuvent vivre sans sol et poussent sur le sable ou la roche nue (plantes pionniers : *Lichens, mousses, Algues terrestres*).

1) Les **conditions physiques** dépendent de la proportion relative du calcaire et des acides humiques, car tous deux se transforment en sels, surtout de Ca (humus doux ou neutre par opposition à l'humus acide lorsqu'il y a carence en Ca). Les humates en solution colloïdale fixent les subst. nutrit. et l'eau par adsorption. Avec les particules argileuses colloïdales, ils forment des composés humifères et argileux qui confèrent au sol une **struct. glomérulaire** (grains de 2 à 4 mm) favorable à l'aération.

Un tel sol se compose d'env. 50 % de matière solide et de 50 % d'espaces intermédiaires qui renferment 1/3 d'air et 2/3 d'eau. Quand le sol est très humide, les parcelles se désagrègent, le sol devient compact (struct. particulaire) et doit être travaillé pour retrouver sa porosité. Ces phénomènes physiques agissent directement sur la teneur du sol en CO_2 et en O_2. Dans les sols mal aérés il peut y avoir carence en O_2 (*Sonneratia*, p. 116, D) et la concentration du CO_2 peut atteindre des valeurs nocives (p. 227).

2) Parmi les nombr. **propriétés chim.** des sols, mentionnons entre autres le pH (acidité) qui varie de 3,0 à 8,4 env. ; pour les *Végétaux* il existe un pH optimum, de sorte que l'on peut déterminer les types de sol convenables (plantes indicatrices, E). Pourtant des recherches récentes montrent que le pH n'est pas toujours un facteur déterminant, mais seulement un indice qui renseigne sur certaines qualités du sol.

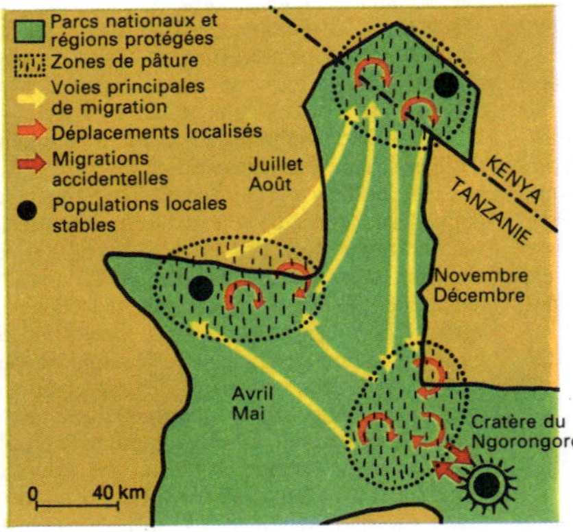

A **Migrations du Gnou à bandes en Afrique orientale**

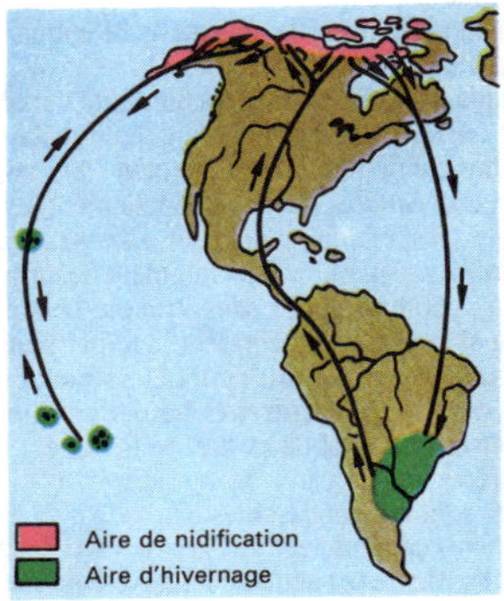

B **Routes de migration des formes orientales et occidentales du Pluvier doré américain**

Effet directeur des facteurs écologiques

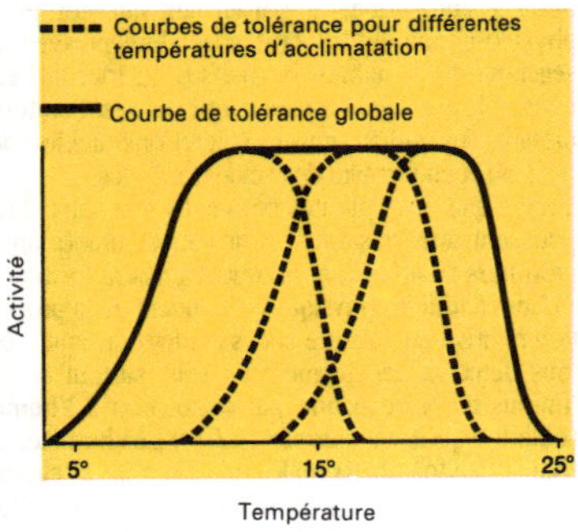

C **Extension du domaine de tolérance par l'acclimatation** (schématique)

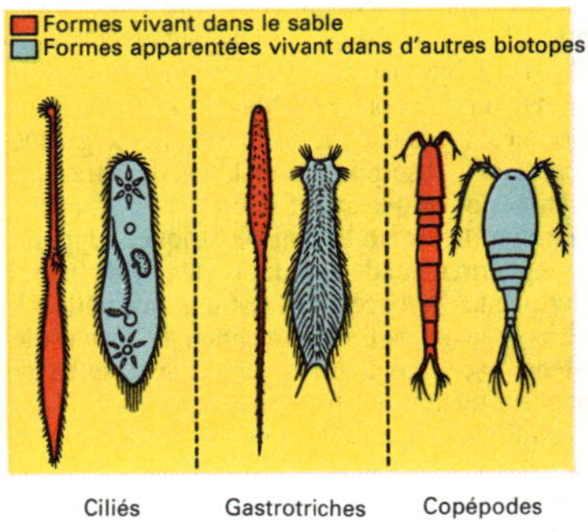

D **Convergence chez les espèces intercotidales des zones sableuses**

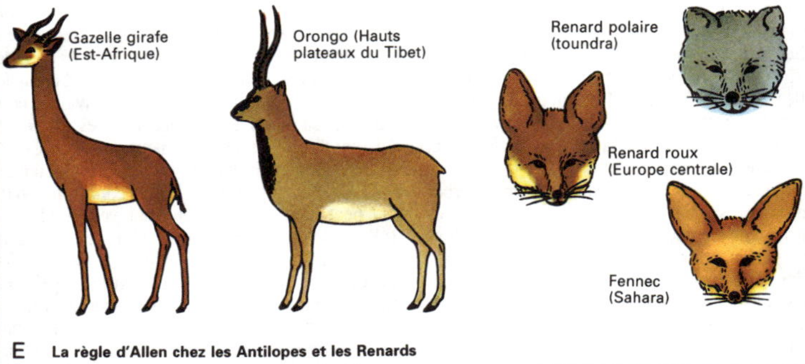

E **La règle d'Allen chez les Antilopes et les Renards**

Effet modificateur des facteurs écologiques

A l'instar des *Végétaux* on distingue chez les *Animaux* trois effets des facteurs écologiques :
- l'effet directeur (Attirance, Répulsion) ;
- l'effet modificateur (Modification ou plutôt transformation) ;
- l'effet limitant.

L'effet directeur

Il est plus important pour les formes libres, se déplaçant activement (*Animaux* et *Végétaux*) que pour les espèces fixées (*Animaux* et surtout *Végétaux* plus liés à leur station) :
- les organismes fixés ne réagissent à l'effet d'attirance/répulsion des facteurs écologiques que par les mouvements des cellules isolées (Tropismes positifs ou négatifs : p. 342 sq.) ;
- chez les organismes qui se déplacent librement, cela conduit à des mouvements réactionnels orientés (*Taxies :* p. 340 sq.) pour rechercher des conditions favorables ou éviter les défavorables.

Ces mouvements, dans un espace limité, ne correspondent chez les petits animaux et selon les circonstances, qu'à quelques cm lorsque la chute thermique est importante :
- Les *Insectes* qui vivent dans le sable des dunes, où, en raison de l'éclairement du Soleil le gradient thermique est élevé, recherchent la profondeur qui correspond à leur optimum. Le *Coléoptère Sternodes Caspius* d'Asie Centrale, p. ex. (optimum 31-34°) monte à la surface quand la température y atteint cette valeur, mais s'enfonce de plus en plus dans le sable lorsque la chaleur augmente.

C'est ce qui se passe aussi, avec des mouvements de faible amplitude, pour d'autres facteurs s'exerçant dans des territoires limités à fort gradient :
- Par phototaxie positive, les *Daphnies* montent vers les couches supérieures où l'eau est riche en O_2.
- Les *Poissons*, les *Ciliés* et les *Flagellés* hétérotrophes montent dans les eaux pauvres en oxygène par « oxygénotaxie » positive.

Des mouvements sur de grands espaces représentent les réactions d'orientation de nombreux animaux par rapport à des objets précis.
- Les *Vautours* peuvent repérer visuellement leur proie sur plusieurs km.
- L'orientaton olfactive de l'*araignée femelle Nephila* vers le mâle se produit sur plusieurs km.

Les Migrations ne sont pas faciles à distinguer de ces mouvements et sont d'ampleur variable.

Les migrations qui se répètent chaque année ont des fonctions variées :
- Recherche de frayères (du milieu terrestre vers l'eau douce chez les *Amphibiens* ; de l'eau douce vers la mer chez les *Anguilles*, de la mer vers l'eau douce chez les *Saumons*) ou de lieux de ponte (*Tortue marine*) ;
- Recherche de quartiers d'hiver (migrations verticales en montagne chez le *Cerf*, le *Chamois* et de nombreux *Oiseaux* ; migrations horizontales des *Caribous* et des *papillons monarques* dans le nord de l'Amérique) ; chez les oiseaux migrateurs (B), elles sont essentiellement liées à la reproduction. Le déclenchement est, ici comme dans d'autres cas, l'action combinée de facteurs internes (hormonaux) et de conditions extérieures (marqueur temps ; p. ex. la durée du jour).
- Alternance des périodes de pluie et de sécheresse conditionnant les migrations des gros animaux d'Afrique (A).

L'effet modificateur

Explique l'existence de types biologiques variés adaptés aux conditions de leur milieu.

Les changements modificateurs ne concernent que le phénotype mais peuvent avoir une grande importance écologique : la réponse de l'organisme aux conditions du milieu dépend beaucoup de la durée d'action de ces facteurs (**acclimatation**). La modification des activités métaboliques s'explique par l'action des isoenzymes. Le résultat est une extension de la tolérance (préférence) et de la zone optimale (C) et/ou un renforcement des constantes internes vis-à-vis des facteurs externes. On peut en donner des exemples :
- Augmentation de la synthèse d'hémoglobine lorsque la concentration en O_2 diminue dans le milieu extérieur (Entraînement poussé des sportifs) ;
- Développement des structures xérophytes chez les végétaux vivant en atmosphère sèche (feuilles de lumière).

Les **modifications phylogénétiques** entraînent dans les générations successives au niveau des populations la sélection de mutants adaptés. L'adaptation peut d'ailleurs se faire selon deux modes :
- **Adaptation** (augmentation de la tolérance aux facteurs externes : p. ex. : à la température dans les sources thermales) ;
- **Emancipation** (suppression de l'action de ces facteurs : p. ex. : Homéothermie des *Oiseaux* et *Mammifères)*. Le développement de phénomènes de convergence dépendant du biotope (D ; voir aussi p. 248 E) est régi par des lois écogéographiques :

1. **Loi de Bergmann** (loi sur la taille des Animaux). Les anim. d'une même esp. (ex. *Grand Corbeau, Cerf, Sanglier)*, ou d'une même fam. (ex. *Manchot*) sont en moyenne plus grands dans les pays froids. La taille des diff. esp. de *Manchots* diminue régul. de l'Antarctique (*Manchot impérial :* 120 cm) vers l'équateur (*Manchots de Galapagos* : 50 cm).
2. **Loi d'Allen** (loi de la proportion). Les appendices corporels (oreilles, membres, queue) des animaux d'une esp. ou d'une famille sont relativement plus petits dans les zones froides (E).
3. **Loi de Hesse** (loi du poids du cœur). Le poids relatif du cœur des animaux d'une même esp. augmente dans les climats froids (*Moineau domestique* : Leningrad 15,7‰, Hambourg 14,0‰, Tubingen 13,1‰ du poids corporel.
4. **Loi de Gloger** (loi sur la couleur). Les climats chauds et humides favorisent la pigmentation brune et noire (eumélanine), les climats froids et secs les pigments jaune brun (phæomélanine).

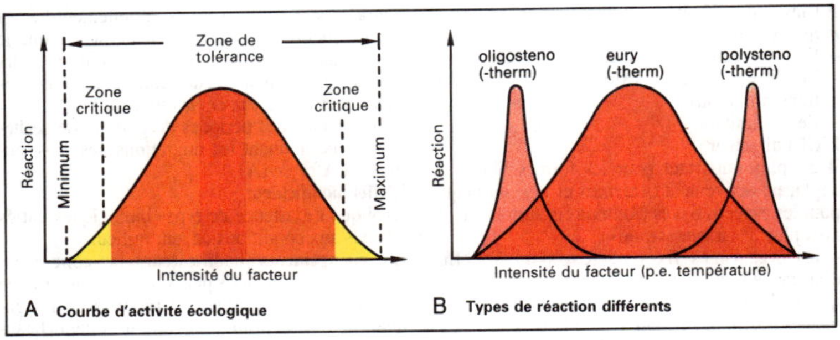

A **Courbe d'activité écologique**

B **Types de réaction différents**

Facteurs de l'environnement et réaction des organismes

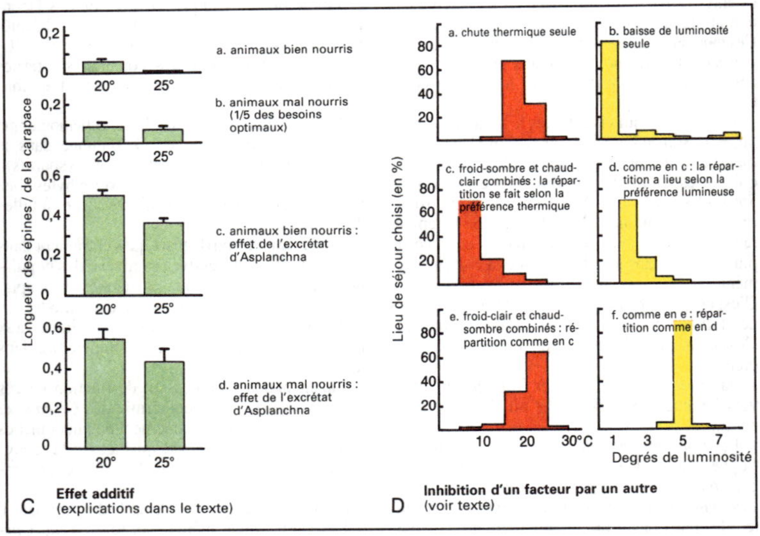

C **Effet additif**
(explications dans le texte)

D **Inhibition d'un facteur par un autre**
(voir texte)

Effet d'additivité des facteurs écologiques

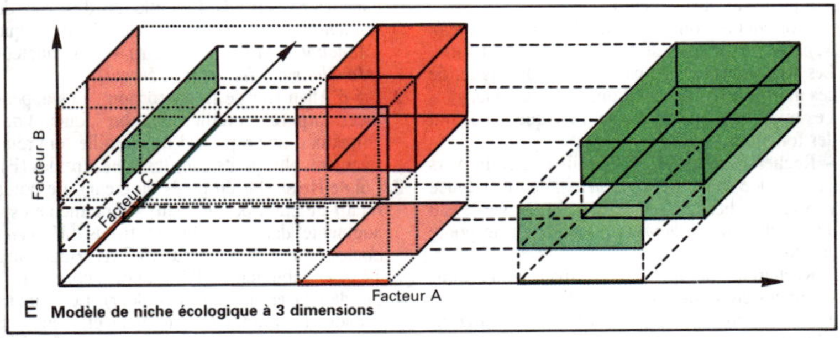

E **Modèle de niche écologique à 3 dimensions**

Niche écologique

L'effet limitant des facteurs externes influe fortement sur la répartition et les manifestations vitales des individus ; il agit :
– à grande échelle sur la répartition des races, des espèces et des groupes élevés en organisation (géographie animale et végétale) sur la Terre ;
– à une échelle plus restreinte sur la répartition des organismes dans les différents biotopes et aussi sur la constitution et la structure des biocénoses. Cet effet limitant diffère par ses facteurs quantifiables :
– les facteurs biotiques fixent, en général seulement, la limite des possibilités d'existence (maximale au niveau des prédateurs, minimale au niveau de la proie-nourriture) ;
– les facteurs abiotiques fixent, en général, deux valeurs limites au domaine d'existence.

Relations entre le milieu et la réaction des organismes. Si l'on mesure, en rapport avec la concentration (intensité) d'un facteur, la densité des individus dans un territoire ou l'importance des réactions positives, quant à la possibilité d'existence des organismes (intensité du métabolisme, croissance,vitalité, reproduction), on remarque que le tracé de la courbe montre (A) :
– **un minimum et un maximum** où cessent les réactions de l'organisme.
– **une zone de tolérance** où les individus peuvent exister.
– **une zone optimale** d'action du facteur, où les réactions des organismes peuvent atteindre des valeurs pratiquement maximales (pour certaines réactions p. ex. : durée de vie et nombre de descendants, les optima peuvent être différents).
– **les zones critiques** situées près des valeurs limites où les réactions des organismes sont déjà fortement diminuées.

Les limites de tous ces domaines sont déterminées d'après des critères significatifs (p. ex. : action du facteur pendant 10 heures avec une limite de tolérance de 5 %).

Les Poïkilothermes (*animaux* à température variable) ont des minima thermiques allant de –1° à –10°C, des températures plus basses occasionnant généralement des dommages irréversibles (gel des liquides corporels, destruction des tissus). La température maximale, momentanément supportable, varie généralement entre 40° et 50°. Seuls les stades de résistance (*Protistes, Rotifères* et *Tardigrades*), en état d'anhydrobiose presque absolue (vie ralentie, anabiose), peuvent supporter des températures passagères de –272° et +150°C.

Les *animaux* **Homéothermes** (à température constante) sont peu soumis à l'influence de la température, car la température du corps reste constante, même si les écarts de la température extérieure sont importants (*Lagopède* ; température externe –37°, température corporelle 43,3°).

Les animaux qui se déplacent librement, recherchent sous l'influence d'un gradient du milieu, un territoire de prédilection qui ne coïncide pas toujours avec l'optimum (**Préférendum**).

Le préférendum d'une même espèce peut varier selon les différents stades du développement : Chez la *puce des neiges (Boreus hiemalis)* : 34° larve, 9° C Imago.

Le **potentiel écologique**

La valence écologique définit la valeur d'un facteur pour un organisme. Le potentiel écologique (ou encore la tolérance) désigne la possibilté de l'organisme d'utiliser ce facteur, ou encore de le supporter. Cette possibilité, que l'on peut contrôler par des courbes d'activité, des influences du milieu (B), est caractérisable par les données suivantes :
1) L'importance de la zone de tolérance : eurypotente (grande), sténopotente (faible extension des réactions).
2) La position relative de l'optimum : oligopotent (avec une faible intensité), mésopotent (moyenne), polypotent (forte intensité).
3) On caractérise le facteur par un suffixe : p. ex. -thermique (pour la température), -ionique (pour la valeur du pH), -halin (pour la salinité) ;
ainsi polysténotherme p. ex. signifie : domaine de tolérance limité, préférence à la chaleur.

S'il n'existe pas de relation à un facteur défini, on désigne de cette façon le potentiel écologique :
– sténoque (spécialisé, espace vital limité) ;
– euryoque (ubiquiste, largement répandu).

Interaction de plusieurs facteurs

L'effet additif selon la formule :

$$y \text{ (réaction)} = f_1 (x_1) + f_2 (x_2) + ... f_{(n)} (x_n)$$

est certainement rare et limité à un étroit domaine d'action.

Chez le *rotifère Brachionus calyciflorus* la longueur des épines est déterminée, pendant la maturation des œufs, par la nutrition, la température et un excrétat du *Rotifère* pillard *Asplanchna*. Les effets des trois facteurs se superposent en partie comme une somme parfaite (C).

La facilitation ou l'inhibition d'un facteur par un autre est plus fréquente : chez le *Carabique : Nebria brevicollis*, le facteur lumière prévaut dans le choix du préferendum sur la température, seulement si celle-ci ne dépasse pas 25° (D) dans la zone d'ombre effectivement préférée.

La niche écologique

Considérée davantage, à l'origine, comme un territoire, aujourd'hui ce sont les rapports interactifs entre l'organisme et l'environnement qui sont le critère essentiel de la définition. On peut la modéliser sur la base de trois facteurs formant un système coordonné tridimensionnel (E), pour n Facteurs on aura recours à un système à n-dimensions. Les niches réelles sont toujours plus petites que ce que l'on pourrait attendre au départ de la théorie (p. ex. : concurrence avec d'autres espèces).

La niche désigne « l'emplacement prévu » ou « l'activité » de la population ou d'éléments de la population (p. ex. : les larves) dans l'écosystème. Elle est essentielle pour :
– comparer différents écosystèmes (p. ex. : convergence chez les *Succulentes* ; p. 248 E) ;
– comparer les fonctions des différentes populations dans un écosystème donné (permet de discuter à propos des notions de concurrence ou de coexistence).

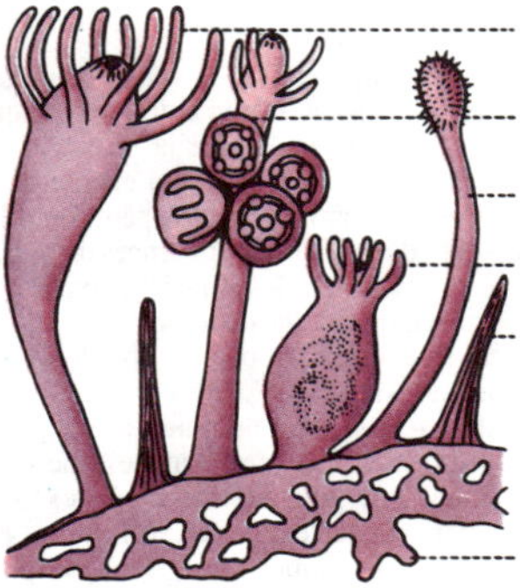

A **Colonie de polypes d'Hydraire** (détail)

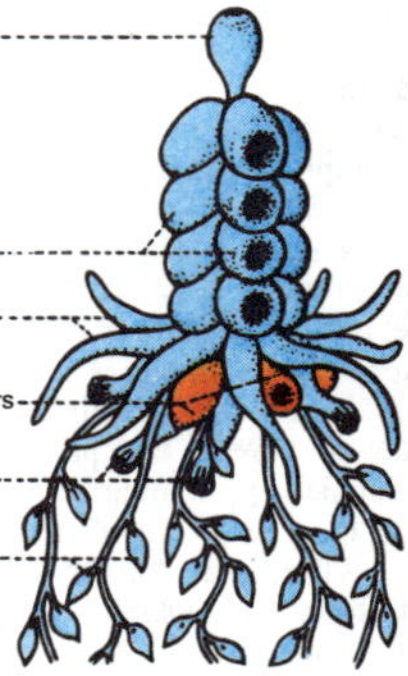

B **Méduse coloniale** (Physophora)

Formation de colonies

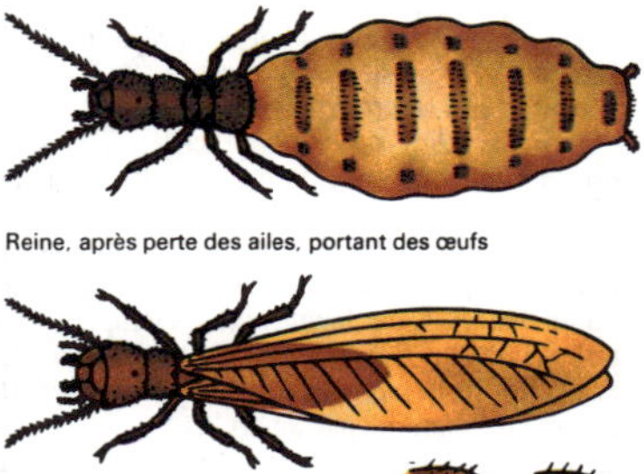

Reine, après perte des ailes, portant des œufs

Roi, ailé

Soldat mandibulé

Soldat nasuté

Ouvrier

C **Castes chez les Termites** (appartenant à diverses espèces : échelle variable)

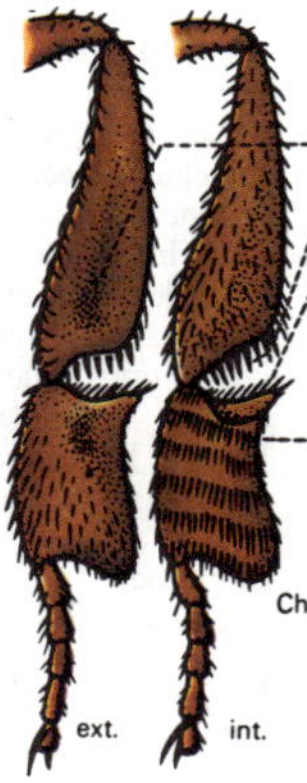

D **Patte postérieure d'Abeille** avec appareil de collecte

E **« Pot à miel » de Myrmecocystus** alimentant une ouvrière

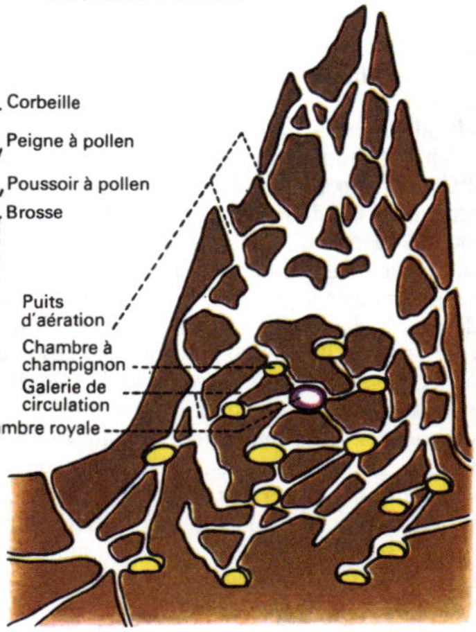

F **Nid en dôme de Termites cultivateurs de champignon** (C.L.)

Sociétés d'insectes

La formation de groupements homéotypes d'individus de la même espèce, a en plus de ses aspects démécologiques (p. 237 sqq.), une approche autoécologique. On doit distinguer entre :

1) **Des rassemblements accidentels (agrégations)** à signification écologique nulle ou faible
– par dérive passive, du fait du vent ou de l'eau (laisses de mer sur les côtes) ;
– rassemblements dus seulement à des causes externes (arbres fruitiers, points d'eau, lumière).

2) **Des associations véritables (sociétés)** reposant sur des facteurs intrinsèques des organismes (attraction et imitation sociales ; p. 429).
– L'effet de groupe (augmentation des performances de l'animal isolé : métabolisme, croissance, activité) se produit par répétition des contacts avec les congénères.
– Les relations entre les partenaires sexuels garantissent (contrairement à de nombreux animaux aquatiques qui évacuent sperme et œufs directement dans l'eau), les chances de reproduction (fécondation interne chez les animaux terrestres).
– Les relations avec les descendants rendent encore plus évidente cette tendance : les soins aux nids et aux jeunes (p. 175 sqq.) sont souvent le seul mécanisme à pouvoir assurer la reproduction dans des conditions écologiques négatives : abiotiques (p. ex. sécheresse) ou biotiques (p. ex. prédateurs).
– Les sociétés hyperdifférenciées offrent aux individus de nombreux avantages : défense commune *(Bœuf musqué)*, chasse en commun (*Loup, Chien sauvage, Lion*), postes de surveillance (*ongulés*).

En clair, les associations se réalisent, en respectant les principes de la division du travail et de la régulation, dans les colonies et les sociétés qui ont franchi une nouvelle étape dans l'individualité.

Individus de 1er ordre : Cellules ;
" de 2e ordre : Organismes pluricellulaires ;
" de 3e ordre : Colonies et sociétés animales.

Formation des colonies. Elle représente un cas partic. de relations avec la progéniture (indiv. fils qui ne se séparent pas de leur géniteur ; voir aussi *Protistes*, p. 73).

Les *Spongiaires*, les *Coraux*, les *Rotifères*, les *Bryozoaires*, les *Tuniciers* sont coloniaux ; chez les *Hydrozoaires,* la vie coloniale est de règle.

Dans le cas le plus simple se forment des parterres de polypes équivalents. Mais souv. une division du travail s'instaure (A) et la colonie acquiert une forme caractéristique (B).

C'est avec les *Siphonophores* que la différenciation atteint son apogée ; la colonie flotte dans l'eau, suspendue à des cloches natatoires remplies de gaz, et les polypes de la colonie, hautem. spécialisés, équivalent par leur action coordonnée aux organes d'un indiv.

Sociétés animales. Elles se rencontrent chez cert. groupes d'*Insectes* (voir p. 177) et sont formées par les descendants d'une ou plus. ♀ (quelques centaines chez les *Fourmis*).

L'importance écol. des sociétés animales réside dans la division du travail qui y règne grâce à l'existence de castes (**polymorphisme** ; chez les *Termites* on compte jusqu'à 50 types d'indiv. diff. dans une même société ; C) ; ainsi s'expliquent, surtout si on tient compte de la multitude des indiv. (*Abeilles* jusqu'à 50 000, *Fourmis* et *Termites* plus. millions), les activités hautement évoluées dont ces sociétés sont capables.

– La **nutrition** est assurée par des comportements souv. complexes (cf. symbiose des *Champignons* et de la *Fourmi Atta*, dans laquelle plus. castes collaborent ; p. 255) et par des adaptations morphol. (appareil collecteur des *Abeilles*, D). l'*Abeille* stocke la nourriture (dans les alvéoles de cire), et surtout les *Fourmis* des pays chauds.

Chez *Myrmecocystus*, cert. indiv. sont tellement gavés de nourriture que leur jabot est dilaté et leur abdomen gros comme un pois. (« Pot à miel », E). Les *fourmis des moissons* (*Messor)* rapportent des grains qu'elles dénudent et mâchent avec une salive abondante : elles en font du « pain ».

La **protection** de la société incombe, chez les *Fourmis* et les *Termites*, à des indiv. à tête très développée qui constituent la caste des soldats. Les *Termites soldats* sont mandibulés (mandibules puissantes) ou nasutés (C, qui projettent une sécrétion gluante produite par des glandes de leur tête).

– **Travaux de construction** : ils servent à abriter les jeunes, à stocker la nourrit. et protéger la société. Divers matériaux sont mis en œuvre : cire (*Abeilles*), produits de mastication (*Guêpes*), débris végét. (*Fourmis*), terre (*Termites*). Les termitières sont des édifices qui s'élèvent à 12 m de hauteur, des monticules de terre cimentée avec de la salive qui sont souv. si solides que seuls cert. ennemis spécialisés en viennent à bout (*Fourmilier, Oryctérope*) (F).

La division du travail favorise **l'activité reproductrice des ♀**. L'abdomen de la reine est hypertrophié par ses organes sexuels (10 cm de long chez les *Termites*). Elle est entièrement immobilisée, pond un œuf toutes les 2 secondes (jusqu'à 100 millions d'œufs en 10 ans).

– **La régulation des conditions de vie** assujettit fortement ces sociétés au milieu. Les *Termites* se ravitaillent en eau en descendant jusqu'aux nappes souterraines. Cert. comportements sont simples (les *Fourmis* procèdent à la régulation de la tempér. et de l'humidité en fermant une partie des entrées de leur nid) ; en revanche, la ruche est maintenue en été à 35° (les *Abeilles* apportent de l'eau et la font évaporer en battant des ailes lorsque la chaleur est excessive). La colonie passe l'hiver en formant un essaim ; lorsque la tempér. des *Abeilles* placées à l'ext. descend au-dessous de 10°, elles produisent par leurs battements d'ailes une chaleur qui peut faire monter la tempér. de la colonie jusqu'à 25° en une heure env. Ensuite, elles s'arrêtent, l'essaim se resserre, jusqu'au moment où la tempér. redescend au point critique, et déclenche le même comportement.

– **La coordination du travail** des innombr. indiv. suppose une information mutuelle (langage avec les antennes des *Fourmis* ; langage des *Abeilles*, p. 433).

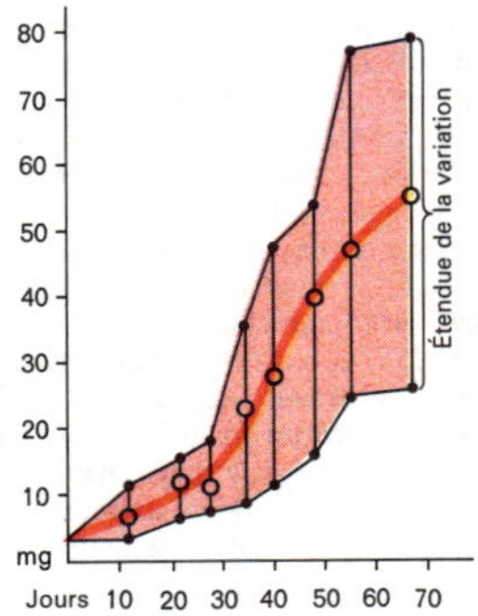

A **Variabilité du poids dans une population témoin de Coléoptères** (Phyllopertha)

Espèce	Chacune représentée par 1 individu pour
Lynx	100 km²
Cerf d'Europe	1 km²
Mésange charbonnière	1 ha
Panolis (nymphe)	1 a
Lithobie	1 m²
Taupin (larve)	1 dm²
Collembole	1 cm²
Rotifères	1 mm²

B **Densités moyennes de population**

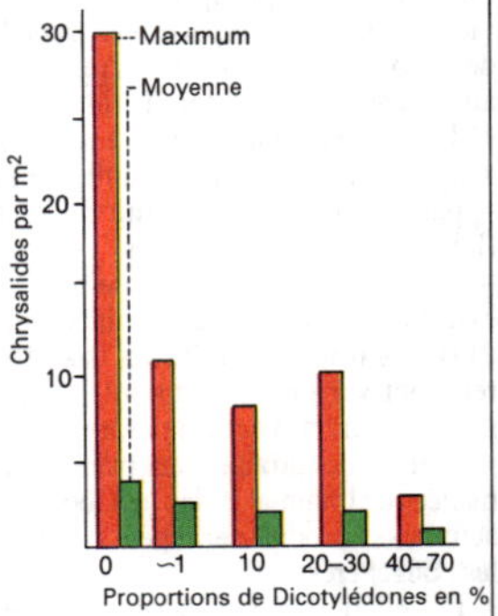

C **Abondance de Panolis griseovariegata dans les Pinèdes**

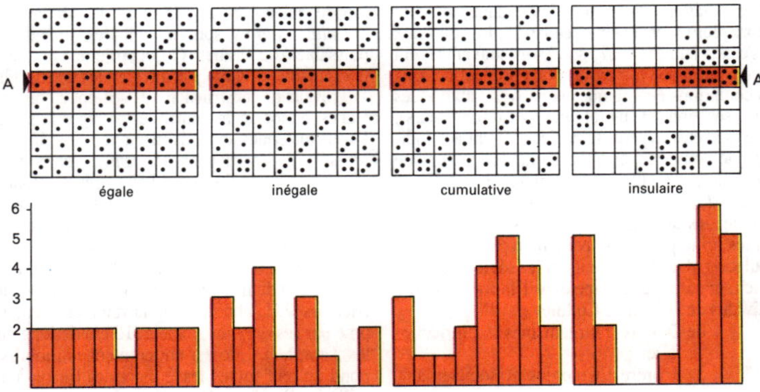

D **Types de dispersion**

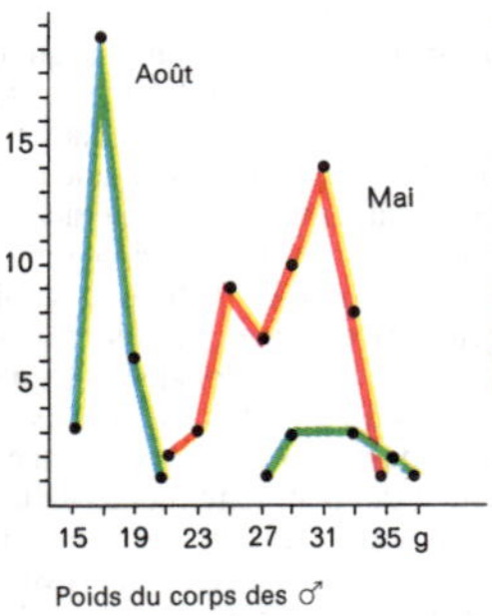

E **Diagramme de population chez Microtus agrestis (petit rongeur) exprimant les structures d'âge**

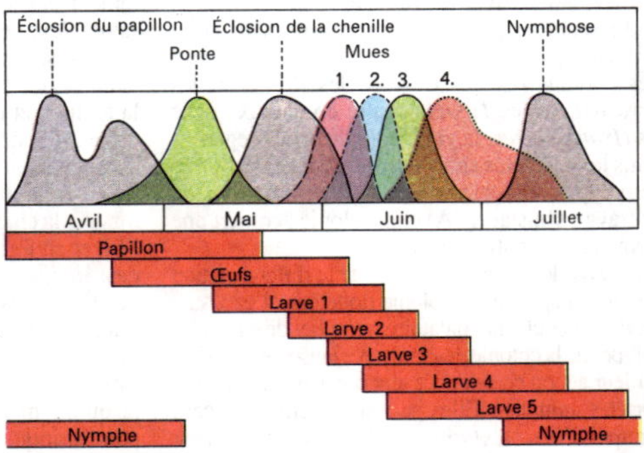

F **Chronologie des stades de développement de Panolis**

Structure de la population

Démographiquement parlant, la population (p. 492 sq.) est un élément qui intervient dans un secteur de l'écologie (difficile à délimiter) dans des conditions d'environnement spécifiques.

La structure de la population

doit constamment être envisagée comme un état provisoire d'un flux dynamique du peuplement. Elle est conditionnée par la variabilité de ses membres (A) et l'environnement. Les éléments structuraux peuvent être analysés, comme dans un organisme, suivant structure et fonction.

Les éléments structuraux formels

identifient sans cesse un état momentané.

1) L'abondance (densité de la population)

découle de la relation entre un volume de population peu caractéristique et un espace donné. L'unité de référence pour le nombre d'individus est rarement un élément naturel du biotope (p. ex. : la cime d'un arbre) mais le plus souvent une unité métrique appropriée (B), soit :
– linéaire (nichoir des oiseaux couveurs) ;
– de surface (animaux de steppes et de savanes) ;
– de volume (poissons des eaux profondes).

De nombreuses recherches prouvent l'existence de concentrations d'un type donné mais qui souvent diminuent en limites d'aire et qui oscillent aussi, en outre, selon la configuration de l'espace vital (C).

L'abondance d'une espèce dépend :
– du besoin d'espace physique (en relation avec la taille du corps) ;
– du besoin d'espace psychique (en relation p. ex. avec le comportement social : p. 429 sqq.) ;
– du besoin d'approvisionnement (totalité des conditions indispensables à la survie, p. ex. : nourriture, réalités climatiques) ;
– de facteurs éventuels (= addenda ; avant tout les organismes prédateurs).

La densité maximum possible de la population déterminée par l'ensemble des ressources et des facteurs hostiles est une mesure de la capacité d'un espace (**capacité du milieu**) ; le facteur défavorable y jouant à chaque fois un rôle limitant (**loi du minimum**).

2) La dispersion (distribution) des individus dans l'espace vital dépend de la mobilité des organismes. Les unités sous-jacentes dans la notion de dispersion sont des individus ou des groupes (couples nicheurs chez les oiseaux, communautés chez les *Insectes* sociaux).

La dispersion linéaire n'est souvent que de courte durée (p. ex. : la formation en vol chez les oiseaux) ; sous forme stable on la rencontre dans un espace également linéaire (Truites dans les ruisseaux).

La dispersion plane (ou de surface) (D) est habituelle pour toutes les espèces qui colonisent la surface de l'eau ou du sol ou le fond de l'eau…

La dispersion spatiale (D) se rencontre chez les animaux terrestres et arboricoles et les habitants des eaux courantes.

Selon le mode de dispersion, elle est :
– égale (continue) (D) dans les milieux homogènes ;
– inégale (semi-continue) (D), la plus répandue ds un espace vital aux possibilités variables ;
– cumulative (D), avec encore une faible représentation entre les lieux d'accumulation ;
– insulaire (discontinue) (D), où les espaces intermédiaires ne sont même plus occupés ; habituelle chez les animaux vivant d'une façon grégaire et chez des formes très spécialisées (p. ex, les *Bostryches* dans les troncs malades isolés).

3) L'habitus d'une population est déterminé par le fait qu'il n'y a pas de conformité entre les individus même placés dans des conditions identiques (variabilité : p. 495), ceci tient aussi à des aspects écologiques, en plus des taxonomiques et génétiques parce que la variabilité :
– est un facteur typiquement écologique : elle dépend de l'influence du milieu (p. 223) ;
– peut être couplée avec des éléments structuraux apparemment anodins qui deviennent alors importants (E).

L'habitus dépend des facteurs abiotiques de l'environnement (climat) et/ou biotiques (abondance, quantité de nourriture).
– La différenciation spatiale de l'habitus se fait sentir dans des populations d'une même espèce distantes les unes des autres (races géographiques), mais aussi dans des secteurs voisins ;
– la différenciation temporelle se manifeste nettement dans le dimorphisme saisonnier (p. 222 sq).

4) Les structures d'âge précisent à quels contingents de la population appartiennent les différents stades de développement (p. ex. : chez les *Insectes* ; F) ou groupes d'âge. Selon que se suivent une ou plusieurs générations, qu'il existe ou qu'il manque un stade précis de reproduction, qu'il y a une ou plusieurs phases de reproduction, il en découle :
– des populations unichrones (composées d'individus d'âge ou de stade identique ou semblable) ;
– des populations plurichrones avec des structures d'âge distinctes (à reproduction saisonnière) ou progressives (avec stades de reproduction non déterminés de façon précise).

5) La répartition par sexes

Ce n'est que rarement et provisoirement qu'une population est constituée d'individus sans caractère sexuel (multiplication végétative).

On a fréquemment :
– des populations avec les deux sexes, souvent dans le rapport des sexes 1 : 1 mais aussi avec un plus grand pourcentage de femelles (*Tenthrède du Pin* : 75-79 %) ou de mâles (*Bupalus piniarius* : 63 %).

On a plus rarement :
– des populations unisexes, constituées de mâles et limitées dans le temps (p. ex. : les hardes de mâles chez *Cervus elaphus*) ou seulement de femelles et alors se maintenant dans de nombreux cas par parthénogenèse (p. ex. *Cochenille lanigère du hêtre*).

6) La morbidité précise la proportion d'animaux malades qui peut énormément varier : le parasitage des stades nymphaux de la *tordeuse du chêne* donne de 0 à 80 %. Les facteurs responsables de maladies sont abiotiques (facteurs climatiques) ou/et biotiques (organismes pathogènes, parasites, prédateurs, rivaux). Le taux de morbidité dépend notamment de l'infection parasitaire (important pour l'élevage animal et domestique).

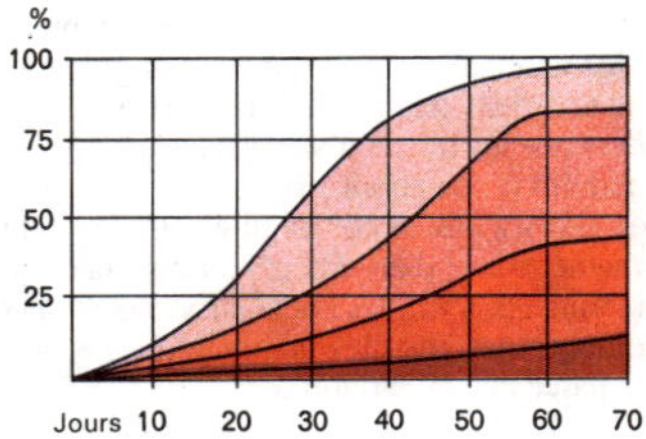

A Suites portant sur la nécrose de 4 lignées de chenilles de Lymantria placées dans des conditions optimales

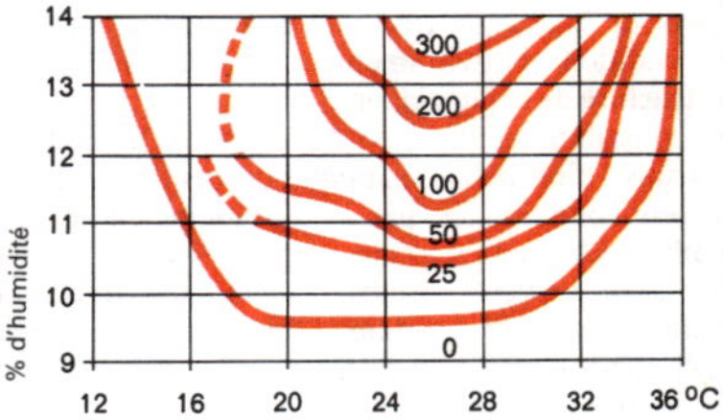

B Production d'œufs par la ♀ de Charançon dans des grains de blé à humidité variable en relation avec la température

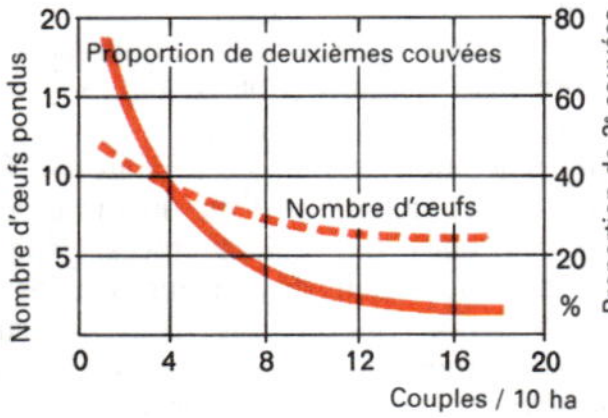

C Effet de masse négatif sur la reproduction de la Mésange charbonnière

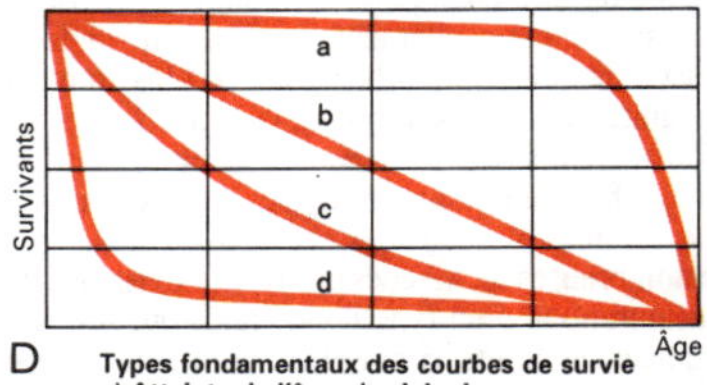

D Types fondamentaux des courbes de survie
a) Atteinte de l'âge physiologique
b) Perte d'un même nombre absolu
c) Perte d'une même proportion
d) Grande mortalité chez les jeunes

Structure de la population

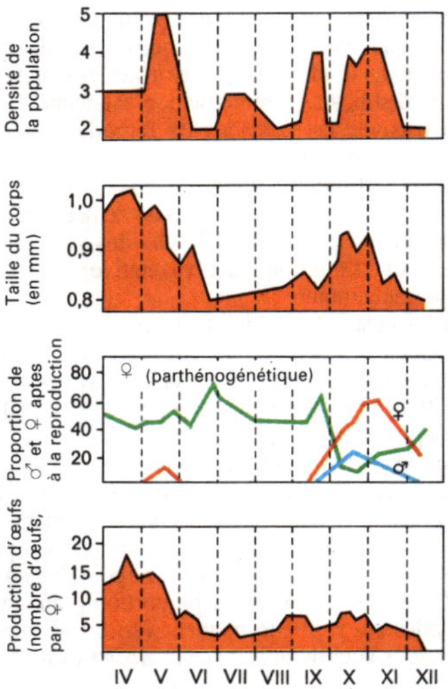

E Détail des facteurs de la dynamique des populations ; cas du phyllopode : Scapholeberis mucronata

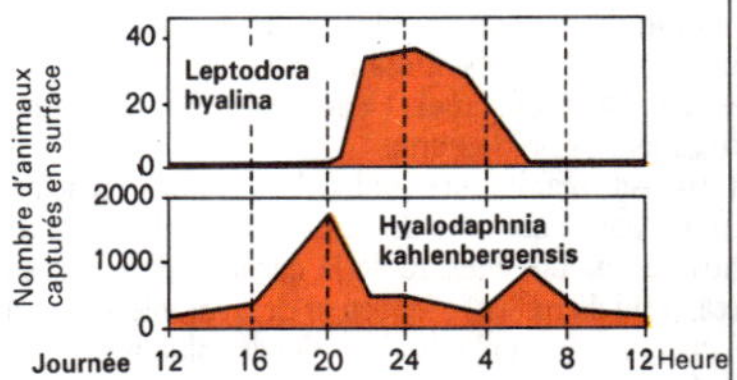

F Périodicité journalière de la migration verticale de 2 crustacés phyllopodes

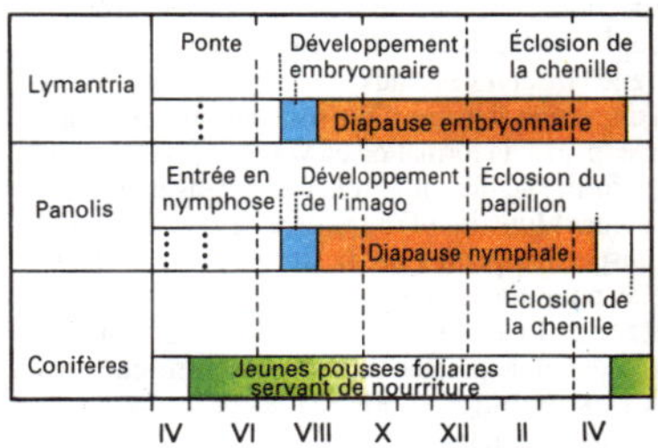

G Synchronisation lors du développement entre le facteur alimentaire et les diapauses

Dynamique de la population

Les éléments structuraux fonctionnels
à la différence des éléments formels directement identifiables (p. 237), sont une réalisation potentielle qui n'est perceptible que dans l'action achevée, après le déclenchement du processus.
1) Le comportement (p. 400 sqq.) est à considérer ici car il influence les autres structures. On a :
Le comportement individuel dont la variabilité influence l'adéquation aux facteurs de l'environnement (température, humidité) et par là l'abondance et la dispersion ; des différences importantes conduisent à l'existence de races écologiques (p. 495).
Le comportement à l'échelle de la population qui intervient seulement dans des regroupements d'espèces en collectifs et avant tout :
– le comportement social (p. 440 sq.) qui, par attractions et répulsions, influence la dispersion et par imitation produit une synchronisation dans le comportement ;
– le comportement au niveau du territoire, qui régit conjointement la dispersion et l'abondance et garantit le niveau des ressources pour l'élevage des jeunes : facteur souvent limitant.
2) La constitution donne une capacité d'action physiologique innée et/ou acquise ; ses composantes conditionnées par l'alimentation, les contraintes, l'accoutumance sont qualifiées de Condition. Elle influence fondamentalement toute l'efficience de la population, p. ex. :
– Nombre et taux de mortalité des descendants ;
– Survie dans les situations de crise ;
– Immunité contre les parasites et les poisons ;
– Durée du développement individuel.
Ceci produit des changements de constitution imposés (p. ex. : par un choc thermique) ou génétiques (sélection de mutants : A).
3) La fertilité (fécondité : nombre de descendants/unité de temps) est un élément particulièrement important dans les performances physiologiques. Elle est conditionnée par l'acquisition de la maturité, l'accouplement, le lieu de ponte (naissance), le nombre de descendants. Toutes ces données sont influencées par :
– des facteurs de l'environnement : photopériode (influence l'activité des glandes génitales), température, humidité (B), mouvement de l'air (notamment chez les espèces aptes au vol), alimentation.
– Conditions intrinsèques : âge des femelles, nombre de partenaires sexuels, constitution, abondance (effet de groupe favorisant, effet de masse limitant en cas de surpopulation ; C).
4) La mortalité (nombre de morts/unité de temps) compense, pour une valeur constante de la population, la « surproduction de descendants » : son importance s'objective dans les courbes de mortalité (D). Les causes sont :
– individuelles (facteurs létaux, œufs non fécondés, faiblesse de constitution) ;
– liées au reste de la population (entourage ; p. ex. : combats, cannibalisme) ;
– environnementales (influences climatiques, déficit de nourriture, concurrence pour les proies, parasites).
La dynamique de la population :
C'est l'interaction des facteurs population et environnement au niveau de l'organisme.
1) La dynamique des éléments structuraux (p. 237) caractérise la dynamique de la population (E, voir aussi p. 241 sqq.) par un effet coopératif complexe.
2) Les formes de la dynamique de population
a) Elle peut être linéaire (renforcement d'une tendance particulière, p. ex. : la régression des *Freux* en Allemagne).
b) Les tendances peuvent changer, alterner. On distingue :
– la dynamique périodique (rythmique) : rythme journalier (tellurique D ; F), mensuel (lunaire D ; activité reproductrice du *Palolo*), annuel (saisonnier D ; p. 241), pluriannuel D (p. ex. l'abondance de *Hannetons*, de *Rongeurs*).
– la dynamique apériodique (arythmique) D (changements portant sur de nombreuses années : p. 243).
3) La dynamique à causalités rythmiques
Elle peut être conditionnée par :
– des facteurs exogènes (rythme imposé par le climat, la nourriture, l'adversaire) ;
– des facteurs endogènes (p. ex. : abondance des *campagnols* sur des cycles pluriannuels ; rythmique individuelle, p.ex. : journalière gouvernée en plus par une horloge externe).
4) Mode d'action des facteurs influant sur la dynamique des populations
Il montre, en alternance, des facteurs tour à tour excitateurs et inhibiteurs :
– le hasard intervient (conditions climatiques),
– des facteurs exogènes agissent alternativement (p. ex. : rythmes journaliers et annuels),
– l'adaptation selon le principe de la rétroaction négative (p. ex. : effet d'alternance entre une population de proies et de prédateurs ; p. 254, H)
5) La coïncidence, c'est l'effet de coopération entre les êtres vivants et les facteurs écologiques ; elle peut dans une population recouvrir en plus d'une coïncidence totale une coïncidence partielle ou une absence de coïncidence. Un effet résulte de la simultanéité des 3 types :
– **Coïncidence spatiale.** Un espace d'action se chevauche avec un autre d'un second type ou avec l'effet spatial d'un facteur écologique. L'esquive ou la recherche ciblée peuvent conduire à un changement temporaire de l'espace d'action.
– **Coïncidence temporelle.** Elle peut exister en permanence (prédateurs–proies) ou être étroitement limitée et alors synchronisée par des processus de sélection (p. ex. : ralentissement des processus de développement par des sécrétions internes : diapause G).
– **Coïncidence biologique** qui se fait moins sentir que l'absence de coïncidence (p.ex. : rencontre de prédateurs saturés de proies) et peut avoir différentes causes (p. ex. : éthologiques : attitude de défense ou de peur ; protection active).
Tous les facteurs de la dynamique des populations (éléments structuraux, entourage, environnement) conditionnent mutuellement leur appartenance à un système désigné du nom de **Démozone**, s'exerçant ds l'espace **Démotope** (**Monotope** en autoécologie, **Biotope** en synécologie).

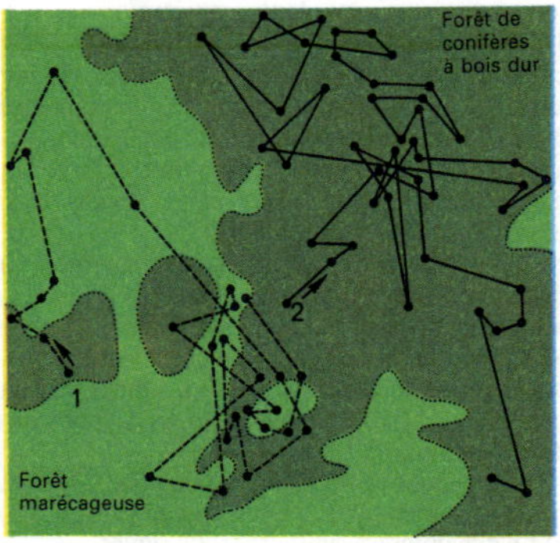

A **Mobilité de 2 rongeurs américains adultes se nourrissant des écorces d'arbre (Erethizonthidés), sur 27 (33) jours.** (Localisation par émetteurs radio, sur une superficie de 12-16 ha)

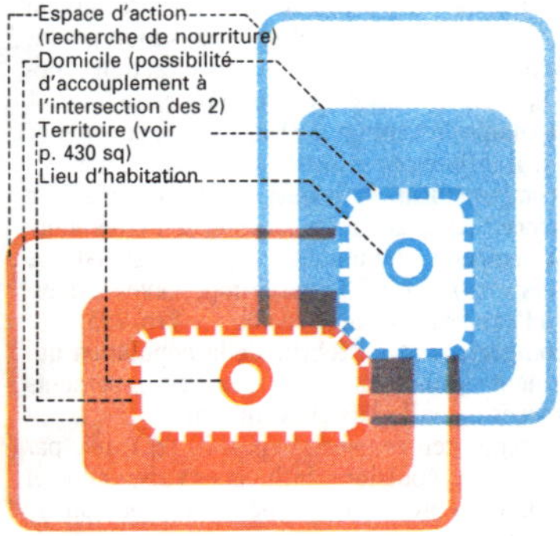

B **Subdivision schématique et interrelations d'espaces d'action, voisins chez la Mésange charbonnière**

a - b - c représentent sous 2 formes 3 états qui se succèdent dans le temps

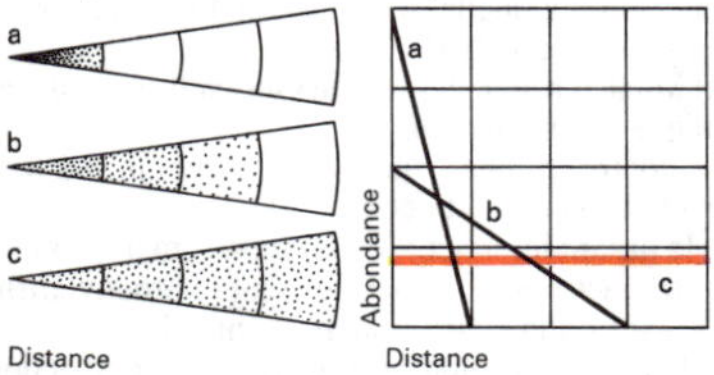

Dispersion parfaitement égale (les formes territoriales sont hypothétiques)

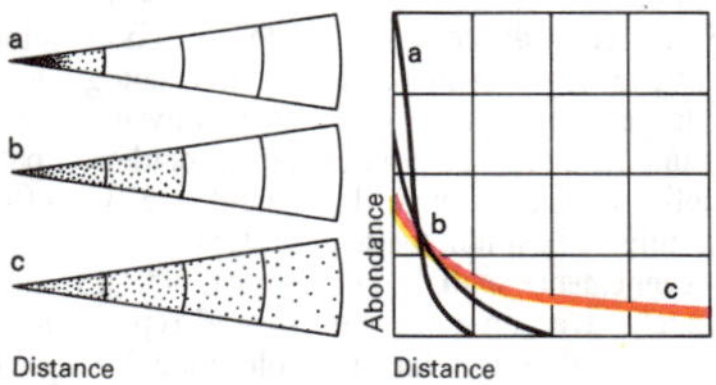

Dispersion hésitante : l'abondance est la plus forte au voisinage de la source (cas le plus fréquent)

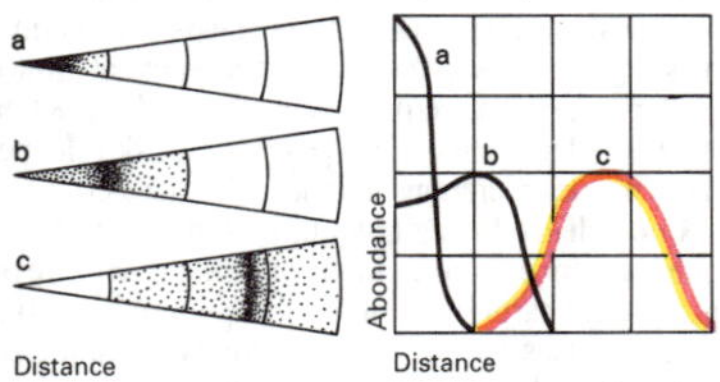

Dispersion qui se fait avec à peu près la même vitesse pour tous les individus (p. ex. larve mélolonthoïde du Hanneton)

C **Formes typiques de la dispersion**

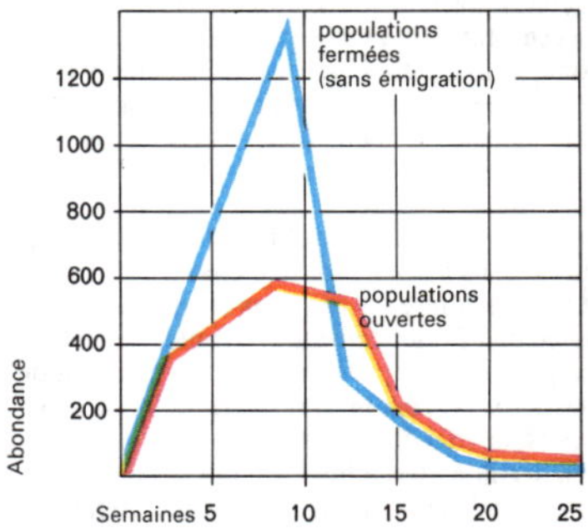

D **Harmonisation des effets défavorables d'une plus grande abondance par l'émigration (coléoptère parasite du tabac)**

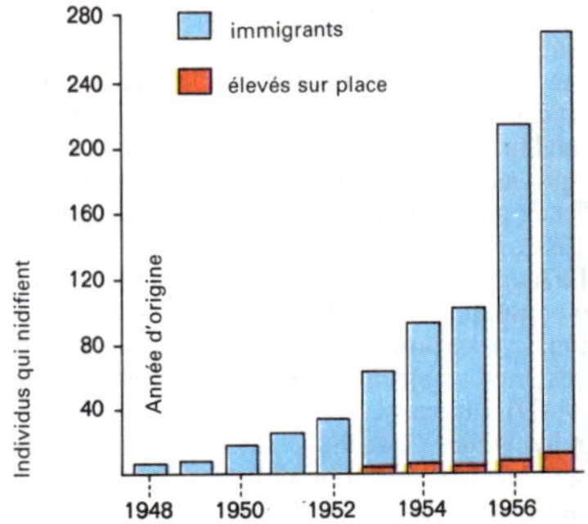

E **Croissance d'une colonie de Goëlands argentés**

Dynamique de la dispersion

On insistera particulièrement sur la dynamique de l'abondance et de la dispersion (p. 243) car cela concerne des éléments structuraux importants.

La dynamique de la dispersion est engendrée et régie par :
- des dispositifs physiologiques ("humeur") ;
- des conditions de départ (Existence de facteurs externes particuliers) ;
- le mode de déclenchement (par l'augmentation de l'"humeur" ou des conditions externes) ;
- l'orientation (entre autres les facteurs : température, humidité, courant, bruit, parfums).

Elle regroupe tous les changements dans la répartition de la population suscités par :
- des variations dans l'abondance ;
- des changements de lieu des individus (liés dans la nature à des variations de l'abondance).

La liberté de mouvements (possibilité de changer de lieu) en est la condition, sa manifestation en est la **mobilité** (tous les changements de lieu vraiment accomplis).

Les **formes du mouvement** se répartissent en :
- locomotion, mouvement actif (p. ex. la course, l'escalade, la nage, le vol) ;
- transport par l'eau (transport hydrochore), par le vent (anémochore), les animaux (zoochore), l'Homme (anthropochore) ;
- mouvement combiné, avec les 2 composantes.

Les formes du changement de lieu peuvent se manifester à l'état isolé ou dans des communautés structurées ou non ; l'espace peut être parcouru dans une zone illimitée ou restreinte.

I) **La mobilité à l'intérieur de la population**

Tous les changements de lieu s'effectuent dans l'espace occupé par la population. Par des procédés appropriés (observation directe, marquage par des émetteurs ou des produits radioactifs, contrôle par captures), on détermine la mobilité de quelques-uns ou de nombreux membres de la population, (A), qui est souvent importante mais limitée à un espace spécifique (espace d'action ; B) qui peut être subdivisé. S'il possède un centre, les mouvements s'effectuent généralement d'une façon centripète ou centrifuge ; des espaces d'action isolés peuvent se chevaucher. Les limites sont temporairement transgressées (**excursion**), l'espace d'action peut se déplacer en continu ou par poussées (**dislocation**).

Les dislocations se produisent sous forme de :
- changement de strates (verticalement) ;
- changement du centre actif (horizontalement).

La **dispersion** se rencontre chez les larves et les stades de jeunesse d'espèces isolées après des pontes groupées ou des élevages en commun. Elle a lieu dans toutes les directions ou selon une direction (verticale : migration des chenilles vers la cime des arbres ; horizontale : insectes poussés en vol par le vent), ce qui entraîne une dilution souvent liée à une grande mortalité (C). Souvent liée à la spécificité zoologique à un stade bien précis (les chenilles groupées de *Malacosoma neustria* se dispersent avant la pupaison).
- L'importance de la dispersion qui dépend des capacités locomotrices et des nécessités écologiques varie beaucoup (chez la *Cochenille Phenocapsis pinifoliae* : 11 cm en moyenne pour les femelles, 2,6 cm pour les mâles ; jusqu'à 8 km en 24 heures chez la *Mouche domestique*).

La concentration commence quand les individus trouvent la niche dont ils ont besoin (*Ipida* sur les branches agitées par le vent) ou quand périodiquement on note une attraction sociale (recherche de nourriture en hiver par les nuées de mésanges).

II) **La migration**

1) L'émigration Elle peut modifier le comportement sexuel et la répartition des groupes d'âge, faire diminuer le taux des naissances, augmenter relativement le besoin des ressources, atténuer les effets négatifs d'une plus grande abondance (p. ex. par le parasitisme) (D).

2) L'immigration (afflux d'individus de la même espèce) a des effets variés analogues ; elle survient spécialement quand une population locale est décimée (p. ex. par une attaque parasitaire).

3) La permigration (**passage**) ne produit pas de nouveaux peuplements.

4) L'invasion (**envahissement**) dans un espace non colonisé par l'espèce. Elle se produit souvent d'une façon imperceptible avec quelques envahisseurs qui disparaissent ; à l'occasion cela peut provoquer des mouvements en masse remarquables : *Corvidés* de Sibérie et *Syrrhaptes paradoxus* (*Columbidés* d'Asie Centrale) dans l'Europe moyenne, les *Lemmings* en Scandinavie du Nord, *Criquet pèlerin* (espèces de la famille des *Acridiens*) en Afrique, Asie, Amérique et Australie. On a observé à cette occasion une **co-immigration** reposant sur l'imitation interspécifique, sur des facteurs externes agissant d'une façon identique ou sur un comportement de type prédateurs-proies (Carnivores et Rapaces et cohortes de Lemmings).

Une invasion peut conduire :
- à une recolonisation d'un espace ;
- à une nouvelle colonisation (E) souvent en raison de variations dans les facteurs externes (le réchauffement de l'Arctique a procuré de nouvelles frayères pour les poissons) ;
- à une expansion (concentration p. ex. : *Ondatra*), cas d'une nouvelle colonisation.

III) **La translocation**

se produit quand, toute ou, la plus grande partie de la population abandonne un espace.
- Translocation permanente (nomadisme) qui résulte d'un rapide épuisement sur un lieu donné des réserves alimentaires (p. 230 A) et/ou d'un impérieux besoin de changement lié à l'espèce (*Gorille, Ours blanc, Baleine*).
- Translocation temporaire apériodique (fuite provisoire face à des conditions météorologiques défavorables p. ex. : le *Martinet*) ou périodique (journalières, p. ex. : vols des grandes *chauve-souris* vers les arbres fruitiers ; annuelles pour de nombreuses raisons liées à l'environnement, ontogéniques ou en rapport avec le cycle sexuel, p. ex. : migrations au moment du frai chez les poissons de mer). Cette translocation saisonnière peut se faire sur un grand ou faible espace (p. 230 B).

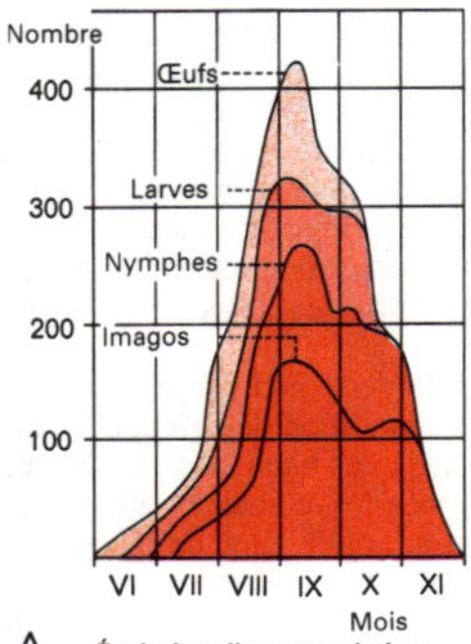

A Évolution d'une population de Frelons

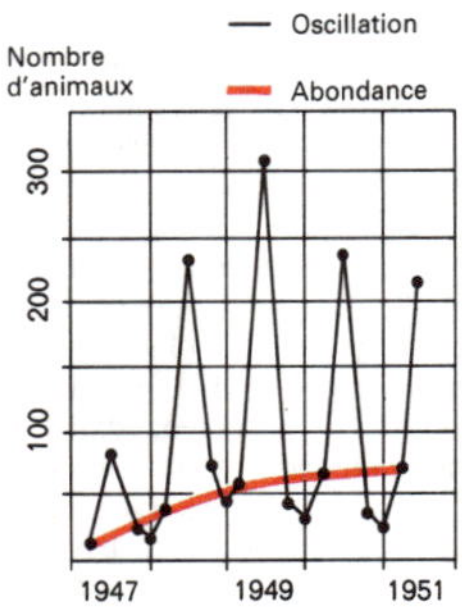

B Oscillations de l'abondance dans une population de Mésanges charbonnières

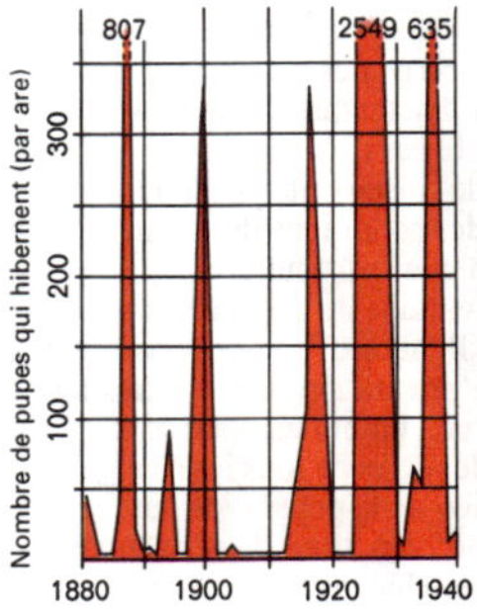

C Variations des populations de Bupale (papillon du Pin) à Letzlingen

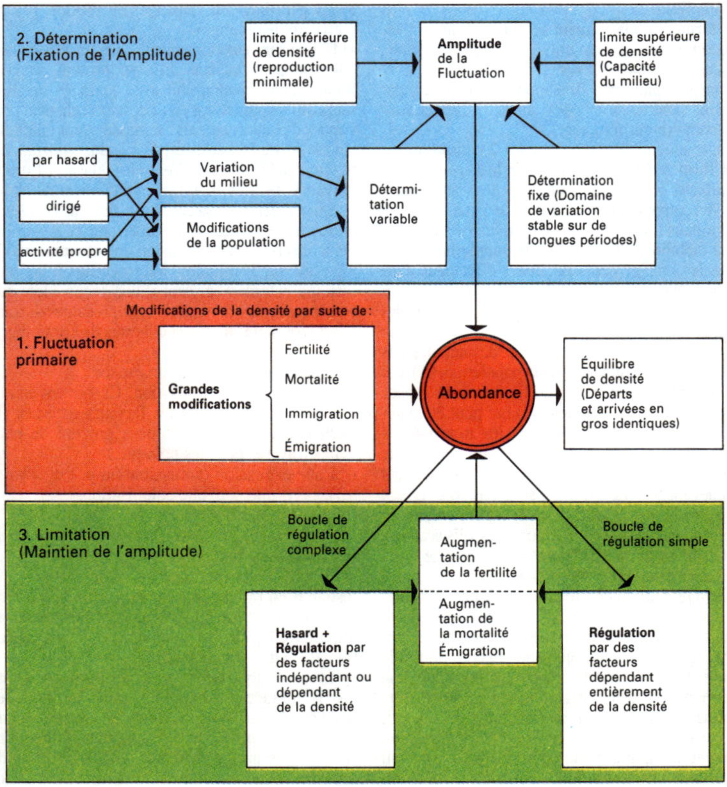

D Théorie intégrée de la dynamique de l'abondance

Dynamique de l'abondance

Même sans émigration ou immigration l'abondance varie : les morts et les naissances ne s'équilibrent pas sur un court laps de temps.

I) **Variations temporelles de l'abondance**

L'abondance varie lors de la naissance et de la disparition des populations (A). La disparition quasi obligatoire des populations en dessous d'une densité minimale ou vivant sur une surface sous-liminale a une signification pratique. Les populations permanentes sont dans un état d'équilibre qui, comme l'équilibre des flux (p. 52 sq.), oscille autour d'une valeur moyenne. On distinguera :

1) L'oscillation : variation de densité (B) sur un temps très court, dans l'intervalle d'une année ou sur un cycle de générations. Elle repose au cours de l'année sur les différences entre les arrivées et les départs, et sur l'augment. rapide liée aux périodes de reproduction et la perte en quantités égales étalée sur l'année.

L'équation qui exprime l'oscillation (valable ici pour une population d'une seule tranche d'âge) représente quantitativement le phénomène :

$$N_1 = N_0 \cdot p.i. \frac{(1-t_1)}{100} \cdot \frac{(1-t_2)}{100} \ldots \frac{(1-t_n)}{100}$$

avec N_0 = densité des imagos au début du processus
N_1 = densité des imagos à la fin du processus
p = Nombre d'œufs ; i = index de sexualité (proportion de femelles dans la population estimée à 1) ; t = nombre de morts à chaque stade. Généralement les mêmes normes sont valables pour des populations à plusieurs stades d'âge (p. 237).

2) La fluctuation (variation quantitative) ou variation de densité à long terme est simplificatrice et ne donne pas une image des variations réelles d'abondance (B). On peut ici différencier des types de fluctuation si des **gradations** apparaissent (augmentation du nombre : plus de 2 000 fois chez un *Papillon du Pin, le Bupale*) qui se distinguent par leur densité, leur régularité et leur durée. Ce qui est fréquent, c'est l'apparition cyclique.

II) **Variations spatiales de l'abondance**

Des variations de densité peuvent se dérouler de façon synchrone dans l'aire de répartition d'une espèce ou montrer des différences selon les régions (zones de fluctuation). On doit distinguer :
– des territoires en latence avec une abondance qui varie peu mais demeure faible ;
– des zones à gradations avec des augmentations temporaires du nombre ;
– des territoires stables avec une abondance qui varie peu mais reste élevée.

Lors d'une nouvelle colonisation à la suite de l'abolition d'une barrière de dispersion ou à la présence de ressources jusque-là manquantes (p. ex. : plantes vivrières), une aire de dispersion potentielle peut devenir effective avec les phénomènes typiques de variations quantitatives. Inversement un territoire réel peut devenir une aire de dispersion potentielle.

– Le climat. Les aires types des espèces qui s'attaquent aux *Pins : Bupalus, Panolis, Dendrolimus* sont réparties en Europe centrale aux périodes de végétation chaudes et sèches.
– La forme du terrain. Les stations de collines et de montagnes ont leur écoclimat.
– Le sol. Ses facteurs (p. 229) agissent directement ou indirectement sur le climat et la végétation.
– La végétation. La forêt mixte résiste mieux aux parasites que les monocultures.
– Association de zones. Des communautés animales et végétales variées avec une riche interpénétration des chaînes alimentaires (p. 253) contrarient la multiplication des individus.

III) **Les causes de la dynamique de l'abondance**

L'analyse causale a conduit, à cause de la complexité des connexions, à de nombreux modèles et théories de la dynamique de l'abondance mais avec un champ d'application on ne peut plus limité.

1) Théories sur les variations de masses. Elles cherchent à expliquer comment se forment et disparaissent les gradations ; elles sont importantes en biologie forestière et dans la lutte contre les parasites :
– La théorie parasitaire met en avant d'une façon partiale l'attaque parasitaire comme régulateur.
– La théorie des **biozones** évolue à partir de la précédente en accordant une plus grande attention à l'interdépendance biozonistique des parasites.
– Les théories basées sur les variations météorologiques et nutritionnelles accordent une signification particulière, selon le cas, à un type de facteurs environnementaux.
– La théorie des zones de gradation (SCHWERDTFEGER) évite cette simplification. Elle procède de l'action d'un complexe de facteurs biotiques et abiotiques (zone de gradation) agissant de façon variée sur la dynamique de la population selon l'espèce, le lieu et l'époque.

2) Théories basées sur l'équilibre

– **Les théories relatives à l'environnement**

« La résistance de l'environnement » s'oppose à l'accroissement de la population d'où résulte « l'équilibre des organismes » dans la nature. L'abondance s'en trouve limitée par différents facteurs, comme le besoin en ressources nutritives absolu ou relatif (inaccessibilité par défaut de possibilité de quête de la nourriture chez les animaux), limitation de la période de multiplication.

– **Les théories régulatrices**. Les variations de l'abondance (en plus ou en moins) engagent les processus liés à la densité et qui limitent la tendance dominante (p. ex. : concurrence à l'intérieur de la population, effet densitaire, p. 239).

Population et environnement sont ainsi conçus comme un écosystème (p. 258 sqq.) dans lequel, d'après le principe de la rétroaction (p. 54 sq.), les facteurs qui limitent la densité sont d'autant plus efficaces que la capacité s'épuise.

– **Les théories constitutives**

Une variation de densité entraîne une variation de constitution qui est de nouveau suivie d'une variation de densité par la sélection.

Sur le principe de la rétroaction, SCHWERDTFEGER a conçu la **théorie intégrée de la dynamique** de l'abondance (D), qui s'appuie sur les effets conjugués de la détermination, de la limitation et de la fluctuation des effets provoqués par l'importance des dommages subis.

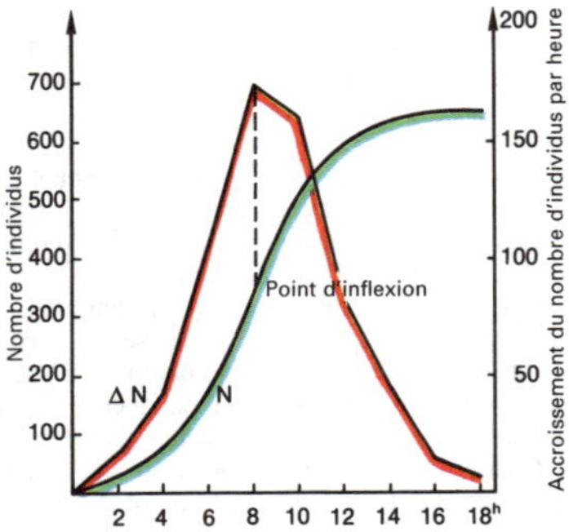

A **Croissance (N = nombre d'individus et ΔN = taux de croissance) d'une population de levures en activité**

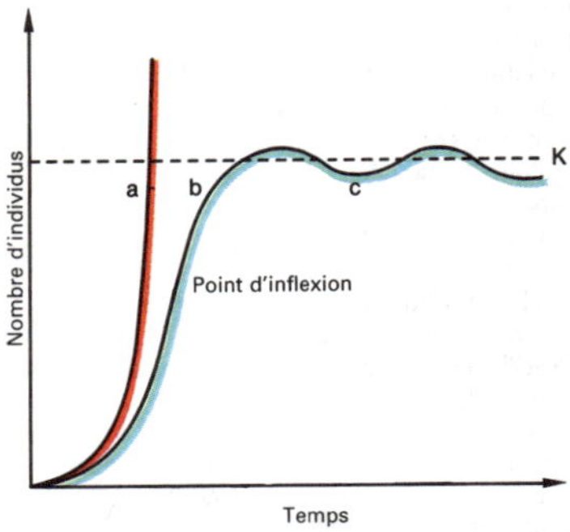

B **Croissance exponentielle (a) et logistique (b). Régulation en limite de capacité C (c)**

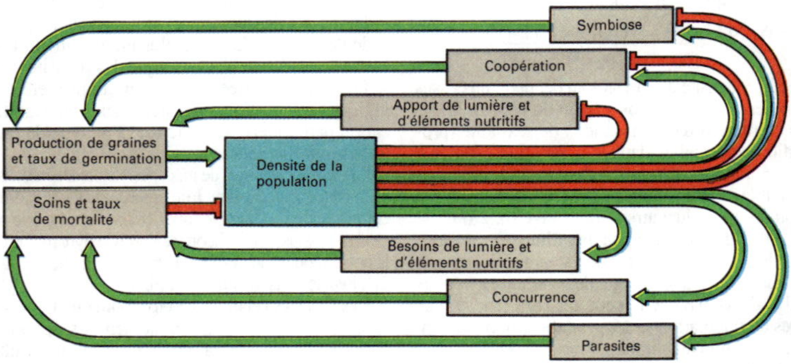

C **Schéma de régulation de la densité de population par des mécanismes de rétroaction essentiellement négatifs**

Relations causales positives **négatives**

Croissance de la population

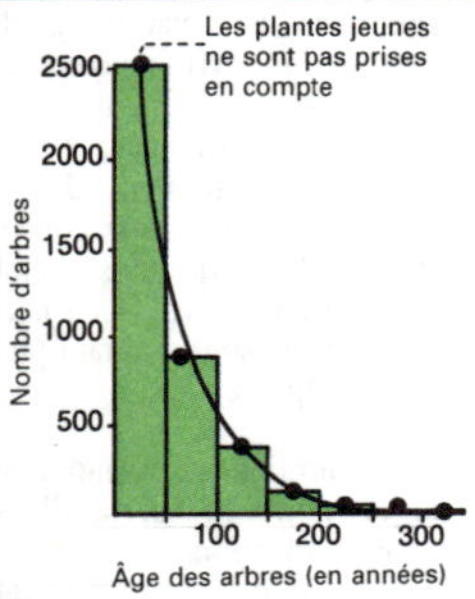

D **Classes d'âge et courbe de population de Quercus alba, d'une forêt mixte de l'Amérique du Nord**

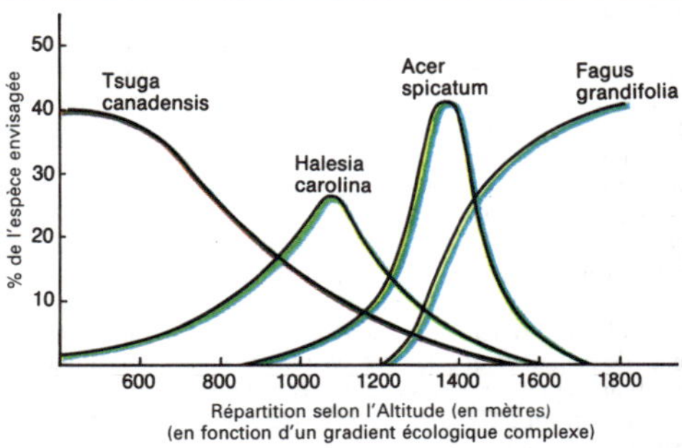

E **Répartition de la population des arbres (Smoky Mountains ; Amérique du Nord)**

Populations végétales

Croissance de la population

1) La croissance exponentielle peut se produire quand dans un espace d'action n'intervient aucun facteur limitant dans la multiplication de la population, de telle façon que chaque individu garde ses possibilités optimales de reproduction (B). Lorsque la structure d'âge demeure constante on trouve alors, dans ces conditions, un taux de naissance b constant ainsi qu'un constant taux de mortalité m, de telle façon que b + m, variation individuelle, reste constante (r).

D'où on tire $N_t = N_0 \cdot e^{rt}$

Nt = nombre d'individus au temps t

N_0 = nombre d'individus au temps 0

e = base des logarithmes népériens.

Comme r, dans les conditions supposées, a la valeur maximale, on le nomme : taux de croissance potentiel.

On rencontre de telles conditions quand un espace vital est nouvellement colonisé, ou quand dans des zones de climat tempéré, le développement des plantes démarre après le repos hivernal.

– croissance exponentielle de masse des algues d'eau douce planctoniques (fleurs d'eau).

– chez l'Homme, on connaît actuellement une croissance « super-exponentielle » car la période de doublement de la population mondiale se raccourcit continuellement (p. 267).

Si la croissance n'était pas limitée la masse de la population atteindrait celle de la Terre :

– chez les *Bactéries*, avec un temps de génération très court, déjà en quelques jours ;

– chez les *Arbres*, en quelques centaines d'années.

Ce type de croissance ne représente en fait que les premières phases du développement.

2) La croissance logistique

Dans les espaces vitaux naturels mais aussi dans les conditions expérimentales (A) le taux de croissance diminue après quelque temps et on obtient une courbe de croissance sigmoïde.

La densité croissante de la population entraîne une résistance environnementale plus forte, d'où une stagnation de la croissance à sa limite.

La formule logistique de la croissance de la population modélise cet état de choses.

$$\frac{dN}{dt} = r \cdot N \cdot \frac{K-N}{N}$$

r : exprime ici aussi le taux de croissance potentiel ; K : la capacité.

Selon la valeur de N le quotient $\frac{K-N}{N}$ varie entre +1 et – ∞.

– Pour des valeurs de N très basses le quotient se rapproche de 1 et la croissance a lieu d'une manière presque exponentielle ;

– Si N = K, le quotient et la croissance de la population = 0 ;

– Si N dépasse K (à cause de l'inertie du système) $dN/dt < 0$ et la population décroît jusqu'à ce que K décroisse de nouveau (B).

Ceci conduit à la proposition d'un mécanisme de régulation (C ; p. 243) fonction de la densité, qui permet dans les populations animales comme végétales de réguler le taux de population par la fertilité et la mortalité. Une régulation du volume de population indépendant de la densité repose par contre sur des variations de la valeur de K dans la formule logistique. Elle est particulièrement importante dans les cycles annuels de populations animales et végétales des zones climatiques tempérées qui dépendent des variations des facteurs externes.

3) La croissance numérique peut dans les populations végétales faire suite à la phase exponentielle.

La raison en est qu'après la mise en place d'un couvert végétal dense la fourniture d'énergie lumineuse devient le facteur limitant. Si celui-ci est constant, il en est de même pour l'accroissement indépendant du nombre d'individus et de la biomasse :

$$\frac{d\ \text{Biomasse}}{d\,t} = \text{constante}$$

Les populations végétales

Malgré des différences dans l'organisation des animaux et des végétaux, les normes démécologiques valent pour les deux règnes (p. 236 sqq.). Il est vrai aussi que l'on doit considérer ici les particularités de l'organisation des plantes.

– La taille et la durée de vie des plantes, en tant que système ouvert, sont moins faciles à préciser.

– La fertilité peut fluctuer et atteindre pendant des dizaines d'années une valeur élevée.

– La multiplication végétative, sous ses nombreuses formes, a une signification considérablement plus grande que chez les animaux.

– L'inféodation des plantes à leur lieu de vie et la dissémination passive des graines et des spores sont prépondérantes.

– Un très long pouvoir germinatif des graines dans le sol procure un important potentiel de population (dans des cas rares encore après 100 ans, et dans des cas extrêmes, après environ 1 600 ans).

On n'indiquera ici que quelques conséquences :

Structure d'âge : Après une phase de grande mortalité embryonnaire (comparer p. 238, D) s'installe chez la plupart des plantes un taux de mortalité constant (D). Chez les orchidées terrestres (*Orchis, Dactylorrhiza*), de nombreux individus atteignent l'âge physiologique, et on retrouve comme chez l'*Homme* p. ex. des courbes de vie prolongée (comparer p. 238, D).

Rajeunissement : il se produit continuellement chez de nombreuses plantes pluriannuelles (D). Le rajeunissement périodique peut souvent être réduit aux périodes où les facteurs externes influent (plantes sur coupes, plantes de déserts, chez lesquelles la germination n'est possible qu'après des pluies rares et qui donnent des individus souvent de même âge).

Population et gradient écologique

La répartition des populations selon des gradients écologiques a été étudiée chez les plantes (p. ex. : les *arbres*, E ; les *lichens*) avec comme conclusions (voir aussi p. 232, A) :

– Chaque espèce a son maximum de dispersion.

– Des populations différentes se recouvrent.

– Il se produit des regroupements caractéristiques d'espèces dont les aires ne sont pas strictement séparées (voir associations végétales, p. 249).

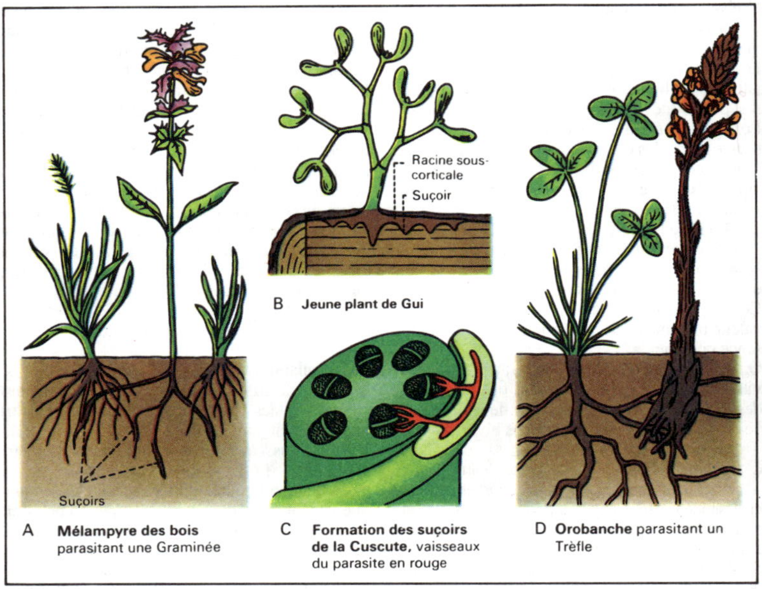

Parasitisme chez les Végétaux

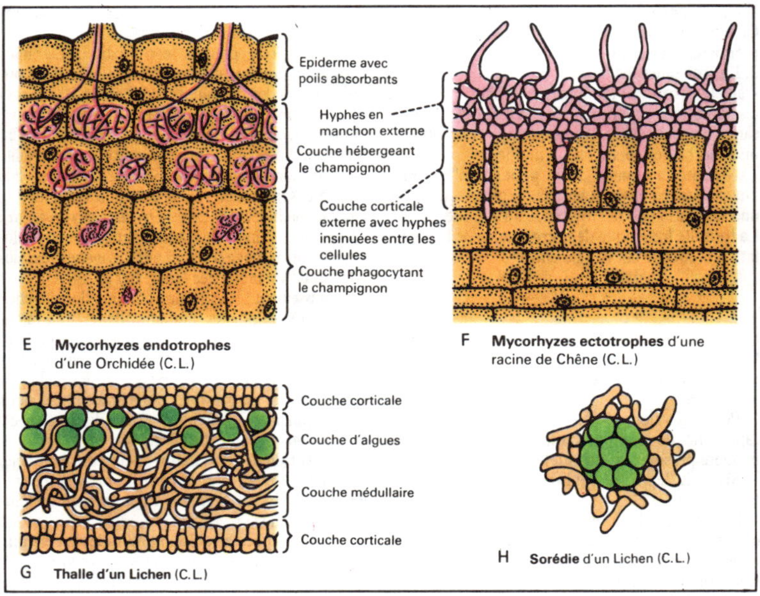

Symbiose entre Végétaux

Bien que l'écosystème ds sa totalité soit l'objet de la synécologie, la compréhension de ce système complexe et de ses lois repose sur la connaissance des interactions entre espèces isolées.
On classe les interactions biotiques selon les influences réciproques qui s'exercent entre partenaires : stimulantes, inhibitrices ou neutres.

	Partenaire A	Partenaire B
Concurrence	–	–
Parasitisme, prédation	+	–
Symbiose, coopération	+	+
Fructification, commensalisme	+	o
Neutralité	o	o

Lorsque les groupements végétaux sont denses (ex. forêts), une **concurrence** s'établit, en partic. une véritable lutte pour la **lumière** (ds les forêts de *Hêtres*, l'intensité lumin. au sol est inf. au 1/10 de sa valeur à ciel découvert). Ainsi s'explique la croiss. rapide de ces arbres, leur port élancé (diff. de celui des arbres isolés comme le *Chêne*), et l'épanouissement de leur cime à une grande hauteur (arbres des forêts tropicales, atteignant 60 à 80 m). Les plantes volubiles et les plantes grimpantes recourent au soutien des arbres et hissent économiquement leur feuillage à la lumière (*Lierre, Houblon, Clématite*).
Quant aux épiphytes, elles s'affranchissent du sol pour fuir les zones peu éclairées.
La concurrence se manifeste égal. pour la **nutrition minérale** : la compétition s'engage alors entre les syst. racinaires : la *moutarde des champs* a une longueur racinaire totale à peu près double de celle du *Blé*. Une influence réciproque directe s'exerce entre les *Végétaux* par l'intermédiaire de subst. *Artemisia absinthium* (*Absinthe*) p. ex., entrave la croissance d'autres plantes aromatiques (p. ex. *Fenouil Levisticum*). De nombreux *Champignons* (p. ex. : *Penicillium, Actinomyces*) et des *Bactéries* sécrètent des **Antibiotiques** qui ont une importance pratique et freinent le développement des bactéries pathogènes.
Parasitisme. C'est le mode de vie d'un organisme qui vit aux dépens de l'hôte, avec lequel il est associé. Il est fréquent chez les *Bactéries* (p. 60 sqq.) et les *Champignons*, plus rare chez les *Spermatophytes*.
On appelle **hémi-parasites** les *Plantes vertes* qui prélèvent chez leurs hôtes de l'eau et des sels nutrit. En font partie l'*Euphraise* (*Euphrasia*) et le *Mélampyre* (*Melampyrum*, A) : leurs racines peu dévelop. s'implantent, grâce à des suçoirs, sur les racines d'autres plantes et puisent leur nourriture dans leurs organes conducteurs. Le syst. racinaire du *Gui*, qui est un semi-parasite de tiges (B), est tout à fait modifié. La base de la tige émet des racines qui pénètrent sous l'écorce et enfoncent leurs suçoirs comme des coins dans le bois des branches d'arbres. Les **parasites complets** dont les feuilles sont réduites ou manquent et qui, privés de chlorophylle, sont inaptes à la photosynthèse – prélèvent chez leurs hôtes non seul. l'eau et les sels nutrit. mais aussi les subst. organiques nécess. à l'édification de leurs propres constituants. Tel est le cas de la *Cuscute* (*Cuscuta*) (C), dont les tiges filiformes s'enroulent autour de la tige de son hôte (*Chanvre, Houblon*) : ces tiges sont munies de suçoirs qui s'enfoncent surtout dans les tubes criblés (p. 97). L'*Orobanche* (D), qui s'implante sur les racines, est un autre cas de parasitisme total.

Symbiose

On nomme symbiose une association étroite d'organismes diff. qui bénéficient tous 2 de leur association. Souv. on peut constater qu'un parasitisme bilatér. est à l'origine de cette association : c'est ce que montre clairement le phénomène des **mycorhizes** (associations de *Champignons* et de racines). Dans les racines des *Orchidées*, les filaments du *Champignon* (hyphes) pénètrent dans les cel. des racines (mycorhize **endotrophe**, E). Dans les assises cell. ext., le *Champignon* vit en parasite en exploitant les subst. nutrit. de son hôte, tandis que dans les tissus int. les filaments mycéliens sont digérés et leurs subst. absorbées. Chez *l'Orchidée* indigène : *Neottia nidus avis*, qui est pratiquement dépourvue de chlorophylle, les substances organiques doivent provenir du *Champignon* ; comme il n'est pas certain qu'il ait besoin de l'association, on se trouverait ici devant un cas de parasitisme. Dans les mycorhizes de nos arbres forestiers, les filaments mycéliens demeurent intercell. (mycorhizes **ectotrophes**, F) ; seuls quelques hyphes pénètrent dans les cel. et sont absorbés. Le mycélium forme un épais manchon et supplée à l'absence de poils absorbants ; il assure l'approvisionnement des arbres en sels minéraux et les arbres lui fournissent des substances organiques.
Beaucoup de Champignons comestibles sont des symbiotes d'arbres forestiers (*Bouleau : Bolet rude ; Pin : Bolet jaune*).
Lorsqu'une *Algue* et un *Champignon* vivant en symb. constituent une nouvelle forme végétale appelée **Lichen**, seul le microsc. permet d'identifier les 2 partenaires (génér. *Ascomycète* et *Algue verte* globuleuse, G) et de connaître la struct. caract. du thalle lichénique : entre 2 assises corticales (pseudo-parenchyme extensible) s'étend un réseau médian aux mailles lâches dans lequel sont logées les *Algues* (gonidies) vers la face sup. ; les hyphes sont appliqués contre celles-ci ou pénètrent à l'int. (suçoirs).
Le **Champignon** fournit l'eau, les sels nutrit. et le CO_2 de la respiration, les Algues synthétisent les subst. organ. nécess. à la vie du Champignon. Cultivés isolément, les Champignons des Lichens ne se développent pas entièrement. Beaucoup de Lichens élaborent des métabolites (orseille et autres pigments) que ni l'**Algue** ni le **Champignon** ne peuvent produire.
La reproduction est assurée par les spores du Champignon ou par des boutons mixtes, les sorédies (H), dans lesquelles sont réunis les constituants de la symbiose. Leur indépendance par rapport à l'envir. et leur résistance à la sécheresse font des *Lichens* des « **pionniers** », typiques, qui colonisent même des rochers nus, qu'ils contribuent à désagréger par leurs sécrétions acides. (*Bactéries fixatrices d'azote*, voir p. 63).

Catégorie	Groupement	Autres groupements de la même catégorie	
Classe	Forêts feuillues des climats tempérés (Querceto-Fagetalia)	Prairies et pâturages humides (Molinio-Arrhenatheretea)	Prairies sèches calcaires (Festuco-Brometea)
Ordre	Forêts feuillues des climats tempérés froids (Fagetea sylvaticae)	Chênaie mixte tempérée (Quercetalia pubescenti-petraeae)	Buissons à prunellier (Prunetalia)
Alliance	Hêtraie (Fagion sylvaticae)	Chênaie avec charmes (Carpinion betuli)	Forêts marécageuses (Alno-Padion)
Sous-alliance	Asperule-Hêtraie	Hêtraie à Luzule (Luzulo-Fagion)	Picaie-sapinière riche en espèces (Galio-Abieton)
Association	Mélique-Hêtraie	Asperule-Hêtraie (au sens strict) (Asperulo-Fagetum)	Gesse-Hêtraie (Lathyro-Fagetum)

A Place de l'association dans le classement phytosociologique (Exemple de la Mélique-Hêtraie)

CA	Mélique uniflore, Melica uniflora	V	1 à 4
CO	Hêtre rouge, Fagus silvatica	V	3 à 5
CO	Reine-des-bois, Asperula odorata	V	+ à 4
CO	Ortie jaune, Lamium galeobdolon	V	+ à 4
CO	Violette des bois, Viola silvatica	V	+ à 3
CO	Millet sauvage, Milium effusum	IV	+ à 2
CO	Laîche des bois, Carex silvatica	IV	+ à 1
CC	Frêne, Fraxinus excelsior	V	+ à 2
	Mousses, toutes espèces confondues	IV	+ à 1

B **Mélique-Hêtraie (Melico-Fagetum)**; sur calcaire sec et grès calcaire recouverts d'argile résiduelle et sur loess; Plantes herbacées et Graminées forment une couverture ininterrompue

Associations végétales

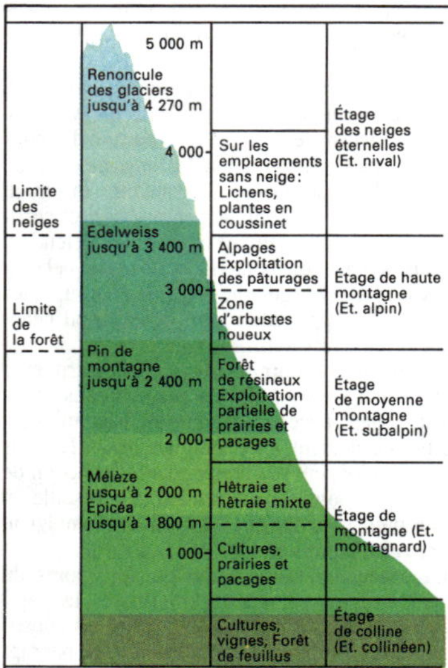

C Zones de végétation en haute montagne (ex. Les Alpes)

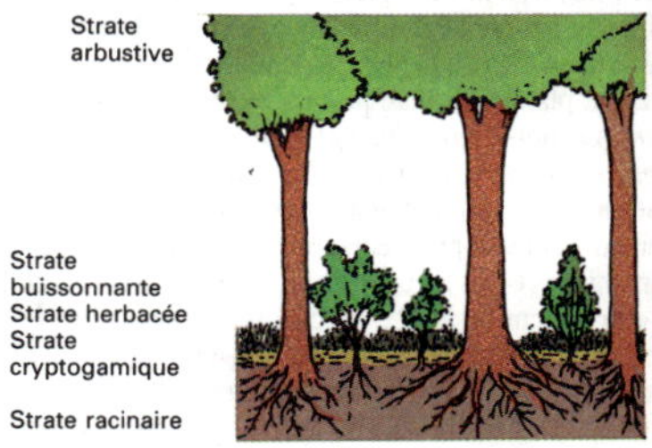

D Répartition des strates dans une forêt de feuillus en été

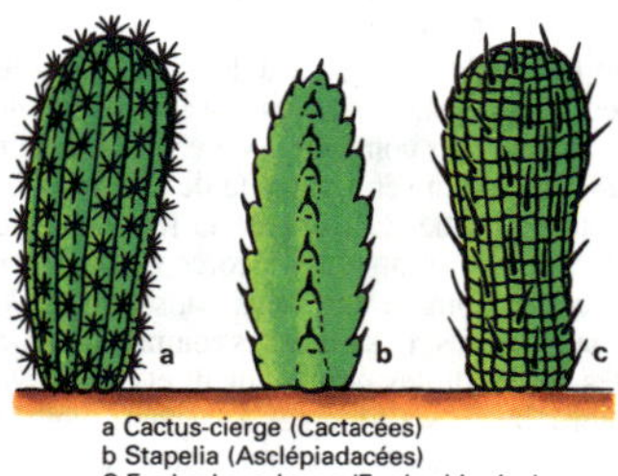

a Cactus-cierge (Cactacées)
b Stapelia (Asclépiadacées)
C Euphorbe-colonne (Euphorbiacées)

E Succulence dans différentes familles de plantes

Formations végétales

La phytosociologie s'intéresse à des groupements constitués par plusieurs espèces (hétérotypiques), alors que la sociologie animale étudie les groupements d'espèces identiques (homotypiques) (p. 235).

Les groupements végétaux

Ces formations qui tapissent l'espace vital avec leurs associations d'espèces caractéristiques, même si elles ne sont pas nettement séparées, se développent sous l'influence des groupes de facteurs suivants :

1) Facteurs locaux
- Facteurs climatiques : lumière, température.
- Facteurs édaphiques : structure physique du sol, aération ; sels nutritifs, oligo-éléments, pH ; abondance des microorganismes.
- Facteurs climato-édaphiques : eau, CO_2.

2) Facteurs biotiques
- Variabilité du patrimoine héréditaire des espèces.
- Variabilité individuelle du phénotype (aspect extérieur).
- « Vitalité » (croissance, reprod., compétitivité) et « combativité » des espèces.

3) Facteurs favorables à la migration et à la colonisation
- Situation de la station par rapport aux peuplements environnants et aux obstacles phytogéographiques.
- Nature, nombre et durée de vie des graines qui arrivent sur la station.
- Pouvoir colonisateur.

4) Evolution du climat (nature et déroulement des variations climatiques prolongées)

Il résulte de l'action complexe de ces facteurs un grand nombre d'associations végétales, dont le groupement d'après des degrés communautaires variables conduit à des catégories utilisables en systématique (A ; phytosociologie systématique). Les conditions de formation et les fondements de ces associations ont été recherchés de plus en plus sous leur aspect causal, ds le domaine des interactions biotiques (Phytosociologie expérimentale). Il est rare que les individus d'un groupement végétal soient isolés (**groupements ouverts**, p. ex. *Lichens* sur les rochers, plantes de dunes, végétation des régions semi-désertiques). Dans les **groupements fermés** ils sont en compétition ; il s'ensuit une croissance verticale du fait de la surface réduite. Il en résulte souvent une stratification des parties aériennes et souterraines (D). Les plantes aux racines profondes et celles aux racines superficielles, les formes hautes et les formes basses vivent en harmonie car elles s'adaptent à des intensités lumineuses différentes (p. 224, C).

L'Association est l'unité phytosociologique fondam., c'est un groupement végétal à la physionomie caract., dont les esp. sont tj. associées de façon déterminée dans un biotope précis. Entre les associations voisines la limite n'est pas toujours nette. Les caract. importants de l'association sont représentés sous forme de tableaux (B) où CA signifie : espèce caract. de l'association, CO espèce caract. de l'ordre et CC espèce caract. de la classe.

Les autres espèces sont des espèces différentielles (= D ; existent dans les unités plus restreintes de l'association mais aussi dans d'autres assoc.) et des espèces compagnes (= C ; espèces qui ne sont pas liées à une association particulière).

La fréquence d'une esp. désigne le pourcentage des indiv. de cette esp. par rapport à la population totale de l'association. (Indices I à V : I = 1-20 % ; II = 21-40 % ; III = 41-60 % ; IV = 61-80 % ; V : 81-100 %).

Les chiffres arabes 1 à 5 et le signe + sont à la fois une évaluation du nombre des indiv. d'une esp. (abondance) et de l'espace qu'ils occupent (dominance) ; + = esp. rare, très faible dominance ; 1 = esp. abondante mais faible dominance, ou assez rare mais assez forte dominance ; 2 = esp. très nombr. ou couvrant au moins 1/20 de la surf. ; 3 = couvre 1/4 à 1/2 de la surf., nombre des indiv. quelconque ; 4 : couvre de 1/2 aux 3/4 de la surf. ; 5 = couvre plus des 3/4 de la surf. Souv. les tableaux phyto-sociol. comportent un 2ᵉ chiffre arabe qui désigne la sociabilité d'une esp., c.-à-d. la densité des indiv. : 1 = isolés ; 2 = groupes peu nombr. ; 3 = groupes plus ou moins denses ; 4 = petites colonies plus ou moins compactes ; 5 = peuplements étendus.

Les associations sont de meilleures indicatrices (voir p. 228 E) que les espèces, et renseignent davantage sur les conditions locales, car elles sont fonction de tous les facteurs écol. C'est ce qui fait l'importance pratique de la phytosociol., dont les découvertes trouvent leur application p. ex. lorsqu'on veut aménager des prairies ou des forêts et faire des plantations au bord des autoroutes.

Une formation désigne un groupement végétal de physionomie homogène, quelle que soit la façon dont les esp. sont groupées. Les forêts de feuillus d'Eurasie et d'Amérique du Nord, p. ex., appartiennent à la formation des forêts de feuillus des régions tempérées bien qu'elles aient une composition floristique différente. (D)

La composition et la physionomie des formations reflètent bien leur adaptation à diff. types de climats. Elles permettent d'ailleurs de tirer des conclusions même lorsque l'identification des espèces n'est pas réalisable. Outre la distribution horizont. des grands types de végétation sur le globe, la répartition verticale sur les flancs des montagnes apparaît distinctement (C) ; les facteurs écologiques qui se modifient graduellement engendrent un étagement bien distinct des zones de végétation avec chacune leur formation caract., et ce phénomène est identique dans les diff. régions de la Terre, même si ces formations comprennent des espèces diff. Ainsi dans une même formation les diff. espèces réalisent des adaptations identiques. Cela est partic. net quand les conditions sont extrêmes, comme dans les régions arides où des plantes succulentes de familles différentes ont développé des formes semblables (**convergence**, E).

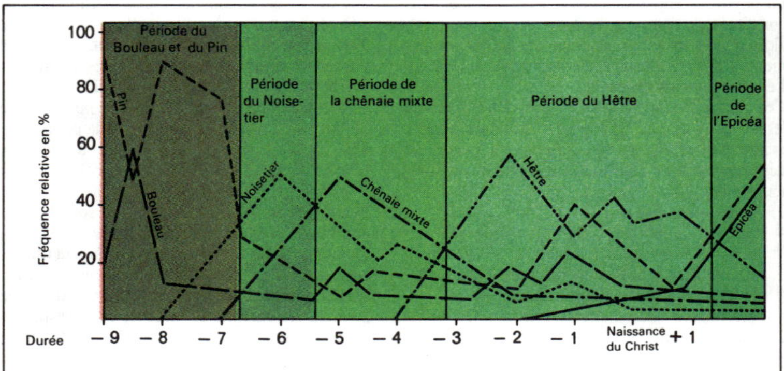

A Diagramme pollinique de la région

Types forestiers en Europe centrale durant la dernière glaciation

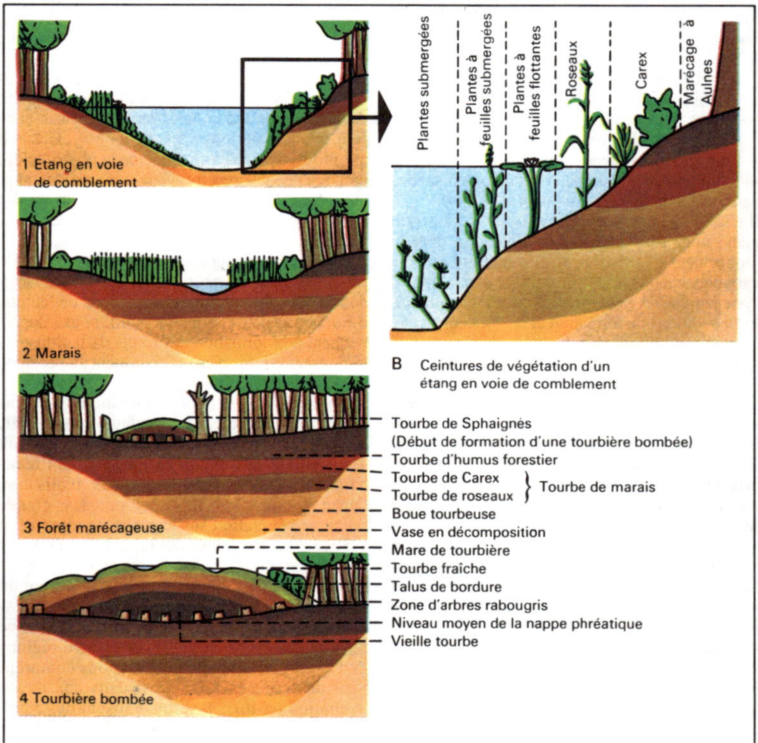

B Ceintures de végétation d'un étang en voie de comblement

C Naissance d'une tourbière bombée

Comblement d'un étang et formation d'une tourbière bombée

La formation des groupements végét. exige beaucoup de temps et s'opère grâce à une sélection (p. 498 sqq.) de formes adaptées morphol. et physiol. aux conditions du milieu qui conduit à un équilibre entre la végétation et les facteurs écologiques. Un changement des conditions locales provoque l'adaptation des espèces existantes et l'installation d'espèces nouvelles jusqu'au nouvel équilibre.

Ainsi des groupements végét. selon des règles déterminées constituent des **successions de peuplements** qui, lorsque les facteurs se stabilisent, aboutissent à un peuplement stable appelé **climax**.

Modification des facteurs due à des causes ext. Les forêts d'Europe centrale ont été marquées par de nombreux changements de climat survenus depuis la dernière période glaciaire ; les grains de pollen enfouis ds les couches de tourbe permettent de reconstituer leur évolution. Si l'on tient compte de toutes les sources d'erreurs possibles (ex. : changement de la direction du vent, production de pollen diff. selon les espèces), l'analyse pollinique (palynologie) révèle quelle était la fréquence relative des esp. d'arbres : on peut alors établir un **diagramme pollinique** (A), qui permet de reconnaître la succession des périodes suiv. :

1. **Période du Bouleau et du Pin** : Climat froid et sec. Les *Bouleaux* dominent à l'ouest, les Pins à l'est. Plantes compagnes : *Saule, Empetrum, Lichens*. La forêt ressemblait à celle à l'ouest de la Laponie actuelle.
2. **Période du Noisetier :** Climat sec et chaud. Cette période se poursuit par la
3. **Période de la Chênaie mixte :** Climat chaud et humide. Forêts clairsemées aux nombreuses espèces, avec *Chênes, Ormes, Tilleuls, Erables, Frênes.*
4. **Période du Hêtre :** Le climat devient de plus en plus frais et humide. *Hêtre rouge* avec *Charme, Sapin, Epicéa.*
5. **Période de l'Epicéa.** Climat frais et humide. L'Epicéa (le *Pin* sur les sols sablonneux) passe au premier plan.

Dans certains cas une succession de végétations peut être provoquée par l'Homme (déboisement massif, enfoncement de la nappe phréatique après régularisation des cours d'eau, cf. p. 269).

Modification des facteurs sous l'influence du groupement végétal

Elle peut engendrer des successions de végétations, même avec des facteurs ext. constants. Dans les eaux dormantes riches en subst. nutrit. et en humus (**eutrophes**), c'est avant tout la profondeur de l'eau qui règle la répartition de la végét. Comme elle diminue par le fait de la sédimentation, les diff. groupements végét. se rapprochent du centre de la nappe d'eau.

En Europe centrale les étangs en voie de comblement présentent des ceintures de végétation caract. (B) :

1. Plantes submergées, souv. des *Charophycées* ;
2. Plantes à feuilles immergées, dont seules les fleurs s'épanouissent hors de l'eau (*Potamogeton, Myriophyllum, Elodée*, etc.).
3. Plantes à feuilles flottantes (*Nymphéa, Nénuphar*) ; et, dans les eaux calmes, esp. qui flottent librement (*Hydrocharis, Stratiotes, Lentille d'eau*).
4. Roseaux (peuplements denses de *Sparganium, Typha, Phragmites communis, Scirpus*).
5. Peuplements de *Carex*.
6. Taillis de Saules et Bourdaines.
7. Forêts d'*Aulnes* (avec diff. esp. de *Carex, Orties, Fougères*, etc.). Tout d'abord le niveau moyen de l'eau est à la hauteur de la surf. de la terre ; puis des débris de plantes se déposent, la surf. s'élève et s'assèche de plus en plus.

Par son intervention (déboisement, drainage, fauche, amendements), l'Homme contribue à la formation de prairies à *Cirsium oleraceum* comme climax anthropogène (succession régressive).

Les associations n°s 4 et 5 caract. un marais (C 2), l'association n° 7 caract. une forêt marécageuse (C 3).

Le comblement est id. dans les eaux pauvres en subst. nutrit. et en humus (**oligotrophes**) et dans les eaux pauvres en subst. nutrit. mais riches en humus (**dystrophes**) ; au stade final l'ancien lac est comblé de sédiments d'origine surtout végétale.

Dans la couche la plus profonde (sapropel, formant de la « craie lacustre » quand le calcaire précipite) la décomposition bactériologique (Réducteurs, p. 259) est intense, mais incomplète à cause du manque de O_2. Quand la quantité des débris végétaux devient plus importante, la formation de la tourbe commence (carbonisation naturelle : décomposition incomplète due à une forte carence en O_2). Cette carbonisation fournit un matériau brun, presque noir, dans lequel des struct. végét. sont encore conservées. Selon les végétaux qui se décomposent, on distingue : le moder (intermédiaire entre boue sapropélique et tourbe), la tourbe de roseaux et de carex (l'ensemble formant une tourbière basse) et la tourbe forestière (Aulne + If).

Les premières couches de tourbe sont, compte-tenu de leurs relations avec la nappe phréatique, relativement riches en substances nutritives, leur pH est neutre ou légèrement basique. Les apports successifs isolent les couches supérieures du niveau de la nappe, elles s'appauvrissent et deviennent acides. Finalement la tourbière en formation est envahie surtout si le climat est humide, par des *Sphaignes* (genre *Sphagnum*), qui retiennent l'eau et acidifient le sol (p. 228 E) ; elles forment des tapis qui tendent à étouffer le reste de la végétation.

Ces Mousses continuent à pousser alors que leur base meurt, ainsi se sont constituées des couches de tourbe à Sphaignes de plus. mètres, formant une tourbière bombée (C 4), (les conditions de croissance étant meilleures au centre de la tourbière). A la périphérie, les flancs de la tourbière sont secs et plantés d'arbres, le marais qui la cerne se constitue en tourbière basse.

La végétation de la tourbière bombée comprend très peu d'espèces (*Eriophorum, Erica tetralix, Calluna, Myrica gale, Drosera*, etc.) et se caract. par des adaptations à une humidité irrégulière (réserves ; feuilles enroulées, p. 228 B) et à la pauvreté du sol (eau de pluie et poussière amenée par le vent ; cf. Plantes carnivores, p. 121).

A Poisson abyssal chiasmodon avec sa proie

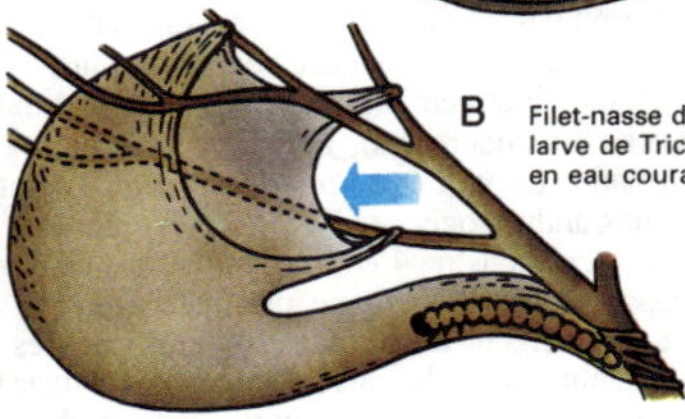

B Filet-nasse d'une larve de Trichoptère en eau courante

C Poisson archer (Toxotes jaculatrix)

Facteur nourriture

D Phalène du Bouleau (sur écorce de bouleau) ; en dessous une forme mélanique

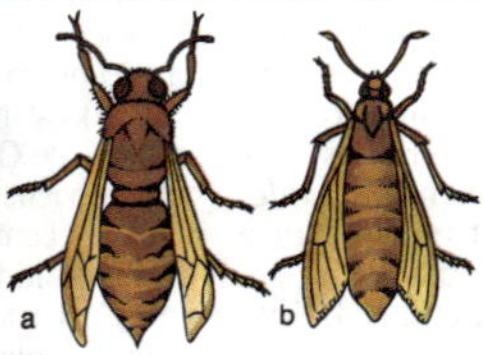

E Couleurs et aspect du Frelon (a) et mimétisme chez la Sésie apiforme (b) qui est un papillon

F Poisson clown (Amphiprion), un poisson corallien

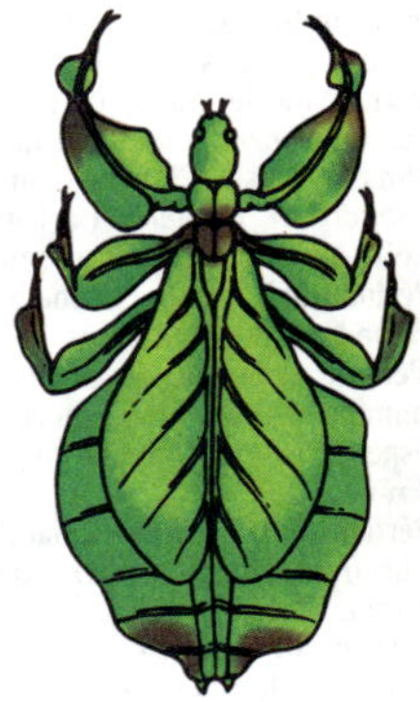

G Feuille ambulante (Phyllium spec), une sauterelle

Les ennemis

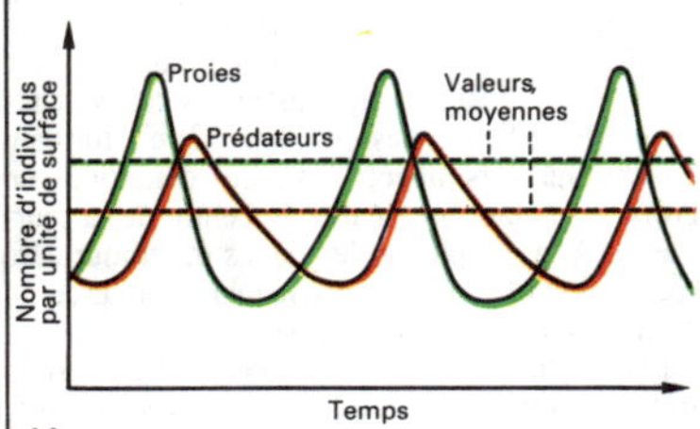

H Diagramme illustrant les lois 1 et 2 de VOLTERRA

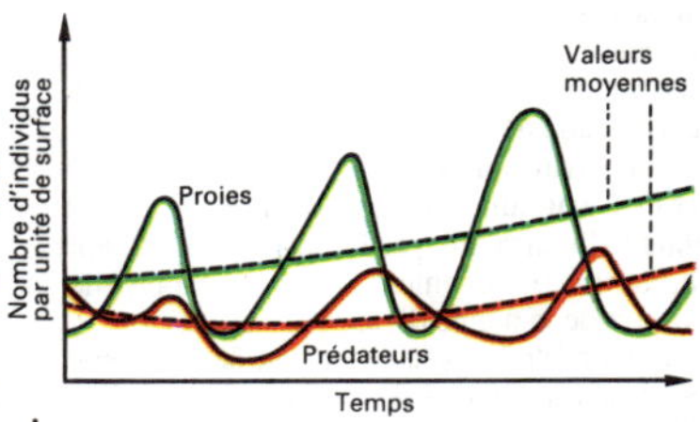

I Diagramme illustrant la 3e loi de VOLTERRA L'intervention dans les populations se situe avant le début de l'échelle des temps

Interactions quantitatives

La nourriture

Les *Animaux* ne peuvent se nourrir que de subst. organiques, provenant directement ou indirectement d'autres êtres vivants.

- Phytophages (herbivores)...
- Zoophages (carnivores)...
- Omnivores...
- Détritivores...
- Coprophages...
- Nécrophages... Sur terre, ce sont surtout les *Plantes vasculaires*, qui fourn. la nourriture primaire : dans la mer c'est le plancton végétal (phytoplancton). Les herbivores (phytophages), les carnivores (zoophages), les omnivores se nourr. à la fois de *Végétaux* et d'*Animaux*. Les détritivores se nourr. d'élém. végét. morts (détritus) ; d'autres vivent d'excréments (coprophages) ou d'anim. morts (nécrophages). Il existe donc des séries d'organismes liés par leur nutrition (**chaînes alimentaires**) ; les subst. organ. édifiées par les *Plantes vertes* autotrophes sont finalem. réduites à l'état minéral par des Champignons et des *Bactéries* (p. 258 sq.). On distingue, d'après leur nourrit., d'une part les **euryphages** (esp. qui se nourr. de tout) qui se subdiv. en omnivores (*Porcins, Canards, Carpes*) et polyphages (*Artiodactyles, Carnivores, Insectivores*) et d'autre part les **sténophages** (régime spécialisé) qui sont oligophages (*Koala*, nombr. chenilles) ou monophages (nombr. parasites).

1. **Absorption de nourriture liquide :**
- Par osmose (*Cestodes, Acanthocéphales*),
- Par voie buccale (suceurs : *Sangsues, Punaises, Puces, Papillons, Colibris*).

2. **Absorption de nourriture solide :**

a) La nourriture est saisie :
- Dans l'air (au vol : *Martinet* ; à l'affût : *Araignée*).
- Dans l'eau (en nageant : *Mysticètes* ; en se laissant flotter : *Daphnie* ; esp. fixées : *Spongiaires, Lamellibranches*).
- Dans le substrat solide (*Lombrics, Termites*) ;
- A la limite entre air et eau (*Gerris*) ;
- Entre air et sol *(Fourmi-lion)* ;
- Entre eau et sol (*Annélides marins, Canards*).

b) Recherche d'aliments isolés :
- Ingérés tout entiers ou grossièrement broyés (*Amibes, Etoiles de mer, Serpents, Caméléon, Fourmilier* ; à la limite, certains avalent des proies plus grosses qu'eux ; A) ;
- Finement broyés et ingérés (*Gastéropodes, Crustacés, Insectes, Mammifères*).
- Liquéfiés hors du corps (digestion ext. : *Acinétiens, Céphalopodes, Araignées, Scorpions*).

Tout aussi variées sont les adaptations morphol. qui servent à la nutrition (ex. types de denture des *Vertébrés*).

Il existe égal. des mécanismes de capture liés à des comport. complexes (toile des *Araignées*, filet-nasse de la larve des *Trichoptères*, B) qui peuvent même agir à distance soit par un organe (langue du *Caméléon*), soit mécaniquement (le *Fourmi-lion* projette du sable ; *Poisson-archer*, C).

Les ennemis

Nombr. sont les adaptations qui permettent aux animaux de fuir leurs ennemis ou de s'en protéger :

Les réactions de fuite et les adaptations morphol. correspondantes (organes sensoriels et locomoteurs développés) ont évolué de façon convergente dans des groupes différ. (*Ongulés – Kangourous – Ratites – Reptiles*). Cert. comportements rendent la fuite encore plus efficace : le *Lièvre* et l'*Autruche* d'Amérique du Sud opèrent de brusques changements de direct. ; les *Céphalopodes* projettent un nuage d'encre ou, comme le *Céphalopode* abyssal *Heteroteuthis*, un liquide luminescent.

Des dispositifs mécaniques de protection se rencontrent chez les anim. immobiles ou peu mobiles. Le corps des *Eponges* (p. 75) renferme souv. des spicules qui les rendent immangeables. Les anim. de nombr. groupes sont couverts de piquants, souv. associés à une carapace dure (*Oursin*, p. 137) ou à des comportements qui augmentent leur efficacité (le *Hérisson* se met en boule, le *Poisson porc-épic* se gonfle). Beaucoup d'animaux possèdent une carapace, des plaques, une coquille (nombr. *Protistes, Bivalves, Gastéropodes, Tortues, Tatous*) ; ces enveloppes peuvent être constituées de matière étrangère au corps de l'anim. (*Amibe Difflugia*, larves des *Trichoptères*). On peut mentionner ici les cavités que recherchent ou construisent cert. anim. (*Sphécoïdes, Pics*, nombreux *Mammifères*).

Les moyens de défense chimiques varient entre 2 possibilités extrêmes : tout l'anim. est toxique, donc immangeable, ou il met en œuvre des mécanismes hautement perfectionnés (cnidoblastes des *Cœlentérés*, p. 125 ; poils urticants des chenilles ; éjection de liquide : *Brachynus, Serpent cracheur, Moufette*). Ces anim. sont souv. protégés contre les assail. par **la teinte voyante de leur corps** (Parure prémonitrice ; ex. *Guêpe, Frelon, Salamandre commune*). Les anim. sont camouflés quand les teintes de leur corps se confondent avec leur environn. (homochromie : ex. *Phalène du Bouleau*, D) et quand l'animal ressemble par sa forme à un objet du milieu où il vit (**Homomorphie, G**). Même des dessins apparemment très voyants peuvent dissimuler l'animal (**somatolyse**, F). Parfois une esp. inoffens. possède les mêmes coul. prémonitrices qu'une autre esp. vivant dans le même milieu, mais réputée immangeable ou dangereuse (**mimétisme** : div. *Papillons* tropicaux ; *Frelon-Sésie apiforme*).

Interactions quantitatives

Ces phénomènes et ceux partiellement traités par la suite sont considérés comme des interactions (Plante-phytophage ; proie-prédateur ; hôte-parasite, p. 257). VOLTERRA, sur la base d'un modèle mathématique, en a donné une représentation quantitative sous forme de 3 lois :

1) Ds les relations nutritionnelles entre 2 espèces se produisent périodiquement ds les courbes d'abondance (H) des oscillations en déphasage.

2) Les abondances oscillent autour d'une valeur moyenne bien définie (H).

3) Des influences extérieures tout aussi significatives pour les 2 espèces agissent plus durablement sur le prédateur que sur la proie (J ; on explique ainsi l'augmentation des populations de nuisibles après une lutte chimique).

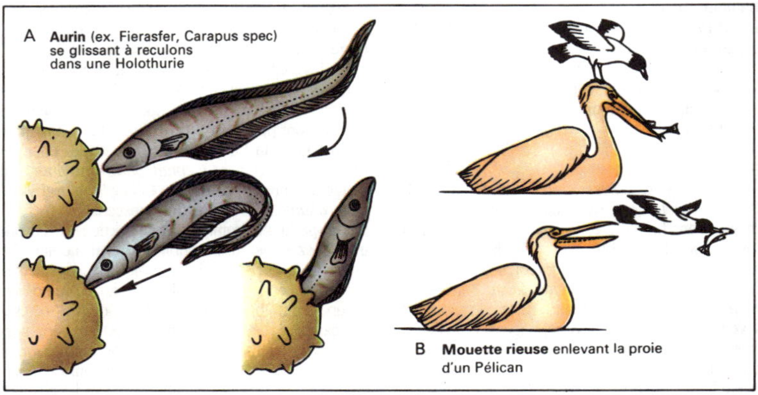

Synécie et commensalisme

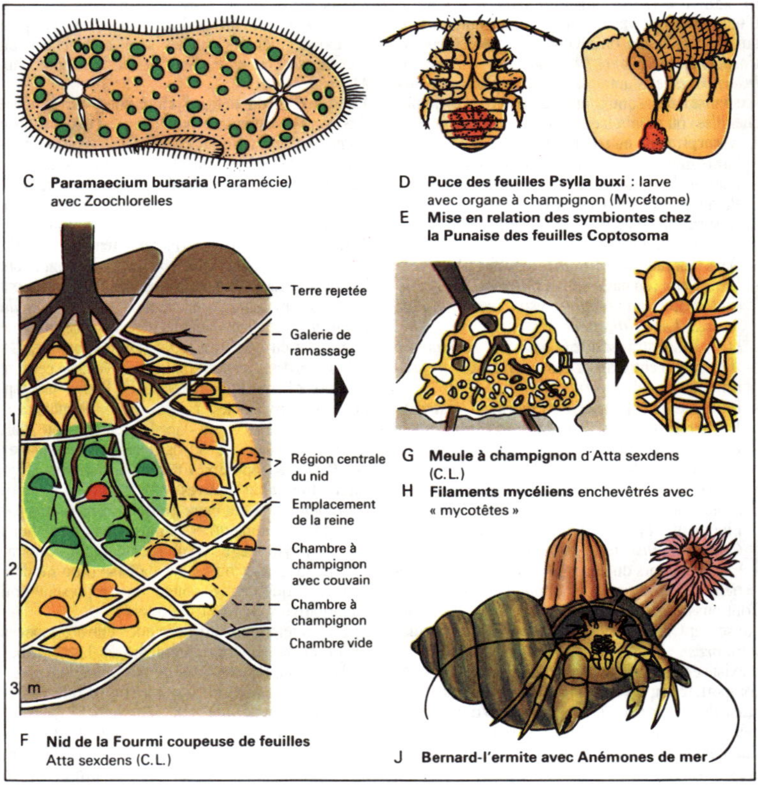

Symbiose

Entre les *animaux*, il peut s'établir des relations très diff. plus ou moins nettes. A l'instar de l'écologie végétale (p. 247), on distingue :
- des relations probiotiques (à bénéfice unilatéral)
- des relations symbiotiques (à bénéfice multiple)
- des relations antibiotiques (à préjudice unilatéral).

Synécie

Les 2 partenaires sont régulièrem. associés sans que l'un soit pour l'autre source d'avantages ou d'inconvénients (relation neutre). Ce mode de vie se rencontre fréquemm. chez les **Animaux** et les **Plantes** qui vivent fixés sur les organismes à enveloppe rigide (symphorisme : *Hydrozoaires* et *Bryozoaires* sur les *Bivalves* et les *Gastéropodes* ; *Ciliés* sur les *Insectes aquat.*, et même sur les branchies humides des *Isopodes terrestres*). L'*Aurin Fierasfer* vit dans les organes arborescents des *Holothuries* (Entécie ; A). Dans certaines espèces, il y a apparemment un début de parasitisme, car le *Poisson* se nourrit des tissus de son hôte.

Entre la synécie et la symbiose la démarcation n'est pas nette. Le *Fucus vésiculeux* de la mer du Nord ne peut vivre sur un fond de sable que s'il est fixé sur des *Moules*. Il empêche celles-ci de s'enfoncer trop profondément, car étant reliées au *Fucus*, elles sont soulevées par les fortes vagues.

Commensalisme

Les commensaux profitent de la nourrit. des autres. Ainsi les *Hyènes*, les *Chacals*, les *Vautours*, etc., se nourrissent des restes laissés par les grands *Carnivores* comme le *Lion* et le *Tigre*. Les *Faucons* se font parf. dérober leur proie par d'autres *Rapaces* comme le *Milan*, qui les harcèle (voir aussi B). Les *Squales* et les *Raies* sont accompagnés de leurs commensaux (*Pilotes*) ; beaucoup d'anim. se font même transporter par leur hôte (**phorésie**), ainsi le *Rémora* qui se fixe sur son hôte au moyen d'une ventouse dorsale. Parfois c'est le commensal qui attire l'attention sur la nourrit., ainsi un *Oiseau* d'Afrique (l'*Indicator*) informe non seul. le *Ratel*, de la présence du miel, mais aussi l'*Homme*.

Symbiose

Une association avec bénéfices réciproques, analogue à celle des *Végétaux* (p. 246 G), peut unir des *Animaux*, ou un *Animal* et un *Végétal*, et être si étroite que les 2 êtres semblent n'en former qu'un. Ainsi cert. *Protistes* (C), des *Spongiaires* et *Cœlentérés* hébergent à l'int. de leurs cel. (**symbiose intracell.**) des *Algues unicell.* (*Zoochlorelles, Zooxanthelles*) qui peuvent être extraites de leur hôte et cultivées isolément. Avec l'*Hydre Chlorohydra* l'association est si étroite, que les symbiontes passent dans les œufs.

L'*Algue* utilise le CO_2 produit par la respiration de son partenaire, et les déchets azotés qu'il rejette ; celui-ci bénéficie de l'O_2 et des produits de synthèse fournis par l'*Algue*. Les symbiontes résistent génér. à l'action des enzymes digestifs de leur associé ; toutefois les *Algues* excédentaires sont absorbées. Les symbioses avec les protistes sont fréquentes chez les *Animaux* monophages :
- Végétal riche en cellulose, p. ex. herbe, bois (*Ongulés, Rongeurs, Termites*) ;
- Graines riches en amidon, farine, pain (*Stegobium paniceum, Ténébrion meunier*) ;
- Subst. cornées, poils et plumes (*Mallophages*) ;
- Sucs végétaux pauvres en protéines (*Punaises, Pucerons, Cochenilles*) ;
- Sang (*Sangsues, Tiques, Poux, Punaises de lit*).

Les symbiontes sont alors des unicell. (*Bactéries, Levures, Flagellés*) qui sont logés dans l'intestin ou dans ses dépendances (panse des *Ruminants* ; appendices de div. *Oiseaux* et de div. *Mammifères* ; « chambres » de fermentations et tubes de Malpighi de cert. *Insectes*), ou encore dans des organes (**mycétomes**, D) chez les *Insectes* suceurs de sève.

Les symbiontes dégradent les subst. nutrit. que l'hôte est incapable de digérer, parfois ils lui fournissent des vitamines. Comme ils sont eux-mêmes en partie digérés par leur hôte, il faut parler ici non de symbioses entre indiv., mais entre espèces.

Quand il s'agit d'une symbiose obligat., il est nécess. que les symbiontes soient transmis à la progénit. Chez *Stegobium paniceum*, l'appareil génital de la ♀ comporte des appendices pairs contenant des cel. de levures que la ♀ dépose à la surf. de ses œufs ; les larves écloses se contaminent en se nourr. de l'enveloppe de l'œuf. Les larves de la *Punaise des feuilles Coptosoma* (E) ingèrent des *Bact.* symbiotes contenues dans des gouttelettes que leur mère a déposées près des œufs. Les *Fourmis*, qui vivent en symbiose avec des *Pucerons* et se nourr. de leurs excrém. riches en sucre transportent leurs symbiontes sur des plantes pour les nourrir, elles les défendent et les emmènent finalement hiberner dans leur nid.

Le comportement de la *Fourmi coupeuse de feuilles* est encore plus complexe. Elle rapporte dans son nid des fragments de feuilles qu'elle se met à triturer : ils sont destinés à servir de milieu nutrit. à des cultures de *Champignons* que la *Fourmi* entretient régulièrement (F, G, H) et qui donnent des « mycotêtes » riches en azote dont elle se nourrit. La jeune reine assure la transmission du *Champignon* symbiotique lors de la formation du nouveau nid.

Les symbioses associant les *Bernard-l'ermite* et les *Anémones de mer* (J) sont variées. *Pagurus arrosor*, lorsqu'il émigre dans une coquille plus grande, emmène son *Actinie* (*Sagartia parasitica*) avec lui, ce qui l'oblige à faire des mouvem. compliqués pour décrocher puis raccrocher sa partenaire. Une autre *Actinie*, *Adamsia palliata*, épargne à son *Crustacé* un tel déménagement : elle agrandit la coquille avec des sécrétions de sa sole pédieuse (*Eponges* et *Hydraires*). Ce n'est pas là le seul profit pour le crustacé, les cnidoblastes de l'*Actinie* lui assurent en outre une protection efficace ; l'*Actinie*, quant à elle, est ravitaillée en eau fraîche et en partic. nutrit.

L'organe lumineux de nombreux animaux marins fonctionne à l'aide de *Bactéries lumineuses* ou endosymbiontes.

La biologie florale offre de nombreux exemples, très spécialisés, de symbioses (voir p. 123) :

Les animaux utilisent nectar et/ou pollen comme nourriture et assurent aux *plantes* la plus forte probabilité de fécondation.

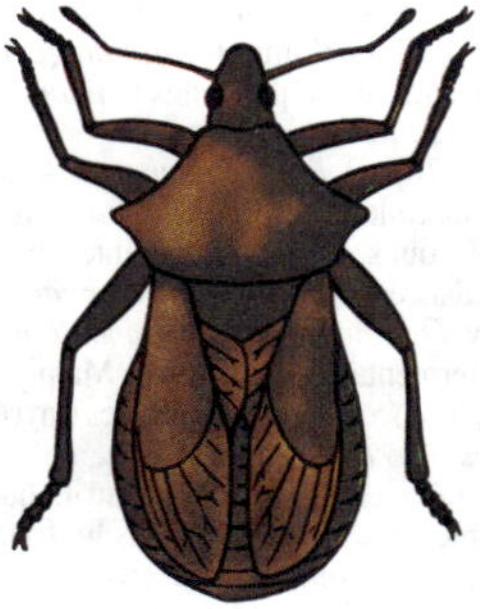

A **Punaise à aiguillon,** forme prédatrice

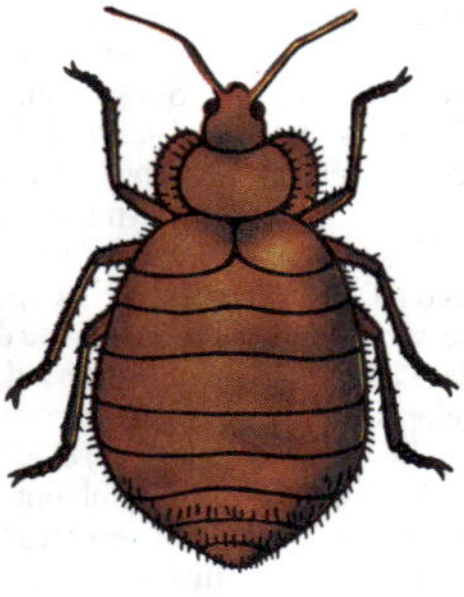

B **Punaise de lit,** ectoparasite temporaire

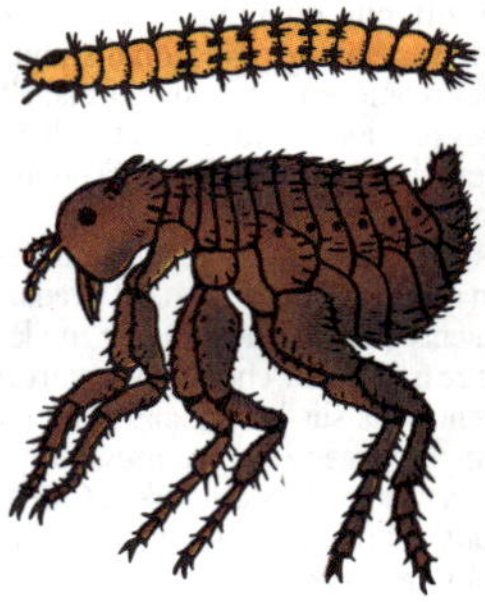

C **Puce d'Homme** (Ectoparasite) et sa larve à vie libre

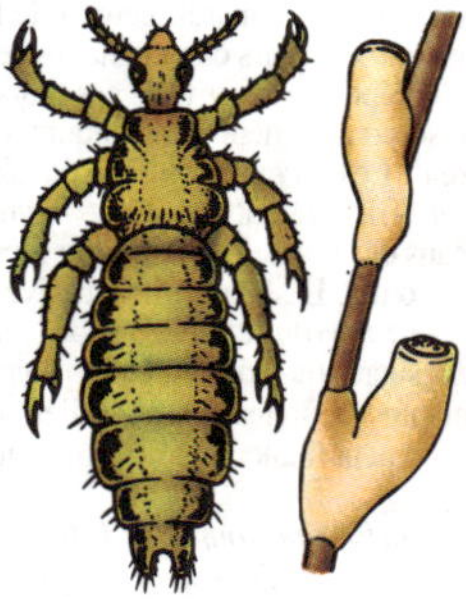

D **Pou de tête** (Parasite permanent) à côté un cheveu avec des œufs

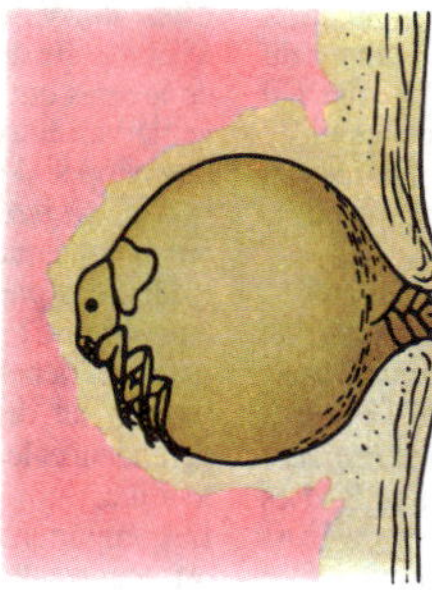

E **Chique** (♀) piquée dans la peau d'un homme

F **Sacculina carcini** parasitant un crabe enragé

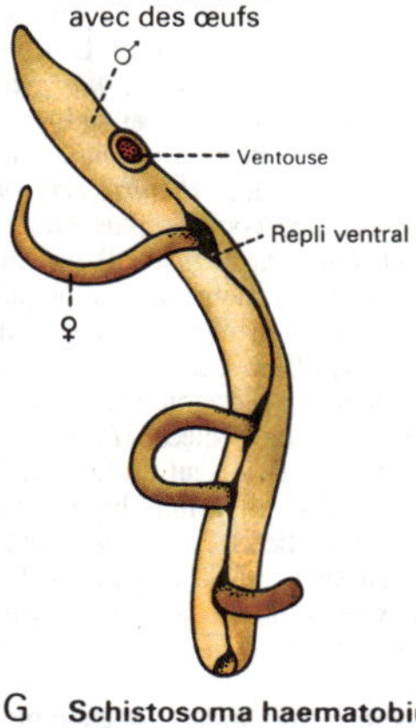

G **Schistosoma haematobium** Femelle logée dans un repli ventral du mâle

H **Pupes d'Apanteles glomeratus** dans une chenille de Piéride

J **Galle de Dryophanta** (C.L.)

Parasitisme

Parasitisme

C'est le mode de vie d'un être qui vit entièrement aux dépens d'un autre organisme, son hôte (voir p. 247) : celui-ci n'en meurt pas, du moins pas avant que le développement du parasite ne soit assuré.Il n'est pas nettement distinct de l'épisitisme (Relation proie-prédateur, p. 253) : la *Myxine*, qui appartient aux *Cyclostomes*, capture des petits poissons mais s'alimente à l'intérieur des gros où elle vit toute la journée en parasite. Les êtres qui parasitent leurs hôtes de l'ext. (**ectoparasites**) ressemblent svt. aux esp. prédatrices qui leur sont apparentées (A) surtout quand ils ne visitent leurs hôtes que temporairement (B).

L'adaptation est plus caract. chez les *Puces* (C). Le dévelop. des larves s'effectue dans des fentes poussiéreuses : l'adulte ne quitte pas son hôte, les ailes manquent, le corps est comprimé latér. (meilleure pénétration dans les poils).

Les *Poux* (D) ont de puissantes griffes qui leur permettent de s'accrocher. Ils fixent leurs œufs (lentes) sur les cheveux de leur hôte au moyen d'une sécrétion ; tout le dévelop. se déroule donc sur l'hôte (parasites permanents). Les organes qui leur servent à s'accrocher ou à se fixer (ventouses, p. ex. des *Sangsues*) sont typiques des ectoparasites.

La *Chique* représente un stade interm. entre l'ecto- et l'endoparasitisme. La ♀ s'enfonce dans la peau, devient grosse comme un pois et ne communique plus avec l'ext. que par son extrémité post., par où les œufs sont expulsés (E).

Les endoparasites véritables appart. à plus. embranchements mais ils ont beaucoup d'analogies (adaptations convergentes).

- Absence de pigment. (cf. anim. viv. dans des cavités, ou cavernicoles).
- Réduction des organes locomot. et sensor. (absence d'yeux).
- Réduction des organes préhensiles (nutrition osmot. chez les parasites intestinaux).
- Perte de la respiration dans les milieux pauvres en O_2 (contenu intestinal) ; le parasite dégrade les subst. nutrit. de son hôte et les transforment parfois en subst. toxiques (acide valérique, chez l'*Ascaris*).
- Nombre élevé des œufs (*Ascaris* : 64 millions) compensant les pertes occasionnées par un cycle de dévelop. complexe (hôtes interm., p. 65) et par l'absence de soins portés aux œufs. La taille des ovaires peut devenir si considér. que le corps n'apparaît plus que comme un appendice de l'organe reprod. (chez le *Nématode Sphaerularia bombi* qui parasite les *Bourdons*). La *Sacculine* (*Sacculina carcini*) est un Crustacé qui s'attaque aux *Crabes enragés* : son corps ne forme plus qu'un sac entourant les organes reprod. dilatés ; il envoie ds toutes les parties du corps de son hôte des fibres absorbantes ramifiées comme des racines (F). Lorsque ces parasites sont à sexes séparés, le dimorphisme sexuel est très accusé (G).
- Hermaphrodisme avec autofécond. (*Cestodes*, p. 565) ou union permanente des anim. de sexe opposé (*Schistosomum* : la ♀ est logée dans un repli ventral du ♂ : G).

Formes spéciales de parasitisme :

1. **Parasitisme larvaire** (*Ichneumonides, Tachinides*). Alors que les adultes vivent d'une toute autre façon, leurs larves vivent dans des chenilles. Elles ne se nourrissent tout d'abord que des graisses de leur hôte, sans lui porter préjudice ; c'est seulement quand elles sont prêtes à muer, quand leurs besoins aliment. augmentent qu'elles attaquent les organes vitaux, et même le SN. Elles muent dans ou sur leur hôte mort, dont il ne reste que le tégument (H).

On observe des cas d'**hyperparasitisme** :
L'*ichneumon Apanteles glomeratus* qui parasite la chenille de la *piéride du chou* est à son tour envahi par plusieurs espèces de *Chalcidés*.
Les hyperparasites peuvent aussi être envahis par des parasites de rang plus élevé.

2. **Parasites des nids**. C'est un cas partic. de parasitisme temporaire. Le *Coucou* de nos pays utilise le nid de 84 esp. d'oiseaux diff. pour y pondre ses œufs ; des adaptations qui intéressent la taille et la couleur des œufs, la durée de l'incubation et le comportem. du nouveau-né permettent à ce dernier de se développer en sécurité ; les pertes étant compensées par le grand nombre d'œufs pondus par le *Coucou*. Chez des espèces voisines, on trouve des étapes intermédiaires vers le parasitisme obligatoire des nids.

- nidification commune à laquelle participent la majeure partie des femelles de la même espèce ;
- ponte accidentelle ds le nid d'espèces étrangères.

3. **Parasitisme social**. Il est pratiqué par cert. *Insectes* sociaux (*Guêpes* et surtout *Fourmis*). Certains ♀ , incapables de fonder une colonie, pénètrent dans le nid appartenant à d'autres esp. ; grâce à leur odeur plus forte, elles établissent leur domination sur les ouvrières de ce nid, et les contraignent à abandonner ou à tuer leur propre reine. Seule la progéniture de la ♀ parasite sera nourrie et élevée (*Fourmi jaune*). La femelle des *Fourmis rouges des bois* tue elle-même la reine de la société qui l'héberge.

4. **Formation de galles**. On peut considérer ce phénom. comme une forme de parasit., car la larve de l'insecte prélève ds la plante des subst. nutrit. sans profit apparent pour la plante. Ces structures très compliquées se forment sous l'influence de substances excitatrices à effet spatial et temporel, avec sans doute l'action conjointe des phytohormones. La ♀ de *Dryophanta* pond son œuf dans la nervure d'une feuille de chêne. Tout d'abord les cel. se divisent activ. et la galle forme un coussinet, au milieu duquel le tissu se liquéfie pour former la chambre larvaire. La galle grossit, elle comprend 4 assises (J) :

- Tissu nourricier, dont la larve se repaît.
- Assise de faisceaux conduct. (qui renouvellent les subst. nutrit.).
- Assise sclérenchymateuse (soutien).
- Parenchyme étoilé (pigments et tannins).

Les galles sont svt. si dures, que l'insecte, à maturité, n'en sort que par un opercule préparé.

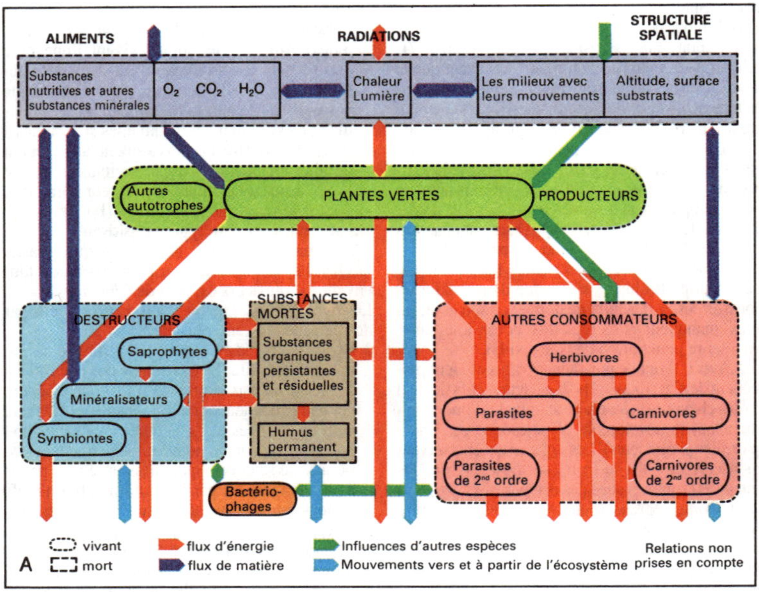

Modèle d'un Écosystème

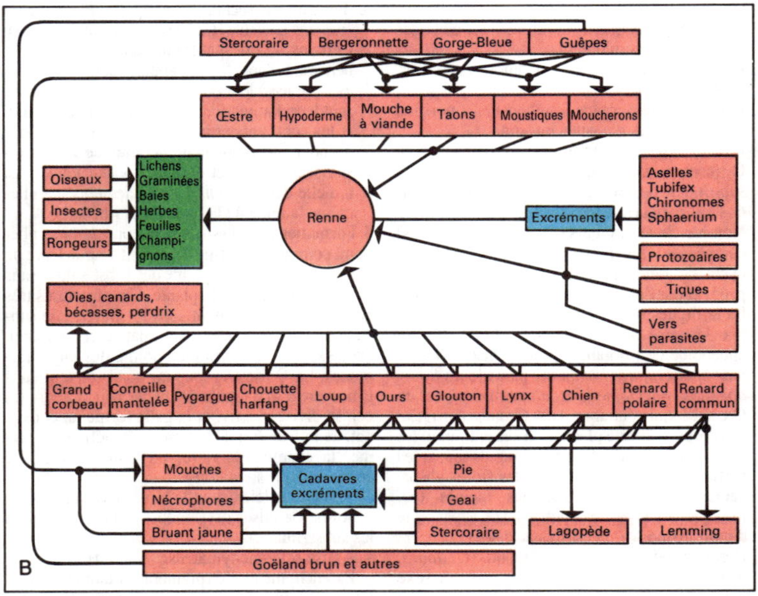

Système alimentaire simplifié de la Toundra et de la Taïga envisagé particulièrement par rapport au Renne

La Biocénose (communauté d'êtres vivants : cette notion a été développée par Von MÖBIUS en 1877 en prenant comme exemple un banc d'huîtres) est une collectivisation de *Plantes* et d'*Animaux* reconnaissable au nombre, à l'abondance et à la répartition spatiale des espèces représentées. Les types d'organismes exercent des influences réciproques et forment un système doué d'autorégulation (équilibre biocénotique ; comparer aussi p. 265).

Le biotope (lieu de vie) détermine la biocénose correspondante par la somme des facteurs vitaux directs et indirects, biotiques et abiotiques (environnement écologique).

L'écosystème (A) regroupe biocénose et biotope dans leurs dépendances réciproques : c'est « un assemblage à effet global d'êtres vivants et de leur environnement abiotique, capable dans une certaine mesure d'autorégulation » ELLENBERG. Dans ce qui suit, l'écosystème constituera le fondement de la réflexion même si des problèmes individuels concernent plus directement la biocénose.

La compartimentation de l'écosystème

L'écosystème est un système ouvert (gain et perte de matière, énergie, êtres vivants) dont les composants typiques se classent en deux grands groupes :

1) Le compartiment abiotique

– Matières : présentent une relative uniformité dans les différents écosystèmes ; constituent les matériaux vitaux fondamentaux, spécialement des producteurs primaires mais aussi des autres organismes.

– Energie : primaire, fournie sous forme d'énergie solaire.

– Structure spatiale : s'exprime de façon diverse dans les différents écosystèmes ; influence particulièrement la diversité et les formes adaptatives des êtres vivants.

2) Le compartiment biotique

Les êtres vivants d'un écosystème, par leurs relations nutritionnelles qui s'enchevêtrent de façons multiples, sont répartis en « trois groupes fonctionnels ».

– **Les producteurs (producteurs primaires)** sont tous les autotrophes qui fabriquent des substances organiques à partir des minérales. Dans les écosystèmes terrestres les *plantes supérieures* photosynthétiques prennent une part prépondérante, dans ceux des eaux courantes on trouve surtout des *algues* unicellulaires (phytoplancton). Les microorganismes chimiosynthétiques sont prépondérants ou représentent à eux seuls les producteurs dans les zones océaniques profondes dépourvues de lumière, où du fait de l'activité volcanique la température et la concentration en sels minéraux sont élevées.

– **Les consommateurs** sont les êtres hétérotrophes (animaux – bactéries – champignons) qui avec ou sans intermédiaires vivent des matériaux synthétisés par les producteurs. Ceci vaut aussi pour les réducteurs (voir plus bas) qui pour cette raison sont souvent en tant que microconsommateurs confrontés aux macroconsommateurs.

Les consommateurs sont aussi caractérisés comme producteurs secondaires dans la mesure où ils procurent l'alimentation aux autres. Au delà et à partir des chaînes de consommateurs (chaînes alimentaires) représentées en (A), peuvent s'établir des chaînes assez longues qui peuvent débuter par la consommation de substances végétales et animales mortes (p. ex. : *Scarabée bousier - Pie grièche - Epervier - Parasites*). Dans ces chaînes les cadavres peuvent être incorporés plusieurs fois par les consommateurs : pris par les nécrophages (saprophytes) qui restituent ensuite un peu plus loin dans la chaîne la nourriture aux carnivores. On peut avoir des relations transversales entre les chaînes isolées.

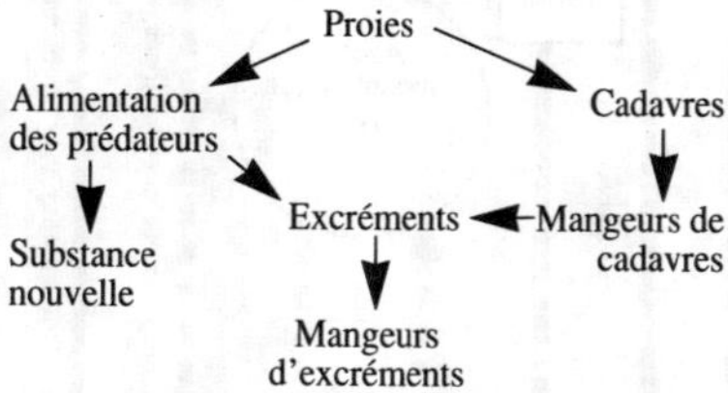

Le nombre de relations croisées augmente avec le nombre des interdépendances observées (Réseau de consommateurs, Réseau alimentaire ; B).

– **Les destructeurs (réducteurs)** : ce sont les êtres vivants hétérotrophes qui décomposent la matière organique morte et la ramènent finalement à ses composés minéraux. On distingue ici :

Les décomposeurs (différents modes nutritionnels : nécrophage, coprophage, saprophage, détritophage) ;

Les minéralisateurs (définis comme réducteurs *sensu stricto* ; spécialement les *Bactéries* mais aussi les *Champignons*).

Les écosystèmes incomplets

Seul un fonctionnement conjoint équilibré des trois groupes fonctionnels d'êtres vivants (p. 260 sq.) permet d'avoir des cycles de matière complets.

– **L'absence de producteurs** est rare (eaux profondes, grandes cavernes) et conduit à des écosystèmes dépendants où les consommateurs doivent être en permanence approvisionnés en matières organiques.

– **L'absence de consommateurs** n'altère pas fondamentalement le cycle mais peut occasionner la disparition de fonctions spéciales (p. ex. : fécondation, dispersion des graines).

L'écosystème de la toundra (B) serait, sans les phytophages qui procurent des excréments peu minéralisables, vraisemblablement instable vu l'absence ou le peu d'efficacité des décomposeurs de substances végétales (*Diplopodes, Cloportes, Vers de terre, Mollusques*).

La présence de phytophages implique souvent une régulation par les zoophages car ils règlent l'équilibre des producteurs (p. ex. : prolifération excessive des *Artiodactyles* nord-américains après la destruction du *Loup* et des autres *carnivores*).

– **L'absence de destructeurs,** ou la limitation de leur action (p. ex. : à cause de la sécheresse ou du froid) empêche le retour complet des substances minérales dans le cycle et provoque de l'accumulation (Humus permanent des tchernoziums, formation de tourbe). Tous les combustibles énergétiques fossiles ont cette origine (charbon, pétrole, gaz naturel).

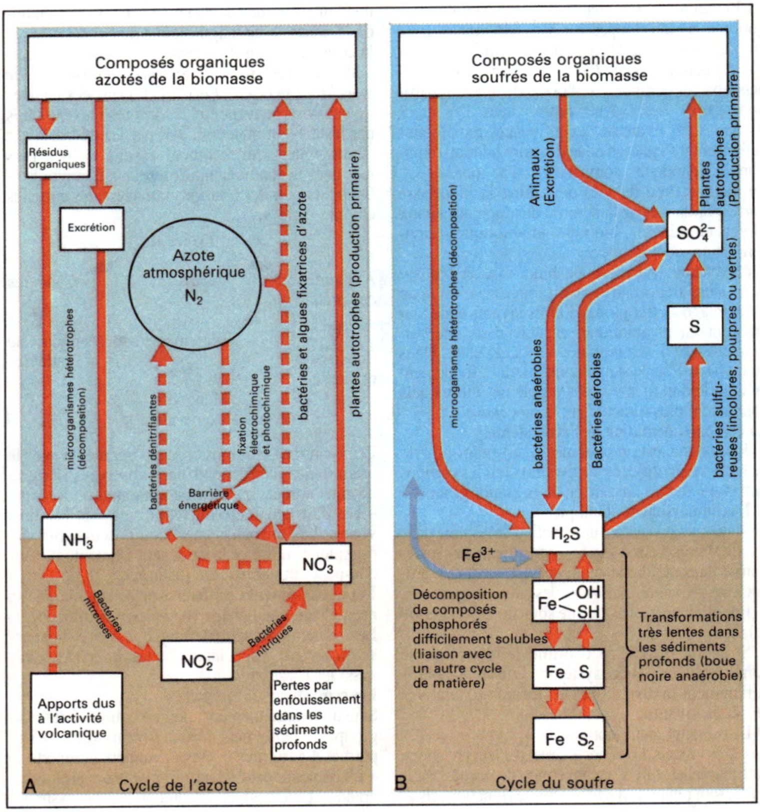

Cycles de matière

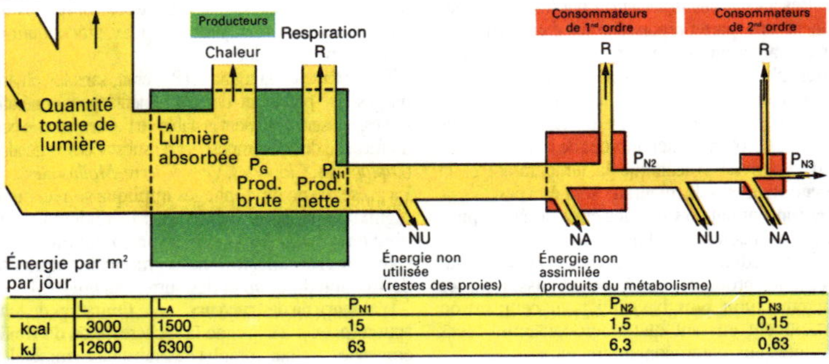

	L	L_A	P_{N1}	P_{N2}	P_{N3}
kcal	3000	1500	15	1,5	0,15
kJ	12600	6300	63	6,3	0,63

C Flux d'énergie, diagramme simplifié. La voie des destructeurs n'est pas prise en considération

Flux d'énergie

Pour représenter correctement un écosystème il faut, en plus de la description de tous les composants, de leur nombre et de leur répartition spatiale, faire l'inventaire des mécanismes qui interviennent, parmi lesquels les échanges de matière et d'énergie ont une importance particulière.

Les cycles de matière

Les mouvements des éléments les plus importants et de leurs composés ont été suivis à l'aide de substances radioactives marquées (Tracer). Alors que pour un organisme isolé la matière subit un simple transfert (avec égalité des flux), les cycles entre les organismes et le monde inanimé (cycles biogéochimiques) caractérisent les écosystèmes.

On distingue dans des cycles classiques deux parties :

– **La sphère biotique,** avec intégration de la matière minérale dans la matière vivante et sa reminéralisation concomitante, montre un échange de matière rapide et ne comprend souvent qu'une faible part de l'ensemble disponible.

– **La sphère abiotique** comporte en général une grande quantité de matière qui ne se renouvelle que lentement et qui selon son mode d'immobilisation peut être mise, d'une façon variable, à la disposition des Organismes. Dans les écosystèmes incomplets, plus particulièrement, la matière organique subit une longue immobilisation (combustibles fossiles).

Des différences caractéristiques au niveau de l'efficacité sont la marque des cycles isolés.

– Les cycles globaux se rencontrent pour les éléments très mobiles (gaz, liquides ; p. ex. : O_2, H_2O, Carbone avec CO_2 comme réservoir).

– Les cycles très raccourcis existent pour les substances nutritives (azote, phosphore, potassium).

Une autre subdivision écologiquement importante concerne la mise à la disposition des organismes des réserves minérales fixées :

– Les cycles atmosphériques avec de grandes réserves, constamment disponibles (H_2O, O_2, Carbone, avec des restrictions pour l'azote ; A).

– Les cycles sédimentaires : ici, les réserves sont difficilement disponibles pour des motifs spatiaux (dépôts en mer profonde, inclusion dans les roches) et/ou chimiques (composés peu solubles, p. ex. : Phosphore, Fer, Soufre, Magnésium, éléments en trace).

Le cycle de l'azote (A) s'alimente au grand réservoir d'azote atmosphérique, dont la transformation en NO_3^-, indispensable pour les plantes, est difficile pour des raisons énergétiques. Les pertes d'azote organique lié (dénitrification) sont compensées par :

– les bactéries du sol fixatrices d'azote ;

– les bactéries symbiotiques des nodosités ;

– la fumure artificielle par les nitrates industriels.

Le cycle du soufre (B) montre entre autres :

– la synthèse préférentielle d'H_2S dans les milieux anaérobies ;

– l'immobilisation du soufre dans les sédiments ;

– l'importance de bactéries spécialisées dans la régulation du cycle.

Le flux d'énergie

D'après le second principe de la thermodynamique le passage d'une forme d'énergie à une autre (Energie mécanique <-> Energie chimique <-> Energie calorifique) produit constamment une perte d'énergie sous forme de chaleur. Il en découle, que contrairement à un cycle de matière, un écosystème :

– ne peut pas à court terme être en autarcie énergétique ;

– a des processus naturels qui au sens du transfert d'énergie sont tous irréversibles (« sens unique de l'énergie »).

Pour la fraction énergétique impliquée dans la synthèse de composés chimiques riches en énergie le transfert est plus ou moins ralenti (combustibles fossiles).

99,98 % de l'énergie disponible à la surface de la Terre provient du soleil, le reste de l'énergie nucléaire, thermique, gravitaire et des marées.

Le rayonnement global comprend l'éclairement solaire direct et la fraction diffusée par l'atmosphère qui atteignent la surface terrestre. Il varie selon la latitude, la hauteur des mers, la forme du terrain et la quantité de nuages.

Les pertes d'énergie avant d'arriver à la production primaire brute sont considérables :

– 45 % environ de la lumière émise se trouvent au niveau du spectre visible entre 380 et 740 nm où a lieu l'absorption photosynthétique par les pigments actifs.

– une partie du rayonnement potentiellement actif est réfléchie ;

– une autre est transmise par les organes végétaux ;

– la quantité d'énergie réellement absorbée est transformée pour une grande part en chaleur, ce qui fait que pour chaque unité de surface d'un écosystème environ 1 %, tout compris, de la quantité d'énergie rayonnée est utilisé.

Les valeurs données en (C) au niveau d'un lac subtropical formé par une source (Silver springs, Floride, d'après ODUM) sont trop limitées pour être généralisées. Pour des écosystèmes terrestres plus compliqués, par exemple, on ne peut donner que des évaluations.

Perte d'énergie dans un écosystème

Environ la moitié de la production primaire brute est utilisée par les producteurs dans leur métabolisme respiratoire et est irréversiblement perdue dans le réchauffement de l'écosystème ; l'autre moitié est en tant que production primaire nette à la disposition des consommateurs.

Tout le long de chaque maillon successif de la chaîne respiratoire se produisent des pertes nouvelles :

– Pertes dues à la respiration mitochondriale.

– Des substances non digérables (Cellulose – lignine – poils – plumes, tissu conjonctif) sont éliminées par la défécation et la régurgitation (pelotes des Rapaces) et décomposées par les détritivores.

– Des déchets azotés sont également décomposés par des destructeurs spécialisés.

– La mort des individus conduit à une perte d'énergie qui serait ultérieurement produite par la population, mais qui retourne en partie à l'écosystème grâce aux destructeurs.

Le passage d'un niveau de la chaîne alimentaire au suivant réduit la masse énergétique de 4 à 17 (en moyenne : 10%).

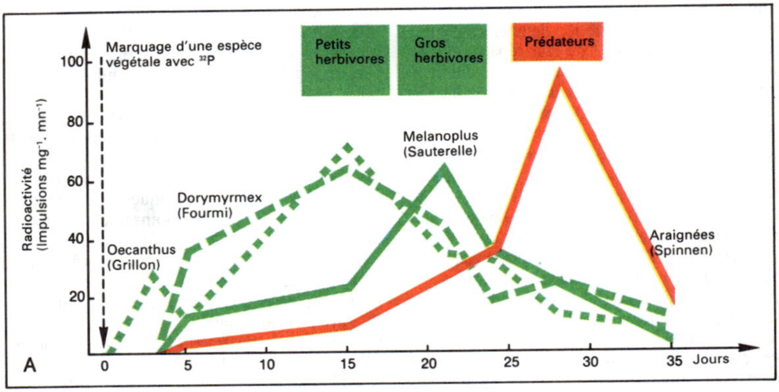

Suivi d'une chaîne alimentaire à l'aide d'un traceur radioactif

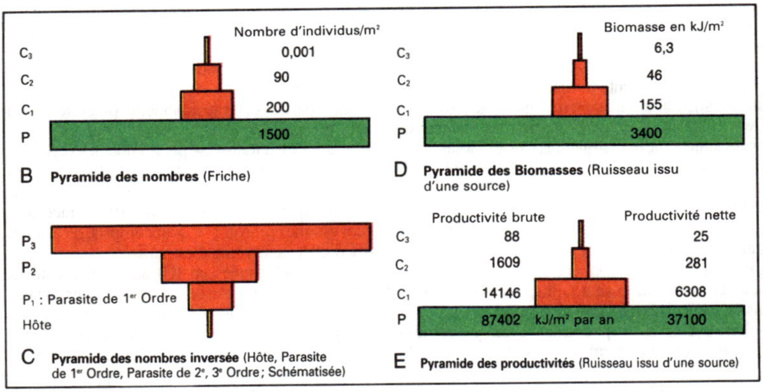

Pyramides écologiques

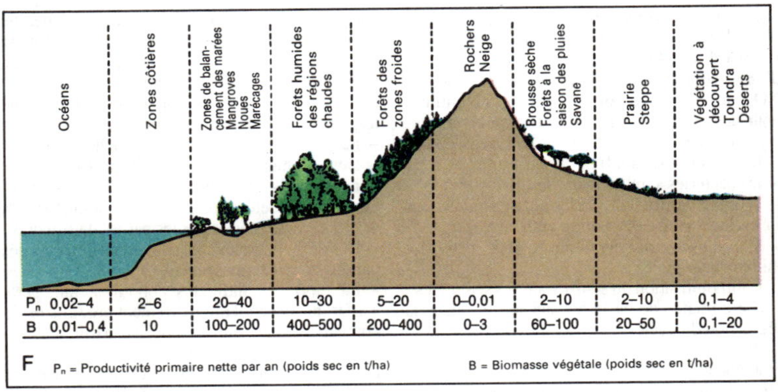

Répartition de la productivité et de la biomasse végétale dans les écosystèmes terrestres

La biologie de la production permet d'obtenir des données quantitatives sur la production de substances organiques dans un écosystème.
On mesure ainsi :
– **La production :** c'est la quantité de biomasse (en poids frais ou sec de tous les organismes) présente à un moment précis en fonction de la surface ou du volume. Comme unité on peut aussi retenir la quantité de carbone organique fixé ou la quantité d'énergie contenue (Equivalent énergétique : KJ/m^2 ou $Kcal/m^2$.
– **La productivité** ou production moyenne par unité de temps (p. ex. : KJ/m^2/par jour ou KJ/m^2/par an). On suit les voies de production et le taux de productivité avec des substances radioactives (Traceurs).
Les valeurs moyennes pour la conversion de la biomasse (poids sec sans cendres) en énergie sont :
– Biomasse végétale : environ 17 KJ/g (4 Kcal/g)
– Biomasse animale : environ 21 KJ/g (5 Kcal/g)
– Biomasse riche en substances de réserve : environ 29 KJ/g (7 Kcal/g) (graines, hibernants).
L'équivalent oxycalorique de l'O_2 consommé par la respiration s'élève à :
1 litre d'$O_2 \cong 20{,}22$ KJ (4,83 Kcal)
1 gramme d'$O_2 \cong 14{,}15$ KJ (3,38 Kcal)
Les valeurs sont en général, établies sur des individus isolés et ramenées ensuite approximativement à la population dans l'écosystème.

Etendue (longueur) des voies de production

La perte d'énergie au passage d'un niveau au suivant (niveau trophique) limite, si on fait abstraction des interpénétrations des chaînes alimentaires (p. 259), la longueur des chaînes de production à quelques membres. La longueur des chaînes prises une à une est limitée par la production primaire nette (PPN) et la taille de l'écosystème.
– Dans les systèmes marins, on a jusqu'à 6 niveaux ; ce qui signifie p. ex. : environ 100 000 kg de phytoplancton par kg d'*Orcinus* (le plus grand *dauphin*).
– Dans les petits systèmes (étangs riches en alluvions), on a au maximum 3 niveaux.
Des chaînes alimentaires courtes sont énergétiquement favorables. Les formes géantes sont inféodées à un niveau trophique très bas :
– grands herbivores (*Eléphant, Rhinocéros, Hippopotame*) ;
– mangeurs de plancton (*Baleine à fanons, Raies géantes, Requin-baleine*).
Dans ces derniers cas la règle, qui veut que nourriture et taille du corps soient corrélées, (relation : taille des prédateurs – exigences trophiques) et selon laquelle, en général, la taille du corps croît à chaque niveau trophique, est transgressée.

Pyramides écologiques

Il résulte des pertes d'énergie des rapports quantitatifs entre les niveaux trophiques :
– **Pyramides des nombres**
En prenant pour base l'abondance il en résulte, en général, des formes pyramidales typiques (B) si la taille du corps croît avec le nombre des niveaux ; exceptions faites des arbres (part importante de la biomasse morte) et des parasites (beaucoup plus petits que leur hôte ; pyramide inverse : C). Des variations annuelles se produisent aussi (réduction des producteurs en hiver avec une plus faible diminution des consommateurs).
– **Pyramides des biomasses**
Pyramides typiques (D) sur la base du rapport Biomasse/Surface. Des oscillations sont possibles selon l'époque des mesures (Fluctuations d'après VOLTERRA, p. 252 H ; variations annuelles).
– **Pyramides des productivités (E)**

Taux de transformation

En règle générale, les niveaux trophiques inférieurs nécessitent moins de biomasse pour une même productivité (métabolisme assez intensif, rapide succession des générations ; les arbres représentent ici de nouveau une exception avec leur forte participation à la biomasse morte) :

$$\text{Taux de transformation} = \frac{\text{P (productivité)}}{\text{B (biomasse)}}$$

> 13 (crustacé planctonique *Acartia* à 7 générations annuelles, 0,05 *(Eléphant)*
B des Poissons (les plus forts consommateurs) > B des producteurs (phytoplancton).

Signification des différentes voies de production

On doit distinguer dans les écosystèmes 2 voies principales pour le flux d'énergie.
– **La voie des consommateurs** absorbe dans les prairies très broutées la plus grosse partie de la PPN ; les chaînes de destructeurs commencent pour l'essentiel au niveau des excréments des animaux de pâture Dans les systèmes aquatiques les récifs coralliens présentent les mêmes conditions avec une grande richesse en consommateurs tant au niveau des espèces que des individus.
– **La voie des détritivores** absorbe dans de nombreux biotopes forestiers plus de 90 % du PPN (Forêt à chêne et charme : biomasse des producteurs environ 27 500 kg/ha, consommateurs environ 4 kg/ha, destructeurs environ 1 100 kg/ha).
Les écosystèmes des eaux superficielles suivent cette voie jusqu'à 90 % du PPN.
La connaissance des conditions de production est importante pour l'utilisation pratique des écosystèmes : p. ex., le broutage de 50 % du PPN annuel conduit à la surconsommation.

Répartition de la productivité sur la Terre

On mesure par le PPN la quantité de matière qui est disponible pour les consommateurs et par là pour l'Homme. En cas de grandes différences (F), l'offre en énergie solaire ne joue pas un grand rôle. Les hautes performances reviennent à des combinaisons optimales d'eau, de température et de substances nutritives :
– L'eau : dans de nombreux écosystèmes terrestres.
– La température : montagne, régions polaires.
– Solutions nutritives : dans les mers tropicales (abstraction faite des zones très portantes, p. ex. : courant de Humboldt).
La productivité naturelle peut par une exploitation intensive , en général, être considérablement dépassée sur une courte période ; ce qui produit souvent des dommages à long terme sur l'écosystème.

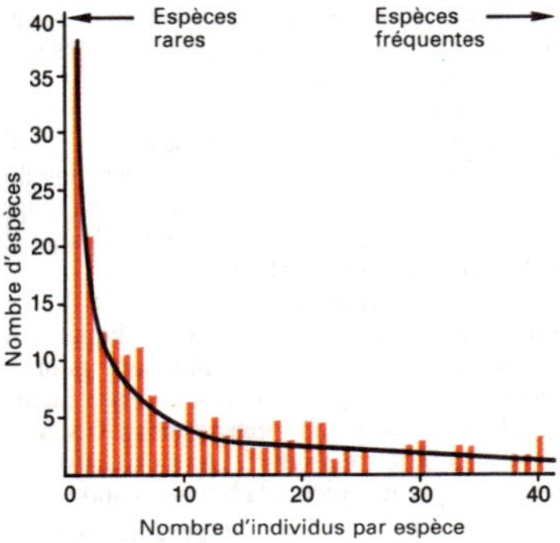

A Relation entre les espèces et le nombre d'individus chez les Papillons

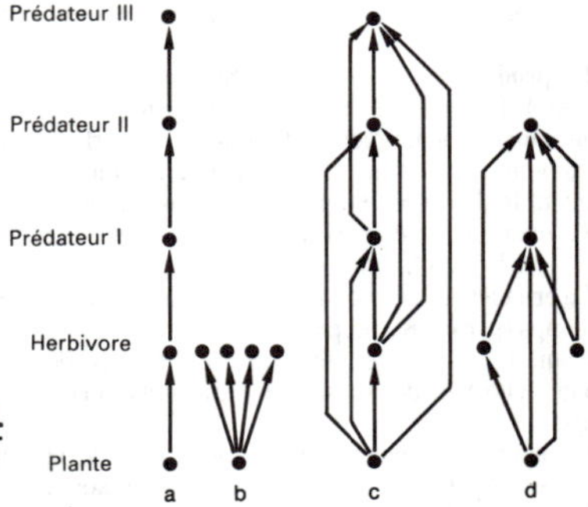

B Interconnexions possibles entre 5 espèces au niveau des relations trophiques

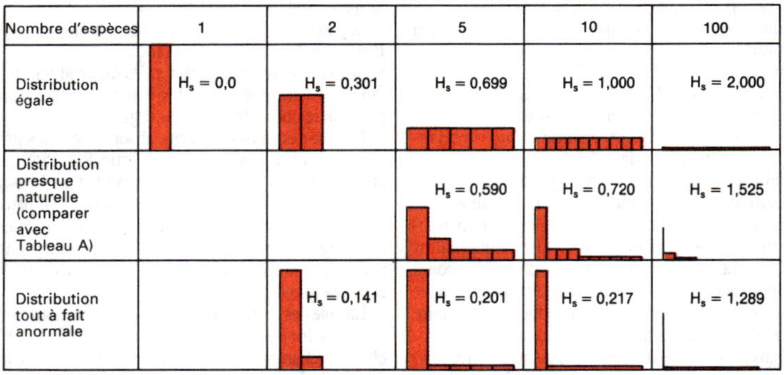

C Index de diversité d'après la formule de SHANNON-WIENER en rapport avec le nombre d'espèces et la distribution des individus pour ces espèces

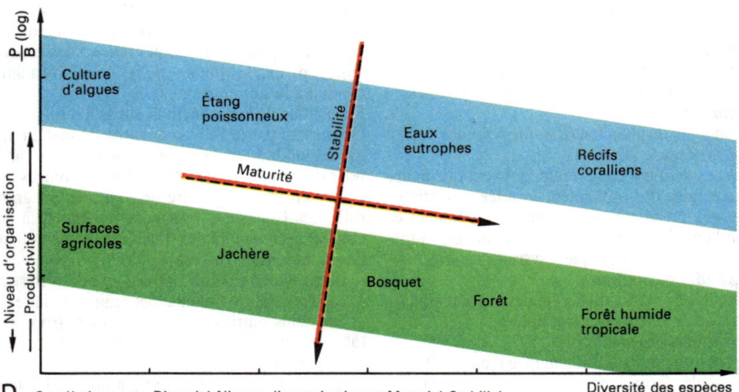

D Corrélation entre Diversité-Niveau d'organisation et Maturité-Stabilité

THIENEMANN a formulé pour les biozones les principes fondamentaux suivants :

– Le nombre des espèces d'un biotope est d'autant plus élevé que les conditions de vie en sont plus variées.

– Quand les conditions de vie s'écartent de l'optimum, le nombre des espèces diminue, mais la biocénose devient plus typée car le nombre des individus augmente au sein d'une espèce isolée.

– Plus longtemps les conditions environnementales du biotope demeurent stables, avec un développement en continu, plus la biocénose est stable, riche en espèces et équilibrée.

Ces principes qui résument toutes les interdépendances entre le biotope et la biocénose valent pour l'ensemble des écosystèmes.

Il s'ensuit que l'état d'un écosystème est conditionné par deux ensembles de facteurs :

– Les conditions abiotiques supposées diverses et proches de l'optimum (sur lesquelles reposent, fondamentalement, les possibilités de niche écologique : p. 232 sq.).

– Les lois fondamentales du développement inhérentes à l'écosystème lui-même.

Il s'ensuit que dans les biotopes nouvellement colonisés les écosystèmes parcourent d'abord plusieurs phases d'adaptation croissante (successions) jusqu'à atteindre finalement, après un développement non perturbé pendant une période assez longue, un état final stable (climax) (p. 250 sq).

Le degré d'organisation

Les relations dans un écosystème ne dépendent pas seulement du nombre d'espèces et de la densité des individus (A) mais aussi du degré des interconnexions (B). Celui-ci est en rapport avec le contenu informatif du système, de telle façon qu'en cas de connexions très étroites, qui excluent largement le hasard, un grand degré de précision régit le système (état ordonné = niveau d'organisation). On peut quantifier le degré d'organisation en utilisant les valeurs de la biologie de la production, si on raisonne à partir de ce qui suit :

– L'énergie dissipée peut servir à évaluer le désordre (entropie) de l'écosystème (donné par le coefficient de transformation).

– L'énergie stockée sous forme de biomasse (flux ralenti) sert à évaluer l'ordre (entropie négative, enthalpie).

Par conséquent, la relation entre productivité (énergie dispensée) et biomasse (énergie stockée) mesure l'ordre O.

$$O = B/P$$

Comme la productivité demeure constante avec un flux constant d'énergie primaire, on en tire B = O . P constant.

La biomasse est donc directement proportionnelle à l'ordre (niveau d'organisation).

Les biotopes forestiers, avec leur valeur élevée de biomasse morte au niveau des producteurs, constituent encore des exceptions. La mise en place d'écosystèmes très organisés est lente ($10^6 - 10^8$ années), leur destruction par contre, peut se faire très rapidement (influence de l'*Homme* ; p. 268 sqq.)

La diversité

On peut l'exprimer d'une façon plus précise par la formule de SHANNON-WIENER, qui représente la teneur des informations, que par la seule considération du nombre d'espèces et par l'abondance.

$$D = H_S = -\sum_{i=1}^{S} p_i \cdot \ln p$$

La diversité D correspond au contenu informatif H_S d'un système avec les éléments S ; p_i est la proportion de l'espèce (du groupe, etc.) i (i = 1 ; 2 ; 3 ;..S) par rapport au nombre total d'individus supposé égal à 1.

La valeur de H_S croît avec le nombre de composants ; elle est à son maximum quand toutes les abondances sont égales et diminue d'autant plus que la distribution est plus irrégulière (C).

Développement des écosystèmes arrivés à maturité

Lors du développement des écosystèmes, jusqu'au climax, on a sous l'angle de la biologie de la production des écosystèmes matures et immatures.

Ecosystèmes immatures (productifs)

Ils sont caractérisés de la façon suivante :

– Peu d'espèces, chaînes alimentaires simplifiées ;
– Excédent de producteurs ;
– Faible biomasse ;
– Flux « énergétique » rapide ;
– P (Productivité) / R (Respiration) > 1 ; en prenant en compte les flux à l'entrée (E) et à la sortie (S) d'un système ouvert :

P + E/ R + S > 1 (Forte productivité).

– Il s'ensuit : P/B élevé (fort coefficient de transformation) ;
– d'où B/P petit (faible niveau d'organisation) ;
– Biozone non en équilibre avec l'environnement.

Ecosystèmes à maturité (protectifs)

Ils sont opposés à tous points de vue. On retient :

– Il existe un équilibre entre producteurs-consommateurs-destructeurs avec prépondérance des niveaux trophiques élevés et forte biomasse ;
– des chaînes alimentaires complexes assurent des niveaux élevés d'organisation et un flux énergétique fortement ralenti ;
– Biocénose et Biotope sont en harmonie.

Les Ecosystèmes à maturité peuvent être considérés comme stables si les conditions demeurent invariables, mais non fixes car ils s'adaptent à des variations lentes, par exemple de type climatique.

On peut citer comme écosystèmes de ce type :

– des terrestres : les forêts humides tropicales ;
– des aquatiques : les récifs coralliens.

Stabilité et diversité

Avec une diversité croissante au niveau des espèces, du climat et de l'espace, la complexification des mécanismes de régulation accroît la stabilité de l'écosystème (D).

Le développement de cette structure, complexe et sensible, accroît d'un autre côté le danger, lors de contraintes inhabituelles (stress environnemental), d'obtenir des réactions, à des endroits inattendus, qui selon les circonstances sont plus dommageables que la perturbation de départ.

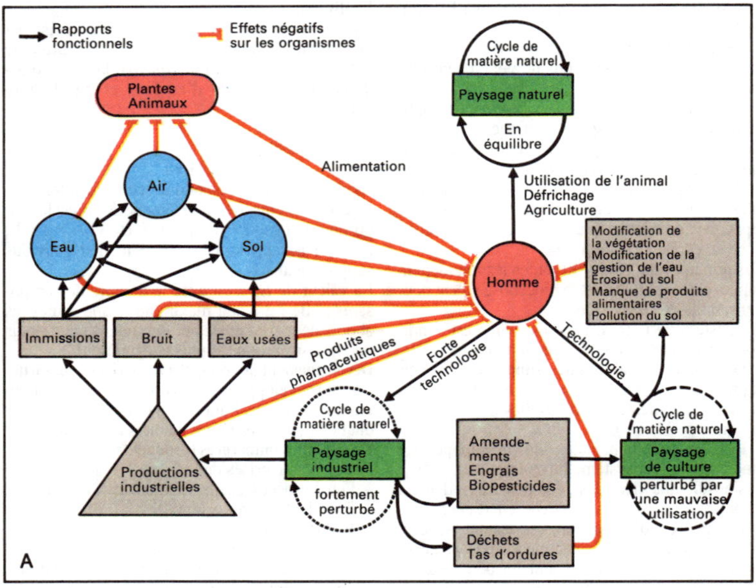

Schéma fonctionnel Homme-Environnement (on s'est surtout intéressé aux effets négatifs)

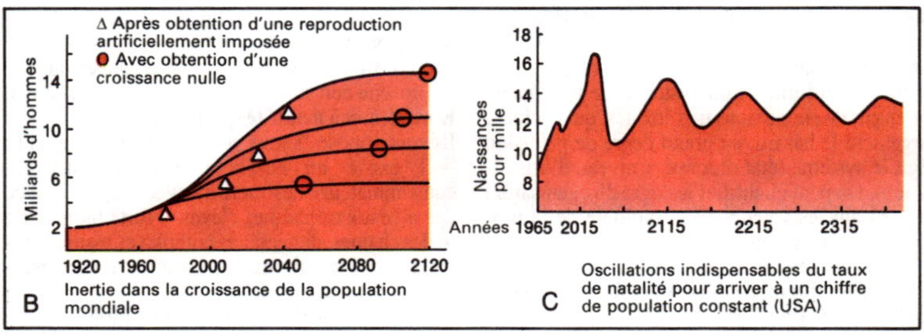

B Inertie dans la croissance de la population mondiale

C Oscillations indispensables du taux de natalité pour arriver à un chiffre de population constant (USA)

Croissance de la population

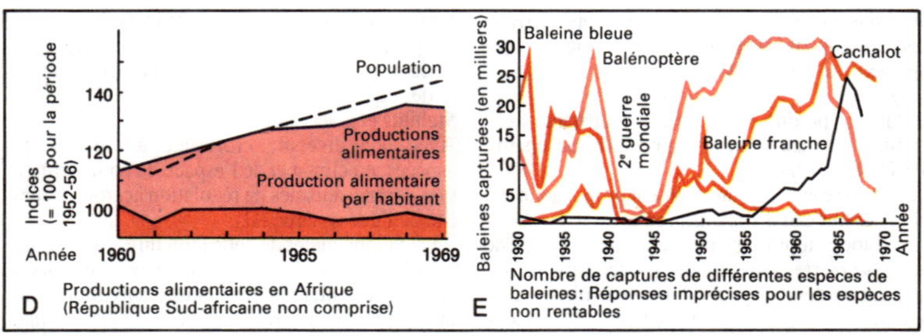

D Productions alimentaires en Afrique (République Sud-africaine non comprise)

E Nombre de captures de différentes espèces de baleines : Réponses imprécises pour les espèces non rentables

Réserves alimentaires de la Terre

Position privilégiée de l'Homme

L'Homme aussi est soumis aux lois fondamentales des écosystèmes :

– C'est le consommateur au plus haut niveau trophique.

– Il dépend d'une base primaire suffisante et des producteurs secondaires.

– Ceci suppose une fourniture de matière et d'énergie suffisante.

– Les matières résiduelles occasionnelles sont à décomposer par des destructeurs (Cycles ; p. 260 sq.).

Par opposition aux autres êtres vivants l'Homme a toujours fortement modifié son espace vital ; on peut distinguer les étapes fondamentales suivantes :

– la révolution agraire qui a débuté au Néolithique et est aujourd'hui marquée par l'introduction des techniques (2e révolution agraire) ;

– la révolution industrielle, amorcée au début du XIXe siècle, a conduit dans les zones à forte concentration urbaine à la disparition à grande échelle du paysage cultural agricole et du reste du paysage naturel avec ses conséquences sur des espaces plus éloignés (A).

Avec ce type de développement, l'augmentation rapide du nombre des êtres vivants conditionne les principes fondamentaux de l'écologie humaine, vue sous l'angle d'une rétroaction positive :

– Est-ce que la capacité de l'environnement pourra supporter le nombre croissant d'êtres vivants ?

– Ou bien le développement de la population devra-t-il s'ajuster à une capacité limitée ?

Les écosystèmes demeureront-ils fiables ou les perturbations conduiront-elles à la détérioration de l'humanité ?

Croissance de la population

La croissance actuelle de l'humanité est évaluée à environ 2 % (temps de doublement : environ 35 ans). On ne peut que supposer le développement à venir : les conditions de stabilisation du nombre d'individus seraient atteintes avec « une reproduction artificiellement imposée » (2 enfants par famille, si tous arrivent à se reproduire). Même ainsi, la population mondiale se stabiliserait aux alentours de l'an 2100 à plus de 8 milliards (B) ; cette prévision étant compliquée à faire (C) ; l'inertie du système réactionnel fait qu'entre la connaissance des besoins et leur réalisation dans le temps le plus court il se passe un délai inéluctable (il en est de même p. ex. pour la consommation de matières premières et le dysfonctionnement technologique).

L'urbanisation, et pas seulement au niveau des villes industrielles, entraîne une amplification des problèmes écologiques dans les zones à forte concentration :

% de la population urbaine	1800	1850	1900	1975
aux U.S.A.	6	15	40	75

Un ajustement de la population mondiale aux exigences écologiques n'est à prévoir, ni par le nombre, ni par la structure.

La capacité de la Terre

Comme elle dépend fortement du standard de vie atteint/désiré, cela complique les données quantitatives ; aujourd'hui encore on ne peut que supposer ce que seront les facteurs limitants : physiques, biologiques ou de nature sociale. D'un point de vue écologique les facteurs suivants sont importants :

L'énergie

Les « pseudo-écosystèmes », très fortement développés par l'Homme, ne sont pas, au regard de la production de nourriture en autarcie, mais dépendent de la fourniture d'énergie.

– Les sources d'énergie récentes, inépuisables (soleil, vent, eau, marées), ne peuvent pas, pour des raisons techniques, entièrement remplacer l'utilisation importante des sources fossiles.

– L'énergie atomique est très controversée :

Les incidences écologiques de la fission nucléaire sont à peine calculables, à cause du combustible initial (uranium) limité, et/ou des problèmes d'élimination (les déchets radioactifs ont une période généralement > 10 000 ans)

La fusion nucléaire ne doit pas être prise aujourd'hui en considération, car les possibilités techniques de réalisation sont entièrement libres.

– Les combustibles fossiles s'épuisent vite, car seuls les gisements de la meilleure qualité sont exploitables, sinon l'énergie nécessaire à l'extraction dépasserait celle fournie (nombreux schistes bitumineux). Pétrole et gaz seront, d'après les estimations prévisionnelles, épuisés dans environ 100 ans, et le charbon dans quelques centaines d'années.

Avec le maintien des conditions actuelles, la base énergétique n'est assurée que pour quelques centaines d'années ; si les taux de croissance se maintiennent ou même montent (idéologie de la croissance), ce délai se raccourcira énormément.

Les matières premières

De la même façon, tous les métaux essentiels d'usage courant sont limités (jusqu'à épuisement des gisements connus avec une croissance zéro : 420 ans pour le Chrome, 150 pour le Nickel, 97 pour le Manganèse, 40 pour le Tungstène).

Le recyclage est fondamentalement possible mais économiquement parlant limité. Les industries compromettent, en plus, l'environnement.

La nourriture

La **superficie** de la Terre (88,4 millions de km²) est au maximum utilisable à 30 % pour l'agriculture (un tiers aujourd'hui est cultivé de façon intensive).

Précisément des parties importantes des meilleures terres sont constamment perdues au profit des industries, des zones d'habitation, des voies de circulation et des zones de loisirs (En Californie jusqu'à l'an 2020 : 107 hectares pour 1000 habitants, i.e : 50 % de la surface agricole utilisable).

Les méthodes de culture intensive et l'augmentation des rendements ont fait chuter dans de nombreuses régions du globe la production par tête (D).

La mer est considérée, d'une façon fausse, comme un fournisseur potentiel essentiel d'une plus grande quantité de nourriture. Les expériences révèlent que la surconsommation a déjà plus ou moins lieu (E ; Régression des captures de nombreuses espèces de poissons en Atlantique Nord).

En plus, on peut supposer qu'une pollution chimique des océans agisse en abaissant le rendement.

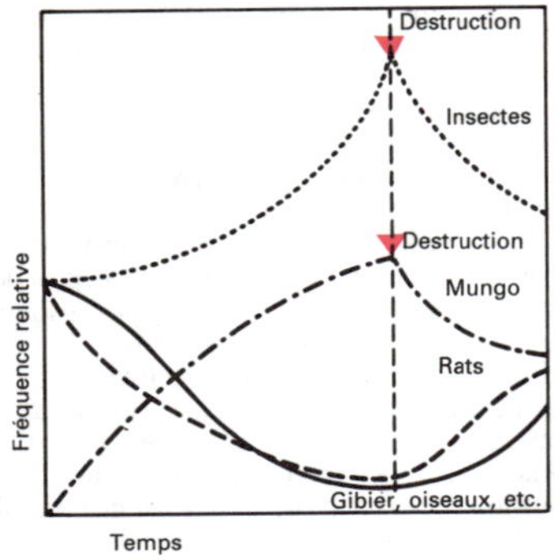

A **Modification du paysage animal de la Jamaïque après introduction du Mungo**

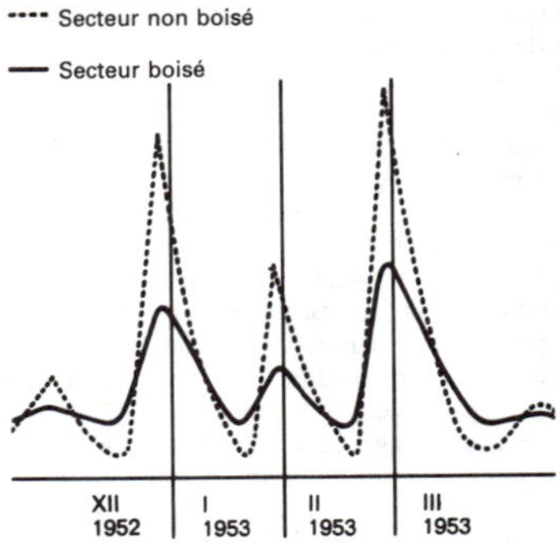

B **Comparaison de l'écoulement de l'eau dans 2 rivières drainant des secteurs de même superficie**

Intervention de l'homme dans l'écosystème

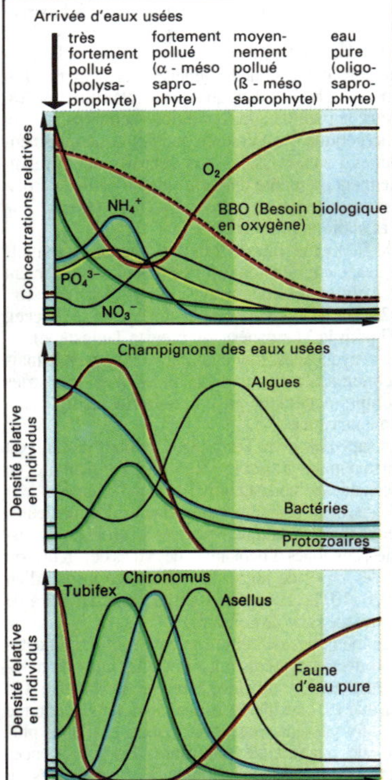

C

Auto-épuration d'une eau courante

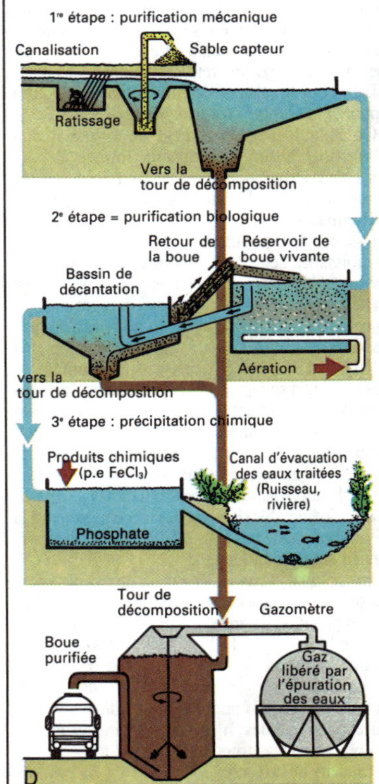

D

Schéma d'une station d'épuration

Les possibilités techniques croissantes, les intrications de l'économie mondiale et la croissance de la population, ont conduit à intervenir de plus en plus dans les écosystèmes. Ceci n'a pas provoqué, au premier abord, de dommages prévisibles à cause de la complexité des structures et du caractère labile de l'équilibre écologique.
Ceci a montré que la densité de la population est en corrélation avec l'importance des dommages et le coût par tête de leur réparation.

Introduction d'espèces étrangères dans les écosystèmes
Elle conduit souvent, par suite de l'absence d'ennemis naturels, à un accroissement en masse et à la détérioration de l'écosystème (*Elodée*, *Doryphore*, *Rat musqué* en Europe). Les écosystèmes pauvres en espèces et spécialement les monocultures sont de ce fait menacés (voir équilibre écologique, p. 265).
– En 1872 on introduisit en Jamaïque le *Mungo* (*Mangouste* des Indes Orientales) pour combattre les rats qui causaient des dégâts dans les plantations de canne à sucre (A). Il fit régresser les rats, mais décima de plus en plus les animaux domestiques et des espèces indigènes (*petits Mammifères, petits Oiseaux, Lézards, Serpents, Amphibiens*), ce qui entraîna la pullulation des *Insectes*, ravageurs à leur tour, des plantations. L'Homme dut, par une action intensive, rétablir l'équilibre labile.
– L'Australie est, du fait de son isolement précoce et de son biotope , en partie extrême, très vulnérable : Les *lapins sauvages* se multiplièrent, jusqu'à atteindre le nombre de 5 milliards, avant d'être combattus efficacement par une maladie virale (la myxomatose). Un *cactus ornemental* originaire d'Amérique du Sud envahit une surface égale à celle de l'ancienne Allemagne de l'Ouest ; ce n'est qu'en 1935 qu'on parvint à le combattre par l'introduction d'un parasite spécifique américain (*Petit papillon*).
En Europe aussi, l'introduction d'espèces manquant d'ennemis naturels a provoqué, pour un temps, des dommages *(Elodées, Doryphore, Rat musqué)*.

Transformation profonde des écosystèmes
L'industrialisation conduit à la disparition de toutes les propriétés de l'écosystème d'un espace donné (pseudoécosystème), et spécialement la faculté d'auto-régulation.
L'agriculture moderne se caractérise par :
– La tendance à la monoculture (appauvrissement des écosystèmes, sensibilité accrue aux crises, détérioration des cycles).
– La tendance à l'agriculture intensive, avec un gain de productivité, mais obtenu par une consommation sans cesse croissante de combustibles fossiles (construction de bâtiments ; fonctionnement des machines ; fabrication d'engrais, protection des végétaux, fourrages ; transport vers l'exploitation ; transport aux marchés). Aux U.S.A.pour chaque KJ de nourriture produite on utilise en moyenne 1,5 KJ d'énergie fossile.
La sylviculture (cas de l'Europe Centrale) a transformé en monoculture d'*Epicéas* la plus grande partie de la forêt mixte, avec de nombreuses espèces, qui subsiste encore (régression qui va d'une superficie > 60 % à une surface < 30 %). Au lieu de procéder à un rajeunissement en continu (par des rejets de souche ou par éclaircissement), on ne rencontre plus que de grandes surfaces avec des coupes nettes, d'où :
– Appauvrissement de la faune (conduit à l'infestation par les nuisibles ; p. 242 C) ;
– Forte régression des organismes vivant dans le sol (conduit à la dégradation de la structure du sol par formation d'humus acide ; p. 229).
– Diminution des rendements (dans une monoculture ancienne d'Allemagne du Sud ; p. ex. : des *Epicéas* de 70 ans ont un ø de 5 à 8 cm) ;
– Disparition du sol par érosion à flanc de coteaux (conduit obligatoirement à un développement racinaire superficiel offrant peu de résistance au vent).
Le défrichement, lié au développement des grandes exploitations (U.S.A. - sud de la Russie), entraîne une **érosion du sol** qui doit être endiguée, soit :
– par un labourage parallèle aux lignes de crêtes et/ou la plantation de haies pour arrêter le vent (en Russie 120 000 km en un an). Des phénomènes identiques apparaissent, à la suite de surpâturage qui conduit aussi à l'érosion du sol (cas des savanes africaines), soit
– par le tassement, la régression des plantes fourragères, la destruction de la couverture végétale dense.

L'aménagement des cours d'eau
a pour but de remédier au renforcement des inondations (B), par suite de la baisse du pouvoir de rétention de l'eau, des précipitations dans des écosystèmes appauvris. La rectification et l'aménagement des cours d'eau, souvent considérés comme des contre-mesures, ont des inconvénients considérables :
– l'abaissement de la nappe phréatique au voisinage des rivières endommage l'environnement, comme p. ex. les suites de la régulation du cours supérieur du Rhin (1817-1874) le montrent dans 24 communes sud-badoises :

Branche d'activité :	Perte en millions de D. Mark	
Agriculture	47	(1936-1951)
Pêche	15	(1874-1951)
Sylviculture	15	(1874-1951)
Perte en bois	40,3	
Perte en sol	1,7	

– l'accélération de l'écoulement (conduit à la réduction de la quantité d'eau disponible pour la boisson, la consommation, l'industrie) ;
– l'accentuation de la sédimentation dans le cours inférieur des fleuves, endiguement des fleuves (Pô, Huang Ho), renforcement du danger d'inondation.
Des contre-mesures pour ralentir l'écoulement seraient utiles pour de multiples raisons :
– maintien des zones humides et des rivières ;
– reconstruction d'écosystèmes naturels ;
– mesures d'ordre hydraulique (barrages ; obstruction des rivières par l'introduction de *Castors* en Amérique du Nord).
Des dommages causés à l'écosystème aquatique, lui-même, diminuent ses possiblités d'autoépuration (C) ; ceci, joint à la pollution de l'environnement, conduit à des solutions techniques de rechange coûteuses (D).

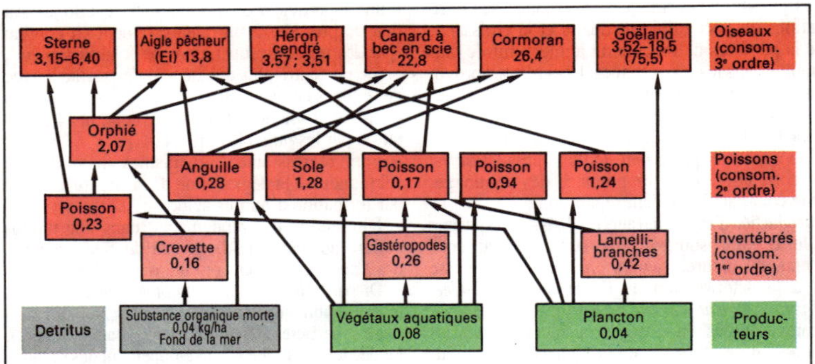

A Les flèches indiquent le flux d'énergie, les chiffres la teneur en DDT en ppm.

Enrichissement en DDT dans les chaînes alimentaires (Milieu marin, baie de Long Island)

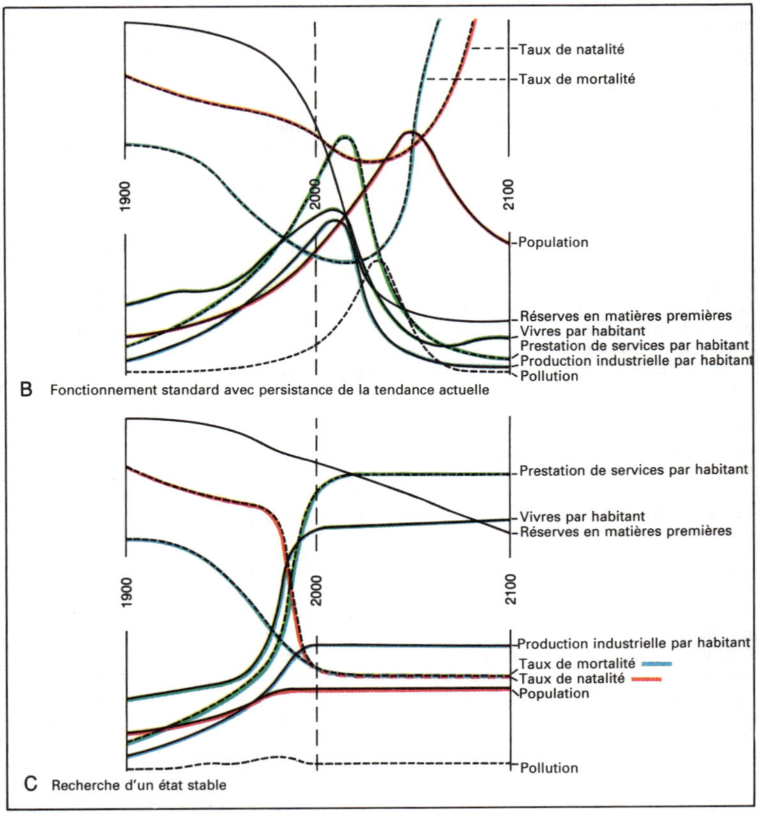

Réactions du modèle mondial dans des situations différentes

Pollution

Tout système intensivement exploité et non régénérable libère des polluants qui agissent sur la société (par l'écosystème) et sur l'Homme (santé, qualité de vie).

La pollution atmosphérique

Ex. : le smog (en 1952 à Londres : 4 000 morts. Plus importants sont les effets à longs termes :
- SO_2 chez les malades des voies respiratoires supérieures (asthme, bronchite, emphysème) ;
- amiante et cancers du poumon ;
- le plus dangereux est l'effet de synergie (CO, O_3, NO_2, Pb, Hydrocarbures).

On peut aussi avoir des effets à longue distance : « pluies acides » en Europe et Amérique du Nord à la suite d'émissions (dégâts sur la végétation, le stock de poissons dans les lacs).

La pollution aquatique dépasse les possibilités naturelles d'autoépuration (p. 268 C), d'où traitement des eaux usées (industrie chimique, du papier…), p. 268 D).

Les pesticides, sous forme d'herbicides et d'insecticides, sont à peine détruits par les décomposeurs ; les dérivés chlorés des hydrocarbures (D.D.T, Dieldrine, Diphénylpolychloré et autres) se concentrent, en outre, dans les chaînes alimentaires grâce à leur solubilité dans les lipides (A). Le D.D.T., qui s'introduit pourtant le plus lentement, atteint dans plus de 12 états des U.S.A. une concentration supérieure à la norme autorisée (12 ppm dans la graisse humaine, jusqu'à 5 ppm dans le lait naturel ; 0,05 ppm autorisé dans le lait de vache). Les effets négatifs des pesticides dans le métabolisme s'appuient sur l'expérimentation animale et les observations faites chez l'Homme.

Les métaux lourds s'accumulent par des voies diverses dans les écosystèmes et présentent une menace pour l'Homme par leurs effets toxiques.

Le Plomb est principalement disséminé par l'atmosphère (circulation automobile) : entre 1750 et 1967 la teneur en plomb de l'indlansis groënlandais a été multipliée par 20.

Le Mercure s'accumule principalement dans les eaux douces, côtières et les mers peu profondes (p. ex. : la Baltique) sous forme de composés très actifs (p. ex. : méthylmercure). En 1953 au Japon l'épidémie de Minamata (graves troubles de longue durée du SN : presque 100 morts) a montré la possibilité croissante de catastrophes locales. Déjà une concentration de 0,1 ppml, (1 partie pour 1 milliard) diminue les possibilités photosynthétiques du phytoplancton ; à 50 ppml, elles cessent.

Le cadmium a déjà occasionné aussi, au Japon, des accidents mortels. Pour tous les métaux lourds (comme pour le Chrome, l'Arsenic et le Nickel) on ne connaît pas exactement les concentrations tolérables et les effets à court et long terme.

Les substances chimiques mutagènes, les rayons ionisants, le bruit sont également nocifs.

Modèle mondial

L'intrication croissante des activités humaines à portée écologique exige une méthode qui :
- fasse de la prospective sur 100 ans ;
- envisage les problèmes au niveau mondial ;
- puisse rassembler tous les effets des variations et interactions entre les paramètres déterminants.

Sur la base de la méthode de **l'analyse systémique** employée en sciences et en utilisant la technique du **traitement de données**, une équipe du *Massachusetts Institute of Technology* (MIT), conduite par MEADOWS, a mis au point un « modèle mondial » (diagramme de flux comportant 99 éléments), qui constitue la base de recherches pour les cinq tendances les plus importantes :
- Industrialisation accélérée ;
- Forte croissance de la population ;
- Déficit alimentaire croissant ;
- Pillage des réserves de matières premières ;
- Destruction de l'espace vital.

Les programmes conçus pour l'ordinateur simulent les réactions du modèle mondial (B,C).

Le fonctionnement standard du modèle mondial repose sur l'hypothèse que les tendances évaluées pour 1900-1970 se poursuivront. Il indique :
- une croissance exponentielle de la population, de la production industrielle et des substances vivrières ;
- une forte diminution des matières premières ;
- un effondrement de la croissance industrielle ;
- un accroissement de la pollution et de la population à cause de l'inertie du système (p. 267) ;
- un écroulement brutal de la population par manque de nourriture et détérioration de l'assistance médicale et sociale.

Des fonctionnements, expérimentés dans des conditions autres, montrent que l'on peut exercer des influences sur le développement :
- Le doublement ou même la non-limitation des réserves de matières premières (recyclage) induirait un écroulement encore plus important de la population (pollution, disette).
- Une pollution contrôlée n'empêcherait pas l'effondrement de la population.
- Le même raisonnement vaut pour une augmentation de la production agricole à partir de 1975.
- Un contrôle volontaire des naissances, dans des conditions identiques, atténuerait les conséquences, mais n'apporterait aucune stabilité.

Un état stable (population mondiale un peu au dessus du taux actuel) ne peut être obtenu que par une limitation précoce de la croissance associée au recyclage, aux contrôles écologiques, à l'amélioration des surfaces agricoles et autres.

Les limitations du modèle mondial résident dans la plus ou moins grande fiabilité des hypothèses ; des prospectives fines ne sont d'ailleurs pas possibles ; la comparaison avec les modèles expérimentaux conduit en général à des conclusions qui se recoupent avec les données écologiques.
- Il y a des limites pour la croissance de la population mondiale et le système industriel.
- La poursuite de la tendance conduira, très vraisemblablement, à l'écroulement du système.
- On n'atteindra un équilibre que par une limitation planifiée de la croissance.
- Ces mesures n'auront de succès que si elles sont rapidement prises.

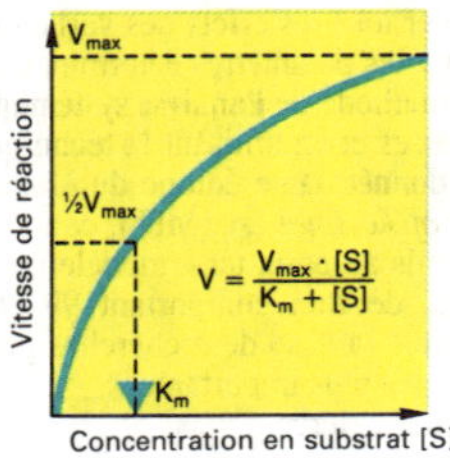

A **Relation de Michaelis-Menten**

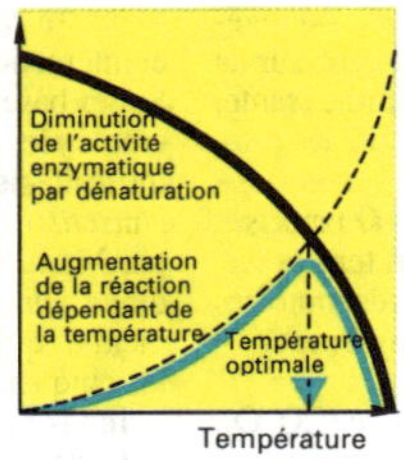

B **Influence de la température**

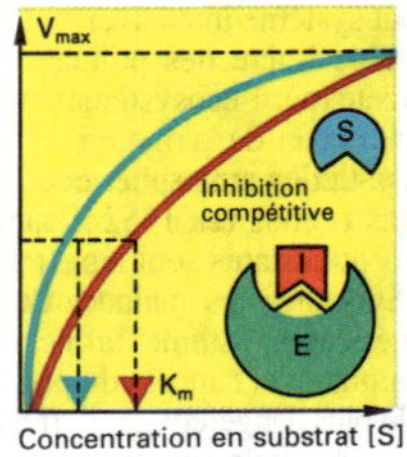

C **Action de l'inhibiteur**

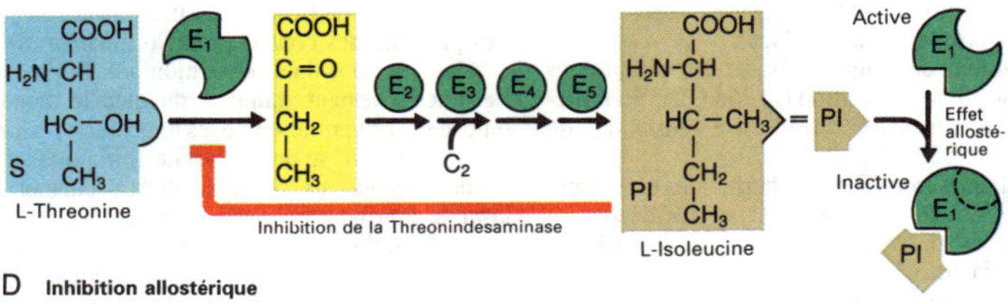

D **Inhibition allostérique**

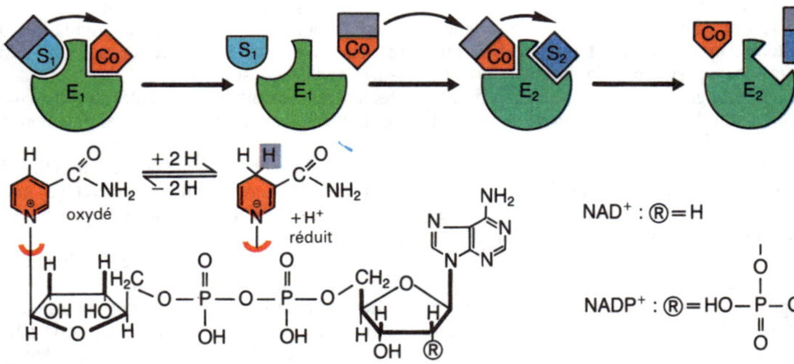

E **Intervention du co-substrat : transfert d'H⁺ par NAD⁺ (ou NADP⁺)**

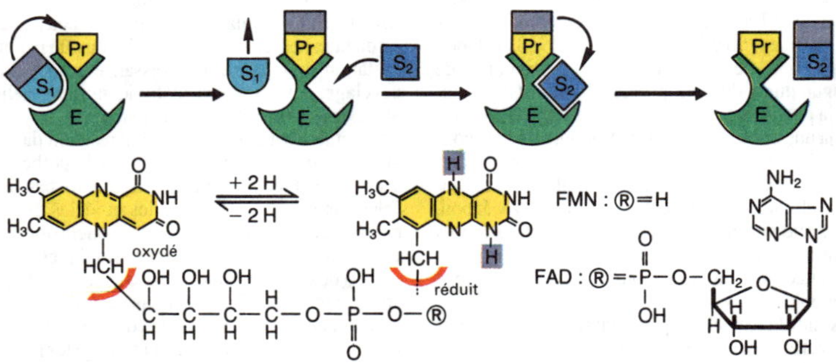

F **Action du groupe prosthétique : transport d'H⁺ par FMN (ou FAD)**

Activité et influence des enzymes

Les échanges de matière et d'énergie dans les organismes
s'expliquent par les lois de la thermodynamique en système fermé. Les organismes échangent en permanence de la matière, et de l'énergie, les processus exergoniques et endergoniques étant possibles au niveau de la cellule, d'après le principe du produit intermédiaire commun, (p. 49), grâce au **couplage énergétique** et régis, en dehors des changements de concentration, par la **catalyse enzymatique** (p. 15).
Les catalyseurs y parviennent en modifiant les vitesses de réaction (V). Mais dès lors que les organismes se comportent comme des systèmes ouverts sur l'extérieur et se trouvent en équilibre de flux (p. 53), cela signifie que les enzymes peuvent aussi par V influencer l'état d'équilibre.

La cinétique des réactions enzymatiques
étudie les mécanismes qui sont à la base de la formation et de la dissociation d'un complexe enzyme-substrat (E.S.) et avant tout de l'évolution des réactions en fonction du temps, c'est-à-dire de V.
D'après la **relation de Michaelis Menten,** cette V dépend dans une réaction enzymatique de plusieurs facteurs :
– Avec une concentration constante en enzymes la V croît avec l'augmentation de la **concentration du substrat** (S) et asymptotiquement jusqu'à une valeur limite V max. ou vitesse maximale quand la concentration est à saturation, toutes les molécules d'enzymes étant alors sous la forme (ES) (A).
– Avec une saturation en substrat, ce qui est habituel dans les cellules, V est proportionnelle à la **concentration en enzymes** présente. Il existe une concentration en substrat, qui correspond à la moitié de la V max., que l'on peut définir expérimentalement et que l'on nomme la **Km ou constante de Michaelis.**
Elle définit l'affinité de l'enzyme pour le substrat et est une valeur caractéristique ; plus petite est la Km, plus vite le substrat sera modifié.

L'influence des conditions extérieures
sur l'activité enzymatique tient à la nature protéique de l'enzyme :
La V croît dans les réactions enzymatiques avec la t^e^ (B) jusqu'à ce que la dénaturation des protéines intervienne. Comme les enzymes ont des radicaux acides et basiques **la valeur du pH** peut orienter le métabolisme avec des optima diff. selon les enzymes. **Les ions** interviennent au niveau de l'enveloppe d'hydratation et le **potentiel redox** agit sur les charges, p. ex. : sur le radical cystéine. Enfin les **inhibiteurs enzymatiques** bloquent l'activité de l'enzyme, d'une façon non spécifique (p. ex. : les métaux lourds) ou spécifique :
– ds **l'inhibition compétitive (C),** le substrat et ses analogues sont en concurrence mais ce ne sont pas des molécules chimiques transposables et leur liaison avec le centre actif (p. 12 sqq.) dépend de la concentration. Chez les *Bactéries* p. ex. : l'intégration de l'acide para-aminobenzoïque dans l'acide folique et donc la synthèse des nucléotides puriques se trouve bloquée par les analogues structuraux des sulfones, qui agissent comme des antibiotiques ;
– ds **l'inhibition allostérique** l'inhibiteur n'est pas un analogue du substrat. Il se fixe en dehors du centre actif mais en change la conformation et donc l'activité enzymatique. Chez la *Bactérie Escherichia coli*, l'isoleucine ou produit final est en même temps l'inhibiteur : elle bloque très tôt et spécifiquement le début de sa propre chaîne de synthèse : la désamination de la Thr par un effet allostérique sur l'enzyme initiale, si elle n'est pas assez vite utilisée pour la synthèse protéique ; ds ce cas l'enzyme elle-même régule l'activité enzymatique par rétro-action négative (p. 55 ; inhibition par le produit final). Une telle **modulation,** i.e. le changement réversible de l'activité d'une enzyme par la fixation non covalente d'une petite molécule d'effecteur, s'ajoute par la précision et la rapidité du contrôle du métabolisme au mécanisme de synthèse adaptée de l'enzyme ds le cadre d'une activation différentielle des gènes (p. 213 sqq., 468 sq.)

Groupes actifs ou co-facteurs
Ce sont des composants non protéiques de nombreuses enzymes, qui participent à la catalyse comme activateurs en transformant l'apoenzyme spécifique du substrat et du mode d'action, mais inactive seule, en Holoenzyme.

Composés métalliques (Fe, Mn, Cu, Mo, Co)
Ce sont des oxydoréductases, aux propriétés Redox renforcées par les liaisons organiques, qui p. ex. comme Protéine - Fe S ou Cu Protéine participent à la chaîne respiratoire ou à la photosynthèse par des transferts de charges.

Groupes actifs organiques (= Coenzymes) se rencontrent ds toutes les oxydoréductases et de nombreuses transférases ; leur structure chimique évolue parall. à la transformation du substrat. On distingue les **co-substrats** liés à 2 apoenzymes diff., qui sont libérés l'un après l'autre et entre-temps sont modifiés chimiquement. Chaque apoenzyme réagit avec un autre substrat et a respectivement 2 centres actifs, un pour le substrat et l'autre pour le coenzyme qui se comporte comme un substrat (E). Les types mêmes en sont le NAD^+ et le $NADP^+$ (p. 274 sqq.,302 sqq.)

Les groupements prosthétiques sont fortement liés à une seule apoenzyme qui, p. ex. ds le cas des oxydoréductases ou des transférases, réagit avec 2 substrats successifs. Entre-temps ils sont liés à la protéine et sont chimiquement transformés (F). Ds ce groupe on trouve les flavoprotéines jaunes avec leurs coenzymes transporteurs d'H^+ : F M N (ou encore riboflavine-5-P) et F A D.
Les *Plantes* produisent elles-mêmes les coenzymes. Les *Procaryotes* et les *Animaux* ne peuvent le faire que partiellement et reçoivent alors leurs matériaux de base, avec la nourriture sous forme de Vitamines (p. 282) (NAD^+ / Amide nicotinique, FAD/B_2, « Coenzyme A » /Acide pantothénique).

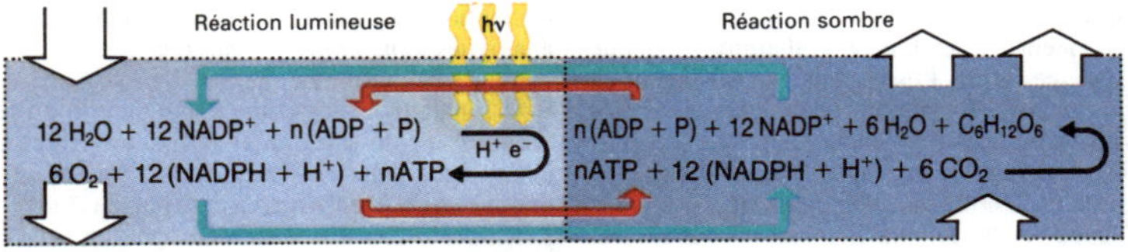

A **Réaction lumineuse et réaction sombre : les 2 phases de la photosynthèse**

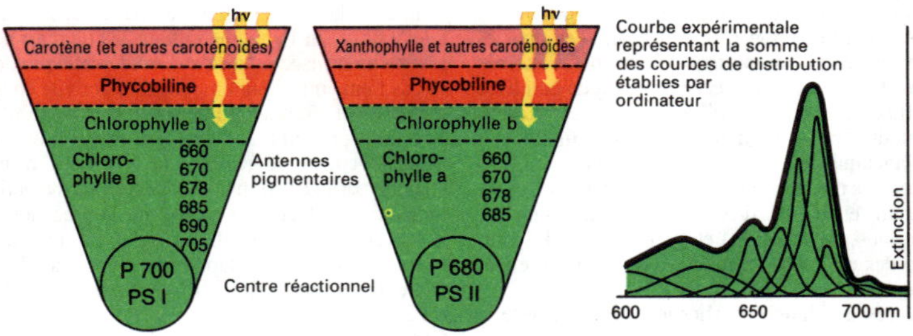

B **Répartition des pigments dans le photosystème (modèle fonctionnel) confirmée par la spectroscopie (Chlorophylle)**

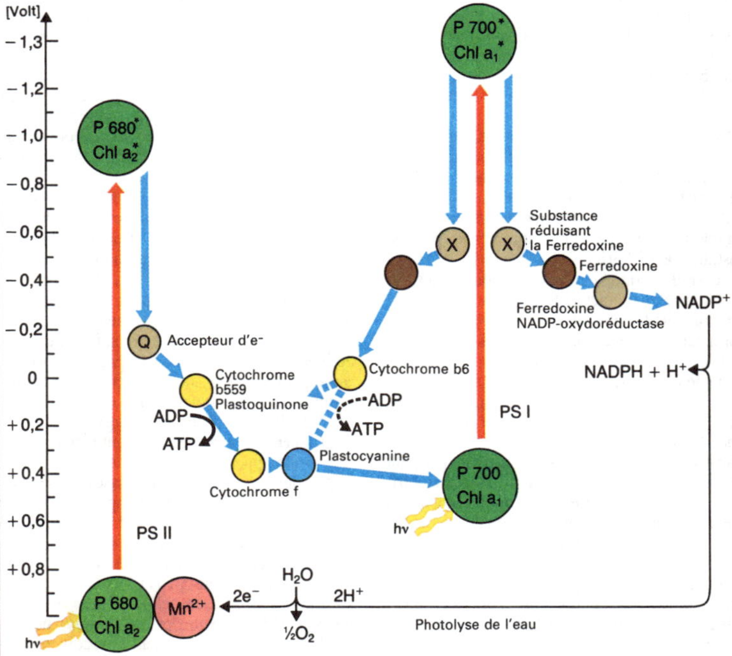

C **Chaîne de transport d'électrons lors de la photosynthèse**

La réaction lumineuse lors de la photosynthèse végétale

La signification de la photosynthèse
en tant que processus bioch. le plus important est la fixation de l'énergie solaire par les *Végétaux* autotrophes parall. avec l'assimilation du CO_2. Ce n'est pas seulement parce qu'elle enclenche l'ensemble des processus réclamant en permanence de l'énergie, i.e ; « la vie », mais aussi parce que pratiquement tous les corps organ. et les sources d'énergie classiques proviennent de l'assimilation du CO_2 gouvernée par la lumière.
La biomasse synthétisée est énorme :
– 1 m^2 de surface foliaire produit env. 1 g de glucides par h, soit pour l'ensemble de la végétation terrestre un gain annuel d'environ 75 Mrd de C organ. (env. 20 fois la production mondiale de charbon).
– env. 3 . 10^{18} kJ = 0,12 % des rayons solaires reçus par la Terre sont photosynthétiquement actifs.

Le déroulement de la photosynthèse (A)
La transformation de CO_2 et H_2O pauvres en énergie en hydrates de C métastables à fort potentiel énerg. chez les *Plantes* et les *Cyanobactéries* semble simple d'après **l'équation globale de la photosynthèse :**
$6\ CO_2 + 12\ H_2O + h\nu \rightarrow C_6H_{12}O_6 + 6H_2O + 6O_2$
Cependant les problèmes du transfert de l'énergie, de la catalyse enzymatique et les produits intermédiaires sont d'une extrême complexité et ne sont résolus qu'en partie. Le déroulement a lieu, pour résumer, en 2 phases fonctionnellement bien séparées dans l'espace.
La première phase ou réaction lumineuse qui se passe au niveau des thylacoïdes des chloroplastes (p. 28) fournit par une chaîne de transport d'e^- le composé réduit (NADPH + H^+, p. 272 E) et par la photophosphorylation le composé transporteur d'énergie l'ATP (p. 48) en partant de la photolyse d'H_2O en libérant O_2 comme « produit résiduel ».
La seconde phase ou réaction sombre utilise le flux d'ATP et NADPH + H^+ pour réduire le CO_2 en glucide au cours du cycle de Calvin : assimilation du C (p. 320).

La réaction lumineuse
L'égalité (A) décrit le transport d'H^+ + e^- d'un système redox au potentiel positif (H_2O/O_2 : 0,81 v) à un autre système au potentiel négatif (NADPH + H^+/NADP$^+$: – 0,32 V). Les transports d'e^- se font le long de chaînes avec chutes de potentiels exergoniques mais en réalité endergoniques car allant d'un potentiel redox positif vers un potentiel redox négatif et qui doivent donc être alimentés par **l'effet photochimique.**
Les photosystèmes des membranes thylacoïdales (B) absorbent les hv en gros ds la limite du spectre visible. Les molécules qui servent d'antenne dans ce complexe conduisent les hv captés, avec un effet entonnoir, vers des pigments à énergie d'activation < (= bande d'absorption de longueur d'onde >) jusqu'à 1 seul : de proche en proche jusqu'aux accepteurs d'e^-.X ou Q et aux donneurs d'e^- du centre réactionnel : la molécule de chlorophylle « a » photochimiquement activée. Celle-ci se trouve ds le photosyst I , <, le P 700 : pigment qui absorbe ds les 700 nm et dans le photosyst. II le P 680 limité aux grana (Chlorophylle a_2). Les pigments activés, dopés énergétiquement : P 700 « ou P 680 » donnent un e^- à leur accepteur et de là à la chaîne de transp. d'e^-. Par cette **photooxydation** l'énergie lumineuse des hv est définitivement transcrite en énergie chimique d'un puissant réducteur.

Les chaînes de transp. d'e- (C).
des deux photosystèmes PS I et PS II fonctionnent comme pompes à e^- mues par la lumière sur 2 chaînes redox scalaires différentes mais qui se recouvrent partiellement avec des substances redox identifiées en partie ; elles élèvent le potentiel des e^- dans chaque système d'environ – 0,8 Volt. La chute intermédiaire à un potentiel redox > permet pour chaque flux de 2 e^- de fabriquer une molécule d'ATP sur des sites de phosphorylation. Le mécanisme de cette **photophosphorylation** est moins connu.
Le couplage chimioosmotique suppose l'intervention d'un flux d'H^+. Il existe 2 chaînes de transporteurs d'e^- :
Ds le transport cyclique, auquel seul le PS I des grana et des stromathylacoïdes participe, les e^- après un cycle de photophosphorylation reviennent au P 700 sans formation de NADPH + H^+.
Ds le transport linéaire qui vraisemblablement utilise les molécules de la voie de transport cyclique, il y a des couplages en série entre PS I et PS II à l'intérieur des grana qui donnent naissance à l'ATP et surtout à NADPH + H^+.
Le couplage en série exige pour le transport linéaire l'utilisation de la même quantité de hv. Une régulation peut se faire par un flux énergétique provisoirement excédentaire, à partir du PS II vers le pool de plastoquinone interconnecté, à partir du PS I par la mise en jeu du transport cyclique (en dernier par un excédent en NADPH + H^+, p. ex. : lorsque ds des conditions anaérobiques la phosphorylation au niveau de la chaîne respiratoire est bloquée).
La preuve expérimentale du couplage en série au cours duquel 2 quanta lumineux participent au transport d'un e^- a été fournie par **l'effet Emerson :**
Si l'on éclaire des chloroplastes avec des radiations de grande longueur d'onde (> 680 nm), le rendement quantique normalement constant diminue fortement ; il en est de même si l'on utilise des radiations de 650 nm. Si l'on éclaire conjointement avec des radiations de 720 et 650 nm, le rendement quantique redevient normal (Effet multiplicateur de la synergie entre PS II et PS I). La synthèse de NADPH + H^+ à l'extrémité de la chaîne de transport nécessite en plus des e^- des protons H^+. La **photolyse de l'eau**, au début de la chaîne partant du PS II, les fournit : 2 molécules de chlorophylle a_2 photooxydée captent les 2 e^-. d'un donneur d'e^-, contenant Mn, et libèrent les $2H^+$.

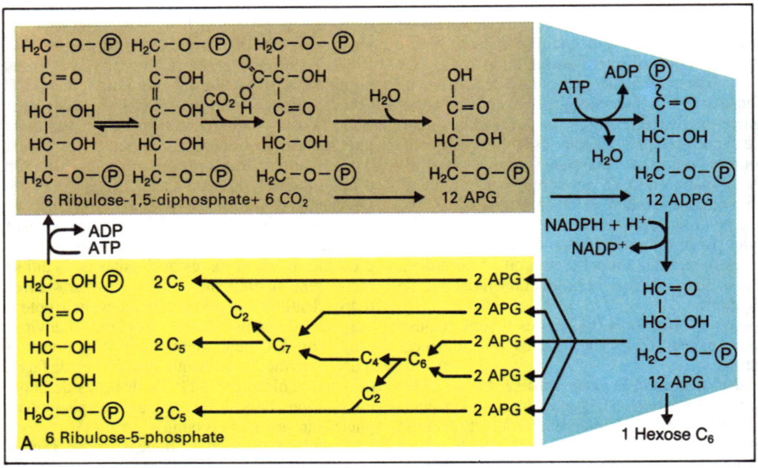

Cycle de Calvin : Carboxylation (en brun),
Réduction (en bleu), Régénération (en jaune)

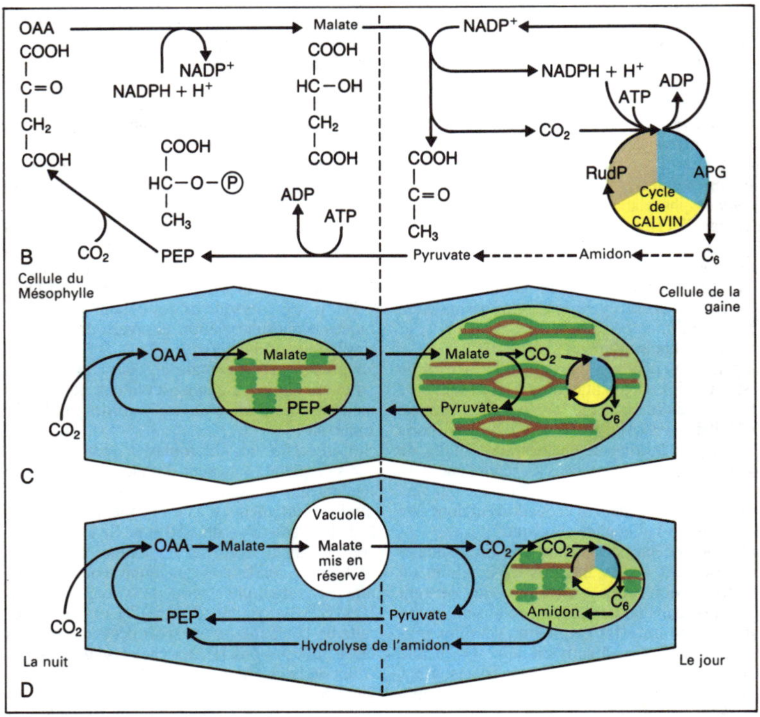

Couplage absorption-fixation du CO_2 (B) chez les plantes en C_4 (C) et chez les succulentes (D)

La réaction claire réclamant de l'énergie lumineuse met à la disposition de la cellule de l'ATP et du NADPH + H^+ (p. 274), de telle façon que la réaction sombre, indépendante de la lumière mais qui a néanmoins lieu dans le stroma des chloroplastes éclairés, puisse se dérouler.

Ds la **phase de carboxylation** le CO_2 soluble libéré de HCO_3^- par l'anhydrase carbonique est fixé par le Ribulose 1.5 diphosphate (RudP) ; la réaction est catalysée par une enzyme spécifique de la photosynthèse la RudP - carboxylase (p. 47). Le produit primaire labile se dissocie au cours d'étapes intermédiaires en 2 molec. d'acide phosphoglycérique (APG). Au cours de la **phase de réduction**, il est phosphorylé par l'ATP en acide 1-3 diphosphoglycérique ainsi activé et en fixant H provenant du NADPH + H^+ présent, avec décomposition de l'eau, donne du phospho-3-glycéraldéhyde. La réaction est catalysée par une enzyme également spécifique de la photosynthèse « l'APG déshydrogénase-NADH-dépendante ». C'est ainsi que le C du CO_2 pauvre en énergie est réduit au stade d'un Triose (sucre en C_3) et intégré dans un composé énergétique. Un APG sur 6, comme bénéfice net, conduit à la biosynthèse de sucres en C_6 (Hexoses) avec libération d'H_3PO_4, les 5 autres se retrouvent dans la **phase** complexe de **régénération** sous la forme de Ribulose-5. phosphate phosphorylé en RudP avec consommation d'ATP.

Ce cycle de Calvin (A) conduit par réduction du CO_2 aux glucides et est présenté d'une façon simple comme l'inverse du cycle oxydatif des pentose-phosphates (p. 306). Il consomme CO_2 ; $NADPH_2$; ATP = 1 ; 2 ; 3. Le transport photoélectronique linéaire fournit cependant $NADPH_2$; ATP = 2 ; 2 ; le reste de l'ATP indispensable est fourni par le transport cyclique des hv et e^-, comme il résulte de l'examen de ce bilan.

Les facteurs qui influencent la fixation du CO_2

Les conditions écologiques du milieu déterminent largement le rendement photosynthétique d'une plante, spécialement le facteur lumière (p. 225). L'utilisation optimale d'un éclairement intense est cependant souvent réduite par des circonstances naturelles négatives :

– Des t^e^ élevées favorisent la « photorespiration » au cours de laquelle sous l'influence de la lumière et la participation des chloroplastes, peroxysomes et mitochondries, le sucre du cycle de Calvin est transformé en sérine et CO^2, ce qui diminue le rendement photosynthétique.

– Une grave pénurie d'eau provoque une grande résistance à la diffusion des gaz au niveau des stomates (p. 84) et diminue ainsi l'entrée de CO_2 dans le parenchyme foliaire. Ceci peut également être occasionné par une forte pression osmotique de la solution du sol dans des endroits riches en sel.

– *Les plantes* xérophytes des biotopes secs ou salés montrent souvent des adaptations structurales et fonctionnelles remarquables à l'économie de CO_2 grâce à une forme particulière de fixation de CO_2 (B).

L'accepteur primaire du CO_2 est ici le phospho-énol-pyruvate (PEP) qui grâce à une PEP-carboxylase donne après carboxylation de l'acide oxalacétique (AOA), qui est lui-même réduit en acide malique grâce à une malate-déshydrogénase-NADPH-dépendante. Cet acide bicarbonique avec 4 atomes de C, qui a donné le nom de **voie des acides dicarboxyliques** en C_4 au parcours reconnu par HATCH et SLACK (1966) est au moment opportun dissocié en CO_2, pyruvate et NADPH +H^+ par la malate. Le CO_2 est fixé par le RUdP, accepteur final, et rentre avec le NADPH +H^+ ds le cycle de Calvin, pendant que le pyruvate est régénéré en PEP, accepteur primaire, avec consommation d'un ATP.

Les plantes en C_4

Comme le *Maïs*, le *Millet*, la *canne à sucre* n'ont pas seulement par rapport aux plantes normales en C_3 l'avantage de ne pas libérer de CO_2 respiratoire à la lumière, elles montrent aussi des propriétés particulières :

– en coupe transversale les faisceaux conducteurs sont entourés par une double couronne : une gaine interne de cellules très chlorophylliennes et les cellules extérieures du mésophylle ;

– contrairement au cas normal les cellules de la gaine ont de gros chloroplastes sans grana (dimorphisme) et sont en plus incapables du transport linéaire des e^- (p. 274).

La compartimentation spatiale de la photosynthèse en C_4 permet de le comprendre (C) : les cellules du mésophylle fixent dans leur cytoplasme le CO_2, libéré ds l'intérieur de la feuille par la photorespiration, grâce à un PEP hyperactif ; leurs chloroplastes ne le transmettent pas au cycle de Calvin mais le ramènent aux cellules de la gaine par le Cytoplasme à travers les plasmodesmes sous forme d'acide malique. Ds ces chloroplastes il est décomposé par l'enzyme - malate qui donne le CO_2 au RudP et le NADPH + H^+ au cycle de Calvin, pendant que le pyruvate fait retour au Mésophylle.

Les plantes avec un cycle diurne d'acides

comme les *Crassulacées : Sedum, Bryophyllum* et *Kalanchoe* ou, en pénurie d'eau, les *Agaves*, se distinguent par :

– des tissus à réserve d'eau (succulence de la feuille, p. 121) avec des chloroplastes et de grosses vacuoles ds les mêmes cellules ;

– une accumulation de grosses quantités d'acides, spécialement acide malique, ds ces vacuoles, la nuit, (jusqu'à 0,1 mol/l, pH 3,5) et le jour une destruction de ces acides ; d'où la forte teneur, au contraire, ds les feuilles (= cycle diurne).

Chez ces **plantes-CAM** (Crassulacean acid , métabolism.) le cycle des acides dicarboxyliques en C_4 et la fixation du $C0_2$ ont lieu ds la même cellule mais sont compartimentés ds le temps (D).

La nuit (t^e^ <, humidité de l'air >), les stomates sont ouverts et le PEP en grosse quantité ds le Cytoplasme, à cause de la forte dé-assimilation, est carboxylé. Le jour, le réservoir de malate se vide par décarboxylation et le CO_2 libéré dans l'intérieur de la feuille est transmis au cycle de Calvin.

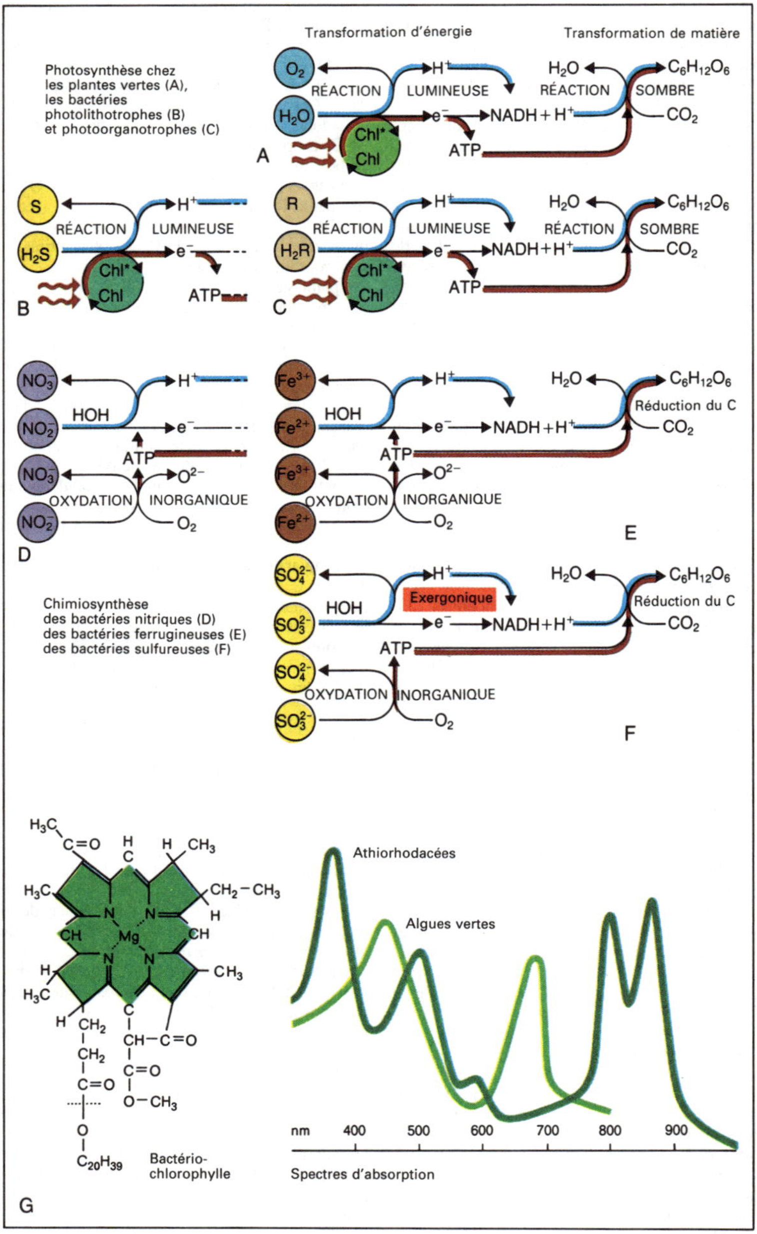

Comparaison schématique entre les différentes photo et chimiosynthèses

L'assimilation du CO_2 par les bactéries se distingue du processus unitaire de la photosynthèse des *Plantes vertes* (A) par la grande diversité, tant des sources d'énergie primaire utilisées que des fournisseurs d'H^+ et e^-.

La photosynthèse bactérienne

Les bactéries photosynthétiques représentent un type de photosynthèse primitif apparu depuis longtemps au cours de l'évolution :

– Au cours de la réaction lumineuse un système unique cyclique et linéaire de transporteurs d'électrons, analogue fonctionnel du PSI (p. 274) est disponible.

– Il en découle qu'il n'y a pas photolyse de l'eau et libération d'O_2.

– Le système travaille seulement en anaérobie, sans doute, parce que chez les *Procaryotes* il manque des organites distincts comme les mitochondries et les plastes (p. 59), mettant en concurrence les électrons pour la respiration et la photophosphorylation.

– Les bactéries photosynthétiques régénèrent assez mal les transporteurs d'électrons réduits.

Elles sont donc inféodées à un environnement pauvre en oxygène et suivant l'évolution phytophotosynthétique des organismes, se rencontrent en plus dans des niches écologiques très précises. Leurs pigments photoactifs montrent des pics d'absorption différents de ceux des feuilles et des *Algues* (G), ce qui fait que la lumière filtrée dans les couches superficielles de l'eau, par les organismes photosynthétiques, peut encore agir sur elles.

Les Bactéries vertes (*chlorobactéries*) oxydent, dans les eaux superficielles riches en soufre, le thiosulfate et avant tout H_2S en soufre élémentaire, qu'elle libère selon la réaction :

$6\ CO_2 + 12\ H_2S + hv \rightarrow C_6H_{12}O_6 + 12S + 6\ H_2O$.

Les Bactéries pourpres soufrées (*Thiorodacées*) sont colorées en rouge par la xanthophylle et stockent le soufre oxydé à l'intérieur des cellules sous forme de granules de polysulfite. Alors que ces deux groupes se comportent comme des « photolithotrophes » (B), c'est-à-dire réalisent leurs synthèses en utilisant comme sources d'H_2 des donneurs minéraux, on distingue une troisième catégorie : les « photoorganotrophes » (C) :

Les Bactéries pourpres (*Athiorhodacées*) sont photohétérotrophes et ont besoin de substances organiques particulières comme donneurs d'électrons. Par ex. *Rhodopseudomonas* transforme, lors de l'assimilation du CO_2, l'isopropanol en acétone.

$6CO_2 + 12CH_3 - CHOH - CH_3 + hv \rightarrow C_6H_{12}O_6 + 12CH_3 - CO - CH_3 + 6H_2O$

Les photobactéries utilisent NADH + H^+ et le cycle de Calvin pour leurs synthèses carbonées et en même temps **le cycle réducteur de Krebs** processus inverse du cycle de Krebs oxydatif (p. 302).

La chimiosynthèse bactérienne

Si la libération endergonique d'H^+ par un donneur et sa fixation en hydrates de carbone métastables, riches en énergie, constituent les processus essentiels de la photosynthèse, il n'est donc pas étonnant que d'autres sources d'énergie que l'énergie lumineuse puissent être utilisées pour l'assimilation endergonique du CO_2. En plus des *photobactéries* on connaît aussi d'autres *procaryotes* autotrophes.

En l'absence de pigments, un certain nombre de *Bactéries* vivent dans l'obscurité totale en obtenant par l'oxyd. (: capture d'e^-) de diverses subst. minérales l'énergie nécessaire pour réaliser la chimiosynthèse des composants chim. et organ. de leurs cel. (chimioautotrophie). **La différence fondamentale avec la photosynthèse** réside donc dans le fait que l'énergie provenant de cert. réactions biochimiques particulières remplace ici l'énergie lumineuse. Les autres étapes de l'assimilation du CO_2 sont analogues aux processus existant chez les *Végétaux* autotrophes.

Selon les substrats oxydés on distingue :

Les Bactéries soufrées incolores. Elles forment des colonies filamenteuses en compagnie de *Bactéries désulfurisantes* (p. 307) dans les eaux riches en aliments et en H_2S. Cet H_2S qui monte des couches d'eau plus profondes se transforme par l'O_2 de l'air en H_2SO_3 et ensuite en H_2SO_4 (F), p. ex. *Thiobacillus, Thiotrix*.

Les Bactéries de la nitrification très répandues dans la terre ; les *Bactéries de la nitrosation* (E. p. ex. Le *Nitrosomonas*) transforment exergoniquement l'ammonium NH_4^+ en NO_2^- et les *Bactéries nitrifiantes* voisines (p. ex. le *Nitrobacter*) qui transforment ensuite le nitrite toxique en nitrate NO_3^- (D). Cette « nitrification » procure biologiquement au sol des éléments minéraux nécessaires à la croissance des *Végétaux supérieurs* et est en corrélation avec la « dénitrification » des *Bactéries*, qui produisent de l'ammonium (p. 307). Lorsque le sol est bien aéré, les *Bactéries nitrifiantes* apportent jusqu'à 200 kg de nitrate par été sur un hectare de terres cultivables.

Les Bactéries ferriques : dans les colonies mucoïdes de *Crenothrix* « Cresson de fontaine » p. ex. ou de *Leptothrix* (qui forme le minerai de fer du gazon), $Fe^{2+} \rightarrow Fe^{3+}$ (gain d'énergie) (E).

Les Méthanobactéries oxydent le méthane CH_4 (gaz des marais) produit par la désintégration bactérienne de la cellulose pour le transformer en eau et en CO_2.

Les Bactéries oxhydriques : en présence d'hydrogénase, elles oxydent l'hydrogène moléculaire H_2 en eau, elles peuvent vivre également de manière hétérotrophe.

Dans certaines conditions, l'*Algue verte Scenedesmus*, normalement photoautotrophe, ne reçoit pas son hydrogène de l'eau, mais de H_2 et elle le transfère au NADP$^+$, comme les *Bactéries oxhydriques*. Elle l'oxyde même dans l'obscurité pour former du H_2O et assimile donc de manière véritablement chimiosynthétique. Cette observation, d'un grand intérêt théorique, montre la relation qui existe entre la photosynthèse et la chimiosynthèse et leurs différentes manières de réaliser un gain d'énergie.

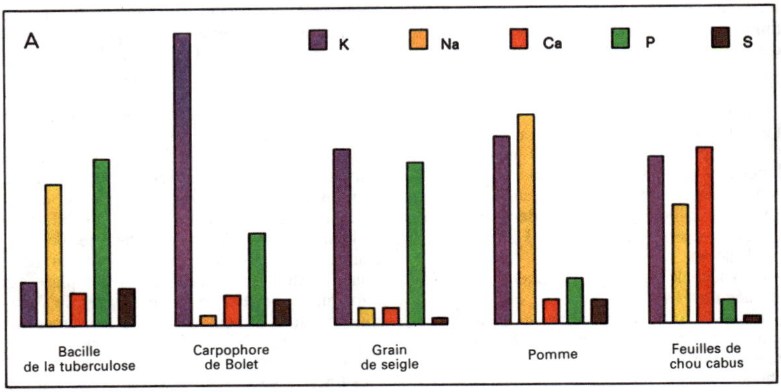

Fréquence relative de différents éléments chimiques dans des cendres végétales

B Production q/ha dont Éléments nutritifs en kg

	Grain Bulbe Racine	Paille Feuilles	Potasse	Chaux	Azote	Acide phosphorique
Seigle	22	40	60	15	50	30
Blé	23	44	48	10	70	37
Orge	22	32	48	13	50	25
Pomme de terre	170	40	140	30	70	30
Betterave à sucre	320	140	180	40	140	48
Betterave fourragère	450	90	200	30	100	36
Pois	17	27	60	50	100	30
Haricot	?	?	110	50	150	40
Colza d'hiver	17	36	55	80	85	40

Toutes ces données sont valables pour des récoltes moyennes, elles doivent être majorées de 30 à 50 % pour l'Europe centrale.

Production et composition en éléments nutritifs

C

KNOP:	v. d. CRONE:
1000 g H_2O	1000 g H_2O
1,00 g $Ca(NO_3)_2$	1,00 g KNO_3
0,25 g $MgSO_4$	0,50 g $MgSO_4$
0,25 g KH_2PO_4	0,50 g $CaSO_4$
0,25 g KNO_3	0,25 g $Ca_3(PO_4)_2$
0,10 g $FeSO_4$	0,25 g $Fe_3(PO_4)_2$

plus une goutte d'une solution d'oligoéléments :

1000 g H_2O	0,028 LiCl
0,055 g $Al_2(SO_4)_3$	0,889 $MnCl_2$
0,028 g KJ	0,614 $B(OH)_3$
0,028 g KBr	0,055 $ZnSO_4$
0,055 g TiO_2	0,055 $CuSO_4$
0,028 g $SnCl_2$	0,059 $NiSO_4$
	0,055 $Co(NO_3)_2$

Solutions nutritives

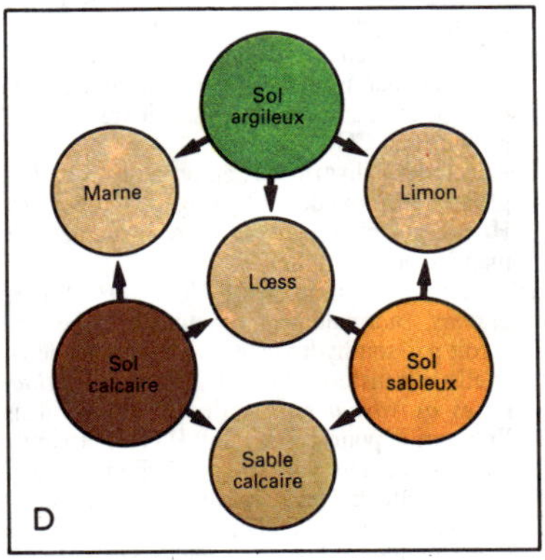

Types de sol

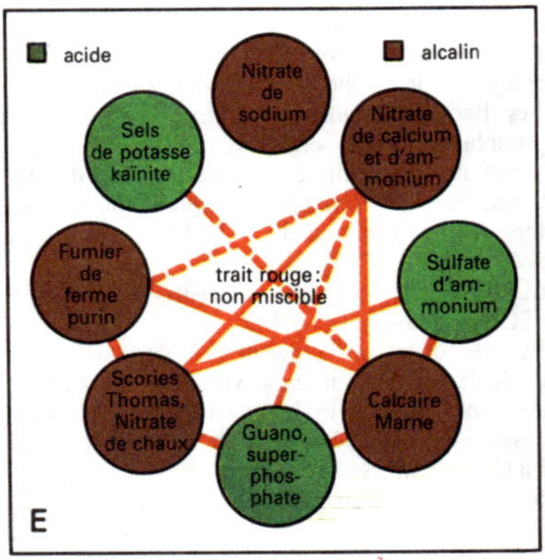

Miscibilité des fertilisants

L'analyse élémentaire d'une plante montre que la substance sèche, outre les éléments classiques des corps organ. (C, O, N, H, S, P) ds sa partie incombustible, **la cendre végétale**, contient d'autres éléments chim. dont la teneur varie selon le type cell., l'espèce et l'emplacement (A).
Son **métabolisme minéral** se différencie fondamentalement de celui des composés organiques, car les substances minérales ne sont ni produites ni consommées dans l'organisme.

Les sels minéraux
La source naturelle des sels nutritifs indispensables est le sol (B) qui recèle, à côté des substances organiques de l'humus, différents sels minéraux produits par la décomposition de la roche (D). Si toute la surface de la plante est capable de les absorber, ce sont les racines qui sont les **organes d'assimilation des sels minéraux** puisque, sauf pour les plantes aquat., elles seules sont normalement en contact avec ces sels. Les sels ne sont assimilés par les *Végétaux* que sous forme d'ions, c'est-à-dire d'éléments possédant une charge électrique et en solution aqueuse. C'est pourquoi on peut remplacer le sol par des **solutions nutritives** (« hydroculture ») contenant les ions indispensables (C) :
– les cations à charge positive K^+, Ca^{++}, Mg^{++}, Fe^{++} en concentration faible et les oligoéléments Mn, Cu, Zn, Co, B et d'autres sous forme « d'élément en trace ».
– les anions à charge négative NO_3^- (nitrate), SO_4^- (sulfate) et PO_4^{3-} (phosphate) ;
sous forme d'éléments en trace Cl^- (chlorures pour la photolyse de l'eau) et MoO_4^- (Molybdates)
Les ions doivent être présents dans un rapport équilibré, car les ions isolés sont toxiques, même lorsqu'ils sont indispensables à la vie (antagonisme ionique, p. 11) ; en outre, pour des raisons osmotiques, la concentration globale ne doit pas être trop élevée. Si un des ions manque, de graves symptômes de carence apparaissent rapidement, car parmi les corps indispensables, c'est celui dont la concentration est la plus faible qui détermine le degré de développement (**loi du minimum**).
La disponibilité des ions nutritifs dépend aussi très fortement du pH du sol.

L'assimilation des sels minéraux
La représentation du mécanisme complexe de l'assimilation ionique reste encore très hypothétique, le mécanisme n'étant qu'en partie éclairci :
– **La phase passive du début** commence par le mouvement ionique dans l'« espace libre » constitué surtout par les parties capillaires de la membrane cellulaire. A cette phase succède une absorption par échange, de cations, essentiellement, par l'intermédiaire des anions portés par les molécules de la paroi et du plasmalemme : des ions de charge égale sont échangés lorsqu'un ion en provenance du sol prend la place sur un anion d'un ion moins absorbable.
– **Le transport ionique actif** à travers le plasmalemme consomme de l'énergie (respiration ionique) et fournit à la cellule des ions contre le gradient de concentration. Ce **pouvoir d'accumulation** est lié, à la **sélectivité** des ions qui peuvent être absorbés préférentiellement.
L'assimilation des ions présente tous les aspects d'un transport transmembranaire (p. 25), p. ex. « Carriers » actifs pour le transport ATPasique du K^+ dans les racines des céréales.

L'importance du métabolisme des sels minéraux
Les sels peuvent jouer un double rôle dans le métabolisme : ils entrent directement dans la composition des molec. organiques vitales (enzymes) ou agissent par leur charge électrique sur l'état colloïdal du cytoplasme.
Le rôle spécifique de chaque élément se vérifie dans les carences :
Le **potassium** se présente uniquement sous forme d'ions. Il favorise le gonflement des colloïdes du Cyt., active les enzymes de la protéosynthèse.
Le **calcium**, antagoniste du potassium, agit sur le cytoplasme en diminuant sa fluidité. Comme des liaisons pectine -Ca participent à la constitution de la lamelle médiane de la paroi cellulaire (p. 30), le manque de calcium entraîne le dépérissement précoce des points végétatifs.
Le **magnésium** seul est toxique et doit être équilibré par le calcium (antagonisme ionique). Il entre non seulement dans la composition de la chlorophylle (p. 28) et de la pectine (p. 30), mais il active l'ATP et les enzymes du métabolisme énergétique (synthèse de l'ADN).
Le **fer** est indispensable, car il entre dans la composition d'enzymes, p. ex. de la ferredoxine, du cytochrome (p. 273 sqq.). Son absence inhibe la formation de la chlorophylle (« chlorose » dans les sols fortement calcaires).
Le **manganèse** est également nécessaire en très petites quantités, car il active des enzymes de l'oxydation cellulaire, par exemple ceux qui participent au cycle de Krebs (p. 346) et vraisemblablement dans la formation de O_2 lors de la photosyn. par la photolyse de l'eau (p. 274).
L'**ion nitrate**, chez les végétaux autotrophes, est la base du métabolisme de N et des protéines. NO_3^- est alors réduit au stade d'amine $-NH_2$ qui sert à la synthèse des acides aminés. Les ions nitrate peuvent être remplacés par des ions d'ammonium NH^{4+}. Par manque d'N les feuilles les plus âgées jaunissent prématurément, les *Plantes* sont de petite taille car les racines prédominent sur la tige mais le port reste dressé (raideur, aspect rabougri).
Le **soufre** entre dans la constitution d'acides aminés transporteurs de S (cystéine-cystine). On le trouve aussi dans le coenzyme A et la biotine.
L'**ion phosphate** enfin n'est pas réduit, mais forme un ester sous l'action d'une phosphorylase, p. ex. dans l'ATP, les acides nucléiques ; les phosphatides comme la lécithine (p. 18) ainsi que dans les co-substrats NAD^+ ou $NADP^+$ (p. 273).

A — absence + à l'état de trace	100 g de matière vivante contiennent — Gramme: Eau	Protéines	Protéines assimilables	Lipides	Glucides	KJ: Énergie	Énergie assimilable	100 g de matière vivante contiennent — $\frac{1}{10}$ mg: Vitamine A, Carotène	E. Tocophérol	K. Phylloquinone	B_1 Aneurine	B_2 Lactoflavine Riboflavine	B_2 Niacine	Acide pantothénique	B_6 Pyridoxine Adermine	C Acide ascorbique
Via. de volaille	70	19	18	9	+	678	636	+	9	2	?	?	50	20	8	—
Via. de veau	74	22	21	3	+	494	465	+	9	2	?	?	50	20	8	—
Via. de bœuf	74	21	20	4	+	515	481	+	9	2	1,5	25	50	20	8	—
Via. de porc	?	16	15	34	+	1599	1515	+	9	2	6	25	50	20	8	—
Andouille	35	19	17	41	+	1921	1800	?	?	?	?	?	?	?	?	?
Foie	72	20	18	4	4	544	?	2000	16	4	5,2	37	250	60	25	300
Hareng	48	20	13	17	+	1004	649	?	?	?	?	?	?	?	?	?
Œuf	74	14	13	11	0,6	678	628	2	15	2	1,4	3	8	48	20	—
Lait de femme	87	2	2	3	6	293	276	10	18	+	0,2	1,6	5	2,5	1,5	70
Lait de vache	88	4	3	3	5	272	264	10	1	0,3	0,4	2,5	5	3,7	3	25
Beurre	14	1	1	84	+	3310	3285	120	30	?	?	?	?	?	?	?
From. maigre	52	38	35	2	3	778	699	?	?	?	?	4,5	?	?	?	?
Farine de seigle	15	7	4	1	76	1465	1297	?	45	?	4,2	2	27	20	?	+
Far. de froment	15	12	10	1	71	1481	1276	3	75	0,2	10	2,5	80	15	7	15
Pomme	84	1	—	—	14	247	167	0,5	?	?	0,4	0,2	5	0,6	2	270
Prune	81	1	+	—	17	306	188	2	?	?	0,5	1	?	3	?	100
Tomate	93	1	+	+	4	84	42	23	?	8	1,2	0,5	6	4	3	240
Epinard	93	2	1	+	2	67	63	80	60	30	2,2	3,6	17	1,2	5	150
Chou	70	5	3	1	10	293	126	80	30	30	2	1	4	14	3	700
Carotte	88	1	+	+	9	172	105	100	30	0,8	0,7	1	15	2,5	2	100
Pomme de terre	75	2	1	+	21	402	310	0,6	?	0,8	1,8	0,4	13	7	6	350

Teneur des aliments en éléments nutritifs et en vitamines

B

Vitamines liposolubles

Vitamine	Coenzyme	Maladies dues aux carences	Besoins en mg/jour
Rétinol A	Opsine ?	Cécité nocturne et kératinisation du tissu épithélial oculaire	0,8-1,1
Calciférol D	?	Rachitisme	0,008
Tocophérol E		Régression du muscle ?	(12)
Phylloquinone K	Coenzymes des transporteurs d'électrons	Ralentissement de la coagulation sanguine	0,001

Vitamines hydrosolubles

Vitamine	Coenzyme	Maladies dues aux carences	Besoins en mg/jour
Thiamine. B1	Thiamine pyrophosphate	Béribéri	1,4-1,6
Riboflavine B2	FAD	—	1,5-2,0
Niacine. PP	NAD^+	Pellagre	15-20
Acide folique	Coenzyme F	Anémie	0,4
Acide pantothénique	Coenzyme A	—	
Pyridoxine B6	Pyridoxal phosphate	Surcharge graisseuse du foie	1,6-2,1
Cobalamine. B12	— Coenzyme	Anémie	0,003
Acide ascorbique. C	Red-ox	Scorbut	75
Biotine. H	—	Dermatite	5-8

Rôles des vitamines chez l'Homme

Les organismes hétérotrophes dépendent de l'apport de substances organ. (p. 49). Rares parmi les *Végétaux* (p. 247), on les trouve fréquemment chez les *Bactéries* (p. 63), et ils sont caractéristiques du règne animal.

L'alimentation des organismes animaux

Les êtres hétérotrophes se nourrissent d'*animaux* et de *végétaux* ou d'éléments qui en sont issus.

Pour chaque espèce animale, la **nature de l'alimentation** est comprise dans des limites déterminées (p. 243). A côté des matières inertes qui sont restituées dans les excréments, les aliments absorbés par l'*Homme* (lait, viande, pain, légumes) contiennent des **matières alimentaires** complémentaires bien définies chim. (A). Leur importance varie selon l'espèce animale : on peut remplacer les unes par les autres les matières alimentaires productrices d'énergie en tenant compte de leur valeur calorique (p. 301), mais il faut que l'alimentation compense dans le bilan global la perte de certains éléments.

En outre, pour juger de l'alimentation, il faut savoir avant tout quels en sont les composants essentiels, irremplaçables. En ce domaine, la distinction n'est pas toujours facile (spécificité de l'espèce, degré d'irremplaçabilité, dépendance à l'égard d'autres éléments alimentaires).

1. Les glucides (sucre, amidon) ne sont pas absolument essentiels et peuvent être remplacés par des protides ou des lipides. En cas de carence (moins de 100 g par jour), des corps cétoniques se forment et la flore intestinale est lésée (d'où perturbation dans la synthèse des vitamines).

2. Les lipides, corps très caloriques, servent à l'absorption des vitamines et des provitamines liposolubles et fournissent les acides gras essentiels (p. ex. l'acide linoléique non saturé) qui jouent un grand rôle chez les jeunes organismes (chute des cheveux, perturbation de l'hydratation), mais également chez les adultes (troubles de l'instinct de procréation).

3. Les protides sont absolument nécessaires.

Leur faculté de synthèse des protéines de l'organisme dépend de leur teneur en différents acides aminés. Chez l'*Homme*, les acides aminés : Isoleucine, Leucine, Lysine, Méthionine, Phénylalanine, Thréonine, Tryptophane et Valine sont essentiels, l'histidine également pour le nourrisson.

L'arginine est un acide aminé semi essentiel car, selon les circonstances, sa production endogène ne suffit pas. Pour maintenir le bilan azoté chez l'*Homme* un apport journalier minimum d'environ 30 grammes de protides est nécessaire, i. e. par jour de l'ordre de 0,5 g par kg corporel (bilan minimum). Pour une activité normale le double est cependant nécessaire (minimum protéique fonctionnel) et là-dessus près de la moitié doit provenir de protides animaux (viande – poisson – lait, œufs) pour assurer un apport suffisant en acides aminés essentiels. Les besoins chez les jeunes enfants atteignent de 2 à 2,4 g par kg corporel.

Un excès de certains acides aminés entraîne des dérèglements. Cependant un apport de lysine et d'arginine, eux-mêmes en proportion telle que leurs effets ne se contrarient pas, peut remédier à l'effet toxique d'un excès de méthionine p. ex.

4. Les éléments minéraux : sodium, potassium, calcium, magnésium, chlorure et phosphate, plus les oligoéléments : cuivre, zinc, manganèse, cobalt, molybdène, iode et fer jouent un rôle important ; ils interviennent p. ex. dans le métabolisme de l'eau et des protéines (p. 11), remplissent des fonctions statiques ou entrent dans des molécules biologiquement actives (Holoenzymes, p. 273).

5. Les vitamines sont des corps de faible PM que l'organisme animal ne peut produire, mais dont il ne peut se passer pour sa vie, sa croissance et sa reproduction. L'alimentation les fournit en petites quantités. Les carences (avitaminoses) entraînent souvent des maladies (B) car les vitamines donnent des coenzymes précis).

- La Vitamine A (rétinol), produite dans l'organisme à partir du carotène, est une aldéhyde du pourpre rétinien (p. 356 sq.). Sa carence conduit à la cécité nocturne, et à l'arrêt de la croissance des os du squelette.
- La vitamine D (calciférol) est produite dans la peau par les rayons UV à partir de provitamines. Elle favorise l'assimilation du Ca des aliments et donc assure la solidité des os.
- La vitamine E (tocophérol) a été découverte comme facteur antistérile chez la rate et semble empêcher entre autres l'oxydation des corps non saturés.
- La vitamine K (phylloquinone) permet la coagulation du sang, car elle participe à la biosyn. de la thrombine et de la thromboplastine. L'*Homme* la reçoit par la flore intestinale.
- La vitamine B_1 (thiamine, aneurine) joue un rôle essentiel dans la décarboxylation oxydative (p. 303) et également pour le maintien de la myéline (p. 95).
- Le complexe de la vitamine B_2 dont la carence entraîne chez l'*Homme* des lésions des muqueuses, comprend la **riboflavine**, la **niacine**, l'**acide folique**, l'**acide pantothénique** qui remplissent d'importantes fonctions en tant que coenzymes.
- La vitamine B_6 (pyridoxine, adermine), en liaison étroite avec le pyridoxal phosphate, est un coenzyme du métabolisme des acides aminés.
- La vitamine B_{12} (cobalamine) guérit l'anémie pernicieuse de l'*Homme* (baisse importante du taux d'érythrocytes) ; les microorganismes en sont la source naturelle.
- La vitamine C (acide ascorbique) n'est pas une vitamine pour la plupart des *Mammifères* (autosyn. à partir du glucose), mais fait partie d'un syst. biochim. redox (synthèse de noradrénaline, de collagène).
- La vitamine H (biotine) a été découverte comme subst. de croissance de la *levure* ; chez les organismes supérieurs, elle joue également un rôle dans le transport du CO_2 lors du métabolisme des lipides.

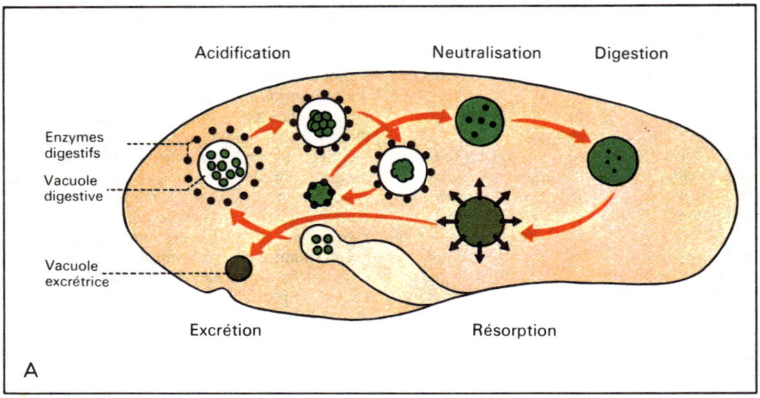

Digestion intracellulaire (Paramécie)

Enzyme	Action enzymatique		Organe	Autre fonction
Ptyaline	Amidon →	Maltose	GLANDE SALIVAIRE	
Acide chlorhydrique			ESTOMAC	Sécrétion, désinfection, dénaturation des protides, activation de la pepsine et de la sécrétine.
Pepsine	Protéine →	Polypeptide		Coagulation du lait
Cathepsine	Protéine →	Polypeptide		Coagulation du lait
Trypsine	Protéine →	Polypeptide	PANCRÉAS	
Chymotrypsine	Protéine →	Polypeptide		
Erepsine	Polypeptide →	Acides aminés		
Ptyaline	Amidon →	Maltose		
Maltase	Maltose →	Glucose		
Lipase	Lipide →	Monoglycéride + Acides gras		
$NaHCO_3$				Neutralisation
Maltase	Maltose →	Glucose	INTESTIN GRÊLE	
Lactase	Lactose →	Glucose + Galactose		
Erepsine	Polypeptide →	Acides aminés		
Sécrétine				$NaHCO_3$ - Sécrétion du pancréas
Pancréozymine				Hormone intestinale - Sécrétion du pancréas
Entérokinase				Activation des trypsines
Entérogastrone				Arrêt de la motricité et de la sécrétion gastrique
Cholécystokinine				Excrétion de la bile
Hépatokinine				Formation de la bile
Villikinine				Mouvement des villosités

B

Digestion extracellulaire (Mammifère)

La nutrition animale comprend en général 4 processus successifs :
- **L'absorption de la nourriture** sous des formes diff. dans des cavités corporelles (détails, p. 253) qui physiol. appartiennent au monde extérieur à *l'Animal* (vacuole, intestin).
- **La digestion** au sens restreint du terme, c.-à-d. la transf. mécan. et chim. de la nourrit. par des enzymes spécif. et le transport des élém. (p. 293). Elle rend possible :
- **L'assimilation** (absorption) à l'intérieur des cel. du corps des éléments utilisables (p. 287), tandis que par
- **L'excrétion** (défécation, p. 296 sqq.), les éléments inutilisables sont expulsés.

Les deux prem. opérations réunies sont parfois considérées comme « la digestion au sens large ». On distingue la **digestion intracellulaire** et la **digestion extracellulaire**.

La digestion intracellulaire (A)
Chez tous les *Protozoaires* qui mangent, chez les *Eponges*, certains *Cœlentérés*, les *Turbellariés*, les *Echinodermes* et dans la digestion protidique des *Mollusques*, les alim. à digérer sont absorbés dans le cytoplasme par **phagocytose** et **pinocytose** (p. 24 sq.) et englobés dans une vacuole. Le phagosome se fond avec les lysosomes (p. 23) et les processus enzym. suivants sont comparables en principe à ceux de la digestion extracellulaire.
Chez les *Protozoaires* et dans les cell. phagocytaires des *Métazoaires*, le processus permet de distinguer plusieurs phases :
- Dans la phase acide (acide chlorhydrique, pH4), la nourriture est tuée et comprimée par expulsion de l'eau.
- Pendant la phase neutre, des enzymes cytopl. décomposent les élém. digestibles de la nourrit.
- Les produit dissociés sont diffusés par la contraction de la vacuole.
- Les résidus non digestibles sont évacués vers l'extérieur après l'éclatement de la vacuole. (Exocytose, p. 25).

La digestion extracellulaire (B)
Chez les *Annélides*, les *Arthropodes* et les *Vertébrés*, la seule digest. existante, la **digestion extracellulaire**, revêt une import. plus grande. Les cell. glandulaires libèrent les sucs digestifs dans la cavité intestin. où la nourrit. est décomposée. Dans le cas part. de la **digestion extra-intestinale** des anim. à digestion externe (p. ex. les *Etoiles de mer*, les *Araignées*, les *Crabes*), les sucs digestifs sont injectés dans la proie qui est rapidement liquéfiée et vidée par succion.
De nombr. parasites intestinaux présentent une autre particul. : **l'assimilation endosmotique** des aliments prédigérés par des enz. **La différenciation de l'intestin** permet de distinguer différentes tendances au cours du développement animal :
- l'agrandis. de la surf. active par l'allongement de l'intestin (*Herbivores*), le repliement (*Turbellariés, Requins*) ou la ramific. (*Planaires*).
- la présence d'appareils moteurs et réducteurs musculeux, p. ex. d'estomacs broyeurs, de sphincters retenant la nourrit. dans des segments déterminés de l'intestin (*Oiseaux*).
- la formation d'appendices augmentant la sécrétion enzym. (glandes saliv. stomacales, intest., avec le pancréas et le foie chez les *Vertébrés*).
- la formation de segments fonct. différents de l'intestin en vue de l'activité enzymatique.
- l'apparition de mécanismes réglant l'interaction de ces divers processus.

Les enzymes digestifs dissocient toutes les molec. de PM élevé en molec. de faible PM, la plupart du temps solubles dans l'eau (acides aminés, sucre, glycérol, acides gras simples). Avec d'autres subst. spécifiques (sels, acides ou bases, mucosités), ils forment les sécrétions qui sont évacuées hors des cell. glandul. (p. 89) selon le mode holocrine (*Crabe, Blatte*), mérocrine (*Aphrodite*) ou apocrine (*Vertébrés*).
Les diff. segments du conduit intestinal sont spécialisés dans des stades particuliers de digest. chez tous les *Animaux supérieurs*, mais surtout chez les *Vertébrés* (p. 107).
- **La digestion buccale :** les stimul. créées par le contact direct de la nourrit. ou des influx de l'écorce cérébrale (Chien de Pavlov, p. 400 sq.) déclenchent des sécrétions saliv. réflexes. Tandis que la salive des *Batraciens*, des *Reptiles*, des *Oiseaux* et des *Mammifères herbivores* ne permet aux aliments de glisser que grâce à la mucine, chez les autres animaux, elle contient des amylases qui décomposent l'amidon. Les *Animaux aquatiques* sont la plupart du temps dépourvus de glandes salivaires.
- **La digestion stomacale :** grâce à la pepsine, le suc gastrique acide (il contient de l'acide chlorhydrique) des glandes de la paroi stomacale transforme les protéines en fragments plus petits (peptides) et provoque, grâce à l'acide chlorhydrique, la mort des *Bactéries*, la fermeture du pylore et l'activation du pepsinogène, précurseur de la pepsine.
- **La digestion intestinale :** le suc digestif alcalin et neutralisant achève la digest. Physiol., il forme une entité bien que ses élém. proviennent de trois organes différents.
Les sécrétions de la **muqueuse de l'intestin grêle** contiennent des peptidases qui dissocient les peptides (« érepsine ») et des maltases qui dissocient le maltose ainsi que des hormones qui règlent l'activité de la bile, des sécrétions gastr. et des villosités. C'est la **sécrétion alcaline du pancréas** qui contient le plus d'enz. : des lipases qui dissocient les lipides, la trypsine (p. 13) qui dissocie les protéines, les peptidases, les glucidases qui dissocient les glucides. **La bile** sécrétée dans le foie sert surtout à neutraliser et à émulsionner les lipides et à l'activation de la lipase pancréatique. Elle est pratiquement toujours dépourvue d'enzymes (Exception : l'estérase chez la *Carpe*).

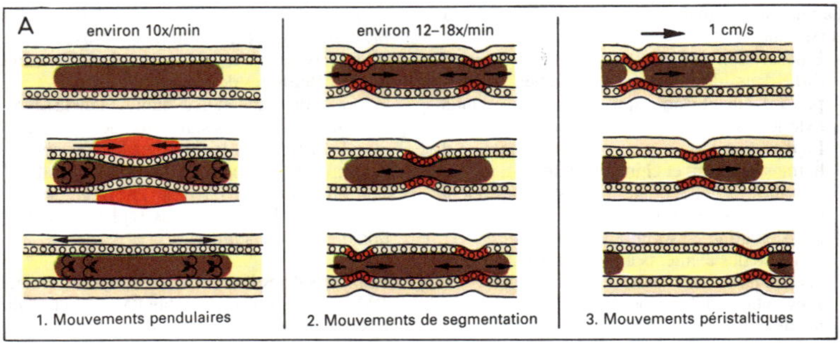

Types de motricité intestinale

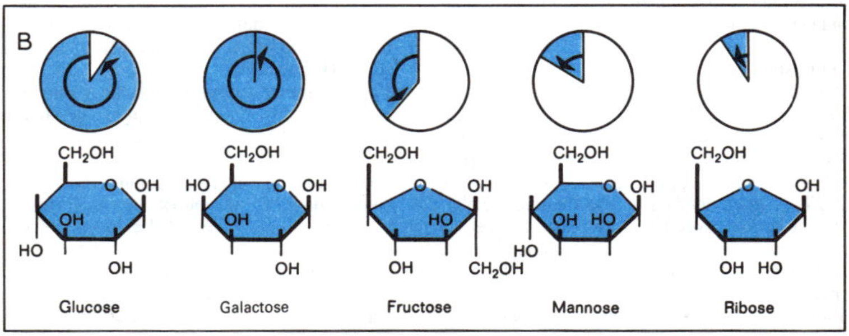

Rapidité de pénétration de différents monosaccharides

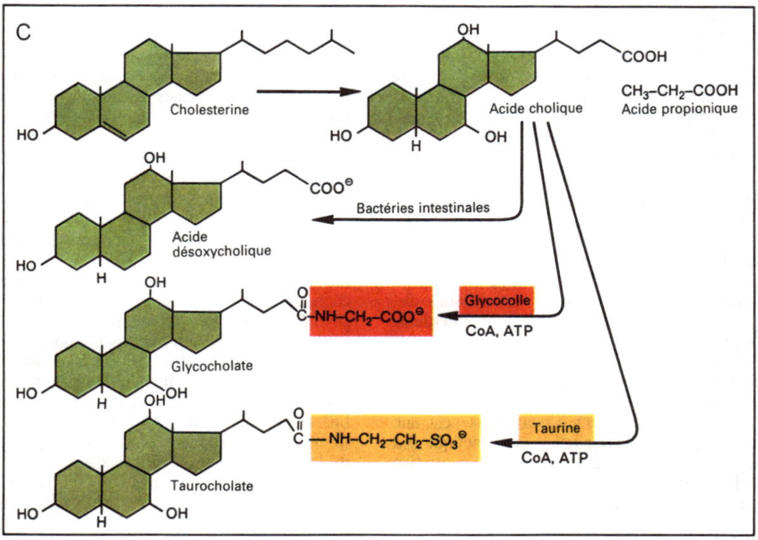

Biosynthèse des principaux acides biliaires

Les deux types d'absorption

Grâce à l'absorption, les corps de faible PM pénètrent dans l'organisme en traversant la surface vivante. Ce processus allant de pair avec la digestion, empêche l'accumulation des produits éliminés et évite ainsi le ralentissement de la digestion qui suit la loi d'action de masse. Selon la nature de la surface absorbante, on distingue :

- **L'absorption parentérale**, c.-à-d. l'assimilation à la surface int. ou ext. des organes (la peau, les dérivés de la peau sauf l'intestin) ainsi que les échanges de subst. entre les cellules et les liquides interstitiels. Pour les diff. modes d'absorption, le degré d'absorption varie d'après la constitution de la peau, la muqueuse absorbe mieux que les épithéliums cornés. De nombreux *Invertébrés* absorbent par l'épiderme des monosaccharides, des A.A et des ions. Des parasites sanguins et intestinaux dépourvus d'appareil digestif se nourrissent ainsi d'une façon exclusive.
- **L'absorption entérale**, c.-à-d. l'assimilation des corps provenant du conduit intestinal. Elle se produit surtout dans l'intestin grêle et à un degré moindre dans le gros intestin (eau, sel) ; la langue et la cavité buccale peuvent absorber des petites molécules comme les monosaccharides, l'alcool ou les médicaments. En plus d'une importante augmentation de la surface intestinale la **motricité de l'intestin** augmente les possibilités d'absorption. Cette motricité, combinée aux contractions des villosités de l'intestin, favorise l'absorption, car des parties toujours nouvelles du contenu de l'intestin entrent en contact avec sa surface absorbante. La fonction de pompe des villosités est réglée nerveusement par un réseau de ganglions situé sous la muqueuse (plexus submucosus de MEISSNER), et par une hormone, la villikinine.
- Des mouvements pendulaires et de segmentation rythmique permettent, par la contraction de la musculature longitudinale et circulaire, d'assurer le mélange complet (A).
- des ondes péristaltiques de la paroi intestinale repoussent le contenu jusqu'au gros intestin.

Les mécanismes de l'absorption correspondent en principe pour toutes les cellules aux propres formes du transport membranaire (p. 25) :

- **Le transport passif** de glucose et des acides aminés sérine et glycine chez de nombreux *Insectes* s'applique vraisemblablement à l'absorption de fructose et des autres pentoses chez l'*Homme*.
- **Le transport actif** est la règle et correspond avec la régénération de l'épithélium intestinal à la forte dépense énergétique de cette muqueuse. Le glucose étant compétitivement inhibé par le galactose, on pense à un « Carrier » commun. Pour des raisons semblables on estime à quatre, chez les *Vertébrés*, les mécanismes d'absorption active d'acides aminés. Les substances hydrophobes (lipides) sont solubilisées et absorbées par couplage avec des sels biliaires.

L'absorption des substrats spécifiques

Les glucides sont dissociés en monosaccharides et absorbés activement, le glucose l'est plus rapidement que les pentoses (B), car ces derniers diffusent. Le transport d'hexose ne dépend sans doute pas d'une phosphorylation, mais de la struct. de la molec. et d'un gradient contraire du sodium. Dans ce cas, seul le transport de sodium qui induit l'absorption, est tributaire de l'énergie. Le sucre absorbé pénètre dans le foie en passant par la veine porte.

Les protéines ne peuvent traverser la muqueuse intestinale que chez les *Mammifères* nouveau-nés (immunisation passive grâce à des anticorps contenus dans le premier lait de la mère). C'est le cas aussi dans des affections particulières (Allergie contre les protéines étrangères). Dans ces 2 cas, l'**exsudation cellulaire** (p. 25) doit intervenir. L'absorption des acides aminés et des peptides est toujours active. La configuration spatiale et la concurrence des acides aminés jouent un rôle (p. 283). Le pyridoxal phosphate coenzyme de l'échange d'acides aminés et les ions Na^+ du milieu extérieur sont également en relation avec ce phénomène.

Les lipides : selon les théories récentes, ils sont incomplètement dissociés et absorbés sous forme de monoglycérides finement émulsionnés (esters composés d'une molec. de glycérol et d'une molec. d'acide gras). Des particules finement émuls. peuvent même être absorbées direct. sans hydrolyse par pinocytose. L'absorption se produit au niveau des microvillosités des cellules de la muqueuse intestinale (p. 8). Tandis que les acides gras inf. et le glycérol traversent sans modification importante la muqueuse intestinale en passant par les capillaires dans la veine porte, les acides gras sup. sont transf. dans les cellules de la muqueuse en mono- puis en triglycérides en présence d'ATP. Ces triglycérides sont évacués hors de la cellule sous forme de chylomicrons, c.-à-d. de particules en solution colloïdale, par pinocytose inversée puis transportés par la voie lymphatique.

Participation des symbiotes à la digestion

De nombreux *Animaux* vivent en symbiose (p. 255) avec des microorganismes intestinaux, essentiellement des *Bactéries*, des *Ciliés*, des *Levures* dont les propres protéines peuvent être une importante **source de nourriture**. Dans l'estomac des *Ruminants* des *bactéries* anaérobies décomposent la cellulose ingérée par l'hôte en acide acétique, propionique et butyrique. La plus grosse part des protides digérés et absorbés par les animaux eux-mêmes correspond aux protéines des *Bactéries* et des *Ciliés*.

Dans d'autres cas, c'est la **transformation enzymatique** elle-même qui s'opère par les symbiotes. La *Sangsue*, faute de protéases extra cellulaires propres, ne peut absorber que les acides aminés libérés des protéines sanguines par *Bacterium pseudomonas hirudinis*. Les symbiotes procurent en quantité des **Vitamines**, qu'ils synthétisent eux-mêmes ; *Escherichia coli* procure la Vit. B à la *mouche à viande Lucilia*. Les *bactéries intestinales* couvrent en partie les besoins de l'*Homme* en vitamines (K, H, B_2, B_{12}).

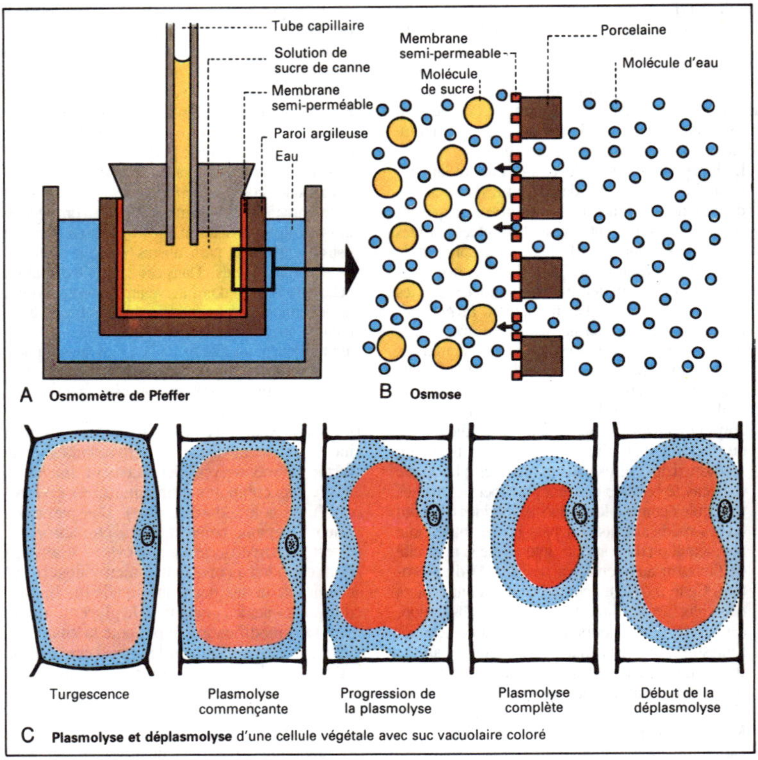

A **Osmomètre de Pfeffer**

B **Osmose**

C **Plasmolyse et déplasmolyse** d'une cellule végétale avec suc vacuolaire coloré

Osmose

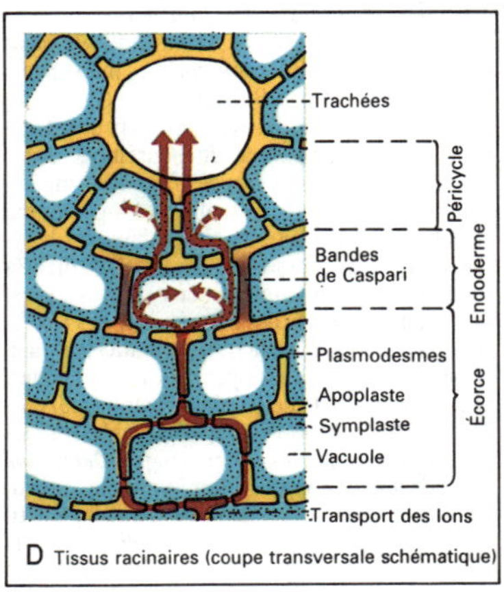

D Tissus racinaires (coupe transversale schématique)

Transport à courte distance

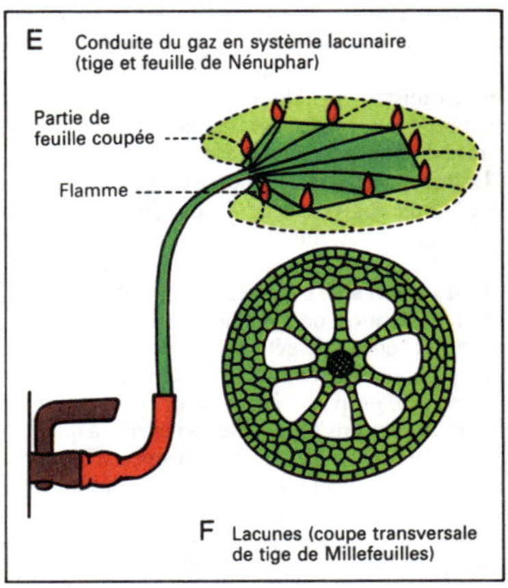

E Conduite du gaz en système lacunaire (tige et feuille de Nénuphar)

F Lacunes (coupe transversale de tige de Millefeuilles)

Circulation des gaz

Le transport de matière chez les organismes pluricellulaires englobe diverses activités à la base du déroulement coordonné du métabolisme :
Transport des aliments du lieu d'absorption aux lieux d'utilisation et de stockage :
– des excrétats aux lieux d'élimination ;
– des sécrétions (incrétions) à leurs lieux d'action ;

Forme de transport de la matière

La finesse des molécules et leur hydrosolubilité sont les conditions préalables au transport ; les grosses molécules sont décomposées.
– p. ex. : les protéines sont pour la plupart transportées sous forme d'A.A. ou d'Amines.
– L'amidon sous forme de glucose, de saccharose.

L'osmose

est définie comme la perméation (p. 26) de l'eau à travers des membranes semi perméables ou sélectives qui sont très perméables à H_2O et peu ou pas aux solutés. Elle est particulièrement importante pour le transport de substances, car l'eau est le transporteur principal.

La cellule de Pfeffer (osmomètre) est un modèle du système osmotique de la cellule végétale (A.B) : la membrane semi perméable de ferrocyanure de cuivre, Cu_2 (Fe $(CN)_6$) est l'équivalent du plasmalemme (ou limitante du Cytoplasme), la paroi argileuse poreuse correspond à la paroi et la solution sucrée au Cytoplasme. – Les molécules d'eau vont des solutions hypotoniques vers l'intérieur de la cellule en suivant le gradient de concentration jusqu'à ce que la pression de la colonne de liquide ds le tube capillaire stoppe le courant d'eau entrant, tandis que la membrane empêche la sortie des molécules de sucre.

La pression osmotique à l'int. de la cellule correspond à cette pression hydrostatique. On distingue :
– la pression osmotique potentielle (représentée par π^*), qui est due à chaque soluté ;
– la pression osmotique réelle que le soluté développe ds le système osmotique qu'est la cellule.

Ds la cellule végétale cette contre-pression provient de la tension de la paroi élastique (pression murale M). Il s'y oppose une pression hydrostatique qui distend la paroi (Pression de turgescence P). Comme la saturation en eau de la cellule n'est pas toujours assurée, la pression de turgescence compense alors, mais seulement partiellement, la pression osmotique potentielle. Seule la différence (Force de succion S) est disponible pour le flux osmotique réel entrant d'eau.

L'ensemble représente l'état d'égalité osmotique de la cellule :

$+ S = (+) \pi^* - (+) P$

A partir du potentiel de l'eau (élimination par la vacuole sous forme d'H_2O pure) on peut écrire cette égalité :

$(-) \psi = (-) \psi \pi$ (pot-osmot.) $+ (+) \psi \rho$ (pot. de poussée)

La plasmolyse intervient lors de l'action de solutions hypertoniques sur les cellules végétales (C) : l'eau quitte le suc vacuolaire, la membrane cytoplasmique suit la vacuole qui se rétracte. Les solutions hypotoniques inversent le processus (déplasmolyse). La pression osmotique cellulaire est ainsi mesurable par comparaison avec des solutions de concentration connues. Si le Cytoplasme ne se détache que ds les angles de la cellule, le liquide intra cellulaire et la solution extérieure ont une concentration à peu près identique (isotonicité).

On a ainsi mesuré ds les cellules racinaires corticales des valeurs de pression osmotique allant jusqu'à 15 Atmosphères, ds des cell. foliaires 30-40 Atmosphères, et chez des *Moisissures*, plus de 200 Atmosphères.

Transport à courte et longue distance

Deux types différents de transport participent aux grandes translocations chez la *plante* (p. 291).
– le transport à grande distance a lieu ds des tissus conducteurs spécialisés (trachées et trachéides du xylème ou encore le bois pour le courant de transpiration ; tubes criblés du phloème ou encore le liber pour le courant de sève élaborée).

Le transport à faible distance a lieu par contre à travers les cellules de tissus non spécialisés (p. 290 A).

Trois systèmes interviennent dans le **transport à courte ou faible distance** (D).
– La voie symplasmique, par le protoplasme de toutes les cellules reliées par des plasmodesmes.
– La voie apoplasmique, par les espaces intercellulaires, intermicellaires et interfibrillaires qui forment un système continu dans les parois cellulaires.
– Le système vacuolaire qui est, lui, discontinu et ne permet que le transport de l'eau.

Le transport des ions se produit jusqu'à l'endoderme de la racine (p. 100 A) ds l'espace apoplasmique librement accessible ("free space") ds lequel les ions diffusent largement d'une façon non sélective (influencés en plus par les mouvements d'eau du courant de transpiration et les processus d'absorption). Ds l'endoderme l'accès direct au xylème est interrompu par les dépôts de subérine imperméables à l'eau qui forment les bandes de Caspary. Le transport indispensable des ions se fait, là, par la voie symplasmique par un transport actif sélectif, dont le contrôle est dissocié du transport de l'eau.

Le transport des gaz

Il occupe une place particulière ds la plante, par rapport aux deux autres grands systèmes de transport dans la mesure où la diffusion intervient comme mécanisme unique de transfert. Elle intervient également ds le transport à longue distance, parce que les coefficients de diffusion pour les gaz sont 10 000 fois plus importants que pour les liquides. La voie de transport est essentiellement le système intercellulaire, en grande partie rempli d'air, qui traverse toute la plante et se prolonge par les méats. Chez les plantes aquatiques et celles des marais la présence d'aérenchyme (p. 826) et de grands espaces creux (Lacunes ; E, F) permet les échanges gazeux spécialement ds les organes immergés. Ds des conditions édaphiques défavorables, le système racinaire doit être pourvu de dispositifs de diffusion supplémentaires (pneumatophores ; p. 116 D). Des stomates réglables (p. 85) ou des lenticelles fixes s'ouvrent vers l'extérieur.

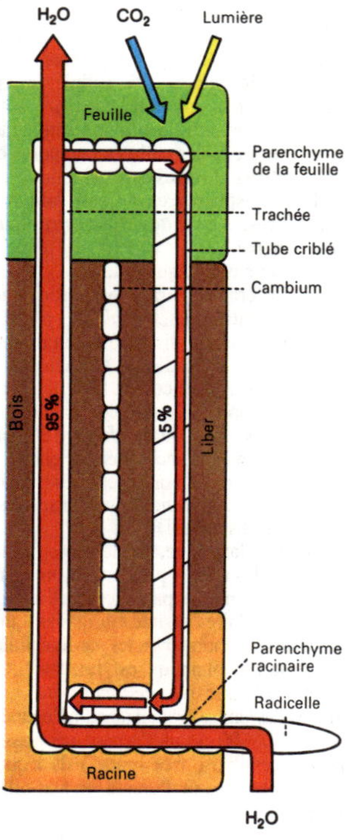

A **Schéma de la montée et de la descente de la sève**

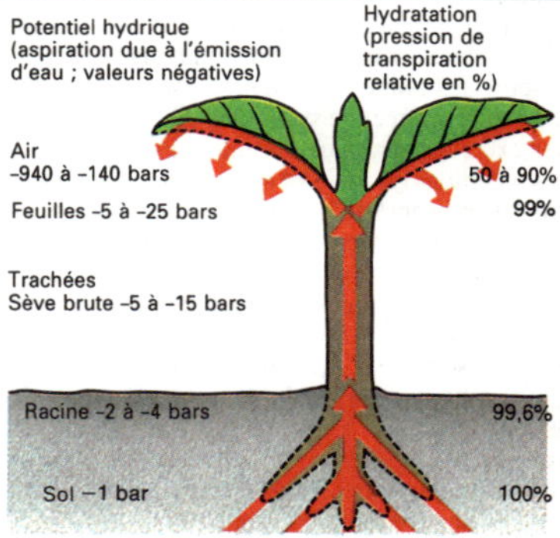

B **Potentiel hydrique ou gradient d'hydratation entre le sol et le végétal**

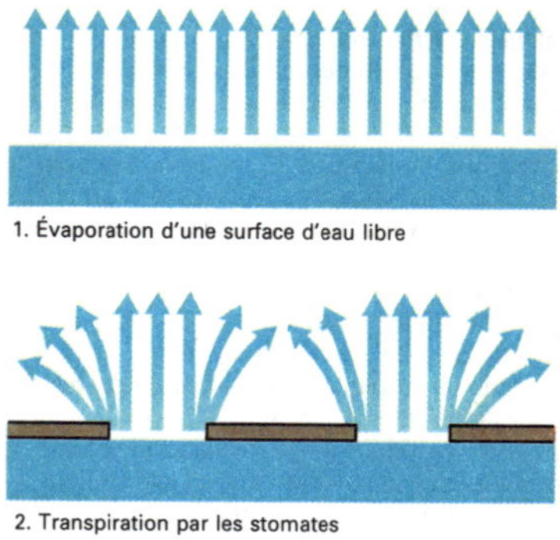

C **Modèle expliquant l'effet de marge**

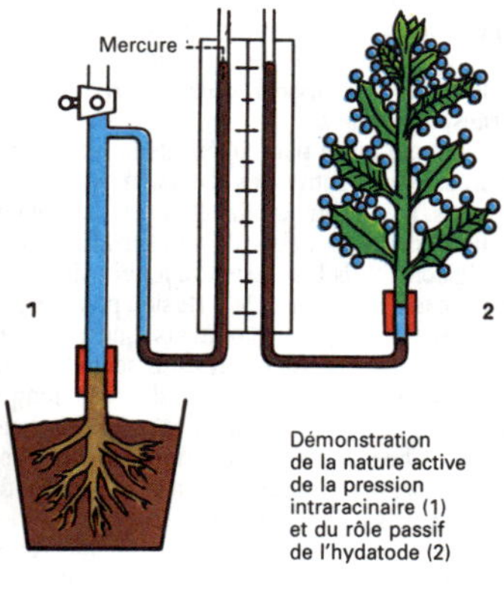

D **Pression intraracinaire et sudation**

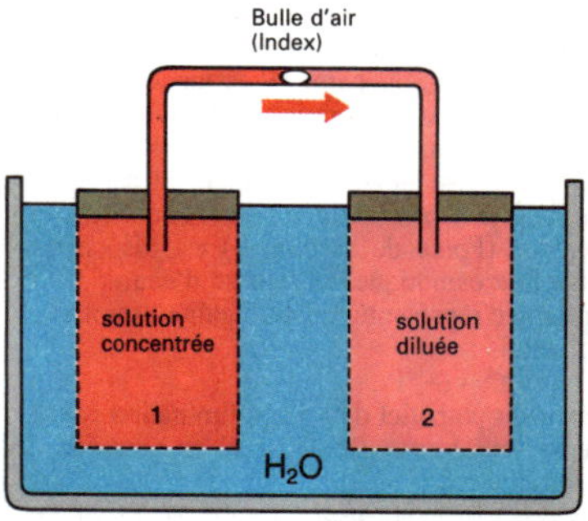

E **Modèle concrétisant un courant de pression.** Le récipient 1 est en rapport avec l'extrémité d'un tube criblé au lieu d'assimilation et le récipient 2 avec ce tube criblé au lieu d'utilisation

Mécanismes de transport de substances

Le courant de transpiration
transporte H_2O, sels minéraux, composés organiques azotés et soufrés, alcaloïdes du métabolisme de la racine et des sucres (sève brute).
La transpiration (Emission de vapeur d'eau dans l'air par les plantes) qui le génère repose sur le très faible potentiel hydrique de l'air (ψ = 300 bars avec une humidité relative de 80 %). Du fait d'une d.d.p. avec le sol (ψ généralement très peu < 0), depuis la racine, le xylème et la feuille, il y a en permanence un courant de transpiration φ :

$$\varphi = \frac{\Delta\ \psi}{r\ \text{(résistance au transport)}}$$

La transpiration se produit selon deux voies :
– la transpiration transcuticulaire représente généralement 0,5 à 10 % ; chez les *Cactées* seulement 0,05 et jusqu'à 30 % chez les hygrophytes.
– La transpiration stomatique (p. 85) est régulable. Bien que les stomates ne représentent que 1 à 2 % de la surface foliaire, l'effet de marge (C) fait que cette transpiration correspond à 50 ou 70 % de l'évaporation d'une nappe d'eau de surface équivalente.
On distingue différents secteurs dans (A) :
1) Transport à courte distance dans la feuille
Les cellules du mésophylle perdent de la vapeur d'eau à partir de la vacuole, du Cytoplasme et de la paroi dans les espaces intercellulaires, ce qui provoque un courant et une augmentation de la concentration des substances dissoutes. La force d'aspiration ainsi renforcée (= chute de ψ) crée un courant par la voie apoplasmique (où la résistance est faible). Les vacuoles participent par le transport osmotique. Il en résulte une dépression dans les vaisseaux.
2) Transport à longue distance par les vaisseaux
La dépression qui peut atteindre 40 bars dans les arbres, élève la colonne ininterrompue d'eau, à la vitesse de 1 à 150 m/h (2 900 m/h chez le blé en période de sécheresse). La pression atmosphérique extérieure d'environ 1 bar, qui élève de 10 mètres une colonne d'eau (de 4 mètres si l'on tient compte des forces de filtration et de frottement) ne suffit pas à garantir le transport.
La cohésion des molécules d'eau, dans un système aqueux sans gaz, peut par contre dans les trachées, d'après des données expérimentales, être surmontée seulement par 35 bars ; ce qui peut, compte tenu de la résistance à l'écoulement, supporter une colonne d'eau d'environ 140 mètres de hauteur (environ la hauteur maximum des arbres).
L'adhésion empêche le décollement de la colonne d'eau de la paroi des vaisseaux.
3) Transport à courte distance dans la racine
Comme le ψ p est négatif à cause de la basse pression dans les vaisseaux, par comparaison avec les cellules racinaires, ψ (= ψ p + ψ π) est spécialement basique. Un courant d'eau parcourt donc la racine radialement jusqu'aux vaisseaux, conformément à la chute du potentiel hydrique, encore accentuée par l'absorption active d'ions du sol.
Le transport a lieu essentiellement, comme dans la feuille, par des mécanismes osmotiques et la voie apoplasmique. Dans l'endoderme, le transport symplasmique (et osmotique) augmente à cause de l'obturation des méats (p. 228, D).
La pression radiculaire
C'est le mécanisme transporteur lorsque la transpiration est peu importante mais qui ne permet de bout en bout que des vitesses faibles :
– chez les plantes ligneuses avant la feuillaison ;
– chez les plantes herbacées, elle est la conséquence de perte d'eau (guttation) dans un air à très forte humidité par des stomates aquifères (hydathodes passives : D) ; des glandes aqueuses (hydathodes actives) fonctionnent en opposition ;
– elle est indispensable dans un climat tropical aux longues saisons pluvieuses.
La pression radiculaire est généralement < 1 bar, rarement > 2,5 bars (avec un maximum > 6 bars dans des racines de tomates isolées ; D). Elle a lieu si le transport actif d'ions dans le xylène est > φ. Comme ce transport réclame de l'énergie, cette pression radiculaire est bloquée par manque d'O_2 et par des poisons respiratoires et des narcotiques.
Le courant assimilateur
est inhibé par les poisons respiratoires, l'anoxie, la ↓ de t^e, car il consomme de l'ATP.
1) Transport à courte distance sur les lieux de production
Les assimilats sont transportés des cellules assimilatrices vers les tubes criblés :
– (monosaccharides) par la voie symplastique ;
– (saccharose) par la voie apoplasmique.
Les cellules de transfert (cellules compagnes et cellules voisines des extrémités des tubes) font passer les assimilats dans les tubes criblés par des mécanismes de transport actifs. Elles possèdent un plasmalemme transpariétal à la surface augmentée par de nombreux replis (place pour les protéines de transport).
2) Transport à courte distance sur les lieux de prélèvement
L'assimilat est pompé également d'une façon active des tubes criblés vers les lieux d'utilisation ou de stockage et parvient aux cellules réceptrices sous forme de Mono ou Disaccharides par les voies symplasmique et/ou apoplasmique.
3) Transport à longue distance par les tubes criblés
Les tubes criblés sont considérés comme des éléments « à demi-vivants » (p. 79) (les cellules compagnes assurent vraisemblablement une partie de leurs fonctions métaboliques), leur Cytoplasme non limité par un tonoplaste traverse d'une façon lâche l'intérieur semblable à une vacuole. Les pores de liaison, vastes plasmodesmes, sont parcourus par des faisceaux de tubules de protéines P (tubes de 15 à 24 nm de diamètre) et peut-être aussi par des canaux longitudinaux de R.E. Leur rôle dans le transport des assimilats est encore discuté.
Le transport dans les cellules criblées, non énergétique, se fait selon un fort gradient osmotique avec une vitesse de diffusion plusieurs fois multipliée (2-250, généralement 50-100 cm/h).
Deux mécanismes interviendraient :
– le transport dans un solvant passif ;
– courant commun solvant et assimilat (E).

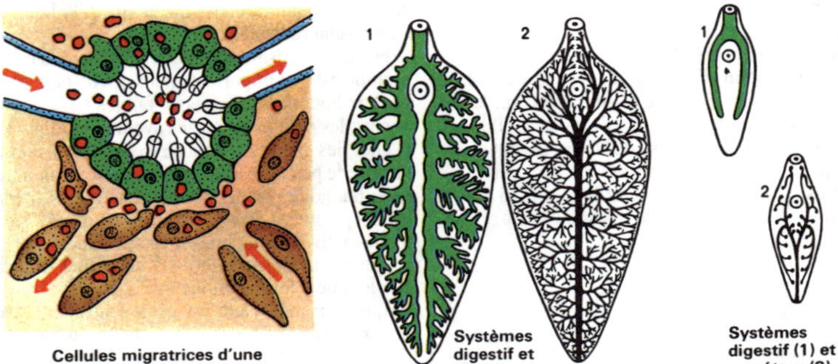

A **Cellules migratrices d'une éponge** : transport de granules de carmin (phagocytés au préalable par des cellules flagellées à col)

B **Systèmes digestif et excréteur** de la Grande Douve du Foie

C **Systèmes digestif (1) et excréteur (2)** de la Petite Douve du Foie

Cellules migratrices, système gastrovasculaire et système protonéphridial

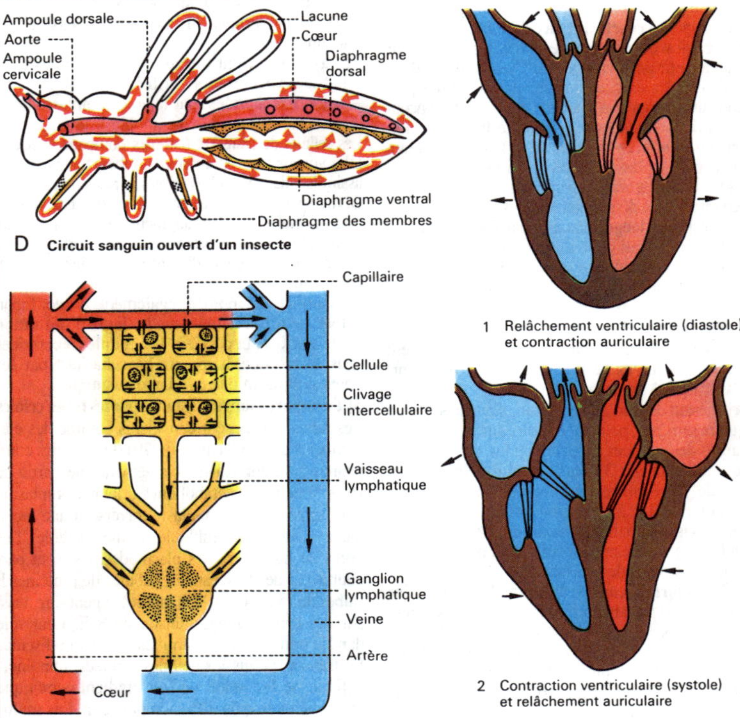

D **Circuit sanguin ouvert d'un insecte**

E **Schéma de la relation entre le circuit sanguin et celui de la lymphe**

1 Relâchement ventriculaire (diastole) et contraction auriculaire

2 Contraction ventriculaire (systole) et relâchement auriculaire

F **Schéma du mécanisme des valvules du cœur des mammifères**

Circuit sanguin

A côté des mécanismes de transport au niveau cellulaire (p. 24 sq.) les animaux ont développé, selon leur taille et leur niveau d'organisation, des systèmes pour le transport d'éléments à longue distance (p. 124 sqq.). Les mécanismes suivants n'ont suffisamment d'importance que chez les petits animaux et n'interviennent que comme phénomènes surajoutés chez les plus gros.

- **Le transport d'une cellule à l'autre** (p. ex. chez les *Cœlentérés inf.* formés de deux couches de cel.),
- **la diffusion dans les espaces intercell.**, dans des liquides stagnants (p. ex. chez les *Cestodes* et les *Nématodes*, p. 126) et
- **le transport grâce à des cellules migratrices** du type amiboïde (surtout chez les *Eponges* ; *A*).

Systèmes de transport ramifiés

Des moyens de transport mobiles à longue distance permettent différentes fonctions. Ils raccourcissent la distance de transport de nourriture et augmentent la surface d'échange ; le degré de ramification se complique avec l'augmentation de la masse corporelle (B. C).

1. La prise d'éléments est réalisée :

- par le système de canaux des *Eponges* (p. 74) ;
- par le système gastrovasculaire des *Cœlentérés* (p. 125) et des *Trématodes* (B. C) constitué par la ramification d'un intestin primitif sans anus. Les éléments nutritifs sont répartis par les mouvements de cils, de flagelles ou des contractions péristaltiques.
- par le système trachéen des *Insectes* (p. 132) qui assure le transport des gaz principalement par diffusion et aussi par des mouvements respiratoires (contraction de l'abdomen).

2. Le rejet d'éléments s'effectue par le système protonéphridien des *Plathelminthes* dans lequel des cellules terminales à flamme vibratile (p. 126 D) réalisent un courant qui assure les fonctions d'excrétion et d'osmorégulation.

L'appareil circulatoire

est très répandu chez de nombr. types d'animaux sup. : ce qui le caract. c'est le mouvem. const. du liquide transporteur (p. 314 sqq.) qui conduit les élém. là où ils sont utilisés, stockés ou évacués.

Les diff. types de circulation sanguine :

1. Le circuit sanguin ouvert (D), syst. dérivé, comprend des membranes de tissu conjonctif (diaphragmes) ou des lacunes tissulaires vein. (p. ex. les nervures des ailes chez les *Insectes*) qui règlent, la circul. sang. au-dehors des vaisseaux (p. 132).

2. L'appareil circulatoire fermé (surtout chez les *Annélides* et les *Vertébrés*) dans lequel le sang ne coule que dans des vaisseaux revêtus d'endothélium (p. 109). L'échange d'élém. entre le sang et les tissus ne se produit que par l'interm. des capillaires (dont la superf. totale atteint chez l'*Homme* et chez les grands *Mammifères* plusieurs milliers de m^2) :

- De l'O_2 pénètre dans le sang par les organes respiratoires et du CO_2 en sort (p. 311).
- Des sous-produits sont restitués aux organes excréteurs (p. 296 sqq.).
- Des échanges multiples d'élém. se prod. dans les tissus entre le sang et le liquide tissulaire qui entoure les cellules (E).

Ce liquide est const. complété par le plasma sanguin provenant des capillaires : il se rassemble dans les voies et les vaisseaux lymphatiques, qui débouchent, après l'adjonct. de ganglions lymphatiques, dans les veines et achèvent ainsi le circuit lymphatique.

L'entraînement de la circulation

s'opère grâce à des segm. de vaisseaux contractiles (muscles creux). La direction de la circul. du sang est en gén. déterm. par des valvules (F) : elle ne change régulièrement que chez les *Tuniciers*.

Le système circulatoire contractile diffus (p. ex. chez les *Annélides*) présente de nombr. segments de vaisseaux contractiles de struct. peu différenciée.

Le cœur est le moteur central de la circul. sanguine ; il en existe de nombr. types (pp. 108, 132, 140). Malgré une struct. compliquée, il peut se déduire d'un simple segment de vaisseau. Il est complété dans cert. cas par des vaisseaux périph. contractiles (p. ex. les veines dans les ailes de la *Chauve-Souris*).

Les processus de régulation de la circulation sanguine varient selon le degré de complexité du syst. La régul. du fonct. du cœur peut être décomposée comme suit :

1. L'autorégulation qui agit également sur des préparations isolées cœur-poumons, adapte l'activité du cœur aux surcharges volumiques (→ augmentation du volume systolique) et de pression (maintien de ce même volume élevé).

2. L'influence de facteurs ext. : dans le cas du cœur des *Mammifères*, la circul. est activée par le syst. sympathique et inhibée par le syst. parasympathique. On distingue les effets chronotropes (variation de la fréquence) et les effets dromotropes et inotropes (var. des contractions et de leur intensité).

La constance de la pression sanguine lors des variations du débit sanguin repose sur un mécan. régulateur. Ses organes de mesure, des pressorécepteurs situés dans la paroi de l'aorte et du sinus carotidien, réagissent à la dilat. due à l'élév. de la pression par des influx de fréquence sup. envoyés vers les centres bulbaires sur lesquels ils exercent une action inhib. (inhibition des centres sympathiques, activation des centres parasympathiques). Ce mécanisme a une action sur :

- le cœur (baisse de fréquence et diminution des contractions),
- les artères (baisse du tonus nerveux),
- les veines (baisse du tonus et donc augmentation de leur capacité, stockage du sang),
- le syst. hormonal (la baisse de la sécrétion de l'hormone antidiurétique du lobe post. de l'hypophyse est particulièrement nette).

La baisse de la pression sang. qui en résulte provoque une dim. de la fréquence des influx venant des pressorécepteurs et introduit ainsi des effets antagon. Une action s'exerce par l'interm. des centres bulbaires sur les centres sup. qui modifient la respir. et le tonus muscul. et introduisent des changem. de rythme dans la circul. Des organes diversement sollicités (syst. digestif, groupes de muscles) sont ainsi davantage irrigués aux dépens d'autres organes.

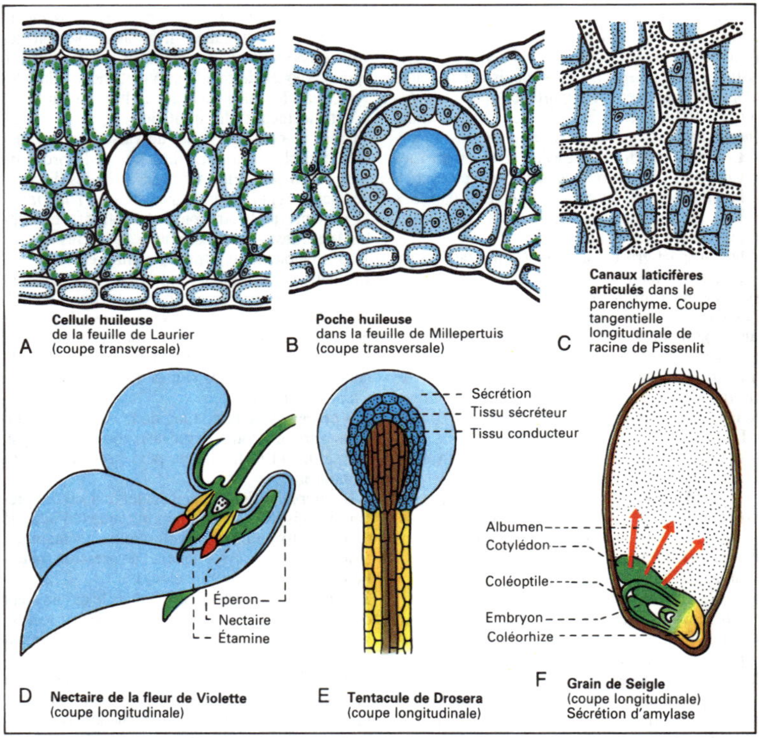

Accumulation et excrétion de substances

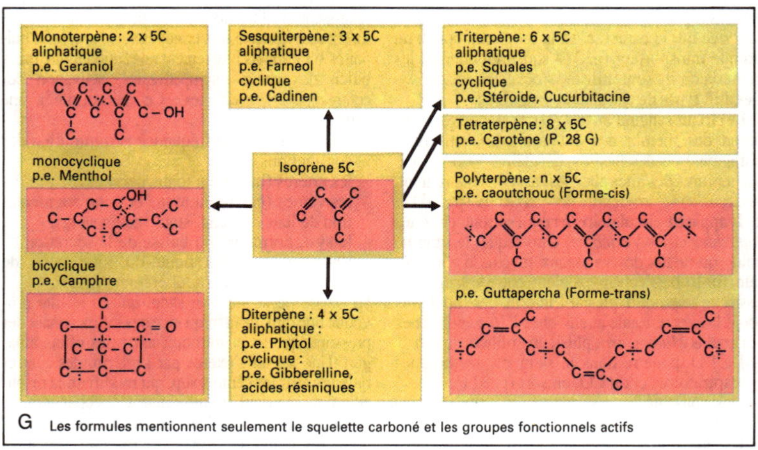

Aperçu sur la chimie des Isoprénoides

L'excrétion végétale active comprend :
– l'excrétion (des matériaux du métabolisme primaire ou fondamental) ;
– la sécrétion (des productions très différenciées du métabolisme secondaire chez les plantes supérieures, qui n'existent que dans des tissus différenciés et à certains stades du développement) ;
– la récrétion (des éléments qui sont évacués sans modification, p. ex. : les ions Na^+).
Distinction aussi floue que celle en :
– Excrétats (production sans rôle fonctionnel) et
– Secrétats (production à rôle fonctionnel : p. ex. : gamones, antibiotiques, enzymes).

L'excrétion passive (efflux) de nombreuses substances est par contre essentielle (p. ex. : glucides, acides aminés, dérivés de la coumarine, alcaloïdes, vitamines, ions K^+). Elle a lieu :
– par la surface de cellules intactes ;
– par l'élimination des cellules de la coiffe de la racine ;
– par l'élimination des cellules corticales ;
– par la chute des feuilles.

D'après le lieu et la nature des substances produites on distingue les **types d'excrétion suivants :**
1) sécrétion intracellulaire : les produits inactifs dans le métabolisme sont stockés dans le Cytoplasme ou les organites (gouttelettes de caoutchouc ; C).
2) excrétion intracellulaire : les produits excrétés sont stockés dans la vacuole ou dans un des réservoirs situés dans la paroi (p. ex. : poche à huile chez le *laurier*, A ; la *valériane*).
3) excrétion granulocrine : transport hors de la cellule dans des compartiments spéciaux (Exocytose ; p. 24).
4) excrétion exocrine : transport directement à l'extérieur à travers le plasmalemme ; souvent en rapport avec une augmentation de la surface (cellule de transfert, p. 291).
5) excrétion holocrine : libération des substances par la dissociation des cellules. Elle peut se faire :
– à l'intérieur de la plante (endotrope), p. ex. : poche à essence dans l'écorce des citrons (*citrus*) ;
– à l'extérieur (exotrope) p. ex. : libération de substances chimiotactiques (*Archegoniates,* p. 163).

Des systèmes excréteurs très différenciés comme chez les animaux (p. 106 sq., 124 sqq., 296 sqq.) ne se rencontrent pas ici ; on trouve à leur place des cellules isolées ou des tissus spécialisés dans la production des produits terminaux du métabolisme. Les productions sont souvent stockées dans les cellules ou des cavités tissulaires :
– **des idioblastes sécréteurs** (A ; p. 82 H) répartis en nombreux types dans des tissus différents ;
– **des tissus sécréteurs** sous la forme d'un réseau de cellules fusionnées (C) ou de groupes de cellules (poches à huiles essentielles lysogènes, dans l'écorce des citrons).

Les productions peuvent aussi être libérées d'une façon active dans l'espace intercellulaire ou directement à l'extérieur.
– **Les cellules (ou glandes) excrétrices** sont généralement épidermiques, formant souvent des poils élargis à l'extrémité.
– Les tissus (ou glandes) excréteurs sont souvent épidermiques (E ; fréquemment sous forme de nectaires, D), mais aussi sous forme de réservoirs sécréteurs schizogènes (B ; canaux à résine, p. 98 C).

Les produits éliminés
dépendent de l'importance de l' autotrophie :
– des produits organiques peuvent être diffusés comme des sécrétions lors d'un excédent en hydrates de C (G).
– En revanche, il n'y a pas d'élimination de combinés azotés caractéristique des *Animaux,* car N fait toujours défaut chez les *Végétaux* et c'est même souvent un facteur limitant. C'est pourquoi les composés azotés quittent souvent les parties de la plante en train de dépérir au profit de celles au métabolisme actif.

Les déchets gazeux. L'émission de vapeur d'eau (p. 291), d'O_2 et CO_2 (s'il n'est pas réutilisé par la photosynthèse) a lieu d'une façon passive par l'intermédiaire de tissus non spécialisés (parenchyme lacuneux). L'éthylène (Ethène) est souvent évacué par les fruits mûrissants.

Les excrétions liquides sont essentiellement des isoprénoïdes (G), l'isoprène ou motif de base n'existant pas chez les plantes. Plusieurs d'entre elles ont une grande importance économique.
– Les huiles essentielles (volatiles) sont excrétées par les fleurs, les bourgeons ou les feuilles ou stockées dans des cellules ou poches à huile.
– Les résines (baumes) sont des solutions de terpènes solides à pm élevé (on trouve des canaux à résine principalement chez les *conifères).* Leur distillation donne l'essence de térébenthine, le résidu solide forme le colophane.
– **Le caoutchouc** et les corps voisins (gutta-percha, Balata, chicle) sont des polyterpènes qui sont stockés sous forme de gouttelettes dans les canaux laticifères (Emulsions) de nombreux végétaux (l'*Euphorbe*, les *Papaveracées,* les *Composées*). On extrait le caoutchouc brut par la coagulation du latex (le principal fournisseur est une euphorbe arborescente : l'*Hevea du Brésil* ; par an il fournit jusqu'à 30 litres de latex ≅ 10 kg de caoutchouc brut).

Les excrétions solides sont en général stockées dans :
– des cristaux (p. ex. : SiO_2 ; oxalate de Ca, p. 76) et des cystolithes (de Ca CO_3, p. 82 H) ;
– des tannins (phlobaphènes) qui se trouvent essentiellement dans le cœur du bois de nombreux arbres.

Les excrétats solubles sont nombreux et remplissent différentes fonctions :
– les sécrétions racinienne (acides variés) aident à l'altération des minéraux du sol ;
– les nectaires (D) floraux permettent la pollinisation en attirant *Insectes*, *Oiseaux* ou *Chauve-souris ;*
– les glandes digestives des plantes insectivores (E) sécrètent une substance odorante, collante et après capture de la proie, des enzymes (protéases) ;
– l'utilisation de l'amidon dans les graines (F) repose également sur l'excrétion d'enzymes ;
– de nombreux sels sont éliminés, p. ex. : les ions Na^+ et Cl^- par des glandes à sel spécifiques (spécialement chez les halophytes).

Groupe	% de l'azote total excrété sous forme d' : Ammoniaque	urée	Acide urique	Allantoine	Acides aminés	Purine	Autres
Unicellulaires	**60–90**	0	0	–	–	–	–
Echinodermes	**20–40**	5–20	0–1	–	20–30	5–10	20–30
Annélides	**20–90**	**4–90**	0–1	–	1–20	3–20	10–30
Mollusques							
Lamellibranches	**5–60**	3–5	0–2	–	10–40	5–20	**5–80**
Gastéropodes	**10–40**	**2–60**	1–10	–	1–30	5–30	**3–80**
Céphalopodes	**30–70**	1–15	1–2	–	10–20	5–20	10–20
Arthropodes							
Crustacés	**30–99**	0–10	0–10	–	0–30	0–40	**2–70**
Insectes	2–20	0–10	**50–90**	–	0–10	–	5–40
Vertébrés							
Raies-Requins	2–10	**80–90**	–	–	1–20	–	4–10
Osteichthyens	**50–70**	10–20	–	–	3–15	–	1–10
Amphibiens (urine seule)	2–40	**60–90**	0–0,4	–	–	–	–
Reptiles							
Lézards	4–10	0–2	**60–95**	0–2	1–5	0,3–2	0–40
Crocodiles	**40–80**	1–20	10–65	–	–	–	0–20
Oiseaux	2–20	1–10	**60–90**	–	5	8	0–30
Mammifères (urine seule)	2–20	**3–90**	0–4	0–20	1–2	0,2–0,6	3–20

A **Les formes d'azote excrété dans différents groupes animaux**

Milieu de vie	Espèce	Ammoniaque	Urée	Acide urique
Eau	Chelon mydas	40	6	4
	Pelusios derbianus	19	24	5
	Chrysemys pinta	11	24	14
Milieu humide	Kinosteron subrubrum	24	23	0,7
	Emys orbcularis	14	47	3
Terre ferme	Testudo denticulata	6	29	7
	Testudo graeca	4	22	52
	Testudo elegans	6	9	56

B **Distribution de l'azote dans l'urine chez les Tortues en %**

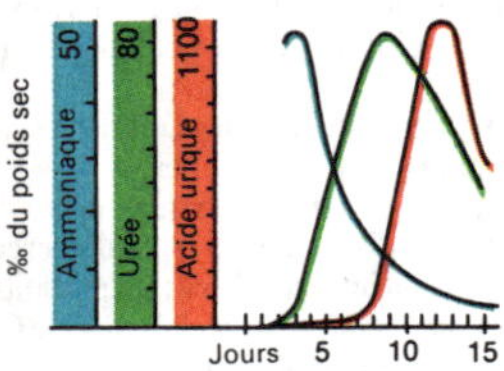

C **Excrétion azotée pendant la vie embryonnaire chez la Poule**

Excrétion azotée

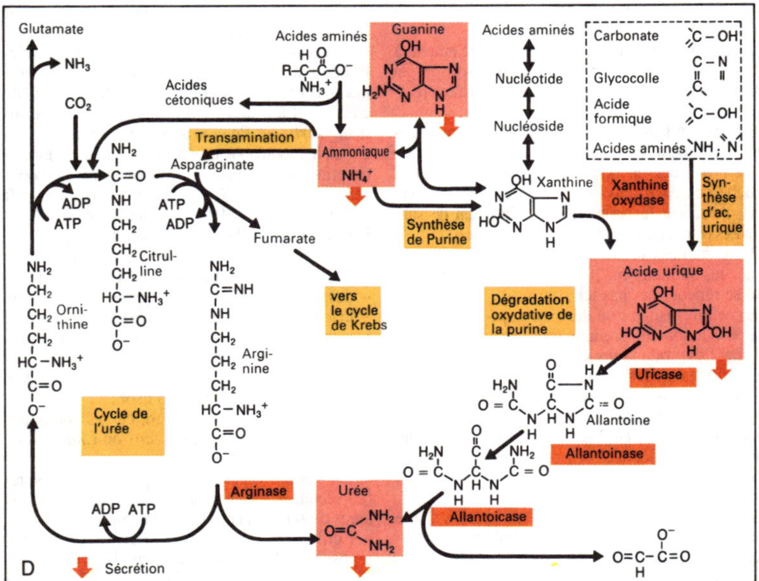

La synthèse des excrétats azotés

On distingue chez les *Animaux*+/– facilement :
– L'**excrétion** de produits inutilisables ou toxiques.
– La **sécrétion** de substances qui assument encore une fonction (p. 88 ; 326 sqq.).
– La **défécation** de substances indigestes qui ne font que traverser l'organisme par le tube digestif.
Les excrétats sont variés (nature, origine).
Les **excrétions primaires** sont évacuées sans transformation ultérieure :
– CO_2 et NH^4+ produits de la décomposition de composés organiques riches en N libre ou/et en N combiné ;
– acide urique issu de la décomposition des purines (D) ;
– résidus du catabolisme des acides gras et de la désamination des A.A (spécialement acides cétoniques) qui s'accumulent en grande quantité en cas de métabolisme anormal (p. ex. : diabète) ;
– des acides gras à chaîne courte (p. ex. : acide valérianique) issus de l'oxydation incomplète de substrats azotés (p. ex. chez les *Nématodes* parasites) ;
– des aliments (A.A, spécialement le glycocolle provenant d'une alimentation médiocre en protéines ; sucres), qui traversent le filtre rénal lorsque leur concentration sanguine dépasse le seuil ;
– des métabolites et des produits toxiques dont il faut rapidement assurer l'évacuation.
– les ions minéraux acides et les sels, dont l'évacuation maintient la concentration ionique du Cytoplasme ; la quantité éliminée dépend en général de la quantité absorbée (p. ex. : chez les *Herbivores* les K^+ sont éliminés en grande quantité).
Les **excrétions secondaires** issues de transformations enzymatiques endergoniques (p. ex. : synthèse d'acide urique, d'urée, d'acide hippurique).

Les produits d'excrétion riches en N
montrent par une comparaison systématique (A) comme dans leur développement ontogénique (C) la tendance à passer de l'excrétion directe d'NH_3 toxique à celle de produits dérivés non toxiques. Des similitudes n'étant pas toujours des preuves phylogénétiques, elles peuvent aussi correspondre à des phénomènes de convergence liés à l'environnement (B).

L'ammoniac
provient principalement de la dégradation des protéines (D) et est libéré sous la forme de sels d'ammonium (**animaux ammonotéliques**). Une élimination rapide de cet ammoniaque toxique n'est apparemment possible que chez les formes aquatiques.
– Chez les *Anoures :* les *grenouilles* et *crapauds* terrestres éliminent de l'urée alors que leurs têtards aquatiques évacuent NH_4 OH.
– Le *Dipneuste Protoptère* fabrique du NH_4^+ en vie aquatique active et de l'urée par contre, en période sèche à l'état de vie ralentie.

L'acide urique
se forme dans l'organisme par deux voies :
1) La dégradation oxydative de la purine (D) qui peut conduire à l'urée et à NH_3 (en présence de l'enzyme uréase ; chez les *Invertébrés* aquatiques, p. ex. : *Sipunculides*, les *bivalves* marins, les *crabes)* donne de l'acide urique chez tous les animaux. Il peut provenir de l'alimentation (acide urique exogène) ou de substances issues de l'organisme (acide urique endogène). La fraction endogène est relativement constante lorsque les modes de vie sont semblables (étalon de référence pour le métabolisme de la purine).
2) La synthèse hépatique à partir de différents précurseurs (**animaux uricotéliques**) est démontrée chez les *Oiseaux* et les *Reptiles* par C^{14} et N^{15}.
L'acide urique n'est pas toxique et est difficilement soluble. Il peut comme ses sels (urates) précipiter lorsque l'urine se concentre et être évacué sous forme d'une pulpe cristalline pauvre en eau (la teneur en acide urique de l'urine étant élevée par comparaison avec l'hypotonicité du sang).
L'acide urique se trouve donc principalement chez les animaux qui « économisent l'eau ». La proportion des différents excrétats peut dépendre de :
– la balance hydrique : (*Alligators* et *Tortues*) : l'acide urique augmente et l'urée diminue quand la pénurie d'eau s'accroît ;
– de l'alimentation ; les *Alligators* excrètent autant d'acide urique que de NH_4^+ lorsque la nourriture est régulièrement distribuée, dans un environnement riche en H, et davantage d'NH_4^+ en période de jeûne.

L'urée est également non toxique même en grande quantité. A cause de sa grande solubilité, elle ne peut être excrétée qu'en cas de déficit hydrique assez important. Elle est formée, comme l'acide urique, de deux manières fondamentales différentes :
1) la formation directe toujours en faible quantité :
– par action de l'arginase sur l'arginine et quelques-uns de ses dérivés (lors du développement et de la métamorphose de tous les *Animaux ;* également dans la formation pathologique d'ulcères) ;
– par action de la glycocyamase sur la glycocyamine (dans le foie des *Mammifères).*
2) la formation synthétique, surtout dans le foie des *Mollusques, Poissons, Batraciens* et *Mammifères* (**animaux uréotéliques**), sert à inactiver le NH_3 qui résulte du métabolisme des protéines. Elle s'effectue par le cycle de l'ornithine, endergonique (D) qui est étroitement lié au cycle de Krebs (p. 302 sq.) qui lui fournit l'énergie et régénère ses transporteurs.

La guanine (D)
encore plus difficilement soluble que l'acide urique, le remplace presque entièrement chez les *Araignées.* Elle est partiellement aussi, dans d'autres groupes, stockée dans des cellules particulières (p. ex. : les iridocytes des *Poissons*).

L'oxyde de triméthylamine [O = N (CH_3) 3] soluble et non toxique se rencontre, avec d'autres méthylamines ds l'urine des poissons de mer. Se trouve aussi dans les muscles où il servirait à l'osmorégulation (cf. urée chez les *Sélaciens*).

L'acide hippurique
formé surtout dans le rein des *Ongulés*, mais aussi chez les *Bivalves,* résulte du couplage du glycocolle avec l'acide benzoïque. Au moyen d'autres couplages semblables (esters d'acide sulfurique, glucosides, glycuronides, amides d'A.A.), des produits toxiques (phénols, alcools) et aussi les œstrogènes sont évacués de l'organisme.

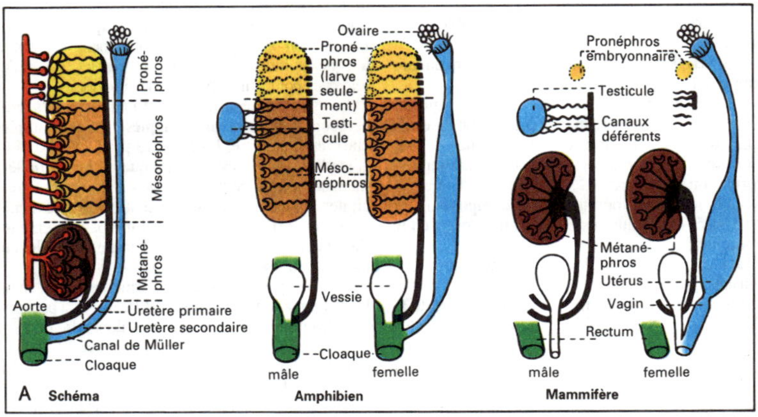

Organe rénal des Vertébrés

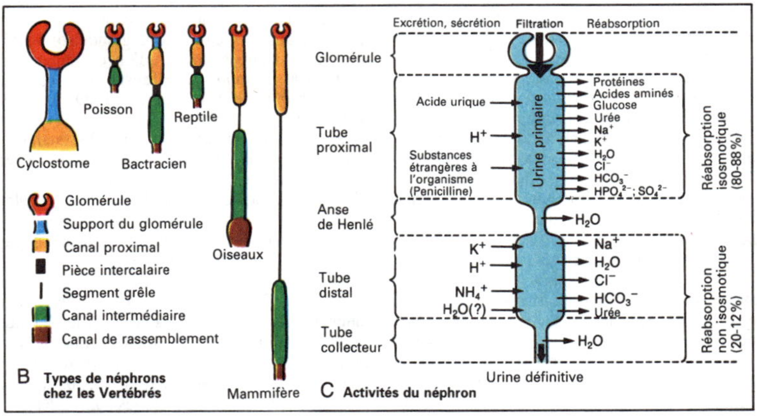

Structure et fonction du néphron

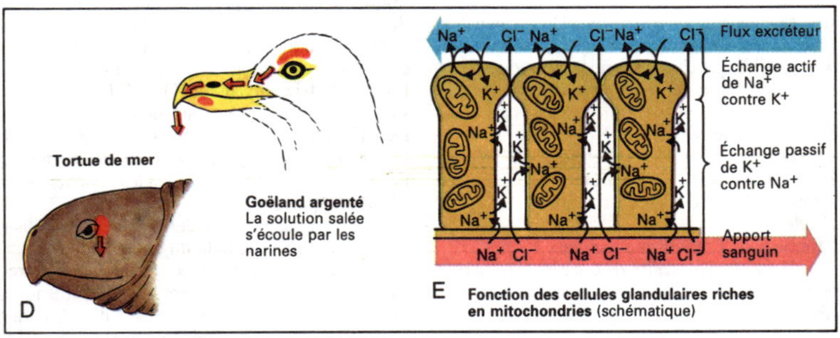

Glandes excrétrices de sel marin

Les organes excréteurs ne manquent que dans quelques groupes animaux (*Mésozoaires, Éponges, Cœlentérés, Oursins, Tuniciers*), chez lesquels les déchets sont évacués par des cellules ou des tissus non spécialisés dans cette fonction.

On rencontre de nombreux types d'organes excréteurs :

- Des vacuoles contractiles chez les Unicellulaires (p. ex. Paramécies, p. 70 sq.).
- Des protonéphridies sans ouverture dotées d'une flamme ciliée (*Ténias, Rotifères*, les larves des *Annélides* et des *Mollusques*, p. 126, D).
- Des métanéphridies pourvues d'entonnoirs ciliés s'ouvrant sur le cœlome (*Annélides, Brachiopodes, Mollusques*, p. 128, D).
- Des canaux de Malpighi à extrémité aveugle qui sont des tubes glandulaires débouchant sur l'intestin (*Insectes*, p. 132, B).

Les reins des Vertébrés, dérivés de métanéphridies, se présentent sous 3 formes :

1. Le pronéphros est constitué par des métanéphridies. Ses entonnoirs donnent sur le cœlome. Ils débouchent dans le canal protonéphridique qui se continue dans l'urètre (canal de Wolff, A). Il ne fonctionne (à côté des mésonéphros) que chez les *Cyclostomes* adultes et les *Poissons* osseux primitifs, chez les larves de *Poissons* et *d'Amphibiens* ; on le trouve aussi à l'état embryonnaire chez les *Vertébrés* supérieurs.

2. Le mésonéphros en forme de ruban, organe excréteur permanent des *Poissons* et des *Batraciens* présente également des entonnoirs ciliés sur la surf. opposée aux amas capillaires venant de l'aorte (glomérules ext., A). Le glomérule peut aussi être à l'int. d'un sac à double feuillet : la capsule de Bowman (p. 106, F). Le tube urinaire et la capsule de Bowman forment un néphron. La liaison avec le cœlome peut disparaître entièrement. Chez les *Amniotes* mâles, le mésonéphros est relié aux testicules. Ce qu'il en subsiste sert de canaux déférents, le canal du mésonéphros devient alors le conduit séminal.

3. Le métanéphros, organe permanent des *Reptiles*, des *Oiseaux* et des *Mammifères* ne présente pas de coordination entre les segments des tubes urinaires qui se terminent toujours par une capsule de Bowman. Son propre canal d'évacuation (uretère secondaire) part de l'uretère primaire, forme le bassinet (p. 106, D) et accueille les tubes collecteurs.

La formation de l'urine dans les reins des Mammifères n'est pas une diffusion pure et simple, car les déchets sont plus concentrés dans l'urine que dans le sang et des éléments plus concentrés restent dans le sang. Il faut distinguer :

La filtration dans le glomérule. Sa membrane fait fonction d'ultrafiltre et ne laisse passer aucune protéine, mais sous l'action de la pression sanguine, elle laisse passer le plasma sanguin avec ses éléments dissous. L'urine prim. produite direct. par le travail du cœur ressemble donc au plasma hormis les corps à PM élevé retenus dans le sang. En fait, les filtres ne sont pas rigoureusement imperméables aux protéines : celles de faible PM (p. ex. l'albumine, PM 34 000) passent partiellement. Des variations du degré de perméabilité et une élévation du métabolisme propre des cellules laissent présumer la participation de mécanisme de transport actif.

La réabsorption dans les tubes urinaires qui sont entourés par un réseau de capillaires (p. 106, E) concerne des corps encore utilisables par l'organisme, en partie presque entièrement absorbés (p. ex. le glucose, les acides aminés). Elle peut s'effectuer passivement en fonct. d'un gradient de concentration ou activement en consommant de l'énergie. Morph. et fonct., on distingue 3 secteurs :

1. Le canal proximal (C) opère une résorption sélective.

2. Le segment grêle ou anse de Henlé retient l'urine prim. grâce à son faible diamètre, ce qui favorise l'élimination de H_2O (concentration préparant l'urine définitive). La comparaison des diff. types de néphrons (B) montre que l'élimination d'urine concentrée (hypertonique) est liée à la présence d'un segment grêle (*Oiseaux, Mammifères*).

3. Le canal distal ressemble au canal proximal, mais résorbe d'autres substances.

La sécrétion active se produit surtout dans les 2 canaux. Son rôle est part. important dans l'équilibre des acides et des bases, car le Na^+ et le K^+ résorbés sont échangés contre du H^+ (Acidification de l'urine). La réabsorption et la sécrétion, fonct. qui dépendent de la régulation hormonale, participent également à la régulation de la teneur en H_2O (p. 335).

L'excrétion extrarénale

- Les poumons éliminent la plus grande partie du CO_2.
- La peau et surtout les glandes sudoripares éliminent le NaCl, mais également d'autres sels minéraux et des substances étrangères au corps.
- L'intestin a une grande importance pour l'excrétion des combinés de métaux polyvalents (Ca, Mg, Fe, Mn, Co, Cu, Ni, Hg).
- Les glandes excrétrices de NaCl chez les *Animaux aquatiques* et les *Tortues de mer* (D, E) opèrent une excrétion sélective du NaCl absorbé avec la nourriture en solution concentrée (jusqu'à 7 %).
- Chez les *Poissons de mer*, les branchies éliminent l'excédent de sel résultant de l'absorption de l'eau de mer (celle-ci est nécessaire, car le corps se déshydrate constam. dans le milieu ext. hypertonique). L'ammonium aussi est en partie évacué par l'épithélium branchial.

L'accumulation des excrétions

dans le corps est relat. rare dans le monde animal. Elle s'effectue chez :

- les *Reptiles* et les *Oiseaux* dans la vessie embryonnaire (allantoïde, p. 206, F) ;
- les *Poissons* dans les écailles (guanine) ;
- les *Insectes* dans les corps gras et les ailes (acides uriques, p. ex. chez les *Papillons*) ;
- les *Escargots*, dans le rein (acide urique pendant la période d'hibernation.

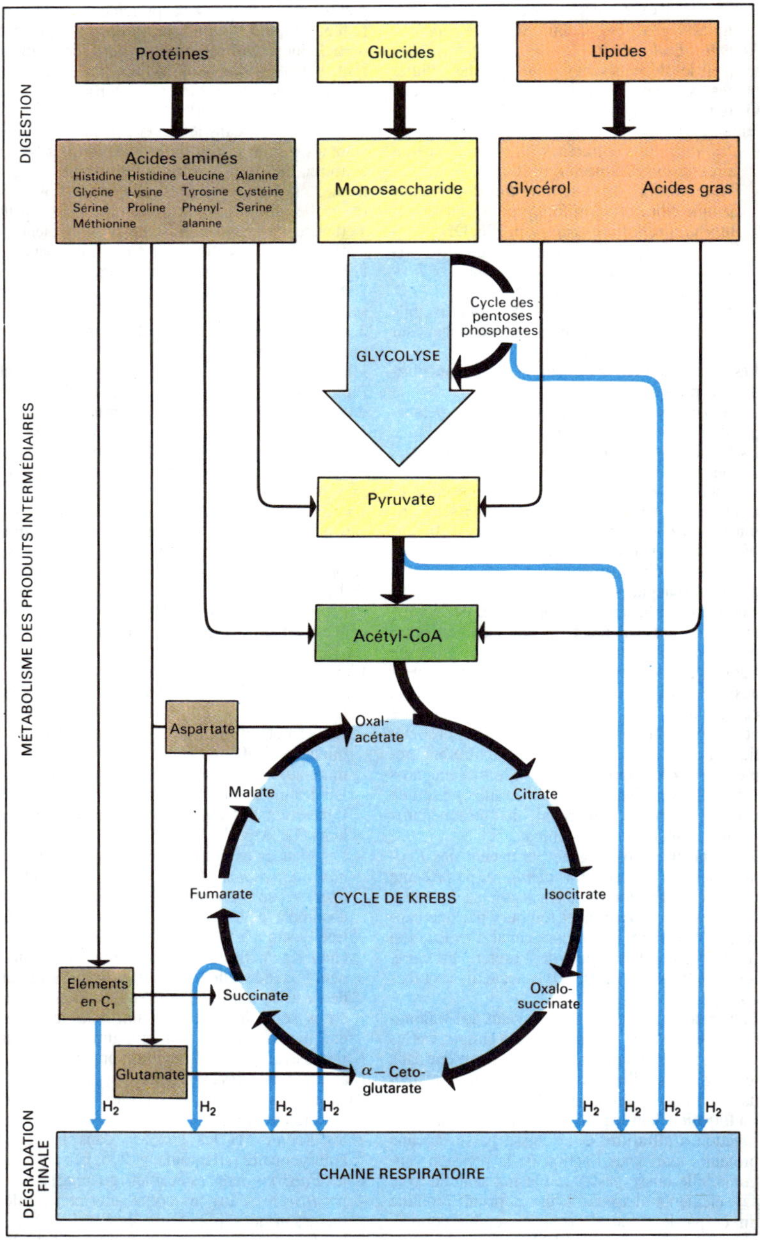

Voies communes du métabolisme des nutriments

Le métabolisme énergétique

Un métabolisme ininterrompu est l'une des caractéristiques fondamentales des êtres vivants et même des associations macromoléculaires. Il est l'expression d'un **équilibre dynamique** (p. 53). Le métabolisme énergétique que l'on ne distingue de l'anabolisme que pour des raisons heuristiques (p. 49) et qui lui est étroitement lié, transforme les corps composés très énergétiques en corps moins riches en énergie, tout en produisant un travail et en dégageant de la chaleur. C'est ce travail qui permet aux organismes de synthétiser leurs composés spécifiques.

La transformation de l'énergie

C'est l'énergie potentielle chimique des éléments nutritifs qui entretient la vie, c.-à-d. des liaisons C-H métastables obtenues par photo- et chimiosynthèse (p. 274 sqq.). Lorsqu'il y a libération d'énergie sans fourniture de travail, elle est entièrement transformée en chaleur (« chaleur de réaction »). Mais celle-ci ne peut plus être utilisée par l'organisme sous forme de travail, car les êtres vivants, au contraire d'une machine à vapeur, ont un mécanisme qui est non pas calorique, mais chimiodynamique. Dans le cas de la fourniture d'un travail, il y a dégradation d'énergie en « chaleur primaire » ; seule l'« énergie libre » ΔG est utilisable pour un travail. Celle-ci peut aussi se dissiper en chaleur de frottement (« chaleur secondaire »). La transformation se produit toujours sur les lieux mêmes d'utilisation, car l'énergie libre ne se transporte pas. Seul est possible le transport de l'énergie utilisable contenue dans l'ATP.

Valeur calorique utile et gain d'ATP

Au cours du métabolisme énergétique, sauf pendant l'anabolisme, les différentes sources d'énergie : hydrates de carbone, lipides et protides, peuvent se remplacer mutuellement dans certaines limites (**loi de l'isodynamie**), car leur dégradation oxydative emprunte la même voie selon le « principe du segment terminal commun » (planche). **Les « chaleurs physiologiques de combustion »** sont les suivantes :

Hydrates de carbone :	4,1 kcal/g = 17,2 KJ/g
Protides :	4,1 kcal/g = 17,2 KJ/g
Lipides :	9,3 kcal/g = 38,9 KJ/g

Les moles d'ATP qui peuvent être formées par chaque mole d'élément nutritif indiquent la véritable richesse des éléments nutritifs. Il faut à peu près la même énergie pour oxyder les éléments nutritifs essentiels : de 70 à plus de 85 KJ pour obtenir une molec. d'ATP (rendement 40 %). Si l'on prend comme base un besoin journalier de 12 000 KJ pour un *Homme*, on obtient une utilisation quotidienne de l'équivalent de 75 kg d'ATP.

Les conversions énergétiques

On les divise en 2 groupes de processus :

1. Le métabolisme basal comprend la production d'énergie nécessaire au maintien de toutes les fonctions vitales au repos. Il a la même valeur dans les mêmes tissus de différents *Vertébrés* et, dans l'organisme intact, il est réglé principalement par la cortico-surrénale et la thyroïde (p. 333 sqq.). C'est pourquoi le niveau du métabolisme basal, qui, chez l'*Homme* p. ex. est de 5 800 à 8 400 KJ, dépend de l'âge, du sexe, du poids (tissus musculaires), de la saison et de la température extérieure :

- Les *Mammifères* lourds ont un métabolisme basal proportionnellement moins élevé que les *Mammifères* légers, car la dépense calorique n'est pas proportionnelle à la masse du corps M, mais à $M^{0,73}$; p. ex. une *Souris* a un métab. basal 20 fois supérieur à celui d'un *Cheval* (« Loi de la réduction du métab. »).
- Les stades de repos, p. ex. les *Protozoaires* enkystés ou les nymphes d'*Insectes* ont un métabolisme réduit, de même que les *Mammifères* en hibernation (réduction du métabolisme jusqu'à 4 % chez la *Marmotte*, jusqu'à 1 % chez le *Lérot*.
- Les animaux à sang chaud très pigmentés, p. ex. les Oiseaux, semblent pouvoir réduire leur métabolisme basal d'environ 20 % (« mise en veilleuse ») sous l'action des rayons solaires.

2. L'accroissement du rendement peut être mesuré par l'augmentation de la dépense énergétique par rapport au métabolisme basal. La dépense la plus importante est due aux mouvements corporels ; mais la nutrition (en particulier les protéines) et la régulation thermique entraînent également une élévation du métabolisme.

Traits fondamentaux de l'oxydation biologique

Le processus fondamental qui permet un gain énergétique dans la cellule vivante est l'oxydation biologique qui se caractérise par quelques traits fondamentaux et se distingue en cela des anciennes représentations de l'oxydation.

1. Nature de l'oxydation : alors que l'on définissait initialement une oxydation (LAVOISIER) comme la liaison d'un corps avec de l'oxygène, on explique actuellement ces phénomènes grâce à des connaissances chimiques approfondies par des transports d'électrons.

2. L'activité enzymatique : l'oxydation biologique peut s'effectuer grâce à des enzymes qui n'agissent que dans des conditions très précises.

3. Déroulement unique de la réaction : de nombreux substrats subissent une dégradation oxydative selon des voies qui ont un même segment terminal. Le carbone et l'hydrogène empruntent des voies séparées (cycle de Krebs, p. 303, et chaîne respiratoire, p. 305).

4. L'oxydation de l'hydrogène, source d'énergie : La comparaison de LAVOISIER (1780) de l'oxydation biologique avec une combustion ne vaut que pour l'énergie libérée sous forme de chaleur et pour quelques produits finaux. Les voies oxydatives sont en effet fondamentalement différentes d'une combustion. La réaction exergonique dans le système biologique est l'oxydation de l'hydrogène et la formation du CO^2 se produit sans gain énergétique notable.

5. Les différents paliers de l'apport énergétique : le gain énergétique qui résulte de l'oxydation de l'hydrogène s'effectue en plusieurs étapes et non pas au cours d'une seule réaction calorifique comme c'est le cas pour la combustion.

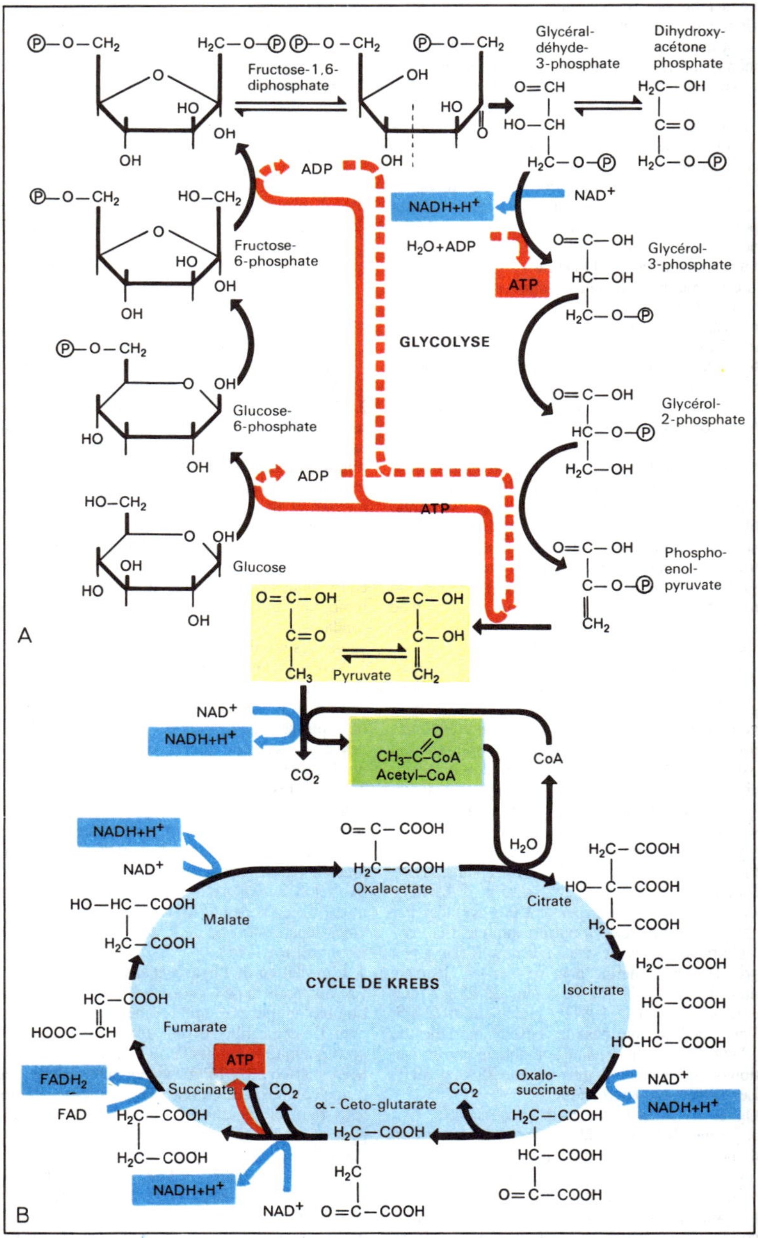

Dégradation du glucose par oxydation

Les processus de dégradation produisant de l'énergie
concernent aussi bien les lipides et les protéines que les molécules énergétiques (p. 300), cependant la place prépondérante doit être donnée à **l'oxydation des hydrates de carbone** et en particulier du glucose. Alors que les *Plantes vertes* produisent elles-mêmes leurs hydrates de carbone, les *Plantes* non chlorophylliennes, les *Animaux* et les microorganismes doivent être approvisionnés en glucides solubles : par la sève élaborée chez les *Plantes*, le système circulatoire chez les *Animaux* ou des apports du milieu chez les microorganismes. L'exposé de ce processus, qui comporte de nombreuses réactions élémentaires et compte parmi les processus biochimiques les mieux connus, sera divisé, pour des motifs de clarification, en quatre étapes ; dans la dernière, l'essentiel de l'énergie produite est libéré (chaîne respiratoire, p. 305).

La glycolyse (A)
La dégradation de la molécule de glucose en unités plus petites par déshydrogénation aboutit au pyruvate qui occupe une place centrale dans le métabolisme global. On appelle « glycolyse », ou voie de EMBDEN et MEYERHOF, la dégradation du glucose aussi bien en l'absence (anaérobie) qu'en présence (aérobie) d'oxygène, ces deux processus ne se distinguant que par la transformation des coenzymes réduits et du pyruvate (voir aussi les fermentations, p. 306).

Le glucose activé par la phosphorylation enzymatique, en présence d'hexokinase et consommation de 2 ATP par mole, donne finalement après une suite de transformations, 2 molécules d'un corps en C_3. Energétiquement parlant, le point de départ décisif de la réaction est la déshydrogénation du phospho-3-glycéraldéhyde en acide phosphoglycérique. L'énergie libérée sert à la synthèse d'ATP (« **Phosphorylation du substrat** ») pendant que H est capté par NAD^+. Après d'autres transformations, le P.E.P. libère son phosphate pour la synthèse d'une nouvelle molécule d'ATP. Cette molécule servira, de nouveau, à phosphoryler le glucose et retourne ainsi dans le cycle. **L'intérêt biologique de la glycolyse**, c'est le gain de 2 ATP à partir d'une molécule de glucose. En plus, le pyruvate riche en énergie est disponible pour être oxydé lors de la respiration aérobie, précisément exergonique.

La décarboxylation oxydative
En présence d'O_2, le pyruvate peut être à la fois déshydrogéné et décarboxylé : le CO_2 est libéré, le NAD^+ capte l'H^+ et le corps en C_2 oxydé (le radical acétyle) se lie au coenzyme A pour former l'acétyl-CoA riche en énergie, en présence de pyrophosphate de thiamine (vitamine B_1, p. 273) et de l'amide de l'acide lipoïque (qui contient aussi du soufre). L'acétyl-CoA, qui est un nucléotide composé du ribose, de pyrophosphate, d'acide pantothénique et du groupe proprement actif, le β-mercaptoétylamine, témoigne du rôle des liaisons S-S à côté des liaisons P riches en énergie. L'acétyl-CoA a un rôle clé aussi bien dans la dégradation finale de la chaîne carbonée dans le cycle de Krebs que dans la biosynthèse p. ex. des acides gras, des médiateurs de la conduction nerveuse (acétylcholine), des molécules de structure (acétylglucosamine) et des stéroïdes (acides biliaires, p. 324, hormones du cortex surrénalien et hormones sexuelles, pp. 335 et 331, vitamine D).

Le cycle de Krebs (B)
Le segment terminal commun des voies métaboliques de la nutrition de tous les groupes d'éléments est le cycle des acides tricarboxyliques ou cycle de Krebs-MARTIUS au cours duquel le groupe acétyl-CoA de la molécule de citrate est entièrement dégradé par déshydrogénation et décarboxylation répétées.

Les réactions du cycle de Krebs ont lieu à quatre niveaux :

- Condensation d'une molécule en C_2 (le radical d'acétyl-CoA) avec une molécule en C_4 (l'acide oxalo-acétique) pour donner un corps en C_6 par déshydrogénation.
- Passage de C_6 à C_5 par décarboxylation oxydative.
- De nouvelles déshydrogénations et décarboxylations donnent, après une chaîne complexe de réactions, une molécule en C_4 et de l'ATP ou du GTP.
- Reconstitution de l'acide oxaloacétique. Au total, l'acétate produit 2 CO_2.
  Si l'on considère la dégradation de la molécule de glucose, on voit qu'elle produit 6 CO_2 dont l'O_2 ne résulte pas de l'oxydation élémentaire, mais bien plus de déshydrogénation selon le schéma de Wieland : formation d'H_2O, puis libération d'H.

Le bilan d'ensemble de la glycolyse et du cycle de Krebs est donc :
$C_6H_{12}O_6$ + 6 H_2O + 12 coenzymes
-> 6 CO_2 + 12 coenzymes-H_2.

Le bilan du cycle de Krebs est relativement mince car la majeure partie de l'énergie du catabolisme n'est pas obtenue par la « combustion » du C en CO_2 (phosphorylation du substrat) mais dans la chaîne respiratoire. Le cycle de Krebs consiste donc surtout à transformer toutes les molécules énergétiques en une source d'énergie unique : des coenzymes réduits. Une partie des molécules de coenzymes régénérés serviront à la chaîne respiratoire. Le cycle de Krebs ne se poursuit qu'en relation avec la chaîne respiratoire ; mais il contribue ainsi à la libération ultérieure d'une grande quantité d'énergie.

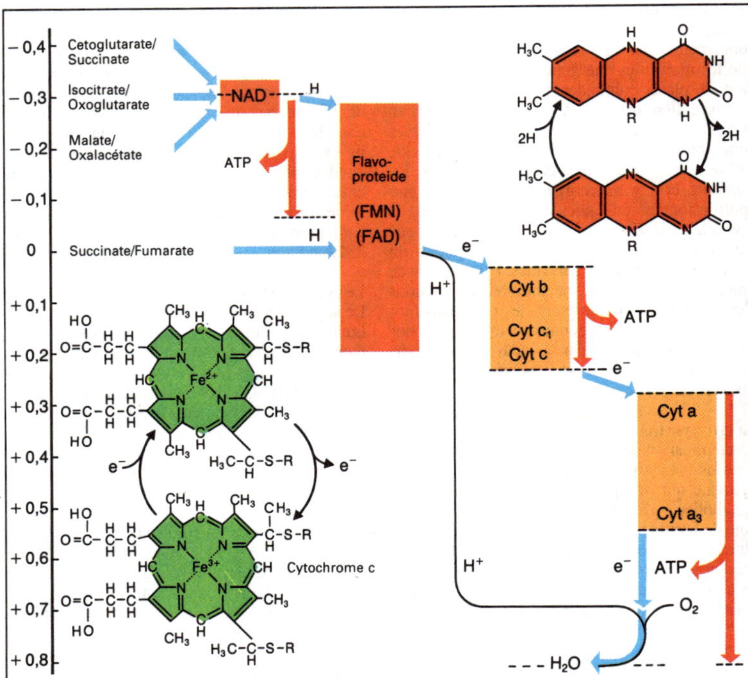

A **Potentiels Redox et chaîne respiratoire simplifiée**

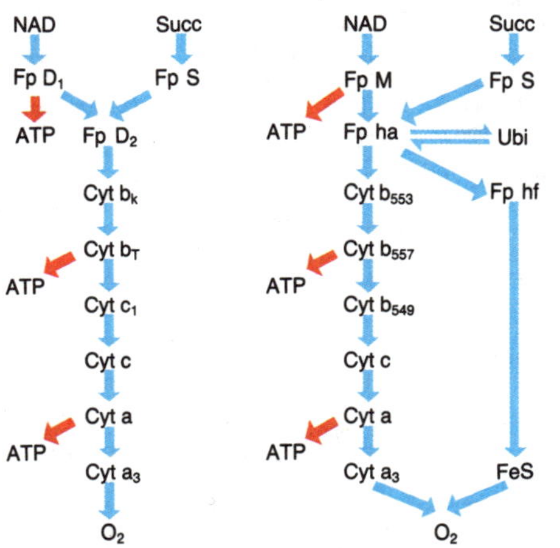

B **Comparaison (simplifiée) des chaînes respiratoires animale et végétale**

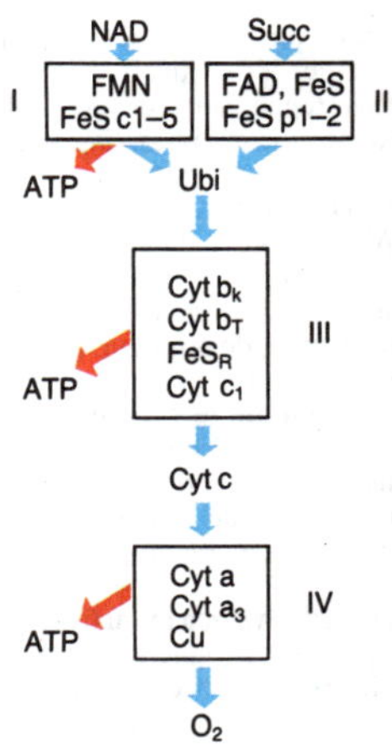

C **Les complexes de la chaîne respiratoire**

La chaîne respiratoire

La réaction exergonique décisive du métabolisme est la formation d'eau à partir de O_2 et de l'hydrogène obtenu au cours de la glycolyse, de la décarboxylation oxydative du pyruvate et du cycle de Krebs (p. 303) et qui est transporté par $NADH_2$ ou $FADH_2$. Entre le **système redox** $NADH_2/NAD^+$ à faible affinité pour les e- (potentiel Redox = – 0,32 V) et le système terminal O_2/O^{2-} (+ 0,81 V) à forte affinité pour les e- s'établit une grosse différence de potentiel. Par le transfert d'e-, d'un système Redox plus négatif à un système plus positif, la réaction exergonique libère de l'énergie au niveau de la **chaîne respiratoire** pour la **phosphorylation oxydative** de l'ADP en ATP.

La chaîne respiratoire (A),
i.e., la série de systèmes redox avec des potentiels redox de niveaux intermédiaires, est avant tout, en tant que chaîne de transporteurs d'hydrogène (H^+ + e^-) et ensuite en tant que chaîne de transporteurs d'e^-, branchée entre le substrat et O_2. Elle transporte les e^- par paliers jusqu'à l'oxygène et répartit ainsi la grosse chute de potentiel de 1,13 V = 220 KJ en la fractionnant au niveau de nombreux "postes énergétiques". En partant de NAD^+ le transfert de 2 e^- permet au niveau de 3 sites de phosphorylation la synthèse de 3 ATP ; en utilisant le succinate, comme substrat, avec un potentiel redox faiblement négatif, on ne trouve que 2 sites de phosphorylation, en partant du FAD. Une particularité chez les *Plantes* est l'existence d'un **cycle parallèle,** raccourci, **non inhibé par le cyanure** (B), qui court-circuite les cytochromes et conduit directement des flavoprotéines à l'oxygène. La synthèse réduite d'ATP conduit à une élévation de température p. ex. : dans les inflorescences d'*Arum* ou lors de la maturation des fruits, mais avec un taux d'ATP élevé dans les tissus végétaux normaux.

Les maillons de la chaîne respiratoire
sont des oxydoréductases, enchassées, sous forme de complexe multienzymatique dans la membrane interne mitochondriale (*Eucaryotes*) ou le plasmalemme (*Procaryotes*) ; seules les **déshydrogénases** sont des enzymes spéciales situées au début de la chaîne respiratoire qui réagissent spécifiquement avec de nombreux substrats. Leurs cosubstrats liés d'une façon lâche (p. 272) sont seulement le NAD chez les *Plantes* avec en plus le NADP chez les *Animaux* et le NADP seul chez les *Cyanobactéries*. Elles transfèrent H^+ et e^- aux

Flavoprotéines dont les groupements prosthétiques fortement liés (FMN ou FAD, p. 272) présentent selon l'apoenzyme des potentiels redox de + 0,20 à – 0,30 V. On en a détecté 5 chez les plantes, dont l'une (Fplf) appartient au complexe de la pyruvate déshydrogénase et transfert l'H des acides gras au NAD^+. La place de **l'ubiquinone (coenzyme Q)** est contestée. Ce n'est pas un maillon indispensable de la chaîne, elle sert de réservoir d'e^- et est de plus relativement concentrée.

Les cytochromes assument le transfert d'e^- ultérieur avec leur groupe prosthétique héminique à base de fer ($Fe^{3+} + e^- \rightarrow Fe^{2+}$). L'identité de situation entre les cytochromes des animaux et des végétaux, de même que leur place exacte dans la chaîne redox, est en partie contestée. La cytochrome a^3 est la cytochrome oxydase ou "ferment respiratoire" de WARBURG. Bloqué spécifiquement par le cyanure et le CO, l'atome d'O_2 de sa cytohémine verte peut accepter les e^- et donner O_2 qui réagit avec les protons pour donner de l'eau.

Les protéines Cuivre-Soufre et Fer-Soufre
Lors du transport des e- coopèrent un minimum de 7 protéines Fe-S différentes (Fer non héminique) avec les flavoprotéines et une cytochrome c, de même qu'une protéine Cu avec la cytochrome - oxydase.

Les modèles structuraux de la chaîne respiratoire cherchent à restituer dans la membrane mitochondriale la disposition linéaire de la chaîne redox (p. 26, E). A l'encontre et notamment chez les animaux, on émet l'hypothèse que les maillons constituent en fait 3 ou **4 complexes** (C) dans lesquels chacun catalyserait plutôt une réaction globale qu'un ensemble de réactions isolées.

La phosporylation oxydative
a un rendement d'environ 40 %. En partant du NAD, on évalue la libération d'énergie à 218 KJ/Mole et à 162 KJ/Mole en partant du succinate avec une absorption d'énergie de 29 KJ/Mole d'ATP. Le flux d'e^- à travers la chaîne respiratoire conduit obligatoirement à la synthèse d'ATP (**couplage respiratoire**), d'après l'hypothèse du couplage chimio-osmotique : le flux d'e^- initie un transfert de protons (p. 26 sq.) et engendre ainsi un potentiel électrochimique utilisable. Ce n'est pas le flux d'e^- qui limite le procédé de couplage respiratoire mais le taux d'ADP comme on peut le montrer dans les manifestations habituelles du métabolisme en utilisant expérimentalement le "découplage". C'est évident que le mécanisme de couplage a des propriétés autorégulatrices et fonctionne selon le principe d'une **rétro-action négative** (p. 55).

Comme l'oxydation du substrat, ou plutôt de NADH + H^+, est liée à la phosphorylation oxydative d'ADP en ATP, elle ne peut avoir lieu que si la quantité d'ADP disponible est suffisante. Cela suppose cependant d'autre part, que l'ATP soit utilisé, avant, en proportion équivalente, soit pour le travail musculaire, le transport actif ou les biosynthèses. Ainsi la consommation d'oxygène correspond aux besoins énergétiques de la cellule par le biais de la **régulation de l'intensité respiratoire,** en fonction du taux d'ADP présent. De ce fait il n'y a pas de véritable équilibre chimique, mais plutôt un état stationnaire d'équilibre de flux qui dépend du taux d'O_2, de la concentration du substrat et avant tout du couplage avec la phosphorylation (voir aussi p. 308 sq.).

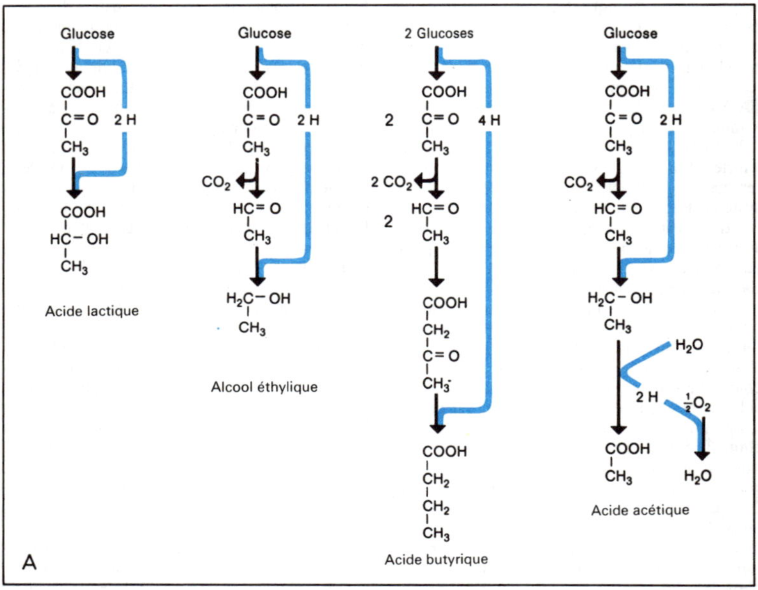

Principaux types de fermentation

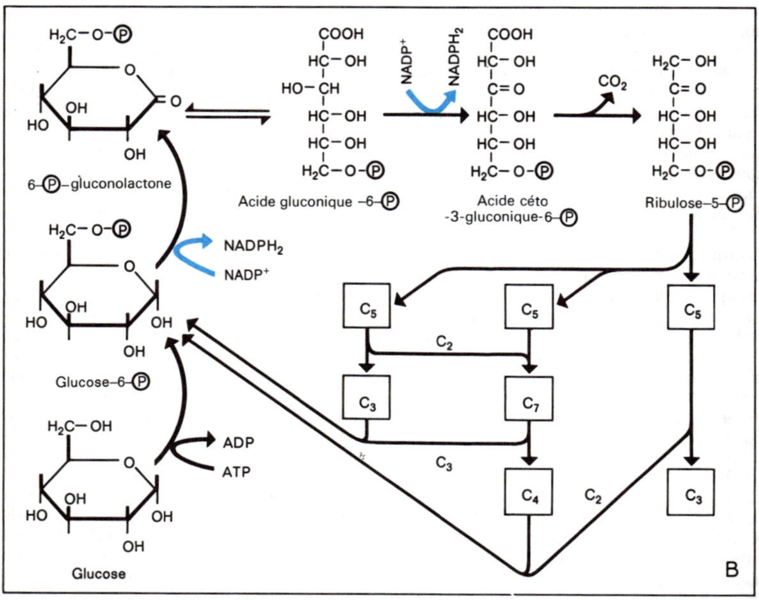

Oxydation directe du glucose

Les hydrates de carbone ne sont pas toujours utilisés dans le métabolisme selon les voies décrites précédemment (p. 302 sqq.). Les exceptions concernent aussi bien les accepteurs d'hydrogène (respiration, fermentation) que le schéma de la dégradation du glucose (oxydation directe).

Respiration et fermentation (A)

On qualifie le métabolisme oxydatif de **respiration** lorsque l'hydrogène qui provient de nombreux substrats se combine finalement à l'intérieur de la chaîne respiratoire avec de l'**oxygène libre** pour former de l'eau :

La respiration aérobie au cours de laquelle l'oxygène moléculaire O_2 se comporte comme accepteur d'H est la « respiration » s.s.

La respiration anaérobie : en l'absence d'oxygène de l'air, certains microorganismes tirent l'oxygène des liaisons chim. inorganiques et l'utilisent comme accepteur d'H. Ils l'obtiennent par réduction de nitrates ou de nitrites en oxyde nitrique ou en N_2. Dans les sols mal aérés, cette dénitrification prive donc les *Plantes* de nitrate. De même les *Bactéries désulfurisantes* réduisent le sulfate en H_2S.

On appelle **fermentation** la dégrad. faiblement énergétique de certains corps organ. en **l'absence d'O_2 libre**. Ce processus n'aboutit pas à un gain énergétique aussi élevé que la respir. car la dégradation des substrats est bp. moins poussée ; les besoins énergétiques ne sont donc couverts que par une importante utilisation du substrat de fermentation. Souvent seule une partie de l'H vient du substrat, si bien que l'on n'obtient pas CO_2 et H_2O, mais – éventuellement à côté de CO_2 – les produits caractéristiques qui ont donné leur nom aux différents types de fermentation.

La fermentation lactique : de nombreuses *Bactéries* transforment le glucose et les autres monosaccharides en acide lactique ; les « ferments lactiques », les *Streptococcus lactis* de même que les *Bactéries* du yaourt de la famille des *Lactobacillus*, se trouvent dans les produits laitiers et dans les produits générateurs d'acide lactique. La suite de ces réactions chim. montre que la ferment. lactique est semblable à la glycolyse anaérobie qui s'effectue dans le muscle : le glucose est déshydrogéné et l'hydrogène est accepté par le pyruvate qui est réduit en acide lactique. Comme il n'y a pas de décarboxylation, il n'y a pas de production de CO_2 :

$C_6H_{12}O_6$ -> $2\,CH_3 - CHOH - COOH + 156$ KJ/mol.

La fermentation alcoolique : les *Levures*, p. ex. la *Levure de bière* (*Saccharomyces cerevisiae*), dégradent également le glucose par la glycolyse jusqu'au niveau de l'acide pyruvique ; la pyruvate-décarboxylase pour donner de l'acétaldéhyde qui reçoit de l'hydrogène décarboxylé ensuite par $NADH^+$ H^+ et forme de l'alcool éthylique :

$C_6H_{12}O_6 \rightarrow 2\,CO_2 + 2\,CH_3 - CH_2OH + 234$ KJ/ mol.

La fermentation butyrique : il faut mentionner les *Bactéries* anoxybiotiques, p. ex. les germes très répandus de la famille des *Clostridium* responsables de la peste bovine qui décomposent différents substrats (p. ex. la pectine des lamelles intermédiaires : rouissage du chanvre et du lin) pour aboutir à l'acétaldéhyde ou à l'acétyl CoA, et qui synthétisent ensuite l'acide acétylacétique $CH_3 - CO - CH_2 - COOH$, qui joue le rôle d'un accepteur d'hydrogène en se transformant en acide butyrique :

$C_6H_{12}O_6 \rightarrow CH_3 - CH_2 - CH_2 - COOH + 2\,CO_2 + 2\,H_2 + 264$ KJ/mol.

Le gain énergétique est faible, car une partie de l'hydrogène se dégage sans être utilisée (utilisation par les *Bactéries oxhydriques*, p. 323).

La fermentation acétique : de nombreuses *Bactéries*, p. ex. la *Bactérie acétique (Bacterium aceti)*, peuvent utiliser l'alcool éthylique encore très riche en énergie qui provient de la fermentation alcoolique (« **fermentation oxydative** ») et sont responsables de la transformation d'un liquide alcoolique laissé à l'air en « vinaigre ». Par double déshydrogénation, une molécule d'alcool éthylique et une molécule d'eau donnent, après des réactions intermédiaires, de l'acide acétique et de l'hydrogène : celui-ci entre dans la chaîne respiratoire et se combine à de l'oxygène pour former de l'eau :

$CH_3 - CH_2OH + O_2 \rightarrow CH_3 - COOH + H_2O +$ 456 KJ/mol.

Oxydation directe du glucose (B)

A côté de la dégradation du glucose par la glycolyse et le cycle de Krebs, une autre voie conduit à une dégradation directe. Contrairement à la glycolyse, la déshydrogénation ne s'y produit pas au dernier stade, mais dès le début. Le $NADP^+$ capte l'hydrogène du glucose-6-phosphate qui donne de l'acide phospho-6-gluconique, celui-ci est à nouveau déshydrogéné par le $NADP^+$ pour former de l'acide céto-3-gluconique-6-phosphate. Une décarboxylation conduit à un corps en C_5, le ribose-5-phosphate. L'oxydation proprement dite est alors terminée : elle ne concerne qu'un atome de C de la molécule de glucose qui forme du CO_2 avec gain de deux $NADP.H + H^+$. Le pentose ne s'accumule pas dans la cellule, car il entre dans le **cycle des pentoses-phosphates** et donne naissance à de nouveaux sucres au cours de réactions complexes :

A partir de 3 pentoses se forment 2 hexoses et 1 triose. Les hexoses peuvent être directement oxydés de nouveau, le triose peut, soit suivre la voie d'EMBDEN-MEYERHOF, soit redonner du glucose (union de 2 trioses) qui peut de nouveau rentrer dans le cycle. Ainsi le glucose peut en fin de compte être complètement transformé en CO_2 et en 12 NADP réduits. Cependant le $NADPH + H^+$ ne peut pas être directement oxydé dans la chaîne respiratoire mitochondriale et donner de l'ATP. Le transfert de H^+, sur NAD^+ est rarement possible et l'H^+ libéré sert moins à la production d'énergie qu'à des synthèses réductrices.

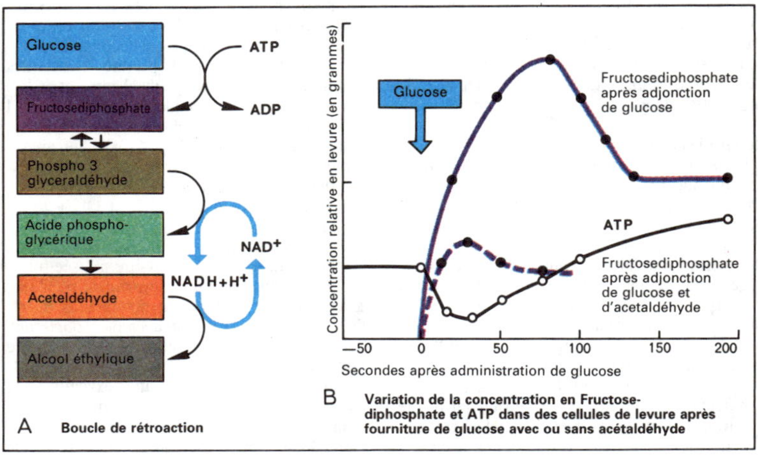

A **Boucle de rétroaction**

B **Variation de la concentration en Fructose-diphosphate et ATP dans des cellules de levure après fourniture de glucose avec ou sans acétaldéhyde**

La fermentation alcoolique conçue comme une boucle de régulation

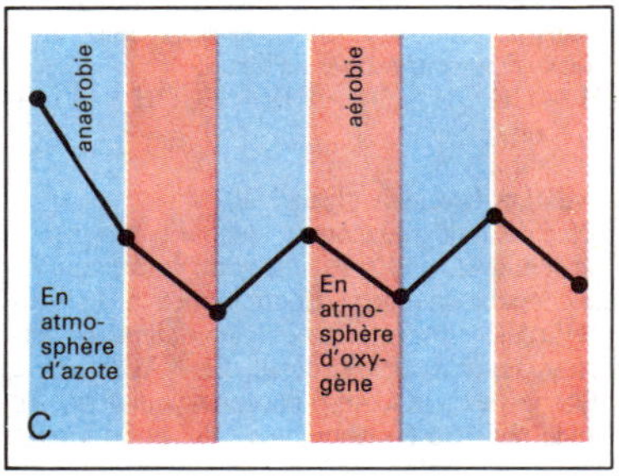

C

Taux du phosphate dans les cellules de levure en respiration et en fermentation

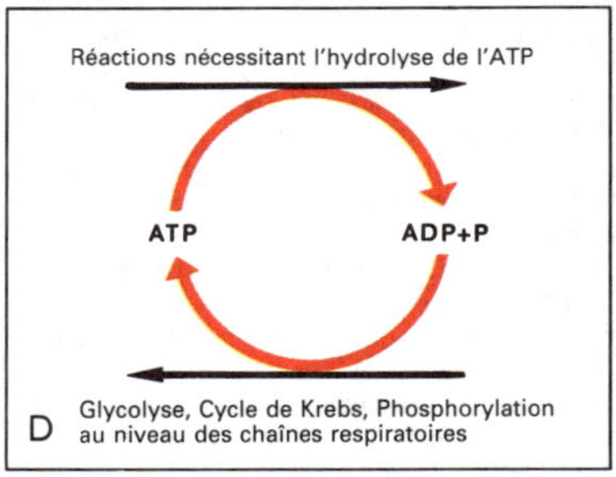

D

Concurrence dans le système ATP/ADP + P

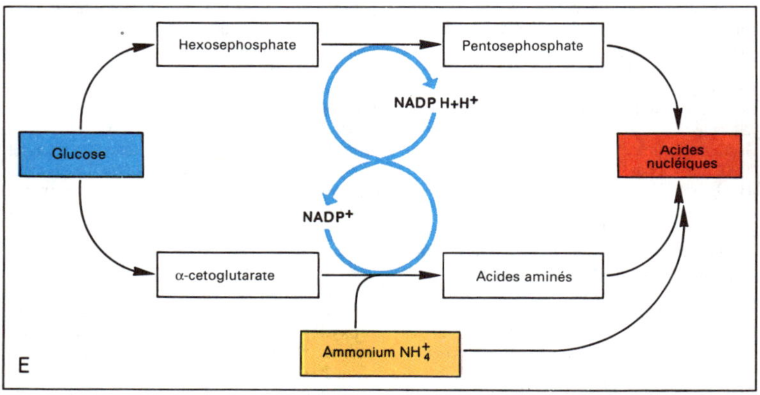

E

Liaison entre la synthèse des pentose-phosphates et des acides aminés dans des cellules de levure en croissance

Régulation intracellulaire

L'adaptation aux variations du milieu est une propriété nécessaire à toute forme de vie. Beaucoup de ces processus de régulation biolog. reposent sur le **principe de la boucle de régulation** (p. 6, 56 sq.) et se déroulent de façon « simple » au niveau intracell., c.-à-d. à l'int. d'une cel. ; au contraire, la régulation nerveuse (p. 312 sq.) et hormonale (p. 326 sqq.) s'étendent de cel. en cel. aux organes ou à l'organisme entier. La régulation intracell. agit selon différents mécanismes :

- **Répression** ou **induction** de la synthèse des enzymes par modification de l'activité des gènes (détails, cf. p. 468 sqq.).
- Modification de **l'activité des enzymes** sous l'effet de la modulation (p. 273, 327).
- Régulation enzymatique, c'est-à-dire, comme présenté dans les exemples qui suivent, la modification de l'intensité du métabolisme par la concurrence au niveau de l'enzyme entre le coenzyme et le substrat.

Exemples de régulation enzymatique

On connaît aujourd'hui nombre de réactions métaboliques dont le déroulement est permis par des enzymes qui se trouvent en compétition pour un système de coenzymes commun. De cette façon, une chaîne de réactions linéaire est liée à un processus cyclique.

1. La fermentation alcoolique en tant que boucle de régulation (A) : dans la chaîne de réactions qui conduit du glucose aux produits de la fermentation, alcool éthylique et CO_2, il intervient un mécanisme de rétroaction ; il s'agit du cycle de l'hydrogène introduit par le système de coenzymes $NAD^+/NADH + H^+$, qui couple la dernière étape de la chaîne des réactions avec une étape précédente. Si l'on modifie l'équilibre stationnaire en augmentant la concentration du glucose, les produits intermédiaires s'accumulent tout d'abord jusqu'au stade du 3-phospho-glycéraldéhyde, dont la déshydrogénation en acide glycérique est en effet limitée par la quantité de NAD^+ ; cette accumulation ne peut être résorbée, qu'au bout d'un certain temps, lorsque s'est formée une quantité suffisante d'acétaldéhyde, et que le $NADH + H^+$ disponible a été oxydé en NAD^+. Ce « tir trop long » peut être évité expérimentalement par un apport simultané de glucose et d'acétaldéhyde, ce qui montre la compétition des enzymes pour le système de coenzymes commun (B).

2. Effet Pasteur : dès le milieu du XIXe siècle, PASTEUR constatait que la consommation du glucose par les *Levures* en anaérobiose était notablement ralentie (de 60 % env.), lorsqu'on introduisait de l'oxygène. Parallèlement, l'alcool éthylique et parfois l'acide lactique s'accumulent dans les cellules. Le métabolisme s'inverse totalement. L'oxygène semble donc inhiber la dégradation du glucose, ce qui est extrêmement économique, car la respiration libère normalement davantage d'énergie que la fermentation anaérobie. (On en trouve la preuve dans l'augmentation de la consommation du phosphate due à une synthèse accrue d'ATP à partir de P et ADP, C). Tous les tissus animaux et végétaux normaux présentent un mécanisme d'adaptation analogue, à l'exception des globules rouges (érythrocytes) : leur équipement respiratoire est déficient au point que, au cours de la fermentation lactique, il n'apparaît presque pas de différence entre l'aérobiose et l'anaérobiose.

En fait, l'effet Pasteur n'est pas directement provoqué par l'oxygène ; c'est plutôt la respiration qui, activée en présence d'oxygène, réprime la fermentation en entrant en concurrence avec elle pour le système ATP/ADP + P (LYNEN). Là aussi on rencontre une boucle de régulation (D) : les enzymes phosphorylantes qui synthétisent l'ATP à partir de l'ADP et du phosphate inorganique entrent en compétition avec celles qui décomposent l'ATP. Le catabolisme des glucides qui passe par la glycolyse et le cycle de Krebs est étroitement couplé avec la formation de molécules d'ATP à partir d'ADP et P et ne peut par conséquent se poursuivre que dans la mesure où l'ATP est décomposé. Mais comme en aérobiose, la chaîne respiratoire produit de plus en plus de l'ATP et consomme de l'ADP et du P, ces composés deviennent rapidement les facteurs limitants et la dégradation des glucides est inhibée. Cette théorie est appuyée par une série d'expériences :

- Si l'on ajoute du phosphate à des cultures de *Bactéries* en aérobiose, l'utilisation du glucose atteint le même niveau qu'en anaérobiose.
- En découplant la phosphorylation oxydative par un « découpleur » (dinitrophénol, p. 305), la glycolyse aérobie parvient égal. au même niveau qu'en anaérobiose, car ADP et P sont fournis alors avec une telle profusion que la glycolyse et la respiration peuvent se poursuivre simultanément à une vitesse élevée.

3. Cycle du pentose-phosphate et croissance (E) : des organismes en croissance, la *Levure* p. ex., ont des besoins importants en acides aminés et en acides nucléiques pour assurer leur croissance et leur multiplication. Les « synthèses réductrices » qui produisent ces matériaux et le cycle du pentose-phosphate sont couplés par l'intermédiaire du système $NADP^+/NADPH + H^+$:

- p. ex., l'assimilation de l'ammonium sous forme d'acide aminé nécessite l'oxydation de $NADPH + H^+$ en $NADP^+$; le $NADPH + H^+$ est régénéré dans le cycle des pentoses P. Aussi peut-on provoquer expérimentalement une accélération de l'oxydation directe du glucose chez la *Levure* par addition d'un sel d'ammonium.

Disparition des régulations cellulaires

Dans les tumeurs, par suite d'une division cell. intense, la croissance devient incontrôlée, la modification du plasmalemme en surface compromet la faculté d'adhésivité cellulaire (p. 19) (métastases), la différ. en cel. somatiques fonctionnelles est perdue et la fermentation lactique prédomine malgré les conditions aérobies.

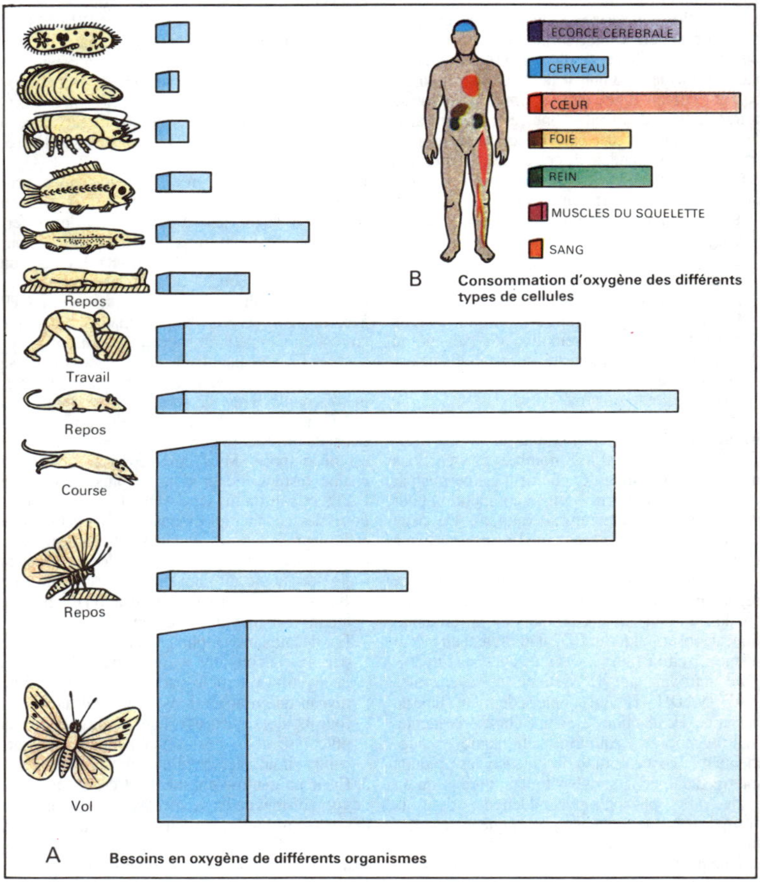

Besoins en oxygène de différents organes et de différents animaux

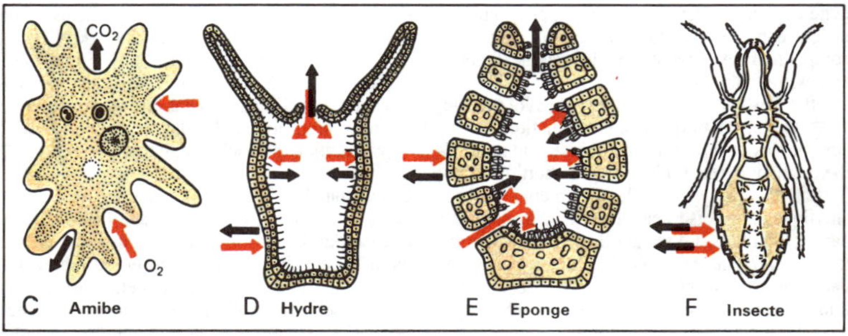

Types de transport des gaz respiratoires

La respiration cell. (respiration interne) ne peut se maintenir que dans des conditions aérobies. L'organisme est donc le siège d'échanges gazeux constants (respiration externe) qui amènent de l'oxygène aux tissus, et rejettent le CO_2 formé. La respiration externe forme ainsi le premier et le dernier maillon de la respiration cellulaire.

Une anoxie d'assez longue durée entraîne des lésions fonctionnelles de plus en plus graves, jusqu'à la mort (p. 309), car l'**oxygène intracellulaire** ne peut satisfaire le besoin énergétique normal que pendant quelques secondes. Seule la cellule musculaire dispose d'une réserve en O_2 de courte durée grâce à un pigment musculaire rouge : **la myoglobine**. De plus, l'augmentation de la concentration en CO_2 produit des lésions. En conséquence, la vie et le rendement fonctionnel de l'organisme dépendent surtout de l'efficacité des mécanismes de transport des gaz impliqués dans la respiration.

Le besoin en oxygène des Animaux (A)

varie dans des limites étendues. Alors que les espèces anaérobies sont indépendantes de l'oxygène gazeux, chez les espèces aérobies toute activité liée à une dépense énergétique élève la consommation en oxygène :

- Intensification du métabolisme, p. ex. augmentation du métabolisme basal (voir p. 301),
- Particularités dues à certaines fonctions (exercice physique, digestion, « fièvre »),
- Température chez les *Animaux* à sang froid ; chez les *Animaux* à sang chaud, répartition de la chaleur réglée pour maintenir une température constante.

L'approvisionnement en oxygène dépend du monde ext. et se fait de différentes manières :

- Chez les *Vertébrés*, les *Insectes*, les *Crustacés*, les *Poulpes* et les *Méduses*, le transport d'oxygène est si efficace que les tissus sont saturés d'oxygène ; c'est pourquoi ces animaux sont, dans une certaine mesure, indépendants de la concentration en oxygène du monde extérieur.
- Beaucoup de *Gastéropodes*, d'*Echinodermes*, d'*Actinies* sont étroitement tributaires de la teneur en oxygène du monde extérieur pour leur approvisionnement en O_2, car leurs tissus, en raison d'une mauvaise irrigation, de trop longs parcours de diffusion et de pigments respiratoires peu actifs, ne peuvent être saturés en O_2.

Principes du transport des gaz respiratoires

Le fonctionnement du mécanisme de transport des gaz respiratoires consiste en :

- une absorption à partir du monde extérieur de l'oxygène nécessaire à tout le métabolisme énergétique,
- une répartition correspondant aux besoins des différents types cellulaires (B),
- une adaptation aux besoins des tissus qui varient dans le temps.

Ces exigences valent aussi pour l'évacuation du CO_2 dans la proportion de 0,7 à 1 fois l'oxygène utilisé.

1. La diffusion est considérée comme le processus de base des échanges gazeux. C'est un processus d'équilibration au cours duquel les molec. sont transportées d'un endroit où leur concentration est élevée vers un endroit où leur concentration est plus faible, conformément au 2e principe de la thermodynamique. L'énergie qui permet le transport est l'énergie cinétique des molec., ce qui a l'avantage de ne pas utiliser l'énergie cell. L'inconvénient est que seul un faible espace peut être atteint par la diffusion, au maximum quelques mm (p. 25). La diffusion suffit à elle seule à assurer l'approvisionnement en O_2 et l'évacuation de CO_2 des *Unicellulaires* (C).

2. Un accroissement de la surface se produit inévitablement chez les organismes de grande taille. Dans ce cas l'échange gazeux par diffusion n'est suffisant que si le trajet de diffusion est très court. Ceci peut être réalisé par un accroissement de la surface interne et externe chez toutes les *Plantes à tissus* (par le limbe, le système intercell. et chez les plantes sous-marines par l'aérenchyme, p. 82, 290 sq.) et p. ex. chez les *Hydres* (D).

3. Les organes annexes de la respiration sont nécessaires chez tous les autres types d'organismes pour assurer la diffusion des gaz respiratoires :

Les canaux des *Eponges* sont constamment irrigués par l'eau de mer qui est absorbée dans les pores sous l'action de mouvements vibratiles des choanocytes et qui quitte la cavité gastrique par l'osculum (E).

Les trachées des *Insectes* permettent d'atteindre toutes les cel. du corps par de très petits canaux. Souvent les échanges gazeux ne se produisent pas seulement entre les trachées et les cel., mais aussi par diffusion entre les canaux et l'air extérieur environnant (F).

Le syst. circulatoire effectue le transport gazeux chez de nombreux *Animaux supérieurs* (p. 108, 314 sq.). Les échanges gazeux ont lieu par diffusion au travers d'une surface de contact externe entre le sang et le milieu environnant de la même manière qu'entre les cel. des tissus et le sang qui les traverse.

Si l'on réduit la diffusion de l'oxygène à la traversée d'une membrane (en ne tenant pas compte de la pluralité des feuillets, de la diffusion plasmatique et des effets vis-à-vis des érythrocytes), on peut dire que la pénétration gazeuse dépend du gradient de pression, de l'épaisseur de la membrane, de sa nature et avant tout de la superficie de la surface de contact.

- Chez les *Vers*, la surface corporelle suffit à jouer à elle seule le rôle d'une surface d'échanges externes.
- Chez quelques *Annélides*, les *Mollusques*, les *Crustacés* et les *Poissons* apparaissent des systèmes d'échanges spécifiques à grande surface sous la forme d'excroissances fines et bien irriguées : les branchies.
- Chez les *Reptiles*, les *Oiseaux* et les *Mammifères* enfin apparaît le seul appareil respiratoire efficace permettant des échanges gazeux avec l'air environnant : les poumons.

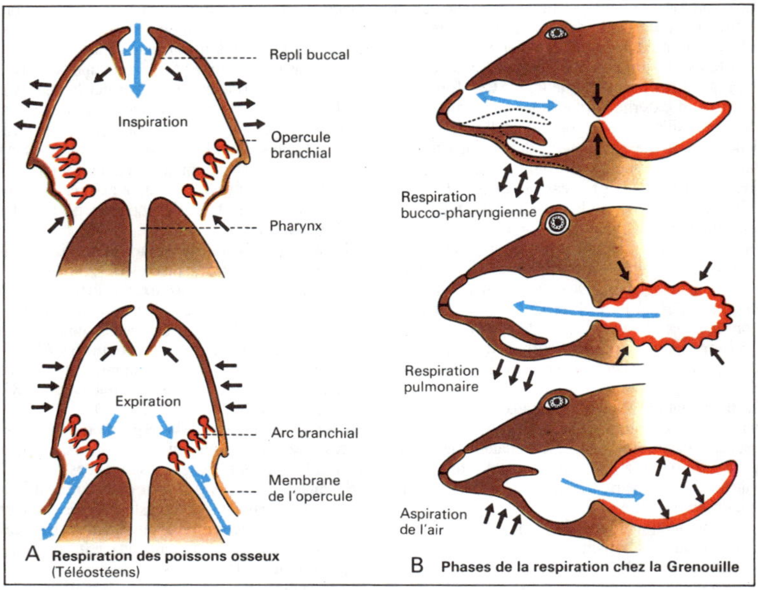

Mouvements respiratoires chez les Vertébrés

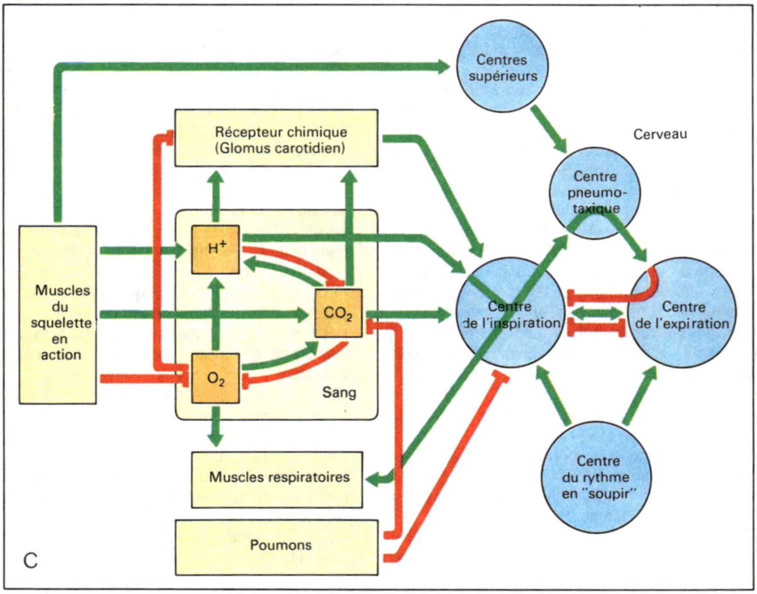

Régulation des mouvements respiratoires

Même lorsque les organes respiratoires annexes sont très développés, la diffusion ne suffit pas à assurer à elle seule les besoins en oxygène lorsqu'ils sont importants. Ils ne peuvent alors être couverts que par des mouvements respirat. qui intensifient les échanges gazeux et peuvent s'adapter aux exigences diverses.

Les mouvements respiratoires

Les diff. classes animales ont de nombr. manières d'obtenir par la ventilation des échanges gazeux plus rapides ; on peut cependant en général les ramener à quelques types fondamentaux :

- **Changement de milieu par mouvements** de l'*Animal* dans son milieu (mouvements de pompage rythmique des *Méduses*, ondulations des *Sangsues* et des *Tubifex*).
- **Ventilation par mouvements vibratiles** assurés par des cils (*Coquillages, Rotifères, Amphioxus, Tuniciers*) ou par des flagelles, qui produisent un courant d'eau orienté (*Eponges*).
- **Mouvements des extrémités branchiales** (*Crustacés*), des parapodes (*Néréides*) ou des bords du manteau (*Gastéropodes aquatiques*).
- **Compression des organes respiratoires** (*Stylommatophores, Insectes, Poulpes, Vertébrés*).

Cette dernière forme s'associe avec la **respiration branchiale** chez les *Poissons*, les *Mollusques* et les *Crustacés*, avec la **respiration intestinale**, p. ex. chez les larves des grandes *Libellules* (*Anisoptères*), mais elle s'épanouit surtout avec les **trachées** et les **poumons**.

La respiration des Insectes s'effectue souvent grâce aux mouvements normaux du corps, au cours desquels les trachées élastiques (p. 132 sq.) sont alternativ. comprimées et élargies. Des espèces dont le métabolisme est particulièr. intense (p. ex. les *Abeilles*), provoquent des mouvem. respirat. par une rapide contraction rythmique de la partie postérieure du corps.

Les mouvements respiratoires des Poissons : le relèvement de la membrane de l'opercule branchial suscite un courant d'aspiration qui fait pénétrer de l'eau fraîche par la bouche. Ceci peut être favorisé par la nage, bouche ouverte. Chez les *Squales*, le fonctionnement du cœur est couplé avec le rythme respiratoire (A).

Les Amphibiens, p. ex. les *Grenouilles*, tout en gardant une trachée fermée et des narines ouvertes, font entrer de l'air frais dans la cavité laryngale par des mouvem. rapides de la membrane (respiration laryngée), puis le mêlent dans la poche du larynx avec l'air expiré par le poumon (respiration pulmonaire) et inspirent ensuite (air mélangé) avec l'aide des muscles buccaux (B).

Les Reptiles : des mouvem. des côtes augment. le vol. de la poitrine et les poumons ainsi dilatés inspirent l'air. Les *Tortues* ne peuvent expirer activ. que par la pression des muscles abdom. Ce sont les seuls *Vertébrés*, avec les *Lézards*, qui possèdent une muscul. pulm. striée.

Les Oiseaux sont les *Vertébrés* qui possèdent les poumons les plus perfect. : comme ils ont, à la place d'alvéoles isolés, un syst. de conduits communicants, les « sifflets pulmonaires », l'air peut être pompé par tout le syst., en vol par la pression de l'air (effet de soufflet), au repos par l'activité de la musculature costale.

Les Mammifères respirent grâce au mouvem. des côtes et du diaphragme qui agrandit « l'espace pleural » qui enveloppe hermétiquement les poumons et les fait en conséquence se dilater (p. 103). La respiration normale est chez l'*Homme* de 0,5 l par souffle, la fréquence respiratoire atteint, au repos, environ 15 respirations/min (*Souris* 200, *Lapin* 50, *Cheval* 10, *Éléphant* 4-10).

Régulation des mouvements respiratoires (C)

Alors que beaucoup d'*Animaux inférieurs* dont les besoins en O_2 sont faibles, n'ont apparemment pas de régulation ou seulement une « régulation de la diffusion » (*Insectes, Mollusques* : élargissement de l'ouvert. respir.) et que cert. *Animaux aquatiques* ont une régul. indirecte (recherche d'eau riche en O_2), les *Vertébrés* peuvent le plus souvent s'adapter automatiquement à des besoins variables en modifiant la fréquence et l'amplitude respiratoire.

1. **Le centre de la respiration**, situé dans le bulbe rachidien des *Vertébrés*, règle les mouvements respiratoires sur le plan nerveux ; les *Oiseaux* possèdent en outre dans le cerveau intermédiaire un centre modérateur (protection contre la chaleur excessive). Les noyaux inspirateurs et expirateurs du centre de la respiration sont autonomes et leur activité rythmique est soumise à une inhibition mutuelle. En outre il existe un circuit régulateur passant par le « centre pneumotaxique » du pont et qui assure une nouvelle liaison avec l'hypothalamus et avec le cerveau. Enfin une distension des poumons inhibe le centre de l'inspiration par l'intermédiaire des fibres végétatives sensitives (commande automatique de la respiration). La destruction des centres de la respiration dans le bulbe déclenche le rythme « en soupirs » qui provient de centres spinaux inférieurs et qui correspond au centre primitif de la respiration des *Poissons*. Une excitation végétative supérieure à la normale entraîne l'asthme.
2. **Le déclenchement de la respiration** a différentes causes :

- **La baisse de la pression en oxygène** dans le sang est mesurée par les chimiorécepteurs du sinus carotidien, car les cel. des nodules carotidiens dévient rapid. vers la fermentation en cas de manque d'O_2 et les métabolites qui diffusent alors, excitent les terminaisons nerveuses chimiosensibles voisines.
- **L'élévation de la pression de CO_2** entraîne une augmentation de la concentration en ions H^+ (provenant de l'acide carbonique) aussi bien dans les chimiorécepteurs que dans les cellules du centre de la respiration. Le CO_2 excite sans doute directement ce centre.
- **Le travail musculaire** entraîne une augmentation proportionnelle de la respiration. Les récepteurs des muscles du squelette et les ordres du cerveau intermédiaire et de l'écorce cérébrale motrice donnent l'impulsion.

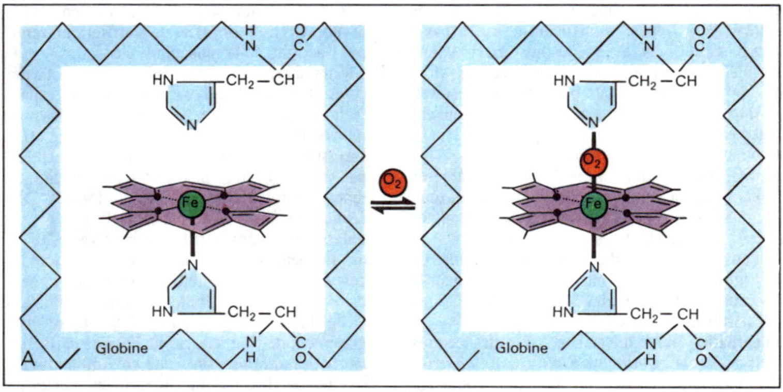

Hypothèse du mode de fixation de l'oxygène par l'hémoglobine

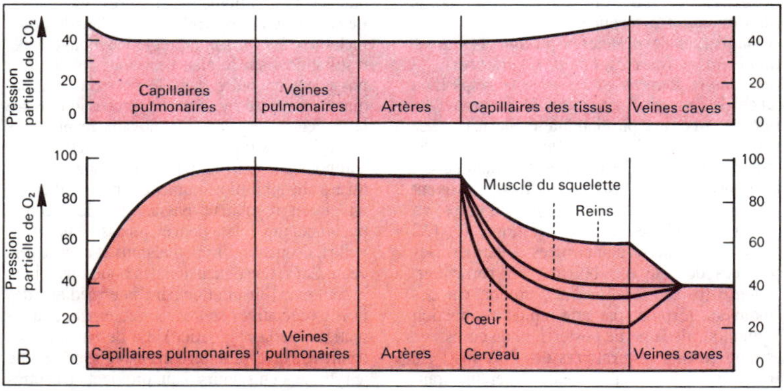

Pressions partielles de CO_2 et d'O_2 dans les différents vaisseaux (homme au repos)

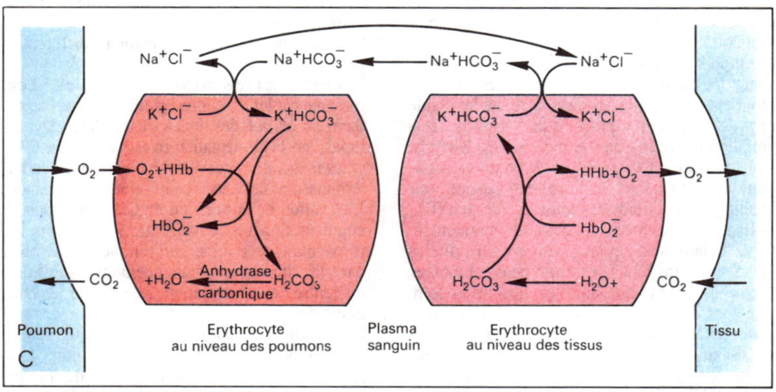

Schéma des réactions d'échange dans les capillaires des poumons et des tissus

Aperçu sur les fonctions du sang

La principale est le transport des éléments, ce qui concerne :

- **La respiration**, c.-à-d. l'apport d'O_2 et l'évacuation de CO_2,
- **La nutrition**, c.-à-d. l'approvisionnement des cellules en éléments nécessaires à leur constitution et à leur activité,
- **L'évacuation** des produits du métabolisme des déchets et des substances toxiques,
- **La régulation du pH**, c.-à-d. le maintien d'une certaine concentration en ions H^+ malgré des liaisons acides instables (p. 317),
- **L'apport de chaleur**, c.-à-d. l'équilibration thermique entre l'intérieur et la surface du corps des animaux à sang chaud.

Le sang participe aussi, en transportant des hormones, à la régulation coordonnée de tout l'organisme (p. 326 sqq.). De plus, il participe au système de défense, spécifique et non spécifique, contre les corps étrangers et les agents pathogènes (p. 320 sqq.).

Constitution générale du sang

Le sang a toutes les caractéristiques d'un organe vivant. Il se compose de cellules (globules) et d'une substance intercellulaire (plasma), cependant les premières ne sont pas réunies au sein d'un tissu et la dernière est ici très importante tant par son volume que par sa teneur en protéines.

1. Le plasma sanguin transporte du glucose (sucre sanguin), des lipides, des corps azotés et, surtout après un travail musculaire, de l'acide lactique. Parmi **les composants fonctionnels**, l'eau représente 90 % ; les ions inorganiques (Na^+, Ca^{++}, Cl^-, HCO_3^-) se trouvent à des concentrations faibles mais constantes. La pression osmotique qu'ils engendrent correspond p. ex. chez l'*Homme* à une solution « physiologique » de NaCl à 0,9 %, chez la *Grenouille* 0,6 %. Les protéines plasmatiques sont très diverses : les albumines composent la réserve protéinique, servent à la pression osmotique colloïdale, au transport de l'eau à travers les membranes et au transport des acides gras dans le sang ; les globulines transportent des ions métalliques, les hormones et les vitamines ; elles prennent part à la coagulation sanguine (p. 318 sq.) et ont un rôle déterminant dans le phénomène de l'immunité (p. 320 sqq.).

2. Les globules du sang : on distingue selon leur fonction et leur forme les leucocytes, thrombocytes et érythrocytes (p. 80 sq.). Le métabolisme des **érythrocytes** notamment, qui, chez les *Mammifères* ne possèdent ni noyaux ni ribosomes, ni mitochondries, est très particulier : la consommation d'oxygène est très faible, la synthèse de l'ATP provient uniquement de la dégradation du glucose par une voie modifiée de la glycolyse. Ce métabolisme permet le fonctionnement de l'hémoglobine qu'ils contiennent.

L'hémoglobine normale (A) de l'*Homme* se compose d'un hème tétrapyrollique, de 2 chaînes protéiques α et de 2 chaînes ß respectiv. formées de 141 à 146 acides aminés de séquence connue. Le fer bivalent lié aux hèmes peut capter l'O_2 (réaction réversible), en diminuant l'écart des chaînes ß et le pH (effet Bohr). 1 g d'hémoglobine peut capter 1,34 ml d'O_2, c.-à-d. que 100 ml de sang humain peuvent capter 22 ml d'O_2 au maximum.

L'inclusion de l'hémoglobine dans des cellules particulières est impérative chez les animaux à fort métabolisme (*Vertébrés*). Le besoin d'une grande quantité d'hémoglobine pour assurer la fixation d'O_2, avec une capacité maximum, entraînerait autrement une forte augmentation de la pression osmotique entravant les échanges d'eau avec les tissus.

Chez les *Invertébrés*, l'hémoglobine, lorsqu'elle est présente, est le plus souvent dissoute dans le plasma (*Annélides*, certains *Arthropodes* et *Mollusques)*.

La fonction respiratoire du sang (B, C)

Le plasma sanguin et les érythrocytes participent conjoint. au transport des gaz respiratoires.

1. Le transport d'O_2 dans le sang : l'oxygène et d'autres gaz de l'air provenant des organes respiratoires diffusent dans le sang et s'y dissolvent selon leur pression partielle (B) : 100 ml de plasma artériel à 37 ° ne contiennent que 0,18 à 0,22 ml d'O_2. En même temps, l'hémoglobine, qui a une affinité pour l'oxygène 40 fois plus grande, capte l'oxygène. Quand le sang saturé en O_2 parvient alors dans les tissus, l'oxygène y pénètre en fonction de sa pression partielle, tandis que le CO_2 passe dans le plasma sanguin. La teneur accrue en CO_2, c.-à-d. en acide carbonique, entraîne alors le passage de l'hémoglobine de la forme acide oxydée à une forme moins acide sans O_2 (effet Bohr). Les érythrocytes peuvent ainsi fournir de l'oxygène au plasma sanguin puis aux tissus voisins. Outre l'acide carbonique, l'acide lactique formé dans les muscles sous-alimentés en O_2 au cours d'un travail intense, agit aussi sur l'effet Bohr, ce qui fait que les conditions aérobies peuvent être localement reconstituées là où le besoin en O_2 est important.

2. Le transport de CO_2 dans le sang : le CO_2 formé dans les tissus diffuse dans le sang selon le gradient de pression essentiellement sous forme de HCO_3^-. Les ions alcalins sont présents ds les protéines plasmatiques (Na^+) et l'hémoglobine (K^+). Dans les organes respiratoires, l'oxyhémoglobine acide (hémoglobine réduite + O_2), échange alors le K^+ du $KHCO_3$ contre H^+, si bien qu'il se forme de l'acide carbonique qui est rapidement décomposé en H_2O et CO_2 sous l'action de l'anhydrase carbonique. Le $NAHCO_3$ transporté dans le plasma cède, selon les besoins des organes respiratoires, l'HCO_3^- aux érythrocytes, où de l'acide carbonique est également formé puis décomposé par action enzymatique. CO_2 sort enfin dans l'air respiratoire.

Les transports de CO_2 et d'O_2 sont donc couplés, les besoins des organes respiratoires et des tissus approvisionnés réglant périodiquement les échanges gazeux.

Pigment respiratoire	Couleur du Pig. oxygéné / Pig. désoxygéné	Métal: Ions	Métal: % teneur	P m	Localisation (quelques exemples)
Hémoglobine	rouge clair / rouge sombre	Fe^{2+} / Fe^{2+}	0,3 à 0,4	70000	Erythrocytes de tous les Vertébrés à l'exception des Chaenichthyidés (poissons arctiques) et des larves leptocéphales d'Anguille)
				20000	Erythrocytes des Agnathes
				30000	Cellules sanguines des Géphyrés, Chétopodes et Phoronidiens, de quelques Lamellibranches et Holothurides ; cellules trachéennes de quelques Insectes
				400000	Hémolymphe de quelques Crustacés : cellules conjonctives de différents Mollusques, platodes parasites et Annélides
Myoglobine	rouge clair / rouge sombre	Fe^{2+} / Fe^{2+}	0,3	20000	Cellules musculaires des Vertébrés et de quelques invertébrés
				3000000	Hémolymphe de différents Annélides
Chlorocruorine	vert / vert	Fe^{3+} / Fe^{3+}	1,3	3000000	Hémolymphe des Annélides sédentaires : Sabellaria, Serpule, Spirographe
Hémerythrine	violet / incolore	Fe^{3+} / Fe^{2+}	0,8	70000 –	Cellules sanguines des Siponculiens
				1000000	Cellules sanguines des Priapulides et Brachiopodes
Hémocyanine	bleu / incolore	Cu^{2+} / Cu^{+}	0,15	400000	Hémolymphe des Crustacés (Langouste)
			0,17	1000000	Hémolymphe des Limules (Xiphosures)
			0,25	7000000	Hémolymphe des Mollusques céphalopodes

A

Pigments respiratoires

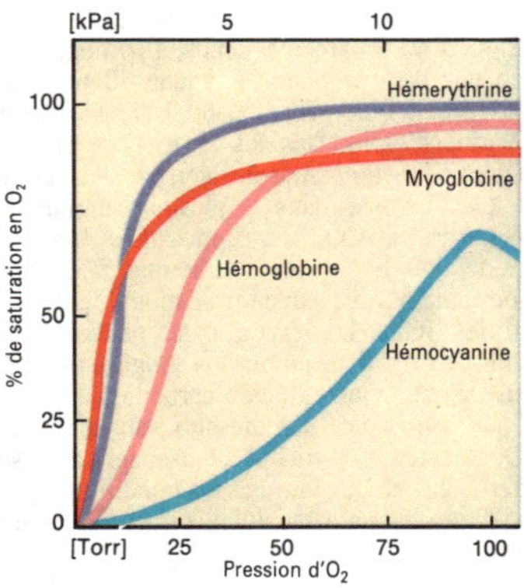

B **Fixation d'O_2**

Espèce	Pigment	p_{50} Torr	Conditions °C	Conditions pH
Cheval	Hb	27	37	7,4
Homme	Hb	38	37	7,4
Rat	Hb	56	37	7,4
Souris	Hb	72	38	–
Têtard	Hb	5	20	7,2
Grenouille	Hb	13	20	7,2
Carpe	Hb	5	15	–
Truite	Hb	18	15	–
Saumon	Hb	35	15	–
Chironome	Hb	0,6	17	7,7
Daphnie	Hb	3	17	7,7
Crabe tourteau	Hcy	12	23	–
Poulpe	Hcy	3	25	–
Calmar	Hcy	36	23	–
Ver de terre	Hb	5	10	8,2
Spirographe	Cc	27	20	7,7
Ascaris	Hb	0,05	12	7,0

C **Valeurs du p50**

Affinité pour l'oxygène de différents pigments respiratoires

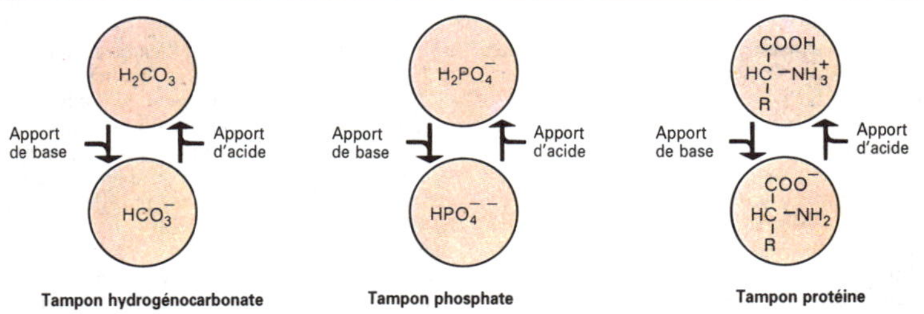

Systèmes tampons du plasma

Les pigments respiratoires (A)
Comme l'O_2 ne peut diffuser, à partir de la surface du corps, de plus de 2 mm dans les tissus, les gros *Animaux* nécessitent des liquides transporteurs : le **sang** chez les animaux à circulation close, l'**Hémolymphe** chez ceux à circulation lacunaire (p. 135).
Les *Cœlentérés*, les *Vers inférieurs*, les *Amphineures*, les *Lamellibranches* et quelques *Poissons osseux* ont de faibles besoins en oxygène et se contentent de l'O_2 dissous physiquement. Tous les autres *Métazoaires* augmentent le pouvoir oxyphorique des liquides transporteurs par la fixation réversible d'O_2 à des **pigments respiratoires**.
L'**Hémoglobine** (p. 134) est le plus répandu. Elle a dû probablement se former à partir du cytochrome (p. 304, A) au cours de l'évolution et de façon indépendante dans des groupes isolés. L'Hémoglobine des diverses espèces animales se différencie par la longueur et la séquence des chaînes peptidiques. Certains animaux ont simultanément plusieurs types d'hémoglobine, p. ex. : 2-3 chez la *Chèvre*, 10-12 chez le *Chironome*. Le P.M. des Hémoglobines non liées à des structures cellulaires est habituellement plus élevé que pour les autres. Les différents types d'hémoglobines se composent de plusieurs sous-unités qui fixent davantage d'O_2 par molécule. Ceci entraîne, malgré une plus grande capacité fixatrice d'O_2, une pression osmotique basse.
La **Myoglobine**, qui est normalement le réservoir d'oxygène des muscles, ressemble à l'hémoglogine par son groupe actif mais se compose seulement d'un hème et d'une chaîne peptidique au lieu de 4 et fixe plus facilement O_2.
La **Chlorocruorine** ressemble chimiquement à l'hémoglobine et se rencontre en même temps qu'elle chez la *Serpule*.
L'**Haemerythrine** contient du fer, lié à la protéine, dont les 3 ions fixent chacun 1 oxygène en passant de Fe^{2+} à Fe^{3+}.
L'**Hémocyanine** contient du Cuivre, à l'état Cu^{2+} ou Cu^{+}, directement lié également à la protéine. Chacun des deux ions fixe un O_2. Cette molécule, la plus grosse à l'état naturel, confère au plasma une grande capacité fixatrice d'O_2 avec une très faible augmentation de la pression osmotique.
L'action des pigments tient à ce qu'ils sont déjà saturés en O_2 avec une pression partielle pO_2 inférieure à celle de l'environnement naturel et qu'ils libèrent leur O_2 dans des secteurs où la pression est basse. Leur **courbe de fixation d'O_2** (B), à l'exception de la myoglobine, est en S : ce qui permet dans les tissus consommateurs d'oxygène d'en libérer de relativement grandes quantités pour de faibles diminutions de la pO_2.
L'affinité pour l'oxygène varie énormément selon les pigments respiratoires et dépend moins de leur structure chimique que du mode de vie et de la niche écologique des *Animaux*. Elle s'exprime par la valeur p. 50 qui correspond à une saturation de 50 % du pigment transporteur (C).
– Chez les *Mammifères* les animaux les plus gros et les plus passifs ont un p. 50 plus petit : i.e. que l'hémoglobine a une plus grande affinité pour O_2.
– Chez les *Céphalopodes* on note une diminution de l'affinité de l'hémocyanine pour O_2, depuis la pieuvre (*Octopus*) jusqu'au Calmar (*Loligo*) pélagique et actif.
– Les Homéothermes (*Mammifères-Oiseaux*) ont un p. 50 > Poïkilothermes (ex. : *Poissons*).

La fonction tampon du sang (D)
La constance de la neutralité du sang dans l'organisme est une nécessité vitale, car une variation de l'équilibre acido-basique influence non seulement l'équilibre ionique et la fonction respiratoire du sang, mais modifie égal. entièrement les propriétés des protéines sanguines, des membranes cell. des divers tissus et l'activité des enzymes.
L'acidité d'une solution dépend de sa **concentration en ions hydrogène**, que l'on écrit (H^+), et s'exprime habituellement par l'inverse du logarithme de (H^+) (valeur du pH) : à la neutralité, l'eau contient 10^{-7} g H^+ par litre, i.e. son pH correspond à 7.
Si l'on ajoute un acide à de l'eau on obtient une solution qui libère H^+ (dissociation électrolytique), la concentration $[H^+]$ croît pendant que le pH s'abaisse. L'ajout d'une base qui soustrait H^+ à la solution aqueuse et s'y fixe produit l'effet inverse et la valeur du pH augmente.
Les systèmes tampons limitent les variations du pH d'une solution, provoquées par l'addition de corps acides ou basiques : les tampons étant eux-mêmes un mélange d'acides faibles et de bases faibles, ils fixent ou libèrent H^+ de manière à contrebalancer toute modification du pH. A cause de l'apport constant de produits métaboliques acides, tels que CO_2 ou l'acide lactique, le sang possède un système tampon physiol. qui maintient la constance du pH sanguin (chez l'*Homme* : 7,38) (Homéostasie).
L'effet tampon du bicarbonate qui met en jeu le système HCO_3^-/H_2CO_3 est important et joue un rôle de premier plan dans les échanges d'anions qui accompagnent le transport des gaz (p. 315). L'efficacité du tampon est moins déterminée par la capacité d'absorption du syst. que par l'instabilité de l'acide H_2CO_3 qui échappe ainsi à la réaction d'équilibre sous forme de CO_2 (système ouvert).
L'effet tampon des phosphates est produit dans le sang et les tissus par $H_2PO_4^-$, acide faible en équilibre par la base correspondante avec HPO_4^{--}.
L'effet tampon des protéines intervient dans la régulation du pH d'une façon déterminante, car les acides aminés et les protéines peuvent jouer en tant qu'« ampholytes » tantôt le rôle d'un acide faible, tantôt celui d'une base faible (les protéines possèdent sur une même molécule des groupes basiques et des groupes acides). C'est l'hémoglobine qui joue le rôle le plus important, car elle possède une affinité variable pour les ions hydrogène selon son état d'oxydo-réduction (p. 315).
Les systèmes tampons du sang sont ainsi à même de maîtriser des variations brutales du pH. La régulation complète du pH est ensuite assurée par l'activité coordonnée de divers organes : variations de l'élimination de CO_2 par les poumons, ainsi que des acides et des bases par le rein.

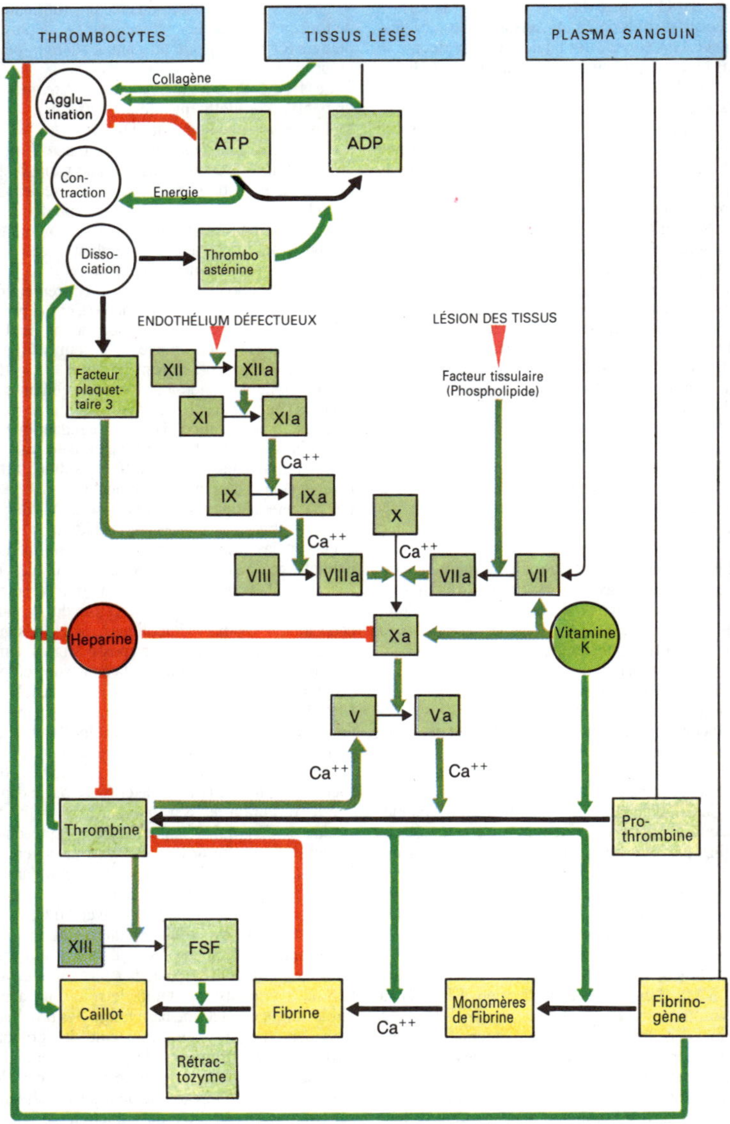

V: Proaccélérine
VII: Proconvertine
VIII: Globuline antihémophilique
IX: Facteur Christmas

X: Facteur Stuart-Prower
XI: Antécédent plasmathrom-boplastine (APTP)
XII: Facteur Hagemann

FSF: Facteur stabilisateur de la fibrine

Ca^{++}: Ion calcium

Schéma de la coagulation sanguine (cas de l'Homme)

Les fonctions importantes du sang font qu'une perte de sang aiguë, due p. ex. à la lésion d'un vaisseau, doit être absolument arrêtée. Alors que les *Annélides* et les *Mollusques* sont pour ce faire limités à des contractions musculaires, chez les *Arthropodes* et les *Vertébrés* apparaît la coagulation sanguine.

L'hémostase des Arthropodes

Chez toutes les esp., les cel. du sang s'agglutinent à l'endroit blessé. En outre, chez certains *Arthropodes* une coagulation renforce ce phénomène, elle présente des analogies avec les processus enzym. entrant en jeu dans la coagul. du sang des *Vertébrés*, dans la mesure où des extraits d'organes de *Vertébrés* favorisent la transformation des composants plasmatiques fibrinogènes.

L'hémostase des Vertébrés

Le fait que le temps de saignement dû à une petite blessure (2 à 3 min) soit plus court que le temps de coagulation du sang (plus de 5 min), amène à distinguer 2 mécanismes différents :

L'hémostase spontanée (hémostase primaire) résulte d'actions conjointes :

- Fixation des thrombocytes aux fibres conjonctives collagènes des bords de la plaie, qui entraîne la formation réversible d'un clou hémostatique sur lequel se dépose le caillot.
- Sténose vasculaire par des ondes de contraction longitudinales au niveau de l'intima.
- Viscosité de l'endothélium.
- Déclenchement de la contraction des petits vaisseaux, avant tout des veinules, par des médiateurs (p. ex. : sérotonine) libérés par la destruction des thrombocytes.

L'hémostase finale (hémostase secondaire) (voir planche) résulte de la coagulation, processus chimico-physiologique, qui donne un caillot gélatineux à partir d'un sang fluide. Le processus central est l'activation de la prothrombine qui circule dans le sang en une enzyme protéolytique, la thrombine, sous l'action de la « Thrombokinase » (= « Thromboplastine ») ; ce qui permet la transformation du fibrinogène soluble en fibrine insoluble. La « Thrombokinase » n'est pas une enzyme isolée mais un état d'activation momentané du sang qui est caractérisé, de ce point de vue, par la présence du facteur X activé (= Xa), du facteur Va, de Ca^{2+} et de phospholipides. Cet état correspond à une succession de réactions complexes. Après la lésion d'un vaisseau, le processus de coagulation est immédiatement stimulé par 2 voies :

La voie endogène (« système intrinsèque ») débute par l'activation du facteur XII, très labile au contact de surfaces rugueuses et endommagées, qui entraîne une cascade enzymatique où chaque enzyme activée active la suivante. Des phospholipides issus des thrombocytes, Ca^{2+} et le facteur VIIIa représentent l'activateur endogène du facteur X. Cette voie nécessite quelques minutes.

La voie exogène (« système extrinsèque ») se met en place, lorsque les blessures sont un peu plus importantes, en quelques secondes à partir de phospholipides issus du tissu conjonctif entourant le vaisseau lésé (libération de facteurs tissulaires dénommés thrombokinase tissulaire) et aboutit de même à l'activation du facteur X.

Ces deux systèmes activent alternativement ou conjointement les processus de coagulation en cascade, en agissant grâce aux facteurs X et V sur des systèmes à rétroaction positive ou négative à inertie variable. On distingue les différentes phases caractéristiques :

Formation de la thrombine

La globuline prothrombine, fabriquée par le foie sous l'action de la vitamine K, se transforme, d'une façon comparable à tous les autres types d'activation enzymatique qui interviennent dans la coagulation, par une protéolyse limitée (analogue à celle du trypsinogène, p. 12 D) en une enzyme protéolytique : la thrombine.

Formation de la fibrine

Le fibrinogène, glycoprotéine fortement acide fabriquée par le foie, est composé de deux sous-unités qui sont transformées par la thrombine en peptides acides, hydrates de carbone et monomères de fibrine. Ceux-ci se polymérisent bord à bord et bout à bout en fibrine réversible et sous l'action du facteur XIII en un réseau intramoléculairement irréversible de fibrine formant le caillot.

Rétraction : la dernière phase de la coagulation est la rétraction de fibres de fibrine, ce qui réduit le caillot (thrombus) au 1/20e de son volume initial et le consolide mécaniquement. L'ATP fournit l'énergie sous l'action de l'ATPase libérée lors de la destruction des thrombocytes (rétractozyme, thrombosthénine).

La fibrinolyse

comprend la dissolution du caillot dans les vaisseaux sous l'action d'une enzyme : la plasmine. Son activation se produit selon un schéma presque identique au système de la coagulation. Il semble qu'il existe en permanence un **équilibre entre la fibrinogenèse et la fibrinolyse** ; en cas de lésion, il s'oriente vers la fibrinogenèse ; sous l'action d'anticoagulants (héparine, hirudine de la *Sangsue*, streptokinase des *Streptocoques*), il s'oriente au contraire vers la fibrinolyse.

Des perturbations de l'équilibre de coagulation entraînent des maladies :

- Hémophilie A (véritable maladie du sang) due à un manque héréditaire du facteur VIII (p. 457) ; en cas de blessure, on doit fournir cette globuline au moyen de sang frais ;
- Hémophilie B, plus rare, causée par l'absence du facteur IX ; l'hémophilie C, encore plus rare, causée par l'absence du facteur X. Les hémophilies sont transmises héréditairement par le chromosome X récessif.
- Thromboses dues à une thrombinogenèse excessive dans des vaisseaux intacts.

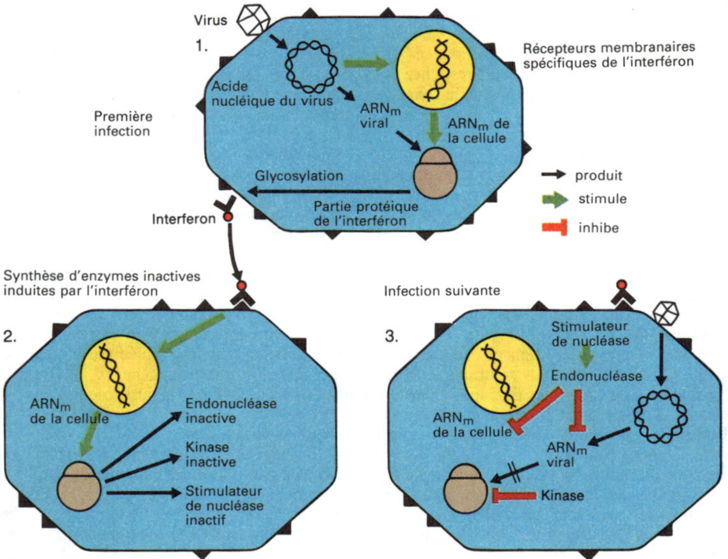

A **Effet antiviral de l'interféron**

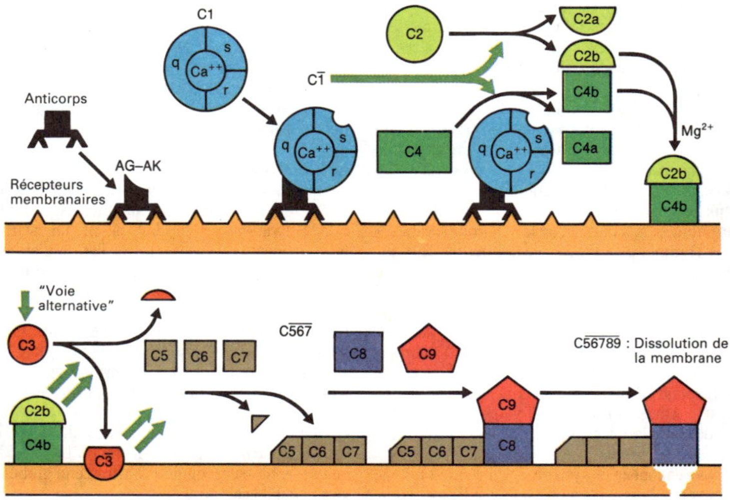

C1 Facteur 1 du complément, inactif qui se compose de C1q, C1r, C1s, Ca^{++}
C$\overline{1}$ Facteur 1 du complément, actif
C2a Peptide qui résulte de la dissociation de C2
C2b Partie enzymatique de C2, active
C$\overline{42}$ Complexe du complément, actif

B **Activation en chaîne du système du complément**

Le système biologique de défense
contre les dommages potentiels des microorganismes et des antigènes comprend :
– **la résistance non spécifique** originelle, rencontrée chez toutes les espèces *animales,* qui est régie par des mécanismes remplissant au départ de nombreuses autres fonctions ;
– **l'immunité spécifique** des *Vertébrés,* phylogénétiquement plus récente, qui se caractérise par une étroite **spécificité** de la réaction immunitaire, son **temps de latence** de 1 à 3 jours entre la première infection et la réponse immun., de même que la **possibilité de mémorisation** (« mémoire immunitaire »).
Des facteurs tant cellulaires qu'humoraux (i.e. : véhiculés par les humeurs) participent aux deux systèmes de défense (immunité humorale spécifique p. 322 sq., immunité cellulaire spécifique p. 324 sq.).

L'immunité humorale non spécifique
Dans les cellules, les sécrétions et les espaces liquidiens on rencontre plusieurs systèmes avec un large spectre d'action contre les corps étrangers.

Lysozyme
C'est une hydrolase à la structure (primaire à quaternaire) bien connue que l'on rencontre dans les sécrétions des tractus respiratoire et digestif, les larmes et les liquides interstitiels. Elle dissout la paroi, riche en muréine, des *bactéries* gram + (p. 61 : p. ex. *Streptocoques*, *Staphylocoques*) et présente en collaboration avec les anticorps, une activité bactéricide (FLEMING 1922).

Interféron
Cette glycoprotéine cellulaire antivirale, très stable à des fortes températures et des pH élevés, se forme par « interférence » entre les *virus* et les cellules (A) : 2 heures après l'infection virale la cellule, sans doute stimulée par l'acide nucléique viral lui-même, se met à synthétiser la protéine codée par le noyau, à la glycosyler et à libérer de l'interféron pendant 3 ou 4 jours dans les cellules voisines, le sang et la lymphe. Sa fixation au niveau de récepteurs membranaires spécifiques de cellules, ou même de tissus identiques, induit la synthèse d'enzymes inactives, activées dès l'infection par un virus. Une protéine-kinase bloque la synthèse protéique au niveau des ribosomes et l'endonucléase détruit l'ARNm viral responsable de la transformation du métabolisme de la cellule (p. 57, 458 sq.).

Le système du complément
C'est un ensemble de composés inactifs (de C1 à C9) du sérum qui se trouvent activés par des « réactions enzymatiques » en cascade, du même type que celles qui régissent la coagulation sanguine (p. 319). Des proenzymes inactifs clivés par des protéases scindent eux-mêmes ensuite par protéolyse les proenzymes suivants (pour des raisons historiques la numérotation des composants ne suit pas exactement la suite réactionnelle).

L'activation classique (B)
débute, après la fixation à la surface cellulaire d'un complexe spécifique Antigène-Anticorps – AG-AC, par l'activation du composant C1 qui a fixé l'anticorps. C1 enlève à C2 et C4 des fragments peptidiques. Le complexe $C\overline{42}$, indépendamment de AG-AC, active à son tour, en renforçant l'action, de nombreuses molécules C3. Après scission de C5, le composant C3 favorise la formation de $C\overline{567}$ qui se lie à C8 et C9 pour donner un **super-complexe** lié avec une très forte affinité à la membrane $C\overline{567\ 89}$. Ce dernier détruit la membrane et conduit, après de nombreuses réactions enzymatiques en chaîne, à la lyse d'une cellule qui, dès le début était marquée très spécifiquement par AG-AC.
Par une « voie alternative », les produits issus de la scission de C3 : C3b peuvent exercer un rétrocontrôle positif et des substances non immunitaires (Thrombine, Plasmine, Trypsine et Properdine) peuvent à leur tour activer C3.
Le **système du complément** réalise en plus **d'autres fonctions** :
– la cytolyse des *Bactéries, Virus* des cellules étrangères et des cellules du corps lui-même, endommagées ;
– l'attirance chimiotactique des Leucocytes par C3a, C3b, C5a et $C\overline{567}$;
– l'opsonisation des macrophages, Monocytes et Thrombocytes (C3b) ;
– l'augmentation de la perméabilité des vaisseaux.

Properdine
Comprend différentes gamma-globulines du plasma qui, sous forme de précurseurs inactifs, sont activées par les liposaccharides de *Bactéries* gram-négatives et qui à leur tour enclenchent le système du complément par « la voie alternative ».

L'immunité cellulaire non spécifique :
L'endocytose (p. 25), qui à l'origine ne servait aux cellules amiboïdes qu'à la prise de nourriture, s'est trouvée limitée au cours de l'évolution aux seules cellules mésenchymateuses (p. 87).
– On peut déjà chez les *Invertébrés* observer la différence entre le « soi » et le « non-soi » ; p. ex. : chez la larve de *Pyrale* (*Galleria mellonella*) les nombreux plasmatocytes (de 0,01 mm) de l'hémolymphe phagocytent en 3 heures 250 x 10^6 particules virales injectées au préalable.
– Chez les *Vertébrés*, cette fonction est dévolue aux cellules du Système Réticulo Endothélial, qui comprend des catégories leucocytaires spécialisées dans la phagocytose et des macrophages fixés (Histiocytes du tissu conjonctif, Lymphocytes) : voir détails p. 80 sq.
Alors que les phagocytes fixés constituent un « filtre » qui recueille les substances attaquées par le sang et la lymphe, les cellules mobiles se déplacent vers le site qui les attire chimiotactiquement. Très actifs, de ce point de vue, sont les peptides scindés des composants du complément, les produits de digestion du collagène et de la fibrine et en outre la plasmine, la thrombine et les toxines bactériennes.
Les autres parties du complément et les complexes AG-AC constituent l'**opsonine** qui active la phagocytose en se fixant aux membranes à l'aide de récepteurs spécifiques.
La fusion des phagosomes et des lysosomes (p. 23) permet la destruction enzymatique des corps étrangers.

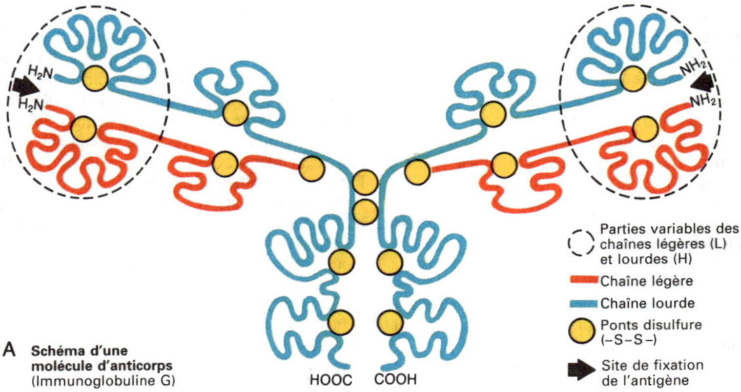

A **Schéma d'une molécule d'anticorps** (Immunoglobuline G)

	IgG	IgM	IgA	IgD	IgE
pm	150 000	900 000	160 000	170 000	190 000
Période d'activité (en jours)	21	5	6	3	2
Concentration plasmatique en mg/dl	1 000	100	200	20	0,1
Chaîne lourde	γ	μ	α	δ	ε
Fraction glucidique	3%	12%	5–6%	12%	12%
Passage à travers la barrière placentaire	+	–	–	–	–
Inhibition bactérienne	+	++	+	?	?
Inhibition virale	+	+	++	?	?
Activation du complément	+ (IgG 1)	+	–	–	–

B **Caractéristiques des Immunoglobulines humaines**

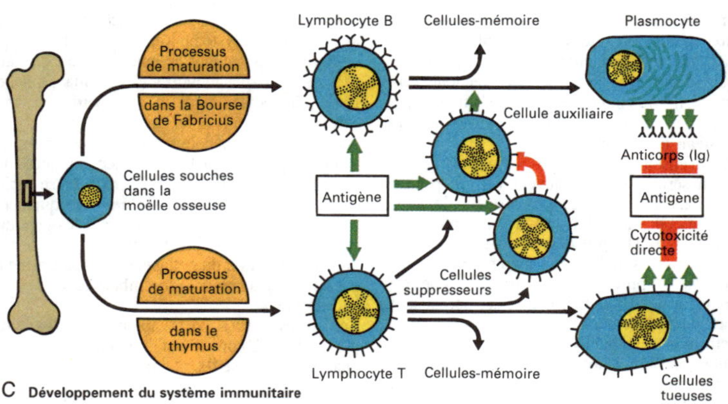

C **Développement du système immunitaire**

L'Immunité spécifique
avec ses trois caractéristiques (p. 321) n'a été jusqu'ici observée que chez les *Vertébrés* :
– au cours de nombreuses tentatives chez les *Invertébrés* (*Crustacés, Insectes, Gastéropodes*), on a certes pu montrer la fixation de substances sur les antigènes mais il manque la spécificité typique des anticorps et une réponse amplifiée après une nouvelle présentation de l'antigène comme preuve d'une mémoire immunologique ;
– parmi les *cyclostomes*, les *myxines* ne présentent ni réaction immunitaire ni immunoglobulines, lymphocytes ou tissu lymphoïde. Les *Lamproies* possèdent ces différentes structures et dès lors rejettent des transplants cutanés étrangers, mais de la même espèce, après environ 60 jours mais plus rapidement si l'on répète l'opération. Elles réagissent aussi contre les antigènes *bactériens*.
– Les *Chondrichthyens* ont des réponses immunitaires indubitables, mais seulement après des stimulations antigéniques répétées. Ils possèdent comme tous les *Vertébrés supérieurs* des organes lymphoïdes.
– Chez les *Amphibiens*, l'évolution du système immunitaire atteint enfin chez les *Anoures* le niveau de spécialisation qui conduit aux lymphocytes T et B.

Le système immunitaire des Vertébrés
regroupe les anticorps ainsi que la totalité des cellules et organes lymphoïdes : avant tout le thymus, la rate, la moelle osseuse, les amygdales, tous les ganglions lymphatiques et chez les *Oiseaux*, en plus, la Bourse de Fabricius : un dérivé intestinal situé au dessus du cloaque. Chez l'*Homme*, l'ensemble représente environ 1 kg regroupant près de 2 x 10^{12} Lymphocytes et 10^{20} molécules d'anticorps : chaque minute se forment 10^7 Lymphocytes nouveaux et 10^{15} molécules d'anticorps. Ceci peut provoquer une réponse immunitaire vis-à-vis de toute substance reconnue comme étrangère.

Les antigènes
sont des substances étrangères à l'organisme qui peuvent, dans les espaces liquidiens et dans les tissus, contracter une liaison étroite mais réversible avec des molécules immunitaires spécifiquement dirigées contre elles (anticorps) et fabriquer ainsi un complexe antigène-anticorps. Les antigènes sont de grosses molécules (PM > 10^4) : des protéines, glucides et le cas échéant des acides nucléiques ou des lipides avec des éléments structuraux donnant la spécificité.
Ce **déterminant** se situe à la surface d'une molécule porteuse et est le point d'attache de l'anticorps. Il peut réagir certes avec l'anticorps approprié sous forme d'**haptène** s'il est séparé de sa molécule porteuse mais ne peut alors induire sa fabrication. En se liant aux propres protéines du corps, de petites molécules peuvent devenir des antigènes.

Les anticorps (immunoglobulines Ig)
sont unitairement des protéines formées d'au moins quatre chaînes polypeptidiques reliées entre elles par des ponts disulfure (A) (p. 10 sq.). On a 2 chaînes qui se répètent de façon identique : les chaînes légères (L) constituées d'environ 214 acides aminés (PM : 25 000) et les chaînes lourdes (H) constituées d'environ 430 acides aminés (PM : 50 000). A l'opposé des chaînes se terminant par CooH, à séquence invariable d'acides aminés (**domaine constant**) et qui forment la hampe de l'anticorps en Y, on trouve rassemblés environ 110 acides aminés à l'extrémité NH_2 à séquence variable (**domaine variable**). Les boucles des chaînes L et H forment le site spatial de fixation des antigènes auquel s'adapte le déterminant selon le principe : serrure-clef. La variabilité de la spécificité des anticorps d'un organisme résulte de 10^6 combinaisons possibles à partir de 1 000 séquences différentes, génétiquement déterminées, du domaine variable des chaînes H et L.
Cinq classes d'immunoglobulines (B) peuvent être distinguées par rapport à la structure des chaînes H :
IgG se forme spécialement lors des réactions secondaires. Elle peut seule chez l'*Homme* traverser la membrane et par la voie transplacentaire protège ainsi le nouveau-né.
IgM se forme immédiatement au cours de la réaction immunitaire primaire (« Anticorps immédiat ») et, en dehors de sa réactivité aux antigènes des groupes sanguins ABO de l'*Homme* et à l'antigène-O des *Salmonelles* et d'*Escherichia coli*, est transformé après 1 jour ou 2, en permanence, en IgM.
IgA est le seul anticorps séparable (surface des muqueuses, lait).
IgD récepteur antigénique des Lymphocytes ?
IgE déclenche immédiatement, en présence de l'antigène, la réponse allergique (rhume des foins).

La fabrication des anticorps (C)
a lieu dans les Lymphocytes. **Les cellules-souches** de la moelle osseuse donnent d'abord des cellules non immuno-compétentes qui sont amenées par le sang sur leur lieu de maturation. Une population lymphocytaire mûrit dans le thymus (« Lymphocytes T » de l'immunité cellulaire, p. 325). L'autre partie donne des **Lymphocytes B** immuno-compétents dans la Bourse de Fabricius chez les *Oiseaux*, dans des organes lymphoïdes (intestin grêle, amygdales ?) chez les *Mammifères*. Ces cellules se fixent ensuite dans les centres dits germinatifs de la rate et des ganglions lymphatiques. Chaque lymphocyte B produit ses propres anticorps hyperspécifiques qui marquent la surface membranaire d'une spécificité antigénique (environ 10^5 molécules réceptrices liées à la membrane).
Lors d'un premier contact avec un antigène déterminé ne sont activées que les cellules qui possèdent les molécules réceptrices, ou anticorps, correspondantes, (théorie de la sélection clonale, anticorps monoclonaux) :
Les **Plasmocytes** résultent d'inductions mitotiques suivies de la différenciation de cellules effectrices, détachables, riches en R.E. qui synthétisent leurs anticorps protéiques. Les **cellules-mémoire,** d'abord non détachables, augmentent considérablement le pool de cellules clonales spécifiques des futures infections en renforçant une nouvelle réponse immun. Les Plasmocytes coopèrent avec les Lymphocytes T (helpers) pour fabriquer leurs anticorps.

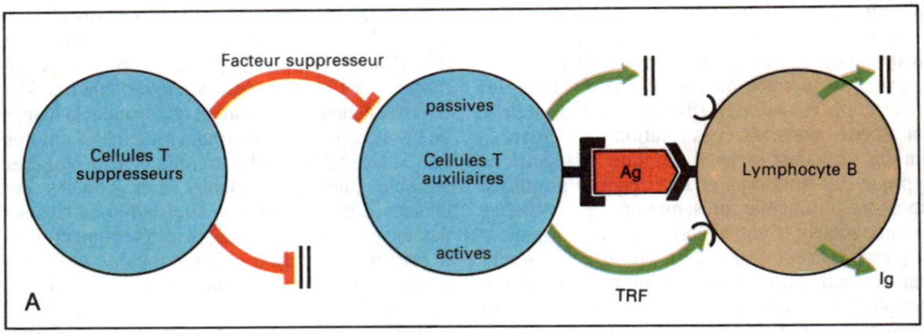

Coopération des Lymphocytes

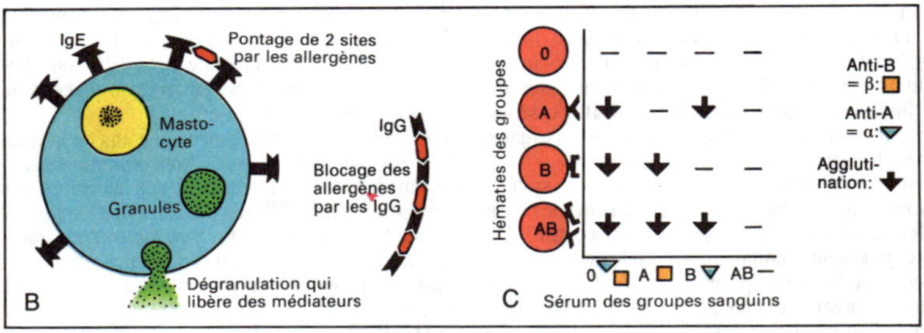

Effet des allergènes et compatibilité des groupes sanguins

Population	0	A	B	AB	Population	0	A	B	AB
Eskimos	54,2	38,5	4,8	2,0	Boshimans	56,0	33,9	8,5	1,6
Écossais	51,2	34,2	11,8	2,7	Kikuyu	60,4	18,7	19,8	1,1
Anglais	46,7	41,7	8,6	3,0	Perses	37,9	33,3	22,2	6,6
Finlandais	34,1	41,0	18,0	6,9	Chinois	45,5	22,6	25,0	6,1
Russes	32,9	35,6	23,2	8,1	Japonais	30,5	38,2	21,9	9,4
Polonais	33,4	38,5	19,5	8,6	Ainous	17,0	31,8	32,4	18,4
Hongrois	35,7	43,3	15,7	5,3	Australiens	53,2	44,7	2,1	—
Tsiganes	28,5	26,6	35,3	9,6	Papous	40,8	26,7	23,1	9,4
Français	42,9	46,7	7,2	3,0	Noirs américains	17,4	81,8	—	0,7
Italiens	45,6	40,5	10,6	3,3	Navajos	72,6	26,9	0,2	0,5
Allemands	39,1	43,5	12,5	4,9	Bororos	100,0	—	—	—

Fréquence en % des groupes sanguins du système ABO

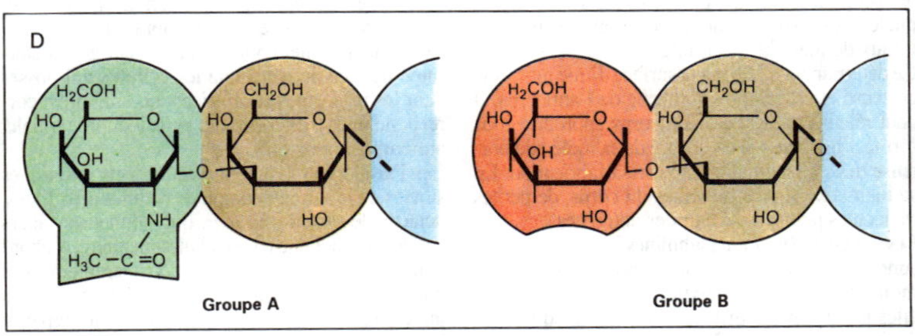

Extrémités des radicaux caractéristiques des agglutinogènes sur la membrane des Erythrocytes

L'immunité cellulaire spécifique
a son origine dans ces cellules-souches qui ont acquis leur compétence immunologique dans le Thymus (p. 322, C). Ces **lymphocytes-T** circulent constamment entre la rate, les ganglions lymphatiques, les tissus et l'appareil circulatoire où ils représentent la majeure partie des lymphocytes sanguins. Les lymphocytes T possèdent sur leur surface des **récepteurs** spécifiques capables de reconnaître les antigènes. Ils ne semblent pas posséder de chaînes L et n'utilisent que les 2 chaînes lourdes H qui ressemblent ou sont identiques dans leur domaine variable aux récepteurs des Lymphocytes B considérés comme des Ig conventionnelles.
Le premier contact avec un antigène suscite dans des clones déterminés de lymphocytes T une **réaction primaire** sous la forme de mitoses qui donnent 2 types de cellules-filles.
Les cellules-mémoire
à durée de vie longue, réagissent seulement lors d'un nouveau contact avec le même antigène, des années plus tard même, provoquant une **réaction secondaire** violente et rapide pendant qu'elles se transforment par division active en nombreuses « cellules tueuses ».
Les cellules effectrices
prennent part directement à la réponse immunitaire. On distingue, d'après leurs fonctions et la spécificité antigénique de leur surface membranaire :
Les cellules tueuses (cellules T effectrices, cytotoxiques)
se déplacent vers la cellule-cible à la recherche de l'antigène spécifique, le fixent par contact avec leurs récepteurs dans une réaction de type AG-AC, et détruisent la cellule-cible. Elles jouent un grand rôle dans le rejet des greffes, plus limité dans le cas des cellules cancéreuses. Leur différenciation et l'optimisation de leur fonction nécessite l'aide de :
– **cellules T auxiliaires.**
Par une réaction type antigène-spécifique semblable, ces cellules stimulent la production d'anticorps par les lymphocytes B. Elles libèrent un médiateur, ou substance-signal, le TRF (= *T-Cell replacing factor*), une glycoprotéine de PM : 25 000.
Les cellules T suppresseurs répriment l'activité des autres lymphocytes en inactivant les cellules auxiliaires à l'aide d'un facteur sélectif et irréversible et régulent ainsi la réponse immunitaire des clones correspondants de Lymphocytes T et B (A). On les nomme aussi pour cette raison comme les cellules auxiliaires : cellules régulatrices.
Les réactions des Lymphocytes T se font plus lentement en comparaison des réponses humorales rapides des Lymphocytes B. Elles n'atteignent leur maximum d'efficacité, sous la forme de **réaction immunitaire retard**, qu'au bout d'une journée, p. ex. : dans le brusque rejet de greffes, l'hypersensibilité cutanée aux sels de chrome et de nickel (allergie de contact) et contre la tuberculine. Elle se manifeste par des rougeurs cutanées, la formation de vésicules et de sérosités.

Réactions d'hypersensibilité (allergies)
Normalement, les réactions du type AG-AC passent inaperçues. Mais si l'organisme se trouve dans une situation réactionnelle différente (renforcée), il présente alors, lors d'un nouveau contact avec l'antigène, une réaction exagérée (« Allergie ») soit « de type retard », soit en présence des anticorps humoraux des Lymphocytes B (p. 323) une « réaction immédiate », p. ex. : une **réaction anaphylactique** (B).
Lors de la sensibilisation au premier contact avec l'allergène se forment avant tout des IgE qui se fixent par leur hampe à la surface des granulocytes basophiles ou des mastocytes (p. 80 sq.)
Les nouveaux allergènes captés peuvent porter deux sites de fixation antigéniques. Ceci conduit à une dégranulation qui libère des médiateurs (Histamine, Sérotonine, Prostaglandine) et entraîne une réaction secondaire (Anaphylaxie : dilatation des vaisseaux, perméabilité -> Œdème et urticaire).
Immunité et immunotolérance
Après une première infection, un organisme acquiert souvent une protection immunitaire vis-à-vis de l'antigène en question (p. ex. : le *virus de la rougeole*), car la présence de cellules-mémoire spécifiques empêche le déclenchement de la maladie lors de l'infection suivante. Là-dessus repose **la vaccination active** (immunisation active).
Si l'on fournit à l'organisme des producteurs d'antigènes morts ou affaiblis (p. ex. : la vaccine) ou des quantités inoffensives d'un antigène, cela conduit à une réponse immunitaire contrôlée et confère pour l'avenir une immunité cellulaire et humorale renforcée.
La vaccination passive (immunisation passive)
On fournit directement des anticorps. L'effet est immédiat mais ne se prolonge pas.
L'immunotolérance est l'absence d'anticorps en présence d'antigènes. Elle est dangereuse et on cherche pourtant à l'induire lors de la transplantation d'organes (« Immunosuppression »).
Les groupes sanguins.
Le mélange de sangs *humains* différents conduit souvent à une agglomération des érythrocytes (Agglutination, p. 81, 511). La cause en est une réaction, de type AG-AC, entre les nombreux et différents **agglutinogènes**, fixés sur la membrane des hématies et fonctionnant comme antigènes, et les **agglutinines** sériques complémentaires, fonctionnant comme anticorps. Une hématie possède environ 30 agglutinogènes différents déterminés génétiquement qui décident respectivement de l'appartenance à un groupe sanguin et correspondent globalement à l'une des 10^{11} possibilités de combinaison sanguine. En médecine, on retient surtout le **système ABO** (LANDSTEINER 1901) qui comporte respectivement les groupes A (Agglutinogène A et sérum-agglutinine β = anti B), B, AB et O avec les compatibilités habituelles lors de la transfusion sanguine (C). La sensibilisation est le fait de l'alimentation et de substances fabriquées par les bactéries intestinales.

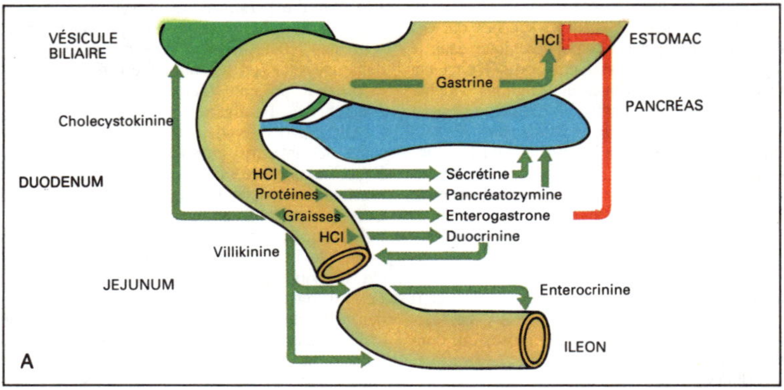

Hormones tissulaires: régulation du fonctionnement gastro-intestinal

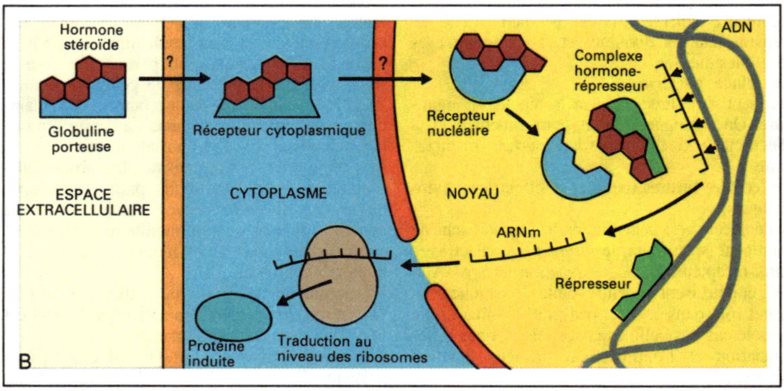

Action des hormones stéroïdes comme dérépresseurs

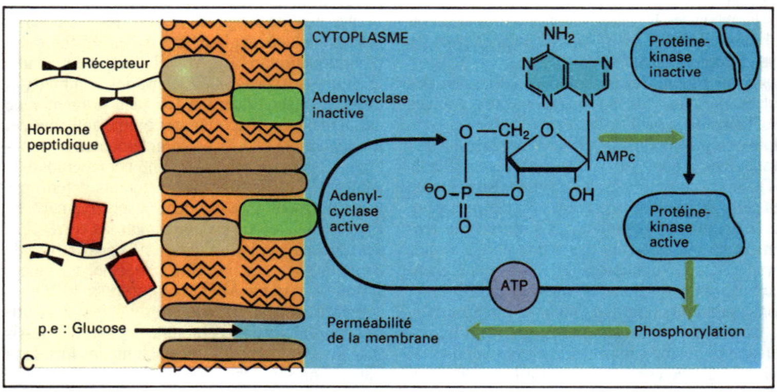

Activation des enzymes par l'intermédiaire d'une hormone peptidique, mettant en jeu l'AMPc

La définition classique des hormones :
substances fabriquées par l'organisme ds des cellules spécialisées et déversées à dose infinitésimale ds le sang (sécrétion interne), immédiatement (corticoïdes) ou après stockage (Thyroxine) régulant le fonctionnement de cellules-cibles périphériques. Transportées par le sang, les hormones agissent plus lentement, dans un rayon moins délimité mais d'une façon plus durable, que la régulation nerveuse. Un dépassement du taux de l'hormone nuisant à sa fonction régulatrice, elle est rapidement recyclée. Une perturbation du système hormonal signifie toujours une diminution des capacités régulatrices et adaptatives de tout l'organisme.

La classification des hormones
peut être établie selon différents points de vue ;
– **chimiquement**, on distingue chez les *Animaux* :
1) Les hormones protéiques et peptidiques avec leur séquence hyper spécifique d'A.A. (p. 510, A) comme l'insuline, le glucagon, les hormones tissulaires et les neuro-hormones.
2) Les dérivés d'A.A. : adrénaline, noradrénaline (p. 332, B), thyroxine, triiodothyronine.
3) Des dérivés du noyau isoprène comme la néoténine ou hormone juvénile des *Insectes* (p. 337).
4) Des hormones stéroïdes comme les hormones sexuelles ou corticosurrénales des *Vertébrés* (p. 334, A) et les hormones de mue des *Invertébrés*.
On distingue selon le **lieu de formation :**
– Des hormones glandulaires d'origine épithéliale et qui sont déversées dans le sang.
– Des neurohormones fabriquées par des neurones peptidergiques dans le S.N.C. et transportées *pro parte* par le sang, *pro parte* par les axones (« neurosécrétion », p. ex. : la post hypophyse, p. 329).
– Des hormones tissulaires qui ne sont pas élaborées dans des organes endocrines mais dans des cellules spécialisées, p. ex. : les hormones gastrointestinales (A, Villikinine, p. 287). Ces médiateurs agissent en un temps très court et directement sur les cellules de leur entourage : les Mastocytes et les Granulocytes basophiles, p. ex., peuvent libérer de l'histamine (augmentation de la perméabilité des capillaires, de la fréquence cardiaque), de la sérotonine (contraction de la musculature lisse) et une prostaglandine (p. 324, B).

L'importance physiologique des hormones
vue sous l'angle fonctionnel réside avant tout dans l'induction et la mise en œuvre :
– du développement et de l'activité corporels ;
– de l'adéquation du fonctionnement global de l'organisme lors de l'augmentation de l'activité d'organes isolés ;
– du maintien de la constance de grandeurs physiologiques précises.

Bien qu'il puisse y avoir de petites différences spécifiques dans leur composition chimique, les hormones, en général, ne sont pas caractéristiques d'une espèce et révèlent une **spécificité d'action.** Fabriquées chez n'importe quel *Vertébré,* elles agissent de la même façon chez un autre. D'où une **thérapeutique médicale hormonale**, p. ex. : le traitement des diabétiques à partir d'extraits pancréatiques purifiés et standardisés de bovidés. La spécificité d'action est liée à l'organe réactionnel. Bien que beaucoup d'hormones soient transportées par le sang dans tout le corps, leur action ne se manifeste que dans des cellules-cibles définies, aptes aux réactions primaires biochimiques sous jacentes grâce à leur équipement en récepteurs spécifiques.

Mécanisme d'action biochimique des hormones
Fondamentalement liée au renforcement ou à la baisse de l'activité catalytique des enzymes spécialisées des cellules-cibles, cette action se déroule selon deux mécanismes différents :
L'augmentation de la synthèse de l'enzyme sous l'effet de l'hormone est, en tant qu'induction enzymatique (p. 471), un cas particulier de la transcription différentielle (p. 215, 469) qui agit, mais avec un certain délai, directement au niveau du chromosome ; c'est le cas de toutes les hormones stéroïdes (p. ex. l'ecdysone chez les *Insectes*, l'oestradiol et l'aldostérone chez les *Vertébrés)* (B) : normalement un locus sur le gène est bloqué par un répresseur. Les molécules hormonales se concentrent donc dans le noyau cellulaire selon un circuit bien défini à l'aide de récepteurs cytoplasmiques et nucléaires (« **Accumulation sélective** » dans le noyau des cellules-cibles). Elles forment, grâce à leur affinité chimique avec le répresseur, un complexe hormone-répresseur et peuvent en le libérant agir comme **dérépresseur**. La libération du locus du gène permet la synthèse d'ARNm spécifique ce qui enclenche la protosynthèse (p. 42 sqq.).

L'activation d'enzymes préexistantes (C)
En tant que modulation (p. 273), c'est une réaction immédiate qui repose sur l'adénosine monophosphate cyclique (AMPc, p. 38 B) d'après la théorie du **second messager**, prouvée et appliquée aux hormones protéiques et peptidiques :
Les cellules-cibles comportent à l'extérieur de leur plasmalemme, sur une fraction de leur glycocalix (p. 19), des récepteurs très spécifiques (environ 10^4 par cellule suivant le type). On peut prouver, p. ex., que les cellules adipeuses en possèdent pour au moins 8 hormones différentes (Adrénaline, Insuline, L.H, A.C.T.H., Glucagon, Sécrétine, Prostaglandine.) Ceux-ci assurent la réception minutieuse des hormones distribuées dans tout le corps (« Messagers primaires » dont la concentration dans le sérum n'est que de 10^{-11} Mol/litre). La fixation de l'hormone active une enzyme membranaire l'**adénylcyclase** qui fabrique de l'AMPc à partir de l'ATP et élève ainsi sa concentration de 10 à 100 fois (jusqu'à 10^{-4} Mol/litre). L'amplification considérable du signal entre le premier et le deuxième messager s'accompagne d'un effet activateur de l'AMPc sur les protéines-kinases qui phosphorylent les protéines de la cellule-cible en fonction de son activité génique différentielle. Ainsi sont activés les systèmes enzymatiques ou les systèmes de transport dans la membrane cellulaire (perméabilité au glucose sous l'action de l'insuline et du glucagon). L'AMPc a un effet limité à cause de sa destruction rapide par la phosphodiestérase.

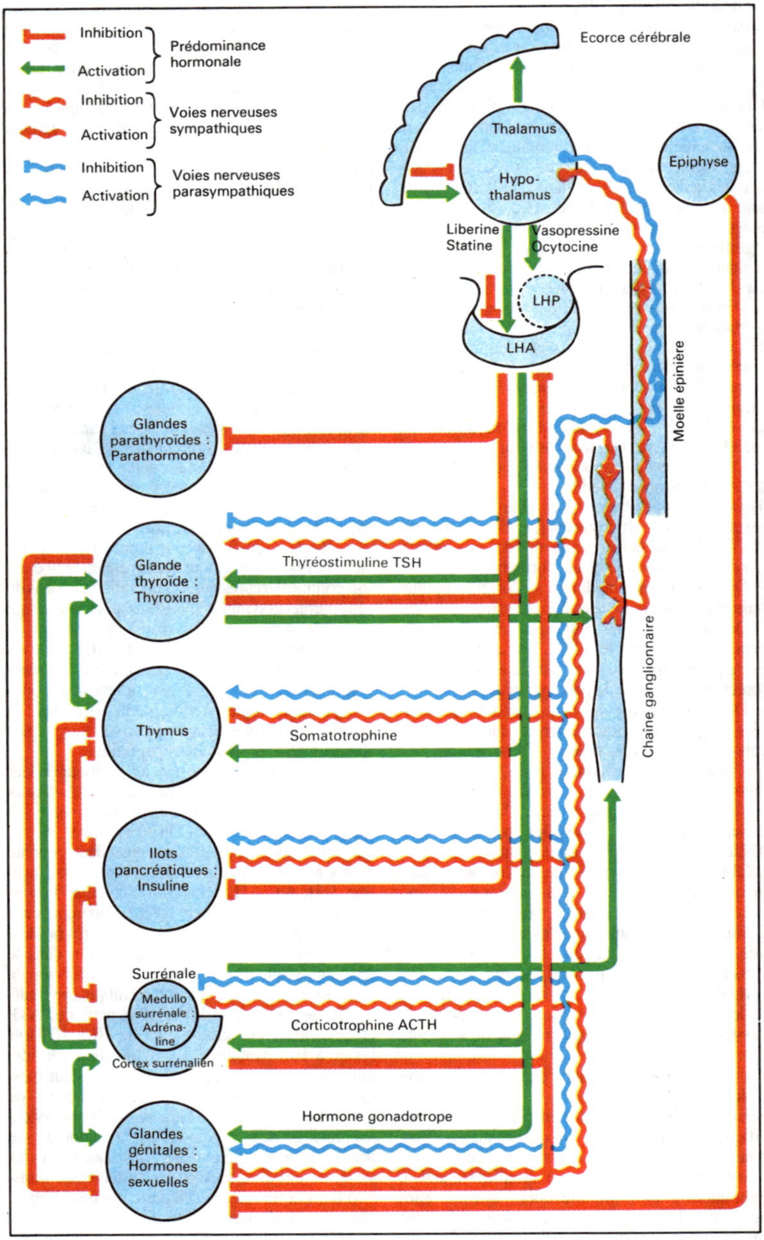

Ensemble des régulations hormonales et nerveuses

La régulation de la production hormonale

Le réglage d'une concentration hormonale plasmatique (niveau hormonal) appropriée à l'état physiologique, revêt une extrême importance étant donné l'efficacité et la portée fonctionnelle de ces corps.

Dans les cas les plus simples, la **concentration en substrat** est auto-régulatrice, l'hyperglycémie augmente en relation directe avec la libération d'insuline, elle-même stimulée par la synthèse de glycogène, à partir du glucose dont la concentration baisse (p. 335).

Les hormones sont des éléments d'un **système d'activités intégrées** qui coordonne les fonctions des organes dans les différentes parties de l'organisme. Ainsi l'activité des glandes hormonales est souvent régulée, non seulement par des voies nerveuses, mais encore par des voies sanguines conformément au **principe de la double sécurité**. Pris séparément ces 2 facteurs permettent aussi de distinguer un **principe de double commande.** Le même degré d'activité d'une glande hormonale peut être obtenu soit par l'action stimulante d'un système synergiste ou l'action inhibitrice d'un système antagoniste (antagonisme : Insuline/Glucagon).

Les hormones en tant que partenaires du système de régulation hormonal suivent le **principe de la rétroaction** (p. 55) : elles sont elles-mêmes **facteurs de régulation** : (p. 333) p. ex. la thyroxine, où la néoproduction tend à compenser la dégradation métabolique, ce qui maintient le taux d'hormones constant. D'un autre côté, elles sont aussi un **poste d'aiguillage** lorsqu'elles ajustent, p. ex. l'adrénaline, un facteur de régulation métabolique, comme la glycémie, à des besoins changeants par des variations de leur propre concentration.

En plus d'un contrôle par le système nerveux, le système hormonal chez les *Vertébrés* et d'une façon analogue aussi celui des *Insectes,* montre une **structure hiérarchique** à 3 niveaux. Les neurosécrétions (Libérine, statine) émanant de l'hypothalamus diencéphalique influencent l'activité glandulaire de l'hypophyse dont les hormones (stimulines) provoquent finalement la libération, par les glandes endocrines périphériques, des hormones qui agissent sur les organes effecteurs.

Principe de la hiérarchie glandulaire

Le système hypothalamo-hypophysaire

L'hypothalamus établit une étroite coopération entre le SNV et le système hormonal et intervient dans quatre domaines physiologiques :

1) Approvisionnement du cerveau en **Endorphines,** petites molécules de neuro-hormones, régulatrices du comportement et analgésiques.

2) Activation des centres végétatifs **sympathiques** et **parasympathiques.**

3) Fabrication et transport des hormones peptidiques : **antidiurétique** et **ocytocine** des cellules nerveuses jusqu'à la post-hypophyse.

4) Approvisionnement neuro-hémal de l'anté-hypophyse (ou adénohypophyse) avec des **Libérines** (*Releasing-factors*) ou des Statines (*Release-Inhibiting-factors*) pour la libération de toutes les hormones anté-hypophysaires (stimulines et effectrices).

Les hormones de la post-hypophyse (neuro-hypophyse) sont deux octapeptides qui ne diffèrent que par deux A.A. Ce sont des hormones effectrices : **Hormone antidiurétique** (A.D.H.) ou vasopressine.

Elle augmente la réabsorption d'eau par les reins et à des doses non physiologiques élève la pression sanguine par la contraction permanente des muscles lisses.

Ocytocine provoque la contraction du muscle lisse utérin à la fin de la grossesse et la sécrétion lactée des glandes mammaires entretenue par la succion.

Les hormones de l'anté-hypophyse (adéno-hypophyse) n'agissent qu'en partie comme hormones effectrices.

L'hormone de croissance (H somatotrope ou S.T.H.) agit de manière très spécifique, par l'augmentation d'ARN et la protosynthèse, sur la croissance des os et des cartilages, sur la mobilisation des graisses et leur combustion et l'élévation de la glycémie. Sa libération est favorisée par la somatolibérine et inhibée par la somatostatine.

La mélanotropine entraîne, sous le contrôle de la mélanolibérine et de la mélanostatine, un assombrissement de la peau chez les *Amphibiens* et les *Poissons* par la dispersion des mélanophores (changement de couleur).

La Prolactine (L.T.H. = *lactotrophic Hormone*) stimule la production de lait des glandes mammaires et en tant qu'hormone gonadotrope l'instinct de couvaison et le développement du corps jaune féminin chez les *Vertébrés supérieurs.*

Toutes les hormones suivantes de l'anté-hypophyse régulent, en tant qu'hormones glandotropes, les glandes hormonales périphériques .

L'hormone thyréotrope (thyréotropine) : une glycoprotéine circule dans le sang liée à une gammaglobuline et stimule la croissance de la thyroïde et la libération de thyroxine. Son excrétion est activée par la thyréolibérine et inhibée par la thyroxine.

La corticotrophine (A.C.T.H. = *Adreno/cortico/trophic/hormone*) a une boucle de régulation analogue et agit sur la cortico-surrénale. En plus de celle de la corticolibérine, elle est indirectement soumise à l'effet de Stress (sollicitation de l'organisme par les infections, les blessures, le froid, les chocs). Chez les *Mammifères* l'A.C.T.H. ne montre aucune spécificité d'action étroite, mais agit par contre directement sur des tissus-cibles non endocrines (mobilisation des lipides, pigmentation de la peau).

La folliculostimuline (FSH = *Follicle/stimulating/Hormone*) règle le développement des cellules spermatogènes et des follicules chez les *Mammifères,* sous l'action de la gonadolibérine comme : la **L.H.** (Hormone lutéinique) qui est stimulée en plus par la lulibérine ; elle active la production d'hormones sexuelles, qui par rétroaction négative, régulent à leur tour l'émission de L.H. La FSH et la L.H. sont réunies sous le terme « d'hormones gonadotropes » car elles agissent sur les gonades, sans distinction de sexe.

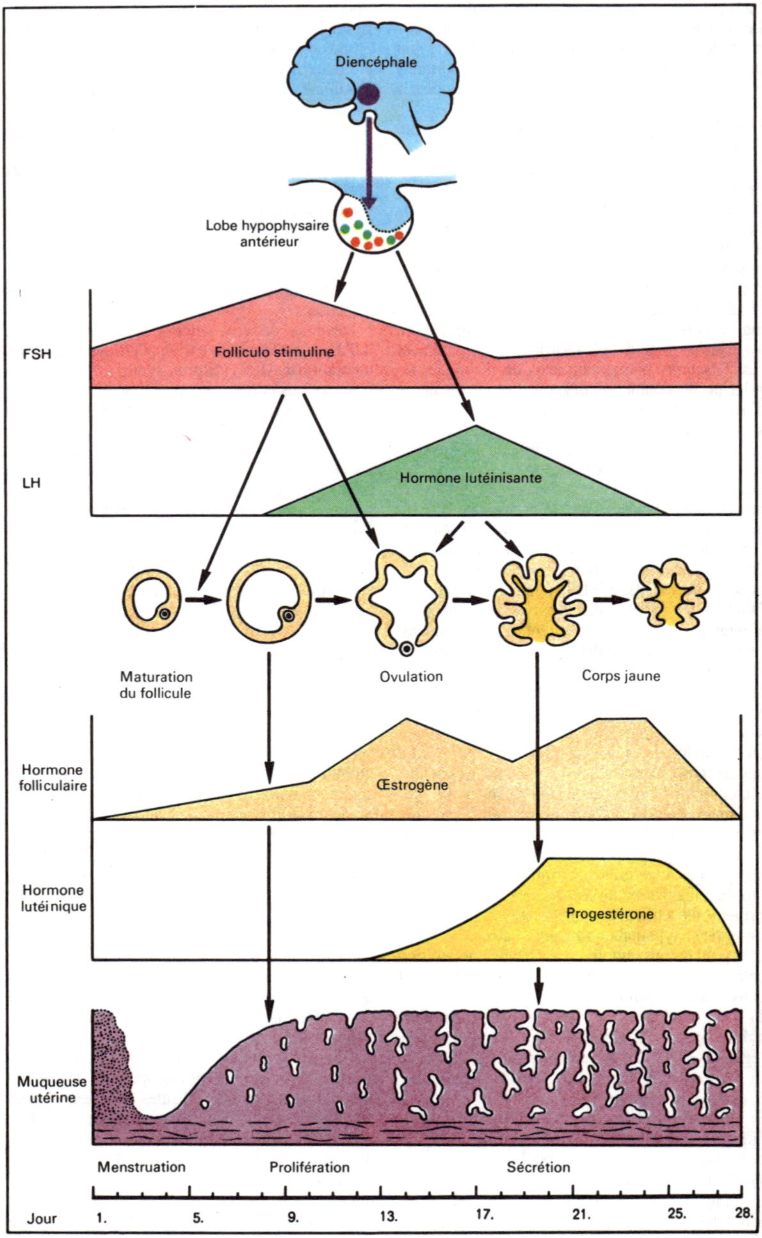

Cycle sexuel de la femme

Les glandes sexuelles (gonades) sont à la fois des organes de sécrétion et des glandes endocrines. Elles forment les ovules et les spermatozoïdes et déterminent par voie hormonale les caractères et les comportements sexuels. Leurs hormones stéroïdes sont très apparentées dans les 2 sexes et présentent de nombreux dérivés actifs. On distingue d'après l'activité physiologique :

1. L'hormone testiculaire, la testostérone, hormone virilisante (androgène) : elle est formée dans les cellules de Leydig des testicules, d'autres androgènes sont formés également dans la cortico-surrénale. La surproduction d'androgènes cortico-surrénaliens peut provoquer la virilisation du sexe féminin (virilisme). Elle agit :

- Chez les embryons de *Vertébrés* et les jeunes *Vertébrés,* sur la formation de nombreux caractères mâles (crête du *Coq*, bois du *Cerf*). En traitant des femelles gravides par la testostérone, on virilise des embryons féminins.
- Chez les adultes sur la production, la mobilité et la survie des spermatozoïdes ; sur le déclenchement du rut en fonction de la lumière (photopériodisme) ; sur les comportements mâles (attitude d'intimidation, lutte, pariade, accouplement) ; sur la parure nuptiale (crête des *Tritons*, collerette du *Chevalier combattant*, coloration en rouge de l'*Epinoche*).

Ces effets androgènes sont attestés par la **castration** suivie d'un **apport d'hormones** (injection, transplantation de tissus).

En dehors de cet effet spécifiquement sexuel apparaît un effet **anabolique** : activation de la protéinogenèse (augmentation de la masse musculaire) et du taux d'azote dans le métabolisme.

2. La folliculine (œstradiol) fait partie du groupe important des hormones œstrogènes qui provoquent le rut périodique des ♀. Elle est formée généralement dans le follicule à maturité, le placenta, les testicules et peut-être aussi dans la corticosurrénale. Au cours du transport dans le sang, les œstrogènes sont fixés aux protéines, mais ils sont instables (durée de la demi-vie = 6 mn). Ils ne sont stables que dans les organes-cibles (accumulation sélective, p. 329) où ils peuvent influencer des systèmes enzymatiques spécialisés par une activation génique différentielle.

L'effet physiologique concerne :

- Au cours du développement embryonnaire et juvénile, la formation des organes sexuels (trompes, utérus, vagin), cependant chez les *Mammifères* l'effet des œstrogènes maternels est remarquablement peu important sur l'embryon masculin ;
- Chez les *Vertébrés,* à maturité sexuelle, toutes les modifications organiques et instinctives liées aux cycles ovariens : la musculature de l'utérus se renforce, elle réagit davantage à l'ocytocine, la muqueuse de l'utérus est prête à recevoir le fœtus (p. 211) et la muqueuse vaginale se transforme (phase de prolifération).

Chez les mâles, les œstrogènes interviennent dans le circuit régulateur de l'hypophyse et des testicules et constituent un élément spermatique (action sur le mouvement du conduit séminal).

3. L'hormone du corps jaune, la progestérone

C'est l'hormone de la gestation. Elle est formée à des périodes déterminées dans le follicule, le corps jaune, le chorion, le placenta et la cortico-surrénale, mais est rapidement éliminée par le sang (demi-temps d'élimination = 13 mn) sans se concentrer dans les organes effecteurs.

Son action physiologique prépare, développe et protège la gestation. Cette action est complétée et parachevée par l'action des œstrogènes :

- Préparation de la paroi de l'utérus qui recevra le fœtus et le nourrira (phase de sécrétion, p. 211.
- Préparation des glandes mammaires.
- Suppression du rut et spécialement d'une nouvelle maturation folliculaire.
- Inhibition de l'ocytocine qui déclenche les contractions de l'accouchement (qui n'intervient donc qu'après l'involution du corps jaune à la naissance).
- Elle fait monter la température de 0,5 à 1 °C (signe de la possibilité de fécondation).

La régulation du cycle génital de la femme, de la maturation périodique des follicules ovariens et des modifications périodiques de la muqueuse utérine obéit à une boucle de régulation dans laquelle interviennent les hormones de l'hypothalamus, de l'hypophyse et des ovaires. Le cycle commence lorsque l'hypophyse sécrète la gonadostimuline A (F.S.H. *follicle-stimulation-hormone)* et ensuite la gonadostimuline B (L.H. *luteinizing hormone*). La F.S.H. entraîne la maturation d'un nouveau follicule, qui produit de l'œstradiol sous l'action de la L.H. **L'ovulation** intervient lorsque le rapport L.H. /F.S.H est augmenté (l'ovocyte quitte le follicule qui l'entoure et l'épithélium folliculaire se transforme en **corps jaune**). Pendant ce temps, la muqueuse de l'utérus est régénérée sous l'influence d'œstrogènes (**phase de prolifération**) qui inhibe en même temps la sécrétion hypophysaire de F.S.H. et active celle de la L.H. et de la L.T.H. (prolactine), ce qui déclenche, peu avant l'ovulation, la synthèse de la progestérone. Celle-ci provoque l'augmentation de la sécrétion des glandes de l'utérus (**phase de sécrétion**) et assure la nidification de l'ovule. Si l'ovule est fécondé, le corps jaune et le placenta augmentent leur production de progestérone ; s'il ne l'est pas, l'action stimulatrice des œstrogènes sur la sécrétion hypophysaire de L.T.H. diminue et la progestérone existante inhibe à son tour la production de L.H. Le taux de progestérone diminue et le corps jaune régresse. La muqueuse transformée par la phase de sécrétion ne peut persister sans la progestérone. Elle est éliminée par la menstruation qui est suivie par un nouveau cycle.

La contraception hormonale utilise l'action inhibitrice des gestagènes sur l'activité hypophysaire. Sans sécrétion de L.H., il n'y a pas d'ovulation et par là aucun ovule susceptible d'être fécondé.

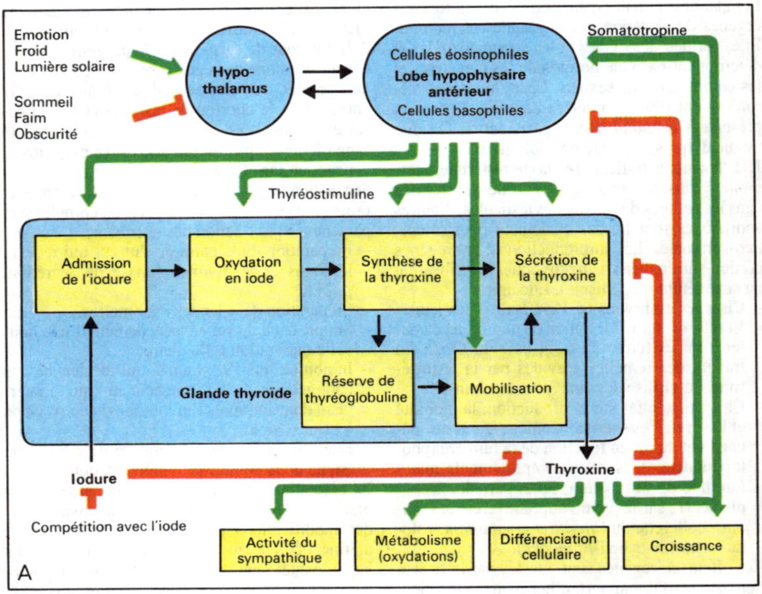

L'hormone de la thyroïde : la thyroxine

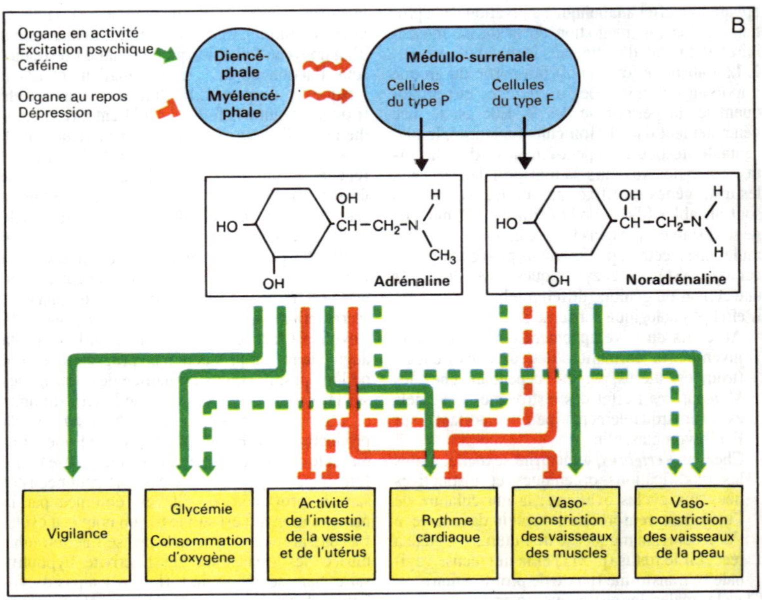

Les hormones de la médullo-surrénale

L'hormone de la thyroïde : la thyroxine (A) en plus de la triiodothyronine

Cette hormone connue depuis longtemps est formée par fixation de l'iode sur la tyrosine, dans la glande thyroïde, située chez l'*Homme* à l'avant de la trachée. L'iode est extrait du sang sous forme de iodure, puis il est oxydé en iode moléculaire avant d'être fixé sur la tyrosine. La thyréoglobuline formée est stockée par la glande et, suivant les besoins ou les stimulations, elle est scindée sous l'action de l'hormone hypophysaire thyréotrope, ce qui entraîne le passage dans le sang de thyroxine / Triiodothyronine où elles se lient à une α globuline (glycoprotéine). Finalement elles seront inactivées.

Les inhibiteurs de la thyroïde (thyréostatiques) bloquent la synthèse de la thyroxine en empêchant le transport actif des ions I^- (SCN^-, NO_2^-), l'assimilation de l'iode (thiouracile, combinés soufrés du *Chou*) ou par compétition avec l'iode (un grand nombre de sulfamides et de phénols).

L'activité thyroïdienne est moindre en été, à un âge avancé et chez les *Animaux* hibernants. Elle régule la nutrition au profit des glucides, diminuant les protides.

L'action physiologique de la thyroxine et de la triiodothyronine cinq fois plus active s'exerce sur deux groupes de fonctions :

1. La fonction morphogénétique. Les hormones thyroïdiennes sont indispensables à la croissance et au développement de l'individu.

- Chez les adolescents, la destruction de la thyroïde ou son insuffisance provoque des troubles graves du développement (crétinisme).
- Lors de la thyroïdectomie, les jeunes animaux réagissent par le ralentissement de la croissance et de la maturité sexuelle.
- Les apports de thyroxine déclenchent chez les larves d'*Amphibiens* (têtards) une métamorphose prématurée.

2. La régulation métabolique chez l'adulte affecte tout le métabolisme et le système nerveux.

- **L'hyperfonctionnement** (hyperthyroïdie, maladie de Basedow) se manifeste à la suite d'une augmentation du métabolisme par un amaigrissement (combustion des graisses), l'augmentation des échanges respiratoires et du rythme cardiaque, une moiteur de la peau (thermorégulation) et une émotivité excessive avec souvent exophtalmie et goitre mou.
- **L'hypofonctionnement** (hypothyroïdie) entraîne en cas d'insuffisance iodée des aliments un goitre dur, la diminution des échanges métaboliques, l'apathie, la perturbation des tissus hypodermiques (perméabilité capillaire, myxœdème). S'il est important, il entraîne chez certains *Mammifères* l'hibernation.

L'action primaire de la thyroxine pourrait se faire au niveau de la multiplic. et de l'activation des mitochondries (découplage de la phosphorylation oxydative) et de la régulation des acides nucléiques.

L'adrénaline, hormone de la médullo-surrénale est la première hormone qui ait été isolée sous une forme purifiée (Takamine, 1901). Ce n'est que bien plus tard que l'on a découvert la **noradrénaline,** substance analogue. Ces deux catécholamines sont produites par oxydation et décarboxylation à partir de la tyrosine.

L'oxydation de l'adrénaline est facile, ce qui la rend sensible à la lumière et à l'oxygène. L'acide ascorbique (vitamine C) qui intervient dans sa production a une action stabilisatrice.

L'adrénaline est formée essentiellement dans la médullo-surrénale, tissu dérivé du nerf sympathique au cours du développement et que l'on retrouve disséminé sous forme de paraganglions dans d'autres tissus. C'est pourquoi les *Animaux* qui sont pourvus de nombr. paraganglions supportent la perte de la médullo-surrénale (*Rats*).

La sécrétion d'adrénaline n'est pas provoquée par une hormone hypophysaire, mais par une stimul. du nerf splanchnique du sympathique. En cas de forte excit., la réaction (à la différence de la thyroxine) est intense, mais brève, l'adrénaline étant rapidement détruite au cours du métabolisme. L'action de la noradrénaline est plus économique. Elle est sécrétée en période de repos.

L'action physiologique repose sur l'accroissement des excitations en provenance du sympathique, cette partie du S.N. végétatif qui assure une régulation positive (ergotrope) du fonctionnement des organes internes, donc une activation de l'ensemble du corps (**réaction d'alerte**) :

- Le fonctionnement des organes d'élimination et de synthèse (vessie, intestin, utérus) est inhibé (digestion, vasodilatation, oxydation métabolique dans les organes au repos).
- Une très faible quantité d'adrénaline suffit à modifier la **répartition du sang** (fermeture des vaisseaux capillaires non mobilisés, et dérivation de la circulation sanguine). Un muscle en travail intensif a par rapport à un muscle au repos 8 fois plus de capillaires irrigués.
- **La pression artérielle** est augmentée par une vasoconstriction et par la modification du rythme cardiaque : l'adrénaline n'agit que sur la systole, la noradrénaline agit aussi sur la diastole.
- L'adrénaline agit principalement par augmentation du taux d'AMPc et activation de la phosphorylase sur la glycogénolyse (hydrolyse du glycogène en glucose dans le foie). Elle élève donc la **glycémie** (action antagoniste à celle de l'insuline : p. 335). Cette action peut être renforcée et, grâce à sa rapidité, protéger l'organisme de l'hypoglycémie.

Ces deux hormones jouent un rôle dans la transmission de l'excitation dans les nerfs adrénergiques (sympathiques), ce qui est compréhensible compte-tenu des rapports étroits entre leurs lieux de production et la substance nerveuse. Elles font ainsi la transition entre les hormones tissulaires et les transmetteurs analogues aux hormones ; ce sont d'ailleurs des « notions » artificiellement opposées qui dans la nature se chevauchent.

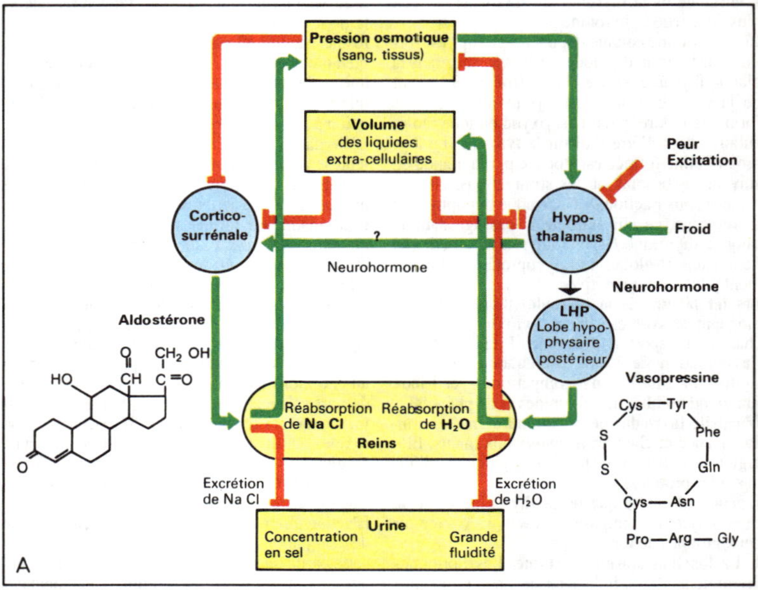

Régulation de l'excrétion d'eau et des sels

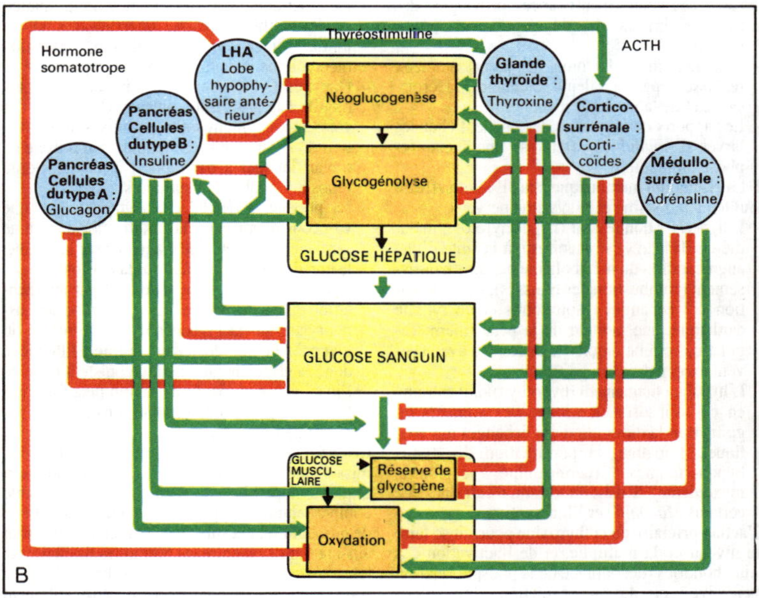

Régulation hormonale de la glycémie

Les hormones cortico-surrénaliennes (corticoïdes) sont des stéroïdes qui sont des produits de l'oxydation du cholestérol, de la progestérone. Le pouvoir de synthèse de la cortico-surrénale est si élevé que, malgré sa capacité de stockage très réduite, la quantité de corticoïdes circulant dans l'organisme humain est remplacée toutes les 2 ou 3 heures. La **régulation de la production** des corticoïdes est principalement le résultat de l'action de la corticolibérine et de l'A.C.T.H. dans le système hypothalamo-hypophysaire (p. 329) : cette régulation se traduit par un rythme nycthéméral, mais dépend également de stress corporels et psychiques. Il existe une boucle de régulation (A) dans la mesure où une élévation du taux de corticoïdes dans le sang entraîne l'inhibition de la sécrétion d'A.C.T.H. La voie nerveuse permet une autoactivation, l'hypothalamus stimulant la sécrétion d'adrénaline par la médullo-surrénale qui elle-même stimule l'hypothalamus. Parmi les différents corticoïdes (au nombre de 30 environ), le cortisol représente 70 % de la quantité d'hormones dans le sang, la corticostérone 15 % et l'aldostérone 1 à 2 %. Leur signification biologique est très importante et recouvre, sans que l'on puisse séparer étroitement les fonctions, deux domaines vitaux :

Les corticoïdes minéraux, essentiellement l'aldostérone, qui règlent l'excrétion de l'eau et le métabol. du sel en inhibant l'excrétion de Na^+ dans l'urine, la sueur et la salive, et en activant par contre celle du K^+. La carence hormonale entraîne le passage de l'eau de l'espace extracellulaire vers l'espace intracellulaire qui contient alors une quantité accrue de K^+, tandis que la déperdition de Na^+ du liquide extracellulaire provoque à son tour une déshydratation : les muscles se gonflent alors que le volume sanguin diminue (d'où une augmentation de la viscosité du sang, une diminution de l'irrigation des organes et de la pression artérielle).

Les glucocorticoïdes, le cortisol surtout et, à un degré moindre, la corticostérone, agissent sur le métabolisme des protéines et des hydrates de carbone : elles accélèrent la transformation des protéines en glucose (**néoglycogenèse**) de même qu'elles augmentent la réserve glycogénique du foie, alors que le métabolisme des hydrates de carbone dans les tissus peut être freiné. La fourniture artificielle de cortisol n'élève cependant pas la glycémie (compensation par une augmentation de la production d'insuline) mais freine les processus inflammatoires.

La cortico-surrénale semble former également des hormones androgènes (p. 331).

Les hormones du pancréas, le glucagon et l'insuline sont des polypeptides dont les séquences d'acides aminés varient légèrement selon les espèces (p. 10, 510). Elles sont produites dans les cellules du type B (insuline) et dans les cellules du type A (glucagon) des îlots de Langerhans. Les *Oiseaux* forment également de l'insuline dans d'autres organes que le pancréas.

Le glucagon active par l'intermédiaire de l'AMPc la phosphorylation du glycogène hépatique et déclenche ainsi l'hydrolyse du glycogène en glucose (glycogénolyse) ce qui augment la glycémie. Il accroît à plus long terme l'oxydation des acides gras et le stockage des lipides. La sécrétion de glucagon a lieu lorsque le taux de glucose et d'acides gras sanguins diminue, par un apport excessif d'A.A. et généralement par l'excitation du sympathique.

L'insuline par contre fait baisser la glycémie en augmentant la perméabilité des membranes cellulaires au glucose. Elle augmente en même temps l'utilisation du glucose en activant son oxydation, en augmentant la réserve de glycogène et la formation de lipides à partir du glucose. Cette augmentation de la glycolyse fait diminuer en second lieu le métabolisme des lipides et des protéines.

L'**insuffisance insulinique**, cause du diabète (*diabetes mellitus*), entraîne les symptômes suivants :

- Diminution de l'oxydation du glucose dans les tissus, d'où une élévation de la glycémie.
- Avec la polyurie apparaît une glycosurie.
- L'ensemble de l'organisme, et surtout le foie, réagit comme dans tous les cas de faim physiologique : il a recours à toutes les sources de glucose disponibles.
- La transform. des protéines est augmentée tandis que l'azote est éliminé ds. l'urine en quantité notable (azoturie).
- La dégradation des lipides est activée. Ce qui accroît la concentration de corps cétoniques (acétone, ac. acétylacétique, ac. ß. oxybutyrique) provoquant l'acidose du sang.
- L'élimination des acides dans l'urine prive l'organisme de Na^+ et de K^+, ce qui perturbe le fonctionnement membranaire.

La régulation hormonale de la glycémie (B) dépend directement :

- **des processus qui fournissent du glucose,** c'est-à-dire principalement la glycogénolyse, la transformation à partir du galactose et du fructose et la néoglycogenèse ainsi que
- **de processus consommateurs de glucose** comme la glycogenèse, l'oxydation et la lipidogenèse.

Alors que l'**insuline** active surtout dans les tissus périphériques la glycolyse et inhibe en même temps la glycogenèse, les hormones suivantes ont une action antagoniste : le **glucagon** active la glycogénolyse hépatique, l'**adrénaline** active la glycogénolyse hépatique et musculaire.

Outre le déplacement de l'équilibre glycogène-glucose, le niveau de l'oxydation du glucose joue aussi un rôle. Au contraire du cortisol (voir plus haut), l'action de la **thyroxine** est peu importante. L'hormone anté-hypophysaire, la **somatotropine**, hormone de croissance, inhibe la néoglycogenèse, processus qui fournit du glucose et elle ralentit également l'oxydation du glucose. On voit donc que ce n'est pas seulement la glycémie qui est maintenue constante par différents mécanismes régulateurs, mais que c'est en même temps le métabolisme qui est dirigé dans diverses voies.

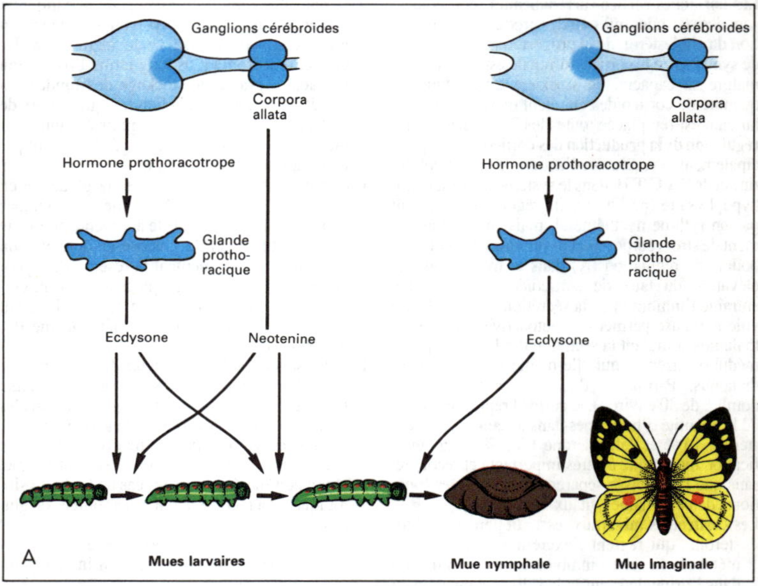

Hormones de mue chez les Insectes

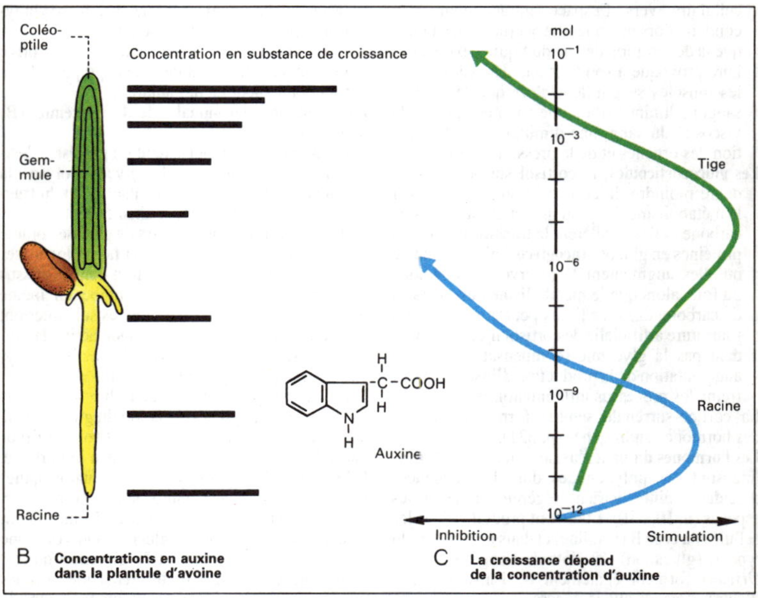

Substances de croissance végétales

Les hormones des Invertébrés

Les hormones de mue des Insectes (A) contrôlent le déroulement du métabolisme pendant la mue, et par là même la croissance et le dévelop. postembryonnaire, qui conduisent par une série de mues à l'imago (ex. : chenille-chrysalide-papillon).

Le sang des chenilles prêtes à la nymphaison déclenche la nymphaison chez de jeunes larves.

- Si on ligature transversal., une chenille un jour avant la nymphaison prévue, le sang ne pouvant plus circuler entre les parties ant. et post., seule la partie ant. forme une chrysalide.

On en déduit que les horm. sont produites dans la région de la tête. Chaque mue est déclenchée par des cel. neuro-sécrétrices du protocerebron. **L'hormone d'activation (adénotrope)** qu'elles produisent excite la glande prothoracique à produire l'hormone de mue, l'**ecdysone**, stéroïde.

Si l'ecdysone agit seule sur l'épiderme, la mue s'accompagne d'une métamorphose : la chenille se mue en chrysalide, celle-ci libère un papillon. Mais si par contre la **néoténine**, « hormone juvénile », des *corpora allata* (paire de glandes situées dans la tête, juste derrière le cerveau, de part et d'autre du pharynx) continue à être sécrétée, on n'observe que des mues larvaires, le stade chenille étant maintenu :

- L'implantation de *corpora allata* supplémentaires chez des larves âgées conduit à des larves géantes.

En outre ces 2 antagonistes déclenchent également des comportements typiques : les chenilles présentent un phototactisme qui est positif sous l'effet de la néoténine et négatif sous celui de l'ecdysone ; de même elles tissent des fils de type larvaire ou des cocons de chrysalide.

Chez les **Insectes adultes** la glande prothoracique involue. Les *corpora allata* persistent, assurent la synthèse d'albumine ovulaire et la mise en réserves ultérieure et ont peut être en plus un rôle dans le comportement sexuel : la ♀ de *Schabe leucophaea* n'accepte de s'accoupler que sous l'influence des *corpora allata*.

Les hormones sexuelles des Crustacés ont été décelées de façon certaine. La castration par irradiation interrompt l'apparition des caractères sexuels secondaires. La castration parasitaire (*Sacculina*, pp. 256 sq.) transforme un *Inachus* mâle en femelle.

Les hormones de caste sociale chez les Termites se forment dans les *corpora allata* et dans la glande ventrale. Si c'est celle-ci qui prédomine dans les premiers stades larvaires, il naît un individu sexué, mais il naît un ouvrier si cette prédominance s'atténue. Au cours des 2 derniers stades les ouvriers deviennent des soldats si les 2 glandes quintuplent de grosseur tout en conservant le même rapport entre elles.

Le changement de coloration physiologique de certains Animaux, c.-à-d. la faculté de s'adapter en un court laps de temps à des conditions d'éclairement et à des environnements variés réside chez les *Vertébrés inf.* comme chez les *Invertébrés* dans l'expansion ou la rétraction de matières colorantes à l'int. de cel. colorées (chromatophores). Chez les *Céphalopodes*, le déclenchement est de nature nerveuse, tandis que ce sont des neurohormones qui interviennent chez les *Vers*, les *Crustacés* et les *Insectes* :

- C'est un facteur d'origine cervicale qui fait s'assombrir la Sangsue *Piscicola*.
- L'ensemble glande du sinus-organe-X du pédoncule oculaire de la Crevette grise (*Crangon*) sécrète une hormone qui entraîne un éclaircissement, tandis que la destruction d'un tissu déterminé du céphalothorax rend l'assombrissement impossible.
- Dans le S.N.C. du Phasme (*Carausius*), des neurohormones antagonistes assurent la régulation, en partie endogène, en partie fonction de la lumière, du rythme nycthéméral du changement de coloration.

Ces hormones ne sont pas spécifiques et agissent aussi sur les *Vertébrés*.

Substances de croissance des Végétaux (Phytohormones)

Chez les *Plantes*, sans S.N., des phytohormones assurent seules la coordination ; leur action :

- est possible après transport vers des cel.-cibles éloignées mais aussi sur le lieu de formation ;
- varie en fonct. du génome de la cel.-cible et de la concentration hormonale ;
- concerne plus le dévelop. que le métab. (p. 217).

La réaction prim. est la fixation de l'hormone par des récepteurs cytopl. ou membr. de la cel.-cible. Les effets hormonaux rapides avec mouv. et élongation pouvant dépendre de modulations et les effets lents dans la poursuite du dévelop. de l'expression différentielle du génome (p. 215).

L'auxine (acide ß-indolylacétique AIA), dérivée d'un acide aminé, le tryptophane, agit sur la croissance en longueur, augmentant l'extensibilité de la paroi. La concentration optimale est plus faible pour les racines que pour la tige et des quantités qui activent la tige inhibent l'allongement des racines (B). Dans les germes de céréales, l'AIA inactif s'élève de l'endosperme jusqu'à la pointe du coléoptile et, de là, après activation, il stimule la croissance du coléoptile tout en refluant vers la base (C).

Les gibbérellines sont fabriquées ds les graines non encore mûres et les jeunes feuilles. Elles ont des effets analogues à l'auxine sans cependant intervenir ds le métabol. de la paroi ; elles stimulent aussi la synthèse de l'auxine.

Les cytokinines dérivés de l'adénine, synthétisés ds les extrémités racinaires stim. en gén. la synth. d'ARN, la protosyn. et donc, la mitose, la formation des bourgeons et la résistance.

L'acide abscissique est synth. ds toutes les parties des *Plantes sup.*, spécial. ds le parenchyme et les feuilles âgées et rapidement transp. ds le phloème. Ses effets inhibiteurs en partie lents, en partie rapides, portent sur les phases de repos : vieillissement cell., chute des feuilles et des fruits, mouv. de fermeture des stomates, dormance des bourgeons et des graines.

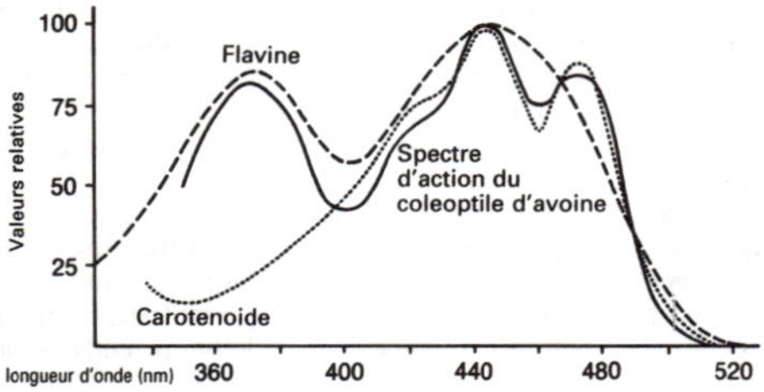

A **Spectres d'absorption et spectre d'action phototropique (1. réaction positive)**

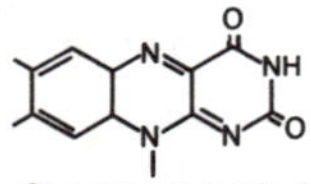

B **Structure supposée du composant flavinique du cryptochrome**

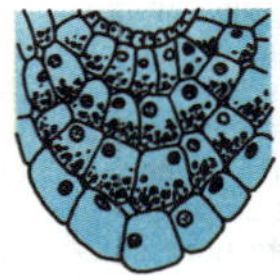

Coupe longitudinale schématique des cellules de la coiffe de Rorippa

C

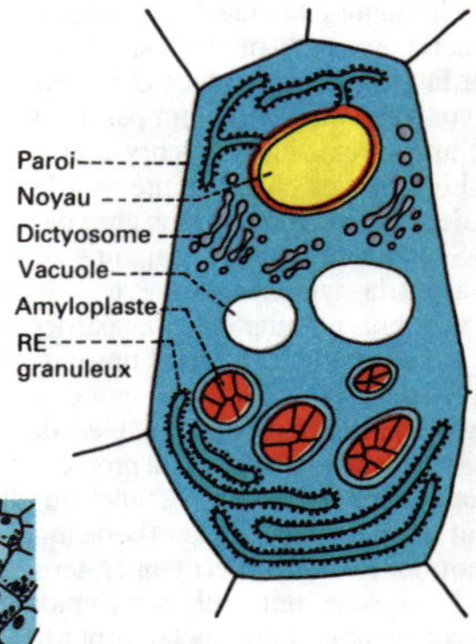

D **Schéma d'un Statocyte (cellule avec statolithes) de Lepidium**

Perception de l'excitation

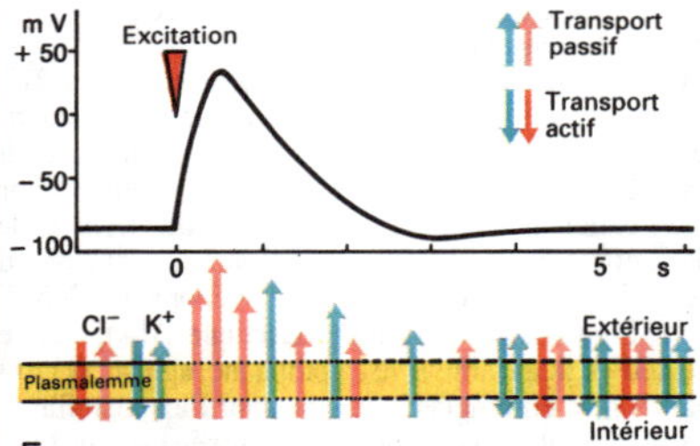

E **Schéma d'un potentiel d'action enregistré au niveau du plasmalemme**

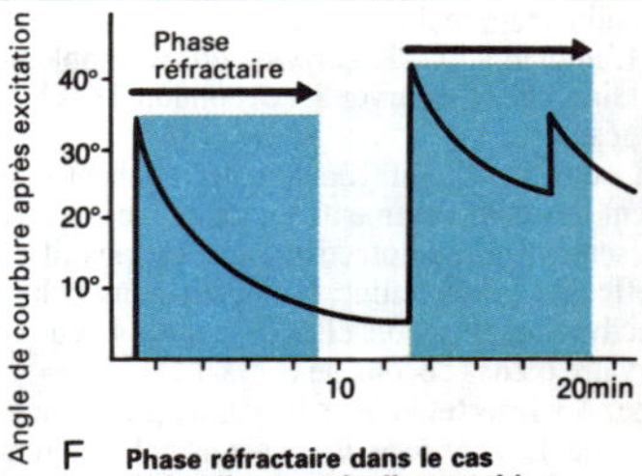

F **Phase réfractaire dans le cas de la séismonastie d'une anthère d'Epine-vinette (Berberis)**

Excitation

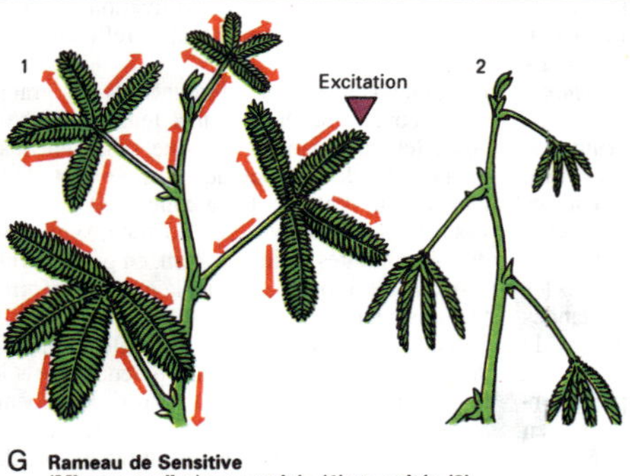

G **Rameau de Sensitive (Mimosa pudica) non excitée (1) et excitée (2)**

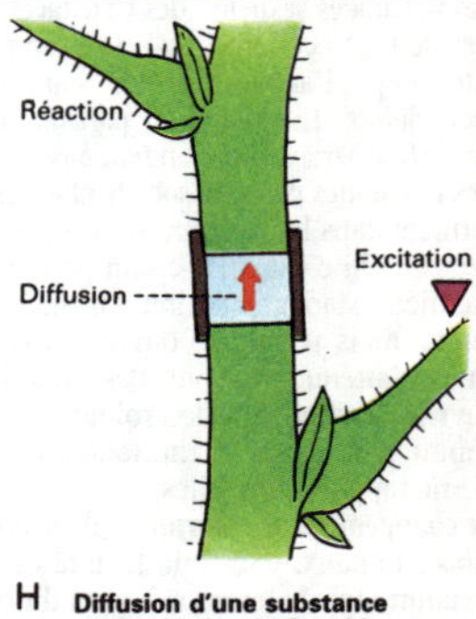

H **Diffusion d'une substance excitante chez la Sensitive**

Transmission de l'excitation

L'excitabilité (irritabilité) en tant que propriété fondamentale des êtres vivants intéresse aussi le règne végétal. On désigne sous le terme d'**excitation** une action externe (chimique ou physique) qui induit une réponse. Le stimulus n'apporte ou n'utilise que l'énergie nécessaire au déclenchement, l'énergie nécessaire à la réaction, souvent complexe, provenant de l'organisme. Pour cette raison, l'intensité de la réaction n'est pas proportionnelle à celle de l'excitation : la réaction suit souvent la règle du « T ou R ».
La lumière dans la photosynthèse n'a aucun caractère d'excitant car elle intervient comme source directe d'énergie.

La perception du stimulus

Chaque type de stimulus (lumière, pesanteur, température, toucher, humidité, substance chimique) nécessite un mécanisme intracellulaire qui renvoie à la forme d'énergie spécifique concernée.
Les connaissances que l'on en a jusqu'à présent sont encore incomplètes.

La perception des excitations lumineuses a été spécialement étudiée sur le coléoptile d'*avoine*. Le spectre d'action dans le cas d'une réaction positive (A) montre l'efficacité des UV et des radiations de courte longueur d'onde du spectre visible (lumière bleue). Les photorécepteurs possibles sont en principe un caroténoïde et/ou une flavine. Les résultats expérimentaux (portant aussi sur d'autres matériaux : embryons de *Dicotylédones*, sporangiophores de *Phycomycètes*) qui peuvent expliquer les nombreux pics de la courbe d'absorption font plutôt allusion à une flavine liée de façon non covalente à une protéine et semble-t-il universellement répandue (Cryptochrome, B). Elle ressemble vraisemblablement à la riboflavine mais la liaison au carbone des deux groupes fonctionnels et celle d'une chaîne latérale à l'azote est encore mal connue.

La perception de la pesanteur. Des particules cellulaires de forte densité (granules de $BaSO_4$ dans les rhizoïdes de Chara, des cristaux protéiques dans certaines variétés de Riz, dans la plupart des cas des amyloplastes remplis de grains d'amidon, C, D) s'accumulent dans le champ de la pesanteur. Elles exercent une pression différentielle sur un canal complexe cupuliforme du R.E granulaire. Ce qui entraîne la réorientation en partie mécanique des vésicules de Golgi vers la synthèse de la paroi, et doit vraisemblablement influencer aussi la formation des vésicules dictyosomiques.
L'effet géoélectrique (charge négative de la face supérieure de la cellule dans le champ de gravité jusqu'à 10 mv) n'est pas la cause mais la conséquence de la perception de la pesanteur.

La perception des stimuli mécaniques a été étudiée particulièrement sur des vrilles très sensibles. Le contact avec une colonne d'eau ou de mercure ou avec une tige de verre est sans effet. On obtient par contre une réaction avec l'eau si on suspend un petit bloc d'argile ou avec une baguette rugueuse et même avec un fil de laine de 0,00025 mg. La réaction a lieu pour des différences de pression locales et/ou d'une certaine durée, qui entraînent sans doute la modification de structures plasmatiques initiant les réactions chimiques primaires. Les poils, les papilles et les soies sensorielles sont souvent les organes de perception (p. 120, E).

L'excitation

La perception du stimulus provoque une modification de l'état physiologique de la cellule souvent perceptible par la naissance du potentiel d'action. Mais celui-ci peut aussi faire défaut ; d'autre part des potentiels d'action se produisent parfois sans entraîner de mouvements induits par le stimulus.
Le potentiel membranaire des cellules non excitées (**potentiel de repos ;** charge négative du cytoplasme de – 50 à – 200 mv par rapport à la surface externe de la cellule) est essentiellement un potentiel de diffusion ; des pompes ioniques actives interviennent (E). Sa valeur est due à un excédent plasmatique d'ions Cl^- qui correspond à un équilibre entre un flux entrant actif et un flux sortant passif.
L'excitation augmente momentanément la perméabilité du plasmalemme, la sortie de Cl^- rend l'intérieur de la cellule positif (**potentiel d'action**). Le retour à la perméabilité normale et le travail des pompes ioniques rétablit le potentiel de repos (plus lentement que dans les cellules animales ; voir p. 367 sq).
Pendant la phase de retour à la normale aucune excitation nouvelle ne peut produire de potentiel d'action ou incomplètement (F ; **phase réfractaire**). On a pu prouver pour quelques mouvements rapides (*sensitive, dionée*, p. 120) les liens de cause à effet entre l'excitation et la réaction ; dans d'autres, on peut les supposer. Les réactions ultérieures de la chaîne excitation – réaction ne sont connues que dans quelques cas simples.

La conduction de l'excitation

Les lieux de perception et de réaction étant souvent séparés, la conduction de l'excitation s'impose (très marquée chez la *sensitive* : jusqu'à plus de 50 cm, à une vitesse qui atteint 10 cm/seconde ; G).
On peut différencier deux mécanismes :
– potentiels d'action propagés (E) spécialement dans des cellules de parenchyme allongées (vitesse de conduction – 2 – 5 cm/seconde).
– transport d'un signal chimique (Auxine chez le coléoptile d'*Avoine ;* l'acide oxhydrique avec N, chez la *sensitive,* comme stimulus excitateur agit à une concentration < 10^{-8} g/l) qui traverse les zones nécrosées, les nœuds et même expérimentalement une colonne d'eau (H).

La réaction

Les **mouvements intracellulaires** peuvent être induits par le stimulus (courant plasmatique, p. 51 ; localisation du noyau et des chloroplastes).
Mouvement directionnel libre sous forme de mouvements ciliaires (p. 51) chez les unicellulaires, les colonies, les gamètes et les spores (p. 341 sq.).
Mouvements d'organe très nombreux chez les plantes supérieures (p. 343 sqq.)
Ils reposent sur deux mécanismes :
– Mouvements de croissance (nutation) : mouvements de courbure irréversibles, liés aux méristèmes.
– Mouvements de turgescence (variation) : mouvements réversibles par contre, liés à des organes différenciés.

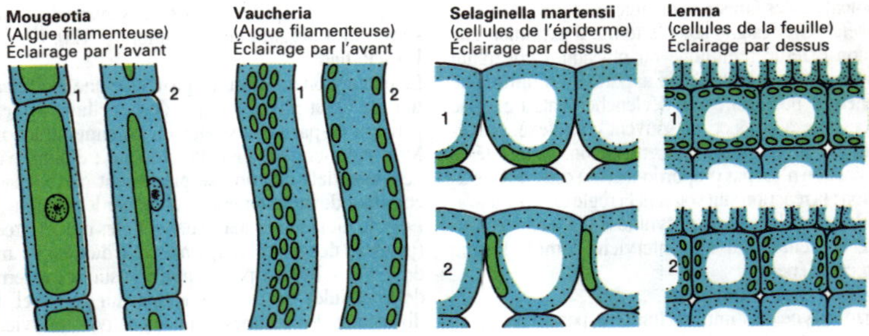

A **Mouvements des Chloroplastes.** 1 : position en lumière faible ; 2 : position en lumière vive

Mouvements intracellulaires

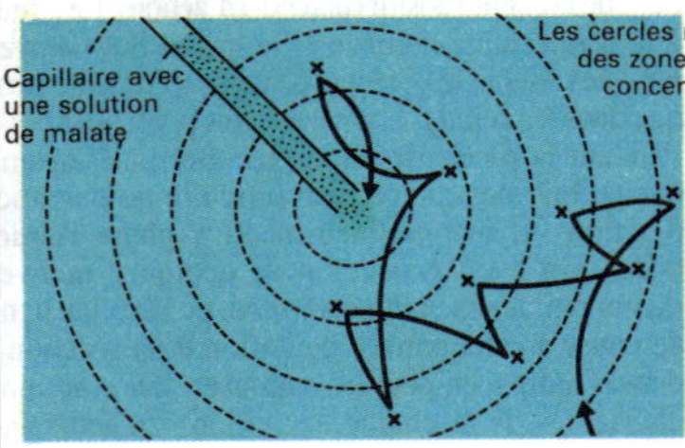

B **Orientation phobotactique d'un Sphinx des Myxomycètes.** x : indiquent les réactions phobiques

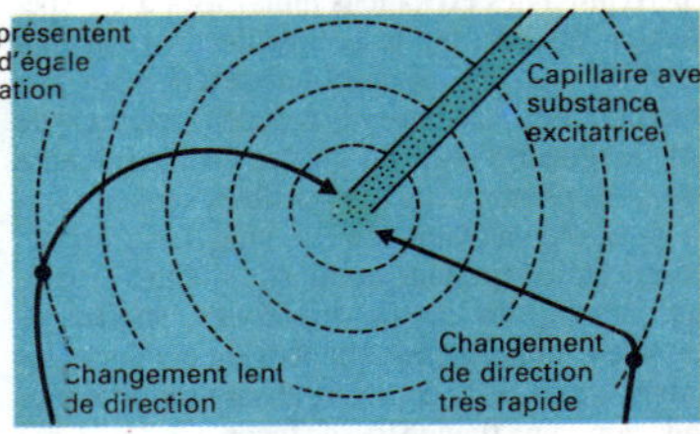

C **Orientation topique : schématisée** (p. ex. dans le cas des anthérozoides de Mousses et Fougères, chez les Flagellés, les Cyanobactéries et les Diatomées)

Phobotaxie et Topotaxie

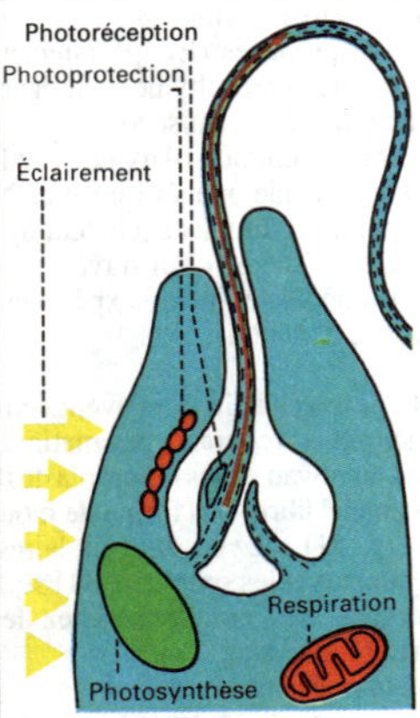

D **Appareil phototactique de l'Euglène**

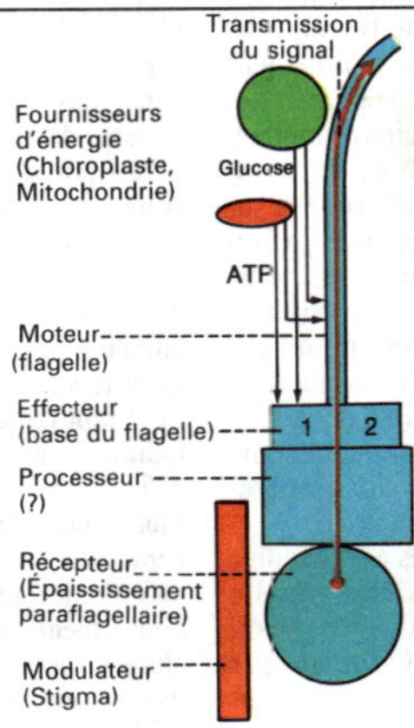

E **Modèle de système réactionnel à l'excitation chez l'Euglène**

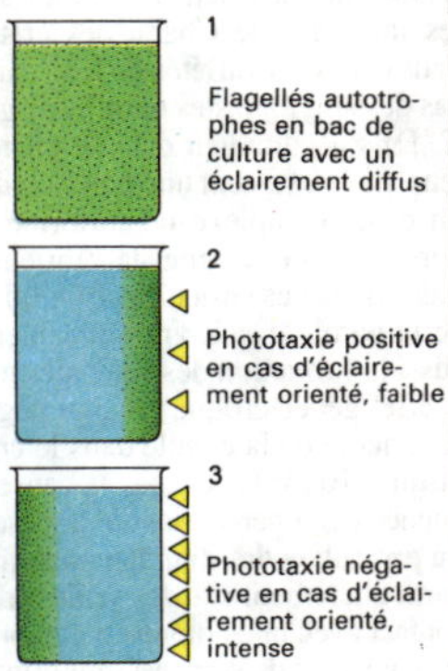

F **Phototaxie positive** (2) **et négative** (3) **chez les Flagellés**

Phototaxie

Les mouvements intracellulaires

Le courant plasmatique peut être induit, amplifié mais rarement limité par les stimuli (lumière, substances chimiques, chaleur, blessures). Il n'y a pas en général, de relation avec la direction du stimulus (voir Nasties, p. 344 sq.).

Des mouvements du noyau vers les zones de forte croissance ou à la suite de blessures peuvent être induits par des substances chimiques.

Les mouvements des chloroplastes montrent souvent des relations précises avec la direction du stimulus (voir taxies) : ceci procure en lumière intense une surface minimale et en lumière faible une surface plus importante pour la photosynthèse (A).

Les Taxies

Une taxie inclut ici également, par opposition à la biologie du comportement (p. 403), les composantes motrices en plus du (des) mouvement(s) d'orientation ; le terme désigne donc l'ensemble des processus d'orientation.

Les taxies se rencontrent dans le règne végétal :
– chez les espèces à mouvement directionnel libre (de nombreuses *Algues, myxomycètes*) ;
– dans les cellules reproductrices mobiles (zoospores de plusieurs *Algues* et *Champignons* ; gamètes chez les *Algues* et *Champignons* ; spermatozoïdes de nombreuses *algues, mousses, fougères* et de quelques *gymnospermes*).

De même les *Bactéries,* les organismes animaux de même niveau d'organisation et les gamètes des animaux présentent les mêmes réactions.

Les mécanismes moteurs sont surtout des mouvements amiboïdes (p. 50 sq.), des mouvements ciliaires et flagellaires (p. 50 sq.) et plus rarement :
– des sécrétions de mucus membranaire exerçant une traction (*Desmidiales,* p. 279) ;
– un courant cytoplasmique dans un sillon (raphé) de la frustule selon le principe de la chenillette (*Diatomées,* p. 549).

Les mécanismes d'ajustement s'organisent selon deux types fondamentaux :
– **La phobotaxie** repose sur des réactions de recul, mouvements stéréotypés, qui peuvent se produire sans l'action du stimulus efficace mais par la perception de stimuli successifs d'intensité différente (réaction de différenciation) qui s'additionnent jusqu'à atteindre la zone optimale (zone d'indifférence de l'excitation (B).
– **La topotaxie** qui repose sur la perception de la répartition spatiale des excitations d'intensité différente provoque, si les excitations sont unilatéralement plus fortes, un ajustement rapide ou ciblé petit à petit sur la source excitatrice (C).

Dans les deux mécanismes on distingue des taxies positives et négatives selon que le mouvement s'opère vers ou en dehors de la source.

La phototaxie

se manifeste surtout chez les organismes autotrophes mais aussi chez les *Flagellés* sans chlorophylle. Elle est habituellement positive pour de faibles intensités lumineuses et négative dans le cas contraire, ce qui leur permet de se maintenir dans les territoires physiologiquement favorables.

Les *bactéries pourpres* réagissent phobotactiquement (en arrêtant momentanément le mouvement flagellaire ou en l'inversant) au passage de la lumière à l'obscurité (baisse de la luminosité). La réaction est déjà nette avec une baisse de l'intensité lumineuse d'un facteur de 1,01 à 1,03.

Les plasmodes des *Myxomycètes* à phototactisme négatif deviennent positifs dès la sporulation.

En dehors du stigma photoprotecteur, l'*Euglène* (p. 65) réagit phototactiquement par une structure photoréceptrice située à la base du flagelle : un épaississement d'aspect cristallin et incolore au microscope électronique (D).

Les structures morphologiques qui soustendent le système transformant l'excitation (processeur, E) sont encore inconnues, les effecteurs sont les bases du flagelle et le moteur en est le flagelle. En outre, le photorécepteur mesure, apparemment, l'intensité de l'éclairement et au dépassement d'une valeur-seuil déclenche une phototaxie négative (F). En même temps, pendant la réaction d'orientation, le récepteur est assombri en permanence, sans qu'intervienne le stigma, par les chloroplastes du corps cellulaire.

La chimiotaxie

Elle permet la quête de nourriture chez les formes saprophytes ou parasites (*Champignons*, dans la limite de leur mobilité ; *Bactéries*). Comme agents attractifs on trouve ici des protéines, des acides aminés, des sels d'ammonium, des glucides, phosphates et sels d'alcalins et alcalino-terreux. La spécificité des capteurs chimiques a été testée par l'effet d'accoutumance (séjour prolongé dans une solution homogène de substance stimulante) qui ne concerne à chaque fois qu'un seul type de chémo-récepteurs :
– Les acides aminés sont distingués des sels d'ammonium mais la distinction n'est pas faite au sein de chacun de ces groupes.
– Dans quelques cas isolés la distinction s'opère même entre les stéréoisomères d'un élément.

Les *Flagellés* autotrophes réagissent au CO_2, aux phosphates, aux nitrates. Les gamètes réagissent à des substances attractives spécifiques (Gamones, p. 152 sq.) très différentes (*Chlamydomonas* : glycoprotéines ; spermatozoïdes de *Lycopodium* : citrate, de *Mousse* : saccharose, de *Marchantia* : protéines, de *Fougères* : malate de calcium) et qui sont en partie très spécifiques (chez *Ectocarpus* : Ectocarpine, chez *Fucus* : serratine, chez le champignon *Allomyces* : sirénine).

Le seuil d'excitation est en général très bas. Les spermatozoïdes de Fougères réagissent encore à une concentration d'acide malique de 0,001 % ; pour les gamones spécifiques, les valeurs minimales sont encore plus faibles.

La différence de concentration comme facteur déterminant doit par contre être importante ; pour le malate, seule une concentration trente fois supérieure à celle du contenu d'un capillaire ajusté à la solution ambiante peut agir.

Hydrotaxie, thermotaxie et **thigmotaxie** agissent de la même façon et assurent une harmonie avec les facteurs essentiels de l'environnement.

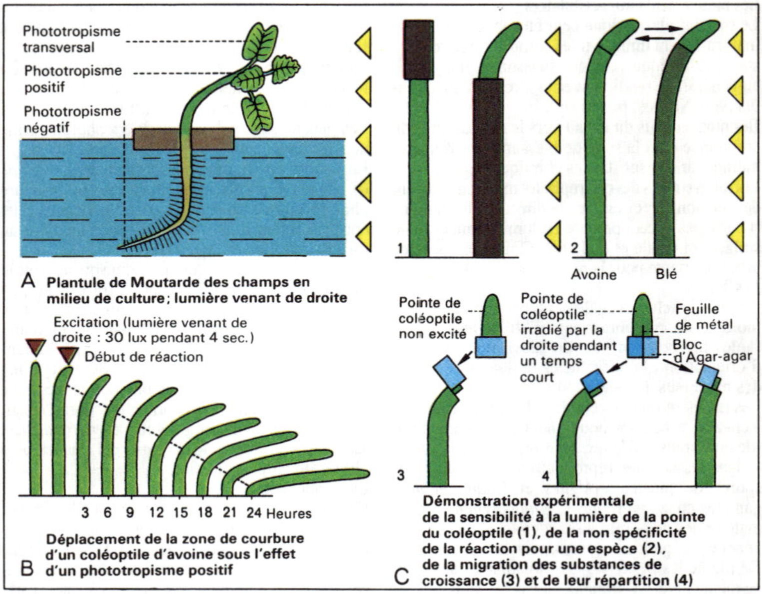

A **Plantule de Moutarde des champs en milieu de culture; lumière venant de droite**

B **Déplacement de la zone de courbure d'un coléoptile d'avoine sous l'effet d'un phototropisme positif**

C **Démonstration expérimentale de la sensibilité à la lumière de la pointe du coléoptile (1), de la non spécificité de la réaction pour une espèce (2), de la migration des substances de croissance (3) et de leur répartition (4)**

Phototropisme

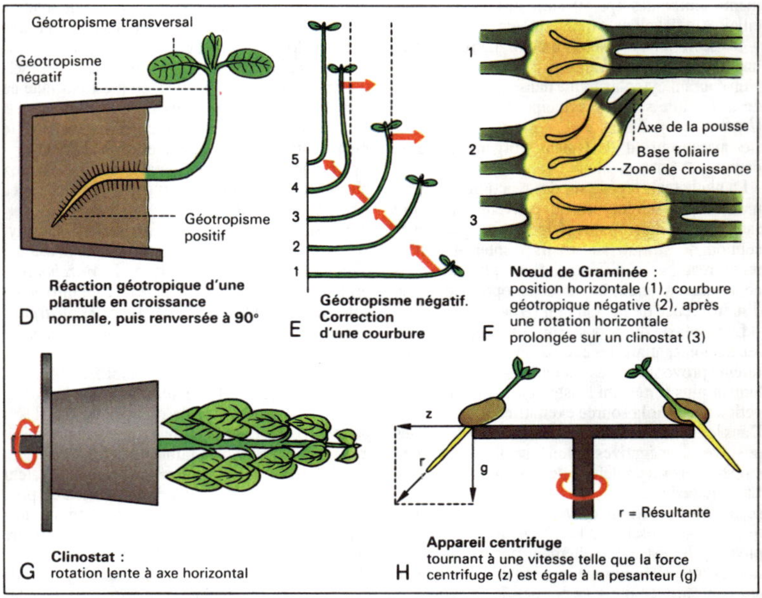

D **Réaction géotropique d'une plantule en croissance normale, puis renversée à 90°**

E **Géotropisme négatif. Correction d'une courbure**

F **Nœud de Graminée :** position horizontale (1), courbure géotropique négative (2), après une rotation horizontale prolongée sur un clinostat (3)

G **Clinostat :** rotation lente à axe horizontal

H **Appareil centrifuge** tournant à une vitesse telle que la force centrifuge (z) est égale à la pesanteur (g)

Géotropisme

Les tropismes sont des mouvements effectués par des parties isolées d'espèces fixées, ds une direction qui dépend de celle du stimulus. (A) :
- tropismes positifs (vers le stimulus),
- tropismes négatifs (qui éloignent du stimulus),
- tropismes transversaux (l'organe qui réagit se place sous un cert. angle, souvent perpendiculaire à la direction du stimulus).

Ce sont pour la plupart des mouvements de croissance, plus rarement des mouvements de turgescence (feuilles de *Papilionacées*) (p. 339).

Le phototropisme

Le phototropisme positif se manifeste chez beaucoup de tiges aériennes et de pétioles de feuilles. Le coléoptile des *Graminées* est un matériel d'étude privilégié (C).

Le phototropisme négatif de nombreuses racines (rac. aériennes en particul. *Aracées*) et racines crampons (*Lierre* p. ex.) et rhizoïdes des *Hépatiques* et des prothalles de *Fougères*.

Le phototropisme transversal est observable chez les organes à symétrie dorsiventrale, p. ex. les thalles d'*Hépatiques* et les feuilles. Il arrive aussi que la plante se protège du soleil de midi en s'orientant parall. à la lumière (*Lactuca serriola*).

L'inversion de la réaction d'un organe peut se présenter :
- Au cours du développ. : les pédoncules floraux de la *Linaire cymbalaire* manifestent lors de la floraison un phototrop. posit. qui devient plus tard négat., ce qui permet aux graines d'atteindre les anfractuosités des murs.

Recherches sur le coléoptile d'*Avoine*

Elles montrent qu'il existe plusieurs secteurs réactionnels séparés par des secteurs indifférents (voire à réaction négative :
- La 1re réaction positive entre 10 et 10 000 lux/sec. répond à la loi du quantum d'excitation R = f (i . t) ; la courbure débute à l'apex et progresse vers le bas (B) ;
- La 2e réaction positive (à partir de 100 000 lux/sec. Après excitation de l'apex elle débute immédiatement à la base (réaction induite) sans suivre la loi d'excitation quantique.
- La 3e réaction positive après un éclairement très intense a été moins étudiée ; elle n'a pas de signification dans les conditions naturelles.

Le mécanisme de la réaction est éclairci par les expériences suivantes (C) :
- L'interposition d'écrans montre que la perception de l'excitation se produit presque à la pointe du coléoptile.
- Décapité, le coléoptile préalabl. stimulé continue à réagir. Le fait d'intercaler un morceau de gélose qui ne s'oppose pas à la diffusion des subst. n'empêche pas l'apparition de la courbure, mais l'interposition d'une feuille de métal imperméable l'empêche.
- Un bloc de gélose provoque une courbure si on le pose sur le côté d'un coléoptile décapité non stimulé car la substance excitatrice n'est pas répartie, de façon homogène, dans le bloc.

La cause de la réaction est l'acquisition d'une polarité transverse par la déviation photoinduite du courant basipète de substance de croissance auxinique (confirmé par un marquage de l'auxine au C^{14}). Les tiges ont des comportements plus complexes : déplacement latéral et transport basipète n'ont pas été prouvés par les recherches. Par contre l'inhibition de croissance de la face éclairée (inactivation de la substance de croissance, photoinduite) est manifestement plus importante.

Le géotropisme (D)
- Les tiges principales ont la plupart du temps un géotrop. négat. Il est dû à un transport latéral de l'auxine vers le bas de la tige qui croît alors plus fortement (croissance en longueur, croissance cytoplasmique, mitoses).
- Les racines principales ont un géotrop. posit. La courbure se ramène aussi à une inhibition de la partie inf. de l'organe riche en subst. de croiss. (optimum faible). On suppose que dans d'autres cas il y a un transport latéral, induit par la gravité, de substances inhibitrices (acide abscissique) à partir de la coiffe.
- Les tiges et les racines second. de 1er ordre et de nombreux organes foliaires ont un géotrop. transv. Les racines second. de second ordre sont pour la plupart insensibles au géotropisme.

La preuve de l'action de la pesanteur est double :

1. Le clinostat (G) qui fait tourner lentement des plantes en position horizontale, annule l'action de la pesanteur. Les forces de gravité qui s'exercent ainsi sur toutes les faces entraînent une croissance renforcée, p. ex. du nœud des *Graminées* (F). La suppression du géotropisme négatif rend distincts les composants épinastiques de la position transversale des feuilles.

2. La roue centrifugeuse (H) modifie la direction de la pesanteur apparente. Les plantes poussent dans la direction de la résultante de la force de la pesanteur et de la force centrifuge.

L'autotropisme désigne la tendance de toutes les parties d'un végétal à redevenir droites après avoir subi une courbure (E), même si ensuite on les prive sur un clinostat de cet effet excitateur.

Le géotropisme latéral se rencontre chez de nombreuses plantes grimpantes.

L'haptotropisme (thigmotropisme)

réaction à des stimuli tactiles, se rencontre surtout chez les vrilles, les pétioles et les extrémités des feuilles, ainsi que chez les tiges et les inflorescences. Le contact entraîne la plupart du temps une accélération de la croissance du côté opposé ; l'objet en contact se trouve alors entouré.

Le chimiotropisme

posit. ou négat., vis-à-vis de nombreuses subst., se manifeste p. ex. dans les hyphes de *Champignons*, et dans les racines et les tubes polliniques des plantes sup. Des anomalies relationnelles entre les tissus du style et le tube pollinique permettent d'expliquer l'incompatibilité gamétophytique (incompatibilité avec le génotype du pollen).

L'hydro-, le traumato-, le thermo- et le galvanotropisme sont des formes de chimiotropisme.

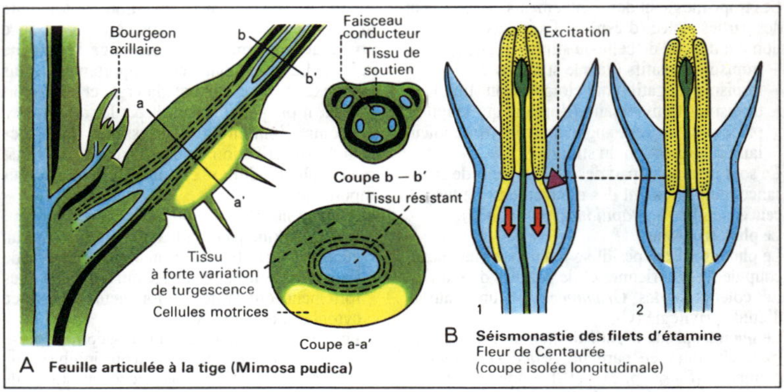

A **Feuille articulée à la tige (Mimosa pudica)**

B **Séismonastie des filets d'étamine**
Fleur de Centaurée
(coupe isolée longitudinale)

Séismonastie

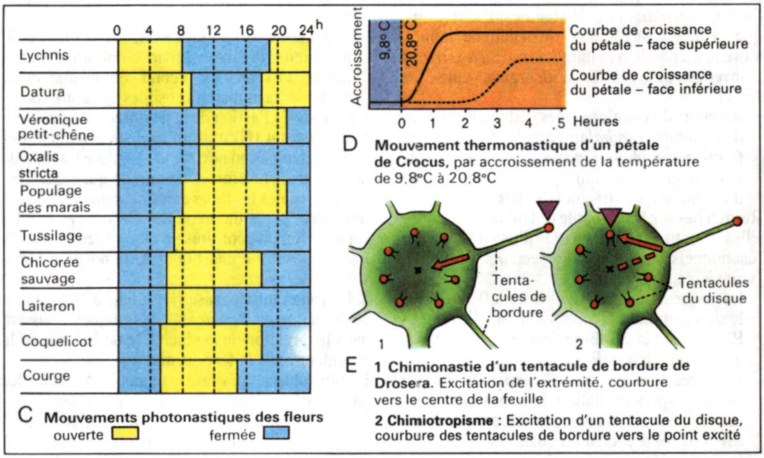

C **Mouvements photonastiques des fleurs**
ouverte ▭ fermée ▭

D **Mouvement thermonastique d'un pétale de Crocus**, par accroissement de la température de 9,8°C à 20,8°C

E **1 Chimionastie d'un tentacule de bordure de Drosera.** Excitation de l'extrémité, courbure vers le centre de la feuille
2 Chimiotropisme : Excitation d'un tentacule du disque, courbure des tentacules de bordure vers le point excité

Photo-, thermo- et chimionasties

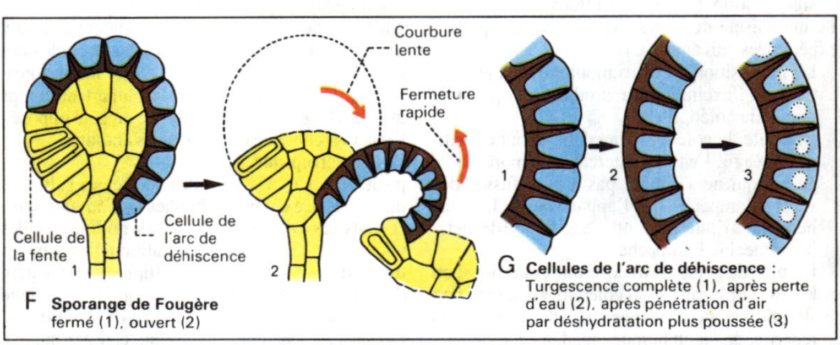

F **Sporange de Fougère**
fermé (1), ouvert (2)

G **Cellules de l'arc de déhiscence :**
Turgescence complète (1), après perte d'eau (2), après pénétration d'air par déshydratation plus poussée (3)

Mouvement purement physique

Dans le cas des **nasties** la direction de leur mouvement ne dépend pas de celle du stimulus. La direction du mouvement est déterminée par la structure souvent dorsiventrale de l'organe qui réagit. Elles ne servent donc pas à l'orientation spatiale mais remplissent généralement des fonctions particulières. Les nasties s'effectuent surtout par des phénomènes de croissance (E) et des changements de turgescence réversibles qui peuvent affecter des organes différenciés (A).

1. La séismonastie, réaction au contact ou aux secousses, se différencie de la Thigmonastie par le fait qu'elle est déclenchée par n'importe quel contact. De plus, la réaction est général. maximale dès que l'on dépasse le seuil d'excit. (T. ou R).

La Sensitive a de nombreux mouvements séismonastiques qui peuvent être aussi bien déclenchés par des stimuli chimiques, thermiques, électriques ou par des blessures. L'excitation d'une foliole terminale se propage dans toute la plante par des changements de turgescence (p. 338, G) :

- des renflements moteurs des folioles (qui se replient vers le haut).
- des renflements mot. des pétioles secondaires (les pétioles foliaires secondaires s'abaissent).
- des renflements mot. du pétiole primaire (le pétiole de la feuille s'abaisse).

Le temps de latence, dans des conditions optimales, n'est que de 0,08 sec., la période réfractaire qui succède au mouvement dure 15 à 20 mn. Pendant cette phase de repos, la semiperméabilité du cytoplasme et la pression osmotique des vacuoles (par un flux ionique actif) sont restaurées. Il s'ensuit spécialement une turgescence nouvelle des cellules à la face inf. des renflements moteurs (Tissu turgescent, voir plus bas).

Les renflements moteurs (A) se composent :

- de tissus résistants (cordon conducteur central, non extensible mais légèrement flexible) ;
- de tissus à forte turgescence (parenchymateux, à paroi mince) aux faces sup. et inférieure.

A la face inf., les cellules motrices évacuent rapidement de l'eau dans les espaces intercellulaires par augmentation de la perméabilité après une excitation. Cette diminution de volume allège les cellules de la face supérieure d'une contre-pression et elles se dilatent fortement par absorption d'eau. La participation de protéines contractiles à la réaction séismonastique rapide de la sensitive est discutée. Elle peut provoquer successivement : l'augmentation de la pression vacuolaire, un changement de perméabilité des plasmalemmes, une sortie de K^+, une perte d'eau par la cellule.

Les étamines ont des mouvements séismonastiques importants pour la biologie florale ; chez diverses *Centaurées*, les filets des étamines réagissent aux chocs par une contraction réversible (pouvant se répéter de nombreuses fois) de 20 à 30 % de leur longueur. Le stigmate expulse ainsi hors du tube staminal du pollen qui sera disséminé par les insectes butineurs (B). D'autres étamines (*Berberis, Sparmannia*, quelques *Hélianthèmes*) se recourbent par séismonastie.

Les stigmates à lèvres largement ouvertes se referment sv. lorsqu'on touche la partie intér. et peuvent ainsi enfermer du pollen.

Les plantes insectivores possèdent les mouvements nastiques les plus rapides. Lorsqu'on touche une soie sensorielle de la *Dionée* (p. 120, E), les demi-feuilles se referment en 0,02-0,01 sec. Le mouvement provient d'une augmentation rapide de la turgescence dans les tissus de la partie inf. de la nervure centrale, et simultanément d'une baisse de la turgesc. et d'une infiltration intercell. dans la partie supérieure de la nervure.

2. L'haptonastie se manifeste surtout chez les tentacules marginaux des diverses *Drosera* (E) et peut être déclenchée par un poids de 0,0008 mg. Le récepteur est le renflement terminal ; la courbure vers le milieu de la feuille est due à la croiss. de la face inf. du tentacule (conduction de l'excitat. env. 8 mm/sec.). Si l'on excite un tentacule int., les marginaux réagissent par haptotropisme : ils se recourbent vers le point d'excitation.

3. La chimionastie peut être déclenchée chez les plantes insectivores par des subst. protidiques, des acides aminés ou des phospates (stimuli analogues aux proies animales). Tout se déroule alors comme une réaction haptique. En 1 min on obtient une courbure de 180 ° ; 2 ou 3 répétitions épuisent la faculté de réaction.

4. La thermonastie est particul. évidente sur les organes de l'enveloppe florale : les fleurs de *Crocus* répondent déjà à une variation de température de 0,2 °C (de 1°C pour les *Tulipes*) par des mouvements d'ouverture et de fermeture. Ce sont pour la plupart des mouvements de croissance pour lesquels la face sup. a un optimum de croissance plus élevé (D). Les *Tulipes* s'allongent d'environ 7 % en une seule ouvert.-ferm., l'accroiss. total après plusieurs répétitions peut atteindre 100 %.

5. La photonastie qui repose sur les oscillations de l'intensité lumineuse se manifeste égal. dans les organes floraux ; des influences thermiques agissent souvent en même temps. La réaction à des intensités lumineuses déterminées est caractérist. de l'espèce : cert. fleurs s'épanouissent le jour, d'autres s'ouvrent la nuit (C). Les mouvements d'ouvert. et de fermet. périodiques commandés par l'alternance du jour et de la nuit (**nyctinastie**) sont dus à une combinaison de réactions à des stimuli et à des mouvements autonomes (p. 392 sq.)

Les mouvements physiques ne sont pas des réponses à des stimuli (p. 339), mais des mouvements purement mécaniques.

- Projections dues à la turgescence (p. ex. fruit de la *Balsalmine*, sporangiophore de *Pilobolus*) ; elles sont en grande partie difficiles à distinguer des réactions aux excitations.
- Mouvements hygroscopiques qui sont dus à des processus physiques de gonflement ou de dessèchement des membranes (déhiscence des réservoirs de graines et de spores).
- Mécanismes de cohésion : mécanismes de déhiscence de nombreux sporanges de *Fougères*, qui reposent sur des processus de dessiccation (F, G).

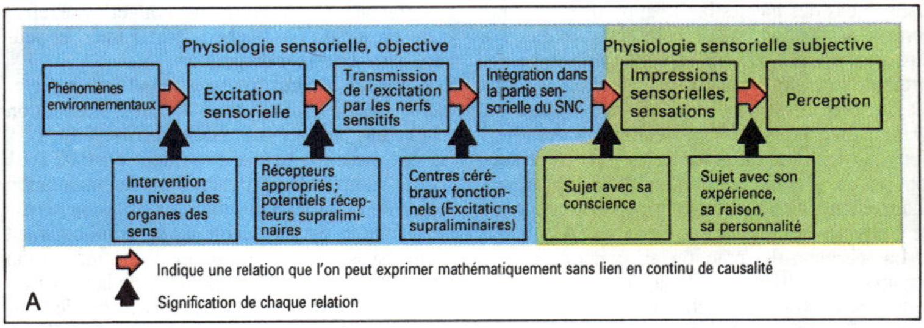

Physiologie sensorielle objective et subjective

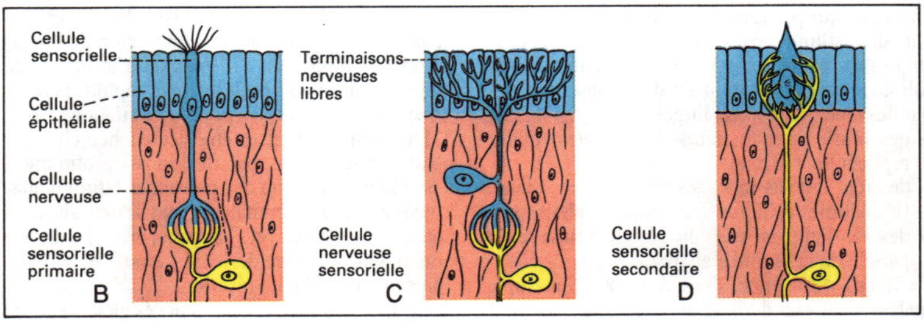

Types de cellules sensorielles

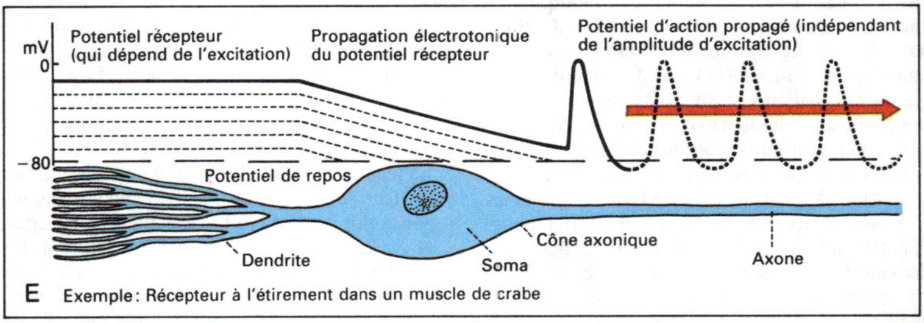

Potentiels et variations de potentiel lors de l'excitation d'une cellule sensorielle

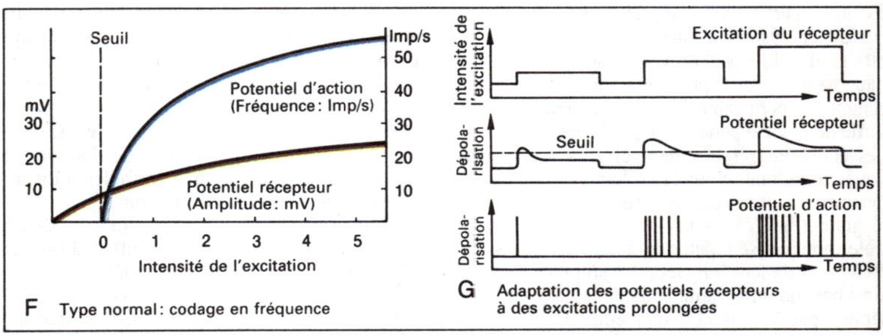

Codage en fréquence et adaptation

La réception et la transformation de l'excitation chez les *Métazoaires* (**unicellulaires** p. 70 C, D) se distinguent, par rapport aux plantes, par une spécialisation et une complexité accrues des structures et des fonctions impliquées :

– Les récepteurs sont toujours chez les animaux des cellules sensorielles spécifiques (B) dont plusieurs agissent souvent en synergie et en s'associant forment des organes sensoriels très complexes.

– Les organes de la conduction de l'excitation sont les nerfs chez tous les *Eumétazoaires* (p. 364 sqq.).

– Les organes effecteurs sont le plus souvent, à part les glandes des organes moteurs (p. 388 sqq.).

Physiologie sensorielle objective et subjective

La physiologie sensorielle (A) embrasse :

– Les activités des organes des sens objectivement observables et analysables chez tous les animaux (physiologie sensorielle objective).

– Quelques impressions sensorielles, sensations etc., éprouvées subjectivement, complétées tout au plus par des phénomènes rapportés par d'autres hommes (physiologie sensorielle subjective).

La physiologie sensorielle, en tant que discipline des sciences naturelles, doit embrasser toutes les assertions sur les différences ou les similitudes d'aspects physiques et psychiques puisqu'elles ne sont pas vérifiables par les observations et/ou les expériences. On ne peut d'ailleurs pas avancer de relations causales entre les contenus de ces deux types de physiologie, mais seulement constater des corrélations observables (par exemple, entre les sensations et les processus qui se déroulent dans le S.N.C.).

Les qualités des impressions sensorielles

La nature de l'énergie excitatrice, correspondant aux récepteurs, est un mode de classement pour les *Animaux* (sensibilité chimique, thermique, lumineuse, mécanique) mais n'est pas valable pour l'*Homme* et on peut définir en raison d'une utilisation différente par le S.N.C. d'excitations identiques plusieurs **modalités** :

L'ouïe, le sens du toucher cutané, la réaction du muscle à l'étirement sont tous des sensibilités mécaniques ; on peut encore y ajouter par exemple les récepteurs à la pression sanguine dont les excitations ne sont pas perceptibles.

Il faut d'ailleurs distinguer en plus des « 5 sens » classiques, un nombre d'autres modalités non déterminées d'une façon précise (par exemple, le sens thermique, vibratoire et de la douleur).

Les cellules sensorielles

sont les unités fondamentales de tous les organes sensoriels. On les classe en trois groupes :

– **Les cellules sensorielles primaires,** cellules nerveuses spécialisées (p. 94) ; avec des terminaisons réceptrices centrifuges, parfois organisées en dendrites et des axones centripètes (B).

– **Les cellules nerveuses sensorielles,** même des cellules nerveuses spécialisées, avec une longue terminaison réceptrice qui s'étale en surface (« terminaison libre du nerf ») et un axone centripète (C).

– **Les cellules sensorielles secondaires,** cellules épithéliales spécialisées avec une terminaison réceptrice centripète et sans axone ; entourées par les dendrites d'une cellule nerveuse post commutée (D).

D'après l'origine de l'excitation, on distingue deux types de cellules sensorielles :

– **extéroceptrices** (captent les stimuli de l'environnement) ;

– **intéroceptrices** (captent les stimuli en provenance de l'organisme : modifications du tonus musculaire, de la pression sanguine, de la température du corps, de [CO_2] sanguin).

Le fonctionnement des cellules sensorielles isolées donne une base pour la compréhension des organes sensoriels complexes (E).

Le potentiel de membrane d'une cellule au repos est toujours compris entre – 60 et – 120 mv (cytoplasme chargé négativement par rapport à la surface extérieure).

Le processus primaire est le passage d'une énergie d'excitation souvent très faible à des variations de perméabilité membranaire. Ces processus ne sont connus que dans quelques cas (par exemple, dans les cellules visuelles, p. 357).

La spécificité des récepteurs qui réagissent chacun à une forme d'énergie tous les autres réclamant une forte valeur-seuil, doit déclencher différents mécanismes réactionnels qui par des procédés physiques (par ex. transconformation) et/ou chimiques modifient la perméabilité membranaire aux ions appropriés et entraînent des variations de potentiel.

Le potentiel récepteur (potentiel générateur) est une dépolarisation qui prend naissance dans la zone de réception. Sa valeur est en principe proportionnelle à l'intensité du stimulus.

La dépolarisation se propage passivement et sans inertie (électrotonique) en s'amortissant jusqu'au soma de la cellule ou au début de l'axone (voir potentiel postsynaptique, p. 371).

Dans les cellules sensorielles secondaires le potentiel récepteur est transmis par la voie synaptique (p. 371) sur une dendrite de la cellule nerveuse post-commutée où se déroulent les processus ultérieurs.

Le potentiel d'action se déclenche comme une rupture brutale du potentiel de repos axonique dès que le potentiel générateur propagé dépasse une certaine valeur-seuil. Le potentiel d'action isolé est indépendant de l'intensité du stimulus et suit par conséquent la loi du « T ou R ». Mais comme, après le rétablissement du potentiel de repos, le déclenchement d'un nouveau potentiel d'action dépend de la valeur du potentiel récepteur et donc de l'intensité du stimulus, la fréquence du potentiel d'action dépend de l'intensité et de la durée de l'excitation supraliminaire (**codage en fréquence, F**).

Adaptation

L'intensité du potentiel récepteur diminue dans presque tous les types de récepteurs si la durée du stimulus augmente (Adaptation, G) :

– très lentement dans les récepteurs qui enregistrent des états durables importants pour l'organisme (par exemple, tonus musculaire ou concentration en ions H^+) ;

– très rapidement dans les récepteurs qui enregistrent les variations du stimulus (par exemple, récepteurs sensibles aux vibrations).

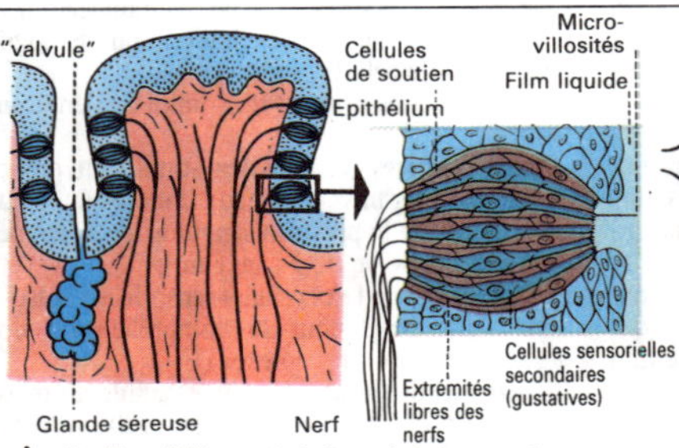

A **Papille caliciforme de la base de la langue et bourgeon du goût de l'Homme** (coupe longitudinale)

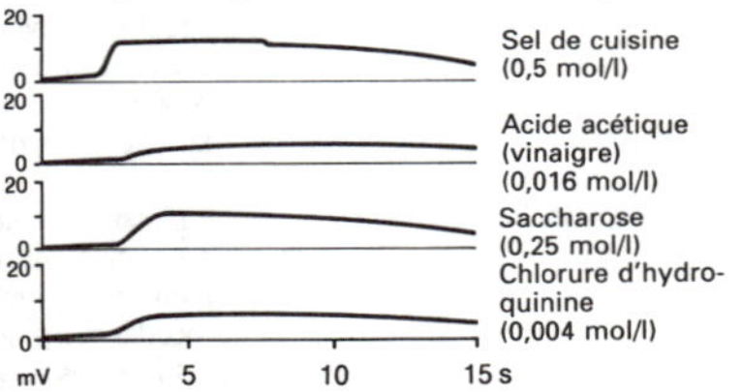

B **Potentiels récepteurs de cellules gustatives isolées** (chez la grenouille) **en fonction de différents excitants**

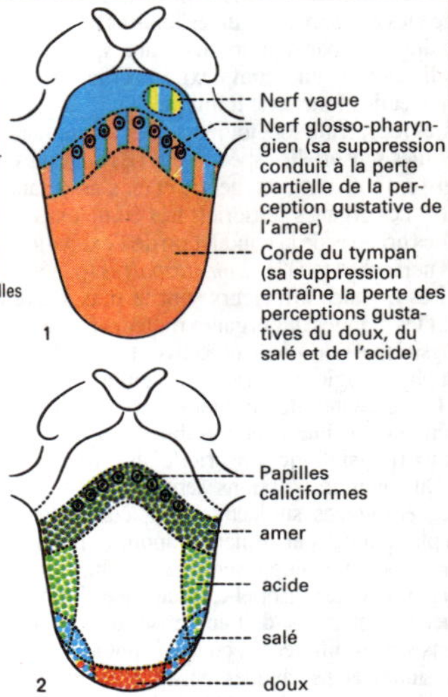

C **Innervation sensitive (1) et zones de goût (2) de la langue de l'Homme**

Sens du goût

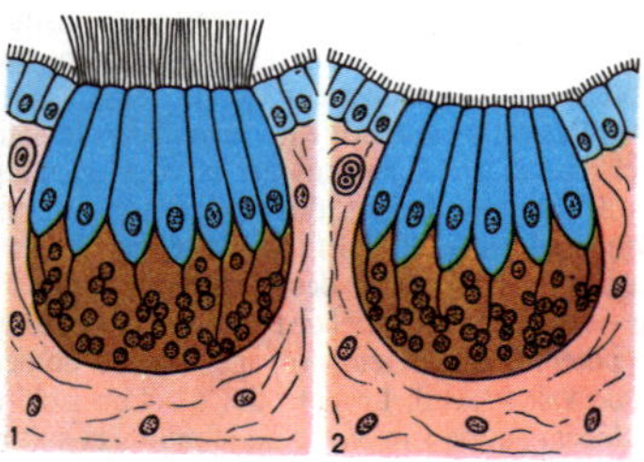

D **Cellules olfactives d'un Triton en vie terrestre (1) et en vie aquatique (2)**

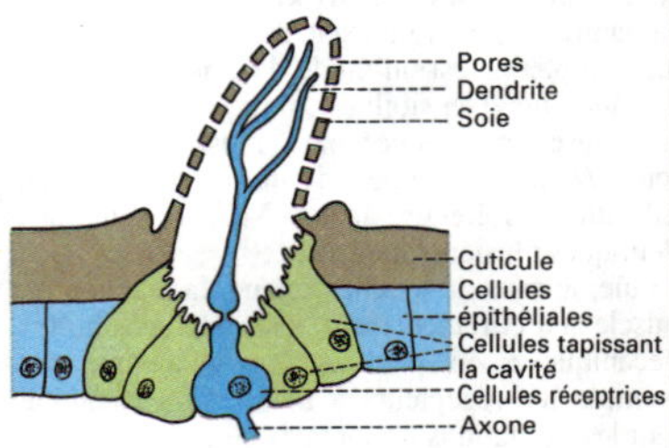

E **Coupe longitudinale schématique d'un récepteur olfactif de l'antenne d'un Insecte**

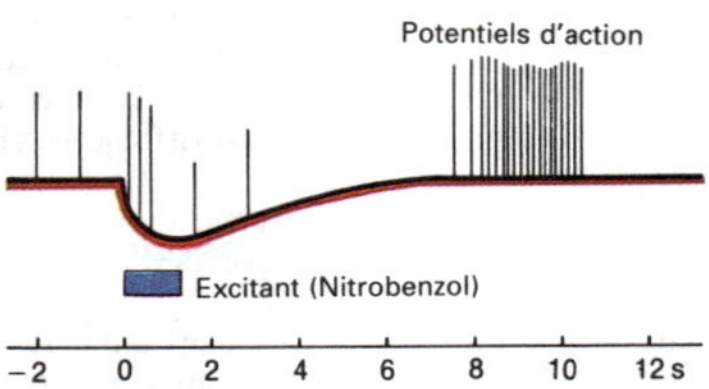

F **Enregistrements simultanés de l'électroolfactogramme et des potentiels d'action d'un récepteur isolé** (Epithélium olfactif d'une Grenouille)

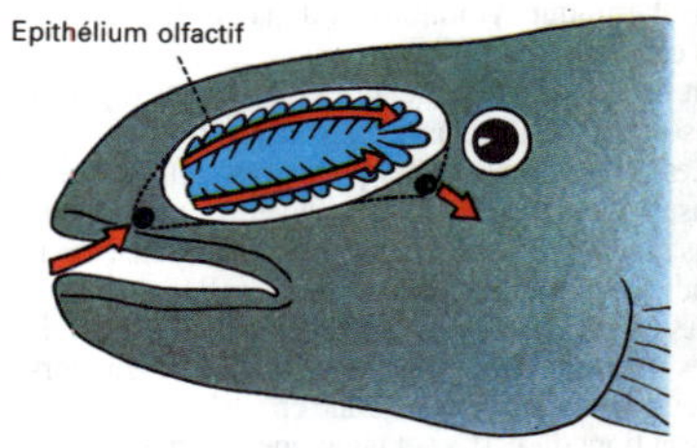

G **Tête d'Anguille avec la cavité nasale ouverte**

Olfaction

Chémosensibilité extéroceptive : elle a été prouvée principalement par des études de comportement dans de nombreux groupes animaux. On la soupçonne chez tous à cause de son importance biologique. Des chémorécepteurs spécifiques n'ont été mis en évidence que chez les *Mollusques*, les *Arthropodes* et les *Vertébrés*.

On suppose que le **processus primaire** est d'une façon générale la liaison d'une molécule excitatrice à une protéine spécifique du récepteur. De telles protéines auxquelles les récepteurs doivent leur spécificité et leur dynamique réactionnelle ont été isolées d'organes chimiosensibles.

Ce qui est spécialement important, c'est la taille et la répartition des charges (groupes fonctionnels) des molécules stimulantes ; mais on ne sait toujours pas pourquoi des espèces moléculaires partiellement très différentes produisent des stimulations sensorielles identiques. Plusieurs observations plaident pour l'existence sur le même récepteur de sites réactionnels spécifiques de différents types de molécules.

La localisation des récepteurs, quoique variable, est en général plutôt dans la sphère buccale :

– antennes et pièces masticatrices (*Crustacés*) ;
– sur les pattes antérieures (*Acariens - Papillons - Mouches*) ;
– dans la cavité du manteau (*Gastéropodes*) ;
– sur les tentacules (*Céphalopodes*).

Différenciation des sensibilités gustatives et olfactives

Elle ne peut pas reposer sur la différence entre les substances solubles (la gustation) et gazeuses (l'olfaction). De toutes façons cette distinction n'est pas fondée chez les animaux aquatiques, et de même chez les animaux terrestres, les molécules parviennent aux récepteurs à l'état soluble dans un film aqueux. Les critères appropriés sont :

– le seuil d'excitation : très élevé pour la gustation (> 10^{16} molécules/ml), plus faible pour l'olfaction (10^7 molécules/ml chez l'*Homme* pour de nombreuses substances, 10^2 chez les *Animaux*) ;
– le nombre de qualités différenciables (au moins pour les *Vertébrés*) : pour le goût 4, pour l'odorat plus de 1 000 catégories difficiles à séparer. La différenciation entre le goût et l'odorat n'est assurée que chez les *Vertébrés* et les *Insectes*, pour les autres existerait un sens indifférencié.

Le sens du goût

Les Vertébrés ont des cellules sensorielles secondaires, comme récepteurs, formant les bourgeons du goût et souvent insérées dans des organes d'une certaine taille (A) comme la cavité buccale et surtout la langue ; chez certains *Poissons* aux écailles réduites elles se répartissent sur tout le corps. Les récepteurs isolés réagissent à des agents avec plusieurs ou toutes les sapidités suivant des modèles d'excitation spécifiques (profils du goût, B) ; pour les fibres nerveuses qui en dérivent, le niveau d'excitation pour chaque saveur est particulièrement élevé. La comparaison des excitations des types de fibres isolées renseigne sur la saveur, l'excitation globale des fibres renseigne sur l'intensité du stimulus.

Des quatre saveurs que l'*Homme* différencie (C) certaines ne sont pas perçues par les *Animaux* : l'amer (par exemple, quinine) chez les *Carpes, Crapaux, Lézards, Pigeons* ; le seuil de perception varie aussi très fortement selon l'espèce. La sensibilité gustative des **Insectes** (Récepteurs au niveau des soies sensorielles ; voir E) a été l'objet de recherches, particulièrement chez les *Abeilles*. De grandes différences existent, aussi bien dans les saveurs que dans le seuil de stimulation, selon les espèces : le "sucré", compte-tenu de son importance biologique, est le plus souvent perçu ; pour les autres saveurs le tableau est différent.

L'odorat

L'épithélium olfactif des *Vertébrés* fournit un ensemble de potentiels (électroolfactogramme) que l'on peut parfois coordonner sous forme de spectre de réaction de récepteurs isolés (F).

En plus du type de récepteur très répandu réagissant à différentes substances (généraliste), il y en a de spécialisés sur une seule substance (spécialiste ; par exemple, chez les *Papillons*).

Une base neurologique de classement des substances odorantes selon leur qualité n'a pas été fournie pour l'instant ; pas plus qu'une correspondance entre la structure de la molécule et la qualité de l'odorat.

Chez les Vertébrés, l'épithélium olfactif comprend une partie de la muqueuse des fosses nasales de taille variable et partiellement au moins fortement plissée. Ce qui permet de distinguer :

– les **Microsmatiques** (au nombre desquels l'*Homme* et tous les *Primates*) ;
– les **Macrosmatiques** (dont le *Chien* : avec plus de 100 millions de cellules olfactives ; avec un seuil 1 000 à 1 million de fois < *Homme*).

Si l'on excepte les *Poissons* (G), les fosses nasales sont reliées au Pharynx par les choanes (-> chez les animaux terrestres, les odeurs arrivent aux récepteurs par la respiration).

– Les *Reptiles* ont dans le toit du palais un organe olfactif supplémentaire (l'organe de Jacobson) auquel les mouvements de la langue envoient les informations olfactives.
– *Les Amphibiens* ont les mêmes récepteurs olfactifs dans l'eau et sur terre (D).
– Les *Poissons* sont en partie macrosmatiques (*Saumon, Anguille*). Ils réagissent encore à l'alcool phényléthylique à une concentration de 1 : 2,9 x 10^{-18}

Les **Insectes** ont des organes olfactifs d'un autre type (E), le plus souvent sur les antennes dont la surface parfois très grande (p. 168, E) porte de nombreux récepteurs. Certains groupes sont fortement spécialisés (les *Nécrophages* au scatol et à NH_3, les phytophages aux huiles essentielles de leurs plantes nourricières). De nombreux papillons mâles ont des performances supérieures (par exemple, le *Bombyx* qui perçoit les effluves sexuelles de la femelle jusqu'à 11 km). Ici ne réagissent que les récepteurs sensibles à une seule substance, voire à une seule molécule ; pour obtenir une réaction de l'animal il faut qu'au moins 200, sur l'ensemble des 35 000 récepteurs, soient simultanément excités, car ce n'est qu'alors que le signal se perçoit suffisamment au sein du « fond sonore » formé par les décharges spontanées.

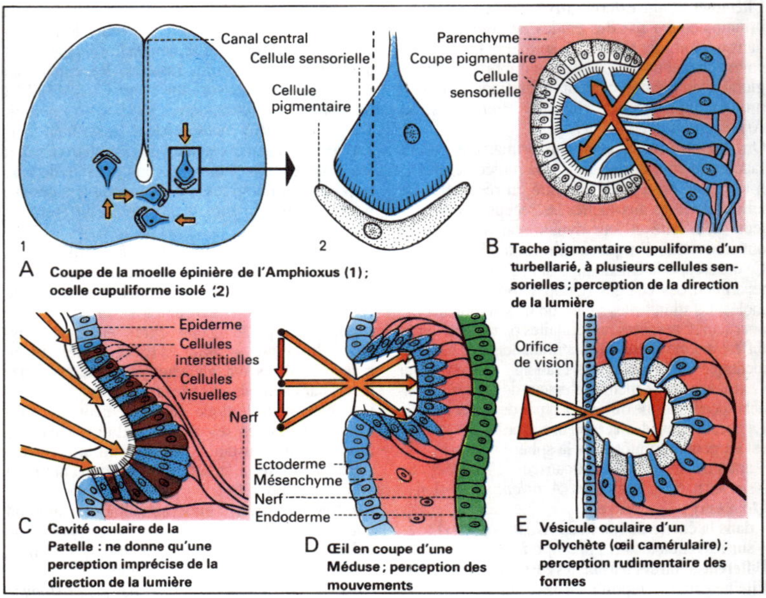

Types d'organes de la vision

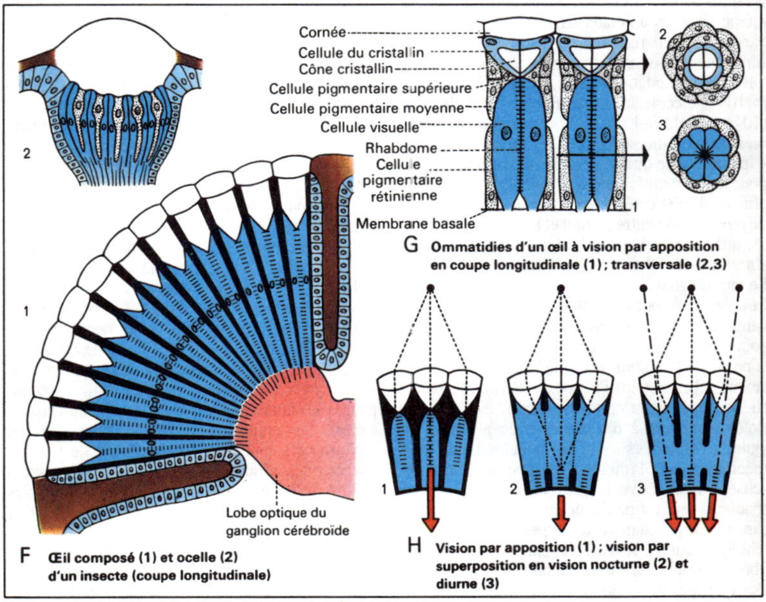

Structure et fonction des yeux composés

La vision, c'est la réaction à des vibrations électromagnétiques de ʌ déterminées. Elles ne sont pas toutes perceptibles par l'*Homme* :

- les *Abeilles*, p. ex., perçoivent les ultraviolets,
- les *Crotales* voient les infra-rouges.

La vision peut être due à :

- une réactivité des cel. de la peau (sensibilité dermatoptique, p. ex. chez les *Cœlentérés*, les *Mollusques*, les larves d'*Insectes*) ;
- des photorécepteurs spécifiques qui sont toujours des cel. sensorielles primaires.

Les récepteurs sont souvent associés à des organes visuels sensoriels (yeux) dont le rendement est accru grâce à des organes annexes qui sont :

- des cel. pigmentées qui empêchent que la lumière n'arrive dans toutes les directions.
- des systèmes réfringents qui concentrent les rayons arrivant de directions déterminées.

Les types d'yeux chez les animaux sont un exemple particulièrement net de la complexification de cet organe au cours de la phylogenèse. Leurs performances reposent sur l'existence de quatre tendances dans la complexité croissante :

- le développement de l'appareil réfringent qui permet la formation dans l'œil d'une image ;
- l'affinement du réseau des cellules sensorielles améliorant la réception de l'image ;
- la différenciation des cellules sensorielles (vision des couleurs, p. 356 sq.) ;
- une amélioration de l'interprétation centrale de l'excitation par les centres nerveux.

La vision lumineuse

Les cel. sensorielles isolées permettent de différencier des intensités lumin. variées. Chez le *Lombric* p. ex., elles se répartissent sur tout le corps. L'action conjuguée de tels récept. permet une percept. globale de la direct. lumin. (tous les récept. n'étant pas atteints en même temps). Ces récept. ne permettent en général à l'animal que des réact. non dirigées (phobiques), (p. ex. : réponses réflexes à l'alternance lumière-obscurité). Les réactions topiques réclament des types oculaires plus compliqués (voir plus bas) en rapport avec des mécanismes neuroniques appropriés :

- la tropotaxie (excitation équilibrée dans des organes des sens disposés symétriquement) ;
- la télotaxie (mouvement dirigé directement vers la source excitatrice) ;
- la ménotaxie (orientation angulaire vers la source ; à la façon d'une boussole).

La perception de la direction

Il suffit pour l'assurer d'une seule cel. sensorielle située dans **un ocelle cupuliforme** (chez les *Turbellariés* et l'*Amphioxus*, p. ex. ; A). Une cel. ne permet jamais qu'une perception unidirectionnelle ; l'action conjuguée de nombr. cel. améliore l'efficacité. Dans le cas des **ocelles cupuliformes groupés** (B), où seuls les segments terminaux des cel. sensorielles reçoivent des stimuli un organe distingue déjà les diff. sources lumin., la lumière incidente stimulant diff. cel.

Les vésicules oculaires (yeux en coupe) dont une dépression de l'épithélium contient les cel. sensorielles, fonctionnent sur le même modèle (C), lorsque le pigment protecteur se trouve dans des cellules particulières ou les cellules sensorielles elles-mêmes. Ce dispositif est déjà pourvu de couches sécrétrices qui font office de lentilles.

La vision du mouvement

est assurée par tous les organes sensoriels dans des conditions nerv. données ; lorsque la source lumin. stimule successiv. plus. récepteurs, le mouvem. des rayons lumin. est perçu à condition que l'image se déplace à une certaine vit. La vision du mouvem. (et de la direction) est d'autant plus précise que l'œil est plus diaphragmé (D), mais l'œil est alors moins sensible à la lumière.

La vision des images (perception de la forme) : réalisée par 2 types très différents :

1. Les yeux composés (yeux à facettes) des *Insectes*, des *Crustacés* et de certains *Mollusques* à nombreux ocelles (ommatidies, F, G). L'appareil réfringent de chaque ommatidie se compose d'une lentille cuticulaire (cornée) et d'un cristallin pluricellulaire (4) ; chacun contient un groupe de cellules visuelles, 8 le plus souvent (rétinule) qui servent de récepteurs : les extrémités opposées de leurs bâtonnets (Rhabdomères) fusionnent en un bâton axial (Rhabdome). Grâce aux cel. pigmentaires, les ommatidies sont plus ou moins isolées, d'où 2 types d'yeux composés (H) :

- **L'œil donnant une vision par images accolées** dont les ommatidies sont complèt. isolées optiquement. Avantage : pouvoir séparateur élevé (chaque ommatidie reproduit un point lumineux se trouvant sur son axe optique) ; inconvénient : faible intensité lumin. (petit diaphragme dans le revêtement pigmentaire).
- **L'œil donnant une vision par images superposées** à ommatidies incomplèt. isolées. Avantage de ce type qui prédomine chez les animaux nocturnes : image très lumin. ; inconv. : image peu nette. Vision par images accolées, grâce à la migration des pigments (adaptation).

2. Les yeux camérulaires dériveraient des vésicules visuelles qui n'ont qu'un étroit orifice au pôle ant. (E). De telles vésicules oculaires, ou yeux camérulaires, projettent, même sans syst. réfringent des images inversées sur la face int. de la vésicule où se trouvent les cellules visuelles (rétine).

Les yeux à cristallin, développ. ultime de ce type, sont des organes visuels hautem. différenciés, présents chez de nombr. esp. anim. (*Vertébrés, Céphalopodes, Arthropodes*). Les yeux des *Céphalopodes* et des *Vertébrés* se composent des mêmes organes fonctionnels, mais ceux-ci présentent de grandes diff. morphologiques (p. 352) :

- Les pigments sont situés chez les *Vertébrés* dans un épithélium particulier et chez les *Céphalopodes* dans les cellules visuelles ;
- La rétine a plusieurs couches (*Vertébrés*), une seule (*Céphalopodes*) (p. 352) ;
- Les cel. sensorielles avec leurs appendices récepteurs sont, chez les *Vertébrés*, opposées à la lumière incidente ; chez les *Céphalopodes*, elles sont tournées vers la lumière incidente.

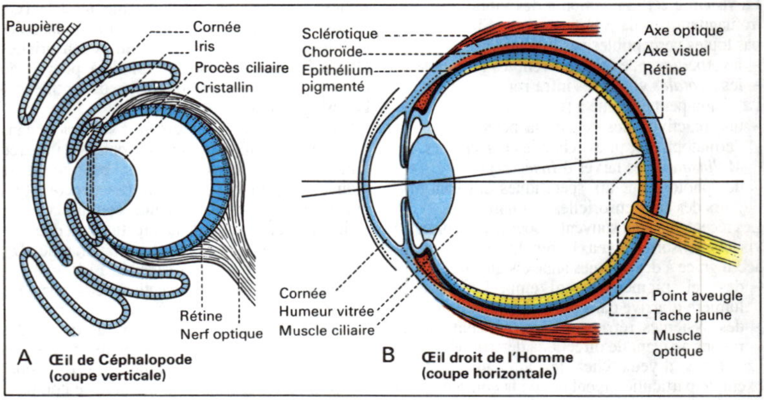

Structures convergentes des yeux à cristallin

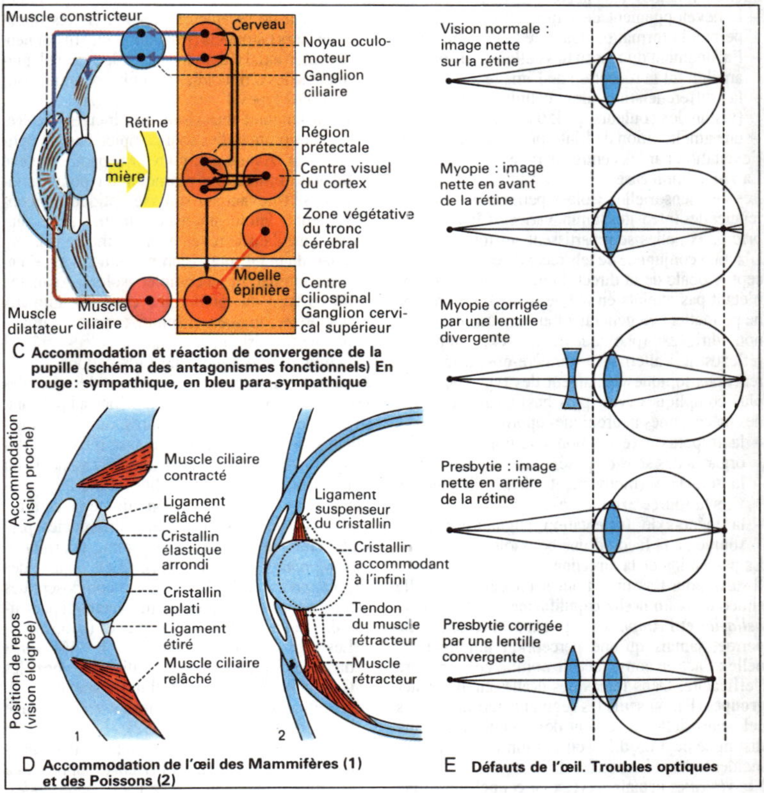

Accommodation

Les yeux des *Vertébrés* ont une grande homogénéité malgré des adaptations spécifiques.

Le **système réfringent (dioptre)** supprime un inconvénient du globe oculaire : il projette une seule image, qui est nette, mais peu lumineuse lorsque la pupille est étroite, lumineuse mais floue lorsqu'elle est large. Le dioptre du cristallin rassemble les rayons incidents à travers la pupille de façon qu'ils forment sur la rétine une image nette. Le trajet des rayons dépend donc de l'indice de réfraction des différents milieux (vitesse de la lumière qui les traverse), de la courbure des surfaces réfringentes et de leurs distances relatives, du centrage du système optique (points médians de la courbure des surfaces réfringentes sur un axe optique).

Le système dioptrique se compose de :

– l'ouverture variable de la pupille commandée par l'iris (« diaphragme » ; voir adaptation, p. 355) ;

– la surface de contact air/cornée qui forme une lentille convergente devant le diaphragme ;

– le cristallin biconvexe derrière le diaphragme.

Pour la construction de l'image on peut simplifier l'ensemble du système optique de l'œil en suivant les lois de la physique (œil réduit ; E).

La convergence de l'œil humain est comprise entre environ 70 dioptries (vision rapprochée) et environ 58 (vision éloignée). Celle de la cornée est presque constante (autour de 43 dioptries) alors que celle du cristallin varie.

Chez les animaux aquatiques (*Lamproies, Poissons, Amphibiens, Phoques, Baleines*), les cristallins sont presque sphériques. Le grand pouvoir de réfraction ainsi obtenu est indispensable car l'eau du milieu extérieur a presque le même indice de réfraction, (1,333), que la cornée, l'humeur aqueuse et le corps vitré. La focalisation du rayon lumineux ne peut donc pratiquement avoir lieu grâce au cristallin.

L'œil normal peut présenter **certains défauts :** aberration sphérique et chromatique (défaut du cristallin), astigmatisme (inégalités de courbure de la cornée verticalement et horizontalement ; ils sont compensés par l'intégration nerveuse, sauf :

– des défauts ou des cicatrisations de la cornée (après blessures, brûlures) qui ne peuvent être supprimés que par la transplantation ;

– ou l'altération du cristallin (cataracte) qui nécessite son ablation et la correction par des lunettes très convergentes (> 13 dioptries).

L'accommodation

égalise la variabilité des distances où se situent les objets de telle façon qu'une image nette se forme en permanence sur la rétine. Chez la plupart des *Vertébrés terrestres,* l'œil au repos est réglé sur le lointain, ce qui nécessite un réglage actif en vision rapprochée. Les *Poissons* par contre doivent accommoder d'une façon active pour la vision éloignée.

Le mécanisme de l'accommodation est double

– Modification de la distance entre le cristallin fixe et la rétine par pressions musculaires sur le corps vitré qui repousse le cristallin vers l'avant (*Céphalopodes*) ou par l'action de muscles appliqués sur le cristallin (rétracteurs chez les *Poissons* (D) ; protracteurs chez les *Amphibiens*).

– Modification élastique du cristallin. Chez les *Oiseaux* et les *Reptiles* le muscle ciliaire forme un anneau autour du cristallin et peut augmenter sa courbure. Chez les *Mammifères*, les fibres radiaires élastiques des ligaments suspenseurs du cristallin le maintiennent peu courbé lorsque le muscle ciliaire est relâché (mise au point éloignée ; D) ; lorsque le muscle ciliaire se contracte, les fibres se relâchent et le cristallin devient plus convexe (mise au point rapprochée).

Chez l'*Homme,* l'amplitude d'accommodation (différence de mise au point entre *punctum proximum* et *punctum remotum*) atteint au maximum 14 dioptries pendant la jeunesse ; elle diminue avec l'âge, le cristallin devenant moins élastique par perte d'eau. Le *punctum proximum* situé au départ à environ 7 cm de l'œil continue donc ainsi à s'éloigner (presbytie).

La régulation de l'accommodation se fait par l'intermédiaire du système parasympathique : une image floue sur la rétine provoque la contraction ou le relâchement du muscle ciliaire par l'intermédiaire du centre de la vision du cortex cérébral, du noyau oculomoteur et du ganglion ciliaire.

Ce mécanisme est couplé, par l'intermédiaire d'une région mésencéphalique, avec un mécanisme régulateur qui agit, en vision rapprochée, en même temps sur le rétrécissement pupillaire, ce qui augmente la profondeur de champ (**réaction de convergence,** due à la convergence de l'axe optique). C'est dû à l'action de fibres sympathiques et parasympathiques qui permettent le jeu antagoniste de deux muscles de l'iris. Les synapses périphériques concernées sont modifiées par des drogues :

– L'atropine bloque les synapses parasympathiques (accommodation sur le lointain ; dilatation pupillaire) ;

– La néostigmine provoque le rétrécissement pupillaire et l'accommodation sur le proche.

Les défauts de vision peuvent empêcher l'accommodation complète (E) :

– Myopie : le globe oculaire est trop long, les rayons convergent avant la rétine, l'image d'un point donne un cercle (image floue). Correction par lentilles divergentes ;

– Hypermétropie : globe oculaire trop court. Correction par lentilles convergentes ;

– Presbytie : perte d'élasticité du cristallin et d'accommodation en vision proche. Correction par lentilles convergentes (« lunettes pour lire »).

Vision à distance (ou spatiale)

Elle repose intrinsèquement sur l'effet conjugué des deux yeux (vision binoculaire). En fixant un objet avec les deux yeux, on obtient une image unique (reproduction sur des sites rétiniens correspondants) ; les images partielles présentent cependant à cause de l'écart oculaire une différence horizontale entre les deux rétines (**distorsion transverse**), qui donne l'impression de profondeur dans l'espace.

Le strabisme empêche la fusion des deux images (image double). À cause de la répression nerveuse centrale, l'une de ces images peut provoquer d'une façon chronique des dégats importants sur un œil (**amblyopie due au strabisme**).

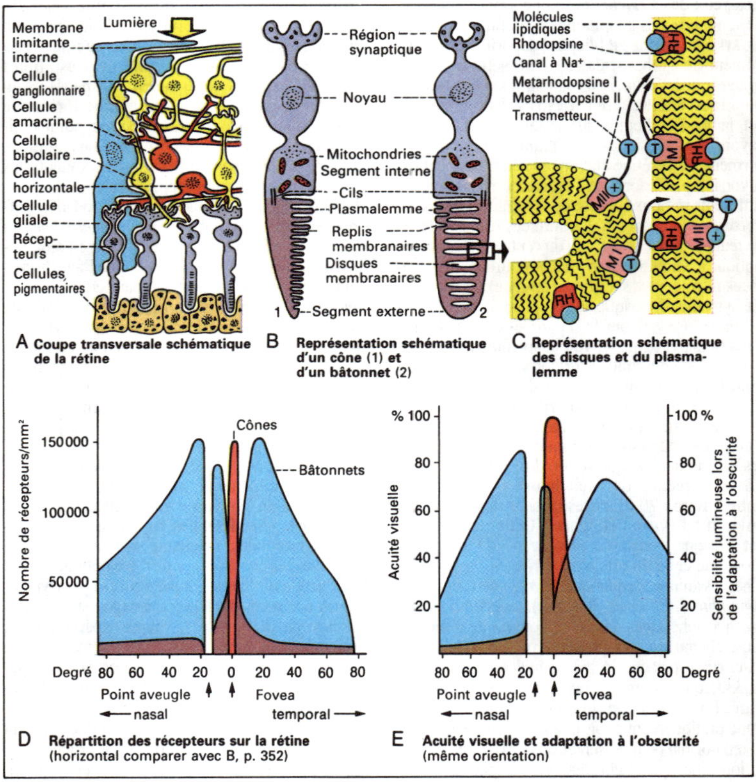

A **Coupe transversale schématique de la rétine**

B **Représentation schématique d'un cône** (1) **et d'un bâtonnet** (2)

C **Représentation schématique des disques et du plasmalemme**

D **Répartition des récepteurs sur la rétine** (horizontal comparer avec B, p. 352)

E **Acuité visuelle et adaptation à l'obscurité** (même orientation)

Structure de la rétine

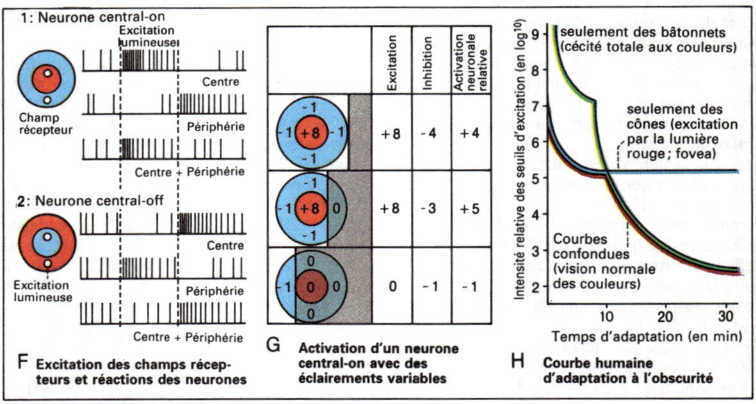

F **Excitation des champs récepteurs et réactions des neurones**

G **Activation d'un neurone central-on avec des éclairements variables**

H **Courbe humaine d'adaptation à l'obscurité**

Traitement des informations par la rétine

Les diverses couches de la rétine

La rétine, aux cellules sensorielles disposées en sens inverse de la lumière, est morphologiquement et fonctionnellement divisée en 3 couches (A) :

1) **La couche réceptrice** comprend chez l'*Homme* 2 types de cellules sensorielles primaires, les bâtonnets et les cônes (B). Elles sont limitées par l'épithélium pigmentaire dont les cellules s'insinuent entre les cellules réceptrices à la nutrition desquelles elles participent essentiellement.

Des animaux placés dans des environnements lumineux défavorables présentent des adaptations qui augmentent la sensibilité :

– une rétine avec des **bâtonnets seuls** (p. ex. : *Poissons des profondeurs*, *Geckos*, *Chauve-souris*, *Taupe*) ou **presque seuls** (p. ex. : le *grand Sébaste*, les *Chouettes*, les *Rats*, les *Chats*) avec une très grande densité de bâtonnets (jusqu'à 20 mil./mm^2) ; la partie excitable des cellules réceptrices est souvent très longue ;

– une couche cellulaire très réfléchissante *(Tapetum lucidum)* située en avant de la couche pigmentaire qui ramène une deuxième fois une partie de la lumière incidente sur la rétine.

2) **La couche des cellules bipolaires :** au niveau de la tache jaune (fovea) où l'acuité visuelle est maximale, chaque récepteur est directement relié à une cellule multipolaire par une cellule bipolaire ; dans le reste de la rétine plusieurs récepteurs convergent sur une cellule bipolaire et plusieurs cellules bipolaires sont reliées à un seul gros neurone.

– les cellules horizontales qui établissent des liaisons transversales entre les cellules réceptrices (neurones d'association) ;

– les cellules amacrines assurent des fonctionnements identiques au niveau des cellules bipolaires et/ou des cellules multipolaires.

3) **La couche des cellules multipolaires** (grosses cellules ganglionnaires), où l'on trouve les cellules ganglionnaires du nerf optique dont les axones amyéliniques vont jusqu'au point aveugle de la rétine qu'ils traversent, et qui, après la sortie de la sclérotique, forment le nerf optique myélinisé qui gagne le cerveau. Des cellules gliales traversent radialement les 3 couches ; elles forment la membrane limitante interne du corps vitré.

La structure des récepteurs

est semblable pour les cônes et les bâtonnets (B) ;

1) **Le segment externe** est la partie excitable de la cellule. Il comprend env. 1 000 replis membranaires ou disques reliés au plasmalemme. Dans la double couche lipidique des membranes, sont stockés les pigments visuels à côté d'autres protéines membranaires, le plasmalemme montrant en plus des « canaux à Na » (p. 357, C).

2) **Le segment interne** comprend surtout des mitochondries avec en plus d'autres organites importants.

3) **La pièce basale** présente 2 parties :

– le soma avec le noyau ;

– la zone des synapses avec les cel. bipolaires.

La répartition des récepteurs

est déterminée par la situation de la fovea (p. 352 B) et du point aveugle (D) ; elle définit les deux activités fondamentales de l'œil :

1) **L'acuité visuelle** testée par l'adaptation à la lumière est maximale au niveau de la fovea (E), parce que là, l'excitation de chaque récepteur est transmise isolément. L'œil humain distingue encore des points qui ne sont séparés que par 1' d'angle. Ceci correspond sur la rétine à un écart de 4-5 µm (un peu plus que le diamètre d'un cône). Les points sont donc encore distingués s'ils peuvent exciter des cônes entre lesquels s'en trouve un autre moins ou non exposé à la lumière.

L'acuité visuelle chez les *Animaux*, déterminée par des expériences de dressage, varie énormément :

Primates	< 1'	*Faucon pèlerin*	0,4'
Chat	5,5'	*Lézard*	11,5'
Rat	20'	*Grenouille rousse*	6,9'
Chauve-souris	3-6°	*Vairon*	10,8'

L'acuité visuelle va en diminuant vers la rétine périphérique (densité plus faible des récepteurs, convergence plus grande des cellules nerveuses sur une seule cellule ganglionnaire).

2) **La vision crépusculaire** dans une rétine adaptée à l'obscurité (adaptation,voir plus bas) est absolument déterminée par la répartition des bâtonnets : la sensibilité lumineuse est la plus forte autour de la fovea (E) ce qui entraîne la perte inévitable de l'acuité visuelle.

Traitement des informations dans la rétine

Les interconnections dans la rétine (A) expliquent la convergence et la divergence des circuits de transmission de l'excitation ; déjà le nombre de cellules indique la primauté de la convergence (125 mill. de récepteurs pour 1 mill. de cellules ganglionnaires).

On désigne sous le nom de **champs récepteurs** (C-R) les zones de la rétine d'où chaque cellule ganglionnaire reçoit ses impulsions ; ils regroupent quelques cônes au niveau de la fovea et plus de 1 000 bâtonnets dans la rétine périphérique. Les cellules amacrines et horizontales transmettent des influx inhibiteurs (inhibition latérale, p. 373).

L'organisation fonctionnelle des C.R. se déduit de la réponse des cel. ganglionnaires.

– Les « neurones centraux-on » réagissent à l'excitation du centre du C.R. par une augmentation des influx, à l'excitation de la périphérie par une diminution des influx et une augmentation après l'excitation (F).

– Les « neurones centraux-off » réagissent à l'excitation de leur C.R. d'une façon inverse. Lorsque l'on excite simultanément le centre et la périphérie, c'est toujours l'influence du centre qui est prépondérante.

C'est la base du mécanisme du **contraste simultané** (augmentation du contraste aux frontières : clair-obscur). On a une activité maximale dans un « neurone central-on » si le centre est encore éclairé alors que la majeure partie de la périphérie est dans l'ombre (G ; cas inverse pour le « neurone central-off »).

L'adaptation permet l'adéquation de la sensibilité du système visuel à l'intensité lumineuse. Y participent, en plus de la fermeture des paupières, des réactions pupillaires et des manifestations rétino-motrices (des récepteurs et des cellules pigmentaires ; spécialement chez les *Poissons*) et surtout des variations du seuil d'excitation des récepteurs (H).

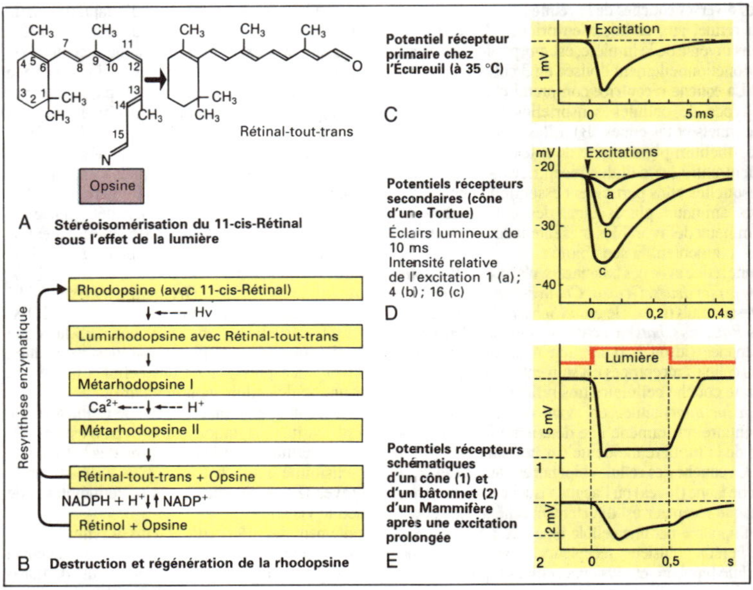

A **Stéréoisomérisation du 11-cis-Rétinal sous l'effet de la lumière**

B **Destruction et régénération de la rhodopsine**

C

D

E

Perception de l'excitation et activation des photorécepteurs

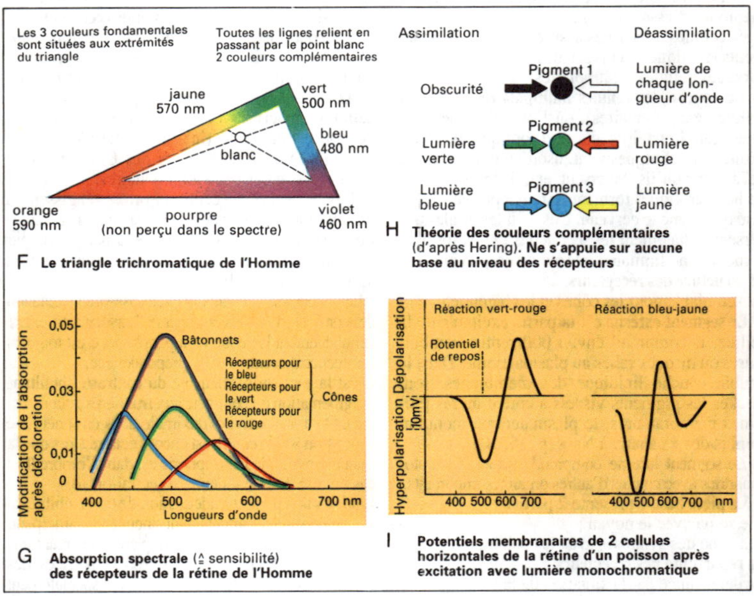

F **Le triangle trichromatique de l'Homme**

H **Théorie des couleurs complémentaires** (d'après Hering). **Ne s'appuie sur aucune base au niveau des récepteurs**

G **Absorption spectrale (≙ sensibilité) des récepteurs de la rétine de l'Homme**

I **Potentiels membranaires de 2 cellules horizontales de la rétine d'un poisson après excitation avec lumière monochromatique**

Vision des couleurs

Mode de fonctionnement des récepteurs
Le pigment visuel des bâtonnets (rhodopsine) est une chromoprotéine formée d'une glycoprotéine (opsine) et du 11-cis-rétinal (A) lié d'une façon covalente à un groupe amine de l'opsine. Le rétinal provient de la vitamine A apportée par l'alimentation (rétinol ; stockable dans le foie sous forme d'ester) ou de la provitamine A (caroténoïde). Il s'ensuit qu'une carence en vitamine A peut troubler la régénération de la rhodopsine (Héméralopie).
L'absorption d'un photon excite la rhodopsine de telle façon que le 11-cis-rétinal, au cours d'un processus en plusieurs étapes, s'accumule sous forme de rétinal-tout-trans qui se sépare de l'opsine (B). Au cours de la transformation de la métarhodopsine I en métarhodopsine II, des Ca^{++} faiblement liés sont activés avec vraisemblablement échange d'H^{+}. Les Ca^{++} ou le transmetteur qu'ils ont activé (p. 354, C) diminuent la perméabilité du plasmalemme notamment aux Na^{+}.
La rhodopsine est enzym. resynthétisée à partir des produits terminaux de la dégradation (B).
Chez d'autres *Vertébrés,* il existe des pigments visuels, dépendant partiellement du milieu de vie, qui possèdent d'autres maxima d'absorption (différents soit par la protéine, soit par le groupe prosthétique) p. ex. : le rétinal 2 issu de la vitamine A2.
Le potentiel de récepteur primaire (C) se produit après l'excitation presque sans temps de latence (< 1ms). Il repose sur des déplacements de charges lors du changement de structure de la rhodopsine (sans doute sans importance pour le flux d'informations dans le récepteur).
Le potentiel de récepteur secondaire est l'hyperpolarisation qui se crée contre le potentiel de repos (25 à 40 mv) et dont la valeur dépend de l'intensité lumineuse (D). On peut l'expliquer par "l'obstruction" des canaux à Na (p. 354, C) par les molécules de transmetteur activées. Le temps de latence diffère entre les cônes et les bâtonnets (E) :
– dans les cônes, les pigments se trouvent dans le plasmalemme même ;
– dans les bâtonnets, ils sont situés principalement dans la membrane des disques (le trajet de diffusion est allongé).
L'hyperpolarisation codée en fréquence est transmise aux cellules horizontales et bipolaires.
Chez les *Invertébrés*, contrairement à cela, se produit une dépolarisation de la membrane du récepteur.
L'absorption spectrale de différents types de récepteurs mesurable par l'intensité de l'absorption avant et après la décoloration des pigments visuels (G) sert de base à **la théorie de la duplicité de la vision.**
Les bâtonnets (avec courbe d'absorption correspondant à celle de la rhodopsine) sont les récepteurs de la perception lumineuse, les cônes (avec des courbes d'absorption différentes, que l'on explique par la présence de composés protéiques pigmentaires différents), servent à la vision des couleurs. Ainsi, chez les *Vertébrés* :
– Baisse de la vision des couleurs chez les *Poissons*, quand le pigment se trouve dans les cônes ;
– Exclusivité de la perception lumineuse dans le cas d'une rétine à bâtonnets seuls (p. ex. : *Geckos, Chauve-souris).*
La vision des couleurs
est fondée (chez les *Vertébrés*, les *Insectes*, les *Céphalopodes*) sur la perception des couleurs suivant la longueur d'onde, indépendamment de l'intensité. Lors de la perception lumineuse, par contre, les différentes intensités sont traduites en nuances dans le gris.
On utilise de plus en plus des méthodes électrophysiologiques dans les recherches :
– électrorétinogramme (pot. rétiniens) ;
– électrogramme de cellules isolées (I).
La théorie trichromatique (YOUNG, HELMHOLTZ) repose sur la constatation qu'en mélangeant les trois couleurs fondamentales (rouge, vert, violet), on peut chez l'*Homme* obtenir la vision de toutes les couleurs (F). Ceci est en accord avec la découverte de trois types de récepteurs (G) dont les maxima de sensibilité coïncident avec les maxima d'absorption et qui permettent les perceptions de la couleur par le mélange et la sommation de leurs excitations.
La représentation avec dominateurs et modulateurs élargit cette notion en prenant en compte la perception lumineuse (GRANIT).
Le système modulateur regroupe les 3 récepteurs qui ne couvrent que des plages limitées du spectre. Les pigments se composent vraisemblablement aussi de rétinal, leur action dans une bande spectrale étroite étant due vraisemblablement à des protéines spécifiques.
Le système dominateur intéresse par contre la presque totalité du spectre visible ; on peut d'après l'intensité lumineuse distinguer :
– le dominateur scotopique dans l'adaptation à l'obscurité (maximum de sensibilité pour 500 nm ; en majorité des bâtonnets ; pigment rhodopsine) ;
– le dominateur photopique dans l'adaptation à la lumière (maximum de sensibilité pour 560 nm, en majorité des cônes, pigment).
Une lumière monochromatique excite en même temps que le modulateur approprié le dominateur activé ; d'où perception lumineuse et vision des couleurs conjointe.
La théorie des couleurs complémentaires (HERING) qui stipule que la destruction et la synthèse respective du pigment s'effectuent, selon 3 systèmes séparés, sous l'action des longueurs d'onde antagonistes (H) pourrait expliquer plus facilement de nombreux phénomènes sensoriels (contraste simultané et successif de couleurs) . Les cel. nerveuses connectées aux récepteurs ont des types d'excitation conformes à cette théorie : les cellules horizontales (I) et les cellules ganglionnaires où les C.R. (p. 355) montrent un codage partiel avec des paires chromatiques (rouge-vert, jaune-bleu).
La transformation d'une information codée en trichromie en une information correspondant à la théorie des couleurs complémentaires résulte de l'activité des synapses rétiniennes ; des schémas d'interconnection neuronique hypothétiques donnent des explications satisfaisantes.

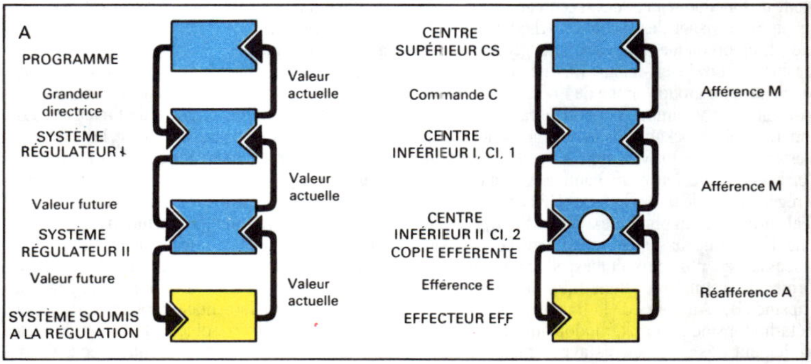

Système à boucles de régulation en chaîne et système à afférence résiduelle ou réafférence

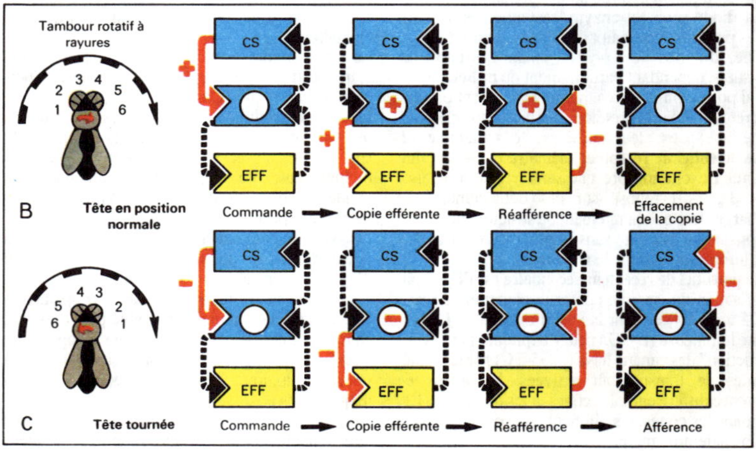

Expérience de réaction optomotrice chez la Mouche

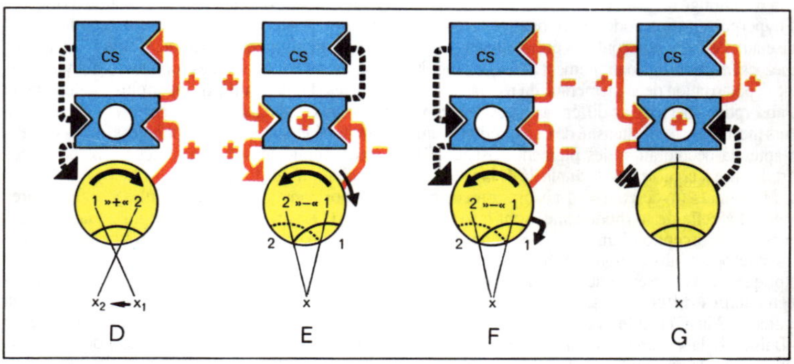

Vision du mouvement chez l'Homme

Le principe de réafférence (A)
La physiologie classique ne pouvait expliquer comment un organisme peut interpréter des différences du monde extérieur qui sont réelles, mais dont les excitations qu'elles provoquent sur les organes sensoriels sont identiques :
- Pourquoi le déplacement d'une image objectivement identique est-il perçu sur la rétine comme une « image fixe » lorsque l'œil effectue un mouvement actif et comme une « image mobile » lorsque c'est le monde extérieur qui se déplace ?
- Pourquoi un objet de grande taille est-il reconnu comme tel alors que l'œil le voit petit en raison de son éloignement ?

L'explication a été donnée par la découverte du principe de réafférence (VON HOLST), fondé sur la boucle de régulation (p. 6 sq.) qui permet d'expliquer les illusions optiques et est à la base des modèles de la neuro-éthologie moderne.
Le centre nerveux supérieur CS émet une **commande** C matérialisée par un train d'influx qui passent par un centre nerveux inférieur CI_1 puis doivent activer l'effecteur EFF. Ce train d'influx crée premièrement dans CI_1 une excitation qui va vers EFF, l'efférence E, et deuxièmement une variation de son activité : **la copie efférente CE**, étroitement liée à E et qui se développe au ralenti dans les masses nerveuses voisines. L'efférence E met l'effecteur en marche ; le mouvement déclenché est aussitôt retransmis au CI_1 par les cellules sensitives du muscle. Cette **réafférence** A alterne dans CI_1 avec la copie efférente : si la commande et la réafférence sont égales (le but commandé a été exactement réalisé), la copie efférente est annulée (l'afférence attendue reçoit le signe « moins » et l'efférence a le signe « plus »). Si l'afférence totale, composée de la réafférence normale attendue et des afférences inattendues provenant de l'extérieur, est trop grande ou trop petite (intervention de facteurs externes) **exafférence**, une partie de CE subsiste dans CI_1. Ce résidu est conduit plus avant, parfois jusqu'aux centres supérieurs, sous forme d'une information I. Celle-ci peut, dans un autre centre inférieur CI_2 (supérieur à CI_1), modifier la commande descendante et finalement la réaction de EFF. Si p. ex. l'exécution du mouvement a été plus forte que ne l'exigeait C, l'excès d'énergie diminuera l'intensité de C par l'intermédiaire de l'information I. Ce phénomène de régulation donnera au mouvement la force initialement prévue. Mais il se peut aussi qu'en même temps dans CS, I entre en relation avec l'afférence et que les changements imprévus des rapports entre le monde extérieur et l'organisme soient alors consciemment perçus par lui. Les stimulations engendrées par l'activité propre sont donc peu séparées au niveau inférieur de la hiérarchie nerveuse, parce que prévues, de celles qui doivent informer les instances supérieures pour être décodées et qui proviennent des transformations véritables du monde extérieur.

Cette division du travail évite aux différents centres nerveux sup. une tâche excessive. VON HOLST a appuyé la théorie de la réafférence sur les expériences suivantes (B) :
- Si l'on place une *Mouche* pour une **expérience de mobilité optique** dans un cylindre à rayures tournant de gauche à droite, comme beaucoup d'animaux placés dans ces conditions, elle accompagne ce mouvement d'une rotation simultanée vers la droite : le CS donne la commande « plus ». Le modèle de raies qui se déroule sur les facettes de l'œil, créant un mouvement apparent, subjectif, du monde extérieur vers la gauche (EFF « + »), ce qui provoque une réafférence « – » et entraîne une correction de la posture.
- Si, maintenant, on fait tourner la tête de la *Mouche* de 180 ° (C), le modèle se déroule de droite à gauche sur les facettes de l'œil : l'animal se tourne vers la gauche, et cela de façon croissante, car la rotation en sens inverse du cylindre à rayures augmente encore le décalage (E et CE s'ajoutent avec le même signe).

La vision du mouvement chez l'*Homme* se conforme au principe de réafférence :
- Un objet se déplace ($x_1 \rightarrow x_2$), la représentation sur le fond de l'œil au repos ($x'_1 \rightarrow x'_2$) est définie comme « mouvement vers la droite », « + ». Comme il ne se produit pas d'extinction de la copie efférente, l'inform. « mouvem. vers la droite dans le monde extér. » va au CS (D).
- Objet immobile, œil activement mobile (E) : à la commande « œil à droite », l'image saute comme prévu à gauche. La CE « + » est éteinte par A « – », c.-à-d. que l'objet apparaît immobile.
- Objet immobile, œil tourné passivement (F) : pas de CE mais réafférence ; on enregistre de ce fait un mouvement de l'objet au sens de déplacement de l'image.
- Œil rendu immobile par une paralysie expérimentale, puis commande « œil à droite » (G) : pas de déplacement de l'image sur la rétine, mais copie efférente « + ». Comme CE n'est pas effacée par une réafférence, l'information qui va de CI vers CS est : « le monde se déplace vers la droite ».

Le phénomène de la constance des grandeurs
La taille d'un objet est évaluée exactement, quelle que soit sa distance.
- Lorsqu'ils fixent un objet, les yeux exécutent deux mouvements actifs : l'accommodation et la convergence des deux yeux (p. 352). Plus l'objet est proche, plus la convergence augmente. Le mouvement musculaire qui provoque la convergence, ainsi que celui qui est responsable de l'accommodation possèdent des copies efférentes correspondantes. La réafférence effaçant ces copies quand la vision devient nette à chaque distance, il correspond donc des impulsions déterminées au niveau central : la taille de l'objet est évaluée de la même manière à différentes distances.

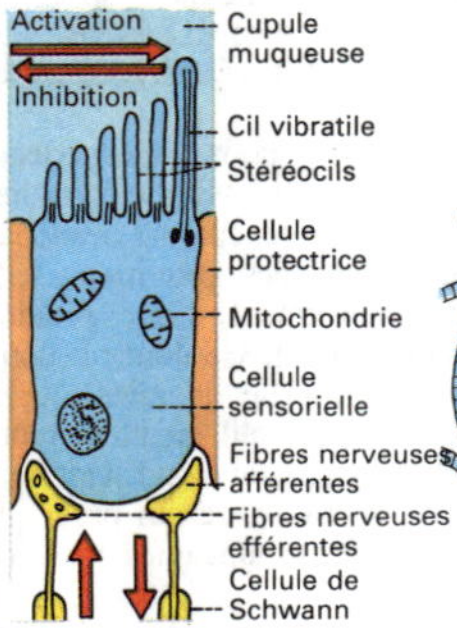

A **Récepteur de l'organe en arcade (canaux semi-circulaires) d'un Vertébré**

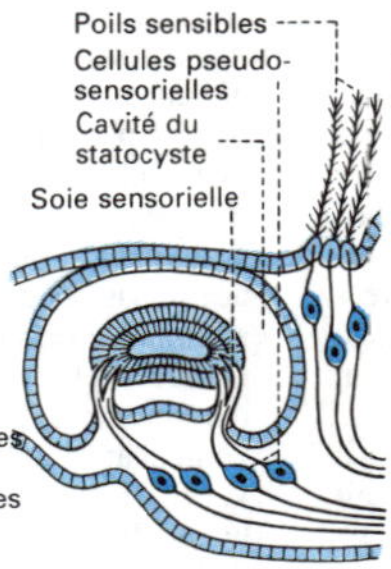

B **Statocyste d'un crustacé**
Statolithes avec soies sensorielles adhérentes

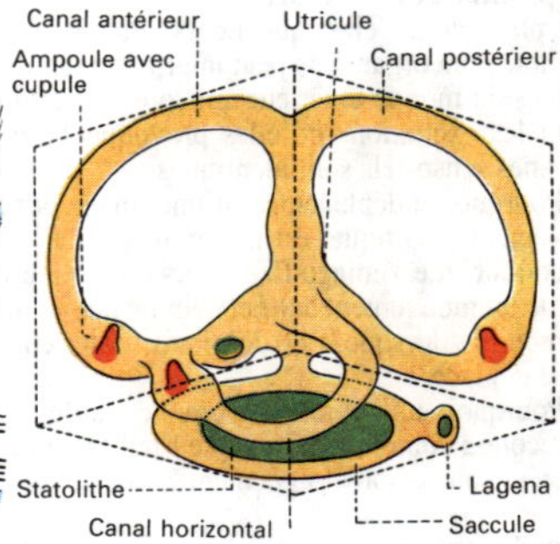

C **Labyrinthe d'un poisson**
Canaux semi-circulaires dans trois plans perpendiculaires

Sens statique

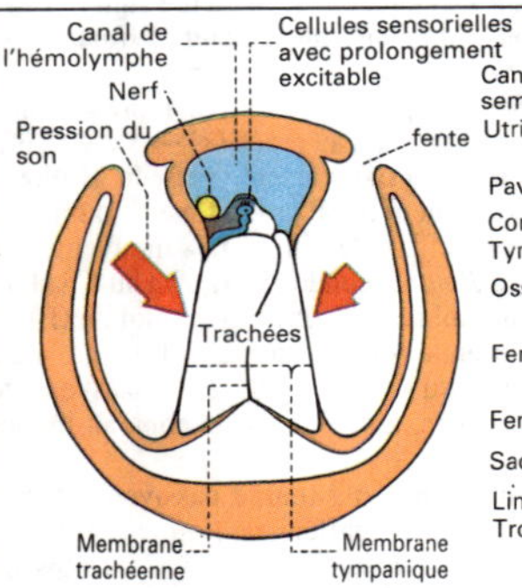

D **Organe tympanique de la Sauterelle**
(les traits de longueur différente symbolisent la différence de pression)

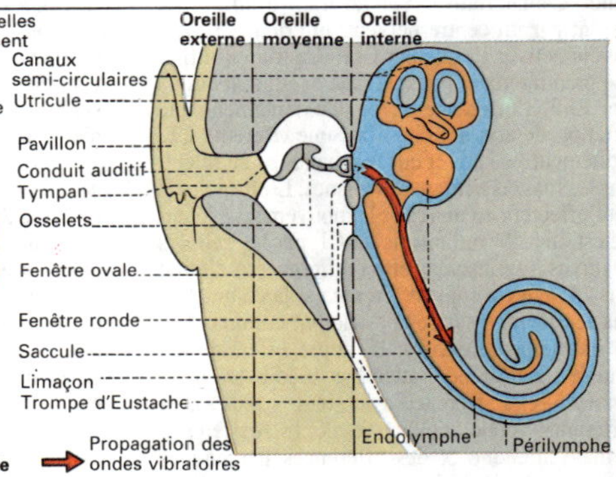

E **Structure schématique de l'organe auditif des Mammifères**

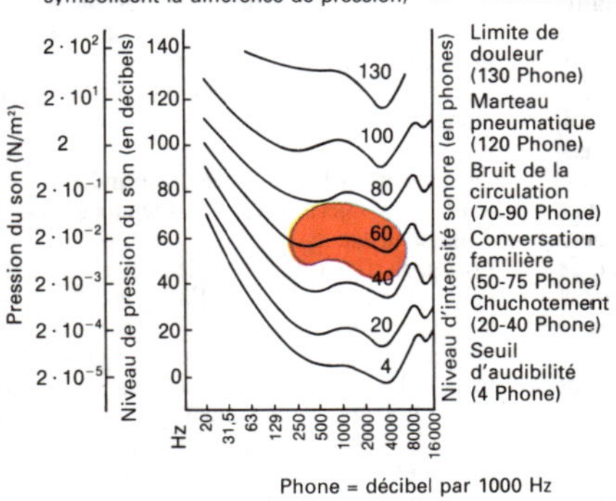

F **Isophones de « l'espace auditif » de l'Homme**
En rouge : domaine de la conversation générale

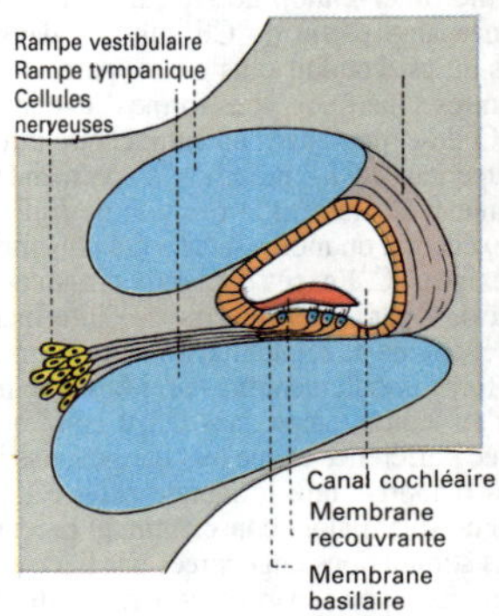

G **Organe de Corti** (coupe transversale)

Sens de l'audition

Les sensibilités mécaniques
correspondent à l'excitation de récepteurs par des déformation mécaniques.

Le sens statique
renseigne sur la position du corps dans l'espace. Les récepteurs sont des cellules sensorielles avec des cils (A) : structures submicroscopiques spécifiques. Elles réagissent souvent avec une orientation spécifique par des courbures dues à des tensions superficielles d'origines diverses.

La perception de la pesanteur
repose sur des stimuli dus aux forces gravitaires. **Les statocystes** (récepteurs des *Invertébrés*) sont de petites vésicules, généralement en nombre pair, ouvertes ou fermées. Un corpuscule mobile (le statolithe) est en contact avec les cel. sensorielles ciliées qu'il stimule sous l'effet des changements de position, de la traction ou de la pression. Il se meut librement et stimule tous les récepteurs à un degré différent selon l'inclinaison. **Les statolithes** situés dans le labyrinthe des *Vertébrés* agissent selon le second mode (C). Au point de vue fonctionnel, il faut classer les récepteurs du sens statique en deux groupes :
1. Action bilatérale : chacun des organes pairs suffit à assurer le maintien de l'équilibre (fréquent chez les espèces aquatiques).
2. Action unilatérale : les excitations permanentes des deux organes sont compensées ; chaque statocyste ne contrôle la motricité que d'un seul côté du corps. Lors d'un décalage par rapport à la position norm., les influx se renforcent dans un organe et suscitent des mouvements compensateurs. La destruction d'un organe entraîne des perturbations de l'équilibre. Les statolithes des *Vertébrés* fonctionnent ainsi.

Le sens de l'équilibre chez les Vertébrés
Les récepteurs situés ds les ampoules des canaux semi-circulaires (C) sont ident. morph. et fonct. aux organes de la ligne latérale des *Poissons* (p. 362 D, E) ; lorsque la tête se meut dans le plan d'un canal, le liquide (endolymphe) se déplace avec une certaine inertie et fait ployer la cupule. Les excitations spécifiques des cupules entraînent, après élaboration nerveuse centrale, des mouvem. compensateurs (sauf dans le cas de mouvem. volontaires ; cf. réafférence, p. 358 sq.).

L'audition
a une place à part du fait de sa finesse et de sa portée (sensibilité à distance).
Ses récepteurs réagissent aux vibrations des molécules (ondes acoustiques) en entrant en résonance. Ils peuvent donc être sensibles soit :
- à la vitesse du son (vitesse de propagation des molec.). Chez les *Crustacés*, les *Arachnides*, les *Insectes* (sensibilité vibratoire, p. 362, C) ;
- à la pression du son (conséquence du déplacement de l'air). Certains animaux la mesurent directement (p. ex. les *Vertébrés*, F), d'autres ne sont sensibles qu'à un gradient (p. ex. les *Insectes*, D).

Anatomie et fonctionnement de l'oreille humaine
Les organes annexes la rendent complexe (E) :
1. L'oreille externe (pavillon, conduit auditif, tympan) sert à capter les sons.
2. L'oreille moyenne (caisse du tympan), remplie d'air, transmet les vibrations sonores par la chaîne des osselets jusqu'à la fenêtre ovale sur laquelle appuie l'étrier.
3. L'oreille interne, située dans une cavité du rocher (labyrinthe osseux), est constituée par le labyrinthe membraneux rempli d'endolymphe et entourée de périlymphe. Elle comprend :
- l'utricule (vésicule supérieure) avec les trois canaux semi-circulaires,
- le saccule (vésicule inférieure),
- la cochlée (limaçon) pour l'audition.

La lame spirale divise le tube du limaçon en deux parties communiquant à leur sommet (G) : la rampe vestibulaire et la rampe tympanique qui aboutit à la fenêtre ronde.
A la membrane basilaire du canal cochléaire est accolé l'organe de Corti constitué de cellules ciliées disposées sur 1 rangée interne (3 500 cellules chez l'*Homme*) et 3 externes (12 000 cellules). Leurs cils répartis dans l'espace touchent la membrane recouvrante, d'aspect gélatineux, à laquelle ils sont sans doute fortement liés.
La théorie de la dispersion des fréquences de BEKESY et RANKE, qui explique aujourd'hui l'excitation des récepteurs spécifiques, modifie la théorie de la localisation mise au point par HELMHOLTZ. Les vibrations de l'étrier produisent des variations de pression dans la périlymphe qui s'équilibrent au niveau de la fenêtre ronde élastique. Ceci entraîne des oscillations du canal cochléaire qui se traduisent par des ondes vibratoires. L'amplitude vibratoire augmente d'abord par suite de la baisse de rigidité de la membrane basilaire et diminue ensuite en s'amortissant. Le maximum d'amplitude est fonction de la fréquence : plus haute est la fréquence, plus on se rapproche de la fenêtre ovale. Des stimulations naissent, là où les cils des cellules sensorielles se replient, par des mouvements relatifs sur la membrane recouvrante. Cette analyse des sons à la périphérie est complétée au niveau central par des mécanismes nerveux.

Le champ auditif humain
Les fréquences audibles et les puissances sonores délimitent le « champ auditif » humain (F) : isophones et hauteurs tonales mesurées mais classées selon une échelle (logarith.) subjective. Le champ des fréquences s'étend de 16 à 20 000 Herz environ (jusqu'à 5 000 pour les personnes âgées) ; la meilleure sensibilité s'observe pour des fréquences comprises entre 500 et 3 000 HZ : de 2×10^{-5} (onde absolue) jusqu'à 10^{2} (onde douloureuse) N/m^2. Dans cet intervalle, on a une bonne discrimination des fréquences (0,3-0,5 %) ; on peut différencier jusqu'à 1 décibel les hauteurs tonales dans des fréquences identiques. Pour environ 2×10^{-5} Nm^2 de pression sonore, la variation de la membrane basilaire est < 0,1 nm. La valeur correspond au mouvement moléculaire brownien qui procure le « bruit de fond » du système auditif.

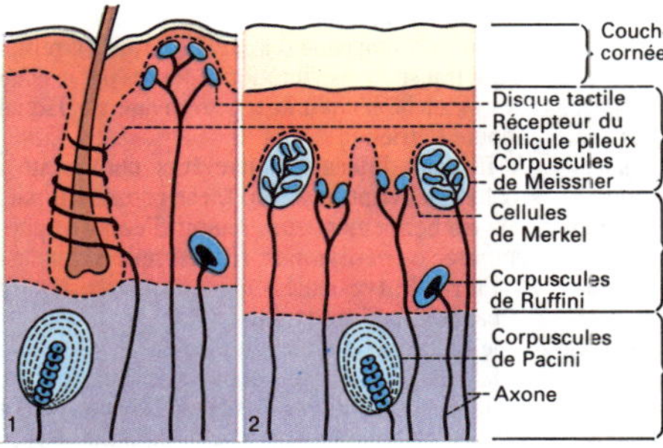

A **Mécanorécepteurs dans la peau avec (1) et sans (2) poils**

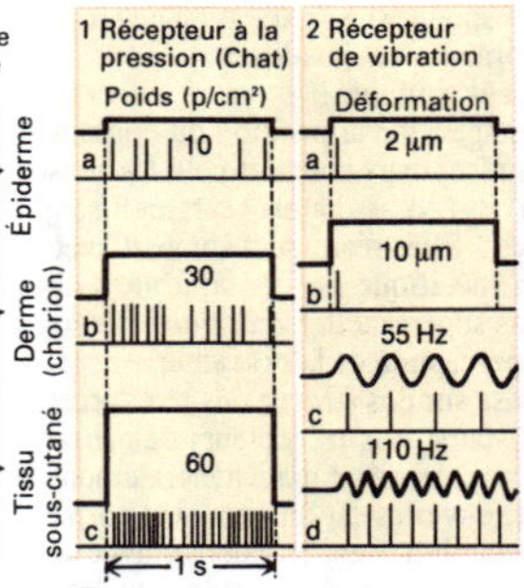

B **Activités des mécanorécepteurs**

Sens du toucher

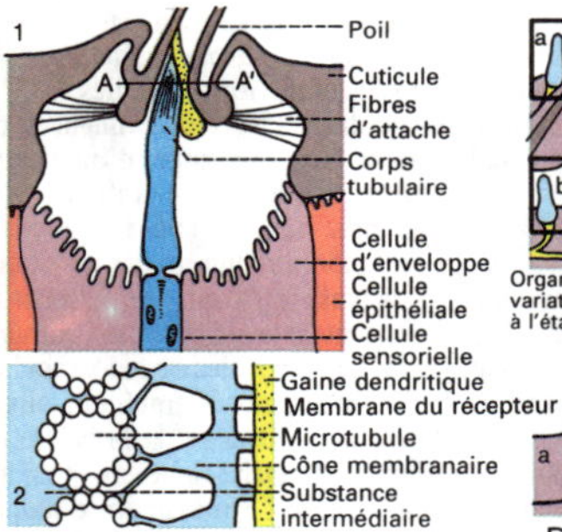

C **Mécanorécepteur d'un insecte 1) coupe-longitudinale 2) coupe selon A-A'**

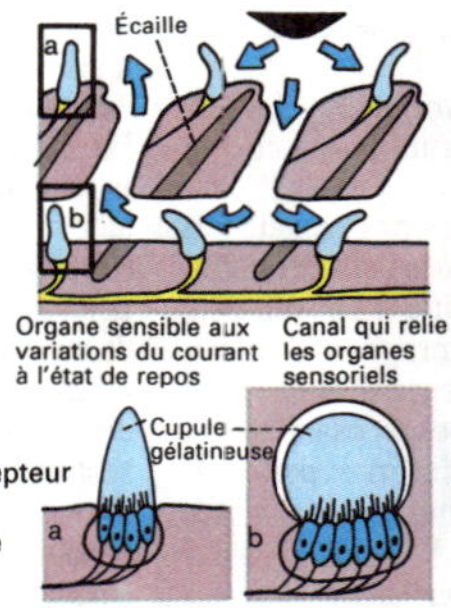

D **Système de la ligne latérale d'un poisson à l'approche d'un objet**

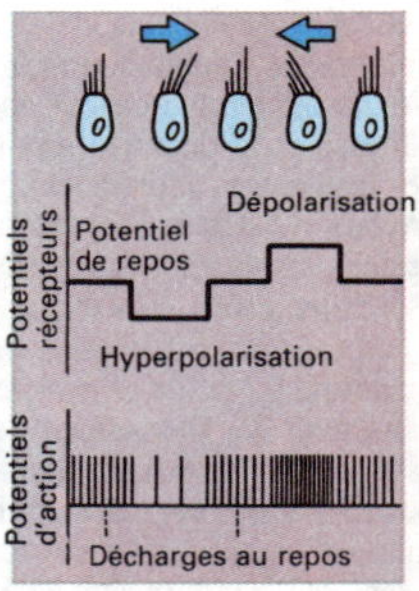

E **Sensibilité directionnelle des cellules sensorielles de la ligne latérale**

Sens tactile à distance

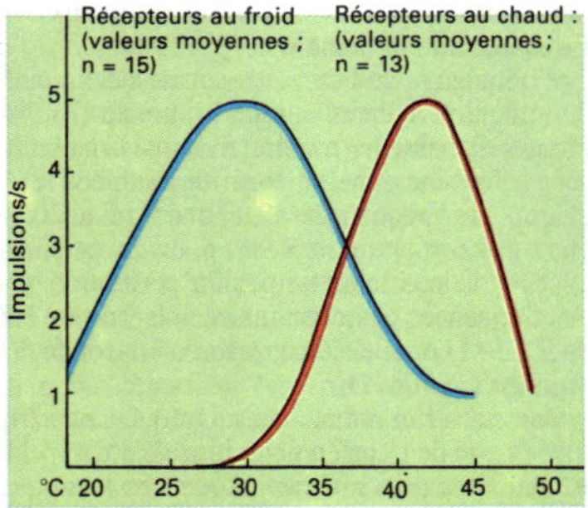

F **Fréquences d'impulsion des thermorécepteurs avec des températures cutanées à chaque fois constantes**

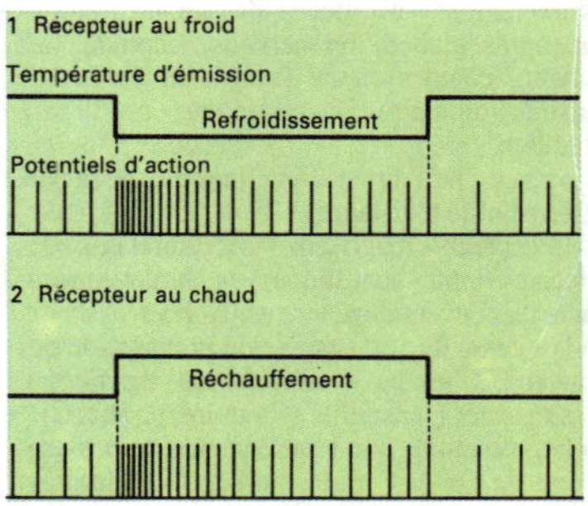

G **Réactions des thermorécepteurs lors des sautes thermiques (schématique)**

Sens thermique

Le sens du toucher
englobe les activités des différents récepteurs, situés dans la peau et le tissu sous-cutané, allant de terminaisons nerveuses libres à des structures complexes (corpuscules de Meissner et de Pacini (A). On en distingue chez l'*Homme* trois types :
1. des récepteurs de pression. La fréquence des impulsions est proportionnelle à l'intensité du stimulus (B) ; ils ne s'adaptent que lentement et enregistrent aussi par conséquent la durée de l'excitation ;
2. des récepteurs du toucher, en partie connectés aux poils, enregistrent la vitesse de la déformation indépendamment des amplitudes. Ils s'adaptent avec un temps d'excitation plus long à une vitesse moyenne (50 à 500 ms) ;
3. des récepteurs de vibrations qui réagissent à des excitations plus longues mais aussi fortement supraliminaires, en raison d'une adaptation beaucoup plus rapide, avec seulement une impulsion, à des excitations sinusoïdales dans des fréquences définies en émettant un potentiel d'action par vibration. Ils réagissent à l'accélération de la déformation avec une valeur-seuil qui descend au plus bas à 200 Hz (chez les *Insectes* 1 000 - 1 500 Hz parfois).
Chez les *Insectes,* les organes du toucher sont des soies cuticulaires (Trichobothries) dont la plus petite courbure (*Grillon* : angle de 0,01 degré) produit la déformation des épaississements en forme de cône des récepteurs membranaires (C) (*Grillon :* réaction qui se produit avec une déformation de seulement 0,1 nm).
La densité des points sensibles au toucher est particulièrement grande dans les régions exposées de la peau. Chez l'*Homme,* la distance pour laquelle les excitations tactiles sont encore perçues séparément (seuil spatial simultané) est de 1 mm à la pointe de la langue, de 2 mm au bout des doigts, de 4 - 5 mm sur les lèvres, de 31 - 32 mm au dos de la main, de 60 à 70 mm dans le dos. Les seuils successifs dans l'espace sont dans tous les cas nettement plus bas.
Les fonctions biologiques tactiles sont multiples.
Les excitations tactiles déclenchent des mouvements d'esquive, de fuite, de défense (morsure, piqûre, coups), le réflexe de faire le mort (par exemple, chez les *Insectes*, les *Serpents*) et/ou l'autotomie (séparation des membres ; par exemple, les *Faucheux*, les *Crabes*).
La réaction dépend d'ailleurs souvent de l'intensité de l'excitation : chez le *Perce-oreille* par exemple, un contact léger sur une patte entraîne un réflexe d'essuyage, un contact plus fort le retrait et un contact très fort des réactions de défense avec les pinces.
L'absence de stimulations tactiles peut également déclencher certains mouvements : par exemple thigmotaxie positive (inspection de fentes, enfoncement dans le sol) ou des réflexes spécifiques par absence de contact sur les pattes (nage réflexe chez les *Crustacés*, réflexe de vol ou de chute chez les *Insectes*.
La sensibilité tactile à distance par des courants d'eau ou des mouvements de l'air permet aux animaux de localiser les objets. En plus des trichobothries des *Insectes* (C) ce sont les organes de la ligne latérale qui ont été les mieux étudiés (*Poissons, Amphibiens* à vie aquatique). Les récepteurs, initialement libres dans l'épiderme sont situés, dans le cas des *Poissons*, dans des canaux reliés à l'eau libre par des pores, la cupula étant aplatie par la pression (D). Les stimulations adéquates sont les courants d'eau et les variations de la pression de charge (par exemple, à proximité d'un corps fixe) qui permettent aux récepteurs un toucher à distance précis (E).

La sensibilité profonde
repose sur l'activité de récepteurs proprioceptifs qui sont excités par l'organisme lui-même (fuseaux neuro-musculaires, organes tendineux, p. 394 sq. ; récepteurs des capsules articulaires).
La sensibilité de posture renseigne sur la position de l'angle d'articulation (adaptation limitée).
La sensibilité de mouvement renseigne sur :
– la mobilité active des articulations à l'aide des muscles ;
– la mobilité passive avec d'autres personnes.
Cette distinction repose sur des processus de compensation au niveau du SNC (p. 358 sq.).
La sensibilité à la force renseigne sur la puissance musculaire à mettre en œuvre pour faire un mouvement offrant de la résistance.

La sensibilité thermique
que l'on soupçonne chez tous les animaux, a été mise en évidence chez plusieurs, mais étudiée précisément chez les *Vertébrés.*
Les Récepteurs encore non identifiés histologiquement sont de 2 types : leur mécanisme excitateur repose sur les processus physico-chimiques très spécifiques dépendant de la température.
1) Les points de froid situés près de la surface :
– pour une température cutanée constante ils présentent des fréquences typiques d'impulsions (F) ; ceci dans des limites comprises entre environ 10° et 45° maximum, entre 17° et 36° selon le récepteur ;
– ils réagissent au refroidissement par des influx de fréquence élevée qui diminuent et se stabilisent à la fréquence adaptée à la nouvelle température ; après réchauffement, il y a d'abord une forte chute, voire une disparition de toute impulsion (G).
2) Les points de chaud sont très inégalement répartis en profondeur. Ils fonctionnent entre environ 30 et 50° avec un maximum entre 41 et 47°. Ils réagissent à l'élévation de température avec une augmentation de la fréquence, c'est-à-dire à l'inverse des récepteurs au froid.
La fonction des thermorécepteurs est la perception consciente des stimuli thermiques, mais ce sont aussi des capteurs pour la thermorégulation.
Chez les *Serpents à sonnettes,* il y a de chaque côté de la tête deux fossettes pour la perception orientée à distance des courants chauds (la réaction a déjà lieu pour une élévation thermique de 0,003°).

Le sens de la douleur
renseigne sur les influx traumatisants. On a démontré l'existence de récepteurs spécifiques (points de douleur dans la peau ; récepteurs aux agents nocifs, au seuil élevé, dans de nombreux organes). En plus des excitants mécaniques dolorigènes, il y en a de thermiques et de chimiques (au nombre desquels des substances libérées par l'organisme même, par exemple histamine, et des polypeptides encore mal connus).

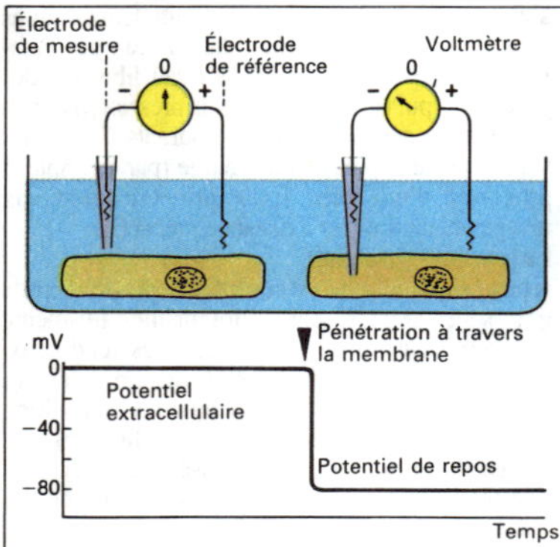

A **Mesure du potentiel membranaire**

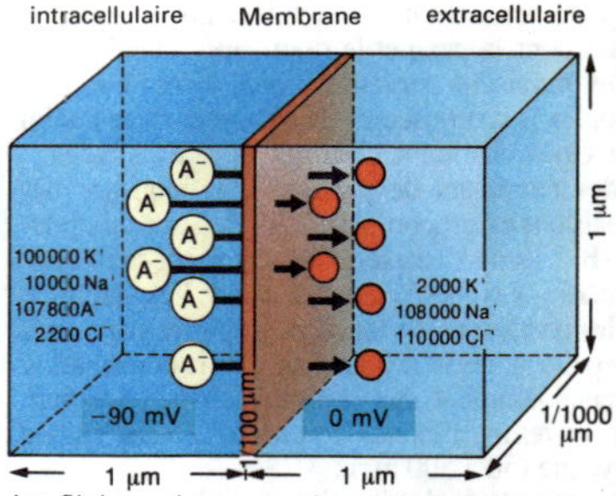

Les flèches qui traversent la membrane indiquent que les K^+ qui diffusent vers l'extérieur sont retenus par la membrane à cause de la charge des A^-

B **Concentrations ioniques et charge membranaire au potentiel de repos**

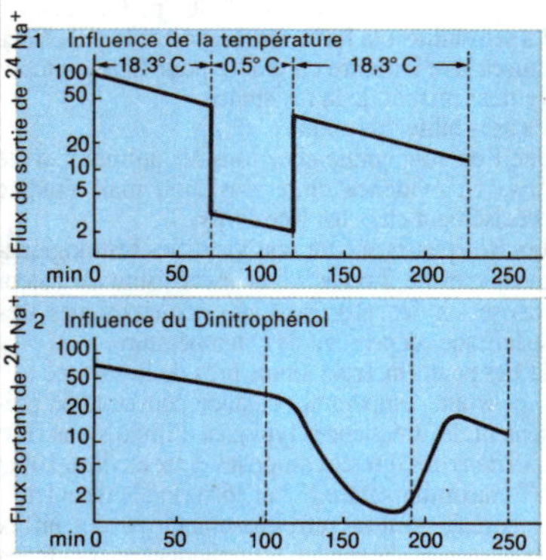

C **Preuve du transport actif de Na^+**

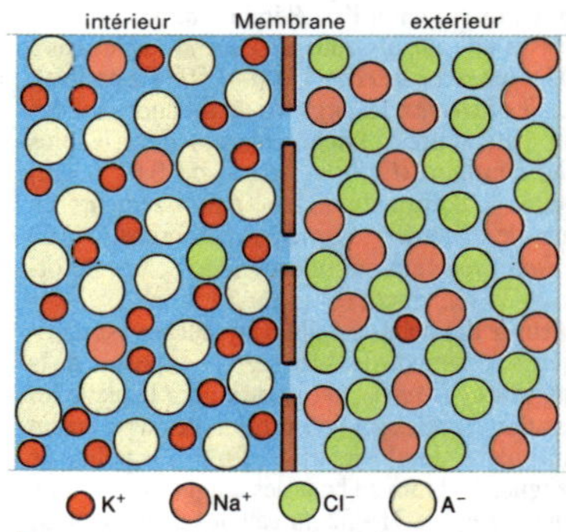

D **Le diamètre des ions et la largeur des pores illustrent la perméabilité sélective au K^+ et la répartition intra et extracellulaire des ions**

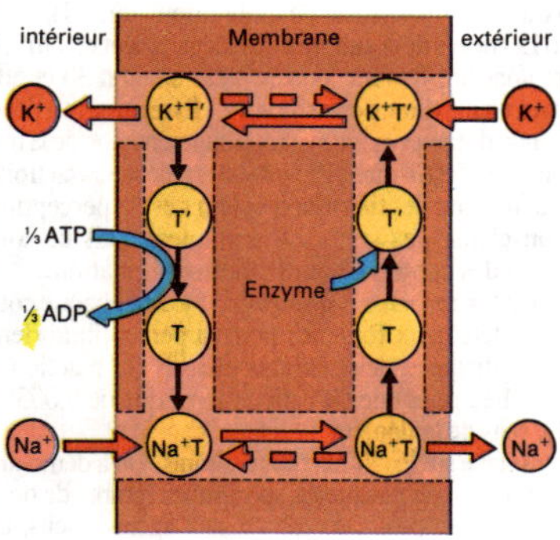

E **Modèle de la pompe couplée Na^+-K^+ (T/T′ = molécules de transfert)**

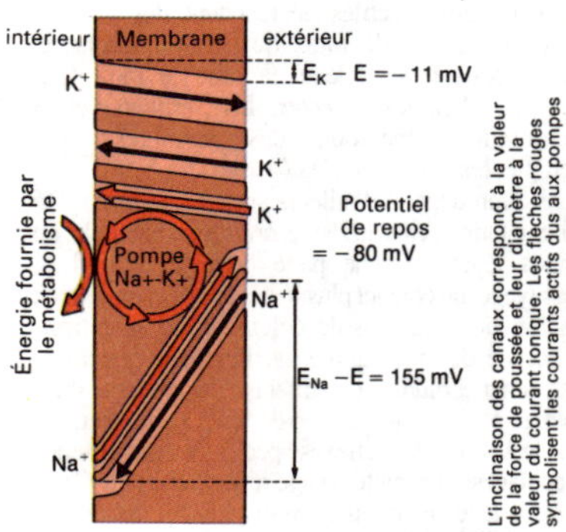

F **Mouvements d'ions actifs et passifs à travers la membrane (les ions Cl^- ne sont pas pris en compte)**

Potentiel de repos et transport des ions

La fonction des cellules nerveuses (p. 94 sq.) est le traitement de l'information. Il englobe :
– Recueil de l'information à partir d'une ou de plusieurs autres cellules nerveuses ou de récepteurs spécifiques (p. 346 sqq.) ;
– Transfert sur une assez longue distance ;
– Transmission à une ou plusieurs autres cellules (Cellules nerveuses, Effecteurs, p. 370 sqq.). En plus de cette fonction particulière l'influence de l'organisation de ces cellules par rapport à leurs voisines est déterminante :
des contacts entre cellules voisines permettent la formation de structures synaptiques (p. 370 sq.). Ces processus prennent toute leur importance dans le développement du Système Nerveux orienté vers une fonction, dans l'innervation des organes, pour l'apprentissage (p. 416 sqq.) et la mémorisation (p. 386 sq.).
L'information se présente dans les cellules nerveuses sous forme de signal chimique et/ou électrique.

Le potentiel de repos
correspond au potentiel membranaire des cellules non excitées au niveau du plasmalemme séparant le Cytoplasme du liquide extra-cellulaire.
On le mesure à l'aide de deux électrodes (A) : l'une (électrode de référence) placée dans le liquide extérieur, l'autre (électrode de mesure : un capillaire en verre de Ø< 1µm généralement rempli d'une solution d'électrolytes) à l'intérieur de la cellule.
Chez les homéothermes, il a toujours une valeur négative dans les fibres musculaires et nerveuses (–55 à – 110 mv ; jusqu'à – 30 mv également dans les cellules musculaires).

Origine du potentiel de repos
La membrane simule un condensateur séparant 2 solutions salines par une couche isolante (membrane ; épaisseur 6 nm). Ce condensateur avec un potentiel de –75 mv possède au niveau de ce « disque-intervalle » environ 5 000 paires de charges positives et négatives par µm² de surface. Dans la cellule les charges sont portées par des ions dont la fraction responsable de la différence de potentiel est faible comparativement au nombre total de charges (B). La membrane, qui empêche l'égalisation des concentrations de chaque catégorie d'ions, n'est vraiment bien perméable qu'aux ions K^+.
On peut donner une idée de la répartition des ions K^+ par un modèle de membrane poreuse (D ; hypothèse : perméabilité aux seuls K^+). La pression osmotique élevée pourrait conduire à l'égalisation des concentrations par une fuite de K^+, si le potentiel membranaire qui se crée n'empêchait la sortie d'autres charges positives, avant que les deux forces ne se contrebalancent. Ce qui est le cas de ce que l'on nomme le potentiel d'équilibre de K^+ ou E_K. On le calcule d'après l'équation de NERNST valable pour tous les potentiels de diffusion.

$$E_{ion} = \frac{R \cdot T}{Z \cdot F} \cdot \mathrm{Ln}\,\frac{\text{concentration extracell. de l'ion}}{\text{concentration intracell. de l'ion}}$$

avec R = constante des gaz
T = t^e^ absolue
Z = valence des ions (négatif pour les anions)
F = constante de FARADAY

Les potentiels de repos mesurés correspondent en première approximation aux valeurs calculées de E_K. Cette dépendance, ainsi prévisible, du potentiel de membrane de la concentration extracellulaire des ions K^+ est expérimentalement prouvée. Des variations de la concentration en K^+ du plasma sanguin, lors du dysfonctionnement rénal, peuvent aussi entraver le fonctionnement des cellules nerveuses.
La concentration intracellulaire des ions K^+ est stable dans une large mesure, car ce sont eux qui équilibrent les charges des anions qui, formés de grosses protéines pour la plupart, ne peuvent pas traverser la membrane . Le potentiel de repos est donc la conséquence d'une forte concentration intracellulaire de gros anions.
Les ions Cl^- participent de fait au potentiel de repos : leur faible concentration intracellulaire (environ 5 mmol/l) est légèrement instable à cause de la perméation. D'après l'équation de Nernst, il s'établit un potentiel d'équilibre réciproque entre Cl^- et K^+.
Le flux entrant passif de Na^+ en raison d'une perméabilité de la membrane au Na^+, même si elle est faible et surtout d'un fort gradient de concentration et privilégié en plus par le potentiel de membrane négative, fait que le potentiel de repos, avec une concentration extracellulaire de K^+ très basse, est jusqu'à 30 mv moins négatif que le potentiel d'équation du K^+.
Les mécanismes de transport actif interviennent parce qu'avec seulement un flux passif d'ions le système serait instable.
– La perte de K^+ par la cellule corrélée avec un flux entrant de Na^+ provoquerait l'abaissement de la différence de concentration et par là une diminution du potentiel de repos ($\cong E_K$) ;
– La diminution du potentiel de membrane entraînerait un accroissement du flux entrant de Cl^-, une augmentation de valeur de la pression osmotique de la cellule et une absorption d'eau plus importante. Ce qui conduirait à terme à une chute de la concentration intracellulaire du K^+ avec ses conséquences déjà mentionnées, les fonctions cellulaires se trouvant très vite considérablement compromises.
La sortie active de Na^+ de la cellule a été démontrée avec Na^+ marqué, radioactif :
– un abaissement de t^e^ montre qu'il s'agit d'une réaction chimique complexe (C) ;
– la fourniture supplémentaire de Dinitrophénol (substance qui bloque dans la cellule les processus fournisseurs d'énergie) prouve l'utilisation d'énergie métabolique lors du transport ; un tel mécanisme de transport contre les gradients électriques et de concentration est désigné sous le nom de **pompe ionique**.
Comme un flux entrant de K^+ est aussi impliqué dans ce mécanisme de transport, on parle ici d'une pompe couplée Na^+ - K^+, dont le fonctionnement peut être décrit par le modèle de la figure (E). L'état de stabilité du système se trouve clarifié, si l'on examine tous ensemble les courants ioniques essentiels pour le potentiel de repos (F).

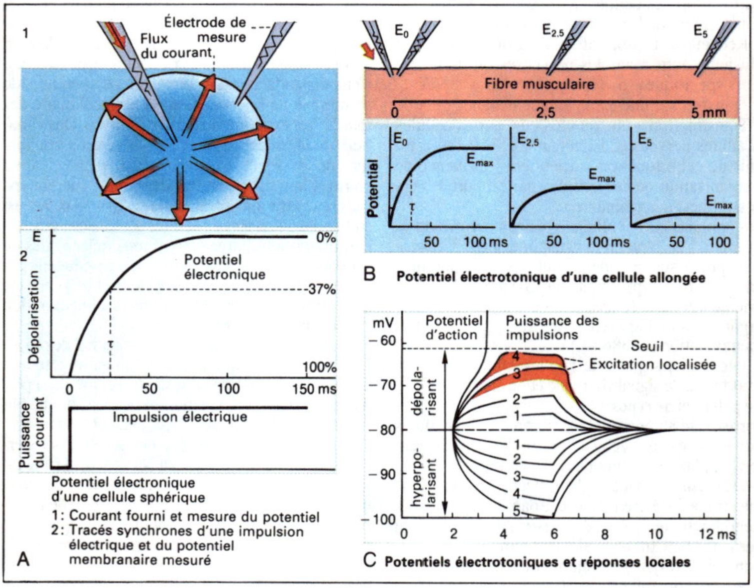

A Potentiel électronique d'une cellule sphérique
1: Courant fourni et mesure du potentiel
2: Tracés synchrones d'une impulsion électrique et du potentiel membranaire mesuré

B **Potentiel électrotonique d'une cellule allongée**

C **Potentiels électrotoniques et réponses locales**

Potentiel électrotonique

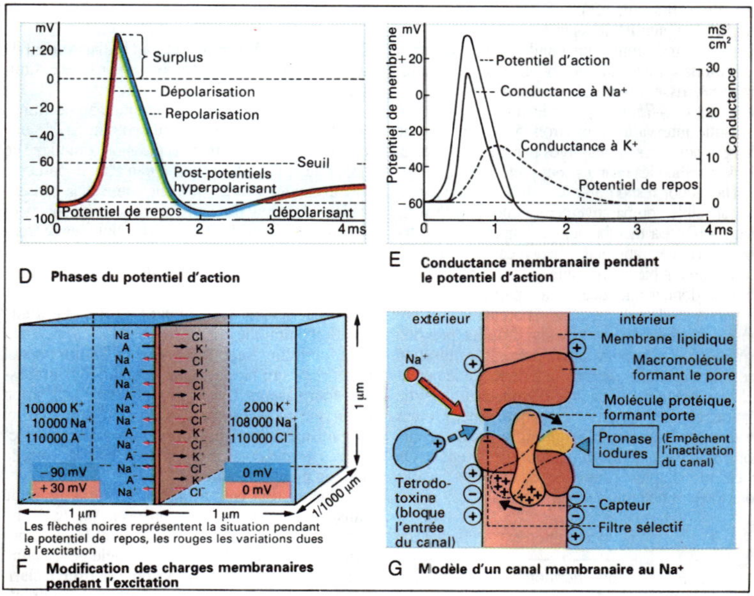

D **Phases du potentiel d'action**

E **Conductance membranaire pendant le potentiel d'action**

Les flèches noires représentent la situation pendant le potentiel de repos, les rouges les variations dues à l'excitation

F **Modification des charges membranaires pendant l'excitation**

G **Modèle d'un canal membranaire au Na⁺**

Potentiel d'action

Le potentiel électrotonique
est la réaction membranaire au courant fourni. expérim. ou par les neurones voisins ou les récepteurs (p. 346 sq.). Dans les cellules sphériques il se propage de façon régulière (propagation homogène ; A). Il convient de distinguer :
– le courant capacitif (déplacement des charges sur la membrane sans transport ionique) qui produit une diminution du potentiel membranaire ;
– Le courant ionique entretenu essentiellement par les K+ se renforce quand la dépolarisation croît, de telle façon que celle-ci devient de plus en plus lente.
Le tracé exponentiel du potentiel électrotonique d'aspect asymétrique est caractérisé par τ : constante temps de la membrane (Temps jusqu'au changement de potentiel correspondant à 37 % de la valeur finale : pour de nombreuses membranes la valeur est comprise entre 10 et 50 ms).
La valeur finale (courant ionique trans-membranaire égal au courant excitateur fourni) est proportionnelle à la résistance de la membrane aux courants ioniques (réciproque de la conductibilité de la membrane).
Chez les cellules étirées en longueur (spécialement les cellules nerveuses et musculaires) la propagation du courant fourni, non seulement n'est pas homogène, mais l'épaisseur de la couche membranaire traversée diminue en s'éloignant du point d'excitation. La propagation non homogène du courant provoque près du point d'excitation une montée rapide du potentiel électrotonique, comme dans la figure A. Si la distance s'accroît la montée est plus lente à cause de la résistance intérieure tout le long de la cellule et la valeur finale demeure aussi plus basse avec une excitation de plus longue durée (B).
Dans les cellules nerveuses, les potentiels électrotoniques ne sont mesurables d'ailleurs qu'à quelques cm au maximum de leur point d'origine.
Un courant extracellulaire augmente le potentiel de membrane à l'anode par apport de charges positives sur la face externe (hyperpolarisation, anélectrotonus), cet afflux d'ions K^+ transférant le courant à travers la membrane. A la cathode se produit une dépolarisation analogue (cathélectrotonus). A un endroit se forment ainsi des potentiels inversés par un changement de direction du courant (C).
On définit le **seuil d'excitation** comme la valeur dont le dépassement entraîne une réponse active de la cellule (potentiel d'action ; C), alors que le potentiel électrotonique est une réaction purement passive. Des excitations au voisinage du seuil produisent une dépolarisation surimposée au potentiel électrotonique par une augmentation de la conductibilité de la membrane au Na^+ ; on la désigne sous le nom d'excitation locale (réponse locale). Lorsque la dépolarisation est très lente le seuil d'excitation peut se décaler (inactivation du système Na^+ ; voir plus loin) ;
accommodation (la réaction n'a lieu que pour des valeurs du seuil plus élevées ;
– **propagation lente des excitations** (totale inefficacité d'excitations normalement supraliminaires).
Le déclenchement du potentiel d'action, qui suit la loi du « T ou R », est lié à une dépolarisation d'env. –50 mV (seuil). Pour cette valeur la charge de la membrane devient instable et se défait automatiquement. Cet état d'activité s'appelle excitation ; c'est un phénomène explosif qui est généralement < 1ms.
Le déroulement du potentiel d'action mesuré par les mêmes méthodes que le potentiel de repos (p. 364, A), montre plusieurs phases (D).
La dépolarisation se déroule très rapidement (0,2 à 0,5 ms chez les Homéothermes) depuis le potentiel de repos jusqu'à environ + 30 m V (surplus)
La repolarisation, souvent ralentie à la fin, fait retour à la polarisation normale.
Les post-potentiels se présentent fréquemment comme hyperpolarisants (dépassant la valeur du potentiel de repos) ou dépolarisants (restant plus positifs que le potentiel de repos).
Les origines du potentiel d'action
ont été déterminées par la mesure des flux ioniques en relation avec le potentiel de membrane, qui ont permis de calculer les conductibilités associées (E). Ici aussi les déplacements d'ions sont faibles par rapport aux concentrations totales intra et extracellulaire
L'augmentation de la conductibilité au Na^+ (g Na) donne l'unique explication de l'ampleur de la dépolarisation, compte tenu de la valeur du potentiel d'équilibre (E_{Na} = + 60 mV). Les données expérimentales confirment que les potentiels d'action ne peuvent avoir lieu qu'avec une forte concentration extracellulaire en Na^+.
L'augmentation de la conductibilité au K+ (gK) est déterminante pour la repolarisation. Si l'on empêche cette augmentation avec des substances particulières (p. ex. : Tetraethylammonium), la repolarisation est très ralentie. La relation dans le temps entre ces deux processus détermine le potentiel d'action dans le moindre détail.
– Le fait que la spike n'atteigne pas la valeur de + 60 mV (= E_{Na}) tient à la brièveté de l'augmentation de gNa et à l'augmentation précoce de gK.
– Les post-potentiels hyperpolarisants apparaissent quand gK demeure au dessus de la valeur de repos et que le potentiel se rapproche au maximum de E_K (– 90 mV).
L'inactivation du système –Na^+, pierre angulaire de la naissance des potentiels d'action, peut être expliquée par le modèle suivant (G). Le canal membranaire au Na^+ a deux structures :
– Le filtre sélectif, qui repousse les anions par ses charges négatives et ne laisse passer, en raison de son diamètre, que Na^+ (et Li^+ ; moins facilement Ca^{2+},K^+).
– L'ouverture du canal est commandée par le potentiel de membrane, par l'intermédiaire d'un capteur, qui ouvre ce canal pendant environ 1 ms lorsque le seuil est dépassé. L'inactivation du canal, qui fait suite, peut être empêchée intracellulairement par la Pronase (protéase) ou les iodures. Les canaux à K^+ sont organisés à peu près de la même façon, à ceci près qu'il manque un mécanisme inactivateur.

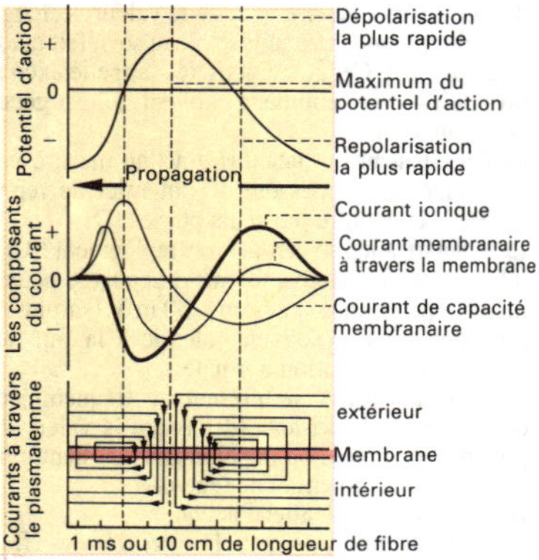

A **Propagation du potentiel d'action**

Objet	Vitesse (m/s)	Ø (µm)
Invertébrés		
Méduse Aurelia (réseau nerveux)	0,5	6–12
Blatte (Periplaneta) Nerf des cerques	1,5–2	5–10
Blatte (Periplaneta) Axone géant	7	50
Calmar (Loligo) Axone géant	25	640
Vertébrés	(moyennes vitesse)	(moyennes Ø)
Fibres Aα (motrices des muscles squelettiques)	100	15
Fibres Aβ (afférences cutanées pour le mouvement, la pression)	50	8
Fibres Aγ (motrices des fuseaux musculaires)	20	5
Fibres Aδ (afférences cutanées pour la température, la douleur)	15	3
Fibres B préganglionnaires sympathiques	7	3
Fibres C (amyéliniques) afférences cutanées pour la douleur; postganglionnaire sympathique	1	0,5

B **Vitesse de conduction**

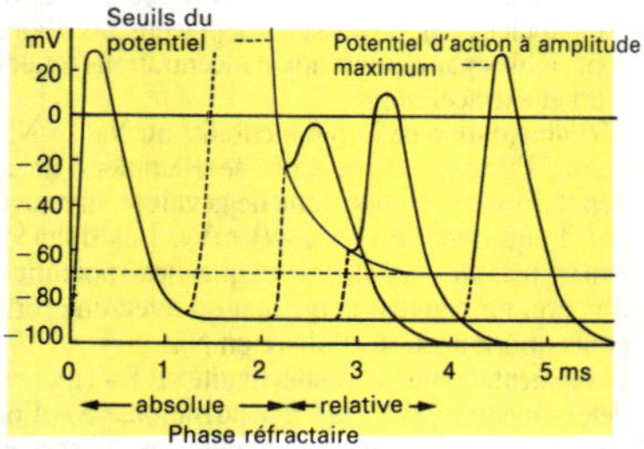

C **Phases réfractaires après une excitation**

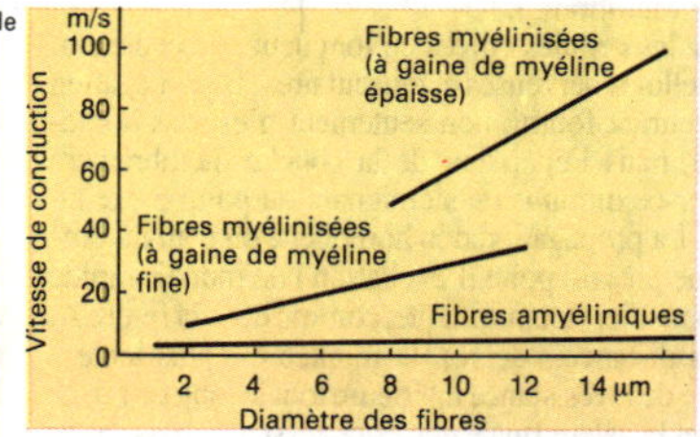

D **Vitesse de conduction en fonction du diamètre des fibres et de la gaine de myéline**

Propagation dans les nerfs amyéliniques

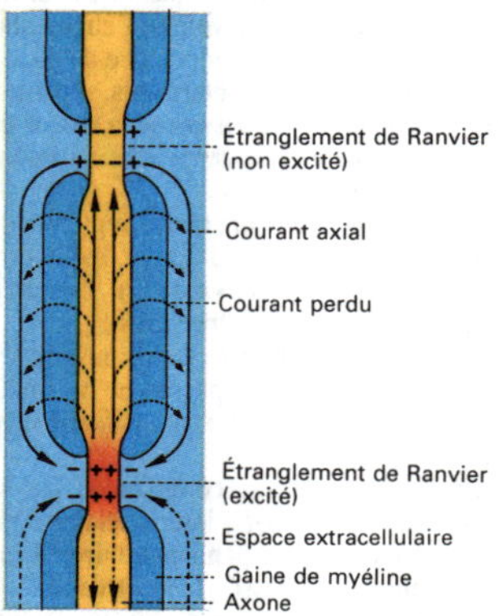

E **Propagation au niveau d'une fibre nerveuse avec étranglements de Ranvier**

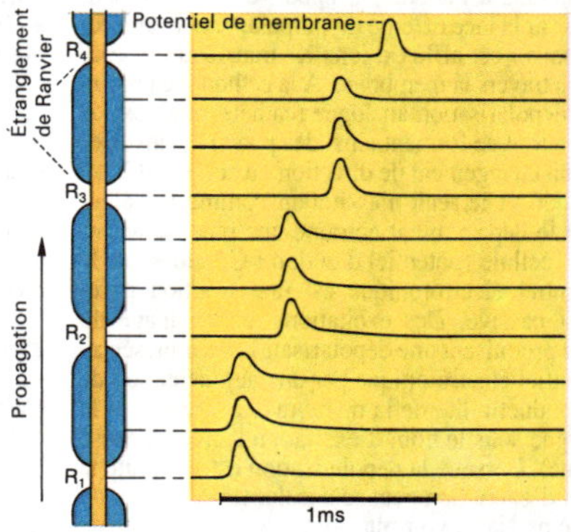

F **Preuve de la transmission saltatoire par la mesure des potentiels membranaires à différents endroits de l'axone**

Propagation saltatoire

La propagation directe de cellule à cellule peut se faire aussi dans l'organisme (p. ex. : le muscle cardiaque) ; mais pour de longues distances elle a lieu dans les fibres nerveuses sous une forme spécialisée.

Le mécanisme de la propagation
recouvre deux processus fondamentaux :
– A partir d'un point excité de la membrane naît un potentiel d'action dont le courant se propage vers un secteur non dépolarisé de la membrane ;
– Il y crée un potentiel électrotonique qui atteint la valeur-seuil et provoque à cet endroit, d'après la loi du « T ou R », la naissance d'un potentiel d'action de même amplitude. Ainsi l'excitation se transmet à toute la fibre sans modification du signal (transmission sans décrément).

On peut représenter les courants membranaires pendant le passage du potentiel d'action sur une fibre nerveuse amyélinique d'après la figure p. 366 E (A). La figure peut être interprétée en fonction du temps de propagation à un endroit donné de la fibre (on a alors en abscisse : 1 ms), ou comme représentation spatiale d'un potentiel (on a alors en abscisse : 10 cm ; soit une vitesse de propagation de 100 m/s et une durée du potentiel de 1 ms). On a représenté la somme ou courant total I_i, de tous les flux correspondants à des variations de la conductibilité au Na^+ et au K^+ (p. 366, E), dont la partie négative correspond essentiellement au flux entrant de Na^+ et la partie positive au flux sortant de K^+.

Par opposition au potentiel d'action stationnaire (cellule spérique p.366 A, C), où i_i sert entièrement au transfert des charges de la capacité membranaire, dans les cellules étirées en longueur des courants qui équilibrent les différences de charge parcourent la fibre (courants de capacité membranaire $i_ç$) en plus du courant normal.

Le gain induit par les charges positives (flux entrant de Na^+) se propage des deux côtés. On nomme courant membranaire (i_m) ce courant qui traverse la membrane. Sa propagation est provoquée par cette partie de (i_m) qui s'écoule vers la gauche (dans la figure A) et qui dépolarise fortement la membrane électrotoniquement, de telle façon que le seuil est atteint. Cette propagation est due sans doute aussi à un fort flux entrant de Na^+. Dans la partie droite de la figure se produit une semblable dépolarisation mais qui demeure plus faible, car ici la conductibilité membranaire au K^+ est forte (gK), par suite du potentiel d'action (p. 366, E). Une rétroexcitation sur la fibre est ainsi évitée ; mais le gK est ici très bas ou bien il se produit d'autres courants dépolarisants ; des excitations dites répétitives peuvent aussi se produire à la fin du potentiel d'action propagé.

Les phases réfractaires
conséquence de l'inactivation du système Na^+ (p. 367), elles limitent aussi, comme suite au potentiel d'action, l'excitabilité de la fibre (C) :

La phase réfractaire absolue qui dure environ 2 ms, ne permet pratiquement aucune nouvelle excitation, à cause d'un seuil trop élevé.

La phase réfractaire relative, qui dure environ 2 ms, permet une nouvelle excitation par une forte dépolarisation (le seuil est encore élevé) mais avec une amplitude limitée du potentiel. A cause de la phase réfractaire absolue, la fréquence des potentiels d'action est limitée dans la cellule : au maximum 500/s – on peut très rarement atteindre 1 000/s avec des périodes réfractaires raccourcies.

La vitesse de conduction
dans les fibres nerveuses prend en compte :
– l'amplitude et la durée des flux d'ions ;
– les conditions de propagation du potentiel électrotonique (diamètre de la fibre, résistance membranaire et capacité membranaire).

La concordance entre les valeurs calculées et mesurées apporte une confirmation à la théorie ionique de l'excitation.

La valeur du flux entrant de Na^+ est proportionnelle à la vitesse de conduction, car la dépolarisation des zones voisines dépend de la quantité de courant qui est encore disponible après le transfert des charges de la membrane.

Si le flux entrant de Na^+ diminue (baisse de la concentration du Na^+ extracellulaire ; inactivation du système Na^+ par des potentiels de 20 à 30 mV plus positifs que le potentiel de repos ; anesthésiques comme la novocaïne ou la digitaline pour le muscle cardiaque), la vitesse de conduction diminue, jusqu'au blocage complet de la propagation dans certaines conditions.

Le diamètre de la fibre détermine la propagation électrotonique des courants membranaires, car la résistance à la conduction de l'intérieur de la fibre est inversement proportionnelle à la racine carrée du diamètre intérieur de la fibre. Si le diamètre de la fibre augmente les courants membranaires sont de plus grande portée ; la vitesse croît environ comme la racine carrée du diamètre de la fibre :

$$v = k_1 \text{ (constante)} . \sqrt{d}$$

Pour atteindre de grandes vitesses de conduction, il faut donc de gros diamètres, que l'on ne rencontre précisément que pour quelques fibres (*Invertébrés*, B).

La transmission saltatoire
dans les fibres myélinisées (p. 94, F) est par contre très rapide (D) pour des diamètres de fibre relativement petits. Seuls les **étranglements de Ranvier** ont une membrane cellulaire normale ; dans les portions intercalaires (internœuds), la résistance membranaire est très fortement augmentée par de nombreuses couches de myéline, de telle façon qu'une variation de potentiel permet à peine au courant de traverser la membrane (E).

Un potentiel d'action se propage d'un nœud au suivant sans grosse perte. Il n'y a seulement qu'un ralentissement perceptible (F), car le potentiel électrotonique doit atteindre le seuil, pour déclencher le nouveau potentiel d'action.

La vitesse de conduction augmente très fortement dans les fibres myélinisées (avec le diamètre de la fibre, D) :

$$v = k_2 \text{ (constante)} . d.$$

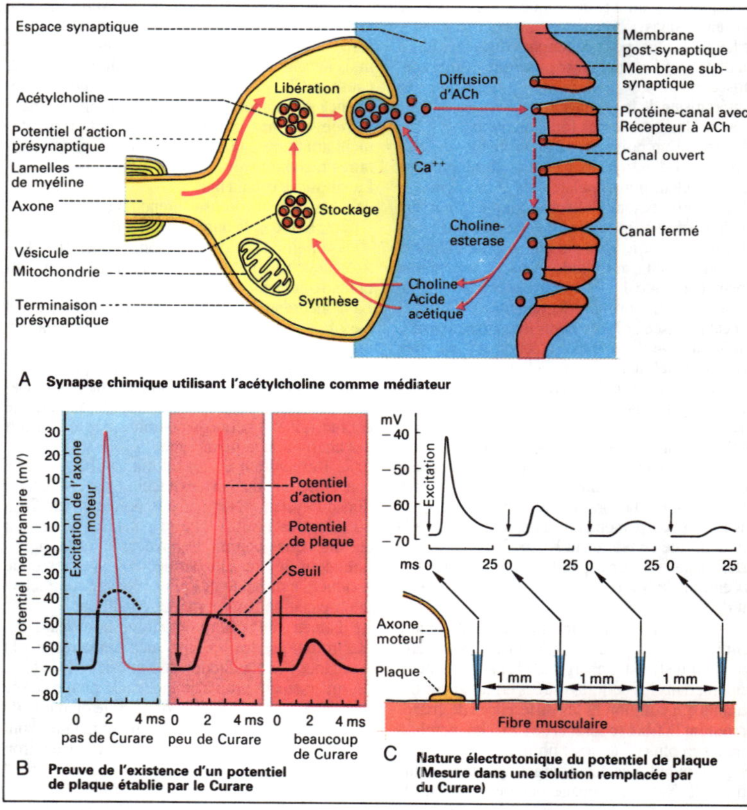

A **Synapse chimique utilisant l'acétylcholine comme médiateur**

B **Preuve de l'existence d'un potentiel de plaque établie par le Curare**

C **Nature électrotonique du potentiel de plaque (Mesure dans une solution remplacée par du Curare)**

Le mécanisme de la transmission synaptique

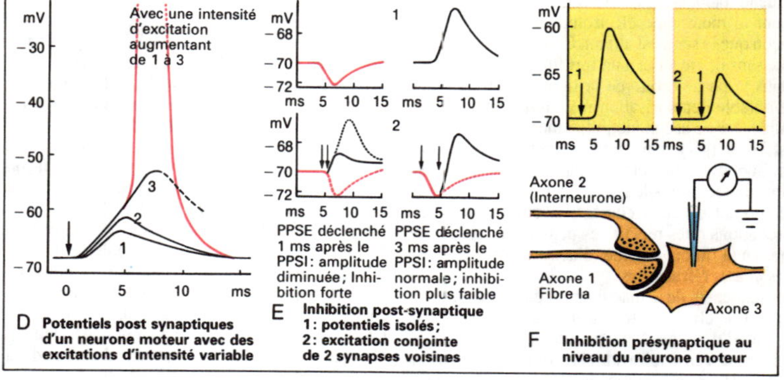

D **Potentiels post synaptiques d'un neurone moteur avec des excitations d'intensité variable**

E **Inhibition post-synaptique 1: potentiels isolés; 2: excitation conjointe de 2 synapses voisines**

F **Inhibition présynaptique au niveau du neurone moteur**

Synapses excitantes et inhibitrices

La transmission de l'information à d'autres cellules (nerveuses-musculaires-glandulaires) a lieu au niveau de Synapses (points de contact des terminaisons axoniques avec ces cellules).

Les synapses électriques, où par des contacts directs l'excitation qui se propage est transmise par des canaux ioniques transmembranaires, sont rares (p. 368, A).

Les synapses chimiques (p. 94 sq.), où se trouve entre les membranes un espace synaptique (10-50 nm) visible au microscope électronique, exigent une transmission chimique à cause d'une grande perte de courant .

Elles remplissent les fonctions suivantes :

– Effet amplificateur (excitation efficace de la cellule post connectée).

– Rôle de valve (transmission générale de l'axone à la cellule suivante), qui assure en premier lieu, l'activité régulière du SNC ;

– Modificabilité de l'efficacité de la transmission (essentiel pour l'apprentissage, la mémorisation ; p. 386 sq.).

Le mécanisme de la transmission synaptique (A)

Le mode de transmission a été éclairci au niveau de la plaque motrice (synapse neuro-musculaire).

La terminaison pré-synaptique comporte de nombreuses vésicules qui contiennent le transmetteur (voir plus loin). La libération du transmetteur à l'état de repos, même sous forme de fractions isolées (10^3 - 10^4 molécules à chaque fois), va être amplifiée des milliers de fois en moins de 1 ms par un potentiel d'action propagé.

On a prouvé expérimentalement la proportionnalité entre la libération du transmetteur et le potentiel de membrane pré-synaptique par l'élévation de la concentration du K^+ extra-cellulaire et la dépolarisation par un courant fourni de l'extérieur qui augmentent cette libération. La baisse de la concentration en Ca^{2+} et l'augmentation de celle du Mg^{2+} (sans doute un déplacement compétitif des Ca^{2+} de leur lieu d'entrée ou d'action) diminue la libération du transmetteur. Le mécanisme exact est encore inconnu.

L'espace synaptique est franchi en environ 0,2 ms (délai synaptique) par les molécules de neurotransmetteur (ici : l'acétylcholine). Elles n'agissent qu'un bref instant sur la membrane post-synaptique avant d'être décomposées et resynthétisées.

La membrane subsynaptique est la fraction de membrane post-synaptique située sous la synapse (une épaisseur plus importante prouve des particularités fonctionnelles). A ce niveau le transmetteur augmente pour 1-2 ms la conductibilité des ions Na^+ - K^+ et Ca^{2+} en ouvrant les canaux ioniques. La propagation du potentiel de plaque ainsi créé (en général, potentiel post-synaptique PPS) est déterminée passivement par les propriétés de la membrane (capacité, résistance). Si ce potentiel électrotonique atteint la valeur-seuil, il se créé un potentiel d'action (B).

L'effet de l'acétylcholine est bloqué par le curare (poison des flèches) de telle façon qu'il se crée un PPS infraliminaire dont les causes peuvent être analysées (B-C).

Synapses centrales (neuro-neuronales)

Elles se différencient des neuro-musculaires par leur nombre dans chaque cellule : (jusqu'à plus de 1 000) et surtout par le caractère subliminal d'une excitation isolée, qui fait qu'elle ne peut se transmettre que par la coopération de nombreuses synapses (sommation spatiale ; p. 372 sq.).

Synapses centrales excitatrices, étudiées spécialement dans les neurones moteurs, elles montrent des dépolarisations de la membrane sub-synaptique analogues au PPS. Les amplitudes sont proportionnelles au nombre de fibres afférentes excitées, i.e. lors de l'excitation électrique d'un nerf de l'intensité de l'excitation (D). On appelle ces potentiels : potentiels post-synaptiques excitateurs (PPSE), parce qu'ils peuvent provoquer dans un neurone une excitation efficace (la plupart du temps seulement par la coopération de plusieurs synapses ; voir ci-dessus). Les PPSE sont transmis au niveau des motoneurones par un autre transmetteur mais selon le même mécanisme (A).

Les PPSE supraliminaires, tous ensemble, créent au niveau de la membrane du cône axonique des potentiels d'action propagés, car le seuil est au plus bas à ce niveau (Récepteurs, p. 346 E). Des PPSE du même type se rencontrent dans d'autres neurones du SNC.

Synapses centrales inhibitrices. Elles participent à la limitation de l'activité des neurones.

– Phases réfractaires (dépression).

– Processus actifs de diminution de l'excitation (frein ou inhibition) qui sont de même nature que les processus excitateurs (leur suppression par la strychnine conduit à des crampes mortelles).

1) L'inhibition post-synaptique consiste en l'ouverture de canaux dans la membrane sub-synaptique par le transmetteur, ce qui augmente fortement la conductibilité à K^+ et Cl^- et conduit à une hyperpolarisation (potentiel post-synaptique inhibiteur : PPSI). Cet éloignement du seuil d'excitation transforme l'inhibition en PPSE (E) : plus fortement pendant l'action du transmetteur, plus faiblement pendant la régression du PPSI électrotonique passif.

2) L'inhibition pré-synaptique intervient, pense-t-on, sur la réduction de l'amplitude du potentiel pré-synaptique, la libération moindre du transmetteur. La suppression de cette inhibition pré-synaptique par la bicucculine conduit à des crampes, comme le fait la strychnine pour la post-synaptique.

Les transmetteurs (neuro-transmetteurs)

sont les mêmes dans toutes les terminaisons pré-synaptiques d'un neurone (Principe de DALE) ; la caractéristique de la synapse peut néanmoins être modifiée par la membrane sub-synaptique.

On a montré qu'en plus de l'acétycholine on a des transmetteurs adrénergiques (Adrénaline, Noradrénaline, Dopamine), sans doute aussi de la sérotonine, différents A.A. de l'histamine et des peptides neuroactifs (Vasopressine, Ocytocine, Endorphines). Les prostaglandines ont, à côté d'un effet neuromodulateur (par la voie humorale), vraisemblablement aussi une fonction de transmetteur local.

Les conséquences pharmacologiques sont multiples et permettent des applications chimiques.

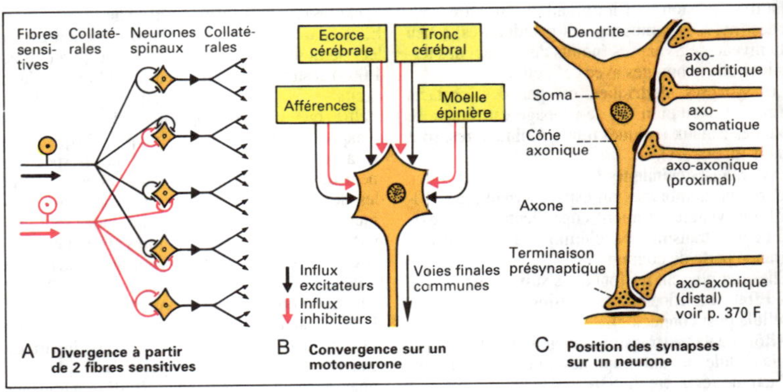

A **Divergence à partir de 2 fibres sensitives**

B **Convergence sur un motoneurone**

C **Position des synapses sur un neurone**

Divergence et convergence

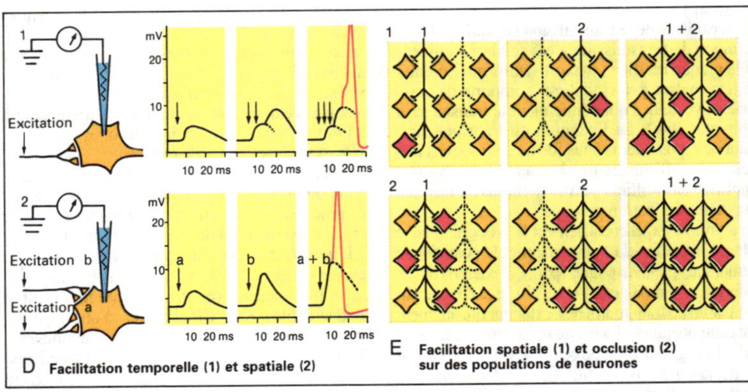

D **Facilitation temporelle (1) et spatiale (2)**

E **Facilitation spatiale (1) et occlusion (2) sur des populations de neurones**

Facilitation et occlusion

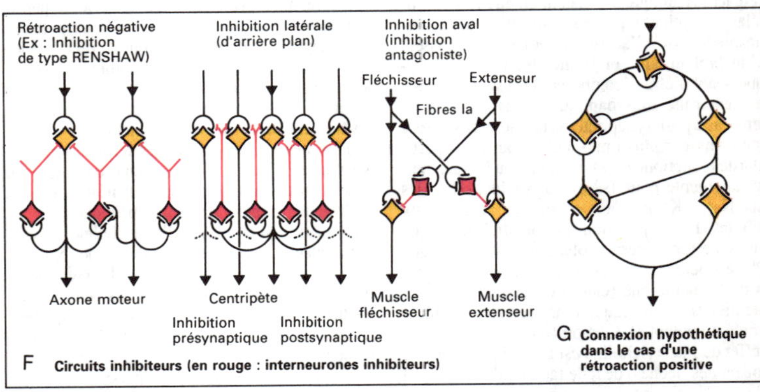

F **Circuits inhibiteurs (en rouge : interneurones inhibiteurs)**

G **Connexion hypothétique dans le cas d'une rétroaction positive**

Circuits de distribution typiques

Les activités d'un meurone isolé étudiées jusqu'ici sont amplifiées (spécialement ds le S.N.C. ; p. 378 sqq.) par l'association avec d'autres neurones permettant localement des fonctions complexes.

Le principe de divergence : c'est le fait qu'un neurone par son mode d'association redistribue les informations à plusieurs cellules nerveuses. L'axone se divise en collatérales qui transmettent, toutes, l'intégrité de l'excitation (A) ; l'information est ainsi multipliée et transmise au même moment en de nombreux points :

Les fibres afférentes, après leur entrée dans la moelle épinière, alimentent de nombreux neurones spinaux qui transmettent l'information aux motoneurones (réflexes ; p. 380 sq.), cervelet (p. 383) et écorce cérébrale (p. 383 sqq.).

La divergence existe dans toutes les parties du S.N.C. ; mais il n'est généralement pas possible ni histologiquement ni physiologiquement de la quantifier. On a réussi à le faire partiellement dans les axones moteurs en comparant le nombre d'axones et le nombre de fibres du muscle innervé. On trouve chez l'*Homme* un rapport allant de 1 à 15 (muscles moteurs externes de l'œil) jusqu'à 1 à 1 900 (muscle des extrémités). On ne connaît pas par contre, le nombre de collatérales d'un axone moteur déjà individualisé dans la moelle.

Le principe de convergence

découle du nombre de collatérales et de neurones (A) : normalement chaque neurone doit recevoir des collatérales de nombreux autres neurones ; dans le S.N.C. on en trouve dans les principaux neurones entre environ 100 et plusieurs milliers. Un motoneurone p. ex. : reçoit environ 6 000 collatérales (excitatrices et inhibitrices) de la périphérie et de parties du S.N.C. (B).

De tels neurones font la somme de toutes les impulsions excitatrices et inhibitrices reçues et livrent une information globale, qui, supraliminaire au niveau du cône axonique, détermine l'état d'activité du neurone. C'est pourquoi la position des synapses entre en compte dans le calcul (C).

La facilitation

c'est le fait que l'effet global de nombreuses excitations soit > à la somme des excitations isolées.

1) Facilitation temporelle ou augmentation de l'excitabilité par des PPSE qui se succèdent (D1) : les excitations se suivent si rapidement que les PPSE isolés n'ont pas encore diminué que les dépolarisations de la membrane post-synaptique se renforcent : ce qui provoque un potentiel d'action propagé malgré des excitations isolément infraliminaires.

Cette facilitation temporelle est fréquente, car de nombreux récepteurs excités produisent des impulsions.

2) Facilitation spatiale ou augmentation de l'excitabilité par des PPSE transmis en même temps par 2 ou plusieurs synapses (D2) : des potentiels isolés infraliminaires peuvent ensemble déclencher une excitation qui se propage. Dans des groupements de neurones fonctionnellement liés (population de neurones), l'effet de cette facilitation est tel, qu'en raison de la convergence d'influx synchrones, il y a davantage de voies excitées que ne l'indique la somme des neurones activés, excités isolément (E1).

L'occlusion

a lieu lorsque dans une population neuronique, déjà avec une seule excitation, de nombreux neurones sont excités au dessus du seuil (E2) : lors d'excitations multiples simultanées le nombre des neurones activés est plus faible que la somme de ceux activés par des excitations isolées.

Il est rare que dans le S.N. l'effet d'excitations isolées synchrones ou se suivant très rapidement soit presque aussi important que la somme des effets simples. La notion de sommation (addition), précisément inexacte ici, caractérise dans l'apprentissage des réflexes et l'éthologie, des phénomènes qui dépendent vraisemblablement de la facilitation temporelle ou spatiale : p. ex. le déclenchement de réactions (réflexe de Nies) par des excitations infraliminaires de longue durée (chatouillements dans le nez).

Les boucles d'inhibition

1) Rétroinhibition (*feed-back*). Des circuits de cette nature fonctionnent selon le principe de la rétroaction négative ; plus forte est l'excitation, plus forte est l'inhibition qui s'exerce sur elle en retour et qui en général est réglée par de courts neurones inhibiteurs intercalaires.

L'exemple en est l'inhibition de type Renshaw (F) : Les motoneurones de la moelle épinière émettent des collatérales vers les cellules inhibitrices de Renshaw et pour une valeur du seuil appropriée, les petites excitations sont transmises aux muscles mais les fortes sont amorties pour une inhibition qui suit avec une latence faible. Un cas particulier est **l'inhibition latérale** (d'arrière-plan) où les neurones intercalaires à fonctionnement identique, proches des cellules excitées, inhibent fortement en position pré ou post-synaptique ; une zone d'inhibition se développe alors autour du territoire excité (F). Elle a lieu spécialement dans les systèmes afférents où elle peut renforcer la qualité de la perception.

Dans les champs visuels de la rétine (p. 354 sq.), un « centre-on » correspond au territoire excité, la « périphérie-off » appartenant à la zone d'inhibition.

2) Inhibition aval (antagoniste)

Elle est bien répandue dans le S.N. où se fait sentir le besoin conjoint d'organes performants à coup sûr et d'un système inhibiteur travaillant en antagonisme.

Si les fibres I_a (F) du fuseau neuro-musculaire (p. 394 sq.) d'un muscle fléchisseur sont étirées, les motoneurones de ce fléchisseur sont excités et bloquent le muscle extenseur antagoniste.

Les mécanismes facilitateurs

sont nécessaires pour entretenir une activité, p. ex. une mémorisation de faible durée.

La rétroaction positive (G) « présomptive ».

La potentialisation synaptique (amplification des potentiels synaptiques par une excitation répétitive) peut avoir lieu pendant (phase tétanique) ou après l'excitation (phase post-tétanique). Elle peut durer plusieurs heures, p.ex. dans l'Hippocampe cérébral.

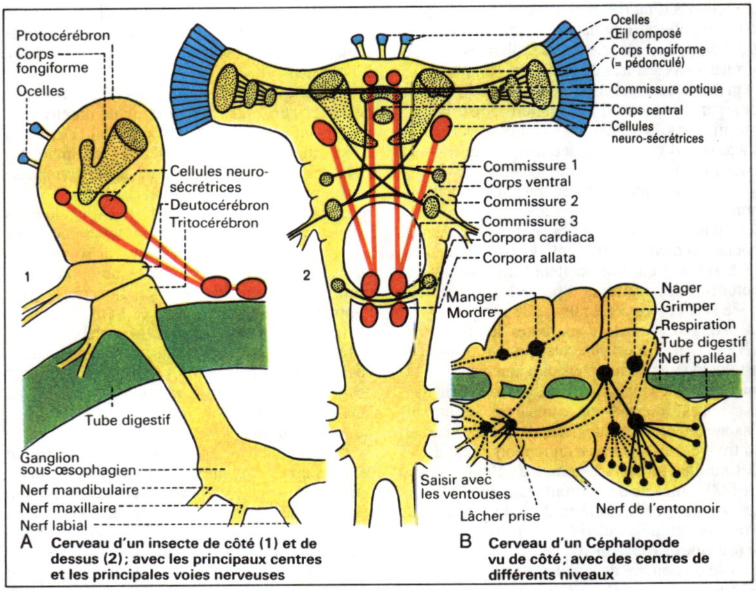

Types de cerveau chez les Invertébrés

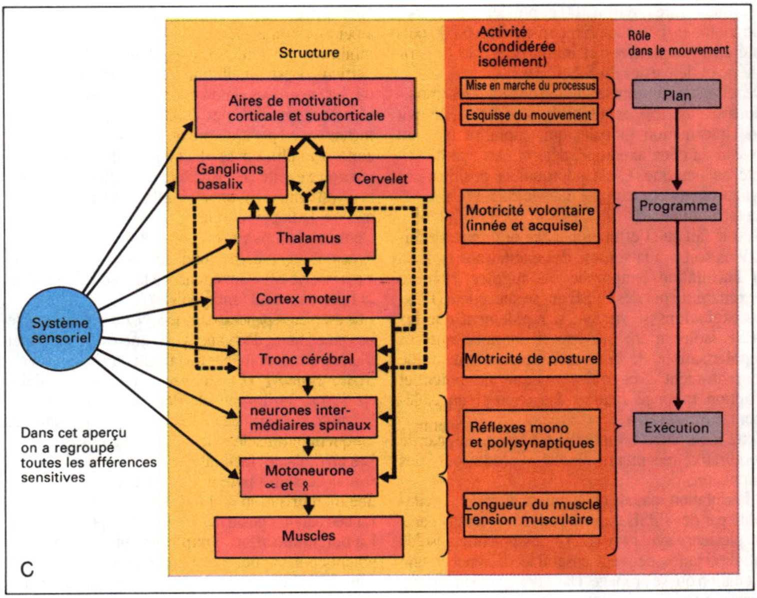

Aperçu sur la hiérarchisation des centres moteurs et leurs fonctions

Les cellules nerveuses sont toujours associées en systèmes nerveux, qui coordonnent le fonctionnement des organes (p. 376 sq.) conjointement avec les Hormones (p. 326 sqq.) et relient les cellules sensorielles (p. 346 sqq.) aux organes effecteurs (principalement les muscles ; p. 388 sqq.), ce qui permet à l'organisme de réagir en fonction de la situation (p. 402 sqq.). On peut distinguer différents types de S.N.

Les réseaux nerveux

sont constitués chez les organismes inférieurs (*Cœlentérés, polypes* d'*Hydraires*) de cellules nerveuses multi- ou bipolaires réparties uniformément (p. 124, B). L'excitation se propage dans toutes les directions (les synapses fonctionnent en partie dans les deux sens ; voir p. 371), et s'affaiblit au fur et à mesure qu'elle se propage (décrément). Comme certaines parties isolées du corps (p. ex. les tentacules) se comportent comme si elles étaient dans l'association corporelle, on en conclut qu'il manque un centre différencié.

Chez les plus grands *Cœlentérés (Anémones de mer, Méduses)* la différenciation est plus poussée :
- des voies de conduction rapides grâce à des axones plus longs et disposés en parallèle, augmentation localisée des neurones (pourtour de l'orifice digestif chez les *Anémones de mer*, bord de l'ombrelle chez les *Méduses*) ;
- concentration locale de cellules nerveuses (ganglions) au voisinage des organes des sens.

Déjà des réseaux nerveux inférieurs montrent une propriété fondamentale de tous les S.N. : le fonctionnement est rythmique, les impulsions ont lieu sans excitation extérieure (activité spontanée) ;
- mouvements de nage des *Méduses* ;
- chez les *Metridium*, ou œillet de mer (*Actinie*), on a un exemple d'activité périodique plurihoraire : allongement du corps, déploiement du disque buccal, activité des tentacules, raccourcissement du corps, ouverture de la bouche, évacuation du contenu gastrique, relâchement.

La fonction stimulatrice de Ganglions, p. ex. pour la nage des *Méduses*, a été prouvée.

Chez les *Animaux supérieurs*, les réseaux nerveux ne servent encore qu'au fonctionnement d'organes isolés (p. ex : S.N. intramuraux ; p. 111).

Les systèmes nerveux centraux

sont caractérisés par une centralisation très poussée des cellules nerveuses. Souvent on trouve des cordons différenciés, qui dans les formes primitives intéressent toute la longueur des corps cellulaires (cordons médullaires, p.126, A). Chez les formes supérieures la distinction est claire entre :
- les ganglions qui renferment les corps cellulaires et
- les nerfs, dans lesquels se développent les axones.

Avec une forte concentration de cellules nerveuses dans la région céphalique (formation d'un cerveau ; en rapport avec une concentration d'organes des sens à l'extrémité antérieure), de tels **S.N. ganglionnaires** ont atteint une grande complexité selon trois séries évolutives.

Chez les Mollusques *Céphalopodes* (B), le S.N. permet de grandes possibilités d'apprentissage et de mémorisation (voir p. 386 sq.).

Les Arthropodes au S.N. typiquement segmenté (p. 128 D, sqq.) avec un développement maximum chez les *Insectes* (A), disposent de nombreux programmes de comportement, notamment chez les insectes sociaux, et de mécanismes compliqués de compensation (p. 432 sq.). Dans la régulation physiologique des fonctions on note comme chez les *Vertébrés* l'action conjointe des hormones (p. 336 sq.).

Les Vertébrés, chez lesquels la segmentation du S.N. est encore reconnaissable (p. 110 A), ont une tendance très marquée à l'encéphalisation qui atteint son point d'orgue chez l'*Homme* (p. 378 sqq.).

Tous les S.N. ont des caractéristiques communes :

des bases anatomo-morphologiques
- Réunion des cellules nerveuses en masses ganglionnaires centrales ;
- Groupement de ces ganglions en complexes séparés (centre) ;
- Formation de longues voies conductrices ;
- Séparation des nerfs afférents et efférents par la conduction polarisée de l'excitation dans un seul sens.

des bases fonctionnelles
- Création dans les centres d'influx spécifiques (d'origine endogène ou provenant de la transformation d'influx sensitifs) ;
- Hiérarchisation des segments isolés sous l'influence réciproque de l'activation ou de l'inhibition (capacité d'autorégulation ; p. 376 sq.) ;
- des circuits complexes qui font que les mêmes excitations agissent de façon différente dans le S.N.C. sous l'influence de facteurs internes ;
- la formation d'impressions persistantes, origine de transformations durables dans les cellules nerveuses, la propagation de l'excitation engendrant elle-même une excitation nouvelle ;
- des processus psychiques : sentiments et connaissance de soi que l'on peut prouver chez l'*Homme* et supposer chez les *Animaux* sous la forme de quelques stades de pré-différenciation (p. 385). Ils ne sont pas accessibles par des recherches de causalité (p. 401).

L'architecture du S.N.C. des Vertébrés.

Le S.N.C. anatomiquement et morphologiquement hyperstructuré (p. 110 B, 378 sqq.) est, conformément à sa fonction de réponse aux excitations, séparé pour l'essentiel en deux systèmes.

Le système moteur regroupe les cellules et groupes de cellules (centres : souvent distinguables seulement par la fonction) qui dans la M. E. et différentes parties du cerveau sont disposés (C) avec leurs voies. On distingue :
- **La motricité de posture** (maintien par rapport à la pesanteur, position du corps dans l'espace), contrôlée par la M. E. et le tronc cérébral (p. 381) ;
- **La motricité volontaire** (concernant tous les mouvements à finalité précise), qui implique la participation des centres supérieurs (p. 383).

Le système sensoriel (p. 378 sq.) montre une hiérarchisation comparable avec des « centres ». Il est lié au système moteur à tous les niveaux.

Les systèmes d'intégration du S.N.C. s'analysent indépendamment des systèmes moteur et sensoriel (p. 384 sqq.)

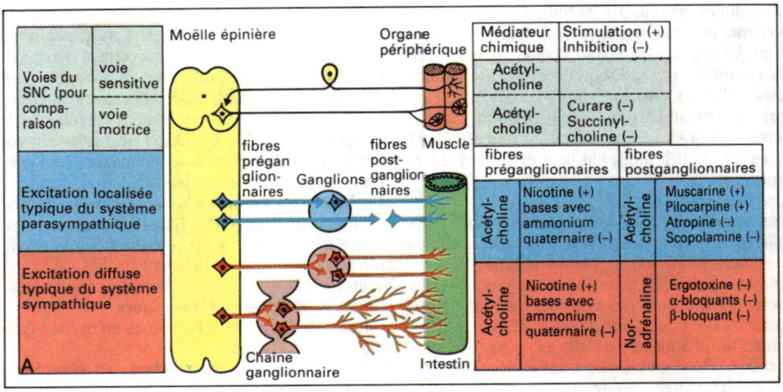

Les voies et les médiateurs chimiques dans le système nerveux végétatif

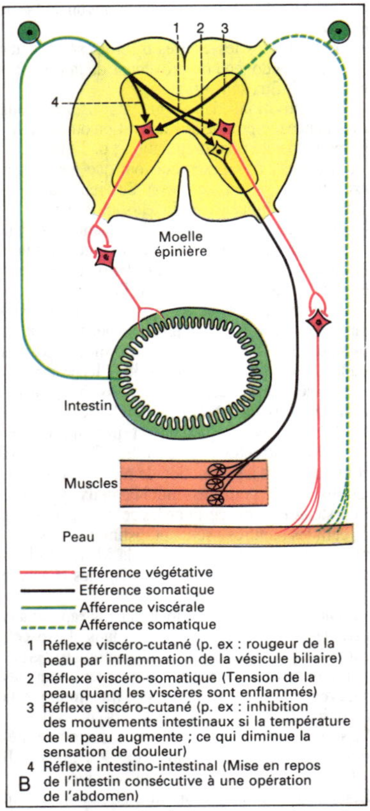

Arcs réflexes végétatifs (les neurones intermédiaires dans la moelle ne sont pas représentés)

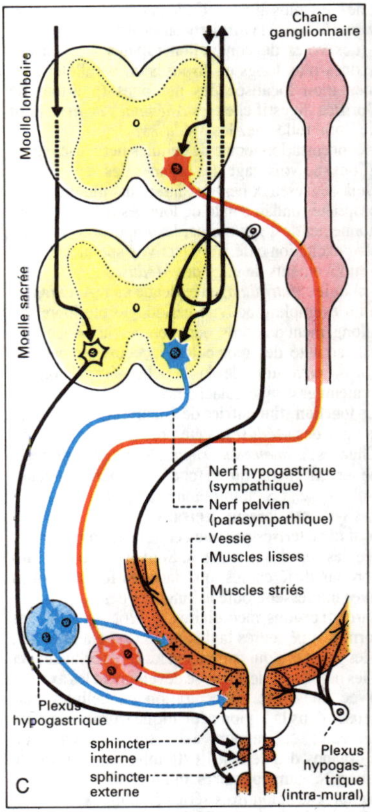

Innervation antagoniste de la vessie (+ = contraction, – = relâchement)

Le S.N. végétatif (dit involontaire) assure chez les *Vertébrés* (p. 110 sq.) la coordination des organes internes. On l'oppose au S.N. somatique ; les 2 systèmes s'intègrent pourtant au niveau central et ne sont pas faciles à séparer :
- L'*Homme* peut avoir une influence volontaire sur la fréquence cardiaque.
- La motricité squeletto-musculaire, bien qu'engendrée par le système cérébro-spinal, se produit le plus souvent involontairement.

Le S.N. végétatif périphérique
comprend 2 systèmes souvent antagonistes. Contrairement au trajet des fibres ds les voies motrices et sensitives, les voies efférentes entre le S.N.C. et les organes effecteurs sont interrompues par des ganglions végétatifs (A). On distingue :
- les neurones préganglionnaires (généralement myélinisés ds le système sympathique ; amyéliniques ds le système parasympathique) ;
- les neurones postganglionnaires (amyéliniques, minces, vitesse de conduction 1 m/s).

1. Le système périphérique sympathique
commence dans les cel. nerv. de la ME qui sont échelonnées de chaque côté le long de la corne latérale de la substance grise. Comme, lors de la connexion avec les fibres postganglionnaires, le plus souvent dès la chaîne ganglionnaire, les fibres ramifiées préganglionnaires activent de nombreuses cel., cet étalement diffus est de plus favorisé par la ramification des fibres postganglionn. et par la liaison de nombr. segments de la corne latérale par des collatérales réflexes. Il existe néanmoins une coordination de fibres isolées, notamment au niveau du tractus digestif.

2. Le système parasympathique est composé de fibres antagonistes aux voies sympathiques. Son origine se trouve dans le mésencéphale et dans la portion sacrée de la moelle (p. 110, E). La connexion avec les fibres postganglionnaires a lieu plus tard, souvent dans la région d'innervation elle-même. Le système parasympathique agit donc par l'excitation spécifique d'organes isolés.

Les afférences viscérales en provenance des organes digestifs appartiennent aussi au S.N. végétatif. Elles ne sont pas faciles à distinguer morphologiquement des afférences somatiques.

La conduction de l'excitation dans le S.N. végétatif
joue sur l'antagonisme de ses éléments (A). Tandis que les fibres préganglionnaires sont toujours cholinergiques, les fibres postganglionnaires sont :
- cholinergiques pour le parasympathique,
- adrénergiques pour l'orthosympath. (libération libre de noradrénaline et d'adrénaline) ; les corps qui élèvent la formation de noradrénaline excitent donc l'activité sympath.

Il y a des exceptions à cette règle dans le syst. sympathique (p. ex. l'innervation cholinergique de l'utérus et des glandes sudorales) et dans le parasympathique (p. ex. le nerf vague).

L'antagonisme dans le S.N. végétatif
s'exprime par l'innervation double de nombreux organes (C, voir p. 110 E). Il ne se réalise cependant pas toujours : un élément peut manquer totalement (p. ex. dans les ventricules du cœur innervés uniquement par le sympath.), à l'int. d'un syst. également une innervation antagoniste peut se produire, p. ex. dans la sécrétion sudorale (influence sympathique accrue) avec vasoconstriction cutanée (influence sympath. diminuée).

Fonctions végétatives de la moelle épinière
Comme les fibres préganglionnaires végétatives sont impliquées à la place des motoneurones somatiques ds les arcs réflexes (p. 380 sq.), on peut parler de **réflexes végétatifs**. Un arc réflexe végétatif a au moins 2 synapses ds la moelle et une ds un ganglion végétatif. Les réflexes végétatifs sont organisés de façon segmentaire : les influx afférents parviennent par les fibres issues du même segment médullaire ; l'excitation transmise par un segment voisin provoque une réaction nettement plus faible. On distingue différents types de réflexes (B) selon la connexion avec des afférences somatiques ou viscérales (provenant des organes) :
- réflexe viscéro-cutané,
- réflexe viscéro-somatique (vers les muscles),
- réflexe cuti-viscéral,
- réflexe intestino-intestinal.

On ne sait toujours pas si le réflexe d'axone (mise en jeu des collatérales afférentes et efférentes d'un même neurone) intervient ds le déclenchement de la rougeur cutanée après une excitation qui endommage les tissus.

Centres supérieurs du S.N. végétatif
Ils se trouvent à plusieurs niveaux : ds le bulbe, le pont, le mésencéphale et l'hypothalamus (qui intègre les activités végétative, somatique et hormonale : p. 380 sq.) et dans le système limbique ; on signale aussi l'influence de champs cérébraux. De ces régions naissent soit des actions isolées (réflexe de miction à commande volontaire ; C), soit des actions plus générales dont la finalité est de maintenir des conditions constantes dans le milieu intérieur (**homéostasie**), même lors d'une atteinte de l'organisme. La division du travail entre les 2 systèmes est nette :
1. **la réaction ergotrope**, lors de l'accroissement de la sympathicotonie, élève les facultés de travail, d'attaque ou de fuite : accélération cardiaque et circulatoire, mobilisation de glycogène, blocage de l'activité du système digestif ;
2. **la réaction trophotrope**, lors de la prépondérance de la vagotonie, entraîne des phénomènes de détente (restitution) : affaiblissement de la circulation, baisse de la fréquence cardiaque (« rythme de repos »), hausse de l'activité des glandes digestives et de la musculature intestinale. L'activation des deux systèmes se produit simultanément lors de décharges émotionnelles (peur, colère), l'influence du sympathique l'emporte cependant en raison de la diffusion de ses excitations.

Des troubles émotionnels (voir système limbique, p. 387), peuvent s'accompagner de troubles végétatifs, et à plus long terme de **dystonies végétatives** (absence de contrôle du fonctionnement des organes).

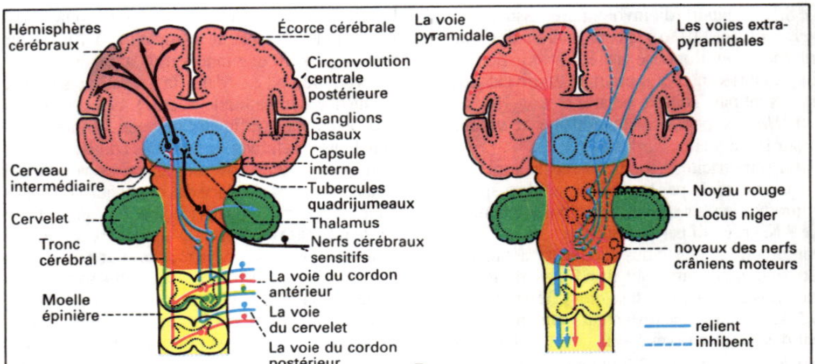

A **Les voies sensorielles**

B **Les voies motrices**

Les voies dans le système nerveux central

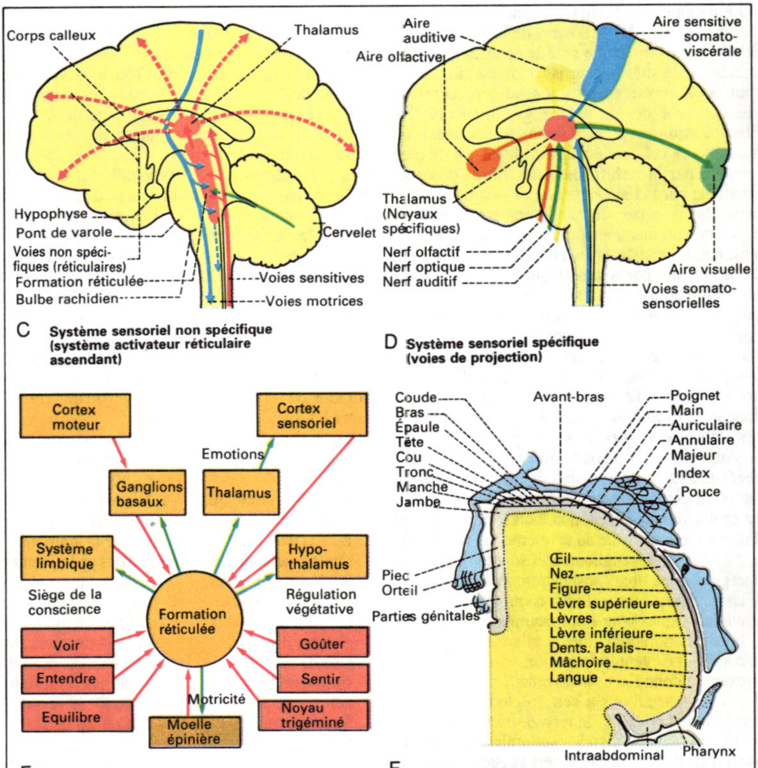

C **Système sensoriel non spécifique (système activateur réticulaire ascendant)**

D **Système sensoriel spécifique (voies de projection)**

E **Voies afférentes et efférentes de la formation réticulée**

F **Distribution somatotopique du cortex somato-sensoriel**

Chaque structure étudiée interagit avec d'autres :
– les sens. avec les motrices → réponse adaptée ;
– des niveaux hiérarchiques différents coopèrent.
Cela implique des liaisons entre les différents systèmes et l'existence de voies de conduction.

Les voies conductrices du S.N.C.

1) Les voies sensorielles (A)

Les informations provenant de la peau (sensibilité superficielle) ou du système locomoteur (sensibilité profonde) gagnent la Moelle Epinière par les racines postérieures (premier neurone) et empruntent les voies ascendantes suivantes :

La voie du cordon antérieur. Les deuxièmes neurones passent de l'autre côté du corps et gagnent le tronc cérébral dans une aire très vaste (du milieu du cordon latéral jusque dans toute l'étendue du cordon antérieur). Une partie rejoint les tubercules quadrijumeaux, la plus importante va au thalamus. De là, les troisièmes neurones atteignent les différents territoires du cortex.

La voie du cordon postérieur (la plus jeune phylogénétiquement), elle manque chez les *Vertébrés inférieurs*. Les premiers neurones restent du même côté jusqu'au bulbe rachidien. Les seconds neurones gagnent en partie le cervelet (p. 383), la majorité rejoint le thalamus de l'autre côté au niveau du chiasma. D'ici également, les troisièmes neurones vont au cortex (circonvolution centrale postérieure).

Les nerfs crâniens reliés au tronc cérébral, totalement sensitifs ou partiellement, gagnent le cortex par le thalamus : p. ex. le nerf de l'équilibre et de l'audition (nerf VIII ; stato-acoustique) et le nerf gustatif (nerf IX ; glasso-pharyngien) ; il en est de même du nerf de la vision (nerf II ; optique) relié au cerveau antérieur.

2) Les voies motrices (B)

La voie pyramidale

Elle est formée de longues fibres ininterrompues, en majorité croisées dans le cordon latéral ; partiellement directes dans le cordon antérieur ; elles vont vers les cellules motrices des différents étages de la M E (souvent par l'intermédiaire de neurones intercalaires provenant de la corne postérieure). Elle peut ainsi bloquer le système sensoriel (on ne peut donc considérer isolément les voies sensorielles et motrices). Une partie de ses fibres provient des cellules géantes du cortex moteur primaire ; elles aboutissent en partie aux noyaux du Pont de Varole qui relient le cervelet aux fibres de la motricité volontaire.

Les noyaux moteurs des nerfs crâniens situés au niveau de la calotte mésencéphalique et du rhombe sont reliés à des voies qui sont issues de la voie pyramidale.

Les voies extrapyramidales

elles ne forment pas de système homogène, elles sont toutes interrompues au moins une fois entre leur région d'origine et la M E. Leurs fonctions sont : activation, facilitation ou inhibition des mouvements volontaires, régulation du tonus, déclenchement des mouvements involontaires.

Les systèmes sensoriels

Dans la Moelle Epinière, les fibres sensitives représentent les voies afférentes des arcs réflexes végétatifs (p. 377) et moteurs (p. 381). A côté de la Moelle Epinière, on distingue deux systèmes sensoriels :

Le système sensoriel non spécifique (C)

Les voies sensorielles montantes et les nerfs crâniens afférents conduisent les influx, par des collatérales, à la Formation réticulée (F-r). La F-r traverse le tronc cérébral sous forme d'un réseau de neurones avec des noyaux enchevêtrés (p. 380 C). A côté de ses fonctions sensorielles, elle en a aussi de végétatives et motrices : nombreuses entrées et sorties (E). De nombreuses afférences différentes convergent ici sur un neurone (convergence polysensorielle). La caractéristique, c'est l'imprécision de la réponse à des excitations qui parviennent après une longue latence. Les excitations sensorielles intégrées parviennent aux noyaux médians du thalamus et de là, à l'ensemble du cortex, spécialement au lobe frontal (voies réticulaires non spécifiques). Par l'activation des neurones corticaux, elles maintiennent l'état de veille ou encore accentuent le fonctionnement conscient ; elles influencent également le rythme du sommeil.

Le système sensoriel spécifique (D)

Le dernier aiguillage des voies somato-sensorielles qui montent de la M E se trouve pour ce système dans les noyaux spécifiques du thalamus (p. 381). On y trouve une répartition spatiale de neurones et de zones réceptrices différentes telle que les influx qui arrivent sont projetés en une constellation d'excitations (noyaux de projection). Pour cela chaque neurone n'est excité que par un seul type de récepteur, l'intensité de l'excitation étant codée en fréquence de dépolarisation neuronique. Il se produit une rétroaction des impulsions, par une projection à peu près exacte, sur deux régions corticales :

– Le « gyrus postcentralis » de chaque hémisphère transmet une image de la moitié opposée du corps, dont la déformation dépend de l'épaisseur et de la taille des champs récepteurs périphériques (F). Il permet spécialement des performances somato-sensorielles qui réclament un grand pouvoir de discrimination spatiale.

– Dans une seconde zone du cortex, les deux moitiés du corps sont représentées dans chaque hémisphère (projection bilatérale).

Les champs de projection sensoriels (« champs de perception » ; p. 382 A) avec une projection semblable : point à point, existent aussi pour les voies visuelles et auditives ; de même que pour les nerfs gustatifs et olfactifs avec une plus forte convergence des excitations.

– Des désordres ds le champ de projection sensoriel gênent la perception qui est toujours ordonnée (p. ex. « cécité cérébrale » dans le champ de projection visuelle) ; les défauts résultant de parties déficientes sont en partie réversibles (compensation par d'autres zones).

Les champs sensoriels secondaires (d'association et de « mémoire » ; p. 382 A) sont liés avec les champs sensoriels primaires ordonnés et les noyaux thalamiques. Ils aident au traitement de l'information (essentiel pour la perception consciente des impressions sensorielles). Leur perte entraîne une **agnosie** (p. ex. « cécité psychique ») alors que la perception subsiste.

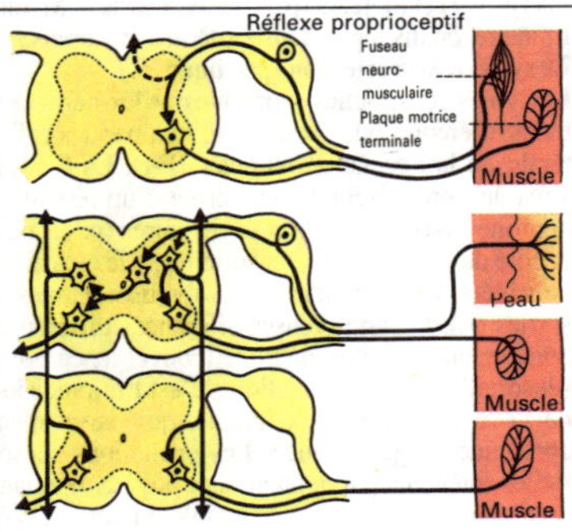

A **Réflexe monosynaptique**

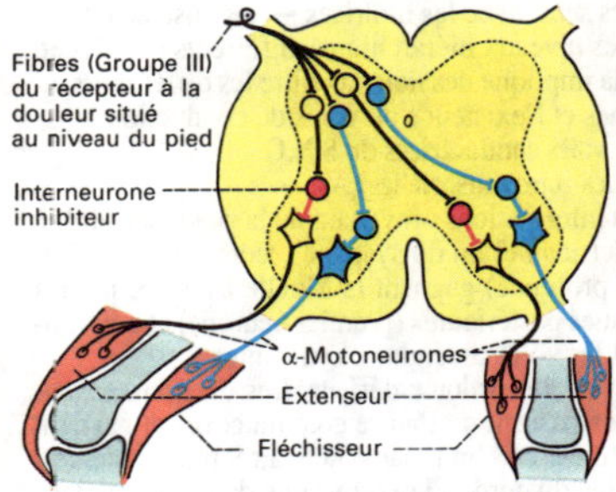

B **Réflexe d'extension croisée : les voies du réflexe de flexion (ipsilatéral et du réflexe d'extension (contralatéral) sont dessinées en bleu**

Motricité médullaire

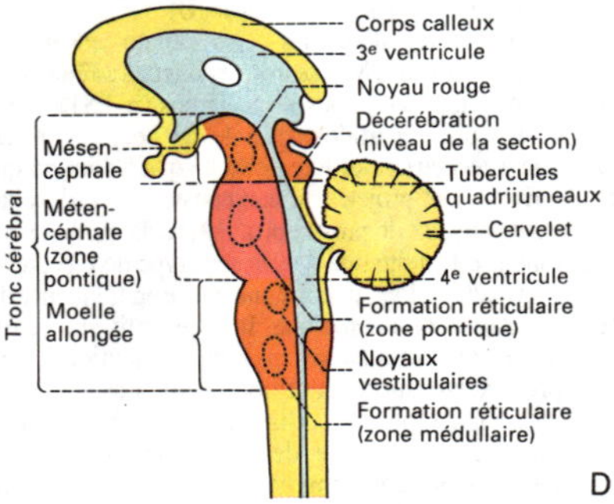

C **Tronc cérébral (avec centres moteurs)**

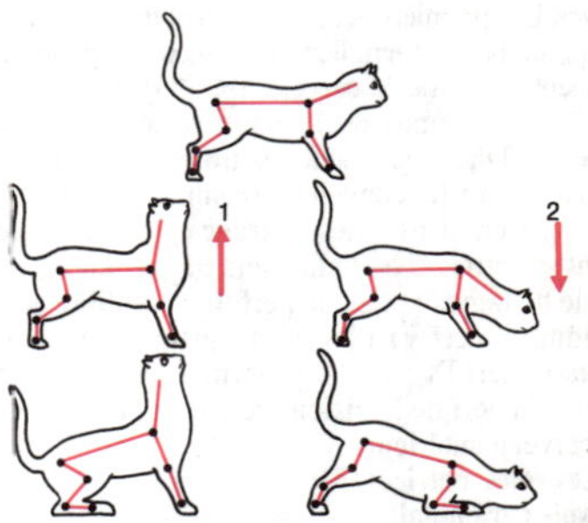

D **Déclenchement du réflexe de maintien, (posture) chez l'animal décérébré par des mouvements passifs de la tête vers le haut (1) et vers le bas (2)**

Activités motrices du tronc cérébral

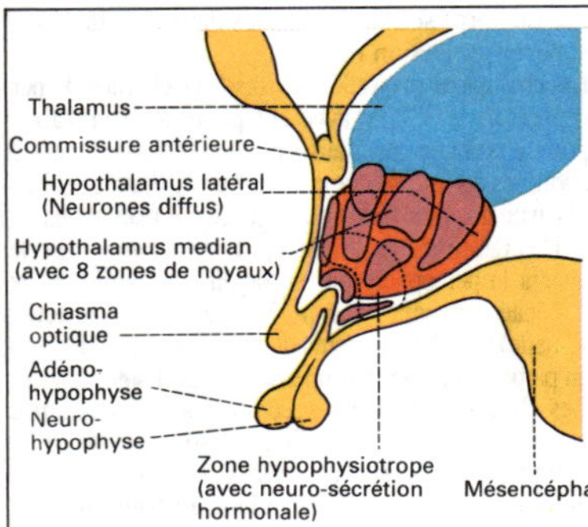

E **Situation et subdivisions de l'hypothalamus**

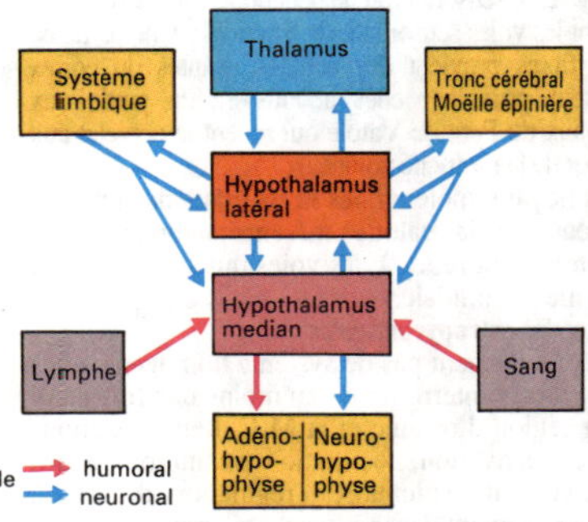

F **Schéma des relations de l'hypothalamus**

Hypothalamus

Les fonctions motrices de la Moelle Epinière

La Moelle Epinière a en plus de sa fonction conductrice un rôle de coordination des activités musculaires. C'est le cas des **réflexes** (réactions stéréotypées à des dépolarisations extérieures) réalisables par des liaisons synaptiques entre neurones afférents et efférents. De nombreux neurones médullaires, n'assurant la liaison que sur de courtes distances, sont impliqués dans ces arcs réflexes. Ils parcourent pour la plupart le faisceau fondamental descendant dans le cordon postérieur.

Le réflexe monosynaptique (A)

avec un temps de latence très court (environ 20 ms), a lieu p. ex. quand les contractions musculaires sont déclenchées par des influx venant de leurs fuseaux musculaires propres. Ce réflexe d'étirement (p. 394 D) a l'avantage par rétroaction négative de maintenir le muscle sous une longueur constante.

Le réflexe polysynaptique

avec neurones intermédiaires et collatérales très ramifiées permet des réponses complexes adaptées à la situation. Généralement, on trouve une connexion intersegmentaire (A : voir plus bas), par l'intermédiaire de collatérales montantes et (ou) descendantes. Si chez un animal spinal (au cerveau déconnecté), une sensation douloureuse naît à une extrémité postérieure (récepteurs au niveau de la peau), on observe une contraction au niveau des muscles du talon, du genou et de la hanche entraînant la rétraction de l'extrémité excitée (**réflexe de flexion ; B**). Les muscles extenseurs étant relâchés pendant le mouvement, cela correspond à une inhibition des motoneurones correspondants. Une excitation identique mais forte et durable entraîne un mouvement coordonné de l'autre extrémité (**réflexe d'extension ; B**) et même des deux membres antérieurs.

Ces réflexes interviennent dans la locomotion, la nutrition (p. ex. : déglutition) et la défense.

L'influence des centres supérieurs sur les réflexes spinaux se voit dans les paralysies transmédullaires ; au début on a une absence complète de tout réflexe (choc spinal ; 4 à 6 semaines) ; ensuite les réflexes moteurs et végétatifs reprennent progressivement. Chez le nouveau-né humain le réflexe de l'alpiniste provient apparemment d'une maturation du S.N. sous un contrôle supraspinal si fort que l'activité médullaire propre n'est plus possible (il n'y a pas de locomotion en cas de paralysie due à une atteinte d'un segment transverse de la Moelle Epinière).

Les fonctions motrices du tronc cérébral

On trouve des centres moteurs à différents endroits du tronc cérébral (C). Ils reçoivent des influx des centres moteurs situés au dessus (p. 378 B) et ont fondamentalement deux actions antagonistes par l'intermédiaire de nombreuses voies efférentes : arcs réflexes moteurs de la Moelle Epinière et nerfs crâniens moteurs. Chacun de ces groupes provoque :

- la stimulation des motoneurones des fléchisseurs et l'inhibition des extenseurs ;
- la stimulation des motoneurones des extenseurs et l'inhibition des fléchisseurs.

Les centres moteurs du tronc cérébral contrôlent la **motricité de posture**. Des expériences de déconnexion réalisées chez des animaux (décérébration ; C) montrent que les centres du bulbe et du pont coordonnent les **réflexes du maintien**, qui donnent sa posture à l'*Animal* au repos : des mouvements passifs de la tête vers le haut (D ; par déconnexion des labyrinthes) provoquent par un tonus d'étirement une extension des extrémités antérieures et un fléchissement des postérieures (semiflexion). Les centres moteurs du mésencéphale gouvernent en plus les **réflexes de position**, qui permettent de prendre une position adaptée à toutes les situations par un mécanisme actif.

En outre, dans le tronc cérébral les centres de la motricité de posture et ceux de la motricité volontaire sont si étroitement liés qu'il est fonctionnellement difficile de les séparer clairement.

Les fonctions de l'hypothalamus

L'hypothalamus, une partie phylogénétiquement ancienne du cerveau et d'organisation comparable chez tous les *Vertébrés*, se trouve dans le diencéphale (E) à la partie ventrale du thalamus (p. 378) et au dessus de l'hypophyse. Il n'est pas fonctionnellement facile à distinguer du mésencéphale et du télencéphale primitif (cerveau olfactif) et a en plus de nombreuses liaisons afférentes et efférentes avec les autres parties du cerveau (F), ce qui par différenciation interne très poussée indique une multiplicité de fonctions communes.

Les fonctions végétatives de l'hypothalamus

sont de nature intégrative ; elles participent au maintien de la constance du milieu intérieur en régulant de nombreux mécanismes de la vie végétative (p. 377). Les régulations peuvent déjà être amorcées, dès le début d'un fonctionnement nerveux central approprié, peut-être par des contrôles corticaux.

Les fonctions hormonales de l'hypothalamus

Les axones de l'hypothalamus médian libèrent des facteurs de relachement (*Releasing Hormone*) stimulateurs et inhibiteurs, qui agissent par voie humorale sur l'adénohypophyse (L A H ; p. 329). Cette libération appropriée en fonction de conditions internes et externes règle le S.N.C. (p. ex. : élévation de la libération du cortisol en cas de stress). Avec la neurohypophyse (LPH), les relations sont purement nerveuses.

Les fonctions somatiques de l'hypothalamus

consistent principalement à contrôler les activités comportementales. Par des stimulations cérébrales localisées (p. 412 sqq.) et des lésions provoquées par des expériences réalisées chez les animaux, on a montré qu'il existait des systèmes de neurones qui règlent le comportement spécifique. Si, après l'avoir déconnecté, on inhibe électriquement le territoire de l'hypothalamus médian qui règle le comportement alimentaire, on provoque une prise de nourriture exagérée.

Il y a de nombreux programmes qui peuvent être activés soit par des signaux émis par les organes des sens, soit par des récepteurs proprioceptifs et/ou des structures cérébrales situées plus haut (système limbique, p. 385). Les localisations anatomiques assez imprécises ne concordent pas, ou peu, avec la zone des noyaux de l'hypothalamus. Leur organisation n'est pas encore élucidée.

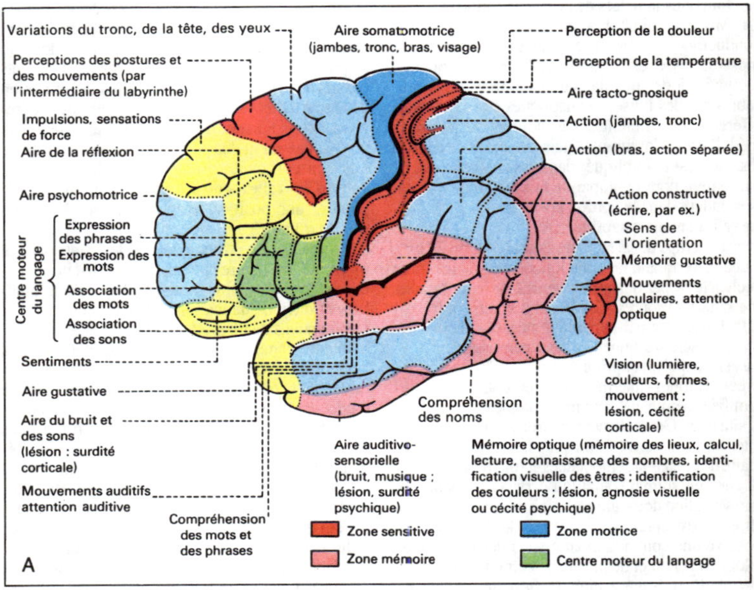

Subdivisions fonctionnelles de l'écorce cérébrale (basées sur des subdivisions anatomiques)

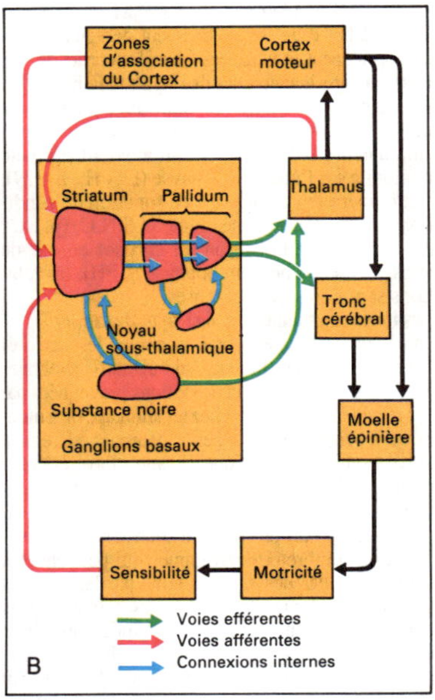

Ganglions basaux

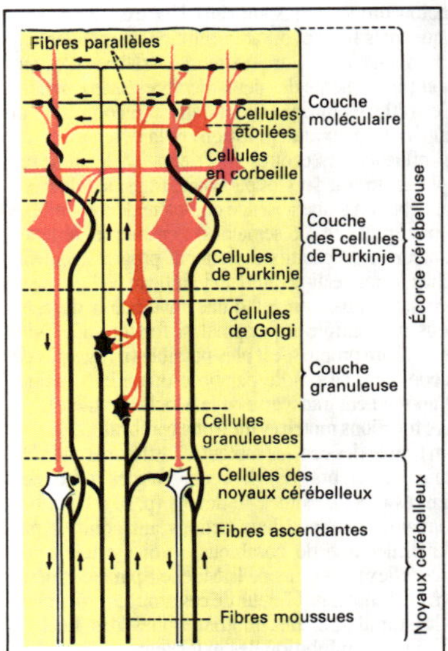

Circuits d'excitation typiques du cervelet (neurones inhibiteurs en rouge)

Cervelet

La motricité volontaire (exécution de mouvements orientés) suppose la participation de structures cérébrales supérieures ; elle est d'ailleurs, particulièrement au niveau du tronc cérébral (p. 381), étroitement liée avec la motricité de posture.

Le cortex moteur

On peut créer par des excitations électriques locales du cortex moteur d'un hémisphère des réactions de l'autre moitié du corps :

– **L'organisation somatotopique** correspond aux champs de projection sensoriels (les parties du corps sont bien représentées avec leur motricité fine).

– **La représentation multiple :** faisant suite au cortex primaire moteur (*Gyrus praecentralis*), on trouve le cortex secondaire moteur avec la même organisation somatotopique.

L'architecture cellulaire du cortex moteur est caractérisée par ses cellules pyramidales géantes (V : stratification corticale) et ses cellules pyramidales (III : différentes couches,voir p. 384 B, C), les dendrites sont localisés à l'avant vers la surface, alors que les axones plongent vers l'intérieur. La distribution des cellules pyramidales et des neurones intercalaires donne des colonnes histologiques perpendiculaires à la surface, dont plusieurs fonctionnent ensemble (diamètre environ : 1mm), qui sont à la base de l'organisation somatotopique ; une colonne active ou inhibe, selon les cas, un groupe homogène de motoneurones. Les cellules pyramidales d'une colonne montrent des dépolarisations complexes (synchrones, opposées ou sans relation) selon le mouvement de l'articulation concernée. Une colonne représente donc l'ensemble des muscles d'une articulation.

Les efférences motrices corticales interviennent :

– directement sur les motoneurones (environ 10^6 fibres ; voie cortico-spinale ou pyramidale ; généralement excitatrices des fléchisseurs, inhibitrices des extenseurs) ;

– indirectement par d'autres centres moteurs (p. ex. *pars intermedia* du cervelet) ;

– en agissant sur les informations dans les voies de projection sensorielles (p. ex. Thalamus, p. 379).

Les voies extrapyramidales issues d'à peu près les mêmes régions corticales servent au déclenchement des processus moteurs de régulation.

Les ganglions basaux (B) :

Noyaux bien délimités à la base des hémisphères, délimités, composés du Striatum et du Pallidum. Leurs principales voies sont (B) :

– des afférences du cortex au striatum ;

– les voies qui mènent du Striatum au Pallidum ;

– les efférences vers le Thalamus.

De là les voies remontent au Cortex, et les ganglions basaux représentent la liaison essentielle entre le cortex moteur et les champs d'association corticaux.

La fonction des ganglions basaux

La création et le maintien de mouvements lents et réguliers (« sous une forme roulante ») est obtenue expérimentalement chez l'animal par l'activité dépolarisante d'un seul neurone du Pallidum). A partir du Thalamus, l'information peut être intégrée pour la préparation du mouvement.

Les fonctions motrices sont bien définies chez l'*Homme* lors de la perte d'éléments isolés : alors qu'un déficit de motoneurones (p. ex. dans la **poliomyélite**) conduit à une « paralysie atone » (tonus diminué, atrophie musculaire , diminution ou perte de la force ou finesse musculaire), des pertes de neurones dans les ganglions basaux provoquent différents désordres dans les mouvements. Dans le **syndrome de Parkinson,** ils s'expriment sous des modalités diverses :

– Akinésie (mouvements lents et difficiles) ; altérations de la voie allant du Nucleus niger au Striatum (transmetteur : la dopamine ; d'où l'emploi thérapeutique de son précurseur : la L. Dopa qui peut passer la barrière sang, cerveau).

– Rigidité (augmentation du tonus musculaire).

– Agitation au repos (tremblement aux extrémités, qui disparaît temporairement en mouvement).

Le cervelet

a une écorce très plissée, mais organisée d'une façon homogène (C). Les fibres grimpantes afférentes forment des synapses excitatrices avec l'arbre dendritique des cellules de Purkinje qui répondent par plusieurs décharges à une seule excitation. Les fibres moussues afférentes excitent les cellules granuleuses et celles-ci se rendent ensuite par des fibres parallèles aux autres types cellulaires (tous inhibiteurs) :

– cellules de Golgi (Rétroinhibition sur les cellules granuleuses) ;

– cellules étoilées et cellules en corbeille (inhibition aval sur les cellules de Purkinje).

Les cellules de Purkinje, seule voie efférente de l'écorce cérébelleuse exercent, avec des décharges au repos, une inhibition tonique des cellules des noyaux cérébelleux. Leur excitation produit une inhibition plus forte ; leur inhibition directe ou indirecte diminuant l'inhibition qu'elles exercent sur les cellules des noyaux.

Chaque influx excitateur disparaît au bout de 100 ms à cause des différentes inhibitions, et le système est apte à traiter les nouvelles informations (important pour permettre des **mouvements rapides**). Les voies afférentes du cervelet montent de la Moelle Epinière et du bulbe et descendent du cortex.

Les voies efférentes, vers le tronc cérébral et le cerveau, forment trois zones allongées auxquelles correspondent fondamentalement trois zones d'activité :

– Mise en œuvre de la motricité de posture ;

– Changement du sens des mouvements volontaires lents et leur coordination avec la motricité de posture ;

– Réalisation des mouvements volontaires rapides (conçus par le cerveau).

Déclenchement de l'activité et conception du mouvement ne peuvent être appréhendés que sous la forme de potentiel d'action. Des relations entre le « désir d'agir » et les types d'influx corticaux découle encore la compréhension de ces phénomènes. 800 ms avant le déclenchement d'une activité programmée on peut recueillir, par des dérivations sur toute la calotte crânienne, un **potentiel d'alerte** négatif qui croît lentement et des potentiels plus rapides transmis par les aires sensorimotrices contralatérales, reflétant les activités de démarrage et de conduite du mouvement.

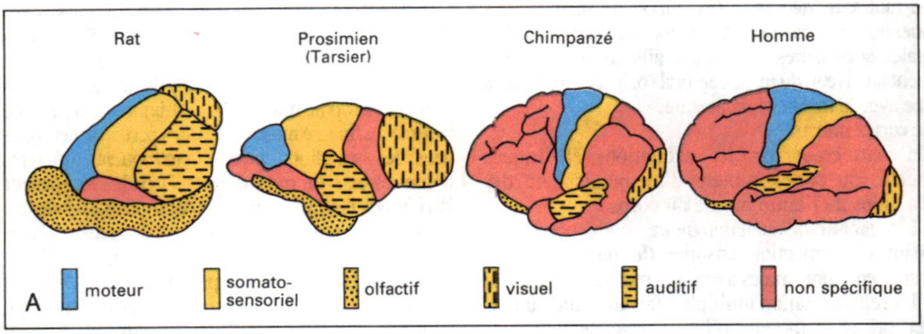

Augmentation croissante de la partie non spécifique du Cortex (cerveau en vue latérale)

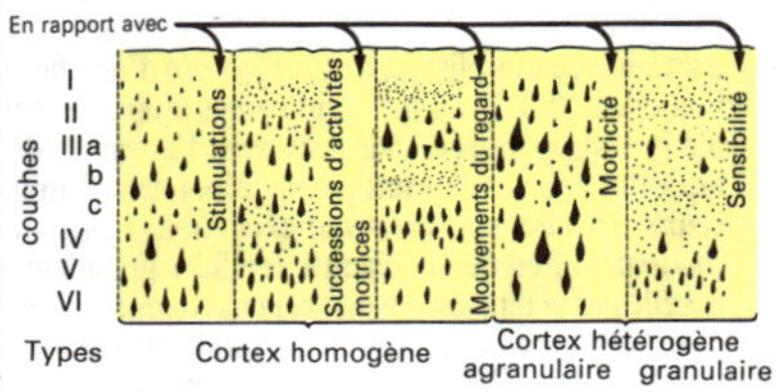

B **Type de Cortex et relation avec les zones de l'écorce**

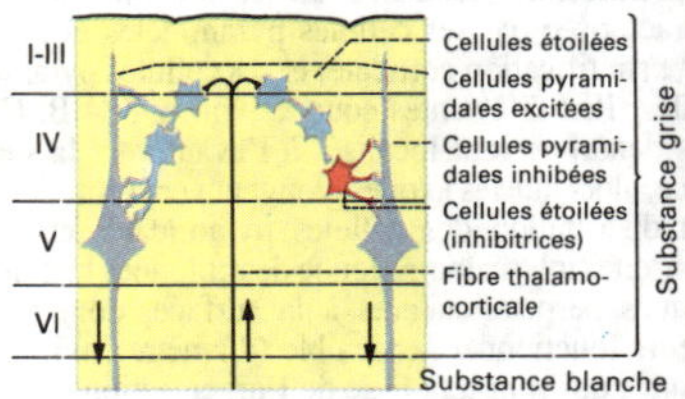

C **Représentation ultra simplifiée du traitement de l'information dans le Cortex**

Architectonique cellulaire et traitement des excitations dans le Cortex

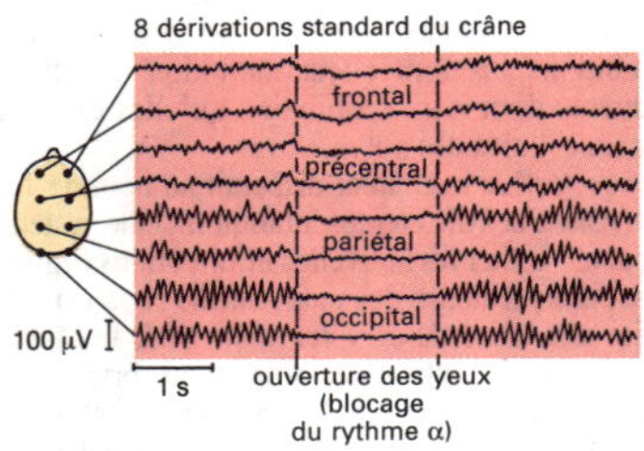

D **Electroencéphalogramme (EEG) de l'homme éveillé, au repos**

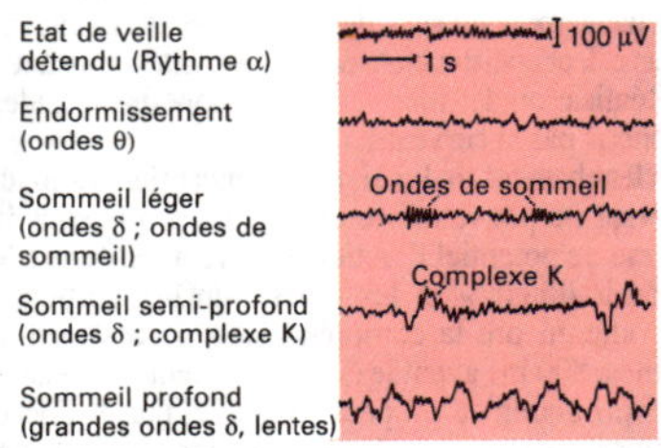

E **EEG et type de sommeil correspondant**

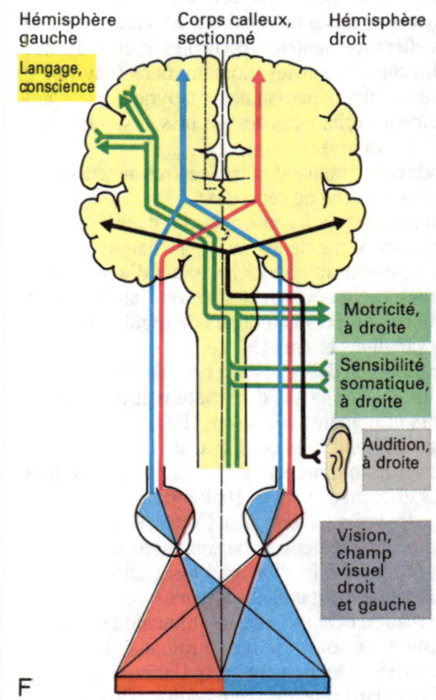

Electroencéphalogramme

Patients au cerveau disjoint (Split-Brain)

On trouve des activités d'intégration dans le S.N.C. à différents niveaux (p. ex. Hypothalamus, p. 381). Mais on s'attachera ici aux activités dans lesquelles le cortex prend une part déterminante.

La structure d'ensemble du cortex
vue sous l'angle fonctionnel (A) se caractérise par l'importance croissante des zones corticales non spécifiques (associatives), par rapport aux aires sensorielles et motrices La part nettement plus grande prise particulièrement chez l'*Homme* reflète son importance dans ces fonctions d'intégration.

L'architecture cellulaire du cortex
est à la base de toutes ses activités (voir p. 382 C). Elle est variable (B) au point qu'on délimite environ cinquante champs (carte du cerveau, p. 382 A) mais on peut dégager quelques traits fondamentaux. On distingue trois classes de neurones (C) : les cellules pyramidales (voir p. 383) ; les cellules granuleuses ou étoilées ; les cellules en fuseau.
La position des cellules et le trajet des dendrites et des axones permettent de distinguer six couches corticales (B). Elles s'organisent en :
– cortex agranulaire dans les aires motrices (couche II et IV en partie) ;
– cortex granulaire dans les aires sensorielles (le contingent des grosses cellules) ;
– cortex homogène dans les aires non spécifiques (toutes les couches sont bien représentées).

Les activités physiologiques dans le cortex
sont représentées de façon très simplifiée (C) : réception et traitement de l'information spécifique dans les couches supérieures (I. IV) ; les circuits qui analysent ces informations (avec neurones intermédiaires excitateurs et inhibiteurs) sont disposés généralement perpendiculairement à la surface ; dans les couches V et VI, on trouve principalement les neurones efférents (fibres de projection, d'association et commissurales ; p. 110).
La structure très complexe (les gros neurones ont jusqu'à 10 000 synapses) fait que les détails des connexions et du traitement de l'information sont incomplètement connus. C'est pourquoi l'**électroencéphalogramme** (EEG), i.e. la dérivation de potentiels recueillis au niveau de points standardisés de la peau du crâne (D), est le procédé le plus souvent choisi pour sonder chez l'*Homme* l'activité électrique du cerveau. Des expériences de déconnexion pratiquées sur l'animal prouvent l'existence de rythmes d'activité dans le Thalamus (influencé pour sa part par la formation réticulée).

Le rythme veille-sommeil
avec une périodicité >100 chez l'*Homm*e obéit à un rythme circadien. S'il se produit librement (déconnecté de toutes les influences de l'environnement), il est souvent plus court ou plus long que 24 heures ; il est synchronisé avec le rythme diurne par des indicateurs de temps (alternance lumière-obscurité ; facteurs sociaux). **Les phases du sommeil** avec différents niveaux de profondeur, se répètent 3 à 5 fois par nuit et s'expriment parfaitement sur l'EEG (E). Les phases R.E.M avec de rapides mouvements des yeux (*Rapid Eye Movements*) sont très importantes ; elles correspondent dans l'EEG à la phase d'endormissement où le tonus musculaire, comme dans le sommeil profond, diminue très fort ; c'est là que se multiplient les rêves. Une privation prolongée de sommeil pendant ces phases R.E.M. provoque des troubles physiologiques et/ ou psychiques passagers (il manquerait « l'assimilation » pendant le rêve du vécu quotidien ?).

Les théories du rythme veille-sommeil
La **théorie réticulaire** considère que le cortex et le diéncéphale sont le siège des structures responsables, qui, au moyen d'influx venant de la formation réticulée par les voies de projection non spécifiques, parviennent à un état d'excitation nécessaire à l'état de veille. Ces afférences dépendent à nouveau des influx sensoriels transmis par des collatérales des voies spécifiques dans la formation réticulée. Mais au sein même de cet état de veille il y a beaucoup de circonstances diverses qui le maintiennent (p. ex. une attention soutenue).
Au cours d'expériences sur les animaux, on a établi en outre que des transmetteurs intervenaient (**théorie biochimique ;** ce qui n'est cependant pas en accord avec les recherches faites sur l'*Homme*) :
– la sérotonine existe en très forte concentration dans certains neurones du tronc cérébral. Une baisse de concentration ou une destruction de ces noyaux entraîne une forte insomnie (sommeil R.E.M. et non R.E.M.).

La conscience
en tant que donnée psychique n'est appréhendable que par l'observation de soi (introspection) et ne peut être directement explorée avec des méthodes scientifiques. Mais on peut citer des conditions neurophysiologiques dans lesquelles (seulement ?) la conscience est possible :
– on suppose qu'il y a un effet conjoint des structures corticales et sub-corticales (p. 378 E) ;
– c'est lié à l'activité définie de structures associées du S.N.C. (E).

Observations faites sur des patients au cerveau disjoint (*Split-brain*) (séparation des deux hémisphères ; construction différente des voies). Elles ont montré des différences dans l'activité des deux hémisphères ;
– les objets vus avec la moitié droite du champ visuel sont nommés, identifiés par la palpation de la main droite et les noms écrits (réactions d'une personne normale) ;
– les objets vus avec la moitié gauche ne sont pas nommés ; mais ils peuvent être identifiés après palpation de la main gauche (l'appellation seule est donc impossible) ;
– les mots vus avec la moitié gauche du champ visuel ne peuvent être lus à voix haute. Les choses identifiées avec la main gauche après le mot vu ne peuvent pas être nommées. Le patient se comporte comme si les actions réalisées par l'hémisphère droit n'avaient pas lieu. En conséquence, l'hémisphère gauche avec son supplément de neurones subcorticaux est le support neuronique pour la conscience chez l'*Homme*. Les processus régis par l'hémisphère droit ne sont pas « conscients », le patient ne peut pas les verbaliser.

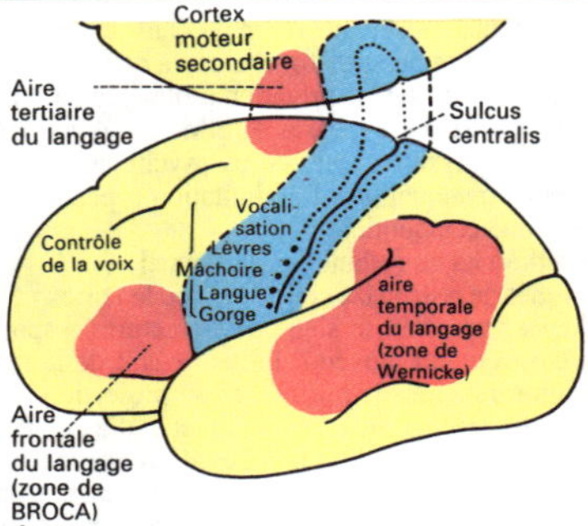

A **Hémisphère cérébral gauche avec aires significatives du langage**

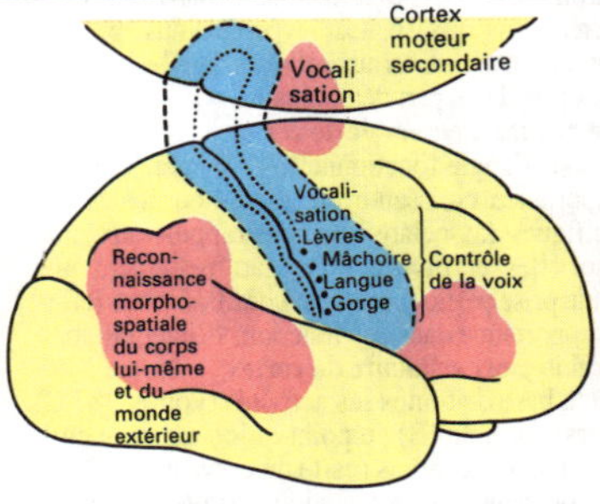

B **Hémisphère cérébral non significatif du langage avec les aires correspondant aux zones de verbalisation**

Langage

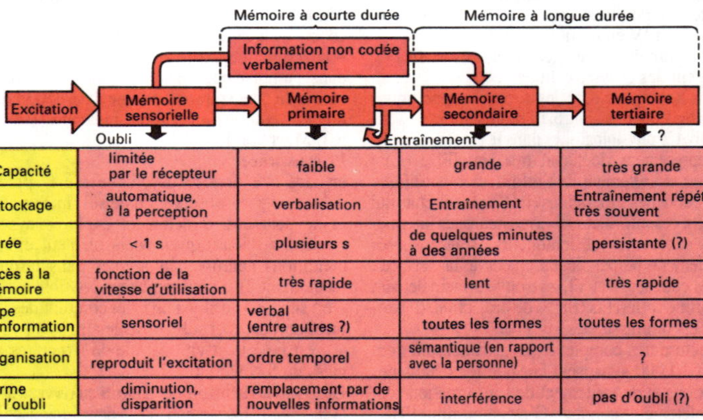

Capacité	limitée par le récepteur	faible	grande	très grande
Stockage	automatique, à la perception	verbalisation	Entraînement	Entraînement répété très souvent
Durée	< 1 s	plusieurs s	de quelques minutes à des années	persistante (?)
Accès à la mémoire	fonction de la vitesse d'utilisation	très rapide	lent	très rapide
Type d'information	sensoriel	verbal (entre autres ?)	toutes les formes	toutes les formes
Organisation	reproduit l'excitation	ordre temporel	sémantique (en rapport avec la personne)	?
Forme de l'oubli	diminution, disparition	remplacement par de nouvelles informations	interférence	pas d'oubli (?)

C **Formes de la mémoire et flux informatif**

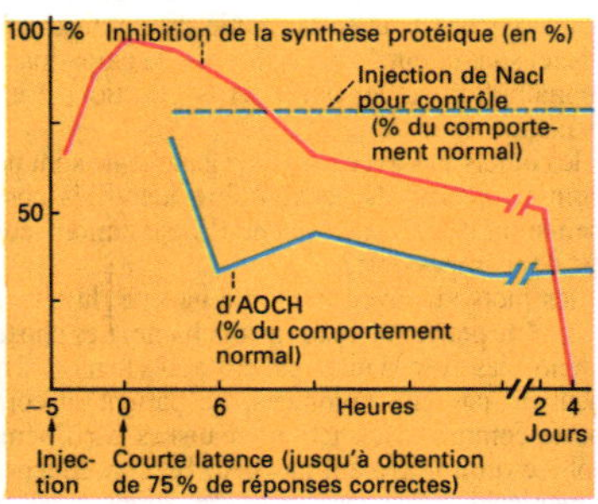

D **Effet de l'acétoxycycloheximide** (AOCH) **sur la mémoire de Souris**

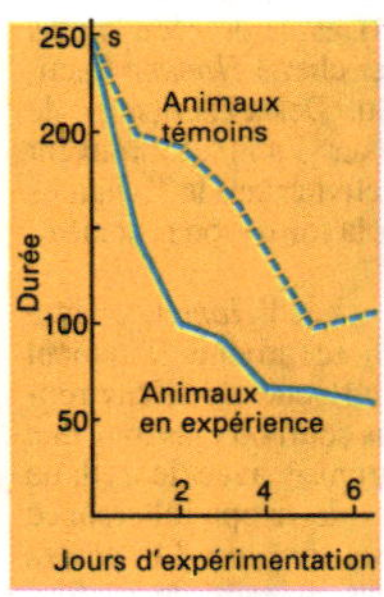

Les animaux soumis à expérience ont reçu dans le péritoine une injection d'extrait cérébral provenant de souris dressées. (Apprentissage d'un labyrinthe ; récompense sous forme d'eau) ; courbe d'apprentissage pour le même dressage en continu.

Les animaux témoins ont reçu une injection équivalente d'un extrait cérébral de souris non dressées.

E **Transfert chimique d'un « contenu mnémonique » chez la Souris**

Mémoire

Le langage a pour l'activité du cerveau humain une importance considérable : lors de l'exploitation consciente des impressions sensorielles, la naissance d'idées et le développement des concepts de verbalisation représentent les conditions d'une mémorisation facilitée (mémoire) et des interrelations neuroniques (pensée).

Les fondements neurophysiologiques du langage ont été établis plus spécialement par l'observation des suites d'opérations et d'accidents (également chez les patients « *Split-Brain* » ; p. 385). **L'hémisphère gauche** comprend chez les droitiers les aires significatives du langage (A) ; chez les gauchers, elles se trouvent à gauche généralement, rarement des deux côtés ou à droite.

L'aire frontale du langage (zone de Broca) est reliée à une partie du cortex moteur qui contrôle les muscles qui servent à articuler.

L'aphasie motrice apparaît lorsque ces centres sont lésés ; diminution des capacités d'élocution alors que la compréhension du langage demeure (aucune expression spontanée, articulation tremblotante, parler en style télégraphique). Le langage intérieur et la pensée restent intacts.

L'aire temporale du langage (zone de Wernicke) est reliée à la zone auditive . Les lésions entraînent une **aphasie sensorielle**, troubles de la compréhension du langage, la faculté de parler subsiste ; associée à des troubles de la pensée,

L'aire tertiaire du langage reliée à l'aire motrice secondaire ; elle entraîne comme les deux autres de l'aphasie, après excitation électrique, mais ne déclenche pas le parler.

Dans **l'hémisphère droit** (B), des lésions des aires correspondantes entraînent des **agnosies** spatiales (désorientation dans un espace familier ; incapacité à dessiner des objets dans l'espace).

Jusqu'à 6 à 8 ans chez les enfants, la destruction des aires du langage est fonctionnellement compensée après environ 1 an par l'autre hémisphère (plasticité).

L'apprentissage et la mémoire regroupent toutes les fonctions de **réception** (apprentissage) et de **stockage** (mémoire) des informations recueillies isolément par le S.N.C. On a encore peu étudié le **« rappel »** de l'information stockée. Ces informations sont utilisées autrement que par des conduites programmées (voir hypothalamus, p. 381) à adapter le comportement spécialement aux conditions environnementales. Contrairement au langage, elles sont également répandues dans le monde animal (p. 416 sqq.).

La sélection des informations transmises par les voies sensorielles et qui deviendront conscientes (environ 1 % d'après les estimations de la cybernétique) est nécessaire à cause de la capacité limite de stockage du cerveau.

L'oubli des informations déjà stockées protège d'un surplus de données dommageable.

Les formes de Mémoire

– La difficulté de l'apprentissage augmente avec la masse croissante des informations (difficulté d'un stockage d'e^- qui s'accumulent avec la même facilité jusqu'en limite de capacité).

– La plupart du temps, ce ne sont pas des informations isolées additionnelles qui sont stockées mais (après retraitement) des impressions globales. Ce qui est caractéristique de la mémoire humaine, c'est la possibilité supplémentaire d'abstraire par la verbalisation (voir langage) sous forme d'idées ou de concepts.

– Le stockage se fait par étapes expérimentales individuelles mais qui ne sont que partiellement connues au niveau des mécanismes neuroniques.

La distinction ancienne entre une **mémoire à longue et à courte durée** est, d'après des connaissances récentes, à nuancer et à compléter (C) :

1) La mémoire sensorielle. Les influx sensoriels sont automatiquement stockés (durée < 1s), classés, réutilisés ou oubliés.

2) La mémoire primaire (correspond environ à la mémoire de courte durée) pour la saisie d'informations codées verbalement. L'oubli provient du stockage de nouvelles données dont la durée d'impression est courte (quelques secondes) à cause d'une faible capacité.

– L'entraînement, i.e. la circulation de l'information dans la mémoire primaire facilite le passage dans la mémoire secondaire Ce passage dépend de l'intégrité de la protosynthèse (D).

– Les informations non verbalisées sont transmises dans la mémoire secondaire, soit directement à partir des influx sensoriels, soit par une mémoire intermédiaire particulière.

3) La mémoire secondaire. C'est un plus gros réservoir, et c'est pourquoi le rappel de l'information se fait nettement plus tardivement que dans la mémoire primaire. L'oubli dépend ici largement du refoulement ou de troubles causés par un apprentissage antérieur (inhibition proactive) ou postérieur (inhibition rétroactive).

4) La mémoire tertiaire. Des informations bien précises (données personnelles, besognes quotidiennes) ne sont pas oubliées même en cas de perte presque complète de la mémoire, sans doute grâce à un entraînement prolongé et durable ; leur temps de rappel est en plus très court. Le stockage des données s'effectue avec une mémorisation particulière. Les mémoires secondaire et tertiaire correspondent en gros à la mémoire de longue durée.

Les **mécanismes neuroniques de l'apprentissage** ont été partiellement mentionnés.

– circuits d'excitation (p. 372 G ; formation d'impressions persistantes dynamiques) ;

– modifications de l'activité synaptique consécutives au passage d'excitations (p. ex. potentiel post-tétanique, p. 373), que l'on interprète comme des signes d'impressions structuraux.

– Les mécanismes biochimiques de la formation d'impressions durables sont seulement en début d'investigation (E) : entrent en jeu ADN, ARN, amines, lipides, protéines (spécialement des changements dans leur structure 2[aire], 3[aire], 4[aire]).

Les émotions ne sont saisissables qu'introspectivement (voir conscience, p. 385). **Le système limbique** occupe une position centrale dans les structures neuroniques dont elles dépendent. De forme annulaire, c'est phylogénétiquement la plus ancienne partie du cerveau, avec des portions du cortex, différents noyaux et diverses liaisons (p. 380 F).

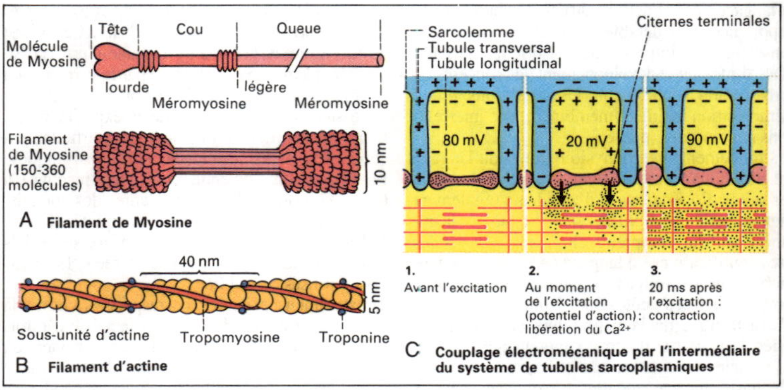

Système filamenteux et sarcoplasmique

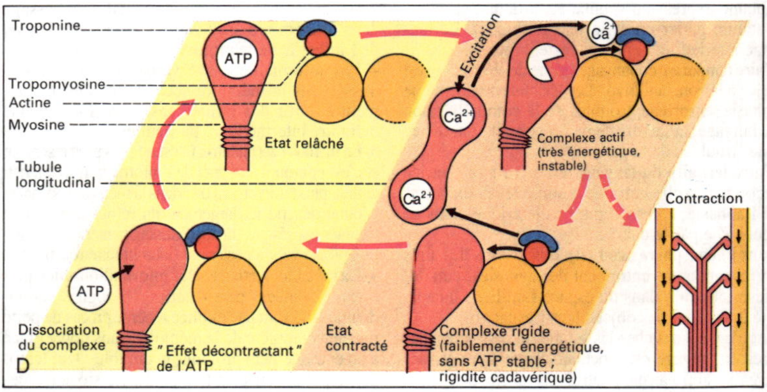

Processus moléculaires lors de la contraction musculaire

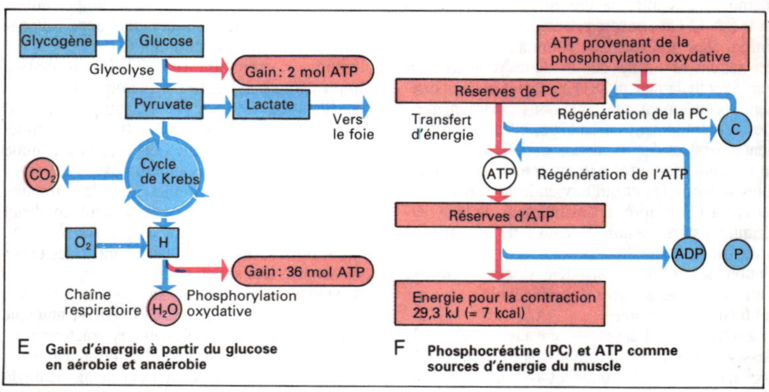

Sources d'énergie de la contraction musculaire

Des mécanismes variés permettent le mouvement :
– chez les *Plantes* pluricellulaires à faible spécialisation (p. 342 sqq.) ce sont fondamentalement les processus de croissance et/ou les mécanismes osmotiques ;
– chez les organismes unicellulaires, des organites spécialisés (Filaments, p. 17) permettent le mouvement d'après la théorie du glissement filamentaire (p. 16 sq.). On rencontre aussi les formes de mouvements typiques des *Unicellulaires* dans les cellules d'organismes pluricellulaires : leucocytes (mouvement amiboïde, p. 51) ; spermatozoïdes (mouvement flagellaire, p. 51) ; cellules épithéliales à flamme vibratile (mouvement ciliaire, p. 51) ;
– chez les *Métazoaires* (excepté les *Cœlentérés,* p. 124 sq) ce sont des cellules et des fibres musculaires très différenciées (p. 93). Regroupées en tissus, elles forment des appareils locomoteurs souvent très complexes (p. 396 sqq.).

Les mécanismes moléculaires de la contraction musculaire

D'après la théorie du glissement, les filaments de myosine et d'actine se déplacent longitudinalement les uns à côté des autres, mais sans se raccourcir. Ce sont les sarcomères qui se raccourcissent, du fait que les filaments d'actine sont liés à des structures protéiques en forme de disque : les stries Z limitantes des sarcomères (C). Le raccourcissement des nombreux sarcomères situés les uns derrière les autres ds chaque fibrille provoque le raccourcissement de l'ensemble du muscle. Les protéines Actine (B ; pm 42 000) et Myosine (A ; pm 500 000) représentent env. 10% du poids du muscle squelettique. La plupart du temps, elles ne se recouvrent que peu ds le muscle au repos ; lors de la contraction, amorcée par la dépolarisation, propagée par la plaque motrice (**excitation**), de nombreux mécanismes interviennent.

Le potentiel d'action atteint, par les tubules transversaux, qui sortent de l'espace extracellulaire au niveau des disques I (*Vertébrés supérieurs*) ou des stries Z (*Grenouille*), les vésicules terminales des tubules longitudinaux du réticulum sarcoplasmique qui sont étroitement appliquées contre lui (structure en triades). Ces citernes libèrent à l'intérieur de la cellule des ions Ca^{2+}, dont la concentration atteint en 20 ms un taux environ 500 fois supérieur, et qui provoquent des transformations mécaniques (couplage électro-mécanique) : Ca^{++} se lie avec les molécules sphériques de troponine distantes d'environ 40 nm des chaînes d'actine (B). C'est de cette façon (déformation de la troponine) que les molécules fibrillaires de tropomyosine, qui courent le long de la chaîne d'actine et bloquent l'arrimage par les ponts de myosine, sont poussées dans les gouttières entre les filaments d'actine et libèrent les sites d'accrochage pour les ponts transversaux de myosine (D).

La liaison de la tête de myosine et du coude qui lui fait suite permet au filament d'actine de glisser d'un cran (cycle de glissement).

Après la contraction (battement ramé), le Ca^{2+} est de nouveau pompé activement dans les tubules longitudinaux avec consommation d'ATP. Il en découle un « **complexe rigide** » (lorsque après la mort de la cellule le taux d'ATP tombe en dessous d'un seuil critique ; rigidité cadavérique).

Mais comme normalement en 1 à 2 ms a lieu la recharge en ATP, celui-ci dissocie ce « complexe rigide » en se déposant au niveau des ponts transversaux, la baisse de la concentration en Ca^{2+} limitant l'activité de l'ATPase (« Effet décontractant » de l'ATP). L'activité ATP asique, Mg^{2+} dépendante, nécessaire à la transformation ATP -> ADP, est liée chez l'*Homme* aux têtes de myosine et chez de nombreux *Animaux* à l'actine ; elle est régulée par le mécanisme Ca^{2+} Troponine-Tropomyosine. Les têtes de myosine séparées de l'actine sont alors prêtes pour un nouveau cycle de glissement. Comme une contraction normale raccourcit le muscle d'environ 30 % maximum et qu'une torsion des ponts transversaux ne raccourcit le sarcomère que d'environ 1 % longitudinalement (2-10 nm), il faut que le cycle de glissement se produise plusieurs fois pour que les mouvements moléculaires dans les différents sarcomères situés les uns derrière les autres s'additionnent rendant la contraction macroscopiquement visible. Lors du relâchement musculaire (fin de l'excitation ; baisse de la concentration en Ca^{2+}), les têtes de myosine se séparent des filaments d'actine. La résistance à l'allongement est diminuée du fait de déplacements facilités et une faible tension étire le muscle jusqu'à sa taille de repos.

Les sources énergétiques de la contraction

L'énergie mécanique de la contraction provient directement de l'énergie chimique libérée par la décomposition en anaérobie de l'ATP présent (environ 5 µmol/g ; pour environ 10 contractions). L'ATP consommé peut à nouveau être régénéré selon trois procédés :

1) par la décomposition en anaérobie de la phospho-créatine (environ 25 µmol/g ; pour environ 50 contractions) qui fournit une liaison–phosphate très énergétique à l'ADP (F) (suffisant pour une performance limitée, p. ex. : un 100 mètres).

2) par la glycolyse anaérobie du glycogène musculaire en acide lactique (E) limitée par l'accumulation de lactate, qui en abaissant le pH musculaire freine les réactions indispensables à la contraction. L'organisme contracte au cours de ces deux processus anaérobies une dette d'O_2 supérieure à 20 litres. Elle permet pendant environ 40 secondes une production 3 fois supérieure à celle permise par une destruction plus lente du glucose en aérobie. Dans la phase de repos suivante, le lactate, moyennant une forte consommation d'O_2, doit être métabolisé dans le foie et les réserves d'ATP et de phosphocréatine reconstituées.

3) par la phosphorylation oxydative (E) qui produit certes beaucoup d'ATP mais se déroule lentement. Elle est la condition *sine qua non*, d'une activité durable. Le passage à la phase de grand approvisionnement en O_2 réclame environ 1-2 mn (franchissement du « point mort »).

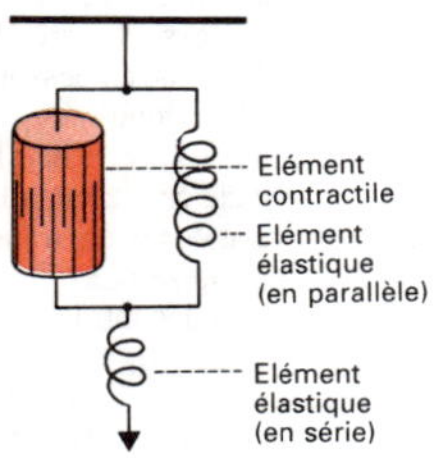

A **Eléments contractiles et élastiques du muscle**

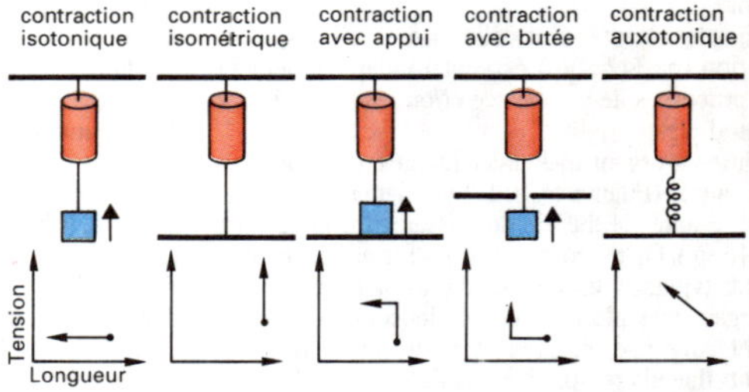

B **Les types de contraction avec les diagrammes tension-longueur**

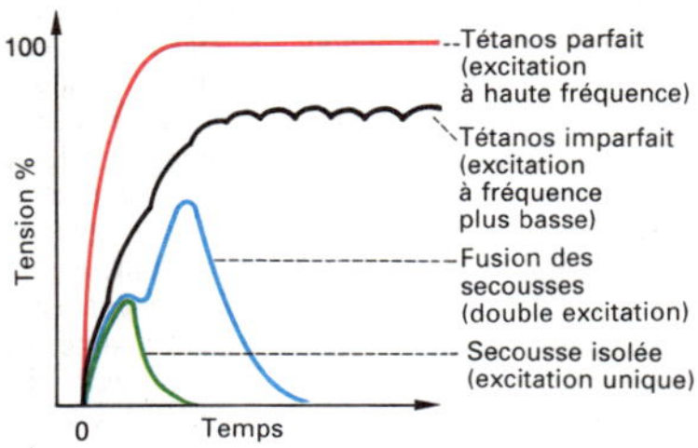

C **Types de réponses contractiles en fonction de différentes fréquences d'excitation**

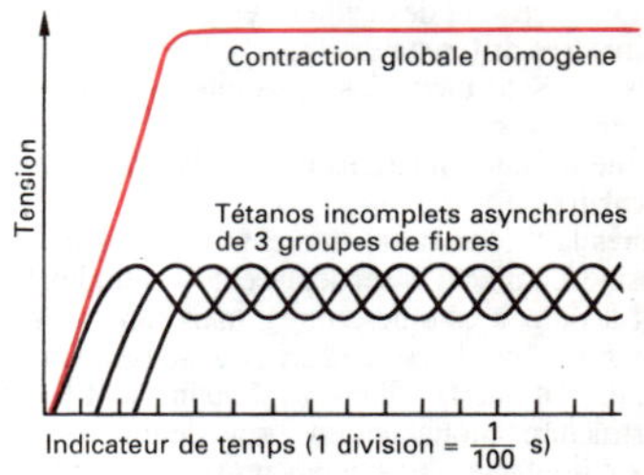

D **Unités motrices: Fusion des tétanos imparfaits asynchrones**

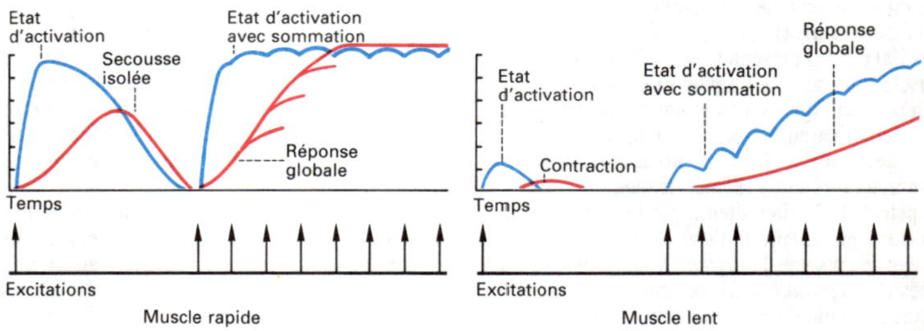

E **Etat d'activation et tension musculaire**

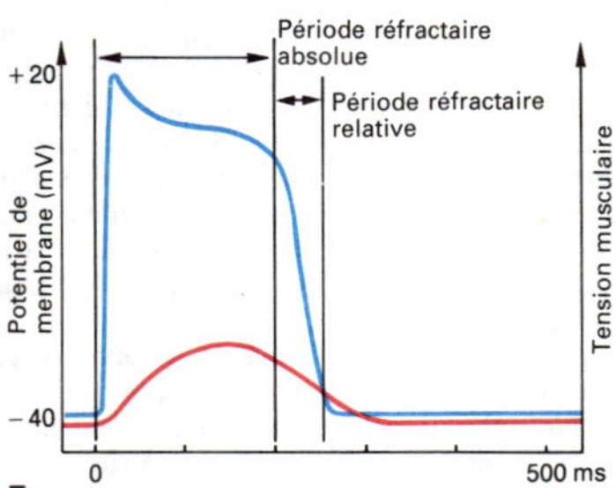

F **Excitation et réponse d'une cellule musculaire cardiaque**

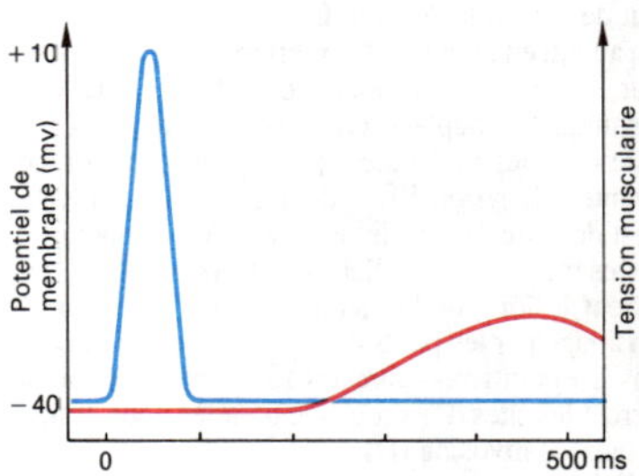

G **Excitation et réponse d'une fibre musculaire lisse**

Propriétés du muscle

Les constituants fondamentaux du **muscle strié** sont de deux sortes (A) :
1) Les éléments contractiles sont les myofibrilles (environ 50 % du poids musculaire).
2) Les éléments élastiques représentent le tissu conjonctif (environ 10-15 % du poids total) qui entoure les fibres musculaires (sarcolemme), les faisceaux musculaires (Périmysium), les groupes musculaires (Fascia) et se prolonge aux extrémités musculaires par les tendons. On distingue deux types de composants élastiques :
– **Les éléments élastiques parallèles** (EP) conduisent par allongement du muscle au repos, malgré la moindre résistance des filaments (p. 389), à une tension croissante (courbe tension-élasticité).
– **Les éléments élastiques en série** (ES ; tendons et sarcomères terminaux) font que la contraction des fibrilles n'a pas lieu sur toute leur étendue, compte tenu de l'allongement de ces éléments.
Lors de la contraction isotonique (B), raccourcissement à tension constante, cet allongement des ES est quantitativement négligeable ; mais la contraction isotonique n'a pas lieu de façon parfaite dans l'organisme.
Lors de la contraction isométrique (B), l'allongement des ES est tel que la longueur totale du muscle reste inchangée.
Lors de la contraction auxotonique (B), il y a combinaison des deux types précédents (p. ex. quand on soulève un poids) : phase isométrique jusqu'à la levée du poids suivie d'une contraction isotonique rapide (± exact, mod. du bras de levier).
Le tétanos
Une secousse unique provoquée par une seule excitation ne donne pas la contraction maximum possible, car l'excitation est trop brève pour mener plusieurs cycles contractiles jusqu'au bout (C). Si une seconde impulsion tombe avant la fin de la première contraction, la seconde contraction et le résidu disponible de la première s'ajoutent (sommation).
– Une série d'excitations rapprochées conduit à un **tétanos** imparfait et finalement parfait. De cette façon, la puissance musculaire est quadruplée par rapport à la secousse isolée.
Le **muscle cardiaque** par contre ne peut se tétaniser en raison de sa longue période réfractaire qui va presque jusqu'à la fin de la contraction, en raison de la durée du potentiel d'action.
Muscles rapides, muscles lents
Les muscles rapides (E) comportent (principalement) des fibres contractiles dites rapides, qui répondent en bloc à une seule excitation (excitation propagée) par une contraction courte, puissante : elles répondent à la loi du « T ou R ».
Les muscles lents comportent (principalement) des fibres lentes ou toniques, qui répondent à l'excitation par une dépolarisation non propagée limitée localement au point d'innervation. L'activation de toutes les fibres n'est possible qu'avec de nombreuses synapses (multiterminales). Ces fibres lentes ne suivent pas la loi du « T ou R », mais se contractent en fonction de l'étendue de la dépolarisation qui diminue lentement, comme la contraction qui en résulte (**contracture**).
Ces fibres peuvent aussi répondre à une forte concentration extracellulaire de K^+ ainsi qu'à la libération de Ca^{2+} dans la cellule par des produits pharmaceutiques (caféine) ;
Les fréquences nécessaires pour la tétanisation sont très différentes selon les deux types de fibres : jusqu'à 350 impulsions/seconde pour les rapides et environ 30/seconde pour les lentes. La puissance musculaire développée atteint 10-40 NW/ cm^2 de surface transversale (muscles rapides des *Vertébrés*) et jusqu'à 100 NW/cm^2 (muscles adducteurs lents des *Mollusques*).
Dans de nombreux muscles, les deux types de fibres sont à peu près également représentés (nombreux muscles squelettiques des *Vertébrés*). Souvent les deux propriétés sont réunies dans une même fibre. Un motoneurone (souvent assez gros) déclenche la réaction rapide et un second la réaction lente (double innervation).
Le tonus se présente sous deux formes :
1) La contraction tonique
consiste en petites contractions tétaniques permanentes dues à l'émission continue de potentiels d'action. Tous les muscles du maintien sont, sous cet état de tension, régulés par des réflexes (réflexes de posture, p. 394 sq.) et qui croît, par ex. avec l'augmentation de l'attention.
2) La tonicité plastique repose sur la transformation d'éléments contractiles, qui prolonge le raccourcissement actif. Elle est gouvernée par les filaments de paramyosine (fondamentalement plus gros que la myosine). On la rencontre spécialement dans les muscles adducteurs des *Mollusques bivalves* qui peuvent toute la journée maintenir en partie un état contracté avec une force de traction de 1-4 kg/cm^2 (tonus de fermeture).
Chez de nombreux *Mollusques* (p. ex. *Pecten*), le muscle adducteur est morphologiquement et fonctionnellement séparé en deux : une moitié commande la fermeture rapide, l'autre le tonus de fermeture.
Les unités motrices du muscle
sont toutes les fibres innervées par un seul motoneurone. Comme elles fonctionnent indépendamment les unes des autres, elles peuvent avec une excitation asynchrone fondre leur tétanos imparfait en une contraction globale homogène (G).
– La puissance contractile varie en fonction de la situation selon le nombre d'unités mises en jeu (travail musculaire adapté). La division fonctionnelle en unités motrices n'existe pas dans le muscle cardiaque. Comme l'excitation se propage à travers tout le muscle cardiaque, il en résulte à chaque fois une réaction du type « T ou R ».
Le muscle lisse est fait de cellules musculaires lisses. Leur potentiel membranaire change rythmiquement avec une faible amplitude (quelques mV) et en fréquence, ce qui provoque une légère contraction permanente (tonus). De fortes dépolarisations (spike) qui durent 50 ms se produisent irrégulièrement, suivies à chaque fois de longues contractions et relâchements de 150 ms (G).

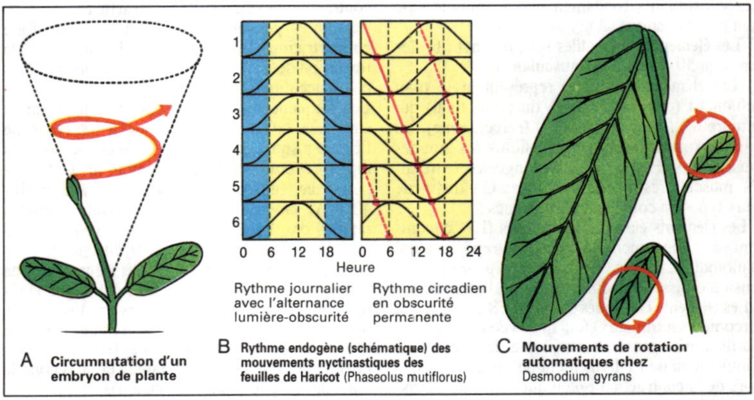

Mouvements autonomes chez les Végétaux

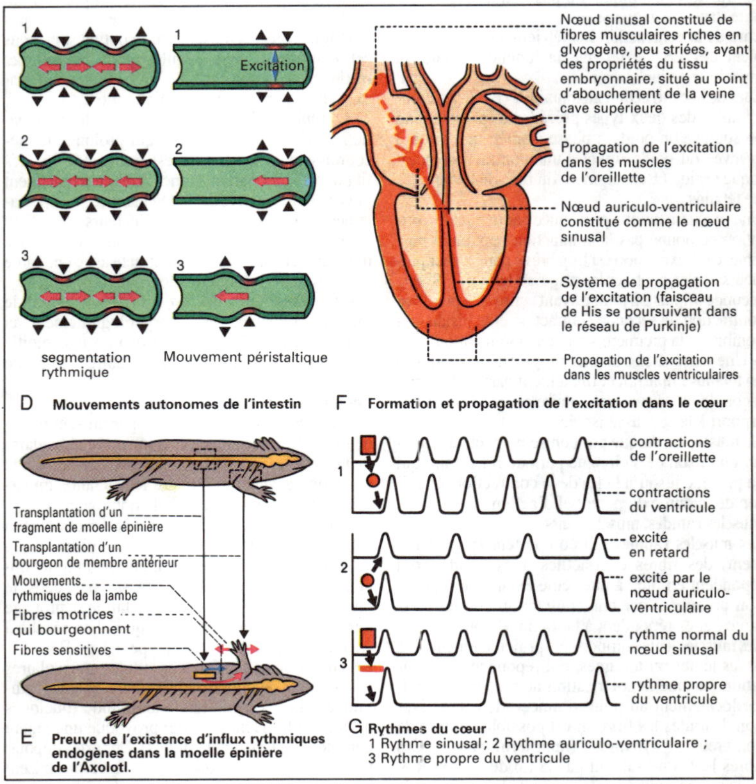

Mouvements autonomes chez les animaux

On fait la distinction entre :

– **Les mouvements endogènes (autonomes)**, déclenchés par des facteurs internes. Ils peuvent certes être influencés par des facteurs externes (p. ex. loi liant température et vitesse de réaction) mais ne sont ni déclenchés ni contrôlés par eux.

– **Les mouvements induits** ou réactions variées en réponse à des stimuli externes (p. 396 sqq. ; comportement, p. 400 sqq.).

Les mouvements autonomes des Plantes

Les mouvements autonomes de croissance (nutations) : particulièrement chez les jeunes pousses et les parties florales ; ils sont dus à une croissance dissymétrique des bords de l'organe.

1. Mouvements pendulaires (favorisant alternativement la croissance des bords opposés de l'organe) : ils affectent les tiges florales de l'*Oignon* et les coléoptiles de certaines *Graminées.*

2. Mouvements circulaires (circumnutations : une zone à croiss. plus rapide tourne régulièrement autour de la pousse) : les mouv. d'« investigation » sont effectués par cert. vrilles et cert. pousses de plantes grimpantes (A).

Les mouvements autonomes dus à des variations de turgescence apparaissent essentiellement lors des **mouvements nyctinastiques** engendrés par cert. conditions naturelles (p. 345), mais dont on peut déceler la composante autonome en observant les mouv. périodiques qui persistent quelque temps après que l'on a placé la plante dans des condit. d'environnement const. Des *Haricots*, cultivés à l'obscurité absolue et ramenés en lumière faible permanente, présentent un rythme circadien de 27 heures (B).

Mouvements circulaires (30 s de rotation à la température optimale de 35 °C) : les feuilles pennées d'une *Papilionacée* est-indienne montrent de tels mouvements (C) ; on observe chez d'autres plantes des mouvements plus faibles (*Oxalis, Averrhoa*).

Le mécanisme qui est à la base des mouvements autonomes de rotation provient des variations de perméabilité cell. contrôlées par des processus métaboliques rythmiques (p. ex. oscillations journalières périodiques de l'assimilation du CO_2.

Mouvements autonomes chez les Animaux : phénomènes qui reposent sur une pression interne à décharge « spontanée » rythmique.

La motricité de l'intestin grêle est un ex. parmi de nombr. processus simil. (contraction des vaisseaux sanguins, péristaltisme intestinal).

Son fondem. réside dans **la faculté qu'ont les muscles lisses d'engendrer spontanément une excitation** (p. 391). Dans les organes caves, la tension déclenche une dépolaris. membr. de la paroi muscul. lisse, ce qui produit une excit. (même lorsqu'on sectionne tous les nerfs moteurs).

La propagation de l'excitation se fait d'une cel. musc. à la cel. voisine (conduction myogène) et affecte souvent des régions étendues. A la différence des muscles striés dont la motricité dépend d'une unité anatomique univoque (p. 391), les muscles lisses possèdent une unité qui est susceptible de changements, aussi bien pour ce qui est de la taille que de la synchronisation.

La coordination de l'excitation se fait par l'intermédiaire du plexus myentérique situé entre les muscles transversaux et longitudinaux, tandis que le plexus sous-muqueux situé sous la muqueuse excite les glandes intestinales et règle le rythme du mouvement des villosités.

Les mouvements de l'intestin grêle (D) :

1. La segmentation rythmique est due à la contraction segment. des fibres circulaires et au relâchement des sphincters intestinaux. Comme ces constrictions peuvent se produire jusqu'à 22 fois/min, le chyme est efficacement brassé.

2. Le mouvement pendulaire : c'est une contraction rythm. de la muscul. longitud. de certains segments qui provoque un mouv. pendulaire dans toute l'anse intestinale ; ce qui contribue à faire progresser le contenu intestinal sur la muqueuse.

3. Le mouvement péristaltique permet le transport du chyme par un jeu de pressions : en amont du point de naissance de l'onde, la musculature se contracte ; en aval, elle se relâche, les mouvements se déplacent ensuite vers l'aval.

L'autonomie du cœur des *Mammifères*

Contrairement au muscle squelettique qui ne se contracte que sous l'effet d'une excitation ext., le cœur engendre sa propre contraction et un cœur isolé peut continuer à battre dans cert. conditions. Les influx nerveux ne font que réguler.

Le nœud sinusal (« entraîneur du cœur ») où se forme l'excitation primaire, se trouve au point d'abouchement de la veine cave sup. (F). Les muscles de l'oreillette conduisent cette excitation jusqu'au **nœud auriculo-ventriculaire** d'où partent des éléments conducteurs qui transmettent l'excitation aux muscles du ventricule.

Rythme de l'activité cardiaque : transformé expérimentalement, et sous l'effet de maladies (G) :

– Le rythme sinusal est transmis au nœud auriculo-ventriculaire et par suite à tout le cœur ; les ventricules se contractent peu après les oreillettes.

– Le rythme auriculo-ventriculaire autonome, plus lent, ne peut se manifester que lorsqu'il est libéré de la domination du nœud sinusal ;

Les oreillettes et les ventricules se contractent en même temps.

– Le rythme ventriculaire propre, plus lent, est dû à un centre d'excit. tertiaire après la destruction du nœud auriculo-ventriculaire (conduction interrompue : blocage total du cœur) ; les oreillettes peuvent en ce cas suivre le rythme sinusal initial si le nœud sinusal est intact.

Activation endogène des muscles squelettiques

Si l'on implante ds la musculature dorsale d'un *Axolotl* une patte et un fragment de moelle épinière, la patte s'anime de mouvements rythmiques dès que les fibres motrices sont en contact avec elle (E), et bien avant que les fibres sensitives ne l'aient atteinte. Ceci permet de prouver l'existence d'influx rythmés endogènes en provenance de la moelle et indépendants de stimuli sensoriels (centres automatiques, voir aussi p. 405).

	Réfl. extéroceptif	Réfl. proprioceptif
Nombre de synapses	Polysynaptique	mono ou polysynaptique
Trajet du réflexe	sa propagation dépend de l'intensité de l'excitation	isolé
Durée du réflexe	assez longue, dépend de l'intensité de l'excitation	assez courte ; constante
Résultat du réflexe	Tétanos	secousse isolée
Sommation des excitations	nette	faible
Fatigabilité	nette	très faible

A **Différences entre réflexe extéroceptif et proprioceptif**

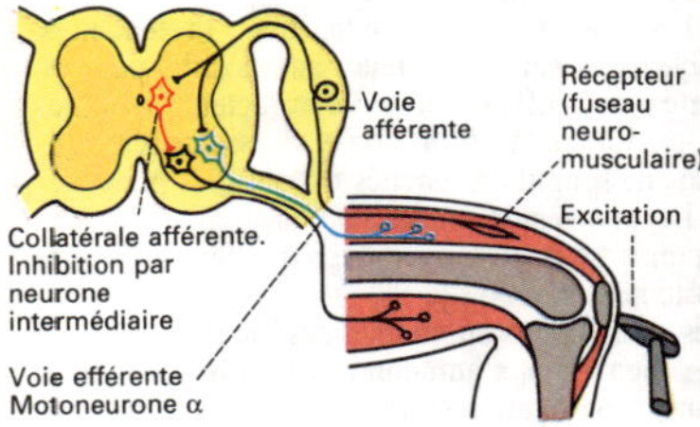

B **Exemple d'un réflexe proprioceptif monosynaptique : le réflexe rotulien**

Réflexes extéro et proprioceptifs

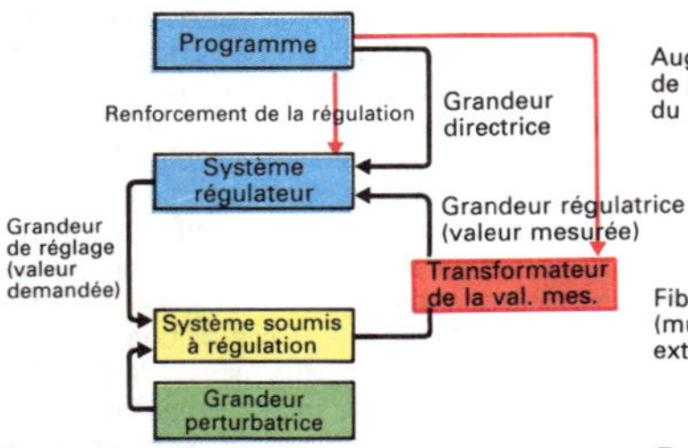

C **Boucle de régulation amplifiée**
(la partie amplifiée est en rouge)

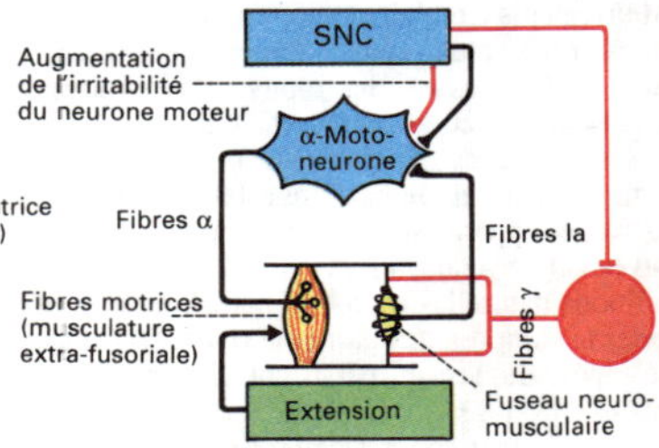

D **Réflexe d'étirement dans une représentation cybernétique**

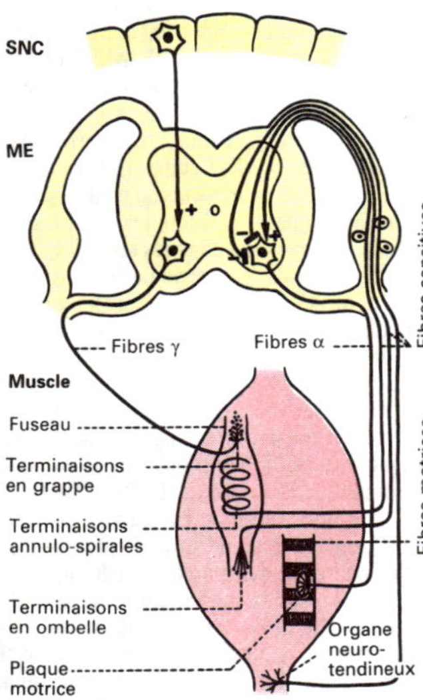

E **Base nerveuse de la régulation de la contraction des muscles squelettiques**

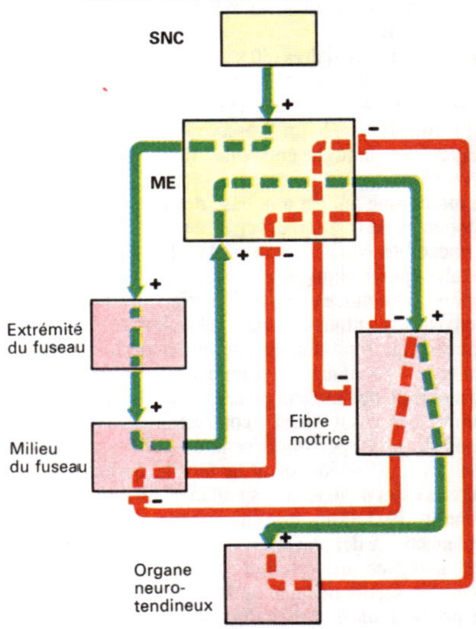

F **Représentation cybernétique de la régulation de la contraction des muscles squelettiques**

L'arc réflexe en tant que boucle de régulation

Parmi les réflexes (p. 380 sq.) on distingue :

- Les réflexes moteurs (effecteur = fibres motrices) et trophiques (effecteur = fibres végétatives ; p. 376) ;
- Les réflexes proprioceptifs et extéroceptifs (d'après la situation du récepteur et de l'effecteur, p. 380) ;
- Les réflexes mono- et polysynaptiques (d'après le nombre de synapses concernées, A, B).

La fonction des réflexes est de corriger les écarts par rapport à la norme. On les interprète d'ailleurs en termes de boucles de régulation (C, D).

Les réflexes moteurs

1. Les réflexes extéroceptifs : leur arc réflexe, touj. polysynaptique, concerne le plus souvent de nombr. groupes de muscles ; ils excitent ainsi, par leurs collatérales, plusieurs segments de la ME si bien que presque toute la muscul. de l'organisme peut entrer en jeu. Leur fonction est, de ce fait, très diversifiée (mouvements de défense, de fuite).

- **Les réflexes de grattage** mettent bien en évidence la nature des réfl. extéroceptifs. Des stimul. nocives localisées produisent des excit. dans toute la muscul. d'un ou de plus. membres qui mettent en action des mouvements appropriés sous contrôle des informations réafférentes.
- **Les réflexes de flexion** entraînent souvent des mouvem. complexes : lorsqu'on exerce une forte pression sur la plante d'un pied, les nerfs sensoriels excitent le fléchisseur du genou de cette jambe et inhibent son antagoniste. A l'articul. de l'autre jambe, au contraire, l'extenseur est stimulé et le fléchisseur inhibé (innervation réciproque ; réflexe d'extension croisée ; p. 381). Lorsque la stimulation augmente, elle met en jeu des groupes de muscles plus nombr., les innervations concernées par l'action réflexe entraînent le retrait, puis des mouvements de fuite.

  Chez « l'animal spinal », dont la réflexivité est augmentée donc, la stimul. par pression alternative des pattes engendre un mouvem. de marche peu élaboré. Ce mécanisme représente vraisemblablement la forme primitive du mouvement à partir duquel s'organise la motricité d'ordre supérieur et qui est modifié de multiples façons par les centres supérieurs (composante volontaire du mouvement).

2. Les réflexes proprioceptifs ont un rôle dans la régulation du tonus et des contractions (E, F).

La régulation de la contraction des muscles squelettiques est un bon exemple du mécanisme réflexe régulateur : l'inform. réafférente qui vient de l'effecteur permet au SNC de synchroniser les valeurs théoriques et réelles. Dans l'exemple mentionné, le réflexe se déroule à trois niveaux :

Rôle du S.N.C. : lorsqu'un mouvem. volont. est déclenché, les aires motrices de l'écorce cérébrale envoient à la ME un programme adéquat par l'interméd. des voies pyramidales.

- **La moelle épinière** conduit l'excit. à l'effecteur par une cellule de sa corne antérieure.
- **Le muscle** (effecteur) est tout d'abord stimulé par les fibres nerveuses fines et facilem. excitables qui se rendent aux extrémités du fuseau musculaire et provoquent sa contraction sans que le muscle tout entier se soit contracté au préalable. La partie médiane (non contractile) du fuseau muscul. est en liaison avec des tensorécepteurs (terminaisons annulo-spirales) qui envoient des influx de fréquence élevée à la ME. Les voies motrices sont les fibres α, difficilem. excitables ; elles excitent alors les fibres proprement muscul. et entraînent la contraction du muscle. Celle-ci soulage le fuseau muscul., ce qui entraîne une baisse de la fréquence des décharges des terminaisons annulo-spirales et donc la détente réflexe des fibres contractiles.

  Ce syst. régulateur dose au mieux la force que doit développer le muscle pour accomplir un programme volontaire (mise en jeu réflexe de fibres isolées : servo-mécanisme). Les organes tendineux et les terminaisons en bouquet des fuseaux inhibent de façon réflexe des contractions trop fortes (protègent contre le surmenage).

  Les mouvements rapides, issus d'excitation directe et transmis par le syst., sont bridés par 2 réflexes inhibiteurs :

- **Dans le muscle antagoniste,** les fuseaux sont soumis à une tension qui amène les fibres motrices à se contracter ; elles agissent alors en sens contraire sur le mouvement du muscle initialement stimulé (agoniste).
- **Dans le muscle agoniste,** la stimul. des récepteurs de l'extension (dans le tendon) entraîne une inhibition réflexe de la contraction (E).

  Le tonus contractile (p. 391) est contrôlé par des réflexes à point de départ cérébral (p. 380 D) et par le biais de la ME par les fuseaux neuromusculaires et les organes tendineux.

  Les réflexes proprioceptifs du muscle squelettique jouent un rôle dans :
  - le maintien de la posture (contre les forces gravifiques lors de la station debout),
  - la position des articulations isolées,
  - la régulation fine des mouvements.

  La disparition du contrôle sensitif permanent montre très nettement le rôle du contrôle de l'information sensitive réafférente dans les mouvements de marche :
  - la démarche non contrôlée devient hésitante,
  - l'articul. du genou est rejetée trop en arrière.

  L'influence des centres sup. sur la motricité est égalem. modifiée, car l'excit. des muscles qui entrent en jeu se produit souvent de façon réflexe par l'interm. des fuseaux musculaires.

Entrelacs de boucles de régulation

- Au niveau des segments médullaires, on a un double couplage, p. ex. pour le réflexe d'étirement qui met en jeu les fléchisseurs et les extenseurs : mécanique (contraction musculaire comme force de blocage des antagonistes) et neural (inhibition des antagonistes).
- Dans le cerveau s'entremêlent en plus les boucles régulatrices de nombreuses articulations qui participent à la réalisation d'un mouvement.

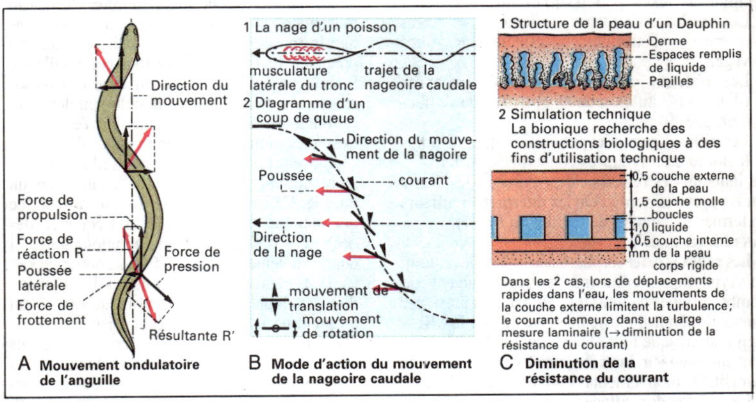

La nage

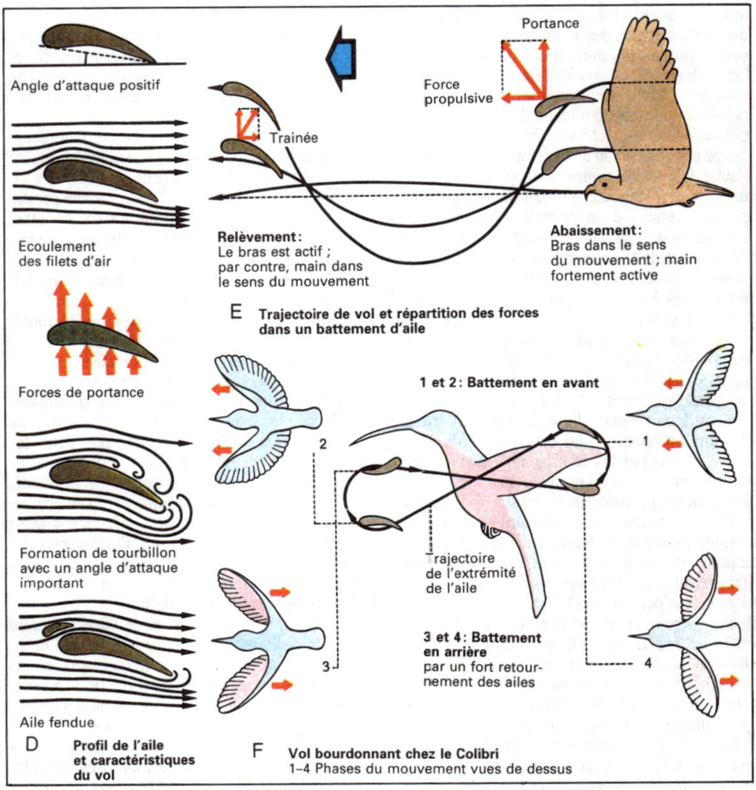

Vol des oiseaux

Parmi la variété de mouvements qui caractérisent le règne animal (p. 400 sqq.), le mouvement orienté libre (**locomotion**) est fondamental.
– On peut la rencontrer dans les différents milieux eau et/ou air et/ou sol ;
– à la limite entre deux milieux (surface de l'eau, surface terrestre ; p. 398 sq.).

La nage

désigne simplement ici le mouvement de progression active dans l'eau. On en excluera le **flottement** passif qui, à cause de la plus grande densité des corps flottants (1,02–1,06 contre 1 pour l'eau), exige des mécanismes compensateurs (lipides, huile ou gaz qui équilibrent le poids ; augmentation de la surface externe qui amplifie la résistance aux frottements). La locomotion ne comprend pas les mouvements passifs (**dérive, accrochage à un substrat**).

La nage par réaction est caractérisée par la discontinuité dans le mouvement du système propulseur (recherche du réservoir). Ceci produit chez les petits animaux un mouvement de recul mais offre aux plus gros, par la force de propulsion, une vitesse assez constante. La locomotion s'est développée selon plusieurs modes analogues :
– Chez les *Méduses* (contraction de l'ombrelle).
– Chez les *Céphalopodes* (grâce à l'entonnoir).
– Chez les *Crustacés* (nage de fuite : battement des parties caudales contre l'abdomen).
– Chez les larves d'*Insectes* (p. ex. *Libellules* : rejet de l'eau par l'intestin postérieur).

La nage ramée par des battements des appendices (même discontinus) est un mouvement très synchronisé (rame) que l'on rencontre :
– Chez les petits crustacés (p. ex. : *Daphnies, Cyclops*) au niveau des antennes. – Chez les *Insectes* aquatiques (p. ex. : *Dytique*) avec la 3e paire de pattes thoraciques.
– Chez les *Vertébrés* avec les membres postérieurs (*Grenouille, Plongeon, Castor*) ou les antérieurs (*Pingouins*).

Des battements alternatifs (mouvement de pagaie) se rencontrent :
– Chez la plupart des oiseaux aquatiques.
– Chez les *Mammifères* en nage occasionnelle (maintenance du rythme de marche).
– Chez de nombreux *Poissons* (à l'aide des nageoires pectorales).

Le mouvement ondulatoire exige un mouvement en continu. Il peut être réalisé :
– par tout le corps (*Sangsue, Serpents d'eau*, de nombreux *Poissons* p. ex. : l'*Anguille*) ; (A) ;
– par des bordures continues de nageoires (*Seiches*) ou des nageoires individualisées (*Syngnathes, Hippocampes*) ;
– par la nageoire caudale qui, par la puissance de la musculature latérale du tronc, permet les mouvements ds presque toutes les positions (B).

Des adaptations hydrodynamiques au niveau des nageoires, de la forme du corps et de toute la surface, favorisent le mouvement.

La texture de la peau (*Dauphins* ; C) et une couche muqueuse spécifique (*Barracuda*) empêchent la formation de remous agissant comme frein (que la technique a copiée ; « Bionique »).

Le fouissement se rencontre chez des espèces spécialement adaptées (p. ex. : les *Vers*, les *Scinques*, la *Taupe*) ; cette activité peut être largement répandue dans des fonctionnements particuliers (p. ex. : construction de terriers).

Le vol a connu une évolution convergente chez les *Insectes*, certains *Reptiles* (fossiles), les *Oiseaux* et les *Chauves-Souris*.

Le vol plané ne fait que ralentir la chute libre grâce à des surfaces portantes qui agissent comme un parachute.

Le vol à voile des *Oiseaux* repose sur le même principe ; la vitesse de descente étant encore ralentie par le profil de l'aile (D), il peut même permettre l'élévation grâce aux courants ascendants.

Le vol ramé des *Oiseaux*, forme la plus achevée, suppose des mouv. particulièrement intenses (locomotion active dans un milieu de très faible densité). A côté de nombr. aménagements qui permettent d'obtenir un poids spécifique faible (notamment pour les os qui sont criblés de petits trous), interviennent principal. les facteurs suiv. :
– Forte musculature (avec un bréchet qui permet l'attachement de ces muscles sur le sternum), haute capacité de travail des systèmes circulatoire et respiratoire (les muscles sont notamment capables d'une relative autonomie quant à l'apport en O_2).
– Le profil des ailes entraîne, en rapport avec l'angle d'incidence, une dépression au-dessus de l'aile où l'air s'écoule rapidement et une surpression au-dessous où l'écoulement est ralenti ; les 2 composantes s'ajoutent et donnent la portance.

Lors de l'abaissement, la main forme avec la direction de vol un angle d'attaque positif et produit une grande portance et une forte poussée. Lorsque l'angle d'att. est grand, les rémiges du pouce s'écartent, empêchant la formation de tourbillons (principe de la fente d'aile). Au cours de l'élévation, la majeure partie de l'effort est consacrée à un repliement de la main et à la rotation des rémiges en position parall., le bras prenant un angle d'att. positif ; la faible traînée est vaincue par l'inertie de la masse corporelle (E).
– Les mouvements de gouvernail des ailes et de la queue corrigent la position de vol par réaction ou l'influencent activement.

Le vol stationnaire (*Rapaces, Martins-Pêcheurs*) s'effectue le corps redressé, grâce à un plus grand angle d'att. des ailes. Poussée et traînée s'annulent, la portance contrebalance la pesanteur.

Le vol frémissant des *Colibris*, adapté à la visite des fleurs (F), consiste en un mouvement horizontal des ailes, le corps redressé, avec une forte déformation des longues rémiges de la main (dans le battement en arrière, l'aile est complètement retournée). La fréquence des battements est de l'ordre de 30/50 par sec. Convergence avec le vol des *insectes* (cf. Hélicoptère).

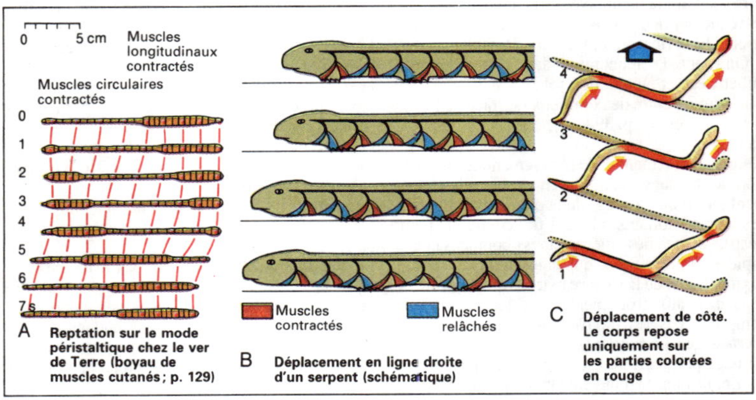

A **Reptation sur le mode péristaltique chez le ver de Terre (boyau de muscles cutanés ; p. 129)**

B **Déplacement en ligne droite d'un serpent (schématique)**

C **Déplacement de côté. Le corps repose uniquement sur les parties colorées en rouge**

Reptation

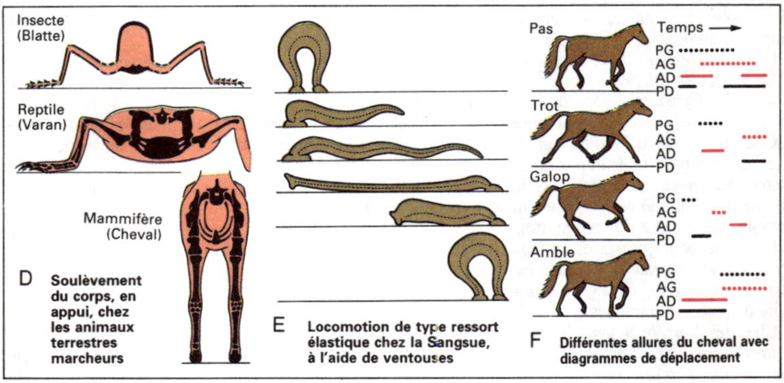

D **Soulèvement du corps, en appui, chez les animaux terrestres marcheurs**

E **Locomotion de type ressort élastique chez la Sangsue, à l'aide de ventouses**

F **Différentes allures du cheval avec diagrammes de déplacement**

La marche, la course

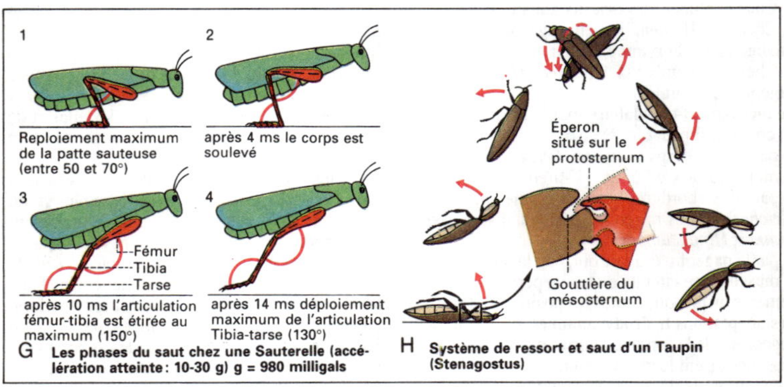

G **Les phases du saut chez une Sauterelle (accélération atteinte : 10-30 g) g = 980 milligals**

H **Système de ressort et saut d'un Taupin (Stenagostus)**

Le saut

Par opposition aux types de locomotion étudiés auparavant, les types qui suivent font intervenir les surfaces de contact entre deux milieux (sol-air ; sol-eau ; eau-air). Mais à chaque fois le milieu plus dense, situé en dessous, constitue le fondement sur lequel s'appuient les organes locomoteurs (plus grande résistance aux frottements) qui poussent le corps vers l'avant dans le milieu moins dense situé au dessus.
C'est ce type particulier que représentent des formes comme p. ex. : les *Oiseaux nageurs* qui peuvent, certes, se mouvoir à la surface (régulation de la progression par des plongées périodiques) mais dont l'appareil locomoteur travaille dans le milieu aquatique (mouvement alternatif de pagaie des membres postérieurs).

La reptation
est très largement répandue chez les *Animaux*, les formes rampantes ont des membres régressés ou sans signification pour le mouvement. L'animal est d'ailleurs constamment en contact avec le sol par des points variables ou fixes mais différents.
Le mouvement péristaltique, spécialement répandu chez les *Vers,* se caractérise par une suite de mouvements d'élongation et de dilatation dus à la contraction des muscles circulaires et longitudinaux (A).
L'ancrage des portions épaissies se fait de plusieurs façons (p. ex. : grâce à des soies ; voir p. 129).
La reptation sur une sole pédieuse, chez la plupart des *Gastéropodes,* est le résultat d'ondes contractiles (contraction alternée des muscles longitudinaux et transversaux) dont le déplacement des crêtes, qui donnent un bon accrochage, imprime un mouvement de pression vers l'arrière qui propulse le corps vers l'avant.
Les Serpents, compte tenu de la complexité de leur appareil locomoteur, présentent différents types de reptation, pour une part commune, pour une autre part spécifique et ajustée au biotope.
– Les reptations sont le fait de formes allongées minces et des espèces aquatiques (voir p. 396, A).
– La progression rectiligne : des muscles insérés sur les côtes tirent d'abord la peau du ventre vers l'avant en la soulevant du sol (interruption du frottement), puis la ramènent vers l'arrière en écartant les écailles ventrales (B) ; ceci est également possible dans des cavités étroites et entre les herbes.
– La torsion latérale résulte chez de nombreuses espèces (ex. : *serpent à sonnettes*) d'une adaptation au sable, qui offre peu de résistance (diminution considérable des forces latérales). Le corps est rapidement déroulé sur le sol et tandis que les parties en appui restent immobiles, les anneaux intercalés, soulevés du sol, se déplacent (C). La trace est faite d'empreintes qui correspondent à peu près à la longueur du serpent.
La marche résulte d'un contact alterné des membres avec le sol. Ceux-ci servent d'abord à améliorer le contact avec le sol lors de la reptation (ex. : les parapodes des *Polychètes* : p. 130 C), ce qui augmente la force locomotrice. Comme de petites surfaces de contact suffisent pour maintenir l'accrochage à un substrat rigide, le corps peut se soulever du sol (D) en diminuant la résistance. Le bilan d'ensemble est alors positif si l'énergie nécessaire pour soulever le corps est moindre que celle requise pour le traîner (acquisition d'une plus grande vitesse).
Chez les petits animaux, la surface de l'eau peut être utilisée pour le déplacement en raison de la tension superficielle (p. ex. les *Limicoles*, quelques *Araignées*, quelques *Collemboles*).
Chez la plupart des espèces, même les vertébrés terrestres primitifs (D), le corps est suspendu par des membres latéraux articulés (ce qui donne une position stable mais nécessite une puissante musculature).
Chez les *Mammifères* et les *Oiseaux* la situation des membres sous le corps est énergétiquement avantageuse (ce qui autorise une moindre force pour porter le corps) mais réclame, tant en activité qu'au repos, une plus grande technicité dans la statique et la régulation.
Le mouvement de type ressort élastique, qui permet à tout le corps de faire des « pas », est à ranger dans la marche. L'accrochage peut se faire par les « pattes » (*Chenille arpenteuse*) ou les ventouses (*Sangsue* ; E).
Si le nombre d'appendices est élevé (*Diplopodes*), ceux de la même paire sont synchrones. L'ensemble des paires fonctionne comme une sole de reptation : des mouvements métachroniques transmettent les ondes contractiles à toutes les séries d'appendices.
Avec la **réduction du nombre d'appendices**, les deux éléments de chaque paire travaillent en alternance :
– Chez les *Insectes* (Hexapodes) suivant le principe du « trépied alterné ».
– Chez les *Tétrapodes,* on peut avoir différents rythmes (allures) p. ex. chez le *cheval* : le pas, le trot et le galop (F), les pieds touchant de moins en moins le sol au fur et à mesure que la vitesse augmente.
A côté de **la coordination croisée** (pas, trot), on trouve la **démarche de l'amble** (ou des types mixtes p. ex. : le tölt) interprétée comme une adaptation à un sol meuble sableux ou neigeux (*Chameau, Girafe* et de nombreuses *races de chevaux*).
– La bipédie comme type de locomotion habituel est rare (*Oiseaux coureurs*, *Kangourou, Gerboise*, *Homme*) ; elle suppose, à cause d'un équilibre labile, d'excellents réflexes de posture et de positionnement.
Les mécanismes économisant l'énergie sont particulièrement importants en cas de grandes vitesses nécessitant de l'énergie (> 100 km/h chez le *Guépard*) :
– accumulation périodique d'énergie à chaque pas dans les fibres extensibles d'élastine ;
– réduction du moment d'inertie des membres par la localisation des muscles près du tronc et l'allègement structural des portions distales (p. ex. *Gazelles*).
Le saut, c'est le soulèvement distinct du corps par une poussée très brève réalisée le plus souvent par les membres postérieurs qui peuvent se détendre par une forte angulation allant jusqu'à 180° (G).
Le *Stenagostus* saute en reployant la partie antérieure du corps (musculature renforcée par la tension, coulissement d'un éperon dans une cavité, (H) ce qui lui donne une forte accélération (hauteur de saut jusqu'à 30 cm ; de l'ordre de 380 g).

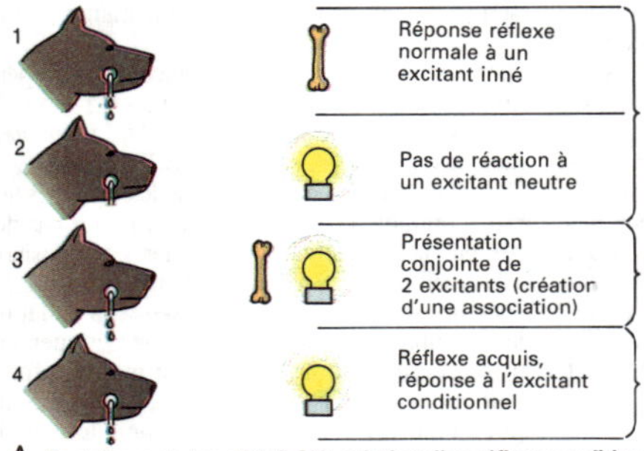

A **Expérience de type PAVLOV : création d'un réflexe conditionné. Mesure de la sécrétion salivaire au moyen d'une fistule de la glande parotide**

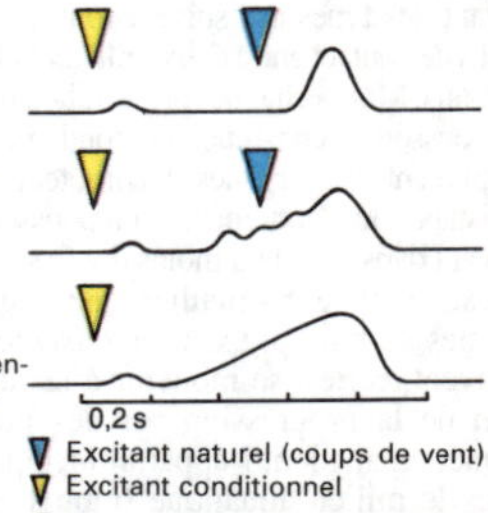

B **Trois stades de l'élaboration d'un réflexe conditionné (Fermeture de la paupière). L'efficacité est maximale si l'excitant conditionnel est fourni 0,2 s avant l'excitant naturel**

Réflexes innés et acquis (conditionnés)

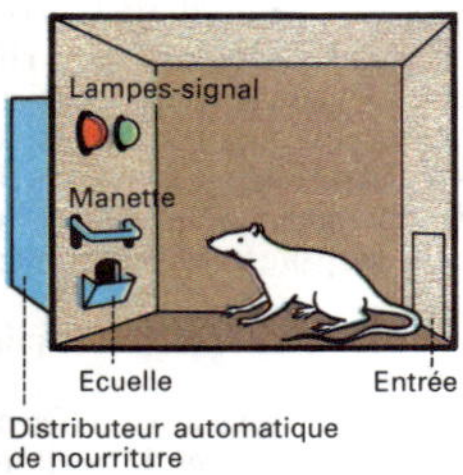

C **« Skinner box » : on peut l'adapter à différents animaux d'expérience et à des expérimentations lourdes et variées**

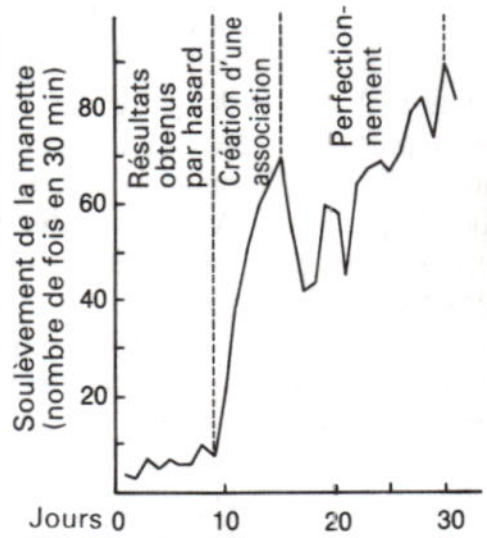

D **Courbe d'apprentissage typique lors d'une expérimentation complexe (Soulever 2 manettes l'une après l'autre ; durée de l'expérience journalière 30 min)**

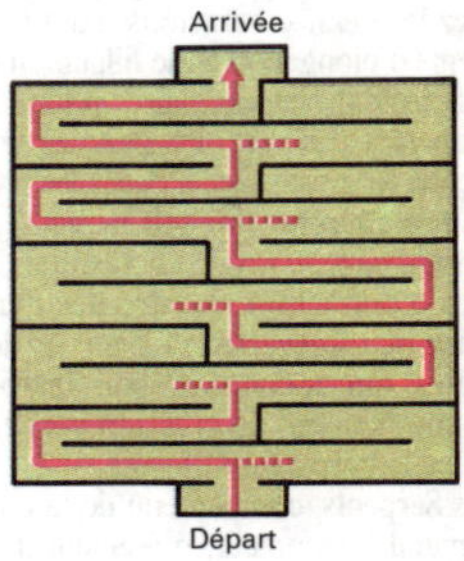

E **Labyrinthe : (ici à 6 T) L'apprentissage est une suite de choix entre Droite et Gauche**

Behaviorisme : dispositifs expérimentaux standardisés

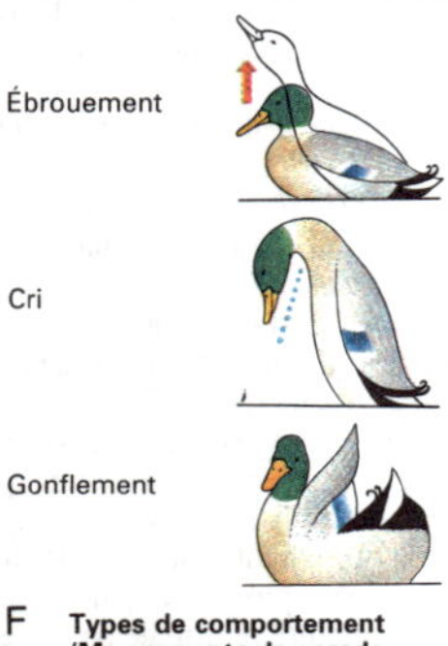

F **Types de comportement (Mouvements de parade chez le Canard Colvert ♂)**

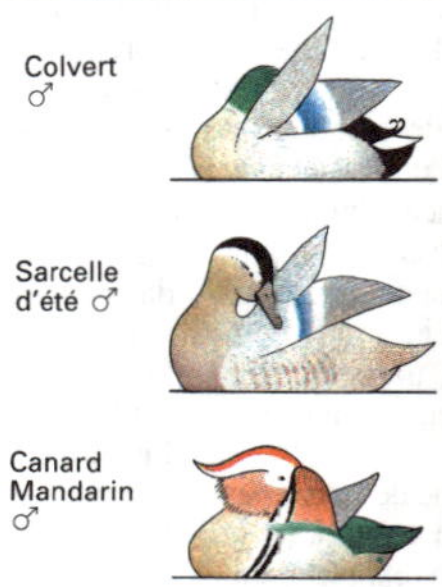

G **Comparaisons interspécifiques (Homologie des mouvements de parade : lissage des ailes, chez les Anatides)**

H **Analyse des mécanismes déclencheurs au cours d'expériences à double choix chez l'Huitrier-Pie**

Ethologie

L'interprétation téléologique du comportement animal
Certains biologistes ont accepté comme incontestable le fait que la fin constituait le facteur moteur déterminant de toute action :

« Le but objectif, la "fin" de l'activité détermine son déroulement presque dans ses moindres détails... » (RUSSELL)

Ce point de vue téléologique déductif est lié à un concept d'instinct global qui est posé comme inaccessible à toute recherche causale :

« Nous reconnaissons l'instinct, mais ne l'expliquons pas. » (BIERENS DE HAAN.)

L'éthologie, par contre, admet que le comportement peut être analysé fondamentalement d'un point de vue causal : elle aboutit à ses conclusions par le chemin d'inductions (p. 5).

La psychologie animale
Elle raisonne par analogie à partir de processus psychologiques qui accompagnent d'habitude les comportements humains, et elle attribue aux comportements animaux des contenus psychologiques de qualité semblable ou analogue.

« Le *Lion* est réputé, écrit BREHM, depuis les temps les plus reculés pour son courage, sa hardiesse et sa force, sa vaillance et sa puissance, son héroïsme, sa noblesse et sa magnanimité, son sérieux et son caractère paisible. »

Certains spécialistes de psychologie animale ont même attribué à des processus psychologiques la valeur de facteurs de causalité ; l'éthologie, par contre, « repousse avec vigueur l'affirmation selon laquelle les processus psychiques pourraient être la cause de processus physiologiques » (TINBERGEN). Elle considère ces 2 domaines comme 2 composantes du comportement qui évoluent en parallèle (d'après RENSCH) mais dont les liens fondamentaux sons acausaux. C'est ainsi que l'énoncé : « Le *Loup* chasse parce qu'il a faim » ne devrait pas être compris comme l'énoncé d'une relation de cause à effet, car alors le psychique serait la cause de processus physiologiques. Le psychique ne peut relever que d'une approche subjective (introspection), mais ne peut être que l'objet d'une présomption chez les autres et surtout chez les sujets appartenant à des espèces différentes. L'éthologie, science de la nature, n'étudie que la composante physiologique du comportement qu'elle peut appréhender objectivement, sans mettre en doute l'existence de processus psychiques.

La théorie des réflexes
ramène tout comportement à des réflexes ; même des comportements complexes sont interprétés comme des chaînes de réflexes.

1. Le réflexe inconditionnel : les recherches de PAVLOV sur la sécrétion salivaire des *Chiens* ont montré qu'elle pouvait être déclenchée par des réflexes dus au goût et à l'odeur des aliments (stimuli naturels ou inconditionnels).

2. Le réflexe conditionné : si un stimulus neutre et sans effet (signal lumineux, son, contact) est présenté conjointement à un stimulus naturel, le stimulus neutre, répété plusieurs fois, déclenche à lui seul le réflexe. Ces stimuli par opposition aux stimuli naturels, dépendent de l'expérience (stimuli conditionnels). Par rapport à cette présentation univoque de la théorie des réflexes, l'éthologie met l'accent sur le fait qu'en dehors du comportement de réaction répondant à des stimulations extérieures, le comportement spontané résultant de l'action de facteurs de causalité interne a également une grande importance.

Le béhaviorisme
Fondé par WATSON, il se limite à exploiter l'observation objective du comportement. Mais l'intérêt prédominant qu'il portait à l'*Homme* a entraîné une surestimation des modes de comportements supérieurs (« préhumains »), spécialement ds l'apprentissage, et une sous-estimation du comportement inné, ceci combiné à l'emploi de dispositifs expérimentaux standardisés (C, D, E) et l'utilisation d'un nombre limité d'espèces de cobayes, le plus souvent des *Mammifères*, souvent domestiqués (p. 427) dont le comportement avait très probablement été modifié. Cela conduit à des affirmations du genre suivant :

« Il n'y a pas deux sortes de facteurs déterminant le comportement animal, et le concept "d'instinct" constitue une source d'erreurs puisqu'il représente l'existence d'un processus ou d'un mécanisme nerveux indépendant des facteurs du monde extérieur, et différent des mécanismes nerveux de l'apprentissage » (HEBB).

D'autres béhavioristes ne contestent certes pas l'existence de comportements qui ne dépendent pas d'un apprentissage, mais déclarent que le concept de « l'inné » est sans valeur puisqu'on n'a jamais pu prouver si, et dans quelle mesure, des processus d'apprentissage jouent un rôle dans les processus épigénétiques (p. 199) dans l'œuf et dans l'utérus (LEHRMAN).

L'apprentissage de l'environnement
Son fondateur, V. UEXKÜLL, a joué un grand rôle ds le développement de l'éthologie. Malgré des recherches correctes, il n'a pas su en tirer de conclusions significatives. Ce n'est qu'aux alentours de 1935 que LORENZ et TINBERGEN ont établi les lois fondamentales de l'éthologie.

L'éthologie
Elle s'intéresse au comportement de l'*Homme* et des *Animaux* au sens large (mouvements, production de sons, changements de couleur, émission d'odeurs).

L'éthologie descriptive (F) recense tous les comportements d'une espèce et aboutit par des méthodes comparatives (G) à des éthogrammes de groupes (pariade des *Canards*, p. 508).

L'éthologie explicative (H) poursuit 3 aspects :

- **Causal** (mécanismes physiologiques ; physiologie éthologique ; p. 402 sqq.) ;
- **Fonctionnel** (valeur adaptative : éco-éthologie, socio-écologie ; p. 428 sqq.) ;
- **Phylogénétique** (genèse phylogénétique, éthophylogénie ; p. 424 sqq.).

A **Comportement du Crapaud lors de la capture d'une proie ; 1 : Taxie, 3 : Mouvement instinctif**

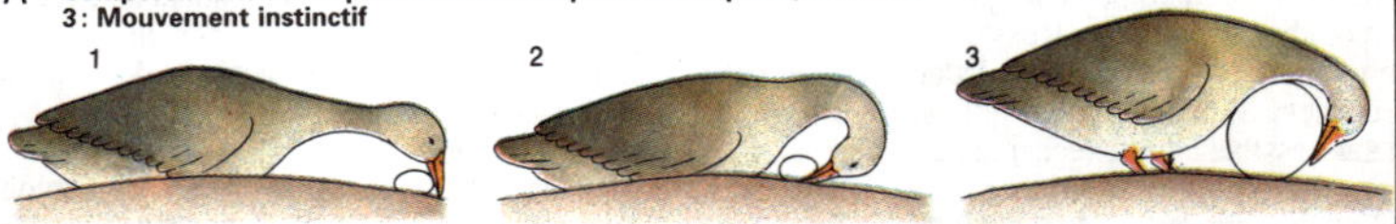

B **Mouvement de roulement de l'œuf chez l'Oie cendrée (Mouvement instinctif et taxie interfèrent) 1 et 2 : déroulement normal, 3 : reste dans l'embarras**

Rôle des taxies dans un acte instinctif

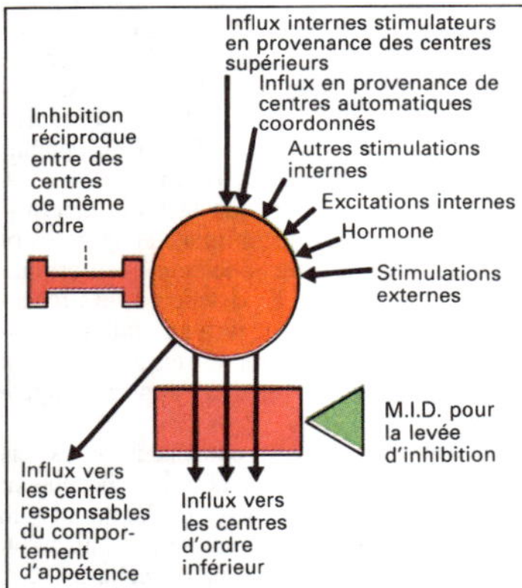

C **Schéma d'un centre instinctif de moyen ordre (d'après Tinbergen)**

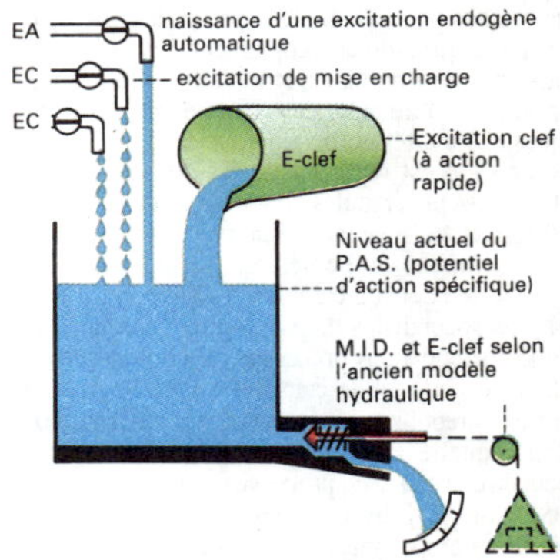

D **« Modèle hydraulique » modifié (d'après Lorenz) ; introduction d'une E.C. et modification de l'effet de E-clef**

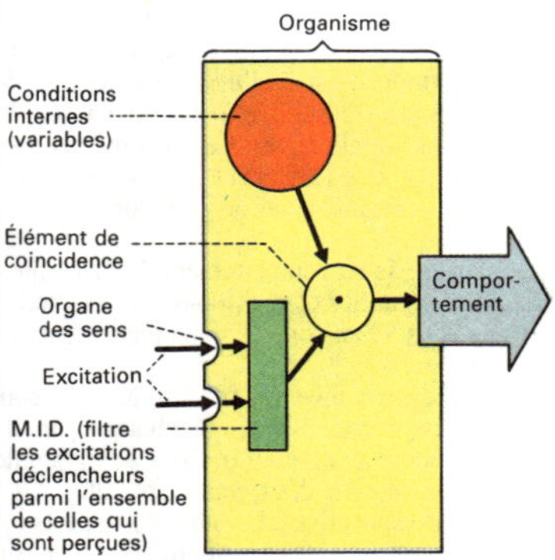

E **Modèle d'instinct d'après Hassenstein ; éclaire surtout le principe de la double quantification**

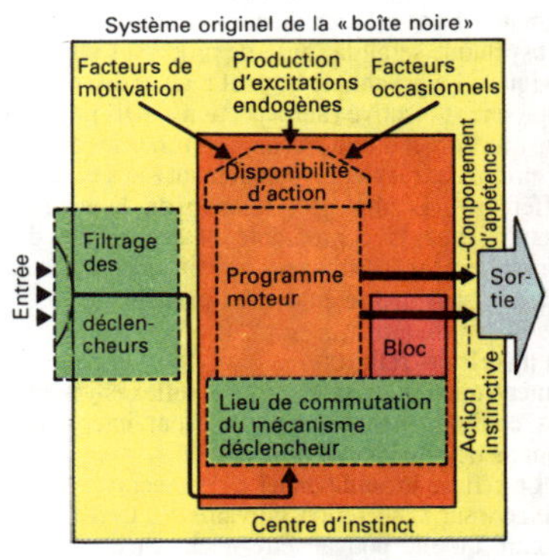

F **Modèle d'instinct d'après Sossinka ; éclaire les conceptions déduites de l'analyse, dans le système de la « boîte noire »**

Modèles d'Instinct

La physiologie du comportement s'intéresse plus particulièrement aux mécanismes qui produisent, gouvernent et régularisent le comportement.

Le comportement inné (instinctif)

C'est l'ensemble de tous les comportements qui :
- reposent sur l'expression des mécanismes inscrits ds le génome ;
- sont indépendants de l'expérience individuelle (expériences de type Kaspar HAUSER).

Le concept d'instinct définit l'instinct comme « un mécanisme nerv. hiérarchiquement organisé qui correspond à des influx déterminés aussi bien internes qu'externes, ayant pour mission d'avertir, de déclencher et de diriger, et qui provoque des mouvements parfaitement coordonnés ayant pour but de maintenir la vie et l'espèce ».

Cette définition permet une délimitation nette.

Les mouvements instinctifs (coordinations héréditaires)

Un comportement s'extériorise le plus souvent en mouvem. et en successions complexes de mouvem. instinctifs. L'analyse montre toujours des mouvem. stéréotypés propres à l'espèce que LORENZ appelle mouvem. instinctifs ou coordinations héréditaires. On ne peut les définir mais on les caractérise par les critères suivants :
- Ils sont déclenchés par des stimuli externes spécifiques (p. 406 sq.) qui peuvent disparaître dès que le mouvement a commencé.
- Ils présentent un aspect stéréotypé dont la marge de variation chez les individus d'une espèce est inférieure à celle des caractères morpholog. Ils sont d'ailleurs caractéristiques de l'espèce et importants en systématique (p. 542 sqq.), et ds la phylogenèse (p. 508 sq.).
- La tension intér. qui conduit à un mouvement (= accumulation d'énergie de réaction spécifique) apparaît, p. ex., dans les variations périodiques de fréquence pendant les périodes d'éventement de l'*Epinoche* (dans des conditions extérieures constantes.
- Ils se caractérisent par un comportement d'appétence (p. 408 sq.) qui conduit à rechercher la situation de déclenchement.

Les deux derniers critères montrent en même temps la limite interne du comportement instinctif (voir d'autre part la réflexologie, p. 401).

On trouve de telles coordinations héréditaires dans presque tous les groupes :
- La pariade des *Canards* montre nettement des mouvements instinctifs différents à l'intérieur d'une même espèce (p. 400 F), mais aussi des mouvements homologues chez des espèces différentes (p. 400 G).
- L'*Epinoche*, en éventant ses œufs au nid pour les approvisionner en eau riche en O_2, donne un exemple de ce cas fréquent où les mouvem. locomoteurs sont une composante des coordinations héréditaires. Les mouvements des nageoires que le courant de l'eau froide fait naître déclenchent une poussée vers l'arrière qui équilibre les mouvements natatoires normaux des nageoires de la queue.

La position de frayeur des chenilles montre aussi à l'évidence des mouvements instinctifs chez les *Invertébrés*.

Les taxies (mouvements orientés)

Elles sont variables, contrairement aux mouvements instinctifs, et les stimuli externes doivent durer pendant tout le temps de la réaction. Elles sont donc adaptées à une situation et orientent le mouvement vers l'objet concerné. Les taxies et les mouvements instinctifs peuvent se combiner de différentes manières :

1. Déroulement concomitant : il apparaît p. ex. dans la façon dont l'*Oie cendrée* fait rouler son œuf (B), mouvement qui est déclenché par la vue d'un œuf ou d'un objet semblable en dehors de la cavité où se trouve le nid. On peut isoler ce tropisme en éloignant l'œuf après le début du mouvem. : les mouvem. pendulaires de balancier cessent, tandis que la coordination héréditaire (courbure du cou dans le plan médian du corps) se poursuit sans tropisme. L'emploi comme objet de remplacement d'un cube glissant toujours dans la même direction élimine également le tropisme. – La rigidité de la coordination héréditaire apparaît lorsque les leurres sont de grande taille : le mouvem. reste figé, car le leurre se coince entre la poitrine et le bec et le mouvement ne peut pas s'adapter à ces conditions modifiées.

Pourtant la rigidité n'est pas absolue : l'intensité et la vitesse de réaction des muscles varient ; ce qui est constant c'est la forme du mouvement.

2. Activités successives dans le temps. Ex. : *Crapaud*, lorsqu'il attrape une proie (A). Dans le cas le plus simple, le mouvem. d'orientation se produit sur place et est un pur tropisme. Lorsque la proie est assez proche, la coordination hérédit., immuable, lui succède (projetée en avant, la langue happe la proie), à ce moment elle n'est plus engendrée par des stimuli ext. Si à cette phase la proie se déplace, elle échappe à son chasseur. Si elle se déplace avant la combinaison de mouvements orientés et d'activités instinctives, on aboutit à une réaction compliquée.

Les activités instinctives

réunissent ces 2 types ds les comportements orientés : mouvements instinctifs et taxies.

Modèles d'un centre d'instinct

Les analyses du comportement et les stimulations cérébrales directes explicitent de différentes façons la conception originelle du « système de la boîte noire » entre les facteurs externes (entrée, in put) et le comportement final (sortie, out put).

Ils éludent les digressions sur les structures anatomiques et physiologiques qui même par des investigations néo-physiologiques ne sont pas parfaitement claires (p. 412 sqq.). Ils symbolisent des relations fonctionnelles différentes (hydrauliques, D ; cybernétiques, E) et généralisent les forces qui entrent en jeu. Mais ils indiquent d'une façon concordante la sujétion du comportement aux facteurs internes (p. 404) ; par opposition aux réflexes) et externes (p. 406) (**principe de la double quantification** ; C, D, E, F).

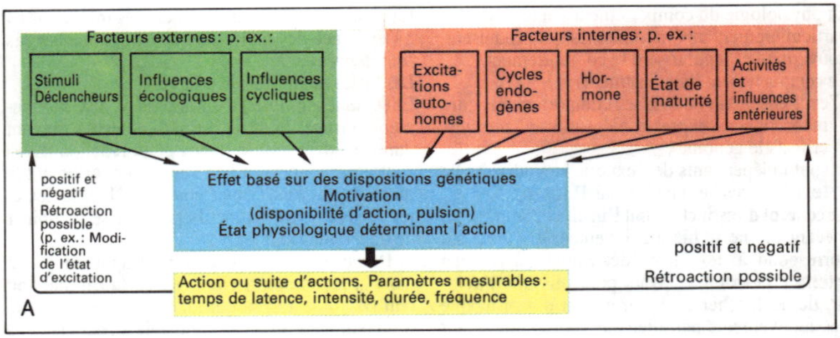

Schéma de motivation avec entrées et sorties

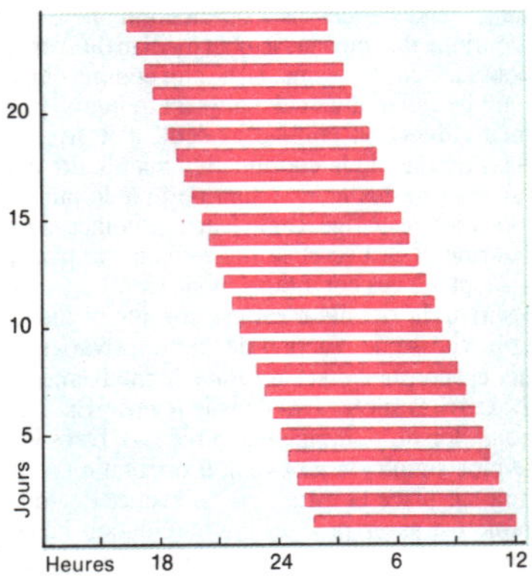

B **Phases d'activité d'un Écureuil volant (Glaucomys) placé en obscurité continue : Rythme circadien légèrement inférieur à 24 heures**

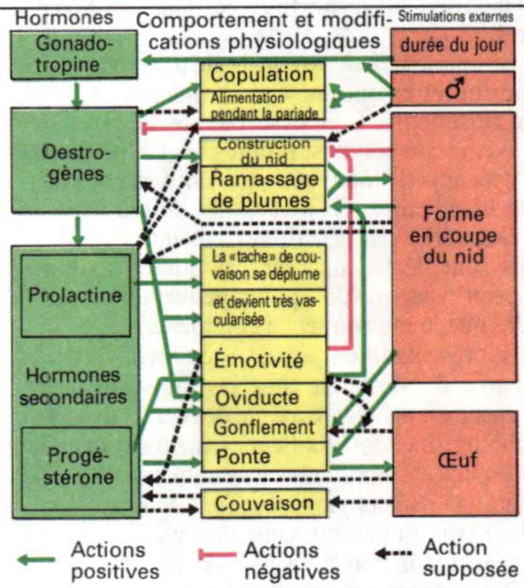

C **Influences des Hormones et des stimulations extérieures dans le comportement reproducteur de la ♀ de Canari**

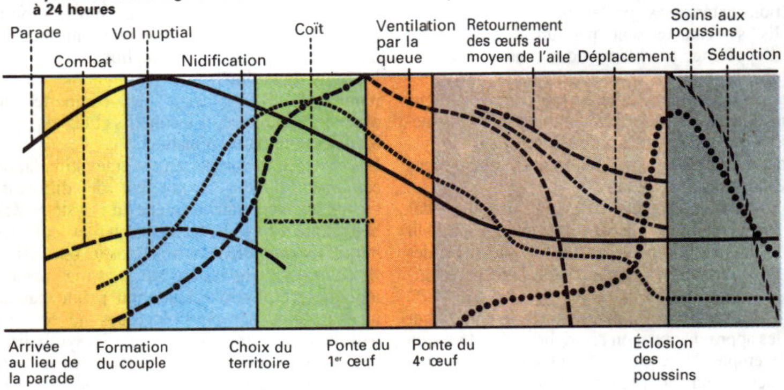

D **Comportements variés au cours de la reproduction chez le Grand Gravelot Action des facteurs internes et / ou externes**

Actions des facteurs internes

Motivation (disponibilité d'action) :
tendance, humeur, instinct ou pulsion.

Le potentiel d'action spécifique (PAS) accumulé dans chacun des centres coordonnés est la cause de la motivation et est utilisé pour la mise en œuvre des réactions comportementales.

Selon la hiérarchie du comportement (p. 411), toute conduite est en rapport avec une motivation, dont la force résulte de l'effet global de nombreux facteurs généralement internes (A).

La naissance d'excitations autonomes dans le S.N.C. est parfois la cause de conduites spontanées.

Les mouvements réguliers de l'opercule des *Poissons,* qui créent le courant d'eau respiratoire, reposent sur des décharges rythmiques des neurones du diencéphale : (centres automatiques ; d'après HOLST).

Les excitations sensorielles internes sont particulièrement importantes dans la sphère nutritive.

La disponibilité pour la prise d'aliments et de boisson repose sur l'excitabilité de cellules internes, qui identifient la glycémie ou la natrémie.

Les hormones agissent de façon spécifique sur la motivation, notamment dans le domaine sexuel.

– On a montré chez les *Oiseaux chanteurs* indigènes qu'il y a souvent une relation directe entre le taux de testostérone et l'aptitude au chant ;

– les femelles de certaines espèces de *Criquets* n'acceptent la copulation que si une hormone des *Corpora allata* est libérée ;

– de nombreux effets hormonaux s'objectivent (en synergie avec des facteurs externes) dans le comportement reproducteur des *Canaris* (C).

Les rythmes endogènes dont on peut prouver la rythmique interne par leur persistance, alors que les conditions externes restent constantes, se manifestent spécialement dans deux domaines :

– Une rythmicité circadienne dans l'emploi du temps-règle, p. ex. la répartition de l'activité chez les animaux diurnes, nocturnes et crépusculaires (B) et les différences de fréquence dans le chant qui varient avec le moment de la journée chez les *Oiseaux chanteurs.*

– Une rythmicité circannuelle (se superposant partiellement à l'activité hormonale) règle p. ex. la reproduction, les migrations, la formation de réserves liées à une période de l'année.

L'état de maturité peut conduire, à des âges différents, à réagir de façon variable à la même situation. Le fait de se suivre à la file indienne chez les nidifuges est limité au stade de jeunesse.

Les antécédents de l'action interviennent aussi :

– Si un grand laps de temps s'est écoulé depuis la dernière action, cela signifie une motivaton renforcée, par ailleurs moins diminuée.

– Des expériences positives au combat, qui se sont passées il y a un certain temps, renforcent l'état d'agressivité (p. ex. chez les *Souris*), des expériences négatives l'annihilent.

Les facteurs externes du moment associés, déterminent également la motivation : ainsi les excitations-clefs (p. 406 sq.) ont, avec les déclencheurs, un effet également motivant : il n'est pas facile de les différencier (comparer avec le « modèle hydraulique » modifié, p. 402 D).

Les bases biochimiques des variations du potentiel d'action spécifique ne sont pas encore très claires. On les attribue aux catécholamines (noradrénaline, dopamine) qui agissent comme transmetteurs synaptiques (p. 371). La baisse du taux des catécholamines, par des drogues appropriées, a un effet sédatif sur l'*Animal* et l'*Homme*, son augmentation amplifie l'activité motrice et l'agressivité. On observe des conséquences diverses des variations du potentiel d'action spécifique.

Variations de fréquence à long terme de certains types de comportement (D).

Une augmentation du seuil, dans de nombreuses conduites (copulation, prise de nourriture), est déjà sensible après quelques décharges : le comportement n'est pas déclenché alors par les objets adéquats ou seulement d'une façon rudimentaire.

– Dans d'autres conduites, le seuil n'augmente pas après plusieurs décharges (comportement de fuite), sans doute à cause d'une fourniture plus importante au centre de potentiel d'action spécifique endogène et/ou exogène.

La fatigue centrale (à activité spécifique) est l'état rapporté à un comportement particulier, de non-déclenchement par un signal d'excitation adéquat.

La baisse du seuil est particulièrement sensible lors du non-déclenchement prolongé d'un comportement (p. ex. isolation).

Une tourterelle rieuse ♂ ne fait d'abord sa pariade qu'avec une ♀ de la même espèce ; après quelques jours d'isolation, elle est attirée par une *tourterelle domestique* blanche, plus tard par une tourterelle empaillée, finalement par un bout d'étoffe froissée, et après plusieurs semaines, par un coin de cage (l'excitation optimale est obtenue par des lignes convergentes).

Au cours de nombreux essais semblables, le déclenchement avait lieu avec des leurres de moins en moins spécifiques.

Les activités à vide peuvent avoir lieu quand le seuil descend très bas, à condition que le blocage d'origine endogène puisse être surmonté (voir modèle d'instinct, p. 402). Ce qui est méthodologiquement concluant, c'est que des objets fictifs ne provoquent aucun déclenchement.

– Le comportement de capture d'Insectes des *Oiseaux chanteurs* (*étourneaux, jaseurs*) peut apparaître complétement à vide : fixation de la « proie », poursuite, capture, mise à mort, déglutition et enfin mouvement des plumes.

– Des mouvements de copulation apparaissent chez les *Mammifères* (p. ex. *Chien, Taureau*) sans stimulation extérieure vérifiable.

– Les mouvements de nettoyage des ailes apparaissent aussi chez les Imagos d'*Insectes* dont les ailes ne se sont pas déployées lors de la mue.

– Les mouvements très complexes de construction du nid chez les *Tisserands* (fabrication de boucles, de nœuds compliqués) ont lieu dans les élevages industriels sans objet apparent (sans brindilles ni brin d'herbe).

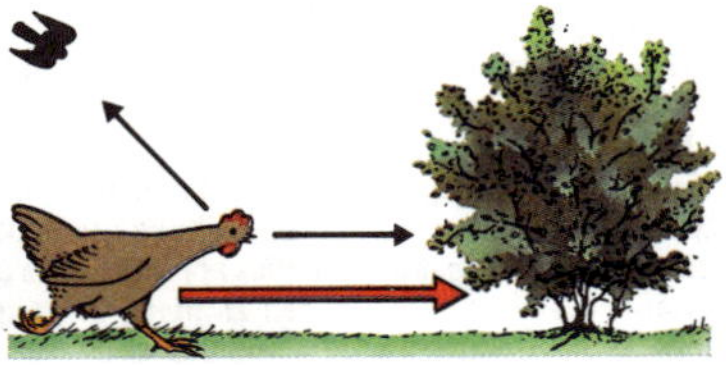

A **Réaction de fuite chez la Poule domestique : différence entre le stimulus déclencheur (Oiseau de proie) et le stimulus orienteur (Buisson)**

B **Sommation des excitations d'« d'effroi » causées par des leurres de Chouette chez des Oiseaux chanteurs**

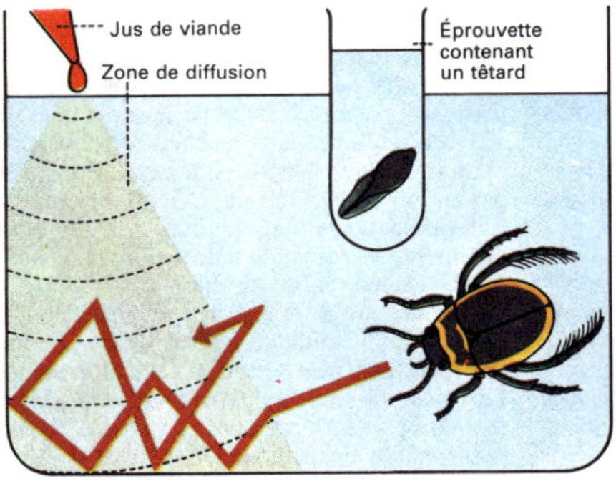

C **Comportement du Dytique marginé lors de la capture d'une proie : seule une partie des excitations reçues agit comme déclencheur**

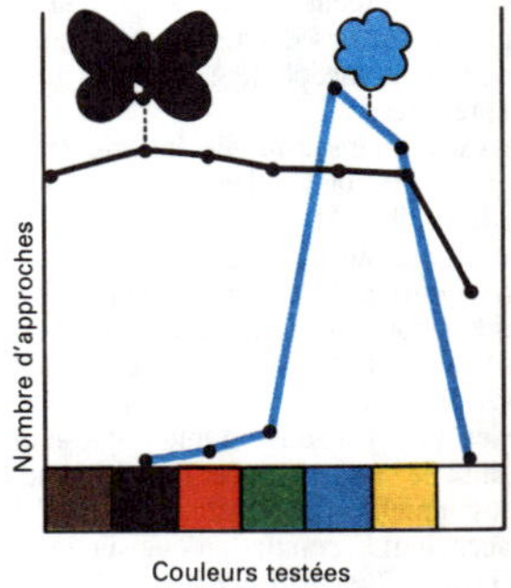

D **Approche de la ♀ et des fleurs chez le ♂ d'Hipparchia semele**

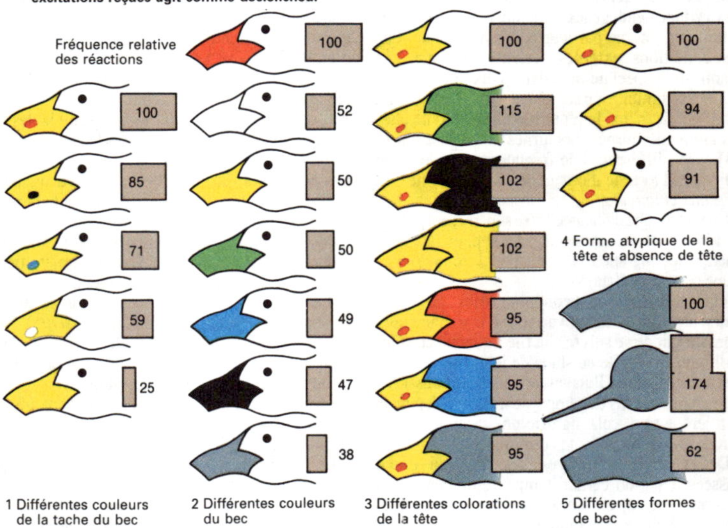

E **Analyse des excitations clefs qui déclenchent chez les poussins de Goëlands la demande de nourriture (frappes répétées sur le bord du bec)**

Action des facteurs externes

Les conduites doivent être déclenchées selon un mode fiable et se dérouler d'une façon dirigée. Des facteurs internes (p. 404 sq.) et des taxies (p. 402 sq.) sont les garants d'un déroulement orienté ; des stimulations externes et un déclenchement par des mécanismes nerveux orientent la réaction en fonction de la situation.

Stimulations extérieures

Elles ne sont biologiquement significatives que pour une faible part ; cela nécessite une filtration de l'ensemble des excitations. Elles peuvent avoir 3 effets différents :

– Effet excitateur (voir plus bas) ;
– Effet adapté (A) ;
– Effet de motivation (voir page 405) ;

Les stimulations perceptibles

Une première filtration est due à la spécificité et la capacité réceptrice des organes sensoriels existants :

– En dehors de la sensibilité thermique et du sens tactile, la *Tique* possède aussi une sensibilité cutanée à la lumière, faisant seulement la discrimination entre la clarté et l'obscurité et un sens olfactif vis-à-vis du seul acide butyrique (donc une part infime des facultés humaines de perception).

– Les *Animaux inférieurs* sont souvent sourds et aveugles.

– Les *Animaux nocturnes* ne distinguent généralement pas les couleurs.

Dans des domaines biologiquement importants, les organes des sens de nombreux *Animaux* sont plus performants que ceux de l'*Homme*.

– Les *Chauve-souris* perçoivent les ultra-sons d'une fréquence supérieure à 170 K Hz (orientation sur le mode du « sonar »).

– Certains *Papillons, Poissons* et *Mammifères* sentent des substances à des concentrations largement inférieures à celles perçues par l'*Homme*.

– Les *Insectes* voient jusqu'à 250 images à la seconde (16 seulement chez l'*Homme*).

– L'*Abeille* distingue la lumière polarisée de la non polarisée (p. 432 sq.).

– La ligne latérale des *Poissons* est le siège d'une sensibilité tactile à distance (p. 363).

Les stimuli déclencheurs de réactions

D'autres mécanismes de filtration interviennent lorsque les stimuli sont complexes, pour une part dans les organes des sens (filtration périphérique ; inhibition latérale p. 372 sq.), pour une autre part dans le S.N.C. (filtration centrale).

On déduit leur existence d'observations et d'expériences faites avec des leurres (C, D) ;

– Lors de la défense du territoire, le mâle de l'*Epinoche* n'attaque guère les leurres, reproductions fidèles de congénères à qui le ventre rouge manque ; par contre, des leurres très simplifiés, avec une partie inférieure rouge, sont violemment attaqués. Par rapport à ce caractère, tous les autres perdent de l'importance, bien que l'œil de l'*Epinoche* soit en mesure de les percevoir.

– Les petits des *Goélands argentés* mendient leur nourriture en picorant le côté du bec de leurs parents. L'analyse des excitations-clefs effectuée à l'aide des leurres de tête en trompe-l'oeil (E) a montré que **la tâche du bec** agit généralement parce qu'elle se détache du reste du bec.

La **couleur du bec** n'agit que lorsqu'elle est rouge. La **couleur de la tête** n'a aucune importance. Il en est de même de la **forme de la tête,** qui peut manquer totalement. La **forme du bec** est prépondérante. Les coordonnées spatiales jouent un grand rôle (perception complexe de la forme).

Les stimulations efficaces pour l'*Animal* peuvent varier selon les différentes sphères d'activité.

– Le *Dytique marginé*, pourvu d'yeux à facettes bien développés, peut être dressé à réagir à des stimuli optiques, mais ceux-ci ne jouent aucun rôle dans son comportement héréditaire de recherche de la proie (C). Une proie nageant dans une éprouvette ne déclenche pas le phénomène de capture : mais si l'on l'ajoute à l'eau du jus de viande, la recherche commence et tout objet heurté par hasard déclenche l'acte de préhension.

– Le mâle de l'*Agreste* (*Hipparchia semele*), disposé à l'accouplement, s'approche des leurres de femelles sans marquer de préférence pour une couleur ; mais lorsqu'il cherche sa nourriture, il préfère les fleurs artificielles bleues et jaunes à celles d'autres couleurs (D).

– Les stimulations doivent, dans l'environnement naturel, être suffisamment invraisemblables et discriminantes pour éviter les déclenchements non adéquats. C'est ce qui est réalisé, la plupart du temps, par la sommation de plusieurs stimulations (B). Ce n'est généralement pas une addition mathématiquement exacte, mais des mécanismes compensés par le S.N.C. (« addition compensée »). Des leurres avec des stimulations supranormales sont souvent de meilleurs déclencheurs que les objets naturels (hypernormalité ; E 5).

Le réflexe d'accouplement de la *Mouche domestique* ♂ est déclenché par des leurres plus gros (maximum de 2,26 fois la taille de la ♀).

Mécanisme de déclenchement (MD)

Ce sont des systèmes qui, tant au niveau périphérique que central, mettent en jeu des neurones mal connus, répartis en unités fonctionnelles sur la base de données expérimentales.

Les mécanismes de détection identifient la nature précise de la stimulation (p. ex. verticalité, horizontalité, mouvement, amplification, couleur).

Un cumulateur rassemble les informations partielles fournies par tous les détecteurs (sommation).

Un comparateur choisit, selon la situation (besoin de nourriture, aptitude à la reproduction), parmi x stimulations (D).

Un phénomène physiologique est la baisse d'excitabilité dans les voies afférentes des MD, si les excitations sont multiples (**inhibition afférente**, adaptation, fatigue à l'excitation).

Parmi les MD, les parties acquises (p. 416 sqq.) peuvent être différentes : **MID** (MD inné), surtout chez les *Animaux inférieurs* ; capacité de variation très étroite.

MDCE (MD complété par l'expérience) ; augmentation de la sélectivité par « adaptation neuronale interne » ; type très répandu.

MDA (MD acquis) : stimuli uniquement appris ; important chez l'*Homme* (p. ex. réactions aux panneaux de signalisation).

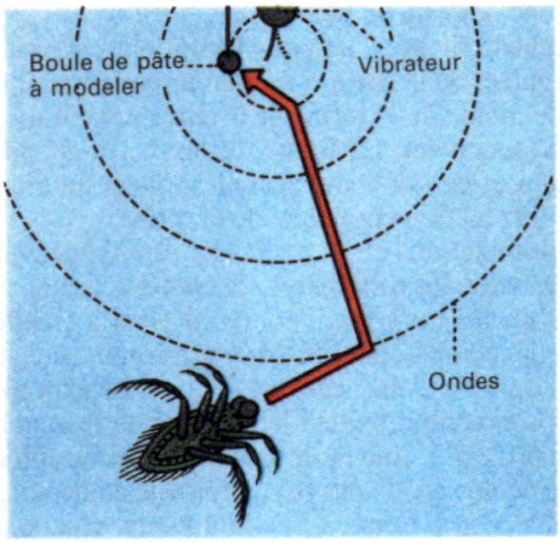

A Déclenchement expérimental de l'approche et de la capture d'une proie par une Notonecte

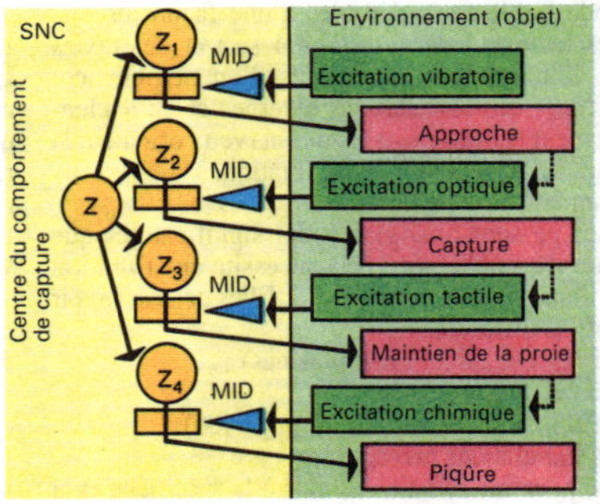

B Comportement de capture chez la Notonecte et ses bases dans le SNC (Schématique)

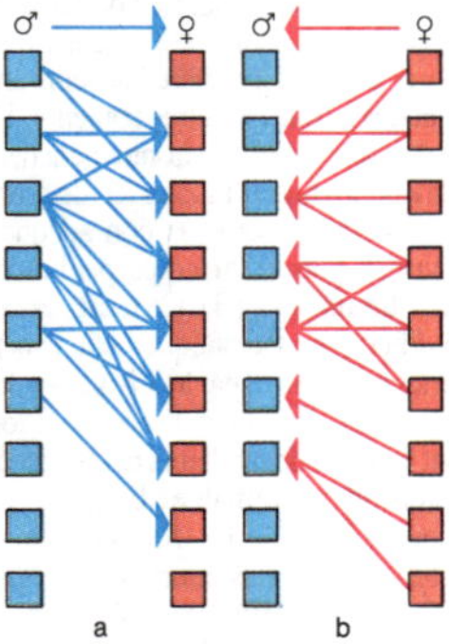

	♂	♀
1	Apparaît	Apparaît
2	Danse en zig-zag	Présente un ventre gonflé
3	Se dirige vers le nid	Se dirige vers le ♂
4	Montre l'entrée du nid	Le suit
5	S'évente rituellement	Se glisse sous le ♂
6	Coups saccadés du museau	Force l'entrée du nid
7	Pénètre dans le nid	Pénètre dans le nid
8	Fécondation	Fraie
9	S'en va	S'en va

C Chaîne réactionnelle observée lors de la pariade, et de la fraie chez l'Épinoche
a : Réactions de la ♀ aux agissements du ♂ ; b : Réactions du ♂ aux agissements de la ♀.

Chaîne d'actions

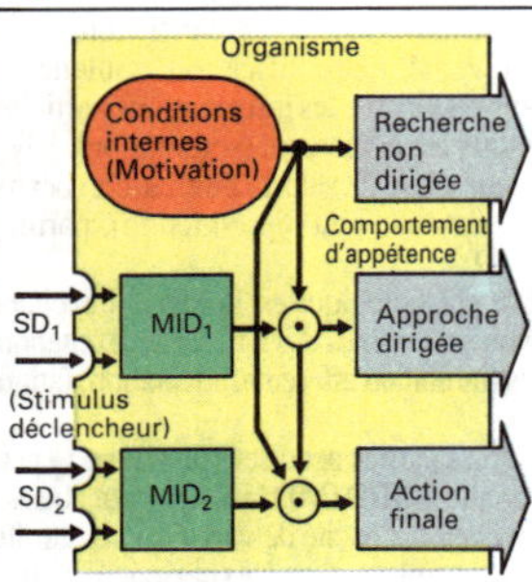

D Tableau de commande fonctionnelle interrelationnelle entre des comportements d'appétence biphasés et l'action finale (voir p. 402 E)

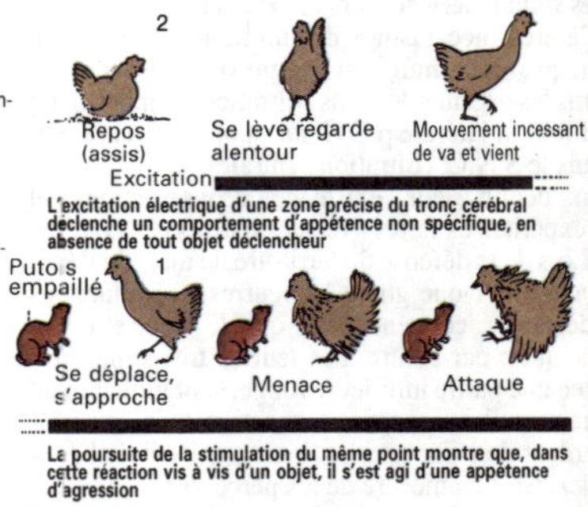

E Déclenchement du comportement d'appétence par stimulation cérébrale directe (voir p. 412 sqq)

Comportement d'appétence

La chaîne d'actions (chaîne réactionnelle)
est une unité fonctionnelle de chaînes des instincts. La suite régulière est parcourue, du fait que chaque action modifie la situation extérieure, de telle façon que de nouvelles excitations spécifiques déclenchent une nouvelle action (B).

Les chaînes d'action interspécifiques se produisent, souvent, dans le cadre fonctionnel de la prise de nourriture. Le comportement de capture de la *Notonecte* montre clairement la régularité du mécanisme (A, B). Cette punaise d'eau indigène capture d'autres *Insectes*, qui tombent à la surface des mares par chaînes d'actions successives :

– L'approche est déclenchée dans un rayon de 15 cm par des ondes (partant de la proie ou d'un fil animé de vibrations). Cette approche conduit la *Notonecte* à 2 cm de l'objet, puis l'action peut être interrompue si l'on utilise un fil ténu invisible pour l'animal (A).

– La capture, qui succède à la rencontre, est séparée de l'approche par une pause et par un battement de pattes nettement plus marqué. Elle peut être déclenchée par une boule de pâte à modeler (de 1 cm de ∅ environ) que l'on présente à 2 cm du vibrateur. Le changement de direction se produit dans ce cas à la distance de 2 cm, le fil qui continue à vibrer est abandonné.

– Le maintien de la prise ne peut être déclenché que par des leurres mous (petites boules d'ouate) ; en outre ils servent à montrer que ce sont des stimuli tactiles et non chimiques qui sont déterminants.

– Par contre, la piqûre n'est déclenchée qu'en réponse à des stimuli chimiques (le leurre est plongé dans du jus de viande).

On peut prouver de même, par utilisation de leurres, qu'il existe des chaînes de réaction typiques chez les *Insectes* en recherche de fleurs. Cependant le parcours effectif peut souvent différer de celui qui est idéalisé (C) et il en résulte une flexibilité de comportement en fonction de la situation.

Les chaînes d'action intraspécifiques sont particulièrement importantes p. ex. lors de la pariade (C ; p. 170) et des combats rituels (p. 430). Elles sont particulièrement spectaculaires car lors des réactions alternées des 2 partenaires, les stimuli déclencheurs sont souvent phylogénétiquement orientés vers leur fonction (p. 424 sqq.).

– Certaines réactions peuvent déclencher chez le partenaire des réponses différentes.

– En l'absence de réaction du partenaire, l'animal peut répéter l'action ou arrêter la chaîne.

La flexibilité du comportement, en fonction de la situation (voir plus haut), peut coordonner les disponibilités d'action entre les partenaires sociaux.

Le comportement d'appétence

On distingue, dans les modèles de comportement complexe, deux aspects (selon Craig) qui se différencient par les variations de valeurs du seuil (p. 405) et la fatigabilité spécifique.

1) Le comportement d'appétence, la recherche de la situation de déclenchement en vue de l'action finale, se produit spontanément avec une assez grande motivation (E). Il est variable et s'adapte ainsi aux diverses conditions de l'environnement. Il peut se composer de simples tropismes (p. ex. le *Crapaud* se tourne vers sa proie avant de la gober, p. 402 B), mais également comprendre tout à la fois des réflexes, des tropismes, des mouvements locomoteurs, des comportements innés et acquis. Il réclame peu de PAS, il n'y a aucune augmentation du seuil et l'on peut avoir de longues suites de réactions d'appétence (p. ex. recherche de la nourriture et du partenaire sexuel).

On peut aussi, comme cas extrême, considérer les vols migratoires des *Oiseaux* et les remontées des *Anguilles* et *Saumons*, au moment du frai, comme des réactions d'appétence.

2) L'action finale, qui se passe en situation déclenchée, est en général relativement simple et stéréotypée. Elle consomme beaucoup de potentiel d'action spécifique ; une conduite réussie inhibe peut-être une nouvelle surcharge du centre. Il s'ensuit une élévation du seuil souvent durable, qui empêche une nouvelle réalisation de l'action finale et du comportement d'appétence engagé (possibilité d'action diminuée, « assouvissement de l'instinct »). L'étendue de la capacité de répétition est limitée pour l'essentiel par la régénération du potentiel d'action spécifique.

Comportement d'appétence dans le modèle instinctif

La coordination dans les modèles instinctifs habituels (p. 402 C, E, F) représentée comme une partie d'un centre, ne peut pas s'appliquer à tous les cas. En effet le comportement d'appétence est variable et l'action finale peut aussi bien être une action isolée comme une chaîne de réactions ; de nombreuses coordinations sont d'ailleurs possibles :

– Un comportement d'appétence peut être absent quand le partenaire présente la situation de déclenchement (p. ex. pariade de l'*Epinoche* p. 170).

– Une coordination héréditaire comportant des tropismes coordonnés peut être en même temps un comportement d'appétence pour les actions suivantes (p. ex. lors de la capture de la proie chez la *Notonecte* ; voir plus haut).

– Tous les comportements d'appétence n'aboutissent pas à une action finale ; ils conduisent souvent à une situation où un nouveau comportement d'appétence spécifique se déclenche (D).

Hiérarchie des appétences

Comme les motivations (p. 405), les appétences se réalisent en fonction du niveau des centres (p. 410 sq.) à différents niveaux hiérarchiques.

Le comportement de capture d'un *Rapace* présente d'abord une inspection générale du territoire, où sont recherchés de préférence les endroits où des captures ont déjà été faites (processus acquis). La découverte d'une proie déclenche une appétence plus particulière qui dépend de la nature de celle-ci (selon qu'elle vole, nage ou court, qu'elle est saine ou malade) ; il peut par exemple isoler un animal d'un groupe en faisant semblant de fondre sur lui à plusieurs reprises. Ce n'est qu'ensuite que se produit la chaîne des actions relativement immuables : capture, mise à mort, plumée, consommation, que l'on peut considérer comme l'action finale.

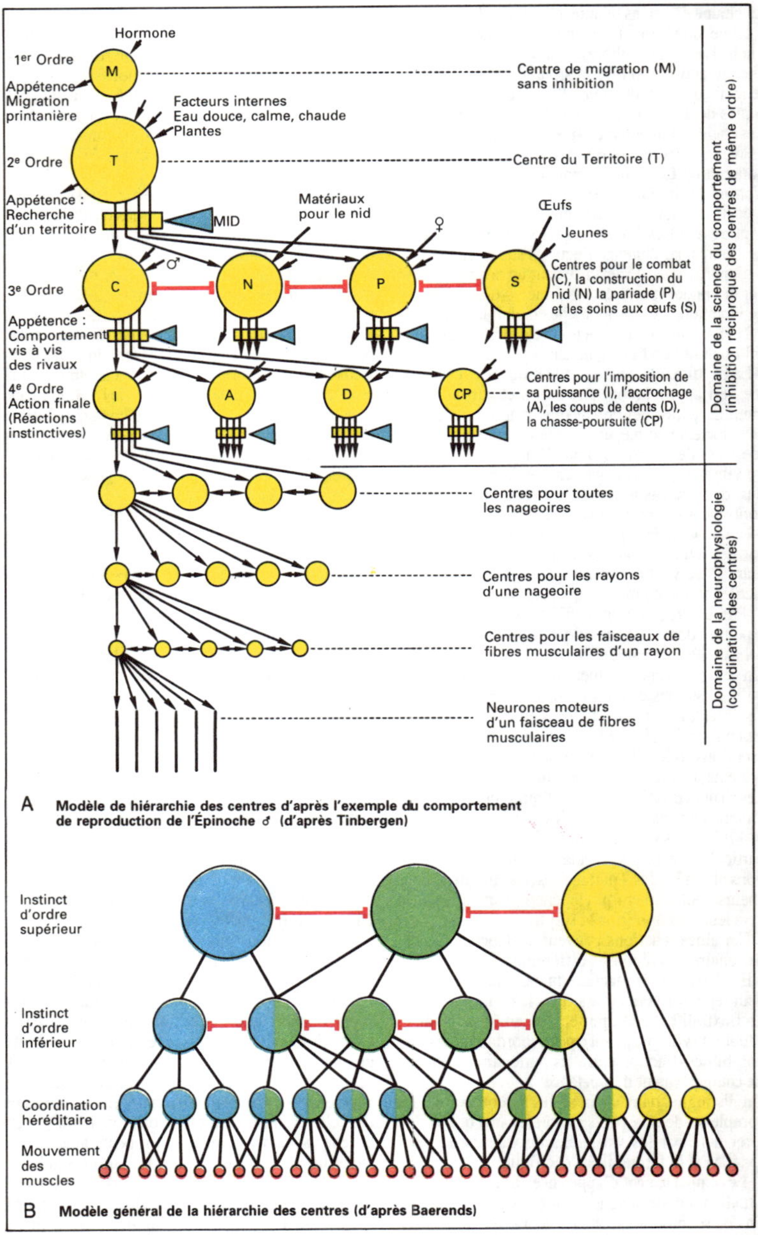

A **Modèle de hiérarchie des centres d'après l'exemple du comportement de reproduction de l'Épinoche ♂ (d'après Tinbergen)**

B **Modèle général de la hiérarchie des centres (d'après Baerends)**

Modèles de l'organisation hiérarchisée des centres de l'instinct

La multiplicité des types comportementaux programmés dans le S.N.C. d'un organisme suppose une organisation pour un fonctionnement adapté à chaque situation.

Dans les chaînes de réaction (p. 408 sq.) on perçoit les marques de cette organisation à l'intérieur d'un niveau d'intégration. De la même façon les degrés supérieurs d'intégration présentent une hiérarchie, mais peut-être un peu moins stricte :

– Dans le domaine de la reproduction, chez les *Oiseaux* par exemple, les comportements de nidification, pariade, copulation et soins aux jeunes se suivent dans un ordre assez strict (voir p. 404 D).

– Il en est de même dans un domaine fonctionnel plus restreint (p. ex. construction du nid : récolte, transport et assemblage des matériaux du nid).

Pour arriver à une suite biologique significative dans le temps, l'hypothèse suppose :

– L'inhibition réciproque de centres mutuellement antagonistes.

– La subordination de centres fonctionnant de pair à des centres communs d'ordre supérieur (organisation hiérarchisée).

La hiérarchie des centres instinctifs

Le modèle hiérarchique développé par TINBERGEN, après de nombreuses investigations, pour le comportement reproducteur de l'*Epinoche* mâle (A), tient compte de ces considérations générales. Il distingue les principes d'organisation suivants :

La mise en charge par le potentiel d'action spécifique (PAS) des centres supérieurs est le fait de facteurs internes (ici la testostérone vraisemblablement) et conduit à une activité spontanée sur laquelle agissent la température de l'eau et/ou la longueur du jour, en tant que marqueur de temps. Tous les autres centres sont mis sous tension par des facteurs externes spécifiques et par des facteurs internes (au nombre desquels l'excitation par les centres supérieurs occupe une place importante).

La décharge du PAS s'effectue par 2 voies :

– Si la charge est suffisante, chaque centre régit un comportement d'appétence spécifique (p. 409). On y trouve des exceptions pour les centres d'ordre 4, chez lesquels on n'a pas observé d'appétences.

– Après le déclenchement par des signaux excitateurs spécifiques, qui peuvent également provenir des objets qui ont aussi une action de motivation sur les centres, l'énergie passe sur les centres d'ordre inférieur. Ceci conduit au niveau des centres d'ordre 4 aux réactions instinctives ; l'énergie servant, tant qu'elle y demeure emmagasinée dans les centres supérieurs, à l'augmentation de la motivation.

Le centre d'ordre 1 présente une exception dans la mesure où l'on n'observe pas de déclenchement spécifique et qui ne présente donc pas de bloc.

L'inhibition réciproque des centres de même niveau (symbole rouge sur la planche A) fait que chaque centre ne peut activer que les comportements dépendant du seul centre qui lui est lié. Le comportement de pariade de l'*Epinoche* (mesuré par la fréquence des danses en zig-zag face à un leurre dans des conditions constantes) est inhibé par l'activation du comportement de couvaison (mesuré par la fréquence des périodes d'éventement). Que le nombre d'œufs soit augmenté par la fécondation de plusieurs pontes (on trouve jusqu'à 5 femelles dans un nid) ou artificiellement n'a aucune influence sur le résultat.

Entre les centres d'ordre 4, ce principe est mis en défaut car les réactions n'ont lieu qu'en partie (par ex. « en imposer » – poursuivre) ou n'ont pas lieu (p. ex. mordre – poursuivre).

Cette hiérarchie se retrouve dans le **domaine neurophysiologique**, mais modifiée cependant, (absence de blocs et d'inhibitions réciproques). Ce modèle permet de comprendre le comportement observé chez l'*Epinoche* mâle.

La migration printanière amène l'*Epinoche* dans des eaux chaudes peu profondes. Il y cherche un territoire approprié et dès qu'il en a pris possession commencent alors les réactions comportementales d'attaque, construction du nid, soins aux œufs, selon la motivation et la quantité de stimuli déclencheurs.

Fondamentalement les mêmes conclusions sur la hiérarchisation du comportement instinctif ont été étendues à d'autres groupes animaux :

Vertébrés (*Mammifères : Hamster, Souris ; Oiseaux : Goélands argentés, Mésanges, Pinsons*) ; **Invertébrés** (*Insectes : Ammophiles*, Chenilles de *Papillons ; Arachnides : Salticidés*).

Le large éventail suppose en conclusion que ce type d'organisation du comportement instinctif est largement répandu.

Schéma modifié de la hiérarchie des centres

BAERENDS a developpé un schéma général qui ne se rapporte pas à un cas défini. Avec une représentation simplifiée des centres il explicite par rapport au modèle de TINBERGEN des faits supplémentaires (B) :

– Il regroupe plusieurs circuits fonctionnels (≅ des centres d'ordre supérieur).

– De nombreux comportements sont sous la dépendance d'influx émanant de plusieurs centres supérieurs (p. ex. mouvements de locomotion dans presque tous les circuits fonctionnels).

– La suite rigoureuse des niveaux d'intégration est en partie bloquée (« franchissement » des étapes élémentaires).

Hiérarchie relative dans les réponses instinctives

LEYHAUSEN a montré chez le *Chat*, dans le comportement de capture de la proie, l'absence d'une organisation hiérarchique rigide. On ne retrouve pas ici de centre supérieur et le centre correspondant très motivé réprime les autres ou s'en sert comme appétences (hiérarchie comportementale relative). La proie devient alors, selon la motivation, un objet que l'on guette, dont on s'approche, sur lequel on bondit, que l'on cherche à attraper, que l'on capture ; les comportements retenus sont les appétences relatives à l'action finale du moment (voir p. 408 sq.).

Chez les *Rats*, avec d'autres méthodes (stimulation directe du cerveau, p. 412 sqq.), on a obtenu des résultats comparables qui laissent supposer que cette forme d'organisation, très variable, joue un rôle spécialement chez les *Mammifères* supérieurs.

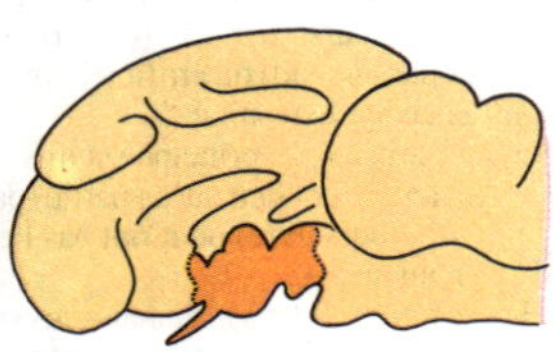

A Encéphale du Chat ; partie du tronc cérébral stimulée

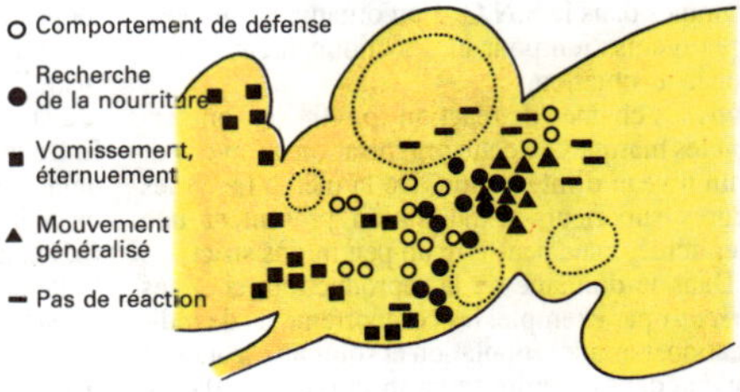

B Zone du diencéphale avec les différents points d'excitation

Localisation de « centres »

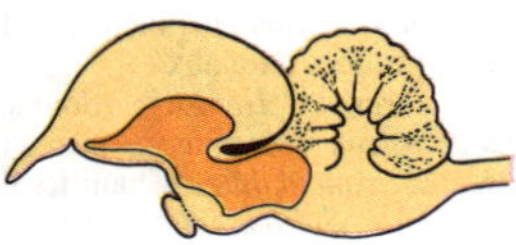

C Coupe longitudinale de l'encéphale de la Poule domestique ; en sombre, la zone du tronc cérébral soumise à l'expérimentation

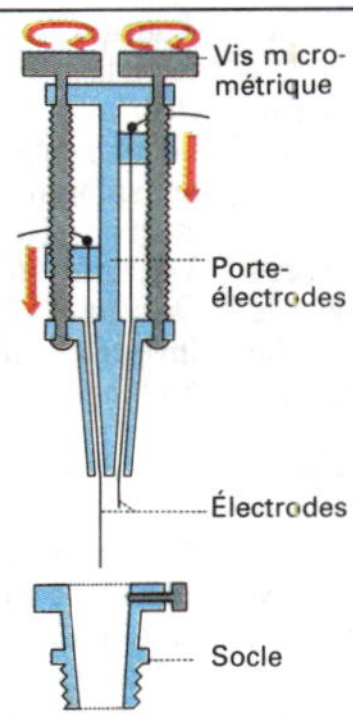

D Porte-électrodes et socle pour l'excitation cérébrale localisée

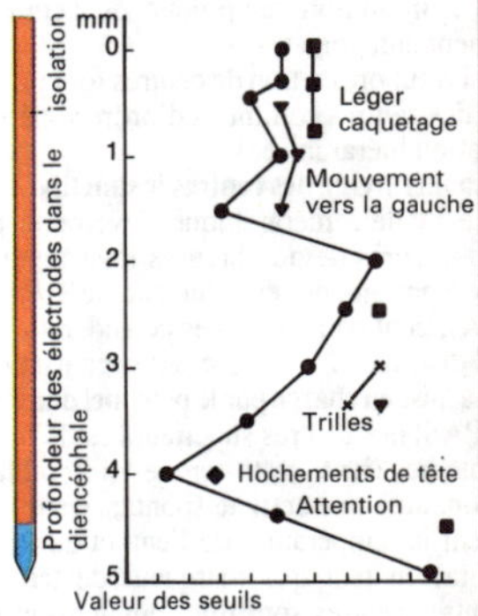

E Différentes réactions selon la profondeur des couches touchées par les électrodes

Réactions à l'excitation d'un champ pour le comportement face à un ennemi territorial : tout d'abord attaque et ensuite fuite si le leurre se « maintient »

F

E_1-E_5 Champs d'excitation à partir desquels différents types de comportements complexes sont déclenchés

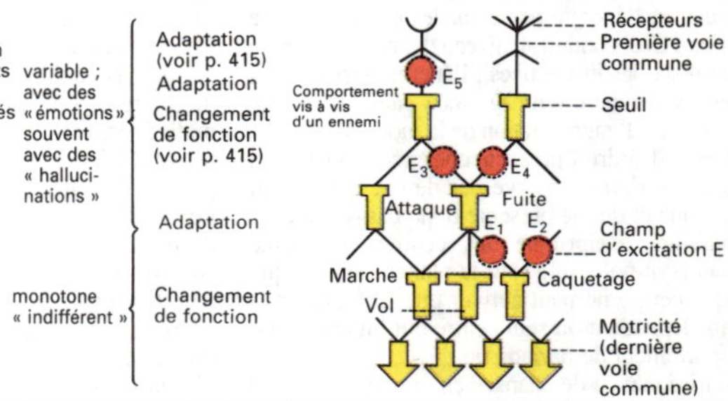

G Modèle d'une partie de la structure d'action qui déclenche les réactions du comportement

Organisation hiérarchique

Les conclusions donnant un fondement neural au comportement, tirées de l'observation de comportements ou d'expériences, sont contrôlables aussi par des interventions directes sur le cerveau. Après des essais de déconnexion initiaux n'ayant conduit qu'à des résultats grossiers, parce que les déficits provoqués avaient lieu sur une trop grande surface, on a développé :

La méthode d'excitation directe du cerveau. Elle consiste par le biais d'excitations électriques à faire émettre par les cellules nerveuses des potentiels d'action (p. 366 sq.) qui provoquent des effets ultérieurs dans les structures neuroniques existantes.

L'effet excitateur bien circonscrit est obtenu par une électrode isolée, sauf à la pointe, < 0,5 mm introduite dans le cerveau (E), alors que les électrodes indifférentes sont dans l'environnement non étudié. Même dans ces conditions, de nombreuses cellules (ou fibres) nerveuses sont excitées en même temps, car les excitations se propagent dans toutes les directions.

Aucun dommage n'est provoqué à cause du faible diamètre des électrodes (0,2 mm) et du courant utilisé (< 2 V, sous 50 Hz).

Le contrôle de la localisation des électrodes se fait au rayon X ou/et par des études histologiques à la fin des essais (coagulation de la substance cérébrale par un courant plus fort).

Des essais en série, avec des excitations multiples, sont possibles grâce à des porte-électrodes qui permettent de faire intervenir plusieurs électrodes progressivement à l'aide de vis micrométriques (D).

Des excitations à distance sans fil suppriment presque entièrement la gêne des animaux en expérience.

Localisation des centres

HESS a établi un atlas des lieux d'excitation, pour plusieurs réactions, en explorant le diencéphale du *Chat* (A).

Il a aussi montré qu'il n'y a pas de centres du comportement au sens traditionnel (groupe fermé de neurones), mais que les systèmes neuroniques sont organisés d'une façon très ramifiée, qu'on ne peut les séparer que fonctionnellement car ils s'interpénètrent de multiples fois. Dans certains cas on ne peut montrer les relations morphologiques et fonctionnelles : défense et fuite peuvent être déclenchées dans des territoires anatomiquement très intriqués (ce qui correspond à l'étroite liaison éthologique des deux types comportementaux).

En de nombreux sites on peut déclencher des réactions instinctives isolées, dans d'autres des comportements coordonnés, en partie avec des comportements d'appétence vus plus haut (voir aussi p. 408 E) : l'excitation de régions définies diminue la réactivité aux stimuli extérieurs, les pupilles se rétrécissent, les yeux se ferment, l'animal se couche en boule : état caractéristique du sommeil normal.

Des *Chats* nourris isolément montrent par stimulation cérébrale des comportements d'ensemble d'attaque ; ce qui prouve la programmation génétique de ce comportement. Des expériences de localisation réalisées chez les *Insectes* (*grillons*) conduisent à des résultats semblables.

L'ordre hiérarchique.

V. HOLST a préféré les *Poules* comme animaux d'expérience (C), car ce sont des animaux sociables, qui manifestent des comportements variés, que l'on peut parfaitement, optiquement et acoustiquement, contrôler lors des expériences. Tous les comportements naturels connus ont pu être déclenchés par stimulation cérébrale.

Un résultat important de ces études est que l'on peut déclencher des comportements de complexité variable à partir de différents champs d'excitation, ce qui montre que souvent de nombreux champs d'excitation conduisent au même résultat :

– En de nombreux endroits, seuls des comportements simples peuvent être déclenchés (p. ex. marche, rotation vers la gauche et la droite, coups de bec, picotage, attention).

– En quelques endroits, on observe des réactions plus globales (niveaux d'intégration supérieurs) ayant une fonction commune.

– Leurs composantes partielles, déclenchables isolément en d'autres endroits, apparaissent dans un ordre constant lorsque la stimulation croît, p. ex. fuite devant un ennemi au sol : attention, caquetages, agitation, envol, invectives. Avec une excitation de plus forte intensité, des composantes partielles peuvent immédiatement disparaître ; dans ce cas on obtient directement l'envol avec invectives.

Ces actions complexes ne sont pas orientées (p. ex. nettoyage du bec) ou orientées vers le monde extérieur (p. ex. picotage de graines, luttes inter ou intraspécifiques).

– Encore plus haut dans la hiérarchie des mécanismes d'intégration, se situe le comportement agressif instinctif qui peut comprendre l'attaque et la fuite : à une intensité de stimulation déterminée, un leurre (*Putois*) est attaqué ; si on ne l'éloigne pas, la *Poule* s'envole (F).

La structure effectrice

Si l'on rassemble ces résultats partiels en un modèle de structures neuroniques coordonnées, on obtient une séquence de « la structure effectrice » qui dirige le traitement des informations, normalement transmises par les organes des sens et leur distribution aux organes effecteurs (G).

La structure effectrice montre une organisation hiérarchisée et confirme sur ce point les résultats de TINBERGEN (voir p. 410 sq.). Dans le cas présent, on démontre l'existence de 3 niveaux hiérarchiques multiconnectés. Les champs d'excitation se trouvent près de « voies » supérieures différentes d'où la réalisation de comportements de complexité variable.

La suite régulière des comportements au sein d'un niveau donné (voir chaînes d'instincts, p. 408 sq.) peut s'expliquer ici par différentes valeurs-seuil élevées.

Comme un organe des sens est le déclencheur de plusieurs comportements et un muscle le réalisateur de nombreuses réactions, on parle au niveau des nerfs sensitifs ou encore moteurs de « voies communes ».

Pour l'**adaptation** et le **changement de réactions,** voir p. 414 sq.

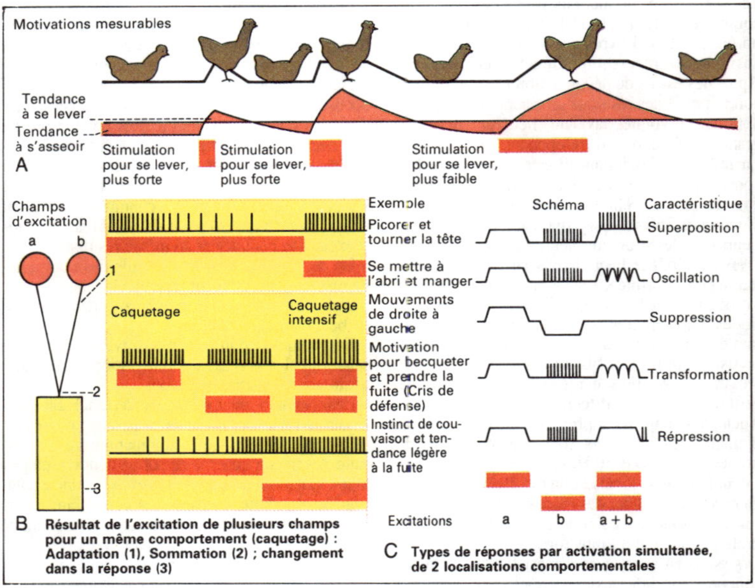

B **Résultat de l'excitation de plusieurs champs pour un même comportement (caquetage) : Adaptation (1), Sommation (2) ; changement dans la réponse (3)**

C **Types de réponses par activation simultanée, de 2 localisations comportementales**

Différentes réponses obtenues par stimulation cérébrale directe

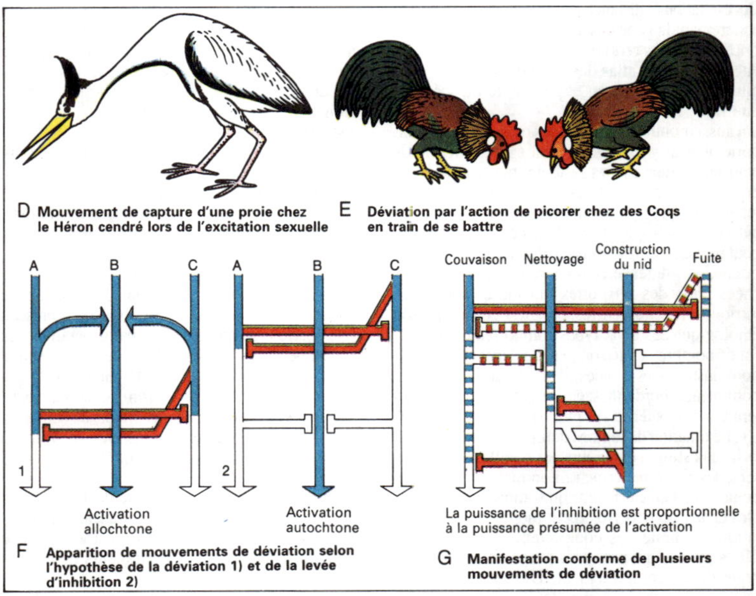

D **Mouvement de capture d'une proie chez le Héron cendré lors de l'excitation sexuelle**

E **Déviation par l'action de picorer chez des Coqs en train de se battre**

F **Apparition de mouvements de déviation selon l'hypothèse de la déviation 1) et de la levée d'inhibition 2)**

G **Manifestation conforme de plusieurs mouvements de déviation**

Comportement de déviation

Les stimulations cérébrales directes ont permis de résoudre d'autres problèmes.

L'influence des stimuli extérieurs

De nombreux comportements se déclenchent indépendamment des excitations extérieures (p. ex. la fuite chez les *Poules* ; les chants chez les *Grillons*). Dans d'autres cas les stimuli externes agissent de deux façons :

– Un coq ne prête aucune attention à un congénère empaillé, mais l'attaque si on excite le tronc cérébral. L'effet de l'excitation correspond ici à des signaux de motivation.

– La stimulation de sites définis le fait courir çà et là sans but. Si, au cours d'expériences de sélection, on présente à l'animal des objets (nourriture, partenaire sexuel, rivaux) on obtient un comportement adapté. L'excitation provoque, dans ce cas, un comportement spécifique d'appétence (p. 408 E).

Mesure des motivations

On peut, en fonction du potentiel d'excitation et de la valeur du courant, quantifier le comportement que l'on déclenche en évaluant le temps de latence, l'intensité de la réaction et sa durée (« persistance » après la fin de l'excitation).

Une poule spontanément motivée pour se coucher se dresse si on excite « le champ responsable de la station debout ». En fonction de la durée de l'intensité de l'excitation, les trois paramètres de la réaction changent d'une façon typique (A).

Il s'ensuit d'une façon générale que : plus forte est une motivation (p. ex. « s'asseoir »), plus forte doit être l'excitation du champ complémentaire (p. ex. « se lever »). On mesure la valeur critique en potentiel-seuil ou courant excitateur-seuil.

Sommation, adaptation, changement dans la réaction

En considérant deux champs excitateurs pour un même comportement (B), on obtient une réaction d'intensité moyenne avec une excitation isolée, mais une réaction bien plus forte par excitation simultanée (sommation : B2). Ceci montre que les deux excitations se propagent ensemble dans le SNC.

En excitant un champ pendant une certaine durée, la réaction comportementale s'affaiblit jusqu'à disparaître (**Adaptation :** B1). Si l'on excite immédiatement après l'autre champ, la réaction se rétablit aussitôt : l'adaptation doit donc se faire avant la propagation conjointe des excitations (voir aussi inhibition afférente, p. 407).

Souvent, au début de l'excitation, la réaction ne se fait que lentement (inertie de départ, B3). La poursuite de l'excitation à partir d'un second champ donne aussitôt une réaction complète. Il doit s'ensuivre un **changement dans la réponse** après la sollicitation conjointe des voies (voir facilitation, p. 373).

Effets conjugués de comportements différents

L'activation simultanée de deux localisations comportementales entraîne différents types d'actions d'ensemble. Certains types révèlent l'existence de mécanismes inhibiteurs entre les deux centres (suppression, répression).

Dans l'un des types (changement) le résultat du conflit est la naissance d'un 3e type comportemental ; il faut alors supposer l'existence d'un mécanisme semblable à une déviation.

La déviation

Apparaît souvent dans les situations conflictuelles comme un comportement étranger à la situation.

– Lorsque des *Epinoches* mâles se rencontrent à la frontière du territoire, il se produit une déviation de l'instinct de creusement (qui provient du comportement de nidification). Expérimentalement, si l'on effarouche un mâle ds son propre territoire par un leurre qu'il commence à attraper avant de prendre la fuite, il recommence, après quelque temps, à attaquer le leurre maintenu immobile. Immédiatement auparavant, alors qu'il balance entre la fuite et l'attaque, un comportement de creusement dévié apparait brièvement.

– Les combats de *Coqs domestiques* sont souvent introduits et interrompus chez les deux partenaires par des picotages de déviation qui naissent du même conflit instinctif (E).

On peut l'expliquer par deux hypothèses (F) :

1) hypothèse de la déviation

Deux centres A et B se bloquent d'une façon réciproque de telle façon que l'excitation qui est contenue est déviée sur une 3e voie et déclenche par ce biais un comportement allochtone.

2) hypothèse de la levée d'inhibition

Par blocage réciproque, les centres A et B cessent d'inhiber C dont l'excitation autochtone déclenche le comportement qui lui est propre.

L'apparition de nombreuses réactions de déviation spécifiques dans une situation conflictuelle est également explicable d'après les 2 hypohèses :

– chez les *Goélands argentés,* le conflit entre la couvaison et la fuite (provoqué expérimentalement par des modifications apportées au nid) conduit par une pulsion excessive de couver à la construction du nid par déviation (G) et par une pulsion excessive de fuite à faire sa toilette par déviation.

– chez les *Epinoches* mâles, un semblable conflit entre les pulsions sexuelles et d'agressivité conduit à un comportement déviationniste d'éventement par exagération de la pulsion sexuelle et à celui de rester fixé au nid si l'agressivité est très forte.

On observe également des déviations dans d'autres situations ; on peut les expliquer par des modèles physiologiques à peine modifiés.

Absence d'une stimulation externe indispensable

La situation est courante dans la pariade (femelles non encore prêtes à l'accouplement).

– L'*Epinoche* mâle manifeste fortement un comportement déviationniste d'éventement, si la femelle après la danse en zig-zag ne le suit pas au nid .

– Les *Oiseaux* mâles montrent souvent pendant la pariade un comportement de nettoyage, par déviation ; dans de nombreux autres cas se manifestent aussi des mouvements de soins corporels.

La cessation trop brusque d'une action laisse un résidu d'énergie spécifique de réaction qui est utilisé d'une façon allochtone.

La stimulation d'un centre déjà épuisé peut débloquer un autre centre dont l'énergie entraîne une action déviée non conforme. Repli des jeunes *Grives* épuisées à force d'ouvrir tout grand leur bec.

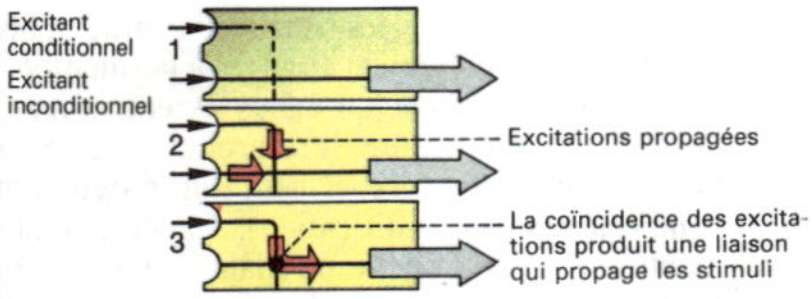

A Schéma de la création d'un réflexe conditionné
(schéma fonctionnel très simplifié et idéalisé des connexions)

B Hésitation d'un Chat sans expérience devant la « fosse optique »

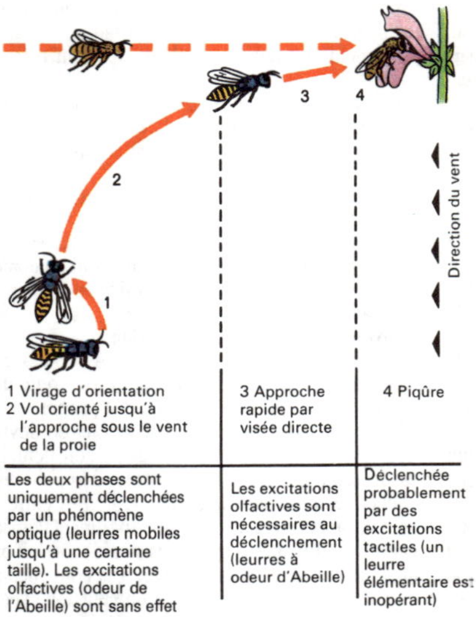

C Déroulement, indépendant de l'expérience, du comportement de chasse, chez la femelle de Philanthe apivore

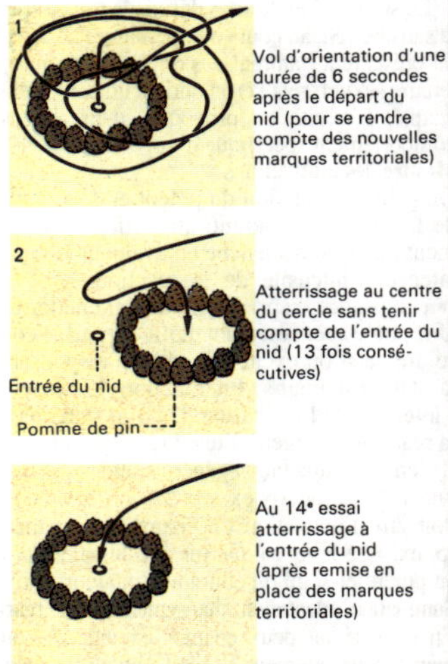

D Apprentissage rapide et total de l'emplacement du nid par rapport aux marques territoriales chez la femelle de Philanthe apivore (Loup des Abeilles)

La part de l'apprentissage revêt une importance variable dans les diverses activités instinctives

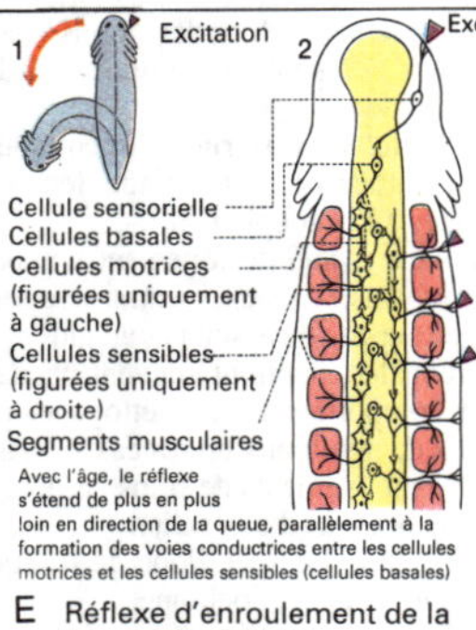

E Réflexe d'enroulement de la larve d'Axolotl (1) et ses bases nerveuses (2)

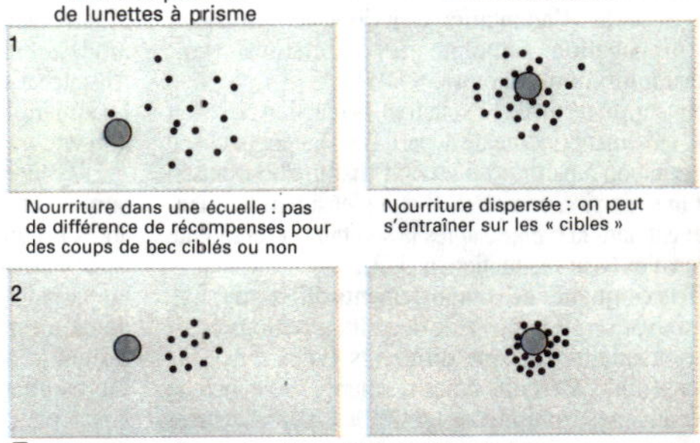

F Maturation d'un mécanisme d'orientation chez des poussins (coups de bec dans de la pâte à modeler pour attraper une tête d'épingle)

Développement et maturation des modes instinctifs de comportement

Comportement inné et acquis

– L'inné est basé sur des informations acquises au cours de la phylogenèse et stockées dans le patrimoine héréditaire (« mémoire spécifique ») ;
– l'acquis est basé sur des informations acquises au cours de la vie de l'individu, par des expériences et stockées dans le S.N.C. (mémoire individuelle) ; ce qui influencera le déclenchement des comportements ultérieurs.

Bien que tous les processus neuroniques concernés ne soient pas élucidés (voir p. 387), on peut considérer l'apprentissage comme un mécanisme nerveux central, au cours duquel des excitations induisent des modifications dans les structures neuroniques qui influencent la propagation des excitations ultérieures (A). On suppose qu'il existe dans le S.N.C. des structures innées (aptitude à l'apprentissage) qui ont également la possibilité innée de changer d'une façon durable leurs structures de fonctionnement sur la base d'excitations spécifiques (structure mémorisante).

Lors de la création d'un réflexe conditionné (p. 419), il doit exister, en plus de la voie nerveuse qui déclenche le réflexe par une excitation efficace (non conditionnée), une deuxième voie spatialement voisine pour les excitations qui sont déclenchées par une stimulation inefficace (conditionnée). Si des excitations se produisent alors, plusieurs fois, simultanément dans les deux voies, il se forme une nouvelle liaison qui propage les excitations, comme suite à cette coïncidence (A).

On en déduit qu'il n'y a pas de différence fondamentale entre l'inné et l'acquis. Des *Chats* élevés dans l'obscurité n'hésitent pas devant une fosse optique recouverte d'une plaque de verre (B).

Des recherches histologiques, portant sur la région du S.N.C. concerné, ont montré que de nombreuses synapses et même la totalité des neurones se mettaient en place lors de l'élevage à l'obscurité, mais dégénéraient en l'absence d'excitations propagées.

En règle générale, l'environnement et le patrimoine héréditaire agissent en synergie dans l'expression du comportement ; il en va différemment de l'amplitude des variations comportementales qui dépend de l'importance des facilités d'apprentissage génétiquement programmées.

Dans ce sens restreint, on continuera, pour des raisons pratiques à distinguer comportement à prédominance innée et à prédominance acquise.

Signification biologique du comportement acquis

Les deux types comportementaux n'ont pu se développer que s'ils offraient des avantages sélectifs (p. 499) dans les conditions naturelles.

Le **comportement inné** avec l'avantage d'une possibilité de réaction immédiate et le désavantage de son manque de flexibilité (dans la vie de l'individu et dans la suite des générations) est plutôt attendu :
– là où face à des objets précis il faut réagir vite et avec précision dès le premier contact (comportement de fuite ; accouplement et soins aux jeunes, dans la mesure où l'apprentissage par des individus de la même espèce est impossible, comme par exemple chez de nombreux *Insectes*).
– là où conditions de vie et stimuli immuables figent les comportements (C).

Le **comportement acquis** avec l'avantage d'une plus grande plasticité et le désavantage de l'hésitation dans les possibilités de réagir se retrouve par exemple dans la reconnaissance individuelle du partenaire sexuel ou des jeunes de la même espèce (*Oiseaux* nichant en colonies) ou dans la mémorisation d'habitats précis (D).

Lorsque les conditions de vie changent (par exemple : variations climatiques, intervention de l'*Homme*), la capacité d'apprentissage est une condition de survie.

Il n'y a d'ailleurs de grandes différences dans les possibilités d'apprentissage que dans des parties de comportement fonctionnellement voisines.

Le *Philanthe apivore* apprend vite à reconnaître parfaitement la situation de son nid par des repères territoriaux (D), au cours du comportement de chasse ; par contre, rien n'est « intérieurement appris » (C).

Les *Choucas* apprennent à reconnaître avec exactitude les membres adultes de la colonie selon leur rang hiérarchique, mais ne distinguent pas leurs œufs ni leurs petits de ceux d'autrui.

La maturation des comportements

repose sur un processus de développement du S.N.C. indépendant de l'expérience. Ceci simule un apprentissage que l'on peut exclure expérimentalement :
– on a élevé sans mouvement sous narcose continuelle des embryons de *Grenouille* jusqu'à ce que les animaux-témoins de même âge présentent des mouvements de nage. Les deux groupes nagèrent ensuite aussi bien l'un que l'autre ;
– de jeunes *Pigeons* furent privés de l'usage de leurs ailes. On les libéra lorsque les animaux-témoins volaient jusqu'à une distance de dix mètres. Les vols furent parfaitement comparables ;
– on a démontré chez l'*Axolotl* que l'apparition de la motricité dépend du développement dans le S.N. de structures déterminées plus que du développement des muscles et des récepteurs (E).

Les mécanismes d'orientation aussi peuvent mûrir. Des *Poussins de poule* d'un jour picorent dans de la pâte à modeler pour attraper des têtes d'épingle cachées et réparties au hasard (F). Après plusieurs jours où ils peuvent picorer d'une façon plus ciblée, le résultat est bien meilleur. Chez des animaux-témoins on décale latéralement de 7° le champ visuel par un prisme, toute récompense pour des coups de bec ciblés étant exclue. Malgré cela, la précision du but augmente ici aussi.

Souvent ce sont d'abord des mouvements héréditaires qui apparaissent, puis les tropismes, enfin les comportements d'appétence spécifiques :
– Les *Souris* font d'abord des mouvements de grattage « dans le vide » qui ne sont dirigés qu'ensuite.
– Les jeunes *Cormorans* commencent à utiliser le tremblement du bec destiné à la construction du nid dans différentes situations. Ce n'est que plus tard qu'ils réussissent à déclencher l'ensemble des réactions de construction du nid par des excitations spécifiques et une coordination avec tropismes et appétences.

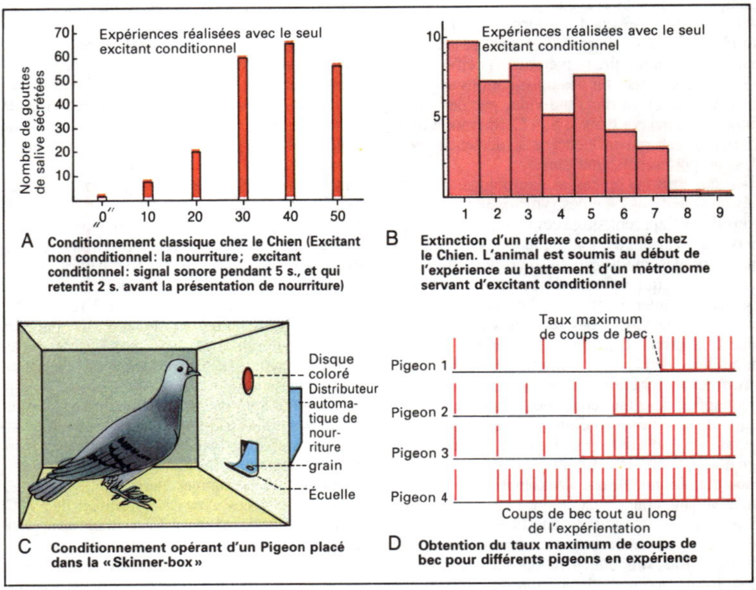

A **Conditionnement classique chez le Chien (Excitant non conditionnel : la nourriture ; excitant conditionnel : signal sonore pendant 5 s., et qui retentit 2 s. avant la présentation de nourriture)**

B **Extinction d'un réflexe conditionné chez le Chien. L'animal est soumis au début de l'expérience au battement d'un métronome servant d'excitant conditionnel**

C **Conditionnement opérant d'un Pigeon placé dans la « Skinner-box »**

D **Obtention du taux maximum de coups de bec pour différents pigeons en expérience**

Conditionnement classique et opérant

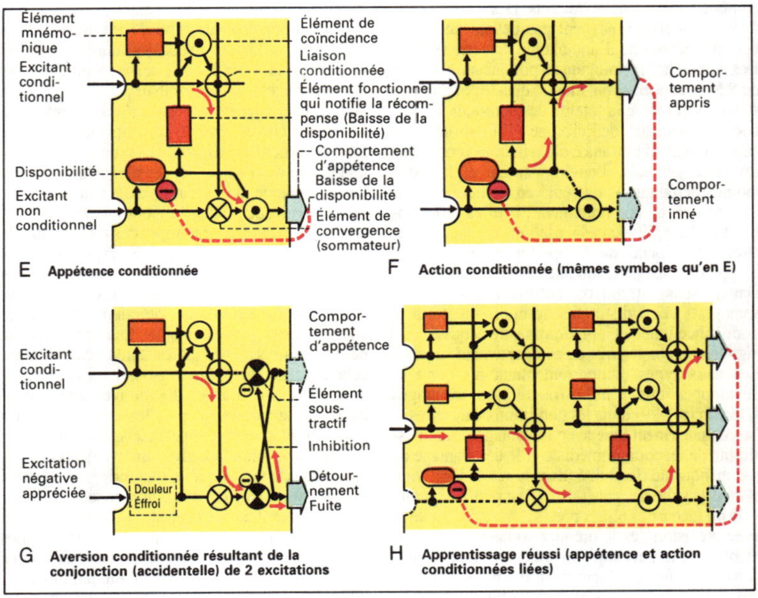

E **Appétence conditionnée**

F **Action conditionnée (mêmes symboles qu'en E)**

G **Aversion conditionnée résultant de la conjonction (accidentelle) de 2 excitations**

H **Apprentissage réussi (appétence et action conditionnées liées)**

Schémas fonctionnels idéalisés des processus d'apprentissage

Le type de processus d'apprentissage permet souvent de classer les comportements mais la classification proposée ici n'est ni complète ni la seule utilisée.

L'accoutumance
qui fait que l'animal réagit plus faiblement à l'excitant, avec des effets ni positifs ni négatifs, est la forme la plus simple de l'apprentissage.
Ses bases neurophysiologiques sont l'adaptation, la diminution des afférences, la fatigue vis-à-vis de l'excitant spécifique (p. 407 ; 415).
La signification biologique est que les animaux s'épargnent les réactions aux stimuli sans importance, ce qui favorise la concentration sur les stimuli fondamentaux.
Le repli des jeunes *Grives,* par d'intenses stimulations vibratoires, amène l'arrêt de la réaction qui peut être redéclenchée par des stimulations acoustiques ou optiques.
La sensibilisation ou abaissement du seuil d'excitation par des stimulations répétées est le contraire de l'accoutumance.
Lors du comportement de fuite à la lumière chez l'*Amphioxus,* on peut très fortement abaisser la valeur du seuil d'intensité par des électrochocs.

La formation de réflexes conditionnés
est à la base de nombreux processus d'apprentissage. Cela suppose des structures neurophysiologiques où de nouvelles relations fonctionnelles peuvent s'établir par la coïncidence d'excitations (création d'associations, p. 416 A).

Conditionnement classique
Lors de la mise en jeu habituelle d'un réflexe conditionné il faut des excitations neutres pour déclencher une réaction déjà programmée (acquise) (p. 401).
Dans des conditions expérimentales quantifiables, on obtient des courbes d'apprentissage typiques (A).
Le réflexe conditionné ne continue à fonctionner que s'il est associé au stimulant non conditionnel ; s'il est proposé seul (et pas au moins de temps en temps renforcé par l'excitant inconditionnel), la réaction de conditionnement disparaît (**extinction** : B).
L'**oubli** est par contre un processus passif si l'animal n'est plus replacé dans les conditions de l'expérience.

Conditionnement opérant
Il se distingue du conditionnement classique en ce que le nouveau mouvement sert de comportement d'appétence pour une disponibilité d'action déjà présente.
Après qu'un pigeon a d'abord appris qu'à cause du bruit du distributeur automatique un grain se trouve dans la mangeoire, on associe, dans l'expérience réelle, un disque coloré au distributeur de telle façon qu'après chaque coup de bec un grain tombe (C).
L'enregistrement des résultats avec le distributeur automatique montre que dans ce type de comportement l'association s'est faite très rapidement. De nombreux animaux atteignent déjà, dès la première réaction, le taux de coups de bec maximum (D). Ce qui est important pour la réussite est le temps qui sépare le comportement recherché de la récompense : chez le *Pigeon* l'intervalle optimum était compris entre 0,5 et 3 secondes, au delà de 30 secondes, les récompenses étaient inopérantes.
Skinner a expérimenté en appliquant cette méthode à l'apprentissage humain. On a mis au point des machines et des programmes qui organisent les nombreuses structures d'apprentissage en plusieurs étapes et renforcent le succès par la validation immédiate de toute solution juste. Les succès ont été moindres que prévu, car à l'évidence chez l'*Homme,* des formes d'apprentissage d'ordre supérieur (imitation, compréhension) et la motivation par des modèles jouent un grand rôle.

Expériences positives et négatives
L'appréciation différente de l' « appris » (en liberté : bonnes/mauvaises expériences ; en expérimentation : récompense/punition) permet d'établir une classification plus poussée des mécanismes d'apprentissage
Les **expériences positives** agissent de deux façons :
1) L'appétence conditionnée : si à une stimulation neutre fait suite plus souvent une expérience positive (satisfaction de l'instinct), on obtient une stimulation qui déclenche l'appétence pour la satisfaction recherchée (E).
Une écuelle suspendue dans un aquarium ne déclenche aucune réaction chez un *Poisson.* Si on l'en nourrit plusieurs fois il s'approche aussi de l'écuelle vide et la gobe ensuite.
2) L'action conditionnée
Si un comportement accidentel conduit à une expérience positive, il le fera de nouveau si la motivation en rapport avec l'expérience se retrouve ou se renouvelle. Une action conditionnée est donc un nouveau comportement d'appétence ou une partie de celui-ci (F).
– Un *Singe* auquel des visiteurs donnaient à manger, repoussé par ses compagnons et conditionné par l'excitation, faisait des « sauts sur place ». Là-dessus, nourri plusieurs fois, il manifestait son comportement avec d'autant plus d'intensité que son besoin de nourriture était fort.
– Les *Ecureuils* développent en liberté des techniques individuelles pour ouvrir les noix.
Dans les conditions naturelles appétence et action conditionnées sont souvent liées (H).
– Un *Chien* qui est habitué pendant un certain temps à l'espace libre montre d'emblée dans une cage une appétence non spécifique (marcher, gratter, se dresser contre la paroi, frapper avec le museau). S'il ouvre une porte par hasard, à partir de ce moment, il le fait d'une façon ciblée (appétence conditionnée) et avec le mouvement expérimenté par hasard (action conditionnée : p. ex. appuyer avec le museau).
Les **expériences négatives** conduisent d'une façon conforme à des réactions d'évitement ou de fuite.
1) Aversion conditionnée
Des perceptions accompagnées d'une façon neutre ou très orientée de peur et/ou de douleur prennent vite une signification négative (G : p. ex. des *Chevaux* qui s'emballent là où ils ont déjà été effrayés une fois ; réactions des enfants face à des blouses blanches, à la suite de contacts avec des médecins).
2) Inhibition conditionnée
Si un type de comportement a plusieurs fois des suites négatives, il sera inhibé de façon croissante (p. ex. dressage des *Chiens* par des actions punitives).

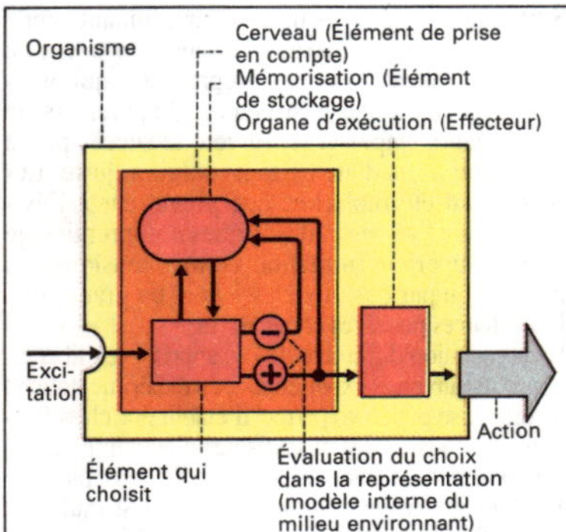

A **Apprentissage par le discernement en tant qu'essai de représentation (« apprentissage internalisé » : Schaefer**

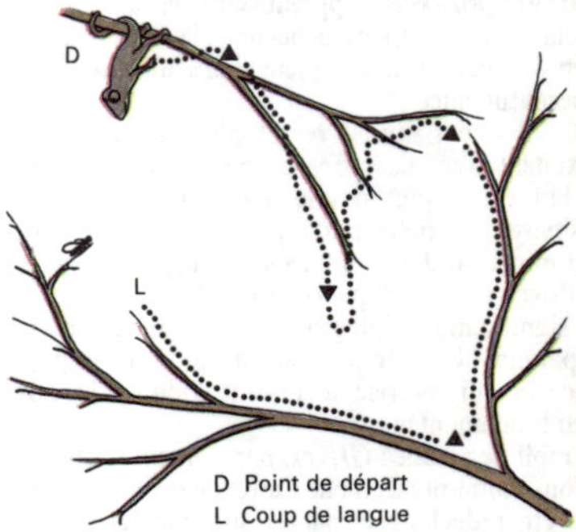

B **Petit Caméléon s'approchant sans bruit de sa proie (solution détournée)**

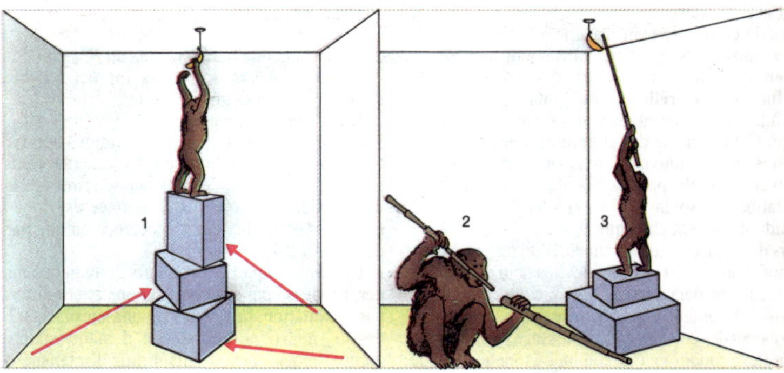

C **Combinaison de comportements pour atteindre la nourriture. 1 : Aller chercher des boîtes et les entasser ; 2 : Assemblage de bâtons ; 3 : Combinaison des 2 types de comportement**

Apprentissage par le discernement

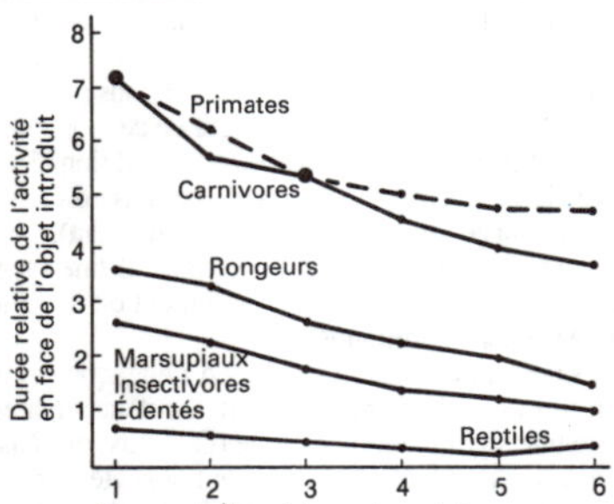

D **Disponibilité moyenne de réaction vis-à-vis d'objets tests**

E **Jeux de jeunes Gorilles**

Comportement ludique et de reconnaissance

Apprentissage par essai-erreur
Dans les conditions naturelles, tout spécialement, les situations d'apprentissage et les possibilités de leur accomplissement sont souvent complexes. Les cas où les deux types de conditionnement peuvent être combinés sont regroupés dans le mode d'apprentissage par essai-erreur.
– Choisir parmi plusieurs mouvements possibles : Pour libérer la manette qui ouvre une porte donnant accès à une récompense, un *Renard* peut utiliser les pattes ou le museau. Il essaie d'abord les deux (appétence et action conditionnées), ensuite à cause d'un dispositif approprié, l'usage du museau n'est pas récompensé (aversion conditionnée).
– Choisir parmi plusieurs stimuli : un *Pigeon* dressé, indépendamment de l'excitant lumineux, apprend seulement en lumière rouge (appétence conditionnée) à se servir du distributeur automatique de nourriture (action conditionnée), s'il est récompensé ; avec d'autres longueurs d'onde le comportement disparaît par extinction (aversion conditionnée).

Apprentissage moteur (kinesthétique)
L'accomplissement répété des mêmes gestes provoque un couplage des mouvements isolés et la mémorisation du programme dans le S.N.C. La succession des gestes est aussi interrompue si les stimuli déclencheurs initiaux manquent.
Expérimentalement ce mode d'apprentissage n'est pas toujours soumis à une récompense (mais peut-être la reconnaissance de la voie suivie agit-elle comme une expérience positive).
Des *Rats*, qui peuvent se mouvoir librement dans un labyrinthe (p. 400 E) s'en sortent plus vite, après avoir été appâtés, que des animaux-témoins.
De l'apprentissage moteur, relèvent aussi des cas fréquents, où les animaux se déplacent lentement et d'une façon mal assurée sur des territoires inconnus et rapidement et avec assurance, par contre, sur leur propre territoire (avec souvent une agitation « à l'aveuglette » en répétant les mouvements).
Chez l'*Homme* aussi, l'apprentissage moteur participe fortement de la répétition des mouvements (danser, jouer du piano, conduire un véhicule). Le même résultat est obtenu par l'exécution de mouvements compliqués ou l'adoption de réactions inhabituelles sous la contrainte extérieure.
Ce procédé est utilisé dans le dressage des animaux (p. ex. les *Eléphants*), la progression de l'apprentissage étant favorisée par des récompenses.
– Chez l'*Homme,* ce procédé a fait ses preuves même pour l'apprentissage de mouvements compliqués (école de ballet).

Apprentissage par l'observation (imitation)
signifie l'intégration dans son propre comportement de nouveaux mouvements observés (ou de nouveaux sous-entendus), ce qui suppose des mécanismes neuraux compliqués.
L'imitation acoustique (« raillerie »), dont la signification biologique dans de nombreuses situations n'est pas claire, se rencontre surtout chez les *Perroquets* et les *Oiseaux chanteurs* (p. ex. *Sansonnet, Hippolais*) ; c'est ainsi que les sons étrangers peuvent l'emporter sur ceux de l'espèce (*Oiseau-lyre*).
L'imitation motrice exige encore plus car le mouvement propre, contrôlé optiquement, peut être tout à fait différent du modèle mais doit néanmoins être à nouveau discernable. Elle est seulement connue chez quelques *Mammifères* mais répandue et observée en liberté chez les seuls *Primates*.
Les *Chimpanzés*, peuvent imiter des mouvements compliqués sans les avoir essayés (p. ex. ouverture d'un cadenas et déverrouillage d'une porte).
Le développement de traditions est souvent le résultat d'apprentissages par imitation :
– Les traditions vocales chez les *Oiseaux chanteurs* (p. ex : le *Pinson*) conduisent à l'élaboration de phrases musicales très variées.
– L'ouverture des capsules d'étain des bouteilles de lait, par les *Mésanges*, s'est répandue en Angleterre vers 1940 à partir de plusieurs sites.
– Dans une population japonaise de *Macaques à face rouge*, des comportements variés se sont vulgarisés depuis 1953 (p. ex. lavage des patates).
L'initiation nouvelle est en règle générale le fait des jeunes, la transmission d'un comportement établi se fait en général des mères aux jeunes.

L'apprentissage par le discernement
Les principales définitions formulées pour l'apprentissage (p. 417) excluent le discernement, car ici l'animal saisit d'emblée une situation nouvelle et réalise les mouvements spatio-temporels requis sans essai préalable, c'est-à-dire sans expérience (C).
Mais, parler ici d'apprentissage est pourtant justifié dans la mesure où l'on suppose que la solution est mise à l'épreuve d'un modèle intérieur, et améliorée le cas échéant (A).
Des tentatives de déviation apportent la preuve de la forme la plus simple d'un comportement intelligent, lorsque l'animal d'expérience suit une voie sans essai préalable, qui s'éloigne pour un temps du but (compréhension de la situation globale, B).
Des comportements de déviaton sont fréquents chez les *Mammifères*, plus rarement décrits chez les *Vertébrés* inférieurs (B) et les *Insectes* (*Ammophile*). W. Köhler a déjà montré des **comportements plus complexes** chez les *Chimpanzés* chez lesquels l'utilisation d'outils (entassement de boîtes , usage de bâtons ; C) et/ou la fabrication d'outils (aménagement d'un bâton pour en allonger un autre) se sont ajoutés.

Comportement (de curiosité) de reconnaissance
On le rencontre chez les *Vertébrés* (D), comme comportement inné, avec des grandes différences quantitatives et qualitatives. Il permet pendant le jeune âge spécialement, d'introduire de nouveaux objets et de venir à bout de situations nouvelles par les processus de l'apprentissage. Il persiste rarement chez l'adulte (p. ex. *Corbeau, Homme*) ; en général il ne sera réappris que sous la pression du milieu.

Comportement ludique
On le décrit comme un comportement mais seulement dans le « domaine de détente », c'est-à-dire qu'il est inhibé par d'autres motivations. Mis en évidence, seulement chez les *Mammifères* et quelques *Oiseaux*, il offre de nombreuses possibilités pour l'apprentissage moteur et par essai-erreur (E).

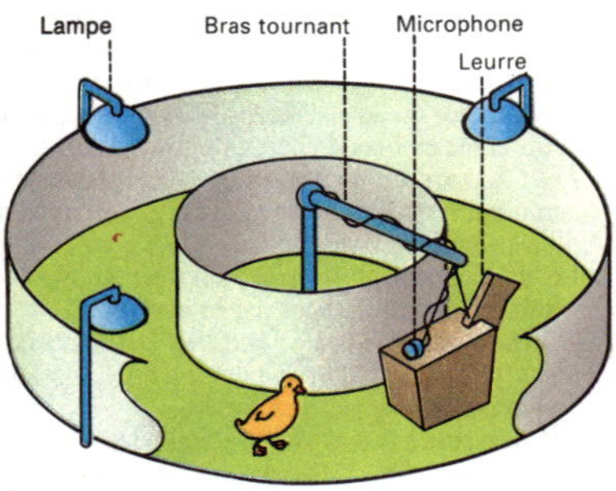

A Dispositif pour l'étude de l'imprégnation consécutive (d'après E. Hess)

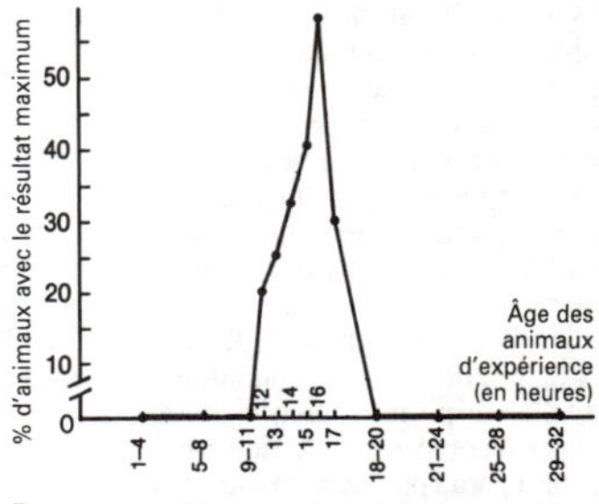

B Phase sensible pour l'imprégnation consécutive chez Anas platyrhynchos. L'imprégnation a été faite pendant 10 min. par un leurre de canard ♂ émettant des sons

Imprégnation

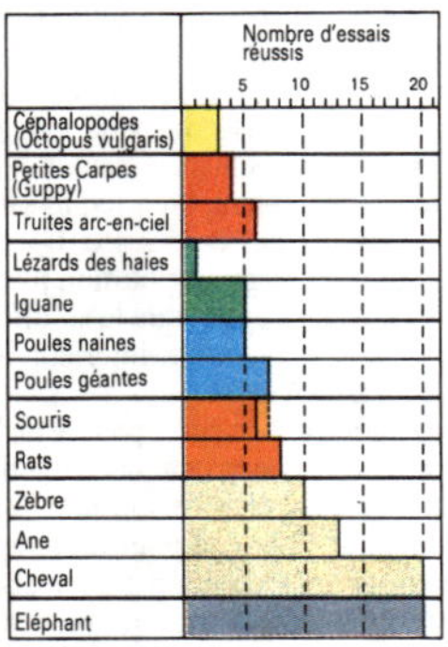

Épreuves d'apprentissage visuel (maîtrise simultanée de paires de symboles)

C Aptitude à apprendre en fonction de la grosseur du cerveau

N°	Paires de symboles		Pourcentage de choix justes	
1				
2			70	
3			37	
4			99	
5			90	
9			78	
12			30	
24	DR	DD	52	non significatif
25	FB	AA	46	
26	51	22	76	
27	73	88	78	

Symbole pour le dressage (1) ; symboles-tests (2-27) sans dressage supplémentaire

D Conceptualisation de « différent » (positif) et « égal » (négatif) par une Civette

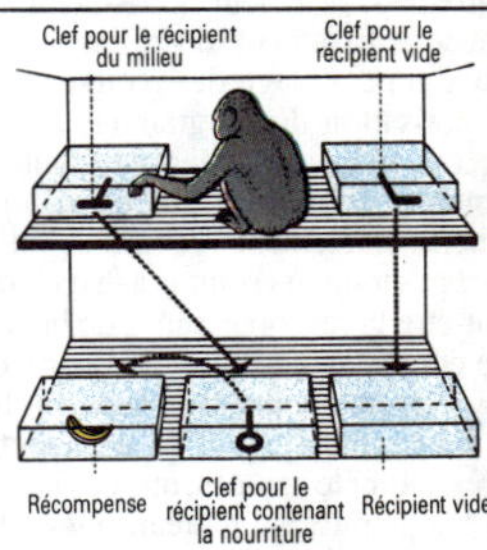

L'animal doit choisir entre deux clefs dans les récipients, dont une seule conduit au but. Il fait son choix le dos tourné aux récipients, au sol, et fait le va-et-vient en regardant jusqu'à 5 fois par essai (« explication de la relation »). Il résout alors le problème sans hésitation (37 choix exacts sur 44 essais).

E Action réfléchie chez un Chimpanzé

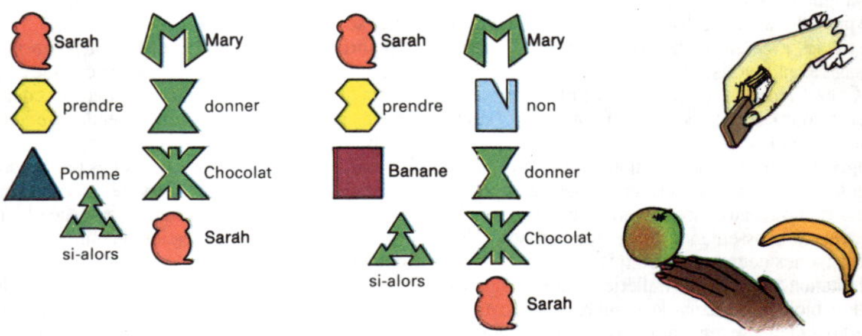

F Démarche correcte du chimpanzé ♀ Sarah d'après 2 phrases qu'on lui propose en écriture symbolique

Performances dans l'apprentissage chez les Vertébrés

Imprégnation
rassemble les processus d'apprentissage qui se caractérisent par les deux critères suivants :
– la **phase sensible**, une période initiale très limitée au cours de laquelle l'apprentissage est possible ;
– la **durabilité des processus acquis**, qui peut passer à l'irréversibilité dans de nombreux cas.
Comme ces critères sont exprimés de façon différente, de nombreux auteurs ne font aucune différence avec les autres processus. Ils considèrent l'imprégnation comme des cas de conditionnement (p. 419) reposant sur des prédispositions qui se manifestent, peu de temps, au cours du développement ontogénique et qui réagissent très vite et de façon durable aux stimuli extérieurs.

Imprégnation par l'objet
Elle existe dans le comportement inné où la connaissance de l'objet, qui va de pair, doit être acquise (**apprentissage obligatoire**).
L'imprégnation consécutive, qui a été étudiée systématiquement par E.H. Hess sur des espèces d'*Oiseaux* nidifuges (A), montre une phase sensible très courte (B). L'objet d'imprégnation doit seulement correspondre à des « clichés » innés très généraux : il doit être mobile et se situer à l'intérieur d'un périmètre défini (ceci a été prouvé entre autres chez des espèces d'*Oiseaux*, l'*Homme*, avec des billes de bois en mouvement, des balles). Pendant la période qui suit, les repères s'impriment de façon croissante dans le jeune animal, de telle façon que l'importance de l'imprégnation est proportionnelle à cette période. L'imprégnation demeure irréversible jusqu'à la cessation de la réaction consécutive.
L'important, c'est que dans les conditions naturelles les imprégnations erronées soient exclues.
L'imprégnation sexuelle détermine le repérage des animaux, qui sont considérés plus tard comme des partenaires sexuels, déjà dans une phase sensible précoce, même si le nombre de partenaires n'est généralement fonction que de la maturité sexuelle. Chez le *Pinson à bandes*, bien étudié par Immelmann, la phase sensible se situe entre le 15e et le 35e jour. Chez une autre espèce d'*Estrildinés* (p. ex. *Lonchura striata*), les oiseaux adultes ne s'apparient plus tard, pour la recherche du partenaire, qu'avec des individus d'une autre race, même si on les a accouplés en strict isolement pendant plusieurs années avec des partenaires de même espèce.
La nourriture (p. ex. plantes-hôtes pour les parasites) et/ou le biotope peuvent influencer chez de nombreuses espèces d'autres processus semblables à une imprégnation.
Les *Saumons* sont imprégnés de l'odeur des eaux de leur frayère.
L'imprégnation motrice n'est pas déterminée par l'objet mais par des mouvements effectués lors d'expériences antérieures. On la rencontre surtout chez de nombreux *Oiseaux* imprégnés par le chant.
– Chez le *Pinson à bandes,* la phase sensible est déjà terminée quand le jeune oiseau débute son propre chant (à partir de 80 jours environ).
– Si les jeunes *Oiseaux* captent le chant de plusieurs espèces, ils préfèrent imiter celui de leur propre espèce (preuve de la prédisposition).

Performances dans l'apprentissage chez les Vertébrés.
Étudiées pour montrer chez les *Animaux* l'étendue de ces performances caractéristiques de l'*Homme*.

La capacité de mémorisation
dépend essentiellement du nombre de neurones (volume cérébral absolu : C) et non pas de la position systématique de l'animal ou des aires cérébrales concernées (*Poulpe* : masse ganglionnaire ; *Poissons :* mésencéphale ; *Oiseaux* mésen- et télencéphale ; *Mammifères* : télencéphale, en particulier cortex).

La durée mnémonique (voir p. 387) :
Un *Eléphant* résout, après que le dressage a été interrompu pendant un an, encore 12 exercices optiques sur les 19 appris : un *Cheval* en résout 19/20 ; les résultats laissent à penser que chez les grands *Mammifères* la mémoire de l'appris peut durer, en partie plusieurs années.

La création de concepts non verbalisés
La capacité d'abstraction (consistant à former et à conserver la représentation d'un objet dont les aspects varient dans le temps et dans l'espace) se manifeste dans tous les processus d'apprentissage
Elle conduit chez les *Vertébrés* à des représentations complexes qui ne sont pas caractérisées par un symbole (p. ex. un mot).
1) Les concepts de similitude et de dissemblance ont été bien analysés (*Oiseaux, Mammifères, D*). Des *Primates* dressés peuvent extraire à plusieurs reprises un objet donné parmi une série d'autres objets. Le transfert de la notion d'identité sur d'autres tâches se produit p. ex. chez les *Choucas* ; chez les *Perroquets gris* et les *Chimpanzés* le transfert d'un mode sensoriel à un autre suppose une généralisation plus poussée du concept de similitude.
2) Les concepts de numération ont été reconnus, d'après deux méthodes de dressage, chez les *Oiseaux* et les *Mammifères*.
– En offrant des choix simultanés on a découvert quels sont les nombres qui peuvent être « reconnus ».
– Par une succession rythmée, on dresse au « maniement des nombres ». Les deux procédés indiquent « 8 » comme nombre maximum reconnu (*Perroquet gris* ; *Corbeau, Pie* : 7 ; *Perruche, Chouca* : 6 ; *Pigeon* : 5). L'*Homme* lui-même, ne peut sans dénombrer aller au delà de 8. Les *Chimpanzés* apprennent à reconstituer des nombres vus de 0 à 7 dans le système binaire.
3) Les concepts de valeur sont présents chez les *Primates*. De nombreuses espèces choisissent selon leur valeur des pièces de monnaie pour faire fonctionner le distributeur automatique de nourriture ; ils les stockent et travaillent pour en recevoir. Un *Macaque rhésus* possédait encore après 7 mois d'interruption des essais, 5 valeurs de taux significatif.

Conception des relations causales et logiques
(d'après W. Köhler) : voir p. 420 B, C ; 421.
Activité planifiée. On peut la mettre en évidence dans différents essais hiérarchisés (E) ; (voir aussi p. 420 A ; imagination p. 6 sq.).
Création de concepts verbalisés (langage symbolique)
De nouvelles méthodes d'investigation chez les *Chimpanzés* (langage des sourds-muets, symboles en plastique ; F) en montrent des ébauches.

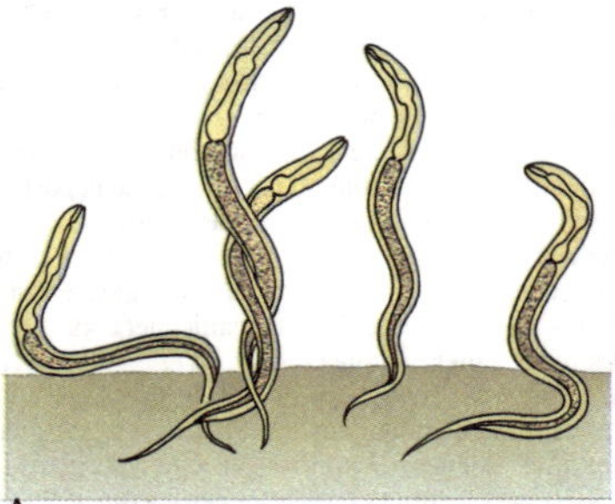

A Larves à durée de vie longue du Nématode Rhabditis inermis. Les mouvements pendulaires de la partie antérieure du corps redressée favorisent le contact avec les insectes vecteurs

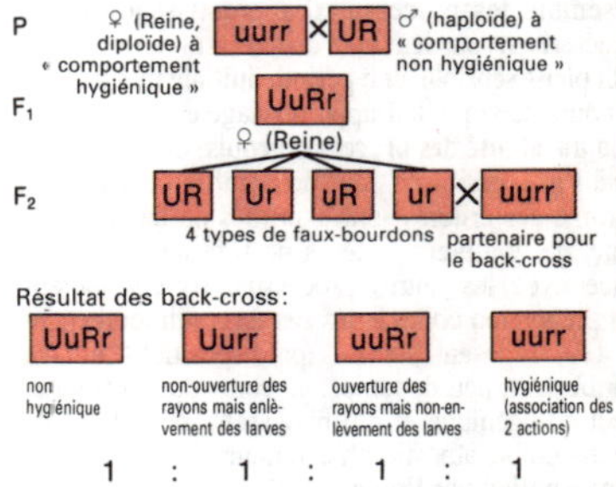

B Hérédité du comportement ouverture des rayons (u = non-ouverture) et éloignement des larves (r = non-éloignement) chez la reine d'Abeille

Génétique du comportement

C Comportements semblables au cours de la pariade (« pilonnage ») chez différentes espèces de Laridés

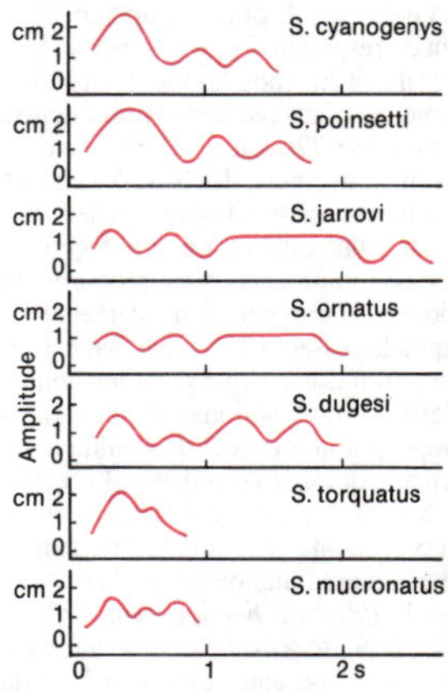

D Différents rythmes oscillatoires de la tête chez des Iguanes (Sceloporus) ; servent à l'isolement (p. 507) des espèces

E « Pariade avec une plume » chez une Astrilde (1) ; absence de « symbole du nid » chez le Pinson à bandes (2), seuls de très jeunes ♂ montrent à l'occasion une « pariade avec une brindille » (comportement rudimentaire atavique)

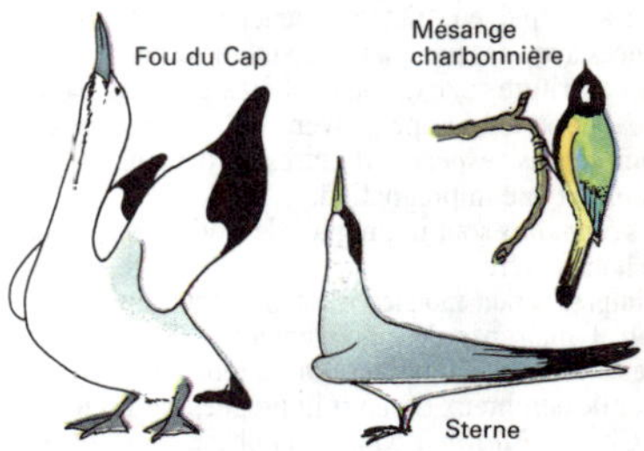

F Mouvements d'apaisement analogues dans différents groupes d'oiseaux

Comportements homologues et analogues

L'éthologie explique la rationalité du comportement par une adéquation à l'environnement acquise phylogénétiquement selon les lois de l'évolution (p. 490 sqq.). Il en découle que les manifestations de la biologie du comportement sont des preuves fondamentales de l'évolution (p. 508 sq.). Comme l'évolution, le développement phylogénétique des types comportementaux ne peut qu'être indirectement prouvé.

La génétique du comportement
prouve par les croisements et l'analyse de la descendance (voir p. 442 sq.) la programmation génétique fondamentale du comportement et l'influence des mutations et des recombinaisons sur l'évolution de ce comportement. A cette occasion on retrouve les lois fondamentales de l'hérédité qui sont également valables pour toutes les caractéristiques des organismes.

– En croisant les races de *Nematodes Rhabditis i.inermis* x *Rh.i.inermoïdes,* la génération F_1 montre le mouvement dit de torsion (A) de la race parentale *inermoïdes* (caractère dominant) ; le croisement en retour donne une répartition : 50-50 d'animaux oscillants et non oscillants et fait penser à l'intervention d'un seul gène.

– Des croisements entre les *grillons Teleogrillus commodus* x T. *oceanicus* montrent que les modèles de chants sont transmis héréditairement par plusieurs gènes (non liés), qui sont situés isolément sur le chromosome X. Le fait que la femelle hybride préfère le chant du mâle hybride montre que les mécanismes déclencheurs sont aussi programmés génétiquement.

– Le croisement de retour des mâles F2 parthénogénétiques avec la race parentale récessive, montre que le comportement « hygiénique » des *Abeilles* résulte de l'association de 2 actions : « ouverture des rayons et enlèvement des larves » respectivement liées à un gène récessif (B). On n'a pas recensé tous les gènes qui permettent de créer les structures neuroniques, mais ceux qui déterminent les valeurs du seuil (loi du T O R).

Les preuves fournies par les fossiles pour le développement phylogénétique du comportement sont rares. Une meilleure occupation des surfaces et parfois une certaine spécialisation se déduisent des déjections alimentaires et/ou des traces laissées dans les sédiments par les animaux marins : Les déjections du détritivore *Dictyodora* se rencontrent depuis le Cambrien jusqu'au Dévonien (650-350 millions d'années) dans des dépôts meubles enfouis profondément.

On suppose, qu'avec la concurrence croissante, a d'abord eu lieu le creusement suivi de la prise de nourriture, puis creusement et alimentation simultanés avec le développement croissant de traces de déjection en tire-bouchon.

Les preuves ontogéniques sont fournies également par la validité des lois fondamentales de la génétique biologique (p. 511) dans le comportement.

– Les jeunes *Mésanges à moustache* nidicoles rampent d'abord selon le modèle de la coordination croisée des *Tétrapodes* (p. 399).

– Les *Oiseaux chanteurs* qui nichent au sol (*Alouettes, Pipits, Bergeronnettes*) se déplacent à l'état adulte avec des mouvements alternés des pattes, mais dans les premiers jours qui suivent la sortie du nid, ils sautillent comme les espèces très voisines qui nichent dans les buissons (vraisemblablement la récapitulation d'un ancien mode de locomotion phylogénique).

– Les jeunes *Otaries* naines « rampent » pendant le jeu. Un tel comportement a dû exister chez les ancêtres des *Pinnipèdes* pour la capture des proies.

Morphologie comparée des comportements
Elle suit les mêmes méthodes fondamentales que la morphologie comparée des autres caractères (p. 512 sq.) ; elle fournit d'assez nombreuses preuves. Pour une étude comparative, à côté des autres comportements sociaux, la pariade est parfaitement indiquée car, en temps que moyen de reconnaissance spécifique et d'isolement (p. 507), elle sous-entend un puissant mode de sélection.

Les variations microévolutives sont attestées par plusieurs études ; c'est ainsi que peuvent se modifier :

– La fréquence d'un mouvement : la vibration des antennes ds la pariade du *Gryllus campestris* mâle (très rare chez *G. bimaculatus)* ;

– la durée de l'action (ce qui donne chez les *Crustacés branchyoures* des fréquences de contraction abdominale variables selon l'espèce, en plus des types de contraction différents) ;

– les types de coordinations acquises (C, D).

On ne peut souvent homologuer des *suites comportementales*, présentant certains degrés de similitude, qu'à partir d'un type spécialisé originel. Chez de nombreuses espèces d'*Oiseaux chanteurs,* les mâles portent une plume dans le bec (E) lors de la pariade, chez d'autres espèces, c'est une brindille. La disparition de ce « symbole du nid » au cours de la pariade s'observe à des niveaux différents selon les espèces : mise en place de matériaux à la fin de la pariade ; utilisation de matériaux variés lors de la construction du nid et de la pariade ; utilisation seulement au début de la pariade ; utilisation facultative ; absence de plume ou de brindille mais réalisation de mouvements dont l'origine pour la construction du nid est encore inconnue.

Des comportements rudimentaires indiquent une origine à partir de comportements fonctionnels ou qui fonctionnaient d'une autre façon.

– Des *Râles* nichant dans les arbres, montrent en expérience des mouvements typiques de retournement des œufs.

– Les *Cerfs d'Europe* menacent en retroussant les lèvres (à l'origine les cerfs menaçaient de la même manière avec leurs longues canines en forme de défenses) à cause de la réduction des canines.

Convergence dans les comportements
Par opposition aux comportements homologues envisagés auparavant, on trouve aussi des comportements de convergence (ou analogues), qui se présentent, chez de nombreuses espèces, comme des adaptations aux mêmes facteurs environnementaux :

– gestes d'apaisement analogues par détournement de la « zone d'attaque ».

– Formation de groupements bien individualisés (voir p. 429) si la concurrence s'accroît.

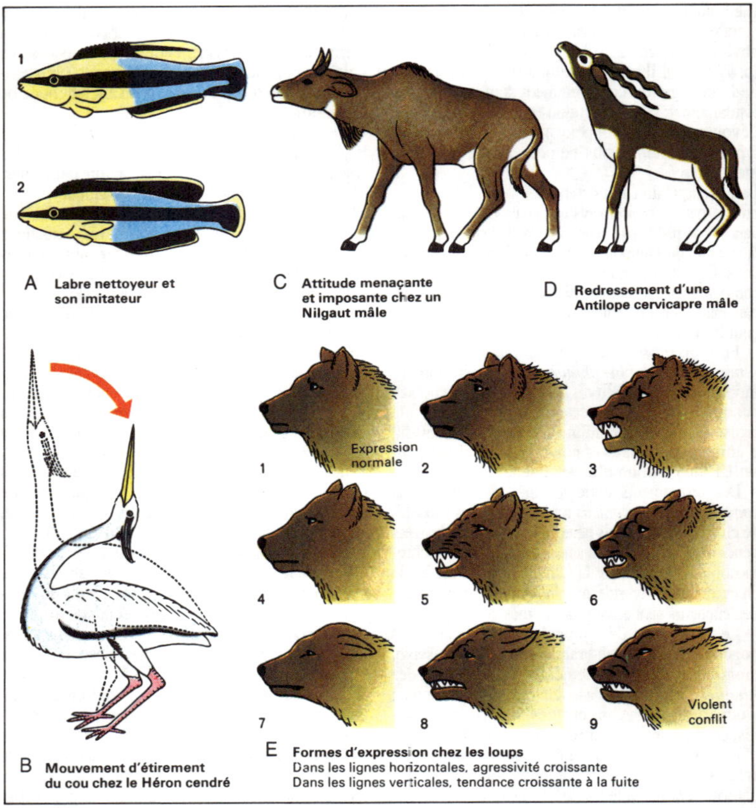

Déclencheurs

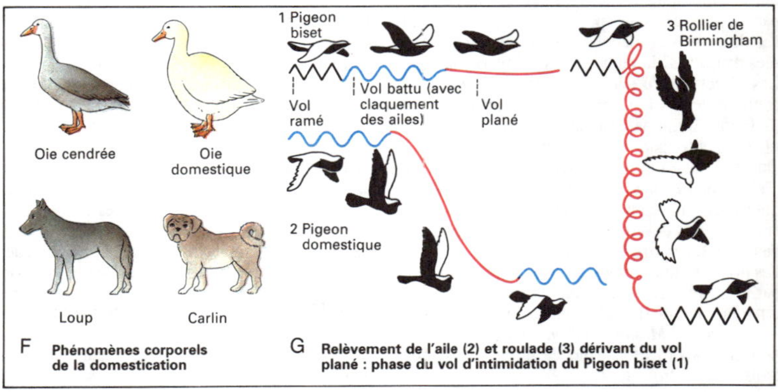

Domestication

Même si les signaux (p. 406 sq.) présentent quelques désavantages pour l'animal qui les émet (en prévenant le prédateur), ils assurent de toute façon la coopération entre l'émetteur et le récepteur. Ils présentent, au point de vue évolutif, des avantages sélectifs, permettant à l'émetteur d'être reconnu et au receveur de déclencher une réaction ciblée.

Déclencheurs

Signaux-clefs complexes fonctionnant comme stimuli. On distingue selon l'origine les **intraspécifiques** et les **interspécifiques** (plus rares) :

– Le *Labre nettoyeur* incite des *Poissons* assez gros, par des mouvements de danse qui font valoir sa coloration typique, à prendre la « position de toilette » (ils ouvrent la bouche et écartent leurs opercules branchiaux) et à se laisser chercher les parasites. Ces déclencheurs sont si efficaces que la *Vipère de mer*, dont les couleurs et le comportement sont similaires, convainc également les *Poissons* de prendre la « position de toilette » mais en profitent alors pour, d'une morsure rapide, leur arracher des morceaux de peau ou de nageoires.

– La *Tortue Macrochelys temmnickii* qui épie dans les eaux attire des animaux par un appendice lingual mobile comme un ver et les happe soudainement.

Les déclencheurs sont présents dans de nombreux éléments du comportement :

1. Mouvements du corps ou de parties du corps :
– Bâillement menaçant des *Babouins* ;
– Pariade de nombreux *Vertébrés* (p. ex. trémolo de l'*Epinoche* ♂).
2. Formes ou couleurs (souvent associées à des mouvements qui les font valoir) :
– Comportement de pariade (ex. *Paon, Oiseau de paradis*).
3. Expressions sonores :
– Chant territorial (*Sauterelles*) et chant de pariade chez les *Oiseaux*.
4. Informations olfactives :
– L'*Hipparchia semele* ♂ attrape les antennes de la ♀ entre ses ailes ant. où elles entrent en contact avec un champ odorant, ce qui déclenche l'accouplement.

La ritualisation

qui s'instaure ensuite, accentue les signes distinctifs déclencheurs et empêche la confusion avec d'autres modes de comportement. La transformation est souvent si forte que l'origine de certains « mouvements symboliques » ne peut s'expliquer que par comparaison.

– Un mouvement est une exagération d'un mouvement d'origine : l'étirement du cou chez le *Héron* manifeste de façon exagérée une intention d'envol (B), ainsi que l'attitude menaçante et imposante du *Nilgaut* mâle (C) ;
– Un mouvement peut être mis en vedette par des couleurs : les miroirs alaires des *Canards* sont mis en valeur au cours de mouvements de pariade (p. 400 G) ; de même que la zone laryngale blanche que présente l'*Antilope cervicapre* en déployant son cou (D).
– La réorientation d'un mouvement originellement dirigé peut conduire à une modification totale. De nombreux « gestes d'apaisement » dérivent ainsi de mouvements menaçants déviés : p. ex. le *Chouca* détourne son bec, qui est son arme offensive, et présente l'occiput ; le *Loup*, au lieu de mordre, présente son cou ; la *Mouette rieuse* détourne la tête, les jeunes *Mouettes tridactyles* font le même mouvement qui est accentué par la coloration de l'occiput.
– La superposition de 2 sortes de mouvements instinctifs permet de nombreuses combinaisons nouvelles, p. ex. l'apparition d'une mimique (E) qui donne aux congénères des informations précises. Il existe un cas particulier : l'exagération d'une action instinctive normale qui se superpose à une action qui fait déjà office de signal, p. ex. le déclenchement sexuel et les menaces à un rival chez le *Loup*, ce qui se combine en une manifestation de supériorité.

A l'origine phylogénétique des déclencheurs

on peut trouver différentes composantes du comportement (limité ici aux mouvements) :

– Mouvements instinctifs, à fonction bien définie, p. ex. recherche de nourriture ou fuite ;
– Mouvements intentionnels, non terminés : avec un bas niveau d'énergie spécifique de réaction ou inhibés. Ils déclenchent une série de mouvements (marche, saut, vol, nage, plongée) ;
– Mouvements de déviation (p. 414 sq. : importants comme point de départ du développement phylogénétique du comportement) ;
– Composantes primaires sous forme de mouvements qui expriment les comportements.

Ici il suffit vraisemblablement que l'attention soit attirée par le partenaire ; après quoi peuvent se mettre en place des structures de type émetteur-récepteur améliorées par l'évolution.

La domestication

Lors de l'élevage des animaux se produisent, à côté des modifications purement corporelles de la domestication (F), des transformations de même ordre dans le comportement. Elles apportent aussi des indications sur le développement phylogénétique du comportement et sont donc importantes, parce que l'on peut formuler les mêmes hypothèses, quant au développement du comportement humain (p. 434 sqq.). On distingue, de ce point de vue, deux situations fondamentales :

– Par une sélection orientée, les comportements peuvent se modifier selon les circonstances, en quelques générations (G ; c'est également le cas des *Coqs de combat*).
– La suppression de la sélection stabilisatrice (p. 499) peut conduire à une hypertrophie des motivations (p. ex. acceptation de nourriture chez plusieurs races de *Chiens* ; sexualité chez le *Dindon*), et à une baisse du caractère sélectif des déclencheurs (p. ex. nourriture et pariade des *Pinsons à bandes* domestiqués).

En tête marche un groupe de ♂ et ♀ ; lui fait suite le groupe des ♀, avec les jeunes, souvent flanqué de ♂ ; le ♂ de rang le plus élevé clôture l'ensemble ; les groupes d'animaux encore jeunes ont une répartition variable

A Ordre de marche chez les Babouins verts

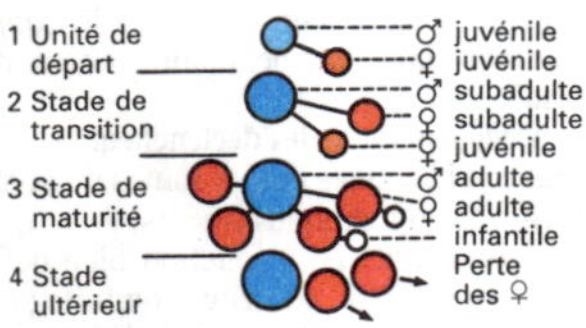

B Développement au cours de la vie du groupe de la disposition à « queue leu leu » chez le Babouin mantelé

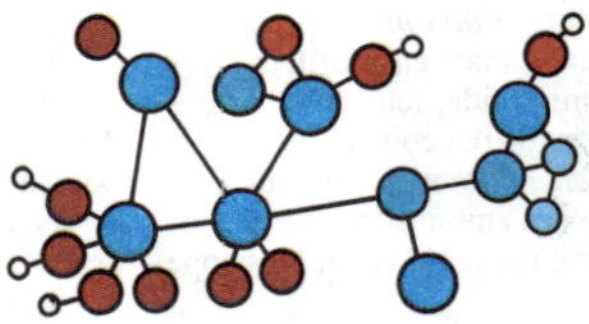

C Relations sociales dans une « bande » de Babouins mantelés. Les ♂ adultes remplissent une double fonction : chef de file et membre de la bande

Sociétés individualisées

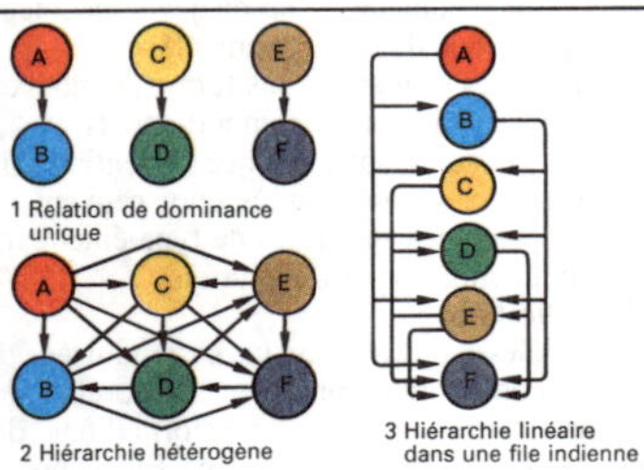

D Établissement d'une hiérarchie dans un groupe de 6 Coqs

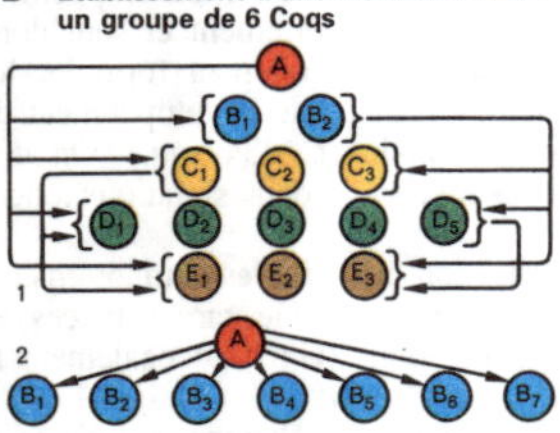

E Hiérarchie non clairement définie pour les basses castes :
1 : avec plusieurs degrés (Loir américain)
2 : avec 1 chef vis à vis d'un groupe peu différencié (Troupe de ♀ chez les Cervidés)

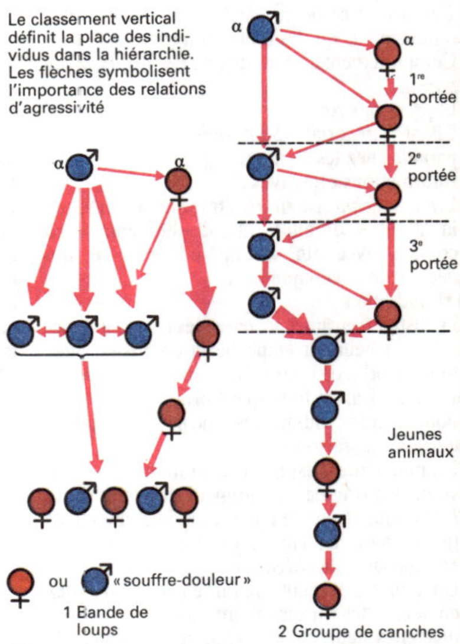

F Hiérarchie sociale chez les Loups (1) et les Caniches (2)

Hiérarchie

On trouve des groupements chez de nombreuses espèces animales (à l'occasion souvent des rapports qui s'établissent au moment de la reproduction ; p. 168 sqq.). On distingue fondamentalement :
– **Les fausses associations (agrégations) :** individus rassemblés sous la pression du milieu (pour boire, se cacher, dormir ou passer l'hiver).
– **Les sociétés** qui reposent par contre sur l'effet d'attraction réciproque (**attraction sociale**).

Les sociétés animales

Les associations anonymes

sont souvent de très grands groupes où les reconnaissances individuelles ne sont pas exclues, mais ne présentent pas d'intérêt pour le fonctionnement du groupe. Ce sont souvent des sociétés « ouvertes » où les membres sont interchangeables (nuées d'*Insectes,* d'*Oiseaux,* bancs de *Poissons*, colonnes migratrices de *Mammifères*), mais parfois aussi « fermées » (clans de *Rongeurs*, sociétés d'*Insectes*) dont les membres se reconnaissent par des signes supra individuels (émission d'odeurs : odeur de groupe).
L'imitation sociale est typique de l'association anonyme et peut varier selon la situation. Elle dépend :
– de la rapidité de réaction du groupe (la vitesse d'extension de l'onde d'imitation pouvant atteindre 200 m/s ainsi que l'on a pu le constater en filmant des nuées d'*Oiseaux* et des bancs de *Poissons*) ;
– d'une décision à la majorité (envolée de nuées d'*Oiseaux :* plusieurs essais sont tentés avant que la majorité ne s'envole en entraînant les autres).

Les sociétés individualisées

rarement de type « ouvert », montrent encore quelques traits des associations anonymes.
Dans les colonies en nidification (*Poissons, Oiseaux*), des relations entre individus voisins peuvent exister ; cependant des membres peuvent disparaître ou s'ajouter sans que pour autant le comportement de la colonie ne change.
Dans les sociétés fermées bien individualisées, la disparition d'un membre peut modifier le groupe (déclenchement d'un comportement de recherche, changement dans la hiérarchie) ; les congénères non reconnus individuellement sont repoussés. Ce type de société n'est connu que chez les *Vertébrés* supérieurs (p. ex. *Primates*, *Canidés*).
La structure sociale est caractéristique de l'espèce (B, C) ; elle harmonise les exigences réciproques des individus, du groupe, avec les pressions du milieu. Elle s'exprime par des comportements variés, p. ex. l'effet coopératif (A).

La signification biologique de ces sociétés

On connaît de nombreux avantages :
Eviter l'ennemi par des avertissements réciproques (il y a souvent un guetteur spécialisé, p. ex. chez les *Babouins*, par un effet de désordre (complique la tâche de la fixation de la proie pour le prédateur), par la défense de la société (*Bœufs musqués*, *Babouins*, *Chimpanzés*).
Acquérir de la nourriture par des chasses communes fructueuses (p. ex. *Pélicans, Lions, Loups*).
Assurer la reproduction par une prise en charge commune des jeunes (*Insectes* sociaux ; nombreux *Oiseaux* et *Mammifères*).
Certaines **constructions** ne sont possibles que collectivement (*Insectes* sociaux, digues des *Castors*).
Division du travail (*Insectes* sociaux ; meneurs et guetteurs chez les *Mammifères ;* répartition des rôles dans la couvaison selon les sexes chez les *Rapaces*).

La genèse de ces sociétés.

Des groupements ouverts constituent en général des associations à des moments précis (reproduction, migration) ; les groupements fermés se focalisent en général sur des familles constituant une société temporaire et exclusive dont la finalité est l'élevage des jeunes (p. 178 sq.).
Les groupes intégrés se forment grâce à la désagrégation de l'association familiale que remplace la couvaison collective (disparition de « l'égoïsme de couvaison ») :
– Chez les *Manchots*, les petits qui vivent en communauté dans des « crèches » sont élevés collectivement, tandis que chez le *Manchot empereur,* ce sont les œufs qui sont l'objet de soins collectifs.
– Chez le *Coucou d'Amérique,* couvaison et élevage s'effectuent dans un nid commun.
Les parentés (grandes familles ou familles durables) se forment lorsque les descendants, aptes à la reproduction, restent dans l'association familiale. Rares chez les *Vertébrés* (*Primates*), c'est chez le *Surmulot* qu'elles sont les plus marquées : tous les descendants d'un même couple assurent collectivement la défense du territoire et la reproduction et tuent les membres des parentés étrangères.

La hiérarchie

(seulement dans les sociétés bien individualisées) peut diminuer le nombre des animaux agressifs et assurer des fonctions sociales précises.
Les droits des animaux de rang élevé sont souvent : un plus grand espace vital individuel, préséance dans la prise de nourriture, reproduction et choix du lieu de repos.
Les devoirs sont : la recherche de nourriture et la livraison du butin (p. ex. chez le *Coq domestique*) ; la protection de la société (p. ex. chez les *Babouins ;* A) ; l'intervention dans les différends (« gardiens de la paix », souvent au bénéfice des animaux de rang inférieur en agressant ceux de rang plus élevé).
Elle s'établit (dans l'expérience ; D), dans un groupe homogène, par des relations de dominance unique et permet plutôt l'ascension des jeunes en période de croissance.
Les formes typiques se présentent comme une hiérarchie linéaire mais dans les sociétés importantes les degrés inférieurs sont peu (ou pas) définis (E).
Les sexes peuvent être réunis ou séparés.
– Chez les *Choucas* (union durable), une femelle qui se « fiance » avec un mâle de rang supérieur parvient à un rang élevé pour la simple raison que le mâle la protège lors des différends.
– Chez les *Singes* (union de courte durée), le même phénomène se produit pendant un seul cycle de rut.
Chez de nombreuses espèces se constituent, en harmonie avec la structure sociale, des systèmes hiérarchiques compliqués (F) ; on observe lors de la domestication (F2) des tendances à la simplification (linéarité) et à une plus grande fixité.

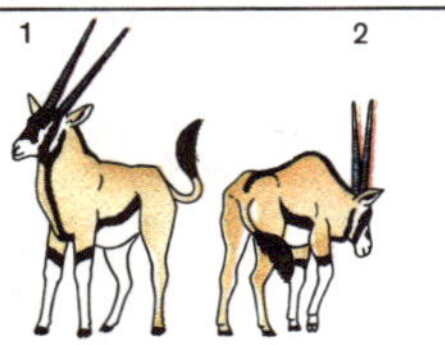

A Agressivité menaçante (1) et attitude d'infériorité (2) chez le ♂ de l'Oryx algazelle

B Attitude imposante « de flanc » du Grand Koudou ♂

C Combat « jusqu'au sang » entre ♂ de Chèvres des neiges des Rocheuses

D Combat rituel entre deux Oryx algazelles ♂, 1 Croisement des cornes, 2 Poussée front contre front

E Combat rituel (accrochage des cornes) entre deux Mouflons à manchettes ♂

F Combat rituel entre deux Vipères ♂

Comportement d'agression intraspécifique

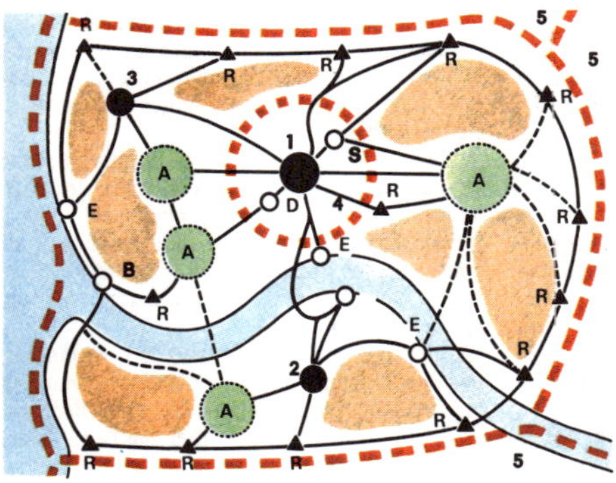

1 Territoire de 1er Ordre
2 Territoire de 2e Ordre
3 Territoire de 3e Ordre
4 Zone prohibée dans laquelle aucun butin ne peut être prélevé
5 Territoires voisins
R Repère
A Place de préhension des aliments
E Points d'eau
D Zones de déjection
B Zone de baignade
S Arbre « garde manger » } Localisation du comportement de confort

Echanges
Echanges secondaires
Obstacles
Cours d'eau
Limite territoriale
Limite de la zone prohibée

G **Schéma d'un territoire de Mammifère**

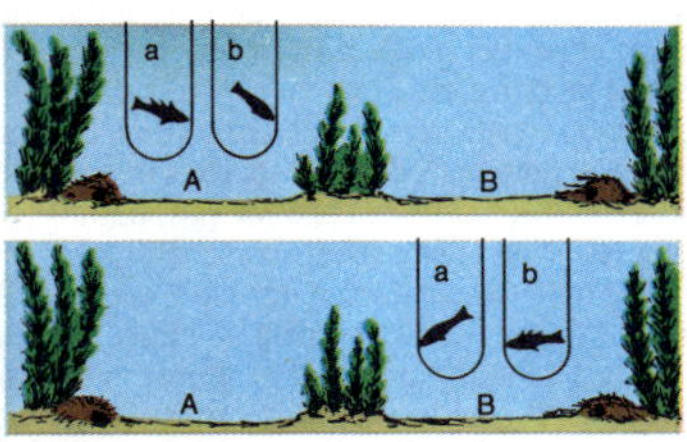

Les animaux se trouvent dans des tubes à essais : à chaque fois l'habitant du territoire attaque, et celui dont le nid est le plus éloigné cherche à fuir

H **Dépendance entre le Territoire et l'Agressivité**

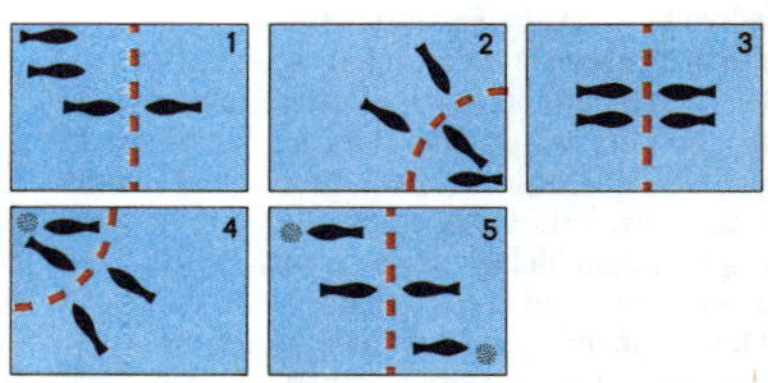

1 Aquarium avec les territoires de 2 ♂ non accouplés (vue de dessus)
2 Le ♂ de gauche s'accouple ; zone de défense commune
3 Les 2 ♂ sont accouplés
4 La ♀ de gauche a frayé ; l'un des partenaires est constamment occupé par l'incubation
5 Les 2 ♀ ont frayé

J **Modifications des limites territoriales chez la Perche arc-en-ciel**

Comportement territorial

L'agression intraspécifique
est en rapport avec de nombreux comportements sociaux (reproduction (p. 241), lutte territoriale et hiérarchique) ; elle ne conduit pas souvent à de véritables combats. Il s'agit souvent de comportements ritualisés :

- **Menaçants** (avec une tendance au combat, p. ex. devant un rival) ou
- **Imposants** (sans tendance au combat, p. ex. dans le prologue à la pariade devant la ♀), destinés à intimider le rival qui réagit souvent par **un comportement d'apaisement ou d'humilité** également ritualisé (A, B).

Il n'est pas toujours facile de distinguer entre les comportements menaçants et imposants, mais ils montrent des rapports directs avec leur fonction :

- Les *Antilopes* menacent généralement avec leurs cornes (symbole du moyen d'attaque), mais en imposent en se présentant de flanc (mise en évidence de l'importance de la taille du corps ; B).

Les menaces optiques sont fréquentes chez les *Poissons* ; acoustiques (chant) chez les *Oiseaux* et olfactives chez les *Mammifères* (glandes odorifères, marques).

1. Les combats meurtriers sont rares chez les espèces dont les armes ne suffisent pas à blesser sérieusement l'adversaire, ou chez celles où celui-ci peut s'enfuir facilement :

- Morsures chez les *Mammifères* (p. ex. *Equidés*) et les *Poissons*.
- Coups de cornes dans les flancs chez la *Chèvre des neiges* (C) qui provoquent de sérieuses blessures malgré des cornes courtes et un pelage épais.

Chez les espèces aux armes puissantes, l'animal qui a le dessous adopte souvent pour échapper à sa situation critique un comportement d'apaisement (renonciation) qui déclenche chez le vainqueur une inhibition du combat (réaction analogue à un « **comportement moral** » selon LORENZ, p. ex. chez le *Loup* et le *Chien*).

2. Les combats rituels selon des règles fixées, qui excluent presque totalement des blessures graves, apparaissent chez les espèces dont l'armement peut occasionner des dommages soudains et graves (**D**, **E**, **F**).

- Les *Cervidés* n'attaquent que lorsque l'adversaire se présente de front ; les ramures très importantes empêchent l'affrontement corporel des combattants.
- Les *Animaux à cornes* présentent souvent des formes de cornes définies selon la nature du combat que livre l'espèce : en spirale afin de « presser avec les cornes » (*Petit Koudou*), courbées pour frapper (chez le *Bouquetin*), en plaques frontales pour frapper de face avec tout le corps (*Mouflons, Buffles, Bœufs musqués*), circulaires afin d'accrocher et de tirer (*Mouflons à manchettes*, D).
- Les *Poissons* combattent même sans contact corporel (par des coups de leur queue, ils propulsent de petits courants d'eau contre la ligne latérale de leur adversaire).

Le territoire
Les territoires sont défendus généralement contre les congénères concurrents et plus rarement contre les espèces étrangères. Dans l'**espace d'action** qui englobe les territoires, des congénères peuvent par contre se supporter de telle façon qu'entre ces territoires se trouvent des zones neutres. La structure du territoire obéit en général à des règles caractéristiques (G) mais montre des différences interspécifiques dont on doit tenir compte quand on établit des réserves :

- Le *Daim* n'utilise ni bain ni bauge, le *Cerf* a par contre besoin d'une bauge.
- Les *Zèbres* utilisent des termitières artificielles pour se frotter (soins corporels).

Types de territoires
Territoires servant à la reproduction liés au comportement reproducteur global ou à certaines de ses composantes (pariade, p. ex. *petit Tétras* ; accouplement, p. ex. *Otarie* ; zone de nidification, p. ex. les *Mouettes*).
Territoires servant à la nourriture stricte en dehors de la période de reproduction (p. ex. *Hamster* ; zones hivernales de nombreux *Oiseaux migrateurs)*.
Territoires servant à la fois à la nourriture et à la reproduction : ce sont les plus fréquents.
On distingue selon la durée d'utilisation :
des **territoires permanents** : très importants dans les zones tropicales, plus rares par contre chez les espèces à activité saisonnière (*Renard, Blaireau) ;*
des territoires limités dans le temps qui peuvent être de durée très courte (quelques heures chez les *Gnous* ♂ en colonnes migratrices).
On peut aussi distinguer, selon la façon dont le territoire est utilisé, des territoires pour **individu isolé**, pour un **couple**, pour un **groupe**.
Les limites entre territoires ne sont pas souvent très précises mais dépendent de l'état physiologique des deux voisins (particulièrement net chez les *Poissons* d'aquarium au territoire limité ; J).
Avec l'éloignement du gîte décroît l'agressivité et augmente le désir de fuite (H) ; la limite est d'abord établie par des combats et est maintenue ensuite généralement par des rituels menaçants.
Le comportement qui consiste à poser des repères fixe assez strictement les limites et réduit les combats. Il est répandu sous des formes nombreuses :
– Repères olfactifs chez de nombreux *Mammifères :* excréments (*Renards, Rhinocéros, Antilopes*) ; urine (*Chiens* et *Chats Sauvages, Prosimiens*), mais aussi les sécrétions glandulaires (glandes sous-maxillaires des *Marmottes*, glandes anales des *Martres* et *Procyonidés*, glandes lacrymales des *Antilopes*).
– Repères optiques souvent associés aux précédents : p. ex. chez l'*Ours brun* qui marque les arbres en les frottant de la tête et des épaules et dont la hauteur informe le voisin territorial sur la taille et la force de l'occupant des lieux.
– Repères acoustiques (de nombreux *Oiseaux*) par l'irruption d'un rival dans le territoire et que l'on peut déclencher expérimentalement en passant une bande sonore de la même espèce.

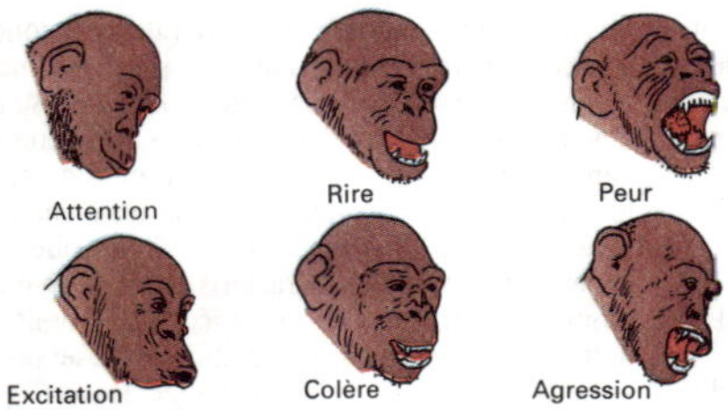

A **Mimique des mouvements d'expression chez le Chimpanzé**

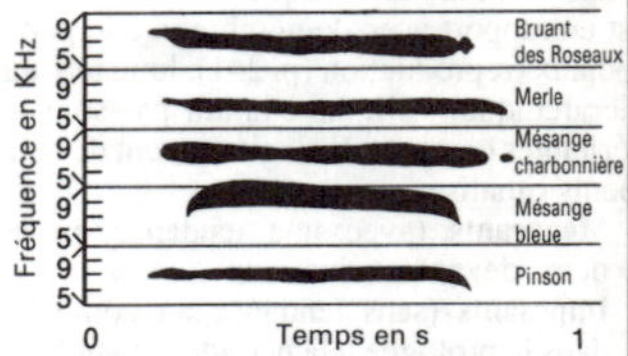

Tous les appels sont durs à localiser; ils agissent aussi sur un mode interspécifique

B **Enregistrements sonores des signaux d'appel de quelques oiseaux chanteurs**

Signaux optiques et acoustiques

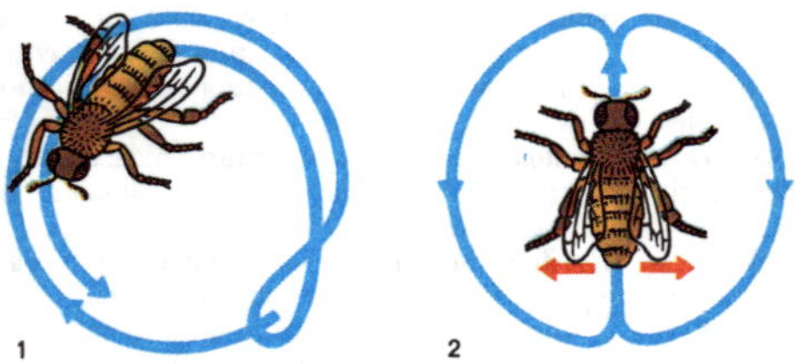

C **Danse circulaire (1) et danse frétillante (2) d'une Abeille ouvrière sur la surface verticale des rayons de miel**

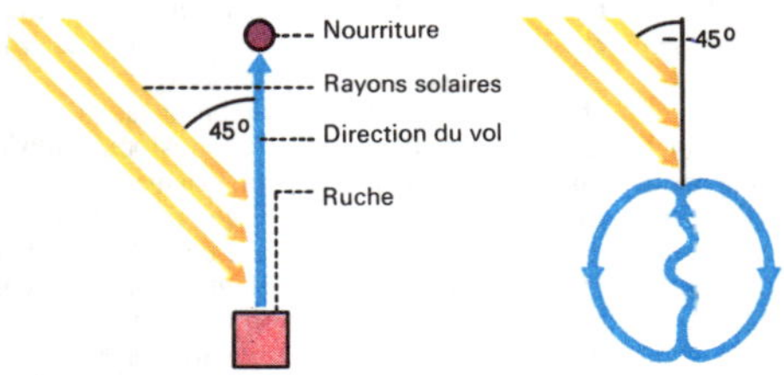

D **Orientation par la danse frétillante à partir d'une surface plane (par ex., planche d'atterrissage)**

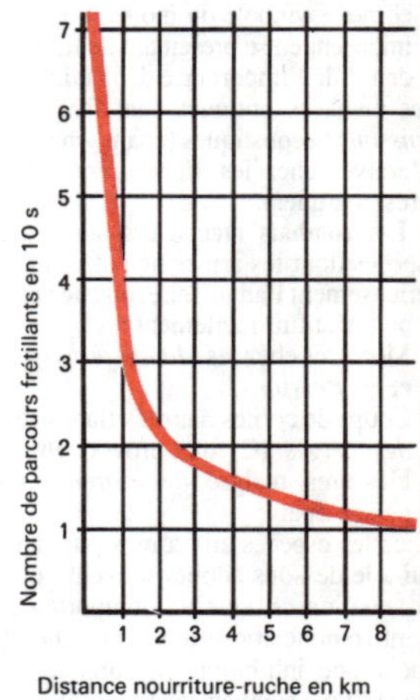

E **Expression de l'éloignement de la nourriture en fonction de la vitesse de danse frétillante**

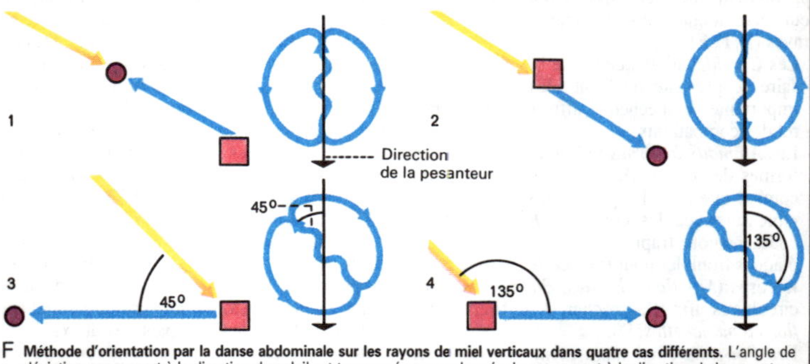

F **Méthode d'orientation par la danse abdominale sur les rayons de miel verticaux dans quatre cas différents.** L'angle de déviation par rapport à la direction du soleil est transposé en grandeur égale par rapport à la direction de la pesanteur

Langage des Abeilles

Un comportement social suppose des systèmes de communication avec émetteurs, récepteurs, déclencheurs, codage et décodage (p. 427), acquis au cours de la phylogénie.

L'information chimique

Les phéromones (étho-et sociohormones) coordonnent des caractères physiol. chez les membres d'une même société. Chez les ouvrières habituel. stériles de l'*Abeille*, les ovaires se développent après la disparition de la reine, quelques-unes pondent même des œufs non fertilisés d'où sortent de faux bourdons. La reine sécrète par la peau une subst. inhibitrice, les ouvrières l'absorbent en la léchant et la transmettent (les reines mortes restent encore efficaces pendant un certain temps). De même, la construction d'un rayon de miel est stimulée par des hormones de la reine (en dehors de la stimulation sociale). En sa présence 50 ouvrières suffisent pour commencer à construire le rayon, 200 lorsqu'elle est morte, et il en faut 10 000 lorsqu'il n'y a pas de reine. Inversement, la reine inhibe par un processus hormonal la constr. de cel. royales destinées aux jeunes reines. Si la reine a été présente pendant 52 min par heure dans la ruche, 4 000 ouvrières de la colonie construisent 3 cel. royales en 2 jours, elles en construisent 10 en 2 jours si la reine ne séjourne que 6 min par heure dans la ruche, et sans reine, elles en construisent 24.

Chez les *Termites,* la reine fabrique des hormones identiques ; situées ds la partie antérieure du corps, elles atteignent l'intestin et sont cédées aux ouvriers comme « des excréments » : un principe analogue à une régulation hormonale (p. 329).

L'information optique

est particulièrement adaptée à la communication dirigée et aux territoires proches. Elle est bien développée chez les *Mammifères* sous forme de systèmes informatifs très différenciés ds un domaine intraspécifique (A ; p. 426).

L'information acoustique

agit à grande distance et avec un grand éventail dispersif (cris d'alarme ; B). Elle agit aussi ds les territoires proches avec des systèmes de communication très performants (p. ex. 25 sons chez les *Primates* avec des combinaisons variées).

Les danses des abeilles sont les systèmes de communication les plus compliqués. Elles transmettent des informations chimiques et des suites de mouvements qui symbolisent les caractéristiques et les processus de leur environnement (« Langage » des abeilles).

1. La danse agitée incite les congénères aux soins corporels (fréquence max. chez la reine entre le 20e et le 28e jour, chez les ouvrières entre le 2e et le 61e jour, sans doute en rapport avec le vol.

2. La danse saccadée, dansée sur le rayon de miel, comme toutes les danses suivantes par les abeilles butineuses à leur retour. Elles transmettent ainsi des informations sur les sources de nourriture. Les facteurs suivants interviennent :

- Le parfum (respiré passivement) de la plante qui indique aux *Abeilles* qui vont aller butiner, la nature des sources de nourrit. Lorsque ces sources ne dégagent pas de parfum (eau sucrée), les *Abeilles* placent des repères parfumés.
- Le type de mouvement de la danseuse (pistes irrégulières que l'*Abeille* parcourt dans le même sens en « frétillant » de l'abdomen) ; elle fournit des informations sur la distance qui sépare la ruche de la source de nourriture (< 2 m ici). Ces 2 informations sont enregistrées grâce à des danses d'imitation et vérifiées par des vols de reconnaissance.

3. La danse en croissant (C) légèrement différente, donne des informations sur des distances supérieures de la source de nourriture (8 à 20 m).

4. La danse circulaire (C) ne transmet également que des informations sur la nature et l'éloignement de la source de nourriture (50 à 100 m).

5. La danse frétillante (C) a des fonctions plus importantes. L'*Abeille* exécute des mouvements compliqués. La forme de la danse reproduit un 8 au milieu duquel elle frétille de manière intensive. Cette danse renseigne les *Abeilles* sur :

- **La nature de la source des aliments.**
- **La direction** est donnée par l'angle que forme l'axe de la danse avec la verticale et qui correspond à l'angle de la direction du vol avec la direction du soleil (F). La modification de la position du soleil est calculée par le S.N.C. bien que le soleil ne soit pas visible dans la ruche. Ceci suppose que l'*Abeille* est capable de déterminer l'heure au moyen d'une « horloge interne » ; l'existence de cette faculté a été prouvée également chez les *Oiseaux migrateurs*, les *Araignées*, les *Crustacés*. C'est la direction moyenne qui est indiquée ; ce phénomène suppose également un mécanisme neurologique de compensation. L'orientation est réalisée également lorsque le soleil est caché, aussi longtemps qu'il reste une partie du ciel bleu visible. L'*Abeille* calcule la position du soleil à partir de la polarisation de la lumière du ciel. Une observation est très révélatrice quant à la phylogénie de la danse frétillante : une espèce indienne d'*Abeille*, qui forme ses rayons à l'air libre, indique directement la direction sans transposition par la pesanteur (voir D).
- **L'éloignement** n'est indiqué qu'approx. (>100 m) par le type de la danse. Une précision plus grande est obtenue grâce à la vitesse (E).

La communication interspécifique

Les cris d'alarme se sont développés de façon convergente chez de nombreux *Oiseaux* (B). Ils sont sans doute aussi compris par d'autres espèces d'une façon innée.

Les parures prémonitrices (p. 253) renseignent les prédateurs potentiels du mauvais goût ou de la toxicité.

Le mimétisme (p. 252 G) repose sur l'imitation des signaux d'espèces capables de se défendre ou immangeables.

Chez les Parasites (p. ex. : les hôtes des *Fourmis*) et les **parasites des nids** (p. ex. le *Coucou*), on trouve parfois des comportements de « mendicité ».

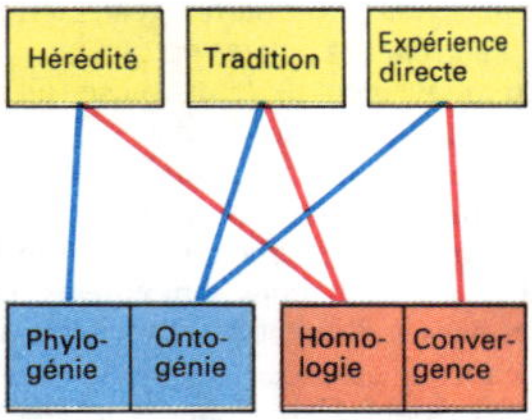

A **Origine des informations dans les cas d'homologie/convergence et les liens avec Phylogénie/Ontogénie**

B **Mimique de colère chez le Singe et l'Homme**

Comparaison Homme-Animal

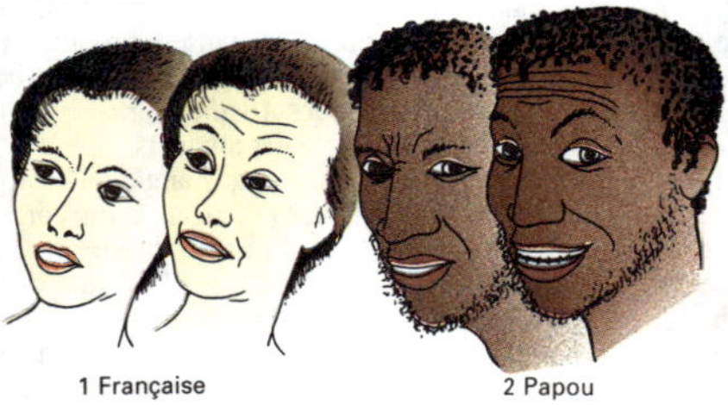

C **Expression oculaire (Situation de début et phase de soulèvement maximum des sourcils)**

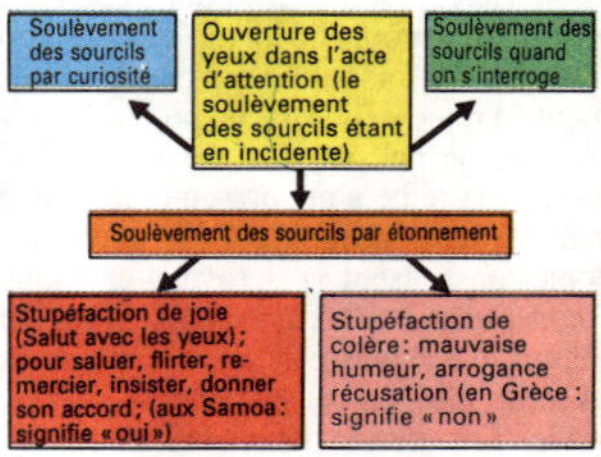

D **Différentes significations du haussement de sourcils et le sens dérivé**

Comparaison des Cultures

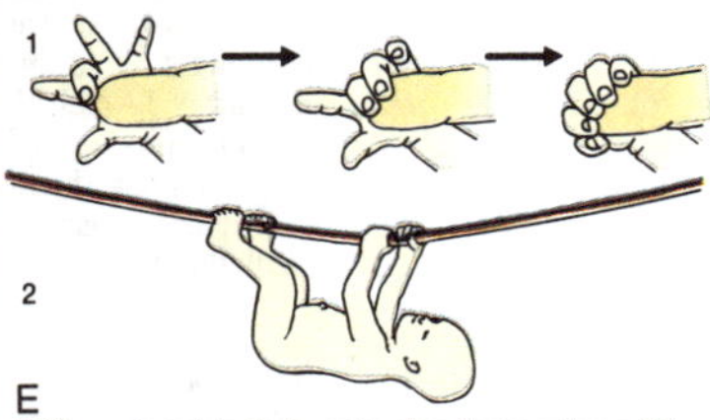

E
Réflexe de saisie de la main chez le nourrisson (1) et d'agrippement avec les mains et les pieds (2) chez un prématuré de 7 mois

F **Recherche rythmique du sein : mouvement de torsion de la tête de droite à gauche (Réflexe de succion)**

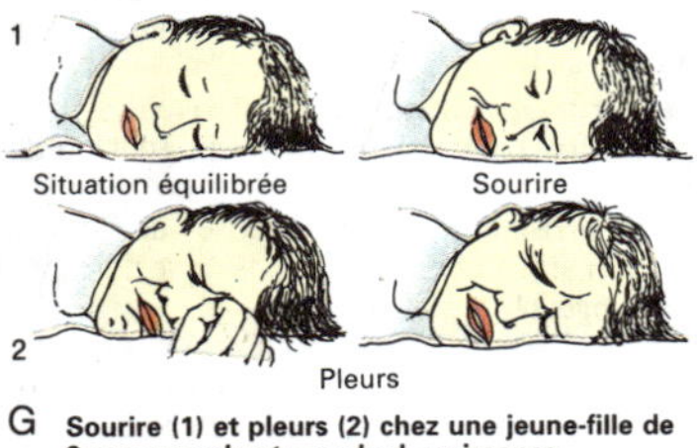

G **Sourire (1) et pleurs (2) chez une jeune-fille de 9 ans aveugle et sourde de naissance**

H **Refus d'un objet par une jeune-fille de neuf ans aveugle et sourde de naissance**

Situations de type KASPAR-HAUSER

L'apport de la théorie du milieu

L'imprégnation du mental et du social n'a pas été reconnue, ou plutôt ne l'est pas ou seulement dans un domaine restreint, par de nombreux anthropologues dans les bases comportementales inscrites dans le patrimoine héréditaire :

« Si l'on rencontre chez l'*Homme* des instincts quelconques, c'est qu'ils correspondent peut-être à des réactions automatiques à un bruit brusquement très intense ou à la perte d'un appui ; du reste l'*Homme* n'a pas d'instinct » (MONTAGU, 1962).

Il en résulte une théorie du milieu qui explique pour l'essentiel le comportement humain comme la résultante des influences de la société :

– L'*Homme* **existe**, mais « les types culturels sont si nombreux..., qu'il est déraisonnable de parler d'une nature humaine car elle change selon les différentes conditions sociales » (KENTLER, 1971).

– « Les différences qui existent aujourd'hui – psychiquement et physiologiquement parlant – entre les *Hommes* et les *Femmes* **sont** entièrement conditionnées par les rapports sociaux » (SCHEU,1977 ; exception faite des différences liées aux fonctions sexuelles primaires).

L'approche biologique du comportement (éthologie humaine)

L'éthologie humaine résulte, au cours du développement phylogénétique, de l'adaptation du comportement de l'*Homme* aux conditions variables de l'environnement (voir p. 541) ; elle l'appréhende sous ses aspects phylogénétiques fonctionnels et de causalité.

– Dans quelle mesure le comportement originel conforme est-il inadapté et présente-t-il un handicap dans les conditions actuelles causées par l'évolution sociale (« société de masse ») ?

– Le comportement inné programmé est-il facilement ou difficilement modifiable sous les influences sociales et/ou la liberté individuelle de décision ? (voir p. 440 C).

La signification de ces approches pluralistes tient à ce que l'on ne peut, qu'ainsi, entièrement comprendre le comportement humain, alors que les tendances sociales, sans prise en compte des composantes biologiques du comportement, surmènent les hommes d'une façon permanente.

Les méthodes de l'éthologie humaine

Les investigations expérimentales sur l'*Homme* sont, pour des raisons d'éthique, étroitement limitées (p. ex. on ne peut réaliser d'expériences de type Kaspar HAUSER).

Comparaison avec le comportement animal

Selon l'acquisition et la mise en mémoire des informations prises comme base, pour expliquer des comportements voisins (A), on distingue :

– Les homologies (acquis phylogénétique de l'information, stockage dans les gènes). Elles seules, garanties par des critères d'homologie (p. 513), prouvent la parenté phylogénétique (B).

– Les analogies (acquis ontogénique de l'information, stockage dans le S.N.C.).

– Les homologies de tradition, où la mémoire remplace le patrimoine héréditaire comme stockage informatique (tradition), occupent un large champ dans le comportement humain et se rencontrent aussi chez les *Animaux* (cas de l'espèce japonaise de *Macaque à face rouge ;* tradition du Chant. p. ex. chez les *Viduinés ;* p. 507).

Une analogie dans le comportement n'exclut pas une programmation génétique dans la phylogenèse des espèces. D'ailleurs, en éthologie humaine, les **recherches analogiques** ont une grosse importance : On déduit, p. ex. plus facilement la légitimité des adaptations biologiques du comportement social humain, en le comparant analogiquement à celui d'animaux de groupes systématiques différents, plutôt qu'à celui des proches parents *Primates,* qui vivent dans des conditions socio-écologiques autres.

Comparaison de cultures différentes

Elle vise à établir des comportements universels (par rapport aux différences culturelles) qui peuvent alors être considérés comme génétiquement programmés. La valeur de cette méthode augmente :

– quand le comportement se retrouve dans plusieurs cultures (hétérogènes) ;

– quand on le remarque dans des cultures restées relativement primitives ;

– quand entre les cultures étudiées il n'y a (ou il n'y a eu) aucun contact direct (ou indirect).

L'expression oculaire (C), une forme de salut à distance, remplit, comme beaucoup de comportements, ces conditions. Elle a comme composantes :

– le sourire (préparatoire) ;

– un léger soulèvement des sourcils (ils demeurent environ 1/6 de sec. dans cette position) ;

– un renforcement du sourire ;

– souvent une légère élévation de la tête.

Elle sert principalement à établir des contacts sociaux (saluer, flirter, badiner avec les enfants, remercier) mais aussi à « prendre congé », à affirmer ou donner le ton à un discours. Ses composantes typiques (soulèvement des sourcils) dépendent en partie du mode culturel et se rencontrent aussi dans d'autres situations sociales.

Les comportements sont programmés lorsqu'ils :

– se développent à l'encontre des influences sociales ;

– ne cadrent pas avec leur fonction.

Les situations de type Kaspar HAUSER (relatives) se développent sous certaines conditions.

Les nouveau-nés n'ont en général pas ou peu de possibilités d'apprentissage. Ils montrent des comportements variés à caractère réflexe (E), mais aussi des formes plus complexes avec appétence (F).

Les aveugles et sourds de naissance sont à beaucoup d'égards sans expérience car la saisie d'informations optiques et acoustiques leur fait défaut ; dans de nombreux cas, précisément observés, l'apprentissage (p. ex. par le toucher) est sûrement exclu.

Ils montrent de nombreux comportements normaux de la mimique (G) et du gestuel (H).

Des façons plus complexes de s'exprimer ne s'observent pas (p. ex. le flirt, p. 437) ; elles peuvent dépendre de prédispositions innées mais doivent être déclenchées et dirigées spécifiquement par des signaux optiques et/ou acoustiques.

A

Le flirt chez une jeune fille HIMBA (SO africain) ; nombreux détournements de la tête et répétition du contact visuel

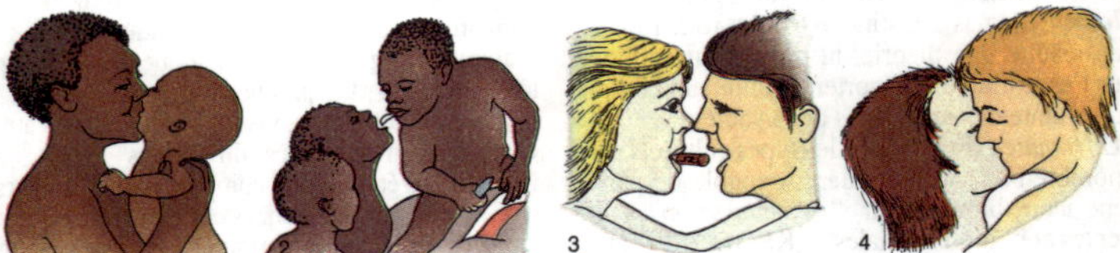

1 Femme Papou nourrissant son bébé

2 Pygmées-Ituri : un chasseur d'éléphant distribue des tranches de lard

3 Motif de distribution de nourriture dans la publicité

4 Le baiser

B **Alimentation par le bouche à bouche et sa ritualisation**

Motricité innée (voir aussi p. 434)

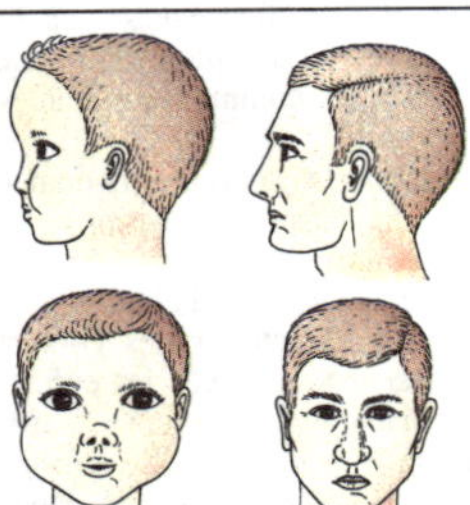

1

2 Formes déclenchant la pulsion « protection des jeunes » chez l'Homme : Pékinois Gerboise Mésange à longue queue

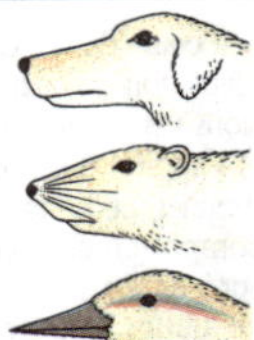

Formes voisines mais non évocatrices : Barsoï Rat Sittelle

3 Exagération des marques enfantines dans les personnages de Disney

C **La silhouette de l'enfant**

1 Silhouette féminine (d'après Praxitèle)

2 Accentuation des caractères féminins par les vêtements (d'après une statuette de Cnossos, Crète : 2e siècle avant J.-C.)

3 Accentuation des caractères féminins par les vêtements (18e siècle)

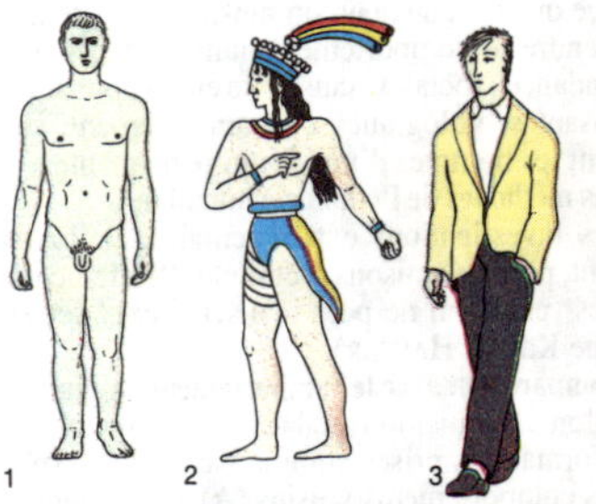

1 Silhouette masculine (d'après Polyclète)

2 Accentuation de la largeur d'épaules et de l'étroitesse des hanches (sur une peinture murale de Cnossos, Crète 2e siècle avant J.-C.)

3 Accentuation des proportions masculines par les vêtements

D **Silhouette de la Femme**

E **Silhouette de l'Homme**

Déclencheurs

Lors de l'analyse du comportement humain inné, il faut fondamentalement tenir compte de l'influence de l'apprentissage et/ou du discernement, souvent corrélée positivement avec l'âge ; inversement dans un comportement appris il y a des interactions permanentes avec les structures du S.N.C. génétiquement programmées (p. 417).

Motricité innée

Chez les nouveau-nés et les très jeunes enfants, on observe des mouvements de succion et de déglutition coordonnés avec la respiration. Le mouvement de succion se transforme en quelques semaines d'un pompage (dépression dans la cavité buccale) en un léchage (mouvement de traite de la langue, palais servant de butée ; avec les commissures des lèvres ouvertes).

– Le réflexe d'agrippement avec les mains et les pieds est particulièrement net chez les prématurés (p. 434 E), il s'affaiblit par la suite ou disparaît (amorce de rudimentation) ; il n'est cependant pas dépourvu de toute signification (accrochage aux vêtements de la mère pendant le sommeil).

– Des mouvements du type « grimper » se rencontrent chez les prématurés (à l'état rudimentaire). On peut déclencher chez les nouveau-nés marche et reptation (avec coordination croisée).

– Des mouvements de nage avec les mains et les pieds se manifestent dès l'âge de quelques semaines et disparaissent vers 3-4 mois.

Les sourds et aveugles-nés (p. 435) montrent des comportements en partie complexes et plus tard achevés qui, ce qui a été longtemps controversé, sont significatifs pour les adultes.

La comparaison des cultures apporte de nombreux indices allant dans la même direction. On doit néanmoins en exclure la possibilité de développement de comportements analogues dans des cultures différentes ; ce qui est possible par la comparaison animal-homme et parfois par déduction phylogénétique (baiser ; B). On doit tenir compte aussi de la surformation de comportements universels par la « ritualisation culturelle » (p. 434 D).

– Dissimulation du visage en cas de gêne (a lieu aussi chez les sourds et les aveugles-nés).

– Personnes mangeant seules qui regardent régulièrement de tous les côtés (protection).

– Comportement de flirt spécialement observé chez les jeunes filles et les femmes (sourire pudibond et répétition du contact visuel : A).

– L'alimentation des bébés par le bouche à bouche, que l'on rencontre aussi chez les adultes (B), est vraisemblablement la source des formes typiques du baiser universellement répandu.

– Le comportement de menace comprend en plus de la mimique conforme (p. 434 B), le hérissement des poils résiduels sur les épaules et les bras, le fait de frapper du poing sur la table et de trépigner des pieds (mouvements non orientés).

– Le comportement d'apaisement avec comme structures de base : la diminution de la taille (position fléchie), le fait d'éviter de fixer (yeux baissés), maintenance d'un certain écart.

– Un comportement un peu dépassé se retrouve aussi bien dans des mouvements innés (grattage de l'oreille, frottement du menton, mise en ordre des cheveux) qu'appris (allumer une cigarette). De même un impérieux besoin de sommeil (souvent intentionnel comme le bâillement) se produit avant des événements importants (examen ; attaque pendant la guerre).

Connaissance innée (modèles de déclenchement)

Les jeunes enfants montrent un comportement qui ne résulte pas de l'expérience et qui laisse supposer l'existence de mécanismes de compensation génétiquement programmés pour l'appréciation des conditions de l'environnement. Ce qui conforte l'opinion, émise par LORENZ et d'autres auteurs, que sous-jacents à nos formes d'intuition et de pensée se trouvent des mécanismes souvent innés.

– Les nouveau-nés réagissent aux saveurs sucrées, salées et amères avec les expressions correspondantes du visage (il en va de même des acéphales).

– Des nourrissons de 2 à 11 semaines, solidement attachés, réagissent à des ombres projetées sur un mur, qui s'allongent de façon symétrique, par des mouvements d'esquive, de défense et de l'excitation (« collision »). Il n'y a aucune réaction par contre si les ombres s'allongent de façon asymétrique.

– Des nourrissons de 2 semaines agrippent les objets qu'ils voient ; si ce sont des objets simulés, cela perturbe l'enfant (augmentation du pouls, pleurs) ; s'il saisit un objet l'enfant reste calme (lien entre les sens visuel et tactile).

La résistance à l'expérience constamment renouvelée des illusions d'optique parle aussi en faveur de mécanismes compensateurs innés.

Les adultes sont pour des raisons de méthode, plus difficiles à apprécier. Des observations (en partie par la comparaison des cultures) nombreuses permettent pourtant d'affirmer l'influence durable de mécanismes déclencheurs innés dans le comportement social de l'*Homme*.

– **La silhouette de l'Enfant** (C) dont les composantes caractéristiques peuvent aussi agir individuellement au cours des expériences (sommation des excitations ; p. 407) déclenche l'instinct de soins à la progéniture, lié au sentiment de « mignon ». Cela agit aussi avec des objets de remplacement (C2) ; l'effet de leurres hypernormaux (C3) plaide aussi en faveur d'un mécanisme inné.

– **La silhouette de la Femme** se reconnaît à ses signes particuliers (D) ; rapport épaule/largeur des hanches, taille étroite, forme de la poitrine, formes arrondies du corps et du visage avec les représentations qu'on en donne dans les médias (publicité) et la tendance à l'hypernormalité (p. ex. par les produits de beauté et la mode vestimentaire).

– **La silhouette de l'Homme** (signes distinctifs : épaules larges, hanches étroites, musculature puissante, formes accusées de la tête et du corps) ressortit aux mêmes lois (E). Pour les deux sexes, les caractères de domestication (petitesse des extrémités, faiblesse musculaire, aspect adipeux prononcé) sont jugés négativement.

	Cas
Coups donnés avec la main, le poing ou une baguette	96
Coups de pied	23
Lutte	10
Morsures	1
Bousculer le partenaire	1
Cracher	5
Jet d'objets	2
Jet de sable	8
Menaces du regard	8
Menacer avec le poing levé	3
Menacer avec un objet	2
Se moquer (faire honte)	1
Montrer son derrière	2
Tirer la langue	1
Taquiner en prenant des objets	3
Total	166

Durée de l'observation : 191 minutes

A **Actes d'agressivité dans un groupe d'enfants en train de jouer** (Boschimans ; 2 garçons, 7 filles)

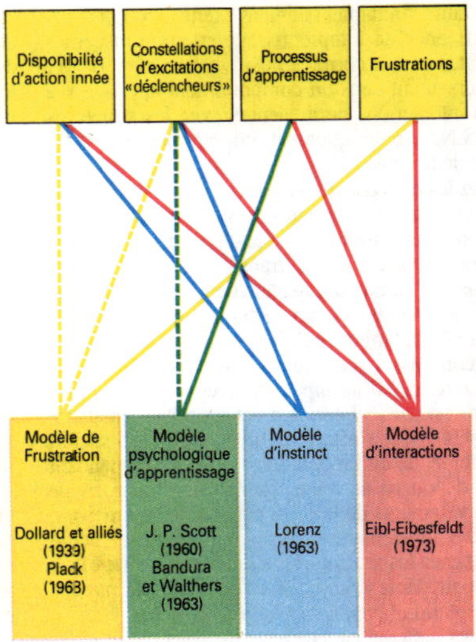

B **Modèle d'explication du comportement agressif avec en plus un apport pluraliste**

Données

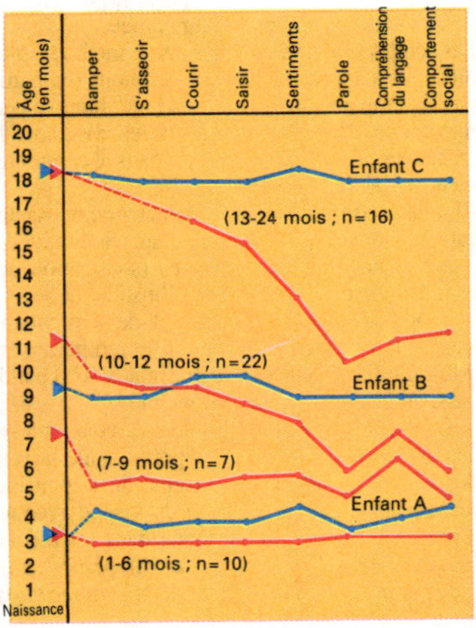

— Profils moyens d'évolution de groupes d'enfants vivant en foyer

— Profils de développement d'enfants isolés vivant avec des personnes attitrées

C **Troubles du développement chez des enfants vivant en foyer**

1 Différentes formes de jeux, dans des groupes d'enfants Boschimans :

	♀ %	♂ %
Poursuite, Bagarre, Plaisanterie	6,25	16,66
Expériences avec des outils appropriés	4,16	45,00
Lutte et rivalité	–	15,00
Se balancer et grimper	–	5,00
Jeux de sable	4,16	5,00
Danse	–	1,66
Jeux de balle (avec des melons)	–	5,00
Jeux d'imitation	–	5,00
Jeux avec animaux morts	–	1,66
Danse avec des melons	56,25	–
Jeux avec melons et pierres	16,66	–
Jeu mère – enfant	12,50	–

2 Ils ont dessiné :

	♀ %	♂ %
Animaux de la tribu	4,2	19,6
Animaux de la brousse	3,1	10,7
Fleurs	23,7	8,0
Voitures	0,9	11,8
Avions	0,3	7,7
Maisons, huttes	23,6	9,5
L'Homme	4,9	15,4
La Femme	21,8	3,5
Homme d'une façon générale	3,7	5,0
Objets domestiques	6,0	0,3
Objets d'étude	4,2	6,1
Autres	3,6	1,94

D **Intérêts pour le jeu (1) et la symbolique dans les dessins (2) en fonction du sexe chez des enfants Boschimans**

Prédispositions à l'apprentissage

Impulsions

Les conclusions, spécialement quantitatives, portant sur la nature des systèmes de motivation et leurs effets, se heurtent chez l'*Homme*, à l'instar des *Animaux*, aux mêmes difficultés méthodologiques (p. 405) :

– de nombreux mécanismes physiologiques sont différemment concernés (hormones, stimuli internes, centres nerveux supérieurs) ;

– des stimuli extérieurs interviennent aussi dans la motivation en plus de leur rôle de déclencheurs.

En principe on admet, que même dans le cas d'une programmation génétique des mécanismes de motivation, c'est seulement l'amplitude de la variation qui détermine le domaine d'action de l'expérience et du discernement.

La sexualité et la prise de nourriture sont aussi considérées en général chez l'*Homme* comme étant déterminées par des mécanismes de motivation innés ; l'augmentation croissante du besoin d'activité lors de la privation, qui s'explique par l'énergie d'action spécifique du refoulement, est facile à identifier. Les influences positives ou négatives de l'accoutumance de l'apprentissage et/ou du discernement, selon les cas jusqu'à la répression complète, sont les seules possibles dans ce type de comportement (célibat, grève de la faim).

L'agression. Dans le cas de l'agression intraspécifique, particulièrement importante pour l'*Homme*, la discussion a davantage porté sur le mode et l'intensité d'action des pulsions innées, que sur la motricité, les déclencheurs et les prédispositions d'apprentissage spécifiques.

– Chez les Bushmen du Kalahari, qui vivent à l'état adulte en groupes pacifiques, les enfants sont aussi agressifs que ds les autres cultures (A), alors que tout apprentissage de cette agressivité est exclu.

– Chez les personnes expérimentalement excitées, la pression sanguine baissait plus vite que dans un groupe-témoin, si elles pouvaient, par des électro-chocs, simuler une punition de l'expérimentateur.

Des observations neurophysiologiques prouvent aussi l'existence de mécanismes neuroniques :

– Des décharges spontanées dans le cerveau et les lobes temporaux déclenchent des accès de fureur chez les malades en psychiatrie.

– L'excitation électrique des mêmes régions, chez des personnes saines, produit les mêmes accès.

Il reste à préciser ds quelle mesure ces mécanismes sont acquis ontogénétiquement ou modifiés et l'importance des stimuli extérieurs dans leur déclenchement.

Des modèles de l'agression sont d'ailleurs toujours représentés par des circuits déclencheurs très différents (B). Aux nombreux modèles monistes, c'est-à-dire axés sur un principe unique, on préfèrera le modèle de l'interaction (voisin du modèle bio-social : NEUMANN, 1979) qui est un modèle pluraliste à grande capacité explicative.

Prédispositions à l'apprentissage

Comme chez les *Animaux* (p. 417), l'apprentissage repose chez l'*Homme* sur des structures du S.N.C., plus ou moins génétiquement programmées. Avec une capacité d'apprentissage généralement poussée, du fait du très grand développement du cerveau, on peut pourtant mettre en évidence des différences spécifiques qui sont en partie, au moins, vraisemblablement héréditaires :

– La préprogrammation innée rend l'apprentissage dans le domaine social plus compliqué, ou le limite.

– La capacité d'apprentissage est plus grande quand il s'agit de l'adéquation à l'environnement (développement des sciences et des techniques).

Souvent les prédispositions très spécifiques à l'apprentissage, dépendant manifestement de processus ontogéniques dans le S.N.C., sont limitées à des phases sensibles et montrent des convergences avec les **phénomènes d'imprégnation** rencontrés chez les *Animaux* (p. 422 sq.).

L'apprentissage de la (des) langue(s) se fait plus facilement dans le tout jeune âge. Des enfants d'un an et demi répètent déjà des mots, transforment ce qu'ils entendent en des mouvements complexes des muscles du langage. Ils ne parviennent pas encore au même âge à réaliser des mouvements de coordination plus simples (dessiner des figures géométriques).

La confiance primitive, ou aptitude à la socialisation, doit être établie chez l'enfant en le liant entre 3 et 18 mois à des personnes de référence (parents, parents nourriciers). Des investigations opérées chez des enfants vivant en foyer, révèlent que si le temps pendant lequel ils sont soustraits à ces conditions indispensables (contact plus fréquent avec les mêmes personnes) augmente, cela provoque des troubles du développement de plus en plus graves (C) pouvant entraîner maladie et mort (hospitalisme).

On peut classer les troubles ultérieurs, qui sont souvent rebelles à toute thérapie, en deux groupes :

– absence de contacts dans le domaine social ;

– relations nombreuses, superficielles, non durables.

Le rôle du sexe est apparemment conditionné, aussi, en plus des influences sociales, par des prédispositions innées (D ; dans ce cas il faut exclure la pression des adultes pour orienter vers un comportement sexuel « normal »).

Les tendances générales du comportement sexuel s'impriment vraisemblablement entre 4 et 6 ans (phase œdipienne). Cette imprégnation se fait sans stimulations sexuelles, sans doute par la communauté de vie de l'enfant avec ses parents et/ou les autres adultes. Elle ne conduit pas à une liaison avec un individu, mais détermine en général les normes du choix du partenaire futur (homo- ou hétérosexualité).

Les imprégnations sexuelles spéciales se réalisent lors de la puberté lorsque l'excitation sexuelle devient très forte. Il peut s'ensuivre, d'une façon extrêmement rapide, un attachement à un partenaire individuel ou à un objet spécial (*fétichisme*). Il s'ajoute à cela que, par suite d'influences sociales et/ou rationnelles (p. 441), le comportement peut se modifier (des mariages homosexuels ne sont pas rares) mais que la poursuite des tendances homosexuelles est le plus souvent vérifiée (persistance de l'imprégnation).

A **Les salutations présentées à quelqu'un de très haut rang** (d'après une représentation de l'ancienne Égypte)

B **Danse pour impressionner ses hôtes, dans un village étranger ; parallèlement la danse d'accompagnement de l'enfant souligne l'apaisement** (Indiens Waika ; Amérique du Sud)

Fonctions sociales des comportements (voir aussi p. 436)

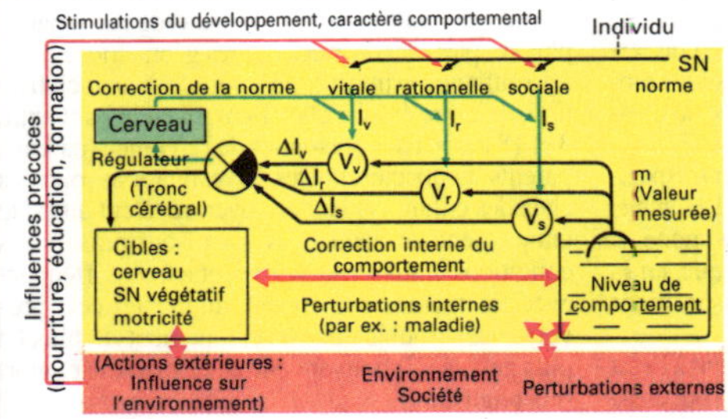

- Flux de matière, d'énergie et d'informations qui interagissent dans l'environnement de l'individu.
- Création ou modification de la norme par le milieu extérieur.
- → Flux d'information en provenance de la boucle de régulation elle-même ; Mécanismes de rétroaction qui régulent le comportement.
- Flux d'informations pour corriger la norme (spécifique de l'Homme).

Le régulateur travaille selon le principe $\Sigma|\Delta I| =$ minimum (la somme des valeurs absolues de toutes les dérivations est la plus basse possible ; État de repos ; voir tableau D).

Ⓥ Terme comparatif.

C **Boucle de régulation complexe représentant le comportement de l'Homme** (avec sa caractéristique : la possibilité de corriger la norme)

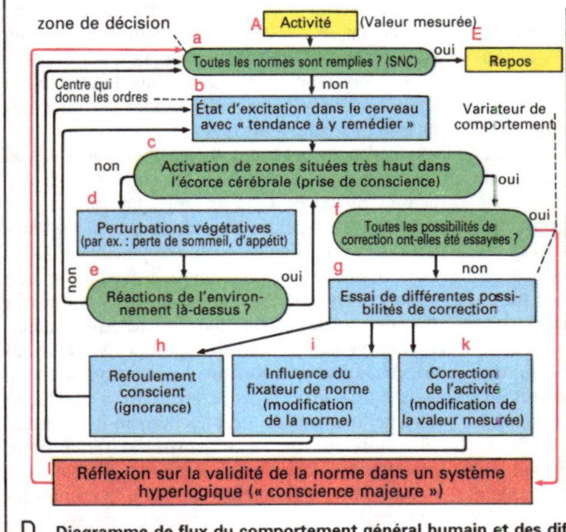

Type de comportement :	
Comportement de sujétion. Obéissance passive à la loi	AaE (solution)
Comportement neurotique. Refoulement inconscient des fautes	Aabcdeb... (pas de solution)
Comportement de pharisien. Ignorance consciente des fautes	Aabcfghb... (pas de solution)
Réforme du comportement. Transfert du modèle « faute » en réaction conforme à la « norme »	Aabcfgiab... (pas de solution) ou AabcfgiaE (solution)
Comportement expiatoire. Correction du comportement de faute, selon les lois existantes	AabcfgkaE (solution)
Comportement raisonnable	Aabcflab... (pas de solution) ou AabcflaE (solution)

D **Diagramme de flux du comportement général humain et des différents types qui en résultent**

Modèles cybernétiques du comportement humain

Le particularisme du comportement humain.
Par suite de changements sociaux rapides, lorsque le stade « cueillette et chasse » (évolution culturelle) a été dépassé, le développement des adaptations innées n'a pu se faire, d'où les divergences entre les dispositions innées adaptées aux conditions de petits groupes et la société de masse dans laquelle les relations personnelles ont été de plus en plus remplacées par les intérêts anonymes du groupe.
L'intérêt de la connaissance des prédispositions innées est l'estimation des possibilités d'obtention de normes comportementales sous l'influence sociale souvent nécessaire.
– Une éducation contraire au programme génétique peut créer des difficultés et des résistances durables (voir homosexualité, p. 439) ;
– Des conflits entre les normes de la société et les prédispositions innées peuvent entraîner des désordres graves (névroses).
Une appréciation critique des problèmes sociaux et des possibilités thérapeutiques suppose une connaissance des prédispositions innées.

Agressivité contre les groupes étrangers
Une concurrence âpre entraînant des guerres entre de petits groupes peut être considérée comme la cause première de la rapide évolution de l'*Homme* dans sa phase d'humanisation (p. 537 sqq.). En 1972, une étude portant sur 99 hordes de chasseurs-cueilleurs de 37 cultures différentes a révélé que 68 hordes sur les 31 cultures guerroyaient encore à l'époque. On n'a pu prouver l'absence de guerre, par le passé, dans aucune des cultures.
L'invention des armes à longue portée et des moyens d'extermination massive a créé une situation confuse car les réductions des agressions et/ou des homicides ne peuvent avoir d'effet sans contact direct entre les combattants.

La démarcation vis-à-vis des groupes étrangers
se produit, autrement que dans les petits groupes considérés comme un tout (chez les cueilleurs et chasseurs, ce sont en général des groupements < 50 adultes), dans des sociétés complexes, et ce à plusieurs niveaux : des confédérations supranationales en passant par les états jusqu'aux fédérations, clubs et familles. Une des raisons biologiques est sûrement la peur face à l'étranger qui déjà s'exprime « dans l'**environnement étranger** » du nourrisson (à partir de 8 mois), mais qui est aussi souvent reconnaissable chez les adultes (cabine d'ascenseur, compartiment de chemin de fer, restaurant).
De nombreux dispositifs agissant à différents niveaux, ont la double fonction de créer un propre groupe sexué et de se démarquer en même temps des groupes étrangers (*pseudospéciation*).
– Les cicatrices de la tribu, les tatouages, déterminent d'une façon irréversible l'appartenance ou l'exclusion.
– La langue, le dialecte, le jargon technique sont, parmi d'autres, les mécanismes les plus répandus.
– Les particularités vestimentaires (costume de la tribu, uniforme scolaire) ont en plus d'une fonction protectrice une fonction de démarcation.
– Le drapeau national, l'emblème du club, entre autres, se sont développés à des fins signalétiques.
La réaction extravertie est particulièrement reconnaissable, chez les enfants, en réaction à des singularités corporelles (strabisme, bégaiement) et à l'excentricité du vêtement, mais aussi dans les groupes adultes aux normes bien établies.
Etant donné que dans l'histoire de l'humanité on a toujours réussi, en dépit du bons sens, à discriminer les groupes étrangers (chez les peuples vivant à l'état naturel le vainqueur était souvent désigné par un terme de « chasse » ; les criminels sont parfois désignés dans la presse comme des « bêtes féroces »), ceci plaide en faveur de prédispositions innées dans ce domaine.

Liens à l'intérieur du groupe
Ils sont un contre-poids à l'agression et on les réalise par plusieurs mécanismes :
– les liens comportementaux de type mère-enfant sont transférés sur l'adulte (p. 436 B) ;
– une sexualité permanente, avec possibilité d'orgasme, contribue chez la femelle, aussi, à la durabilité des liens avec le partenaire ;
– un comportement d'apaisement, ritualisé de multiples façons (A, B), étouffe les agressions à l'intérieur du groupe (inhibition de l'agressivité).

La hiérarchie dans le groupe
peut permettre dans les petits groupes, de diminuer les conflits sociaux. Il en existe deux modalités :
L'aspiration à un grade s'oriente vers un symbole de position sociale : titre, ordre, villa de luxe.
La disponibilité à la subordination a été démontrée au cours d'expériences de simulation significatives où l'autorité manifestée par l'expérimentateur a conduit 66 % des personnes testées à se répartir, sous forme d'électro-chocs, des châtiments simulés qui à l'état réel auraient tué la « victime » (et ce malgré des réactions de protestation et des cris de douleur présentés sur bande sonore). Le fait que ceci soit obtenu, à l'encontre de l'idéal culturel de la responsabilité individuelle, souligne la pesanteur des prédispositions innées.

La territorialité
peut être prouvée dans les groupes (souvent pour des motifs guerriers) mais aussi chez les individus.
– La réduction expérimentale de la distance entre les individus dans des bibliothèques a eu les conséquences successives suivantes : se reculer, établir des barrières avec des livres, etc., quitter la place.
– chez des garçons diminués mentaux (Q I < 50), ce comportement territorial s'est manifesté avec vigueur (à l'évidence sous contrôle cortical) et a été à peine modifié par des punitions verbales.

La régulation du comportement humain
Trois paramètres déterminent ce comportement :
– des prédispositions innées (« pesanteur vitale ») ;
– les normes de la société (« pesanteur sociologique ») ;
– les décisions personnelles (« pesanteur rationnelle »).
Ils n'agissent pas dans des proportions déterminées, leur influence est représentée dans une bande de régulation, où l'on tend à une variation minimale de ces pesanteurs (C).
Un diagramme des flux représente d'une façon simple d'autres modes de régulation (D).

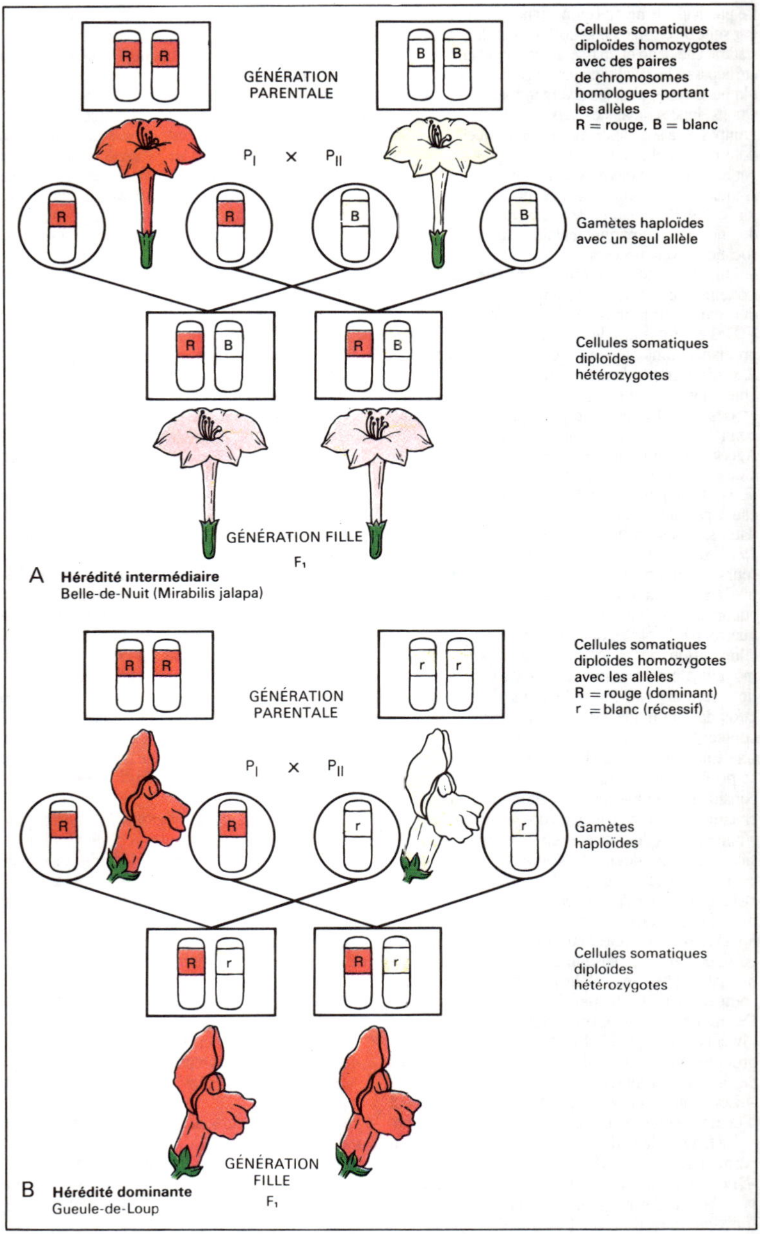

1. Loi de Mendel : homogénéité de la génération fille F_1

La reproduction sexuée engendre des descendants qui ressemblent à leurs parents comme se ressemblent entre eux les membres d'une même espèce. La cause en est l'**Hérédité** ou transfert des caractères spécifiques à la descendance. Les buts de la **génétique**, en tant que **science de l'hérédité,** sont la recherche des :

– processus qui garantissent une **constance relative** de l'information génétique : réplication conforme de l'ADN (*Eucaryotes* p. 37, *Procaryotes* p. 463), distribution régulière (ségrégation) de l'ADN et des chromosomes par la mitose (p. 39) et la méiose (p. 149), maintenance du pouvoir informatif par la transcription et la traduction (*Eucaryotes* p. 43 sqq, *Procaryotes*, p. 462 sqq) ;

– processus qui permettent une **variabilité génétique** : refonte du matériel génétique inchangé (recombinaison) lors de la reproduction sexuée, modification par mutations du matériel lui-même.

Son **intérêt pratique** est l'obtention de plantes et d'animaux utiles, la connaissance des maladies héréditaires et leur exact diagnostic, le développement des interventions dans les symptômes causés par le fardeau génétique.

Histoire de la génétique

Des exp. de croisement et des enquêtes statistiques ont permis à Mendel en 1865 de poser les bases de la recombinaison. Ces **Lois de Mendel** furent redécouvertes en 1900 par CORRENS, TSCHERMAK et DE VRIES. Ce n'est qu'après que HERTWIG (1875) eut reconnu le rôle de l'amphimixie dans la fécondation et que ROUX et WEISMANN eurent en 1933 émis l'hypothèse que les chromosomes étaient les porteurs de l'hérédité que SUTTON et BOVERI (1902-1904) purent établir une **théorie chromosomique de l'hérédité** qui permettait de comprendre les causes des constantes statistiques des lois de Mendel. Ces expériences de « génétique classique » sur les *Plantes* et les *Animaux* notamment la *Drosophile* (MORGAN) furent approfondies ds les années 40, par l'étude de la parasexualité chez les *Virus* et *Bactéries* et atteignirent le niveau de la « génétique moléculaire ». Cette progression s'est accentuée ds les années 70 par l'extrapolation aux *Eucaryotes* et surtout à l'*Homme*.

Phénotype et génotype

L'aspect extérieur, le phénotype, est la résultante de nombreux caractères distinctifs qui se rapportent à des structures morphologiques et à des fonctions physiologiques. La réalisation de chacun de ces caractères résulte de l'interaction du milieu et de facteurs héréditaires (les gènes). Alors que les conditions créées par le milieu sont en général variables et peuvent entraîner des modifications limitées du phénotype, les gènes sont permanents, c.-à-d. qu'ils sont transmis sans être modifiés de génération en génération. Ils transmettent donc une information héréditaire. La clef de celle-ci se trouve dans la structure chimique des molec. qui sont le support du matériel génétique. L'ensemble de ces gènes est appelé génotype. Les expériences cytologiques et génétiques montrent que les gènes qui répondent aux lois de Mendel se trouvent dans l'ADN des chromosomes.

L'ensemble de ces gènes forme un jeu de chromosomes, ou génome, qui peut être associé à des facteurs héréditaires extra-chromosomiques (p. 455).

Les mutations peuvent provoquer dans un gène une modification héréditaire de l'information (p. 472 sqq). Le gène muté régit toujours le même caractère mais ce caractère est généralement modifié. Les gènes qui se rapportent au même caractère distinctif et qui sont localisés au même endroit dans les chromosomes (locus du gène) sont appelés **allèles**. Tandis que chez les haploïdes le phénotype n'est déterminé que par un seul jeu de chromosomes, chez les diploïdes (prédominants chez les *Animaux* et les *Végétaux supérieurs*) (p. 35, 148) les chromosomes sont en double exemplaire. Dans toutes les cellules somatiques, il y a des paires d'allèles répartis de la même manière sur les chromosomes homologues. Lorsque les allèles d'un couple déterminent des caractères identiques, l'organisme est homozygote, dans le cas contraire hétérozygote pour cette paire d'allèles. Dans ce cas ce sont les expériences de croisement qui permettent de savoir comment les allèles déterminent le phénotype.

Analyse de croisement dans les organismes diploïdes

Dans le cas le plus simple, on utilise pour ces croisements deux races pures qui ne diffèrent que par une seule paire d'allèles (**expérience de monohybridisme de Mendel**) ou par deux paires (**expérience de dihybridisme de Mendel**). Si l'on appelle dans le premier cas les allèles d'un des parents AA, BB, CC, DD..., les allèles correspondants de l'autre parent sont aa, bb, CC, DD..., les descendants seront hétérozygotes pour les 2 premiers caractères et homozygotes (C, D....) pour les autres. Les gamètes parentaux n'étant porteurs que des allèles A, B, C, D. dans 1 cas et que des allèles a, b, C, D. dans l'autre cas.

Première loi de Mendel (loi d'uniformité)

Si l'on croise deux races homozygotes distinctes par une seule paire d'allèles, tous les descendants de la première génération, qui seront appelés des hybrides F_1, sont identiques :

– Si l'on croise une race à fleurs rouges (RR) et une race à fleurs blanches (BB) de la *Belle-de-Nuit (Mirabilis jalapa)*, tous les descendants de la génération F1 ont des fleurs roses (A).
– Un croisement de *Gueules-de-Loup* à fleurs rouges (RR) et à fleurs blanches (rr) ne donne dans la génération F_1 que des individus à fleurs rouges (B).

Dans le premier cas, le caractère hybride est une moyenne des caractères parentaux (dominance intermédiaire), dans le second cas, un des allèles détermine le caractère (dominant), l'autre étant récessif ne s'exprime pas. La provenance de l'allèle (du père ou de la mère) ne joue pas : les descendants réciproques se ressemblent (loi de réciprocité ; exceptions possibles : p. 452 sqq).

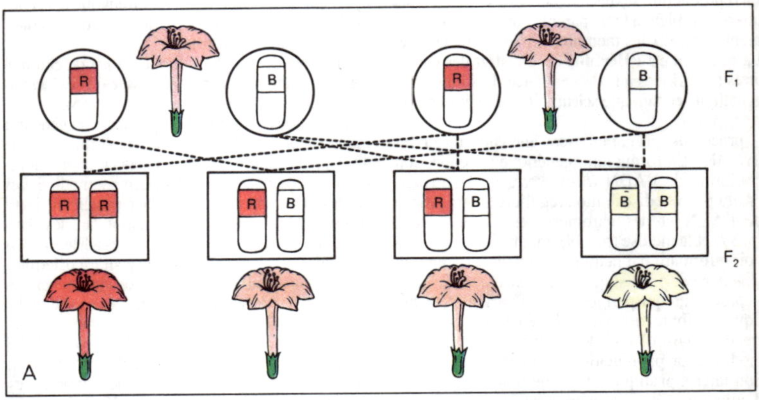

2. Loi de Mendel : composition de la génération F_2

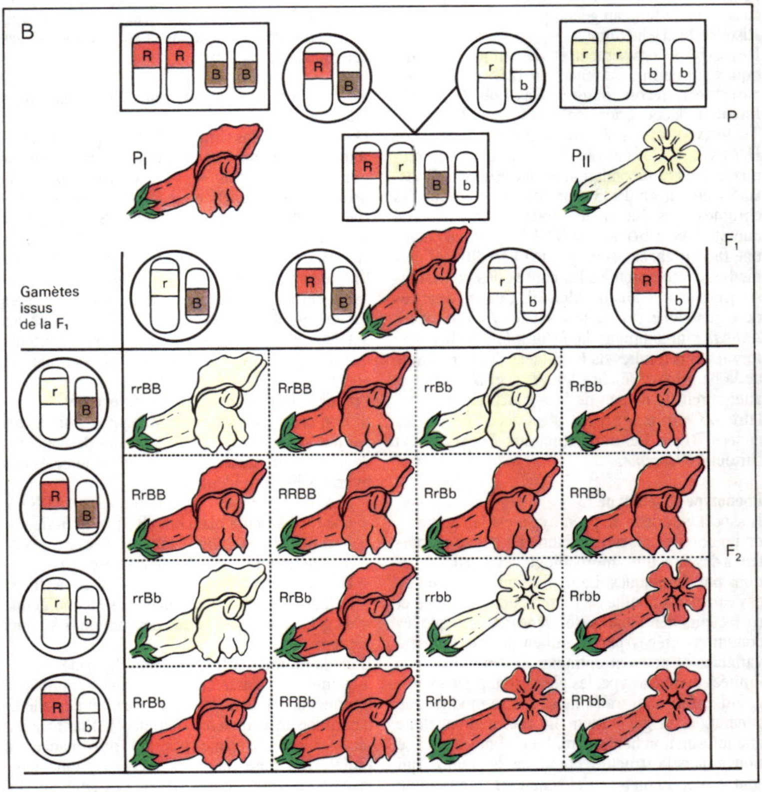

3. Loi de Mendel : nouvelles combinaisons de gènes

Deuxième loi de Mendel (loi de disjonction)

Lorsqu'on croise les hybrides de la génération F_1 entre eux, on obtient en F_2 différents types de descendants :

Les hybrides roses de la *Belle-de-Nuit* ont en F_2 1/4 de descendants à fleurs rouges, 1/4 à fleurs blanches (types parentaux) et 1/2 à fleurs roses semblables aux hybrides. Les plantes à fleurs blanches et à fleurs rouges homozygotes suivent la loi mendélienne de la dominance, les plantes à fleurs roses sont hétérozygotes et continuent lorsqu'elles sont croisées entre elles à opérer une ségrégation selon le rapport 1 : 2 : 1 (A).

Cette disjonction renvoie à la division des chromosomes homologues dans la méiose : les gamètes haploïdes ne contiennent qu'un seul des deux allèles, soit celui déterminant la couleur blanche (b), soit celui déterminant la couleur rouge (r) de la fleur (**loi de la pureté des gamètes**), de telle sorte que lors de la formation du zygote on peut avoir les combinaisons b/b, b/r, r/b et r/r. Mais comme tous les hétérozygotes ont le même phénotype, l'origine génétique à partir du père ou de la mère ne jouant aucun rôle, on obtient le rapport statistique 1 : 2 : 1.
Le même résultat est valable pour la dominance. Les génotypes sont aussi dans le rapport 1 : 2 : 1. Mais comme les hybrides ont le phénotype de l'allèle dominant, la génération F_2 présente une ségrégation des phénotypes dans le rapport 3 : 1. Si l'on croise des *Gueules-de-Loup* à fleurs rouges de la génération F_1, qui conformément aux lois de Mendel (p. 443) sont hybrides (Rr), la disjonction a lieu et on obtient en F_2 des plantes à fleurs rouges et des plantes à fleurs blanches.
Dans la dominance intermédiaire, chaque génotype est reconnaissable. Par contre, dans la dominance, les individus homozygotes et hétérozygotes ont la même apparence. Leur génotype est déterminé par **back-cross** avec le parent récessif ; si l'individu testé a deux allèles dominants, le back-cross ne donnera que des individus du phénotype dominant ; si c'est un hybride on obtiendra 1/2 d'homozygotes récessifs et 1/2 d'hétérozygotes du phénotype dominant.

Ceci permet de comprendre que :

- Chez des races diploïdes des gènes récessifs apparus par mutation ne s'expriment phénotypiquement qu'après plusieurs générations et deviennent alors sensibles à la sélection, car ils ne peuvent s'exprimer qu'à l'état homozygote ;
- A partir de souches hétérozygotes on obtient en définitive des lignées homozygotes pures parce qu'à chaque ségrégation le nombre des hybrides diminue de moitié ; au bout d'un petit nombre de générations, ils sont dilués dans l'ensemble de la population ;
- Les descendants d'un couple peuvent ne pas se ressembler. En effet, au cours de la méiose, les couples chromosomiques se séparent, et les gamètes ne reçoivent qu'un seul exemplaire de chaque gène, que celui-ci réalise ou non le phénotype parental ou des descendants.

Troisième loi de Mendel (recombinaison des gènes)

Si l'on croise des races qui diffèrent par un ou plusieurs allèles (dihybrides ou polyhybrides), les allèles sont indépendants ou liés (p. 447) et suivent les deux premières lois de Mendel (B) :

Des *Gueules-de-Loup* à fleurs rouges (= R) à symétrie bilatérale (B) et d'autres à système radial (= b) et à fleurs jaunes pâles (= r) donnent dans la génération F_1 des hybrides à fleurs rouges bilatérales. Le « système radial » et « la coul. jaune pâle » sont donc des caract. récess. Si l'on croise les *Gueules-de-Loup* de la génération F_1, on observe en F_2 la ségrégation suivante : 9 bilatérales rouges, 3 bilatérales jaune pâle, 3 radiales rouges et 1 radiale jaune pâle.

A partir de deux types parentaux, on obtient donc quatre types de descendants en F_2 et deux nouveaux homozygotes (rrBB RRbb). La nouvelle combinaison des gènes observée (**recombinaison interchromosomique**) vient de la libre association des allèles, deux à deux, pour former quatre types de gamètes. Les données numériques (9, 3, 3, 1) expriment une double dominance. La recombinaison des gènes explique également la **réapparition de types parentaux** (atavismes) qui se produit lorsque diverses variétés d'une espèce sont croisées, le génotype originel, d'où les nouvelles races sont dérivées, étant reconstitué. DARWIN en a donné un exemple classique obtenant le *Pigeon Biset (Columba livia)* en croisant différentes races de *Pigeons* domestiques.

L'importance de la recombinaison génétique

Si dix nouvelles races apparaissent par mutation des gènes dans une espèce, après de nombreuses générations asexuées, le nombre de types resterait toujours le même, aucun échange de gènes ne se produisant. Cependant, par la génération sexuée, le nombre de nouvelles races obtenues à partir de 10 mutants, se monte à environ 2^{10} ou 1024. Par la transmission héréditaire mendélienne liée à une reproduction sexuée (qui comprend la disjonction, la ségrégation indépendante et la recombinaison des gènes), les êtres vivants possèdent une méthode extrêmement efficace qui leur permet des variations génétiques et une polymorphie génétique (p. 497). Ce qui est la condition même de l'évolution et de l'adaptation à des variations du milieu (p. 491 sqq).

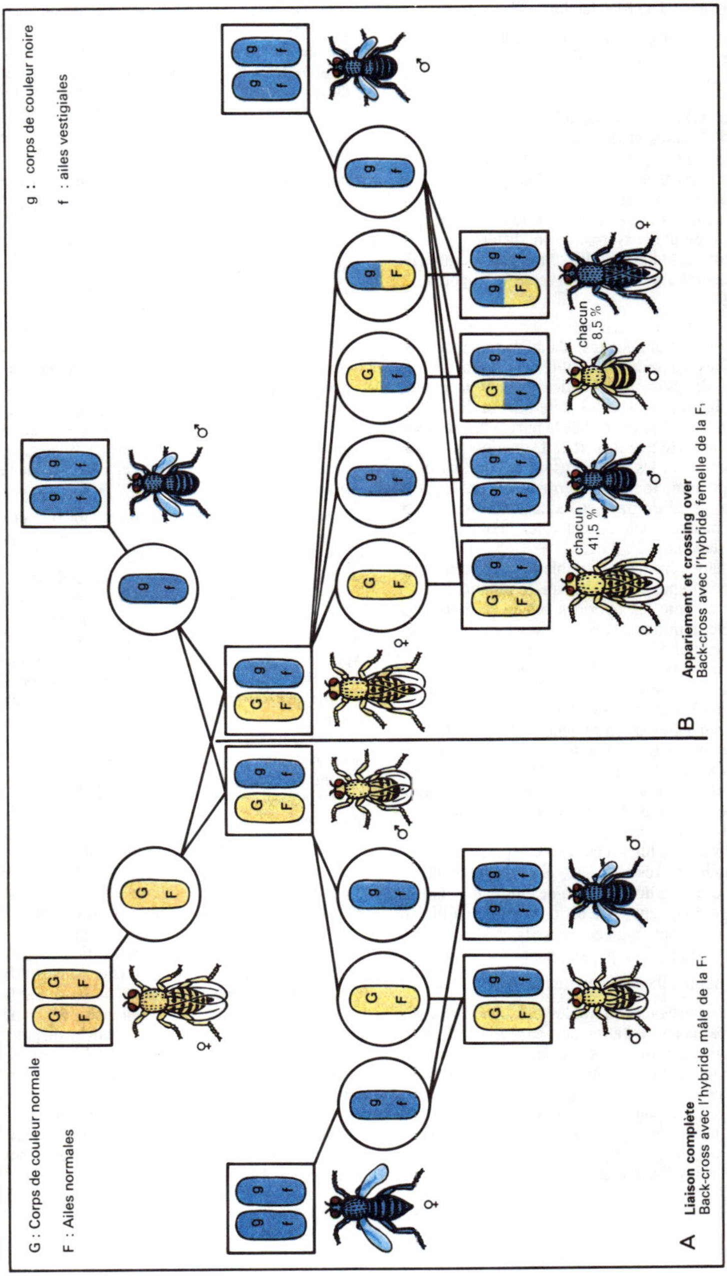

Appariement et crossing over des gènes « couleur du corps » et « aspect des ailes » chez la Drosophile

Liaison des gènes (A)

La théorie chromosomique de l'hérédité explique la libre combinaison des gènes par leur localisation sur différents chromosomes : la combinaison des gènes de diverses paires d'allèles repose sur la combinaison de leurs chromosomes : **recombinaison interchromosomique**.

Mais comme un chromosome contient de très nombreux gènes, cette indépendance des gènes doit avoir une limite, car tous les gènes qui sont localisés sur le même chromosome restent nécessairement associés lors de la ségrégation chromosomique. Ils sont liés. Le nombre des gènes liés entre eux (**groupes de liaison**) correspond au nombre des chromosomes d'une cellule haploïde. Ces hypothèses ont été vérifiées surtout par les recherches de MORGAN et de son école sur la *Drosophila melanogaster* :

Si l'on croise une race noire (g) à ailes vestigiales (f) avec une race grise (G) à ailes normales (F), les hybrides de la génération F_1 sont des types sauvages, c'est-à-dire qu'ils sont de couleur normale grise et qu'ils ont des ailes normales (gènes dominants). Mais si maintenant un mâle de la génération hybride (GgFf) est croisé par back-cross avec le parent double récessif (ggff), on n'obtient pratiquement que les types parentaux et non pas quatre phénotypes différents. Le mâle hybride n'a donc produit que des spermatozoïdes porteurs des combinaisons gf et GF, mais non des combinaisons Gf et gf, parce que g et f, G et F sont respectivement situés sur le même chromosome et sont fortement liés.

– Chez la *Drosophile*, les gènes connus (plus de 500) forment 4 groupes de liaison. Une cellule haploïde comprend 4 chromosomes et on a donc différents degrés, suivant leur taille de richesse en groupes de liaison.

Le crossing-over (B)

La liaison des gènes qui sont localisés sur un chromosome n'est pas absolue :

Si une *Drosophile* femelle de la génération hybride (GgFf) est croisée par back-cross avec le double récessif (ggff), on trouve, à côté des descendants présentant la liaison attendue, deux catégories égales de « recombinants » dont les caractères phénotypiques sont : noir-ailes normales et gris-ailes vestigiales.

La liaison a été interrompue par un crossing-over entraînant une **recombinaison intrachromosomique** dans la méiose, les chromatides homologues se sont d'abord accolées, puis elles se sont rompues au même endroit, ensuite la partie de chromosomes porteuse de G s'est rattachée à celle qui porte f alors que la partie qui porte F s'est unie à celle portant g. Ce « crossing-over » est nettement visible au microscope.

Du point de vue des variations génétiques, cette recombinaison des gènes par crossing-over est remarquable, car il en résulte de nouveaux arrangements de gènes chez les organismes hétérozygotes.

La théorie de la localisation des gènes

Les fréquences de crossing-over peuvent être évaluées statistiquement. En partant d'un nombre suffisamment important d'observations, on obtient une valeur qui mesure la fréquence de recombinaison de deux paires de gènes d'un groupe de liaison. MORGAN a émis l'hypothèse que la fréquence des recombinaisons dépendait de la distance qui sépare sur le chromosome les gènes concernés : un crossing-over entre deux gènes est d'autant plus probable qu'ils sont davantage éloignés l'un de l'autre. STURTEVANT a découvert que, dans le cas de gènes fortement liés, donc localisés assez près l'un de l'autre, le % de recombinaison entre le gène X et le gène Y étant de a % et celui des gènes Y et Z de b %, le % du crossing-over des gènes X et Y est de a + b ou a–b. On ne doit attendre ce résultat que lorsque les gènes sont alignés à la manière des perles d'un collier et lorsque chacun d'entre eux occupe une place particulière et fixe (locus du gène). D'après cette théorie, des **cartes de chromosomes** ont été dressées pour quelques espèces particulièrement étudiées : la *Drosophile melanogaster,* le *Maïs*, le *Haricot,* le *Petit Pois,* le *Champignon Neurospora.* On peut, à partir de ces cartes, voir :

– les gènes d'un groupe de liaison,
– l'ordre des gènes sur le chromosome,
– quelles distances séparent les gènes, ce qui permet d'en déduire la fréquence relative des recombinaisons.

Preuve directe de l'ordre des gènes

On obtient une preuve directe de la théorie de la localisation des gènes lorsqu'on casse par des rayons X les chromosomes en leur milieu ou à une extrémité des chromosomes.

Les fragments de chromosomes sont généralement perdus (délétion, p. 477) ou déplacés (translocation). Si un gamète ainsi altéré peut participer à la fécondation et former un individu hétérozygote, tous les gènes même récessifs du segment qui manque sur un chromosome vont s'exprimer (pseudo-dominance). La translocation peut être reconnue par la formation de nouveaux groupes de liaison qui peuvent être aussi étudiés sur le plan cytologique et génétique. Les chromosomes géants des glandes salivaires de la *Drosophile* sont, en raison de leur taille, particulièrement adaptés à ce genre d'étude.

La comparaison entre les cartes génétiques et cytologiques des gènes confirme la disposition linéaire des gènes. Les distances entre les gènes montrent des différences caractéristiques : sur les cartes génétiques, les gènes sont trop rapprochés à l'extrémité des chromosomes et à proximité du centromère, la fréquence de recombinaison étant diminuée.

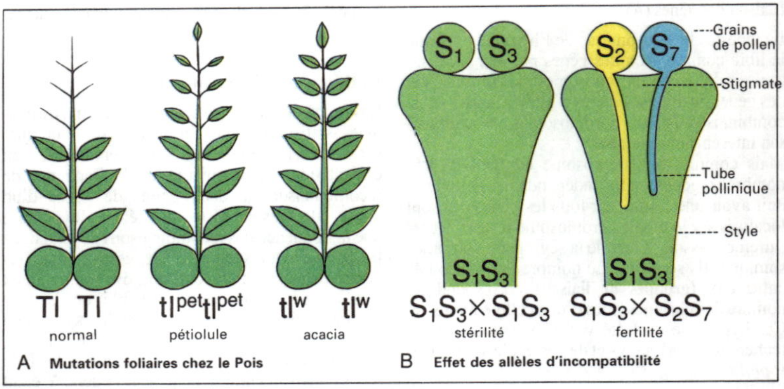

Allèles multiples : forme des feuilles (A) et incompatibilité (B)

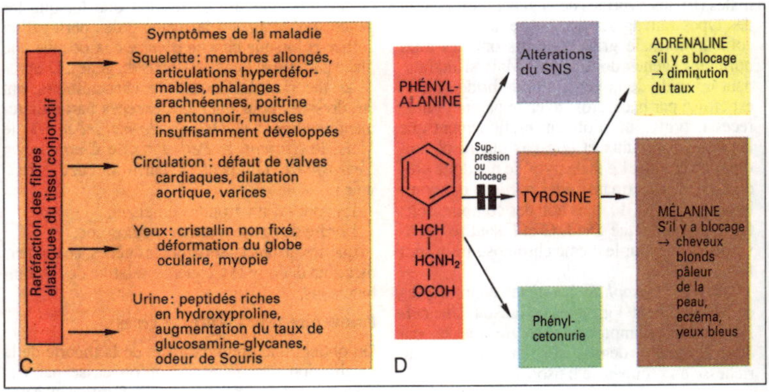

Pleiotropie : syndrome de Marfan (C) et Phénylcétonurie (D)

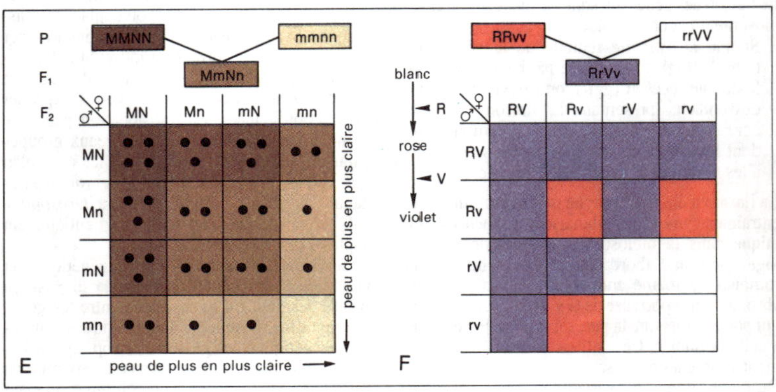

Polygénie additive (E) et complémentaire (F)

La représentation donnée jusqu'à présent est simplificatrice d'un double point de vue : d'un côté elle ne prend en compte que 2 allèles pour un seul gène, de l'autre, elle considère isolément les gènes et le phénotype selon l'hypothèse : un gène = un caractère. Ni l'un ni l'autre ne correspondent au cas normal.

L'Allélie multiple

C'est la présence d'un gène sous forme de plus de 2 allèles. L'allèle codant pour l'enzyme active normale de « type sauvage » est la forme habituelle du gène qui peut être muté sur plusieurs nucléotides. Il s'ensuit, qu'à côté d'allèles qui logiquement ne produisent aucune enzyme active (« mutants déficients »), on en trouve d'autres dont les nouvelles enzymes gouvernent d'autres phénotypes.

– 3 allèles sont responsables de l'aspect foliaire du *Pois* (A) : c'est du monohybridisme avec une **suite de dominances.**

$t\,l^{pet}$ est récessif par rapport à Tl et dominant sur tl^{w}

$$Tl > t\,l^{pet} > tl^{w}$$

– Chez le *Trèfle rouge* ce sont 41 allèles d'autoincompatibilité qui agissent (B) (p. 157). La fécondation ne se réalise que si le pollen possède des allèles S différents de ceux du pistil.

– On compte actuellement, chez l'*Homme*, au moins 4 allèles du gène responsable du groupe sanguin, dans le système ABO (p 324 sq). On les désigne par A1, A2, B et O. A1 domine A2 et A1, A2 et B dominent sur O. Les allèles A et B se retrouvent en co-dominance chez l'hétérozygote.

L'allélie multiple est à la base des 9 types d'hémoglobine qui diffèrent chacune, chez l'*Homme*, par un acide aminé des chaînes β (voir aussi p. 474 D : anémie falciforme).

La Pléiotropie

C'est la réalisation de phénotypes multiples sous l'action d'un seul gène. Dans le cas le plus simple le gène produit, dans des tissus différents, la même substance qui y imprime alors sa caractéristique :

– Des *Pois* à fleurs rouges ont également les tiges, les feuilles et les graines rouges ; ce qui n'est pas le cas chez les *Pois* à fleurs blanches. Plusieurs syndromes d'origine génétique, c'est-à-dire qui occasionnent des maladies aux symptômes caractéristiques chez l'*Homme*, ont cette origine. On n'a pu, jusqu'ici, que rarement remonter au déficit primaire enzymatique :

– Le syndrome de MARFAN (C) se caractérise chez les hétérozygotes par un trouble de la synthèse du collagène et une raréfaction des fibres élastiques du tissu conjonctif.

– Une des plus importantes maladies métaboliques congénitales : le syndrome de FÖLLING (D), qui touche de phénylcétonurie environ un enfant homozygote récessif sur 8 900 nouveaunés, est dû à l'inactivité de la phénylalaninehydroxylase.

Ceci conduit à l'accumulation de phénylalanine (crampes, débilité mentale), à la diminution de la tyrosine normalement produite (troubles de la pigmentation, eczéma) et à un taux extrêmement bas d'adrénaline.

La Polygénie

C'est la détermination d'un caractère par plusieurs gênes. Dans le cas des caractères quantitatifs : i.e. héréditaires, mais dont le degré d'expression ne varie pas, et des états intermédiaires p. ex. la taille, le degré de coloration, l'activité métabolique spécifique, de nombreux gènes moins spécifiques coordonnent leur action. Mais comme les ségrégations simples sont rares dans ce domaine, il est nécessaire de recourir aux diverses méthodes de la statistique mathématique pour remplacer les analyses de croisement.

Dans la polygénie additive (polymérie)

Chaque gène responsable d'un caractère peut déterminer le phénotype, mais la réalisation optimale de ce caractère dépend de l'action conjointe de différentes paires d'allèles :

– Si par exemple la pigmentation de la peau (E) est déterminée, en la représentant simplement, par 2 paires d'allèles intermédiaires avec les gènes M et N, qui favorisent en proportion égale, l'intensité de la coloration est alors dépendante du nombre d'allèles activateurs à l'état diploïde et se répartit en 5 classes.

– La croissance des *Plantes,* et par ex. chez le *Maïs* la longueur de l'épi, dépendent de plusieurs paires d'allèles parmi lesquels dominent les gènes activateurs.

Si chaque parent de race pure possède des paires d'allèles activateurs différents (AA bb CC dd et aa BB cc DD) les hybrides F1 sont plus vigoureux que leurs parents (« phénomène d'heterosis »), mais se disjoignent en F2 en se recombinant librement.

Les tentatives de fixation par la culture de cet effet heterosis en sélectionnant des races pures de type (+) (ici AA BB CC DD) ont échoué jusqu'ici, compte tenu de l'ampleur du système polygénique, à cause de l'occurence très épisodique de ce type en F2 et du couplage des allèles à caractère dominant avec les facteurs récessifs (–).

Dans la polygénie complémentaire (cryptomérie), un phénomène ne se réalise complètement que si l'allèle dominant de chacun des gènes responsables est présent. Des chaînes de gènes actifs (p. 467) règlent le métabolisme intermédiaire où des cascades d'enzymes permettent l'accomplissement de toute la chaîne métabolique.

– La pigmentation des fleurs d'une *Linaire* (*Linaria maroccana*) dépend d'un gène R qui forme le précurseur de couleur rose, qui donne la teinte violette sous l'action d'un gène V (F).

– Des *Mammifères* aux couleurs sauvages (de nombreux *Rongeurs*, *Carnassiers* et *Ongulés*) présentent sur chaque poil un type Agouti, avec une alternance de fond gris, clair, marron et une pointe noire, qui provient de l'action de trois gènes dominants : C élabore le pigment gris que B transforme en noir alors que A permet la formation des bandes si le pigment noir est présent. En l'absence de C, génotype cc, on obtient des albinos (*souris blanches*). Sans le facteur Agouti A, les animaux homo- ou hétérozygotes pour B sont uniformément gris.

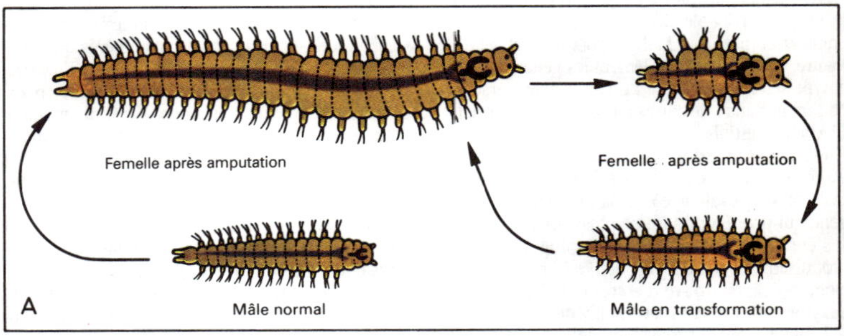

Déterminisme diplophénotypique du sexe chez l'Ophryotrocha puerilis

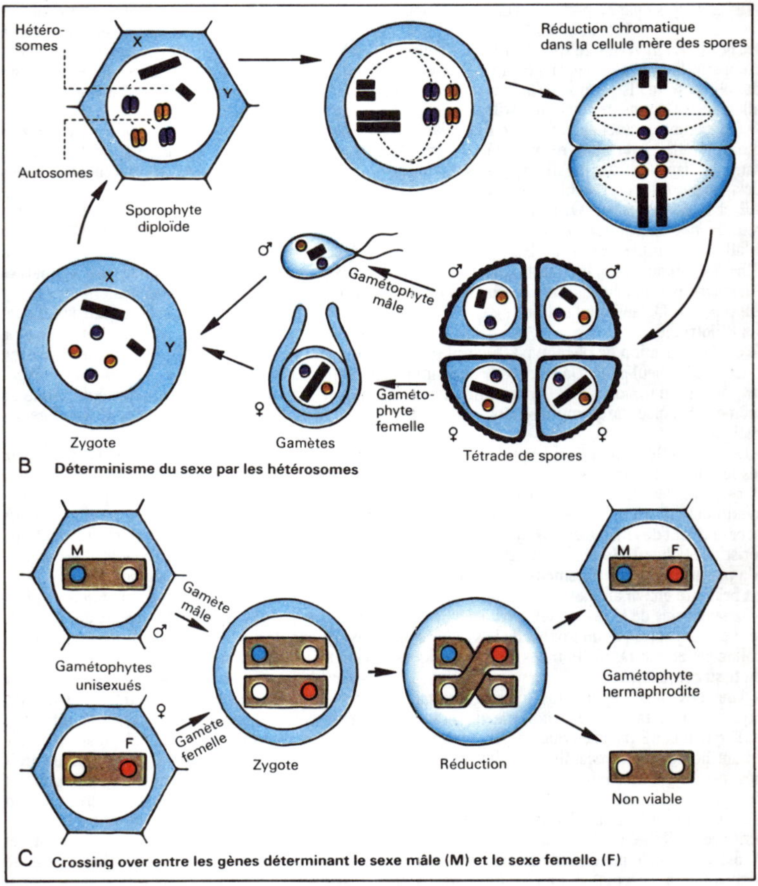

Déterminisme haplogénotypique du sexe chez les plantes

Hérédité de la sexualité

Au cours de leur histoire, toutes les espèces ont développé des mécanismes génétiques stables qui par des recombinaisons permettent de créer en quelques générations un grand nombre de combinaisons d'allèles et de les sélectionner en fonction de leur valeur biologique. Le mécanisme de recombinaison peut être :

- **Un processus parasexuel**, c'est-à-dire l'échange partiel de l'information génétique sans méiose stricte (*Virus, Bactéries*, p. 458 sqq. ; plus rarement *Champignons*, p. 161 ; c'est également le cas des « hybrides cellulaires somatiques » chez les *Eucaryotes* animaux et végétaux, p. 483) ;
- **Un processus sexuel**, c'est-à-dire la transmission de jeux complets de chromosomes (caryogamie), à la suite d'une méiose (*Eucaryotes*, p. 148 sqq).

De pair avec ces processus, on constate l'existence très répandue d'une **polarité sexuelle** de nature physiologique primaire. Mais, curieusement, les cellules **bipotentielles** sont différenciées par l'expression des gènes porteurs des caractères « mâle » ou « femelle » qui provoquent des modifications d'un même caractère. L'influence du milieu ou des gènes modificateurs peut entraîner une certaine différenciation sex. de la cel. : on distingue donc les déterminations sex. phénotypique et génotypique.

I. La détermination sexuelle phénotypique

Des facteurs externes, ou des conditions métaboliques, peuvent induire chez des cellules génétiquement équivalentes et ambivalentes le développement de l'une ou l'autre potentialité. L'information hérédit. ne détermine alors que le moment et les caractères de ce développement. Si le processus concerne des cellules haploïdes (**déterminisme haplophénotypique du sexe**), la formation des gamètes des deux sexes dans le même organisme montre bien la bipotentialité sex. : de nombreuses *Algues (Spirogyre, Vaucheria)*, des *Champignons*, les gamétophytes des *Mousses* bisexuées et les *Fougères* isosporées.

Dans la détermination diplophénotypique du sexe, le processus concerne des cellules diploïdes qui n'ont qu'un seul génotype sexuel, p. ex. chez certains *Protozoaires*, les *Thallophytes* diploïdes, les *Fougères* hétérosporées, les *Spermatophytes* hermaphr. et monoïques à fleurs unisexuées, et les *Métazoaires* hermaphr. Pour limiter l'autoféconđ. qui diminue la fréquence de recombinaison, donc le brassage du patrimoine génétique des barrières sex. se sont développées :

- Les petits de l'*Annélide Ophryotrocha puerilis* sont d'abord du sexe mâle, puis deviennent femelles après formation des 15ᵉ et 20ᵉ segments. Si des femelles adultes sont amputées jusqu'à n'avoir plus que 5 à 10 segments, elles redeviennent des mâles en l'espace de 48 heures, ceux-ci inversant à nouveau leur sexe lorsque reprend leur croissance (A).
- Chez la *Bonellie* (*Ver Echiuride*) les larves sont tout d'abord indifférenciées. Si elles se fixent sur la trompe d'une ♀ adulte, elles évoluent vers le sexe ♂, si elles restent libres dans l'eau de mer, elles deviennent des ♀, et si elles se détachent de la trompe, leur évolution vers l'un ou l'autre sexe dépend du temps qu'elles sont restées fixées sur la ♀. Dans ce dernier cas on observe fréquemment des individus intersexués.

II. La détermination génotypique du sexe

Dans ce cas, les **gènes sexuels** n'induisent chez les gamètes, et en général dans les organismes, que les caractéristiques d'un seul sexe.

1. Dans la détermination haplogénotypique du sexe qui est limitée aux *Végétaux inférieurs* les diploïdes sont hermaphrodites du point de vue génétique et la différenciation sexuelle n'intervient que dans la phase haploïde. La détermination du sexe se produit toujours pendant la méiose :

Les zygotes diploïdes de certaines races de *Chlamydomonas* donnent 4 isogamètes par méiose, dont 2 sont de type sexuel + et 2 du sexe –. Seuls des gamètes de sexes différents s'apparient entre eux.

La détermination sexuelle qui ne peut se révéler ici que par l'existence de copulation (analyse de tétrades) a pu être étayée chez des *Mousses* à sexes séparés par des supports cytologiques.

La spore mère de certaines *Hépatiques* contient, à côté des chromosomes habituels, les **autosomes**, une paire d'**hétérochromosomes** distingués par la taille : le chromosome X est toujours localisé dans des spores ♀, le petit chromosome Y dans des spores ♂. Ils sont l'un ou l'autre présents selon les plantes et portent les gènes qui déterminent le sexe (B).

Dans de nombreux cas, le chromosome Y n'est pas actif et le sexe dépend de la présence ou de l'absence du chromosome X. De nombreuses expériences ont montré que les gènes qui déterminent le sexe ♂ (facteur ♂) et le sexe ♀ (facteurs ♀), sont certes localisés sur des chromosomes homologues, mais que ce ne sont pas des allèles, c-à-d. qu'ils sont localisés sur différents loci du chromosome.

Dans les analyses des tétrades, à côté des gamétophytes normaux, il apparaît des gamétophytes hermaphrodites qui, par suite d'un crossing-over, donnent naissance à un chromosome avec 2 gènes actifs sur le sexe, l'autre chromosome n'en ayant aucun. D'après des observations cytologiques, le noyau porteur de ce devenir périclite, l'autre est à l'origine d'une plante hermaphrodite à détermination phénotypique du sexe (C).

Les déterminants sexuels peuvent avoir héréditairement une fréquence variable à l'intérieur d'une lignée. Il peut y avoir des gamètes mâles faibles et forts et des gamètes femelles également forts et faibles. Comme seules certaines différences quantitatives sont nécessaires pour la reproduction, des gamètes de même type mais de puissance différente peuvent se ramener aux cas précédents (**sexualité relative**).

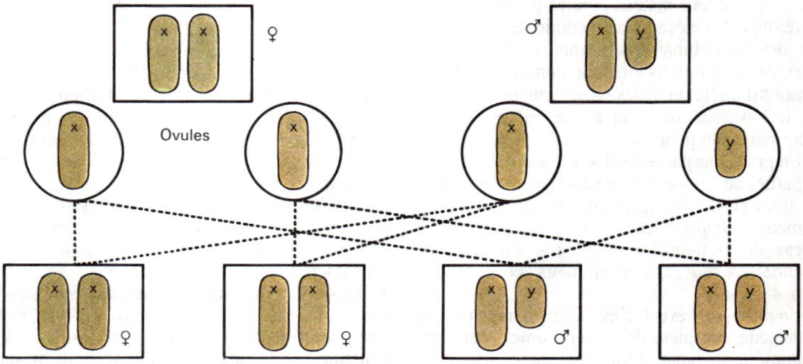

A **Déterminisme du sexe équivalant à un back-cross**

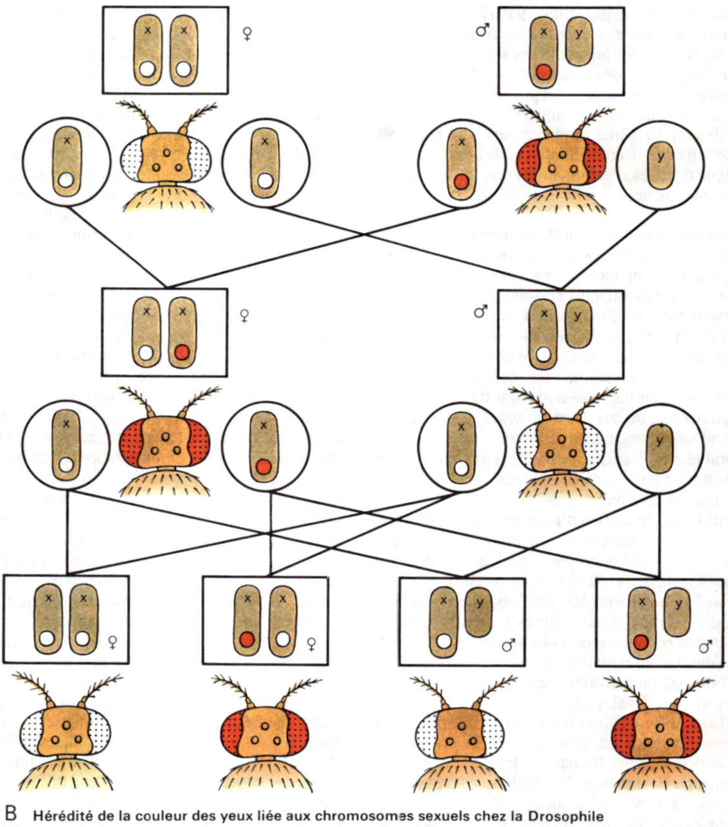

B **Hérédité de la couleur des yeux liée aux chromosomes sexuels chez la Drosophile**

Déterminisme diplogénotypique du sexe

2. Dans la détermination diplogénotypique le sexe est fixé au moment de la fécondation par la formation des zygotes. Ainsi la phase diploïde des diplontes à sexes distincts, donc des *Spermatophytes* et des *Animaux* dioïques, est différenciée sexuellement. La méiose qui se produit lors de la formation des gamètes ne provoque que pour l'un des sexes la séparation en deux sortes de gamètes différents (hétérogamie), l'un déterminant le caractère ♂ et l'autre le caractère ♀, tandis que pour l'autre sexe les gamètes sont semblables (homogamie). Les organismes hétérogamétiques sont donc hétérozygotes relativement au sexe, les organismes homogamétiques étant homozygotes. La fécondation engendre donc le sexe homogamétique en réunissant des gamètes génétiquement homogènes et le sexe hétérogamèt. en réunissant des gamètes différents. Le processus de la détermination diplogénotypique du sexe ressemble ainsi tout à fait au schéma du back-cross d'un hybride F_1 avec un parent récessif, et qui montre en F_2 une ségrégation 1/2, 1/2 entre individus hétérozygotes et homozygotes (A) : le nombre de descendants ♂ et ♀ est identique. L'hétérozygotie de l'un des sexes est corroborée par des recherches cytologiques : dans les cel. somatiques diploïdes, on remarque la présence dans un sexe hétérogamétique, à côté des paires d'autosomes morphologiquement identiques, d'une paire d'hétérosomes composée d'un chromosome X et d'un chromos. Y dans laquelle ce dernier est plus petit, ou même manque totalement. Dans l'autre sexe, par contre, la paire d'hétérosomes est composée des chromos. sexuels ressemblant au chromos. X. Le sexe homozygote est le plus souvent du sexe femelle (XX), p. ex. chez un grand nombre de *Mouches*, de *Scarabées*, chez les *Mammifères*, y compris chez l'*Homme* (A), par contre il est mâle chez les *Papillons*, quelques *Poissons*, les *Amphibiens* et les *Reptiles* ; chez les *Mammifères* ♀ un seul des 2 chromosomes X intervient dans le noyau en interphase pour produire l'ARN_m (Hypothèse de LYON). L'autre forme l'hétérochromatine et est partiellement visible dans le noyau sous forme de chromatine sexuelle (corpuscule de BARR).

L'efficience et la localisation des gènes, qui déterminent le sexe sur les chromosomes X et Y et sur les autosomes, montrent une grande variété.

Le type Lychnis :
le *Melandrium album (Lychnis dioïque)* possède à côté de 22 autosomes (= 11 paires) deux autres chromosomes X chez la ♀ et un chromosome X et un chromosome T chez le ♂. Les autosomes n'influencent pas le sexe ♂, les gènes déterminant le sexe ♂ sont localisés sur le chromosome Y, ceux du sexe ♀ étant localisés sur le chromosome X, et les facteurs ♂ dominent les facteurs ♀. Pour n'importe quel nombre de paires d'autosomes, les plantes sont en effet du sexe ♀ lorsque Y manque, du sexe ♂ lors des combinaisons XY, XXYY, XXXYY, ♂ avec quelques fleurs bisexuées pour XXXY et hermaphrodites mais fertiles pour XXXXY.

Le type Drosophile :
des expériences analogues (chromosomes X attachés, v. plus bas) ont montré chez la *Drosophile* que le chromos. Y ne contient pas de gène qui détermine le sexe et peut donc être totalement absent (p. ex. dans le type XO de nombreux *Insectes*) ou être présent en grand nombre chez le ♂ et la ♀ sans intervenir dans la détermination du sexe. Celle-ci repose sur un rapport quantitatif entre les chromos. X et les autosomes. Si le rapport nombre de X/ploïdie = 1/2 (1 X dans une cel. diploïde), des ♂ normaux sont formés, le rapport 1 donne des ♀ normales, des rapports intermédiaires donnent des intersexués stériles, >1 des superfemelles, <0,5 des supermâles. Les chromos. X portent le facteur ♀, les autosomes le facteur ♂ ; 2 chromos. X ont la même puissance que 2 ou 3 jeux d'autosomes.

Le type Lymantria (*Lépidoptères*) :
les ♂ étant homogamétiques (XX), le facteur ♂ doit être localisé dans les chromos. X. Des expériences faites sur des races géographiques de sexualité plus ou moins puissante incitent à localiser les facteurs ♀ dans le Cyt. en raison de la transmission hérédit. matrocline (p. 455).

L'hérédité liée aux chromosomes X
A côté des gènes qui déterminent le sexe, le chromos. X en contient beaucoup d'autres. Mais ce groupe de liaison ne forme pas de paire de chromos. dans un sexe hétérogamétique ; dans le cas de l'homogamie féminine, p. ex., les descendants ♂ ne peuvent recevoir leur chromos. X que du parent ♀. Les gènes récessifs portés par l'X unique pourront toujours s'exprimer.

Chez la *Drosophile*, le chromosome X contient une paire d'allèles dont le gène sauvage dominant crée des yeux rouges et son allèle récessif les yeux blancs (B).
Le croisement femelle aux yeux blancs par mâles homozygotes aux yeux rouges engendre des descendants femelles aux yeux rouges et mâles aux yeux blancs (« hérédité liée au sexe »). Le croisement réciproque ne donnant que des *Mouches* aux yeux rouges (MORGAN, 1910).

Chromosomes X attachés

Le croisement décrit précédemment de ♀ de la *Drosophile* aux yeux blancs avec des ♂ aux yeux rouges donna contre toute attente une ♀ aux yeux blancs pour 2 000 à 5 000 descendants de la génération F_1 et un ♂ aux yeux rouges. L'examen cytologique révéla que la ♀ avait deux chromosomes X attachés par le centromère et en outre un chromosome Y, tandis que le ♂ exceptionnel n'avait qu'un chromos. X et pas de Y. Ceux-ci provenaient d'ovules dans lesquels les deux chromos. X s'étaient maintenus lors de la méiose, au détriment des 2 globules polaires.

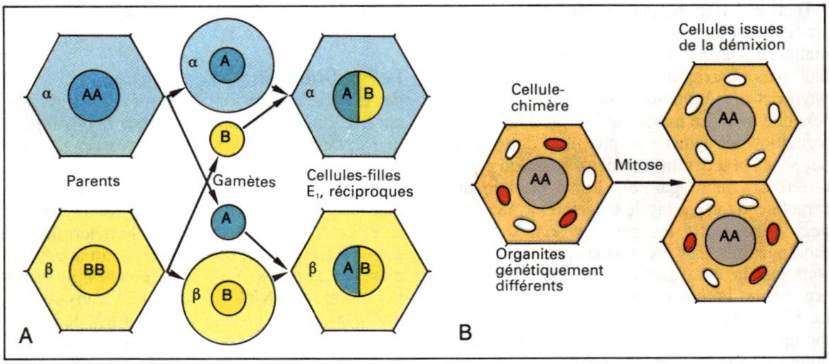

Différences entre les plasmones et similitude des génomes lors de l'hérédité maternelle (A) et la recombinaison végétative (B)

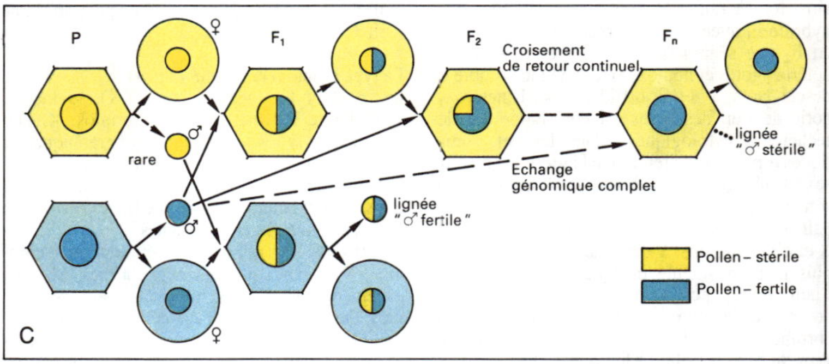

Hérédité maternelle de la stérilité pollinique

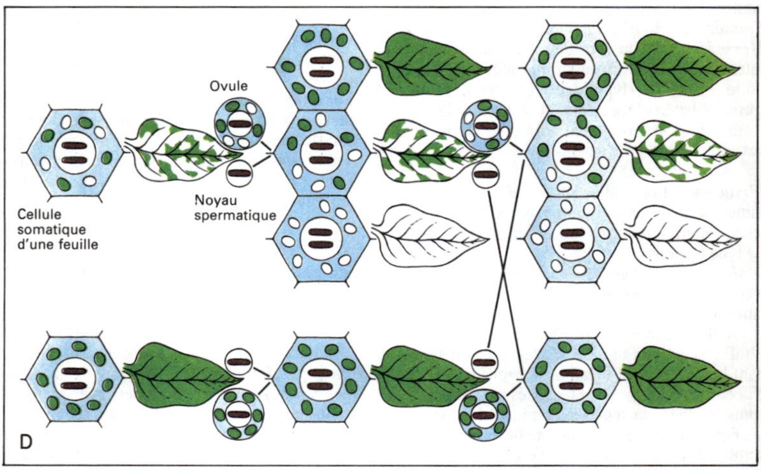

Hérédité maternelle des feuilles panachées chez la Belle-de-Nuit (Mirabilisjalapa)

Facteurs héréditaires extranucléaires
Le génome nucléaire ou **génotype** représente de loin la majeure partie de tous les caractères héréditaires ou **idiotype,** le reste est localisé en dehors des chromosomes dans le cytoplasme sous forme de **Plasmones.**
Elles se répartissent en un **cytoplasmone** qui englobe l'ADN circulaire des plasmides (p. 33), un **mitochondriome** localisé dans les mitochondries (p. 27) et un **plastome** situé dans les plastes des végétaux (p. 29). La présence dans ces 2 organites respectivement d'ADN-M ou d'ADN-P, leur système génétique semi-autonome qui en découle, de même que leurs « actions conjuguées » avec l'ADN-N chromosomique, ont déjà été décrits en biologie moléculaire sous l'angle structural et fonctionnel (p. 46 sq)

Les caractéristiques génétiques
de l'hérédité extrachromosomique comme p. ex. :
– la différence réciproque (lors de l'hérédité maternelle ; A),
– la non-conformité aux lois de Mendel,
– l'existence de cellules chimères et la démixion des porteurs génétiques plasmatiques (recombinaison végétative des feuilles panachées, B),
sont dues, pour une part, à la fraction cytoplasmique issue du gamète femelle que l'on retrouve alors dans le zygote, pour une autre part, à l'absence de processus de division semblables à une mitose organisée pour ce qui concerne les structures génétiques porteuses.

Les cytoplasmones
Quelques résultats laissent à penser que des facteurs héréditaires sont localisés dans le cytoplasme de l'Eucyte en dehors des plastes (p. 27). A l'heure actuelle les structures qui sous-tendent ces phénomènes d'hérédité extrachromosomique incontestables sont encore chargées d'incertitude, comme demeurent incomprises la signification biologique et l'origine des plasmides caractéristiques des Eucytes, comme la *levure*, *Neurospora*, le *Tabac*, le *Xénope* et quelques lignées cellulaires chez la *Souris*, les *Singes* et l'*Homme*. L'un des cas d'hérédité maternelle le mieux connu et depuis longtemps, qui a revêtu une grande importance économique dans la culture du *Maïs* hybride, concerne la suppression de l'autofécondation par des facteurs cytoplasmiques qui conditionnent la stérilité du pollen (C).
– Rhoades a obtenu chez le *Maïs* une lignée « mâle stérile » (formant à peine du pollen) qui par fécondation avec le pollen de n'importe quelle lignée normale a donné des descendants « mâle stérile ». Même lorsque tout le génome est transféré par croisements de retour dans la lignée « mâle fertile » il n'y a aucune fertilité. Par contre la fécondation réciproque de plantes « mâle fertile » avec le rare pollen des lignées « mâle stérile » produisait seulement des descendants « mâle fertile ».

Mitochondriomes
On connaît chez la *Levure de bière* des formes mutantes dites « petites » qui en raison de nombreuses déficiences des enzymes de la chaîne respiratoire ne tirent leur énergie que de dégradations anaérobies, se divisent plus rarement et forment donc des colonies plus petites. La déficience est transmise par voie asexuée : ou bien il manque aux mitochondries le M-ADN (ρ^0) ou bien elles ne contiennent qu'une fraction de chondriome normal ramené au taux correct (ρ^-) par la multiplication de ces unités répétitives.
La reproduction sexuée, à cause du mélange de mitochondries normales et mutées, **ne suit pas l'hérédité mendélienne** :
– Si on croise une forme normale avec une forme mutante « petite », tous les descendants, non seulement des F1 mais de toutes les autres générations, sont normaux.

Plastomes
A côté des *Plantes* à feuilles vertes, on trouve chez certains *Végétaux* des formes tachetées vert et blanc (panachées) qui dans les parties claires n'ont pratiquement que des plastes incolores. La présence de telles **cellules mixtes** est déjà une preuve que la déficience est à rapporter à l'ADN-P. Lors de la mitose, ces 2 sortes de plastes se répartissent au hasard dans les cellules filles (D) :
– Chez la *Belle-de-Nuit* (*Mirabilis jalapa*) le croisement d'une mère de type vert pur avec un père panaché, dont le pollen ne transmet aucun plaste, donne des descendants vert pur. Dans le croisement réciproque, par contre, on obtient pour partie des verts et pour partie des panachés ou des blancs. Des croisements analogues chez l'*Œnothera* prouvent que le phénomène du panachage des feuilles ne peut pas être seulement rapporté à une hérédité maternelle :
– Comme ici le pollen contient des plastes, on peut observer très nettement la naissance des cellules mixtes et la recombinaison végétative des différents types de plastes.

Les modifications durables
Certaines modifications déterminées par des facteurs externes peuvent réapparaître après plusieurs générations alors que les conditions génératrices de ces modifications n'existent plus. Il s'agit manifestement, dans ces modifications durables, d'une transformation cytoplasmique due à un facteur externe n'affectant cependant pas le génotype et qui s'étend au cytoplasme de l'ovule. Ces modifications durables sont transmises par la mère :
– La pigmentation foncée de l'*Ichneumon Habrobracon* obtenue par des températures extrêmes (p. 222) se maintient, dans des conditions normales, jusqu'à la génération F2.
– On a observé chez les *Paramécies* que la résistance aux produits chimiques ou à la chaleur était modifiée d'autant plus durablement que les facteurs modificateurs étaient importants.
Ces résultats ne remettent pas en cause « le dogme central de la biologie moléculaire » (p. 45). Ces cas qui ressemblent à « une transmission héréditaire de caractères acquis » sont des modifications durables qui finissent par disparaître ou des suites de sélection de caractères polygéniques.

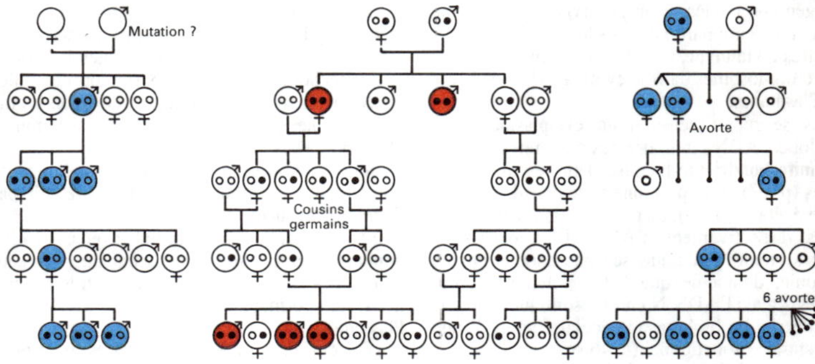

A **Arbre généalogique avec heméralopie dominante**

B **Arbre généalogique avec albinisme récessif : accumulation par consanguinité**

C **Arbre généalogique avec Incontinentia pigmenti hétérozygote**

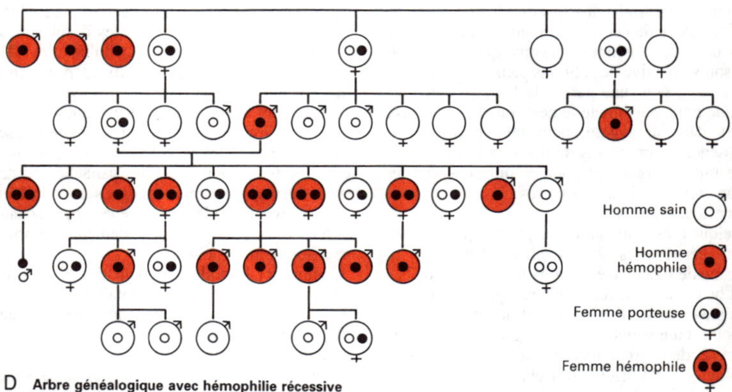

D **Arbre généalogique avec hémophilie récessive liée au sexe**

	EZ	ZZ
Angiocardiopathie	0.14	0.12
Appendicite	0.29	0.16
Asthme bronchique	0.33	0.06
Diabète	0.84	0.37
Hypertonie essentielle	0.50	0.23
Luxation de la hanche	0.41	0.03
Sclérose coronarienne	0.19	0.09
Tendance maniaco-dépressive	0.80	0.19
Microcéphalie	0.25	0.28
Strabisme	0.92	0.26
Tuberculose	0.69	0.25
Tumeur de même type	0.59	0.24
Groupe sanguin O	1.00	0.50
Groupe sanguin A	1.00	0.41
Groupe sanguin B	1.00	0.22
Groupe sanguin AB	1.00	0.14

E **Concordance chez les jumeaux**

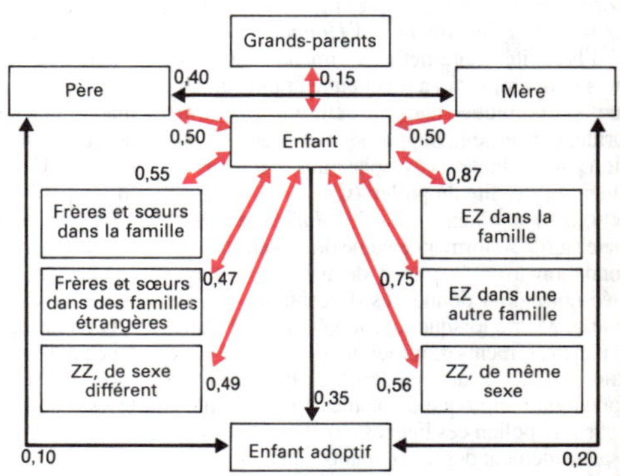

F **Similitude des coefficients de corrélation au sein de la famille**

Analyse d'arbres généalogiques de maladies humaines héréditaires

L'*Homme* se prête mal aux recherches sur la génétique classique, que l'on aborde dans son cas sous l'aspect éthique. Cette situation réclame, pour la génétique humaine, de nouvelles méthodes à sa mesure.

L'analyse familiale

remplace chez l'*Homme* les expériences de croisement. Elle suit à l'aide de l'**arbre généalogique** (les descendants d'un individu) et de la **carte généalogique** (les ascendants d'un individu) la persistance d'un phénotype. Des caractères normaux, facilement observables, comme la couleur des yeux et des cheveux, la stature, l'intelligence, les traits de la personnalité, ne sont pas seulement fortement conditionnés par l'environnement, mais se révèlent **complexes** dans leur maintenance et non dissociés par les divisions :

– Du point de vue quantitatif la transmission de la **couleur de la peau** par polygénie additive, chez les descendants de Blancs et de Noirs, est mal représentée par un modèle à 2 gènes (p. 448 E) ; STERN fait intervenir de 4 à 6 paires d'allèles. Analyse complexe car la pigmentation des Européens est plutôt récessive par rapport à celle des Noirs, celle des Polynésiens par contre étant dominante.

Les **transmissions monogènes** confirment sans peine la validité universelle des lois de Mendel. On est surtout frappé par la transmission de caractères spectaculaires, spécialement des malformations.

La **dominance** concerne les anomalies de structure des organes et des tissus, qui résultent toutes de la synthèse par les gènes de **substances anormales :** brachydactylie (raccourcissement des doigts par absence ou réduction du majeur et du moyen orteil), nanisme achondroplastique (membres courts), syndrome de MARFAN (p. 448 sq), otosclérose (perte de l'ouïe), héméralopie de naissance (A).

La récessivité correspond à la perte totale d'un **enzyme** chez les Homozygotes, (les Hétérozygotes ayant une activité enzymatique compensée) : Syndrome de FÖLLING (p. 448 sq), anémie falciforme (Hémoglobine anormale, érythrocytes falciformes chez les Hétérozygotes transportant moins d'O_2, voir p. 501), syndrome touchant les doigts et la rotule (petitesse des doigts, des ongles des orteils et de la rotule) et albinisme récessif (B). Des caractères récessifs rares apparaissent ds des familles à mariages consanguins.

La détermination du sexe (p. 453) se produit d'après le type XX = femelle et XY = mâle, la formule chromosomique d'une femme est donc 44 + XX, celle de l'homme 44 + XY. Les *Humains* avec le **chromosome Y** sont toujours génétiquement mâles.

L'effet du gène réalisateur – M situé sur le chromosome Y se fait sentir très tôt, car le facteur HY favorisant la formation de la gonade est déjà décelable dès le stade de 8 cellules et le gène TDF (facteur de détermination du testicule) a déjà orienté le développement embryonnaire de la gonade, d'une façon irréversible en un testicule, avant que le chromosome X puisse agir sur la différenciation.

Le *couple XX* chez la femme soulève le problème de la validité de l'hypothèse de LYON (p. 453) selon laquelle chacun des X garderait en partie sa fonction à l'état individuel ; le chromosome d'origine maternelle étant irréversible dans de nombreux tissus, celui d'origine paternelle étant actif.

Le fait qu'en plus des réalisateurs-F d'autres gènes seraient concernés (« mosaïque fonctionnelle » chez les femmes hétérozygotes : érythrocytes avec ou sans déficit enzymatique en G6PD ; répartition pigmentaire dans la peau avec des zones discontinues : *Incontinentia pigmenti* (C)), est en même temps un problème de...

Liaison avec le chomosome X : on parle ici de « récessivité » pour le gène défectueux s'il ne provoque chez les femelles hétérozygotes aucun phénotype anormal et ne se manifeste que chez les femmes homozygotes et les hommes hémizygotes : Les femmes hétérozygotes sont « porteuses » :

– Le **daltonisme** se rencontre chez 8% des hommes environ et 0,4% des femmes, sous forme de non-discrimination dans le rouge (confusion du rouge, du jaune, de l'orange et du vert ; le rouge sombre étant pris pour du noir) ou dans le vert (mêmes confusions mais différenciation entre le rouge sombre et le noir).

– L'**hémophilie** (A et B, p. 319) entraîne des hémorragies (D) par suite de troubles de l'hémostase dus aux facteurs anormaux VIII et IX.

Une liaison autosomale sur le chomosome 9 concerne les loci des gènes codant pour le système ABO et le syndrome touchant les doigts et la rotule. La possibilité de recombinaison étant de 14% chez l'homme, 8% chez la femme.

Hybridation de cellules somatiques

Depuis 1968 on a réussi aussi à fusionner des cellules somatiques de l'*Homme* avec celles d'autres *Mammifères* et à les cultiver *in vitro*. Dans les cellules hybrides *Souris* x *Homme,* il manque plusieurs chromosomes humains et des parties de chromosomes. On peut identifier les fractions qui subsistent par la fluorescence (sous forme de motifs formant des bandes successives) et analyser les produits de ces gènes. Les recherches en génétique moléculaire et la **cartographie des gènes** de l'*Homme* estimés à environ 50 000 ont fait de gros progrès et complété les résultats d'autres méthodes.

La science des jumeaux

se fonde sur le fait que parmi les jumeaux (pourcentage : 1,2% en Europe, 2,2 à 4,5% au Nigéria, 0,4 à 0,7% au Japon) les bivitellins ZZ se ressemblent comme tous les autres frères et sœurs, mais que les univitellins (EZ) par contre ont un génome identique et ont pour la plupart une concordance de caractères remarquable. Les discordances phénotypes de ces EZ sont à mettre au compte des influences du milieu extérieur (E).

C'est pourquoi la méthode mise au point par GALTON en 1875 compare les caractères des EZ et dans la mesure du possible la similitude des sexes des ZZ, pour connaître la signification des composantes génétiques et appréhender l'importance du milieu, sur des EZ placés dans des milieux identiques et différents. On peut mettre en rapport des caractères quantitativement variables (F) avec des coefficients de corrélation.

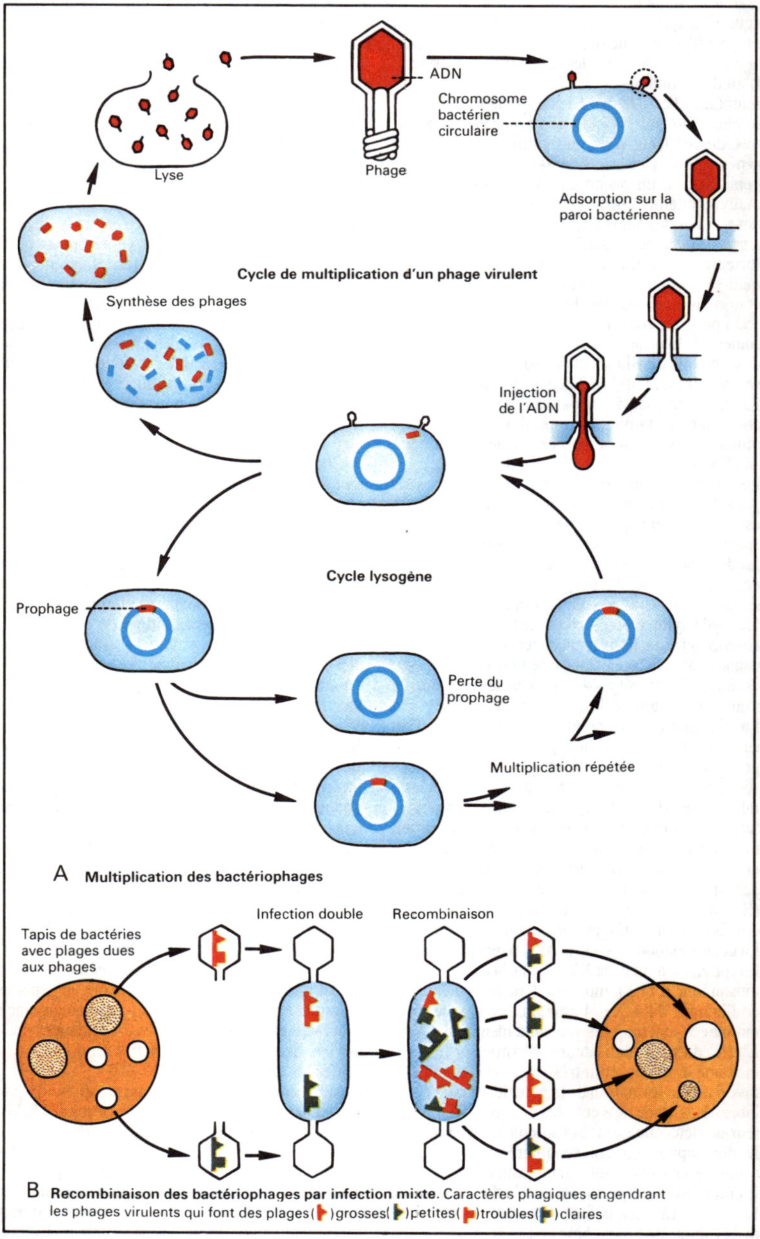

Processus génétiques chez les bactériophages

Depuis que l'on a découvert que les *Virus* pouvaient être croisés comme les *Bactéries* et qu'ils peuvent se recombiner par des processus parasexuels (p. 451), ils sont devenus un matériel très utile à la génétique. Ils offrent divers avantages :

- Ils se reproduisent rapidement et ont de ce fait un grand nombre de descendants ;
- Ils présentent un nombre limité de caractères et de gènes ;
- On peut déceler des événements très rares (mutations, recombinaisons) qui s'expriment immédiatement (haploïdie),
- Contrôle facile du milieu.

Les Virus peuvent être considérés comme **des petits génomes mobiles**, vivant comme des parasites à un niveau génétique. Ils n'ont pas de métabolisme propre mais leur acide nucléique peut obliger la cellule parasitée à produire des substances virales spécifiques aux dépens de la cellule elle-même (WEIDEL ; « la vie empruntée »).

Les Bactériophages (A)

ont été utilisés pour effectuer un nombre particulièrement important d'expériences fondamentales en génétique moléculaire.

C'est sur eux que furent déterminées les premières séquences nucléotidiques complètes d'un génome (1976-1977) ;

- Le génome à ARN, riche en palindromes, du petit *phage* MS2 avec 3 569 nucléotides forme les 3 gènes qui codent pour la protéine de l'enveloppe la protéine dénommée A et la réplicase.
- Le brin d'ADN circulaire du *phage* ϕ X174 contient en 5 375 nucléotides l'information pour 9 protéines synthétisées au moyen de 3 ARN_m polycistroniques différents.

D'une manière inattendue la règle : 1 gène → 1 polypeptide est simultanément 3 fois transgressée en territoires d'ADN « multifonctionnels » : les gènes des diff. protéines se chevauchent, en partie avec des triplets codants identiques, en partie avec un décalage. La réplication de l'ADN commence chez ϕ X174 sur l'anneau infestant (+) par la synthèse du brin complémentaire (–) et se poursuit généralement sur la matrice (–) comme « anneau tournant » (p. 36 sq) selon le mécanisme conservatif effectif.

Le cycle de développement débute par l'absorption du phage sur la membrane bactérienne. Le nombre d'espèces infectées est d'ailleurs restreint : c'est ainsi que le *phage T4* est inféodé à l'espèce *Escherichia coli*. Sa grosse « tête » hexagonale constituée d'une enveloppe protéique entoure le double brin d'ADN linéaire, l'extrémité de la queue porte le disque terminal et les fibrilles qui reconnaissent les récepteurs spécifiques de la paroi de la bactérie. Un lysosyme dissout la paroi et l'ADN du phage est injecté. Il enclenche aussitôt, dans un « contrôle primaire de transcription » la synthèse de l'ARN_m de l'hôte et reconvertit le système de synthèse bactérien vers la fabrication d'une ARN-polymérase seulement active sur l'ADN du phage. Puis dans un « contrôle tardif de transcription » se forment les autres protéines et l'ADN, et en environ 12 minutes on obtient de 30 à 200 nouveaux phages. La cellule bactérienne « complètement asservie » libère les phages après la lyse de sa paroi.

Comme une nouvelle infection se fait et que la multiplication des *Phages* se produit plus rapidement que celle des *Bactéries*, les descendants d'un seul *Phage* peuvent former rapidement une « plage » de lyse sur le milieu recouvert par un tapis bactérien. Ces plages sont caractéristiques du phage étudié et peuvent servir de caractère distinctif lors d'expériences de croisement.

A côté des **Phages « virulents »** qui lysent les *Bactéries*, il existe également des **Phages tempérés**, les **Prophages**, qui s'intègrent au génome bactérien et se multiplient de manière synchrone avec l'ADN bactérien (**lysogénie**). Comme si c'était un propre gène *bactérien*, codant pour le caractère « synthèse de phage ». Spontanément ou à la suite d'influences extérieures (substances chimiques, rayons UV), le prophage peut être libéré (induction) et se multiplier à nouveau.

La recombinaison des Bactériophages

peut être obtenue par une double infection d'une même *Bactérie* avec deux souches virulentes (B) :

- Si l'une des souches de *Phages* crée p. ex. sur le tapis des *Bactéries* de petites plages claires et l'autre de grandes plages troubles, en revanche, après l'injection mixte de petites plages troubles et des grandes plages claires se forment en plus des combinaisons d'origine.

La recombinaison se produit dans les 10 minutes qui suivent l'infection pendant la synthèse de l'ADN.

Elle s'explique par des échanges entre les chaînes d'ADN des deux *Phages* différents et est analogue en principe au crossing-over des chromosomes homologues.

La possibilité d'un processus parasexuel chez les *Phages* et la différence fondamentale avec les croisements existant dans d'autres systèmes ressortent d'un **croisement à 3 parents et à 3 facteurs :**

- Si l'on infecte simultanément des *Bactéries* de génotypes a^+ bc, ab^+ c et abc^+, des *Phages* $a^+b^+c^+$ apparaissent dans la descendance, qui sont les produits de la recombinaison des trois parents différents.

Chez les Organismes supérieurs, un tel résultat ne pourrait être obtenu qu'après de nombreux croisements réciproques.

En opérant une infection mixte sur un croisement à 1 facteur à l'aide de *Phages T 2* de souches r^+ et r (allèle « rapid » concernant la lyse), HERSHEY et CHASE ont découvert quelques *Phages* à la fois r et r^+. Ces **hétérozygotes partiels** donnaient à la fois des descendants r^+ et r et formaient des plages tachetées. On suppose que, sur les deux segments hétérozygotes du génome, les deux chaînes de la double hélice d'ADN portent une information différente.

De même que pour les phénomènes chromosomiques, on peut chez les *Phages* déduire de la fréquence de certaines recombinaisons l'ordre de succession des gènes et en établir une carte.

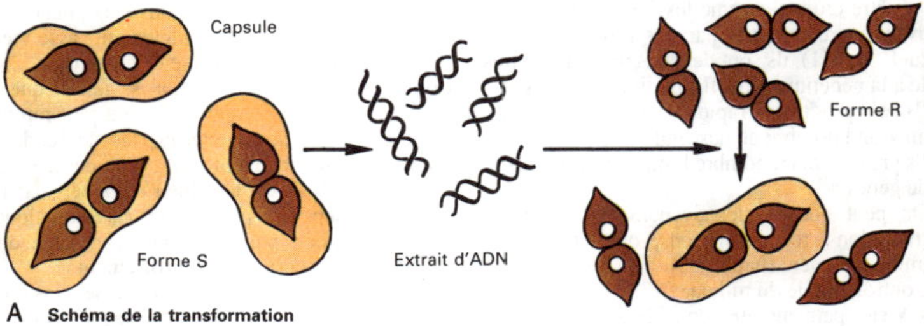

A **Schéma de la transformation**

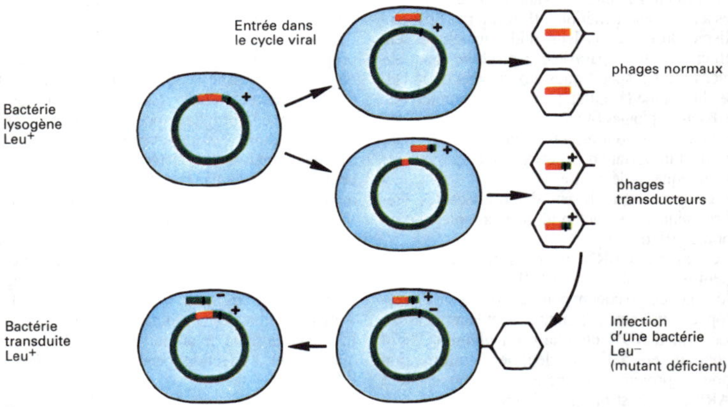

B **Transduction chez les Bactéries**

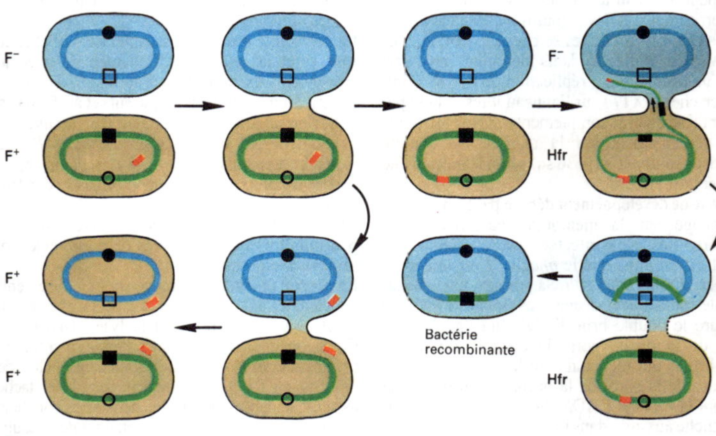

C **Conjugaison :**
Transfert d'un plasmide avec le facteur sexuel F (à gauche)
Transformation de cellule F^+ en cellule Hfr, transfert génomique (à droite)

Processus génétiques chez les Bactéries

Le double brin d'ADN des *Procaryotes* regroupe sous la forme du **Chromosome bactérien**, équivalent du noyau, env. 4 millions de paires de nucléotides pour 5 000 gènes ; son absence entraîne la mort. En plus, on peut en trouver, sous forme de **Plasmides** circulaires extrachromosomiques à réplication autonome, codant pour 2 200 protéines, sous forme de copies identiques mais aussi différentes, et qui en plus du contrôle du nombre de plasmides et de leur transfert (voir Facteur F) peuvent remplir des fonctions diverses.

– Aptitude au transfert de l'ADN du plasmide, et selon les circonstances de l'ADN non lié au plasmide, ds des cellules réceptrices comme préalable à la conjugaison (voir plus bas) ou comme vecteur de l'ADN ds les manipulations génétiques (p. 481) ;
– Résistance aux rayons U.V., à un ou plusieurs antibiotiques, aux métaux lourds (R-Plasmide) ;
– Production de toxines, d'antigènes de surface, d'antibiotiques (Tétracycline) ;
– Elaboration de Bactériocine (antibiotique pour *Bactéries* sans plasmide, p. ex. Colicine, p. 481) ;
– Tumorisation chez les *Végétaux* (*Agrobacter*) ;
– Utilisation de sources de carbone inhabituelles (p. ex. Hydrocarbures grâce aux *Pseudomonas*).

Recombinaison parasexuelle chez les Bactéries

C'est un transfert dirigé constamment dans un seul sens, d'une cellule donneuse vers une cellule receveuse, de parties du génome :

1. La Transformation

C'est un transfert unilatéral d'ADN extra cellulaire isolé de plasmides, ou de fragments de chromosomes, ds une cellule vivante.

– On a inoculé simultanément à des *Souris* un petit nombre de cellules vivantes de la souche non virulente de *Pneumocoques* R (*Rough* pour rugueux et non capsulé) avec un grand nombre de cellules détruites par la chaleur de la souche S virulente (*Smooth* pour lisse et capsulé). Bien que ni la souche R vivante ni les cellules mortes de la souche S ne soient infectieuses séparément, l'infection mixte entraîne l'apparition de pneumonie chez les *Souris* (GRIFFITH, 1928).

– Expérimentant avec des extraits bactériens homogènes et analysés chimiquement, AVERY a démontré en 1944 que l'ADN ds l'organisme hôte est capable de réplication et de l'expression du caractère. Les cellules réceptrices compétentes initient le processus avec de l'ADN double brin mais n'en prennent qu'un seul pour l'insérer en position homologue sur leur propre ADN.

2. La transduction est le transfert de gènes bactériens par l'intermédiaire de *Phages*. Un *phage* tempéré, en perdant son propre ADN, intègre 1 à 2% du génome de sa bactérie hôte et le transfère avec son propre gène « synthèse du phage » ds une nouvelle *Bactérie* infectée ds le génome de laquelle il intègre l'ADN.

– Si l'on infecte p. ex., une souche de *Salmonella* sensible à la streptomycine et qui a besoin de Leucine (Leu^- – S^s) par des *phages* qui se sont multipliés auparavant sur des *Bactéries* (Leu^+– S^r), prototrophes pour la leucine et résistantes à la streptomycine, on constate qu'une partie des Bactéries infectées sont lysogénisées par les *phages* tempérés. Ces *Salmonelles* forment des colonies qui poussent sur des milieux contenant Streptomycine et Leucine : elles sont devenues S^r, d'autres sur des milieux dépourvus de ces 2 substances : elles sont devenues Leu^+ (B).

3. La conjugaison des Bactéries. Contrairement aux *Ciliés* (p. 152 sq) les Bactéries réalisent un transfert d'ADN orienté, impliquant un contact entre le donneur et le receveur. Une bactérie est dite donneur si elle est du type F^+ (F=fertilité) i.e : si elle comporte ds son chromosome ou son plasmide un facteur F qui code pour une excroissance tubulaire de la surface bactérienne : « le poil sexuel ». La conjugaison débute par le contact entre les cellules F^- et F^+. Les électronographies révèlent que les « poils sexuels » participent activement à l'appariement en servant de pont pour le transfert d'ADN, d'où 3 types de conjugaison :

– Chez *Escherichia coli* p. ex. au contact d'une cellule F^- la cellule F^+ initie sa réplication qui prélude au transfert : une rupture se produit ds l'un des brins du Facteur F. Le brin d'ADN ouvert passe ds la cellule F^-, l'extrémité 5' en avant, pendant que l'autre demeure ds la cellule donneur. Les deux reconstituent un double brin et les deux cellules sont devenues F^+ (C à gauche).

La recombinaison des gènes chromosomiques a été démontrée à l'aide des mutants auxotrophes. Deux souches d'*E-coli* mutantes auxotrophes pour la Leucine ou encore la biotine (Leu^- Bio^+ ou Leu^+ Bio^-) ne peuvent croître séparément sur des milieux dépourvus de l'A. A. correspondant. Si l'on mélange les colonies auparavant, on constate que quelques-unes se développent. Elles sont devenues capables de synthétiser les 2 types d'acides aminés : elles sont Leu^+ Bio^+. Comme il se forme, ds les mêmes proportions, des mutants Leu^- Bio^- incapables de se développer sur ces milieux, c'est qu'il s'est produit entre les cellules des diverses souches une recombinaison :

– Les cellules F^+ intègrent le facteur F ds leur chromos. et deviennent Hfr (*High frequency of recombination*). Le chromosome circulaire se rompt ds la région contenant F. Pendant la conjugaison le facteur F repousse, à partir de l'extrémité 3', pendant la réplication simultanée, une partie du chromos. ds la cellule réceptrice qui est donc recombinée mais demeure F^- (C à droite).

– Les cellules Hfr peuvent aussi éliminer par la suite le facteur F qui emporte avec lui de petites parties du génome ds le plasmide. De telles cellules H' peuvent transmettre aussi ce facteur F lors de la conjugaison en dehors des gènes chromosomiques et la cellule réceptrice peut se recombiner pour une très faible quantité et devenir en plus F^+ (sexduction).

On nomme épisome cet ADN qui, comme le facteur F, peut être libre ds la cellule ou associé au chromosome bactérien. Ceci est comparable au comportement des *phages* tempérés ds les *Bactéries* lytiques et lysogènes.

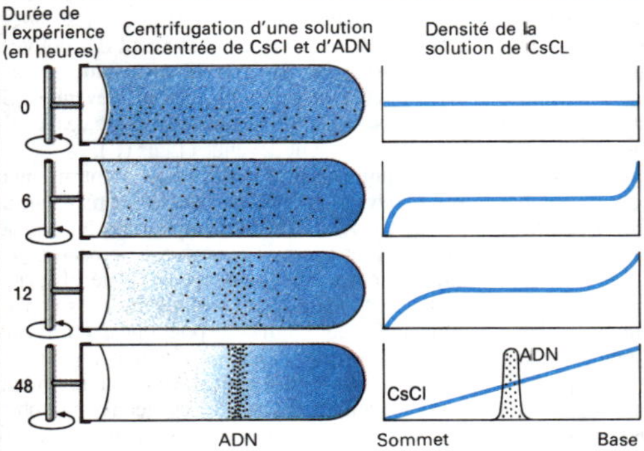

A **Équilibre entre l'ADN soluble dans le chlorure de césium (1,79/ml) et les gradients de densité donnés par la centrifugation**

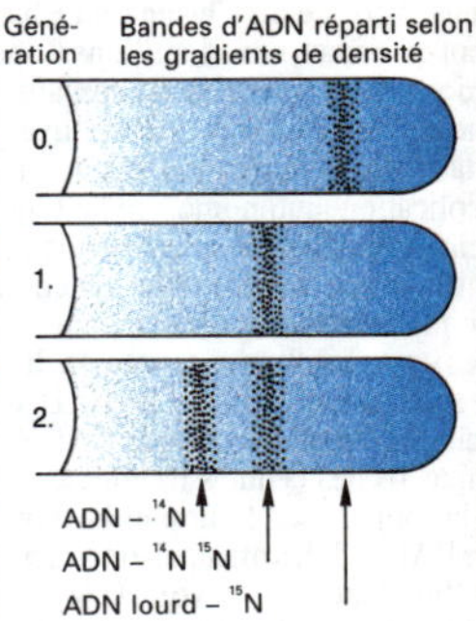

B **Expérience de MESELSON et STAHL ; répartition des différents ADN selon les gradients de densité**

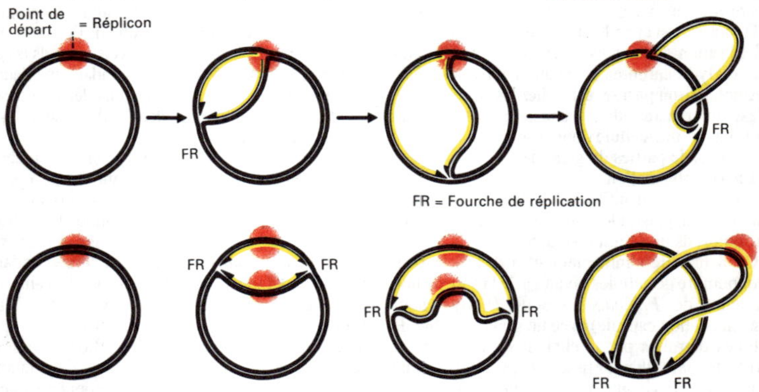

C **Schéma de la réplication uni et bi-directionnelle**

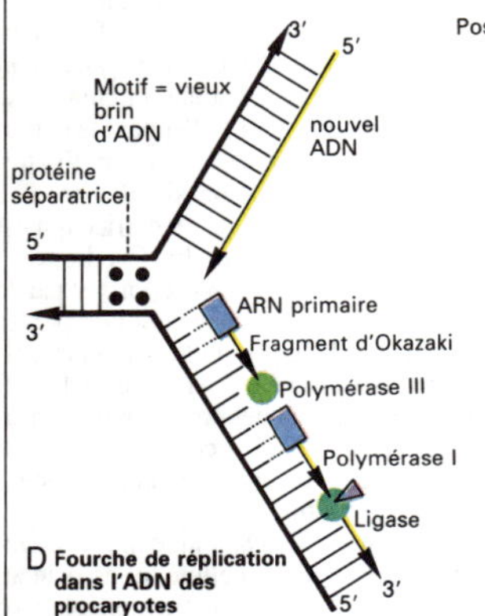

D **Fourche de réplication dans l'ADN des procaryotes**

Position	Emplacement du gène pour
2	ADN-Polymérase II
4	ADN-Polymérase III
11	Élongation
36	Initiation au niveau du réplicon
46	ADN-Ligase
60	Élongation
64	Initiation au niveau du réplicon
72	Accumulation de courts fragments d'ADN
73	Initiation au niveau du réplicon
76	ADN-Polymérase I
81	Élongation
89	Initiation du niveau du réplicon

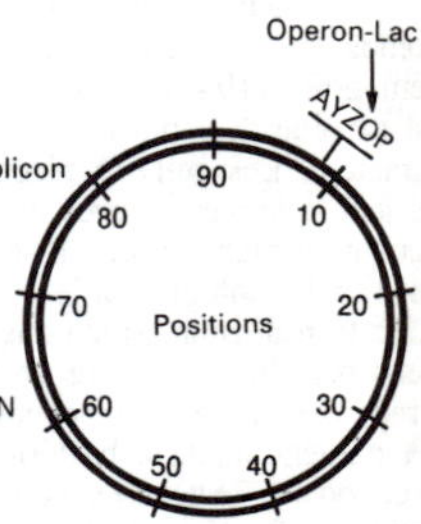

E **Carte génétique d'Escherichia coli**

Réplication de l'ADN chez les Procaryotes

Les recherches en génétique moléculaire réalisées chez les Procaryotes et spécialement chez *Escherichia coli* ont permis une connaissance approfondie de la réplication, de la transcription, de la traduction (p. 464 sq), de la régulation génétique (p. 466 sq) et de la formation des caractères par des chaînes actives de gènes (p. 466 sq). Les structures impliquées chez les Procaryotes (p. 58 sq) se différencient malgré des structures, des fonctions et des modes d'action comparables de celles des *Eucaryotes* (Réplication p. 37, Transcription p. 43, Traduction p. 45, Régulation génétique p. 471).

La réplication de l'ADN chez les Procaryotes s'opère sur un mode semi-conservatif, comme l'ont montré les **mesures de centrifugation, selon un gradient** de densité. Après 2 jours de centrifugation (à 35 000 tours minute) on observe, dans une solution concentrée de CsCl, comme équilibre entre la diffusion et la force centrifuge une décroissance linéaire de la concentration (ou de la densité). L'ADN qui y est également soluble se rassemble sous forme de bandes dans les zones qui correspondent à sa densité (A) :

– MESELSON et STAHL (en 1958) ont cultivé pendant 14 générations *Escherichia coli* sur un milieu contenant du $^{15}NH_4$-Cl, de telle façon que l'ADN avec azote ^{15}N était plus lourd que l'ADN normal avec ^{14}N. Ces *Bactéries* étant replacées dans un milieu contenant ^{14}N on obtient à la 1re génération un ADN de densité mixte comprise entre ^{15}N parental et le ^{14}N du milieu normal. A la 2e génération on trouve 2 bandes constituées d'un ADN mixte et d'un ADN normal. A la génération suivante la proportion relative d'ADN normal augmente selon les prévisions (B).

Les **autoradiographies** (C) ont confirmé le mécanisme semi-conservatif, les idées sur le caractère circulaire de l'ADN, l'existence d'un seul réplicon et la progression de la néosynthèse à partir de lui, soit dans une seule direction, soit dans les 2 (bidirectionnelle).

– CAIRNS (en 1963) au moyen de détergents et d'enzymes a préparé à partir de cellules d'*E-coli* différentes phases de la réplication libérées intactes avec ADN contenant de la thymine tritiée H^3. Il les a placées pendant 2 mois sur un porte-objet avec un mince film radiographique impressionné par les rayons β du tritium et qui après développement révélait les motifs .

La réplication de type Cairns prend en compte les propriétés des ADN-polymérases de ne pouvoir relier les nouveaux brins que dans le sens 5'->3'. Parallèlement avec l'ouverture de la double chaîne d'ADN le vieux brin 3'->5' est répliqué d'une façon complémentaire antiparallèle dans le sens 5'->3' allant du réplicateur jusqu'à la fourche de réplication. Dans le même temps le vieux brin 5'->3' est rétabli par des synthèses partielles, à l'aide de fragments d'Okazaki, qui s'additionnent (D). Pour chaque fragment synthétisé, un fragment d'ARN primaire constitué de moins de 10 nucléotides sert d'initiateur, soit qu'il provienne de l'action d'une ARN-polymérase au niveau de l'ancien brin d'ADN, soit qu'il se trouve déjà dans la cellule. L'allongement de ce premier motif est le fait d'une **ADN-Polymérase-III** qui peut être liée à 2 autres protéines et polymérise de 250 à 1 000 nucléotides par molécule et par seconde. Elle se sépare du vieux brin lorsque l'initiateur suivant est atteint. La poursuite de l'élongation est l'œuvre de l'ADN-Polymérase I. Elle transpose de 16 à 20 nucléotides par molécule et par seconde et en raison de son activité d'exonucléase, dans le sens 5'->3', sépare l'initiateur d'ARN du reste de la molécule, les vides étant comblés par des désoxyribonucléotides. La réplication chez *E-Coli* est l'oeuvre conjointe de plusieurs gènes et des produits qu'ils synthétisent. La cartographie des gènes montre que les différents loci sont dispersés sur tout le chromosome *bactérien* et non organisés sur le mode opéron (E).

La transcription chez les Procaryotes est catalysée par un complexe protéique (p.m : 0,5 million) à base de Zn^{++} ou **ARN-Polymérase-ADN dépendante** qui agit comme une transcriptase. Sous forme d'un **noyau enzymatique** incomplet de 5 polypeptides (ααββ'ω), elle démarre d'une façon non spécifique à n'importe quel endroit de toute matrice d'ADN, même étrangère, mais préfère cependant la sienne propre (Expériences de compétition ; p. 215). L'adjonction du facteur σ en fait une **holoenzyme** (ααββ'ωσ) qui reconnaît de façon très spécifique une séquence nucléotidique particulière.

En phase de **liaison primaire** l'ARN polymérase s'associe plusieurs fois avec le double brin d'ADN, encore refermé, dans la zone du **promoteur** : zone d'initiation correspondant à une structure située devant une séquence d'ADN riche en A.T.

L'**initiation** de la transcription suit pendant que l'ARN-polymérase, maintenant fortement liée, coulisse, ouvrant à chaque fois de 4 à 6 paires de nucléotides et ce jusqu'à ce qu'elle ait relié, par des liaisons phospho-diester, les 2 premiers nucléotides d'ARNm synthétisés au **triplet de départ**, après détermination du brin codant et du sens de lecture.

L'élongation de la chaîne d'ARN poursuit la synthèse dans le sens 5'->3'. La double hélice d'ADN se referme derrière la polymérase et l'ARN qui s'allonge fait librement saillie à l'extérieur. Ce procédé permet la synthèse simultanée à plusieurs endroits du gène et améliore ainsi la transcription relativement lente de 50 nucléotides par seconde et par polymérase.

La terminaison de la transcription, c'est-à-dire la fin de l'élongation, le détachement de la polymérase et de l'ARN de son ADN correspond à un signal stop (TTTTTA) et à l'intervention d'un facteur ρ .

L'ARNm ainsi formé est chez les *Procaryotes* polycistronique et possède donc l'information pour plusieurs polypeptides. Il n'est pas comme l'ARNhn des *Eucaryotes* protégé, puisque n'intervient pas ici de transfert du noyau aux ribosomes, bien mieux la traduction commence déjà avant que tout l'ARNm ne soit fixé sur les nombreux ribosomes (polysomes).

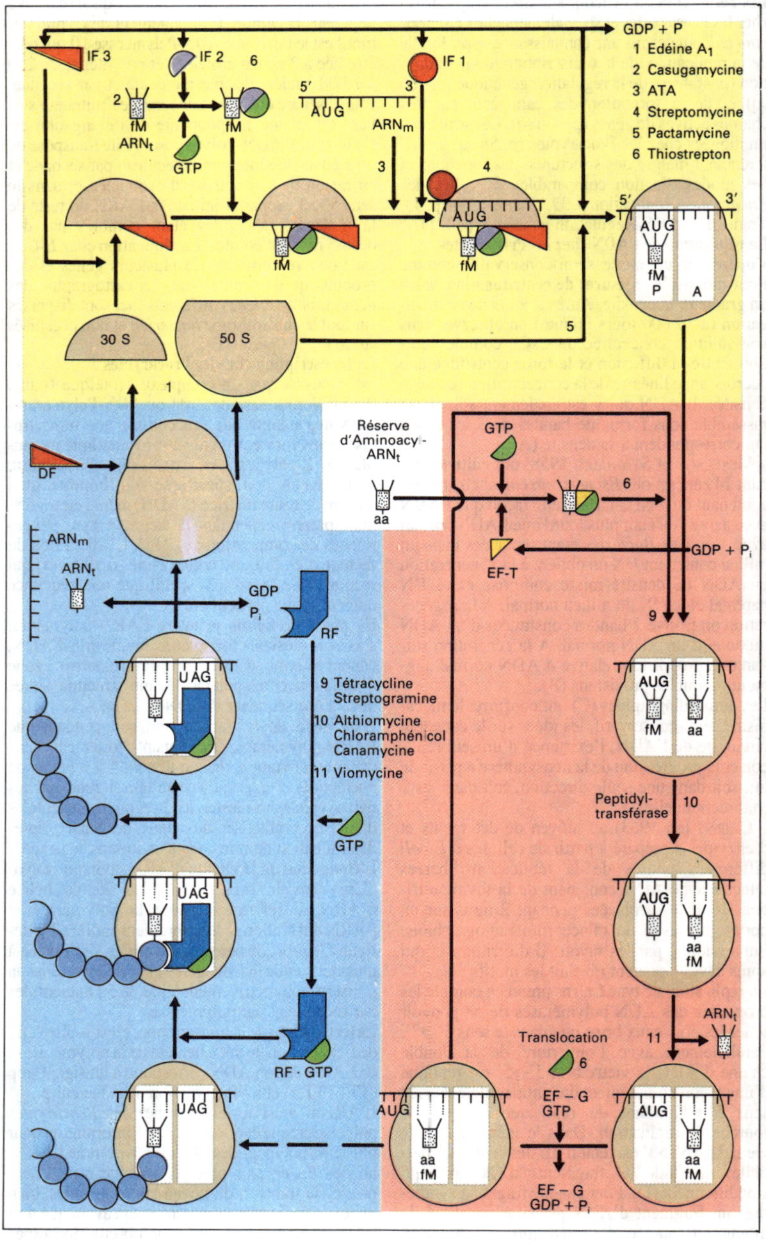

Traduction chez les Procaryotes: Initiation (jaune), Elongation (rouge) et Terminaison (bleu)

La synthèse protéique chez les Procaryotes
Par analogie avec les *Eucaryotes* on distingue également trois étapes dans ce processus fonctionnel :
– La phase d'initiation permet le démarrage de la synthèse. Alors que chez les *Eucaryotes* l'ARNm est constamment lié après l'ARNt-départ, il semble que chez les *Procaryotes* la situation inverse soit aussi réalisée.
Les cycles d'élongation, qui sont bien étudiés et se ressemblent chez les *Proto-* et les *Eucaryotes*, allongent la chaîne peptidique d'un acide aminé par cycle.
La phase de terminaison, encore hypothétique dans son déroulement exact, achève la traduction.

La phase d'initiation
débute avec la dissociation du Ribosome procaryotique 70S (p. 59) en ses 2 sous-unités (30S et 50S), grâce à l'intervention d'un « facteur de dissociation » D F (identique à IF1?) et du facteur d'initiation IF3 (pm : 20668), qui interdit par un changement de conformation de 30S sa réassociation avec 50S. Suivent ensuite 2 étapes avec vraisemblablement des séquences alternées :
1. L'ARNt-départ ou formylméthionine ARNt (f Met-$ARNt^{Met}{}_f$) se lie à la sous-unité 30S grâce au GTP et au facteur d'initiation IF2 (pm : 90 000).
2. La sous-unité ribosomale 30S se lie à l'ARNm dans la région du signal d'initiation. On y trouve toujours le triplet AUG qui code pour l'ARNt-départ, mais aussi pour la méthionine à l'intérieur du polypeptide. 30S reconnaît alors AUG comme triplet de départ s'il est distingué à l'extrémité 5' « initiatique » de l'ARNm par une séquence de type Shine-Dalgarno : on trouve 10 à 15 nucléotides avant le triplet AUG-départ, une séquence de 3 à 7 nucléotides commune à tous les ARNm des *Procaryotes*, qui est complémentaire de ACCUCCU des portions terminales de l'ARNr-16S.
Le résultat de ces 2 étapes est la formation du complexe d'initiation-30S. On ne connaît pas encore exactement le rôle qu'y joue le facteur d'initiation IF1 (pm :8119) (Dissociation de 70S, recyclage de IF2, reconnaissance du signal d'initiation). L'association finale avec la sous-unité 50S et la libération du facteur d'initiation rendent le complexe d'initiation-70S apte au

Cycle d'élongation
qui se produit plusieurs fois. Quand débute un premier cycle, le site de liaison P est occupé par le f-Met-$ARNt^{Met}{}_f$, pendant que le site A, codon spécifique, se lie spécifiquement à un ARNt-acide aminé s'il est complexé avec le facteur d'élongation EF-Tu (pm : 47 000) et le GTP. Ce dernier est dissocié en GDP + P et le complexe modifié d'une façon allostérique se détache. Le complexe EF-Tu-GTP étant un facteur limitant de la protéosynthèse est rapidement régénéré par le facteur extra-ribosomal EF-Ts qui échange son GTP avec le GDP. C'est ce qui assure de 10 à 15 fois la quantité de EF-Tu-GTP nécessaire par ribosome, ce qui correspond, statistiquement parlant, à environ 0,5 molécule de EF-Tu-GTP pour la fixation sur le site A de n'importe lequel des 20 acides aminés différents susceptibles d'être codés.
Le ribosome libéré par le facteur d'élongation dissocie au niveau du site P, à l'aide de sa peptidyl-transférase intégrée, la f Met (lors du démarrage) ou le reste peptidyl (pour chaque cycle suivant) de l'ARNt et la transmet au niveau du site A sur l'ARNt-aa qui donne un ARNt-peptidyl qui s'accroît d'un acide aminé. L'ARN maintenant en excès est libéré au site P, si le ribosome se déplace d'un triplet dans le sens 3' le long de l'ARNm, ce qui entraîne le passage de l'ARNt-peptidyl, lié à son codon, sur le site P. Le site A est prêt pour un nouveau cycle et déterminé par le codon ARNm suivant. L'ensemble de la translocation nécessite du GTP et le facteur d'élongation EF-G (pm : 83 000).

La terminaison de la synthèse peptidique est signalée par la présence d'un des codons-stop des procaryotes : UAG,UAA,UGA (voir code génétique, p. 44 A) sur le site A. L'ARNt se sépare de la chaîne peptidique à l'aide de facteurs de « relachement » encore hypothétiques (RF1 en présence d'UAG ou UAA, RF2 en présence d'UAA ou UGA) ; la chaîne prend la structure secondaire des protéines. La dissociation du GTP permet finalement la séparation de l'ARNm et de l'ARNt du ribosome 70S.

La dissociation du GTP, pendant la synthèse protéique, n'est pas indispensable du strict point de vue énergétique, car la peptidyltransférase utilise pour associer les acides aminés en une chaîne, les liaisons ester très riches en énergie entre le résidu peptidyl et l'ARNt, mais le système ne travaille, comme l'indiquent les expériences faites sans GTP, qu'avec une efficacité de 5 à 10%. Il faut davantage rechercher l'intérêt de la dissociation du GTP dans la nécessité d'une resynthèse rapide des facteurs indispensables : IF2, EF-Tu et EF-G ce qui permet l'augmentation de la vitesse de synthèse.

Le blocage de la synthèse par des antibiotiques
a contribué d'une façon très importante à éclairer le mécanisme de la traduction, car les inhibiteurs interviennent à différents endroits et d'une façon plus spécifique au niveau du ribosome procaryotique (voir planche p. 464), même si les antibiotiques inhibent aussi, en plus de la traduction, la réplication, la transcription (p. ex. : Rifamycine, Actinomycine), la synthèse de la paroi cellulaire (Pénicilline) et la perméabilité (Gramicidine). Le groupe des « Antibiotiques » rassemble des produits très différents chimiquement qui, d'une part, sont fabriqués par des *Bactéries* et des *Champignons* pour développer ou inhiber d'autres micro-organismes et, d'autre part, sont synthétisés artificiellement pour les besoins de la chimiothérapie.

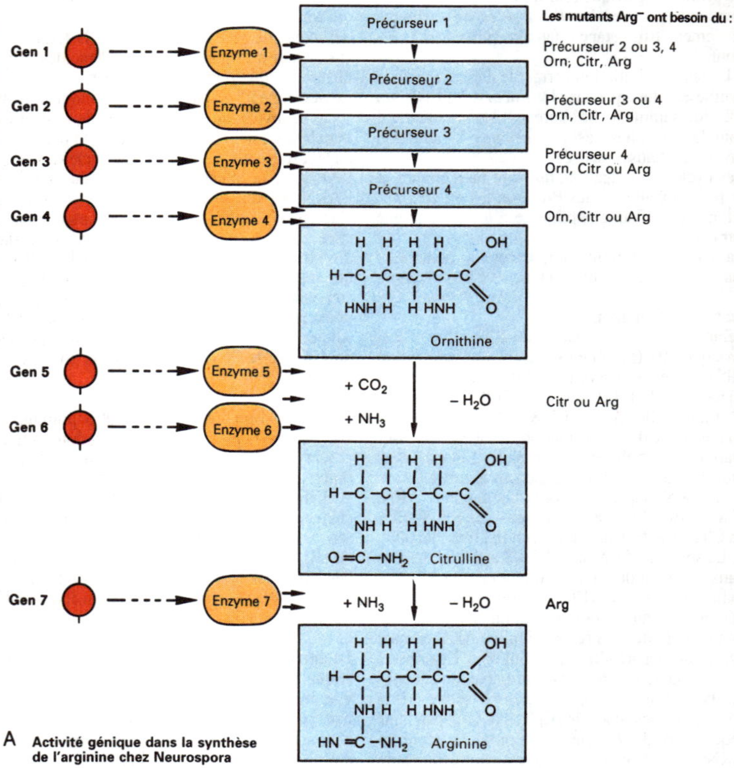

A **Activité génique dans la synthèse de l'arginine chez Neurospora**

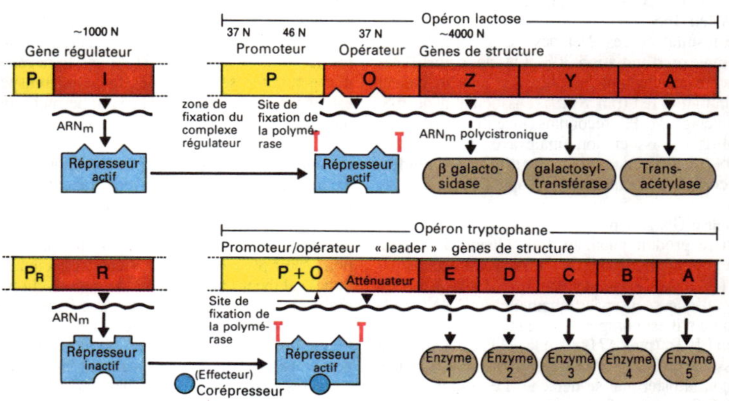

B **Schéma du gène régulateur et de l'opéron** (lactose et tryptophane) **chez Escherichia coli**

Synthèse de polypeptides gouvernée par les gènes

La notion de gène a évolué du point de vue historique : c'est à MENDEL que revient la première interprétation des mécanismes de l'hérédité en supposant la répartition du patrimoine héréditaire sur des gènes isolés (facteurs et caractères héréditaires). On en a déduit une corrélation directe entre génotype et phénotype d'après l'**hypothèse** classique : **un gène = un caractère** (p. 449). Très vite la génétique classique a cherché à accorder cette manière de voir « atomistique » avec la nécessité d'élucider des systèmes de complexité croissante et notamment par la pléiotropie et la polygénie, à pénétrer jusqu'à ce degré de complexité où c'est finalement la totalité de l'information génétique qui influe sur l'ensemble des caractères d'un organisme. Cette démarche intellectuelle atomistique a fait ses preuves comme principe heuristique (p. 7) et fut d'abord brillamment confirmée là où entre l'information génétique et un caractère précis l'intervention de processus chimiques enzymatiques fut prouvée, ce que BEADLE et TATUM en 1940 exprimèrent en forme d'hypothèse : **1 gène = 1 enzyme.** D'après cette conception un gène, dont on ignorait encore la nature ADN et le mode d'expression quand l'hypothèse a été formulée, intervient grâce à une enzyme dans la formation d'un caractère. Ceci était appuyé par l'étude des phénotypes chimiques chez des mutants déficients :

– La phénylcétonurie et les autres manifestations du syndrome de FÖLLING (p. 448 D) sont la conséquence de l'inactivation d'une enzyme.

– L'irradiation mutagène des conidies (p. 143) de l'*Ascomycète Neurospora crassa*, espèce haploïde dioïque a permis d'obtenir de nombreux mutants auxotrophes que l'on peut croiser avec la forme sauvage. Chacune des ascospores ainsi obtenues est cultivée sur une solution nutritive contenant de l'arginine (milieu complet). Si l'on transporte un fragment du mycélium obtenu par culture monosporale sur un milieu dépourvu d'arginine (milieu minimum), la moitié ne poursuit pas sa croissance (disjonction mendélienne), car la synthèse d'arginine est bloquée. Si l'on ajoute alors isolément à la solution nutritive des substrats qui sont des précurseurs de l'arginine, on remarque parmi les différentes formes mutantes arginine-déficientes que la chaîne de synthèse peut être interrompue à 7 endroits (A). Il résulte de ces expériences que 7 gènes interviennent successivement dans la synthèse de l'arginine et dont la **suite génique** élabore enzymatiquement le caractère. La situation est identique pour la chaîne de synthèse de l'arginine dans le foie d'un *Mammifère* ou chez *Escherichia coli*. Chez cette dernière on a pu montrer que 4 des gènes étaient liés et les autres séparés sur le chromosome bactérien. En plus de cette suite temporelle d'intercoopérations dans la chaîne génique, on note aussi fréquemment cette action commune dans l'assemblage des polypeptides qui constituent l'enzyme ou la protéine :

– L'hémoglobine est une protéine tétramère constituée respectivement de 2 chaînes polypeptides α et de 2 chaînes β (p. 315).

– L'ARN polymérase, comme le montrent les études faites chez *E-coli* (p. 463), est une holoenzyme hexamère.

L'Hypothèse : 1 gène = 1 polypeptide restitue fidèlement cet état de choses. Mais comme maintenant la génétique moléculaire désigne, sous le terme de « cistron », des fragments d'ADN qui déterminent une molécule définie (polypeptide-ARNt-ARNr), on peut exprimer tout cela d'une façon précise, abstraite, par l'**hypothèse : un cistron = un polypeptide**.

Une séparation fonctionnelle de l'ADN et une description de la différenciation du gène chez les *Procaryotes* résultent des expériences sur la régulation génique (p. 468 sq), qui ont trouvé leur accomplissement en 1961 par la représentation théorique du modèle de **JACOB et MONOD** qui distingue trois groupes de gènes (B) :

Les gènes de structure sont les gènes qui, au sens général, servent à la transcription et à la traduction en polypeptides qui, en tant qu'enzymes, protéines de structure, etc. (voir p. 14 D) façonnent les caractères.

Un « gène opérateur », ou séquence de contrôle, est un groupe défini de gènes de structure directement hiérarchisés spatialement et fonctionnellement, ce qui oriente leur activité. Ils forment conjointement l'unité régulatrice de l'**opéron.**

La séquence de contrôle débute par le **promoteur** constitué d'environ 80 paires de nucléotides, sur lesquels se fixe l'ARN-polymérase, permettant ainsi la transcription. La libération indispensable du brin codant débute vraisemblablement au niveau d'une séquence de la double hélice d'ADN riche en A-T, car les ponts hydrogène se rompent plus facilement au niveau de ces paires A-T qu'au niveau des C.G. Dans la séquence de contrôle de l'**opérateur,** qui comporte souvent des séquences palindromiques, une protéine particulière, le répresseur, peut se fixer selon le modèle clef-serrure, interdisant la fixation de l'ARN-polymérase. Lors de la transcription l'information de l'opéron passe dans la séquence « leader » 5 terminale (p. 465) non transposable de l'ARNm. Dans certains cas (opéron-lactose d'*E-coli*) promoteur et opérateur sont situés l'un à côté de l'autre et se chevauchent plus ou moins, ce qui n'est pas prouvé dans d'autres cas. Dans l'opéron-lactose le début du promoteur coïncide avec la zone de contrôle d'un système régulateur ultérieur (AMPc-CAP-Complexe, p. 469), alors que dans l'opéron tryptophane d'*E Coli* (ce qui est aussi le cas chez *Salmonella typhimurium*), on trouve dans la séquence « leader » un atténuateur entre l'opérateur et les gènes de structure. Ici l'ARN polymérase se détache la plupart du temps de l'ADN, ce qui interrompt la transcription ; l'absence de tryptophane semble être le signal déclencheur de la reprise.

Le gène régulateur, plus ou moins éloigné de son opérateur, régule par l'expression du gène la synthèse d'un répresseur allostérique qui reconnaît « son » opérateur spécifique et peut être activé ou inactivé par un effecteur spécifique.

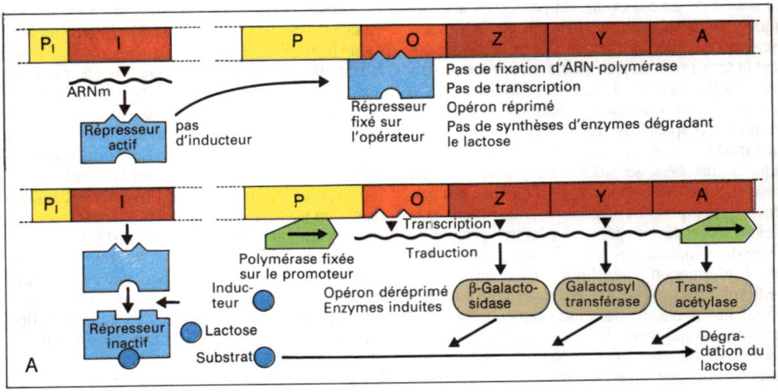

Modèle d'induction par le substrat : opéron-lactose d'E-Coli

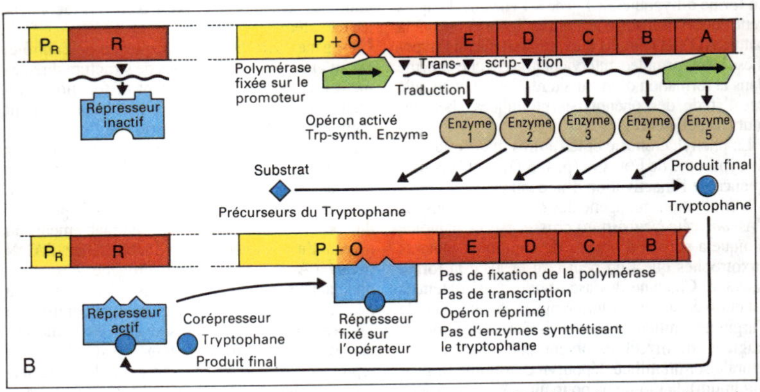

Modèle de répression par le produit final : opéron-tryptophane chez E-Coli (seulement au niveau du contrôle négatif)

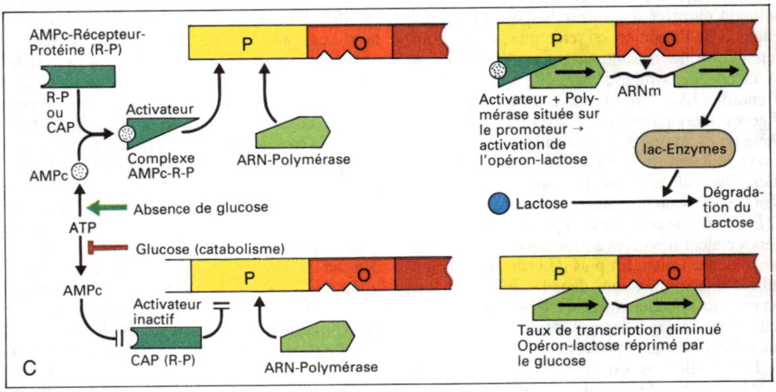

Modèle du contrôle par l'AMPc, par induction du substrat, de l'opéron-lactose chez E-Coli

La régulation de l'expression des gènes (régulation génique) est nécessaire car dans une cellule toutes les enzymes, potentiellement disponibles, ne sont pas produites en même temps. Alors que les enzymes dites **constitutives**, par exemple celles de la glycolyse, se forment sans règle (apparente), les enzymes dites **adaptatives**, sont dans le cadre de l'activation génique, différentielle (p. 213 sqq), fabriquées en fonction d'une régulation qui porte sur l'expression de leur gène, soit qu'elle soit favorisée (enzymes induites) ou bloquée (enzymes réprimées). On a montré chez les *Procaryotes* (*E Coli*) que ceci se passe le plus souvent au début de l'expression sous forme d'un **contrôle de la transcription :**

– Les mécanismes de contrôles **négatifs** décident, au niveau de l'opérateur (voir p. 466 sq : modèle de JACOB et MONOD) à l'aide des répresseurs, de la transcription ou de la non-transcription.

– Les mécanismes de contrôles **positifs**, à l'aide d'un activateur, augmentent au niveau du promoteur le taux de transcription en la facilitant.

Les synthèses d'enzymes induites (A) sont répandues chez les *Procaryotes* lors du catabolisme : pour la dégradation des substrats il est économique que les enzymes adéquates ne soient synthétisées que si le substrat est présent. Ce substrat agit alors comme effecteur du répresseur, qu'il inactive et donc comme inducteur de la synthèse enzymatique qu'il déréprime. Une telle **induction par le substrat** a été bien étudiée chez *E.Coli* dans le système de l'opéron-lactose.

– Si le milieu est dépourvu de lactose (sucre de lait : disaccharide constitué de β. galactose et α glucose), alors le répresseur, codé par le gène régulateur, se lie à l'opérateur pour lequel il présente une forte affinité et empêche la fixation de l'ARN-polymérase : l'opéron-lactose est réprimé.

– Si, par contre, le lactose est présent dans le milieu, le répresseur se lie à la région du sucre qui reconnaît l'effecteur et diminue tellement, par sa transconformation progressive, son affinité pour l'opérateur qu'il ne peut plus le bloquer.

L'ARNm polycistronique, et à partir de là, toute la séquence des enzymes utilisées, est alors fabriqué et l'opéron-lactose fonctionne. Le gène Z code pour la β-galactosidase qui dissocie le lactose en glucose et galactose, alors que le gène Y, par l'intermédiaire de la galactosyltransférase, permet l'absorption du lactose par la membrane cytoplasmique bactérienne. Le gène A, et sa transacétylase, est moins connu. Dans une cellule *bactérienne* on trouve environ 10 molécules lactose-répresseur : tétramère fait de 4 polypeptides identiques associés. Ce répresseur se lie à la double hélice d'ADN de l'opérateur, dans une zone latérale constituée d'environ 24 paires de nucléotides, pour laquelle il présente une très forte affinité au niveau d'une séquence palindromique et fixe, dans une autre zone, plus lâche, 4 molécules d'effecteur. Pour l'explication complète du contrôle négatif de l'opéron-lactose par une répression active sur le promoteur et le catabolisme : voir plus loin.

La répression des synthèses enzymatiques (B) intervient sur le rendement de l'anabolisme : les synthèses d'enzymes ne se poursuivent plus, lors de la construction cellulaire, lorsque les processus qu'elles catalysent ont fourni une quantité suffisante de produits terminaux, comme par exemple les acides aminés. De telles **répressions, par les produits finaux,** ont été particulièrement bien étudiées dans le cas de la synthèse du tryptophane (Trp), comme dans celle de l'arginine et de l'histidine :

– Le gène régulateur produit une protéine régulatrice qui, en tant qu'« apo-répresseur », ne peut pas seule bloquer l'opérateur et se maintient sous cette forme inactive lorsque le taux de Trp ou Trp-ARNt est faible dans la cellule. L'opéron-Trp lie alors l'ARN polymérase au promoteur et permet la synthèse de Trp par la synthèse en cascade des enzymes.

Si une certaine quantité de Trp ou de Trp-ARNt synthétisé s'accumule comme produit final, ces molécules deviennent l'effecteur de l'« apo-répresseur » inactif. Conjointement avec l'« apo-répresseur », elles forment, en tant que « co-répresseur », l'« holo-répresseur » activé qui bloque l'opérateur et contribue de cette façon à réprimer la synthèse de Trp.

L'opéron-Trp présente, d'une part, chez *E-Coli* la particularité de l'interférence fonctionnelle du Promoteur et de l'Opérateur et d'autre part, une séquence « leader » entre l'Opérateur et le gène E, avec en plus une portion de contrôle, l'atténuateur : si le taux de Trp augmente, mais avant que ne s'exerce la répression par le produit final, la transcription est interrompue par le détachement de la polymérase de l'ADN.

Les contrôles positifs de la synthèse des enzymes (C) par un activateur, complètent l'image de la régulation de l'expression génique que le modèle de contrôles négatifs de JACOB et MONOD pourrait à tort représenter, car les protéines régulatrices, par exemple des opérons maltose et arabinose, sont des activateurs. L'opéron-lactose lui-même est aussi contrôlé positivement par l'influence de la liaison entre le promoteur et la polymérase :

– Si l'AMPc (p. 326 C) est lié à sa protéine réceptrice : CAP , ce complexe se fixe à l'endroit approprié (p. 466 B), stimule la fixation de la polymérase et augmente le taux de transcription.

L'AMPc, qui effectue aussi un contrôle positif est peu synthétisé à partir de l'ATP si le glucose est disponible. Le glucose et d'autres producteurs d'énergie limitent ainsi le système de dégradation du lactose (répression du catabolisme).

Les gènes de structure qui gouvernent les gènes régulateurs peuvent, au lieu d'être groupés sous forme d'opéron, être aussi répartis dans tout le génome et réagir ensemble sur les mêmes protéines régulatrices avec des opérateurs identiques en formant un **Régulon** : chez *E-Coli* par exemple, les 8 gènes de structure, pour la synthèse de l'arginine, sont répartis à 5 endroits.

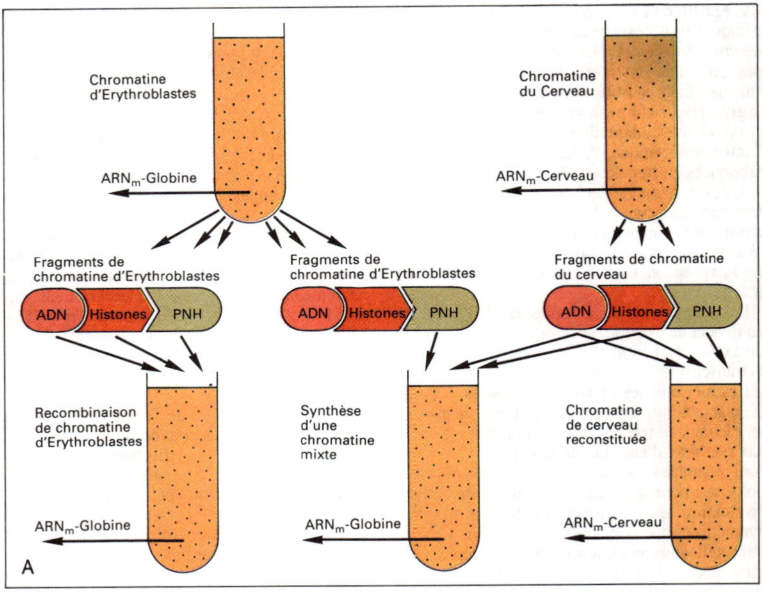

Recombinaison de la chromatine

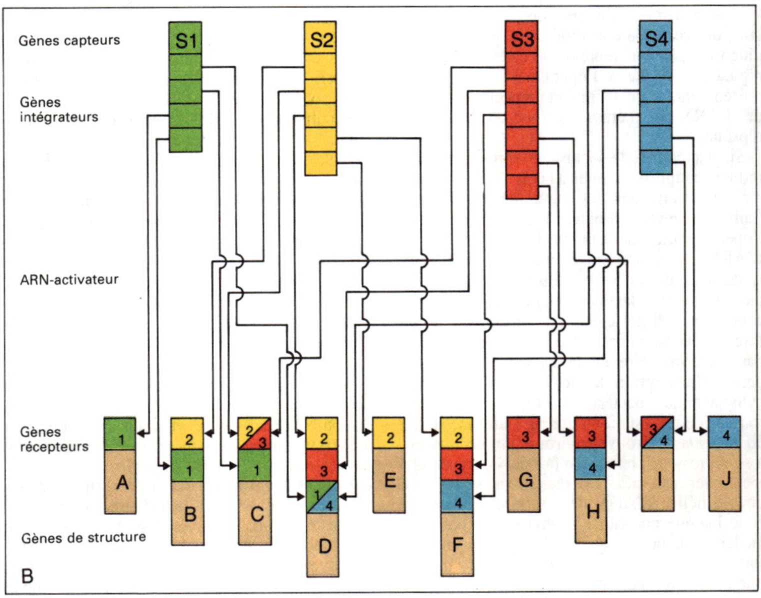

Modèle de BRITTON-DAVIDSON pour la régulation des gènes chez les Eucaryotes

Chez les *Eucaryotes*, où l'ADN est lié à des protéines et où les lieux de transcription et traduction sont séparés, la régulation diffère. Mais on observe toujours :
– une induction par le substrat, par exemple chez les *Plantes*, lors de la phase G_1 de la mitose, l'action inductive de la thymidine sur son enzyme phosphorylante : la Thymidine-Kinase, ou
– une répression par le produit final, par exemple chez les *Plantes*, la nitrate et la nitrite-réductases qui interviennent dans la synthèse des A.A. sont réprimées en partie par les A.A., en partie par $NH4^+$.
Ce contrôle de la transcription interfère avec la :

Régulation chromosomique

Elle a lieu dans les chromosomes grâce à des protéines parmi lesquelles on distingue :

Les **Histones :** on a prouvé expérimentalement l'absence de transcription dans des structures condensées, formes de transport stabilisées par les histones : les chromosomes et l'hétérochromatine. Le nombre de types moléculaires d'histones étant réduit (p. 34) elles interviennent comme répresseurs non spécifiques qui bloquent environ 95% de l'ADN d'une cellule différenciée d'*Eucaryote*. Des séquences particulières d'ADN sont garanties contre la présence d'histones par des molécules spécifiques des gènes : les chromosomes géants montrent des spectres de puffs (p. 40), spécifiques d'une structure relâchée, couplée à une activité génique et les cellules, dans leur processus de différenciation, montrent un modèle d'activité génique spécifique d'un tissu donné (p. 215).

Les protéines non-histones (P.N.H., p. 35) dépourvues d'activité enzymatique agissent en déréprimant le complexe ADN-histone. Elles ont une spécificité marquée et sont très hétérogènes, présentent un fort taux de renouvellement, modifient qualitativement et quantitativement leur organisation pendant la différenciation cellulaire et peuvent empêcher ou détruire l'association ADN-Histones. Les cellules en transcription et l'euchromatine montrent une augmentation de la concentration en PNH. Des preuves de spécificité génique des PNH ont été apportées par des expériences de **recombinaison** qui montrent que des PNH isolées de cellules synthétisant la globine (Erythroblastes), mises en présence de chromatine isolée de cellules, qui avec pourtant le même ADN ne fabriquent pas de globine (cerveau), sont capables de faire s'exprimer *in vitro* le gène de la globine (A).

Les protéines réceptrices d'hormones seraient des régulateurs avec une spécificité d'action que l'on peut comparer à la reconnaissance d'un promoteur ou d'un opérateur (Hormones stéroïdes : p. 326 sq).

Les PNH enzymatiquement actives peuvent modifier l'aspect moléculaire des histones et des PNH en changeant leur charge par la phosphorylation, et par là, leurs possibilités de fixation (au niveau de la Ser et de la Tyr notamment). Les Histones subissent le même sort par acétylation de la Lysine. Mais quels signaux génétiques spécifiques de l'acétyltransférase et des kinases phosphorylases indiquent les secteurs à modifier ?

Le Modèle de Britton-Davidson (B)

cherche à apporter une réponse aux questions qui se posent, à propos de la régulation génique des *Eucaryotes*, par le biais d'un système hiérarchisé fait de segments d'ADN aux fonctions bien définies, qui pour la régulation des protéines s'organise en une suite réactionnelle encore spéculative. Les inducteurs, comme par exemple les hormones, agissent directement ou après fixation sur des protéines spécifiques, sur les **gènes capteurs** qui bloqués par des répresseurs spécifiques sont déréprimés d'une façon analogue à celle des opérateurs et permettent la transcription des **gènes intégrateurs** qui leur sont subordonnés sur l'ADN. « L'ARN-activateur » de ces derniers et sans doute aussi la PNH spécifique qu'ils codent, déclenchent un changement de conformation de l'euchromatine correspondante au niveau des **gènes récepteurs.** Ceci est un signal activateur pour les enzymes d'acétylation et de phosphorylation. La fixation de la PNH, de même que l'acétylation et la phosphorylation des histones, permettent une transcription des **gènes de structure** inhibés jusque-là. Les gènes intégrateurs peuvent à partir de signaux relativement simples intégrer les activités complexes des gènes répartis dans le génome par :
– la redondance des gènes récepteurs : chaque gène de structure reçoit, par l'intermédiaire de sa suite spécifique de gènes récepteurs préconnectés, les signaux de tous les gènes intégrateurs qu'il contrôle ;
– et/ou par la redondance des gènes intégrateurs, i.e. : chaque gène capteur contrôle une séquence de gènes intégrateurs dont les produits activent ensuite la série correspondante des gènes de structure. Le Modèle de Britton-Davidson encore +/– spéculatif considère que :
– c'est économique et réalisable par un blocage généralisé des histones du génome d'activer sélectivement les quelques gènes indispensables (au lieu de les réprimer sélectivement) ;
– la plus grande partie de l'ADN des *Eucaryotes,* sous forme de séquences répétitives, est seulement un régulateur génique. Il remplit certaines fonctions (mais pas en dehors du noyau et il fonctionne comme enzyme) et est transcrit en respectant la spécificité cellulaire ;
– un modèle d'activité génique potentiel est caractérisé par l'activité intégrée de plusieurs gènes spatialement séparés (correspondant au Régulon des *Procaryotes*) et répond, d'une façon complexe, à des signaux de déclenchement simples. Le système de contrôle de la transcription peut être suivi par des mécanismes ultérieurs :

le contrôle post-transcriptionnel : modification de la vitesse des processus par destruction de l'ARN-hn (p. 42), passage réglementé des informosomes à travers les pores nucléaires ou transformation de l'ARNm en « ARNm de longue durée » ;

le contrôle de la traduction par un changement d'activité réversible des protéines ribosomales et des facteurs d'initiation et d'élongation et par leur différence d'affinité avec les séquences spécifiques des différents ARNm.

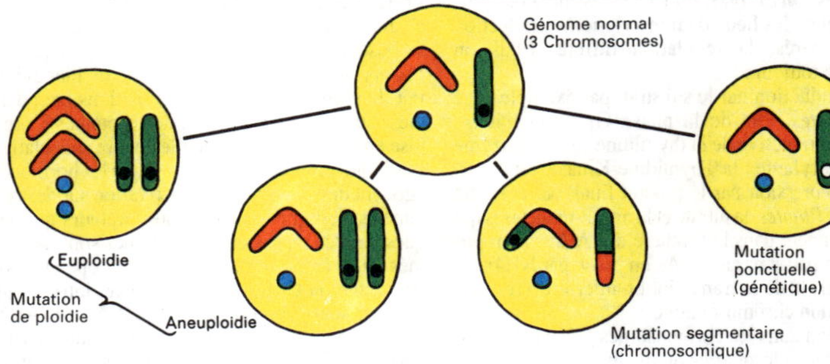

A **Schématisation des différents types de mutations**

Bactériophages: T2	Choix de l'hôte	$3 \cdot 10^{-9}$	Homme:	
Bactéries: Escherichia	Fermentation lactique	$2 \cdot 10^{-7}$	Absence d'iris	$4 \cdot 10^{-6}$
	Résist. à la Streptomycine	$4 \cdot 10^{-10}$	Chorée de Huntington	$5 \cdot 10^{-6}$
	Besoin en Histidine	$4 \cdot 10^{-8}$	Altération des fibres nerveuses	$1 \cdot 10^{-4}$
	Besoin en Arginine	$4 \cdot 10^{-9}$	Anomalie de Pelger	$3 \cdot 10^{-5}$
Algues: Chlamydomonas	Résist. à la Streptomycine	$1 \cdot 10^{-6}$	Rétino-blastome	$7 \cdot 10^{-6}$
Champignons: Neurospora	Besoin en Adénine	$4 \cdot 10^{-8}$	Thalassémie	$4 \cdot 10^{-4}$
Plantes supérieures: Maïs	Grain réduit	$1 \cdot 10^{-6}$	Albinisme	$3 \cdot 10^{-5}$
	Grain de couleur pourpre	$1 \cdot 10^{-5}$	Cécité totale aux couleurs	$3 \cdot 10^{-5}$
Insectes: Drosophila	Yeux blancs (w)	$4 \cdot 10^{-5}$	Phénylcétonurie	$2 \cdot 10^{-5}$
	Corps jaune (y)	$1 \cdot 10^{-4}$	Hémophilie A	$4 \cdot 10^{-5}$
Vertébrés: Souris	Peau très peu colorée	$3 \cdot 10^{-5}$	Hémophilie B	$3 \cdot 10^{-6}$
	Peau brune	$8 \cdot 10^{-6}$	Incontinentia pigmenti	$1 \cdot 10^{-5}$

B **Taux de mutations de gènes isolés de différents organismes, à droite: cas de l'Homme**

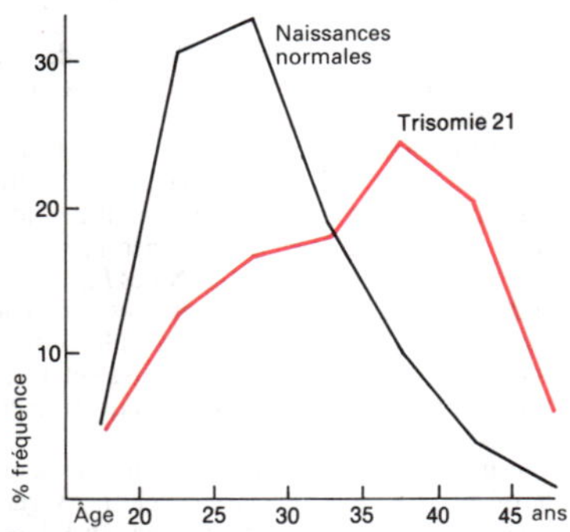

C **Relation entre l'âge de la mère et la fréquence de Trisomie 21**

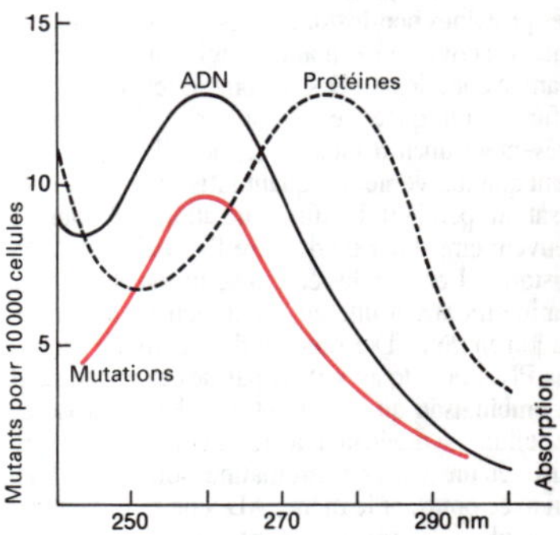

D **Absorption des UV et mutation**

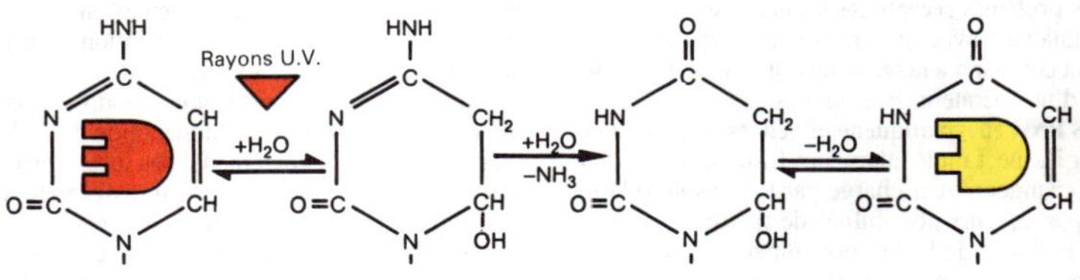

E **Transformation de la Cytosine en Uracile sous l'effet des rayons U.V.**

Mutation: Types, Taux, Causes

Ds des lignées pures, des individus isolés montrent de petites modifications qui sont transmises héréditairement. Ce sont des mutations envisagées dès 1901 par DE VRIES chez les *Œnothères.*

L'apparition de mutations peut toucher fondamentalement tous les organismes et les types cellulaires, et chez les Métazoaires aussi bien les cellules somatiques que les cellules germinales :

Les mutations somatiques permettent d'expliquer l'origine de l'extrême variabilité des **anticorps,** l'apparition de nombreuses **tumeurs**, la **sénescence** par accumulation d'enzymes inactives avec augmentation des processus défectueux portant sur la réparation de l'ADN, la transcription et la traduction. Pendant la période embryonnaire des mutations somatiques accidentelles conduisent à la formation individuelle de **modifications tissulaires en mosaïque** ; on trouve régulièrement, par contre, ds des tissus très différenciés à fonctionnement actif, par le biais d'**endomitoses** (pp. 39, 213), des cellules endopolyploïdes ds lesquelles la totalité du stock chromosomique passe à 8n (foie et moelle rouge des os chez l'*Homme*) 32n, 128n et même 1 024n (*Capucine ;* pétiole, moelle, tégument interne de la graine).

Les mutations germinales transforment de façon importante l'information génétique ; on les enregistre au plus tôt chez les *Eucaryotes* diploïdes ds le phénotype de la génération F1. C'est à ces **mutants**, chez lesquels les variations héréditaires concernent toutes les cellules, que l'on pense lorsque l'on parle d'une « mutation ». Elles entraînent souvent des dommages aux porteurs car un **équilibre génétique** que le type sauvage a atteint par sélection depuis des générations de la forme optimale pour l'environnement, est perturbé. D'un autre côté, elles augmentent la **diversité génétique** d'une population et permettent l'évolution des organismes (p. 490 sqq).

La classification des mutations (A)

n'est pas seulement basée sur leur lieu d'apparition à l'intérieur d'un organisme (voir plus haut), mais d'une façon rationnelle sur le type même de l'anomalie qui engendre cette mutation :

– **Les mutations ponctuelles** : un changement ponctuel de l'ADN au niveau d'une seule ou de quelques paires de nucléotides, soit par substitution de bases, soit par décalage de la séquence, fait apparaître un allèle nouveau (p. 474 sq).

– **Les mutations segmentaires** (chromosomiques) : modifications de structure, donnant des aberrations chromosomiques, portant sur des courts ou longs fragments d'ADN regroupant plusieurs gènes (p. 476 sq), par déplacement, perte, ajout, dédoublement.

– **Les mutations de ploïdie** : aberrations chromosomiques numériques par variation du nombre total de chromosomes ou d'une partie (p. 478 sq.).

Les taux de mutation d'un gène (B)

correspondent au pourcentage de mutations observées par cellule lors de la division (*Bactéries, Unicellulaires*) ou, à chaque génération, ds le génome haploïde (*Organismes supérieurs*). La différence des taux entre ces 2 groupes tient à ce que chez les microorganismes les mutants sont détectables sur *une seule* génération cellulaire alors que chez les *Organismes supérieurs* les gamètes sont mutés lorsqu'une mutation a lieu dans une des cellules germinales. L'augmentation chez l'*Homme* de la fréquence des enfants mongoliens à syndrome de DOWN (p. 479), avec l'âge de procréation de la mère, montre à quel point chez un organisme à durée de vie longue les taux de mutation dépendent du temps pendant lequel la lignée germinale est soumise à des influences mutagènes (C).

Des causes internes comme un dysfonctionnement de l'ADN-polymérase, la perturbation de l'équilibre entre Plasmone et Génome chez les Hybrides ou les polyploïdes, ainsi que des gènes mutagènes spécifiques, peuvent tout autant élever le taux de mutation que les **facteurs environnementaux** naturels ou artificiels :

Une augmentation de la température de 10°C peut, ds les conditions naturelles, doubler ce taux.

La lumière ultraviolette exerce une action maximum, ds les longueurs d'onde qui correspondent au maximum d'absorption des U.V. par l'ADN (D), par des substitutions de bases (E), des mutations au niveau de la séquence nucléotidique, des délétions, mais en fait, à cause du faible pouvoir pénétrant des U.V., elle n'agit que sur les microorganismes et les cellules en culture. Par contre les **rayons ionisants**, conséquence d'un fort rayonnement cosmique, du rayonnement X et de la radioactivité naturelle et artificielle, sont pour une part très pénétrants. Cette production d'énergie et cette stimulation électronique atteignent la purine ou la pyrimidine de l'ADN, changent les bases ou produisent des lacunes par destruction des molécules ; des impacts ds le bâtis sucre-phosphate entraînent par contre des mutations segmentaires par cassure de la simple ou de la double hélice. Ds certains secteurs les courbes reliant la dose de radiations et leurs effets croissent de façon linéaire : ce qui est le plus intéressant ds ce contexte ce ne sont pas les lésions physiologiques individuelles mais les gènes mutés qui s'accumulent au départ de façon imperceptible ds le patrimoine héréditaire de la population (pool génique p. 493) et qui ne se manifesteront que plus tard dans les générations futures.

Le seuil de tolérance d'une radiation mutagène signifie seulement en premier lieu : « Est-ce que nous pouvons supporter un doublement ou une multiplication par dix ou par cent des avortements, malformations et maladies héréditaires provoqués par les mutations spontanées ? » (BRESCH).

On peut tenir le même raisonnement pour des **mutagènes chimiques** dont certains, qui ont été bien étudiés, comme les nitrites, l'acridine ou le bromo-uracile (particularités, p. 475), ont manifestement contribué à la compréhension des mutations ponctuelles et segmentaires ou ds le cas du poison du fuseau achromatique, la colchicine, à celle des mutations de ploïdie. Des dangers pour l'*Homme* peuvent peut-être provenir de quelques substances pour la protection des végétaux (Hexachlorocyclohexane) ou de médicaments (acide diéthylbarbiturique, aminophénazone).

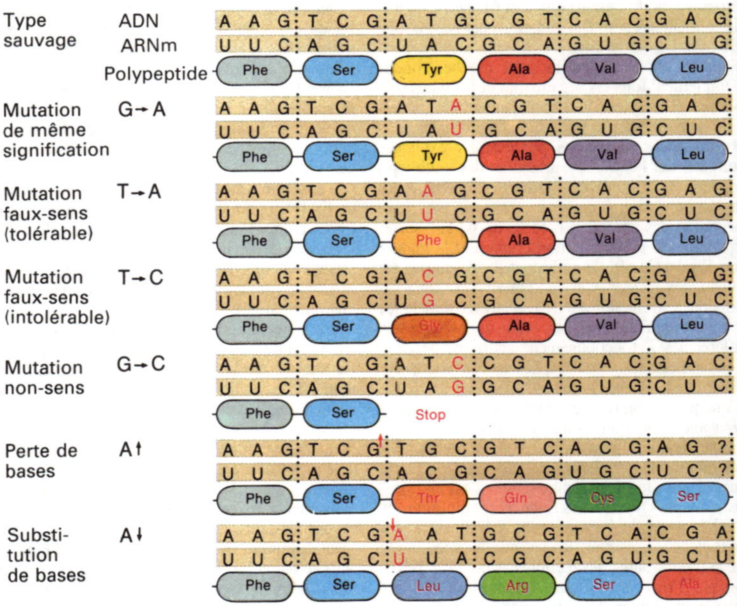

A **Successions de différentes mutations ponctuelles (sur le 3e triplet)**

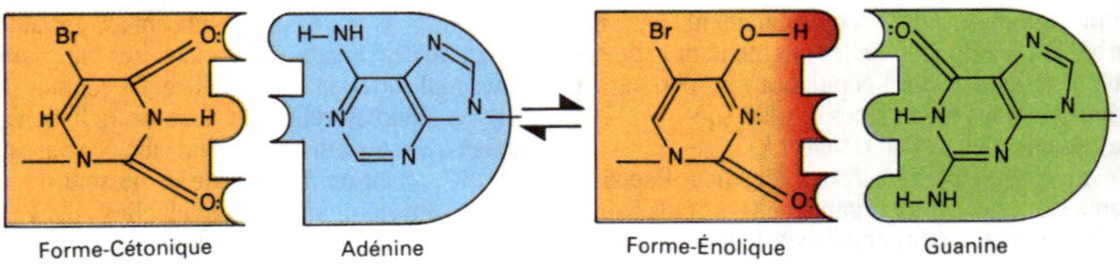

B **Mutagénèse par des analogues de base (5-Bromouracile : Formes cétonique et énolique)**

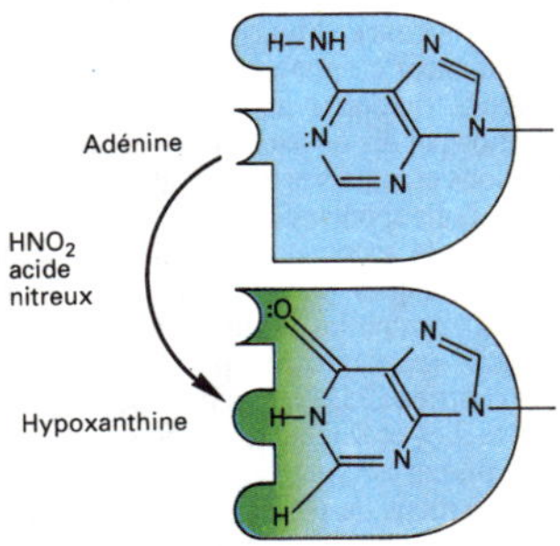

C **Mutagénèse chimique**

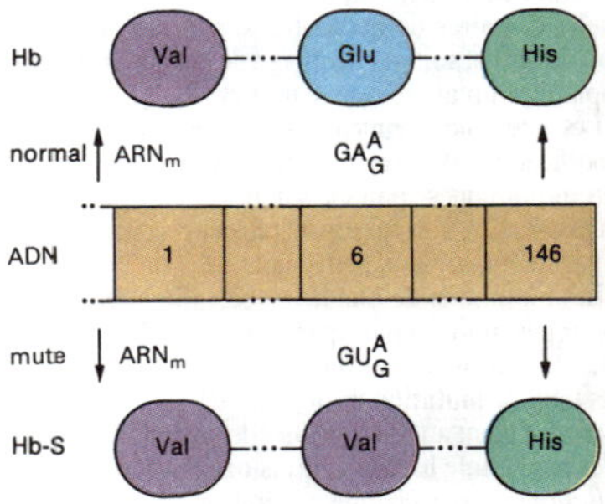

D **Chaîne β de l'hémoglobine humaine**

Aspects moléculaires des mutations ponctuelles

Les mutations ponctuelles, en tant que microlésions de l'ADN, sont des modifications portant sur un ou quelques nucléotides voisins d'un seul gène (« mutations géniques », au nombre desquelles on compte aussi, en tant que macrolésions, les plus petites mutations segmentaires intrageniques, voir p. 477), soit par échange de bases (**substitution de bases**), soit par insertion/suppression de nucléotides (**décalage de la séquence**). Il en résulte, à partir de la séquence nucléotidique normale, une séquence mutée : les **allèles** occupent la même position sur les chromosomes homologues ou sur les chaînes d'ADN (locus du gène), mais une différence insignifiante ds la séquence des bases peut avoir des conséquences très variables sur la séquence d'A.A. du polypeptide codé (A) :

– A cause de la dégénérescence du code, 20% environ des mutations par substitution de bases donnent un nouveau codon de même signification et donc de type sauvage.

– Le nouveau triplet code, par un codon faux sens, un autre acide aminé ; la fonction du polypeptide muté est réalisée entre 0 et 100%.

– S'il se forme un codon-stop non codant, la traduction en polypeptide est interrompue prématurément ; les mutants disposent alors d'une enzyme inactive.

– Des mutations au niveau de la séquence, si elles ne concernent pas précisément 3 nucléotides, perturbent la valeur informative de l'allèle.

Les processus qui entraînent des mutations sont très complexes, très variés et mal connus même au niveau des mutagènes les plus fréquents. On peut cependant pour les mutations ponctuelles, dues aux U.V., les radiations ionisantes et les mutagènes chimiques, envisager ceci :

– L'ADN ds la phase de pré-mutation est tellement modifié que des réparations sont engagées au cours desquelles des nucléotides inexacts, supplémentaires ou en nombre trop limité sont utilisés.

– Pendant la réplication de l'ADN une erreur de réplication ou d'insertion donne un faux nucléotide.

– Une base est changée en une autre.

Les mutations géniques peuvent s'annuler par **mutations réverses** : le phénotype initial s'exprime à nouveau. Ceci se fait rarement par la reconstitution de la séquence nucléotidique de type sauvage (véritable mutation réverse), mais la « mutation compensatrice » située près des premiers nucléotides en inhibe l'effet, le type sauvage redevient fonctionnel.

La substitution de bases joue, tant dans les mutations naturelles que dans celles induites expérimentalement, un grand rôle et ce par 2 mécanismes.

1) Les analogues de base instables (B) : Si l'on fournit à une culture de micro-organismes des substances dont la configuration chimique est à peu près analogue aux bases naturelles, ces analogues de base peuvent, au cours de la réplication, être incorporés à la place des véritables bases et provoquer finalement des mutations. Ces analogues de base, au niveau de l'appariement avec la base complémentaire, peuvent présenter des changements à l'intérieur de leur molécule :

– **Le 5 Bromo-uracile** remplace facilement la thymine et s'associe également sous sa forme cétonique avec l'adénine. Si précisément, pendant un temps très court, lors de la réplication de l'ADN, cette forme cétonique prend par isomérie la forme énolique, la chaîne complémentaire incorporera de la guanine (G) au lieu de l'adénine (A) (Erreur de réplication, B) et dans le cycle suivant, cette guanine s'appariera avec une cytosine. Finalement une paire A-T s'est transformée en une paire G-C.

- **La 2 amino-purine** sous sa forme amine s'apparie comme A et sous sa forme imine comme G.

2) La modification chimique de bases normales (C) : chez le *virus de la mosaïque du Tabac,* l'induction de mutants sous l'effet des nitrites :

– par **nitrification** et en « désaminant » : i. e. en remplaçant le groupe aminé par un groupe OH, A, G et C se transforment en Hypoxanthine, Xanthine et Uracile qui se comportent différemment lors de l'appariement des bases : l'Hypoxanthine comme G, l'Uracile comme T ; la Xanthine ne s'apparie pas et entraîne des mutations létales ou, se comporte de nouveau comme G. On a pu ainsi montrer qu'un seul nucléotide pouvait représenter la plus petite unité de mutation (« muton »).

Alors que l'**Hydroxylamine** agit à la façon des nitrites, mais spécifiquement sur la cytosine, les **substances du groupe des alcanes** transposent les groupes – CH_3 sur les groupes phosphate et sur les bases et provoquent en plus des changements de base des ruptures de chaîne d'ADN, des délétions, l'éloignement des bases puriques (gaz moutarde, méthylméthanesulfonate). La guanine « alcanisante » permet d'obtenir des fréquences de mutation très élevées même avec une toxicité faible ; c'est également le cas, en ce qui concerne le dédoublement de l'ADN, au niveau de la fourche de réplication (p. 462 sq), pour la corrosive méthyl-nitro-nitrosoguanidine MNNG qui a permis chez *Escherichia coli* d'obtenir des mutations orientées et de dresser la carte génétique.

L'ampleur et la valeur évolutive de l'allélie multiple, conditionnée par les mutations par échange de bases, sont très nettes chez l'*Homme* : plus de 130 variantes connues d'hémoglobines (D) :

Par rapport à Hb normale, seul un A.A. est changé dans la chaîne B dans chaque Hb anormale : ds Hb-S qui entraîne l'anémie falciforme (p. 457), l'acide glutamique (GLU) est transformé en Valine (les hétérozygotes, pour la maladie, fabriquent les 2 types de globine, voir p. 498 sqq) et une modification des charges à la surface de Hb, rend Hb-S moins soluble.

Le décalage de la séquence de triplets est favorisé par l'acridine, les nitrites ou induit par les rayons U.V. : l'adjonction ou l'absence d'un nucléotide déplace la suite de triplets depuis la zone mutée jusqu'à l'extrémité du gène ; d'où, par déplacement du code de lecture, formation de nouveaux codons. Ils codent une nouvelle séquence de A.A. ds le polypeptide et entraînent l'arrêt prématuré de la chaîne par des codons-stop.

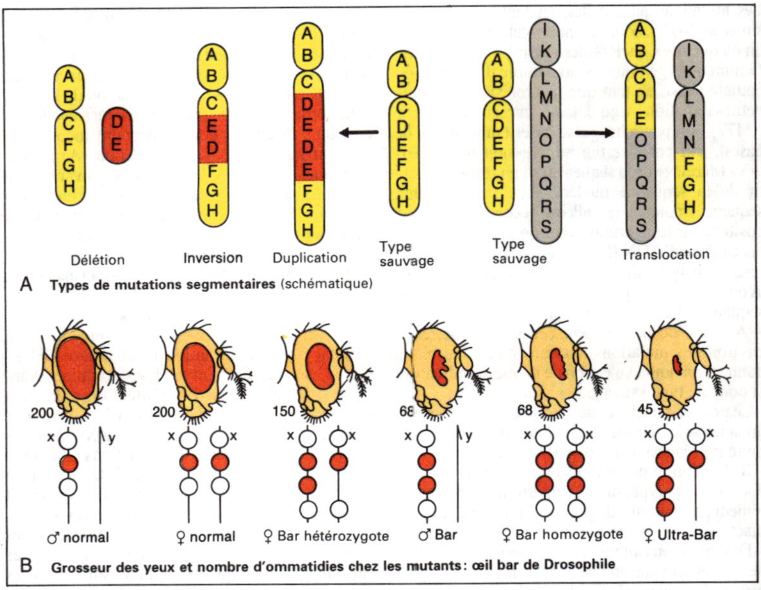

Mutations segmentaires (« mutations chromosomiques »)

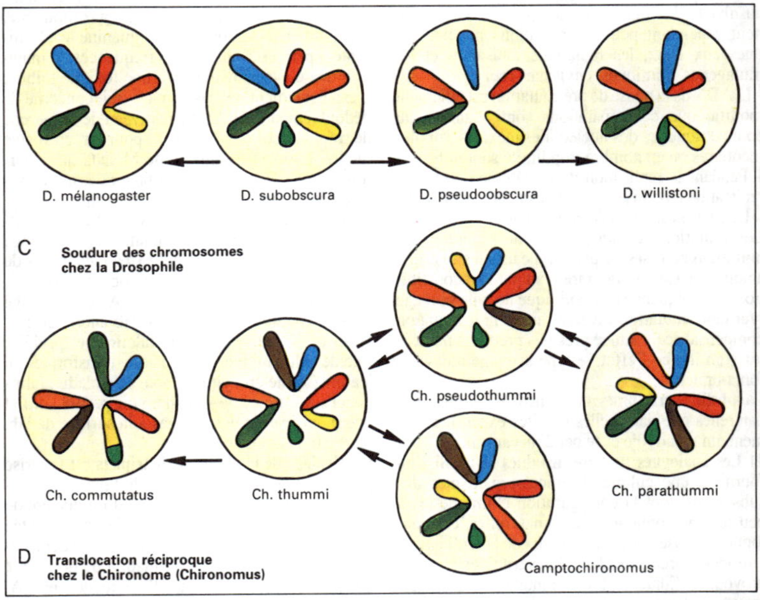

Comparaison de la structure des chromosomes chez des espèces apparentées

Les mutations segmentaires concernent l'organisation de plus gros fragments d'ADN et on peut souvent les percevoir au microscope optique par des modifications de la structure des chromosomes (on les nomme aussi en génétique humaine « mutations chromosomiques » ou encore aberrations chromosomiques ou chromatidiennes). Elles se produisent spontanément ou sont induites par des rayonnements très énergétiques ou des mutagènes chimiques (p. ex. le gaz moutarde) de préférence ds le voisinage ou au niveau de l'hétérochromatine. Deux hypothèses tentent d'en éclaicir le mécanisme :

– **Hypothèse de la rupture et restructuration :** des ruptures primaires ds le chromosome ou la chromatide entraînent, si elles ne sont pas réparées immédiatement, des pertes de segments ou une mauvaise association des morceaux d'ADN.

– **Hypothèse de l'échange** : il n'y a aucune surface de rupture libre, mais aux points de contact entre les chromosomes s'échangent, à la façon des crossing-over méiotiques, des loci de gènes sans doute non homologues.

Une cellule diploïde du fait de la mutation n'a qu'une « structure d'hétérozygote » ; si les 2 séquences chromosomiques présentent la même anomalie l'organisme est de nouveau un homozygote structural mais muté. On distingue :

La délétion

ou la perte d'un fragment chromosomique qui sans centromère se perd à la mitose. La possibilité de survie des mutants dépend de l'importance du fragment et de son information génétique :

– La délétion portant sur une seule partie d'un gène isolé a été bien étudiée chez les *Bactéries ;* les essais de recombinaison chez les mutants auxotrophes ont permis d'établir des cartes géniques.

– Chez l'*Homme* le syndrome du cri du chat (Enfant qui pleure d'une façon caractéristique, gros dommages corporels et cérébraux) est rapporté à une délétion sur le bras court du chromosome 5.

L'inversion

C'est le retournement de 180° d'une portion de chromosome, après une boucle de croisement et une mauvaise adhérence aux points de contact. Comme elle n'entraîne aucune perte de gène, l'inversion n'est sensible qu'au niveau du phénotype si ses limites se trouvent à l'intérieur même des gènes (*Bactéries, Drosophile, Tradescantia*). Le crossing-over chez les hétérozygotes avec inversion, entraîne par échange des chromatides la délétion et la duplication, d'ailleurs une partie des gamètes et des embryons meurt.

La duplication

C'est le doublement d'un segment d'ADN, soit en position normale (Tandem) ou inverse (Palindrome), aux dépens du chromosome homologue. C'est sans doute de cette façon que se sont formées les séquences répétitives de l'ADN si largement répandues, mais aussi des gènes nouveaux, au cours de l'évolution, pendant que tout en maintenant l'information ancienne les secteurs dédoublés, exempts de variations, à part les mutations ponctuelles, mettent à la disposition des expérimentateurs de nouveaux polypeptides.

Les chaînes d'hémoglobine résultent de duplications à partir d'un gène précurseur constitué originellement d'env. 210 paires de nucléotides.

Le retentissement sur le phénotype va de la létalité, en passant par un amoindrissement de la vitalité, jusqu'à une influence positive et est interprété comme un **effet de position**, comme la conséquence de la dépendance d'un gène de structure par rapport aux gènes voisins (régulateurs). La duplication la mieux connue concerne le **caractère-œil bar** chez la *Drosophile* (B) :

Le doublement de la région bar sur le chromosome X diminue le nombre des ommatidies dans l'œil : les Bar-femelles hétérozygotes ont des yeux en forme de haricot au lieu de les avoir ronds, les Bar-mâles et les femelles Bar homozygotes ont des yeux en forme de bande.

– Une région-bar détriplée agit, chez une femelle hétérozygote de structure, plus fortement que si elle est simplement dédoublée dans chacun des chromosomes X et ce, par un effet de position.

La translocation

C'est le transfert de fragments de chromosomes sur des chromosomes non homologues, par échanges réciproques, ce qui entraîne à la méiose des complications lors de l'appariement chromosomique chez les espèces hétérozygotes à cause de l'homologie qui n'est que partielle, la plupart des gamètes étant souvent stériles.

Chez l'*Homme* les translocations de type ROBERTSON ont une signification particulière : des chromosomes non homologues avec des centromères terminaux, p. ex. les chromosomes 15 et 21 unissent leur long bras en un unique chromosome de translocation 15/21. Les hétérozygotes sont phénotypiquement normaux mais fabriquent entre autres des gamètes avec le chromosome 15 ou encore 21 et des 15/21. De tels gamètes donnent des enfants atteints du syndrome de DOWN (p. 479) et occasionnent une trisomie de translocation, indépendante de l'âge de la mère (p. 473), qui représente environ 1/10 de tous ces cas de maladie.

Les races de mutation chromosomique

qui sont engendrées à partir de descendants présentant des modifications chromosomiques analogues, se différencient de la race originelle, non par le type et le nombre des gènes, mais par leur agencement et leur répartition sur les chromosomes isolés, i. e. par les groupes de liaison.

Des recherches de cytologie comparée portant sur l'appariement chromosomique, au moment de la méiose chez les hybrides, ont montré l'extrême importance, avant tout, de la translocation et de l'inversion sur la disjonction au sein des races et des espèces (C). Chez les *Chironomides*, l'espèce *Chironomus thummi* semble se rapprocher de l'espèce hypothétique originelle car toutes les autres espèces étudiées en dérivent par des mutations segmentaires simples. Ds certains cas on peut même observer, ds les populations sauvages toutes les phases de la restructuration chromosomique à l'intérieur de l'espèce (D).

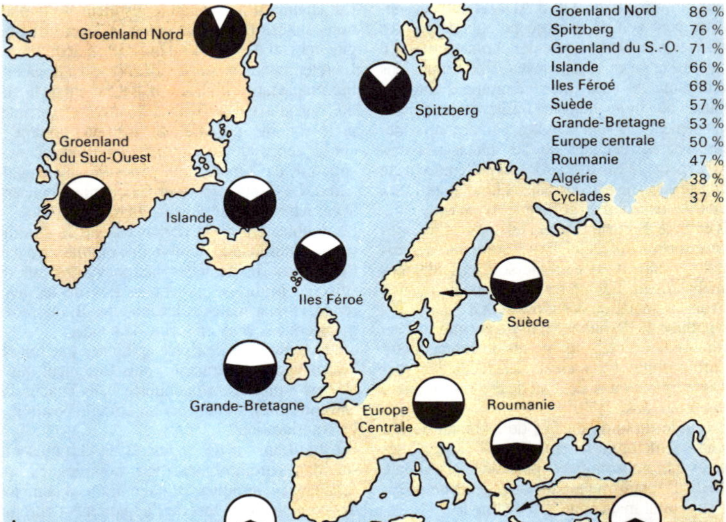

A **Pourcentage de plantes polyploïdes dans l'ensemble de la flore**

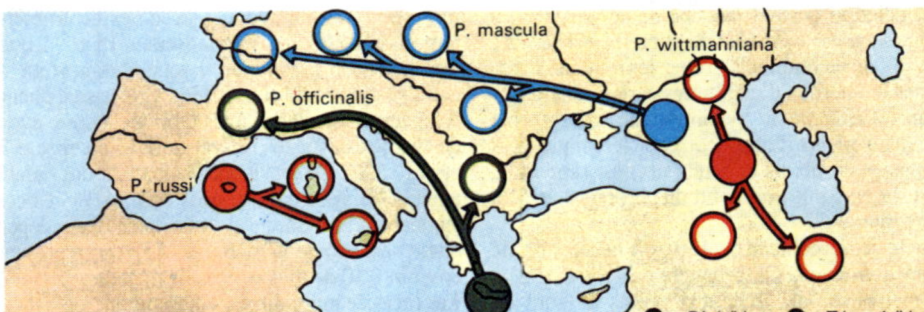

B **Extension de la Pivoine Paeonia**

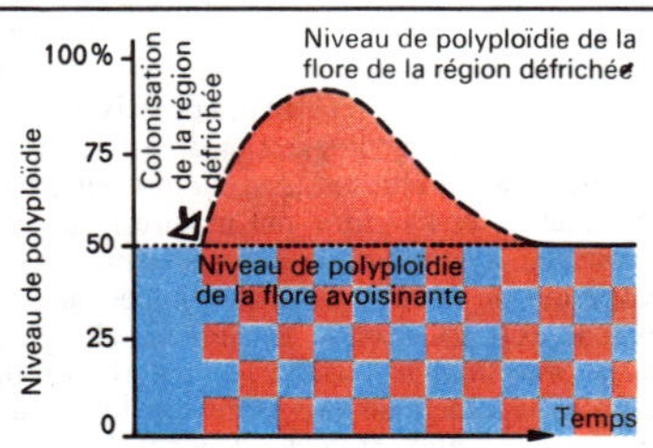

C **Evolution du niveau de polyploïdie de la flore d'une région récemment défrichée en Europe centrale**

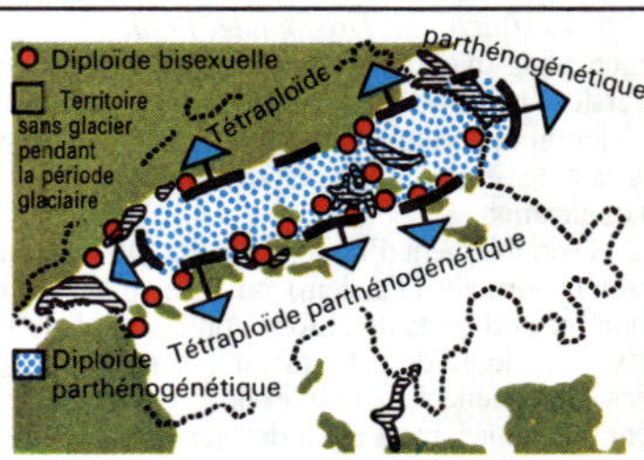

D **Extension des races de Solenobia (Lépidoptères) en Suisse**

Répartition des organismes polyploïdes

Les mutations de ploïdie apparaissent lors de désordres ds la formation des microtubules, au cours de la mitose ou de la méiose (chocs thermiques ou poisons), ce qui entraîne une variation du nombre de chromosomes sans que leur structure ou le pool génique ne soient affectés.

L'aneuploïdie : c'est-à-dire le surnombre ou l'absence de chromosomes isolés, résulte de la non-disjonction d'une paire de chromosomes lors de la méiose. La **perte** d'un chromosome est généralement létale, mais la présence d'un chromosome surnuméraire (**Trisomie**, 2n + 1) ou de deux (**Tétrasomie**, 2n + 2) perturbe souvent le phénotype, car elle modifie l'équilibre de l'activité des gènes :

– La **Monosomie** hétérosomique, i. e. : l'absence d'un des deux hétérosomes (X O) entraîne chez les *Souris* une diminution de la fécondation et chez la *Femme* le syndrome de TURNER (caractères sexuels primaires et secondaires rudimentaires, petite taille, cou puissant)

– **La Trisomie hétérosomique du type XXX** se rencontre chez des femmes fertiles et normales tant du point de vue corporel que généralement intellectuel aussi. Par contre chez l'*Homme* de type XXY elle engendre le syndrome de KLINEFELTER (stérilité, aspect corporel intersexué, intelligence diminuée).

– **La Trisomie 21** autosomique provoque dans l'espèce humaine le syndrome de DOWN (« idiotie mongoloïde », fente oculaire très étroite, articulations hyperdéformables) ; elle dépend de l'âge de la mère (p. 472 C).

Chez les *Plantes*, comme le *Tabac*, le *Datura* ou le *Maïs*, on a des types trisomiques, qui selon le triplement des chromosomes, diffèrent par leur vitalité ou la forme des fruits et des feuilles.

L'Euploïdie

L'augmentation ou la réduction du nombre de l'ensemble de la garniture chromosomique permet de distinguer en fonction du degré de ploïdie : des formes triploïdes (3n), tétraploïdes (4n), hexaploïdes (6n), soit polyploïdes si $n > 2$.

Alors que chez les organismes **anorthoploïdes** impairs, la division des chromosomes ne donne que très rarement des gamètes normaux, les organismes triploïdes sont presque complètement stériles ; une race **orthoploïde** peut être normalement féconde lorsque son génome est un multiple de 2.

En fonction de l'équipement du génome et de son importance pour la formation de nouvelles races et de nouvelles espèces, on distingue deux types de **polyploïdies** :

– **l'autopolyploïdie** qui apparaît par multiplication du nombre de chromosomes d'une espèce pure ou d'un hybride fécond ;

– **l'allopolyploïdie** qui relève du doublement du génome diploïde des différents genres ou espèces. Alors que l'hybride diploïde est généralement stérile, les « hybrides additifs » forment des gamètes héréditairement mixtes.

Chez les *Végétaux*, à l'exception des *Champignons*, la multiplication des séries de chromosomes est très répandue, car plus d'un tiers de tous les *Végétaux* et surtout les espèces vivaces sont polyploïdes. Le genre *Véronique* p. ex. comprend des espèces di-, tétra-, hexa- et octoploïdes. Cette augm. du nombre de chromosomes conduit à un accroissement de la taille des cel., du noyau (Rapport nucléo-plasmique p. 9), des organes et de tout l'organisme qui s'accompagne de variations physiologiques (Formes Gigas, p. 487). Le classement dans un type polyploïde déterminé n'est pas toujours aisé chez les espèces naturelles. Alors que l'on suppose que *Empetrum nigrum, Vaccinium uliginosum, Galium mollugo* sont autopolyploïdes, l'allopolyploïdie est manifeste chez le *Galeopsis tetrahit* qui a été produit naturellement à partir des espèces diploïdes *Galeopsis pubescens* et *Galeopsis speciosa*.

La polyploïdie est très rare chez les *Animaux,* surtout chez ceux à reproduction sexuée dicytogène. Les perturbations de l'équilibre dans le mécanisme de la détermination génotypique du sexe ont dû être limitées aux formes parthogénétiques et hermaphrodites, car :

La *Planaire* hermaphrodite *Dendrocœlum infernale* est autotétraploïde par rapport à *Dendrocœlum lacteum.*

Les espèces tétraploïdes du *Crustacé Phyllopode des salines (Artemia salina),* du *Papillon Solenobia triquetella* (D) et une forme triploïde du *cloporte Trichoniscus* se reproduisent par parthénogenèse.

Même lorsque les organismes renoncent aux possibilités de recombinaison qu'offre la reproduction dicytogène sexuée, les polyploïdes présentent une faculté d'adaptation aux conditions du milieu supérieure à celle de leur forme d'origine parce qu'ils contiennent un plus grand nombre d'allèles organisés avec plus de diversité.

La répartition géographique des organismes polyploïdes, et surtout des *Spermatophytes,* est en concordance avec ces faits. En règle générale, plus la flore est jeune et plus le pourcentage des polyploïdes dans la flore des *Angiospermes* d'une région déterminée est élevée :

A l'occupation postglaciaire de l'Europe correspond l'augmentation du pourcentage des polyploïdes de 37 % (Cyclades) à 86 % (Groenland Nord) : le niveau de polyploïdie = le degré de latitude (A).

Chez les végétaux des terrains d'ordures et des ruines, des îles récemment habitées et du littoral marin, la polyploïdie est supérieure à celle des espèces des aires limitrophes (B, C).

L'isolement géographique des formes polyploïdes dû à la grande potentialité de la colonisation est encore renforcé par l'**isolement** génétique p. 507, les allopolyploïdes ne sont féconds qu'entre eux et pour le même état hybride. Les autopolyploïdes sont généralement stériles dans la génération obtenue par « back-cross » normalement anorthoploïde. Les populations polyploïdes se maintiennent à côté des formes originelles ds le même territoire et peuvent contribuer à créer des races et espèces nouvelles sur le mode sympatrique.

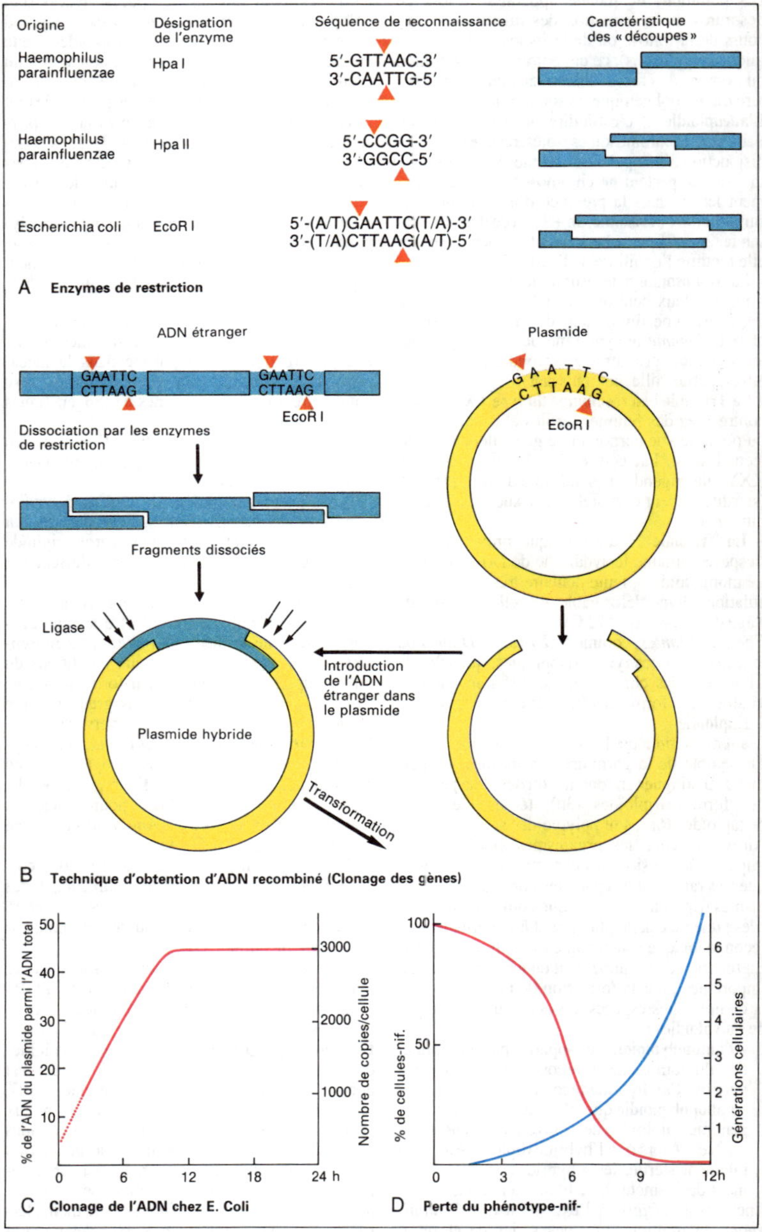

Manipulation génique par le clonage des gènes

La manipulation génétique, au sens large, comprend tout ce qui est réalisé par l'*Homme* pour changer l'équipement génétique d'un organisme ou d'une population. On y incluera des procédés connus et utilisés depuis longtemps comme :
– l'accouplement d'individus choisis utilisant les buts et les méthodes de l'élevage animal et végétal classique (p. 484 sqq) ;
– la fécondation artificielle, répandue par la pratique horticole et agronomique, également réalisable chez l'*Homme ;*
– l'interruption de grossesse, après analyse génétique familiale, pour des enfants atteints de maladie génétique.

La manipulation génique, au sens restreint, conçue comme l'intervention ciblée ds le matériel génétique d'une cellule ou d'un organisme, a pour **finalité** de modifier les gènes donnés d'un seul et même matériel, d'établir des liaisons entre des gens d'origine différente et de transférer des gènes d'un objet dans un autre. Si ces interventions ont pour but, spécialement chez l'*Homme,* de soigner des maladies génétiques, on parle alors de **thérapie génique.**

On a utilisé et copié comme techniques de manipulation génique, en partie, des processus naturels de transmission génique des *Procaryotes* (Transformation, Transduction, Conjugaison, p. 461) et en partie, développé de nouveaux procédés de biologie moléculaire applicables aux *Eucaryotes* :
– « l'ingénierie génétique » ou « chirurgie génique » par le clonage des gènes et leur expression dans les cellules étrangères ;
– le clonage des individus par transplantation nucléaire ds des ovules énucléés et leur culture (voir p. 483) ;
– l'hybridation somatique, en détournant la sexualité, par la fusion de 2 cellules ordinaires et la mise en culture des produits de cette fusion (voir p. 482 sq).

Manipulation génique par le clonage des gènes

La technique employée ici de « l'ADN-recombinant » est basée avant tout sur 3 procédés de biologie moléculaire :

1. La séparation de molécules d'ADN, à des endroits précis, a été réalisée expérimentalement par des endodésoxyribonucléases à grande spécificité de reconnaissance du substrat. Ces **enzymes de restriction** qui normalement, ds les cellules bactériennes, détachent l'ADN étranger introduit par ex. par des *phages*, en ménageant le génome propre, reconnaissent des séquences spécifiques et détachent ici l'ADN. Par suite de la symétrie des séquences de reconnaissance, la dissociation a lieu sur des régions homologues des 2 brins de la double hélice, ce qui donne des brins isolés, courts en surplomb, à séquence complémentaire (A).

2. La liaison entre deux fragments d'ADN obtenus par la même enzyme de restriction et donc complémentaires est réalisée facilement par des ADN-ligases, même si les fragments proviennent d'organismes entièrement différents. On a réussi *in vitro* à lier le fragment d'ADN utilisé, avec son information, pour un polypeptide déjà dur à fabriquer, à une molécule d'ADN capable de se diviser et prise dans la cellule réceptrice : le « vecteur ». Les *virus animaux*, les *phages* tempérés (p. 459 p. ex. le *phage* λ), mais avant tout les plasmides des *Bactéries* remplissent cette fonction (B).

3. L'introduction de l'ADN recombinant *in vivo* ds les cellules réceptrices, p. ex. des plasmides hybrides ds les *Bactéries* par la transformation, a comme conséquence la reproduction autonome (clonage) de l'ADN hybride avec un réplicon intact :
– Si l'on utilise comme vecteur le petit plasmide Col E1, qui chez *Escherichia coli* fabrique de la Colicine (p. 461), le nombre de copies passe de 1 000 à 3 000 par cellule en présence de Chloramphénicol (C).
– Les vecteurs modernes sont formés de plusieurs segments de plasmides différents, petits à zone unique de scission, à spécificité d'hôte orientée selon les besoins et à réplication rapide.

Ce procédé de clonage des gènes chez *E. coli* produit de grandes quantités d'un ADN quelconque et de plus grande pureté, il a contribué au séquençage de cet ADN et à la cartographie des gènes, mais il ne se prête à la manipulation génique que si l'ADN cloné permet aussi l'**expression génique**. Cette expression est déjà pratiquement réalisée chez *E-coli* en utilisant de l'**ADN de procaryote** cloné :
– L'introduction dans la cellule bactérienne d'un hybride constitué du *phage* λ et du gène d'*E-coli* codant pour l'ADN-ligase a augmenté de 500 fois la production de ligase.
– L'« **Opéron-nif** » (« **ni**trogen**f**ixation ») qui permet, en synthétisant la nitrogénase, la fixation de l'azote atmosphérique par la *bactérie fixatrice* libre *Klebsiella pneumoniae,* a pu être transporté en 1977 sur un plasmide R et introduit dans *E coli.* Il s'y exprime i. e. : *E-coli* en anaérobiose transforme N_2 en NH_3. L'instabilité du plasmide R fait que, ds ce cas, la fixation d'azote s'arrête (D).

Chez *E-coli* , c'est l'expression de l'**ADN des Eucaryotes** qui pose des problèmes à cause de la différence de signaux pour la transcription et la traduction entre les *Eu-* et les *Procaryotes* (voir p. 42 sqq., 462 sqq). On a la possibilité d'introduire l'ADN eucaryotique ds un gène de structure d'un *Procaryote* et d'utiliser ainsi le signal procaryotique pour la transcription et la traduction du gène eucaryotique. Avec d'autres artifices expérimentaux on a obtenu la production de quelques polypeptides et l'*engineering génétique* se charge de la production industrielle en masse de protéines importantes, spécialement des hormones peptidiques :
– avec le procédé de couplage on a réussi pour la 1re fois en 1977 à faire s'exprimer le gène de l'hormone somatostatine (p. 329). La quantité produite par 1 gramme de *Bactéries* correspond à celle extraite de 5 millions de cerveaux de moutons.
– des *Bactéries* avec le gène de l'insuline ds le gène de la pénicillinase scindent, ds une solution de culture, un complexe Pénicillinase-Insuline.

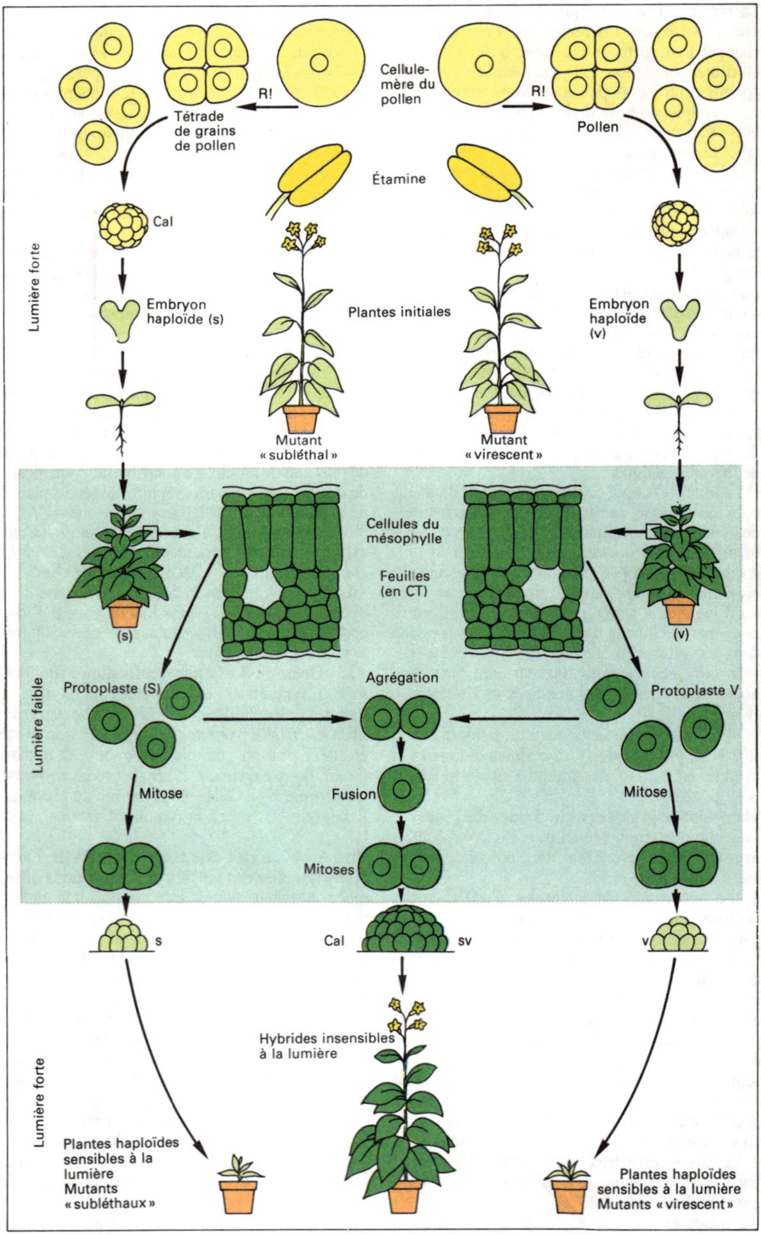

Méthodes d'obtention et de sélection d'hybrides somatiques chez le Tabac

Le clonage des individus
a pour but, par le biais de la recombinaison sexuelle et à l'exclusion de tout hasard, de multiplier et de cultiver les organismes supérieurs d'une façon génétiquement identique. Ceci s'obtient assez facilement, **chez les plantes supérieures,** par la reproduction asexuée polycytogène (p. 143) facile à réaliser, naturellement ou agronomiquement ou par des expérimentations difficiles, en régénérant la plante entière à partir de cellules somatiques isolées mises en culture avec des éléments appropriés (p. 213) :
– Si l'on maintient des cellules isolées de *Carotte, Pétunia, Canne à sucre* ou *Tabac* sur un milieu de culture avec éléments interactifs et apport régulier de substances de croissance (Auxine, Cytokinine), on peut obtenir après formation d'un cal des plantes entières.
– Si l'on part du pollen il se forme, chez le *Tabac* par ex., des embryons qui peuvent donner naissance à des plantes haploïdes qui se présentent comme des mutants récessifs.
Chez les Vertébrés, on peut certes réaliser des cultures de cellules et de tissus *in vitro,* mais pour l'instant, l'obtention d'un animal complet à partir de cellules somatiques est impossible et l'on n'obtient que rarement, une différenciation de ces cellules. D'un autre côté, on a réussi la culture d'ovules, après transplantation nucléaire (p. 212, *Xénope*) et chez les *Mammifères* la réimplantation d'œufs artificiellement fécondés ds l'utérus d'une mère porteuse appropriée ; ce qui fait que l'on discute d'une combinaison des 2 procédés pour cloner des animaux utiles :
Les noyaux de cel. somatiques, par ex., d'une vache laitière très performante, ont été enlevés, réintroduits ds des œufs énucléés d'autres *Bovins*, que l'on a implantés ds l'utérus de vaches quelconques. Tous les descendants étaient génétiquement semblables à la vache donneuse du noyau.

L'hybridation somatique
C'est le procédé qui permet, par une voie parasexuelle (p. 451), la fusion de cellules de compatibilités très différentes – contrairement à la fusion des gamètes où des mécanismes de verrouillage empêchent la combinaison des matériels génétiques d'espèces différentes.
Depuis 1960, on a mis en évidence la **formation d'hybrides cellulaires à partir de cellules animales somatiques.**
– Deux types différents de cellules tumorales de *Souris* ont fusionné dans des cultures *in vitro* ; les cellules hybrides possédaient les chromosomes des deux types cellulaires de départ.
– L'hybridation a été multipliée par 1 000 par l'emploi de *virus* inactivés par les U.V.(p. ex. le *Virus Sendaï*) et le rendement amélioré par la sélection d'hybrides compensant, par une complémentation intergénique, les 2 défauts génétiques de leurs types d'origine.
On a ainsi réussi à fusionner des cellules normales/malignes de *Souris* et *Rat*, de *Souris* et *Homme* et même d'*Homme* et *Moustique*, les enzymes des 2 types de départ fabriquent, les unes à côté des autres, ou sous forme de polymère, des molécules hybrides actives. La réplication de l'ADN et la mitose ne sont pas parfaitement coordonnées et dans les cellules hybrides interspécifiques la plupart des chromosomes, du parent à la croissance la plus lente, se perdent jusqu'à ce que se sélectionne un stock chromosomique constant après plusieurs générations. Un organisme différencié ou entier ne peut d'ailleurs pas se développer.
Les hybrides cellulaires somatiques à partir de cellules végétales présentent un tout autre aspect :
– La paroi caractéristique des *Végétaux* interdit la fusion des cellules somatiques ;
– On cherche, chez les plantes supérieures, à stimuler la formation de protoplastes hybrides à partir de cellules dépourvues de paroi pour régénérer la plante entière.
On fabrique tout d'abord des **protoplastes** à partir des cellules choisies pour la fusion : la moelle de *Canne à sucre*, le mésophylle des jeunes feuilles de *Tabac* ou l'extrémité racinaire des *Pétunias*, en faisant agir sur la paroi celluloso-pectique les enzymes cellulase et pectinase. Si l'on exclut le but purement scientifique, l'expérience suivante a été très utile (voir planche) :
Les matériels utilisés sont des mutants (ss) et (vv) de *Tabac* (*Nicotiacina tabacum*, 2n = 48) sensibles à la lumière et déficients en chlorophylle (les 2 mutations récessives portent sur différents chromosomes). On obtient d'abord des végétaux haploïdes par du pollen mis en culture. Les cellules du mésophylle sont ensuite transformées en protoplastes et fusionnées. La culture en lumière douce permet la croissance des cals issus des protoplastes hybrides et n'ayant pas fusionné.
En passant en lumière vive (sélection lumineuse) ne croissent que les hybrides qui donnent des plantes vigoureuses à feuillage vert sombre, car ici les mutations respectives sont complémentaires et aboutissent au phénotype sauvage.
Dans ce cas on pourrait comparer le succès de l'hybridation somatique avec celui d'une hybridation sexuelle par croisement (s . v) puisque les races de départ appartiennent à la même espèce.
– L'hybridation somatique, entre représentants d'espèces différentes qui ne se croisent pas, a pu se faire dans quelques cas :
– Les produits résultant de la fusion entre *Tomate* et *Pomme de terre* (« pomate ») ont pu être rapportés à la différenciation et à l'expression, au moins partielle, des 2 génomes (1978).
– On a pu obtenir, à partir d'espèces de *Datura* sexuellement inaptes au croisement, des hybrides porteurs de graines (*Datura innoxia x D. discolor* et *D. innoxia x D stramonium*). On a obtenu d'amples résultats encourageants en hybridant des protoplastes d'espèces variées, notamment avec le *Soja-Haricot* (*Orge-Maïs-Pois* et *Colza-Trèfle blanc*). L'idée directrice de ces manipulations, c'est de pouvoir obtenir à l'avenir des *Plantes* qui réunissent les propriétés intéressantes de 2 plantes différentes indispensables.

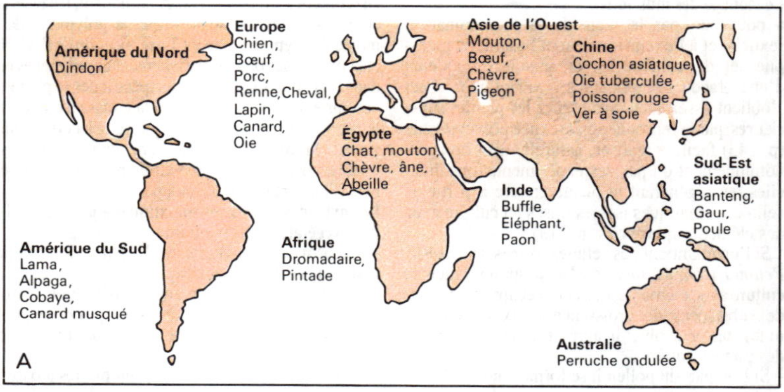

Lieux de domestication de quelques animaux

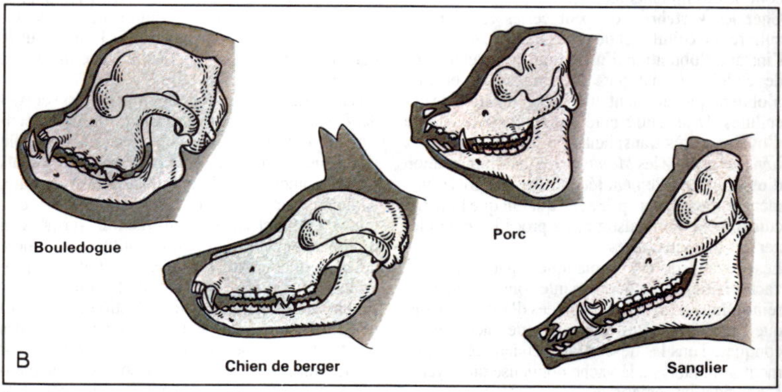

Évolution des crânes sous l'effet de la domestication

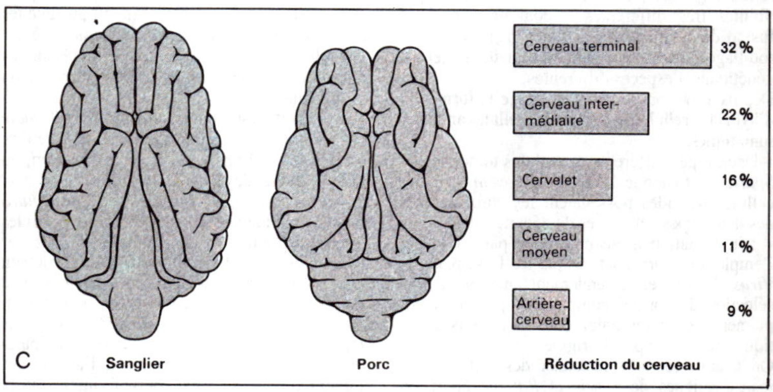

Atrophie du cerveau consécutive à la domestication

La domestication des Animaux
Le passage de l'état sauvage à l'état domestique est considéré comme l'expérience majeure des *Hommes* dans leurs rapports avec les *Animaux*. Alors que les animaux domestiques et les plantes vivrières doivent avoir la même signification économique, la domestication des *Animaux* est cependant moins intéressante dans l'approche scientifique de l'évolution car c'est une succession d'élevages plus compliqués et coûteux.
L'analyse de la généalogie des Animaux domestiques (A) à partir de certaines espèces sauvages donne les résultats suivants :
- Les différentes races d'*Animaux* d'une espèce domestiquée proviennent toujours d'une seule espèce sauvage.
- Une espèce peut être transformée en espèce domestique de multiples manières et dans différents endroits : p. ex. le *Porc* en Europe et en Asie, les *Bovidés* en Europe centrale et au Proche-Orient.
- Là où l'espèce sauvage de l'*Animal* domestiqué ailleurs faisait défaut, des « *Animaux domestiques de remplacement* » ont assumé ce rôle, p. ex. l'*Ane Asinus africanus* pour le *Cheval Equus przewalskii*, le *Yak (Bos mutus)*, le *Banteng (Bibos javanicus)* et le *Gaur (Bibos gaurus)* pour l'*Auroch*.

La recherche de l'histoire de l'Animal domestique (A) se fait à l'aide de documents historiques et de fouilles dans les gisements d'ossements.
- **L'Animal domestique le plus ancien** actuellement connu est le *Mouton* dont on a découvert des restes dans une grotte du nord de l'Irak datant d'environ 11 000 années. Le *Bœuf*, la *Chèvre*, et le *Porc* ont suivi très tôt.
- Le *Chien* est apparu pour la première fois 8 000 ans av. J.-C en Europe centrale comme produit de la domestication du *Loup*. Il a été le premier *Animal* domestique des chasseurs primitifs de la civilisation mésolithique. Il présentait déjà des caractères de domestication (grande variation de taille et de stature entre le *Chien de berger* et le *Roquet*, raccourcissement de la partie faciale du crâne).

On a avancé plusieurs explications à ce passage du *Chien* à l'état domestique. L'utilisation de la chair et de la fourrure a certainement joué un rôle qui a dû être le seul chez certains peuples ; pourtant en Eurasie du Nord, la concurrence pour la chasse entre l'*Homme* et le *Loup* semble être transformée en symbiose : peut-être des jeunes *Animaux* furent-ils capturés pour servir d'appât, puis élevés lorsqu'ils ont déclenché chez l'*Homme* des instincts de protection (p. 404). La possibilité d'adaptation reposant sur le comportement social instinctif, l'imprégnation et la docilité du *Chien primitif* ont reporté sur lui l'attitude psychique de l'*Homme* et en ont fait un gardien et un compagnon de chasse remarquables.
Pendant plusieurs millénaires, dans une population canine largement répandue et ignorant les races, quelques « races naturelles » se sont probablement maintenues par sélection naturelle et ont constitué pour les peuples qui s'intéressaient à l'élevage, une réserve permettant de sélectionner et de croiser les formes souhaitées. C'est ainsi p. ex. que le type du *Dogue* est apparu indépendamment à différentes époques au Pérou précolombien, en Mésopotamie, en Assyrie et chez les Romains.

Le processus de la domestication est caractérisé en général par :
- La modification des conditions physiologiquement actives pour les modifications phénotypiques (p. 223) et mutatives.
- La modification de la sélection, obtenue par l'*Homme* en remplaçant la sélection naturelle par l'élevage artificiel.
- La suppression de la sélection stabilisatrice, les variations entraînant une accélération du processus de création de races et d'espèces.

Conséquence de ces interventions, il apparaît une **évolution parallèle des caractères raciaux**, propre aux formes domestiquées et qui peut être observée malgré la formation de nombreux caractères propres à l'espèce (variation importante de l'anatomie et des fonctions) :
- **Des oreilles pendantes** apparaissent chez les *Chiens*, les *Lapins*, les *Porcs*, les *Bovidés*, les *Chèvres* et les *Moutons*.
- **Le pelage noir et blanc des races hollandaises** avec des taches sombres sur le devant et le derrière, claires sur les flancs, que l'on trouve chez les *Bovidés*, les *Porcs*, les *Lapins* et les *Poules*.
- **La forme bouledogue du crâne**, c-à-d. un crâne fortement réduit chez les *Chiens* et les *Porcs*, découle selon RENSCH d'un développement irrégulier (allométrie) : les races géantes ont une face crânienne relativement longue, car celle-ci grandit plus rapidement que le crâne dans son ensemble (B) ; les races naines des *Mammifères* ont par contre une face crânienne relativement courte.

Alors que les exemples cités sont héréditaires, on ne peut méconnaître l'empreinte modificatrice du milieu dans les autres évolutions parallèles :
- C'est l'importance de la **malléabilité du cerveau des Mammifères** qui étonne le plus. La protection de l'*Homme* et la vie dans de grands troupeaux développent moins l'*Animal* que la vie en liberté. Conséquence du manque d'expériences, le poids du cerveau diminue de 20 à 30 % ; en outre, dans l'état domestique, la longueur et la profondeur des sillons diminuent. Ce sont les aires de projection qui sont les plus touchées (terminaisons des stimulations optiques et acoustiques), par contre les centres associatifs le sont peu (C). Le même effet est observé dès la première génération d'animaux sauvages vivant en captivité.
- Parallèlement à l'absence de facteurs stress (p. 335), la **production hormonale et le comportement instinctif** sont modifiés. Le rythme saisonnier de reproduction et le déroulement des actes instinctifs se libèrent des déterminations figées (plasticité, p. 375).

Accroissement de la taille chez les formes cultivées

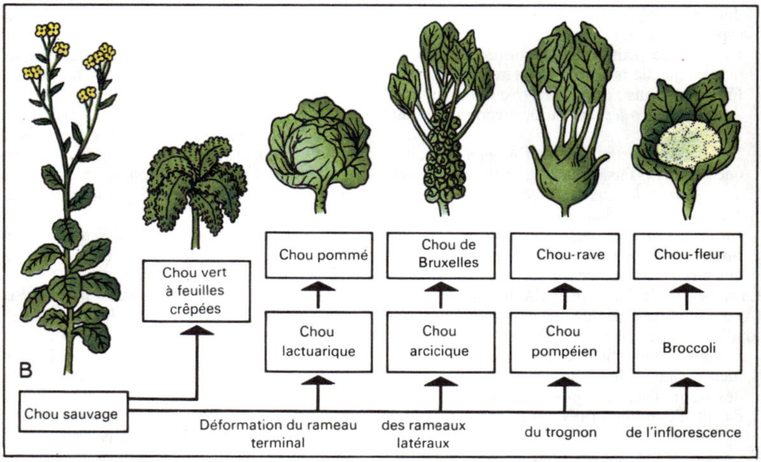

Variations chez le Chou sous l'effet de la culture

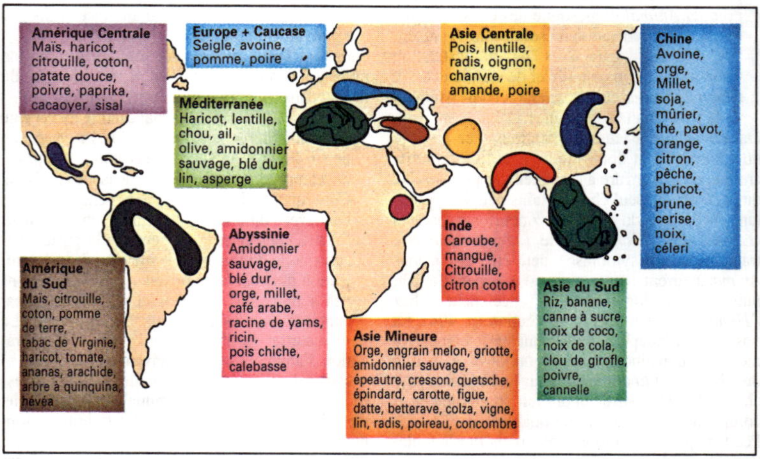

Zones de provenance de quelques plantes utiles

Le concept de « **plantes utiles** ou de **plantes cultivées** » englobe non seulement les formes plantées et traitées par l'*Homme* selon un plan méthodique, mais tous les *Végétaux* pourvus d'un patrimoine héréditaire qui les rend utilisables comme matière première, produit alimentaire ou d'agrément et dont la combinaison des gènes a été modifiée fondamentalement par la **culture.**

L'évolution des plantes utiles est marquée, comme pour les formes sauvages, par l'alternance « mutation-sélection ». L'étude de ces plantes est propice à l'analyse des traits fondamentaux de l'évolution, car :

- cette œuvre humaine ne remonte qu'à quelques millénaires,
- elle continue à être pratiquée à une vitesse accélérée et à plus grande échelle,
- l'objet de ces recherches est depuis longtemps familier à l'*Homme,*
- les formes sauvages se sont souvent maintenues à côté des formes cultivées qui en sont dérivées.

Ces circonstances nous incitent à pratiquer des recherches poussées concernant **les particularités morphologiques et physiologiques des plantes utiles,** l'histoire et les causes de leur évolution (p. 489).

1. Les plantes à caractère Gigas doivent le développement et la modification de leurs formes vers des formes géantes typiques et le ralentissement de leur métabolisme, à la multiplication de leur génome (polyploïdie, p. 479 ; polyténie, p. 41). La différence la plus frappante des plantes cultivées par rapport aux formes sauvages réside dans **l'accroissement de la taille**, surtout de celle des organes utilisés par l'*Homme :*

- les épis des *Céréales,* les fruits des *Tomates* (A), les fleurs des plantes d'agrément,
- les feuilles du *Chou* et de la *Salade,* les racines des *Betteraves sucrières* et des *Carottes*, les tiges des *Pommes de terre* et du *Chou-rave*.

Généralement, l'accroissement de la taille affectant aussi les parties non utilisées (accroissement de la production 1aire) et également la taille des cellules (stomates, pollen), les plantes utiles possèdent donc un « caractère Gigas ». Ceci ne concerne pas seulement les nombreuses plantes utiles polyploïdes, mais aussi celles qui sont diploïdes comme les espèces sauvages originelles : la multiplication du matériel génétique ne réside pas dans un doublement du nombre de chromos., mais dans la présence d'un plus grand nombre de chaînes d'ADN à l'intérieur de chaque chromos. par suite de la polyténie.

– Dans les populations sauvages de nos plantes utiles, p. ex. chez le *Lupin*, on peut trouver des formes différentes de variétés sauvages. Il est facile d'imaginer comment au cours du temps les *Végétaux* à grosses semences et à gros fruits ont été sélectionnés par l'*Homme.*

2. Le ralentissement du développement, conséquence du caractère Gigas et de son métabolisme réduit, augmente la durée de vie des *Plantes*, qui d'annuelles deviennent bisannuelles (quelques légumes). Mais des critères de rendement ont conduit aux plantes annuelles.

3. La diminution du temps de germination. Le repos germinal qui présente de grands avantages biologiques pour les formes sauvages, car il leur offre une garantie plus grande de voir quelques rejets survivre à des conditions extérieures défavorables, est utile à l'*Homme*. Elle a été obtenue peu à peu en ne prenant la semence que dans les plantes germant l'année de l'ensemencement. C'est ainsi que les espèces de l'*Avena fatua* et de l'*Hordeum spontaneum* ont évolué respectivement vers les formes cultivées de l'*A. sativa (Avoine)* et de l'*H. distichum (Orge).*

4. L'élimination de substances toxiques ou amères est un des succès de la sélection, p. ex. chez le *Chou* (essence de moutarde), la *Betterave rouge* (la saponine), les *Prunelles*, forme originelle des *Prunes* (acide tannique) et les *Lupins*.

5. La perte des moyens naturels de diffusion se manifeste d'une part par la formation de fruits sans fécondation (**apocarpie,** p. ex. des *Bananes* cultivées, de plusieurs sortes d'*Oranges* et de *Raisins* dont le rendement ne dépend pas de la pollinisation) et d'autre part par la **synaptospermie** : alors que chez les *Céréales* sauvages les épis ou les panicules tombent à cause de la fragilité de l'axe et que les graines sont dispersées, ce qui favorise la diffusion de l'espèce, chez les *Céréales* cultivées les graines doivent rester fixées sur la tige après avoir mûri. On trouve aussi des mutants qui germent en groupe, dans les populations sauvages où ils prédominent sur les *Graminées* dont la dissémination **spontanée n'a lieu que dans les emplacements extrêmement secs.**

6. L'augmentation de la variabilité des plantes cultivées est particulièrement frappante. On connaît les nombreuses variétés de *Dahlia* des jardins (*Dahlia variabilis*), des *Céréales* ou du *Chou (Brassica oleracea,* B) qu'aucune autre plante utile ne surpasse en ce domaine. Il semble que dans des domaines limitrophes apparaisse une **endopolyploïdie** (pp. 213, 473) ou **Polyténie**, ainsi que diverses variétés à caractère Gigas partiel. En outre, on observe un parallélisme des mutants dans des variétés différentes et des familles éloignées :

- apparition de l'aspect frisé des feuilles (*Persil, Chou, Céleri*) ;
- formation d'anthocyane (*Chou rouge, Betterave rouge*) ;
- gonflement des fleurs, c.-à-d. augmentation du nombre des éléments ornementaux, p. ex. la transformation des étamines en pétales (*Rose, Pivoine, Caltha*).

Les régions d'origine des plantes utiles (C)

Selon Vavilov, les « centres géniques » de la Terre se réduisent à quelques territoires qui coïncident dans une large mesure avec les centres de civilisation humaine. La détermination de ces régions dépend de nos connaissances en botanique, de celles des ancêtres présumés, de leur répartition géographique et aussi des connaissances archéologiques des plantes utilisées au paléolithique dans les diverses régions du globe.

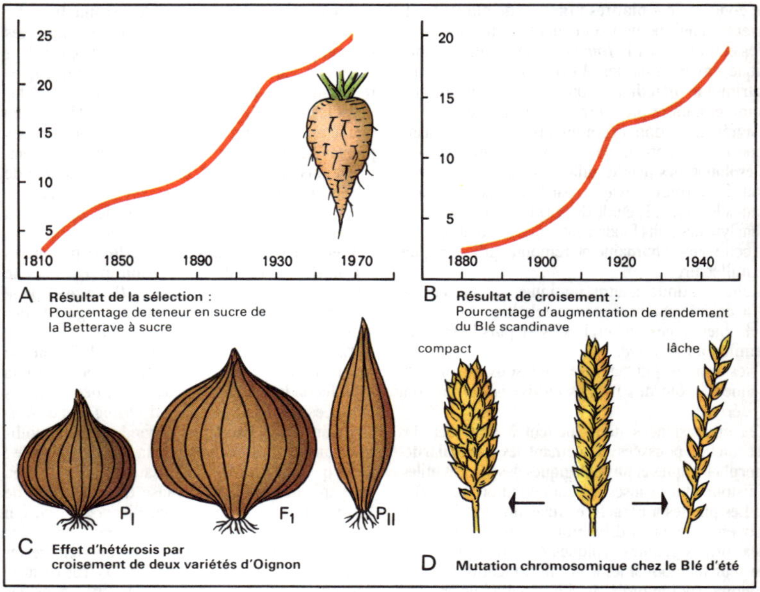

Résultats de la culture des plantes

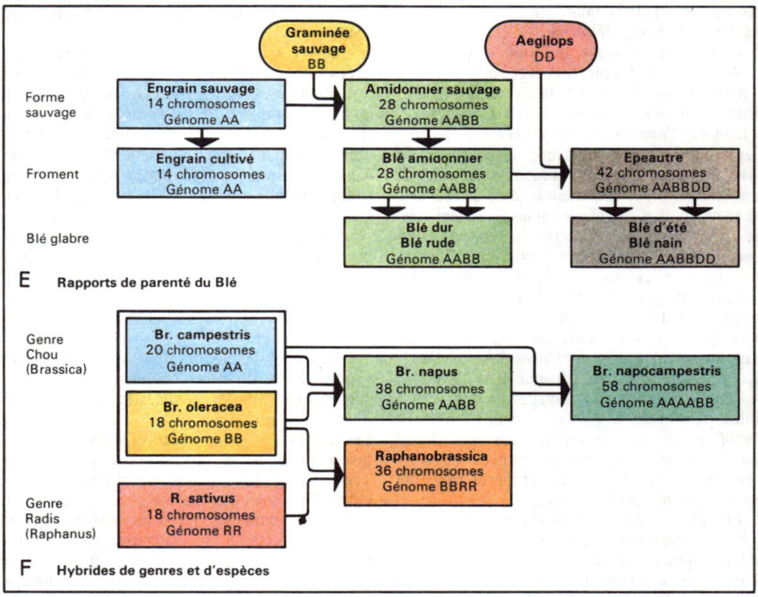

Formation des espèces par allopolyploïdie

Au cours du dernier siècle, l'*Homme* a agi sur les **facteurs évolutifs** en deux temps :

- **Une phase de culture sélective**, l'évolution des plantes utiles a été guidée, aussi bien par sélection planifiée sur un grand nombre de générations (*Betterave sucrière*, A) que par la culture continue d'une seule plante jugée intéressante (*Avoine de Bensing, Blé squarehead*).
- **Une phase de culture fondée sur la génétique**, seul le matériel déjà existant a été l'objet de nouvelles combinaisons et soumis à une stricte sélection. Par la « culture recombinatoire », des particularités valables (résistance, persistance) ont été croisées pour donner des variétés rentables (p. ex. les *Céréales d'hiver*, B) ; dans la « culture par hétérosis », on a exploité dans le cas de caractères quantitatifs la vigueur des hybrides (p. 449) pour accroître le rendement (250 % pour le *Maïs*, les *Oignons*, C).
  On réussit à produire expérimentalement de nouvelles formes par des mutations (à l'aide p. ex. de colchicine ou de rayons radioactifs). On fonde de grands espoirs sur l'**emploi combiné des méthodes traditionnelles et modernes** de la microbiologie et du génie génétique (sélection de plantes haploïdes et hybridation somatique de protoplastes, p. 483).

Les mutations, fondement de la culture
jouent un rôle aussi important que la sélection dirigée ou stabilisatrice :

1. Les mutations ponctuelles : de nombreux exemples attestent que (pp. 442-445, 474 sq) :

- La formation de la tête du *Chou pommé* repose, de même que l'aspect frisé du *Chou frisé*, sur 3 paires de gènes mutés.
- Chez l'*Orge sauvage*, deux paires de gènes dominants provoquent la fragilité des axes des épis. Des mutations de l'une ou de ces deux parties de gènes renforcent la résistance des axes de l'*Orge cultivé*.
- A l'aide de rayons X, on a provoqué la formation à partir d'*Orge* à deux rangées, de grains de mutants à six rangées, résistant aux parasites, et ce grâce à la mutation d'un seul gène.

2. Les mutations segmentaires qui peuvent dans les expériences de faible importance donner l'illusion d'être des mutations ponctuelles confèrent leurs particularités à certaines variétés ou espèces :

- les mutants « speltoïdes » du *Blé de semaille (Triticum æstivum)* ressemblant à l'*Epeautre (Tr. spelta)*, proviennent d'un doublement d'un bras chromosomique, le type « compactoïde » (= à forte tête) est dû à une délétion (D) :
- chez le *Blé sauvage (Tr. ægilopsoïdes)*, la var. *baidaricum* à une barbe se distingue de la var. *stramineonigrum* à deux barbes par une translocation (p. 477).

3. Les mutations ploïdiques ont peu contribué à la formation de nouvelles plantes utiles dans le cas de l'**aneuploïdie** (p. 479), mais énormément dans le cas de la **polyploïdie** : un grand nombre de plantes cultivées sont **autopolyploïdes**, c.-à-d. qu'elles ont multiplié le génome d'une espèce unique. Ainsi quelques variétés aspermes de *Pastèque*, de *Citrons*, et de *Betterave sucrière* sont triploïdes (AAA), d'autres de *Trèfle*, de *Seigle*, de *Framboise d'automne* et de *Raisins géants* sont tétraploïdes (AAAA) ; les *Dahlias* sont même octoploïdes.

Les formes allopolyploïdes, où divers génomes polyploïdes sont présents, jouent également un rôle important. Lors de la création d'hybrides d'espèces fertiles, **de nouvelles espèces se forment** :

- La *Prune domestique (Prunus domestica,* n=24) provient d'un croisement entre la *Prunelle (Pr. spinosa, n* =16) et la *Prune des Oiseaux (Pr. cerasifera var. disvaricata, n* =8).
- Le *Tabac de Virginie (Nicotiana tabacum,* n=24) provient d'un hybride du *N. silvestris* et du *N. tomentosiformis* (tous deux ont *n = 12)*.
- Le *Colza* (*Brassica napus, n*= 19) provient du *Chou* (*Br. oleracea, n= 9)* et du *Navet* (*Br. campestris, n*= 10).
- Dans la généalogie du *Blé*, l'importance de l'allopolyploïdie est évidente (E) : alors que le *Froment*, dont le rendement est faible, a presque entièrement disparu dans les cultures primitives, le groupe tétraploïde de l'*Amidonnier* et surtout l'*Epeautre* hexaploïde ont une variabilité et une faculté d'adaptation importantes, tout en étant d'un grand rendement.
  De nombreuses recherches génétiques et cytologiques ont montré que l'*Amidonnier sauvage* provenait d'un croisement entre l'*Engrain sauvage* (AA) avec une autre *Graminée sauvage* (l'*Agropyron triticum* ou *Aegilops speltoïdes* BB) suivi d'un doublement chromosomique chez l'hybride (début de l'âge de pierre, Irak). De là découlent, par des mutations chromosomiques et génétiques, les différentes espèces de l'*Amidonnier*. C'est par croisement d'un *Amidonnier cultivé* et d'une *Graminée* sans valeur à balle dure, à longues barbes et à l'axe mince et fragile (*Aegilops squarrosa* DD) suivi d'une polyploïdie que s'est formée, ainsi que le prouve la synthèse expérimentale, la forme originelle de l'*Epeautre*, très répandue de nos jours sous la forme non sauvage (âge de bronze, Europe centrale).

Des croisements de ces hybrides AB avec les polyploïdes AABB donnent des **hybrides amphidiploïdes** qui se comportent génétiquement et cytologiquement comme des diploïdes :

- L'exemple le plus ancien est l'**hybride de genre**, *Raphano brassica* (F) qui provient de la fusion des gamètes du *Radis Raphanus sativus* (RR, n=9) et du *Chou Brassica oleracea* (BB, n=9) et qui forme une espèce tétraploïde à 36 chromos. (BBRR) qui donne à la méiose des gamètes BR : n=18.
- Les races de *Triticales* obtenues (par croisement, culture d'embryons et action de la colchicine) à partir du *Seigle* et de *Triticum (Blés nains)* allient la forte teneur en protéines et le rendement du *Blé* à l'importance économique, la résistance de la graine, les moindres exigences climatiques et édaphiques et la forte teneur en Lysine du *Seigle*. L'agriculture en espère beaucoup.

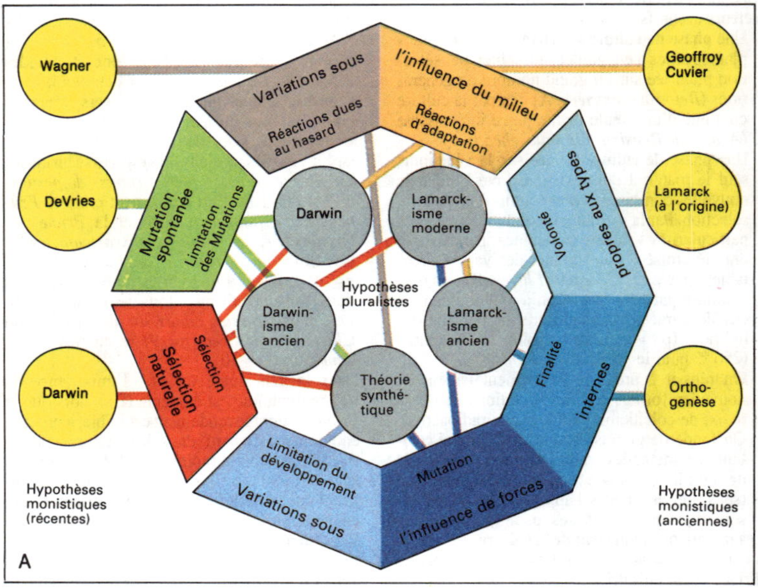

Éléments des différentes théories de l'évolution

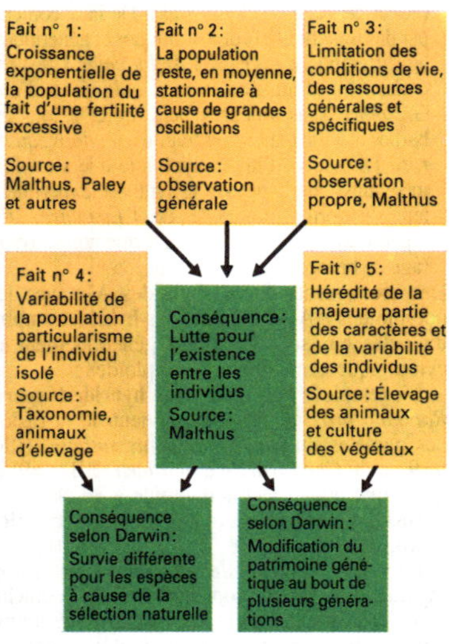

Théorie de l'évolution basée sur la sélection naturelle

B **Les composants de la théorie de Darwin**

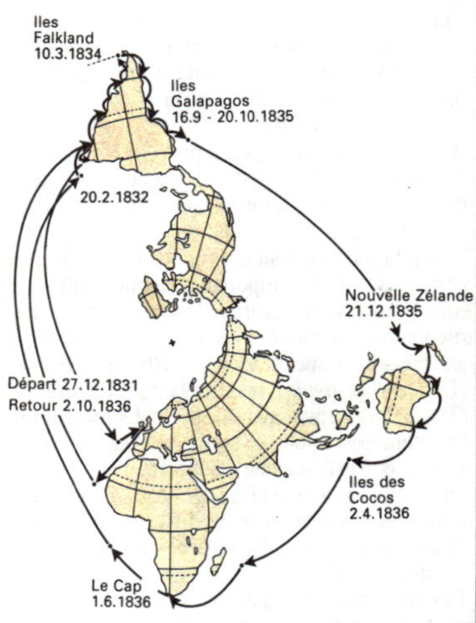

C **Itinéraire du voyage de Darwin sur le « Beagle »**

Théorie de Darwin basée sur la sélection

Alors que l'existence et les mécanismes d'apparition de formes nouvelles par « sélection artificielle » sont connus depuis longtemps, **la formation d'espèces naturelles** dans le chaos de la diversité évolutive et le conflit entre les préjugés personnels et idéologiques n'a tout d'abord trouvé aucune réponse satisfaisante. Aujourd'hui la **théorie de l'évolution**, causale et ordonnée en tant que synthèse des diverses connaissances de la biologie en est le modèle explicatif le plus fécond avec une signification de grande portée pour la conception de l'*Homme* et de l'Univers.

Les théories des modifications évolutives (A)

L'étude des différentes théories de l'évolution montre que les plus anciennes n'attribuaient d'importance qu'à un seul facteur prédominant. Parmi ces **hypothèses monistes,** l'accent a été mis par :

- LAMARCK (1744-1829) sur l'auto-adaptation active des organismes grâce à une volonté interne ;
- GEOFFROY SAINT-HILAIRE (1772-1844) sur les modifications anatomiques résultant d'influences provenant du milieu environnant ;
- CUVIER (1769-1832) sur la destruction d'espèces par de vastes catastrophes, suivie de la création d'autres espèces (ce problème de la « génération spontanée » est resté d'abord inexpliqué) ;
- DARWIN (1809-1882) sur la sélection naturelle produite au hasard par la « lutte pour la vie » ;
- WAGNER (1813-1887) sur l'évolution résultant de l'isolement géographique ;
- DE VRIES (1848-1935) sur la faculté d'opérer par bonds des modifications héréditaires (« mutations ») préparées par des influences extérieures, mais latentes dans le patrimoine héréditaire.

Les conceptions plus récentes qui sont dérivées de ces théories ont retenu les aspects les plus valables de ces hypothèses pour opérer des synthèses nouvelles et originales dans des « **hypothèses pluralistes de l'évolution** ».

1. Le lamarckisme sous ses différentes formes insiste essentiellement sur l'adaptation **finaliste** au monde extérieur et sur la transmission des modifications ou des innovations acquises par l'individu grâce à la reproduction sexuée (« **transmission héréditaire des caractères acquis** »). D'après LAMARCK, l'évolution comporte deux éléments moteurs :

- « une cause qui tend sans cesse à compliquer l'organisation » et que l'on ne doit pas interpréter comme un principe vitaliste de perfectionnement, LAMARCK n'en précisant pas la nature.
- « des modifications provoquées sous l'influence du milieu et des habitudes acquises ».

2. Le darwinisme dans sa forme primitive de théorie de la sélection ramène l'évolution à la **sélection naturelle** agissant sur les diverses combinaisons possibles du matériel génétique. DARWIN lui-même tenait compte de l'**adaptation directe** au monde extérieur et en ceci il était donc « lamarckien ». Il considérait que les conditions préalables à la culture et à l'élevage étaient données en principe dans la nature et fondait sa **théorie de la sélection naturelle** sur des observations faites au cours d'un voyage autour du monde (B), et sur la lecture de *Essay on the principle of population* de MALTHUS ainsi que sur la théorie de LYELL de l'évolution géologique continue :

- **L'excédent** des descendants conduit rapidement à la surpopulation si la plupart des individus jeunes ne meurent pas avant de s'être reproduits ;
- Les individus d'une même espèce ne sont jamais entièrement homologues (**variation**) ;
- Par la sélection anarchique de la « lutte pour la vie », la plupart des individus jeunes les moins adaptés sont éliminés, alors que les plus forts ont une chance plus importante de transmettre leur patrimoine héréditaire à la génération qui suit. La **sélection sexuelle** s'y ajoute, par laquelle la femelle choisit généralement pour partenaire le mâle le plus beau et le plus fort.

Avec cette théorie, DARWIN devenait l'un des précurseurs de la science actuelle grâce au bien-fondé de ses idées, à sa géniale intuition et malgré des inexactitudes dues à l'époque.

3. La théorie synthétique se fonde sur les concepts darwiniens auxquels elle emprunte les idées de l'excédent des descendants, de mutation et de sélection en les complétant par d'autres **facteurs d'évolution** (p. 496 sqq). Dans l'état actuel de nos connaissances, elle passe pour être la mieux fondée et s'appuie sur les paramètres suivants, en tant que moteurs de l'évolution : les mutations ponctuelles, segmentaires, ploïdes, la recombinaison génétique, la sélection naturelle ; s'y ajoutent :

- Les migrations d'individus d'une population à l'autre ;
- L'hybridation entre races ou espèces très voisines : ces 2 processus augmentent la variabilité génétique à l'intérieur d'une population ;
- La taille de la population peut influencer le pool génique, spécialement dans les petites populations, et celles avec des caractères à valeur adaptative relativement faible par rapport aux événements accidentels.

La conception initiale (J. HUXLEY, « Modern Synthesis », 1942) n'était pas exempte d'idées socio-darwiniennes dans la conception de l'évolution humaine, aujourd'hui abandonnées. L'évolution culturelle est conçue également comme un échange entre la génétique des populations et les processus sociaux. Si l'évolution des *Plantes* et des *Animaux* est envisagée comme la subhumaine qui conduit à l'*Homme*, comme un processus de variation héréditaire avec adaptation à l'environnement, l'évolution ultérieure de l'*Homme* repose « avant tout sur le changement de cet environnement qui s'adapte aux besoins de l'*Homme* » (STREBBINS).

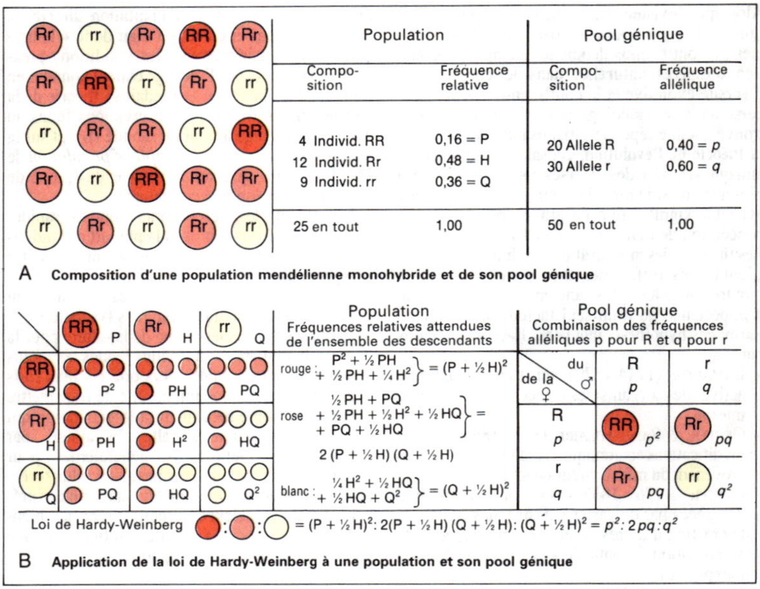

Populations idéales

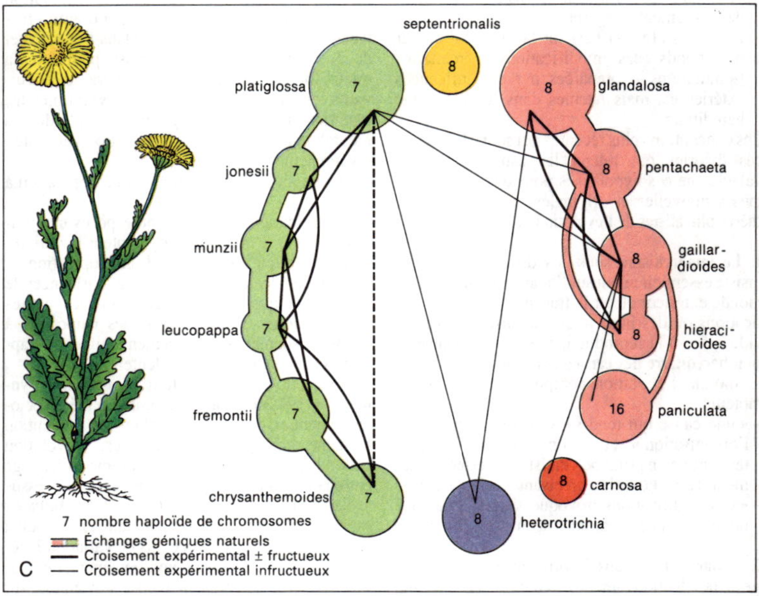

Échiquier de croisement d'un genre d'Aster californien : Layia

Les obstacles aux théories modernes de l'évolution
Le concept d'évolution a mûri lentement à cause d'obstacles philosophiques et biologiques :
1. Toute science nouvelle souffre d'être une **mosaïque incomplète de connaissances**. Certaines données objectives ne prennent de l'importance que lorsque certaines hypothèses sont expliquées et lorsqu'on admet certains principes généraux :
- **la variabilité des espèces** n'engendra plus de confusion lorsqu'on eut tracé des limites claires entre les modifications individuelles et les races géographiques ;
- **l'importance du milieu** n'a pu être correctement appréciée que lorsque la nature de la micro-évolution et de la sélection eut été pleinement comprise ;
- **l'intelligence du processus de la formation des espèces** suppose que l'on élucide les concepts d'espèce et de variation géographique.

2. L'idée philosophique de la **préformation** (p. 199) qui ne considérait tout d'abord que l'évolution individuelle (ontogenèse) conçue comme « la réalisation d'un projet intérieur » a été étendue aux problèmes de l'évolution du groupe (phylogenèse). Selon elle, l'évolution se limite à achever les potentialités inhérentes à l'espèce.
Le concept usuel d'« évolution » implique, de par sa terminologie même, cette interprétation préformiste.
3. La pensée typologique, fondement de la philosophie platonicienne des Idées, selon laquelle les « Idées » étaient seules réelles et immuables, niait tout rapport et toute continuité entre deux « types » et était donc inconciliable avec une pensée évolutionniste.
Ces difficultés furent écartées en complétant les expériences portant sur des individus, considérés comme des unités du processus de l'évolution et comme les représentants de leur espèce, par des observations et des expériences portant sur des « populations ».
La population (JOHANNSEN 1903)
est la communauté des individus potentiellement consanguins vivant sur un espace déterminé (p. 236 sq). Chacun de ces individus dispose d'une partie du stock global d'allèles du « **pool génique** ». Les rapports qui dominent dans ces populations panmixiques (**panmixie** : 2 partenaires pris au hasard ont les mêmes probabilités d'appariement) constituées d'individus diploïdes à reproduction sexuée se déduisent des lois de MENDEL. Comme la plupart des *Animaux*, des *Plantes* et l'*Homme* remplissent ces conditions, on peut parler ds ce cas de **populations mendéliennes** (A) :
Si ds une population 1 gène se présente sous 2 allèles : R R gouvernant la couleur rouge, R r le rose et r r le blanc, on peut définir, en partant de la fréquence des différents individus, avec leurs paires d'allèles combinés, la fréquence relative de leurs allèles en posant p pour R et q pour r. On peut aussi formuler q sous la forme $1 - p$ puisque $p+q = 1$; c'est-à-dire que l'on parfait à 1 les fréquences alléliques d'1 gène. Si la composition génétique d'une population est connue et donnée comme panmixique on peut, d'après les lois de la probabilité, estimer les caractéristiques de la descendance et ceci vaut pour tous : la probabilité pour que 2 phénomènes indépendants apparaissent simultanément est égale au produit de leurs probabilités respectives. On peut d'ailleurs aussi bien partir des individus eux-mêmes que du pool génique (B) :
- Les phénotypes définissent, par leur fréquence relative P, H ou Q, la probabilité des différents types d'appariement : p. ex. Rouge x Rouge = P x P = P^2 et conformément aux lois de MENDEL le résultat de cet appariement.
- Dans le pool génique l'allèle R a une fréquence allélique p et l'allèle r la fréquence relative q. A la génération suivante les allèles seront recombinés par groupe de 2, selon le hasard.

Ceci est le fondement de la loi **Hardy-Weinberg** qui pose que, dans 1 système bi-allélique $p^2 + 2pq + q^2 = 1$. Les 2 procédés fournissent précisément les mêmes proportions de répartition puisque p. ex. : $p = P + 1/2\ H$ car R R possède tous les allèles R et R r la moitié. Il est clair également que dans une population on a une **constance** des fréquences alléliques : celle de la proportion de la population de départ avec son pool génique
$p_o^2 + 2\ p_o\ q_o + q_o^2$ qui détermine le p_1 de la génération suivante, s'élève à $p_o^2 + p_oq_o$, c'est-à-dire que :

$$p_1 = p_o^2 + p_oq_o = p_o^2 + p_o(1\text{-}p_o) = p_o.$$

Ceci vaut seulement pour une **population idéale** qui, tout en étant un modèle irréel, revêt une grande importance sur le plan méthodologique mais exclut l'évolution puisqu'aucun facteur évolutif n'agit (p. 491 : panmixie ds des populations infiniment grandes ; pas de mutation, sélection, d'isolement ou migration). Mais, si l'on prend en compte un ou plusieurs de ces facteurs, les fréquences alléliques varient par évolution et il s'agit alors d'une **population réelle**.
Les recherches consacrées aux populations réelles ont révolutionné deux domaines :
1. La micro-évolution : la génétique des populations qui analyse les conditions extérieures et intérieures agissant sur l'ensemble des gènes de la population et sur leur expression englobe l'ensemble des conditions préalables à une micro-évolution infraspécifique (p. 496 sqq).
2. Les unités systématiques. La recherche portant sur le dynamisme de la population et la genèse des transformations héréditaires, importantes du point de vue de la taxonomie et de la systématique, a permis d'expliquer pourquoi le concept d'« espèce » n'était pas satisfaisant (p. 495). A cause de conditions d'évolution variables, certaines populations appartenant à la même espèce connaissent des évolutions qui leur sont propres, si bien que les représentants extrêmes d'une telle espèce « polytypique » ne réunissent plus les critères de l'espèce (pp. 494 sq, 504 sq). D'autre part, les représentants de diverses « espèces » systématiques et taxonomiques d'un même genre peuvent être croisés avec un résultat variable (« les polygones de croisement » C)

A	sacharowi	subalpinus	messeae	maculipennis	atroparvus	labranchia
Zone	Europe du Sud	Région méditerranéenne	Europe centrale et Europe du Nord	Région montagneuse	Europe du Nord	Europe du Sud-Est
Biotope	eau stagnante peu profonde	fréquemment rizières	eau stagnante	eau courante froide	eau saumâtre froide	eau saumâtre chaude
Hivernage	non	non	froide	oui	non	non
Nacelle de ponte	absente	grande, lisse	oui grande, rêche	grande, rêche	petite, lisse	petite, rêche
Suceur de sang humain	presque uniquement	?	rarement	jamais	oui	de préférence
Vecteur de la malaria	dangereux	non	rarement	non	rarement	dangereux

Distinctions biologiques dans l'espèce de Moustique Anopheles maculipennis

Races géographiques de Gobe-mouches

Position d'accouplement des types d'Europe centrale, méditerranéen et dalmate de l'Araignée Scytodes

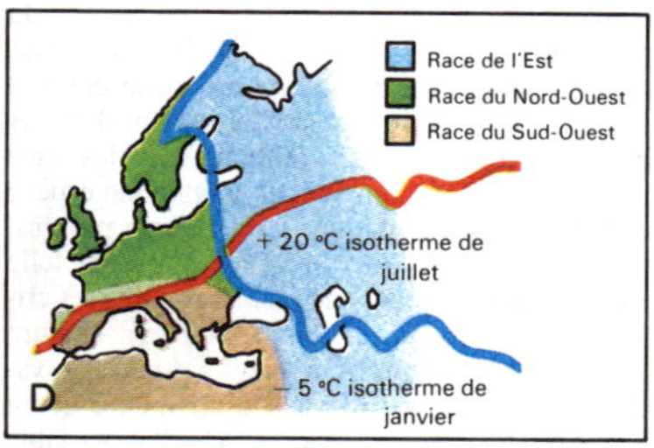

Races thermiques de Drosophila funebris

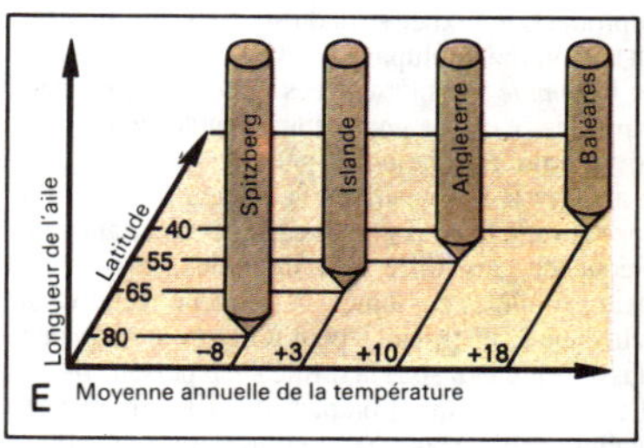

Longueur de l'aile chez les Macareux

La double influence du modèle de la population réelle sur la micro-évolution et le concept d'espèce (p. 493) suppose des relations internes entre ces deux problèmes.

La micro-évolution est d'abord la formation de nouvelles races et espèces (spéciation). La question du franchissement de la limite entre 2 races ou 2 espèces présuppose qu'on détermine nettement cette limite, c.-à-d. qu'on donne une **définition adéquate du concept d'espèce**. Si l'on exclut les Nominalistes pour lesquels il n'existe ni espèce, ni autre catégorie taxonomique mais seulement des individus, 2 conceptions fondamentales s'opposent :

1. La conception morphologique de l'espèce, de la « morpho-espèce » (p. 543), déclare que :

- l'espèce est définie exclusivement par des caractères morphologiques ;
- extérieurement, elle se distingue toujours nettement des espèces les plus proches ;
- en tant qu'« espèce monotypique », elle ne contient qu'un seul groupe d'individus presque identiques ;
- en conséquence, elle constitue la plus petite unité systématique qui ne saurait être décomposée.

Cette conception est de nature individualiste et typologique (p. 493), elle ignore les dimensions du temps et de l'espace (MAYR) et méconnaît les variations dues à la géographie ou à l'évolution. Les déviations par rapport au « type » constituent pour elle des aberrations ou des malformations.

Cette conception soulève des difficultés à cause des « espèces sœurs » non distinctes extérieurement, mais qui ne se croisent pas entre elles – que leurs aires de répartition se recouvrent (formes sympatriques) ou non (f. allopatriques) ; on a ainsi englobé tout d'abord 6 espèces différentes de *Moustiques* en une seule, l'*Anopheles maculipennis* (A),

2. La conception biologique de l'espèce, de la bio-espèce (p. 543) fait apparaître des points de vue fortement marqués par la génétique des populations et l'évolution dans sa **définition de l'espèce** conçue comme « un groupe de populations qui se croisent réellement ou virtuellement et qui est isolé sexuellement des autres groupes semblables ». Ce qui signifie plus précisément que :

- l'espèce est constituée par des populations et non par des individus sans relations entre eux ;
- elle est caractérisée plutôt par ses rapports avec des populations d'espèces non analogues (isolement) que par les rapports entre individus de même espèce ;
- le critère décisif n'est pas la faculté des individus de se croiser, mais l'isolement de la population prise dans son ensemble, ce qui maintient l'intégrité spécifique du patrimoine génique.

La « bio-espèce » serait alors l'équivalent du concept de « frère ».

Cette conception est réaliste et collectiviste. Elle conçoit les modifications « pluridimensionnelles » dans le temps et dans l'espace et les rapporte essentiellement au concept d'espèce. Le plus souvent, les espèces sont naturellement « polytypiques » ; elles sont composées de **races**, c.-à-d. de groupes d'individus qui possèdent en commun une différence homozygote dans le patrimoine héréditaire par rapport aux groupes appartenant à l'espèce. Les différences phénotypiques qui, dans les « races mendéliennes simples », ne remontent qu'à la modification d'un seul gène, sont assez peu répandues. Souvent entre plusieurs races s'instituent des transitions fluctuantes parmi les caractères distinctifs à l'intérieur de l'espèce et avec les espèces voisines (cercle de races, p. 504 sq).

L'éclatement en races serait conformément au modèle de la génétique des populations et au concept d'espèces, qui admet les races, les prémices de la création possible de nouvelles espèces (spéciation).

La formation de l'espèce intervient lorsque, dans une population, la panmixie est perturbée et lorsque différentes variantes héréditaires s'accumulent dans des pools géniques isolés les uns des autres sous l'effet des facteurs évolutifs.

Vues sous cet aspect, les **variations géographiques** très répandues des espèces acquièrent une grande importance. Elles s'expriment par des caractères morphologiques (taille, proportions, structure épidermique, types de couleurs), physiologiques (croissance, vitalité) ou éthologiques (comportements). Certains montrent une **répartition non orientée :**

- un *Gobe-mouche (Pachycephala pectoralis)* de la taille d'un *Etourneau*, réparti en 80 races géographiques, occupe l'Australie et les îles de la Malaisie, 6 de ces variantes occupent à elles seules les îles Salomon (B) ;
- un autre *Gobe-mouche, Monarcha castaneoventris*, est représenté au moins par 4 races géographiques sur ces îles (B) ;
- le comportement lors de l'accouplement de l'*Araignée Scytodes* varie selon les races d'Europe centrale, de la Méditerranée et de la Dalmatie (C).

D'autres variations d'espèces montrent un parallélisme évident avec des variations géographiques du milieu, parfois même des **tendances parallèles**, ce qui a été consigné dans les règles écologiques (p. 231) :

- Les races couleur de sable, brun roux ou brun foncé, du *Cochevis huppé* d'Egypte et de la *Gerboise* américaine s'accordent avec la couleur du sol.
- La *Mouche Drosophila funebris* occupe des territoires dont le climat s'accorde avec ses races thermiques : c'est la race du Nord-Ouest qui a la plus grande vitalité pour des températures modérées, la race de l'Est résiste au froid et à la chaleur, la race du Sud-Ouest est résistante à la chaleur, mais sensible au froid (D).
- La longueur moyenne des ailes des *Mésanges*, des *Troglodytes*, des *Macareux* p. ex., diminue avec la baisse de la moyenne des températures en Europe au fur et à mesure qu'on se rapproche du Nord (E).

Dans les derniers cas cités, le degré de conditionnement génétique ne peut être clairement délimité par rapport à des modifications individuelles.

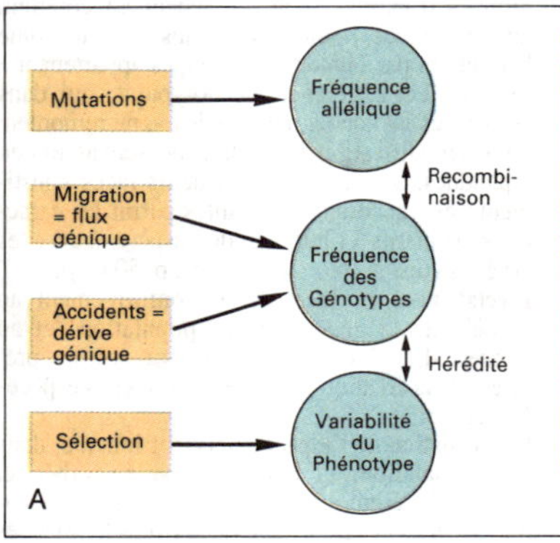

Organismes	% de loci géniques polymorphes par population	% de loci géniques hétérozygotes par individu
Drosophila	53	15
Guêpes	24	6
Gastéropodes	44	12
Poissons	31	8
Amphibiens	34	8
Reptiles	23	5
Oiseaux	16	4
Mammifères	21	5
Plantes	46	17

B

Effet des facteurs de l'évolution

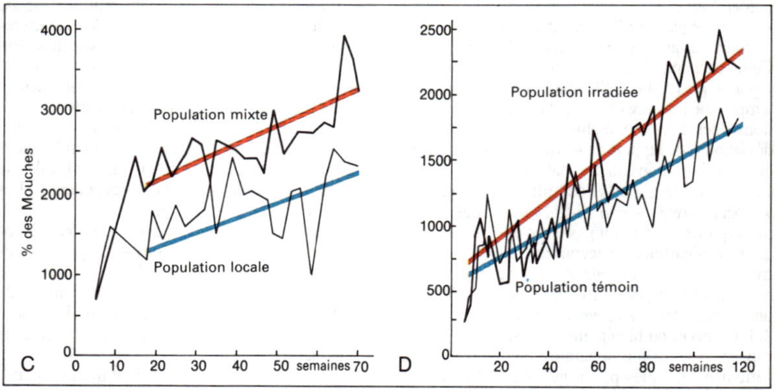

Prépondérance des populations à haut degré de polymorphie

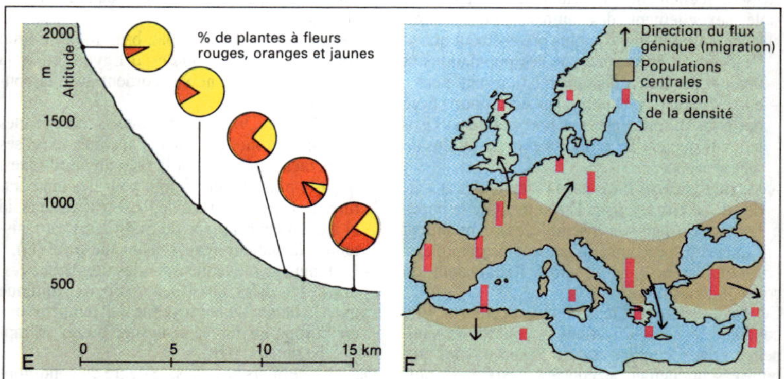

Influence du flux migratoire dans des populations de Diplacus (E) et de Drosophiles

Les Facteurs de l'évolution (A)
agissent qualitativement et quantitativement sur la variation génétique d'une population du fait de l'adaptation à l'environnement. Parmi les processus déterminants, agissant sur le pool génique, on trouve en complémentarité :
– Ceux qui augmentent la variabilité par la **mutation** et la **migration,**
– et ceux qui la diminuent par la **sélection** (p. 498 sqq).
– Des accidents statistiques, dans les populations « réelles » et non « idéales », infiniment grandes, sont conçus par contre comme des correcteurs de la **dérive génique** (p. 502 sq).

La variabilité génétique
qui par comparaison, s'exprime par de la « polytypie » (p. 493-495) *entre* différentes catégories taxonomiques, se manifeste par un « polymorphisme génétique » ou **Polymorphie** à l'*intérieur* d'une population. Celles-ci présentent toutes de nombreux types génétiquement limités et discontinus du dimorphisme sexuel (p. 168 sq) en passant par les groupes sanguins (p. 324 D) jusqu'aux cas nombreux d'allélie multiple (p. 449).
On n'a pu montrer la polymorphie génique qui est, dans une très large mesure, sous-jacente que par des analyses biochimiques et enzymatiques :
Si l'on considère des loci géniques avec une fréquence maximum pour les allèles les plus courants < ou = 0,95, comme indice de variabilité génétique (> 0,95 signifie pratiquement la monomorphie dans le « type sauvage »), on obtient une proportion « de loci polymorphes par population », de même que « de loci géniques hétérozygotes par individu », relativement élevée (B).
La possibilité, pour une population, de donner un plus grand nombre de génotypes différents croît avec le degré de polymorphie :
On augmente (par restriction de nourriture) la variabilité génétique de populations de *Drosophiles ;* si on les mélange avec 2 populations locales (C) ou qu'on les irradie (D, Mutation), elles se multiplient davantage que les populations témoins.

Les Mutations
spécialement les mutations ponctuelles (p. 472 sqq) donnent un matériel génétique en modifiant obligatoirement la fréquence des gènes ou encore la structure du pool génique. Le **modèle génétique de population** l'exprime mathématiquement :
On considère une population de départ homogène pour l'allèle sauvage A, qui donne l'allèle a , avec un taux de mutation u (A->a).
La **pression de mutation** fait qu'à la génération suivante la fréquence allélique q de a augmente de $\Delta q = u \,.\, p_o$, et dans le même temps celle de A diminue :
$p_1 = p_o - up_o = p_o(1-u)$. (1)
On obtient après n générations, si le phénomène se poursuit : $p_n = p_o\,(1-u)^n$. (2)
L'allèle sauvage A ne peut se transformer en a que très lentement compte tenu de la faible valeur de u (voir p. 472 B).
Si la population de départ comprend l'allèle a et que l'on considère les **mutations réverses** avec le taux v (a->A), a se transforme alors suivant :
$\Delta q = up_o - vq_o = u\,(1 - q_o) - vq_o$ (3)
Sans l'influence des autres facteurs d'évolution on obtient finalement $\Delta p = \Delta q = O$ et il n'y a aucune variation ; si l'on pose en (3) $\Delta q = O$ et que l'on résoud pour avoir q, on obtient ce que l'on considère comme **l'équilibre de mutation** :
$\hat{q} = u\,/(u+v)$, homologue de $\hat{p} = v\,/(u+v)$ d'où : $\hat{p} : \hat{q} = v : u$, i. e. ds un état d'équilibre les fréquences alléliques se comportent comme les taux de mutations qui engendrent les allèles :
Pour deux souches de *Salmonelles*, qui ne se différencient que par un seul gène, les taux de mutations se chiffrent à :
$u = 5{,}2 \times 10^{-3}$ et $v = 8{,}8 \times 10^{-4}$. Les fréquences d'équilibre calculées à partir de ces valeurs : $\hat{p} = 0{,}14$ et $\hat{q} = 0{,}86$ coïncident avec les cultures expérimentales réalisées en laboratoire.

Flux génique ou pression de migration
C'est la modification des fréquences géniques, ds une population par croisement avec d'autres populations, différant d'elle au départ, par une fréquence allélique divergente. Son importance est en rapport avec celle de la **migration** (Emigration et Immigration), qui est à son tour fonction de la largeur et de la longueur de la voie migratoire comme de la force de l'isolement, dans les eaux pour les organismes aquatiques, par des îles ou leur position excentrique pour les organismes terrestres ou bien par une dispersion de la population le long des bandes très étendues (voir p. 504 sq).
On trouve des fréquences très fluctuantes entre les aires véritables de répartition des populations :
– En Californie, la couleur des fleurs de *Diplacus* (*Scrofulariacées*) varie selon l'altitude de la station des populations locales (E).
– *Drosophila subobscura* montre une polymorphie chromosomique à cause d'inversions différentes sur les 5 grands chromosomes, d'où diff. hétérozygotes d'inversion avec une diversité génétique qui augmente des populations centrales vers les périphériques (F).
Par opposition à l'harmonisation progressive des populations, par de constantes migrations, les facteurs écologiques sélectifs agissent ici comme sur toutes les tendances déjà mentionnées p. 494, par un équilibre migration – sélection.

Le traitement de la génétique des populations indique :
Si à chaque génération n immigrants se fondent dans une population initiale de N individus, la proportion d'immigrants dans la population mixte s'élève à $m = n\,/(N + n)$ et celle de la population initiale à $1 - m$ .Si on prend une fréquence allélique d'immigrants de q_m et de la population initiale de q_o, la fréquence allélique de la population mixte s'élève à $q_1 = mq_m + (1-m)qo$ (4)
Le taux de variation de fréquence s'écrit alors :
$$\Delta q = q_1 - q_o = m(qm - qo) \quad (5)$$
et dépend par conséquent de la proportion et de la différence de fréquence allélique des immigrants.

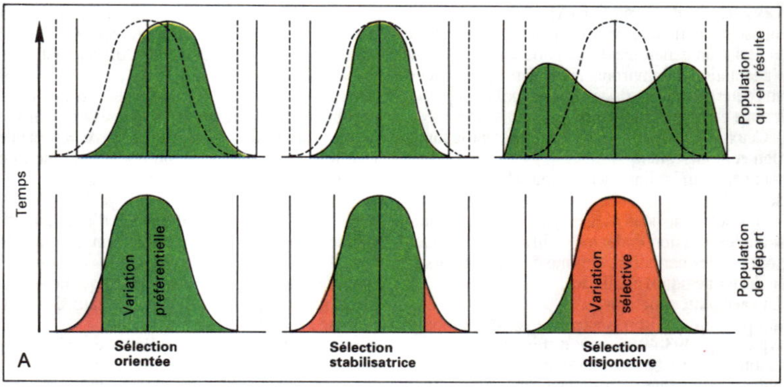

Pression de sélection

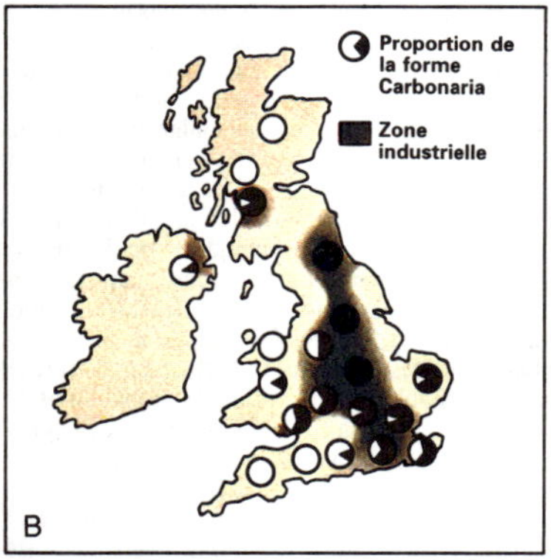

Mélanisme industriel chez le Phalène du Bouleau (Biston betularia)

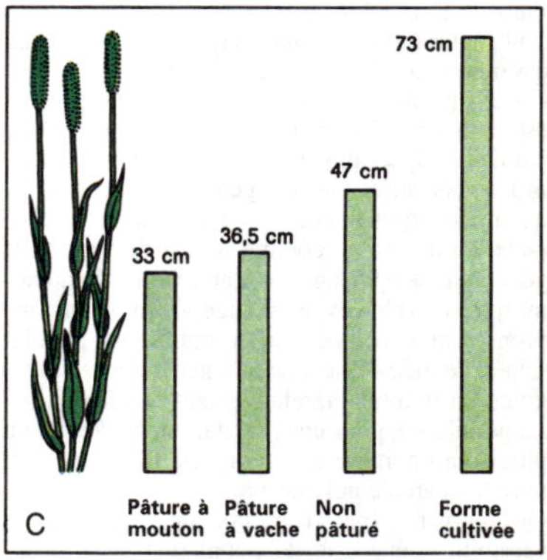

Hauteur du Phléole noueux

	Dominance complète ou Récessivité				Dominance incomplète (intermédiaire) ou récessivité			
Génotypes	AA	Aa	aa	total	AA	Aa	aa	total
Fréquence	p_0^2	$2p_0q_0$	q_0^2	1	p_0^2	$2p_0q_0$	q_0^2	1
Vitalité	1	1	1–s		1	1 – hs	1 – s	
Sélection	↓	↓	↓	↓	↓	↓	↓	↓
Fréquence après la sélection	p_0^2	$2p_0q_0$	$q_0^2 - sq_0^2$	$1 - sq_0^2$	p_0^2	$2p_0q_0 - 2p_0hsq_0$	$q_0^2 - sq_0^2$	$1 - 2p_0hsq_0 - sq_0^2$
	$\frac{p_0^2}{1 - sq_0^2}$	$\frac{2p_0q_0}{1 - sq_0^2}$	$\frac{q_0^2 - sq_0^2}{1 - sq_0^2}$	1	(ce qui correspond à)	$\frac{2p_0q_0 - 2p_0hsq_0}{1 - 2p_0hsq_0 - sq_0^2}$	(ce qui correspond à)	1

Nouvelle fréquence allélique q_1

$$\frac{1}{2}\cdot\frac{2p_0q_0}{1 - sq_0^2} + \frac{q_0^2 - sq_0^2}{1 - sq_0^2} = \frac{{}^*(1 - q_0)q_0 + q_0^2 - sq_0^2}{1 - sq_0^2}$$

$$= \frac{q_0 - sq_0^2}{1 - sq_0^2}$$

*da $p_0 = 1 - q_0$

$$\frac{1}{2}\cdot\frac{2p_0q_0 - 2p_0hsq_0}{1 - 2p_0hsq_0 - sq_0^2} + \frac{q_0^2 - sq_0^2}{1 - 2p_0hsq_0 - sq_0^2}$$

$$= \frac{q_0(1 - hs + hsq_0 - sq_0)}{1 - 2hs(1 - q_0)q_0 - sq_0^2}$$

da $p_0 = 1 - q_0$

D

Modification de la fréquence de l'allèle défavorable a par la sélection

Le rôle de la sélection dans l'évolution
entretient de nouveau aujourd'hui la polémique : Les **neutralistes**, sur la base d'analyses bio-moléculaires et compte tenu d'un taux d'évolution constant, soutiennent que la plupart des mutations sont sélectivement neutres, ni avantageuses, ni préjudiciables. L'apparition de nouveaux allèles serait plus le fait du hasard que de la sélection. Le remplacement complet d'un allèle, par un nouveau, survient en moyenne après un nombre de générations conforme à la valeur réciproque du taux de mutation correspondant.

Les sélectionnistes avancent que des mutations neutres ne pourraient enrichir le pool génique que de quelques variantes, mais sans permettre une adaptation au milieu. La sélection agit, contrairement au hasard, en orientant la modification des fréquences alléliques en fonction du milieu, car les phénotypes les mieux adaptés ont une plus grande chance de transmettre leur capital d'allèles aux générations suivantes. La préférence sélective d'un phénotype, par rapport à un autre, exprime sa capacité ou **vitalité** relativement plus grande.

Les « darwiniens » et « non darwiniens » ne se contredisent qu'en apparence sur les interprétations de l'évolution (MAYR), puisque les premiers font intervenir l'effet du hasard dans la dérive génique (p. 503) et que l'on ne peut pas prouver expérimentalement qu'il n'y ait pas de différences de vitalité entre les mutants.

La sélection « darwinienne » naturelle
agit constamment sur les phénotypes, parmi lesquels ceux à plus forte vitalité, engendrent davantage de descendants aptes à la reproduction que les individus témoins. Ce qui influence indirectement les génotypes sous-jacents, et on le suppose l'hérédité ; il y a ds une population une **pression de sélection** qui modifie la courbe de variation d'un caractère (A), i. e. : de l'expression du caractère moyen, le plus fréquent, et/ou les fréquences des extrêmes.

– **La sélection orientée** provoque le changement de la population dans le sens du caractère favorisé par la sélection.

– **La sélection stabilisatrice** favorise les individus moyens en supprimant les extrêmes (p. 501).

– **La sélection disjonctive** au contraire accentue les différences ds une population homogène en donnant la préférence aux extrêmes (p. 501).

Parmi les **causes** des différences de vitalité on trouve, à côté de taux de reproduction différents, de durée de génération ou de chances de fécondation pour les gamètes, essentiellement des chances de maintien différentes face aux **facteurs de sélection** comme :

– des conditions naturelles hostiles (température, précipitations, conditions chimiques) ;

– des ennemis comme les vecteurs de maladies, les parasites, les prédateurs, les concurrents d'espèces étrangères pour la nourriture ;

– une concurrence intraspécifique pour la nourriture et l'espace ;

– la possibilité de trouver un partenaire sexuel (« sélection sexuelle » de DARWIN).

On retient comme modèle génétique de population, la **mesure** de la vitalité ou de la sélection des génotypes coexistant isolément, en posant d'une façon arbitraire : la vitalité W = 1 ou le **coefficient de sélection** $s = 0$ ($W = 1\text{-}s$) : un génotype est d'autant plus avantageux que W est grand et s petit.

La sélection orientée
dénommée aussi dirigée, dynamique ou transformante, parce qu'elle provoque une modification de la population ds un sens conforme, s'opère à l'état naturel. C'est le cas si la population occupe progressivement un nouvel espace ou si le milieu d'une aire donnée change continuellement : p. ex. si le climat devient plus froid ou plus sec ou si les prédateurs voient leurs chances modifiées.

– La *phalène du Bouleau* (*Biston betularia*) est normalement de couleur gris-clair et passe inaperçue sur l'écorce des arbres recouverte de taches, ce qui est une supériorité par rapport aux mutants sombres, riches en mélanine, qui sont des proies faciles pour les *Oiseaux*. Alors que cette race sombre *Carbonaria* ne constituait en 1850 en Grande-Bretagne que 1% de la population, elle a atteint presque 100% par l'encrassement croissant de l'écorce du *Bouleau* dû à l'industrie et la disparition concomitante des taches (B).

– Des populations de *Phléole* (*Phleum nodosum*) dévastées par les troupeaux ne présentent plus que des dispositions... génétiques au nanisme (C).

– Si l'on fait agir un antibiotique sur des *Bactéries*, la plupart disparaissent : les réceptives. Seuls les mutants, existant à l'état isolé, qui résistent aux variations du milieu, et dont le génome était par hasard préadapté à la situation nouvelle, subsistent et fondent une nouvelle population résistante.

– La pression de sélection « Forte densité de population » imposée au laboratoire à des populations de *Drosophiles* (p. 496 C) révèle la préadaptation, notamment au mélange de populations.

La signification quantitative de la sélection orientée tient simplement à ce qu'elle agit directement sur le génotype. Si l'on considère simplement un locus génique avec les 2 allèles A et a, 2 cas sont particulièrement instructifs (D) :

– Si A présente une dominance complète : AA et Aa ont la même vitalité, la sélection agit seulement contre les récessifs ($W = 1 - s$). A la génération suivante la fréquence des a a est donc : $q_o^2 (1 - s) = q_o^2 - sq_o^2$. En gardant la même valeur sq_o^2 la population totale diminue conformément à la nouvelle valeur de référence des nouvelles fréquences alléliques p_1 et q_1.

– Si A présente une dominance incomplète les hétérozygotes ont un autre coefficient de sélection que les homozygotes. Si la vitalité AA > Aa > aa il a pour valeur $h \cdot s$. Avec une distribution exactement intermédiaire $h = 0{,}5$. Autrement W_{Aa} a une valeur comprise entre 1 et $1 - s$.

Conformément à ce modèle génétique de population, on peut supputer de faibles variations de fréquence, p. ex. lors d'une sélection totale de aa ($s = 1$).

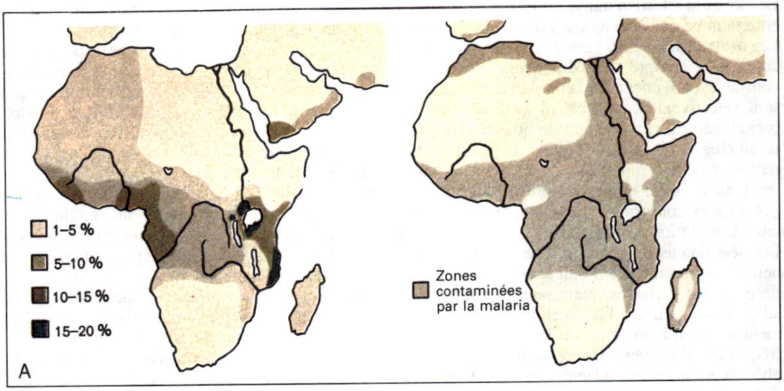

Fréquence du gène Hb^S de l'anémie falciforme et extension de la malaria

B

Supradominance (supériorité des hétérozygotes)

Génotypes	AA	Aa	aa	Total
Fréquence	p_0^2	$2p_0q_0$	q_0^2	1
Vitalité	$1 - s_1$	1	$1 - s_2$	
Sélection	↓	↓	↓	↓
Fréquence après la sélection	$p_0^2 - s_1p_0^2$	$2p_0q_0$	$q_0^2 - s_2q_0^2$	$1 - s_1p_0^2 - s_2q_0^2$
	$\dfrac{p_0^2 - s_1p_0^2}{1 - s_1p_0^2 - s_2q_0^2}$	$\dfrac{2p_0q_0}{1 - s_1p_0^2 - s_2q_0^2}$	$\dfrac{q_0^2 - s_2q_0^2}{1 - s_1p_0^2 - s_2q_0^2}$	1

Nouvelle fréquence allélique q_1

$$\frac{1}{2}\cdot\frac{2p_0q_0}{1 - s_1p_0^2 - s_2q_0^2} + \frac{q_0^2 - s_2q_0^2}{1 - s_1p_0^2 - s_2q_0^2} = \frac{{}^{*}(1 - q_0)\,q_0 + q_0^2 - s_2q_0^2}{1 - s_1p_0^2 - s_2q_0^2}$$

$$= \frac{q_0 - s_2q_0^2}{1 - s_1p_0^2 - s_2q_0^2}$$

*comme $p_0 = (1 - q_0)$

Calcul du décalage de fréquence par génération (Δq) et de l'équilibre des fréquences ($\hat{q}$) par la supériorité des hétérozygotes

$$\Delta q = q_1 - q_0 = \frac{q_0 - s_2q_0^2}{1 - s_1p_0^2 - s_2q_0^2} - q_0$$

$$= \frac{q_0 - s_2q_0^2 - q_0(1 - s_1p_0^2 - s_2q_0^2)}{1 - s_1p_0^2 - s_2q_0^2}$$

$$= \frac{-s_2q_0^2 + s_1q_0p_0^2 + s_2q_0^3}{1 - s_1p_0^2 - s_2q_0^2}$$

$$= \frac{-s_2q_0^2(1 - q_0) + s_1q_0p_0^2}{1 - s_1p_0^2 - s_2q_0^2}$$

$$= \frac{-s_2q_0^2p_0 + s_1q_0p_0^2}{1 - s_1p_0^2 - s_2q_0^2} = \frac{p_0q_0(s_1p_0 - s_2q_0)}{1 - s_1p_0^2 - s_2q_0^2}$$

$\hat{q}$, si $\Delta q = 0 \Rightarrow \dfrac{\hat{p}\hat{q}(s_1\hat{p} - s_2\hat{q})}{1 - s_1\hat{p}^2 - s_2\hat{q}^2} = 0$

$$\Rightarrow s_1\hat{p}^2\hat{q} = s_2\hat{p}\hat{q}^2 \overset{*}{\Rightarrow} \hat{q} = \frac{s_1}{s_1 + s_2}$$

Décalage et équilibre des fréquences alléliques dans le cas de superdominance

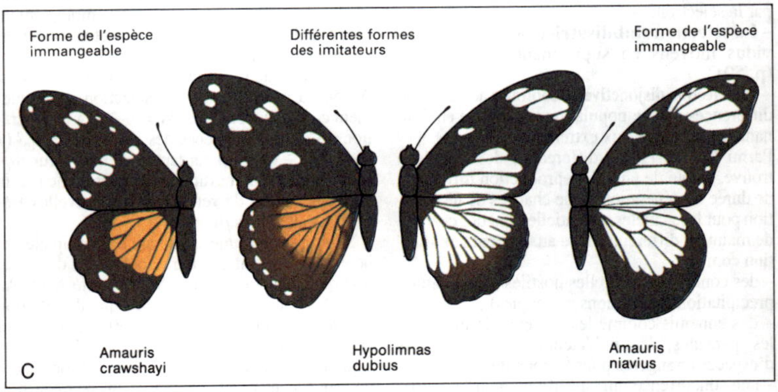

Mimétisme de BATESCHE chez des papillons africains

La sélection stabilisatrice

dénommée aussi optimisante ou normalisante, maintient, parmi les conditions du milieu, régnant en permanence, les adaptations optimales atteintes en éliminant les extrêmes, ds des conditions de milieu identiques ou qui se renforcent toutes d'une façon homogène et en favorisant relativement les individus moyens.

Ainsi l'étendue de la variation de la population ds le pool génique (et l'expression du caractère), augmentée par la pression de mutation et le flux génique, est de nouveau limitée et la variabilité génétique est maintenue ds une zone favorable où les désordres du milieu peuvent être amortis à l'intérieur de la norme réactionnelle. La sélection stabilisatrice semble jouer un grand rôle ds les populations naturelles :

– Les mutants mélaniques sombres du *Phalène du Bouleau,* qui se forment toujours continuellement et partout, se distinguent plus nettement que le type sauvage, ds leur environnement naturel (voir p. 252 D, p. 499). Ils sont beaucoup plus souvent avalés par les *Oiseaux* (3 fois plus en expérience) et rapidement éliminés par la sélection qui contrarie la pression de mutation.

– Les *Moineaux* qui ont survécu à une forte tempête de neige avaient une taille et une longueur des ailes se rapprochant de la valeur moyenne de la population, alors que les extrêmes avaient un plus fort taux de mortalité (Bumpus 1899).

– Si le poids de naissance chez l'*Homme* est très éloigné (en plus ou en moins) de la valeur moyenne de 3 600 g, la mortalité infantile est la plus forte en pourcentage (Penrose).

– Les *Etourneaux* suisses ont optimalement et en moyenne 5 œufs par nid et par couple : c'est le résultat d'un équilibre entre 2 pressions de sélection contradictoires. Un nombre plus élevé d'œufs augmente l'apport au futur pool génique, mais les soins prodigués au nid et, par voie de conséquence, la vitalité des oisillons deviennent moins bons.

De nombreux résultats de culture ont montré que l'hétérozygote présente un avantage par rapport aux races pures (« Effet d'hétérosis » souvent assuré, en outre, par plusieurs paires d'allèles, p. 449).

Ds les populations naturelles aussi, un génotype Aa peut l'emporter sur les 2 types homozygotes AA et aa, de telle façon qu'aucun allèle ne puisse court-circuiter l'autre. Les deux (ou plusieurs) allèles peuvent, ds une population panmixique, se maintenir sans limitation de temps l'un à côté de l'autre en **équilibre de polymorphie** (A) :

– La mort prématurée de porteurs homozygotes d'hématies falciformes ds l'anémie falciforme (pp. 457, 475), n'entraîne pas la disparition complète de l'allèle Hb^s car du fait de la pléiotropie (p. 449) il procure une résistance au *Plasmodium,* vecteur du paludisme. Les hétérozygotes n'étant que faiblement atteints par l'anémie, ils ont un avantage sélectif sur les homozygotes ds les territoires où sévit la maladie, mais par contre ds les territoires non touchés ils sont défavorisés. En Afrique occidentale, on compte jusqu'à 44% de porteurs Hb^s, contre 9% chez leurs parents US qui vivent ds des zones saines. C'est le résultat d'une sélection orientée contre Hb^s.

– Des populations de *Dactylis glomerata judaïca,* en Israël, ont sur certains sols jusqu'à 48% d'hétérozygotes porteurs du gène récessif pour l'albinisme. Comme les embryons homozygotes récessifs meurent, l'allèle létal n'a pu se maintenir que par l'effet hétérosis des hétérozygotes qui se perpétue ds la population par une forte **charge génétique**.

Le modèle génétique de population de la supradominance se déduit facilement d'une sélection portant sur un système biallélique (p. 498 sq), ds le cas où avant la sélection on a, selon la loi de Hardy-Weinberg, une vitalité AA < Aa > aa. Les homozygotes présentent alors une valeur minorée de la vitalité $W_{AA} = 1 - s_1$ et $W_{aa} = 1 - s_2$ (B à gauche).

Le décalage de la fréquence allélique d'une génération à la suivante (Δq) est toujours plus faible. Si $\Delta q = o$ on a finalement un équilibre ($\hat{q}$) qui ne dépend que des proportions des coefficients de sélection s_1 et s_2 (B à droite).

Au Yémen sévit fréquemment une grave malaria. Comme 1,4% des nouveau-nés meurent d'anémie falciforme, la valeur de q (Hb^s) = 0,12 et est supposée en équilibre .

Avec $s_2 = 1$, on a $s_1 = 0,14$: c'est-à-dire que la vitalité ou le nombre de descendants des homozygotes normaux et des hétérozygotes est de 86/100.

La sélection disjonctive ou diversificatrice

est contrairement à la stabilisatrice un phénomène plus rare ou au moins plus mal connu. Elle découle d'un renforcement de la sélection portant sur les variants les plus fréquents ou de l'existence de 2 adaptations optimales possibles (ou plus) au sein d'une espèce dans l'expression du phénotype :

– Des *Papillons* africains imitent, ds leur aspect et leur comportement, des espèces particulières à odeur nauséabonde et profitent, avec une baisse du nombre d'imitateurs, d'autant plus du comportement de fuite appris de leurs *oiseaux* prédateurs (mimétisme de Batesche). Les représentants d'une même espèce *Hypolimnas dubius* ressemblent d'ailleurs tellement à différentes espèces inmangeables (*Amauris crawshayi* ou *A.niavius*) qu'ils s'apparient mutuellement. Comme les formes mixtes subissent une forte sélection, la différence entre les imitateurs se maintient (C).

– Dans des populations de *Phlox*, polymorphes par la coloration, les plantes qui fleurissent en même temps sont visitées, avec une très forte préférence, par des *Insectes* qui montrent « une fidélité à la fleur » et elles se fécondent les unes les autres, ce qui fait éclater la population.

Dans les cas actuellement connus, il n'y a pas de variation de l'environnement abiotique, si ce n'est la création d'une niche. Le couplage de la sélection disjonctive avec l'appariement préférentiel entre individus de même génotype, donc de même espèce (et non réalisée au hasard), permet l'éclatement d'une espèce au sein d'une population isolée (« spéciation sympatride »).

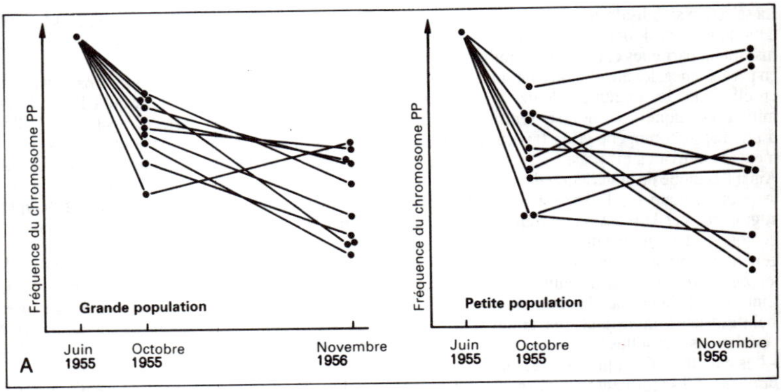

Variation du chromosome PP dans une grande et une petite population de Drosophile

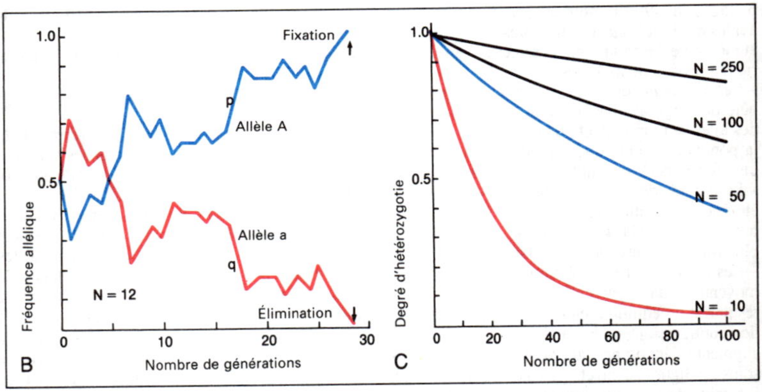

Fixation d'un allèle et son élimination dans une population fictive supposée la plus petite (B) et diminution du degré d'hétérozygotie dans diverses grandes populations (C)

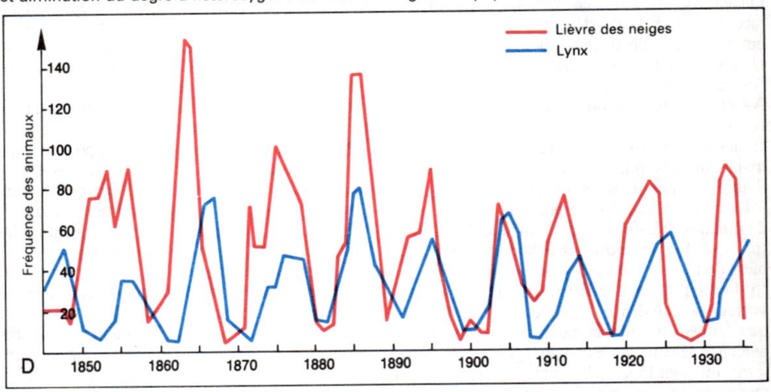

Oscillations rythmiques des populations de Lièvre des neiges (Lepus timidus) et de Lynx canadiens

La dérive génique (dérive due au hasard)
Ce sont les mutations, le flux génique, la sélection des facteurs génétiques de la population, dont l'effet sur chaque cas isolé est prévisible : cette dérive comprend la modification de la fréquence génique par des événements dus au hasard. Ils surviennent ds des populations infiniment grandes, donc réelles et sont imputables à des erreurs accidentelles, comme lors des disjonctions mendéliennes ds les essais de croisement (p. 445). Ceci vaut pour de petites populations.
Dans un système biallélique une population stable de N individus adultes produit un grand nombre de gamètes dont les fréquences alléliques correspondent bien à celles de la population.
Si la combinaison de 2N gamètes donne N nouveaux individus Δq, l'oscillation de la fréquence allélique q, à chaque génération seulement due au hasard, peut être importante si 2N est suffisamment petit. La valeur et le signe de Δq sont eux-mêmes distribués au hasard et l'écart-type de cette grandeur s'écrit selon la théorie de la vraisemblance :

$$\sigma_{\Delta q} = \sqrt{pq/2N}$$

Conformément aux lois statistiques, Δq est situé avec 50 % de vraisemblance aux alentours de +/– 0,67 σ, avec 99 % à +/– 2,58 σ et avec 99,7 % à +/– 3,0 σ. Ce modèle permet d'estimer la limite sup. du décalage de fréquence en raison de la dérive génique (env. 3 σ) :
Les petites populations avec 250 > N > 50 d'individus reproducteurs permettent de supposer que ds 99,7 % des cas la fréquence allélique se situe, si p. ex. $p = q, = 0,5$ ds les limites : $q \pm 3\sigma_{\Delta q}$ = soit 0,5 +/– 0,15 et 0,5 +/– 0,067. Le taux de variation de fréquence pour q peut ici aussi dépasser de 10 % l'ordre de grandeur.
Les populations moyennes avec N = 5 000, permettent d'avoir seulement une faible influence de la dérive génique, car $q \pm \sigma_{\Delta q}$ = 0,5 +/– 0,005, le taux de variation étant d'environ 1 %.
Les grandes populations avec N > 100 000, ne sont pratiquement pas influencées par le hasard, car déjà de petits décalages de fréquence, provoqués par d'autres facteurs de l'évolution, suppriment les légers effets de la dérive génique.
Dès lors manifestement, les petites populations succombent devant une évolution plus rapide (S. WRIGHT). On peut le démontrer expérimentalement (A) : 10 populations de *Drosophile* de 20 individus chacune ont montré, en face de 10 autres de 4 000 individus chacune (toutes issues des mêmes populations parentales géographiques, mélangées) au bout de 17 mois, une variabilité beaucoup plus importante en raison de l'effet : goulot d'étranglement.
La dérive génique, ds les populations naturelles, n'a pas de signification ds le cas d'espèces aussi répandues que *Rats* ou *Moineaux* mais joue un grand rôle évolutif ds l'obtention de nouvelles races ou espèces et ce dans 3 situations :

1. Les petites populations permanentes
succombent au bout de quelques générations à la fluctuation de la fréquence génique. Si « la dérive est continue » la destinée d'un allèle est son **élimination** complète ou sa **fixation** (B). A la vitesse par locus génique d'environ 1/4 N par génération, la dérive génique agit comme un croisement qui accentue la production d'homozygotes et peut diminuer le degré d'hétérozygotie (C).
L'évolution par la dérive génique ne se manifeste pas seulement sur des espèces numériquement réduites mais aussi sur des populations partielles isolées :
– Les *Pinsons de Darwin* des îles Galapagos forment des populations de 100 à 1 000 oiseaux seulement.
– Ds des groupes *humains* isolés, l'écart-type de fréquence est déjà plus important après quelques générations que dans la population originelle : aux USA une secte religieuse constituée de colonies d'Havanais présente une fréquence du groupe sanguin A de 32 à 52 % (au lieu d'environ 40 %), le groupe sanguin KELL de 13 à 22 % (au lieu de 2 à 6 %) et le groupe sanguin B est même éliminé dans quelques colonies.

2. Les oscillations de la taille de la population
sont très fréquentes (p. 239 sqq), spécialement chez les *Animaux* (Fluctuation ; voir p 242 sq). L'écologie débat des causes et théories de la dynamique de l'abondance (p. 243) :
Les plus grandes populations de *Mammifères* nord-américains montrent des oscillations rythmiques à causes multifactorielles (vagues de population, D).
La « dérive temporaire » avec une réduction drastique de la taille de la population n'est pas seulement une adaptation par la sélection, mais se fait plutôt, sans discernement et indépendamment de la vitalité, par des catastrophes dévastatrices et a permis la modification du pool génique en tant qu'**effet goulot d'étranglement**

3. La séparation de très petites populations
dans les cas extrêmes chez les *Animaux* d'une seule femelle fécondée, et la création d'une nouvelle population en dehors du territoire d'origine diminuent la variabilité génétique de la **population fondatrice,** changeant au hasard les fréquences alléliques par rapport à la population de départ et renforçant par les auto-croisements le degré d'homozygotie (« **effet pionnier** »). Ce qui permet à des mutants, qui se trouvent parmi les fondateurs et qui étaient jusque-là défavorisés, de se disperser ds la mesure où les phénotypes à plus haute vitalité n'existent plus. C'est ce qui se passe ds les populations pionnières qui progressent au delà de la limite de la zone, comme ds celles déplacées par l'*Homme*.
– Ainsi quelques individus de *Faisans*, *Lapins*, *Opossums* de Tasmanie, *Cerf rouge* et *Abeilles* introduits en Nelle-Zélande se sont révélés d'excellents colonisateurs.
Le plus spectaculaire, c'est lorsque des populations hétérozygotes, pour plusieurs allèles colonisent des îles avec quelques individus.
L'*Halcyon australasia* ne montre aucune sous-espèce sur toute l'Australie mais de très nombreuses sur les îles environnantes.

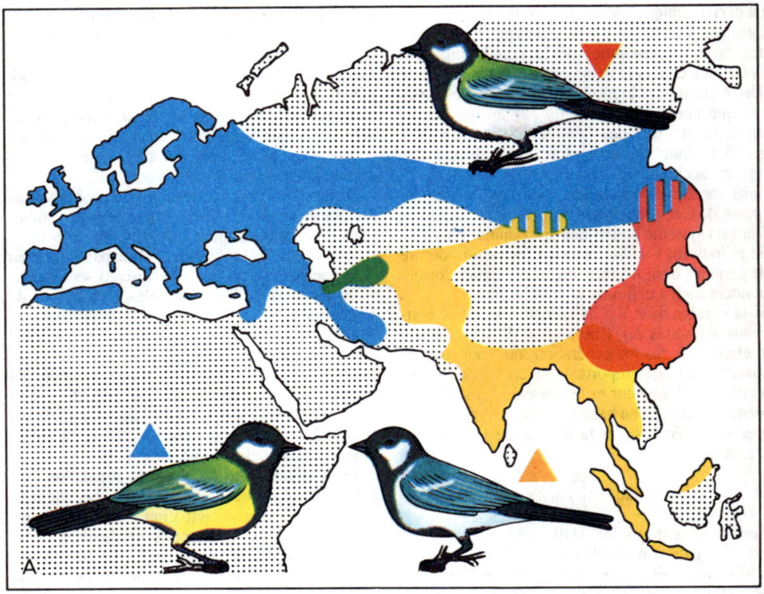

Formation de races et espèces chez la Mésange charbonnière

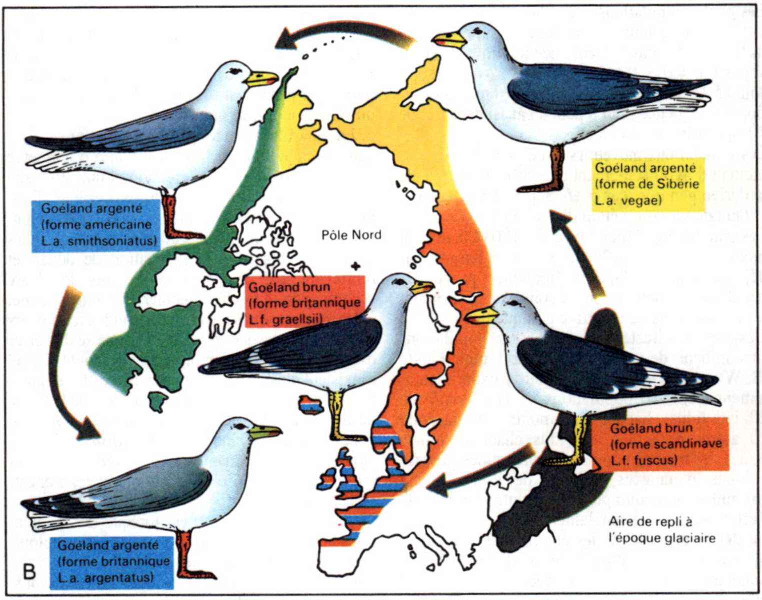

Différenciation des espèces de Goéland autour du pôle Nord

Les mécanismes qui, du point de vue de la reproduction, isolent une espèce des espèces voisines, comprennent une série de caractères spécifiques qui sont par définition le critère décisif de l'espèce (p. 495). Comme il est en outre difficile d'apprécier le mode d'action des facteurs évolutifs et leur importance respective, mais que les mécanismes d'isolement sont en général identifiables, ce sont eux qui permettent de comprendre **comment se forment les espèces et les races :**

1. L'isolement géographique dû aux caractères géographiques (montagnes, déserts, mers, rivières, pays de culture) est un facteur d'isolement radical très répandu.

2. L'isolement écologique : les populations qui vivent dans le même territoire sont isolées par les caractères du milieu extérieur et du terrain, et occupent des biotopes ou des niches écologiques séparés (p. 507).

3. L'isolement biologique de la reproduction : les variations du comportement lors de l'accouplement, dans les périodes où il se produit, les facteurs qui le déclenchent, et la spécificité des organes de copulation, empêchent le mélange des espèces (panmixie, p. 507).

4. L'isolement génétique : des facteurs génétiques (différences dans le patrimoine chromosomique ou la répartition des gènes empêchent certaines populations de se croiser avec succès (pp. 479, 507).

L'isolement géographique

Des espèces ou des races sympatriques ne peuvent que difficilement sortir d'une population tant que la panmixie y règne. Par contre, dans les populations allopatriques où la communauté de reproduction est détruite par l'isolement dans l'espace, des espèces se forment rapidement parce qu'elles subissent l'effet de leurs propres facteurs évolutifs, spécifiques et autonomes. Ce mécanisme d'isolement a pu être attesté chez presque tous les groupes d'*Animaux* et chez un certain nombre de *Végétaux* : la prolifération actuelle des espèces est essentiellement due à cette forme de différenciation.

Les races et les espèces géographiques diffèrent généralement par de nombreux gènes. Elles possèdent donc de grandes potentialités évolutives et peuvent s'adapter de différentes façons.

La distinction « race » - « espèce » est souvent rendue plus difficile par le fait que les aires de répartition d'une **espèce polytypique** s'assemblent à la manière d'une mosaïque, et que l'on trouve dans les zones de contact entre les aires limitrophes des formes de transition hybrides. De tels **cercles de race** sont dans ce cas les **preuves de la spéciation** par l'isolement géographique, là où des types extrêmes ou des races depuis longtemps isolées d'une espèce se comportent dans une aire de recoupement comme deux espèces nouvelles :

- La *Mésange charbonnière (Parus major)* se présente en Eurasie sous trois formes allopatriques (A). En Perse, on passe sans solution de continuité de la forme méridionale à la forme occidentale et en Asie du Sud-Est à la forme orientale, par suite d'un mélange constant. Après l'époque glaciaire, la forme occidentale a pu progresser vers l'Est jusqu'à devenir sympatrique de la forme méridionale en Asie centrale et de la forme orientale dans la région de l'Amour, sans qu'un mélange se produise.
- Après l'époque glaciaire, à partir des *Goélands* de la région de la mer Caspienne, se sont développés le *Goéland brun* (forme britannique *Larus fuscus graelsii*), la forme scandinave (*L. fuscus fuscus*) et le *Goéland argenté* du Pacifique (forme de Sibérie *L. argentatus vegae*) qui a continué à évoluer en Amérique du Nord vers le *Goéland américain (L. argentatus smithsoniatus*) pour finir par occuper l'Europe du Nord-Ouest sous la forme du *Goéland argenté britannique*. Malgré leur parenté génique, ce dernier et le *Goéland brun* (B) vivent autour du pôle Nord sans se mélanger.

Ces exemples montrent qu'un mécanisme d'isolement a pu se former grâce au **ralentissement du mélange génique** dans une longue série de populations.

Les territoires très isolés (îles, cavernes) hébergent souvent plusieurs espèces étroitement apparentées dont l'espèce souche est restée dans le territoire d'origine : les **premiers colons** issus de la population souche ont subi dans l'isolement une telle évolution qu'ils ne peuvent se mêler aux **colons suivants** issus de la même espèce souche.

On distingue différents types d'isolement géographique selon l'importance des formes de sélection :

L'isolement géographique endémique apparaît surtout lorsque la pression de la mutation est supérieure à la pression sélective et lorsque la variabilité a diminué à cause de l'effectif restreint de la population. Ces conditions existent surtout dans les îles (notamment tropicales) où un grand nombre de mutants endémiques persistent avec leurs couleurs et leur type. Tous les stades de la formation des espèces peuvent y être observés.

- Alors que les *Pachycephala pectoralis* de Malaisie ont commencé par former des races (p. 494 sq), une douzaine de véritables espèces aux plumages variés de *Drongo Dicrurus hottentottus* sont apparues dans la même aire.
- Les *Oiseaux* australiens (*Polyptelis, Climacteris*) se retirèrent, lorsque la sécheresse augmenta, de leurs aires de répartition centrales autrefois boisées vers les restes de savanes isolées aux limites de ces aires, et forment ici de nouvelles espèces aux couleurs variées.

L'isolement géographique variant par degrés – dans ce cas, les caractères changent graduellement de forme en forme – peut se produire dans des populations extrêmement petites par élimination au hasard de certains gènes peut-être sans sélection ; il est cependant généralement conditionné par la sélection et suit les variations du monde extérieur comme pour les variations infraspécifiques (p. 494 sq). Les conditions du milieu intervenant, il est difficile dans ce cas de faire la distinction avec l'isolement écologique.

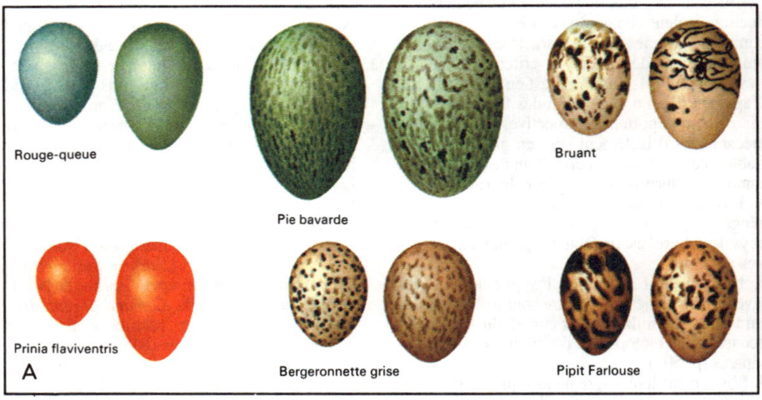

Mimétisme entre l'œuf de Coucou (à droite) et l'œuf des oiseaux-hôtes (à gauche)

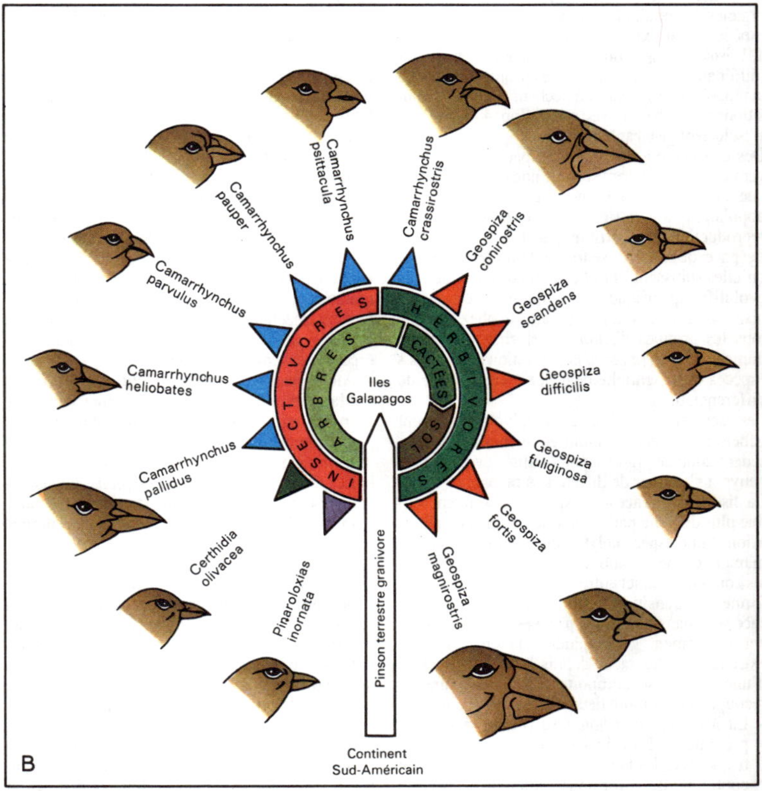

Évolution du Pinson de Darwin dans les îles Galapagos

L'isolement écologique
L'occupation d'une niche écologique (p. 233) et l'adaptation sélective à cert. biotopes qui ne sont pas séparés géograph., est limitée aux parasites si l'on s'en tient au type idéal. On les différencie plus par des critères physiologiques que par des critères morphologiques :
- Les *Poux de la tête* et *des vêtements* qui parasitent de nombreuses races humaines et qui varient géographiquement avec elles, sont des formes écologiques isolées qui sont à la limite entre « races écologiques » et « espèces différentes » (hybridation occasionnelle).
- Les espèces endoparasitaires de *Plasmodium* de l'*Homme* et du *Singe*, le *Ténia nain Hymenolepis nana* et *H. fraterna* de l'*Homme* et des *Souris*, sont isolées à cause de leur adaptation à leur hôte.
- Chez les espèces de *Coucous* qui parasitent les couvées d'autres *Oiseaux*, la sélection favorise les œufs qui ressemblent aux œufs de leurs hôtes par la couleur, la forme (et la taille ?) (A).

Le *Papillon jaune du trèfle, Colias philodice*, permet de comprendre la genèse de formes écologiquement isolées : le mutant blanc qui a une plus grande vitalité lorsque la température baisse, vole à l'aube et le soir alors que la forme normale est active dans l'intervalle.

L'exemple le plus connu qui avait fait douter DARWIN de la fixité des esp., est celui du *Pinson de Darwin* ; le *Pinson terrestre Geospiza,* granivore qui niche au sol, a colonisé les îles Galapagos qui sont situées à environ 1 000 km à l'ouest de l'Amérique du Sud. Il a accédé à toutes les niches écologiques et les a occupées sous la forme de 14 esp. endémiques (seul le *Pinaroloxias inornata* peut être observé en dehors de cette aire dans les îles Cocos à 800 km de là). Ils sont spécialisés dans des biotopes et des aliment. diff. (B). Les esp. qui vivent dans de telles cond. sont influencées par l'isolem. géograph. ; le *Geospiza* étant absent de l'île Hood, la race locale à long bec du *Camarrhynchus pallidus* occupe ses niches écol.

L'isolement reproducteur
Ce mécanisme qui semble égalem. lié à l'isol. géographique empêche parfois la pariade :
- **Des variations saisonnières de l'activité :** les espèces sympatriques ont des périodes de reproduction qui varient avec la température ou la lumière. La *Grenouille rieuse* fraie 3 semaines avant la *Grenouille verte*. Mais la combin. de divers facteurs climatiques peut hâter ou retarder la maturation du comportement de reprod. si bien que l'isolement n'est pas complet.
- **Des limites du comportement :** si les déclencheurs sexuels (de nature optique, acoustique ou chimique) sont absents ou incomplets, la pariade s'arrête (p. 171) bien que l'instinct d'accouplement soit encore présent chez les deux partenaires.

Les *Veuves (Viduinae),* oiseaux d'Afrique qui parasitent dans les couvées d'autres oiseaux, présentent une forme d'isolement écologique et biol. étonnante. Leurs petits copient intégralement l'aspect extérieur, les types compliqués de gorge, les mouvem. et les cris de mendiement de leurs hôtes spécif. (*Pinson paré*), les *Steganura paradisaea* de la famille des *Veuves de Paradis* copient l'*Astrilde*. Les *Veuves* ayant appris à 7 ou 8 semaines le répertoire complet de leurs parents adoptifs (imprégnation, p. 423), les ♀ dont le dévelop. sexuel est tardif, peuvent reconnaître les couples des esp. dont elles vont parasiter les nids et dont le comportement les prédispose à la pariade (déclencheurs interspécif.). Le ♂ des *Veuves* fait sa cour avec un chant où alternent des strophes génétiquem. fixées du *Pinson paré* et des copies parfaites du chant de leur hôte. Cette partie du chant qui est étrangère à l'esp. crée un isolem. entre des esp. sympatriques quoique leurs phénotypes soient ident., car un ♂ attire d'autant plus la ♀ qu'il imite mieux les strophes caractéristiques de l'espèce qui est leur hôte commun.

Limites mécaniques à la copulation
A côté de diff. de taille entre des formes voisines (*Chiens Saint-Bernard/Pinscher*), des formes divergentes des organes de la copul. constituent un facteur d'isolement chez les animaux à squelette extérieurement solide (*Insectes*).

D'autres facteurs n'empêchent sans doute pas la copulation, mais entravent l'évol. ultér. de l'hybridation :
- **La mortalité des gamètes :** des spermatozoïdes provenant d'une espèce étrangère sont paralysés ou tués dans les voies génitales de la ♀, p. ex. lors du croisement de la *Drosophila americana* et de la *D. virilis*. Ceci correspond chez les *Végétaux* à l'inhibition de la croissance du pollen d'une espèce sur un stigmate d'une autre espèce (incompatibilité).
- **Le manque de vitalité des hybrides :** la mortalité des zygotes, l'infériorité et la stérilité des hybrides sont les manifestations connues de l'isolement reproducteur de l'espèce. Des embryons hybrides de certaines espèces de *Lin* sont p. ex. trop faibles pour percer l'enveloppe de la graine, mais si on les aide à sortir, ils donnent des plantes fertiles normales.

On a analysé chez des espèces voisines les conditions génétiques qui provoquent l'isolement sexuel : les ♂ de la *Drosophila pseudoobscura* et *D. persimilis* s'accouplent surtout avec des ♀ de leur espèce ; la *D. persimilis* avec les formes résultant d'un back-cross entre des hybrides des 2 espèces et la *D. pseudoobscura* et qui ont au moins un chromosome X ou un chromosome II de *persimilis*. La sélection des hybrides dans des populations métissées renforce la barrière de croisement.

L'isolement génétique
Il est rare qu'une espèce se forme uniquement par isolem. génét. mais s'il est combiné à un isolem. géographique, il prend une grande importance surtout chez les *Végétaux* à cause de la polyploïdie. Les résultats dus au hasard ou obtenus expérimentalement (p. 489) montrent que ce mécanisme d'isolement (p. 479) est très répandu.

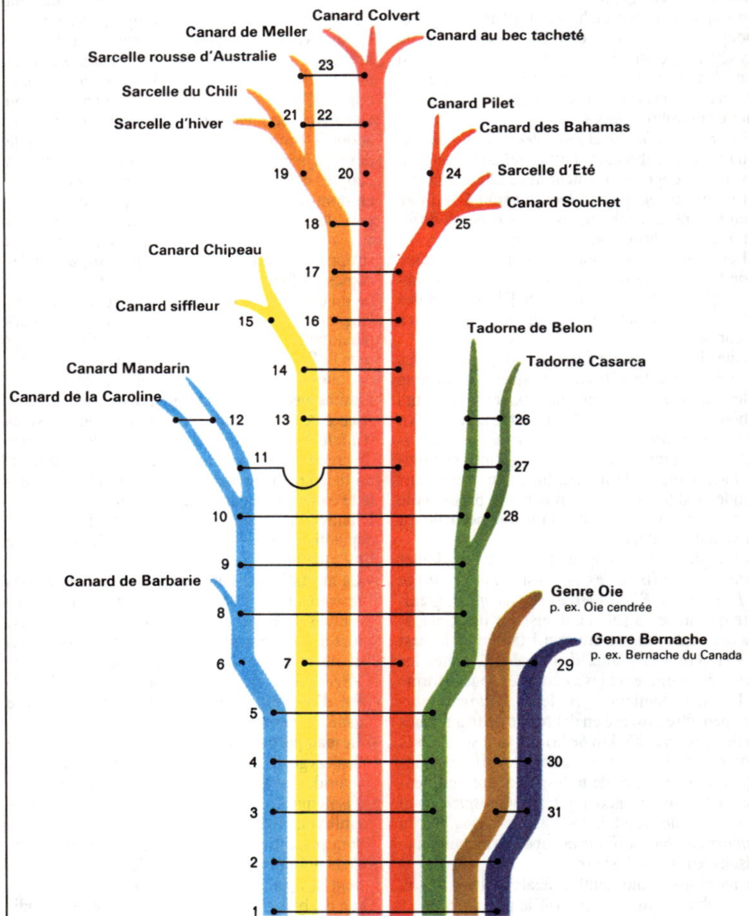

1 « Boire » : signe de paix ou comportement de parade
2 « Sifflement de l'abandonné » monosyllabique des poussins
3 Sifflement de reconnaissance bisyllabique des poussins
4 Plumage multicolore chez le mâle
5 Miroir alaire
6 Mouvement d'extension de la tête vers le haut comme prélude à l'accouplement
7 Mouvement oscillant de la tête de haut en bas comme prélude à l'accouplement
8 Filtre du bec avec lamelles cornées
9 Poursuite du mâle par la femelle paradant
10 Le canard s'ébroue pour impressionner et parader
11 Jeux sociaux
12 Simulacre de la toilette sur une plume ornementale
13 Le mâle s'ébroue pour commencer la parade
14 Appel decrescendo
15 Levée du bec comme pour un cri de triomphe
16 Les mâles paradant font des mouvements de haut en bas
17 Ils retournent leur tête en arrière
18 Même miroir alaire chez le mâle et la femelle
19 Miroir noir, jaune or, vert, chez la Sarcelle
20 Lutte avec échange de coups
21 « Cudic », onomatopée de la Sarcelle
22 Nage ostentatoire chez la femelle en quête d'un mâle
23 Jeux postnuptiaux avec nage ostentatoire du mâle
24 Le mâle effectue des poursuites en élevant la partie antérieure du corps
25 Plume de l'épaule en forme de lancette (éperon)
26 Plumage noir et blanc des poussins
27 Dessin alaire noir et blanc, ou rouge et brun
28 L'ébrouement rituel fait défaut
29 Immersion du cou comme prélude à l'accouplement
30 Plumage monochrome chez les poussins des Oies
31 Cri de reconnaissance polysyllabique des poussins

Caractères communs chez les Anatidés

Importance de l'analogie

Les analogies que l'on constate entre plusieurs systèmes complexes comme p. ex. les êtres vivants ou les langues, et les concordances de leurs structures fondamentales découlent d'un principe unique.

Alors que l'on admet, d'après le vocabulaire, la structure des mots et la syntaxe que l'espagnol, le français et les autres langues romanes sont dérivées du latin, la biologie n'a pu obtenir un tel résultat, bien que la **théorie de la descendance** (théorie de l'évolution) ait essayé de montrer l'analogie entre les organismes selon le même point de vue que la linguistique :

Les *Végétaux* et les *Animaux* qui vivent actuellement se seraient formés à partir de souches de formes différentes : l'analogie entre les êtres vivants résulterait de leur parenté, le degré de concordance donnant la mesure de leur appartenance à une même espèce.

Seuls la génétique et l'élevage expérimental (p. 489) avancent des **arguments directs**. Mais les moyens d'investigation ne constituent une approche directe du problème de l'évolution que dans la mesure où ils portent sur des modifications dues à la micro-évolution à l'intérieur des populations et où le cercle de parenté des races intra-spécifiques ou des espèces voisines n'est pas franchi. Mais à partir de là, on a tenté de tirer des conclusions concernant les processus transspécifiques, à partir des processus infraspécifiques (pp. 496-507). Les diverses branches de la biologie nous offrent une masse énorme d'**éléments indirects** qui ont été intégrés dans la théorie de l'évolution : étude comparée des structures, vie des différentes espèces (p. 510 sqq), répartition dans le temps et dans l'espace (p. 514 sq). Ces découvertes interprétées dans le sens de l'évolution et la conclusion unique qu'on a tirée de cette étude malgré des méthodes différentes (BAVINK : « convergence des recherches ») ont contribué à faire admettre la théorie de l'évolution par la majorité des scientifiques.

I. Témoignages de la systématique

Fait remarquable : il n'y a guère d'espèces qui présentent des caractères constants. En effet, la plupart du temps, les espèces ne constituent pas des unités systématiques, mais des **groupes de formes** composés par des races qui cohabitent dans le même espace avec des formes intermédiaires fluctuantes, mais dont les extrêmes présentent des différences frappantes (Polytypie pp. 493 sqq., 504 sq.). Les formes intermédiaires entre les genres ou les familles sont courantes, parfois apparaissent même des hybrides (*Radis x Choux, Blé x Chiendent*).

Des **« formes de transitions récentes »** créent des rapports entre des unités systématiques supérieures : l'*Ornithorynque* possède des caractères reptiliens (cloaque, ovipare, température du sang variable). Le *Péripate* (p. 570 sq) est une forme intermédiaire entre les *Annélides* (segmentation) et les *Myriapodes* (organes buccaux, respiration par la trachée), l'*Amphioxus* est une forme intermédiaire entre les *Invertébrés* (absence de tête, cerveau en 5 parties, membres, néphridies) et les *Vertébrés* (corde dorsale, ME, cavité branchiale, système de muscles et de vaisseaux des *Poissons).* Dans l'ensemble, la systématique a démontré qu'en essayant de classer les espèces dans le « système naturel » (p. 227), elle était obligée de rompre artificiellement, voire arbitrairement, la parenté évolutive des espèces.

II. Preuves fournies par la science du comportement

On peut comprendre par la phylogenèse la répartition et les similitudes graduelles de nombreux actes instinctifs et surtout des facteurs qui déclenchent le comportement social.

- Les *Canards* du genre *Anas* (p. ex. le *Canard colvert*) présentent des différences considérables de couleurs, mais leurs pariades sont similaires et très différenciées socialement.
- A cause d'une analogie dans le cérémonial du salut, le *Savacou* au large bec d'Amérique centrale a été apparenté au *Héron Bihoreau.* Le plumage qui sous-tend ces mouvements de tête s'est développé ensuite de façon différente.

Les espèces qui vivent de nos jours constituent des modèles de **lignée phylogénétique** reflétant le déroulement de l'évolution : celle-ci suppose souvent la perte de la fonction motrice d'origine et souligne le mouvement de signal par des structures optiques :

Le jars de l'*Oie cendrée* cherche à en imposer en étendant ses ailes comme dans la phase finale du vol. Chez l'*Oie du Nil*, ce comportement n'est plus lié au vol. Chez l'*Oie Neochen jubatus*, cette cérémonie autonome s'est encore développée : dressée sur ses pattes, elle montre la face intérieure de ses ailes, aux couleurs provocantes.

LORENZ a étudié chez les *Canards* les concordances entre les structures et les comportements qui apparaissent souvent parallèlement et acquièrent donc une signification phylogénétique évidente (voir planche).

Le hochement de la queue des *Passereaux* insectivores ou bien le cri d'alerte perçant et difficile à localiser du *Merle*, du *Pinson* et de la *Mésange* constituent par contre des **similitudes d'adaptation hétérologues.**

III. Témoignages de la parasitologie

Les parasites seraient issus d'ancêtres qui à l'origine vivaient en liberté. Mais si leur évolution embryologique est utilisée comme preuve de l'évolution (p. 511), la spécificité de leurs hôtes qui les empêche de chercher une autre espèce à parasiter, va également dans le même sens. Les hôtes récents ont reçu leurs parasites de leurs ancêtres :

- Les *Poux* du genre *Pediculus* ne parasitent que les *Hommes* et les *Chimpanzés* et sont différents de ceux des autres *Mammifères.*
- Les *Puces* de la famille des *Macropsyllidae* sont limitées aux *Souris.*

Comme les conditions de vie de ces parasites internes ont moins changé que les hôtes eux-mêmes, ces parasites ont peu changé d'hôtes et apportent ainsi des preuves de la parenté de leurs hôtes (*Ténia* des *Varans* et des *Boas*).

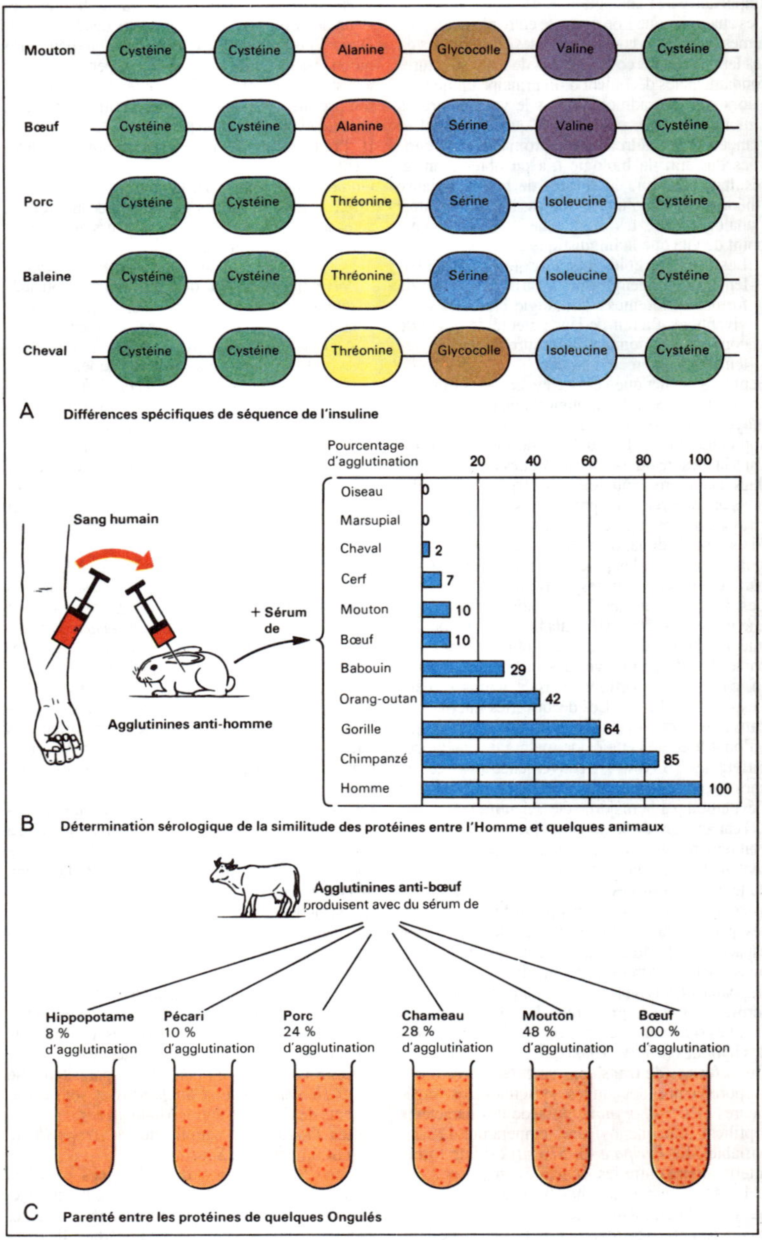

A Différences spécifiques de séquence de l'insuline

B Détermination sérologique de la similitude des protéines entre l'Homme et quelques animaux

C Parenté entre les protéines de quelques Ongulés

Démonstration biochimique et sérologique des parentés

IV. Témoignages de la physiologie

Les fonctions physiol. fondamentales de l'hérédité, de l'évolution, des mécanismes nerveux (stimulations) et du métabolisme sont identiques pour tous ou presque tous les organismes, ce qui peut s'expliquer par la phylogenèse et non par la génération spontanée.

V. Témoignages de la biologie moléculaire

L'étude comparée des composés organiques, p. ex. par **l'universalité** de certaines subst. métaboliques (ATP, NAD^+) ou du code de l'ADN (p. 44), n'est pas incompatible avec une origine commune à tous les organismes vivants, et peut permettre égalem. de tenter d'établir a posteriori des degrés d'analogie biologique (chemotaxonomie) ;

Le pigment blanc et jaune des ailes de papillons de la famille des *Piéridés (Piéride du chou, Citron)* dérive de l'acide urique et est limité à la famille. Il doit s'être diversifié à partir d'une forme commune.

La parenté étroite des *Vertébrés* et des *Echinodermes* est mise en lumière par la nature des phosphates utilisés dans la régénération de l'ATP :

Alors que les *Invertébrés* possèdent général. de l'arginine phosphate, les *Vertébrés* par contre, ont de la créatine phosphate tandis que les *Etoiles de mer* et les *Balanoglosses* contiennent soit uniquement de la créatine phosphate, soit de l'arginine phosphate.

Chaque espèce possède des protéines rigoureusement spécifiques qui se différencient de celles des autres espèces. On peut les isoler par l'électrophorèse qui met en évidence les déplacements caractéristiques des composés dans un champ électrique :

L'isolement par électrophorèse des protéines de différents œufs d'*Oiseaux* prouve des analogies étroites entre *Cigognes* et *Flamands, Hirondelles* et *Colibris, Chouettes* et *Engoulevents*.

Les **analyses des séquences** des acides nucléiques (ADN) et des protéines nous livrent des renseignements précieux :

- Les doubles hélices d'ADN peuvent être dédoublées et, dans certaines circonstances, recombinées (« hybridation ») avec d'autres chaînes complémentaires préalablement isolées et marquées avec des traceurs radioactifs. Ces chaînes s'hybrident d'autant mieux que les molécules d'ADN utilisées sont plus semblables. L'hybridation atteint entre la *Souris* et le *Hamster*, le *Cochon d'Inde* et l'*Homme* respectivement 55 %, 24 % et 20 %, et 85 % entre l'*Homme* et le *Macaque rhesus*.
- Chez les *Mammifères* apparentés, la chaîne la plus courte de l'insuline (p. 10) ne diffère dans sa séquence moyenne que par l'échange de 1 ou 2 acides aminés seulement (A).
- L'enzyme respiratoire cytochrome c des *Mammifères* formé de 104 à 108 AA ne diffère que par 10 ou 15 AA de celui des *Oiseaux*, par 20 de celui des *Poissons*, par 43 à 49 de celui de la *Levure*. La différence entre l'*Homme* et le *Macaque rhesus* ne tient qu'à un seul AA.

Les analyses des séquences des hormones de l'hypophyse (corticotropine, mélanotropine) ou de l'hémoglobine et de la myoglobine donnent des résultats analogues.

VI. Preuves sérologiques

Les agglutinines formées dans le plasma sanguin lors de « l'immunité acquise » (p. 323) forment un précipité en présence d'antigène spécifique (réaction d'agglutination). Elles forment également un précipité avec les protéines d'une espèce voisine, précipité dont l'importance dépend du degré de parenté des 2 espèces :

- L'agglutinine de n'importe quel cobaye qui a été immunisé contre les protéines de l'*Homme* provoque dans le sérum de *Singe* une agglutination à 50 %, nulle par contre dans le sérum de *Marsupiaux* ou d'*Oiseaux* (B).
- De l'antisérum actif contre le sang de *Bovidés* montre, selon l'importance de la précipitation les relations de parenté avec un certain nombre d'*Ongulés* (C).

Des tests sérologiques analogues ont montré que c'est des *Artiodactyles* que les *Cétacés* sont les plus proches, que les *Bœufs musqués* sont proches des *Chèvres* et des *Moutons* et non des *Bovidés* et que les *Léporinés* ne sont pas des *Rongeurs*.

VII. Preuves embryologiques

Les ressembl. entre les embryons de divers groupes d'*Animaux* et de *Végétaux* qui, adultes, ne sont plus identiques, indiquent des analogies :

- C'est à peine si l'on peut distinguer les embryons de diverses classes de *Vertébrés*, p. ex. du *Requin*, du *Poussin* et de l'*Homme* : la forme d'ensemble, la tête avec les yeux, les narines, les oreilles, les branchies, les membres, le cœur et la queue sont similaires.
- Les *Escargots* et les *Mollusques*, mais aussi les *Annélides marins* sont issus d'une larve du type *Trochophore*. Il pourrait donc y avoir eu une forme ancestrale ayant une larve semblable.
- La parenté entre les *Echinodermes* et les *Balanoglosses* qui mènent aux *Cordés*, est confirmée par le type de larve *Dipleurula* commun à ces formes.

L'embryologie peut surtout permettre de situer les formes hautement spécialisées :

- Les *Anatifes* (cf. p. ex. le *Lepas*), classés jusqu'en 1830 parmi les *Mollusques*, ont pu être considérés comme des *Crustacés* devenus sédentaires, parce qu'ils ont une larve *Nauplius* (larve des *Crustacés*).
- Pour la même raison, les *Sacculines*, parasites des *Pagures*, informes et presque uniquement constituées d'un sac de cel. germinales (p. 264 sq) ont pu être classées parmi les *Crustacés*.

On trouve souvent des structures embryonnaires superflues chez les espèces actuelles, qui doivent être considérées comme des vestiges d'organes indispensables à d'autres formes préexistantes (HAECKEL : règle biogénétique de la répétition embryologique des stades d'évolution phylogénétiques) : p. ex. les branchies humaines, incisives à la mâchoire sup. chez les *Artiodactyles*, cotylédons analogues aux feuilles et réduits ensuite à des écailles chez les *Plantes*.

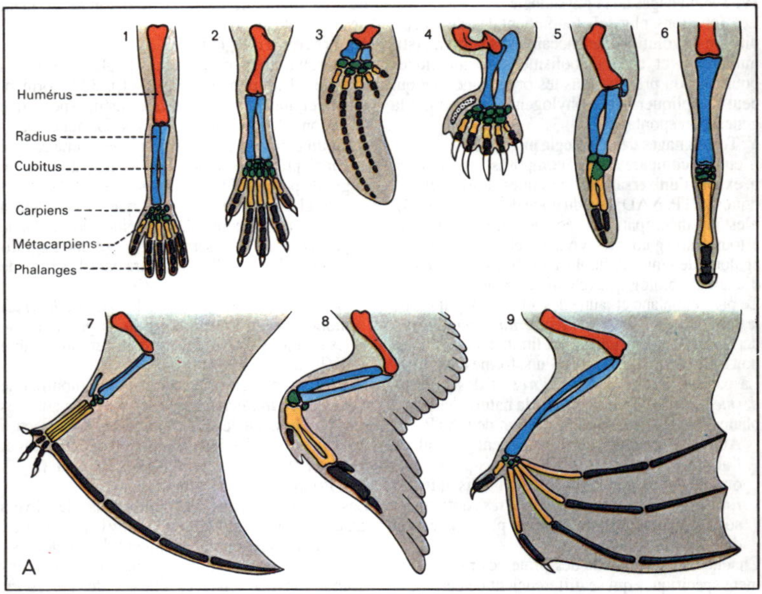

Organes homologues = membre antérieur de l'Homme (1), de Lézard (2), de Cétacé (3), de Taupe (4), de Pingouin (5), de Cheval (6), de Saurien volant (7), d'Oiseau (8), de Chauve-souris (9)

Organes analogues: pattes fouisseuses

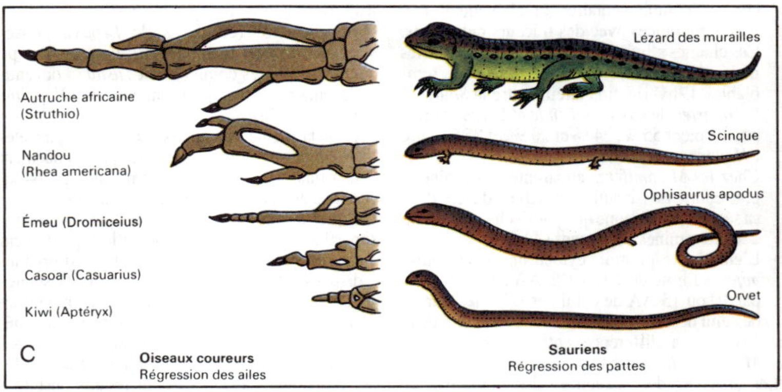

Organes rudimentaires: régression des pattes

VIII. Preuves morphologiques

La similitude morphologique ou anatomique constituait déjà aux yeux de DARWIN une indication sur la parenté des *Végétaux* et des *Animaux* concernés :

– Les membres des *Vertébrés* (p. 140 sq) ou des *Insectes* (p. 132 sq) sont composés d'éléments spécifiques qui étaient ceux des « ancêtres » communs dont ils développent les possibilités. Le nombre de vertèbres cervicales est de 7 chez les *Mammifères*, que le cou soit long (*Girafe*) ou court (*Taupe*).

Cette **structure anatomique commune** à tous les membres d'un même groupe systémat., c.-à-d. cette similitude malgré des différences d'adaptation (p. ex. chez les parasites, les formes de milieux secs ou aquatiques, les animaux sédent.), semble évidente aux yeux des tenants de la théorie de l'évol. On comprend ainsi la présence d'organes dont les struct. ne semblent pas nécessaires lorsqu'on les considère comme les **modifications d'un type fondamental**.

– L'articul. des membres des *Vertébrés* (p. 140 B) a été conservée dans l'aileron du *Dauphin*) et dans les ailes des reptiles volants, des *Oiseaux* et des *Chauves-Souris* (A).
– C'est également le cas pour les pièces buccales des *Insectes* (p. 132), les transformations de la racine, de la tige, de la feuille (pp. 116-121) ou les cerveaux des *Vertébrés* (p. 530).
– Ces organes, dont la struct. et le mode d'utilisation peuvent être différents, sont cependant ramenés au même type fondamental. Ils sont appelés **organes homologues**.

En revanche, on appelle **organes analogues** des organes ayant la même fonction mais une autre struct. et une origine différente : les ailes d'un *Oiseau* et d'un *Insecte*, les pattes fouisseuses en forme de pelle de la *Taupe* et de la *Courtilière* (B), le tubercule de la *Pomme de terre* et du *Dahlia* auraient été formés sous l'effet d'adaptations similaires au cours d'une évolution « convergente ». **Des critères d'homologie** attestent l'origine phylogénétique.

Le critère de situation : la « théorie de Reichert » (*cf.* pp. 140 sq, 522) fait dériver sur le plan de l'évolution des espèces les osselets des *Mammifères* des os de l'articulation des mâchoires des *Reptiles* ; elle se fonde sur la situation des os par rapport aux nerfs, aux vaisseaux et aux muscles voisins.

Le critère de spécialisation permet, même si les positions ne sont pas identiques d'homologuer les structures isolées si elles concordent (p. ex. les dents de nombreux *Mammifères*).

Le critère de continuité si les structures de 2 membres sont reliées par des formes intermédiaires que l'on peut retrouver par l'embryologie (règle biogénétique, p. 511) ou si elles forment chez les fossiles et/ou des espèces récentes une série de formes à variations graduelles.

On peut souvent classer les organes ou les syst. homol. de telle sorte qu'ils forment des séries phylogénétiques (**séries progressives**) qui vont du plus simple au plus compliqué : p. ex. le SNC des *Invertébrés* et des *Vertébrés* (p. 530), la circul. sanguine et le cœur (p. 140), la vessie natatoire et les poumons des *Vertébrés*.

La « théorie de la descendance » trouve dans les struct. régressives qui n'ont pas de fonction ses appuis morphologiques les plus solides. Lorsque les conditions du milieu se modifient, la pression sélective qui tend au maintien des struct. jusqu'alors vitales, peut diminuer d'intensité et permettre la régression de l'organe vers une **forme rudimentaire** lorsque les mutants correspond. ne voient pas leur valeur biol. diminuée par rapport aux formes d'origine :

– Les côtes des *Tortues* sont fortement soudées à la carapace et donc immobiles ; cependant une jeune *Tortue d'eau douce* présente encore des vestiges de muscles intercostaux qui n'ont plus de fonction depuis au moins 200 MA.
– Bien que les embryons des *Marsupiaux* se développent dans le corps de la mère et soient alimentés par un placenta, ils ont conservé après 100 millions d'années de phylogenèse des traces de leur modèle reptilien. Les œufs comportent du jaune, du blanc et une coquille et les embryons une « dent de diamant ».
– Les *Mammifères aquatiques* ont un cou, les membres et une queue régressés ou différents. La *Baleine* n'a pas de pattes post., mais dans le corps on trouve des vestiges de ceinture pelvienne.
– Des *Spermaphytes* vivant en parasites ont des feuilles réduites à écailles sans chlorophylle (*Monotropa hypopitys*), sont dépourvues de tige (*Rafflesia)* dont les fleurs sortent de la plante-hôte) ou ont des racines rudimentaires (*Lycium*).

A l'intér. de certains groupes, on constate l'existence chez des espèces diff. de régressions d'importance variable qui peuvent être regroupées en séries phylogénét. Cela ne signifie pas pour autant que les représentants d'une telle série régressive soient issus les uns des autres.

– Chez les *Oiseaux coureurs* incapables de voler, les éléments du squelette des ailes sont atrophiés et soudés (C).
– Certaines esp. de *Lézards* présentent plus. degrés de régression des membres. Les *Lézards des murailles* ont des pattes avant et arrière bien développées avec 5 doigts qui contribuent à la progression rampante. Les toutes petites pattes à 3 doigts du *Scinque* ne jouent pas un grand rôle dans la progression. L'*Ophisaurus apodus* n'a pas de pattes de devant, les pattes de derrière réduites à l'état de moignons sont sans fonction. Notre *Orvet* enfin n'a pas de pattes, il a cependant des vestiges de la ceinture pelvienne et une ceinture scapulaire complète (C).
– Parmi les *Scrofulariacées*, la *Molène commune* possède 5 étamines dont l'une est réduite chez la *Scrofulaire* et une n'existe pas chez la *Digitale* ; les 2 étamines atrophiées encore présentes à côté des 2 étamines fécondes de la *Gratiole* manquent totalement chez la *Véronique* (p. 558 A).

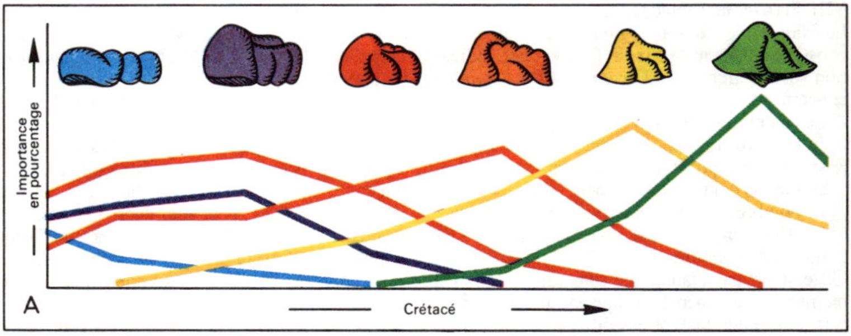

Développement des types successifs de coquille d'un Foraminifère pendant le Crétacé

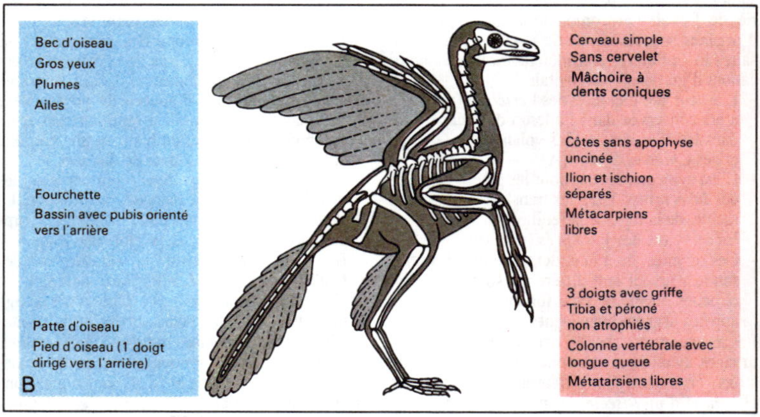

Caractères aviens et reptiliens chez l'Archæopteryx

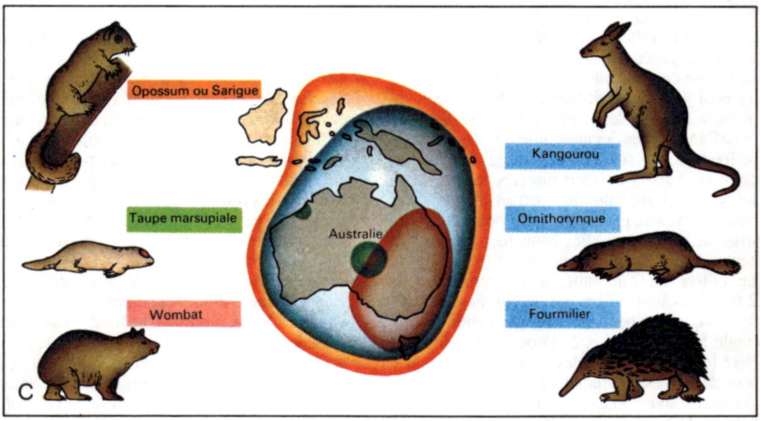

Distribution des Monotrèmes et des Marsupiaux en Australie

IX. Preuves paléontologiques

Les vestiges de *Végétaux* et d'*Animaux* d'époques reculées n'ont été général. conservés dans les couches terrestres que lorsqu'ils possédaient des éléments solides (bois, squelette int. ou ext.) et que les cadavres étaient recouverts par un matériau favorable à la conserv. (sédiment, sable mouvant). C'est la raison pour laquelle les fossiles sont nécessair. incomplets. La paléontologie est cependant abondamment utilisée pour supporter la théorie de l'évol. Elle atteste avant tout avec une grande netteté que **les formes des organismes** ont **constamment changé** avec un **accroissement quantitatif de la différenciation :**

- Le nombre des diff. types de cel. végétales est passé de 1 à 3 (il y a 1,5 milliard d'années) à 6 ou 10 (il y a 600 millions d'années) et de 40 (400 millions d'années) à 76 actuellement.
- Dans l'évolution phylétique des *Végétaux* et des *Animaux* (pp. 520-523), le degré d'organis. (anagenèse, p. 531) se complique depuis les représentants les plus reculés de l'histoire géologique jusqu'aux plus récents (« progression morpho-temporelle » : *Algues-Fougères-Gymnospermes-Angiospermes).*

On connaît des **séries suivies** dans lesquelles il ne manque aucun élément, qui montrent les modif. successives d'une unité systém. (espèce, genre) chez les *Trilobites,* les *Huîtres,* les *Gastéropodes,* les *Ammonites* (espèce voisine des *Seiches*), les *Eléphants,* les *Chameaux* et les *Chevaux* (pp. 524 sq) et parfois même l'analyse de leurs populations :

Les diff. formes de *Foraminifères Globorotalites* ont constamment changé de forme de coquille pendant le Crétacé. Le pourcentage des divers types de coquilles dans chaque popul. s'est modifié au cours des temps dans les couches de sédim. successives (A).

Sont également importantes les formes disparues que l'on a mises au jour et qui, constituées par des **formes animales fossiles de transition** (types collectifs), réunissent des caract. communs à plus. groupes nettement séparés ultérieurement. Les modèles primitifs de ces groupes appartiennent tous à une même unité systématique :

L'Ichthyostega, « un poisson pourvu de pattes » mis au jour dans le Dévonien sup. du Groenland, possédait une nageoire dorsale soutenue par un os, mais aussi des poumons primitifs et 4 pattes à 5 doigts. Il fait partie des *Poissons à bouclier céphalique (Stégocéphales*), formes intermédiaires entre les *Poissons (Crossoptérygiens)* et les *Vertébrés* terrestres (*Amphibiens, Reptiles*). Ceinture scapulaire encore unie à la tête, bassin non relié à la colonne vertébrale.

- Le *Seymouria* du début du Permien est à moitié *Batracien* (ligne latérale sur les bords du crâne, profonde incisure otique) et à moitié *Reptile* (choanes très rapprochées, articulaire et supra-angulaire séparés).
- L'*Oiseau primitif Archaeopteryx* de la taille d'un Pigeon et vivant à l'époque jurassique, montre une mosaïque de caractéristiques d'*Oiseaux* et de *Reptiles* (B).

X. Géographie végétale et animale

Au cours de l'histoire terrestre, la superf. et la forme des continents ont varié. Les mers et les hautes montagnes ont limité la libre dispersion des organismes terrestres, comme les grandes étendues terrestres ont limité celles des formes aquatiques. Il existe donc aujourd'hui des rapports très étroits entre l'isolement des aires et l'étendue des variations de leurs habitants :

- Les êtres qui vivent sur la masse de terre ferme continentale septentrionale, se retrouvent tout au long de ce continent sans grandes différences, mais les continents isolés depuis longtemps au cours de l'histoire terrestre ont conservé leurs propres espèces (vestiges endémiques) ou en ont formé d'autres (endémiques progressives), p. ex. en Amérique du Sud : *Nandou, Platyrrhiniens, Edentés (Paresseux, Tamanoirs).*
- L'Australie, qui avait été isolée à la fin du Crétacé lorsque sont apparus les premiers *Monotrèmes* et les *Marsupiaux*, a pu les conserver, car ils n'ont pas été éliminés par une concurrence avec les *Mammifères supérieurs* absents d'Australie. (C)

Les îles de l'océan Pacifique (Galapagos, Hawaï) possèdent des formes endémiques (c.-à-d. que l'on ne trouve nulle part ailleurs) ; ce qui a amené DARWIN à écrire : « Faut-il admettre que les différentes espèces de *Rhinocéros* dont chacune habite Java, Sumatra et Malacca... ont été créées à partir de la matière inerte de ces régions ? Pouvons-nous vraiment, sans motif raisonnable, dire que parce qu'ils vivent si près les uns des autres ils ont été créés si ressemblants ; qu'ils appartiennent au même genre que le *Rhinocéros sibérien* et d'autres espèces disparues ? N'y a-t-il pas une raison expliquant que son cou réduit est composé du même nombre de vertèbres que le long cou de la *Girafe* ; que leurs pattes puissantes ont la même structure que celles des *Antilopes*, de la *Souris*, des *Singes* ou que l'aile de la *Chauve-Souris* ou l'aileron du *Dauphin ?*... que les mâchoires de leurs petits contiennent de petites dents qui ne percent jamais, que ces 3 *Rhinocéros* présentent au stade embryonnaire des simil. (restes de dents inutiles et autres caract.) bien plus grandes avec les autres *Mammifères* qu'à l'âge adulte ; et enfin que leurs vaisseaux sanguins ont la même disposition que ceux des *Poissons* et transportent le sang vers des branchies qui n'existent pas ? Dirons-nous après tout cela que pour chacune de ces 3 espèces, un couple ou une femelle gravide ont été créés pour eux seuls à partir de matières inanimées de Java, Sumatra et de Malacca et qu'ils présentent des signes évidents de parenté, certains détails portant la marque de l'inutilité et d'autres celle de la transformation ? Ou viennent-ils comme nos animaux domestiques des mêmes ancêtres primitifs ? Pour ma part, je ne puis pas davantage admettre la 1re hypothèse que je ne puis admettre que la chute libre d'une pierre ne dépend pas de la pesanteur, mais du désir immédiat du Créateur. »

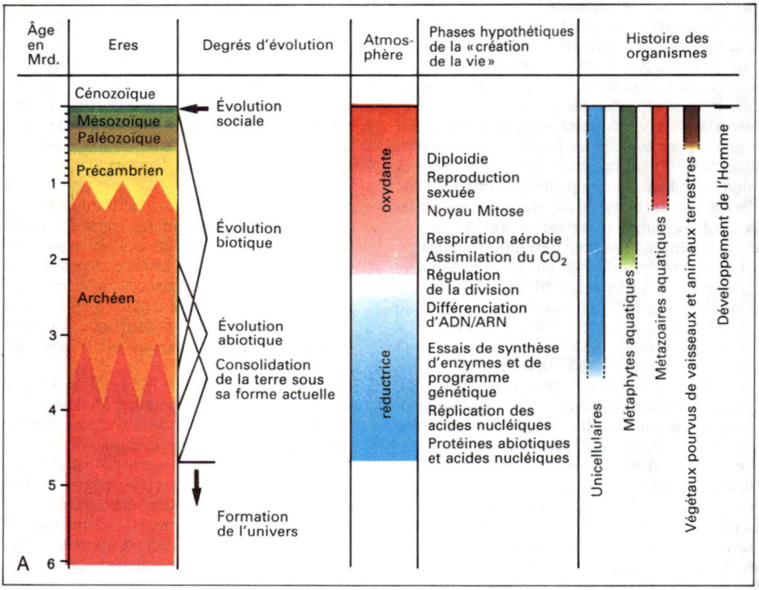

Déroulement chronologique hypothétique de l'évolution générale sur la planète

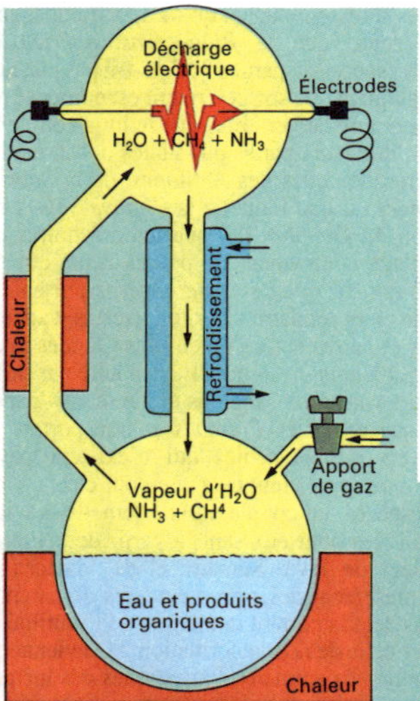

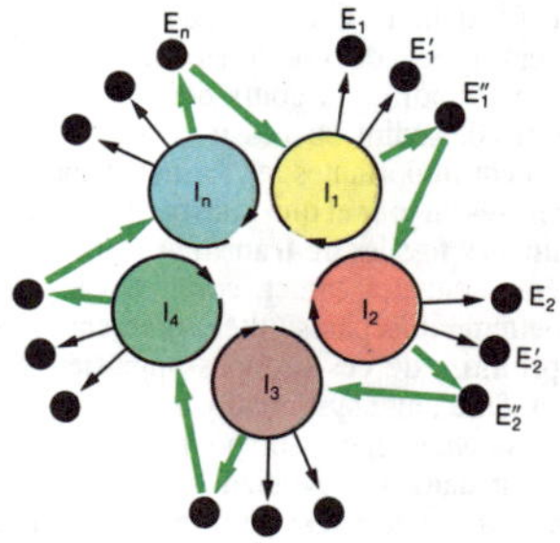

C **Le modèle du super-cycle, d'après EIGEN**

Acide formique	3.95	Sarcosine	0.08
Glycine	1.07	Acide α aminobutyrique	0.08
Acide glycolique	0.95	Acide α hydroxybutyrique	0.08
Alanine	0.58	Acide succinique	0.07
Acide lactique	0.53	Urée	0.03
Acide acétique	0.25	N-méthylurée	0.03
β alanine	0.25	N-méthylalanine	0.02
Acide propionique	0.22	Acide aspartique	0.01
Iminodiacétate	0.09	acide glutamique	0.01

B **Dispositif expérimental (d'après MILLER-PONNAMPERUMA) pour la synthèse abiotique de composés organiques (Le rendement est proportionnel au méthane utilisé)**

Synthèse abiotique de composés organiques

La théorie de l'évolution débouche sur la question de l'origine de la vie. Expérimentalement et théoriquement cette question, comme celle de la **biogenèse** ordonnée lors de la formation de la planète (A), a reçu de bonnes réponses (consulter R. KAPLAN : *L'Origine de la vie*).

La mise en place de la planète primitive
a commencé il y a 4,5 milliards d'années par condensation avec intense dégagement de chaleur, libération d'He et H_2 ds l'espace (atmosphère primitive) suivie d'une solidification, sous intense rayonnement. Un important volcanisme a libéré H_2O, CH_4, NH_3, H_2S, H_2, créant l'océan primitif et la 2nde atmosphère qui a fonctionné pendant 0,5 à 1 milliard d'années. La 3e atmosphère avec N_2, CO, CO_2, H_2O s'est ensuite formée par des réactions gazeuses et la libération d'H_2. Il y a environ 3,5 milliards d'années a débuté avec la photosynthèse l'enrichissement en O_2 (0,2 % il y a 1,4 milliard, 2 % il y a 0,4 milliard) donnant la 4e atmosphère oxydante.
Les sources d'énergie de la Terre primitive étaient la lumière solaire (notamment son quota d'UV en absence de couche d'ozone), les décharges électriques statiques et dues à l'orage, la radioactivité, le volcanisme et les impacts de météorites.

L'évolution abiotique
résulte de l'action de cette énergie colossale sur les gaz de la 2e atmosphère, catalysée par la surface consolidée de la lave, l'argile ou le SiO_2, transformant des corps comme HCN, les hydrocarbures insaturés, l'urée, le formol en monomères : A.A, sucres, acides carboniques, bases puriques et pyrimidiques. Concentrés avec leur polymères, ds les eaux, ils ont formé la « **soupe primitive** », en absence d'oxydations. C'est ce que confirment les **expériences de simulation :**
– Ds une atmosphère de NH_3, CH_4 et vapeur d'eau, rappelant la primitive, des décharges électriques ont donné des composés abiotiques (B).
– Les sucres simples (glucose, ribose) se forment en présence de calcaire à partir des solutions aqueuses de formol ou d'acétaldéhyde.
– L'adénine, élément essentiel de l'ATP, des acides nucléiques et d'enzymes, se forme par chauffage d'une solution de HCN-NH_3 ; l'uracile, la cytosine et la thymine se forment par décharges électriques, ds une atmosphère de CH_4 – NH_3 – H_2O et lors de la réaction ultérieure avec l'urée.
FOX, à partir d'un mélange de lave et d'A.A a obtenu par dessication thermique un « protéinoïde », chaînes formées de près de 150 A.A.
– A 50-60°C, le ribose, les bases puriques ou pyrimidiques se polymérisent avec l'acide phosphorique en macromolécules d'acides nucléiques qui progressent par autocatalyse.
Ces expériences confortent l'hypothèse que ds les conditions de l'atmosphère primitive, la synthèse abiotique de corps organiques a nécessairement eu lieu et des protéines isolées, à activité enzym., et des acides nucléiques ont pu se répliquer abiotiquement lentement et d'une façon imprécise.

La formation de structures pré-biotiques
s'est sans doute opérée par démixtion des macromolécules, en solution colloïdale, de la soupe primitive : i.e. que par **auto-agrégation** se sont formées des masses sphériques faites de protéinoïdes, acides nucléiques et autres substances. On en propose des modèles :
Les coacervats sont des gouttelettes de protéines (sérum-albumine, gélatine, histones) et d'acides nucléiques formées par concentration (perte d'eau et augm. de salinité) de solutions colloïdales (OPARINE).
– Un coacervat de polysaccharides et d'histone incorpore l'enzyme phosphorylase. En ajoutant du glucose-1 phosphate, les gouttelettes de coacervats emmagasinent de l'amidon transformé en maltose, par adjonction d'amylase.
Les microsphères sont des auto-agrégations de protéinoïdes ds de l'eau chaude, sphères stables de 0,0005 à 0,08 mm de diam. avec une couche superficielle membraneuse, parfois double, semi-perméable à rôle osmotique (FOX).
La formation des premiers organismes (Protobiontes) difficile à aborder par des modèles expérimentaux est encore peu claire, à cause de la complexité croissante des phénomènes. C'étaient sans doute des individus microsphériques, très hétérotrophes, formés de protéines actives et des acides nucléiques correspondants réunis au hasard selon **« l'hypothèse génétique »**. Ce processus, plusieurs fois renouvelé, conduit à un système capable de se reproduire et de muter, synthétisant à partir des éléments de la soupe primitive de nouvelles molécules de protéines et d'acides nucléiques avec à peu près les mêmes séquences fonctionnelles. KAPLAN considère qu'un tel protobionte sous forme de 100 000 t. d'agrégats pour 10 km2 de surface de la soupe originelle a pu se former avec chaque fois 40 protéines fonctionnelles et les gènes associés.
Le modèle du super-cycle (EIGEN)
explique que la répartition au hasard des « phrases de base » constituées d'acides nucléiques et de protéines – et bien avant leur compartimentation en protobiontes– a suivi un processus de sélection et d'évolution (C) :
Un hypercycle se compose de molécules informatives qui codent respectivement pour une ou plusieurs molécules à fonction catalytique, p. ex. les E_1, E'_1, E''_1 codées par I_1 peuvent exercer des fonctions différentes, comme le contrôle, la polymérisation ou la traduction , l'une d'elles établissant la liaison avec I_2 en en activant la synthèse p. ex.
Ainsi l'enzyme E_1 codée par le polynucléotide I_1 peut catalyser la réplication de I_2 et ainsi de suite, jusqu'à ce que finalement, par l'action catalytique de E_n sur I_1 la boucle soit refermée.
Des différences accidentelles ds les « phrases de base », des transformations par mutation des molécules informatives et la sélection des aptitudes à la reproduction et à la croissance au sein des différents super-cycles propulsent déjà les mécanismes de l'évolution au niveau moléculaire.

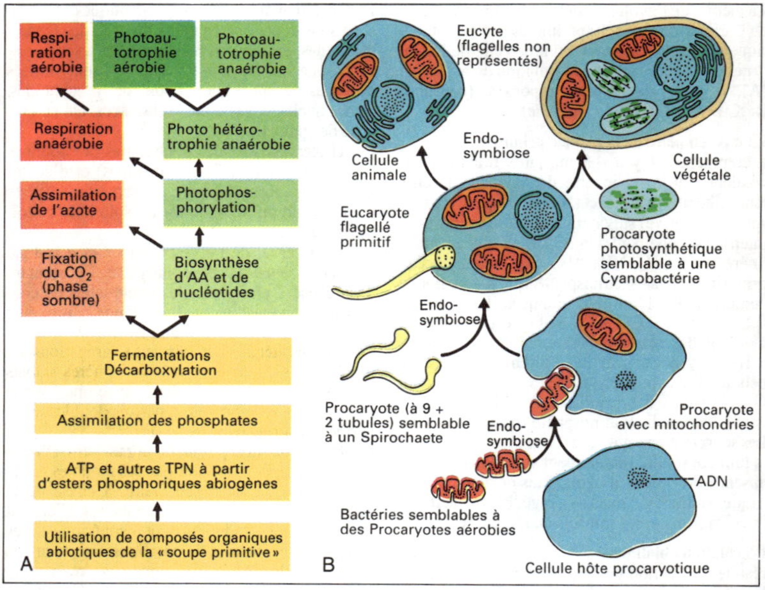

Schéma de l'évolution du métabolisme (de l'abiotique au biotique A) et de l'hypothèse très répandue de l'endosymbiose (B)

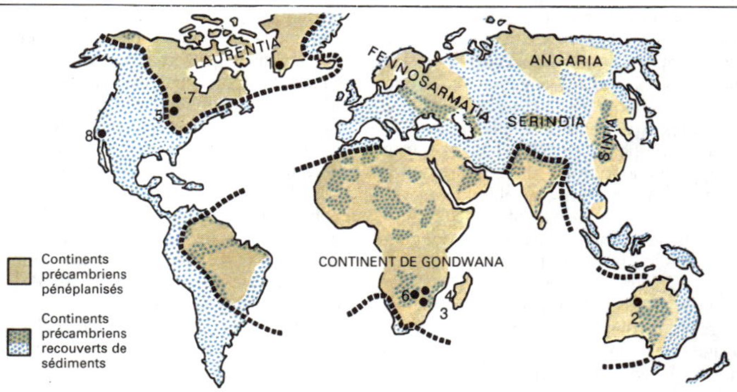

1 Série d'Isua
SO du Groënland, 3,8 Mrd A. (le plus ancien sédiment: quartzite avec des formes semblables à des fossiles: Isuasphères)

2 Série de Warrawoona
NO Australien, 3,5 Mrd A. (micro-fossiles variés: bactéries sphériques, filamenteuses, bacillaires)

3 Série de Fig-Tree
Swaziland, 3,1 Mrd A. (bactéries sphériques et en bâtonnets: CO_2 biogène ?)

4 Bulawayo-Kalkstein
Zimbabwé, 2,7-3,1 Mrd A. (couches épaisses de calcaire et substance organique: « Stromatolithe » avec Cyanobactéries et/ou bactéries; biogène avec kérogène)

5 Formation Soudan-Iron
N-O du Minnesota, 2,7 Mrd A. (Structures bactériennes à la morphologie peu distincte ou semblables à des Cyanobactéries)

6 Formation du Witwatersrand
Transvaal 2,3-2,4 Mrd A. (microorganismes sphériques dont des Eucaryotes ?)

7 Formation Gunflint-Iron
Ontario/Canada, 1,9 Mrd A. (microorganismes sphériques filamenteux: Cyanobactéries ? Bactéries ferrugineuses ? Dinoflagellés ? Eucaryotes chlorophylliens ?)

8 Beck-Springs-Dolomite
Californie/USA, 1,2-1,4 Mrd A. (Algues-eucaryotes: Chlorophycées ou Chrysophycées)

C

Boucliers précambriens avec localisation des plus anciens vestiges de vie découverts

L'évolution biotique
qui remplace peu à peu l'évolution chimique abiotique enrichit la soupe originelle en matériaux organiques. Ce qui a donné les « Eobiontes » : leur membrane les a protégés des pertes par diffusion et a contribué à leur enrichissement sélectif. La nutrition a permis d'abord une croissance très lente, puis des divisions avec maintien de la capacité vitale pour les agrégats fils qui comportaient par hasard un arsenal de protéines et de polynucléotides (gènes). La réunion de ces gènes en un génome cohérent et le développement des mécanismes de division suivie d'étranglement transversal ont procuré des avantages sélectifs.

L'évolution vers la protocyte (A)
a été favorisée par l'enrichissement de la soupe primitive sous la pression de sélection et a conduit à l'auto-alimentation des « cellules » en substances vitales grâce à leurs synthèses propres. Un meilleur fonctionnement enzymatique a permis de fabriquer biologiquement des A.A. qui devenaient rares et d'utiliser la teneur croissante en CO_2 atmosphérique comme source de C.
L'énergie a d'abord été fournie sur un mode hétérotrophe par différentes fermentations qui existaient déjà chez les Eobiontes évolués (hétérotrophie primaire). Des processus respiratoires anaérobies ont amélioré ensuite le gain d'énergie : la porphyrine indispensable ds la chaîne respiratoire (cytochrome) a pu être formée abiotiquement et l'O_2, ds une atmosphère encore privée de ce gaz, a été fourni par les nitrates, nitrites, sulfates ou par le CO_2.
L'autre voie importante pour le gain d'énergie a été l'utilisation de l'énergie lumineuse : les premières réactions photochimiques simples ont suivi les voies de la photophosphorylation cyclique et linéaire (p. 274 sq) qui permirent la réduction du CO_2 et à partir de lui la synthèse organique (autotrophie). La chlorophylle indispensable a pu se former d'une façon abiotique et être stockée dans les membranes.
Cette photosynthèse a eu un effet double :
– La substance organique produite a constitué les bases d'un cycle métabolique entre les organismes autotrophes et les formes hétérotrophes menacées sans sa présence.
– L'oxygène libéré conditionnait les chimiosynthèses aérobies et la respiration en aérobiose, qui a remplacé les fermentations et permis l'hétérotrophie secondaire.

L'évolution vers l'Eucyte (B)
est le grand saut qui a permis, sans transition, le passage des *Protocaryotes* (à la protocyte simple) à la cellule des *Eucaryotes,* très compartimentée (voir p. 59). L'absence de formes intermédiaires s'explique par l'**hypothèse des endosymbiontes.**
Les mitochondries que l'on peut assimiler à des bactéries aérobies et les chlorophastes assimilables à des organismes photo-autotrophes, les cyanobactéries, auraient été accepté, comme symbiontes par de grands protocytes (à métabolisme anaérobie ?) et, par perte de leur autonomie (p. 47), au cours de l'évolution, auraient constitué les organites fixes des cellules des *Eucaryotes.*
Les symbiontes apportaient l'équipement moléculaire pour la respiration ou la photosynthèse et la cellule hôte, par la constitution d'un noyau et d'un appareil mitotique, les nouvelles acquisitions des *Eucaryotes*, comme la mitose, la méiose, la reproduction sexuée, la diploïdie avec possibilités de recombinaison et d'hétérozygotie.
Les arguments à l'appui sont entre autres :
1. Mitochondries et plastes dérivent uniquement par division de formes préexistantes.
2. A l'instar des *Procaryotes,* elles n'ont qu'un ADN, circulaire et nu (sans histones) et,
3. des ribosomes 70 S au lieu des 80 S.
4. Les biosynthèses d'ADN ou d'ARN sont inhibées de la même façon.
5. La membrane externe de ces 2 organites a une structure d'eucyte et l'interne celle d'un protocyte.
L'hypothèse des endosymbiontes s'étend aussi aux flagelles et aux cils des *Eucaryotes* avec leur motif 9 + 2 et aux centrioles homologues de ceux de *Bactéries*, semblables à des spirochètes symbiotiques. Les *Flagellés* se trouveraient donc peut être à l'origine de l'évolution vers les *Eucaryotes.*

Les plus anciennes traces de vie fossiles
se rencontrent ds les roches appropriées des cratons précambriens (C).
Fossiles chimiques : on ne peut utiliser de molécules biologiques comme indicateurs vitaux, car protéines et acides nucléiques sont très instables ; quant aux molécules stables d'A.A, d'hydrocarbures (lipides?) et de porphyrines (chlorophylle?) des modifications chimiques, des formations abiotiques ou des infiltrations à partir de couches géologiques plus jeunes ne sont pas à exclure :
– Le kérogène, des chaînes complexes d'hydrocarbures aromatiques qui manquent ds la formation d'Isua, sont considérés comme abiogènes ds les formations d'Onverwacht et de Fig-Tree et ne sont considérés comme biogènes que ds des couches à partir de 3 milliards d'années.
– La concentration de l'isotope C^{12} par rapport à C^{13} a permis de dater la formation sud-africaine d'Onverwacht à 3,3 milliards d'années.
Microfossiles : l'origine biogène des traces récoltées dans les plus anciens sédiments d'Isua et rapportées à 3,8 milliards d'années est incertaine. Les traces les plus anciennes indubitables proviennent du nord-ouest de l'Australie ds la formation de Warrawoona (3,5 milliards d'années). De même pour la formation de Fig-Tree ds le Swaziland (3,1 milliards).
– *Archaeosphéroïdes :* différents types de parois avec substance organique interne : diam. jusqu'à 0,05 mm, sous forme de sphères.
– *Eobacterium* ressemblant à une bactérie en forme de bâtonnet d'environ 0,0006 x 0,00025 mm.
Les 1res traces indubitables d'*Eucaryotes* ne sont pas encore certifiées. Elles concernent la formation du Witwatersrand : formes des *Beck-Springs Dolomit* (S.W. Californie).
Macrofossiles : l'existence d'*Eucaryotes* pluricellulaires date au mieux de l'Eocambrien (voir p. 521).

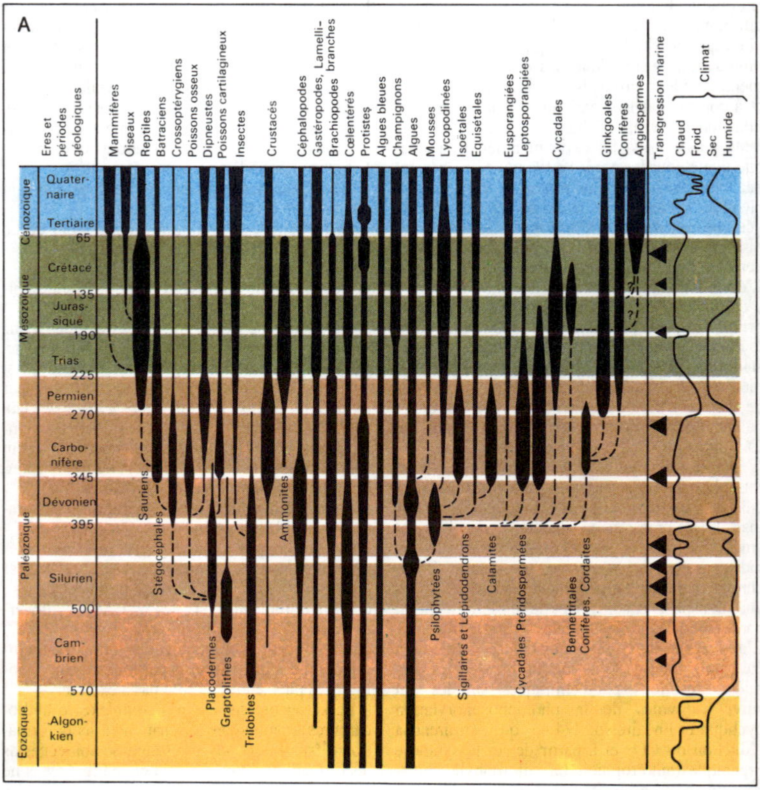

Apparition et propagation des organismes au cours de l'histoire terrestre

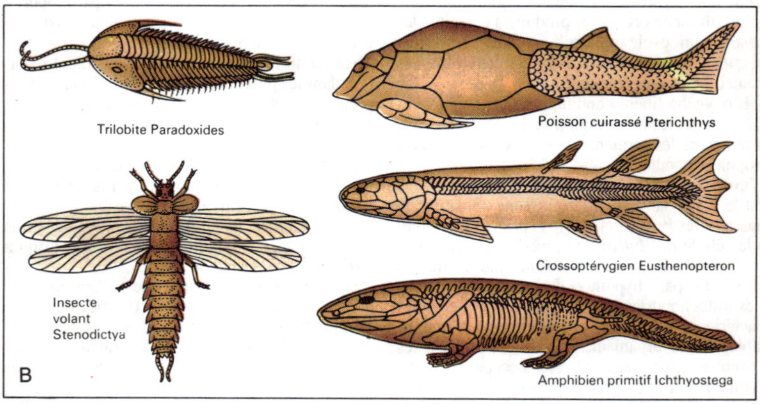

Animaux du Paléozoïque

Le déroulement de l'évolution s'appuie sur des découvertes, notamment les macro-fossiles, et se suit depuis 650 millions d'années (A).

1. Le Précambrien

La présence des *Eucaryotes* pluricellulaires est attestée par de nombreux restes trouvés en Afrique du Sud, Sibérie, Nord-Ouest européen, Terre-Neuve et surtout Australie du Sud. La « faune d'Ediacara », nommée d'après plus de 1 600 restes retrouvés dans le grès d'Ediacara au nord d'Adélaïde, regroupe env. 60 espèces marines et notamment : *Cœlentérés*, avec en plus des *Annélides, Arthropodes, Echinodermes* et *Mollusques*.

2. Le Paléozoïque : un cert. nombre de formes utilisent des matériaux résistants qui présentent des avantages sélectifs devenus héréditaires et qui ont laissé des documents paléontologiques.

Pendant le Cambrien, une riche flore d'*Algues* s'est épanouie dans les mers à fonds plats (*Siphonales* marines calcaires) ; de nombreux *Invertébrés* benthiques, ont commencé à mener une vie de prédateurs et à former des coquilles.

Les *Trilobites*, sortes de *Crustacés*, constituaient la moitié des 2 500 esp. anim. dont on a pu déceler l'existence (carapace de chitine, 1 à 70 cm de long, bouclier céphalique, cuirasses pectorales et caudales, de nombr. ocelles ou yeux à facettes, des antennes, des pattes pour nager et d'autres pour courir (B). Les *Brachiopodes* sans tronc, avec des coquilles cornées peu minéralisées, étaient très répandus (p. ex. *Obolus*), les *Mollusques*, rares, ne présentaient guère d'hélice.

A **l'ordovicien et au silurien** (étudiés conjointement car peu différents) les modifications climatiques, une plus nette séparation des mers, les transgressions et les régressions marines ont permis lors du dvt géologique et biologique la création d'une exceptionnelle variété de niches écologiques aquatiques. Les souches d'*Invertébrés* s'épanouirent en des formes nombr. et variées (26 000 esp.) : les *Tétracoralliaires, Lis de mer (Crinoïdes)*, tous les groupes de *Lamellibranches, Escargots* à spirale, de grands *Céphalopodes* très évolués parmi lesquels les *Orthocères (Endoceras* 4,5 m) et le *Nautile* enroulé en spirale. Les *Graptolithes,* des *Branchiotremata* vivant au fond des mers, dominaient, mais ils sont restés limités au Silurien ; ils formaient des colonies en forme de lames de scie. De l'ordovicien jusqu'à nos jours s'est perpétué le *Brachiopode* du type *Lingule* « genre permanent »). Décelés à l'ordovicien par la présence d'écailles, les prem. « *Vertébrés* » pisciformes apparaissent en grand nombre au Silurien sup. avec les *Agnathes* qui sont dépourvus de mâchoires et de squelette int., mais qui ont reçu une bouche suceuse et une peau cornée *(Ostracodermes)*. Les *Poissons cuirassés* (les *Placodermes* à mâchoire) (B) leur ont succédé avec les prem. vrais *Poissons*. La flore marine était représentée par les *Algues vertes, rouges* et *bleues* ; parmi ces dern., les *Nematophycus* formaient des souches de cel. tubulaires de l'épaisseur de la cuisse, et égalem. des thalles puissants. Le premier *Végétal* terrestre détecté remonte au Silurien : le *Rhynia* qui appart. aux *Psilophytes* disparus depuis la fin du Dévonien : plante des marais, à rhizome horizontal, pourvue de pousses fourchues vertic., de 50 cm de haut avec des stomates simples et des sporanges terminaux, un faisceau conducteur, de la cutine protégeant de l'évap. et des rayons UV, et de la lignine assurant la consistance des cel. de soutien.

Pendant le Dévonien, les paysages marécageux donnaient son caractère à la surface de la Terre. Les *Psilophytes* se différencièrent tout d'abord par l'accroissement de leur taille. Pendant le Dévonien supérieur, des *Végétaux* arborescents apparurent (flore *Archaeopteris*), parmi lesquels les *Fougères* à grandes feuilles (*Archaeopteris* à frondes biramifiées), les *Lycopodiacées* à petites feuilles (les *Cyclostigma* atteignaient 8 m de haut) et les *Equisétinées (Sphenophyllum)*. Toutes ces plantes constituaient les plus anciennes forêts connues.

Les *Animaux aquatiques* sont représentés par les *Ammonites* qui apparaissent pour la 1re fois et surtout par les *Poissons cartilagineux (Chondrichthyens, Requins primitifs*). Les *Dipneustes* de cette période s'étaient adaptés à la vie dans les eaux en voie d'asséchement : les *Crossoptérygiens* (B) représentaient une transition vers le 1er *Vertébré* terrestre, l'*Ichthyostega, Amphibien* encore primitif. Les *Invertébrés* terrestres sont représentés par l'*Insecte Rhyniella*.

Pendant le Carbonifère, une végétation forestière luxuriante s'épanouit lorsque le climat devint favorable (3 000 espèces). Les *Lepidodendrons* hauts d'environ 30 m et pouvant atteindre 2 m d'épaisseur, possédaient une écorce extrêmement épaisse (1 à 2 % du volume du tronc était en bois), tandis que les *Calamites*, genre d'*Equisétinées* de même grandeur, étaient creux à l'int. Toutes les génér. gamétophytes de ces *Ptéridophytes* étaient tributaires de l'eau (évaporation, fécondation), elles ne pouvaient pousser que dans les dépressions humides. En dehors des *Lycopodiales (Lepidocarpon)*, les seuls qui ne dépendaient pas de ces conditions climatiques sont les *Gymnospermes* et en particulier les *Fougères à graines (Ptéridospermées)* à feuilles filicinées et à germination par macrosporanges, et les *Conifères Cordaïtes* à feuilles étroites. Puis la Terre fut peuplée de *Gastérop. pulmonés,* d'*Insectes* ressemblant à de très grandes *Libellules* (jusqu'à 75 cm d'envergure, *Meganeura*), de *Stégocéphales* et de *Reptiles*. Pendant le **Permien**, le climat plus sec avec des saisons marquées opéra une sélection stricte favorable aux formes pouvant résister à la sécheresse, hiberner et qui eurent la possibilité d'occuper de grands espaces : les *Gymnospermes* avec des vaisseaux bien formés, des feuilles épaisses, des gamétophytes protégés, et qui en plus connaissaient le repos germinal. Les *Reptiles* ne dépendaient pas de l'eau, leurs œufs étaient protégés contre la sécheresse. Quelques *Insectes* « découvrent » le dévelop. holométabole avec le repos nymphal. Dans l'ensemble, le Permien a été une des plus grandes crises ds l'hist. de la vie.

Reptiles du Mésozoïque (Sauriens)

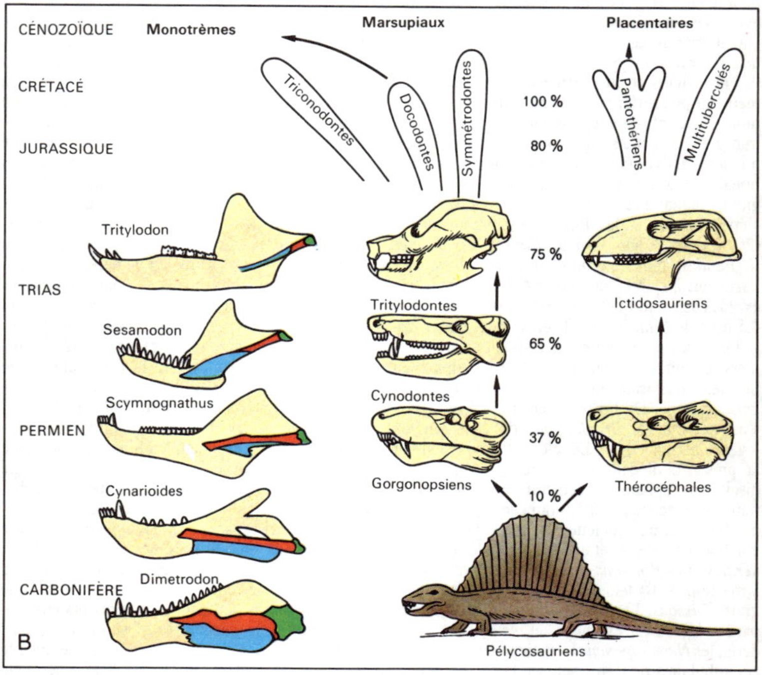

Évolution des caractères des Mammifères (100 %) et modification de la mâchoire inférieure des Reptiles (artic
vert ; préarticulaire : rouge ; angulaire : bleu)

3. Le Mésozoïque : période de transition entre le Paléozoïque et le Cénozoïque, le Mésozoïque se rapproche davantage de ce dernier : les organismes possédaient déjà un niveau d'évolution proche du niveau actuel, alors que les formes paléozoïques [p. ex. les *Trilobites*, les *Poissons cuirassés (Placodermes)*] étaient en voie de disparition.

Pendant le Trias, sous le climat sec et chaud du Buntsandstein et du Muschelkalk, les *Filicinées* ont été progressiv. remplacées par les *Gymnospermes* plus résistants. Au milieu d'une végét. clairsemée poussaient des *Conifères*, p. ex. la *Voltzia*, plante touffue avec des aiguilles courtes ou longues possédant des cônes qui atteignaient 7 cm, et surtout les *Cycadées* (p. 165) et les *Bennettitales* limitées au Mésozoïque et qui étaient les précurseurs des *Angiospermes* à fleurs hermaphr., lesquelles étaient sans doute fécondées par des *Insectes*, et munies d'un périanthe bien formé. Parmi les *Vertébrés,* les *Reptiles* montrent un grand nombre d'ordres nouveaux (p. ex. les *Chéloniens,* les *Crocodiles*), de même que les premiers « *Mammifères* » (*Theriodontia*) qui font suite aux *Pélycosauriens* de l'époque carbonifère. Ces reptiles mammaliens ont donné 2 lignes principales. Leurs représentants avaient des caractères mammaliens différemment associés et de plus en plus importants : forme de « Typogenèse additive » (B).

Pendant le Jurassique, les traits principaux de la flore sont restés pratiquement inchangés par rapport au Trias.

Parmi les *Invertébrés*, les *Ammonites* et *Bélemnites* sont toujours caractér. de cette faune, ainsi que les *Céphalopodes* à coquilles en forme de spirale ou de cône, tandis que chez les *Insectes* apparaissent des *Papillons*, les *Hyménoptères,* et des *Diptères* qui possèdent des organes buccaux servant à piquer, sucer ou à lécher. Parmi les *Vertébrés*, les *Sauriens* dominent dont cert. ont des formes géantes (A) : dans l'eau, les *Ichthyosauriens* (p. ex. *Stenopterygius* long de 5 m) pisciformes, vivipares, avec une peau nue, pourvus d'une queue et de pattes palmées et possédant un grand nombre de doigts et de phalanges (polydactylie et polyphalangie) ainsi que des poumons géants. On trouve aussi les *Plésiosauriens* (très long cou de 28 à 50 vertèbres), jusqu'à 30 phalanges au lieu de 3, mais qui ne présentent pas de polydactylie et qui n'ont pas de queue palmée. Dans les lacs peu profonds vivaient les *Dinosauriens Brontosaurus* (22 m) et *Diplodocus* (27 m) qui pouvaient se tenir debout dans 12 m d'eau et qui pour un poids total de 40 000 kg n'avaient qu'un cerveau de 1/2 kg. Les *Ptérosauriens,* les *Ptérodactyles*, p. ex., possédaient une membrane alaire tendue sur le 4ᵉ doigt prolongé, et ils étaient plus capables de planer que de voler. Alors que les *Mammifères* primitifs étaient déjà représentés par plusieurs groupes (*Multituberculés, Pantothériens, Symmétrodontes, Docodontes, Triconodontes*), les premières traces d'*Oiseaux* n'apparurent que dans le Jurassique supérieur (*Archaeopteryx*), p. 514 B, 5 squelettes trouvés dont le premier en Bavière (Solenhofen)

Pendant le Crétacé, un grand bouleversement se produisit dans le monde végétal : les premières *Angiospermes* étaient certainement présentes au Trias dans les massifs montagneux et ne gagnèrent les bas-fonds qu'à partir du Crétacé. Nous avons conservé des fossiles appartenant à ces couches de sédimentation. Mais dès le Crétacé supérieur, les *Angiospermes* connurent une grande expansion et dépassèrent tous les groupes de *Végétaux* qui colonisaient jusqu'alors la surface de la Terre. Parmi les fossiles les plus anciens, on a trouvé des traces de *Monocotylédones* et de *Dicotylédones*, et parmi celles-ci des *Dialypétales* et des *Apétales (Monochlamydiées).* Les prem. traces de *Sympétales* n'apparaissent qu'au Crétacé sup. Le monde animal ressemble encore à celui du Jurassique, mais quelques représentants typiques sont en voie d'extinction : les *Ammonites,* les *Belemnites* et après une dernière apothéose, les *Ptérosauriens* (le *Pteranodon* avec 8 m d'envergure a été le plus grand animal terrestre volant) et les *Théropodes* (le *Tyrannosaurus rex* de taille d'éléphant est le plus grand carnivore qui ait jamais vécu). Les *Oiseaux* du Crétacé se rapprochaient davantage des formes actuelles que de celles du Jurassique, bien qu'ils possédassent encore des dents. A la suite des *Pantothériens* qui selon VANDERBROCK regroupent également les *Symmétrodontes* et les *Docodontes,* se sont développés les premiers *Marsupiaux* bientôt larg. répandus et enfin les *Insectivores* primitifs, premiers *Mammifères* à placenta (« *Euthériens* »).

4. Le Cénozoïque

Ce qui caractérise l'époque géologique actuelle, c'est la prédominance des *Angiospermes* et surtout celle des *Mammifères* qui doivent leur supériorité à une meilleure utilisation de la nourriture (grâce à la denture), à la protection de la descendance (placenta, allaitement, sociabilité), à la protection contre les intempéries (fourrure, homéothermie) et à l'accroissement du volume de leur cerveau.

Pendant le Tertiaire, les modifications survenues sont plutôt d'ordre quantitatif : les *Angiospermes* devinrent prédominantes dans toutes les zones climatiques. Les *Mammifères* à placenta refoulèrent progressivement les *Marsupiaux* et modifièrent dès le début de l'Eocène le schéma originel du plantigrade à petites jambes à 5 orteils et 44 dents à petites couronnes dans différentes directions. En fait, tous les ordres de *Mammifères* présents actuellement existaient déjà à cette époque.

Pendant le Quaternaire (2 millions d'années), les grandes glaciations modifièrent moins les esp. végét. que la disposition des ceintures de végét. qui dépendent des cond. climat. Parmi les *Mammifères supérieurs,* un certain nombre de formes dues à l'adaptation sont apparues (*Ours des cavernes, Rhinocéros laineux, Mammouth*). L'expansion de l'*Homme* (pp. 532-541) a ouvert une époque où l'évolution du monde anorganique et organique s'est trouvée fortement influencée.

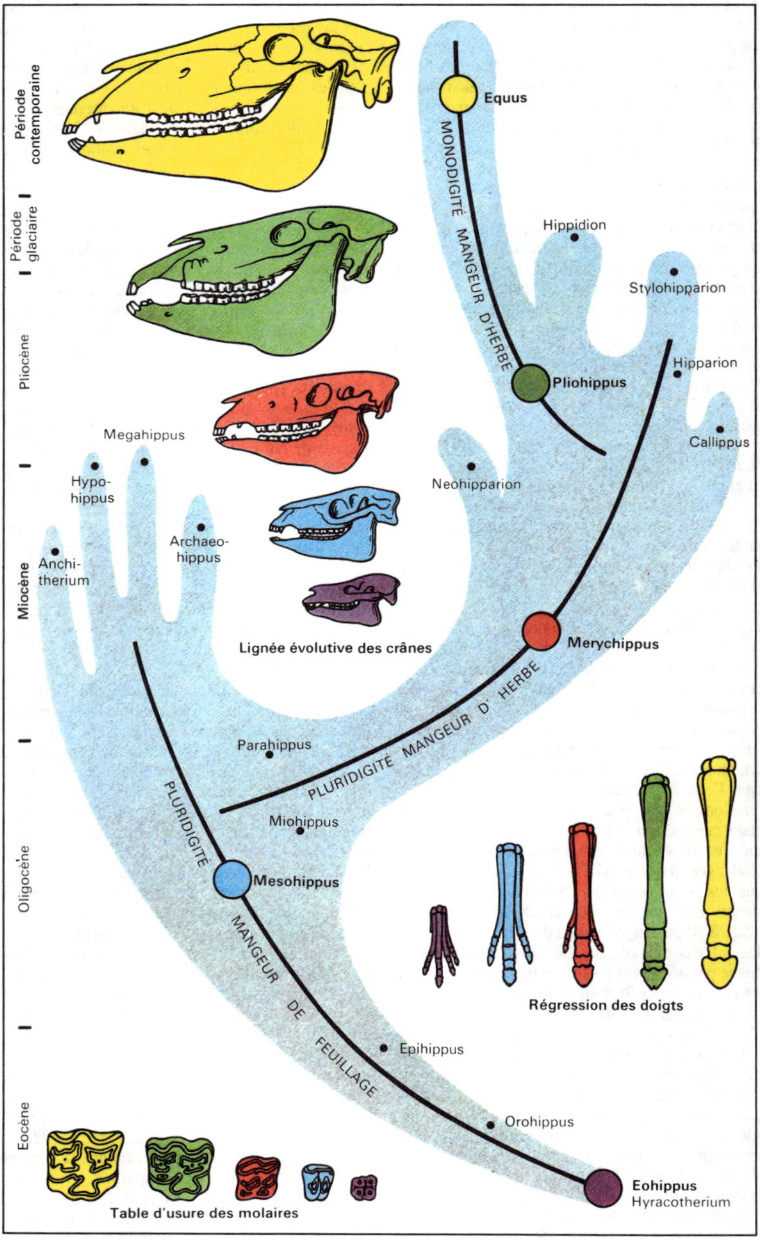

Évolution du Cheval

L'histoire de l'évolution du Cheval est sans doute le meilleur exemple « d'arbre généalogique fossile » reconstitué presque sans lacunes malgré le nombre élevé de ses ramifications. Cet arbre généalogique peut être suivi pendant tout le Tertiaire et le Quaternaire et a été baptisé par HAECKEL « le cheval de parade de la paléontologie ». Des représentants de l'ordre des *Ongulés primitifs (Condylarthres)* vivant au **Paléocène** et en voie de disparition dès l'Eocène, sont considérés comme des précurseurs malgré leur aspect de carnivores : le *Phenadocus*, un omnivore de la taille d'un Mouton pourvu de dents pointues impropres à ronger, et d'une canine hypertrophiée ; les pattes à 5 doigts portaient chacune 5 petits sabots.

A l'Eocène vivait en Amérique du Nord l'*Eohippus*, et en Europe son proche parent l'*Hyracotherium* dont la taille ne dépassait pas celle d'un Renard et qui pouvait se mouvoir aisément sur un sol mou (pattes de devant pourvues de 4 doigts, celles de derrière de 3 doigts avec des coussinets, des articulations très souples et tibias-péronés pouvant se mouvoir indépendamment les uns des autres). Ils mangeaient du feuillage tendre (denture d'un seul tenant, couronnes basses sans cément, prémolaires triangul. à 3 protubérances et molaires carrées à 4 protubérances).

Les formes européennes comportèrent rapidement une grande variété d'esp. (*Paleotherium)* , mais disparurent totalem. avant l'Oligocène. Par contre, les descendants de l'*Eohippus* d'Amérique du Nord auraient évolué tout d'abord très lentem. : au milieu de l'Eocène, la dern. prémolaire de l'*Orohippus* a la forme et le nombre de protubérances des molaires, comme l'avant-dern. prémol. de l'*Epihippus* à la fin de l'Eocène.

Pendant l'Oligocène, le *Mesohippus* plus grand se répand en Amérique du Nord : les épaules sont à 60 cm du sol, les hémisph. cérébraux ont un volume accru. les yeux sont situés sur les côtés de la tête qui est assez allongée, l'avant-dern. prémol. ressemble à une molaire et les protubér. des dents sont reliées par des crêtes (ce qui augmente le coeff. de mastication). Les longues pattes élancées à 3 doigts chacune ne se meuvent plus que dans le sens de l'axe du corps. Avec le *Miohippus*, la hauteur des épaules a atteint 75 cm. Le doigt du milieu est renforcé et supporte la charge principale.

Pendant le Miocène, le climat chaud et humide des époques écoulées était devenu de plus en plus frais et dans de nombreuses régions, beaucoup plus sec. D'immenses steppes herbeuses avec un arrière-plan sévère remplaçaient les forêts de feuillus. Simultanément le *Mesohippus* disparut pour céder la place à de nouveaux genres dont les plus importants sont : l'*Anchitherium,* l'*Hypohippus* et le *Merychippus*

Alors que les 2 premiers genres demeuraient fidèles à leur mode de vie et à leur alimentation, et qu'ils ont émigré dans le Vieux Monde où ils se sont tout d'abord largement répandus et dans lequel les formes géantes (*Megahippus*) ou les formes naines (*Archeohippus*) disparaissaient, le *Merychippus* resta en Amérique du Nord et les caractères qui ont prédominé sont typiques de l'évolution ultérieure de l'ensemble de la famille des *Equidés* :

– Les dents ont une haute couronne (hypsodontes) à racines largement ouvertes et forment du cément. Après que les protubérances de jeunesse eurent été usées, des tables d'usure apparaissent, parcourues de plis d'émail qui permettaient à l'animal de se nourrir d'*herbe* très dure contenant de la silice. La conquête de ce paysage de prairie occupé par un nombre restreint de concurrents put commencer. En même temps, les formes plus grandes, plus vigoureuses et plus véloces ont été favorisées car elles pouvaient assurer leur sécurité par la fuite dans ces régions découvertes.

Au Pliocène, le groupe des *Merychippus* a été subdivisé en un grand nombre d'esp. à la faveur d'une accélér. du rythme de l'évol. : en Amér. du Nord, il y eut à un moment donné jusqu'à 13 genres d'*Equidés* herbivores, parmi lesquels l'*Hipparion* de la taille d'un poney, qui, traversant l'Asie, émigra vers l'Europe et l'Afrique où il s'éteignit à l'époque glaciaire.

Le *Pliohippus* d'Amér. du Nord, dont les formes annoncent les *Equidés* modernes, s'installa très tôt en Amér. du Sud. Il ne possédait plus qu'un doigt à chaque patte et était donc déjà un *Solipède* comme les *Chevaux* actuels, mais ses dents étaient plus nettement hypsodontes.

Pendant la période glaciaire (Pléistocène), l'expansion du genre des *Equidés* fut interrompue en Amér. du Nord. Alors que les espèces d'*Equidés* demeurées dans leur pays d'origine ou émigrées en Amér. du Sud s'étaient éteintes, les précurseurs du groupe des *Solipèdes (Ane, Hémione, Zèbre* et les *Chevaux sauvages* proprement dits) s'imposèrent dans le Vieux Monde. On ne sait toujours pas si cette spéciation avait déjà eu lieu en Amérique à la fin du Pliocène – début du Pléistocène ou seulement dans l'Ancien Monde (avec des évolutions parallèles en Amérique).

Une vue d'ensemble de la phylogenèse du Cheval montre que les *Equidés* seraient passés des formes primit. aux formes termin. par une évol. hésitante en zigzag. Si KOVALEVSKY avait cru pouvoir établir en 1873 avant la découverte des fossiles américains une série dirigée de descendants : *Hyracotherium-Anchitherium-Hipparion-Equidés* (ce fut le premier triomphe de l'idée d'évolution en paléontologie !), la comparaison des échecs et des réussites à l'intérieur de la phylogenèse du *Cheval* montra que, lorsque les conditions extérieures changent, les formes qui étaient « adaptées » jusqu'alors cèdent le pas devant des formes présentant des acquis peu importants qui n'avaient aucune influence auparavant. En ce qui concerne la taille, la hauteur des dents et leur modèle, la transform. du pied, la forme du crâne ou l'évol. du cerveau, on ne peut suivre de lignées uniformes et générales, mais seulement une « **radiation adaptative** » (multiplic. de differ. éléments par mutation et sélection adaptatives, après conquête de nouveaux milieux, entraînant la réalisation conforme de nouvelles niches écologiques.

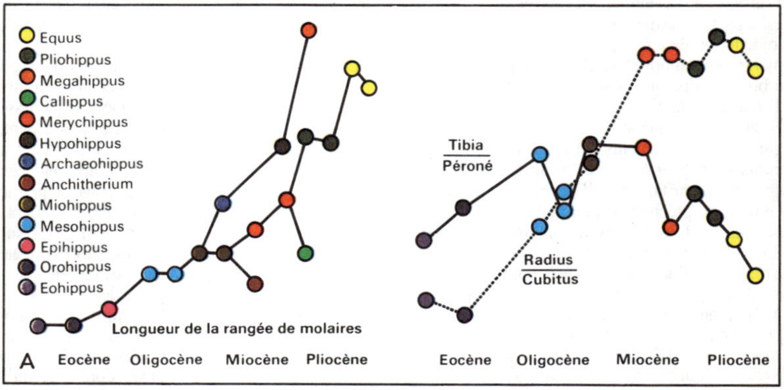

Changement de tendance dans le phylum évolutif du Cheval

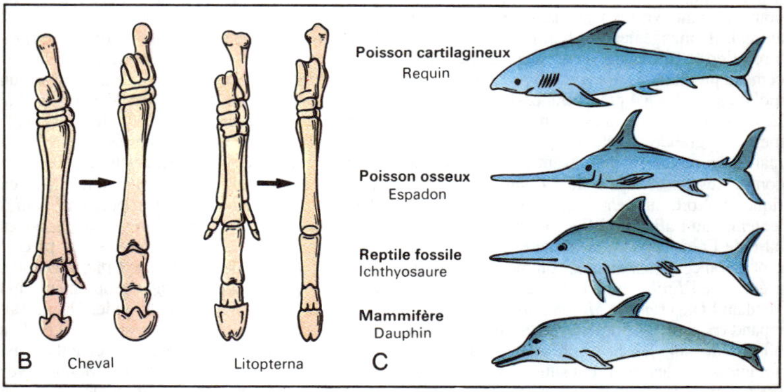

Évolution convergente chez les animaux rapides terrestres et aquatiques

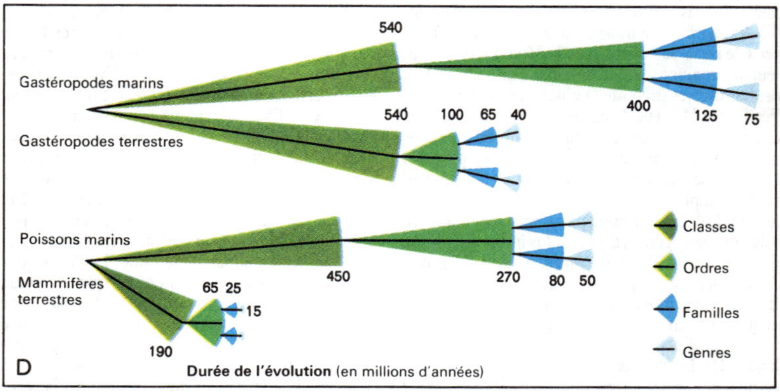

Rapidité de l'évolution des formes terrestres et aquatiques

L'évolution transspécifique, c.-à-d. une évolution phylogénétique qui se poursuivait par la formation d'espèces nouvelles, n'a cessé jusqu'au milieu du XXe siècle d'être controversée. Certains auteurs ont cru pouvoir expliquer l'apparition de nouveaux organes et de nouvelles structures par **une évolution opérant par bonds** (sauts) ou par **une tendance orthogénétique** s'exerçant dans une direction donnée. La théorie synthétique, par contre, ne voit dans l'évol. transspécifique que la poursuite de l'action des mêmes mécanismes qui engendrent de nouv. races, donc de nouv. espèces dans des populations dynamiques (p. 491). Pour les tenants de la théorie de l'évolution, ces facteurs de causalité ne nécessiteraient aucune autre « force autonome d'évolution ».

L'évolution non dirigée

fondée sur des mutations non dirigées, se caractérise, en dehors de ce qui serait des « fautes de construction » rigoureusement neutres sur le plan sélectif (p. ex. organes rudimentaires, p. 513, adelphophagie, p. 179) et des « formations superflues » (la taille et la structure d'un organe n'ont pas de rapports avec sa fonction : bois de *Cerfs*, bec du *Toucan*), par le fait que toutes les directions biologiques possibles de l'évolution seraient « essayées » avec différents succès.

- Parmi les *Papillons* des zones à hiver froid, cert. esp. peuvent hiberner à diff. stades de leur cycle de transform. : le *Lymantria dispar* hiberne au stade de l'œuf, 2 à 3 % des *Grands Papillons* au stade de la chenille, de nombr. *Sphingidés* au stade de la chrysalide, les *Paons de jour* et *Citrons* au stade de l'imago.
- Les cornes droites, courbées, torses, lisses ou striées des *Antilopes*, les coquilles des *Escargots* ou les modèles de plumage des *Canards sauvages* p. ex. expriment concrètement le fait que toutes les originalités morphologiques biologiquement possibles et supportables sont près d'être épuisées.
- De même parmi les *Végétaux*, les diverses formes de croissance, les formes des feuilles et des fleurs présentent une grande variété (*Scrofulariacées*, p. 558).
- Les divers procédés d'approvisionnement en O_2 (p. 311 sqq) des *Insectes* aquatiques indiquent des tendances évolutives physiologiquement importantes, de même que la formation de branchies sur diff. organes (parapodies chez les *Néréides*, appendices abdominaux des *Cloportes*, branchies trachéennes des larves d'*Insectes*, ambulacres des *Oursins*, poumons des *Holothuries*, fentes pharyngiennes des *Poissons*, branchies céphaliques des larves d'*Amphibiens*).

Dans l'ensemble on ne peut comprendre la diversité de ces formes que si on les met au compte d'un essai non dirigé de possibilités de variations. Le monde extérieur impose de toute façon aux organismes une **évolution phylogénétique contraignante**. Si les mêmes facteurs sélectifs agissent sur des périodes prolongées, chaque épisode d'un phylum suit une même orientation, la sélection intervenant en effet dans le déroulement évolutif (**orthosélection** accompagnée souvent de « changement de tendance », A).

Le processus de sélection a apporté dans le génome une nouvelle information concernant le milieu, stockée comme une instruction (EIGEN).

D'autre part, des ébauches diff. de mutation aboutiraient sous la pression de la sélection à des structures fonctionnellement analogues (convergence).

- Les *Animaux* qui sucent le nectar ont des suçoirs qui dérivent d'éléments anatom. les plus divers (*Papillons, Hyménoptères, Oiseaux, Opossum, Chauve-Souris*).
- Les *Mammifères* mangeurs de feuillages ont tous, indépendamment les uns des autres, des molaires à couronnes plates avec de nombreux plis d'émail.
- Les arbres des forêts tropicales humides portent presque exclusivement des feuilles en forme d'ellipse avec une extrémité en gouttière.

Lorsque les possibil. d'évol. sont limitées du point de vue structural, il faut s'attendre à ce que les organes qui ont la même fonction, mais des orig. embryol. diff., soient dans une large mesure conformes.

- L'œil vésiculaire, pourvu d'une rétine, d'un épithélium pigmenté, d'un cristallin et d'une cornée, serait formé de manière convergente, c.-à-d. apparemment indépend. chez des esp. anim. diff. Cette formation, analogue dans son principe, a été cependant le résultat de processus diff. Cet œil vésiculaire est commun à certains *Cœlentérés, Annélides, Echinodermes, Gastéropodes, Céphalopodes* et aux *Vertébrés* (p. 350 sqq).

Dans la mesure où l'on peut parler de mécanismes de l'évolution, ces formations qui semblent orientées sont également conditionnées par l'orthosélection et par la permanence des facteurs de sélection. Les mêmes facteurs sélectifs ayant une action parallèle ds un grand nombre de phylums, un certain nombre de **règles de l'évolution** valables sur le plan phylogénétique ont été déduites :

- Les grands *Vertébrés terrestres* ont des membres-colonnes soutenus par des os massifs, car la charge que les os ont à supporter ne croît qu'en fonction de leur diam., alors que le volume du corps qui doit être supporté croît dans les 3 dimensions (*Eléphant, Rhinocéros, Autruche*).
- Les animaux véloces ont des pattes allongées et un nombre de doigts réduit (B).
- Les déplacements rapides dans l'air et dans l'eau (C) sont liés à la forme aérodynamique du tronc (*Sphingidés, Oiseaux, Chauves-Souris, Poissons, Pingouins, Cétacés, Pinnipèdes*).
- Les animaux fixés ne peuvent vivre que dans l'eau, les spermatozoïdes et la nourriture ne pouvant être, dans l'air, amenés par des tourbillons.
- Les formes aquatiques auraient évolué plus lentem. (D). Les popul. sont nombr., la sélection est constante car les facteurs varient peu (T[e], O^2, lumière, sels minéraux, rythmicité annuelle et journalière).

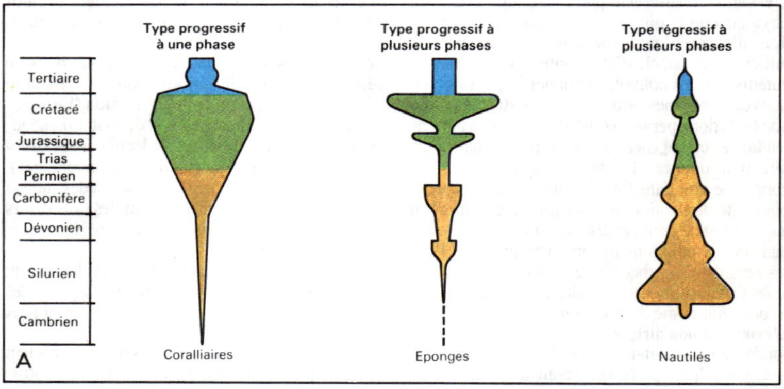

Types de développement phylétiques

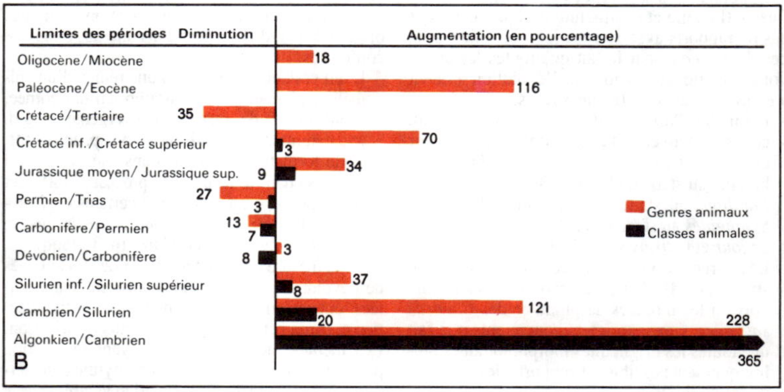

Périodes d'activités phylétiques

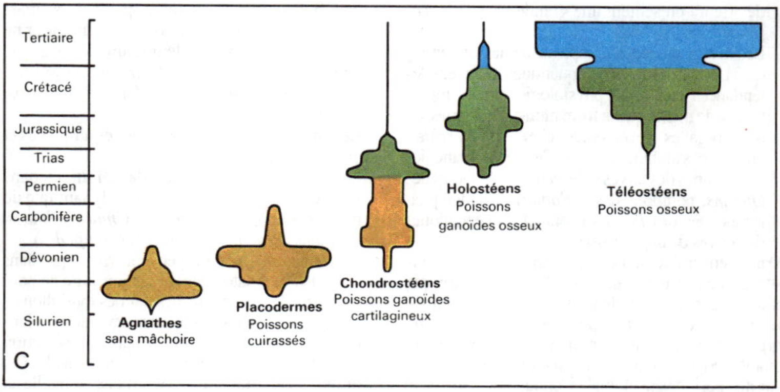

Substitution écologique chez les Poissons au sens large

L'analyse des causes de l'évolution transspécifique comprend, selon RENSCH, le problème des causes et de la régularité de la formation de rameaux phylétiques (cladogenèse) et le problème de l'évolution vers des niveaux plus élevés (anagenèse).

Principes des rameaux phylétiques

Dans la plupart des séries phylétiques, l'intensité des transform. spécif. n'a pas touj. été la même (A). La cladogenèse aurait souv. commencé par une vive expans. de formes (période juvénile), puis se serait développée lentem. dans la phase de spécialisation en un nombre restreint de rameaux, pour se terminer enfin dans la phase phylétique de surspécialisation et de vieillissement par des expressions dégénérées et exagérées.

1. La phase d'expansion des formes : le développement de formes nouvelles débute rarement de manière explosive (p. ex. les *Encrines* dans le Silurien inférieur, les *Carnivores* et les *Ongulés* à la fin du Tertiaire), elle est le plus souvent préparée par une période qui s'étend sur plusieurs époques géolog. (jusqu'à 150 millions d'années). Sans doute, ces **périodes juvéniles**, caractérisées par l'expansion soudaine des formes (radiations adaptatives) apparaissent-elles à toutes les ères géologiques, mais elles s'accumulent à certaines époques déterminées (B) :

- Pendant le **Silurien inf.**, le développ. de tous les groupes d'anim. étudiés a été fortem. accéléré.
- Pendant le **Carbonifère** et le **Permien**, les *Insectes* comportent de nombreux ordres nouveaux tout comme au début du Tertiaire les *Mammifères* et les *Oiseaux*.

Les causes ne résident pas dans des mutations de grande ampleur, dans l'accroissement du taux de mutation, mais dans une sélection momentanément accrue par des variations du milieu :

- A l'intérieur de l'aire de répartition, des facteurs écologiques vitaux se transforment (température, possibilités de nourriture). Par ex., au Tertiaire, le passage des *Cétacés* de la nourriture à base de gros animaux, de *Poissons* et de *Céphalopodes* à la nourriture à base de plancton, a été lié à des expansions explosives de certaines formes.
- Lorsqu'un territoire entièrement libre ou occupé seulement par des concurrents très inférieurs est conquis, cette conquête expose les nouveaux occupants à des conditions sélectives nouvelles : p. ex. lors de la colonisation de la terre ferme par les *Végétaux* et les *Animaux* qui leur ont succédé pendant le Silurien et le Dévonien ou lors du refoulement des *Marsupiaux* au Tertiaire par les *Placentaires*.

2. La phase de spécialisation : dans la mesure même où les espaces vitaux nouvellement occupés le sont par les espèces les plus adaptées et où les biotopes sont saturés, l'expansion des formes cède le pas à une spécialisation d'un nombre plus restreint de groupes qui est particulièrement avantageuse au cours de longs processus d'adaptation au monde extérieur (C). Des formes, avec des caractères-clefs adaptatifs, se maintiennent par la sélection stabilisatrice, de nouveaux phylums, qui sont les produits d'une évolution non dirigée, disparaissent, d'autres persistent dans un état relativement non spécialisé (généralistes). La paléontologie nous a fourni de nombreux exemples de telles « séries adaptatives » (*Cheval*, p. 524 sqq) et « d'adaptations manquées » (dentures en forme de tenaille de *Carnivores* fossiles comportant des molaires grossies à l'arrière au lieu de devant). Elle a tenté à partir des nombreux matériaux fossiles de déduire les **lois des modifications transspécifiques de structures :** les structures réduites par la spécialisation ne reviennent jamais à leur état phylétique antérieur, mais sont tout au plus remplacées par d'autres structures (**loi de Dollo** de l'irréversibilité de l'évolution). En effet, les conditions historiques de mutation et de sélection n'ont aucune chance de se reproduire.

Au Jurassique, des formes de haute mer de *Tortues* ont réduit les épaisses plaques osseuses de leur carapace à une mince charpente. Un retour secondaire à la vie en bordure de côte a développé une carapace dans la peau.

Dans de nombreux phylums de *Mammifères*, la taille a augmenté progressivement (**loi de Cope**), ce qui a pu entraîner la formation de structures anatomiques et physiologiques extrêmement complexes, les proportions des différents organes pouvant varier (croissance allométrique).

Les gènes pléiotropes mis à part (p. 449), la liaison entre les différences individuelles et les modifications structurales peut être provoquée par une compensation matérielle : les structures, qui croissent rapidement, retirent à celles qui croissent plus lentement une partie de leur alimentation :

- La formation de pattes postérieures plus fortes entraîne souvent dès la région lombaire l'atrophie de la queue et des côtes (*Grenouille/Salamandre, Babouin/Cercopithèque, Homme*).

3. La phase de surspécialisation : la spécialisation touj. plus poussée des groupes de formes ne persiste que si elle est biologiquem. acceptable. C'est ainsi que la sélection a joué lorsque, la taille de cert. anim. s'étant accrue, la croissance allométrique a entraîné la transformation d'organes antifonctionnels de taille excessive : les défenses du *Mammouth*, les bois du *Cerf géant* de la période glaciaire, les plumes de la queue. Cette dégénérescence morphol. qui apparaît dans des groupes sans que la taille ait augmenté, peut être complétée par la dégénér. des instincts : p. ex. des comportem. de pariade ou de combat. Les déclencheurs exagérés mènent, quand ils sont conjugués à une sélection intraspécif. à des **impasses phylétiques** si les transformations se produisent sans rapport fonctionnel avec l'environnement :

Les *Cerfs* qui ne se défendaient contre leurs ennemis carnivores (sélection extra-spécifique) qu'à l'aide des sabots de devant, ont vu leurs bois qui servaient exclusivement à combattre les rivaux, être constamment renforcés par la sélection intraspécifique et ceux-ci ont été finalement hypertrophiés.

En outre, un grand nombre de phylums ont disparu sans que les formes terminales aient montré des marques de dégénérescence.

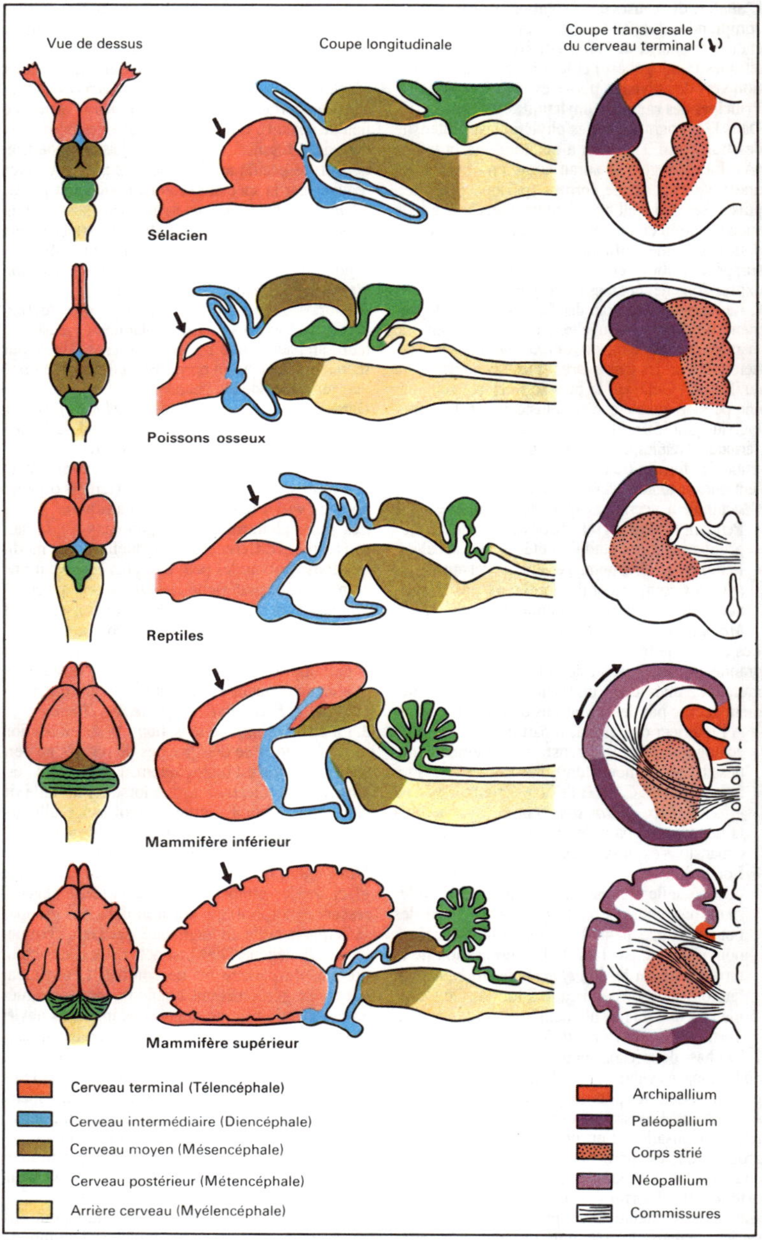

Évolution de l'encéphale. Augmentation de la différenciation et spécialisation

La spécialisation dans le cadre de la cladogenèse apporte certes une adaptation croissante à des conditions particul. du monde ext., mais elle paie cet avantage unilatéral par la perte de la faculté globale d'adaptation lorsque le monde ext. se transforme. De telles formes, parfaites dans un domaine particulier, sont infér. aux « généralistes » moins spécialisées (p. 529). Mais ce sont celles-ci qui transmettraient aux formes suivantes des « découvertes » fondamentales présentant un grand avantage sélectif mais dépourvues de facultés d'adaptation particulières. Elles représenteraient ainsi dans la lignée de l'évol. vers des niveaux phylogénét. plus élevés (anagenèse) les stades d'un degré d'économie plus élevé.

L'anagenèse résulte, par le biais des facteurs de l'évolution, de la création de nouveaux « caractères-clefs » constructifs qui sont particulièrement importants pour l'évolution en tant que fondements d'une économie grandissante. Certains s'étendent jusqu'aux domaines prébiotiques et/ou concernent tous les organismes cellulaires : formation à partir de polynucléotides des super-cycles, du code génétique du couplage de l'information génétique dans les chromosomes et leurs équivalents chez les *Procaryotes*, de l'échange de gènes et des compartimentations au niveau cellulaire.

Alors que les *Procaryotes* phylogénétiquement primitifs se sont maintenus à un niveau plus bas de l'anagenèse avec leur propre stratégie évolutive très spécialisée et dans des niches écologiques suffisantes à côté de formes plus élevées en organisation, chez ces mêmes *Eucaryotes* sont apparus des critères anagénétiques très nets :

- La réunion en plusieurs cellules inaugure un métabolisme plus économique en améliorant les rapports masse/surface corporelle.
- L'augmentation de la taille corporelle offre de nouvelles sources de nourriture pour les prédateurs : on trouve souvent au bout de la chaîne alimentaire des formes très perfectionnées.
- Les *Métazoaires* réalisent la conservation de l'espèce avec un nombre restreint d'individus.
- Cela suppose des structures complexes de résistance aux prédateurs, de protection active et passive de la descendance par des comportements sociaux, la communication, l'expérience et la tradition. L'importance de l'individu s'accroît pour la conservation de l'espèce.

Les caractéristiques de l'anagenèse

telles qu'elles sont brièvement représentées ici (selon RENSCH) supposent déjà en elles-mêmes, et plus généralement en association avec d'autres, une phylogenèse très poussée même si elles se réalisent par des mutations purement quantitatives.

1. Augmentation de la différenciation

La croissance phylétique des organismes entraîne souvent, par suite d'une croissance allométrique positive de certains ensembles de tissus, une complexité grandissante, p. ex. lors de l'expansion des parapodes des *Néréides* (préformation des pattes des *Arthropodes*, de la prolifération des plis de la peau (précurseurs des ailes des *Insectes*) ou des aires cérébrales des *Batraciens* (analogues à l'écorce cérébrale des *Vertébrés supérieurs*). Ces formations nouvelles résultant souvent de l'accroissement de la masse des parties du corps, ont été par la suite dotées de nouvelles fonctions. Ce principe de l'augmentation de la différenciation avec une division du travail accrue se voit au nombre de types cell. d'un organisme : *Algues bleues* : 2 ; *Algues sup.* : 6 -15 ; *Fougères* : 25 ; *Spermaphytes* > 70.

2. Rationalisation fonctionnelle et structurale

La phylogenèse des *Animaux* montre différentes manières qui permettent d'accroître le rendement des organes : le procédé essentiel réside dans **la division du travail ;** elle se caractérise par une différenciation de plus en plus divergente de nombreux organes tout d'abord analogues, p. ex. :

- les pièces masticatrices des *Insectes* et les appendices des *Crustacés* qui seraient dérivées de structures homologues (pp. 132-130) ;
- l'apparition de dentures différenciées chez les *Poissons* et les *Mammifères* (hétérodontie : incisives, canines, molaires) ;
- la division du cerveau en centres sensoriels, moteurs, associatifs, et en centres réflexes.

On observe souvent une **diminution du nombre** des organes homologues résultant de l'économie et la fusion de parties inutiles :

- Dans la filière d'analogie qui va des *Poissons* aux *Mammifères*, le nombre des os crâniens est réduit de 150 chez les *Crossoptérygiens* à 28 chez l'*Homme*.

Cette simplification est souvent liée à une **centralisation** croissante au cours de laquelle on trouve des centres d'une efficacité supérieure :

- Le perfectionnement nerveux dans les phylums des *Annélides*, des *Mollusques*, des *Arthropodes* et des *Vertébrés* constitue sans doute la caractéristique la plus marquante d'une anagenèse (Planche).
- La construction d'un cœur remplaçant de nombreux segments de vaisseaux sanguins animés de pulsations caractérise la supériorité des *Agnathes* sur les *Acraniens*.

3. Le pouvoir progressif d'adaptation

Les organismes très évolués se distinguent par une plus grande indépendance vis-à-vis des transformations du monde extérieur. Cette indépendance de l'individu qui peut aller chez l'*Homme* jusqu'à lui permettre de dominer le monde extérieur, se fonde sur l'accroissement de la différenciation et de la rationalisation qui garantissent une **faculté de régulation** croissante :

- L'anagenèse du cerveau permet de dépasser les mouvements réflexes et instinctifs figés et d'agir d'une manière plus variée en se fondant sur une faculté d'apprentissage et de compréhension.
- Un grand nombre de mécanismes règle chez les *Oiseaux* et les *Mammifères* la constance de la température du corps (homéothermie).
- Dans les phylums des *Vertébrés*, l'activité glandulaire est réglée de mieux en mieux hormonalement et nerveusement.

A

ORDRE	SOUS-ORDRE	INFRA-ORDRE	SUPERFAMILLE	FAMILLE
PRIMATES Yeux frontaux, centre visuel développé (vision binoculaire) : orbites avec anneau osseux complet ; membres à cinq doigts, ongles plats, mains préhensiles à pouces et/ou gros orteils opposables : dents jugales pluritubérculées, hétérodontie selon la formule dentaire : $\frac{2\ 1\ 2\ (3)\ 3\ (2)}{2\ 1\ 2\ (3)\ 3\ (2)}$	SIMIENS Face glabre expressive : développement important du cerveau particul. des hémisphères cérébraux (dont les lobes frontaux) : orbites sans communication avec les fosses temporales : utérus simple, activité sexuelle ininterrompue	CATARRHINIENS Cloison nasale mince ; long conduit auditif ossifié ; pas de queue préhensible ; pouce bien développé ; vieux monde $\frac{2\ 1\ 2\ 3}{2\ 1\ 2\ 3}$	HOMINOÏDES Membres relativement longs : menton rond et fuyant : molaires de « modèle Dryopithèque » néopallium hautement différencié : queue toujours absente	HOMINIDÉS
				PONGIDÉS (les Anthropomorphes à proprement parler)
	PROSIMIENS Animaux arboricoles, de mœurs nocturnes et insectivores, le plus souvent à museau allongé : utérus en partie double : rut périodique	PLATYRRHINIENS Cloison nasale épaisse ; longue queue (préhensile) ; membres élancés ; nouveau monde $\frac{2\ 1\ 3\ 2\text{–}3}{2\ 1\ 3\ 2\text{–}3}$	CERCOPITHÉCOÏDES Habitat terrestre : denture défensive formant une « gueule » avec de très grandes canines : tubercules des dents jugales reliés transversalement ; lophodontie	Hylobatidés (Gibbons)

Systématique des Primates

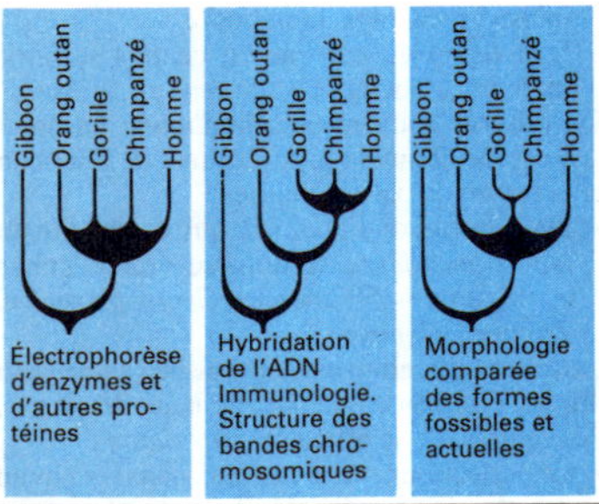

B

C

CARACTÈRES	CHIMPANZÉ	HOMME (Homo sap.)
Sinus frontaux	existant	existant
Carpiens	8	8
Plaque simienne	seul. embry.	seul. embry.
Canine du mâle	grande	petite
Pouce	petit	grand, très utilisé
Mobilité de l'épaule	très bonne	très bonne
Extension du bras	latérale	latérale
Supination libre	90°	180°
Musculature du bras	extenseur développé	fléchisseur développé
Locomotion	suspens. brachiale, balanc.	bipède
Position du sommeil	assis	couché
Puberté vers	8 ans	14 ans
Fin de la croissance vers	12 ans	20 ans
Dépendance de l'enfant	2 ans	6-8 ans
Biotope	restreint	étendu
Abris construits	nids temporaires	foyers, maisons

Évolution des Hominoïdes d'après différentes méthodes d'investigation

Comparaison de quelques caractères simiesques et humains

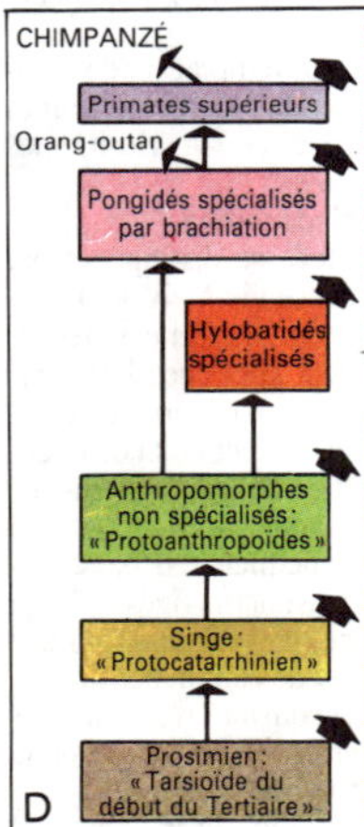

D

THÉORIE DU CHIMPANZÉ
ou « théorie des Primates supérieurs » : les Hominidés se séparèrent d'ancêtres spécialisés du Chimpanzé après la séparation de l'Orang-outan

THÉORIE DE LA BRACHIATION (adaptation à la suspension par les bras)
ou « théorie des Dryopithèques » : le développement individualisé du rameau des Hominidés intervint avant la séparation de l'Orang-outan, mais après la spécialisation de brachiation

THÉORIE DES HYLOBATIDÉS
Les premiers représentants de l'espèce humaine (« ancient member » = AM) appartiennent au groupe systématique des Hylobatidés

THÉORIES DES ANTHROPOMORPHES
Les Hominidés descendent d'Anthropomorphes spécialisés

THÉORIE DES PROTOANTHROPOMORPHES
ou « théorie de la prébrachiation » : les Hominidés sont apparus en même temps que les autres familles d'Anthropomorphes (Pongidés, Hylobatidés) à partir d'Anthropoïdes non spécialisés (Protoanthropoïdes)

THÉORIE DES CYNOMORPHES (Cercopithecoïdes)
ou « théorie des Protocatarrhiniens » : l'ancêtre phylogénétique de l'Homme se sépara à un stade qui correspond, au point de vue systématique, à celui des Cynomorphes actuels

THÉORIE DES TARSIOIDES
L'indépendance de l'évolution des Hominidés débuta en même temps que l'apparition des Simiens

THÉORIE DES HAPLORHINIENS
Les Hominidés ne descendent pas des Anthropoïdes

Quelques théories sur la bifurcation du rameau des Hominiens

Preuves indirectes de l'évolution humaine

En 1809 déjà, LAMARCK, le premier partisan de l'idée d'évolution, avait laissé entendre que l'*Homme* descendait d'ancêtres animaux. En 1859, DARWIN émit l'hypothèse que la formation des espèces apporterait des lumières sur les origines de l'*Homme*. En 1871, il chercha à fournir des preuves dans son ouvrage *La Descendance de l'Homme et la Sélection sexuelle* après que TH. UXLEY, dans son cours professé en 1863 sur les *Documents concernant la place de l'Homme dans la nature*, eut apporté des arguments pour classer l'*Homme* avec les *Anthropomorphes*, les *Singes* et les *Lémuriens* dans l'ordre des *Primates* (A). La Biologie confirme et complète ces idées.

La science des comportements. On a rapproché une série de comportements humains avec des comportements homologues propres aux *Primates* et aux *Mammifères* : ceux qui ont trait aux relations sexuelles, aux rapports mère-enfant (p. 437), à la mimique et à la gestuelle (p. 435 sqq).

La parasitologie. Le *Virus* de l'herpès ne se manifeste que chez l'*Homme* et le *Singe*, les *Poux* du genre *Pediculus* n'apparaissent que chez l'*Homme* et le *Chimpanzé*.

La physiologie. La concordance presque absolue de fonction des organes, des tissus et des cel. atteste que l'*Homme* constitue un élément de l'ensemble formé, du point de vue de la théorie de l'évolution, par les organismes supérieurs. Il partage avec les autres *Primates* le pouvoir de percevoir l'espace et les couleurs, un sens de l'odorat diminué et l'absence de périodes déterminées du rut.

La biologie moléculaire et la sérologie. Des similitudes au niveau macromoléculaire, p. ex. pour les sérum protéines, les hormones, les enzymes, les antigènes de groupes sanguins, ou les acides nucléiques, ont servi à établir des liens de parenté chez les espèces actuelles (p. 510 sq). Une très grande similitude chimique entre ces substances correspond à une étroite parenté entre les espèces dont le point de divergence évolutive ne peut être, en conséquence, très éloigné. En supposant des vitesses d'évolution constantes on arrive à des indications numériques concrètes, bien qu'il soit difficile de mettre en parallèle ADN, protéines et évolution des organismes (B). Ces méthodes permettent de situer l'évolution vers l'*Homme* entre 8-15 millions d'années, l'écart génétique entre l'*Homme*, le *Chimpanzé* et le *Gorille* étant du même ordre. Les méthodes basées sur la morphologie comparée et l'étude des fossiles font remonter la divergence à env. 17 millions d'années. D'autres estimations de la variation génétique, basées sur l'électrophorèse sont sans doute trop faibles. En effet la substitution de base ne se traduit pas forcément par une variation de la séquence des A.A., ni celle-ci par un comportement différent à l'électrophorèse.

L'embryologie. L'apparition provisoire de fentes branchiales, d'une queue et d'une fourrure laineuse s'interprète selon la théorie de l'évolution comme la survivance des stades d'évolution représentés par des ancêtres antérieurs (p. 511).

La morphologie comparée. Le corps humain est construit d'après une structure qui ressemble de plus en plus à celle des *Vertébrés*, des *Mammifères*, des *Primates* et des *Anthropomorphes*.

Selon DOBZHANSKY, il n'a pas été possible de découvrir chez l'*Homme* de structures « originales » qui seraient absentes chez les autres *Primates* : le troisième péronier (muscle du pied : *peronus tertius*) dont on admettait qu'il manquait chez les *Anthropomorphes*, manque également chez certains *Hommes*, mais se trouve par ailleurs chez 5 % des *Chimpanzés* et 18 % des *Gorilles*. Même la circonvolution de Broca, un des centres du langage dont on prétend qu'il ne se trouve que chez l'*Homme*, a été décelée chez les *Ouistitis*.

Des organes rudimentaires, p. ex. les muscles du cuir chevelu et du pavillon de l'oreille ou l'appendice du gros intestin vont dans le sens de l'évolution de l'*Homme*.

L'*Homme* a en commun avec les *Anthropomorphes* et les *Singes*, de nombreux caractères spécialisés bien qu'il se différencie des autres *Primates* sous d'autres aspects (C).

Le déroulement de l'évolution des Primates

Il est compréhensible que l'*Homme* s'intéresse davantage à ses ancêtres directs qu'aux autres. La paléontologie, l'archéologie et les recherches historiques ont réuni une importante quantité de faits. Mais, bien que récemment des découvertes importantes aient été faites, de nombreuses étapes de l'évolution des *Primates* sont encore ignorées et de nombreuses autres reposent sur des bases incertaines à cause de leur état fragmentaire.

Les découvertes futures amèneront les chercheurs à réviser les thèses qui constituent le **système scientifique actuel**.

Plusieurs **types d'hypothèses** tentent de classer l'anthropogenèse dans le cadre de l'évolution des *Primates* (D). Elles se différencient par les réponses qu'elles apportent aux questions suivantes :

– Les *Hominiens* proviennent-ils d'*Anthropoïdes* quelconques ou de formes plus anciennes ?
– La forme qui est à la racine de l'embranchement des *Hominiens*, « l'Ancient Member » (AM) de DARWIN, était-elle déjà spécialisée au sens d'une des 3 familles d'*Anthropoïdes* vivant actuellement (*Hylobates, Pongidés, Hominiens*) ?

Les hypothèses qui admettent une anthropogenèse polyphylétique, c.-à-d. à partir de plusieurs origines, ou bien une descendance à partir des *Haplorhiniens*, contredisent totalement les conceptions biologiques modernes ; de même les hypothèses des *« Primates supérieurs »*, des *Hylobatides* ne semblent pas fondées de manière sûre, bien que les diagnostics biochimiques leur donnent un nouveau regain (objection : spéciation tardive, loi de DOLLO). La théorie des *Protoanthropomorphes* (hypothèse des prébrachiateurs) est retenue par les scientifiques actuels en raison des découvertes récentes ; elle tend à s'imposer en face de la théorie des *Dryopithèques*.

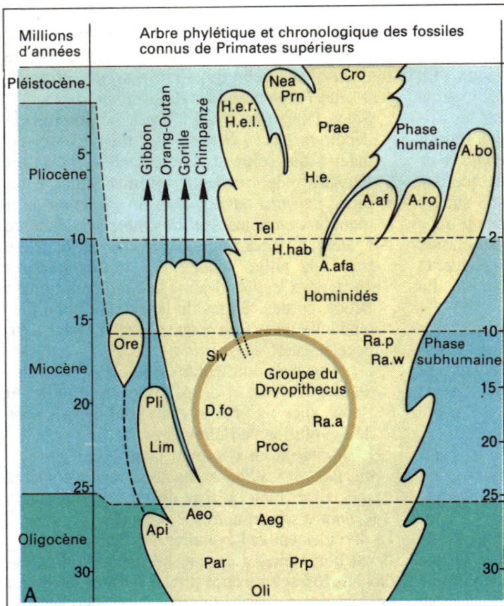

Explication des abréviations

Cro	Cromagnon, Homo sapiens sapiens
Nea	H. sapiens neanderthalensis
Prn	H. sapiens praeneanderthalensis
H.e.r.	H. erectus rhodesiensis
Prae	H. sapiens praesapiens
H.e.l	H. erectus leakeyi
H.e.	H. erectus subspecii
A.bo	Australopithecus boisei
A.ro	Australopithecus robustus
A.af	Australopithecus africanus
Tel	Telanthropus capensis
H.hab	Homo habilis
A.afa	Australopithecus afarensis
Ra.p	Ramapithecus punjabicus
Ra.w	Ramapithecus wickeri
Ra.a	Ramapithecus africanus
Siv	Sivapithecus
D.fo	Dryopithecus fontani
Proc	Proconsul
Ore	Oreopithecus
Pli	Pliopithecus
Lim	Limnopithecus
Aeo	Aeolopithecus
Aeg	Aegyptopithecus
Api	Apidium
Prp	Propliopithecus
Par	Parapithecus
Oli	Oligopithecus

Arbre phylétique, évolutif des Primates supérieurs

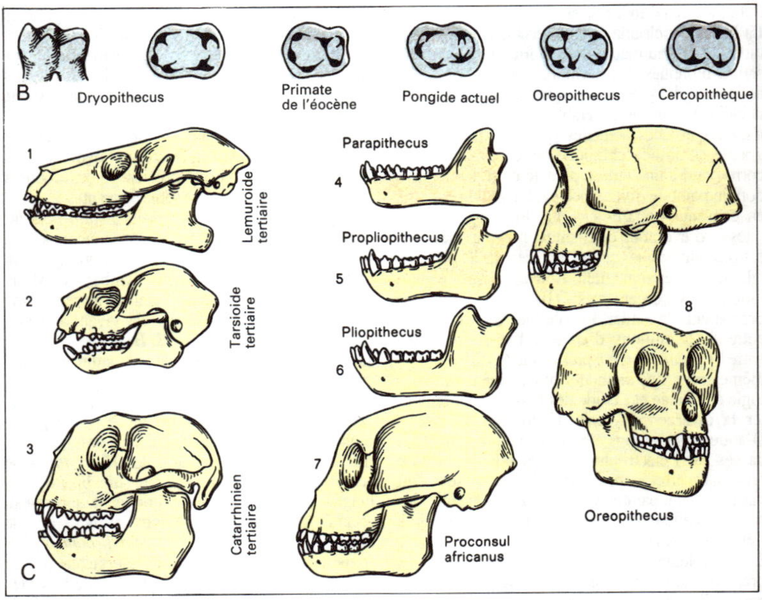

Dessin des tubercules et de la forme de la molaire inférieure (B) ; crânes des Primates tertiaires (C)

Des traces de formes primitives de Primates isolés du tronc commun avec les *Insectivores* sont connues au Crétacé sup. (*Purgatorius*) et montrent dans les nombreux gisements du Paléocène la radiation à partir de formes arboricoles à grande acuité visuelle. Ces **Tarsioïdes** tertiaires, à cause de leurs traits qui rappellent les caract. primitifs des *Tarsiers* actuels, ne peuvent être considérés comme des précurs. des *Primates supérieurs* que dans des lignées non spécialisées :

- Le groupe *des Anaptomorphidés*, de l'Eocène inf. en Amérique du N., p. ex. *Tetonius homunculus* ;
- Les *Omomyides* de petite taille, à peine spécialisés dont les formes à 3 prémolaires précèdent les *Platyrrhiniens* en Amérique du Sud ;
- Des formes d'Extrême-Orient comme l'*Hoanghoius* qui se rapprochent du type *Dryopithèque* à 5 tubercules des molaires, de tous les *Anthropoïdes* (A).

Au milieu de l'Eocène, il existait, à côté des *Lémuriens* orig., des formes de *Singes* vérit. : les *Platyrrhiniens* du Nouveau Monde et les *Catarrhiniens* du Vieux Monde dont une souche africaine proto-catarrhinienne est suggérée.

La ségrégation phylogénétique des Catarrhiniens en *Singes Cercopithécoïdes* (avec une queue et une sorte de groin défensif, dont les molaires de type « lophodonte » possédaient entre 2 et 4 tubercules par rangée, dont la colonne vert. et l'appareil locom. étaient très primitifs), et en *Anthropoïdes* qui ont une denture de type « Dryopithèque » a commencé à l'Eocène ; les *Anthropoïdes* sont connus par des fossiles datant du Paléocène d'Afrique (env. 35 MA : couches du Fayum, en Egypte).

- Le *Parapithèque* et l'*Apidium* ont encore les caract. primitifs des *Tarsioïdes* de l'Eocène et une formule dentaire à 3 prémolaires.
- *Oligopithecus* juxtapose des caractères de Cercopithèque et d'Hominien : des molaires de type plutôt bilophodonte, des canines sup. puissantes, une racine courte à la canine, mandibule assez haute.
- *Propliopithecus* (connu seulement par des mandibules et des dents à petites canines et à denture de type Dryopithèque) est un Anthropoïde incontestable. La situation exacte à la base du groupe des *Dryopithecus* est incertaine, il serait l'ancêtre des *Hylobatidés* (1re prémolaire à 1 tubercule) ou des *Pongidés-Hominidés* (2e prémolaire à 2 tubercules).

Alors que *Aegyptopithecus* de l'Oligocène sup. du Fayum est considéré comme le plus ancien et le plus primitif des *Pongidés*, l'appartenance d'*Aelopithecus* à la lignée des *Hylobatidés* du Miocène (*Pliopithecus, Limnopithecus*) est incertaine.

Les anthropoïdes du Miocène (sauf *Hylobatidés*)

- De nombr. fossiles de *Dryopithèques* découverts sur un territ. qui va de l'Europe jusqu'en Inde (monts Sivalik) et en Afrique (Kenya) attestent la richesse du déploiement des *Anthropomorphes pongidés*, dont les dents sont analogues à celles des *Chimpanzés (Dryopithèque germanique)*, du *Gorille (Dr. fontani.*) et de l'*Orang (Sivapithèque himalayen*), mais n'avaient pas de struct. de brachiation. Nous connaissons 500 fossiles du genre *Proconsul* provenant des mêmes couches datant de 25 mil. d'années. Le *Dryopithèque (Proconsul)* de la taille d'un *Chimpanzé* vivait dans des forêts-steppes en se déplaçant sur le sol à quatre pattes (quadrupède) ; mais il grimpait aussi aux arbres en s'aidant des bras et se lançait à la volée de branche en branche. Il avait en effet la main préhensile des grimp. qui s'agrippent, et non la main crochue à longs doigts et pouce court, ainsi que les longs bras que possèdent les *Anthropomorphes* actuels qui grimpent en se lançant à la volée dans le vide (struct. de brachia).
- *Oreopithecus* du Pliocène inf. sans doute à dissocier d'*Apidium* n'est pas rattaché aujourd'hui au groupe des *Dryopithèques*, mais à la super famille des *Oréopithécoïdes* qui montre une évolution parallèle à celle des *Hominiens*.

La lignée des Hominidés (C) qui diverge du phylum des *Pongidés* aurait commencé avec « *l'Ancient Member* » (AM) l'évol. indép. des *Hominiens*.

Pas de spécialis. en brachiation ou bipédie, absence de doigt latéral et de métacarpe prolongé, pas de courbure sur toute la longueur du pied, il ne marchait pas sur les arêtes des mains comme les *Pongidés*, mais sur la plante des pieds à la manière des *Cynocéphales* ; les 5 tubercules des molaires du maxillaire inf. désignent le type *Dryopithèque*, la canine sup. dépasse de très peu les dents voisines. On hésite encore pour savoir si le *Propliopithèque* (30-25 MA) se rapproche de ce modèle de l'AM Heberer ou si la lignée des *Hominidés* a divergé du groupe des *Dryopithèques* au sens large.

La théorie des Protoanthropoïdes de Bergner considère que les *Pongidés* prébrachiateurs anal. au *Proconsul* qui vivaient dans la forêt-steppe du milieu du Tertiaire, sont sembl. au modèle de l'AM. La population aurait maintenu pour l'essentiel le pool génique allant dans la voie évolutive et l'aurait enrichi en env. 20 MA (du Miocène au Pliocène) de nouveaux gènes. Ce qui aurait permis pour finir la formation d'un ensemble de caract. propres aux brachiateurs qui s'étaient « nichés » dans la forêt tropicale pluvieuse, donc aux *Anthropomorphes (Pongidés)* actuels. Par contre, la lignée des *Hominiens* se serait adaptée au biotope de la steppe dans cette « **phase subhumaine** » au cours de laquelle les *Hominiens*, qui se trouvaient encore à un stade *animal*, furent assez rapid. éliminés par la sélection. Un nombre moindre de gènes d'AM furent conservés, mais la sélection favorisa un grand nombre de gènes du type hominien.

La phase subhumaine de l'évol. des *Hominiens* :

- Le « *kenyapithèque* » = *Sivapithecus africanus*, Pongidé du groupe du *Proconsul* (env. 18 MA).
- « *Kenyapithecus* » = *Ramapithecus wickeri* (14 MA de Fort Ternan, Kenya) et *R. punjabicus* (13-8,5 MA, des monts Sivalik indo-pakistanais) sont des hominidés incontestables : petites canines et prémolaires, face réduite, grande hauteur de palais, arcades dentaires humaines, fonctionnement des molaires (la faune associée est du type savane boisée).

Attaque et fuite d'un groupe d'Australopithèques dans le vallon d'Olduvai

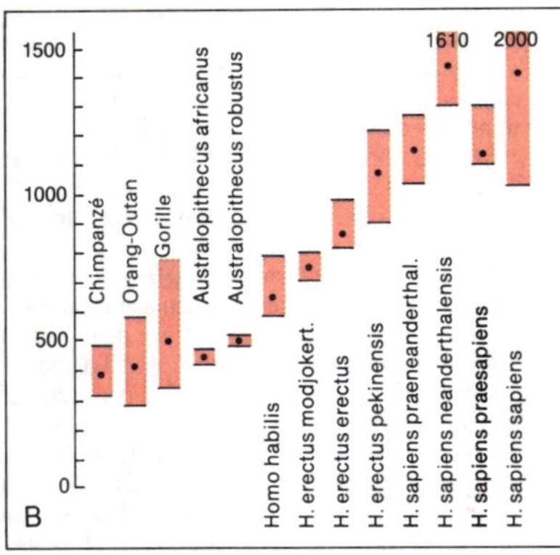

Capacité crânienne (volume du cerveau en cm³)

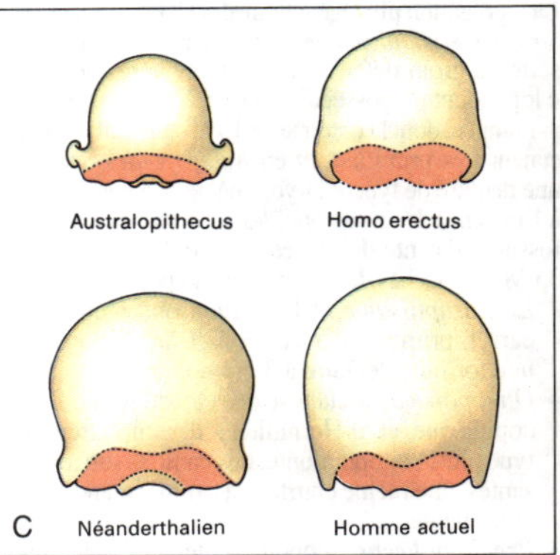

Surface d'insertion sur le crâne des muscles du cou

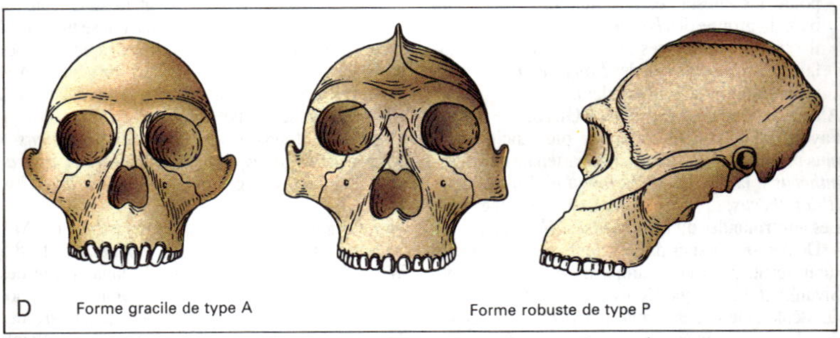

Reconstitution de crânes d'Australopithèques

L'Hominisation
fondée sur la combinaison de la marche érigée, de la libération de la main, de la cérébralisation et de leurs rapports fonctionnels, s'est étendue sur une phase dite subhumaine de 20 à 25 millions d'années (M-an). Sur environ 500 000 générations, le bipède coureur de steppes s'est dégagé à partir du pool génique du subhumanoïde habitant des forêts, processus au cours duquel le milieu intermédiaire de la steppe boisée a conditionné la sélection. Les **Hominidés subhumains**, animaux essentiellement visuels, purent y compenser leur flair défectueux par leur perception ds l'espace acquise tout au long de la vie dans l'arbre et par la main, qui libérée de plus en plus de sa fonction locomotrice, était dévolue à d'autres tâches : utiliser des outils pour la défense (compensation à la non-adaptation à la fuite). Ce qui rendit possible la réduction de la denture défensive des *Pongidés* en même temps qu'un accroissement des capacités cérébrales et de la main. Les caractères anciens ont été supplantés ou remplacés progressivement par des nouveaux (« **typogenèse additive** ») au cours d'une longue phase subhumanoïde terminée au cours du Pliocène, il y a 3 M-an, dénommée **Zone intermédiaire entre l'Animal et l'Homme** (Z.I.A.H.) par HEBERER. On trouve des restes fossiles qui font la liaison avec les *Ramapithèques*. En outre, le type anatomique des *Australopithèques* en fait des modèles structuraux de Z.I.A.H malgré des qualités psychiques humaines.

Les Australopithèques (A)
réunissent ds leur **aspect physique** une mosaïque de caractères simiens et humains conformément au principe évolutif de la typogenèse additive et en fonction de leur caractère de modèle de Z.I.A.H.

Sont pongidiens :
– les proportions du crâne (grosses mâchoires et petite boîte crânienne avec sa plus grande largeur un peu au dessus des conduits auditifs) ;
– le volume endocrânien qui varie ds les proportions des actuels *Anthropomorphes*.

Sont hominiens, par contre :
– le type et la disposition des dents : petites canines, dents en arcades, absence de diastème ;
– courbure plus accentuée de la base du crâne, muscles de la nuque plus petits que chez les *Pongidés* (C) ;
– articulations et longueur des membres ;
– marche en position dressée (colonne vertébrale en forme de double S, forme du bassin, position du pied).

Parmi les **Préhominiens**, les *Australopithèques* de type A et le groupe des Habiles étaient déjà humains par leur **aspect psychique**. La culture sud-africaine ostéo-donto-kératique (os-dents-corne) est très controversée : on l'a découverte au Transvaal (Makapansgat) : –3,7 à –2,5 M-an ; plus sûre est celle de la fabrication d'objets de pierre, d'outils (Koobi Fora/Kenya, –2,6 M-an « chopper » : hachoirs taillés sur une face ; Omo/Ethiopie, –2 M-an, « chopper-tool » : taillés sur 2 faces).

Le matériel de découverte semble limité à l'Afrique. Les restes les plus anciens attribués aux **Australopithèques** sont une molaire (Baringo/Kenya, –9 M-an) et un fragment de mandibule (Lothagam/Kenya, env. –5 M-an).
Attribuables sans conteste à un Hominidé sont les formes plio-quaternaires de Laetolil/Tanzanie (3,77 à –3,59 M-an) et de Hadar, Afar/Ethiopie (3,2 à –2,9 M-an) :
Australopithecus afarensis était très certainement un coureur bipède (large courbure des ilions) avec un fort dimorphisme sexuel et des caractères encore primitifs : conduits auditifs externes avec des traits de *Pongidés*, dents (de lait et définitives) intermédiaires entre *Pongidés* et *Hominidés*, arcades dentaires toujours en U, larges insertions musculaires à la base du crâne.
JOHANSON considère A.afarensis, malgré quelques particularités, comme le précurseur des formes « classiques » plus récentes, robustes et graciles.

Australopithecus africanus
Cette forme gracile, d'environ 130 cm de type A vivait ds la savane ouverte, fabriquait des outils, était chasseur et principalement carnivore. Il avait un front légèrement voûté, un volume cérébral compris entre 430 et 480 cm^3, mais des molaires à la machoire > de taille et rang conformes à celles des *Pongidés* $M_1 < M_2 > M_3$.
Découvert à Sterkfontein, Makapansgat (Afrique du Sud –3,3 à –2 M-an), Omo/Ethiopie (–3 à –2,5 M-an), Koobi Fora/Kenya (–2,6 à –1,6 M-an)

Australopithecus robustus/boisei
a représenté avec environ 150 cm le « type P » qui était par sa puissante surface masticatrice végétarien (fortes molaires, insertion des muscles masticateurs sur la crête pariétale). Sa bipédie était moins développée mais la succession des molaires était déjà $M_1 < M_2 < M_3$; ceux de l'Est africain (*A-boisei* : Omo/Ethiopie –2,1 à –1 M-an, Olduvaï/Tanzanie –2,1 à –1,2 million et les couches plus récentes de Baringo et Koobi Fora/Kenya) dépassaient en robustesse et spécialisation la forme sud-africaine : *Australopithecus* (*Paranthropus*) *robustus* de Swartkrans (env. 1,8 M-an) et de Kromdaai (env. –1,5 M-an).

Le groupe des Habiles
partiellement contemporain de l'*Australopithèque* (couche I d'Olduvaï) est, à l'intérieur de la Z.I.A.H., un type évolué vers le genre *Homo* que l'on dénomme « *habile* » à cause de son industrie lithique, avec des traits d'*Australopithèques* (volume cérébral B). Découvert à Olduvaï/Tanzanie, Swartkrans/Afrique du Sud.
Homo habilis. Sud et Ouest de l'Afrique (–3 à –2,5 M-an) intermédiaire entre *A. africanus* et les *Euhominiens* (p. 538 sq). Il possédait un front droit, de faibles bourrelets sus-orbitaires, une mâchoire de taille humaine, une position du pied non préhensile à cambrure humaine. L'anatomie du palais et de la mandibule indiquent une aptitude au langage.

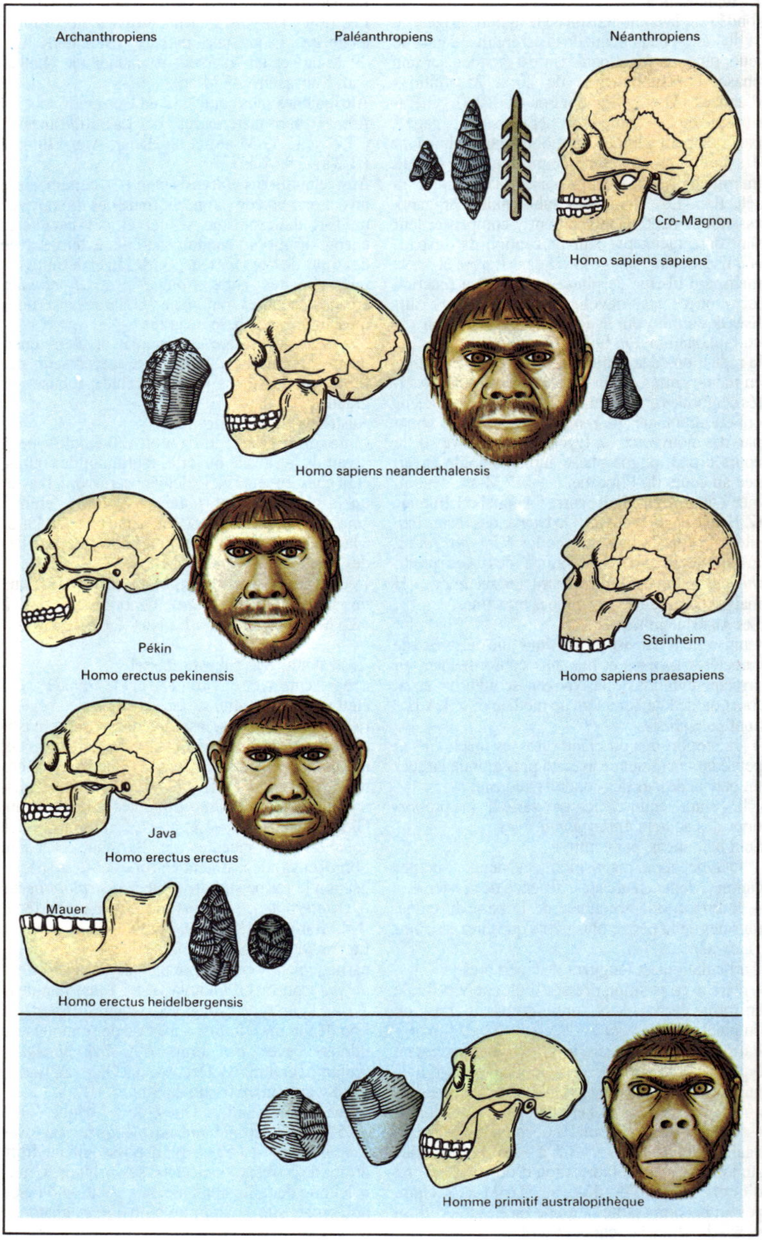

Australopithèques et Hominiens

Leur histoire basée sur l'archéologie a été caractérisée lors de la période glaciaire par un grand développement socio-culturel. La **fabrication des outils** dépend en effet de la logique et de l'abstraction de plans rationnels tirés sur le futur, de la transmission des techniques aux générations suivantes (tradition), de même que le transfert de l'expérience, le tout en liaison avec le développement d'un langage symbolique. On peut répartir ces *Euhominiens*, qui pendant 1 M-an ont été les comtemporains des *Australopithèques*, en trois groupes.

Les Archanthropiens (*Hommes primitifs*)
Espèce polytypique : *Homo erectus* (les anciens *Sinanthropus, Pithecanthropus*, *Atlantanthropus*, *Tschadanthropus*) étaient chasseurs et carnivores, utilisaient le feu et les cavernes. Ils se sont largement répandus au cours du Pléistocène au-delà des zones tropicales Ils ont vécu entre –2 et –0,15 M-an, avaient un front fuyant, de puissants bourrelets sus-orbitaires, mais ressemblaient à *Homo sapiens* par les membres, les orifices nasaux et les dents. Ils montrent une radiation en sous-espèces avec des variations importantes.

JAVA *H.e modjokertensis* (couches de Djetis de Modjokerto et Sangiran au centre de Java, –1,9 M-an), ressemble à *Homo habilis* et est le plus primitif (volume cérébral, voir p. 536 B). C'est le premier fossile (*H.e. erectus*) du *premier homme* découvert à Trinil/Java par DUBOIS (1891), et par la suite ds les couches de Trinil de Sangiran (–0,8 à –0,5 M-an). Une forme dérivée est *H.e Soloensis* (Rivière Solo, Ngandong/centre de Java, –0,1 M-an), preuves de cannibalisme.

CHINE *H.e lantianensis* (Lantian/Shensi env. –0,7 M-an)
semblable aux Habiles, aurait donné *H.e pekinensis* (Choukoutien/Pékin, –0,4 à –0,3 M-an), au menton prononcé, qui utilisait le feu. On a trouvé à Hsuchiayao (–0,1 M-an) des formes intermédiaires entre *H.e erectus* et *H.e soloensis* qui prolongent la lignée chinoise jusqu'au post-glaciaire (Shihyu, 30 000 ans).

AFRIQUE *Telanthropus* (*H. erectus*) *capensis* semblable aux Habiles (Swartkrans/Afrique du Sud env. –2 M-an) a donné des sous-espèces évoluées d'*H.erectus* (de Koobi Fora) et *H.e leakeyi* (couche III d'Olduvaï, –0,5 M-an), puis *H.e rhodesiensis* (de Broken Hill, –0,1 M-an?, de Saldanha/Kapstadt, 40 000 ans) du Pléistocène sup. aux caractères modernes mais également propres.

EUROPE Les fouilles indiquent que ce n'est pas ici que se trouvent les origines d'*H. erectus*. A partir d'*H.e. heidelbergensis* (on en connaît une puissante mandibule, sans menton avec des dents modernes, découverte à Mauer près d'Heidelberg et datée de –0,5 M-an) et d'*H.e. bilzingslebenensis* (Thuringe/ex.RDA, Pléistocène moyen, à affinités étroites avec *H.e. leakeyi* et *H.e. erectus*) on a peut-être le lien avec *H.e. palaeohungaricus* (Vertesszölös/Hongrie, –0,4 M-an) et ses légères ressemblances à l'*H. sapiens* (incinération).

Les Paléoanthropiens (*vieux hommes*)
relaient les *Hommes primitifs*, avec les formes européennes de Vertesszölös/Hongrie et de Pétralona/Grèce. Ils vivaient d'env. –0,4 M-an à –40 000 ans. Enracinés ds le groupe de l'*Homo erectus*, ils ont donné 2 lignées indépendantes qui ont conduit d'une part aux classiques *Néanderthaliens*, aujourd'hui disparus et de l'autre, aux *Hommes actuels* du groupe de l'*Homo sapiens*.

Les Prénéanderthaliens (*Homo sapiens praeneanderthalensis*)
de la dernière période chaude (Interglaciaire Riss-Würm, –110 à –75 000 ans) de Weimar-Eringsdorf, de Krapina/Croatie, de Ganovce/Slovaquie, montrent, sous une forme atténuée, les caractères du néanderthalien classique.

Les Néanderthaliens (*H. sap. neanderthalensis*)
ont livré de nombreux restes : Gibraltar 1884 (d'abord non reconnu), Neanderthal près de Düsseldorf 1856, Spy en Belgique, La Chapelle aux Saints, le Moustier, Monte Circeo en Italie, Djebel Irhond en Afrique du Nord, la Crimée, l'Ouzbékistan. Contemporains de la dernière glaciation (Würm), petits (155-165 cm), trapus, aux jambes courtes, au front bas et fuyant avec des bourrelets supra orbitaires et l'occiput saillant.
Ce sont les hommes du Moustérien (outils de silex), qui enterraient leurs morts (parures de fleurs) et révélaient ainsi leurs problèmes métaphysiques.

Le groupe des Présapiens (*H. sapiens praesapiens*)
qui représente le modèle des *Hommes actuels* à leurs débuts et peut-être aussi les *Hommes anciens*, remonterait au milieu du 4aire (Interglaciaire Mindel-Riss) :
– Steinheim-sur-la-Murr, près de Stuttgart : voûte crânienne relativement mince d'un *H. sapiens steinheimensis* à front analogue à celui des *Hommes anciens*, mais occiput d'*H. sapiens* (env. –326 000 ans)
– Swanscombe près de Londres : os occipital et pariétal de type Steinheim mais déjà plus néanthropien avec une plus forte capacité crânienne. Age env. 270 000 ans. Industries de l'acheuléen moyen (coups de poing) et outils levalloisiens.
Des vestiges ultérieurs de *Présapiens* avec un crâne et un squelette plus fins ont été trouvés en Italie, en France et dans l'est de l'Afrique.

Les Néanthropiens (*Hommes nouveaux*)
apparaissent assez brusquement au Pléistocène supérieur il y a environ 40 000 ans, en même temps que disparaissent les Néanderthaliens. *Homo sapiens sapiens* a pris naissance plus tôt dans des zones à climat plus favorable (Proche-Orient?) au cours de la dernière période glaciaire (Würm) par « gracilisation » de *Présapiens* : petites dents, mandibule à menton osseux, base du crâne fortement arquée, crâne en voûte, capacité 1 400 cc3. Les restes d'*Hommes nouveaux* les plus anciens montrent une relative unité et proviennent de tous les continents (Ethiopie/Omo I et II > 40 000, 90 000 ? ; Bornéo/Niah-Höhle, env. 39 000 ; Chapelle-Combe/France 34 000 ; Cromagnon/France, 25 000 ; Lake Mungo/Australie, 31 000).

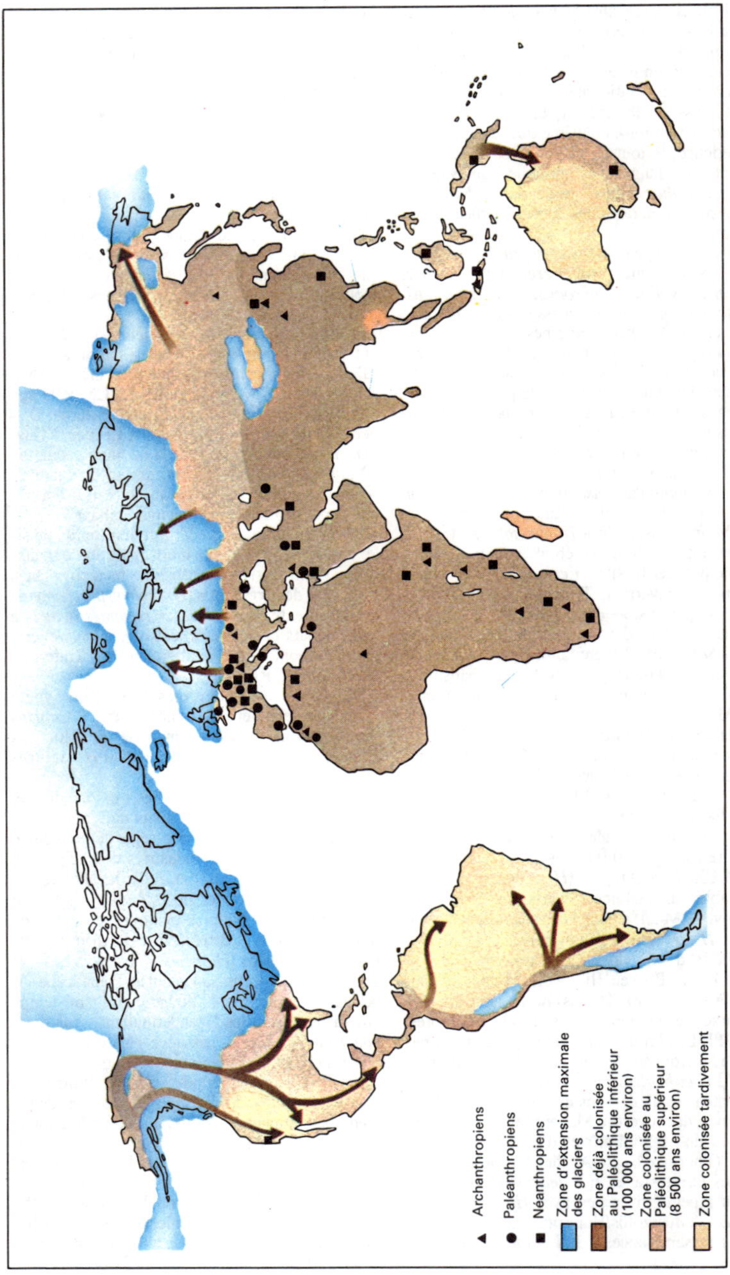

Extension de l'espèce humaine

Les causes biologiques de l'hominisation posent à la science de l'évolution un de ses problèmes essentiels. Les analyses des structures sociales et des structures de civilisations et les conditions de vie des premiers *Hominiens* peuvent donner des indications à ce sujet bien que l'on n'ait aucune preuve expérimentale des événements antérieurs. D'autre part, les interrelations sont très complexes et hypothétiques.

1. La représentation de l'espace et la main préhensile. Grâce à leur main préhensile, les précurseurs pongidiens des *Hominiens* possédaient comme tous les *Singes* actuels la faculté d'apprécier avec exactitude à l'intérieur de leur biotope arboricole les directions, les distances et les coordonnées de l'endroit où ils se trouvaient : toute erreur ou incapacité aurait pu avoir des conséquences mortelles. Cette perception de l'espace (« représentation centrale de l'espace ») permet, selon LORENZ, aux *Primates supérieurs* de se mouvoir avec sûreté dans cet espace, mais de déplacer également certains objets du monde ext. Au lieu de trouver une solution par la méthode des essais et des erreurs (apprentissage, p. 6 sq), ils réalisent une économie d'énergie et de risques en utilisant le « modèle central de l'espace » pour tester l'opération tout entière en se la représentant (imagination, p. 6 sq). Ainsi existent des prémices de la pensée raisonnée et de la fabrication méthodique d'outils. Au cours de ce processus d'hominisation, la fabrication d'outils, la dextérité, la faculté de raisonner et la posture érigée se sont complétées mutuellement par un mécanisme de couplage rétroactif (p. 537), conférant un avantage adaptatif toujours plus grand.

2. La sexualité et l'intégration familiale

Les ancêtres non hominiens de l'*Homme* connaissaient sans doute une organisation sociale analogue à celle des *Anthropomorphes*. Dans les relations polygames, les mâles actifs sexuellement et en conséquence les femelles passives ont été particulièrement favorisés par la sélection, mais l'énergie des mâles les plus actifs et les plus élevés dans la hiérarchie s'épuisait à lutter pour tenir éloignés les rivaux et les ennemis. C'est à la femelle qu'incombaient les soins à la progéniture. Cette organisation sociale n'était adéquate que dans le biotope de la forêt tropicale avec son abondance de nourriture pour les femelles et les descendants. Au passage à un mode de vie omnivore ou carnivore dans la forêt-steppe et la steppe et à une économie de chasse centrée autour de la recherche de la nourriture correspondait une autre division du travail. La disponibilité sexuelle permanente de la femme qui n'existe que chez l'*Homme*, rend possible la vie de famille monogame et évite à l'homme la nécessité constante d'avoir à écarter ses rivaux. Il s'est alors spécialisé dans les activités exercées en dehors de son lieu d'habitation, ce qui a modifié les rapports sociaux. Cette dernière forme d'activité exigeait l'échange d'informations, ce qui provoqua le développement du langage qui transforme la pensée en une suite de sons émis et compréhensibles et est au service de la communication et de la transmission de toute culture.

3. La sollicitude parentale et la domestication

Le taux élevé de la mortalité des jeunes animaux est une forme de sélection particulière : elle est réduite par la sollicitude parentale. L'aptitude des parents à préserver leurs enfants s'est développée avec le volume du cerveau. Ces 2 facteurs semblent être en corrélation causale grâce à un mécanisme de couplage rétroactif :

> La rapidité du développement de l'enfant a décru corrélativement à la croissance des dimensions du cerveau, en même temps qu'augmentait la durée de la période pendant laquelle il a besoin de soins (nidicoles second., p. 178 sq).
>
> Ceci a de nouveau accru l'influence de la sollicitude parentale dont le résultat est une cérébralisation plus poussée.

LORENZ place au premier plan des conséquences de ce ralentissement du développement de l'enfant la persistance de caractères infantiles (**néoténie**) : l'*Homme* conserve à peu près toute sa vie **une curiosité ouverte sur le monde**. La valeur sélective de ce phénomène est évidente.

4. La réduction de l'instinct et la liberté d'action

Corrélativement à la domestication, des modes de comportement fixés héréditairement et donc figés, ont été sans doute refoulés par des réactions individuelles d'adaptation plus malléables.

D'une part, cette réduction de l'instinct faisant suite à la dépendance infantile et à la prédisposition naturelle à reconnaître l'autorité, celle des parents, p. ex., a pu être assurée par une certaine aptitude sociale de l'individu à reconnaître la norme et à se laisser modeler. Selon WADDINGTON, ce système de détermination non génétique a posé finalement les bases de la formation de l'éthique et des dogmes religieux.

D'autre part, dans la confrontation avec le monde extérieur, la réduction de la certitude inhérente à l'instinct a contribué à étendre le degré de « liberté » de l'action. Simultanément, la sélection a favorisé au cours du processus héréditaire la faculté de réunir des expériences personnelles ou transmises, de les relier en formulant la théorie du monde réel (voir introd., p. 1), de développer finalement un ensemble de connaissances en liaison avec le cerveau, ce qui a amené l'*Homme* à modifier considérablement le monde dans lequel il vit et à développer l'intelligence fabricatrice.

Les tendances à bâtir des théories erronées ont été éliminées par l'évolution naturelle. Les sociétés qui prennent quantitativement l'avantage sont toujours celles qui sont le mieux adaptées, c.-à-d. qui correspondent par suite de l'adéquation permanente due à la sélection, au monde réel. L'immense avantage de la sélection a pourvu l'*Homme* du pouvoir de la pensée qui permet de concevoir les structures du monde réel.

L'évolution de l'*Homme* laisse entrevoir dans toutes ses caractéristiques un mécanisme à double action qui regroupe 2 systèmes hérités : le biologique et le culturel. Leurs liens de causalité ont fait de l'*Homme* l'espèce la plus réussie sur le globe.

Catégories	Exemples	Caractéristiques des désinences (en latin)
Phylum	Spermatophyta	– phyta ou. - mycota (champignons)
Sous-phylum	Dicotyledonatae	– phytina ou. - mycotina (champignons)
Classe	Angiospermophytina	– phyceae (Algues), - mycetes (champignons) – atae (plantes vasculaires)
Sous-classe	Sympetalidae	– idae ou. - phycidae (Algues), - mycetidae (champignons)
Cohorte		– iidae
Super-ordre		– anae
Ordre	Primulales	– ales
Sous-ordre		– inales
Groupement de familles		– ineales
Famille	Primulaceae	– aceae
Sous-famille		– oideae
Tribu		– eae
Sous-tribu		– inae
Genre	Primula	
Sous-genre		
Section		
Sous-section		
Série		
Espèce	Primula veris	
Sous-espèce	canescens	
Variété		
Sub-variété		
Forme		

A

Subdivisions de la systématique végétale

Catégories	Exemples
Règne	
Sous-règne	Métazoaires
Division	Eumétazoaires
Subdivision	Bilateria
Phylum	Arthropodes
Sous-phylum	Trachéates
Classe	Insectes
Super-ordre	Hymenoptéroides
Ordre	Hymenoptères
Sous-ordre	Aculeates
Super-famille	Apoidea
Famille	Apidés
Sous-famille	Apinés
Tribu	
Genre	Apis
Espèce	Mellifica
Sous-espèce	Ligustica

B

Remarques valables pour A et B

– Des catégories supplémentaires peuvent être créées (en général avec les préfixes super ou sous)
– Les désinences caractéristiques ne sont pas toujours utilisées, pour ne pas changer des noms consacrés

En zoologie on a seulement ces désinences :

– oidea (super-ordre ; super-famille)
– idea (famille)
– inae (sous-famille)
– Les catégories dont l'appartenance systématique est incertaine sont souvent désignées par des lettres (A, B... ; a, b...) ou des chiffres (I, II,... ; 1, 2...) ; voir Systématique page 549 et suivantes.

Subdivisions de la systématique animale

La signification de la systématique

Son but essentiel est de donner une représentation complète de la diversité des organismes. En plus, elle fixe les groupes naturels, isomorphes ou qui se comportent de façon identique (au pt de vue de la physiologie) ; les conclusions n'étant généralisables qu'à l'intérieur de ces groupes.

Malgré des différences particulières entre la Botanique et la Zoologie (p. 547), qui tiennent historiquement au développement de ces deux disciplines, il faut unifier les méthodes de travail, les hypothèses et les objectifs.

Les orientations des recherches en Systématique

sont axées sur différents secteurs.

La Phytographie (ou Zoographie)

est la description analytique d'unités systématiques de toutes catégories qui fonde les différences entre des groupes parfois très voisins. Ces caractéristiques claires, qui cherchent à délimiter, ne peuvent pas s'appuyer sur quelques critères mais doivent intégrer les résultats des autres disciplines biologiques (p. 2), pour définir le plus complètement possible un type d'organisation. Pour des raisons pratiques les différenciations s'appuieront généralement sur quelques propriétés (ou caractères) constantes et frappantes.

La Taxonomie, en pratique constamment liée à la Phyto- ou Zoographie, compare les groupes caractérisés, les délimite et les distingue d'après leur catégorie systématique sur la base de critères taxonomiques. Les taxons ainsi obtenus sont clairement reconnus d'après les règles de la nomenclature.

La Systématique (au sens strict) cherche au contraire une comparaison synthétique et classe la multitude de groupes ds un système ordonné et logiquement construit, dont la signification dépasse le simple catalogue (p. 545).

Variabilité et démarcation

La variabilité des caractères ds les organismes récents se présente, généralement en discontinu, de sorte que la séparation entre les catégories homogènes entre elles et différentes des autres, n'est pas un processus artificiel mais a des fondements naturels. On peut, en revanche, rencontrer des difficultés avec les formes fossiles : lors du développement phylogénétique les groupes systématiques semblent liés par des interpénétrations continues (voir *Archaeopteryx,* p. 514 B).

Variation du modèle de base et système imbriqué

La loi établie par la Phyto- et Zoographie, selon laquelle les plans d'organisation spécifiques des groupes d'organismes (p. 112 sqq) ont varié graduellement à partir des catégories inférieures, s'exprime d'une façon adéquate par la succession des catégories systématiques (A, B), où les formes inférieures sont à chaque fois insérées ds les supérieures (structure imbriquée).

La catégorie de base est l'espèce :

Espèce morphologique, qui tient compte de caractères essentiellement abstraits.

Espèce biologique, espèce récente basée sur le critère de fécondité.

Espèce agamique à laquelle le précédent critère ne peut s'appliquer puisqu'elle se reproduit parthénogénétiquement (*Nématodes*) ou végétativement (*Bananier*) .

Espèce paléontologique, délimitée seulement comme la morphologique.

La nomenclature systématique

Instaurée par LINNE (1707-1778), la **nomenclature binominale** est utilisée internationalement. On définit la place ds la classification par les noms de genre et d'espèce, le nom du premier descripteur (L pour LINNE) et souvent aussi l'année de la première description.

– *Castor* : *Castor fiber* L (1758).

– *Faucheux : Nemastoma bidentatum* ROEWER (1914).

Si une espèce comporte des sous-espèces ou des variétés, on ajoute un 3e, 4e nom.

– Autour des *Palombes : Accipiter gentilis gallinarum* (C.L. BREHM).

Cette nomenclature repose :

– pour la Botanique sur : LINNE, *Species plantarum,* 1re éd. 1er mai 1753 ;

– pour la Zoologie sur : LINNE, *Systema naturae,* 10e éd, 1758 ;

– sur des travaux postérieurs concernant des parties non complètement recensées par LINNE (p. ex. pour les *Mousses* : HEDWIGS, *Species Muscorum,* 1er janvier 1801).

Cependant, il n'est pas toujours facile de maintenir le nom initial .

Les stades de développement d'une espèce, des espèces avec un fort dimorphisme sexuel ou des espèces à grande aire de dispersion, ont été décrits par de nombreux auteurs sous des noms différents. L'augmentation du nombre d'espèces et une observation plus précise amènent souvent à la division ou à la réorganisation des groupes systématiques.

Le genre *Araignée* : *Aranea.* L. avec à l'origine 39 espèces est aujourd'hui érigé en Ordre avec env. 20 000 espèces.

Les règles de la nomenclature internationale

comportent des précisions importantes pour éviter tout conflit :

– Tout nom d'espèces est lié à un exemplaire type archivé ;

Lors de la première description, on mentionne, jusqu'au niveau de l'Ordre, les catégories les plus inférieures comme autant de types.

– En cas de descriptions multiples, c'est le nom correspondant aux règles de la nomenclature, c'est- à-dire le plus ancien, qui prévaut (**Règle de priorité**).

Néanmoins, on n'a pas réussi à unifier la nomenclature :

– Les catégories supérieures, comme les Ordres, ne suivent pas les règles et peuvent être nommées différemment par des auteurs variés.

– Des décisions subjectives de séparation ou de réarrangement des taxons ne sont pas entièrement évitables, malgré la plus grande objectivité possible fournie par les méthodes statistiques et numériques.

Animaux avec sang				Animaux sans sang			
Tétrapodes vivipares	Oiseaux	Tétrapodes ovipares et apodes	Poissons	Mollusques	Animaux mous à coquille	Insectes	Animaux à coquille
Pieds en plusieurs parties A dents en forme de défense A peau servant au vol		Tétrapodes à écailles et sans pieds Tétrapodes sans écailles	Poissons cartilagineux en forme de fuseau Poissons cartilagnineux plats Poissons à arêtes	Jambes courtes avec 2 longs bras	Nombreux pieds sans pinces Décapodes sans pinces Décapodes avec pinces A queue courte		Une coquille Deux coquilles Éponges Échinodermes
Remarques		correspond aux Reptiles et aux Amphibiens		correspond aux céphalopodes avec Décapodes et Octopodes	correspond aux Crustacés	correspond aux Insectes Arachnides et Vers	

A

Systématique animale selon Aristote

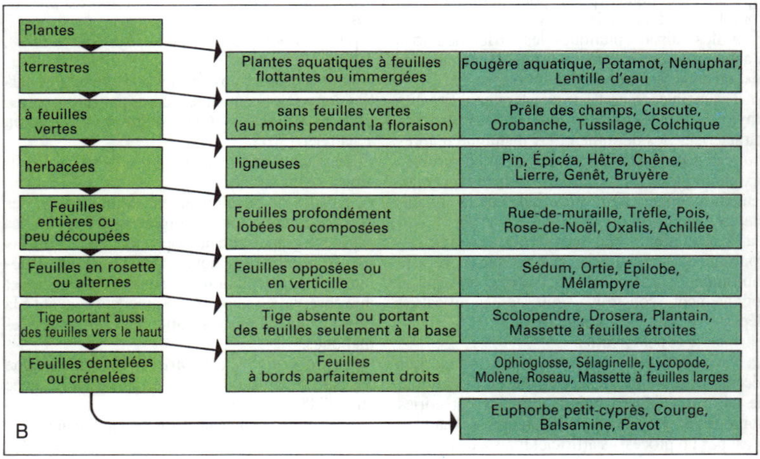

Tableau de détermination comme exemple d'un système artificiel

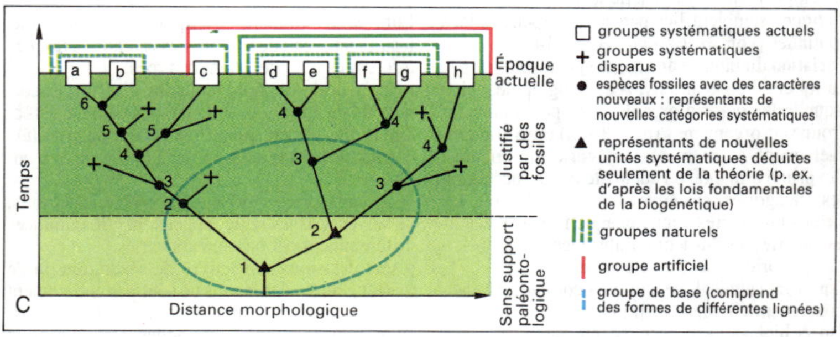

Représentation d'un arbre phylétique et groupes systématiques

Les tentatives de classification des organismes sont déjà anciennes.

– ARISTOTE (384-322 av. J.-C.) établissait déjà une classification des espèces animales qu'il connaissait, en se fondant principalement sur leurs caractères extérieurs, et son système (A) resta en vigueur, pour l'essentiel, jusqu'au XVIIIe s. Il distinguait les animaux pourvus de sang et les animaux dépourvus de sang (distinction qui correspond en gros à la répartition actuelle en *Vertébrés* et *Invertébrés*) et divisait ces 2 groupes en catégories qui ne correspondent que partiellement à celles de la systématique moderne.

– LINNE a établi une classification des quelque 8 500 espèces végétales et 4 200 espèces animales connues à son époque. Il distinguait :

Les Plantes

1. Phanérogames (Plantes à fleurs ; 23 classes) ; subdivisées d'après la séparation des sexes, le nombre, la taille, la position et le degré de soudure des étamines.
2. Cryptogames (Plantes sans fleurs ; 1 classe) Fougères, Mousses, Algues, Champignons.

Les Animaux

1. *Mammalia* (sang rouge et chaud ; 2 oreillettes et 2 ventricules, vivipares) ;
2. *Aves* (sang rouge et chaud ; 2 oreillettes et 2 ventricules, ovipares) ;
3. *Amphibia* (sang rouge et froid ; 2 oreillettes et un ventricule, respiration pulmonaire) ;
4. *Pisces* (sang rouge et froid ; 1 ventricule ; respiration branchiale) ;
5. *Insecta* (sang blanc ; antennes articulées) ;
6. *Vermes* (sang blanc ; antennes non articulées).

Les systèmes artificiels permettant de classer, par l'aspect externe, la profusion de formes, étaient satisfaisants et, d'un certain pt de vue, ont encore aujourd'hui leur importance (B).

Dans de nombreux groupes subsistent encore aujourd'hui, par manque de critères d'appartenance, des divisions artificielles (p.ex. *Deutéromycètes*, p. 551).

Comme ils ne s'appuyaient que sur quelques caractères, un type n'était pas complètement défini, d'où des contradictions. S'appuyant sur sa notion de constance de l'espèce, LINNE lui-même réclamait déjà un système de classement naturel.

Le système naturel

Le besoin de donner d'un type, une définition complète, conduisait déjà à tenir compte des résultats acquis par de nombreuses autres disciplines biologiques (p. 2).

La Théorie de la Descendance s'appuyait, pour une grande part, sur la similitude de plans d'organisation séparés par la systématique (p. 124 sqq).

C'est DARWIN qui lui a donné sa base scientifique indubitable en prouvant que ces ressemblances étaient l'expression d'une parenté phylogénétique et en interprétant l'organisme comme le résultat de la phylogenèse.

L'Arbre généalogique peut servir de forme de représentation importante en systématique :

La structure des organismes les plus récents représente, dès lors, l'intersection de toutes les ramifications de cet arbre ; la prise en compte des fossiles permet de regrouper différents niveaux.

Délimiter et classer les groupes naturels suppose :

– de prendre en compte toutes les recherches morphologiques, écologiques, physiologiques et biochimiques pour définir un type comme un tout structural et fonctionnel ;

– de reconnaître les homologies (p. 512 sq) comme des similitudes phylogénétiques ;

– de relier les analogies à des similitudes acquises, par des pressions de sélection identiques, qui donnent des formes (p. 230 D) sans aucune parenté.

Les problèmes posés par la mise en place de systèmes naturels

De nombreuses difficultés ont jusqu'à présent freiné la mise en place d'un système universel.

– La découverte de nouvelles espèces (500 par an pour la seule Afrique).

– La découverte de caractères taxonomiques, encore inédits, qui peuvent faire varier les schémas phylogénétiques.

– Des critères purement taxonomiques ne sont pas toujours semblables et sont utilisés, selon d'autres modes de référence, pour certaines subdivisions.

– La combinaison de caractères primitifs et dérivés ds un même type (hétérobathmie) complique la signification du caractère .

– Les évolutions phylogénétiques se font à des vitesses différentes et ce qui est établi pour un groupe fossile n'est pas transposable. Ainsi plusieurs lignées évolutives partent des *Archesauriens* du Trias, et une seule a conduit à un type entièrement nouveau : l'*Oiseau*.

– En l'absence de preuves fossiles, la réunion de formes semblables, ds des groupes récents, n'est peut-être que momentanée. On doit s'y attendre pour des formes présentant des parties dures.

– La prise en compte des fossiles diminue la spécificité entre les catégories systématiques : des espèces très proches du point de divergence (C) sont tellement semblables, ds les groupes supérieurs, qu'on ne peut garantir la classification.

– De nombreuses possibilités de classement, tout aussi valables, conduisent notamment, pour des groupes isolés, à une variété de représentations.

– Des groupes riches en espèces sont souvent placés au dessus de groupes pauvres (p.ex. les *Oiseaux* sous forme de classe distincte et non regroupés ds l'ordre des *Reptiles*), ce qui était plus conforme au déroulement de la phylogenèse.

Le système utilisé dans cet ouvrage (p. 549 sqq) ne doit pas être considéré comme unique, ni comme une présentation définitive.

– Il a été très simplifié sur de nombreux points pour les besoins du manuel.

– Il ne représente qu'une possibilité : quelques autres représentations sont suggérées ds les illustrations, au moyen de schémas phylétiques .

– Il ne peut qu'être un modèle correspondant à l'état des connaissances actuelles, susceptible d'être modifié par des résultats ultérieurs .

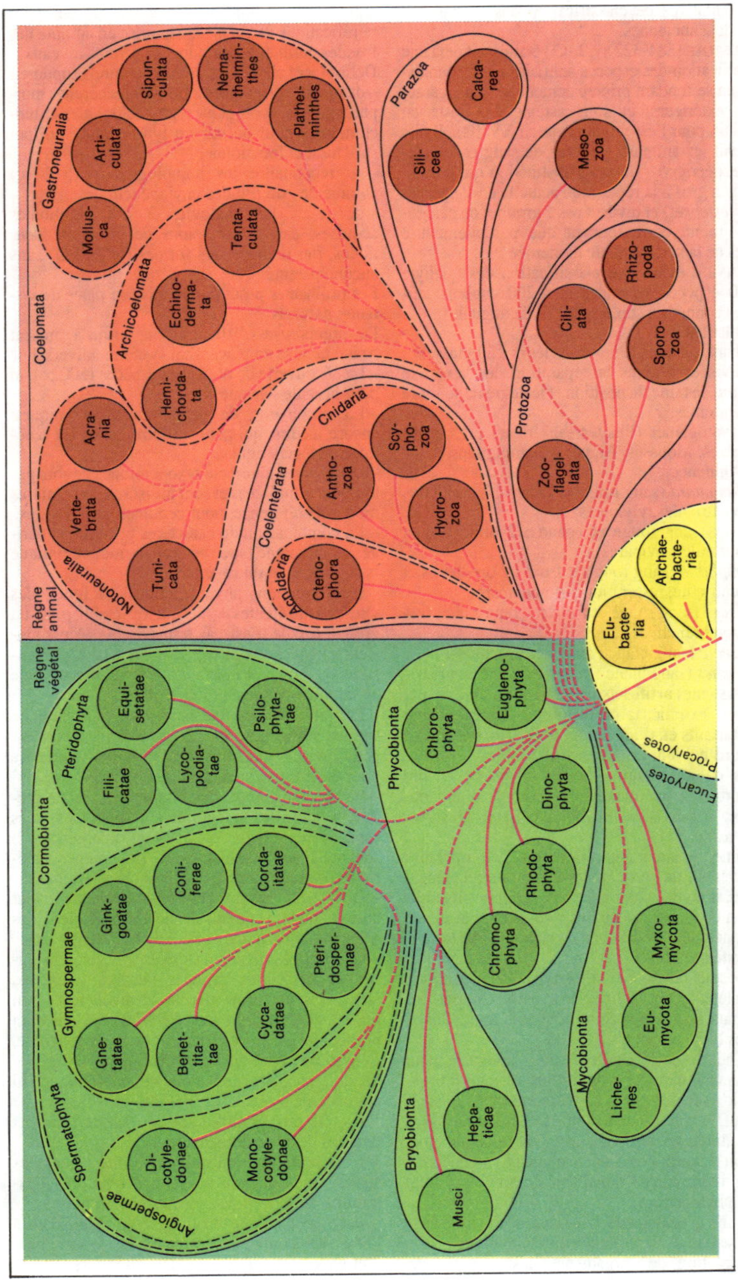

Grandes subdivisions systématiques du règne animal et du règne végétal

Archéobactéries, Eubactéries et Eucaryotes

Les **Archéobactéries** sont élevées au même rang systématique que les **Eubactéries** avec lesquelles elles constituaient autrefois les *Schizophytes*. Les arguments avancés sont les analyses séquentielles (fragments d'ADN, protéines et surtout l'ARN_r 16S) ainsi que des différences ds le plasmalemme et la paroi (p. 59).

On réunit ainsi ces 2 ensembles ds les *Procaryotes* qui s'opposent aux **Eucaryotes** présentant l'organisation complexe de l'Eucyte (p. 8 sqq).

La séparation des 3 groupes a dû se faire :

– alors que l'atmosphère primitive était encore réductrice ;

– alors qu'il n'y avait pas encore une structure unitaire pour la paroi ;

– alors que le niveau d'organisation de l'Eucyte n'était pas encore atteint.

Règne animal et Règne végétal

La séparation classique des *Eucaryotes* en *Végétaux* et *Animaux* n'est pas toujours évidente si l'on se réfère à des critères nutritionnels.

– Les *Cyanobactéries* autotrophes font partie des *Procaryotes*.

– Une nutrition semi-hétérotrophe n'est pas rare chez les *Plantes* (p. 247), de même que l'hétérotrophie secondaire (p. 247).

– La position des « Champignons » dépourvus de pigments assimilateurs n'est pas claire.

La distinction traditionnelle entre plante et animal n'est donc pas phylogénétique mais basée sur le principe d'organisation d'un système artificiel.

Les subdivisions du règne végétal

Les **Phycobiontes (Algues)**, à la base des *Eucaryotes*, sont un groupe très varié. Ils passent pour être monophylétiques ; une différenciation précoce aurait conduit à des évolutions +/– parallèles où le passage à l'état pluricellulaire se serait accompli plusieurs fois (p. 548 A).

Au sein de ces *Phycobiontes* on trouve, à la base, les *Euglénophytes*, ancêtres (inconnus) des *Algues supérieures*, des *Champignons* et des *Protozoaires*.

Les Mycobiontes (champignons) sont polyphylétiques et dérivent, ds les premiers stades de développement, d'algues aujourd'hui disparues. En plus de la perte des pigments assimilateurs leur développement a été très varié, et on constate de très grandes incertitudes taxonomiques, à cause p. ex. de modes de développement encore inconnus (*Fungi imperfecti*, p. 551).

Les Bryobiontes (Mousses) dériveraient de *Chlorophycées* fossiles, bien que les formes intermédiaires soient inconnues (les arguments étant, entre autres, les pigments assimilateurs, les substances de réserve). Ils sont monophylétiques.

Les Cormobiontes (Plantes vasculaires) au cormus complet (p. 113) englobent 2 catégories :

1. Les Ptéridophytes (Fougères) dériveraient également d'*Algues vertes* fossiles (avec une alternance de générations hétéromorphe, un plus grand dvt du Sporophyte, et une alternance chromosomique inverse). Le groupe de base, dont les autres se sont très tôt séparés, est celui des *Psilophytinées*. On y trouve aussi des développements parallèles partiels (formation de graines par convergence).

2. Les Spermatophytes (Plantes à graines) divisées à leur tour en :

a) **Gymnospermes** avec 2 lignées évolutives

– une microphyllaire (issue sans doute des *Archaeopteridales = Progymnospermes*).

– une macrophyllaire (issue sans doute des *Ptéridospermées*).

b) **Angiospermes** dérivant de formes de passage entre les *Ptéridospermées* et les *Cycadatées*. De nombreux progrès ds leur niveau d'organisation en ont fait, de loin, le groupe le plus riche en espèces (env. 300000 espèces).

Les subdivisions du règne animal simplifiées et ramenées aux différences fondamentales.

Les **Protozoaires** d'origine vraisemblablement polyphylétique (contrairement à la représentation simplifiée donnée ds la planche : voir p. 560 A). La position particulière des *Ciliés* considérés comme des *Cytoïdés* n'est pas acceptée par tous.

Le développement des Métazoaires est abordé de deux façons :

– **La théorie gastrale** (d'après HAECKEL)

Des colonies d'unicellulaires en forme de sphère creuse donnent, par gastrulation (p. 197), une hypothétique forme ancestrale à 2 couches. Elle s'appuie sur l'ontogenèse de nombreux animaux. Les *Cnidaires* seraient alors à la base des *Métazoaires*.

– La théorie acœlomique

Des *Prociliés* plurinucléés deviennent pluricellulaires par cellularisation. Des *Vers* analogues aux Turbellariés, chez lesquels on trouve des réminiscences de ce comportement, seraient alors à la base des *Métazoaires*.

Mésozoaires et Parazoaires ont une place controversée.

– Les **Mésozoaires** pourraient dériver des *Ciliés*, mais être second. des *Trématodes* simplifiés.

– Les **Parazoaires** pourraient être une branche latérale primitive des **Métazoaires** (origine identique à des formes semblables aux choanoflagellés) ou un groupe isolé issu des *Phytoflagellés*.

Les (Eu) Métazoaires se répartissent ainsi :

1. Les **Cœlentérés** représentent avec les *Cnidaires*, selon la théorie gastrale, le type initial des *Métazoaires*. Parmi eux les formes radiaires, mais aussi bilatérales, peuvent être considérées comme primitives.

2. Les **Cœlomates** regroupent :

– Les *Archaécœlomates* ou groupe de base (non homogènes mais avec un cœlome trimère).

– Les *Gastro-neuralia* (*Spiralia*) correspondant en gros aux *Protostomiens* sont, par la similitude des tentacules, des formes dérivées des *Archéocœlomates*

– Les *Notoneuralia* (*Cordés*), correspondant aux *Deutérostomiens* sont des formes dérivées des *Archaeocoelomates* et semblables aux *Entéropneustes*.

	Chlorophylle a	b	c	d	e	Phycobiline	Carotène α Luteine	β Fucoxanthine	Autres	Xanthophylle		Autres	monadal (unicellulaire mobile)	rhizopodial (amiboïde)	capsal (gaine gélatineuse, pas de paroi)	coccal (unicellulaire immobile)	trichal (filament simple ou divisé)	siphonal (plurinucléé, en forme de tube)	Thalle lichénique (voir p. 75)	Thalle cellulaire (tissulaire) (voir p. 75)
Rhodophyceae	✱	–	–	O	–	O	O	✱	–	✽	–	O				●	●		●	
Chrysophyceae	✱	–				–	–	✱	–	O	O		●	●	●	●	●			
Xanthophyceae	✱	–	–	–	O	–	–	✱	–	O	O	O	●	●	●	●	●	●		
Bacillariophyceae	✱	–	O			–	O	✱	O		✽	O				●				
Phaeophyceae	✱	–	O	–	–	–	O	O	–	O	✱	O					●		●	●
Dinophyceae	✱	–	O	–	–			✱	–	–	–	✽	●	●	●	●	●			
Euglenophyceae	✱	✽	–	–	–	–		✱	–	✱	–	O	●							
Chlorophyceae	✱	✽	–	–	–	–	O	✱	O	✱	–	O	●		●	●	●	●	●	●
Conjugatophyceae	✱	✽	–	–	–	–	O	✱	O	✱	–	O				●	●			
Charophyceae	✱	✽	–	–	–	–	O	✱	O	✱	–	O					●			

A Concentration : ✱ importante ✽ encore significative O faible – absence

Critères de la répartition des Phycobiontes en Classes et Ordres

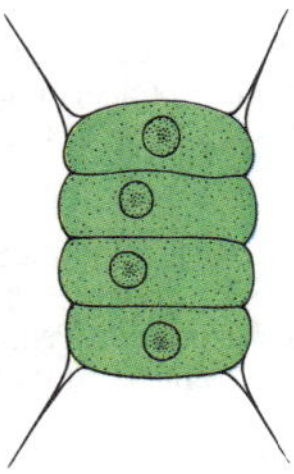

B **Chlorophyceae**
Scenedesmus
(colonie flottante)

C **Chlorophyceae**
Ulva (Laitue de mer)

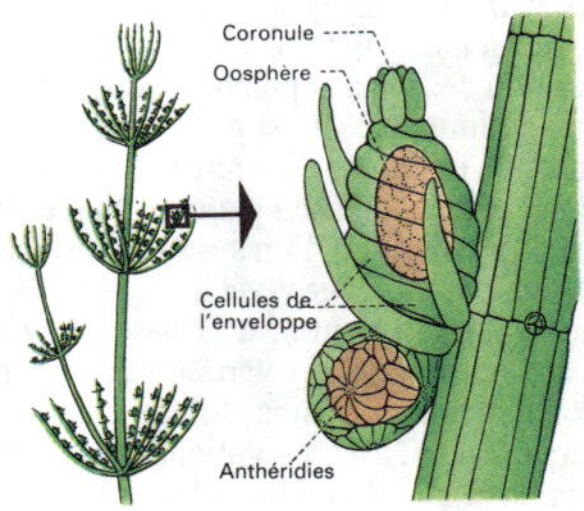

1 2

D **Charophyceae**
Chara (1 Aspect ; 2 Organes reproducteurs)

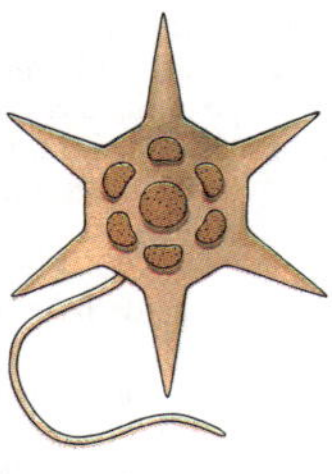

E **Chrysophyceae**
Distephanus
(Flagellé, siliceux)

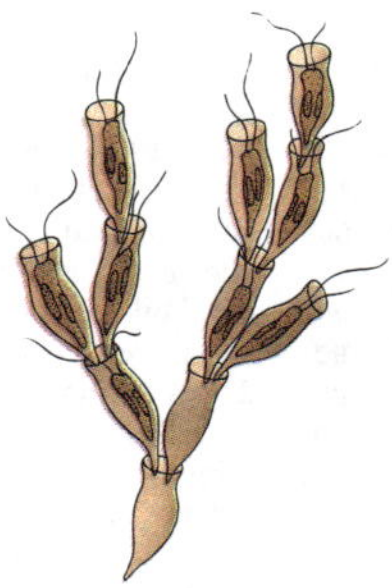

F **Chrysophyceae**
Dinobryon
(colonie flottante)

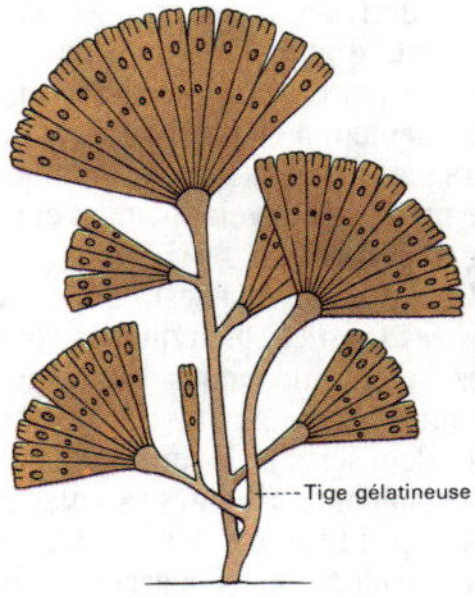

G **Baccillariophyceae**
Licmophora (colonie)

Phycobiontes

A– Super Règne : ARCHÉOBACTÉRIES
Caractérisé par un ARN_r 16 S. Nombreux sous-groupes de position systématique incertaine (p. 59).
– **Méthanobactéries** (*Methanobacterium, Methanospirillium, Methanosarcina, Methanococcus*) ;
– **Halobactéries – Sulfolobus – Thermoplasma.**
B– Super Règne : EUBACTÉRIES
2700– 3600 espèces.
Auparavant les *Bactéries, Archéobactéries et Cyanophycées* étaient regroupées en "**Procaryotes**". La nouvelle classification repose, à la différence de l'ancienne et sans doute artificiellement (p. 61), généralement sur les analyses séquentielles de l'ARN_r 16 S. Néanmoins, les taxons ne sont pas encore fiables :
– **Chlorobactéries** (Bactéries vertes) avec pigments photosynthétiques. *Chlorobium.*
– **Pseudomonales,** en partie photosynthétiques (Bactéries pourpres), *Nitrobacter*, l'agent du choléra *Vibrio comma.*
– **Chlamydobactériales (Bactéries filamenteuses)** *Sphaerotilus, Leptothrix* (donne des concrétions ferrugineuses ds le sol), *Crenothrix.*
– **Spirochaetales** *Treponema pallidum* (agent de la syphilis) *Spirochaeta.*
– **Cyanobactéries** ("Algues bleues").
Distinguées autrefois ds le groupe particulier des *Cyanophycées* (p. 61). On les sépare artificiellement en **Chroococcales** (cellules isolées ou colonies "gélatineuses" ; p. ex. *Glœocapsa*) et **Hormogonales** (filamenteuses : p. ex. *Nostoc*).
– **Bactéries Gram +** (p. 61) regroupent de nombreuses variétés et, entre autres, les **Actinomycétales** (sous forme de longs filaments ramifiés à la façon d'un mycélium de champignon) : le bacille tuberculeux : *Mycobacterium tuberculosis,* formes fabriquant des antibiotiques comme *Streptomyces* ; le genre **Bacillus** comme le bacille du charbon : *B.anthracis*, le genre **Clostridium** agent du tétanos : *C.tetani.*
C– Super Règne :EUCARYOTES (voir p. 8 sqq)
Règne végétal
I. PHYCOBIONTES (Algues) classés d'après les pigments des plastes (A), les subdiv. suivant le degré d'organisation (cellule unique → Thalle ; p. 75).
■ **Phylum des Euglenophytes.**
Avec la classe unique des **Euglenophycées.** Alimentation mixte ou hétérotrophe. A l'origine des Protozoaires : *Euglena, Phacus, Colacium.*
■ **Phylum des Chlorophytes.**
Env. 11 000 espèces dulcaquicoles, 10% marines.
● **Classe des Chlorophycées** (Algues vertes)
6 500 espèces apparentées ds 1 groupe qui est un système naturel.
▲ **Ordre des Volvocales.**
Formes unicellulaires (p. 65D), coloniales ou pluricellulaires (p. 73 H) *Chlamydomonas, Volvox.*
▲ **Ordre des Chlorococcales.**
Unicellulaires, formant des colonies nombreuses (B) *Pediastrum, chlorella.*
▲ **Ordre des Ulotrichales.** Filamenteuses ou aplaties. *Ulothrix, Ulva, Enteromorpha.*
▲ **Ordre des Chaetosporales**
Filaments ramifiés. *Draparnaldia, Pleurococcus.*
▲ **Ordre des Oedogoniales.**
Reproduction par oogamie. *Oedogonium, Bulbochaete.*
▲ **Ordre des Cladosporales.**
Cellules plurinucléées. *Cladophora, Urospora.*
▲ **Ordre des Siphonales.**
Thalles non cloisonnés. *Acetabularia, Caulerpa.*
● **Classe des Conjugatophycées** (Zygophycées)
4 000 espèces uniquement dulcaquicoles. Pas de cellules reproductrices ciliées : unicellulaires ou filaments non ramifiés.
▲ **Ordre des Desmidiales.**
Unicellulaires *Closterium, Cosmarium.*
▲ **Ordre des Zygnemales.**
Filaments pelotonnés semblables à de la ouate *Spirogyra, Mougeotia.*
● **Classe des Charophycées** (Algues en forme de Candélabres). Toujours pluricellulaires avec un thalle qui ressemble à un Cormus (nœuds, entre-nœuds, rhizoïdes). Absence de multiplication végétative. Organes sexuels complexes. On en fait un groupe dérivé isolé ds le système (D). Représentée seulement par la **famille des Characées** avec très peu d'espèces : *Chara.*
■ **Phylum des Dinophytes a**vec l'unique classe des **Dinophycées** (Dinoflagellés) 1 000 espèces
▲ **Ordre** le plus important : les **Péridinales.** Représentent une bonne partie du phytoplancton *Peridinium, Ceratium.*
■ **Phylum des Chromophytes.** 13 000 espèces.
Regroupement de classes au développement parallèle où la chlorophylle est masquée par différentes Xanthophylles spécifiques.
● **Classe des Chrysophycées.**
1000 espèces. La plupart unicellulaires (E) mais pouvant former des thalles filamenteux (organisation trichale). L'**ordre** le plus important est celui des **Chrysomonadales** *Dinobryon* (F).
● **Classe des Xanthophycées** (Hétérocontées).
500 espèces, avec tous les types structuraux, excepté le siphonal partiellement adapté au milieu terrestre.
▲ **Ordre** le plus important : **Hétérosiphonales** *Vaucheria*
● **Classe des Bacillariophycées** (Diatomées).
10 000 espèces unicellulaires, parfois regroupées en bandes ou rayons. Avec une carapace d'acide silicique composée de 2 parties emboîtées (frustule). Ces frustules fossiles ont un rôle technologique (émeri, isolants, explosifs).
▲ **Ordre des Centrales.**
Formes originellement radiaires immobiles, formant des auxospores sans fécondation croisée. Présence de zoospores *Melosira.*
▲ **Ordre des Pennales.**
A symétrie bilatérale, souvent mobile par un courant cytoplasmique parcourant un sillon longitudinal (raphé) de la carapace. Fabrication d'auxospores après copulation de gros gamètes non ciliés, parfois coloniales (G) *Navicula, Licmophora.*

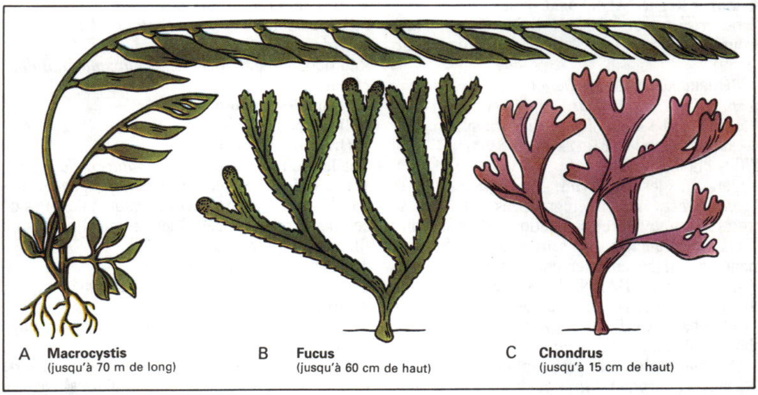

Algues brunes et Algues rouges

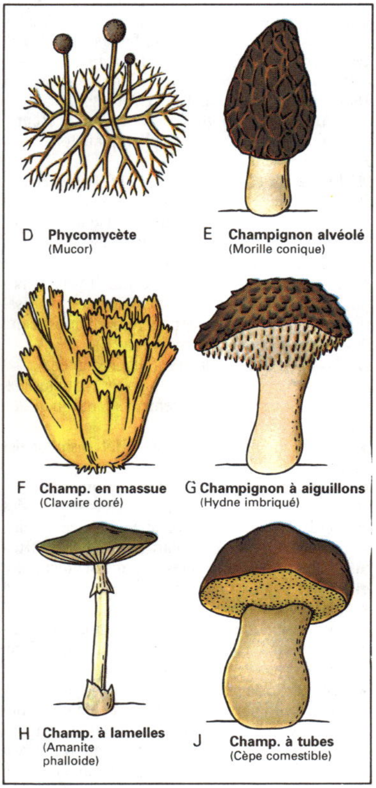

Champignons

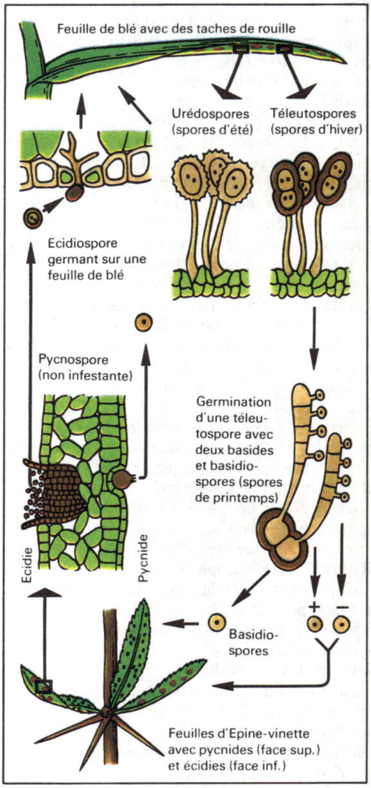

Cycle de développement de la Rouille du Blé

● **Classe des Phaeophycées** (Algues brunes) Algues marines polymorphes allant de simples filaments à des structures analogues à un cormus : thalles de 70 mètres de long, on les nomme classiquement *Varech*. Le pigment caractéristique est la fucoxanthine brune. Cycles de développement variés semblables à ceux des *Chlorophycées* (p. 161).

▲ **Ordre des Ectocarpales.**
Zoospores. Iso et anisogamie. Sporophyte et gamétophyte identiques ou très ≠. *Ectocarpus*.

▲ **Ordre des Laminariales.**
Zoospores. Oogamie. Gamétophyte très petit. Sporophyte souvent très différencié. *Laminaria ; Macrocystis* (A).

▲ **Ordre des Dictyotales.**
Tetraspores immobiles. Oogamie. Sporophyte et Gamétophyte semblables. *Dictyota, Padina*.

▲ **Ordre des Fucales.**
Oogamie seule. Pas d'A.G. à cause de l'extrême réduction du gamétophyte, tout juste simulé. Thalles hyperdifférenciés. *Fucus* (B), *Sargasses* “Mer des Sargasses”.

■ **Phylum des Rhodophytes** (Algues rouges)
Une classe : les **Floridéophycées** ; 4 000 espèces presque uniquement marines. Thalles très spécialisés (C). Pigment caract. : phycoerythrine rouge.

○ **Sous-classe des Bangiophycées** (Protofloridées) Jadis représentée par l'ordre des *Bangiales*.

○ **Sous-classe des Floridées** formant de nombreux ordres. *Batrachospermum*.

II) **Mycobiontes** (Champignons) sans chloroplastes. Hétérotrophes (parasites, saprophytes.)

■ **Phylum des Myxomycètes.** 600 espèces.
Regroupe plusieurs classes hétérogènes d'affinité incertaine. Cellules isolées amiboïdes pendant la phase végétative nue (classés occasionnellement ds les *Animaux*). Comportement typique de végétal, lors de la formation des organes de “fructification” et des spores. *Plasmodiophora* (agent de la hernie du *Chou). Spongospora* (Gale de la p. de terre).

■ **Phylum des Eumycètes** (Champignons vrais). Paroi chitineuse. Réserves de types variés (lipides, glycogène). Appareil végétatif fait de filaments ou hyphes. Reproduction sexuée complexe (p. 161).

● **Classe des Phycomycètes.** 600 espèces.
Répartis souvent en nombreuses classes. Généralement à thalle siphoné (sans cloisons).

○ **Sous-classe des Oomycétidées** avec 2 familles : *Saprolegniacées* (en majorité saprophytes) et *Peronosporacées* (parasites de plantes supérieures ; mildiou de la *p. de terre*, “faux-mildiou” de la *vigne)*.

○ **Sous-classe des Chytridiomycétidées.** A reproduction sexuée hétérogène. *Synchytrium* (Agent du cancer de la p. de terre) *Olpidium* (Modifie la croissance du *Chou*).

○ **Sous-classe des Zygomycétidées.** Avec la famille des *Mucoracées* (la plupart saprophytes, agents des moisissures, : *Mucor* (moisissure à têtes noires), D ; *Pilobolus*) et celle des *Entomophthoracées* (*Empusa*, moisissure des cadavres de mouche).

● **Classe des Ascomycètes** 20 000 espèces, voir p. 161.

○ **Sous-classe des Protoascomycétidées.** Pas d'apothécie. Le zygote donne directement l'asque.

▲ **Ordre des Endomycétales.**
✦ Famille des *Endomycetacées* (le mycelium se dissocie facilement en chapelets de bourgeons). Famille des *Saccharomycétacées* (*Levures ;* espèces unicellulaires se multipliant par bourgeonnement. Levure du vin, de la bière).

▲ **Ordre des Taphrinales.**
Parasites végétaux ; agent de l'enroulement des feuilles de *Pêcher* et du balais de sorcières.

○ **Sous-classe des Euascomycétidées.**
Les asques se forment à l'extrémité d'hyphes dicaryotiques ou généralement ds périthèces refermés sur eux-mêmes. On distingue d'après la forme des “fructifications” de nombreux groupes systématiques d'origine phylogénétique incertaine.

▲ **Ordre des Plectascales.** Famille des *Aspergillacées* (Agents de moisissures ; *Aspergillus, Penicillium*, répartis aujourd'hui en nombreux genres).

▲ **Ordre des Erysiphales.**
Les véritables agents des blancs ; parasites de nombreuses plantes économiques.

▲ **Ordre des Sphaeriales.** *Neurospora, Ceratocystis*, *Gibberella* (qui produit la gibberelline).

▲ **Ordre des Clavicipitales.**
Claviceps (ergot des céréales, produit des alcaloïdes utilisés en pharmacie).

▲ **Ordre des Pézizales.**
Morchella (morille ; E), *Helvella*.

▲ **Ordre des Tuberales.**
Avec périthèces souterrains utilisés en cuisine.

● **Classe des Basidiomycètes** (Champignons à pied). 15 000 espèces ; spores ds des basides.

○ **Sous-classe des Holobasidiomycétidées.** Baside non cloisonnée.

▲ **Ordre des Poriales.** *Serpula (Merulus lacrymans), clavaires* (F) ; *Hydnum* (G).

▲ **Ordre des Agaricales.** A hyménium sous forme de lamelles ou de tubes (H – J) *Amanites* (*A-tue mouches*, etc...) *Bolelus* (*cèpes, etc*.).

▲ **Ordre des Gastromycétales.**
A hymenium interne *Calvatia* (*Boviste géant ;* jusqu'à 50 cm de diam.), *Boviste*.

○ **Sous-classe des Phragmobasidiomycetidées.** Basides cloisonnées (K).

▲ **Ordre des Urédinales** (Rouilles). Plusieurs milliers d'espèces, svt parasites des céréales (K).

▲ **Ordre des Ustilaginales** (Charbons) comprenant aussi de nombreux parasites des Céréales.

– **Deuteromycètes** (Fungi imperfecti).
20 000 espèces. Regroupe artificiellement des espèces à sexualité non connue ou sans sexualité. La plupart se rattachent aux Ascomycètes.

– **Lichens** ne forment pas une unité systématique (Symbiose entre *Algue* et *Champignon* ; p. 247). D'après le champignon symbiotique on distingue

▲ **Ordre des Ascolichens** (symbiose avec un ascomycète) Formes très différentes (encroûtés, foliacés, buissonnants) *Cladonia* (*lichen des Rennes*) *Lecanora* (*manne*) *Cetraria* (“Mousse d'Islande”).

▲ **Ordre des Basidiolichens** (symbiose avec un basidiomycète). Quelques rares espèces, tropicales (*Aphyllophorales,* etc.)

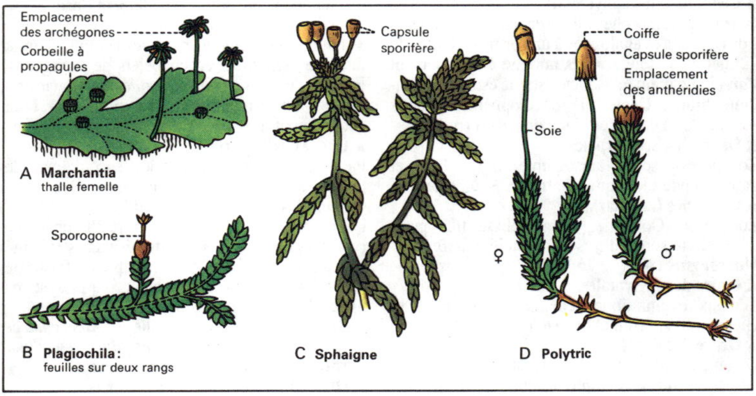

Muscinées (Bryophytes)

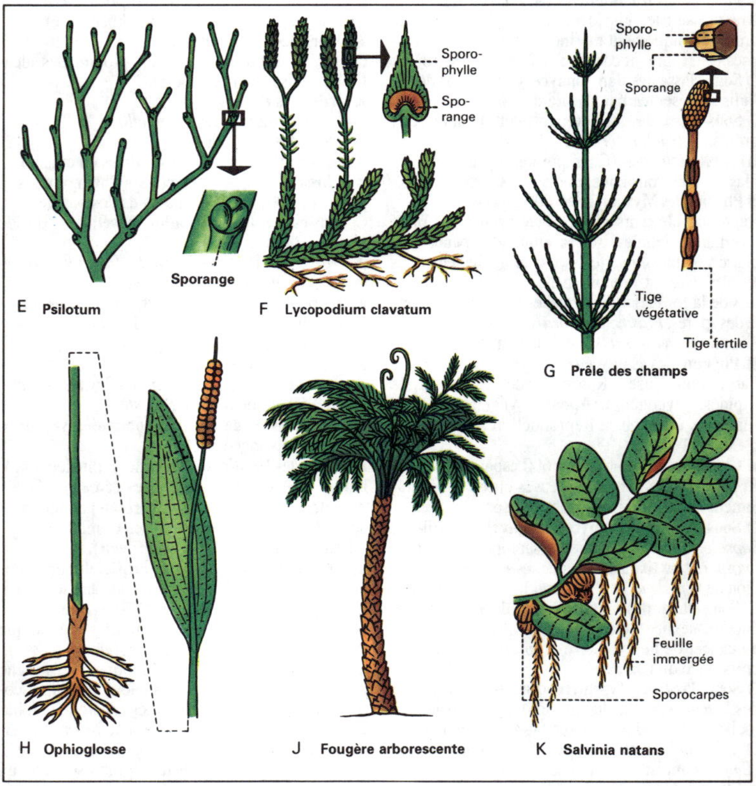

Fougères (Ptéridophytes)

III) **Bryobiontes** Représentés par l'unique **Phylum des Bryophytes**. Ils sont dépourvus de vaisseaux (p. 97) et de racines, d'où résulte la faible taille des *Mousses*. Leur origine phylogénétique à partir de groupes définis d'*Algues* est incertaine. Leurs ancêtres se rapprochent sans doute de *Chlorophytes* à alternance de générations où le gamétophyte prédomine (cf. *Ulothrix* p. 161 ; comparer au cycle de la *Mousse*, p. 163). Par contre, *Ptéridophytes* et *Spermatophytes* dériveraient d'*Algues* à alternance de générations où le sporophyte prévaut (type *Halicystis* p. 161).

● **Classe des Hépatiques** 10 000 espèces.
Thalles dorsi-ventraux en forme de bandes, d'étoiles ou divisés. Pas de vraies racines, les rhizoïdes sont unicellulaires.

▲ **Ordre des Sphaerocarpales**.
Thalles simples en forme de rosettes. *Sphaerocarpus*.

▲ **Ordre des Marchantiales**.
Thalle lobé (A) ou divisé en tige et petites feuilles. En plus de la reproduction sexuée par Anthéridies et Archégones, il y a une multiplication par propagules *Marchantia* (A) *Conocephalum*.

▲ **Ordre des Metzgeriales** souvent à feuilles *Pellia, Metzgeria, Fossombronia, Blasia*.

▲ **Ordre des Calobryales**.
Tige dressée avec feuilles. *Haplomitrium, Takakia*

▲ **Ordre des Jungermanniales**.
9 000 espèces surtout tropicales. Ressemblent aux Cormophytes typiques (tige feuillée). *Plagiochila* (B), *Frullania, Trichocolea, Scapania, Lophozia*.

● **Classe des Mousses**. 16 000 espèces très différentes. Toujours sous forme de tiges feuillées. Rhizoïdes pluricellulaires. Ramifications latérales prenant naissance sous les feuilles.

○ **Sous-classe des Sphagnidées** : une seule famille : **Sphagnacées** 300 espèces, à grande importance écologique (formation de tourbières hautes p. 251 ; voir aussi p. 216 C, D) *Sphagnum* (C).

○ **Sous-classe des Andraeidées**. Une seule famille : **Andracées**. *Andraea* avec environ 120 espèces.

○ **Sous-classe des Bryidées**.
15 000 espèces réparties en de nombreux ordres. Thalles très différenciés, avec un système conducteur parfois. La répartition d'après la forme ne correspond pas à une division naturelle.
– *Pleurocarpes* à axe principal plagiotrope, ramifié. Sporogones latéraux.
– *Acrocarpes* à axe orthotrope non ramifié et sporogones terminaux (D) *Funaria, Bryum, Mnium, Hypnum, Polytrichum*.

● **Classe des Anthocérotées**.
Position systématique incertaine. Convergence (?) avec les hépatiques. Nombreuses particularités ds leur organisation interne. *Anthoceros, Dendroceros*.

IV) **Cormobiontes** (plantes vasculaires) à sporophyte séparé en racine, tige et feuilles.

■ **Phylum des Ptéridophytes** avec 4 classes très différentes qui représentent sans doute des développements parallèles. La présence d'un système conducteur performant leur autorise une taille importante.

● **Classe des Psilophytacées** sans racines, avec seulement des rhizoïdes (voir *Bryophytes*). Sans feuilles. Tiges photosynthétiques.

▲ **Ordre des Psilophytales** uniquement fossiles. Les premières plantes terrestres trouvées à l'heure actuelle, avec stomates et faisceaux conducteurs ; de nombreux restes fossiles. *Rhynia, Zosterophyllum, Psilophyton, Asteroxylon*.

▲ **Ordre des Psilotales**. Quelques espèces tropicales ; ramifiées dichotomiquement (E) *Psilotum*.

● **Classe des Lycopodiacées** : plantes généralement petites, ressemblant à des *Mousses*.

▲ **Ordre des Lycopodiales** (Lycopodes s.s.) 400 espèces. Sporophylles formant des épis sporifères (F) Plantes herbacées, rampantes, ramifiées dichotomiquement, avec des feuilles dressées, épaisses, disposées en spirale, toujours vertes. *Lycopodium, Huperzia, Lycopodiella*.

▲ **Ordre des Selaginellales.**
700 espèces. Ressemblent aux Lycopodiales mais ont les feuilles plus décussées. Hétérosporie typique et extrême réduction des prothalles (p. 163) *Selaginella*.

▲ **Ordre des Isoëtales**. Plantes aquatiques. Un seul genre récent *Isoëtes* avec quelques espèces.

● **Classe des Articulatae (Equisétatées, Sphénopsidées ; prêles)**.
Un seul genre récent : *Equisetum* avec environ 30 espèces. Tige articulée avec d'importants verticilles de rameaux. Feuilles très réduites. Sporophylles groupées en épis (G). De nombreux ordres fossiles, parmi lesquels les *Calamitacées*, formes arborescentes.

● **Classe des Filicinées** (Fougères)
La plupart possèdent des grandes feuilles pennées avec une importante nervation. Habitus variés.

○ **Sous-classe des Eusporangiées**.
Sporanges murs à paroi constituée de plusieurs couches

▲ **Ordre des Ophioglossales**.
80 espèces. ✦ Une seule famille en Europe centrale *Ophioglossum* (H), *Botrychium*.

▲ **Ordre des Marattiales**.
200 espèces tropicales. Fougères arborescentes. Formes fossiles atteignant 10 m de haut.

○ **Sous-classe des Leptosporangiées.**
9 000 espèces. Sporanges murs constitués d'une seule assise cellulaire. Parmi les principales familles : ✦ *Osmondacées, Schizéacées, Gleichéniacées, Hyménophyllacées, Cyatheacées* (J), *Polypodiacées* (souvent réparties en plusieurs familles, avec nombreuses formes indigènes).

○ **Sous-classe des Hydroptéridales** (Fougères aquatiques).
Groupe hétérogène hétérosporique.

▲ **Ordre des Marsileales** dérivant de formes terrestres. *Marsilea, Pilularia*.

▲ **Ordre des Salviniales**.
Habitat aquatique secondaire, nagent librement en surface *Salvinia* (K) *Azolla*.

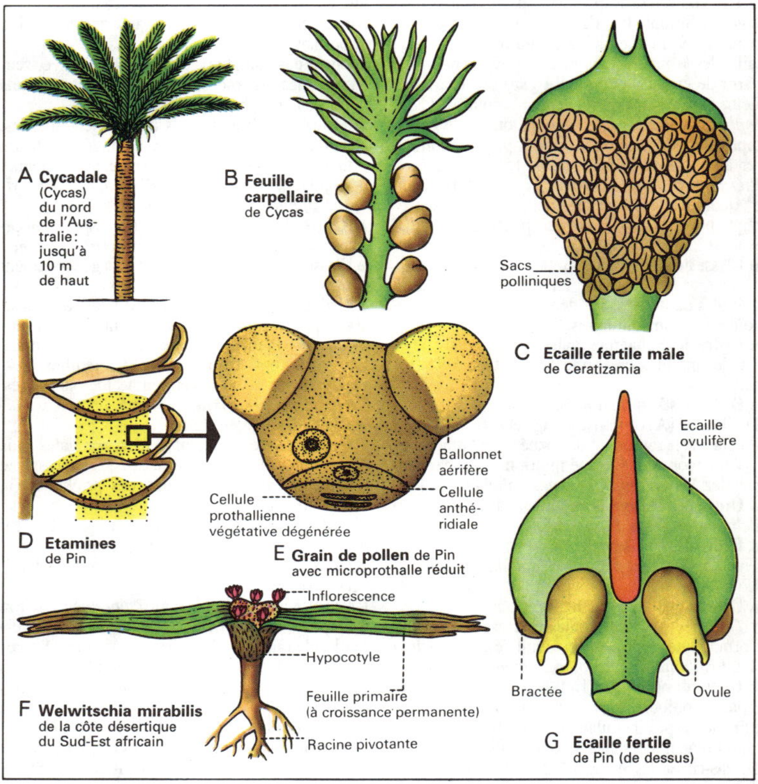

Gymnospermes

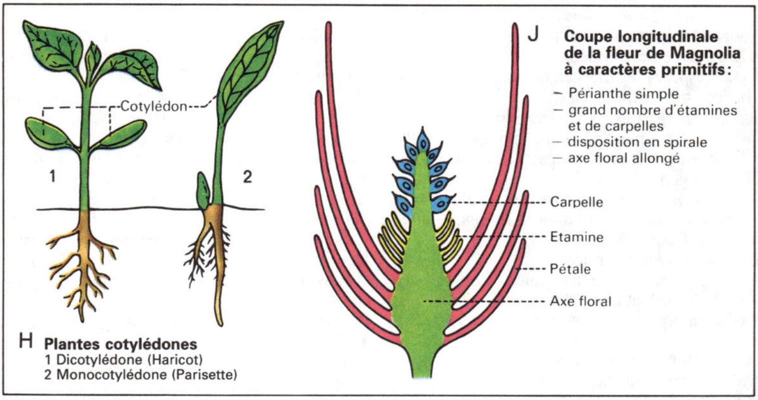

Angiospermes

■ **Phylum des Spermatophytes** (Plantes à graines). L'embryon possède, contrairement aux *Pteridophytes,* un pôle racinaire à l'opposé du pôle caulinaire qui donne généralement naissance à la racine principale (Allorhizie ; p. 114 F). Le gamétophyte, ds le cycle A.G. (p. 164), est par rapport aux *Ptéridophytes* encore plus réduit. Le nouvel embryon se développe sur la plante mère à l'intérieur du sporange et du tégument interne. Des types assez semblables de formations d'embryons ont déjà eu lieu à plusieurs reprises :

– Les *Lépidodendrales :* Ordre fossile des *Lycopodiacées* (Dévonien, Carbonifère, Permien). Famille des *Lépidospermées* avec graines du type des *Gymnospermes* actuelles ;

– Les *Ptéridospermées (Fougères à graines)* rattachées en tant que classe fossile, aux *Gymnospermes,* font le lien avec les *Fougères Eusporangiées.* C'étaient des fougères arborescentes avec tissus secondaires et du bois typique comme les actuelles plantes ligneuses.

Le phylum des *Spermatophytes* dérive de groupes fossiles, intermédiaires entre les *Psilophytacées* et les *Filicinées* et réunis sous l'appellation de "*Prégymnospermes*".

□ **Sous-phylum des Gymnospermes** (à graine nues). Ovules nus fixés sur les carpelles (G). Groupe archaïque. Plantes uniquement ligneuses à habitus varié. Principaux groupes fossiles :

– *Ptéridospermées* ;

– *Cordaitacées.* Arbres de la forêt carbonifère. Structure des fleurs semblable à celle des *Conifères.*

– *Bennettitacées.* Fleurs hermaphrodites à involucre. Montrent des analogies avec les *Angiospermes.*

● **Classe des Cycadacées** souvent à pont de palmier (A)

Les feuilles palmées rappellent de nombreuses *fougères.* Organes sexuels plutôt primitifs (B-C). Les actuelles sont représentées par quelques espèces tropicales et subtropicales.

Principaux genres : *Cycas* (Madagascar-Asie-Polynésie), *Stangeria* (Afrique) *Lepidozamia* (Australie) *Dioon, Ceratozamia, Zamia* (Amérique).

● **Classe des Ginkgoacées.**

Très répandue à l'état fossile.

Une seule espèce actuelle (*Ginkgo biloba*). Spontané en Chine et au Japon, introduit chez nous. Feuilles échancrées. Arbre des Pagodes.

● **Classe des Coniferales** (Arbres à aiguilles). Arbres très ramifiés, rarement buissonnants, à port vertical. Feuilles nombreuses, petites, presque toujours persistantes (aiguilles ou écailles). Fleurs toujours unisexuées. Espèces monoïques ou dioïques (D.E.G.).

▲ **Ordre des Pinales.**

Comprend les familles :

– **Araucariacées :** hémisphère Sud. *Araucaria.*

– **Pinacées :** les principaux arbres à aiguilles *Pinus, Picea, Abies (Sapin), Mélèze, Cèdre, Tsuga, Pseudotsuga.*

– **Taxodiacées** : *Taxodium (Cyprès chauve). Sequoia. Sequoiadendron (Arbre éléphant)* dont le *Sequoiadendron giganteum* (100 m de haut, 8 m d'épaisseur, plus de 3 000 ans).

– **Cupressacées** : *Juniperus (genévrier), Thuya, Cupressus.*

▲ **Ordre des Taxales.**

Quelques familles importantes :

– **Taxacées.** *Taxus* (If : graines avec une arille charnue).

– **Céphalotaxacées** (Himalaya, W-Asie).

– **Podocarpacées** (zones tropicales et subtropicales de l'hémisphère Sud. Ces 2 dernières familles sont souvent rapportées aux *Pinales.*

● **Classe des Gnétacées.** Hétérogène. Le reste d'un groupe fossile sans doute très différencié.

○ **Sous-classe des Welwitschiidées.**

Unique espèce : *Welwitschia* (F).

○ **Sous-classe des Gnétidées.**

Arbres et lianes tropicales des forêts humides. Un seul genre *Gnetum.*

○ **Sous-classe des Ephedridées.**

Buissons des régions arides (Méditerranée, Asie, Amérique). Un genre unique : *Ephedra.*

□ **Sous-phylum des Angiospermes** (Graines protégées par un fruit).

Ovules logés dans un ovaire clos (p. 122 sq). A la différence des *Gymnospermes,* ils comportent, à côté de formes arbustives, de nombreuses plantes herbacées.

Avec leurs 250 à 300 000 espèces réparties en plus de 300 familles et plus de 10 000 genres, ils représentent la majorité des plantes terrestres. On divise les *Angiospermes* en 2 classes d'après le nombre de cotylédons (H) ; l'importante subdivision classique, d'après la nature des pièces florales, ne correspond pas toujours à un système à affinités naturelles (p. 556 A).

● **Classe des Dicotylédones.**

▲ **Ordre des Magnoliales** (J). Plantes ligneuses généralement exotiques. Principales familles :

Magnoliacées : avec *Magnolia* et *Tulipier* : plantes d'ornement ;

Myristicacées : avec *Myristica* (*noix muscade*) ;

Lauracées : avec de nombreuses épices : *Laurier, Cinnamomum* (*C.zeylanicum, Cannelier* ; *C. camphora, Camphrier*), *Avocatier* ;

▲ **Ordre des Ranunculales,** plantes généralement herbacées plus spécialement des zones nordiques extratropicales, représente une part importante de la flore d'Europe moyenne.

Les principales familles sont :

✦ **Renonculacées** avec de nombreuses espèces indigènes : *Clématite, Anémone, Renoncule, Eranthis* ;

✦ **Berbéridacées** : *Berberis* (*Epine-vinette*) ;

✦ **Nymphéacées :** *Nénuphar blanc* (*Nymphea*), *Nénuphar jaune* (*Nuphar*) ; *Nelombo* (*lotus*).

✦ **Cératophyllacées,** plantes aquatiques submergées ex : *Ceratophyllum* (*cornifle*).

On réunit ces deux ordres ds le groupe des **Polycarpiques.** Représenterait l'origine des *Angiospermes* à cause de l'architecture primitive de la fleur (Carpelles libres, disposition spiralée des pièces florales, en nombre variable : p. 556 B).

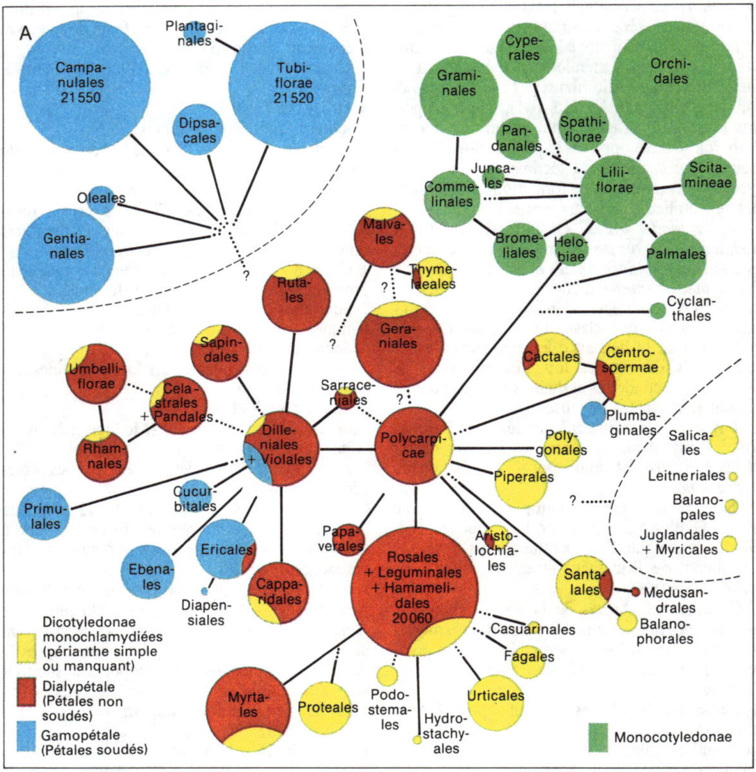

Affinités supposées des différents groupes d'Angiospermes

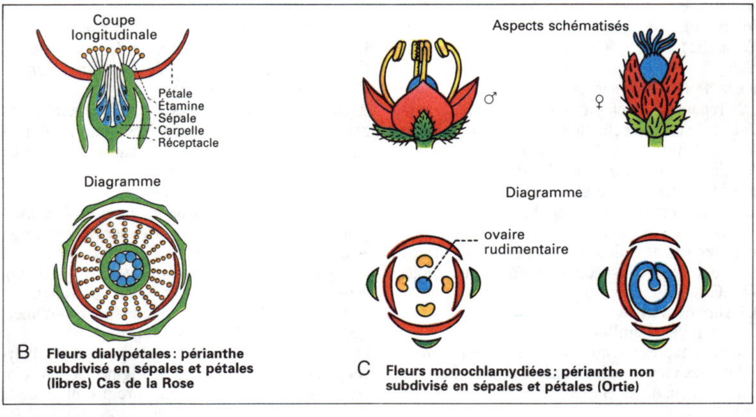

B Fleurs dialypétales : périanthe subdivisé en sépales et pétales (libres) Cas de la Rose

C Fleurs monochlamydiées : périanthe non subdivisé en sépales et pétales (Ortie)

Types floraux chez les Dicotylédones

▲ **Ordre des Pipérales**. Dérive des *Magnoliales*. partiellement dépourvus de vaisseaux vrais (Famille des Chloranthacées) *Piper* (*Poivrier*).
▲ **Ordre des Aristolochiales.**
Famille des Aristolochiacées : *Aristoloche*. Famille des Rafflésiacées : parasites sans chlorophylle .
▲ **Ordre des Papaverales.** Dérive des *Ranunculales*. Une famille, 2 sous-familles :
Papavéroïdées : *Papaver* (*pavot*), *Chelidonium*.
Fumarioïdées : *Fumaria* (*fumeterre*), *Corydalis*.
▲ **Ordre des Rosales** aux pièces florales généralement verticillées et en base 5. ✦ Famille des Crassulacées : *Sedum* (Orpin), *Sempervivum* (*Joubarbe*) ; Famille des Saxifragacées : *Saxifraga*, *Ribes* (*Groseillier, Groseillier à maquereaux*) ; Famille des Rosacées : 3 000 espèces ; sous-familles : Spiraeoidées ; *Aruncus* (*Reine des Prés*) ; Rosoïdées. *Rosa* (*Rose*, B). *Fragaria* (*Fraise*) ; Maloïdées (Fruits à pépins) ; Prunoïdées (Fruits à noyaux).
▲ **Ordre des Fabales** (Légumineuses).
✦ Famille des Mimosacées : *Mimosa* (*Sensitive*), *Acacia* (bois d'œuvre et tannins) ; Famille des Césalpiniacées : *Gleditsia* (*Epine du Christ*) ; Famille des Papilionacées : *Genista* (*Genêt*), *Vicia*, *Trifolium* .
▲ **Ordre des Myrtales.** ✦ Famille des Lythracées : *Lythrum* (*Salicaire*) ; Famille des Punicacées : *Punica* (*Grenadier*) ; Famille des Lecythidacées : *Lecythis* (*Châtaigne du Brésil*) ; Famille des Myrtacées : *Eugenia* (*clou de girofle*), *Eucalyptus* (près de 700 espèces) ; Famille des Rhizophoracées et Sonnératiacées (espèces vivipares de la Mangrove) ; Famille des Onagracées : *Epilobium ;* Famille des Trapacées *Trapa* (*Châtaigne d'eau*) ; Famille des Haloragacées : *Myriophyllum* ; Famille des Hippuridacées : *Hippuris* ; Famille des Eléagnacées : *Hippophae* (*Argousier*).
▲ **Ordre des Hamamélidales.**
Anémophiles (fleurs en chatons) ; ✦ Famille des Hamamélidacées : *Hamamelis* (*noisetier de sorcière*) ; Famille des Platanacées : *Platanus* .
▲ **Ordre des Fagales.**
✦ Famille des Bétulacées : *Alnus* (*Aulne*), *Carpinus (Charme), Betula (Bouleau)*. Famille des Fagacées : *Fagus* (*hêtre*), *Castanea* (*Châtaignier*) *Quercus* (*chêne*).
▲ **Ordre des Casuarinales.**
Arbres d'Australie et de l'Asie du Sud-Ouest.
▲ **Ordre des Urticales.**
✦ Famille des Ulmacées : *Ulmus* (*Orme*) ; Famille des Moracées : *Ficus* (*figuier, gommier* ; F.*bengalensis*), *Morus* (*Mûrier*) ; Famille des Cannabinacées : *Humulus* (*Houblon*), *Cannabis* (*Chanvre*) ; Famille des Urticacées : *Urtica* (*Ortie* C) .
▲ **Ordre des Salicales** : une famille ✦ Salicacées : *Salix* (*Saule*), *Populus* (*peuplier*) .
▲ **Ordre des Juglandales** : une famille ✦ Juglandacées : *Juglans* (*Noyer*), *Carya* (*Hickory*).
▲ **Ordre des Myricales** : une famille ✦ Myricacées ; *Myrica* (*Bois-sent-bon* d'Europe atlantique).
▲ **Ordre des Santalales**. Plantes hémiparasites ✦ Famille des Santalacées : *Thesium*. Famille des Loranthacées : *Viscum* (*Gui*).

▲ **Ordre des Balanophorales.** Plantes essentiellement tropicales parasites des racines .
▲ **Ordre des Caryophyllales** (Centrospermales). Embryon au centre de la graine .
✦ Famille des Caryophyllacées (type œillet) : *Stellaire, Lychnis, Saponaire, Céraiste, Œillet ;* Famille des Chenopodiacées : *Salicorne, Atriplex* (*Arroche*), *Betterave à sucre, fourragère, rouge, Epinard* ; Famille des Nyctaginacées : *Mirabilis* (*Belle-de-Nuit*) ; Famille des Aizoacées : 2 500 espèces avec succulence des feuilles : p. ex. *Lithops* (*pierres vivantes*).
▲ **Ordre des Cactales** à tige succulente.
▲ **Ordre des Plumbaginales** : une famille ✦ Plumbaginacées : *Armeria, Statice*.
▲ **Ordre des Polygonales** : une famille ✦ Polygonacées : *Polygonum* (*Renouée*), *Fagopyrum* (*Sarrasin*), *Rumex* (*Oseille*), *Rheum* (*Rhubarbe*).
▲ **Ordre des Dilléniales.** ✦ Famille Paeoniacées : *Pivoines* ; Famille des Dilléniacées : plantes ligneuses (sub) tropicales ; Famille des Theacées, *Camellia* (*Théier*) ; Famille des Hypericacées : *Hypericum* (*Millepertuis*) ; Famille des Dipterocarpacées : S.W. asiatique, fournissent bois et résine.
▲ **Ordre des Violales.**
✦ Famille des Violacées : *Violette.*
Famille des Droseracées : *Drosera* (*Rossolis*), *Dionée attrape-mouches.*
Famille des Cistacées : *Helianthème.*
Famille des Tamaricacées : *Tamaris.*
Famille des Passifloracées : *Passiflore.*
Famille des Caricacées : *Papaier.*
Famille des Bégogniacées : *Bégognia.*
▲ **Ordre des Cucurbitales** : une seule famille ✦ : *Cucurbita* (*Courge*), *Cucumis* (*Concombre, Melon*).
▲ **Ordre des Capparales** (Capparidales). Avec glycosides associés à des huiles-moutarde.
✦ Famille des Capparacées : *Câpres.*
Famille des Brassicacées : *Moutarde, Capselle bourse à pasteur,* nombreuses variétés de *choux ;* Famille des Résédacées : Réséda.
▲ **Ordre des Ericales.**
✦ Famille des Pyrolacées : *Pyrola, Monotropa.*
Famille des Empetracées : *Empetrum.*
Famille des Ericacées : *Bruyères* (*Erica, Calluna*), *Rhododendron, Myrtilles, Airelles.*
▲ **Ordre des Ebenales.** ✦ Famille des Ebenacées : *Diospyros* (fournit le bois d'ébène). Famille des Sapotacées, quelques espèces isolées fournissent guttapercha, Chiclé (pour le chewing-gum).
▲ **Ordre des Primulales** : une seule famille ✦ : *Primevère, Cyclamen.*
▲ **Ordre des Geraniales**
✦ Famille des Oxalidacées : *Oxalis.*
Famille des Linacées : *Lin.*
Famille des Géraniacées : *Géranium* (*Bec de grue*), *Pélargonium* ; Famille des Tropaeolacées : *Capucine.*
▲ **Ordre des Rutales** produit des huiles volatiles, résines et composés balsamiques.
✦ Famille des Rutacées : *Rue*, *Dictamnus*, nombreuses espèces du genre *Citrus* ; Famille des *Meliacées* : *Swietenia* (produit le Mahagoni).

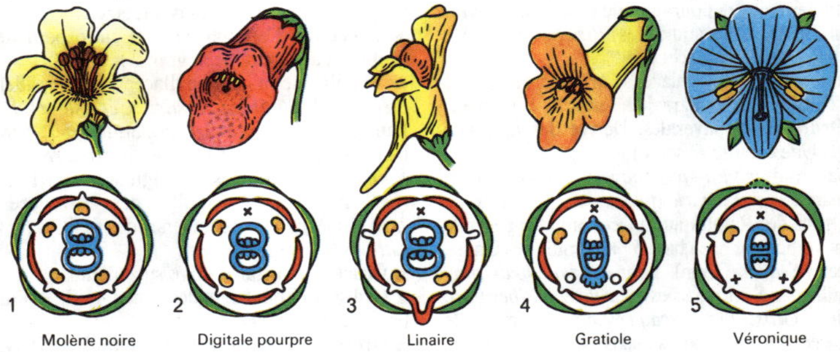

A **Différentes formes de fleurs de Scrofulariacées montrant les modifications d'un type fondamental.** Etamines stériles figurées par un cercle, celles complètement atrophiées par une croix

Dicotylédones : Gamopétales

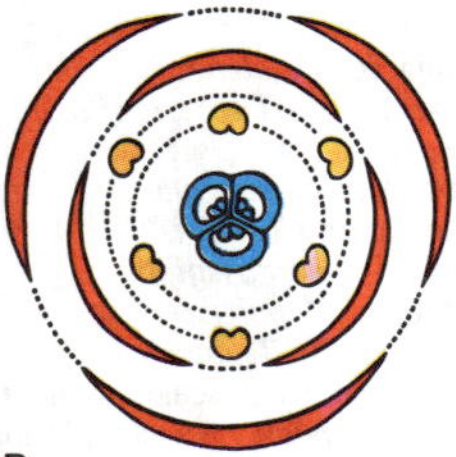

B **Diagramme d'une Monocotylédone typique** (Liliacée)

C **Dragonnier** des îles Canaries

D **Cocotier** Convergence de forme avec les Cycadales (p. 554 A) et les Fougères arborescentes (p. 552 J)

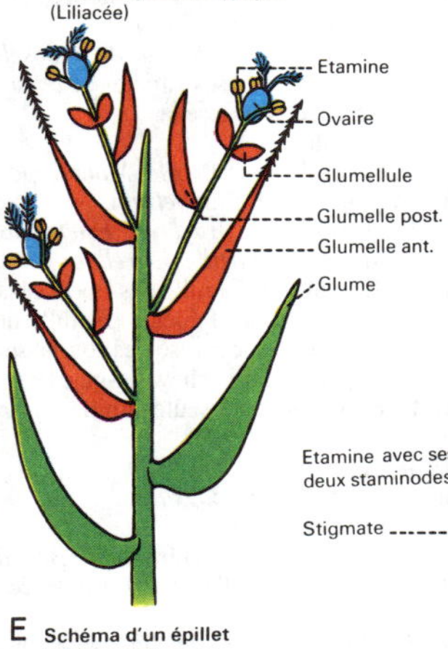

E **Schéma d'un épillet à 3 fleurs** (Couleurs comme dans les diagrammes floraux)

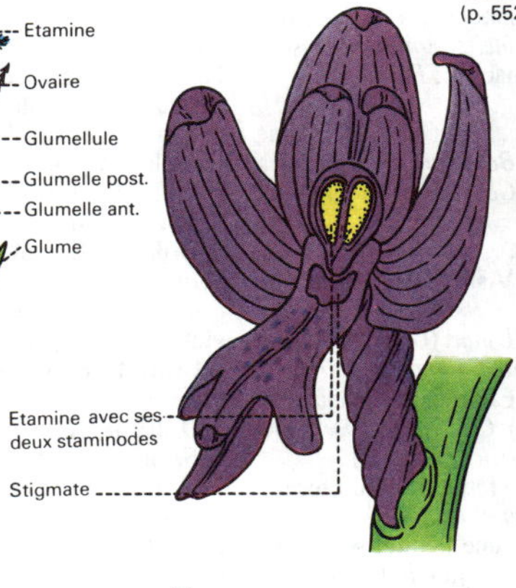

F **Fleur d'Orchidée** (Orchis) avec ovaire tordu

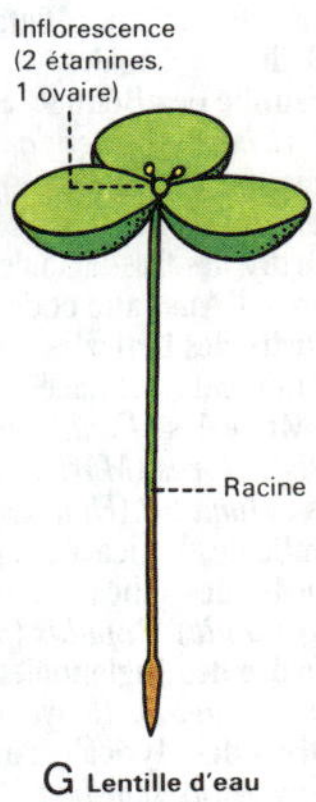

G **Lentille d'eau** (Lemna)

Monocotylédones

▲ **Ordre des Sapindales**
Arbres essentiellement tropicaux ; nombreuses familles : *Marronnier d'Inde* (*Aesculus*).
▲ **Ordre des Euphorbiales.** ✦ Famille des Euphorbiacées, souvent classée dans les *Geraniales* (p. 557). 7.500 espèces réparties en 290 genres : *Euphorbia* (nombreuses espèces tropicales à formes variées), *Hevea* (*fournit le caoutchouc*). Famille des Buxacées : *Buis*.
▲ **Ordre des Malvales.** ✦ Famille des Tiliacées : *Tilleul, Corchorus* (donne le jute) ; Famille des Malvacées : *Mauve*, *Rose trèmière*, *Cotonnier*.
▲ **Ordre des Celastrales.** ✦ Famille des Aquifoliacées : *Houx*. Famille des Celastracées : *Fusain*.
▲ **Ordre des Rhamnales.**
✦ Famille des Rhamnacées : *Rhamnus* (*Bourdaine, Nerprum*) ; Famille des Vitacées : *Vigne*.
▲ **Ordre des Araliales** (Ombelliflorales)
✦ Famille des Cornacées : *Cornus* (*Cornouiller*). Famille des Araliacées : *Hedera* (*Lierre*).
Famille des Ombellifères. 3.000 espèces dont de nombreuses indigènes : *Carotte*, *Cumin*, *Fenouil*.
▲ **Ordre des Oléales.**
Avec lui et dans les ordres suivants la corolle est soudée, avec des caractères distinctifs. Une seule famille : *Syringa* (*Lilas*), *Fraxinus* (*Frêne*), *Olivier*.
▲ **Ordre des Gentianales**
✦ Famille des Loganiacées : *Strychnos nux vomica* (produit la strychnine) ; Famille des Asclepiadacées : étamines à structure complexe formant des pollinies : *Dompte-venin*.
Famille des Apocynacées ; *Strophantus* (médicinal), *Pervenche* ; Famille des Gentianacées : *Gentiane* ; Famille des Rubiacées : *Gaillet*, *Caféier*, *Cinchona*, (*écorce de Quinquina*).
▲ **Ordre des Dipsacales**
✦ Famille des Caprifoliacées : *Sureau*, *Chèvrefeuille* ;
Famille des Adoxacées : *Adoxa musquée ;*
Famille des Valérianacées : *Valériane* ;
Famille des Dipsacacées : *Dipsacus* (*Cardère*) *Scabieuse*.
▲ **Ordre des Tubiflorales**
✦ Famille des Polemoniacées : *Phlox ;*
Famille des Convolvulacées : *Convolvulus (Liseron)* .
Famille des Cuscutacées : *Cuscute ;*
Famille des Borraginacées : *Myosotis ;*
Famille des Labiacées : *Lamier,* nombreux condiments (*Menthe,Thym*) ;
Famille des Verbénacées : *Verveine*, *Arbre à teck*.
Famille des Solanacées : *Solanum* (nombreuses espèces dont *p. de terre*) ;
Famille des Scrofulariacées (A).
Famille des Gesnerianacées : *Saintpaulia* (*violette d'Asanbara*).
Famille des Pedaliacées : *Sésame*, plante oléagineuse tropicale.
▲ **Ordre des Plantaginales** : une seule famille. Un genre très riche en espèces : *le plantain*.
▲ **Ordre des Campanulales.**
✦ Famille des Campanulacées : *Campanule* : *Lobelia* (nombreuses espèces indigènes et africaines) ;
Famille des Composées, avec les sous-familles des Tubuliflores : *Centaurée* ; Liguliflores : *Pissenlit-Laitues*.
● **Classe des Monocotylédones** sans formations secondaires (p. 99).
▲ **Ordre des Helobiales** (Alismatales) : Plantes d'eau et de marécage.
✦ Famille des Alismatacées : *Alisma ;*
Famille des Butomacées : *Butome ;*
Famille des Hydrocharidacées : *Hydrocharis*, *Vallisneria* ;
Famille des Potamogetonacées : *Potamogeton ;*
Famille des Zosteracées : *Zostère* (plante marine).
▲ **Ordre des Liliales** (Liliiflorales)
✦ Famille des Liliacées (B) : plusieurs sous-familles avec nombreuses espèces indigènes. p. ex. : *Ail*, *Lis*, *Dracaena* (C) ;
Famille des Amaryllidacées : *Galanthus* (*perce-neige*), *Amaryllis*, *Clivia*, *Narcisse* ; Famille des Agavacées : *Agave* ; Famille des Iridacées : *Iris*.
▲ **Ordre des Juncales.**
✦ Une seule famille : *Jonc*, *Luzule*.
▲ **Ordre des Bromeliales.** Une seule famille. Plantes ornementales, svt épiphytes : *Ananas*.
▲ **Ordre des Commelinales.**
✦ Nombreuses familles : *Rhoeo, Tradescantia* (nombreuses variétés ornementales).
▲ **Ordre des Graminales** (Poales)
✦ Famille des Graminées (E) avec 700 genres répartis en sous-familles : Bambusoïdées : *Bambou* (ligneux, jusqu'à 40 mètres de haut) ; Oryzoïdées : *Oryza* (*Riz*) ; Pooïdées : *Poa*, *Ray-Grass*, *Brome*, *Avoine*, *Blé*, *Seigle*, *Orge*, *Roseau* ; Panicoïdées : *Millet* ; Andropogonoïdées : *Canne à sucre*, *Maïs*.
▲ **Ordre des Cyperales.** ✦ Une famille : les Cypéracées avec 2 sous-familles : Cyperoïdées : Scirpus et Caricoïdées : *Carex* (1600 espèces).
▲ **Ordre des Pandanales.**
✦ Famille des Pandanacées : *Pandanus* ; Famille des Typhacées : *Typha* (Massette).
▲ **Ordre des Palmales** (Arecales).
✦ Une famille : Arecacées *Phoenix* (*Palmier-dattier*), *Cocos* (*Cocotier* D) *Elaëis* (*palmier à huile*).
▲ **Ordre des Cyclanthales.**
Dans les zones tropicales du nouveau monde.
▲ **Ordre des Arales.**
✦ Famille des Aracées : *Arum*, *Monstera* (*philodendron*), *Acorus*, *Calla* ;
Famille des Lemnacées : formes très réduites : *Lemna* (Lentille d'eau) *Wolffia* (la plus petite plante à fleurs, 1,5 mm de long).
Ces 4 ordres réunis dans les *Spadiciflores* (fleurs groupées en un panicule ou spadice).
▲ **Ordre des Zingiberales** (Scitaminales).
✦ Famille des Musacées : *Musa* (*Banane*) ; Famille des Zingibéracées *Zingiber* (*Gingembre*), et autres plantes vivrières ou condimentaires ; Famille des Cannacées : *Canna* (*Balisier*) ; Famille des Marantacées : *Maranta* (plante vivrière des tropiques).
▲ **Ordre des Orchidales (Gynandrales, Microspermales).** Une seule famille✦ : les Orchidacées (F) avec 20000 espèces : *Orchis, Cypripedium (Sabot de Vénus), Vanille*.

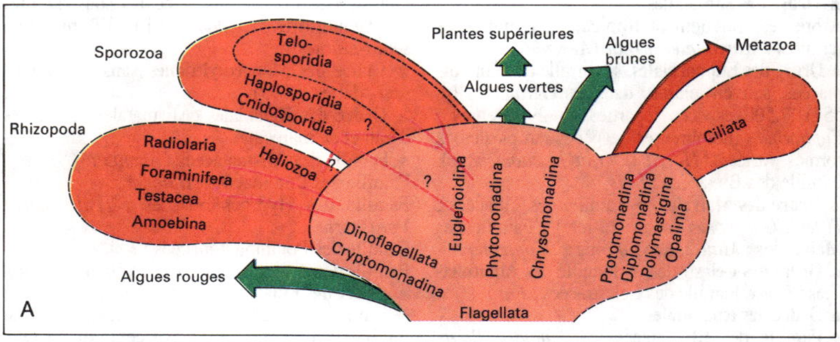

Affinités entre les groupes de Protozoaires

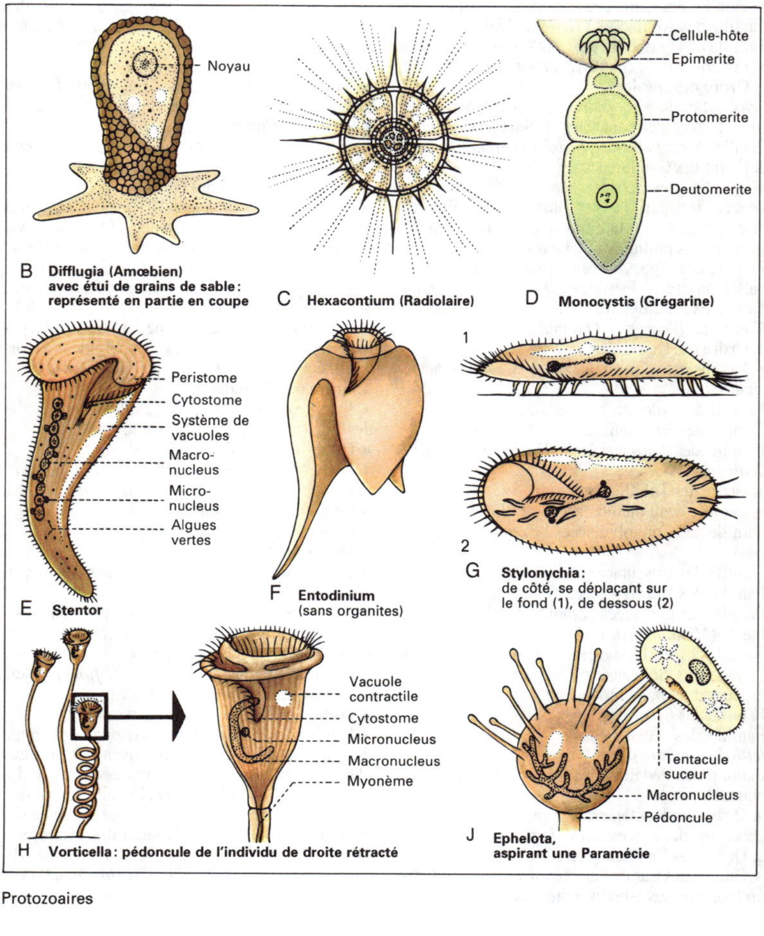

Protozoaires

A. **Premier sous-règne : PROTOZOAIRES** (Animaux unicellulaires)
La répartition entre unicellulaires et pluricellulaires, qui serait artificielle chez les Végétaux (voir p. 549), est justifiée dans le règne animal.
● **Classe des Flagellés.** Quelques-uns des nombreux ordres comportent des formes auto et hétérotrophes et ne peuvent être rapportés de façon indubitable au règne animal ou au règne végétal (1 à 5). Les ordres 6 à 9 regroupent uniquement des *Zooflagellés*.
▲ 1. **Ordre des Chrysomonadines.**
Comportent généralement des plastes.
▲ 2. **Ordre des Euglenoïdés**
(voir *Euglenophyte* p. 549) Svt avec des plastes.
▲ 3. **Ordre des Phytomonadines.**
Généralement des plastes (voir *Volvocales* p. 549).
▲ 4. **Ordre des Cryptomonadines.**
Souvent avec des plastes
▲ 5. **Ordre des Dinoflagellés.**
(voir *Dynophyta* p. 549) Svt avec plastes : *Noctiluque*.
▲ 6. **Ordre des Protomonadines.** 1 ou 2 flagelles. La famille des Choanoflagellés (p. 64 sq) n'est pas très éloignée de la souche des *Parazoaires* (p. 563). Famille des Trypanosomides : parasites (p. 64 sq).
▲ 7. **Ordre des Diplomonadines.** Avec noyau et appareil flagellaire doublés vivent dans l'intestin des *Vertébrés* et *Insectes* : *Lamblia*, *Hexamita*.
▲ 8. **Ordre des Polymastigines.**
4 flagelles ou plus. Plusieurs espèces de *Trichomonas* (Endoparasites de l'intestin et du tractus génital des Vertébrés/ Homme) ; *Hypermastigida* (Endosymbiontes des Blattes et Termites ; les plus différenciés des *Zooflagellés*).
▲ 9. **Ordre des Opalines.** Cils disposés en rangées longitudinales, 2 ou plusieurs noyaux, mais sans dualisme nucléaire (voir *Ciliés*) vivent en parasites ou en synécie dans l'intestin des Amphibiens, des Reptiles ou des Poissons.
● **Classe des Rhizopodes.**
Origine polyphylétique (A). Formes primitives possédant partiellement des flagelles. Présence de pseudopodes pour le mouvement et/ou la nutrition.
▲ **Ordre des Amibiens.** Peuvent fabriquer des kystes. Formes libres (p. 68 A) mais aussi espèces vivant en synécie et parasites facultatifs/obligatoires (p. 69).
▲ **Ordre des Testacés** (Amibes à coque)
Coque organique à un seul compartiment, souvent renforcée par des plaques de SiO_2 fabriquées par l'organisme même, ou par des substances étrangères (grains de sable). Formes généralement d'eau douce.
▲ **Ordre des Foraminifères.** Nb espèces marines récentes et fossiles (p. 68 sq).
▲ **Ordre des Radiolaires** (p. 69).
Espèces marines flottantes (C) parfois coloniales.
▲ **Ordre des Heliozoaires.**
Sans capsule, la plupart dulcaquicoles (p. 69).
● **Classe des Sporozoaires.** Endoparasites à cycle de dvt complexe et organites perforants. On les désigne sous le terme de *Telosporidiés* (*Sporozoaires au sens strict*) et ils représentent un groupe à affinités naturelles. En majorité haploïdes (la meïose suit la formation des spores).
▲ **Ordre des Grégarines.**
Généralement parasites extracellulaires d'*Annélides* et d'*Arthropodes* (D).
▲ **Ordre des Coccidies.**
Nombreuses espèces, le plus souvent pathogènes : *Eimeria* (agent de la coccidiose de nombreux animaux domestiques), *Plasmodium* (p. 68sq). On leur rattache les *Piroplasmides* : *Babesia* (Agent pathogène de nombreux animaux domestiques).
▲ **Ordre des Haplosporidies.** Parasites d'*Invertébrés* et *Poissons*. Groupe hétérogène : une partie est rapportée par de nombreux auteurs, aux *Myxomycètes* (p. 551), une autre aux *Microsporidies*.
● **Classe des Cnidosporidies.** Cystes (spores) à paroi épaisse et cils polaires en spirale ; ds le cyste plusieurs germes amiboïdes se transformant en plasmodes plurinucléés.
○ **Sous-classe des Myxosporidies.**
Spores pluricellulaires à structure complexe.
▲ **Ordre des Actinomyxides.**
Rares-Parasites des *Annélides* et *Sipunculiens*.
▲ **Ordre des Helicosporides.**
Rares-Parasites des *Arthropodes*.
▲ **Ordre des Myxosporides.**
Nombreux parasites de poissons : *Myxobolus* (agent de la peste bubonique des *Carpes*).
○ **Sous classe des Microsporidies.**
Spores unicellulaires. Parasites intracellulaires : *Nosema* (agent de la dysenterie des *Abeilles* ; agent de la pébrine du *Ver à soie*).
● **Classe des Ciliés** (Infusoires)
Dualisme nucléaire (Macronucleus à rôle végétatif et Micronucleus à rôle reproducteur) Reproduction par conjugaison (p. 152 C).
▲ **Ordre des Holotriches.**
Cils tous semblables répartis sur toute la surface ou selon des zones, svt réunis en une membrane ondulante autour du péristome. On distingue d'après péristome et mode de nutrition :
Les *Gymnostomes* (avalent en s'enroulant), les *Trichostomes* (créent un tourbillon : *Paramécie* ; p. 71), les *Hymenostomes* (avec un tourbillon), les *Astomes*, les *Apostomes*, les *Thigmotriches* (parasites).
▲ **Ordre des Péritriches.** Péristome formant une spire sénestre. Cils formant un velum. Provoquent un tourbillon. Formes libres ou fixées (H).
▲ **Ordre des Spirotriches.**
Pourvus de membranelles transversales formant une hélice dextre qui aboutit au péristome. Différents types : *Stentor* (en forme de trompette ; E) : *Stylonychia* (G), *Entodinium* (F : symbiote de la panse des *Ruminants*).
▲ **Ordre des chonotriches.**
Extrémité antérieure en forme d'entonnoir, fixée sur les Crustacés : *Spirochona*.
▲ **Ordre des Suctoria** (Infusoires suceurs).
Formes adultes dépourvues de cils. Sans ouverture buccale et pourvus de tentacules (tubes suceurs). Généralement sessiles, fixés sur les animaux ou plantes d'eau douce.(J).

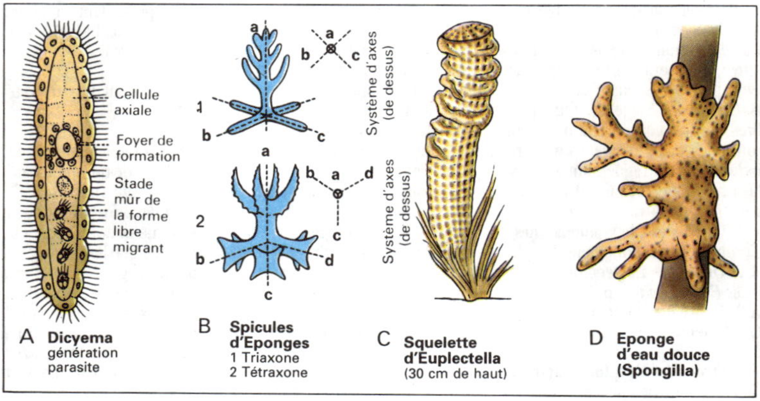

Mésozoaires et Spongiaires (Porifères)

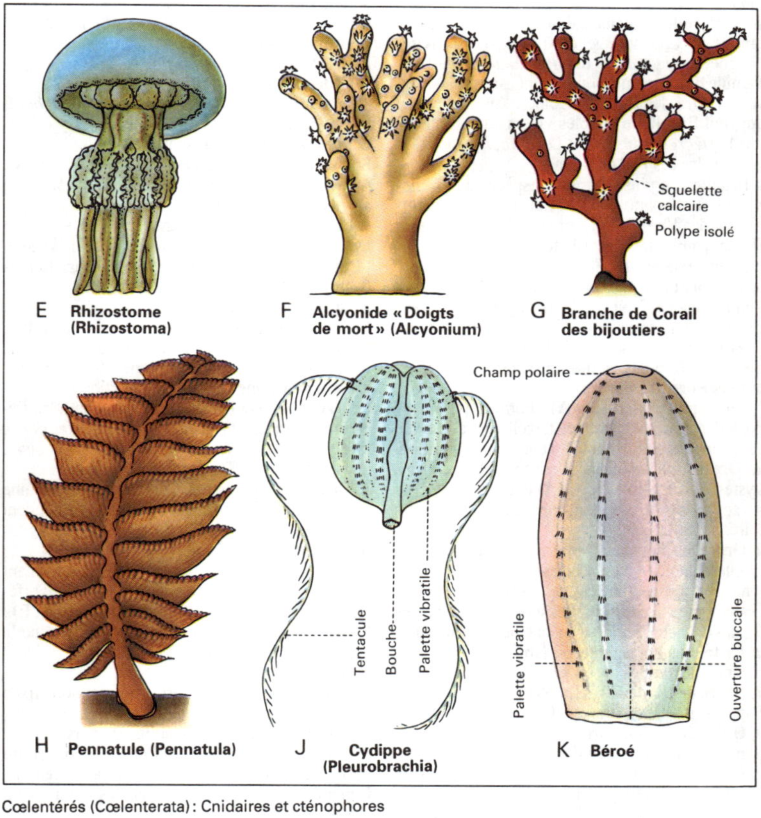

Cœlentérés (Cœlenterata) : Cnidaires et cténophores

B. **Deuxième sous règne : MÉTAZOAIRES.**

■ **Phylum des Mésozoaires.** Taille atteignant 7mm. Le corps comprend une enveloppe faite d'une seule assise de cellules indifférenciées entourant une masse centrale de cellules germinales. Ce niveau d'organisation, qui correspond à peu près à la Morula (p. 189), ne prouve pas que les **Mésozoaires** soient à l'origine des **Eumétazoaires**, on les interprète comme un groupe isolé, qui n'a pas atteint le véritable stade pluricellulaire ou encore comme des *Plathelminthes* (p. 565) secondairement simplifiés par la vie parasitaire.

▲ **Ordre des Orthonectides**
Génération parasitaire : plasmode plurinucléé chez des animaux marins. Génération libre : vermiforme et ciliée.

▲ **Ordre des Dicyemides** (A). Revêtus de cils et composés de cellules même pendant la phase parasitaire (ds les sacs urinaires des *Céphalopodes*).

■ **Phylum des Parazoaires (Porifères, Spongiaires)** 3 000 espèces, généralement marines, pouvant atteindre 2 m de diam. Formes sessiles.

● **Classe des Eponges calcaires.** Squelette composé de spicules calcaires indépendants (à 3 rayons, parfois à 4 ou 1 ; B). Espèces primitives, petites, seulement marines, d'eau peu profonde.

▲ **Ordre des Homocèles**
Cavité gastrique homogène : (Type *Ascon* ; p. 74 B).

▲ **Ordre des Hétérocèles**
Cavité gastrique différenciée : Type *Sycon* ou *Leucon*.

● **Classe des Hexactinellides (Triaxonides, Eponges de verre).** Spicules siliceux à 6 rayons, mais 3 axes, souvent soudés, transparents comme du verre. Vivent ds les grands fonds marins.

▲ **Ordre des Hexasterophores**
Euplectelle (Eponge arrosoir ; C).

▲ **Ordre des Amphidiscophores.**
Hyalonema forme pédonculée.

● **Classe des Demosponges.** 95% des éponges. Formes à cavité différenciée (Type *Leucon*).

▲ **Ordre des Tetraxonides.**
Spicules à 1 ou 4 axes. : *Cliona* (*Eponge perforante*).

▲ **Ordre des Cornacuspongides.** Réseau de Spongine et/ou squelette silicieux. *Spongilla* (*Eponge d'étang* ; D) ; *Spongia* (*Eponge de toilette*).

▲ **Ordre des Dendroceratidées.**
Squelette fait de fibres de spongine et de spicules cornés, manquant chez de nombreuses espèces. *Halisarca* (*Eponge gélatineuse*).

■ **Phylum des Eumétazoaires** (véritables pluricellulaires). Cellules réunies en tissus, organes. Corps en mouvement (nerfs et muscles).

⊠ **Embranchement des Cnidaires (animaux urticants)**, avec organes de défense typiques (p. 124 C).

● **Classe des Hydrozoaires,** peuvent vivre fixés (souvent coloniaux : hydropolypes ; p. 234 A) ou nager librement (hydro-méduses) ; possèdent svt. les 2 formes avec A de G (p. 166 sq).

▲ **Ordre des Hydroïdes.** Avec gén. A de G, mais l'une ou l'autre forme peut manquer : *Hydre*.

▲ **Ordre des Tachylines.**
La génération polype manque le plus svt (Trachyméduses) : *Craspedacusta* (eau douce).

▲ **Ordre des Siphonophores.**
Colonies de polypes libres, très polymorphes atteignant 3 m de long (p. 234).

● **Classe des Scyphozoaires.**
Cavité gastrale des polypes subdivisée par 4 cloisons. Méduses dépourvues de velum, gonades ectodermiques. Le stade polype manque ou est très réduit.

▲ **Ordre des Stauroméduses.**
Sessiles (persistance du pied du polype).

▲ **Ordre des Cuboméduses.**
Haute ombrelle. "*Méduses feux*" des mers tropicales. En partie venimeuses.

▲ **Ordre des Coronata** (Méduses des grands fonds) *Nausithoë*.

▲ **Ordre des Séméostomes.**
Long manubrium à 4 bras, jusqu'à 2 m de diam : *Aurelia*.

▲ **Ordre des Rhizostomes.**
Bras buccaux formant un tube percé de nombreux orifices : *Rhizostoma* ; E.

● **Classe des Anthozoaires.** N'existent que sous la forme de Polype ; possèdent un pharynx invaginé ds la cavité gastrale divisée par plus de 4 cloisons. Gonades ds l'endoderme au niveau des cloisons.

○ **Sous-classe des Octocoralliaires.**
8 cloisons et 8 tentacules pennés. Coloniaux. Cavités gastrales reliées entre elles.

▲ **Ordre des Alcyonaires.** Squelette constitué de spicules calcaires ectodermiques. Svt en colonies massives : *Alcyonium* ("*doigts de mort*" ; F).

▲ **Ordre des Gorgonaires.**
Colonies arborescentes atteignant 3 m de long : *Rhipidogorgia*, *Corallium* (*corail rouge ;* G).

▲ **Ordre des Helioporides (Corail bleu).** Squelette analogue à celui des coraux ; Forment des récifs.

▲ **Ordre des Pennatulides** (Plumes de mer).
Semilibres, jusqu'à 2 m de long : *Pennatule* (H).

○ **Sous-classe des Hexacoralliaires :** 6 ou un multiple de 6 cloisons. Tentacules non pennés.

▲ **Ordre des Actiniaires** (Anémones de mer).
Solitaires, jusqu'à 1,5 m de diam. : *Actinia*.

▲ **Ordre des Madréporaires (Coraux).** Squelette externe, calcaire, sécrété par la sole pédieuse. Les espèces tropicales forment des récifs coralliens.

▲ **Ordre des Antipathaires (coraux à épines).** Squelette corné, aux couleurs svt brillantes. "Corail des bijoutiers".

▲ **Ordre des Cérianthaires.**
Ressemblent à des actinies. Vivent solitaires dans des tubes fixés sur les fonds marins.

▲ **Ordre des Zoanthaires** (Anémones incrustées). Svt coloniaux.

⊠ **Embranchement des Ctnénophores (acnidaires).**
Sans cnidoblastes ; 8 rangées de palettes ciliées vibratiles ; 2 plans de symétrie. Pas d'A.G.

● **Classe des Tentaculés.** Tentacules. Pharynx étroit. Plusieurs ordres : diff. types (nageurs, fixés, rampants) : *Pleurobrachia* (*groseille de mer* ; J), *Cestus* (*Ceinture de Vénus* ; allongée).

● **Classe des Atentaculés.**
Sans tentacules. Pharynx large. Se nourrissent d'autres *Cténophores*. *Beroë* (K).

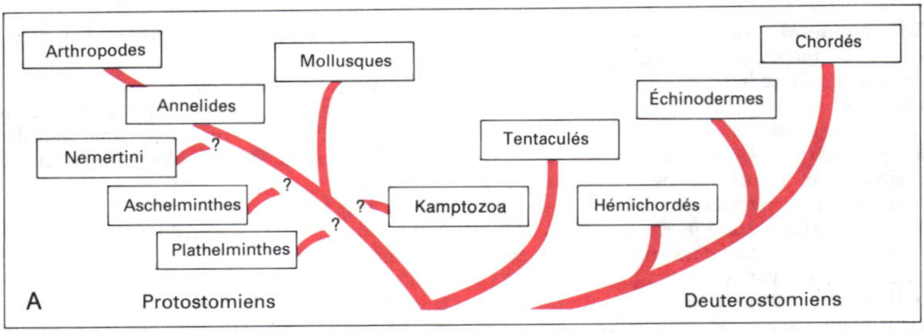

Affinités des principaux embranchements des Cœlomates

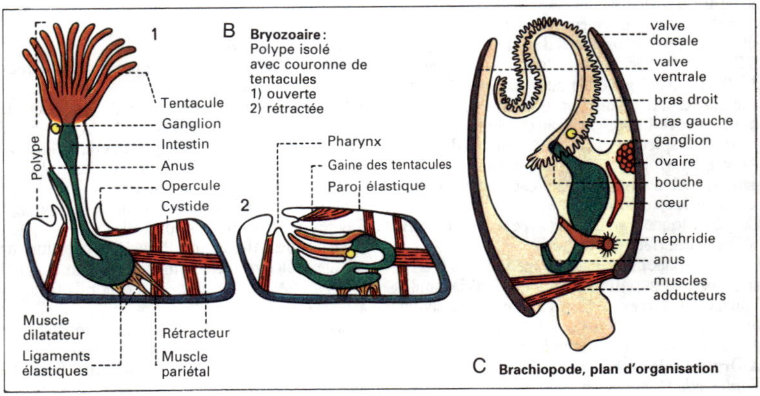

Tentaculés

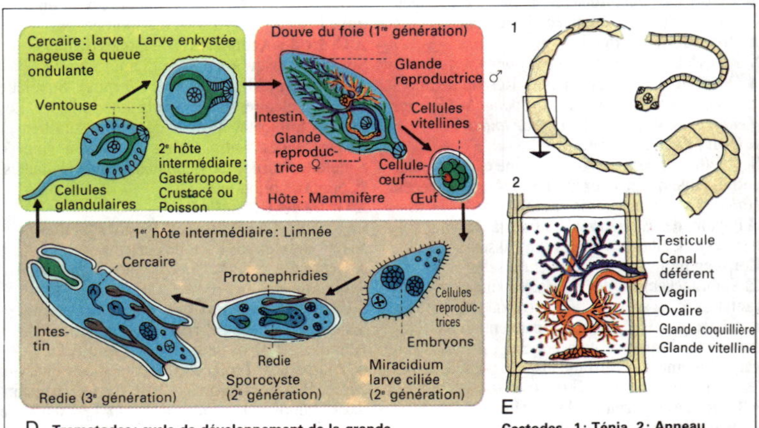

D **Trematodes : cycle de développement de la grande douve du foie (Fasciola hepatica)**

E **Cestodes 1 : Ténia, 2 : Anneau sexuellement mûr (Proglottis)**

Plathelminthes

Alors qu'au sein du Phylum des *Eumétazoaires* (p. 563) ces 2 1ers embranch., en raison de leur symétrie, forment le 1er sous-phylum des **Radiés,** tous ceux qui suivent, forment le 2e sous-phylum des **Bilatéraux**. La différenciation antéro-postérieure s'accompagne d'une dorso-ventrale. La zone antérieure est à la fois le pôle moteur, sensoriel et nutritif, en raison d'une concentration du S N, des organes des sens et des organes masticateurs (Céphalisation). Entre les 2 feuillets embryonnaires apparaît, selon des modalités div., un feuillet moyen (Mésoderme, Mésoblaste) ; ces 3 feuillets sont très différ., alors que chez les *Radiés* ils donnent généralement des épithélia. Cette subdivision recouvre d'une façon plus large celle, déjà citée p. 547, en **Coelentérés** et **Coelomates** (A).

– 1re série d'embranchements :

Protostomiens (Gastroneuralia, pp. 565 à 577).

L'orifice primitif donne la bouche définitive. L'anus se forme second. SNC ventral. Origine essent. ectodermique du squelette (p. 133).

– 2e série d'embranchements :

Deutérostomiens (Notoneuralia, p. 579 et sqq.**).**

Le blastopore primitif donne l'anus. La bouche est une formation secondaire. SNC dorsal. Les éléments du squelette sont d'origine interne.

☑ **Embranchement des Tentaculés.**

La plupart sessiles. Un corps articulé en 3 parties avec coelome tridivisé laisse supposer qu'ils sont proches de la souche des *Protostomiens* (A).

● **Classe des Phoronidiens** (vers fer à cheval). Quelques espèces marines, vermiformes. Le grand axe apparent est en réalité l'axe dorso-ventral : *Phoronis*. *Phoronopsis*.

● **Classe des Bryozoaires (Ectoproctes)**.

4 000 espèces essent. marines. Colonies en forme d'axe. Individus très petits (jusqu'à 4 mm). Avalent les proies. Extrémité antérieure du corps et tentacules pouvant se rétracter (B).

▲ **Ordre des Phylactolaemates.**

Eau douce. Caractères dérivés : *Cristatella*.

▲ **Ordre des Stenolaemates.**

Marins. Cystide sans système de fermeture : *Crisella*, *Crisia*.

▲ **Ordre des Gymnolaemates**.

Cystide avec système de fermeture : *Alcyonidium*.

● **Classe des Brachiopodes** : 280 espèces marines. Corps aplati, coquille à 2 valves (dorsale et ventrale). Immobiles, pédonculés (C).

○ **Sous-classe des Ecardines.**

Anus. Coquille sans verrouillage : *Lingula*.

○ **Sous-classe des Testicardines**.

Intestin aveugle. Coquille avec charnière articulée : *Terebratulina*.

☑ **Embranchement des Plathelminthes** (Platodes, vers plats).

En faire la souche des *Bilatéraux* est controversé, car la simplicité de leur organisation (absence de coelome, d'intestin, d'anus) peut s'expliquer par régression parasitaire (p. 126 sq).

● **Classe des Turbellariés** : 4 000 espèces, marines mais aussi d'eau douce, rarement dans les biotopes terrestres humides (forêts tropicales humides). Surface du corps ciliée. Voir p. 126.

▲ **Ordre des Acoeles** marines, sans lumière intestinale : *Convoluta* (Symbiotique des *Algues vertes*).

▲ **Ordre des Catenulides.**

Reprod. gen. asexuée : *Catenula*.

▲ **Ordre des Macrostomides**. Reprod. partiellement asexuée : *Microstomum* (p. 146 E).

▲ **Ordre des Alloecoeles.**

Intestin diverticulé : *Plagiostomum*

▲ **Ordre des Triclades**. Intestin à 3 branches ; marines ; paludicoles (formes d'eau douce : *Planaria*, *Polycelis*, *Dugesia*) ; terricoles (ds les forêts tropicales humides, jusqu'à 60 cm de long).

▲ **Ordre des Polyclades.**

Grandes formes marines avec intestin très ramifié.

▲ **Ordre des Rhabdocèles (Neorhabdocèles)**. Ovaire séparé en vitellogène et ovogonies. Groupe très polymorphe : *Mesostoma*.

▲ **Ordre des Temnocéphales**. Tropicaux. Fixés sur d'autres animaux. Appareil préhenseur.

● **Classe des Trématodes.**

5 000 espèces, parasites, incolores, non ciliées. Gén. plats. Intestin aveugle. Leur dvt n'a pu se faire qu'en parall. avec celui des *Vertébrés* hôtes.

▲ **Ordre des Monogènes**. Svt parasites de *Vertébrés* aquatiques. Fixation par crochets et ventouses. Formes jeunes svt ciliées, dvt direct *Gyrodactylus* (sur peau et branchies des Carpes), *Diplozoon* (branchies de poissons d'eau douce).

▲ **Ordre des Aspidogastres.**

Gén. endoparasites des animaux inf. Appareil ventral fixateur fait de nombr. ventouses : *Aspidogaster*.

▲ **Ordre des Digéniens.** Endoparasites d'animaux aquatiques et terrestres. Larves sans appareil fixateur. Cycle de dvt à plusieurs A de G et nombreux hôtes (D) : *Fasciola* (*grande douve du foie*), *Dicrocoelium* (*petite douve*), *Schistosome* (agent de la Bilharziose de l'*Homme* ; p. 256 G).

● **Classe des Cestodes** (Ténias) : 3 400 espèces. Endoparasites dépourvus de TD et osmiotrophes. Les larves possèdent des paires de crochets mobiles. Dvt lié aux changements d'hôtes.

○ **Sous-classe des Cestodaires** (Ténias non divisés). Foliacés, sans proglottis. Dans la cavité gén. et l'intestin des poissons ; quelques rares espèces : *Amphilina*, *Gyrocotyle*.

○ **Sous-classe des Eucestodes**. Parasites intestinaux. Corps des animaux mûrs divisé en proglottis, possédant chacun un système génital ⚥ (E) ; les proglottis mûrs bourrés d'œufs se détachent. La partie antérieure du ver (scolex) est pourvue de ventouses et/ou crochets. La larve oncosphère se transforme en cysticerque après plusieurs A de G et changements d'hôtes. Deux ordres sur les 5 parasitent l'Homme.

▲ **Ordre des Pseudophyllidiens.**

Nombreux parasites de poissons : *Diphyllobothrium* provoque à maturité sex. de l'anémie chez l'*Homme* et d'autres hôtes (*Loutre*, *Chat*).

▲ **Ordre des Cyclophyllidiens.**

Ténia (*du Porc*, *du Bœuf*, du *Chien*) qui parasite à l'état adulte l'Homme. *Tenia echinocoque* (*du chien*) parasite l'Homme au stade cysticerque.

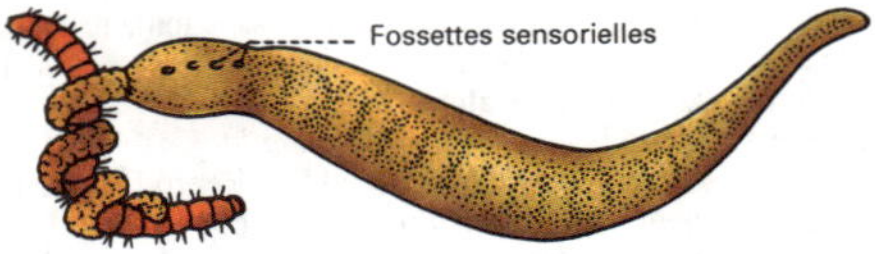

A **Némerte avec la trompe dévaginée pour la capture d'une proie**

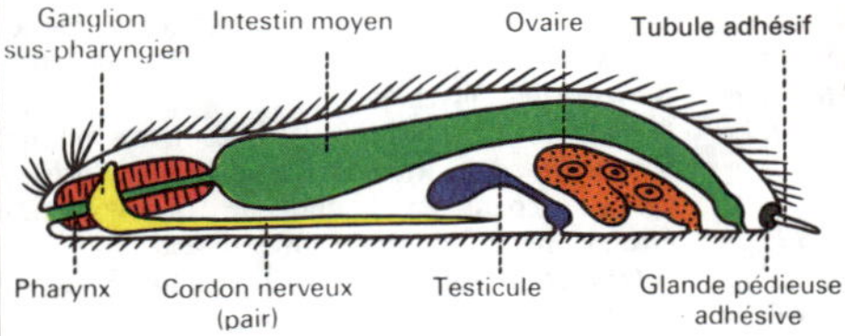

B **Plan d'organisation d'un Gastérotriche**

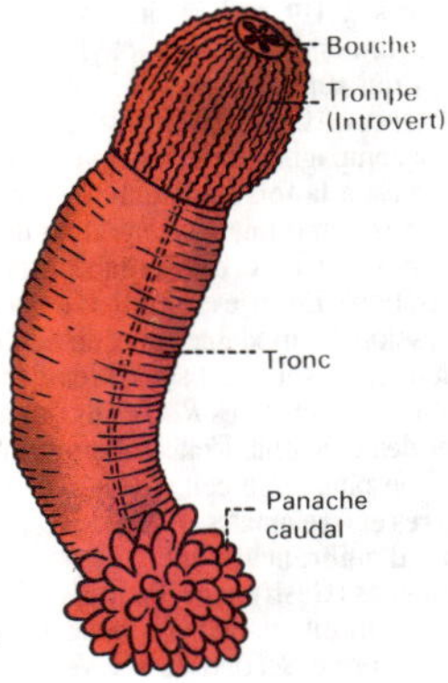

C **Priapulus**

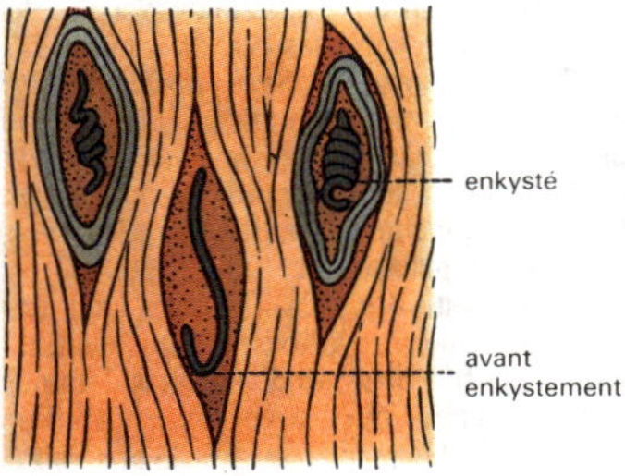

D **Trichines dans un muscle**

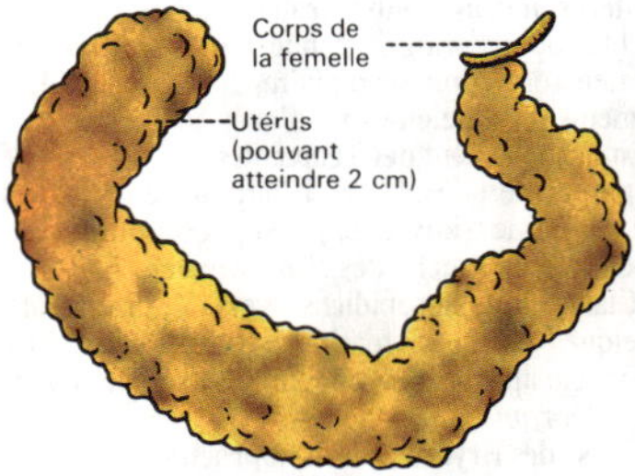

E **Sphaerularia bombi (endoparasite)**

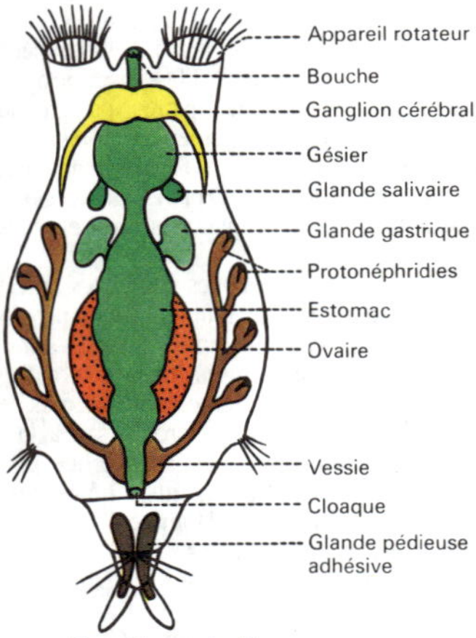

F **Plan d'organisation d'un Rotifère femelle**

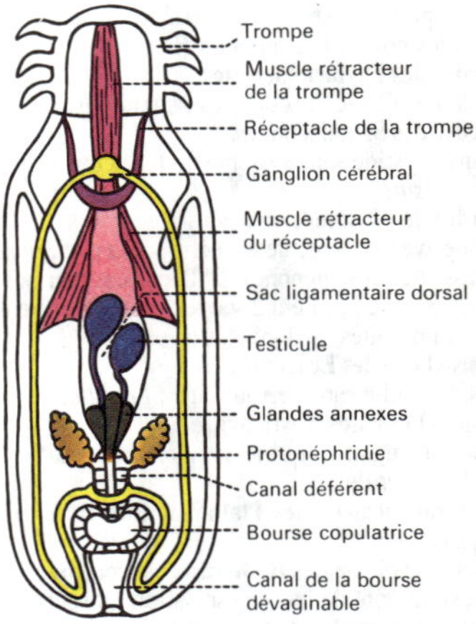

G **Plan d'organisation d'un Acanthocéphale mâle**

Représentants de différents embranchements des Protostomiens

☐ **Embranchement des Gnathostomulides.** Marins. Pharynx avec mâchoires, ni intestin, ni anus. ⚥ . Segmentation spirale ; développement direct. Chaque cel. de la peau possède un flagelle. Svt considérés comme une classe des *Plathelminthes*. *Gnathostomula*

☐ **Embranchement des Nemertes.** Filiformes, jusqu'à 30 m de long pour 9 mm de ø . Tunique cutanée muscul. (voir p. 129) ; appareil circulatoire ; longue trompe rétractile. Formes carnassières, marines pour la plupart (A). Par certains caract. ils rappellent les *Plathelminthes* (protonéphridies, mésenchyme, épiderme cilié).

○ **Sous-classe des Anopla.**
SNC ds l'épiderme ou la couche musculaire.

▲ **Ordre des Palaeonemertes :** groupe primitif.

▲ **Ordre des Hétéronemertes.**
Yeux, organes cérébraux *Lineus*, *Cerebratulus*.

○ **Sous-classe des Enopla.** SNC ds le parenchyme.

▲ **Ordre des Hoplonemertes.** Trompe avec stylet.

▲ **Ordre des Bdellonemertes.**
Ressemblent aux sangsues, avec ventouses postérieures ; parasites des *Moules*. *Protosoma*, *Malacobdella*.

☐ **Embranchement des Aschelminthes** (Némathelminthes ; vers ronds). Groupe très hétérogène, aux parentés entre les classes contestées. Il est difficile de savoir si l'embranchement est primitif (p. 126 sq) ou secondairement simplifié.

● **Classe des Rotifères.**
1500 espèces, au plus 3 mm de long ; vivent gén. ds les eaux douces et stagnantes. Un appareil rotateur fait des couronnes ciliées, à l'extrémité antérieure, un pharynx (mastax), des protonéphridies, des ventouses à l'arrière (F). Nombre fixe de cellules. Modes de nutrition très variés (avalent, broutent, capturent, sucent, piègent à la nasse).

▲ **Ordre des Seisonidés.** ♂ et ♀ de même taille. Quelques espèces marines. *Seison*.

▲ **Ordre des Bdelloïdés.** Absence de mâle (parthénogenèse : p. 157) ; gonades paires. Se déplacent comme des sangsues *Rotaria*, *Philodina*.

▲ **Ordre des Monogonontes**
♂ nains ; gonades impaires. Nb espèces *Brachionus*, *Asplanchna*, *Keratella*, *Filina*.

● **Classe des Acanthocéphales.** 500 espèces. Parasites dépourvus de bouche et intestin. Jusqu'à 47 cm de long (G). La partie antérieure est une trompe armée de crochets, rétractile. Ds l'hôte intermédiaire (*Crustacés, larves d'insectes*) les larves sont de 2 types : Acanthor (avec crochets) et Acanthella. L'hôte définitif est toujours un *Vertébré*.

▲ **Ordre des Palaeoacanthocéphales.**
Généralement parasites des animaux d'eau douce. *Echinorhynchus* (endommage les truites).

▲ **Ordre des Archiacanthocéphales.**
Généralement parasites des animaux terrestres *Gigantorhynchus* (chez le *Porc*, l'*Homme*).

● **Classe des Gastrotriches.**
Groupe pauvre en espèces, jusqu'à 1,5 mm, vivent ds les cavités du sable. Leur organisation primitive rappelle les *Rotifères* et les *Nematodes* (B).

▲ **Ordre des Macrodasyoïdés.**
Marins, ⚥ *Turbanella*. *Cephalodasys*.

▲ **Ordre des Chétonoïdés.**
Marins et d'eau douce. ♂ très rares. *Chaetonotus*.

● **Classe des Nematodes**
Plus de 10 000 espèces. Sans doute près du multiple encore inconnu. Struc. et organisation voir p. 126 sq. La systém. est encore controversée, car les liens phylogénétiques sont difficiles à établir.

○ **Sous-classe des Aphasmidiaires (Adenophores).**
L'extrémité post ne comporte pas de glandes (plasmides) ; pas de larves résistantes ; rarement parasites. Nombreux ordres, familles essentielles :
– Trichurides (*Trichuris*. espèces de *vers du cheveu* ; parasites des *Mammifères* et de l'*Homme*) ;
– Trichinellidés (*Trichinella*, *Trichine*, dangereux parasite de l'*Homme*, D).

○ **Sous-classe des Phasmidiaires.**
Pourvus de 2 plasmides. Le stade larvaire 3 est svt un stade de résistance. Nombreux parasites, les formes libres vivent gén. ds la terre (svt ds les matières putréfiées).

▲ **Ordre des Rhabditides.**
Turbatrix (*Anguillule du vinaigre*).

▲ **Ordre des Tylenchides.**
Diff. genres, parasites des végétaux, importants pour l'économie. *Anguillules du Blé, de la Betterave, de la p. de terre*. parasites d'insectes : *Sphaerularia* (E).

▲ **Ordre des Strongylides.**
Strongyloïdes (essentiellement parasite tropical des *Mammifères* et de l'*Homme*).
Ancylostoma (*Ankylostome* ou *ver des mineurs* ; se rencontre en Europe, ds les mines, car les œufs ne peuvent se développer qu'à une température élevée).

▲ **Ordre des Ascaridides.**
Ascaris, *Enterobius* (*oxyures,* parasite fréquent, gén. inoffensif de l'*Homme*).

▲ **Ordre des Dracunculides.**
Dracunculus (Filaire de Médine), parasite de l'*Homme* qui provoque des ulcères.

▲ **Ordre des Spirurides.**
Wuchereria (*Filaire de Bancroft*), agent de l'éléphantiasis chez l'*Homme*.

● **Classe des Nématomorphes (Gordiacées)**
230 espèces, atteignent 1,5 m de long avec 3 mm de ø. Ressemblent aux *Nématodes*, mais avec un intestin réduit. Leurs larves parasitent les *Insectes* et les *Crustacés*, les adultes sont libres.

▲ **Ordre des Gordiodes.**
Espèces d'eau douce : *Gordionus*.

▲ **Ordre des Nectonématoïdes.**
Espèces marines : *Nectonema*.

● **Classe des Kinorhynques.** Marins, arénicoles, ≤ 1mm. Segmentation externe et cuticule analogue à celle des Arthropodes.
Echinoderes, *Trachydemus*.

● **Classe des Priapulides.** Groupe isolé. Quelques espèces prédatrices vivant ds la vase des mers froides ou le sable corallien. Jusqu'à 8 cm de long. Trompe munie de crochets ; de nombr. espèces possèdent à l'extrémité postérieure 1 ou 2 panaches à rôle respiratoire (C). Système urogénital carac. (excrétion et productions conjointes des cell. reproductrices). *Priapulus*.

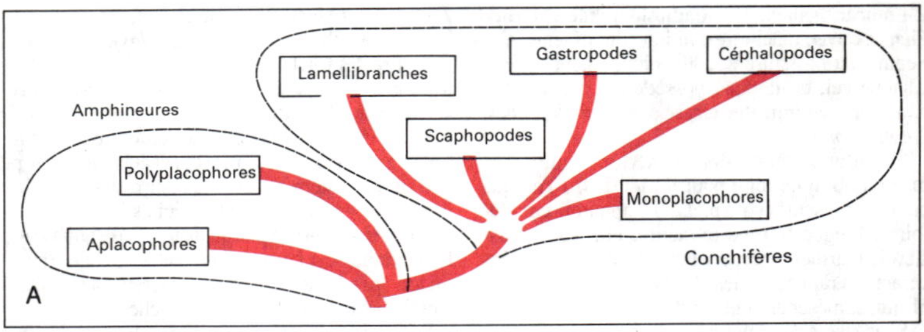

Affinités phylétiques des Mollusques

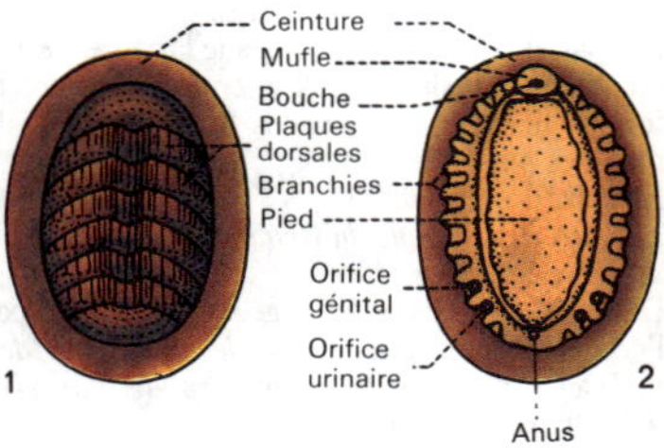

B **Polyplacophore (Chiton) de dessus (1), de dessous (2)**

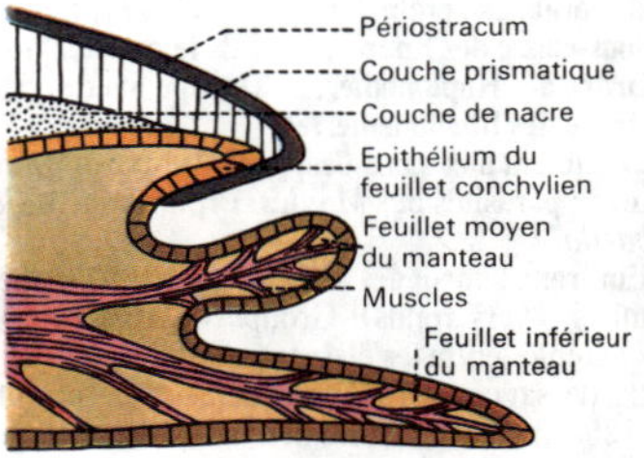

C **Coupe transversale du repli du manteau d'un Lamellibranche montrant la formation de la coquille**

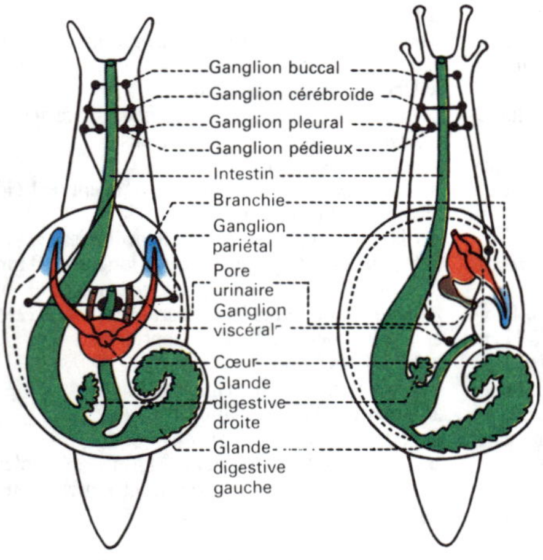

Prosobranche

Opisthobranche

D **Plan d'organisation des Gastéropodes**

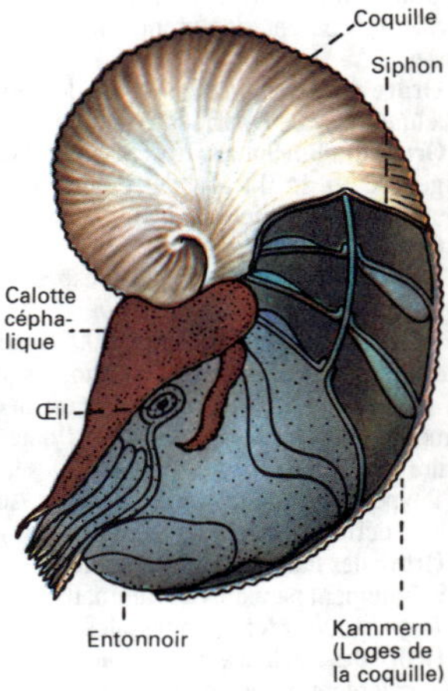

E **Cephalopoda Nautilus (coquille partiellement ouverte)**

Mollusques

☐ **Embranchement des Mollusques.** Le plus riche en espèces (130 000) après les *Arthropodes*. Peuplent tous les milieux ; taille svt considérable, haute organisation. Ils ont, comme les embranch. qui suivent, du moins au stade embryonnaire, une cavité secondaire avec une paroi individualisée (Coelome ; p. 128 C, E). Des homologies avec les *Annélides* (larve de type trochophore, segmentation spirale, Métamérie) laissent supposer des ancêtres communs (p. 570 A).

☒ **Sous-embranchement des Amphineures.**
Le SN comprend 2 paires de cordons longit. Tégument ventral mou. Manteau entièrement ou partiellement recouvert d'une cuticule munie d'épines. Pas de statocystes.

● **Classe des Polyplacophores.** 8 plaques calcaires dorsales insérées ds la cuticule ; large sole pédieuse ventrale entourée de branchies (B). Vivent fixés sur les fonds consolidés de la zone intercotidale ; protégés du ressac, de la dessication, des prédateurs. Type unitaire où la forme des plaques définit les ordres (Lepidopleures, Ischnichitons, Acanthochitons). *Chiton*.

● **Classe des Aplacophores ; Solénogastres.** 150 espèces marines vermiformes, sans plaques coquillières, avec une cuticule échinulée, sauf au niveau d'un étroit sillon ventral. Sur la vase ou le sable, sur des polypes ou le varech.

▲ **Ordre des Caudofovéates.**
1 paire de branchies. Bouclier pédieux en arrière de la bouche. Gonochoriques *Chaetoderma*.

▲ **Ordre des Solénogastres.**
Pas de branchies ; pied sous forme de sillon ventral ; ⚥ *Nematomenia*, *Epimenia*.

☒ **Sous-embranchement des Conchifères.**
Coquille calcaire univalve ou bivalve. SN concentré et réduit. Statocystes.

● **Classe des Monoplacophores.** Peu d'espèces. Découverts en 1952 ds une fosse marine, connus auparavant à l'état de fossiles. Aspect métamérisé des *Placophores*, avec l'organ. interne typique des *Conchifères* (p. 134 sq) ; proches de l'origine commune : *Neopilina*.

● **Classe des Gastéropodes.** 105 000 espèces ; nombr. types. Caract. par la torsion et l'asymétrie viscérale et de la coquille (p. 134 sq).

○ **Sous-classe des Prosobranches** (Streptoneures).
Cordons viscéraux du SN tordus ; branchies situées devant le cœur (D). Coquille bien développée, avec opercule. Espèces princ. marines.

▲ **Ordre des Archéogastéropodes ou Diotocardes.**
Nombreux caract. archaïques (2 oreillettes, 2 branchies pectinées, ganglions pédieux en forme de cordons médullaires). *Patelle*, *Ormeau*.

▲ **Ordre des Mésogastéropodes ou Ténioglosses.**
Espèces princ. marines ; 1 oreillette, 1 branchie pectinée, Radula à 7 rangées de dents. *Littorina* (*Bigorneau*), *Crepidula*, *Viviparus* (formes terrestres).

▲ **Ordre des Néogastéropodes ou Sténoglosses.**
Radula avec 3 rangées de dents longit. ; coquille avec siphon. *Buccin*, *Nasse*, *Murex*.

○ **Sous-classe des Opisthobranches.** Branchie, en arrière du cœur, svt réduite. Coquille svt régressée. Svt réunie avec la 3e sous-classe en **Euthyneures** (SN droit ou détordu), car ds ces 2 groupes le cordon viscéral n'est pas tordu (D). 8 ordres dont :

▲ **Ordre des Gymnosomes.**
Clione (sert de nourriture aux *Baleines*).

▲ **Ordre des Nudibranches.**
Riche en espèces surtout tropicales. Formes marines. Cercle de branchies secondaires.

○ **Sous-classe des Pulmonés.**
Cavité palléale transformée en poumon. SN concentré en 1 anneau périoesophagien.

▲ **Ordre des Basommatophores** (pulmonés d'eau douce).
Yeux à la base des tentacules. *Planorbe*. *Limnée*.

▲ **Ordre des Stylommatophores** (pulmonés terrestres).
Yeux à l'extrémité des tentacules. Formes à coquille : *Helix* et sans coquille (*Arion* ou *Limace*).

● **Classe des Lamellibranches** (Bivalves)
20 000 espèces ; coquille bivalve à plusieurs couches, sécrétée par le bord du manteau (C) ; jusqu'à 1,3 m de long (p. 134 sq).

▲ **Ordre des Paleotaxodontes.**
Charnière à dents toutes semblables. 2 muscles adducteurs. Formes assez primitives : *Nucule*.

▲ **Ordre des Ptériomorphes (Anisomyaires).**
Muscle adducteur antérieur réduit ou absent. *Moule*, *Huître*.

▲ **Ordre des Schizodontes (Unioïdés).**
Dents de la charnière inégales : *Margaritifera* (*Mulette perlière*), *Unio* (*Moule de rivière*), *Anodonte*.

▲ **Ordre des Hétérodontes.**
Nombreuses espèces marines. *Cardium* (*Coque*), *Tridacne* (*Bénitier*).

▲ **Ordre des Adapédontes.**
Mye, *Taret* (très spécialisé, creuse le bois).

● **Classe des Scaphopodes** (Solénoconques).
300 espèces à symétrie bilatérale. Manteau pair. Coquille en forme de tube. Pied en forme de Tige. Se nourrissent de petits animaux. Tête avec tentacules préhenseurs : *Dentale*.

● **Classe des Céphalopodes.**
730 espèces. Les formes les plus grandes et les plus élevées en organisation (p. 134 sq).

○ **Sous-classe des Tétrabranchiaux** (Céphalopodes les plus anciens). 2 paires de branchies ; nombreux tentacules ; coquille externe subdivisée en loges. Quelques espèces (Océan Indien, ouest-Pacifique). *Nautile* (E).

○ **Sous-classe des Dibranchiaux**
1 paire de branchies. Coquille en forme de tige ou de plaque, recouverte par le manteau. Œil de type caméra. SN le plus développé.

▲ **Ordre des Décapodes (10 bras)**
8 tentacules et 2 bras tentaculaires.
Seiche, *Calmar*, *Architeuthis* ($\leqslant$ 25 m)..

▲ **Ordre des Vampyromorphes.** Une seule espèce de mer profonde : Vampyroteuthis.

▲ **Ordre des Octopodes.** Corps sacculaire. Coquille très réduite. *Eledone Octopus Argonaute* (la ♀ possède une coquille second. sécrétée par ses 2 bras postérieurs : nacelle ovigère).

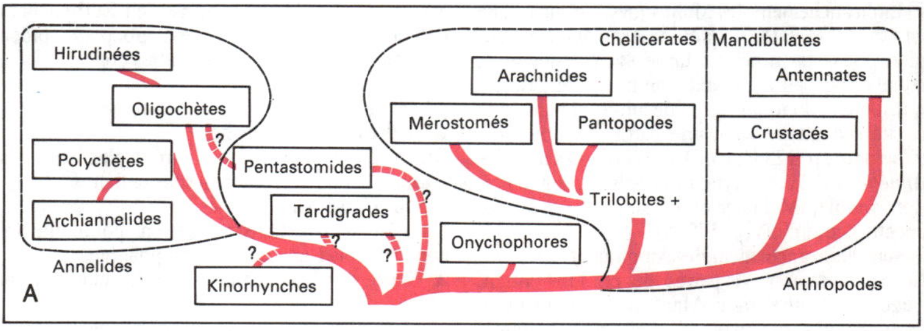

Affinités entre les groupes de Protostomiens (notamment Annelides et Arthropodes)

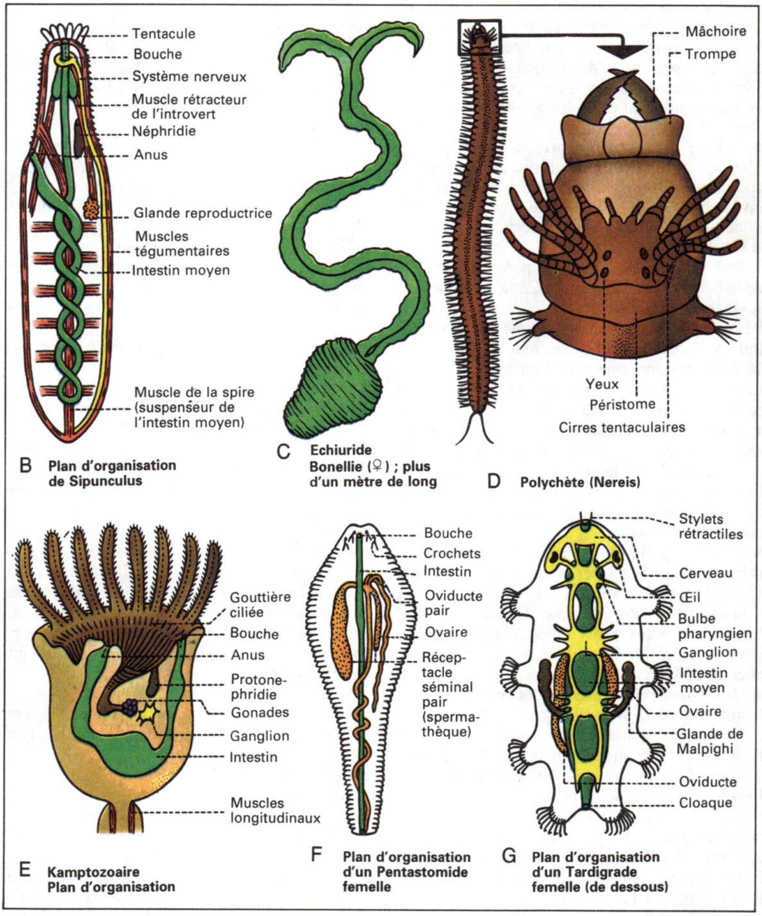

Représentants de différents groupes de Protostomiens

⊠ **Embranchement des Sipunculiens**. Espèces gén. marines qui peuvent atteindre 50 cm de long. Vermiformes à trompe rétractile (B). Le coelome comprend la cavité générale et un sys. de canaux parcourant les tentacules qui présente des analogies avec le système ambulacraire des *Echinodermes* (p. 137). Vivent ds le sol, en partie ds des tubes. Affinités avec les *Tentaculés*, mais aussi avec les *Mollusques* et les *Annélides* (Larve trochophore, Métanéphridies). *Siponcle*, *Physcosoma*, *Phascolosoma*, *Phascolion*, *Aspidosiphon*.

⊠ **Embranchement des Camptozoaires**. Formes pédonculées, formant gén. des colonies avec un cercle de tentacules qui entoure bouche, anus, orifice excréteur et génital (E). Protonéphridies. Segmentation spirale. Dévelop. larvaire. Malgré leur similitude avec les *Bryozoaires* (p. 577), auxquels on les rattache parfois : *Bryozoaires ectoproctes*, ils ont une position systém. isolée. Les **Loxosomatidées** et **Pédicellinidées** sont marines, les **Urnatellidées** dulcicoles (*Urnatella*, ds les lacs autour de Berlin).

Les 5 embranchements qui suivent ou **Articulés** représentent, avec plus d'1 million d'espèces connues, plus de 75% des animaux. Ils se présentent sous des types diff., mais ce sont des *Protostomiens* toujours segmentés, dont chaque segment possède à l'état embryonnaire une paire de sacs coelomiques et une paire de ganglions.

⊠ **Embranchement des Annélides** (p. 128).

Ils représentent, à cause de leur imp. segmentation homonome, le groupe originel des *Articulés*.

● **Classe des Polychètes**. 5 300 espèces, la plupart gonochoriques. Chaque métamère (p. 130 C) porte une paire de parapodes avec sacs sétigères. Le prostomium est svt pourvu d'appendices pairs, semblables à des antennes (D).

▲ **Ordre des Errantes**.

Nombreuses familles comprenant des espèces toujours mobiles, marines pour la plupart. Tous les segments sont identiques et comportent parapodes et néphridies. Ce sont des espèces prédatrices, qui avalent de petits animaux ou filtrent leur nourriture. *Aphrodite*, *Nereis*, *Ophryotrocha* (p. 450 sq), *Eunice* (*ver palolo* ; à cycle de reproduction, synchrone avec l'année lunaire).

▲ **Ordre des Sédentaires**.

Espèces fixées ou semi-fixées. Svt le corps présente plusieurs régions distinctes ds l'une desquelles sont situées les branchies. Les néphridies manquent ds certains segments. Nombreux sous-ordres avec des types variés : *Arenicole*, *Lanice* (*Maçon des sables*), *Sabellaria* (*Hermelle formant récif*), *Spirographe* (vit ds un tube dont émergent nb. tentacules à rôle nutritif).

▲ **Ordre des Archiannélides**. Ordre artificiel. Vivent gén. ds les interstices du sable. *Troglochaetus* (ds les eaux souterraines).

● **Classe des Myzostomides**. 150 espèces marines, jusqu'à 5 mm de long. Voisines des *Polychètes*, mais toutes parasites (ds et sur les *Echinodermes*) et de ce fait très modifiées. *Myzostoma*.

● **Classe des Clitellates**. 3 400 espèces. ⚥ sans antennes ni parapodes. Renflement circulaire important pour l'accouplement (clitellum). Dvt direct, svt ds un cocon secrété par ce clitellum.

○ **Sous-classe des Oligochètes**.

Peu de soies, formant gén. 4 faisceaux par segment. Expansions du corps très rares (Cirres, Branchies) ; organes des sens faiblement développés.

▲ **Ordre des Plesiopores**.

Possèdent chacun une paire de gonades ♂ et ♀. *Tubifex* (ds les eaux pauvres en O_2). *Enchytraeus*

▲ **Ordre des Prosopores**.

1-4 paires de gonades ♂, 1-3 paires de gonades ♀, *Lumbriculus* (analogue au ver de terre, ds les eaux douces) *Branchiobdella* (parasite).

▲ **Ordre des Opisthopores**.

Pores génitaux ♂ très éloignés vers l'arrière des segments testiculaires. *Lombric* (*ver de terre*) *Megaloscolex* (*ver de terre géant* ; 3 m de long ; Australie).

○ **Sous-classe des Hirudinées**. Sans soies. Une ventouse buccale et une caudale. Le tégument est annelé. Intestin à diverticules de stockage du sang ingéré. Environ 75% des espèces parasitent les Vertébrés, les autres sont prédatrices. Gén. ds les eaux douces : *Hirudo* (*sangsue médicinale*), *Haemopis* (*sangsue du cheval*).

● **Classe des Echiurides**. Espèces marines qui atteignent 1,8m vivent jusqu'à 9 000 m de profondeur. Très long prostomium ; la constitution du coelome, les soies et les métanéphridies qui évacuent les produits sexuels font penser aux *Annélides*. Syst. circulatoire clos. *Echiurus*, *Bonellie* (C : dimorphisme sexuel accusé).

⊠ **Embranchement des Pentastomides ou Linguatulides.**

Essentiellement parasites des *Reptiles*. Possèdent au stade embryonnaire 4 paires de pattes munies de crochets, dont 2 disparaissent (F) ; dvt, par larve (une larve primaire et une forme nymphale). Ces animaux pourraient être des *Arthropodes* dégradés second. : *Linguatula* (adulte ds les fosses nasales du *Chien*, *Loup*, *Renard*.

⊠ **Embranchement des Tardigrades**. Espèces dulcaquicoles, jusqu'à 1 mm de long, vivant ds des biotopes particuliers (eau baignant les coussinets muscinaux). 4 paires de moignons, terminés par des crochets (G). Stylets buccaux pour sucer la nourriture. Struct. simplifiée régressive (pas d'appareil respiratoire et circulatoire). L'homologie de leurs "tubes de Malpighi" avec ceux des *insectes* est incertaine. *Echiniscus*, *Hypsilius*.

⊠ **Embranchement des Onychophores** (Péripates). Env. 90 espèces. Leur organ. montre une dualité. Caract. annélidiens (voir p. 129) : vermiformes, métamérie homonome, sans tête ; tunique muscul. ; néphridies ds presque tous les segments ; appendices de type parapodes non articulés.

Caract. arthropodiens (voir p. 133). Cavité générale formant un mixocoele ; appendices terminés par des griffes. Cœur muni d'Ostioles ds un sinus péricardique. Houppes trachéennes non segmentaires ; cuticule chitineuse. *Peripatus*, *Peripatoïdes*.

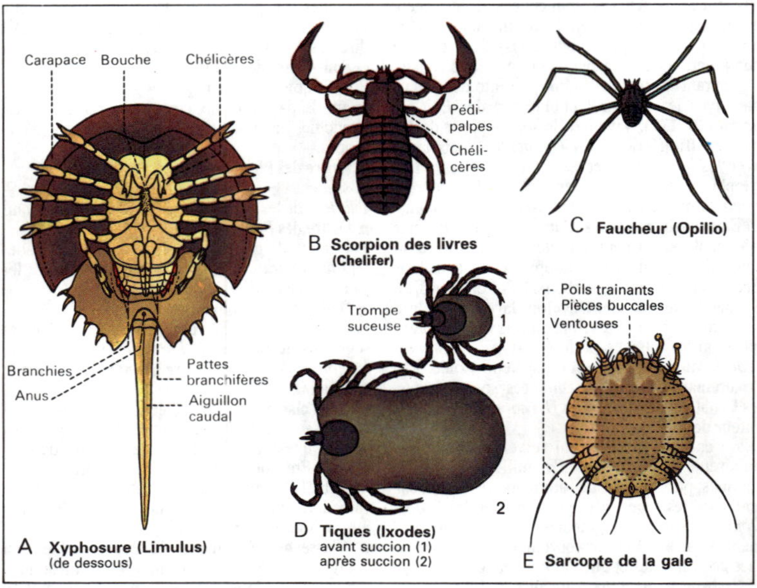

Chelicérates

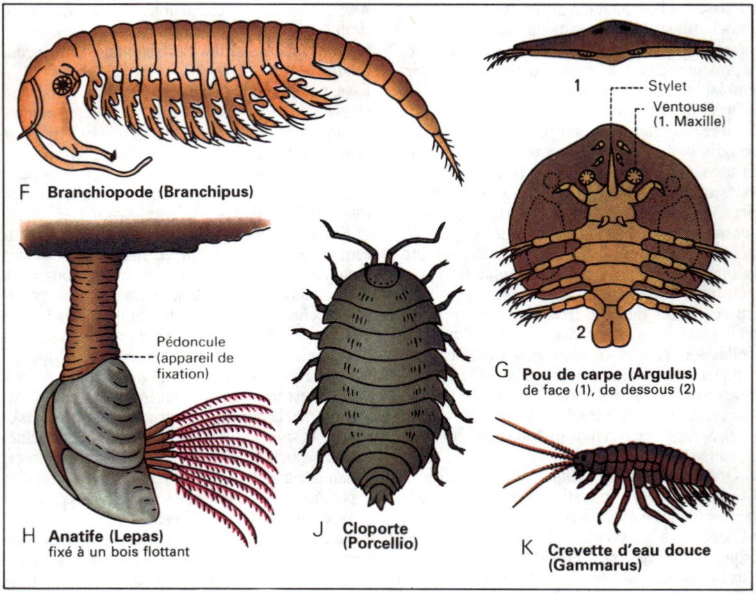

Crustacés

⊡ **Embranchement des Arthropodes.** Le groupe des *Articulés* le plus riche en formes et en espèces (voir p. 130 sqq). Les grandes divisions de la classif. reposent sur la struct. des pièces buccales.

1re lignée : Amandibulates

Pas de mandibules. Seulement représentés par :

⊠ **Sous-embranchement des Chélicérates.**

Pas d'antennules. Antennes en forme de pinces (chélicères). Les 2 premiers métamères du tronc forment avec la tête le prosome (céphalothorax).

● **Classe des Merostomacés.**

Avec les *Gigantostracés* fossiles, et un seul ordre récent : les **Xiphosures.** Quelques espèces marines. Corps en forme de bouclier (A), et "telson" mobile. 6 paires d'appendices à la face inf. du prosome : *Limule*, *Tachypleus*.

● **Classe des Arachnides.**

36 000 espèces terrestres (p. 130 sq.).

▲ **Ordre des Scorpions.**

Abdomen subdivisé en mésosome et métasome caudal avec aiguillon venimeux (p. 172 D). Petits chélicères, pédipalpes sous forme de grosses pinces. En Europe, on trouve : *Buthus*, *Euscorpius*.

▲ **Ordre des Pédipalpes.**

1re paire de pattes transformée en organes tactiles, Chélicères en forme de pinces.

△ **Sous-ordre des Uropyges.**

Ressemblent aux Scorpions : *Mastigoproctus*.

△ **Sous-ordre des Amblypyges.**

Ressemblent aux Araignées : *Phrynichus*.

▲ **Ordre des Palpigrades.**

Quelques très petites espèces. Ressemblent à l'ordre précédent, avec un telson flagellaire : *Koenenia*.

▲ **Ordre des Araignées.**

Abdomen non segmenté, relié au prosome par un étroit pédicule. Chélicères en crochet, pédipalpes tactiles. Appendices postérieurs transf. en filières.

△ **Sous-ordre des Mésothèles.** Abdomen encore segmenté, vivent ds des terriers : *Lipistius*.

△ **Sous-ordre des Orthognathes.**

Chélicères dirigés vers l'avant. Araignée-trappe (*Cteniza*). Araignée-oiseau (*Theraphosa*).

△ **Sous-ordre des Labidognathes.** Chélicères vers l'arrière. Araignée rayonnée (*Scytodes*). Araignée porte-croix (*Aranea*). *Araignée domestique* ou *Tégénaire*, *Lycoses*, *Thomises*, *Salticides*.

▲ **Ordre des Pseudoscorpions.**

Petites espèces sans métasome et glande à venin (≠ Scorpions). Chélicères et Pédipalpes en forme de pinces : *Chelifer* (B).

▲ **Ordre des Opilionides** (Faucheux).

Corps segmenté ; chélicères formant pince, pédipalpes tactiles. Ressemblent en partie à des Acariens. Les espèces europ. ont le plus svt de longues pattes et un tégument mou : *Opilio* (C).

▲ **Ordre des Solifuges.** Groupe isolé avec des caract. primitifs et évolués. *Solpuga*. *Galeodes*.

▲ **Ordre des Ricinulés.** 15 espèces à position incertaine ; quelques caract. d'Acariens : *Ricinoïdes*.

▲ **Ordre des Acariens.**

30 000 espèces en nombr. sous-ordres : *Sarcoptes* ; (E), *Ixodes* (Tiques ; D).

● **Classe des Pycnogonides** (Pantopodes).

500 espèces marines ; parasites ou prédateurs. Tronc et surtout abdomen réduit ; organes internes formant des extrémités aveugles : *Nymphon*.

2e lignée : Mandibulates. Les appendices céphaliques forment 3 à 5 paires de pièces buccales (voir p. 130,132), dont l'une est transf. en mandibules (mâchoires sup. en forme de pinces).

⊠ **Sous-embranchement des Crustacés** (Branchifères, Diantennates). 20 000 espèces, très polymorphes, essentiellement marines. Quelques caractères primitifs (p. ex appendices ; p. 130 B)

● **Classe des Cephalocarides.**

Quelques espèces primitives à 19 segments ⚥ : *Hutchinsoniella*.

● **Classe des Phyllopodes.**

En majorité d'eau douce. Caract. en partie primitifs (nombreux appendices) en partie évolués (appendices buccaux simplifiés).

▲ **Ordre des Notostracés.**

Carapace en forme de bouclier. 60 paires d'appendices : *Triops*, *Lepidurus*.

▲ **Ordre des Onychures** avec les sous-ordres des Conchostracés (*Limnadia* ; à coquille de moule) et des Cladocères (puces d'eau ; *Daphnie*, *Bosmina*).

● **Classe des Anostracés.** Sans carapace. 11 à 19 paires d'appendices aux extrémités qui filtrent la nourriture : *Branchippe* (F), *Artemia*.

● **Classe des Ostracodes**

12 000 espèces. Corps entièrement protégé ds une carapace bivalve. Nombr. ordres marins. Seuls les Podocopes en eau douce : *Cypris*, *Notodromas*.

● **Classe des Copépodes.** Corps en 2 parties. Appendices uniquement sur le 1er segment ; antennules allongées. Appendices buccaux primitifs et réduction des autres organes : *Cyclops*.

● **Classe des Branchioures** (poux des poissons). 50 espèces. Ressemblent aux copépodes avec une grosse carapace dorsale. Appendices céphaliques avec organes adhésifs. Trompe suceuse. Parasites des Poissons : Argulus (*Pou des Carpes* ; G).

● **Classe des Mystacocardia.**

● **Classe des Ascothoracidés.**

Petits groupes, très modifiés.

● **Classe des Cirripèdes.**

Formes fixées. Plan d'organisation très modifié. Carapace calcaire. Nombreux ordres : *Lepas* (*Anatife* ; H), *Balane*, *Sacculine* (p. 256).

● **Classe des Malacostracés** (Crustacés sup.).

14 000 espèces ; groupe le plus évolué. Nombreux ordres dont les suiv. qui regroupent à eux seuls 95% des espèces.

▲ **Ordre des Peracarides.** Nombr. sous-ordres : les **Mysidacés** : *Mysis* ; les **Amphipodes** *Gammare* ; K, les **Isopodes** (*Aselle* ; nombr. formes terrestres ; *Porcellio*, *Keller* (J) ; *Armadillidium*.

▲ **Ordre des Eucarides** (Crabes, Crevettes, etc.). Les sous-ordres les plus imp. forment les **Décapodes** :

nageurs : *Crangon* ; **marcheurs** : macroures (*Homard*, *Ecrevisse*), brachyoures (*Tourteau*, *Crabe vert*, *Crabe laineux* (*Eriocheir*). On compte en outre des espèces à abdomen disymétrique : *Eupagurus*, p. 254).

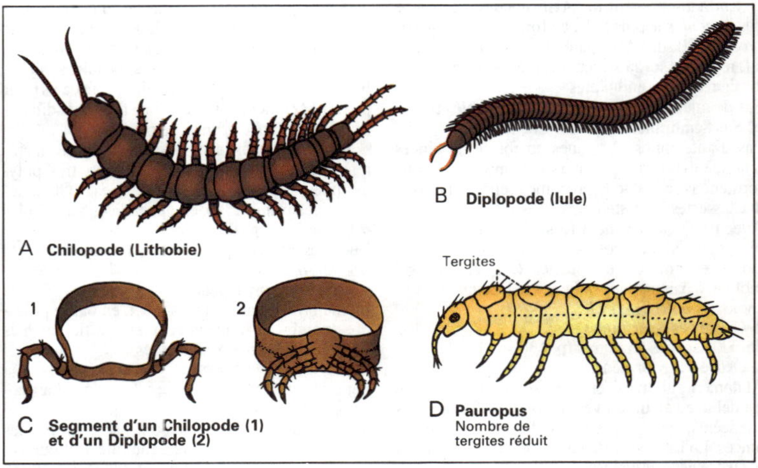

Myriapodes

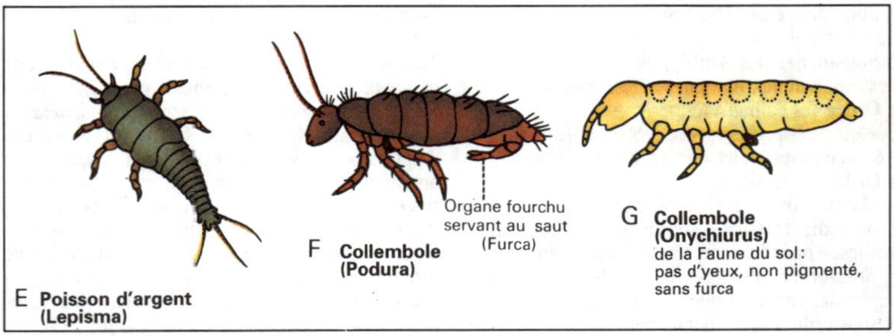

Insectes primitifs (Aptérigotes)

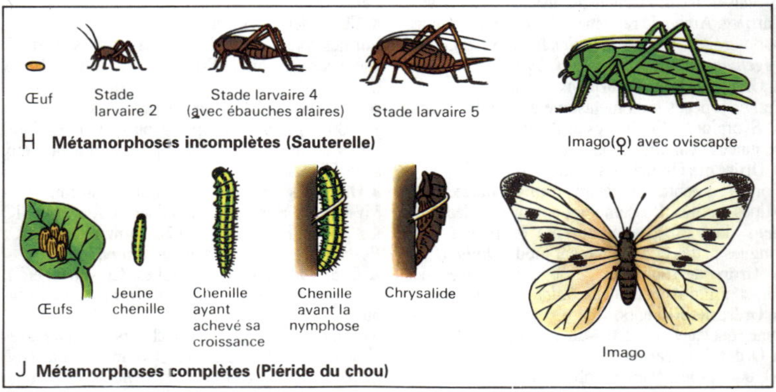

Ptérygotes (Hémimétaboles et Holométaboles)

☒ **Sous-embranchement des Antennates** ou **Tracheates.**
Animaux terrestres et second. aquatiques, respirant par des trachées ectodermiques. Antennules comme organes des sens. Absence d'antennes.
● **Classe des Chilopodes** (Opisthogoneates).
Svt réunie avec la classe suiv. au sein des **Myriapodes**. Pore génital sur l'avant-dernier segment. Chaque métamère, à l'exception des 2 derniers, porte une paire de pattes ; la 1re paire est trans. en maxillipèdes formant pince, avec glande venimeuse.
○ **Sous-classe des Notostigmophores.**
Groupe primitif. *Scutigera.*
○ **Sous-classe des Pleurostigmophores.**
2 600 espèces. Trachées segmentaires : *Lithobius* (A), *Scolopendre* (pays médit. ; morsure dangereuse pour l'Homme), *Geophilus.*
● **Classe des Progoneates.**
Pore génital sur le 3e ou 4e segment abdominal. Nb espèces. Vivent en atmosphère humide.
▲ **Ordre des Symphiles.** Caractères primitifs, mais aussi ressemblances avec les *Insectes* ; 3 paires de pièces buccales. Les maxilles 2 forment une lèvre inférieure (Trignathes). Petites formes atteignant 8 mm de long : *Scutigerella.*
▲ **Ordre des Diplopodes.** Avec les ordres suivants forme les Dignathes (2 paires de pièces masticatrices). 3 000 espèces, jusqu'à 30 cm de long, plus de 300 paires de pattes avec gén. 2 paires par segment (C). Sous-ordre des **Pselaphognathes** : *Polyxenus ;* sous-ordre des **Chilognathes** : *Iule "Mille-pattes"* (B).
▲ **Ordre des Pauropodes.** Formes naines, ⩽ 2 mm. +/– régressées. 9 paires de pattes : *Pauropus* (D).
● **Classe des Insectes** (Hexapodes). 750.000 espèces. Plus riche en espèces que tous les autres groupes animaux réunis. Grand polymorphisme ; colonisent presque tous les biotopes (p. 132 sq).
○ **Sous-classe des Aptérygotes** (Insectes primitifs)
Petits animaux, primit. aptères, à dvt direct. On attribue svt le rang de sous-classes aux ordres. Les ordres 1 à 3 constituent les **Entognathes** (pièces buccales internes). L'ordre 4 forme avec les *Ptérygotes* **les Ectognathes.**
▲ **Ordre des Diploures.**
500 espèces, dépigmentées, faisant partie de la faune du sol : *Campodea, Japyx.*
▲ **Ordre des Protoures.**
⩽ 2 mm de long ; caract. primit. et de régression. Faune du sol. Dépigmentés : *Eosentomon.*
▲ **Ordre des Collemboles.** Caract. primit. (yeux) et évolués par régression de l'abdomen et la présence d'un appareil saltatoire. Ubiquistes : *Podure* (à la surface des eaux ; F), *Isotome (puce des glaciers)* ; *Onychiurus* (G) : faune du sol.
▲ **Ordre des Thysanoures** : nombr. caract. primit. Proches phylogénétiquement des Ptérygotes.
△ **Sous-ordre des Archaeognathes**
Machilis (sur les rochers).
△ **Sous-ordre des Zygentomes.** Proches des ptérygotes : mandibules avec 2 parties articulées) : *Lepisma* (*poisson d'argent*), *Thermobia.*
○ **Sous-classe des Ptérygotes** (Insectes ailés).
Quelques formes sont second. aptères. La classif. repose sur le mode de dvt (H,J ; p. 576) ou la struct. des ailes ; les subdivisions sont simplifiées : les groupes qui ont valeur de super-ordres sont présentés comme des ordres.
– 1re **lignée : les Paléoptères.** Nervures alaires simples ; ailes non reployables sur l'abdomen.
▲ **Ordre des Ephéméroptères** ("Mouches" d'un jour).
2 000 espèces. 3 cerques caudaux. Dernier stade "larvaire" déjà ailé (subimago) ; Imago à survie très courte : pièces buccales svt atrophiées : *Ephémère.*
▲ **Ordre des Odonates.** (Libellules).
4 700 espèces adaptées à la chasse en vol : yeux volumineux (p. 350 A), musculature alaire directe (p. 132 E). Larves aquatiques avec svt un masque préhensile.
△ **Sous-ordre des Zygoptères.**
Petites libellules : *Calopteryx*
△ **Sous-ordre des Anisoptères.**
Grosses libellules *Aeschne* : p. 576 A.
– 2e **lignée : les Néoptères** ; regroupe tous les ordres suivants. 3 articulations alaires ; ailes reployables le long de l'abdomen.
▲ **Ordre des Plecoptères.**
2 000 espèces. Larves aquatiques Des affinités avec les Ephémères : *Perles.*
▲ **Ordre des Embioptères.**
200 espèces seulement groupe isolé : *Embia.*
▲ **Ordre des Notoptères** (Grylloblattoïdés).
Seulement 12 espèces nord-américaines et asiatiques : *Grylloblatta.*
▲ **Ordre des Dermaptères.** 1 000 espèces ; ailes antérieures réduites à de courts élytres. Cerques en forme de pinces : *Forficule* (*perce-oreille*).
▲ **Ordre des Mantoïdes.**
1 800 espèces. 1re paire de pattes transformée en pattes ravisseuses : *Mantis* (*Mante religieuse*).
▲ **Ordre des Blattoïdes.** 3 500 espèces : *Ectobius* ; certaines ont une extension mondiale : *Blatte* (*cafard* ; p. 576 B). *Periplaneta* (*Blatte américaine*).
▲ **Ordre des Isoptères** (Termites). 2 000 espèces. Forment des colonies (p. 234 sq). Ressemblent aux blattes. En Europe : *Reticulitermes, Calotermes.*
▲ **Ordre des Phasmatoïdes.**
2 500 espèces, gén. tropicales : *Carausius* (*Bâton du diable*), *Phyllie* (p. 252 F).
▲ **Ordre des Ensifères** (à longues antennes).
Groupe des Sauterelles : *Tettigonia* et des Grillons : *Grillon champêtre, Acheta, Gryllotalpa* (*Courtilière*).
▲ **Ordre des Coelifères** (à courtes antennes) : *Stenobothrus, Locusta, Schistocerca* (*Criquets pélerins*).
▲ **Ordre des Zoraptères** (Poux du sol).
< 3 mm. Vivent ds le sol. un genre : *Zorotypus.*
▲ **Ordre des Psocoptères, Copeognathes, Corrodentia.**
1 600 espèces, dont quelques aptères : *Liposcelis* (*Pou des livres*), *Trogium* (*psoque*).
▲ **Ordre des Phthiraptères** (Poux au sens large)
Corps plat ; pattes terminées par des crochets. Ni ailes, ni ocelles, yeux réduits.

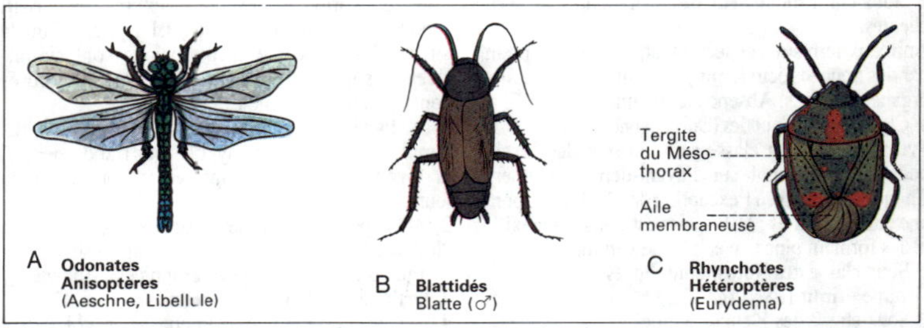

A **Odonates Anisoptères** (Aeschne, Libellule)

B **Blattidés** Blatte (♂)

C **Rhynchotes Hétéroptères** (Eurydema)

Hémimétaboles

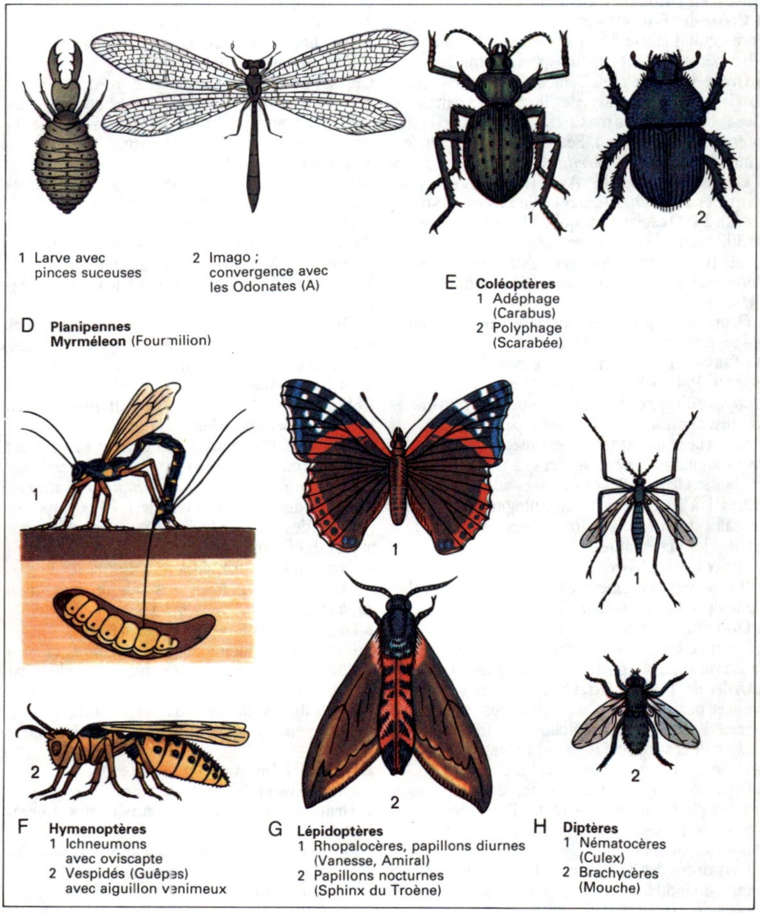

D **Planipennes Myrméleon** (Fourmilion)
1 Larve avec pinces suceuses
2 Imago ; convergence avec les Odonates (A)

E **Coléoptères**
1 Adéphage (Carabus)
2 Polyphage (Scarabée)

F **Hymenoptères**
1 Ichneumons avec oviscapte
2 Vespidés (Guêpes) avec aiguillon venimeux

G **Lépidoptères**
1 Rhopalocères, papillons diurnes (Vanesse, Amiral)
2 Papillons nocturnes (Sphinx du Troène)

H **Diptères**
1 Nématocères (Culex)
2 Brachycères (Mouche)

Holométaboles

△ **Sous-ordre des Mallophages** (faux poux) Pièces buccales coupantes. Gén. parasites d'oiseaux/ Mammifères : *Menopon* (*pou de la poule*).
△ **Sous-ordre des Anoploures (vrais poux)** pièces buccales piqueuses-suceuses. 400 espèces. *Pediculus* (*pou de l'Homme*, nombr. races : *pou de la tête, du corps*) *Phthirus* (*Morpion*).
▲ **Ordre des Thysanoptères, Physopodes, Thripsidés.** 400 espèces ; < 2 mm. Pièces buccales piqueuses-suceuses asymétriques. Parthénogénèse massive ("mouches d'orage") : *Anaphothrips*.
▲ **Ordre des Rhynchotes** (Hémiptères) 70 000 espèces. Trompe piqueuse.
△ **Sous-ordre des Hétéroptères.**
Parties antérieures de la 1ère paire d'ailes épaissies (hémiélytres).
– Hydrocorisées (punaises aquatiques) : gén. prédatrices *Nèpe* (*Scorpion d'eau*), *Notonecte* (*punaise aviron*).
– Amphicorisées : vivent à la surface des eaux : *Gerris*.
– Géocorisées : dont les punaises des bois (*Rhinocoris*), de lit (*Cimex* : parasite chez l'homme), punaise à feu (*Pyrrhocoris*) punaise à bouclier ou puante (C ; *Palomena*).
△ **Sous-ordre des Homoptères.**
Les deux paires d'ailes sont membraneuses. **Auchenorrhyncha** (Cigales) Formes indigènes : *Cercopis* (*Cicadelle*), *Centrotus*.
Sternorrhyncha (parasites végétaux) Aphidiens : *Viteus, Aphis* ; Coccinéens (*Cochenilles*) ♀ fixées et très transf. : *Cryptococcus* (endommage les Hêtres) ; Aleurodiniens : *Trialeurodes* ("mouches blanches", endommagent les serres) ; Psyllides : analogues aux cigales : *Psylla* (endommage les arbres fruitiers).
Les ordres suivants sont réunis au sein des **Holométaboles.**
▲ **Ordre des Mégaloptères** ("Mouches" de la vase) 100 espèces. Larves aquatiques, ravisseuses, pupaison très courte : *Sialis*.
▲ **Ordre des Raphidioptères.**
100 espèces ravisseuses, nymphe grimpeuse et marcheuse : *Raphidia* (à prothorax allongé).
▲ **Ordre des Planipennes** (Névroptères au sens strict).
7 000 espèces. Larves très spécialisées ds le mode ravisseur ; nymphe ds un cocon. Imagos très variés : *Chrysope* (*lion des pucerons*), *Ascalaphus Myrmeleo* (larve = *fourmilion* ; D).
▲ **Ordre des Coléoptères.** 350 000 espèces. Ailes antérieures durcies (élytres). Ailes postérieures membran. Appareil buccal broyeur (E).
△ **Sous-ordre des Adephages.** Caract. primit. Familles des Cicindelidés : *Cicindela*, des Carabidés (E) : 20 000 esp. : *Carabus*, *Calosoma*, des Dytiscidés : *Dytiscus*, des Gyrinidés : vivent à la surface de l'eau et tourbillonnent : *Gyrin*.
△ **Sous-ordre des Polyphages.** Nb familles : *Lampyridés* (vers luisants), *Staphylinés* (20 000 espèces aux ailes réduites), *Lucanidés* (*cerfs-volants*), *Scarabéidés* (*Bousiers*, E), *Coccinellidés*, *Chrysomélidés* (25 000 espèces), *Curculionidés* (*Charançons* ; 40 000 espèces) *Ipidés* (sur les écorces), *Cerambycidés* (*Capricornes*).
▲ **Ordre des Hyménoptères.**
Ailes membran. réunies par un dispositif d'accrochage. 100 000 espèces.
△ **Sous-ordre des Symphytes.** Pas de rétrécissement entre le thorax et l'abdomen. Primitifs : *Tenthredinae* (*Tenthrède* ou *mouche à scie*), *Siricidae* (creusent le bois), *Cephidae*. Causent des dommages aux végétaux. Larves, st, minières.
△ **Sous-ordre des Terebrants.** Forme avec le sous-ordre suivant le groupe des *Apocrites* (taille de guêpe, par rétrécissement entre le 1er et le 2e segment abdominal) par opposition aux *Symphytes*. Regroupe entre autres les *Ichneumonidés* (parasites des insectes nuisibles : F) ; les *Evaniidés*, les *Cynipidés* (provoquent des galles).
△ **Sous-ordre des Aculeates.**
Avec aiguillon venimeux. Citons les *Vespidés* (F) ; les *Pompilidés* ; les *Apidés* (*Abeilles*) ; les *Formicidés* (*Fourmis*).
▲ **Ordre des Trichoptères.**
6 000 espèces. Ailes indurées, rarement écailleuses : *Rhyacophila, Hydropsyche*.
▲ **Ordre des Lépidoptères** (Papillons).
110 000 espèces. Larves à pièces buccales broyeuses. Imago hyperspécialisé (trompe suceuse).
△ **Sous-ordre des Zeugloptères.**
Groupe primitif (pièces buccales broyeuses) : *Micropteryx*.
△ **Sous-ordre des Glossates.**
A trompe suceuse. On ne peut citer que quelques familles : *Tineidés* (*Teignes* ; larves qui occasionnent des dégâts) ; *Tortricidés* (*tordeuses* ; causent des dégâts en sylviculture et agriculture) ; *Géométridés* (*Phalènes*) ; *Arctiidés* (*Ecailles*) ; *Noctuidés* (*Noctuelles*) ; *Sphingidés* (*Sphynx* ; G_2).
On réunit svt ds les **Rhopalocères** (papillons diurnes) : les *Papilionidés* (*Machaons*) ; les *Piéridés* ; les *Nymphalidés* (*Vanesses ;* G 1) ; les *Lycaenidés* (♂ bleu, ♀ brune).
▲ **Ordre des Mécoptères.**
350 espèces, groupe hétérogène très divergent. *Panorpa* (*Mouche-Scorpion*), *Bittacus*, *Boreus* (*puce des neiges*).
▲ **Ordre des Diptères.**
80 000 espèces. La 2e paires d'ailes est réduite à de petits balanciers (haltères) ; larves apodes (asticots).
△ **Sous-ordre des Nématocères** (Moustiques). Antennes filiformes (H_1). Nb. familles : *Cecidomyiidés*, *Tipulidés*, *Culicidés* (*Moustiques*), *Chironomidés* (larve = *ver de vase*).
△ **Sous-ordre des Brachycères** (Mouches).
Antennes réduites (H_2). Quelques unes des nombr. familles : *Tabanidés* (*Taons*), *Syrphidés* (*Syrphe*), *Muscidés* (*Mouches vraies*), *Oestridés*.
▲ **Ordre des Siphonaptères, Aphaniptères (Puces).**
1 600 espèces. Groupe dérivé (uniquement parasites aptères). Type buccal suceur-piqueur. Larves libres ressemblant à celles des Diptères :, *Pulex*.
▲ **Ordre des Strepsiptères.** Ailes en éventail. 400 espèces. Systématique incertaine : *Stylops*.

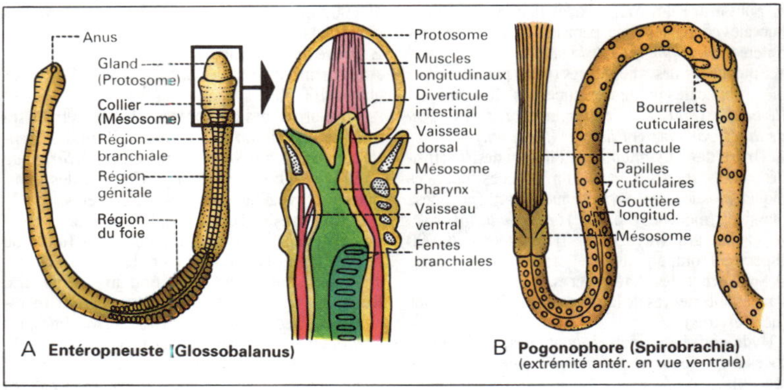

Stomocordés et Pogonophores

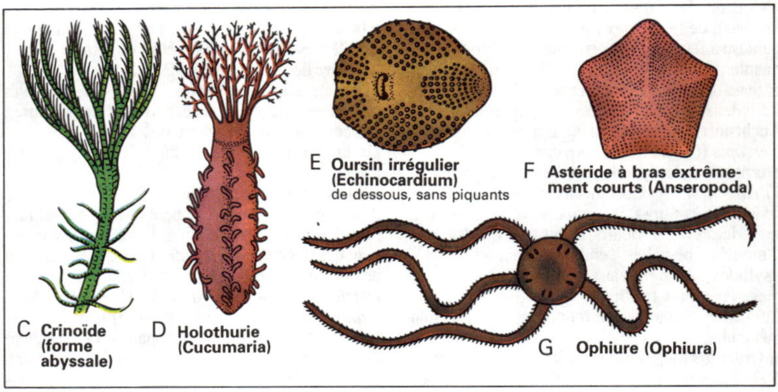

Echinodermes

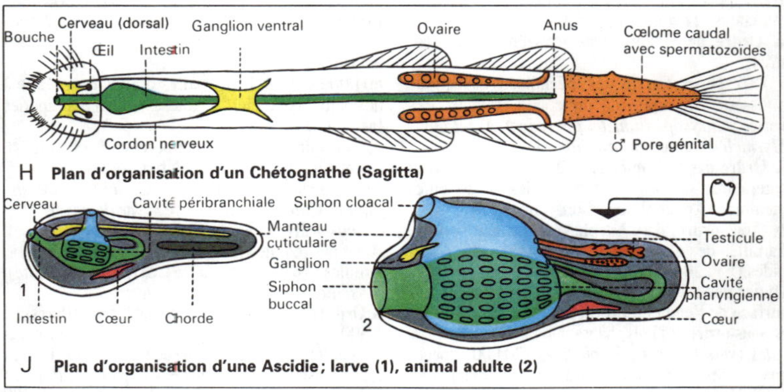

Chaetognathes et Cordés

2e série d'embranchements du sous-phylum des Bilatéraux : les Deutérostomiens ou Notoneuralia.

☒ **Embranchement des Chaetognathes.** 60 espèces marines ⩽ 8 cm de long. Corps divisé en 3 parties (H) ; Coelome en 3 parties, au cours du dvt embryonnaire. Absence de néphrides et de syst. circulatoire, SN qui rappelle les *Protostomiens*. Larve nageuse, ressemblant à l'anim. adulte, qui se métamorphose au bout de 2 à 3 jours : *Sagitta, Parasagitta, Spadella.*

☒ **Embranchement des Pogonophores, Brachiata** (vers tentaculaires). Quelques espèces marines, vivant ds des tubes ; vermiformes et très minces (38 cm long pour O,8 mm ø). Ni bouche, ni tube digestif. Partie postérieure du corps (Opisthosome) segmentée avec une organisation de type annélidien. Le reste du corps est tridivisé : Prosome (Coelome impair, nombr. tentacules) mésosome et métasome (coelome pair). Leur affiliation aux *Deuterostomiens* est controversée : *Polybrachia, Lamellisabella, Spirobrachia* (B).

☒ **Embranchement des Hemichordés, Branchiotrèmes.** Corps en 3 parties : Prosome (coelome impair), Meso et Metasome (Coelome pair). Présente des rapports avec les *Tentaculés* (p. 565), les *Echinodermes* (Coelome, larve), les *Chordés* (Branchies pharyngiennes, tube nerveux dorsal). type des *Archicoelomates* (p. 547).

● **Classe des Ptérobranches** (à branchies pectinées). 20 espèces, d'1 mm de long (parfois jusqu'à 1,4 cm). Le mésosome est muni de bras pairs tentaculaires. T.D. en forme de U (voir *Bryozoaires*, p. 564 sq) : *Cephalodiscus, Rhabdopleura.*

● **Classe des Entéropneustes.** Vers marins de 5 à 200 cm. T.D.droit (A) ; larve id. à celle des Echinodermes : *Balanoglosse, Saccoglosse.*

☒ **Embranchement des Echinodermes.** Le Coelome triparti à l'état embryonnaire montre les parentés avec les embranch. précédents. Organisation (p. 136 sq). Dvt (p. 192 sqq). Tous marins.

● **Classe des Crinoïdes** (Lis de mer).
620 espèces à squelette calcaire. Anus situé aussi au pôle buccal, dorsal (C). Possèdent des bras fourchus, svt ramifiés qui présentent des sillons ciliés nourriciers dorsaux. Nombr. ordres, en partie sessiles à l'état adulte : *Metacrinus, Cenocrinus, Rhizocrinus, Holopus* ; ou seulement à l'état larvaire : *Heterometra, Hathrometra.*

● **Classe des Asterides** (Etoile de mer).
1 500 espèces. De 5 à 50 bras, gén. non ramifiés, qui partent du disque central (F). Squelette svt réduit : Ne se déplacent qu'au moyen de leurs ambulacres. Carnassières (avalent leur proie ou la digèrent ext. avec leur estomac dévaginable. Plan d'organ. (p. 136 sq). Nombr. ordres en fonct. du squelette : *Asterias, Anseropoda, Solaster.*

● **Classe des Ophiurides.** Les bras, dont la longueur peut atteindre 70 cm, sont nettement distincts du disque (G). Pas d'anus. Squelette calcaire composé de plaques mobiles ; ambulacres dépourvus de ventouse. Locomotion due aux bras. Nutrition variable (Carnivores, Végétariens...).

▲ **Ordre des Ophiures.**
2 000 espèces aux bras non ramifiés : *Ophiura.*

▲ **Ordre des Euryales.**
Bras ramifiés : *Gorgonocéphalides.*

● **Classe des Echinides** (Oursins).
860 espèces ; beaucoup creusent des loges ds les rochers. Se déplacent par ambulacres, ou piquants mobiles (s'ils sont très longs).

○ **Sous-classe des Réguliers.**
440 espèces ; nb. ordres : symétrie radiaire, contour circulaire à ovalaire ; dents et mâchoires. Végétariens : *Echinus, Psammechinus.*

○ **Sous-classe des Irréguliers.**
400 espèces ; nb. ordres. Passage de la symétrie radiaire à la symétrie bi-latérale (E) ; pas d'appareil masticateur. Microphages : *Echinocardium.*

● **Classe des Holothurides** (concombres de mer).
1100 espèces, nombr. ordres ; en forme de vers allongés selon l'axe princ. Face inf. aplatie avec 3 zones radiaires reposant sur le sol. Squelette calcaire réduit. Derme à l'aspect de cuir. Couronne de tentacules (ambulacres modifiés) pour la nutrition (D).
Rhabdomolgus (Forme naine ds les interstices sableux : Heligoland), *Leptosynapta.*

☒ **Embranchement des Cordés.**
Deutérostomiens possédant un organe de soutien dorsal, la corde, un SN en forme de tube et des fentes branchiales percées ds le pharynx (partie antérieure du T.D.) au moins à l'état embryonnaire. Système circulatoire clos avec cœur ventral. Organes excréteurs sous forme de Néphridies.

⊠ **Sous-embranchement des Tuniciers.**

● **Classe des Ascidies.** 2 000 espèces marines, gén. fixées, isolées ou coloniales ; de 1 mm à 30 cm : *Phallusia, Ascidiella.*

● **Classe des Thaliacés (Salpes...)**
40 espèces, marines, flottantes. A de G (une asexuée et une sexuée ⚥ .

▲ **Ordre des Pyrosomides** (Boules lumineuses).
Colonies en forme de quille ouverte, pouvant atteindre plusieurs mètres de long, à pouvoir luminescent : *Pyrosoma.*

▲ **Ordre des Cyclomyaires ou Doliolides.**
Petites formes < 1 cm. AG avec 3 phases : *Doliolum, Doliopsis.*

▲ **Ordre des Desmomyaires ou Salpidés.**
Pas de stade larvaire libre : *Salpa.*

⊠ **Sous-embranchement des Appendiculaires.** Petits anim. qui flottent ds l'eau de mer. Plan d'organisation à caractères larvaires (voir larves d'*Ascidies*). Le corps comprend le tronc et la queue. T.D. en forme de U. Anus ventral. Le manteau forme une coque gélatineuse qui fonctionne comme un filtre : *Oikopleura.*

⊠ **Sous-embranchement des Acraniens, Leptocardes, Céphalocordés** (p. 138 sq.).
30 espèces marines, jusqu'à 7 cm de long. Importance phylogénétique : modèle des *Tuniciers* et *Vertébrés*. Des régressions (cerveau) et des caract. spécialisés (cavité péribranchiale) montrent une séparation précoce des autres lignées : *Branchiostoma* (*Amphioxus* ou *Lancette*).

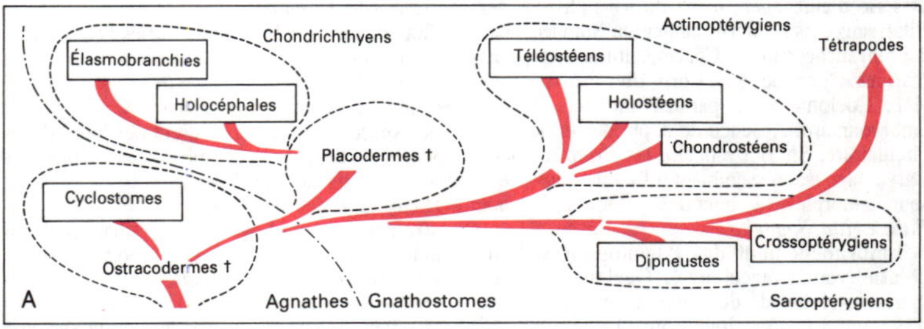

Rapports phylétiques chez les Poissons

Poissons (B-G), Amphibiens (H, J) et Reptiles (K-N)

☒ **Sous-embranchement des Vertébrés ou Craniens.** 54 000 espèces. La corde est rarement conservée, gén. réutilisée ds la constitution de la colonne vertébrale osseuse (p. 102 sqq ; 138 sqq).

●● **Super-classe des Agnathes.** Dépourvus de mâchoires. Une classe fossile : les *Ostracodermes* (p. 521). Parmi les actuels on a seulement :

● **Classe des Cyclostomes.**
Formes régressées second. (ni os, ni écailles, ni nageoires paires). La corde subsiste. 5 à 15 paires de poches branchiales qui s'ouvrent séparément. Sac olfactif impair. Larve (Ammocète) sans ventouse buccale. Carnassiers ou parasites.

▲ **Ordre des Pétromyzontes.** Sac olfactif fermé : *Lampetra (Lamproies de mer, de rivière).*

▲ **Ordre des Myxinoïdés.** Espèces marines.
Sac olfactif qui s'ouvre ds le pharynx : *Myxine.*

●● **Super-classe des Gnathostomes.**
Voir p. 140 sq : formation des mâchoires.

● **Classe des Chondrichtyens** (Poissons cartilagineux).
600 espèces. Squelette cartilagineux. De 5 à 7 paires de fentes branchiales indépendantes. Fécondation interne. Nageoire caudale hétérocerque.

▲ **Ordre des Elasmobranches** (Raies et Requins).

△ **Sous-ordre des Pleurotrèmes** (Requins).
Gén. de bons nageurs (C) : *Squalus, Scyllorhinus (Roussette).*

△ **Sous-ordre des Hypotrèmes ou Batoïdes.**
Vivent sur le fond : *Raja (Raie)*

▲ **Ordre des Holocéphales** (Chimères). Convergences avec les *Osteichthyens : Chimères.*

● **Classe des Osteichthyens** (Poissons osseux).
Ossification du crâne ou du squelette tout entier. Opercule branchial. Vessie natatoire fréquente. Fécondation génér. externe.

○ **Sous-classe des Actinoptérygiens** (à nageoires rayonnées). 99 % des poissons actuels. Nageoires cutanées, soutenues par des rayons à squelette dermique régressé.

▲▲ **Super-ordre des Chondrostéens** (cartilagineux-ganoïdes).
Écailles rhomboïdes avec une épaisse couche de ganoïne. Nageoire caudale hétérocerque. Formes récentes avec encore 2 groupes résiduels ; très riche en espèces fossiles.

▲ **Ordre des Polyptérinés.**
Seulement 10 espèces africaines ; 2 vessies natatoires analogues à des poumons : *Polypterus.*

▲ **Ordre des Acipensérinés.**
Acipenséridés : Bouche ventrale avec rostre : *Acipenser (Esturgeon).* Polyodontidés : bouche large, corbeille branchiale : *Polyodon.*

▲▲ **Super-ordre des Holostéens** (osseux-ganoïdes).
Colonne vertébrale. Corde régressée.

▲ **Ordre des Lepisostéidés.**
Peu d'espèces ; eau douce : *Lepisosteus.*

▲ **Ordre des Amiidés.**
Récent. Une seule espèce : *Amia.*

▲▲ **Super-ordre des Téléostéens** (poissons osseux s. s).
30 000 espèces. Très riche en formes marines et d'eau douce. On citera qq. ordres :

▲ **Ordre des Clupeïformes** (Isospondyles).
Famille des : *Clupeïdés (Hareng), Salmonidés (Saumon E), Esocidae (Brochet).*

▲ **Ordre des Cypriniformes** (Ostariophysaires).
Familles des *Characidés, Cyprinidés (Carpe, poissons blancs) Cobitidés, Siluridés (poisson-chat).*

▲ **Ordre des Apodes.** *Anguillidés, Murenidés.*

▲ **Ordre des Gadiformes** (Anacanthiniens).
Famille des *Gadidés* (*Morue, Cabillaud, Lotte* et quelques espèces d'eau douce).

▲ **Ordre des Percomorphes.**
Percidés (Perche), Cichlidés (perche arc en ciel).

▲ **Ordre des Hétérosomes** (Poissons plats).
Formes asymétriques : *Pleuronectes (Sole, Plie).*

○ **Sous-classe des Choanichthyens ou Sarcopterygiens à choanes.**
Narines internes s'ouvrant ds la bouche.

▲ **Ordre des Dipneustes** (F).
Vessie natatoire en forme de poumon : *Protoptère.*

▲ **Ordre des Crossoptérygiens.** Nageoires paires en forme de membres. Ressemblent aux Tétrapodes (p. 520 A). Seule espèce actuelle : *Latimeria* (G).

● **Classe des Amphibiens.**
2 800 espèces. Larves dulcaquicoles, adultes terrestres. 2 paires de membres (p. 140). Narines internes. Peau nue riche en glandes.

▲ **Ordre des Urodèles.**
Longue queue. Membres courts (H). 8 Familles dont : *Salamandroïdés (Salamandre, Triton, Protée). Amblystomoïdés (Axolotl).*

▲ **Ordre des Gymnophiones ou Apodes.**
Vivent sous terre, sont dépourvus de membres. Carnivores : *Gymnopis.*

▲ **Ordre des Anoures.**
2 000 espèces. Anoures aux pattes post. très longues (J), larve (têtard) d'abord sans pattes. Quelques sous-ordres : *Aglosses (Xenope), Opisthoglosses ; Diplasiocèles (Ranidés, « Grenouilles vraies »), Procèles (Crapauds).*

● **Classe des Reptiles.** 5 900 espèces.
Peau couverte de plaques et d'écailles cornées.

▲ **Ordre des Rhynchocéphales.**
Une seule espèce à caract. archaïques : *Sphenodon.*

▲ **Ordre des Squamata.**
5 700 espèces. L'os carré est mobile.

△ **Sous-ordre des Lacertiliens** (Lézards ; M)
Nombr. familles : *Lézard des Murailles, Orvet, Chaméléon.*

△ **Sous-ordre des Ophidiens** (Serpents N). Pas de pattes, corps très allongé. Os de la mâchoire très mobiles : *Couleuvre à collier, Vipère commune.*

▲ **Ordre des Cheloniens (Testudines).**
Corps enveloppé ds une carapace osseuse revêtue de corne (L). Les mâchoires sont munies d'un bec corné.

△ **Sous-ordre des Pleurodires.**
Cou rétractile horizontal ; *Chelus, Chelodina.*

△ **Sous-ordre des Cryptodires.** Cou rétractile vertical. *Tortues des marais, grecque, Luth.*

▲ **Ordre des Crocodiliens.** Espèces de grande taille. Le corps est garni de plaques osseuses (K). Famille des Crocodilidés : *Crocodile d'Orinoko* : 8,5 m. Famille des Alligatoridés : *Alligator.* Famille des Gavialidés : *Gavial du Gange.*

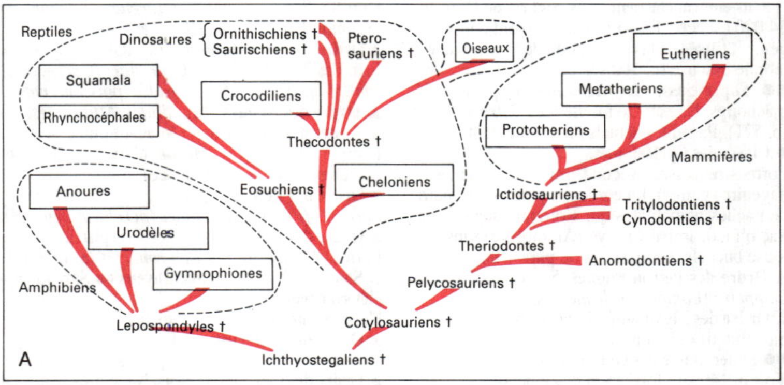

Affinités des groupes de Tètrapodes

Oiseaux (B, C) et Mammifères (D) ; Formes convergentes chez les Marsupiaux et les Placentaires

● **Classe des Oiseaux.** 8 600 espèces couvertes de plumes ; membres antérieurs transformés en ailes. Le sternum des espèces adaptées au vol porte une carène saillante : le bréchet. Bec corné. Homéothermes comme les Mammifères. Ovipares, avec soins portés aux jeunes. Malgré un nombre d'espèces plus restreint que chez les Insectes (p. 575) ils comptent de nombr. types diff. qui ont colonisé tous les biotopes (B,C).

▲ **Ordre des Sphenisciformes** (Pingouins).
Ne volent pas : ailes transf. en nageoires.

▲ **Ordre des Struthioniformes** (Autruches...).
Ne volent pas. Membres adaptés à la course : *Autruche d'Afrique*.

▲ **Ordre des Podicipediformes.**
Orteils avec palmure latérale : *Grèbe huppé*.

▲ **Ordre des Procellariiformes.**
Narines tubulaires : *Albatros, Petrel, Puffin*.

▲ **Ordre des Pélecaniformes** : *Pélican, Cormoran*.

▲ **Ordre des Ciconiiformes.**
Adaptés gén. aux marais et eaux dormantes : *Héron, Cigogne, Spatule, Ibis*.

▲ **Ordre des Ansériformes.**
A bec lamellaire : *Canards, Cygnes, Oies*.

▲ **Ordre des Falconiformes.**
Vol puissant, vue perfectionnée. Bec et pattes ravisseuses (B) : *Faucon, Aigle, Vautour*.

▲ **Ordre des Galliformes.**
Bons coureurs. Médiocres voiliers : *Poules, Faisans, Dindons, Perdrix*.

▲ **Ordre des Gruiformes.**
Assez hétérogène : *Grues, Râles, Outardes*.

▲ **Ordre des Charadriiformes.** Groupe très riche avec de nombr. familles ; citons : *Huîtrier-Pie, Pluvier, Bécassine, Mouettes, Sternes, Alcyons*.

▲ **Ordre des Columbiformes.**
Pigeons, colombes (nombr. espèces).

▲ **Ordre des Psittaciformes.** Riche en espèces, surtout tropicales : *Perroquets, Perruches, Aras*.

▲ **Ordre des Cuculiformes.** Parasitent les nids en proportion variable : *Turako, Coucou*.

▲ **Ordre des Strigiformes.**
Adaptés à la chasse nocturne : *Hiboux, Chouettes*.

▲ **Ordre des Apodiformes.**
Excellents voiliers à pattes réduites : *Colibris*.

▲ **Ordre des Piciformes.**
Gén. adaptés à la vie ds les troncs d'arbre (pattes, bec, langue) : *Pics, Toucans, Oiseaux à miel*.

▲ **Ordre des Passériformes.**
5 100 espèces, i.e. plus que tous les autres ordres réunis. Nombr. familles qui forment une unité relative. Quelques types : *Mésanges, Grives, Pinsons, Fauvettes*. Quelques types spécialisés : *Grimpereau* (ressemble au pic), *Hirondelle* ; part. spectaculaire pour le *Pinson de Darwin* (C).

● **Classe des Mammifères.**
6 000 espèces possédant poils et glandes mammaires (p. 102, 138 sqq).

○ **Sous-classe des Monotrèmes** ou **Protothériens**. Ovipares. Régulation thermique encore imparfaite : *Echidné, Ornithorynque*.

○ **Sous-classe des Marsupiaux, Métathériens ou Didelphes.** Gén. dépourvus de placenta. Les jeunes sont portés et allaités à l'intérieur d'une poche (marsupium). Ils montrent, au sein de plusieurs ordres, des types spécialisés semblables aux *Euthériens* (D) auxquels, gén., ils succombent s'ils se trouvent en concurrence directe.

○ **Sous-classe des Euthériens** ou **Placentaires.** Avec placenta. Les jeunes naissent à un stade avancé du dvt. Les ordres actuels se répartissent comme suit :

▲ **Ordre des Zalambdodontes ; Insectivores ; Macrosélides.** Caract. primit. Svt réunis avec les 2 ordres suiv. au sein des Insectivores (*sensu lato*) : *Hérisson, Taupe, Musaraigne*.

▲ **Ordre des Scandentia.** Relations étroites avec les *Primates* auxquels on les rattache souvent.

▲ **Ordre des Chiroptères.**
Caract. primit. à l'exception des membres antérieurs très modifiés. Réparti en sous-ordres : *Chauves-souris* (s. s.), *Roussettes*.

▲ **Ordre des Dermoptères.** Quelques espèces du S.W asiatique : *Cynocephalus* (*maki*).

▲ **Ordre des Xenarthres** (Edentés). Avec des sous-ordres : *Tatou, Paresseux, Fourmilier*.

▲ **Ordre des Pholidotes.**
Archaïque comme le précédent mais très spécialisé. Qq. espèces (Afrique-Asie) : *Pangolin*.

▲ **Ordre des Rongeurs.**
1 700 espèces. Nb. sous-ordres ; formes gén. petites mais toujours à denture spécialisée.

▲ **Ordre des Carnivores.**
Avec les sous-ordres des *Fissipèdes* (espèces terrestres) et des *Pinnipèdes* (*phoques...*).

▲ **Ordre des Lagomorphes.**
Convergence avec les *Rongeurs* période de dévelop. assez longue : *Lièvres*.

▲ **Ordre des Tubulidentés** (Cochons de terre). Très archaïque mais très spécialisé. Parentés avec les Ongulés. Une espèce africaine : *Orycterope*.

▲ **Ordre des Périssodactyles** (ongulés à nombre impair de doigts).

△ Sous-ordres : *Tapirs, Rhinocéros, Equidés*.

▲ **Ordre des Siréniens ; Proboscidiens** (Eléphants) ; **Hyracoïdés** (*Daman*).
Malgré des différences imp. portant sur la durée du dvt individuel on en fait svt des *Subongulés*.

▲ **Ordre des Artiodactyles** (ongulés à nombre pair de doigts).

▲ **Ordre des Cétacés** (Baleines).
Formes très spécialisées. En relation avec les Artiodactyles primitifs (arguments sérologiques, caryologiques, anatomiques). Avec les sous-ordres des *Baleines à dents, Baleines à fanons*.

▲ **Ordre des Primates.**
Nombr. caract. primit. Rapports étroits avec les *Insectivores* et les *Scandentia*.

△ **Sous-ordre des Lémuriformes.** Madagascar est leur centre de dispersion : *Lémures, Indris, Aye-aye*.

△ **Sous-ordre des Lorisiformes.**
Afrique. Asie du Sud : *Loris, Pottos, Galagos*.

△ **Sous-ordre des Tarsiiformes.**
S.W asiatique : *Makis de Cobold* (3 espèces).
On réunit svt ces 3 sous-ordres ds les *Prosimiens*.

△ **Sous-ordre des Simiens, Arthropoïdes.**
Nombr. espèces et groupes très différ.

Bases de la phylogenèse dans le système des Artiodactyles

Le système naturel est difficile à clarifier même s'il s'agit de groupes relativement petits de grands animaux bien étudiés : c'est le cas des *Artiodactyles* dont l'ontogenèse se suit depuis le début du Tertiaire et qui sont encore aujourd'hui très riches en formes. Même leur systématique moderne est contestée ; ce qui diffère c'est la valeur systématique des groupes (des espèces anciennes n'ont aujourd'hui valeur que de sous-espèces) et l'appréciation des degrés de parenté. Toutes les interprétations s'accordent néanmoins pour faire éclater le groupe des "Antilopes" considérées originellement comme un groupe fermé.

▲ **Ordre des Artiodactyles.** Squelette du pied à 2 ou 4 doigts ; dents de la mâchoire supérieure souvent réduites ; glandes cutanées à fonction sociale ; canines, bois ou cornes utilisés généralement comme armes intraspécifiques (p. 430 sq).

△ **Sous-ordre des non-ruminants.** 4 doigts ; denture pratiquement complète. Estomac non divisé.

✦✦ **Super-famille des Suoidés** (type Porc).

✦ **Famille des Suïdés** (Ancien Monde).
Nombreux genres : *Sus* (*Sanglier*).

✦**Famille des Tayassuidés** (Pécaris). Nouveau Monde. Un genre, 2 espèces : *Tayassu*.

✦✦ **Super-famille des Anthracotherioïdés.**
Une **famille** : *Hippopotamidés* avec 2 genres : *Choreopsis* (forme naine), *Hippopotame* (grande taille).

△ **Sous-ordre des Tylopodes.**
Callosités sous les pieds. Marchent à l'amble. Ruminants avec un estomac quadriparti. Une seule famille : les *Camelidés* avec 2 genres : *Camelus* (Afrique, Asie), *Lama* (Amérique du Sud).

△ **Sous-ordre des Ruminants.**
Estomac en 4 parties avec une gouttière (ce qui les différencie des *Tylopodes*).

✦✦ **Super-famille des Tragulinés** (cerfs nains).

✦ Une seule **famille** : les **Tragulidés** avec 2 genres : *Hyemoschus* (*Chevrotain aquatique*) *Tragulus*. Dépourvus de cornes. Canines sup. formant défenses.

✦✦ **Super-famille des Pécores.**
Portent bois ou cornes sur le front.

✦ **Famille des Cervidés.**
Portent généralement des bois (d'origine osseuse) qui se renouvellent chaque année.

○ Sous-famille des *Moschinés*.
Avec le seul genre *Moschus* (*Porte-musc*). Pas de bois, canines transformées en défenses.

✧ Sous-famille des *Muntiacinés*.
2 genres : *Muntjac*, *Elaphodus*. Bois et défenses (canines).

✧ Sous-famille des *Cervinés*.
Genres : *Daim*, *Axis*, *Cerf*, *Elaphurus* (*cerf de David* ; une seule espèce éteinte naturellement).

✧ Sous-famille des *Hydropotinés*. Un seul genre : *Hydropotes* et une espèce : *Cerf d'eau* de Chine ou de Corée.
Pas de bois, canines en forme de défenses.

✧ Sous-famille des *Odocoïléïnés*.
Avec les tribus : *Capreolini*, un seul genre : *Capreolus (Chevreuil)*. *Odocoïleni* (*Cerfs d'Amérique*) : *Odocoïlus*, *Hippocamelus*, *Mazama*, *Pudu*.

✧ Sous-famille des *Alcinés* : un seul genre : *Alces* (*Elan*).

✧ Sous-famille des *Rangiférinés*.
Rangifer (*Renne*), les 2 sexes portent des bois.

✦ **Famille des Giraffidés**. Les cornes sont des bourgeons osseux, recouverts par la peau.

✧ Sous-famille des *Okapiïnés*.
Okapi (*girafe de forêt*).

✧ Sous-famille des *Giraffinés : Girafe*.

✦ **Famille des** *Antilocapridés* (à cornes fourchues).
Les gaines cornées sont remplacées annuellement. Un seul genre : *Antilocapra*. Une espèce : *A à cornes fourchues* (Nord Amérique).

✦ **Famille des Bovidés.**
Cornes faites de gaines persistantes.

✧ Sous-famille des *Cephalophinés* avec les genres *Sylvicapra* et *Cephalophus*.

✧ Sous-famille des *Neotraginés* (Chevreaux). Avec les tribus : *Neotragini*, *Madoquini*, *Dorcatragini* (*Antilope de Beira*), *Oreotragini*, *Raphicerini* (*petits capricornes*).

✧ Sous-famille des *Tragelaphinés*.
Avec les tribus : *Tragelaphini*, *Boselaphini* (*Antilope Nilgau*), *Tetracerini* (*Antilopes à 4 cornes*).

✧ Sous-famille des *Bovinés* :
Bubalus (*Buffle d'Asie*), *Syncerus* (*Buffle d'Afrique*), *Bos* (*Bœuf s.s*), *Bison*.

✧ Sous-famille des *Alcelaphinés*.
Avec les tribus : *Alcelaphini*, *Connochaetini* (*Gnous*).

✧ Sous-famille des *Hippotraginés*.
Avec les tribus : *Hippotragini*, *Orygini* (*Oryx*).

✧ Sous-famille des *Reduncinés*.
Avec les tribus : *Reduncini* (*Antilope d'eau*), *Peleini* (*Antilope Chevreuil*).

✧ Sous-famille des *Antilopinés* (*Gazelles*). Avec les tribus : *Gazellini* (*Gazelles de Grant*, de *Dorkas*, de *Thomson,* du *Tibet*).
Antilopini (*Antilope cervicapra*, espèce unique). *Litocraniïni* (*Antilope girafe*), *Ammodorcatini* (*Antilope échasse*) *Antidorcatini* (*Springbock*), *Aepycerini*. *Antilope à pieds noirs*.

✧ Sous-famille des *Saiginés*.
Genres *Pantholops : Saiga* (*P.Tschiru*, *S. saiga*).

✧ Sous-famille des *Caprinés* (*type chèvre*). Avec les tribus : N*emorhaedini*, *Budorcatini* (*B. takin*), *Rupricaprini* (*Chamois*), *Caprini*, avec les genres : *Capra* (*chèvre*) et *Ovis* (*mouton*), *Ovibovini* (une seule espèce : *le bœuf musqué*).

Bibliographie

Atlas de l'écologie, Le Livre de Poche, 1993

BARBAULT, *Abrégé d'écologie générale*, 1993, Masson.

Ecologie des peuplements, 1992, Masson.

BEAUMONT, CASSIER, *Biologie animale : Les Cordés*, 1987, Dunod.

BELL, *Les Plantes à fleurs*, 1994, Masson.

BERKALOFF, BOURGUET, FAVARD, LACROIX, *Biologie et Physiologie*, Réédition 1990, Collection « Méthodes », Hermann.

BON, *Champignons d'Europe occidentale,* 1988, Arthaud.

BOREL, RANDOUX, etc., *Biochimie dynamique,* 1987, Maloine.

BOURNERIAS, BOCK, *Le Génie végétal,* 1994, Nathan.

BOUVIER, BRAS, HERRENG, *L'ADN, de la cellule aux manipulations* in vitro, 1987, Dunod.

CALLOT, CHAMAYOU, etc., *Interactions Sol-Racine*, 1982, Documents I.N.R.A.

CRÉPIN, *Expression des gènes et génie génétique*, 1987, Collection « Méthodes », Hermann.

CORNUET, *Eléments de virologie végétale*, 1987, Documents I.N.R.A.

DELMAS, *Voies et centres nerveux*, 1991, Masson.

DESBROSSE, KOZLOWSKI, *Hommes et climats à l'âge du mammouth*, 1989, Masson.

DEVILLERS, CHALINE, *La Théorie de l'évolution,* 1989, Dunod.

DUQUET, *Glossaire d'écologie fondamentale,* 1994, Nathan.

DURRIEU, *Écologie des Champignons*, 1993, Masson.

FOURNIER, *Les Quatre Flores de France*, 1990, Lechevalier.

FREIFELDER, *Biologie moléculaire*, 1990, Masson.

GALLIEN, DUVAL, *Biologie* (4 tomes), réédition 1993, Collection « BIOMED », P.U.F.

GODAUX, *Cent milliards de neurones*, 1990, Belin.

GORENFLOT, *Biologie végétale : plantes supérieures* (tomes 1 et 2), réédition 1992, Masson.

Organisation et biologie des Thallophytes, 1989, Doin.

GRASSÉ, *Abrégé de zoologie* ; tome 1 : *Invertébrés*, réédition 1993 ; tome 2 : *Vertébrés*, réédition 1992, Masson.

GRIFFITHS, MAC PHERSON, *Génétique : 120 principes et exemples ; 80 exercices corrigés* 1993, Masson.

HAMMOND, TRITSCH, *Neurobiologie cellulaire*, 1990, Doin.

HELLER, *Abrégé de Physiologie végétale* ; tome 1 : *Nutrition* ; tome 2 : *Développement*, réédition 1993, Masson.

KAHLÉ, CABROL, *Système nerveux*, 1992, Flammarion.

KAPLAN, *L'Origine de la vie* (Der Ursprung des Lebens) DTV, Munich, 1977.

LACAZE, *La Dégradation de l'environnement côtier*, 1993, Masson.

LE MOIGNE, *Biologie du développement*, 1989, Masson.

LEROY, *Origine et évolution des plantes à fleurs*, 1993, Masson.

LÜTTGE, KLUGE, BAUER, *Traité fondamental de Botanique* (traduit de l'allemand), 1992, TEC-DOC.

MAURIN, *Inventaire de la Faune en France* - Travaux du Museum d'Histoire naturelle, 1994, Nathan.

MILLET, *Intra and Intercellular communications in Plants*, 1990, Documents I.N.R.A.

OZENDA, *Les Organismes végétaux* ; tome 1 : *Végétaux inférieurs*, 1990 ; tome 2 : *Végétaux supérieurs*, 1991, Masson.

PATTIER, *Croissance et développement des animaux*, 1991, Ellipses.

PETTER, *Le Génie animal*, 1994, Nathan.

RAMADE, *Éléments d'écologie*, 1989, Mc Graw-Hill.

RIDET, PLATEL, *Des Protozoaires aux Echinodermes*, 1992, Ellipses.

RIEUTORT, *Abrégé de physiologie animale*, tome 1 : *Les Cellules dans l'organisme*, réédition 1994 ; tome 2 : *Les Grandes Fonctions*, réédition 1993, Masson.

ROEDER, ANDERSON, *Primates, recherches actuelles*, 1990, Masson.

ROLAND, *Atlas de biologie végétale* ; tome 1 : *Organisation des plantes sans fleurs* ; tome 2 : *Organisation des plantes à fleurs*, réédition 1992, Masson.

STRYER, *Biochimie*, 1992, Flammarion.

TEYSSÈDRE, *La Communication animale*, 1994, Nathan.

THIBAULT, LEVASSEUR, *La Reproduction chez les Mammifères et l'Homme*, 1991, Ellipses.

Index

Pour plus de clarté, on a divisé l'index en deux parties : l'une comprend les noms de plantes et d'animaux, l'autre regroupe les termes techniques et les noms de personnes. La signification de certains termes techniques utilisés dans le texte figure entre parenthèses.

Noms de plantes et d'animaux

Monoplacophores 569

Noms de personnes et termes techniques

Source des illustrations

Toutes les planches ont été dessinées pour Deutscher Taschenbuch Verlag. Les auteurs ont utilisé des modèles d'autres auteurs pour les illustrations suivantes :

12 A, B d'après Rapoport (1966) ; 16 C d'après Czihak (1981[3]), 16 D d'après Koecke (1977) ; 18 G d'après Sengbusch, von (1979) ; 22 A d'après Mohr/Schopfer (1978), 22 B d'après Koecke (1977) ; 24 D d'après Penzlin (1977) ; 26 E, F d'après Sengbusch, von (1979) ; 28 E d'après Spektrum der Wissenschaft 12/1979 ; 30 d'après Nultsch (1964) ; 34 C d'après Naturwissenschaften 66/1979 ; 38 B d'après Sengbusch, von (1979) ; 42 F d'après Koecke (1977) ; 44 A d'après Koecke (1977) ; 46 A d'après Mohr/Schopfer (1978), 46 C d'après Czihak (1981[3]) ; 50 C d'après Nultsch (1964) ; 58 B, D d'après Naturwissenschaften 66/1979 ; 74 E d'après Nultsch (1964) ; 82 A-F d'après Strasburger (1978) 82 B-D d'après Troll (1954) ; 84 A, B, G d'après Troll (1954), 84 C-F, H d'après Strasburger (1978) ; 90 E d'après Benninghoff in : Bargmann (1962) ; 94 D-H d'après Bucher (1962) ; 96 A-D d'après Troll (1954), 96 E d'après Strasburger (1978) ; 98 d'après Troll (1954) ; 100 A, C d'après Strasburger 1978 ; 104 B d'après Kummer (o. J.), 104 C-F d'après Mörike/Mergenthaler (1959) ; 110 C d'après Mörike/Mergenthaler (1959) ; 112 d'après Troll (1954) ; 114 A-C, E d'après Strasburger (1978), 114 D, F d'après Troll (1954) ; 116 D d'après Troll (1954) ; 118 F d'après Strasburger (1978) ; 120 A d'après Troll (1954) ; 122 A d'après Strasburger (1978), 122 E, F d'après Troll (1954) ; 124 d'après Kühn (1964) ; 126 d'après Kühn (1964) ; 128 A-C d'après Schmeil (1958), 128 D, E d'après Kühn (1964) ; 130 A-C d'après Kühn (1964), 130 D d'après Kaestner (1973) ; 132 A-C d'après Kühn (1964), 132 E d'après Weber (1966) ; 134 d'après Kühn (1964) ; 136 B-D d'après Kühn (1964), 136 C d'après Kükenthal/Matthes (1950) ; 138 A-D d'après Kühn (1964) ; 140 A, C d'après Kühn (1964) ; 140 B d'après Portmann (1948) ; 142 C d'après Pflugfelder (1962) ; 144 D, E, F d'après Troll (1954) ; 152 B d'après Nultsch (1964), 152 D, E d'après Mohr/Schopfer (1978) ; 154 A d'après Czihak (19 81[3]), 154 B d'après Seidel (1972) ; 160 A-C d'après Strasburger (1978) ; 170 A d'après Barber in : Mayr (1963) ; 180 A, B d'après Kühn (1965) ; 200 B, C, D d'après Kühn (1965), 200 E d'après Holtfreter in : Seidel (1975) ; 206 d'après Starck (1955), 212 B, C d'après Hess (1968) ; 214 C, D d'après Czihak (1981[3]) ; 222 F d'après Hesse/Doflein (1910) ; 224 A d'après Altenkirch (1977), 224 B-E d'après Strasburger (1978), 224 E d'après Galston (1964) ; 226 d'après Lundegård (1957) ; 228 A d'après Larcher (1976), 228 B, C d'après Troll (1954), 228 D d'après Lundegård (1957) ; 230 A d'après Kloft (1978), 230 B d'après Kühnelt (1965), 230 C d'après Czihak/Langer/Ziegler (1981), 230 D d'après Reichelt/Schwoerbel (1974) ; 232 A d'après Hafner/Philipp (1978), 232 B-E d'après Czihak/Langer/Ziegler (1981) ; 234 A, C, E d'après Hesse/Doflein (1910), 234 B d'après Kaestner (1973) ; 236-242 d'après Schwerdtfeger (1968) ; 238 D d'après Schmeil (1958) ; 244 A-D d'après Strasburger (1978), 244 E d'après Czihak/Langer/Ziegler (1981) ; 246 A, C d'après Troll (1954) ; 248 B d'après Runge (1961), 248 C d'après Troll (1954) ; 250 A, B d'après Strasburger (1978) ; 252 B, C d'après Hesse/Doflein (1910) ; 254 B d'après Kühnelt (1965), 254 D, E d'après Frisch, von (1967), 254 E d'après Linder (1967), 254 F-H d'après Gösswald (1954), 256 E d'après Frisch, von (1967), 256 F, G d'après Hesse/Doflein (1910) ; 258 A d'après Strasburger (1978), 258 B d'après Kühnelt (1965) ; 260 A-C d'après Odum (1972) ; 262 A, B, D, E d'après Odum (1972), 262 C d'après Sengbusch, von (1977), 262 F d'après Larcher (1976) ; 264 A-D d'après Altenkirch (1977) ; 266 A d'après Kreeb (1979), 266 B-E d'après Ehrlich/Ehrlich/Holdren (1975) ; 268 C d'après Wurmbach (1980), 268 D d'après Knodel/Kull (1974) ; 270 A d'après Ehrlich/Ehrlich/Holdren (1975), 270 B, C d'après Meadows/Meadows/Zahn/Milling (1979) ; 274 B d'après Mohr/Schopfer (1978) ; 278 G d'après Nultsch (1964) ; 282 B d'après Karlson (1966)/(1974) ; 228 A d'après Strasburger (1978), 288 D d'après Libbert (1979) ; 290 B d'après Mohr/Schopfer (1977), 290 C, E d'après Libbert (1979), 290 D d'après Troll (1954), 290 D d'après Huber (1956) ; 292 A d'après Kühn (1964), 292 B d'après Kükenthal/Matthes (1950), 292 C d'après Weber (1966), 292 D d'après Heidermanns (1957), 292 E d'après Herker (1947) ; 294 A, E d'après Strugger (1962), 294 B, C, D, G d'après Strasburger (1978) ; 296 A, B, D d'après Scheer/Bradley (1969), 296 C d'après Czihak/Langer/Ziegler (1981) ; 298 A d'après Kühn (1964), 298 B, C d'après Heidermanns (1957), 298 C d'après Penzlin (1980), 298 E d'après Czihak/Langer/Ziegler (1981), 308 B, C, D d'après Holzer (1963) ; 314 B d'après Thews (1963) ; 316 B d'après Geissler/Libbert/Nitschmann/Thomas-Petersein (1979), 316 C d'après Dobzhansky (1966) ; 320 B d'après Fellenberg, von 1978 ; 322 A, B d'après Fellenberg, von (1978) ; 334 C d'après Dobzhansky (1958) ; 336 A d'après Karlson (1966) / (1974) ; 338 A d'après Czihak/Langer/Ziegler (1981), 338 B-D d'après Mohr/Schopfer (1977), 338 D, E, F, G d'après Strasburger (1978) ; 340 A, C d'après Libbert (1979), 340 B d'après Strasburger (1978), 340 D d'après Mohr/Schopfer (1977), 340 D d'après Czihak/Langer/Ziegler (1981), 340 E d'après Kühn (1964) ; 342 A-E, G, H d'après Strasburger (1978), 342 F d'après Troll (1954) ; 344 A, B, F d'après Strasburger (1978), 344 C, D d'après Troll (1954), 344 G d'après Huber (1956) ; 346 A, F, G d'après Schmidt/Thews (1980), 346 B-D d'après Heidermanns (1957), 346 E d'après Autrum (1961), 346 G d'après Hesse/Doflein (1910) ; 348 A, D d'après Heidermanns (1957), 348 B, F d'après Schmidt/Thews (1980), 348 C d'après Rein/Schneider (1966), 348 E d'après

Czihak/Langer/Ziegler (1981), 348 G d'après Rensch (1963) ; 350 A-C d'après Hesse/Doflein (1910), 350 D, E d'après Rensch (1963), 350 F-H d'après Weber (1966) ; 352 A d'après Hesse/Doflein (1910), 352 B, D d'après Heidermanns (1957), 352 D d'après Schmidt/Thews (1980) ; 354 A-D, F-H d'après Schmidt/Thews (1980), 354 E d'après Silbernagel/Despopoulos (1979) ; 356 A-E, G, I d'après Schmidt/Thews (1980), 356 F d'après Silbernagel/Despopoulos (1979) ; 360 A, G d'après Schmidt/Thews (1980), 360 B, F, H d'après Heidermanns (1957), 360 C, E d'après Rensch (1963), 360 E d'après Czihak/Langer/Ziegler (1981) ; 362 A B, F d'après Schmidt/Thews (1980), 362 C d'après Czihak/Langer/Ziegler (1981), 362 D d'après Rensch (1963), 362 E d'après Penzlin (1980) ; 364 A, C, F d'après Schmidt/Thews (1980), 364 B, D, E d'après Schmidt (1979) ; 366 A, F d'après Schmidt (1979), 366 B-E, G d'après Schmidt/Thews (1980) ; 368 A d'après Schmidt (1979), 368 B, C, F d'après Schmidt/Thews (1980), 368 D, F d'après Rein/Schneider (1966) ; 370 A-D, F d'après Schmidt (1979), 370 E d'après Schmidt/Thews (1980), 372 A, B, D-F d'après Schmidt (1979), 372 C, G d'après Schmidt/Thews (1980) ; 374 A d'après Weber (1966), 374 B d'après Rensch (1963), 374 C d'après Schmidt/Thews (1980) ; 376 C d'après Rein/Schneider (1966), 376 B d'après Schmidt (1979) ; 378 A d'après Mörike/Betz/Mergenthaler (1981), 378 A d'après Marler/Hamilton (1972), 378 B d'après Schmidt (1979), 378 C d'après Thews/Mutschler/Vaupel (1980), 378 D d'après Silbernagel/Despopoulos (1979), 378 E, F d'après Schmidt/Thews (1980) ; 380 A d'après Heidermanns (1957), 380 B-F d'après Schmidt/Thews (1980) ; 382 A d'après Rein/Schneider (1966), 382 B, C d'après Schmidt/Thews (1980) ; 384 A d'après Schmidt (1979), 384 B d'après Schmidt/Thews (1980), 384 D-F d'après Schmidt (1979) ; 386 A-C d'après Schmidt/Thews (1980), 386 D, E d'après Laudien (1977), 388 A, D-F d'après Silbernagel/Despopoulos (1979), 388 B, C d'après Schmidt/Thews (1980) ; 390 A, F, G d'après Silbernagel/Despopoulos (1979), 390 B d'après Penzlin (1980), 390 C, E d'après Czihak/Langer/Ziegler (1981), 392 A-C d'après Strasburger (1978), 392 E d'après Tinbergen (1966) ; 394 A d'après Rein/Schneider (1966), 394 B d'après Penzlin (1980), 394 C, D d'après Schmidt/Thews (1980) ; 396 A-C d'après Czihak/Langer/Ziegler (1981), 396 D-F d'après Schmidt (1960) ; 398 A, D-H d'après Ezihak/Langer/Ziegler (1981), 398 B, C d'après Gans (1967) ; 400 B d'après Hofstätter (1957), 400 C-E d'après Czihak/Langer/Ziegler (1981), 400 F, G d'après Lorenz (1965), 400 H d'après Tinbergen (1966) ; 402 A d'après Kummer (o. J.), 402 B, C d'après Tinbergen (1966), 402 D d'après Lorenz (1978), 402 E d'après Hassenstein (1973), 402 F d'après Sossinka (1981) ; 404 A d'après Immelmann (1979), 404 B d'après Franck (1979), 404 C d'après Hinde (1973), 404 D d'après Tinbergen (1966) ; 406 A, B d'après Sossinka (1981), 406 C-E d'après Tinbergen (1966) ; 408 C d'après Eibl-Eibesfeldt (1967), 408 D d'après Hassenstein (1973), 408 E d'après Holst, von (1969) ; 410 A d'après Tinbergen (1966), 410 B d'après Baerends (1956) ; 412 A d'après Eibl-Eibesfeldt (1967), 412 B d'après Tinbergen (1966), 412 C, F, G d'après Holst, von (1969), 412 D, E d'après Saint-Paul (1964), 414 A-C d'après Holst, von (1969), 414 D, E d'après Tinbergen (1966), 414 F d'après Lamprecht (1972) ; 416 A d'après Hassenstein (1973), 416 B d'après Sossinka (1981), 416 C-E d'après Tinbergen (1966), 416 F d'après Immelmann (1979) ; 418 A-D d'après Lamprecht (1972), 418 E-H d'après Hassenstein (1973) ; 420 A d'après Falkenhausen, von (1981), 420 B, D, E d'après Eibl-Eibesfeldt (1967), 420 C d'après Immelmann (1979) ; 422 A, B d'après Hess (1975), 422 C-E d'après Rensch (1965), 422 F d'après Daumer/Hainz (1980) ; 424 A, E d'après Immelmann (1979), 424 B d'après Eibl-Eibesfeldt (1967), 424 C d'après Franck (1979) ; 426 A, G d'après Eibl-Eibesfeldt (1967), 426 B d'après Tembrock (1961), 426 C, D d'après Walther (1966), 426 E, F d'après Lorenz (1965) ; 428 B, C d'après Gadamer/Vogler (1972), 428 D d'après Remane (1960), 428 F d'après Zimen (1971) ; 430 A-C d'après Walther (1966), 430 E d'après Hediger (1961), 430 F d'après Eibl-Eibesfeldt (1967) ; 432 A d'après Tembrock (1971), 432 C-F d'après Frisch, von (1959) ; 434 A, D-F d'après Eibl-Eibesfeldt (1967), 434 B, C, G d'après Eibl-Eibesfeldt (1970), 434 H d'après Eibl-Eibesfeldt (1973), 436 A, C d'après Eibl-Eibesfeldt (1970), 436 B d'après Eibl-Eibesfeldt (1967), 436 D d'après Lorenz (1965) ; 438 A d'après Eibl-Eibesfeldt (1972), 438 C, D d'après Neumann (1979) ; 440 A, B d'après Eibl-Eibesfeldt (1970), 440 C, D d'après Schaefer (1972) ; 446 d'après Kalmus (1966) ; 448 A d'après Gottschalk (1978), 448 E d'après Stengel (1980) ; 456 E, F d'après Stengel (1980) ; 462 A, B d'après Klämbt/Heitmann (1979), 462 D d'après Sengbush, von (1979), 462 E d'après Günther (1978[3]), 464 d'après Naturwissenschaften 67/1980 ; 470 A d'après Günther (1978[3]) ; 470 B d'après Naturwissenschaften 66/1979 ; 472 A d'après Bresch (1965), 472 B d'après Stengel (1980) ; 476 B d'après Günther (1978[3]) ; 478 D d'après Kühn (1961) ; 480 A, B d'après Sengbusch, von (1979), 480 C d'après Klingmüller (1976), 480 D d'après Naturwissenschaften 66/1979 ; 484 C d'après Heberer (1959) ; 490 B d'après Mayr (1979) ; 492 A d'après Sperlich (1973), 492 C d'après Strasburger (1978) ; 494 A d'après Mayr (1963), 494 B, D d'après Kühn (1961) ; 496 B d'après Stebbins (1980), 496 C, D d'après Dobzhansky/Ayala/Stebbins/Valentine (1977), 496 E d'après Sperlich (1973) ; 498 A, C d'après de Beer (o. J.) ; 500 C d'après Winckler (1968) ; 502 A d'après Dobzhansky/Pavlowsky in : Mayr (1963), 502 B, D d'après Wilson/Bossert (1973), 502 C d'après Sperlich (1973), 522 B d'après Heberer (1967) ; 526 B d'après Dobzhansky (1958) ; 528 d'après Müller (1961) ; 536 A d'après Howell ; 536 C. : Der Mensch der Vorzeit. Time-Life-Bücher (1969) ; 538 d'après de Beer (o. J.) ; 540 d'après

Heberer (1965) ; 548 A, B, D d'après Strasburger (1978) ; 552 B d'après Strasburger (1978) ; 554 A, B, I d'après Strasburger (1978) ; 556 A d'après Weberling/Schwantes (1979), 556 B, C d'après Strasburger (1978) ; 558 d'après Strasburger (1978) ; 560 A d'après Remane/Storch/Welsch (1980) ; 560 B-F, H, I d'après Kaestner (1973) ; 560 G d'après Kükenthal/Matthes (1950) ; 562 A, C, E, F d'après Kaestner (1973), 562 B d'après Kükenthal/Matthes (1950) ; 564 A d'après Remane/Storch/Welsch (1980), 564 B-E d'après Kaestner (1973), 564 C d'après Kühn (1964) ; 566 d'après Kaestner (1973) ; 568 A d'après Remane/Storch/Welsch (1980), 568 B, D-F d'après Kaestner (1973), 568 C d'après Remane/Storch/Welsch (1980) ; 570 B-F d'après Kaestner (1973) ; 572 A d'après Kühn (1964), 572 F-H d'après Kaestner (1973) ; 574 C, D d'après Kaestner (1973), 574 E, F d'après Brohmer (1949) ; 578 B d'après Kühn (1964), 578 B, C d'après Kaestner (1973) ; 580 A d'après Remane/Storch/Welsch (1980) ; 582 A d'après Remane/Storch/Welsch (1980), 582 C d'après Eibl-Eibesfeldt (1960) ; 584 d'après Grzimek (1979).

Achevé d'imprimer - Collection 02 / N° Édition 01
Dépôt légal 0702-04/94 - ISBN 2 2530 64513
Imprimé en Italie par G. Canale & C. S.p.A. - Borgaro T.se - Torino

31/3006/9